CONCEPT BOOK

पहली बार क्लास का अनुभव किताब से

अंकगणित

- **Basic to Advance Level**
- **Conceptual Clarity**
- **Short Approach**
- **Typewise & Chapterwise Practice with Detailed Explanation**
- **Latest Exams PYQs For Practice**

Er. SANDEEP TIWARI

Sandeep Tiwari Maths YouTube Channel

SCAN TO QR CODE

S. CHAND PUBLISHING

S Chand And Company Limited

(ISO 9001 Certified Company)

S Chand And Company Limited
(ISO 9001 Certified Company)
Head Office: D-92, Sector–2, Noida 201301, U.P. (India), Ph. 91-120-4682700
Registered Office: A-27, 2nd Floor, Mohan Co-operative Industrial Estate, New Delhi – 110 044
Phone: 011-49731800
www.schandpublishing.com; e-mail: info@schandpublishing.com

S.CHAND PUBLISHING

Marketing Offices:

Chennai	:	Ph: 23632120, chennai@schandpublishing.com
Guwahati	:	Ph: 2738811, 2735640 guwahati@schandpublishing.com
Hyderabad	:	Ph: 40186018, hyderabad@schandpublishing.com
Jalandhar	:	Ph: 4645630, jalandhar@schandpublishing.com
Kolkata	:	Ph: 23357458, 23353914, kolkata@schandpublishing.com
Lucknow	:	Ph: 4003633, lucknow@schandpublishing.com
Mumbai	:	Ph: 25000297, mumbai@schandpublishing.com
Patna	:	Ph: 2260011, patna@schandpublishing.com

First Edition 2025

ISBN: 978-93-587-0545-4

Product Code: H2AKG49APTI20HIAA25O

PRINTED IN INDIA

By Vikas Publishing House Private Limited, Plot 20/4, Site-IV, Industrial Area Sahibabad, Ghaziabad – 201 010 and Published by S Chand And Company Limited, A-27, 2nd Floor, Mohan Co-operative Industrial Estate, New Delhi – 110 044

इंजी. संदीप तिवारी की कलम से.....

"गणित ईश्वर की भाषा है"
गैलीलियो

गणित हमारे जीवन का वह आधार है, जो हमें सम्पूर्णता और संतुलन का बोध कराता है। चाहे कोई छात्र प्राथमिक शिक्षा में हो या प्रतियोगी परीक्षाओं की तैयारी में जुटा हो, गणित की चुनौतियाँ अनिवार्य रूप से उसकी राह में आती हैं। इस यात्रा में शिक्षक और विद्यार्थी दोनों की भूमिका अत्यंत महत्त्वपूर्ण होती है। कठिन परिस्थितियों में छात्रों को मार्गदर्शन देने और उनकी समस्याओं का समाधान करने में शिक्षक की भूमिका अति महत्त्वपूर्ण है।

गणित का अध्ययन करते समय मुझे यह अनुभव हुआ कि यह केवल अंकगणितीय समीकरणों, ज्यामितीय आकृतियों एवं सरल रेखाओं तक सीमित नहीं है, बल्कि यह हमारी तर्कशक्ति, समस्या समाधान की क्षमता और विश्लेषणात्मक सोच को भी विकसित करता है। इस पुस्तक के माध्यम से, मैं छात्रों को यह संदेश देना चाहता हूँ कि गणित सिर्फ एक परीक्षा पास करने का माध्यम नहीं है, बल्कि यह जीवन में समस्याओं को समझने और उनका समाधान ढूँढ़ने की एक कुंजी है।

पिछले 10 वर्षों से अनवरत अध्यापन से जुड़ा हूँ। अध्यापन के दौरान, जब मुझे गणित को लेकर छात्रों की समस्याओं का सामना करना पड़ा, तो उनके अनुभवों और कठिनाइयों ने मेरे मन में एक कौतुहल पैदा किया। इसी का समाधान खोजते हुए और विद्यार्थियों के जीवन में गणित विषय को सीखने की वास्तविक आवश्यकताओं को समझते हुए, मैंने दृढ़ लक्षित होकर गणित की एक सम्पूर्ण पुस्तक के सृजन की ओर कदम बढ़ाया। इसी कदम की मजबूत परिणति के रूप में गणित विषय को सहजता से सीखने और सिखाने की स्वप्रेरणा के फलस्वरूप यह पुस्तक आपके समक्ष प्रस्तुत है।

गणित प्रारंभिक जीवन से ही मेरा तथा मेरे परिवार का हिस्सा रहा है, क्योंकि पिताजी गणित के ही एक अध्यापक और मेरे प्रथम गुरु रहे हैं। सबसे बड़ी प्रेरणा मेरे पिता जी श्री सुरेश प्रताप तिवारी जी से ही मिली है। सच में उनकी शैली और गणित विषय पर पकड़ अद्‌भुत् है। आज भी जब मैं किसी प्रश्न में उलझता हूँ तो पिताजी ही अंतिम संतुष्ट समाधान होते हैं।

अध्यापन कार्य का विचार प्रारंभिक जीवन से ही मन में बलवती था। इस विचार को आकार मेरी स्नातक की पढ़ाई के दौरान मिला जब सहायता स्वरुप कुछ विद्यार्थियों का मार्गदर्शन करना प्रारंभ किया, कहते हैं इस संसार में ईश्वर ने सबके लिए कुछ न कुछ सोचा है मेरे लिए पुनीत कार्य के रूप में ईश्वर ने अध्यापन को सोच कर रखा था, फिर क्या... MCA की पढाई पूर्ण करने के बाद यह अध्यापन यात्रा वृहद् स्तर पर प्रारंभ हुई, नए साथी मिले और आज जो कुछ भी हूँ बस यही कहूँगा कि एक कार्यरत सक्रिय पहचान के रूप में आपके समक्ष हूँ।

मुझे आप तक पहुँचाने एवं पहचान दिलाने में महत्त्वपूर्ण भूमिका श्री आलोक सिंह द्वारा तैयार किये गये YouTube चैनल **"Target with Alok"** के साथ मिली। इस ऑनलाइन प्लेटफार्म के माध्यम से दूर-दराज के लाखों विद्यार्थी जुड़े और हमेशा मेरी अध्यापन शैली को प्रोत्साहित किया। मेरी इस यात्रा में आलोक सिंह सर का विशेष योगदान रहा, जिसके लिए मैं उनका सदैव आभारी रहूँगा।

मैं अपने मित्र और भाई श्री रवि प्रकाश तिवारी जी को हमेशा धन्यवाद दूँगा, जिन्होंने एक बड़े भाई की तरह मुझे हमेशा एक सहज व संतुलित इंसान एवं अच्छा अध्यापक बनने की दिशा में प्रेरित किया। आज भी हम एक साथ कंधे से कन्धा मिलाकर अध्यापन का कार्य कर रहे हैं और विद्यार्थी हित में नैतिक मूल्यों के साथ अपना योगदान देते रहेंगे।

हमारी संस्था की समस्त शैक्षिक गतिविधियों के प्रबंधक, मेरे परम मित्र एवं साथी मनोज कनौजिया जी को इस पुस्तक को अंतिम स्वरुप तक पहुँचाने के लिए विशेष आभार एवं धन्यवाद प्रेषित है। कार्य स्थल पर मेरे अनुज स्वरुप आरिफ खान को इस पुस्तक निर्माण के कुशल प्रबंधन के लिए सहृदय धन्यवाद।

इस पुस्तक को लिखने में मेरे छोटे भाई स्वरूप आदर्श तिवारी का अतुलनीय योगदान रहा। इनकी मेहनत लगन और गणित विषय में इनकी रुचि और स्पष्ट अवधारणाओं के कारण यह पुस्तक आज मुझे स्वयं बहुत अच्छी और रुचिकर लगी और मैं उस विचार को आकार देकर साकार कर पाया जो वर्षों से मेरा स्वप्न था। प्रिय आदर्श को बहुत साधुवाद और शुभकामनायें।

मैं आभारी हूँ जुबैर अहमद सिद्दीकी और मनमोहन कनौजिया जी का जिन्होंने इस पुस्तक की साज सज्जा और अंतिम संयोजन में विशेष योगदान दिया।

सहृदय धन्यवाद

(इंजी. संदीप तिवारी)

प्रस्तुत पुस्तक

मैं अपने परम् पूजनीय

एवं

प्रातः स्मरणीय

'माता-पिता'

श्रीमती प्रेमा देवी

श्री सुरेश प्रताप तिवारी

को समर्पित करता हूँ।

विषय-सूची (Index)

CHAPTER

संख्या पद्धति (Number System)

01

- किसी भी एकदिवसीय परीक्षा को पास करने के में गणित का योगदान हम सभी जानते है। इसका ज्ञान सोचने, समझने की शक्ति में वृद्धि करता है, जिससे हम किसी भी परिस्थिति में सही निर्णय ले सकते है। गणित का उपयोग हम किसी भी प्रकार की समस्या (दैनिक जीवन से सम्बन्धित) को हल करने में लाते है। जैसे- आयु संबंध, चाल, दूरी तथा समय से संबंधित, कार्य और समय से सम्बन्धित आदि।
- किसी भी समस्या को हल करने के लिए समीकरण की आवश्यकता होती है और समीकरण को बनाने के लिए मुख्यतः तीन बिन्दुओं की आवश्यकता होती है।

  (i) अंक (Numerical) - {0, 1, 2, ... 9}

  (ii) चिह्न (Operator) - {+, –, ×, ÷, %, etc.}

  (iii) चर राशियाँ (Variable) - {a, b, c, ... z}

  अतः सिद्ध होता है कि गणित का ज्ञान संख्या की समझ पर ही निर्भर करता है, जिसके लिए हमें संख्या पद्धति (Number System) का ज्ञान होना आवश्यक है।
- **संख्या पद्धति (Number System) :** कुछ निर्धारित प्रतीकों की सहायता से संख्याओं को व्यक्त करने तथा उनके नामकरण की व्यवस्था ही संख्या पद्धति कहलाती है।
- अंकों की उपलब्धता के आधार पर कुछ मुख्य संख्या पद्धति निम्न है-

  (i) दशमलव संख्या पद्धति (Decimal Number System)

  (ii) द्विआधारी संख्या पद्धति (Binary Number System)

  (iii) अष्टाधारी संख्या पद्धति (Octal Number System)

  (iv) षोड़षाधारी संख्या पद्धति (Hexadecimal Number System)

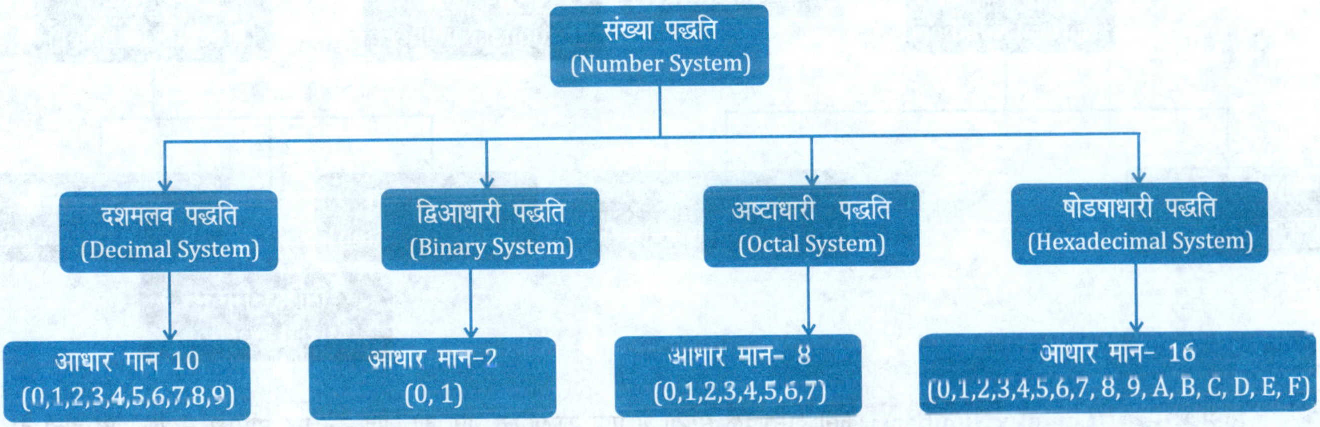

- **दशमलव संख्या पद्धति (Decimal Number System) :** यह सर्वाधिक प्रचलित पद्धति है। इसका उद्भव हिन्दू-अरबी अंक प्रणाली से माना जाता है। भारतीय अंक प्रणाली को पश्चिम के देशों में हिन्दू-अरबी अंक प्रणाली के नाम से जाना जाता है क्योंकि यूरोपीय देशों को इस अंक प्रणाली का ज्ञान अरब देश से प्राप्त हुआ था। जबकि अरबों को यह ज्ञान भारत से मिला था। शून्य के आविष्कार हो जाने पर भारत में दस अंकों वाली अंक प्रणाली का प्रचलन आरम्भ हो गया जो कि इस संसार में प्रचलित आधुनिक अंक प्रणाली का आधार बनी। इस प्रणाली में शून्य को मिलाकर कुल दस अंक होते है। इसलिए इसका आधार दस माना जाता है। इस प्रणाली के अन्तर्गत आने वाले कुल अंक (0,1,2,3,4,5,6,7,8,9) हैं।

संख्याओं का वर्गीकरण (Classification of Numbers)

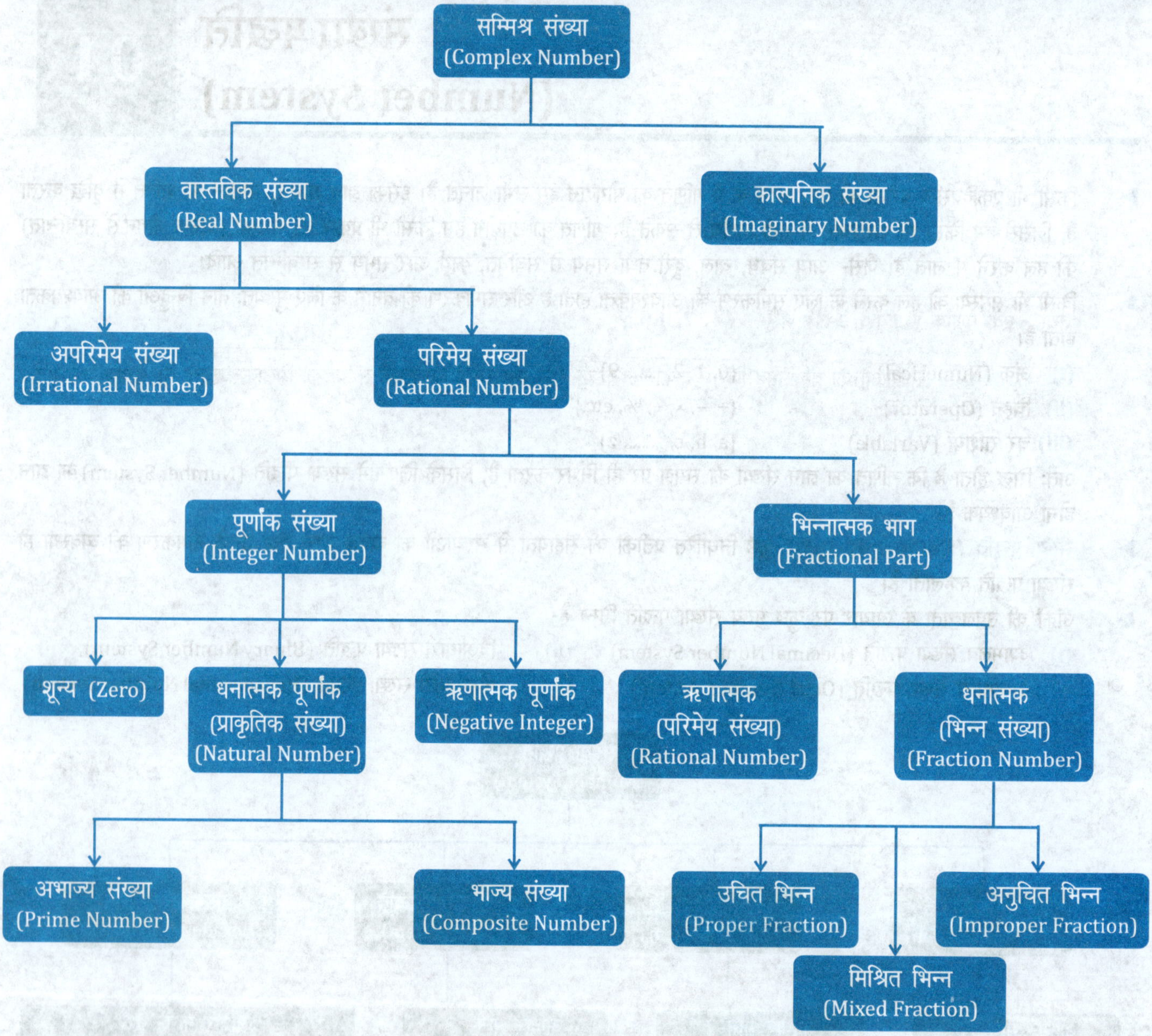

- **सम्मिश्र संख्या (Complex Number) :** किसी वास्तविक संख्या में एक काल्पनिक भाग को जोड़ देने पर सम्मिश्र संख्या प्राप्त होती है।

उदाहरण - $(3 + 5i)$

- **वास्तविक संख्या (Real Number) :** वे संख्या जिनका वास्तविक मान हो और जिन्हें संख्या रेखा पर प्रदर्शित किया जा सकता है।

जैसे- $\sqrt{2}, \frac{2}{3}, -\frac{3}{7}, -5, 4$ ....

- **काल्पनिक संख्या (Imaginary Number) :** यदि किसी संख्या का वर्ग एक ऋणात्मक संख्या हो तो ऐसी संख्याएं काल्पनिक या अवास्तविक संख्या कहलाती है। **जैसे-** $\sqrt{-1}, \sqrt{-4}$ ....
- **अपरिमेय संख्या (Irrational Number) :** वह वास्तविक संख्या जो $\frac{p}{q}$ के रूप में नहीं लिखी जा सकती है जहाँ p तथा q एक पूर्णांक है एवं $q \neq 0$ है। **जैसे-** $\sqrt{2}, \sqrt{3}, \pi$
- **परिमेय संख्या (Rational Number) :** जिस संख्या को भिन्न के रूप में लिखा जा सके अथवा जिसे हम $\frac{p}{q}$ के रूप में लिख सकते है, जहाँ p तथा q एक पूर्णांक है एवं $q \neq 0$। **जैसे-** $\sqrt{4}$, 2, 1.5, $\frac{22}{7}$
- **पूर्णांक (Integer) :** संख्याओं का वह समूह जिसमें प्राकृतिक संख्या, पूर्ण संख्या एवं ऋणात्मक संख्या को मिलाकर बनता है। पूर्णांक कहलाती है। **जैसे-** (–4, –3, 0, 4, 3, 2, ...)
- **प्राकृतिक संख्या (Natural Number) :** वस्तुओं को गिनने के लिए जिन संख्याओं का प्रयोग किया जाता है, उन्हें प्राकृतिक संख्याएं या गणन संख्याएं कहते है। इसमें सभी धनात्मक पूर्णांक संख्याएं आती है। **जैसे-** (1, 2, 3, 4, ... ∞)
- **पूर्ण संख्या (Whole Number) :** प्राकृतिक संख्याओं में शून्य को मिलाने पर जो संख्याएं प्राप्त होती है उन्हें पूर्ण संख्याएं कहते हैं। **जैसे-** (0, 1, 2, 3, 4,............. ∞)
- **अभाज्य संख्या (Prime Number) :** जिन संख्याओं के केवल दो गुणनखण्ड (1 और स्वयं वह संख्या) होते है उन्हें अभाज्य संख्याएं कहते है। **जैसे-** (2, 3, 5, 7, 11, ...), 3 = 1, 3, 2 = 1, 2, 5 = 1, 5
- **भाज्य संख्या (Composite Number) :** जिन संख्याओं के दो से अधिक गुणनखण्ड होते हैं उन्हें भाज्य संख्या कहते है। **जैसे-** (4, 6, 8, 9, 10, ...), 4 = 1, 2, 4

नोट (Note) :

- 1 अभाज्य संख्या नहीं है क्योंकि इसके पास केवल एक गुणनखण्ड है।
- 2 इकलौता सम अभाज्य संख्या है।
- 1 से 50 तक के बीच 15 अभाज्य संख्याएं होती है।
- 50 से 100 के बीच 10 अभाज्य संख्याएं होती है।
- **सम संख्या (Even Number) :** वे संख्याएं जो '2' से विभाजित होती हैं, सम संख्या कहलाती है। **जैसे-** 2, 4, 6, ... अथवा (2 के सभी गुणज)
- इनका इकाई का अंक सदैव (0, 2, 4, 6, 8) होता है।
- शून्य सम पूर्णांक संख्या है।
- **विषम संख्या (Odd Number) :** वे संख्याएं जो '2' से पूर्णतः विभक्त नहीं होती है, विषम संख्या कहलाती है। **जैसे-** 3, 5, 7, 9 ....
- **सह अभाज्य संख्याएं (Co-prime Number) :** दो ऐसी संख्याएं जिनका महत्तम समापवर्तक 1 हो, ऐसी संख्या सह-अभाज्य संख्या कहलाती है। **जैसे-** (2, 3), (3, 5), (9, 11), (21, 65)
- **सापेक्षिक/आपेक्षिक संख्या (Relative Prime Number) :** संख्याओं का वह जोड़ा जिनके मध्य 1 उभयनिष्ठ गुणनखण्ड हो। **जैसे-** (2, 3), (2, 5), (1, 2)..................
- **जुड़वा अभाज्य संख्या (Twin Prime Number) :** अभाज्य संख्याओं का वह जोड़ा जिनका अंतर सदैव 2 होता है, जुड़वा अभाज्य संख्याएं कहलाती है। **जैसे-** (3, 5), (5, 7), (11, 13), (17, 19), (29, 31) ....

▶ **पूर्ण संख्या अथवा परिपूर्ण संख्या (Perfect Number) : जिन संख्याओं के गुणनखण्डों का योग (संख्या सहित) संख्या का दोगुना हो तो वह संख्या पूर्ण या परफैक्ट संख्या कहलाती है।**

<u>अथवा</u> जिन संख्याओं के गुणनखण्डों का योग (संख्या को छोड़कर) संख्या के बराबर हो तो वह संख्या पूर्ण या परफैक्ट संख्या कहलाती है। जैसे-

6 के गुणनखण्ड $\rightarrow$ 1, 2, 3, 6

योग (संख्या सहित) = 1+2+3+6 = 12 = 2×6, योग (संख्या को छोड़कर) = 1+2+3 = 6

कुछ महत्त्वपूर्ण तथ्य (Some Important Facts)

- सभी पूर्ण संख्याएं, पूर्णांक, परिमेय एवं वास्तविक होती हैं।
- सभी पूर्णांक, परिमेय एवं वास्तविक होते है।
- सभी पूर्णांक, परिमेय एवं अपरिमेय संख्याएं वास्तविक होती है।
- 2 के अतिरिक्त सभी अभाज्य संख्याएं विषम होती है।
- सभी भिन्न संख्याएं परिमेय संख्याएं होती है परन्तु सभी परिमेय संख्याएं भिन्न संख्याएं नहीं होती है।
- शून्य न तो धनात्मक होता है और न ही ऋणात्मक होता है।
- दो परिमेय संख्याओं या दो अपरिमेय संख्याओं के बीच अनन्त परिमेय संख्याएं या अनन्त अपरिमेय संख्याएं हो सकती है।
- शून्य में किसी भी संख्या का भाग देने पर शून्य आता है।
- किसी भी संख्या में शून्य का भाग देना परिभाषित नहीं है अर्थात् यदि किसी भी संख्या में शून्य का भाग देते है तो भागफल अनन्त आता है।
- दो परिमेय संख्याओं का योगफल अथवा गुणनफल सदैव एक परिमेय संख्या होती है।
- एक परिमेय संख्या तथा एक अपरिमेय संख्या का गुणनफल अथवा योगफल सदैव एक अपरिमेय संख्या होती है।
- दो अपरिमेय संख्याओं का योगफल अथवा गुणनफल कभी परिमेय संख्या तथा कभी अपरिमेय संख्या होती है।

परिमेय संख्याओं का दशमलव निरूपण (Decimal Representation of Rational Number)

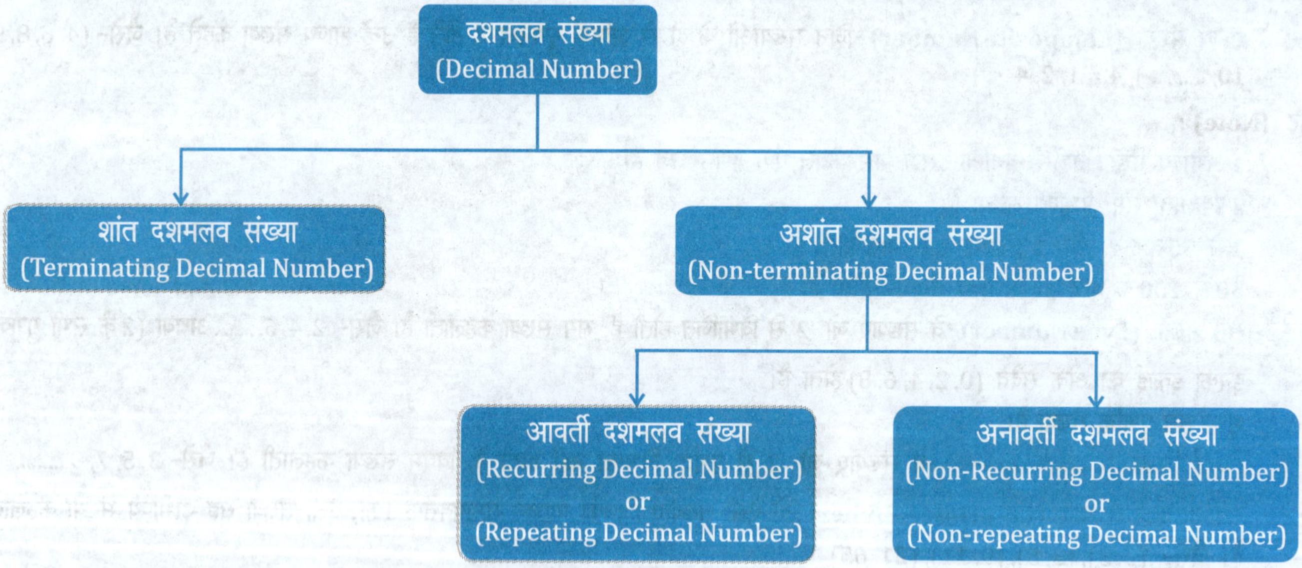

- **परिमेय संख्याओं का दशमलव का निरूपण या तो सीमित (शांत) होता है या असीमित आवर्ती (अशांत आवर्ती) होता है। जैसे-** $\frac{3}{4} = 0.75$ **(सीमित),** $\frac{11}{3} = 3.66.... = 3.\overline{6}$ **(आवर्ती)**

- अशांत अनावर्ती संख्याएं अपरिमेय संख्याएं होती है। **जैसे-** $0.12345.......... \neq \frac{p}{q}$
- $\sqrt{x}$ एक अपरिमेय संख्या होगी यदि x एक पूर्ण वर्ग संख्या नहीं होगी।
- सभी अपरिमेय संख्याएं अनावर्ती दशमलव संख्या भी होती है।

पूर्ण वर्ग संख्या (Perfect Square Number)

जब किसी पूर्णांक को स्वयं से गुणा किया जाता है तो परिणामी गुणनफल दी संख्या का पूर्ण वर्ग कहलाता है। **जैसे-** $10 \times 10 = 100$

▶ पूर्ण वर्ग संख्या के गुण (Properties of Perfect Square Number) :

- यदि कोई संख्या पूर्ण वर्ग है तो निश्चित तौर पर उसके अंतिम दो अंक 1 से 24 तक की संख्याओं के वर्ग के अंतिम दो अंकों के समान होंगे।
- किसी भी पूर्ण वर्ग संख्या का अंतिम अंक कभी भी 2, 3, 7 या 8 नहीं हो सकता है। यह सदैव 0, 1, 4, 5, 6, 9 होता है।
- जब कोई पूर्ण वर्ग संख्या को 9 से भाग दिया जाता है तो वह सदैव शेषफल 0, 1, 4 या 7 छोड़ता है।

नोट- यदि किसी संख्या के अंतिम दो अंक 1 से 24 तक की संख्याओं के वर्ग के अंतिम दो अंकों के समान है तो जरूरी नहीं है कि वे पूर्ण वर्ग संख्याएं होंगी। लेकिन समान नहीं है तो वे निश्चित तौर पर पूर्ण वर्ग संख्याएं नहीं होंगी।

Exp. निम्न में से कौन-सी संख्या पूर्ण वर्ग है?

(a) 6250.49 (b) 1250.49 (c) 1354.24 (d) 5768.28

Sol. **(c)** $6250.49 \rightarrow$ शेषफल $= 8$ (अतः नहीं हो सकती है)

$1250.49 \rightarrow$ शेषफल $= 3$ (अतः नहीं हो सकती है)

$1354.24 \rightarrow$ शेषफल $= 1$, अंतिम दो अंक 24 है जो 18 के वर्ग के अंतिम दो अंकों के समान है, इसका अंतिम अंक 4 है। अतः यह पूर्ण वर्ग संख्या है।

$5768.28 \rightarrow$ अंतिम अंक $= 8$ (अतः नहीं हो सकती है।)

Exp. निम्नलिखित में से कौन-सा पूर्ण वर्ग संख्या का इकाई अंक नहीं हो सकता है?

(a) 4 (b) 8
(c) 9 (d) 6

Sol. **(b)** [किसी संख्या के पूर्ण वर्ग का ईकाई अंक अथवा अंतिम अंक (2, 3, 7, 8) कभी नहीं हो सकता है।]

▶ भारतीय संख्या प्रणाली (Indian Number System)

10^6	10^5	10^4	10^3	10^2	10^1	10^0	•	10^{-1}	10^{-2}
दस लाख	1 लाख	10 हजार	1 हजार	सैकड़ा	दहाई	इकाई	दशमलव	दसवां भाग (1/10)	सौवां भाग (1/100)

▶ अंतर्राष्ट्रीय संख्या प्रणाली (International Number System) :

10^7	10^6	10^5	10^4	10^3	10^2	10^1	10^0	•	10^{-1}	10^{-2}
दस मिलियन	मिलियन	सौ हजार	दस हजार	हजार	सौ	दहाई	इकाई	दशमलव	दसवां भाग	सौवां भाग

▶ स्थानीय मान और जातीय मान (Place Value and Face Value) : किसी संख्या में किसी अंक के स्थान का निर्धारण ही स्थानीय मान एवं किसी संख्या में उस अंक को ही जातीय मान कहा जाता है।

जैसे- संख्या 5 का स्थानीय मान- 285632 → 5000   संख्या 5 का जातीय मान- 285632 → 5

1. 867532 में 7 का स्थानीय मान एवं जातीय मान का अंतर ज्ञात करें-

(a) 943 (b) 7936

(c) 6993 (d) इनमें से कोई नहीं

Sol. (c) स्थानीय मान = 8 6 7 5 3 2 → 7000

जातीय मान = 8 6 7 5 3 2 → 7

अंतर $= 7000 - 7 = 6993$ **Ans.**

2. 76532 में 5 का स्थानीय मान एवं जातीय मान का योग ज्ञात करें-

(a) 495 (b) 505

(c) 550 (d) इनमें से कोई नहीं

Sol. (b) स्थानीय मान = 7 6 5 3 2 → 500

जातीय मान = 7 6 5 3 2 → 5

योगफल $= 500 + 5 = 505$ **Ans.**

3. 689235 में 9 और 3 के स्थानीय मान का अंतर ज्ञात करें-

(a) 8980 (b) 8970

(c) 8790 (d) 9030

Sol. (b) 6 8 9 2 3 5 → 30, → 9000

अंतर $= 9000 - 30 = 8970$ **Ans.**

4. 8234.46 में दोनों 4 की स्थानीय मान का योग ज्ञात करें-

(a) 404 (b) 440

(c) 4.4 (d) 4.04

Sol. (c) 8 2 3 4 . 4 6 → $4 \times 10^{-1} = 0.4$, → $4 \times 10^{0} = 4$

योगफल $= 4 + 0.4 = 4.4$ **Ans.**

5. यदि a तथा b दो वास्तविक संख्या ऐसी है कि $ab = 0$ हो, तो-

(a) $a = 0$ तथा $b = 0$

(b) $a = 0$ अथवा $b = 0$ अथवा दोनों 0

(c) $a = 0$ तथा $b \neq 0$

(d) $a \neq 0$ तथा $b = 0$

Sol. (b)

6. सबसे छोटी अभाज्य संख्या कौन-सी है?

(a) 0 (b) 1

(c) 2 (d) 3

Sol. (c)

7. 70 से छोटी अभाज्य संख्या कितनी है?

(a) 17 (b) 18

(c) 19 (d) 20

Sol. (c) 2, 3, 5, 7, 7, 11, 13, 17, 19, 23, 29, 31, 37, 41, 43, 47, 53, 59, 61, 67

8. 50 तथा 80 के बीच सभी अभाज्य संख्याओं का योग कितना है?

(a) 465 (b) 401

(c) 513 (d) 463

Sol. (d) $53 + 59 + 61 + 67 + 71 + 73 + 79 = 463$

9. निम्नलिखित में से कौन-सी संख्या एक अभाज्य संख्या है?

(a) 161 (b) 221

(c) 373 (d) 437

Sol. (c) 161 = 7 का गुणज

221 = 13 का गुणज

337 = 1, 337

437 = 19 का गुणज

10. दो विषम संख्याओं का योगफल सदैव क्या होता है?

(a) विषम (b) सम

(c) दोनों (d) इनमें से कोई नहीं

Sol. (b) $3 + 9 = 12$ (सम)

11. एक विषम एवं एक सम संख्या का योगफल सदैव क्या होता है?

(a) विषम (b) सम

(c) दोनों (d) इनमें से कोई नहीं

Sol. (a) $3 + 2 = 5$ (विषम)

$9 + 8 = 17$ (विषम)

12. 100 और 800 के बीच कितनी पूर्ण संख्याओं में अंक 2 है?

(a) 200 (b) 214

(c) 220 (d) 240

Sol. (b) 214

13. निम्नलिखित समुच्चय में कौन-सी संख्या परिमेय संख्या है?

$500, -15, \sqrt{2}, \frac{1}{4}, 0.5353 ...., -2.50, \pi$

(a) $500, -15, \sqrt{2}, \frac{1}{4}, 0.5353 ...., -2.50, \pi$

(b) $500, -15, \frac{1}{4}, 0.5353 ...., -2.50$

(c) 500
(d) 500, –15, 0.5353, π

Sol. (b)

$\because$ π अपरिमेय संख्या है।

14. चार अभाज्य संख्याएं आरोही क्रम में लिखी हुई है। पहले तीन का गुणनफल 385 है और अंतिम तीन का गुणनफल 1001 है। प्रथम अभाज्य संख्या क्या है?

(a) 17 (b) 19
(c) 5 (d) 13

Sol. **(d)**

$\because$ $385 = 5\times7\times11$ (गुणनखण्ड)

अब अंतिम तीन संख्या का गुणनफल $= 1001$

$1001 = 7\times11\times x$

$x = 13$ **Ans.**

15. तीन अभाज्य संख्याओं का योगफल 100 है। यदि इनमें से एक संख्या किसी दूसरी संख्या से 36 अधिक है, तब इन संख्याओं में से एक संख्या है?

(a) 17 (b) 43
(c) 29 (d) 31

Sol. **(d)** $A + B + C = 2100$

तीन अभाज्य संख्याओं का योग सम (100) तभी हो सकता है जब उसके से एक अभाज्य संख्या सम हो, अतः

$A = 2$

$\therefore$ $B + C = 98$

माना कि एक संख्या $= x$

दूसरी संख्या $= x + 36$

$x + x + 36 = 98$

$2x = 62$

$x = 31$

$\therefore$ संख्या = 2, 31, 67 **Ans.**

16. निम्नलिखित में से किस युग्म की संख्या सह अभाज्य है?

(a) 28, 81 (b) 12, 27
(c) 36, 27 (d) 21, 56

Sol. **(a)**

$\because$ (28, 81) का म०स० = 1

17. मान लीजिए कि ab, $(a \neq b)$, 2 अंकों वाली अभाज्य संख्या है, इस प्रकार कि है कि ba भी अभाज्य संख्या है। ऐसी सभी संख्या का योगफल क्या होगा?

(a) 374 (b) 418
(c) 407 (d) 396

Sol. **(b)** $(13 + 31) + (17 + 71) + (37 + 73) + (79 + 97) = 418$ **Ans.**

भाज्यता का नियम (Divisibility Rule)

- $\frac{N}{0} = \infty \rightarrow$ विभाजित नहीं किया जा सकता है।
- $\frac{N}{1} = N \rightarrow$ सभी को विभाजित किया जा सकता है।
- **2 से भाज्यता –** किसी संख्या के अंत में 0, 2, 4, 6, 8 हो तो वह 2 से पूर्णतः विभाजित होगा। जैसे- 4, 200, 444, 686, 866
- **3 से भाज्यता –** अंकों का योग यदि 3 गा 3 का गुणज हो तो वह 3 से पूर्णतः विभाजित होगा। जैसे- 111, 222, 444441 ....
- **4 से भाज्यता –** संख्या का अंतिम दो अंक 4 से विभाजित हो या अंतिम दो अंक शून्य हो, वह 4 से पूर्णतः विभाजित होगा। जैसे- 483260512, 287600
- **5 से भाज्यता –** जिस संख्या के अंत में 5 या शून्य हो, वह 5 से पूर्णतः विभाजित होती है। जैसे- 52985, 135260 ......
- **6 से भाज्यता –** वह संख्या जो 2 और 3 से विभाजित हो। जैसे- 87132, 6666......
- **7 से भाज्यता –** अंतिम अंक को दोगुना, बाकी संख्या से घटाने पर यदि परिणाम 7 से विभाज्य हो तो वह संख्या 7 से विभाजय होगी। अथवा अंतिम अंक को 5 गुणा कर बाकी संख्या से जोड़ने पर परिणाम 7 से विभाज्य हो तो वह संख्या 7 से विभाज्य हो तो वह संख्या 7 से विभाज्य होगी।

जैसे- $483 - 48 - 3\times2 = \frac{42}{7} = 6$ $483 = 48 + 3\times5 = \frac{63}{7} = 9$

▶ **8 से भाज्यता** – संख्या के अंतिम तीन अंक यदि 8 से पूर्णतः विभाज्य हो तो वह संख्या 8 से पूर्णतः विभाजित होगी। जैसे- 34152

$\because \quad \frac{152}{8} = 19$ अतः 34152, 8 से पूर्णतः विभाज्य होगी।

▶ **9 से भाज्यता** – संख्या के सभी अंकों का योग यदि 9 या 9 का गुणज हो तो वह संख्या 9 से पूर्णतः विभाजित होगी।

उदाहरण- 288981 = 2+8+8+9+8+1 = 36

$\because$ 36,9 का गुणज है।

$\therefore$ यह संख्या 9 से पूर्णतः विभाजित होगी।

▶ **10 से भाज्यता** – जिस संख्या के अंत में शून्य हो वह 10 से पूर्णतः विभाजित होगी। **जैसे**- 532100

▶ **11 से भाज्यता** – यदि प्रत्येक क्रमागत अन्तरों का योगफल 11 से विभाज्य हो तो वह संख्या 11 से पूर्णतः विभाज्य होगी।

<u>अथवा</u> यदि विषम स्थानों और सम स्थानों के अंकों के योग का अन्तर शून्य या 11 का गुणज हो तो वह संख्या 11 से पूर्णतः विभाज्य होगी।

जैसे- 918082 = (9 – 1) + (8 – 0) + (8 – 2) = 22

$\because$ 22, 11 का गुणज है।

$\therefore$ यह संख्या 11 से विभाजित होगा।

जैसे- 725725

विषम स्थान $\rightarrow$ (7+5+2) = 14

सम स्थान $\rightarrow$ (2+7+5) = 14

अन्तर = 14 – 14 = 0 अतः 11 से विभाज्य होगी।

▶ **13 से भाज्यता** – इकाई के अंक का 4 गुना बची संख्या में जोड़ा जाए और वह यदि 13 से पूर्णतः विभाजित हो तो वह पूरी संख्या 13 से विभाजित होगा।

जैसे- 637 = 63+7×4 = 91

91 = 9+1×4 = 13

नोट- यदि संख्या बड़ी आये तो यह प्रक्रिया तब तक दोहराते रहेंगे, जब तक छोटी संख्या न प्राप्त हो जाये।

▶ **17 से भाज्यता** – इकाई अंक को 5 गुणा करके बची संख्या में घटाये जाने पर वह यदि 17 या 17 का गुणज प्राप्त हो तो वह संख्या 17 से पूर्णतः विभाजित होगी।

जैसे – 221 = 22–(1×5) = 17

▶ **19 से भाज्यता** – इकाई अंक का दोगुना शेष संख्या में जोड़ने पर यदि वह मान 19 या 19 का गुणज हो तो वह संख्या 19 से पूर्णतः विभाजित होगी।

जैसे- 437 = 43 + (7×2) = 57

▶ **महत्त्वपूर्ण तथ्य (Important facts)**

- ab × 101 = abab $\rightarrow$ 101 से विभाज्य होगी।
- abc × 1001 = abcabc $\rightarrow$ 7, 11 और 13 से विभाज्य होगी।
- ab × 10101 = ababab $\rightarrow$ 3, 7, 13 और 37 से विभाज्य होगी।

---

18. संख्या 75654 निम्न में से किस संख्या से पूर्णतः विभाजित होगी?

(a) 3 (b) 4
(c) 7 (d) इनमें से कोई नहीं

Sol. (a)

$\because$ 75654 = 7+5+6+5+4 = 27

$\therefore$ 27, 3 का गुणज है। **Ans.**

19. 634*246, 3 से विभाज्य हो तो x के कितने मान संभव है?

(a) 2 (b) 3
(c) 4 (d) इनमें से कोई नहीं

Sol. (b)

6 3 7 * 2 4 6

4 + * = 6
4 + * = 9
4 + * = 12 } 3 के गुणज

$\therefore$ * के मान = 2, 5, 8 **Ans.**

20. 1 से 200 के बीच कितने पूर्णांक है जो 2 तथा 3 दोनों से विभक्त हो?

(a) 25 (b) 27
(c) 29 (d) 33

Sol. (d)

$\because$ 2 तथा 3 से वही संख्या विभक्त होगी जो 6 से पूर्णतः विभक्त होगी।

19) 1000 (52
95
50
38
12

$\therefore$ अर्थात् 33 संख्या या पूर्णांक 1 से 200 तक के बीच में है जो 2 और 3 से पूर्णतः विभक्त होगी।

21. 6735*1 में *का अल्पतम मान क्या होगा, जिससे प्राप्त संख्या 9 से पूर्णतः विभक्त हो।

(a) 7 (b) 9
(c) 5 (d) 4

Sol. (c) 6735*1 = 6+7+3+5+*+1 = 22+*

$\because$ 22 + * = 2 + 2 + *
= 4 + *
$\because$ 9 = 4 + *
$\therefore$ * = 5

अतः *का अल्पतम मान = 5 **Ans.**

22. किसी दो-अंकीय संख्या को दो बार साथ-साथ लिखकर एक चार अंकीय संख्या बनाई जाती है जैसे- 6161, 8787 आदि। इस रूप की कोई संख्या निम्न में से किस संख्या से पूर्णतः विभक्त होगी?

(a) 7 (b) 11
(c) 13 (d) 101

Sol. (d) संख्या = 1000x + 100y + 10x + y (माना)
= 100 (10x + y) + (10x + y)
= (10x + y) (100 + 1)
= 101 (10x + y)

अतः ऐसी संख्या 101 का गुणज होगी।

23. निम्नलिखित में से कौन-सी संख्या ऐसी है जो xyxyxy प्रकार की किसी छः अंकों वाली संख्या को हमेशा विभाजित कर सकता है।

(a) 1010 (b) 10101
(c) 11011 (d) 11010

Sol. (b) संख्या = xyxyxy
$= 10^5x + 10^4y + 10^3x + 10^2y + 10x + y$
$= (10^5 + 10^3 + 10)\,x + (10^4 + 10^2 + 1)y$
$= (10^4 + 10^2 + 1)\,10x + (10^4 + 10^2 + 1)y$
$= (10000 + 100 + 1)\,(10x + y)$
$= 10101\,(10x + y)$

24. 738A6A, 11 से भाज्य है तो A का मान क्या है?

(a) 6 (b) 2
(c) 9 (d) 1

Sol. (c) 738A6A $\Rightarrow$ (A + A + 3) – (7 + 8 + 6) = 0
$\Rightarrow$ (2A + 3 – 21 = 0
$\Rightarrow$ 2A = 18
$\therefore$ A = 9

25. 1000 में से छोटी से छोटी कौन-सी संख्या घटायी जाये कि शेष बची संख्या 19 से पूर्णतः विभक्त हो जाए-

(a) 53 (b) 54
(c) 52 (d) 12

Sol. (d) अर्थात् (1000 – 12), 19 से पूर्णतः विभाजित होगी।

26. 4508 के समीपतम कौन-सी संख्या है जो 21 से पूर्णतया विभक्त हो-

(a) 4496 (b) 4502
(c) 4515 (d) इनमें से कोई नहीं

Sol. (c) **21) 4508 (214**
42
30
21
98
84
14

$\therefore$ 4508 + (21 – 14) = 4515 **Ans.**

27. प्राकृत संख्या n के लिए $(n^3 - n)$ सर्वदा किस बड़ी से बड़ी संख्या से विभक्त होगा?

(a) 3 (b) 6
(c) 12 (d) 18

Sol. (b)

$\because$ जब n = 1 हो, तब $(n^3 - n) = 0$
$\because$ जब n = 2 हो, तब $(n^3 - n) = 2^3 - 2 = 6$
$\because$ जब n = 3 हो, तब $(n^3 - n) = 3^3 - 3 = 24$

अतः n का सबसे बड़ी संख्या 6 है। **Ans.**

28. यदि n एक धनात्मक पूर्णांक है, तो $(3^{4n} - 3^{3n})$ सदैव निम्नलिखित में से किस संख्या से पूर्णतः विभक्त होगा?

(a) 7 (b) 17
(c) 112 (d) 145

Sol. (b)

$\because$ जब n = 0 हो, तब $(3^{4\times0} - 4^{3\times0}) = 0$
$\because$ जब n = 1 हो, तब $(3^4 - 4^3) = 17$
$\because$ जब n = 2 हो, तब $(3^{4\times2} - 4^{3\times2}) = 17\times145$

अतः n का मान 17 है। **Ans.**

29. संख्या 502789 में कम से कम क्या जोड़ा जाए कि योगफल 4 से पूर्णतः विभक्त हो जाये-

(a) 3 (b) 1
(c) 2 (d) 4

Sol. (a) 502789 में अंत के दो अंक 89 में 3 जोड़ने पर यह 92 होगा जो 4 का गुणज है। अतः 3 जोड़ने पर यह 502789 को विभाजित करेगा।

30. 5A7 में 335 को जोड़ने से संख्या 8B2 प्राप्त होती हे। संख्या 3 से पूर्णतया विभक्त हो जाती है तब A का अधिकतम मान ज्ञात करें।

(a) 8 (b) 2
(c) 1 (d) 4

Sol. **(d)**

$$\begin{array}{r} 5A7 \\ +335 \\ \hline 8B2 \end{array}$$

8 + B + 2 = 3 का गुणज

B = 2, 5 या 8

∴ A के अधिकतम मान के लिए B = 8 लेने पर

1 + A + 3 = 8 [1 = हासिल संख्या]

A = 4 **Ans.**

31. छः अंकों की संख्या 537xy5, 125 से विभाजय है। ऐसी कितनी छः अंकों की संख्या है?

(a) 4 (b) 2
(c) 3 (d) 5

Sol. **(a)** 125 से विभाज्यता = सैकड़ा, दहाई और इकाई अंक तीनों 125 से विभाज्य होना चाहिए।

125 × 1 = 125
125 × 3 = 375
125 × 5 = 625
125 × 7 = 875

∴ x और y के 4 मान = 12, 37, 62, 87 है।

32. 400 और 700 के बीच कितनी संख्या 5, 6 और 7 से विभाज्य है?

(a) 2 (b) 5
(c) 10 (d) 20

Sol. (a) 5, 6 और 7 का गुणज = 210, 420, 630

33. यह दिया गया है, $2^{20} + 1$ एक पूर्ण संख्या से विभाजित है। निम्नलिखित में से कौन-सी संख्या से पूरी तरह से विभाज्य है?

(a) $2^{15} + 1$ (b) 5×2^{30}
(c) $2^{90} + 1$ (d) $2^{60} + 1$

Sol. **(d)** $2^{20} + 1$ एक पूर्ण संख्या से पूर्णतः विभाज्य है।

$a^3 + b^3 = (a + b)(a^2 + b^2 - ab)$

$2^{90} + 1 = 2^{90} + 1^{15} = (2^{30} + 1)(2^{60} + 1^{60} - 2^{30})$

$2^{15} + 1 = 2^{15} + 1^{15} = (2^{15} + 1)(2^{10} + 1^{10} - 2^{5})$

$2^{60} + 1 = 2^{60} + 1^{60} = (2^{20} + 1)(2^{40} + 1^{40} - 2^{20})$

यदि कोई संख्या $(2^{20} + 1)$ को विभाज्य करती है तो वह निश्चित रूप से $(2^{60} + 1)$ को विभाज्य करेगी।

34. निम्नलिखित में से कौन-सी संख्या $7^{81} + 7^{82} + 7^{83}$ को पूरी तरह से विभाजित करेगी।

(a) 399 (b) 389
(c) 387 (d) 397

Sol. **(a)** $7^{81} + 7^{82} + 7^{83} = 7^{81}(1 + 7 + 7^2)$
$= 7^{81}(57)$

अतः यह 57 के सभी गुणज को विभाजित करेगी।

35. 1000 से कम कितनी प्राकृत संख्याएँ 5 या 7 से विभाज्य हे लेकिन 35 से नहीं?

(a) 205 (b) 313
(c) 341 (d) 243

Sol. **(a)** 1000 से छोटी संख्या जो 5 से विभाज्य है

$$= \frac{1000}{5} = 199$$

1000 से छोटी संख्या जो 7 से विभाज्य है

$$= \frac{1000}{7} = 142$$

1000 से छोटी संख्या जो 35 से विभाज्य है

$$= \frac{1000}{35} = 28$$

∴ 1000 से छोटी संख्या जो 7 या 5 से विभाज्य है लेकिन 35 से नहीं = 199+142 – (2×28) = 285 **Ans.**

36. 2001 तक कितनी प्राकृत संख्यां 3 या 4 से विभाज्य है लेकिन 5 से नहीं?

(a) 768 (b) 801
(c) 934 (d) 1067

Sol. **(b)** 2001 तक संख्या जो 3 से विभाज्य है

$$= \frac{2001}{3} = 667$$

2001 तक संख्या जो 4 से विभाज्य है

$$= \frac{2001}{4} = 500$$

2001 तक संख्या जो 12 से विभाज्य है

$$= \frac{2001}{12} = 166$$

वे संख्याएं जो 3 या 4 से विभाज्य है लेकिन 5 से नहीं = (3 या 4 से विभाज्य संख्या) – (3 और 5 से विभाज्य संख्या) – (4 और 5 से विभाज्य संख्या) + (3, 4 और 5 के LCM से विभाज्य संख्या)

$$= (667 + 500 - 166) - \frac{2001}{15} - \frac{2001}{20} + \frac{2001}{60}$$

$= 1001 - 133 - 100 + 33$

$= 801$ **Ans.**

37. छः अंकों की सबसे छोटी संख्या जो 53 से पूर्णतः विभाजय है?

(a) 100011 (b) 100042

(c) 100008 (d) 100064

Sol. (a) छः अंक की सबसे छोटी संख्या = 100000

```
53 ) 100000 ( 1886
     52
     470
     424
      460
      424
       360
       318
        42
```

अब, $53 - 42 = 11$

अतः संख्या $= 100000 + 11 = 100011$ **Ans.**

38. यदि 5 अंकों की संख्या 457ab, 3, 7 और 11 से विभाज्य है, तो $a^2 + b^2 - ab$ का मान क्या है?

(a) 49 (b) 36

(c) 24 (d) 33

Sol. (a) संख्या = 457ab

3, 7 और 11 का LCM = 231

a तथा b का न्यूनतम मान लेने पर संख्या

$= 45700$ (a = 0, b = 0)

अब, $45700 \div 231 \cong 197$ (लगभग)

इसीलिए अभीष्ट संख्या $= (197 + 1)\,231$

$= 45738$

$\therefore$ a = 3, b = 8

$a^2 + b^2 - ab = (3)^2 + (8)^2 - 3 \times 8$

$= 9 + 64 - 24 = 49$ **Ans.**

39. $2^{18} - 1^{18}$ किसके द्वारा विभाज्य है?

(a) 11 (b) 17

(c) 13 (d) 7

Sol. (d) $2^{18} - 1^{18} = (2^9 - 1)(2^9 + 1)$

$= [(2^3)^3 - 1][2^9 + 1]$

$= [(2^3 - 1)(2^6 + 1 + 2^3)(2^9 + 1)]$

$= [(8 - 1)(64 + 1 + 8)(2^9 + 1)]$

$= 7 \times 73 \times (2^9 + 1)$

$\therefore$ 7, (218 – 1) के गुणनखण्ड है।

$\therefore$ यह 7 से विभाज्य होगा।

40. $2^{25} + 2^{26} + 2^{27}$ किसके द्वारा विभाज्य है?

(a) 6 (b) 7

(c) 5 (d) 9

Sol. (b) $2^{25}(1 + 2^1 + 2^2) = 2^{25}(1 + 2 + 4)$

$= 7 \times 2^{25}$

अतः यह 7 से पूर्णतः विभाज्य होगा।

41. 3-अंकीय संख्याओं का योग abc, bca और cab हमेशा किससे विभाज्य होता है?

(a) 35 (b) 41

(c) 31 (d) 37

Sol. (d) abc = 100a + 10b + c

bca = 100b + 10c + a

cab = 100c + 10a + b

111 (a + b + c)

$\because$ 111 का गुणनखण्ड 37 है।

$\therefore$ ऐसी संख्या 37 से विभाज्य होगी।

42. एक 4 अंकीय संख्या $x92x$, 36 से विभाज्य है और एक 7 अंकीय संख्या $y569z04$, 11 से विभाज्य है। (x + z) के अधिकतम मान के लिए, (2x + y + z) का मान क्या है?

(a) 31 (b) 22

(c) 33 (d) 26

Sol. (a) 36 से विभाज्यता $= 9 \times 4$

$\therefore$ x = 0, 4, 8

यहां 0 का मान नहीं रख सकते है क्योंकि इससे यह तीन अंक की संख्या बन जाएगी।

$\therefore$ संभावित संख्या = 4924 या 8928

यहां 8928, 9 से पूर्णतः विभाजित है क्योंकि

$8 + 9 + 2 + 8 = 27, 2 + 7 = 9$

$\therefore$ x = 8

पुनः $(y + 6 + z + 4) - (5 + 9 + 0) = 0$ या 11 या 11 का गुणज

$y + z - 4 = 0$ या 11 का गुणज

y + z, 4 या 15 हो सकता है क्योंकि y + z, 18 से अधिक नहीं हो सकता है।

$\therefore$ y + z = 15 [(y + z) के अधिकतम मान के लिए]

$(2x + y + z) = (2 \times 8 + 15)$

$= 16 + 15 = 31$ **Ans.**

43. एक 7-अंकीय संख्या 54P3987, 11 से विभाज्य है, तो P किसके बराबर होगा?

(a) 5 (b) 9

(c) 4 (d) 1

Sol. (a) 5 4 P 3 9 8 7

$(5 + P + 9 + 7) - (4 + 3 + 8) = 0$ या 11 का गुणज

$21 + P - 15 = 0$ या 11 का गुणज

$P + 6 = 0$ या 11 का गुणज

$\therefore$ P = 5 या 6

44. यदि 75832y71, 9 से विभाज्य है, तो y के स्थान पर अंक ज्ञात कीजिए।

(a) 7 (b) 5
(c) 4 (d) 3

Sol. (d) $7 + 5 + 8 + 3 + 2 + y + 7 + 1 = 0$ या 9 का गुणज

$15 + y = 0$ या 9 का गुणज

$\therefore$ $y = 3$ **Ans.**

45. यदि नौ अंकों की संख्या 278P3468q, 36 से विभाज्य है, तो $\sqrt{3p + 4q}$ का मान ज्ञात करें- $(q > 4)$

(a) $\sqrt{14}$ (b) $2\sqrt{14}$
(c) 8 (d) $3\sqrt{6}$

Sol. (b)

$\because$ 8 से विभाज्यता के लिए अंत के तीन अंक 8 से विभाज्य होने चाहिए।

$\therefore$ 278P3468q

q = 4 या 8

परंतु $q > 4$

$\therefore$ $q = 8$

$\therefore$ $278P34688 = P + 46$

$\therefore$ $P = 8$

$\therefore$ $\sqrt{3p + 4q} = \sqrt{3 \times 8 + 4 \times 8}$

$= \sqrt{24 + 32}$

$= \sqrt{56}$

$= 2\sqrt{14}$ **Ans.**

46. यदि एक 9-अंकीय संख्या 985m3678n, 88 से विभाज्य है, तो $(2m - n)$ का मान है-

(a) 4 (b) 8
(c) 10 (d) 3

Sol. (b) 985m3678n

$n = 4$ ($\because$ 8 से विभाज्यता नियम से)

अब,

985m36784

$(9+5+3+7+4) - (8+m+6+8) = 0$ या 11 का गुणज

$28 - 22m = 0$ या 11 का गुणज

$6 - m = 0$ या 11 का गुणज

$\therefore$ $m = 6$

$\therefore$ $2m - n = 2 \times 6 - 4 = 8$ **Ans.**

47. यदि 7 अंकों की संख्या 678p37q, 75 से विभाज्य है और p एक भाज्य संख्या नहीं है तो p और q के मान ज्ञात करे।

(a) $p = 5, q = 5$ (b) $p = 3, q = 0$
(c) $p = 3, q = 5$ (d) $p = 2, q = 5$

Sol. (c) $75 = 5 \times 5 \times 3 = 25 \times 3$

$\therefore$ $q = 5$

अब,

678p375

$\therefore$ p = 3 या 6 या 9

$\because$ 6 भाज्य संख्या है।

$\therefore$ p = 3 या 9

$\therefore$ $p = 3, q = 5$ **Ans.**

48. यदि 7 अंकों की संख्या 52A6B7C, 33 से विभाज्य है और A, B, C अभाज्य है तो $2A + 3B + C$ का अधिकतम मान ज्ञात करें-

(a) 32 (b) 23
(c) 27 (d) 34

Sol. (b) $5 + 2 + A + 6 + B + 7 + C$

$= 20 + A + B + C$

$\therefore$ $(A + B + C)$ के संभावित मान

$= 1, 4, 7, 10, 13, 16, 19, 22, 25$

पुनः, $5 + A + B + C - 2 - 6 - 7 = 0$ या 11 के गुणज

$5 + A + B + C - 15 = 0$ या 11 का गुणज

संभावित मानों से, $(A + B + C) = 10$ के लिए हमें 0 प्राप्त होता है।

$\therefore$ $A + B + C = 10$

$\therefore$ यदि $A = 5, B = 3, C = 2$

$2A + 3B + C = 10 + 9 + 2 = 21$

यदि $A = 3, B = 2, C = 5$

$2A + 3B + C = 6 + 6 + 5 = 17$

यदि $A = 3, B = 5, C = 2$

$2A + 3B + C = 6 + 15 + 2 = 23$

अतः अधिकतम मान के लिए $A = 3, B = 5, C = 2$

49. यदि संख्या 6788934a4, 11 से विभाज्य है, तो a के स्थान पर सबसे छोटी पूर्ण संख्या ज्ञात करें-

(a) 3 (b) 4
(c) 5 (d) 2

Sol. (d) 6788934a4

$(6+8+9+4+4) - (7+8+3+9) = 0/11$

$31 - 18 - a = 0/11$

$13 - a = 11$

$\therefore$ $a = 2$ **Ans.**

शेषफल (Remainder)

शेषफल प्रमेय (Remainder Theorem)

भाजक ← 5) 17 (3 → भागफल (17 → भाज्य)

15

×2 → शेषफल

$17 = 5 \times 3 + 2 \rightarrow$ शेषफल प्रमेय

भाज्य = भाजक × भागफल + शेषफल

शेषफल प्रमेय के गुण (Properties of Remainder Theorem)

यदि $\frac{x}{D} \rightarrow$ शेषफल $= R$ तो-

- $\frac{2x}{D} \rightarrow$ शेषफल $= 2R$ (यदि $2R < D$)
- $\frac{3x}{D} \rightarrow$ शेषफल $= 3R$ (यदि $3R < D$)
- $\frac{x^2}{D} \rightarrow$ शेषफल $= R^2$ (यदि $R^2 < D$)
- $\frac{x^3}{D} \rightarrow$ शेषफल $= R^3$ (यदि $R^3 < D$)
- $\frac{2x+1}{D} \rightarrow$ शेषफल $= 2R+1$ [यदि $(2R+1) < D$]
- यदि $\frac{M}{D} \rightarrow$ शेषफल $= R_1$ तथा $\frac{N}{D} \rightarrow$ शेषफल $= R_2$

  तब $\frac{(M+N)}{D} \rightarrow$ शेषफल $= R_1 + R_2$ [$(R_1 + R_2 < D)$]

नोट

इन सभी मामलों में यदि शेषफल, भाजक से बड़ा होगा तो एक बार पुनः भाजक से भाग करके शेषफल ज्ञात करेंगे।

- यदि $\frac{M}{D} \rightarrow$ शेषफल $= R_1$ तथा $\frac{N}{D} \rightarrow$ शेषफल $= R_2$

  तथा $\frac{(M+N)}{D} \rightarrow$ शेषफल $= R_3$ तब $D = R_1 + R_2 - R_3$
- $\frac{A+B+C+D}{M} \rightarrow R(\text{शेषफल}) = \frac{A_R + B_R + C_R + D_R}{M}$
- $\frac{A \times B \times C \times D}{M} \rightarrow R(\text{शेषफल}) = \frac{A_R \times B_R \times C_R \times D_R}{M}$

प्रतिरूपकता की अवधारणा (Concept of Modularity)

- जब हम किसी भाग में भाजक और भाज्य को किसी एक संख्या से भाग करते है तो शेषफल में भी उससे भाग हो जाता है। अतः शेषफल ज्ञात करते समय हम जिस संख्या से भाग दिये रहते है उससे गुणा भी करना पड़ता है।

जैसे- $\frac{1002}{21} = \frac{334}{7}$ (अंश और हर में 3 से भाग करने पर)

$\frac{334}{7} \rightarrow$ शेषफल $= 5 \times 3 = 15$

- $\frac{(tx+a)}{x} \rightarrow$ शेषफल $= a$

$\frac{(tx+a)^2}{x} = \frac{t^2x^2 + 2atx + a^2}{x} \rightarrow$ शेषफल $= a^2$

$\frac{(tx+a)^3}{x} = \frac{t^3x^3 + 3atx(tx+a) + a^3}{x} \rightarrow$ शेषफल $= a^3$

इसी प्रकार द्विपद विस्तार (Binomial expansion) से

$\frac{(tx+a)^n}{x} \rightarrow$ शेषफल $= a^n$

जहाँ 'n' एक सम या विषम संख्या है।

- $\frac{(tx-a)^n}{x} \rightarrow$ शेषफल $= (-a)^n$
  - a^n यदि n सम हो
  - $(-a^n+x)$ यदि n विषम हो

फरमेट शेषफल प्रमेय (Fermat's Theory)

$$\frac{N^{P-1}}{P} \rightarrow \text{Remainder} = 1$$

जहाँ P एक अभाज्य संख्या है तथा P और N सह-अभाज्य संख्याएं है।

Exp. यदि $(50)^{16}$ को 17 से विभाजित किया जाता है तो शेषफल होगा-

(a) 2 (b) 5
(c) 1 (d) 0

Sol. **(c)** $\frac{(50)^{16}}{17} = \frac{(50)^{17-1}}{17} \Rightarrow R = 1$

विल्सन शेषफल प्रमेय (Wilson's Theorem)

इस प्रमेय के अनुसार किसी भी अभाज्य संख्या P के लिए-

$$\frac{(P-1)!}{P} \rightarrow \text{Remainder} = -1 \Rightarrow (P-1)$$

Exp. $\frac{16!}{17}$ का शेषफल है-

(a) 14 (b) 15
(c) 16 (d) 13

Sol. **(c)** $\frac{16!}{17} = \frac{(17-1)!}{17} \Rightarrow R = -1 \Rightarrow R = 17 - 1 = 16$

Exp. $(72! + 8)$ को 73 से विभाजित करने पर शेषफल होगा-

(a) 4 (b) 7
(c) 3 (d) 10

Sol. **(b)** $\frac{(72!+8)}{73} = \frac{(73-1)!}{73} + \frac{8}{73}$

$\Rightarrow R = -1 + 8 = 7$

Exp. 14! को 17 से विभाजित करने पर शेषफल होगा-

(a) 4 (b) 6
(c) 8 (d) 10

Sol. **(c)** $\frac{16!}{17} \rightarrow R = -1 \Rightarrow 16 \text{(by wilson's theorem)}$

$\frac{\overset{-1}{16} \times \overset{-2}{15} \times \overset{x}{14!}}{17} \rightarrow R = 16$

$(-1) \times (-2) \times x = 16$

$x = \frac{16}{2} = 8$

यूलर शेषफल प्रमेय (Euler's Theorem)

$$\frac{a^{\phi(D)}}{D} \rightarrow R = 1$$

जहाँ $\phi(D)$ = Toient function of D
a, D = co-prime

▶ **Toient निकालना-**

• जब भाजक अभाज्य संख्या हो-

$$\phi(D) = D - 1$$

• जब भाजक अभाज्य संख्या न हो-

$D = a^p \times b^q \times c^r$ {जहाँ a, b, c अभाज्य संख्या हो}

$$\phi(D) = D\left(1-\frac{1}{a}\right)\left(1-\frac{1}{b}\right)\left(1-\frac{1}{c}\right)$$

Exp. $\frac{2^{123}}{13}$ में शेषफल क्या है-

(a) 4 (b) 6
(c) 8 (d) 3

Sol. **(c)** D = 13 (prime) $\phi(D) = 13 - 1 = 12$

$\frac{2^{123}}{13} \rightarrow R = 2^3 = 8 \left\{\frac{123}{12} \rightarrow R = 3\right\}$

Exp. $\frac{13^{818}}{24}$ में शेषफल क्या है-

(a) 2 (b) 1
(c) 5 (d) 3

Sol. **(b)** D = 24 (composite)

$24 = 2^3 \times 3^1$

$\phi(D) = 24\left(1-\frac{1}{2}\right)\left(1-\frac{1}{3}\right) = 8$

$\frac{13^{818}}{24} \rightarrow R = \frac{13^2}{24} \left\{\frac{818}{8} \rightarrow R = 2\right\}$

$\Rightarrow R \rightarrow \frac{169}{24} \Rightarrow R = 1$

किसी संख्या का अंतिम दो अंक तथा तीन अंक ज्ञात करना

- किसी संख्या को 10 से भाग करने पर जो शेषफल आता है वही इकाई अंक होता है।
- किसी संख्या को 100 से भाग देने पर जो शेषफल आता है वही अन्तिम दो अंक होता है।
- किसी संख्या को 1000 से भाग देने पर जो शेषफल आता है वही अन्तिम तीन अंक होता है।

Exp. 7^{208} के अन्तिम दो अंक क्या है?

(a) 21 (b) 61
(c) 01 (d) 81

Sol. **(c)** $D = 100 = 2^2 \times 5^2$

$$\phi(D) = 100\left(1-\frac{1}{2}\right)\left(1-\frac{1}{5}\right) = 40$$

by Euler's Theorem-

$$\frac{7^{208}}{100} \to \frac{7^8}{100} \to \frac{(49)^4}{100} \to \frac{(2401)^2}{100} \to \frac{(2400+1)^2}{100}$$

$\Rightarrow R = 01$

Exp. 56^{283} के अंतिम दो अंक ज्ञात करे-

(a) 56 (b) 66
(c) 36 (d) 16

Sol. **(d)**

Not co-prime $\frac{(56)^{283}}{100} \to \frac{56\times(56)^{282}}{100}$

$\Rightarrow \frac{14\times(56)^{282}}{25}$ {co-prime बनाने के लिए अंश और हर को 4 से भाग किया।}

$\Rightarrow$ 56 और 25 co-prime है। अतः अब Euler's Theorme प्रयोग किया जा सकता है।

$D = 25 = 5^2$ $\phi(D) = 25\left(1-\frac{1}{5}\right) = 20$

by Euler's Theorem-

$$\frac{14\times(56)^{283}}{25},\ \frac{14\times(56)^2}{25} \to \frac{14\times(50+6)^2}{100} \to \frac{14\times6\times6}{25} \to 4$$

$\Rightarrow R = 4\times4 = 16$ {concept of Modularity}

Exp. 87^{2002} में अंतिम तीन अंक क्या है?

(a) 469 (b) 569
(c) 375 (d) 475

Sol. **(b)** $D = 1000 = 2^3 \times 5^3$

$$\phi(D) = 1000\left(1-\frac{1}{2}\right)\left(1-\frac{1}{5}\right) = 400$$

by Euler's Theorem-

$$\frac{87^{2002}}{1000} \to \frac{87^2}{1000} \to \frac{(7569)}{1000} \to \frac{(7000+569)}{1000}$$

$\Rightarrow R = 569$

50. 1043 को किसी संख्या से भाग देने पर भागफल 11 तथा शेषफल 20 प्राप्त होता है तो भाजक ज्ञात करें-

(a) 93 (b) 95
(c) 94 (d) 96

Sol. **(a)** भाज्य = (भाजक × भागफल) + 20
1043 = (भाजक × 11) + 20
1023 = भाजक × 11
भाजक = 93 **Ans.**

51. 10690 को किसी संख्या से भाग देने पर भागफल = 73 तथा शेषफल = 32 प्राप्त होता है तो भाजक कितना है?

(a) 146 (b) 147
(c) 148 (d) 150

Sol. **(a)** भाजक $= \frac{\text{भाज्य} - \text{शेषफल}}{\text{भागफल}}$

$= \frac{10690-32}{73}$

$= \frac{10658}{73} = 146$ **Ans.**

52. किसी संख्या को 136 से भाग देने पर शेषफल 36 प्राप्त होता है। उसी संख्या को यदि 17 से भाग दे तो शेषफल क्या होगा?

(a) 9 (b) 7
(c) 3 (d) 2

Sol. **(d)** संख्या = 136 + 36 = 172

17) 172 (10
170
2

∴ शेषफल = 2 **Ans.**

Short Method (Trick)

$$\frac{136}{17}+\frac{36}{17} = 0+2\ (\text{शेषफल}) = 2$$

53. किसी संख्या को 156 से भाग देने पर 29 शेष बचता है। उसी संख्या को 13 से भाग देने पर शेष क्या बचेगा?

(a) 1 (b) 2
(c) 3 (d) 6

Sol. (c) $\frac{156}{13}+\frac{29}{13} = 0+3\ (\text{शेषफल}) = 3$ **Ans.**

54. किसी संख्या को 6 से विभक्त करने पर शेषुल 3 प्राप्त होता है। उसी संख्या के वर्ग को 6 से विभक्त करने पर शेषफल क्या प्राप्त होगा?

(a) 0 (b) 1
(c) 2 (d) 3

Sol. (d) संख्या $= 6+3 = 9$

वर्ग $= 9\times9 = 81$

6) 81 (13
78
3

अतः शेषफल = 3 **Ans.**

Short Trick-

$$\frac{x}{6}\to R=3 \quad \Rightarrow \frac{x^2}{6}\to R=3^2=9(R^2>D)$$

अतः पुनः भाजक से भाग दिया- $\frac{9}{6}\to R=3$

55. यदि किसी संख्या को 138 से भाग दिया जाता है तो शेषफल 29 प्राप्त होता है। यदि इस संख्या के 5 गुने को 92 से विभाजित किया जाता है तो शेषफल क्या होगा?

(a) 19 (b) 52
(c) 35 (d) 7

Sol. (d) शेषफल $= \frac{(138+29)\times5}{92} = 7$ **Ans.**

56. जब एक प्राकृत संख्या n को 5 से विभाजित किया जाता है तो शेषफल 4 प्राप्त होता है। 2n को 5 से विभाजित करने पर शेषफल क्या प्राप्त होगा?

(a) 2 (b) 3
(c) 4 (d) 0

Sol. (b) संख्या $= 5+4$

$n = 9$ (माना)

$2n = 9\times2 = 18$

शेषफल $= \frac{18}{5} = 3$ **Ans.**

Short Trick-

$$\frac{n}{5}\to R=4 \ \Rightarrow \frac{2n}{5}\to R=2\times4=8(2R>D)$$

अतः पुनः भाजक से भाग दिया- $\frac{8}{5}\to R=3$

57. जब एक संख्या m को 7 से विभाजित किया जाता है तो शेषफल 6 प्राप्त होता है। यदि m के वर्ग को 7 से विभाजित किया जाए तो शेषफल क्या होगा?

(a) 4 (b) 1
(c) 3 (d) 2

Sol. (b) संख्या $(m) = 7+6 = 13$

$(m)^2 = (13)^2 = 169$

शेषफल $= \frac{169}{7} = 1$

58. जब दो संख्याओं को अलग-अलग 33 से विभाजित किया जाता है तो शेषफल क्रमशः 21 और 28 होते है। यदि दोनों संख्या के योग को 33 से विभाजित किया जाए, तो शेषफल क्या होगा?

(a) 10 (b) 12
(c) 14 (d) 16

Sol. (d) माना कि दो संख्या क्रमशः $= (33+21), (33+28)$

$= 54, 61$

दोनों संख्या का योग $= 54+61 = 115$

शेषफल $= \frac{115}{33} = 16$ **Ans.**

Short Trick-

$$\frac{M}{33}\to R=21 \text{ तथा } \frac{N}{33}\to R=28$$

$$\Rightarrow \frac{M+N}{33}\to R=\frac{21+28}{33}=16$$

59. एक संख्या को क्रमशः 9, 11, 13 से विभक्त करने पर क्रमशः 8, 9, 8 शेषफल प्राप्त होता है। यदि विभाजकों के क्रम को पलट दिया जाए तो शेष क्या प्राप्त होगा?

(a) 8, 9, 8 (b) 9, 8, 8
(c) 10, 1, 6 (d) इनमें से कोई नहीं

Sol. (c)

9	a	8
11	b	9
13	c	8
	1	

$c = 13 \times 1 + 8 = 21$

$b = 11 \times 21 + 9 = 240$

$a = 9 \times 240 + 8 = 2168$

$\therefore$ शेषफल = 10, 1, 6 **Ans.**

60. किसी संख्या में 7 जोड़कर योगफल को 5 से गुणा करके गुणफल को 9 से भाग देते है। इस प्रकार प्राप्त भागफल में से 3 घटाने पर 12 शेष प्राप्त होता है। शेषफल कितना है?

(a) 20 (b) 30

(c) 40 (d) 60

Sol. (a) माना कि अभीष्ट संख्या = x

$$\frac{(x+7)\times 5}{9} - 3 = 12$$

$$5x + 35 = 135$$

$$5x = 100$$

$$x = 20$$ **Ans.**

61. किसी संख्या को 4 से भाग देने पर शेषफल 2 प्राप्त होता है। इससे प्राप्त भागफल को 5 से भाग देने पर शेषफल 3 प्राप्त होता है। इस प्रकार प्राप्त भागफल को 6 से भाग देने पर शेषफल 5 प्राप्त होता है। यदि अंतिम भागफल 7 है तो संख्या क्या होगी?

(a) 962 (b) 954

(c) 946 (d) 938

Sol. (b) संख्या $= 4 \times Q + 2, Q = 5q + 3$

$q = 6 \times 7 + 5 = 47$

$\therefore$ $Q = 5 \times 47 + 3 = 238$

$\therefore$ संख्या $= 4 \times 238 + 2 = 954$ **Ans.**

62. किसी संख्या को 4 से भाग देने पर भागफल तथा शेषफल का योग 8 है तथा इनके वर्गों का योग 34 है तो संख्या ज्ञात करे-

(a) 13 (b) 23

(c) 25 (d) 35

Sol. (b) माना कि भागफल = d

शेषफल = r

$d + r = 8$ .... (i)

$d^2 + r^2 = 34$ .... (ii)

$(d+r)^2 = d^2 + r^2 + 2dr$

$(8)^2 = 34 + 2dr$

$dr = 15$

$(d-r)^2 = d^2 + r^2 - 2dr$

$= 34 + 2 \times 15$

$= 4$

$(d - r) = 2$ .... (iii)

समीकरण (i) + (iii)

$d + r = 8$

$d - r = 2$

$2d = 10$

$d = 5$

$\therefore$ $r = 8 - 5 = 3$

$\therefore$ संख्या $= 4d + r$

$= 4 \times 5 + 3$

$= 23$ **Ans.**

63. जब किसी संख्या को 6 से विभाजित करने के लिए कहा गया, तो रानी ने इसे 9 से विभाजित किया और उसे भागफल 21 ओर शेषफल 3 प्राप्त हुआ। बाद में उसे अपनी गलती का एहसास हुए, उसने इसे 6 से विभाजित किया। भागफल और शेषफल क्या होगा?

(a) भागफल = 31, शेषफल = 1

(b) भागफल = 31, शेषफल = 2

(c) भागफल = 32, शेषफल = 0

(d) भागफल = 32, शेषफल = 3

Sol. (c) संख्या $= 9 \times 21 + 3 = 192$

अब 6 से भाग देने पर

```
6 ) 192 ( 32
    18
     12
     12
      0
```

$\therefore$ भागफल = 32, शेषफल = 0 **Ans.**

64. जब एक संख्या को 44 से भाग दिया जाता है तो भागफल 432 आता है और शेष शून्य आता है। यदि उसी संख्या को 31 से भाग दिया जाए तो शेष क्या बचेगा?

(a) 3 (b) 4

(c) 5 (d) 6

Sol. (c) संख्या $= 44 \times 432 + 0$

$= 19008$

अब संख्या को 31 से भाग देने पर

```
31 ) 19008 ( 613
     186
       40
       31
        98
        93
         5
```

$\therefore$ शेषफल = 5 **Ans.**

65. जब 10011 को 101 से विभाजित किया जाए तो शेषफल क्या होगा?

(a) 9 (b) 11
(c) 12 (d) 13

Sol. (c) 101) 10011 (99
909
921
909
12

$\therefore$ शेषफल = 12 **Ans.**

66. यदि 1433×1422×1425 को 12 से विभाजित किया जाता है तो शेषफल ज्ञात करे-

(a) 3 (b) 9
(c) 8 (d) 6

Sol. (d) $\frac{1433\times1422\times1425}{12} = \frac{1433}{12}\times\frac{1422}{12}\times\frac{1425}{12}$

$= \frac{5\times6\times9}{12}$

$= \frac{270}{12} = 6$

$\therefore$ शेषफल = 6 **Ans.**

67. व्यंजक 1111×2222×3333 को 15 से भाग देने पर शेषफल क्या होगा?

(a) 10 (b) 11
(c) 2 (d) 6

Sol. (d) $\frac{1111\times2222\times3333}{15} = \frac{1111}{15}\times\frac{2222}{15}\times\frac{3333}{15}$

$= 1\times2\times3$
$= 6$

$\therefore$ शेषफल = 6 **Ans.**

68. व्यंजक $2581\times(2862)^2\times(2873)^3$ को 23 से भाग देने पर शेष क्या होगा?

(a) 21 (b) 9
(c) 2 (d) 12

Sol. (c) $\frac{2581\times(2862)^2\times(2873)^3}{23}$

$= \frac{2581}{23}\times\frac{2862}{23}\times\frac{2862}{23}\times\frac{2873}{23}\times\frac{2873}{23}\times\frac{2873}{23}$

$= \frac{5\times10\times10\times21\times21\times21}{23}$

$= \frac{500}{23}\times\frac{9261}{23}$

$= \frac{17\times15}{23} = 2$ **Ans.**

69. 51×27×35×62×75 को 100 से विभाजित करने पर शेष क्या प्राप्त होगा?

(a) 50 (b) 25
(c) 5 (d) 1

Sol. (a) जब हम किसी संख्या को 100 से विभाजित करते है तो,

$\frac{N}{100}$ = शेषफल (N के अंतिम दो अंक)

अब,
$51\times27\times35\times62\times75$
$= (3\times17)\times(3^3)\times(5\times7)\times(31\times2)\times(5^2\times3)$
$= 2\times3^5\times5^3\times17\times31$
$= 2\times243\times125\times17\times31$

$\therefore$ इकाई अंक = 3×7×10×5 = 1050

$\therefore$ शेषफल = 50 **Ans.**

70. 73+75+78+57+197 को 34 से विभाजित करने पर शेषफल क्या होगा?

(a) 32 (b) 4
(c) 15 (d) 28

Sol. (b) $\frac{73}{34}+\frac{75}{34}+\frac{78}{34}+\frac{57}{34}+\frac{197}{34}$

$= \frac{5+7+10+23+27}{34}$

$= \frac{72}{34}$

= 4 (शेषफल) **Ans.**

71. वह बड़ी से बड़ी संख्या ज्ञात करे जो 390, 495 और 300 को बिना कोई शेषफल छोड़े विभाजित करती है।

(a) 5 (b) 15
(c) 25 (d) 35

Sol. (b) 390 = 2×3×5×13
495 = 3×3×5×11

$300 = 2 \times 2 \times 3 \times 5 \times 5$

$\therefore$ अभीष्ट संख्या $= 3 \times 5 = 15$ **Ans.**

72. दो संख्याएं 11284 तथा 7655, जब तीन अंकों वाली एक संख्या से विभाजित की जाती हे, तो एकसमान शेषफल छोड़ता है। तद्नुसार, उस तीन अंकों वाली संख्या के अंकों का योगफल कितना है?

(a) 8 (b) 9
(c) 10 (d) 11

Sol. (d) यदि शेषफल $= x$

$(11284 - x) - (7655 - x) = 3629$ उस संख्या से विभाज्य है।

$3629 = 19 \times 191$

$\therefore$ अभीष्ट तीन अंक की संख्या $= 191$

$\therefore$ अंकों का योग $= 1+9+1 = 11$ **Ans.**

73. n के किसी पूर्णाक मान के लिए $3^{2n} + 9n + 5$ को 3 से भाग दिए जाने पर क्या शेष होगा?

(a) 1 (b) 2
(c) 0 (d) 5

Sol. (b) व्यंजक $= 3^{2n} + 9n + 5$

$= (3^{2n} + 9n + 3) + 2$

$= 3(3^{2n-1} + 3n + 1) + 2$

$\therefore$ शेष $= 2$ **Ans.**

74. एक संख्या x, 7 से विभाजय है। जब इस संख्या को 8, 12 और 16 से विभाजित किया जाता है तो प्रत्येक स्थिति में शेषफल 3 रहता है। x का न्यूनतम मान है-

(a) 148 (b) 149
(c) 150 (d) 147

Sol. (d) 8, 12, 16 का ल०स० $= 48$

$\therefore$ अभीष्ट संख्या $= 48a + 3$, जो 7 से विभाज्य है।

$\therefore$ $x = 48a + 3 = (7 \times 6a) + (6a + 3)$ जो 7 से विभाज्य है।

अर्थात् $(6a + 3)$, 7 से विभाज्य है।

जब, $a = 3$, $6a + 3 = 18 + 3 = 21$

$\therefore$ $x = 48 \times 3 + 3 = 144 + 3 = 147$ **Ans.**

75. एक विभाजन योग में भाजक भागफल का 10 गुना और शेषफल का चार गुना है। यदि शेषफल 45 है तो भाज्य क्या होगा?

(a) 4123 (b) 3285
(c) 2895 (d) 5412

Sol. (b) भाजक $= 4 \times$ शेषफल

$= 4 \times 45$

$= 180$

$\therefore$ भागफल $= \frac{180}{10} = 18$

$\therefore$ भाज्य $= 180 \times 18 + 45 = 3285$ **Ans.**

76. भाग के प्रश्न में भाजक, भागफल का 10 गुना है तथा शेषफल का 5 गुना है। यदि शेषफल 46 हो तो भाज्य ज्ञात करे-

(a) 5569 (b) 5518
(c) 5336 (d) इनमें से कोई नहीं

Sol. (c) भाजक $= 5 \times$ शेषफल

$= 5 \times 46$

$= 230$

भागफल $= \frac{\text{भाजक}}{10} = \frac{230}{10} = 23$

भाज्य $= (230 \times 23) + 46$

$= 5336$ **Ans.**

77. यदि संख्या 123456789 को 9 से विभाजित किया जाता है तो शेषफल क्या होगा?

(a) 0 (b) 1
(c) 2 (d) 3

Sol. (a) $\frac{1+2+3+4+5+6+7+8+9}{9} = \frac{45}{9} = 0$

अतः शेषफल $= 0$ **Ans.**

78. 4^{96} को 6 से विभाजित करने पर शेषफल क्या होगा?

(a) 4 (b) 3
(c) 2 (d) 1

Sol. (a)

		शेषफल
$\frac{4^1}{6}$	=	4
$\frac{4^2}{6}$	=	4
$\frac{4^3}{6}$	=	4
$\frac{4^n}{6}$	=	4

$\therefore$ $\frac{4^{96}}{6} = 4$ (शेषफल)

79. 4^{1012} को 7 से विभाजित करने पर शेषफल क्या है?

(a) 1 (b) 2
(c) 3 (d) 4

Sol. (d) $\frac{4.4^{1011}}{7} = \frac{4(4^3)^{337}}{7}$

$= \frac{4(64)^{337}}{7}$

$= \frac{4(63+1)^{337}}{7}$

$= 4.(1)^{337}$
$= 4.1$
$= 4$ **Ans.**

80. 2^{1000} को 3 से भाग देने पर शेषफल ज्ञात कीजिए-

(a) 1 (b) 2
(c) 4 (d) 6

Sol. (a) $R = \frac{2^{1000}}{3}$

$= \frac{(3-1)^{1000}}{3}$

$= (-1)^{1000}$
$= 1$

अतः शेषफल = 1 **Ans.**

81. 21^{875} को 17 से भाग देने पर शेषफल ज्ञात कीजिए-

(a) 8 (b) 13
(c) 16 (d) 9

Sol. (b) $R = \frac{21^{875}}{17} = \frac{(17+4)^{875}}{17}$

$= \frac{4^{875}}{17} = \frac{2^{1750}}{17}$

$= \frac{2^2.(16)^{437}}{17} = 4(-1)^{437}$

$= -4 + 17 = 13$ **Ans.**

नोट- जब शेषफल ऋणात्मक आये तो उसमें भाजक जोड़कर शेषफल बताते है।

82. जब $(19^{19} + 20)$ को 18 से विभाजित किया जाए तो शेष ज्ञात करे-

(a) 3 (b) 2
(c) 1 (d) 0

Sol. (a) $R = \frac{(18+1)^{19} + 20}{18}$

$= 1^{19} + 2 = 3$ **Ans.**

83. जब $(27^{27} + 27)$ को 7 से विभाजित किया जाए तो शेषफल क्या होगा?

(a) 0 (b) 9
(c) 13 (d) 8

Sol. (a) $R = \frac{(28-1)^{27} + 27}{28}$

$= (-1)^{27} + 27$
$= -1 + 27 = 26$ **Ans.**

84. $(2^{24} - 1)$ को 7 से विभाजित करने पर कितना शेषफल बचेगा?

(a) 18 (b) 0
(c) 12 (d) 16

Sol. (b) $R = \frac{2^{24} - 1}{7} = \frac{(8)^8 - 1}{7}$

$= 1^8 - 1 = 0$ **Ans.**

85. यदि 3^{61284} को 5 से विभाजित करने पर x शेषफल है और 496 को 6 से विभाजित करने पर y शेषफल है, तो $(2x - y)$ का मान क्या है?

(a) 4 (b) −2
(c) 2 (d) (−4)

Sol. (b) by Euler's Theorem-

$R_1 = \frac{3^{61284}}{5} = \frac{3^4}{5} = \frac{81}{5} = 1$ (शेषफल)

$R_2 = \frac{4^{96}}{6} = 4$ (शेषफल)

$\therefore$ $2x - y = 2\times1 - 4 = -2$ **Ans.**

86. यदि दो संख्याओं 5^{16} और 5^{25} प्रत्येक को 6 से विभाजित किया जाता है तो शेषफल क्रमशः R_1 और R_2 है। $\frac{R_1 + R_2}{R_2}$ का मान क्या है?

(a) $\frac{1}{6}$ (b) $\frac{5}{6}$

(c) $\frac{1}{5}$ (d) $\frac{6}{5}$

Sol. (d) $R_1 = \frac{(6-1)^{16}}{6} = (-1)^{16} = 1$

$R_2 = \frac{5^{25}}{6} = -1 + 6 = 5$

$\therefore \quad \frac{R_1 + R_2}{R_2} = \frac{1+5}{5} = \frac{6}{5}$ **Ans.**

87. जब किसी संख्या को 3 से विभाजित किया जाता है तो शेषफल 2 आता हे। फिर जब भागफल को 7 से विभाजित किया जाता है तो शेषफल 5 आता है। मूल संख्या को 21 से विभाजित करने पर शेषफल कितना होगा?

(a) 14 (b) 16
(c) 13 (d) 17

Sol. (d) संख्या = भागफल × भाजक + शेषफल

माना कि अंतिम भागफल = x

अंतिम संख्या = 7x + 5

$\therefore$ पहली संख्या $= 3 \times (7x+5) + 2$
$= 21x + 17$

अब हम यदि $(21x+17)$ को 21 से विभाजित करेंगे तो हमें शेषफल 17 प्राप्त होगा।

88. किसी संख्या को यदि 7 से विभाजित किया जाए तो शेषफल 3 बचता है और यदि परिणामी भागफल को 11 से विभाजित किया जाए तो शेषफल 6 बचता है। यदि उसी संख्या को 11 से विभाजित किया जाए तो m शेषफल बचता है और परिणामी भागफल को जब 7 से विभाजित किया जाए तो n शेषफल बचता है। m और n के मान ज्ञात करें-

(a) 1, 4 (b) 4, 1
(c) 3, 6 (d) 6, 3

Sol. (a) माना कि एक संख्या x है जिसे 7 से भाग देने पर 3 शेष प्राप्त होता है।

$\therefore \quad x = 7q + 3$ .... (i)

उसी प्रकार भागफल को 11 से भाग देने पर 6 शेष प्राप्त होता है।

$q = 11b + 6$ .... (ii)

$x = 7q + 3$
$= 7(11b + 6) + 3$
$= 77b + 45$

$(77b+45)$ को 11 से भाग देने पर शेषफल m प्राप्त होता है।

$\Rightarrow \quad \frac{x}{11} = \frac{77b+45}{11} = \frac{77b+44+1}{11}$

$\Rightarrow \quad 7b + 4 + (1/11) \Rightarrow$ Remainder (शेषफल) = 1

$\therefore \quad m = 1$

अब, $7b + 4$ को 7 से भाग देने पर शेषफल = n

$\Rightarrow \quad \frac{7b+4}{7}$

$\Rightarrow \quad b + \frac{4}{7} \Rightarrow$ शेषफल 4

$\therefore \quad n = 4$

$\therefore \quad m = 1, n = 4$ **Ans.**

89. जब $(10^1 + 10^2 + 10^3 + 10^4 + 10^5 + 10^6)$ को 6 से भाग दिया जाता है तो शेषफल क्या प्राप्त होगा?

(a) 0 (b) 3
(c) 2 (d) 4

Sol. (a)

$$\frac{(6+4)^1}{6} + \frac{(6+4)^2}{6} + ... + \frac{(6+4)^6}{6}$$

$$\Rightarrow \frac{4^1}{6} + \frac{4^2}{6} + ... + \frac{4^6}{6}$$

$\therefore \quad \frac{4 \times 6}{6} = \frac{24}{6} = 0$ (शेषफल) **Ans.**

90. 36! को 37 से भाग दिया जाए तो शेषफल क्या प्राप्त होगा?

(a) 36 (b) 1
(c) 0 (d) 11

Sol. (a) According to Wilson Theorem

$\therefore \quad \frac{36!}{37} = \frac{(37-1)!}{37} = 36$ (शेषफल) **Ans.**

91. 79! को 73 से भाग देने पर शेषफल ज्ञात करें-

(a) 1 (b) 73
(c) 79 (d) 0

Sol. (d) 79! को जब हम विस्तार से लिखते है तो हमारे पास एक बार 73 प्राप्त होता है।

$$\frac{79!}{73} = \frac{(79 \times 78 \times 77 \times 76 \times 75 \times 74 \times 73 \times 72)!}{73}$$

इसमें यह 73 से पूर्णतः विभक्त हो जाएगा। **Ans.**

92. 100! को हम 101 से भाग दे तो शेषफल क्या प्राप्त होगा?

(a) 1 (b) 0
(c) 99 (d) 100

Sol. (d) $\frac{100!}{101} = \frac{(101-1)!}{101} = 100$ (शेषफल)

93. 83! को जब हम 79 से भाग दे तो शेषफल क्या प्राप्त होगा?

(a) 0 (b) 1
(c) 79 (d) 83

Sol. (a) $\frac{83!}{79} = \frac{(83\times82\times81\times80\times79\times78)!}{79}$

$\therefore$ शेषफल = 0 **Ans.**

94. जब 7+77+777+7777+......... (100 पदों तक) को 8 से विभाजित किया जाए तो शेषफल क्या होगा?

(a) 0 (b) 2
(c) 4 (d) 6

Sol. (c) (7+5+1+7) ÷ 8 = 4 (शेषफल)
(5+1+7+5) ÷ 8 = 2 (शेषफल)
(1+7+5+1) ÷ 8 = 6 (शेषफल)
(7+5+1+7) ÷ 8 = 4 (शेषफल)

प्रत्येक समूह का शेषफल = 4, 2, 6, ...

$\therefore$ 100 पदों में = 25 (4+2+6) ÷ 8
= 4 (शेषफल)

नोट-

	शेषफल
$\frac{7}{8}$ =	7
$\frac{77}{8}$ =	5
$\frac{777}{8}$ =	1
$\frac{7777}{8}$ =	7

भिन्न (Fraction)

▶ भिन्न संख्यात्मक मान को दर्शाता है जो कि किसी पूर्ण के हिस्से या भाग को परिभाषित करता है।

जैसे- संख्या का तिहाई = $\frac{1}{3}, \frac{3}{6}, \frac{5}{4}, \frac{7}{6}$............

ऊपरी हिस्सा अंश एवं निचला हिस्सा हर कहलाता है।

भिन्न के प्रकार (Types of Fraction)

(i) उचित भिन्न (Proper Fraction) : ऐसा भिन्न जिसमें अंश, हर से कम हो तथा सदैव इसका मान 1 से कम होता है। $\left(\frac{a}{b} < 1 \text{ जहाँ } b > a\right)$ जैसे- $\frac{2}{3}, \frac{3}{7}$ ....

(ii) अनुचित भिन्न (Improper Fraction) : ऐसा भिन्न जिसमें हर, अंश से कम हो तथा इसका मान सदैव 1 से अधिक होता है। $\left(\frac{a}{b} > 1 \text{ जहाँ } b < a\right)$ जैसे- $\frac{3}{2}, \frac{6}{5}$............

(iii) मिश्रित भिन्न (Mixed Fraction) : ऐसा भिन्न जिसमें भिन्न, पूर्णांक और उचित भिन्न का संयोग होता है। जैसे- $3\frac{2}{3}, 4\frac{1}{3}$ ....

(iv) समान भिन्न (Equal Fraction) : ऐसा भिन्न जिसमें भिन्नों का मान समान हो। जैसे- $\frac{3}{6}, \frac{4}{8}$ ....

(v) असमान भिन्न (Unequal Fraction) : ऐसा भिन्न जिसमें भिन्नों का मान असमान हो। जैसे- $\frac{2}{3}, \frac{6}{7}$ ....

(vi) समतुल्य भिन्न (Equivalent Fraction) : ऐसा भिन्न जब किसी दो भिन्न में से किसी एक भिन्न के सरलीकरण के बाद दोनों समान हो जाए। जैसे- $\frac{1}{2}, \frac{5}{10}$

(vii) इकाई भिन्न (Unit Fraction) : ऐसा भिन्न जिसमें अंश हमेशा 1 या 1 के बराबर हो। जैसे- $\frac{1}{2}, \frac{1}{3}, \frac{4}{8}$ ....

आवर्ती दशमलव को परिमेय संख्या में बदलना

- $0.\overline{a} = \frac{a}{9}$
- $0.\overline{ab} = \frac{ab}{99}$
- $0.\overline{abc} = \frac{abc}{999}$
- $0.a\overline{b} = \frac{ab-a}{90}$
- $0.ab\overline{c} = \frac{abc-ab}{900}$
- $0.a\overline{bc} = \frac{abc-a}{990}$

95. संख्या 0.393939 .... को $\frac{p}{q}$ ज्ञात कीजिए-

(a) $\frac{39}{100}$ (b) $\frac{13}{33}$

(c) $\frac{93}{100}$ (d) $\frac{39}{990}$

Sol. (b) $\frac{13}{33} = 0.393939........$

96. $0.\overline{234}$ को परिमेय संख्या के $\frac{p}{q}$ के रूप में बदलें-

(a) $\frac{26}{111}$ (b) $\frac{469}{1980}$

(c) $\frac{2368}{9900}$ (d) इनमें से कोई नहीं

Sol. (a) Let $x = 0.\overline{234}$ .... (i)

$1000x = 234.234$ .... (ii)

समीकरण (ii) – (i)

$1000x = (234.234.......) - (0.234 ....)$

$1000x - x = 234$

$999x = 234$

$x = \frac{234}{999} = \frac{26}{111}$ **Ans.**

97. 0.135135.......... को परिमेय संख्या के $\frac{p}{q}$ के रूप में लिखें-

(a) $\frac{5}{37}$ (b) $\frac{17}{37}$

(c) $\frac{19}{7}$ (d) $\frac{19}{111}$

Sol. (a) Let $x = 0.135135$ .... (i)

$1000x = 135.135$.............. (ii)

समीकरण (ii) – (i)

$1000x - x = 135$

$999x = 135$

$x = \frac{135}{999} = \frac{5}{37}$ **Ans.**

98. आवर्ती संख्या $0.8\overline{7}$ का परिमेय रूप है-

(a) $\frac{79}{90}$ (b) $\frac{82}{99}$

(c) $\frac{79}{99}$ (d) $\frac{82}{90}$

Sol. (a) $0.8\overline{7} = \frac{87-8}{90} = \frac{79}{90}$

99. सबसे छोटी भिन्न कौन-सी है?

(a) $\frac{9}{13}$ (b) $\frac{28}{39}$

(c) $\frac{33}{52}$ (d) $\frac{17}{26}$

Sol. (c) $\frac{9}{13} = 0.692$ $\frac{33}{52} = 0.634$

$\frac{28}{39} = 0.717$ $\frac{17}{26} = 0.653$

अत: सबसे छोटा भिन्न = $\frac{33}{52}$ **Ans.**

100. सबसे बड़ी भिन्न कौन-सी है?

(a) $\frac{6}{7}$ (b) $\frac{4}{5}$

(c) $\frac{5}{6}$ (d) $\frac{7}{8}$

Sol. (d) $\frac{6}{7} = 0.85$ $\frac{5}{6} = 0.83$

$\frac{4}{5} = 0.8$ $\frac{7}{8} = 0.87$

अत: सबसे छोटा भिन्न = $\frac{7}{8}$ **Ans.**

101. नीचे दी गयी संख्याओं में से सबसे बड़ी संख्या कौन-सी है?

$0.9, 0.\overline{9}, 0.0\overline{9}, 0.\overline{09}$

Sol. (b) $0.9 = \frac{9}{10}$ $0.0\overline{9} = \frac{9}{10} = \frac{1}{10}$

$0.\overline{9} = \frac{9}{9} = 1$ $0.\overline{09} = \frac{9}{99} = \frac{1}{11}$

$\therefore$ सबसे बड़ी संख्या = $0.\overline{9}$ **Ans.**

102. $1.5, 1.05, 1.0\overline{5}, 1.\overline{5}$ में सबसे बड़ी संख्या कौन-सी है-

(a) 1.5 (b) 1.05

(c) $1.0\overline{5}$ (d) $1.\overline{5}$

Sol. (d) 1.5

1.05

$1.0\overline{5} = 1.0555.......$

$1.\overline{5} = 1.5555.......$

$\therefore$ सबसे बड़ी संख्या = $1.\overline{5}$ **Ans.**

103. निम्न में से कौन-सा भिन्न जो $\frac{3}{4}$ से बड़ा है परंतु $\frac{5}{6}$ से कम है?

(a) $\frac{1}{2}$ (b) $\frac{2}{3}$

(c) $\frac{4}{5}$ (d) $\frac{9}{10}$

Sol. (c) $\frac{3}{4} = 0.75$ $\frac{5}{6} = 0.83$

$\because$ $\frac{4}{5}$ का मान $= 0.8$ है।

$\therefore$ $\frac{3}{4} < \frac{4}{5} < \frac{5}{6}$ **Ans.**

104. यदि $p = -0.012, q = -0.01$ और $r = -0.015$ हो, तो तीनों के बीच सही संबंध क्या होगा?

(a) $q > p < r$ (b) $p > r > q$

(c) $p > q > r$ (d) $p < r < q$

Sol. (d)

$\because$ $0.01 < 0.015 < 0.12$

$\therefore$ $-0.01 > -0.015 > -0.012$

$q > r > p$ **Ans.**

105. वह सबसे छोटी भिन्न बताइएं जिसे $2\frac{1}{2}, 3\frac{1}{3}, 4\frac{1}{4}$ और $5\frac{1}{5}$ के योग में जोड़ा जाए, ताकि पूर्णांक बन जाए-

(a) $\frac{13}{60}$ (b) $\frac{1}{4}$

(c) $\frac{17}{60}$ (d) $\frac{43}{60}$

Sol. (d) $2\frac{1}{2} + 3\frac{1}{3} + 4\frac{1}{4} + 5\frac{1}{5}$

$= (2+3+4+5) + \left(\frac{1}{2} + \frac{1}{3} + \frac{1}{4} + \frac{1}{5}\right)$

$= 14 + \frac{77}{60} = 15 + \frac{17}{60}$

$\therefore$ भिन्न $= 1 - \frac{17}{60} = \frac{43}{60}$ **Ans.**

106. किसी संख्या का $\frac{1}{5}$, उसी संख्या के $\frac{1}{4}$ से 10 अधिक है। वह संख्या है-

(a) 125 (b) 150

(c) 175 (d) 200

Sol. (c) माना कि संख्या = x

प्रश्नानुसार,

$\frac{x}{5} - \frac{x}{7} = 10$

$\therefore$ $x = 175$ **Ans.**

107. यदि किसी संख्या का तिगुना, इस संख्या के $\frac{3}{5}$ से 60 अधिक हो तो वह संख्या है?

(a) 25 (b) 35

(c) 45 (d) 60

Sol. (a) माना कि संख्या = x

प्रश्नानुसार,

$3x = \frac{3}{5}x + 60$

$12x = 60 \times 5$

$x = 25$ **Ans.**

108. भिन्न $\frac{4}{7}$ का कौन-सा भाग उसी में जोड़ा जाए कि योग $1\frac{1}{14}$ प्राप्त हो-

(a) $\frac{7}{8}$ (b) $\frac{1}{2}$

(c) $\frac{4}{7}$ (d) $\frac{15}{14}$

Sol. **(a)** माना कि जोड़ा गया भाग $= x$

$$\frac{4}{7}+\frac{4x}{7} = \frac{15}{14}$$

$$\frac{4x}{7} = \frac{15-8}{14}$$

$$\frac{4x}{7} = \frac{7}{14}$$

$$x = \frac{7}{8}$$ **Ans.**

109. $0.39\overline{39}$ का साधारण भिन्न है-

(a) $\frac{15}{33}$ (b) $\frac{11}{39}$

(c) $\frac{17}{39}$ (d) $\frac{13}{33}$

Sol. **(d)** $0.39\overline{39} = 0.\overline{39} = \frac{39}{99} = \frac{13}{33}$ **Ans.**

110. एक छात्र को किसी संख्या को $\frac{3}{2}$ से गुणा करने को कहा गया, परंतु उस संख्या को $\frac{3}{2}$ से भाग दे दिया। उसका परिणाम सही उत्तर से 10 कम था। वह संख्या क्या थी?

(a) 10 (b) 12

(c) 15 (d) 20

Sol. **(b)** माना कि संख्या $= x$

$$x\times\frac{3}{2} - x\div\frac{3}{2} = 10$$

$$\frac{3x}{2}-\frac{2x}{3} = 10$$

$$9x-4x = 60$$

$$5x = 60$$

$$x = 12$$ **Ans.**

111. 55 मिनट को एक दिन के भिन्न के रूप में बदलें-

(a) $\frac{55}{24}$ (b) $\frac{11}{288}$

(c) $\frac{11}{60}$ (d) $\frac{1}{60}$

Sol. **(b)**

$\because$ 1 दिन = 24 घंटे

24 घंटे = 60 मिनट

$\therefore \frac{55}{24\times 60} = \frac{11}{288}$ **Ans.**

112. यदि $2\frac{1}{4}$ और $1\frac{2}{3}$ के अंतर के $\frac{3}{4}$ भाग को $\frac{2}{3}$ भाग में से घटाया जाए तो प्राप्त परिणाम है-

(a) $-\frac{48}{83}$ (b) $\frac{48}{83}$

(c) $-\frac{83}{48}$ (d) $\frac{83}{48}$

Sol. **(d)** $\left(3\frac{1}{4}\times\frac{2}{3}\right)-\left(2\frac{1}{4}-1\frac{2}{3}\right)\times\frac{3}{4}$

$$=\left(\frac{13}{4}\times\frac{2}{3}\right)-\left(\frac{9}{4}-\frac{5}{3}\right)\times\frac{3}{4}$$

$$=\frac{13}{6}-\left(\frac{7}{12}\right)\frac{3}{4}$$

$$=\frac{13}{6}-\frac{7}{16}=\frac{83}{48}$$ **Ans.**

113. यदि किसी भिन्न के हर में 1 जोड़ दिया जाए तो वह $\frac{1}{2}$ हो जाती है। यदि इसके अंश में 1 जोड़ा जाए तो वह 1 हो जाती है। भिन्न के अंश तथा हर का गुणनफल ज्ञात करे-

(a) 6 (b) 10

(c) 12 (d) 14

Sol. **(a)** माना कि अंश $= x$, हर $= y$

$\therefore$ भिन्न $= \frac{x}{y}$

प्रश्नानुसार,

$$\frac{x}{y+1} = \frac{1}{2}$$

$$2x = y+1$$

$$2x - y = 1 \quad \text{........(i)}$$

पुनः

$$\frac{x+1}{y} = 1$$

$$x + 1 = y \quad ....(ii)$$

y का मान समी. (i) में रखने पर

$$2x - (x+1) = 1$$
$$2x - x - 1 = 1$$
$$x = 2$$

x का मान समीकरण (ii) में रखने पर

$$x = 2$$
$$x + 1 = y$$
$$2 + 1 = y$$
$$y = 3$$

$\therefore \quad x \times y = 2 \times 3 = 6$ **Ans.**

114. एक परीक्षा में एक विद्यार्थी से किसी संख्या का 3/14 ज्ञात करने को कहा गया। गलती से उस विद्यार्थी ने उस संख्या का 3/4 ज्ञात कर दिया, जो ठीक उत्तर से 150 अधिक था। दी हुई संख्या थी-

(a) 500 (b) 280
(c) 240 (d) 180

Sol. (a) माना कि संख्या = x

तब,

$$\frac{3}{4}x - \frac{3}{14}x = 150$$

$$\Rightarrow \frac{15x}{28} = 150$$

$$\therefore x = 280$$ **Ans.**

115. संख्या $\frac{6}{7/8}$ संख्या $\frac{6/7}{8}$ से कितनी अधिक है?

(a) $6\frac{3}{4}$ (b) $6\frac{1}{8}$

(c) $6\frac{3}{28}$ (d) $7\frac{3}{4}$

Sol. (a) पहली संख्या $= \frac{6}{7/8} = \frac{48}{7}$

दूसरी संख्या $= \frac{6/7}{8} = \frac{3}{28}$

अंतर $= \frac{48}{7} - \frac{3}{28} = \frac{189}{28}$

$= \frac{27}{4} = 4\frac{3}{4}$ **Ans.**

116. कितने $\frac{1}{6}$ मिलकर $41\frac{2}{3}$ के बराबर होते है?

(a) 125 (b) 150
(c) 250 (d) 350

Sol. (c) $\Rightarrow \frac{41\frac{2}{3}}{1/6} = \frac{125 \times 6}{3 \times 1} = 250$ **Ans.**

117. एक भिन्न का हर, उसके अंश से 3 अधिक है। यदि अंश में 7 की वृद्धि कर दी जाए और हर में 2 की कमी कर दी जाए तो परिणाम में 2 प्राप्त हो जाता है। तद्नुसार उस भिन्न के अंश तथा हर दोनों का योग कितना है?

(a) 5 (b) 13
(c) 17 (d) 19

Sol. (b) माना कि अंश = x, हर = x + 3

प्रश्नानुसार,

$$\frac{x+7}{x+3-2} = 2$$

$$\frac{x+7}{x+1} = 2$$

$$\Rightarrow x + 7 = 2x + 2$$

$$\therefore x = 5$$

अंश = 5

हर = 5 + 3 = 8

= अंश + हर

= 5 + 8 = 13 **Ans.**

118. वह संख्या कौन-सी है, जिसके $\frac{1}{5}$ भाग में 4 की वृद्धि उसके $\frac{1}{4}$ भाग में 10 की कमी के बराबर हो जाती है?

(a) 260 (b) 280
(c) 240 (d) 270

Sol. (b) माना कि संख्या = x

$$\therefore \frac{x}{5} + 4 = \frac{x}{4} - 10$$

$$\Rightarrow \frac{x}{4} - \frac{x}{5} = 10 + 4$$

$$\Rightarrow x = 20 \times 14 = 280$$ **Ans.**

119. एक व्यक्ति ने अपनी संपत्ति का $\frac{1}{4}$ भाग अपने पुत्री को दिया, $\frac{1}{2}$ भाग अपने पुत्रों को दिया और $\frac{1}{5}$ भाग दान कर दिया। तद्नुसार उसने कुल कितना भाग दे दिया?

(a) $\frac{1}{20}$ (b) $\frac{19}{20}$

(c) $\frac{1}{10}$ (d) $\frac{9}{10}$

Sol. **(b)** दिया गया कुल भाग $= \frac{1}{4}+\frac{1}{2}+\frac{1}{5}$

$$= \frac{5+10+4}{20} = \frac{19}{20}$$ **Ans.**

120. एक कार्यालय में 108 मेंजें और 132 कुर्सियाँ है। यदि उनमें से 1/6 मेजें और 1/4 कुर्सियां टूट जाएं तो उस कार्यालय में प्रत्येक को मेज और एक कुर्सी की आवश्यकतानुसार कितने लोग कार्य कर सकते है?

(a) 86 (b) 90

(c) 92 (d) 99

Sol. **(b)** सुरक्षित मेज $= 108\left(1-\frac{1}{6}\right)$

$= 90$

सुरक्षित कुर्सी $= 132\left(1-\frac{1}{4}\right)$

$= 99$

$\therefore$ कार्य कर रहे लोगों की संख्या = 90 जोड़े कुर्सी और मेज

$\therefore$ 90 लोग **Ans.**

121. तीन भिन्नों का योग $2\frac{11}{24}$ है। सबसे बड़ी भिन्न को सबसे छोटी भिन्न से भाग देने पर $\frac{7}{6}$ प्राप्त होती है जो मध्य भिन्न से $\frac{1}{3}$ बड़ी है। सबसे छोटी भिन्न ज्ञात करे-

(a) $\frac{5}{8}$ (b) $\frac{3}{4}$

(c) $\frac{5}{6}$ (d) $\frac{3}{7}$

Sol. **(b)** माना कि तीन भिन्न क्रमशः A, B और C है।

जहाँ $A < B < C$

प्रश्नानुसार,

$$\frac{C}{A} = \frac{7}{6}$$

$$C = \frac{7A}{6}$$

पुनः मध्य भिन्न,

$$B = \frac{7}{6}-\frac{1}{3} = \frac{5}{6}$$

$$\therefore \quad A+B+C = 2\frac{11}{24}$$

$$A+\frac{5}{6}+\frac{7A}{6} = \frac{59}{24}$$

$$\frac{13A}{6} = \frac{39}{24}$$

$$A = \frac{3}{4}$$

$\therefore$ सबसे छोटी भिन्न $= \frac{3}{4}$ **Ans.**

122. एक भिन्न अपने व्युत्क्रम के दोगुने से $\frac{7}{15}$ अधिक है। वह भिन्न क्या है?

(a) $\frac{3}{5}$ (b) $\frac{5}{3}$

(c) $\frac{3}{4}$ (d) $\frac{4}{3}$

Sol. **(b)** माना कि भिन्न $= x$

व्युत्क्रम $= \frac{1}{x}$

प्रश्नानुसार,

$$x-\frac{2}{x} = \frac{7}{15}$$

$$15(x^2-2) = 7x$$

$$15x^2-7x-30 = 0$$

$$15x^2-25x+18x-30 = 0$$

$$5x(3x-5)+6(3x-5)=0$$
$$(5x+6)(3x-5)=0$$
$$5x+6=0$$
$$x=-\frac{6}{5}$$
$$3x-5=0$$
$$x=\frac{5}{3}$$

$\therefore$ भिन्न $=\frac{5}{3}$ **Ans.**

123. $\frac{3}{12}, \frac{7}{6}, \frac{5}{18}, \frac{11}{24}$ का आरोही क्रम क्या है?

(a) $\frac{3}{12}>\frac{11}{24}>\frac{5}{8}>\frac{7}{6}$ (b) $\frac{3}{12}<\frac{5}{18}<\frac{11}{24}<\frac{7}{6}$

(c) $\frac{3}{12}<\frac{5}{8}<\frac{7}{6}<\frac{11}{24}$ (d) $\frac{11}{24}<\frac{7}{6}<\frac{5}{8}<\frac{3}{12}$

Sol. **(b)** 12, 6, 18, 24 का ल०स० = 72

$$\frac{18}{72}, \frac{84}{72}, \frac{20}{72}, \frac{33}{72}$$

$$\frac{18}{72}>\frac{20}{72}>\frac{33}{72}>\frac{84}{72}$$

अर्थात् $\frac{3}{12}<\frac{5}{15}<\frac{11}{24}<\frac{7}{6}$ **Ans.**

124. निम्नलिखित में कौन-सा अवरोही क्रम (descending order) में है-

(a) $\frac{2}{3}, \frac{3}{4}, \frac{4}{5}, \frac{1}{2}$ (b) $\frac{3}{4}, \frac{4}{5}, \frac{1}{2}, \frac{2}{3}$

(c) $\frac{4}{5}, \frac{3}{4}, \frac{2}{3}, \frac{1}{2}$ (d) $\frac{4}{5}, \frac{1}{2}, \frac{2}{3}, \frac{3}{4}$

Sol. **(c)** 5, 4, 3, 2 का ल०स० = 60

$$\frac{4}{5}, \frac{3}{4}, \frac{2}{3}, \frac{1}{2}$$

$$\frac{48}{60}>\frac{45}{60}>\frac{40}{60}>\frac{30}{60}$$

अर्थात् $\frac{4}{5}>\frac{3}{4}>\frac{2}{3}>\frac{1}{2}$ **Ans.**

अधिकतम घात (Maximum Power)

▶ **n! में अभाज्य संख्या p की अधिकतम घात-**

$$\left[\frac{n}{p}\right]+\left[\frac{n}{p^2}\right]+\left[\frac{n}{p^3}\right]+\text{........ [जब तक } (n>p^x)]$$

जहाँ $[\,] \rightarrow$ Greatest Integer function

जैसे- $[1.5]=1$
$[2.99]=2$
$[0.8]=0$

Exp. 19! में 3 की अधिकतम घात क्या होगी-

(a) 5 (b) 7
(c) 8 (d) 10

Sol. **(c)** $\left[\frac{19}{3}\right]+\left[\frac{19}{3^2}\right]=[6.\bar{3}]+[2.\bar{1}]=6+2=8$

अथवा

```
3 | 19
3 |  6 ┐
  |  2 ┘──→ (6 + 2) = 8
```

▶ **n! में भाज्य संख्या p की अधिकतम घात-**

n! में जिस संख्या की अधिकतम घात पूछे, उसे जिन अभाज्य संख्याओं में तोड़ा जा सके, उनमें से जो सबसे बड़ी अभाज्य संख्या होगी उसकी अधिकतम घात ही n! में p की अधिकतम घात होगी।

Exp. 158! में 21 की अधिकतम घात क्या है-

(a) 15 (b) 20
(c) 25 (d) 30

Sol. **(c)** $21 \rightarrow 7 \times 3\ (7>3)$

```
7 | 158
7 |  22 ┐
  |   3 ┘──→ (22 + 3) = 25
```

125. यदि 127!, 7^n से पूर्णतः विभाज्य हो तो n का अधिकतम मान क्या होगा-

(a) 10 (b) 15

(c) 20 (d) 25

Sol. (c)

7 | 127
7 | 18
  | 2

→ (18 + 2) = 20

126. यदि 1 से 877 तक की सभी प्राकृतिक संख्याएं आपस में गुणा कर दी जाए तो उस गुणनफल में 11 की अधिकतम घात क्या होगी-

(a) 86 (b) 93

(c) 96 (d) 103

Sol. (a) $1\times2\times3........\times877 = 877!$

11 | 877
11 | 79
   | 7

→ (79+7) = 86

127. 200! में 20 से 200 के बीच 11 की अधिकतम घात क्या होगी-

(a) 19 (b) 18

(c) 17 (d) 16

Sol. (b) $1\times2\times.......\times19\times20\times21\times22......\times200 = 200!$

11 | 19
   | 1 → 1

11 | 200
11 | 18
   | 1

→ (18+1) = 19

अतः अभीष्ट उत्तर = 19 − 1 = 18

128. यदि 157!, 10^n द्वारा विभाज्य है तो n का अधिकतम मान ज्ञात कीजिए-

(a) 37 (b) 38

(c) 39 (d) 40

Sol. (b) 157! =

5 | 157
5 | 31
5 | 6
5 | 1

शून्यों की संख्या = 31 + 6 + 1 = 38

∴ n = 38 **Ans.**

129. 187! में 5^n से पूर्णतः विभाजित है तो n का मान ज्ञात करे-

(a) 48 (b) 45

(c) 41 (d) 40

Sol. (b) 187! =

5 | 187
5 | 37
5 | 7
  | 1

$187! = 5^{45}$

अतः n = 45 **Ans.**

शून्यकों की संख्या (Number of Zeros)

- किसी भी गुणनफल के अंत में शून्यों की संख्या उसमें उपस्थित 10 की या (2×5) की उपस्थिति पर निर्भर करता है।
- किसी भी गुणनफल के अंत में शून्यों की संख्या उसमें उपस्थित 2 और 5 के अधिकतम उभयनिष्ठ घातों के बराबर होती है अथवा 5 और 2 के जोड़ों के बराबर होती है।

130. 99×73×55 के गुणनफल के अंत में शून्यों की संख्या ज्ञात करे-

(a) 0 (b) 5

(c) 2 (d) 7

Sol. (a) 99 = 3×3×11

73 = 73×1

55 = 5×11

∵ इसमें 5 तो है परंतु 2 नहीं है।

∴ इसमें शून्य नहीं होगा।

131. 34×43×52×73×79×133 के गुणनफल के अंत में शून्यों की संख्या ज्ञात करे-

(a) 0 (b) 2

(c) 5 (d) 7

Sol. (a) 34 = 2×17

43 = 1×43

52 = 2×2×13

73 = 1×73

79 = 1×79

133 = 7×19

∵ इस गुणनफल में 2 है परंतु 5 नहीं है।

∴ इसके अंत में शून्य नहीं होगा।

132. यदि किसी गुणनफल में 5 की संख्या 5 बार एवं 2 की संख्या 9 बार है तो इस गुणनफल में अंत में शून्यों की संख्या ज्ञात करें-

(a) 3 (b) 4
(c) 5 (d) 9

Sol. (c) $\because$ (5×2) के जितने जोड़े होंगे, अंत में शून्यों की संख्या उतनी ही होगी।
यहाँ (5×2) की 5 जोड़े है। इसीलिए अंत में शून्यों की संख्या = 5 **Ans.**

133. 125×42×64×85 के अंत में शून्यों की संख्या ज्ञात करे-

(a) 1 (b) 2
(c) 4 (d) 9

Sol. (c) $125 = 5^3$
$42 = 2\times21$
$64 = 2^5$
$85 = 5\times17$
$\because$ (5×2) के 4 जोड़े है।
$\therefore$ अंत में शून्यों की संख्या = 4 **Ans.**

134. संख्या 1, 3, 5, ... 999 को एक साथ गुणा किया जाता है तो गुणनफल के अंत में (दाई ओर) शून्य की संख्या क्या होगी?

(a) 0 (b) 7
(c) 19 (d) 22

Sol. (c) 1×2×3×........×86 को हम 86! भी लिख सकते है।
$\therefore$ 86! में शून्य = 5 | 86
5 | 17
  | 3
$\therefore$ शून्य की संख्या = 17+3 = 20 **Ans.**

नोट- (5 > 2) होता है। अतः किसी भी क्रमगुणित संख्या में 5 की संख्या कम होगी तथा 2 की संख्या अधिक होगी। इसलिए 5 की अधिकतम घात के बराबर ही 5 और 2 के जोड़े बनेंगे। क्रमगुणित में हमेशा 5 की अधिकतम घात ज्ञात करके उत्तर देते है।

135. 1×2×3×........×100 के अंत में शून्यों की संख्या ज्ञात करे-

(a) 6 (b) 12
(c) 18 (d) 24

Sol. (d) 100! = 5 | 100
5 | 20
  | 4
$\therefore$ शून्यों की संख्या = 20+4
= 24 **Ans.**

136. 1×2×3×4×........×1000 के अंत में शून्यों की संख्या बताये-

(a) 231 (b) 248
(c) 249 (d) 255

Sol. (c) 1000! = 5 | 1000
5 | 200
5 | 40
5 | 8
  | 1
शून्यों की संख्या = 200 + 40 + 8 + 1
$\therefore$ n = 249 **Ans.**

137. $(1\times3\times5\times7\times........\times99\times2^{13})$ के गुणनफल में दायीं ओर शून्यों की संख्या बताइये-

(a) 12 (b) 4
(c) 13 (d) 15

Sol. (a) $(1\times3\times5\times7\times..........\times99\times2^{13})$ में 5 की संख्या
= 5×15×25×35×45×55×65×75×85×95
↓ 1, 1, 1+1, 1, 1, 1, 1, 1+1, 1, 1
$\therefore$ 5 की संख्या = 5^{12}
2 की संख्या = 2^{13}
$\therefore$ (5×2) के कुल जोड़े = 12
$\therefore$ शून्यों की संख्या = 12 **Ans.**

138. 2×4×6×8×10×.......×360 के गुणनफल के अंत में शून्यों की संख्या ज्ञात करें-

(a) 40 (b) 41
(c) 42 (d) 44

Sol. (d) 2×4×6×8×10×............... ×360)
2^{180} 180
$= 2^{180}\times(1\times2\times3\times4\times...............\times180)$
↓ 36+7+1=44
$= 2^{180}\times5^{44} = (10)^{44}$
इसके अंत में शून्यों की संख्या = 44 **Ans.**

139. 3×6×9×..........×210 के अंत में शून्यों की संख्या बताइये-

(a) 10 (b) 12
(c) 16 (d) 20

Sol. (c) 3×6×9×............ × 210
3^{70} 70
$= 3^{70}\times(1\times2\times3\times...........\times70)$
↓ 14+2=16
5 की संख्या = 5^{16}

$\therefore$ शून्यों की संख्या = 16 **Ans.**

140. 6×12×18×..............×630 के अंत में शून्यों की संख्या बताइये-

(a) 20 (b) 25
(c) 27 (d) 33

Sol. (b) 6 × 12 × 18 × .... × 630

6^{105} 105

$= 2^{105} \times 3^{105}$ (1×2×3×..............×105)

21 + 4 = 25

$= 2^{105} \times 5^{25}$

$\therefore$ शून्यों की संख्या = 25 **Ans.**

141. 14 × 24 × 34 × 44 × .... × 1004 के अंत में शून्यों की संख्या बताइये-

(a) 90 (b) 96
(c) 100 (d) 101

Sol. (b) $1^4 \times 2^4 \times 3^4 \times 4^4 \times .... \times 100^4$

$= (1 \times 2 \times 3 \times 4 \times ....100)^4$

$= (24)^4$

$= 24 \times 4$

$= 96$

अतः अंत में शून्यों की संख्या = 96 **Ans.**

142. अंत में शून्यों की संख्या बताइये-

$1^5 \times 2^5 \times 3^5 .... \times 45^5$

(a) 45 (b) 48
(c) 50 (d) 51

Sol. (c) $1^5 \times 2^5 \times 3^5 \times .... \times 45^5$

$= (1 \times 2 \times 3 \times .... \times 45)^5$

$= (10)^5$

$= 10 \times 5 = 50$

अतः अंत में शून्यों की संख्या = 50 **Ans.**

143. $(3^{120} - 3^{119} - 3^{118})(2^{18} - 2^{16} - 2^{14})$ में शून्य की संख्या ज्ञात करें-

(a) 0 (b) 1
(c) 118 (d) 14

Sol. (b) $(3^{120} - 3^{119} - 3^{118})(2^{18} - 2^{16} - 2^{14})$

$= 3^{118}(3^2 - 3^1 - 1)\, 2^{14}(2^4 - 2^2 - 1)$

$= 3^{118} \times 5 \times 2^{14} \times 11$

$= 3^{118} \times 2^{13} \times 11 \times \underline{2 \times 5}$

$= 10 \times 11 \times 2^{13} \times 3^{118}$

$\therefore$ अंत में शून्यों की संख्या = 1 **Ans.**

144. $(3^{123} - 3^{122} - 3^{121})(2^{121} - 2^{120} - 2^{119})$ में शून्यों की संख्या ज्ञात करें-

(a) 1 (b) 81
(c) 150 (d) 100

Sol. (a) $(3^{123} - 3^{122} - 3^{121})(2^{121} - 2^{120} - 2^{119})$

$= 3^{121}(3^2 - 3^1 - 1)\, 2^{119}(2^2 - 2^1 - 1)$

$= 3^{121}(5)\, 2^{119} \times 1$

$= 3^{121} \times 2^{118} \times \underline{5 \times 2}$

$= 10 \times 3^{121} \times 2^{118}$

अतः इसके अंत में शून्यों की संख्या = 1 **Ans.**

145. (48! + 49!) में शून्यों की संख्या ज्ञात करें-

(a) 0 (b) 11
(c) 12 (d) 50

Sol. (c) 48! + 49!

= 48! (1 + 49)

= 48! × (50)

9+1 5^2 2

$= 5^{12}$

अतः अंत में शून्यों की संख्या = 12 **Ans.**

146. (76! – 75!) में शून्यों की संख्या ज्ञात करे-

(a) 75 (b) 50
(c) 25 (d) 20

Sol. (d) 76! – 75!

= 75! (76 – 1)

= 75! (75)

$\Rightarrow$ 75! → 5 की संख्या = 18

$\Rightarrow$ 75 → 5 की संख्या = 2

5 की कुल संख्या $= 5^{20}$

अतः अंत में शून्यों की संख्या = 20 **Ans.**

147. $5^{12!} \times 2^{11!}$ में शून्यों की संख्या ज्ञात करें-

(a) 10! (b) 11!
(c) 12! (d) 23!

Sol. (b)

$\because$ शून्य की प्राप्ति के लिए (5 × 2) की जितनी संख्या होगी, वही अंत में उतना शून्य देगा।

$5^{12!} \times 2^{11!}$

$\Rightarrow$ $5^{12!} \times 2^{11!}$

$\therefore$ 11! शून्य प्राप्त होगा। **Ans.**

148. शून्यकों की संख्या ज्ञात करे-

$2^{222} \times 5^{555}$

(a) 222 (b) 777
(c) 555 (d) 333

Sol. **(a)** $2^{222} \times 5^{555}$
$= (2)^{111(2)} \times 5^{111\times2} \times 5^{111\times3}$
$\therefore$ शून्यकों की संख्या = 222 **Ans.**

149. $1! \times 2! \times 3! \times 4! \times 5! \times \ldots\ldots 29!$ के अंत में शून्यों की संख्या ज्ञात करे-
(a) 29 (b) 50
(c) 80 (d) 89

Sol. **(c)** $1! \times 2! \times 3! \times 4! = 5$ की संख्या $= 0$
$5! \times 6! \times 7! \times 8! \times 9! = 5$ की संख्या $= 5\times1 = 5$
$10! \times 11! \times 12! \times 13! \times 14! = 5$ की संख्या $= 5\times2=10$
$15! \times 16! \times \ldots\ldots \times 19! = 5$ की संख्या $= 3\times5 = 15$
$20! \times 21! \times \ldots\ldots \times 24! = 5$ की संख्या $= 4\times5 = 20$
$25! \times 26! \times \ldots\ldots \times 29! = 5$ की संख्या $= 6\times5 = 30$
$\therefore$ शून्य की कुल संख्या $= 30 + 20 + 15 + 10 + 5$
$= 80$ **Ans.**

150. शून्यकों की संख्या ज्ञात करें-
$3^{9!} \times 5^{11!} \times 2^{7!}$
(a) 7! (b) 11!
(c) 9! (d) 77!

Sol. **(a)** $3^{9!} \times 5^{11!} \times 2^{7!}$
$\because$ शून्य की प्राप्ति 2×5 से होती है।
$\therefore$ जितने जोड़े प्राप्त होंगे उतने शून्य होंगे।
$\therefore$ $2^{7!} \times 5^{7!}$
अर्थात् शून्यों की संख्या = 7! **Ans.**

151. x! के अंत में 23 शून्य है, तो x का न्यूनतम मान ज्ञात करे-
(a) 10 (b) 55
(c) 89 (d) ज्ञात नहीं कर सकते

Sol. **(d)**
$\because$ $95! = 19 + 3$
$\therefore$ 95! मान लेने पर हमें 23 शून्य से कम प्राप्त होगा एवं 100! का मान में 24 शून्य प्राप्त होगें।
$\therefore$ इसे ज्ञात नहीं किया जा सकता है।

152. 100 तक की सभी विषम संख्याओं और 64 को एक साथ गुणा किया जाता है। गुणनफल के अंत में शून्यों की संख्या ज्ञात करें-
(a) 0 (b) 5
(c) 6 (d) 12

Sol. **(c)** $64 = 2^6$
$\therefore$ शून्यकों की संख्या = 6 **Ans.**

153. x! के अंत में 19 शून्य है तो x का अधिकतम मान ज्ञात करें-
(a) 80 (b) 84
(c) 85 (d) 90

Sol. **(b)**
$\because$ $84! = $
5 | 84
5 | 16
   | 3
$16 + 3 = 19$
अत: हम देखते है कि 84! का मान लेने पर हमें 19 शून्य प्राप्त होते है।
$\therefore$ x! में x का अधिकतम मान = 84 **Ans.**

154. $(45!)^{4!}$ के अंत में शून्यकों की संख्या ज्ञात करें-
(a) 10! (b) 40!
(c) 40 (d) 240

Sol. **(d)** $(45!)^{4!} = $
5 | 45
5 | 9
   | 1
$= (10)^{4\times3\times2}$
$= 10\times24$
$= 240$ **Ans.**

155. (100! × 50!) के अंत में शून्य की संख्या ज्ञात करें-
(a) 24 (b) 37
(c) 61 (d) 888

Sol. **(c)** 100! × 150!
5 | 100
5 | 20
   | 4

5 | 150
5 | 30
5 | 6
   | 1
$100! = 20+4 = 24$
$150! = 30+6+1 = 37$
$\therefore$ शून्यकों की संख्या $= 24+37 = 61$ **Ans.**

156. $1^1 \times 2^2 \times 3^3 \times 4^4 \times \ldots\ldots \times 99^{99} \times 100^{100}$ में शून्यों की संख्या ज्ञात करें-
(a) 1200 (b) 1225
(c) 1050 (d) 1300

Sol. **(d)** ऐसी संख्याएं है जिनके गुणनखंड के रूप में एकल 5 है।
इसका योग $= (5+10+15+\ldots\ldots+100) = 1050$

लेकिन 25, 50, 75, 100 में 5 का योगदान 2 बार करती है।

$\therefore$ 1050+25+50+75+100 = 1300

अतः शून्यों की संख्या = 1300 **Ans.**

157. $10\times2\times30\times40\times.....\times500$ के अंत में शून्यकों की संख्या ज्ञात करे-

(a) 55 (b) 50
(c) 62 (d) 65

Sol. (c) $10\times20\times30\times40\times..............\times500$

$= (10)^{50}(1\times2\times3\times4\times..........\times50)$

= 5 | 50
5 | 10
| 2

= 50+12 = 62 **Ans.**

158. 10 के पहले 100 गुणजों को अर्थात् 10, 20, 30, ... 1000 गुणा किया जाता है तो गुणनफल के अंत में शून्यों की संख्या ज्ञात करें-

(a) 100 (b) 111
(c) 124 (d) 125

Sol. (c) $10\times20\times30\times..............\times1000$

$= 10^{100}(1\times2\times3\times..........\times100)$

= 5 | 100
5 | 20
| 4

= 100 + 24 = 124 **Ans.**

159. $100\times200\times300\times...........\times6000$ के गुणनफल के अंत में कितने शून्य आएंगे?

(a) 130 (b) 134
(c) 135 (d) 180

Sol. (b) $100\times200\times300\times..........\times6000$

$= (100)^{60}(1\times2\times3\times........\times60)$

$= (10\times10)^{60}(1\times2\times3\times.......\times60)$

$= (10)^{120}(1\times2\times3\times...........\times60)$

= 5 | 60
5 | 12
| 2

= 120+14 = 134 **Ans.**

160. $1000\times2000\times3000\times........\times70000$ के गुणनफल के अंत में शून्यों की संख्या ज्ञात करें-

(a) 226 (b) 225
(c) 700 (d) 7000

Sol. (a) $1000\times2000\times3000\times........\times70000$

$= (1000)^{70}(1\times2\times3..........\times70)$

$= [(10)^3]^{70}(1\times2\times3\times........\times70)$

= 5 | 70
5 | 14
| 2

= 210 + 16 = 226 **Ans.**

161. यदि $a = 1^3, b = 2^4, c = 3^5, ..., z = 26^{28}$, $a\times b\times c\times.......\times z$ के गुणनफल के अंत में शून्यों की संख्या ज्ञात करें-

(a) 100 (b) 128
(c) 110 (d) 112

Sol. (d) $1^3\times2^4\times3^5\times4^6\times........\times25^{27}\times26^{28}$

यहाँ हमें (2×5) के जोड़े को खोजना है।

$= 5^7\times10^{12}\times15^{17}\times20^{22}\times25^{27}$

= 7 + 12 + 17 + 22 + 27 + 27

= 112 **Ans.**

162. $3^3\times4^4\times5^5\times......\times49^{49}$ के गुणनफल के अंत में शून्यों की संख्या ज्ञात करें-

(a) 225 (b) 250
(c) 251 (d) 275

Sol. (b) $3^3\times4^4\times5^5\times......\times49^{49}$

$= 5^5\times10^{10}\times15^{15}\times20^{20}\times25^{25}\times........\times45^{45}$

= (5 +10 + 15 +20 +25 + ... + 45) + 25

$= \frac{9}{2}\times50+25$

= 250 **Ans.**

163. (62! + 78! + 94!) के योगफल के अंत में शून्यों की संख्या ज्ञात करें-

(a) 10 (b) 14
(c) 18 (d) 21

Sol. (b) (62! + 78! + 94!)

= 5 | 62
5 | 12
| 2

= 12 + 2 = 14 **Ans.**

164. 150! ÷ 31! के अंत में शून्यों की संख्या ज्ञात करें-

(a) 7 (b) 37
(c) 30 (d) 44

Sol. (c) 150! ÷ 31!

5 | 150   5 | 31
5 | 30   5 | 6
   | 6 | 1
   | 1

$= 30 + 6 + 1$ $= 6 + 1$
$= 37$ $= 7$

$\therefore$ शून्यों की संख्या $= 37 - 7 = 30$ **Ans.**

165. $226 \times 227 \times 228 \times \ldots \times 1000$ के गुणनफल के अंत में शून्यों की संख्या ज्ञात करें-

(a) 55   (b) 249
(c) 194   (d) 1000

Sol. (c) $(226 \times 227 \times 228 \times \ldots \times 1000)$

$$= \frac{(1 \times 2 \times 3 \times 4 \times \ldots \times 225 \times 226 \times 227 \times 228 \times \ldots \times 1000)}{1 \times 2 \times 3 \times 4 \times \ldots \times 225}$$

= 5 | 1000   5 | 225
5 | 200   5 | 45
5 | 40   5 | 9
5 | 8 | 1
   | 1

$= 200+40+8+1$ $= 45 + 9 + 1$
$= 249$ $= 55$

$\therefore$ शून्यों की संख्या $= 249 - 55 = 194$ **Ans.**

166. $311 \times 312 \times 313 \times \ldots \times 500$ के अंत में शून्यों की संख्या ज्ञात करें-

(a) 76   (b) 124
(c) 48   (d) 51

Sol. (c) $310 \times 311 \times 312 \times 313 \times \ldots \times 500$

$$= \frac{310! \times 311 \times 312 \times 313 \times \ldots \times 500}{310!}$$

5 | 500   5 | 310
5 | 100   5 | 62
= 5 | 20   5 | 12
5 | 4 | 2

$= 100+20+4 = 124$ $= 62+12+2 = 76$

$\therefore$ शून्यों की संख्या $= 124 - 76 = 48$ **Ans.**

इकाई अंक (Unit Digit)

- यदि किसी संख्या का अन्तिम अंक 0, 1, 5 और 6 हो तो उसके n^{th} घात का भी अन्तिम अंक 0, 1, 5 और 6 रहता है।
- यदि अन्तिम अंक 2, 3, 7 और 8 हो तो उसका अन्तिम अंक निकालने के लिए घात में 4 से भाग देते है तथा जो शेषफल आता है उसे घात के रूप में लिख देते है। (इन सभी अंकों का इकाई अंक प्रत्येक 4 घात के बाद पुनरावृत्ति होती है।)
- $4^{odd} \rightarrow$ इकाई अंक $= 4$
  $4^{even} \rightarrow$ इकाई अंक $= 6$
  $9^{odd} \rightarrow$ इकाई अंक $= 9$
  $9^{even} \rightarrow$ इकाई अंक $= 1$

नोट- यदि इकाई अंक ऋणात्मक आये तो उसमें 10 जोड़कर उत्तर देते है।

167. 17×19 के गुणनफल के इकाई अंक का मान बताइए-

(a) 7   (b) 9
(c) 3   (d) 6

Sol. (c) $17 \times 19 = 323$
इकाई अंक $= 3$ **Ans.**

Trick-
$7 \times 9 = 63$
इकाई अंक $= 3$ **Ans.**

168. $21 + 38$ के योगफल में इकाई अंक ज्ञात करें-

(a) 1   (b) 8
(c) 9   (d) 0

Sol. (c) $1 + 8 = 9$ **Ans.**

169. $637 \times 1009 \times 154 \times 738 \times 8041$ के गुणनफल में इकाई अंक ज्ञात करें-

(a) 1   (b) 3
(c) 4   (d) 6

Sol. (d) $\underbrace{7 \times 9} \times \underbrace{4 \times 8} \times 1$
$63 \times 32 \times 1$
$= 6 \times 1$
$= 6$ **Ans.**

170. $733 \times 198 \times 525 \times 1372 \times 999$ के गुणनफल में इकाई अंक ज्ञात करें-

(a) 0   (b) 1
(c) 5   (d) 9

Sol. (a) $\underbrace{3 \times 8} \times \underbrace{5 \times 2} \times 9$
$24 \times 10 \times 9$

$\because$ किसी गुणनफल में यदि 10 या (5×2) हो तो उसमें हमेशा इकाई अंक में 0 प्राप्त होगा।

$\therefore$ ईकाई अंक $= 0$ **Ans.**

171. $1389\times899\times17\times777\times85$ के गुणनफल में इकाई स्थान का अंक ज्ञात करें-

(a) 5 (b) 7
(c) 9 (d) 0

Sol. (a) 5 का गुणनफल यदि विषम संख्या से की जाए तो इकाई अंक पर हमेशा हमें 5 प्राप्त होगा।

∴ $1389\times899\times17\times777\times85$ में इकाई अंक = 5 **Ans.**

172. $729\times562+155$ का इकाई अंक ज्ञात करें-

(a) 3 (b) 2
(c) 4 (d) 6

Sol. (a) Trick-

$729\times562+155$
$=9\times2+5$
$=18+5=13$

∴ इकाई अंक = 3 **Ans.**

173. $1456\times1712\times133-144$ के अंत में इकाई अंक ज्ञात करें-

(a) 8 (b) 6
(c) 4 (d) 2

Sol. (d) Trick-

$1456\times1712\times133-144$
$=36-4$
$=3\underline{2}$

∴ इकाई अंक = 2 **Ans.**

174. $61\times62\times63\times$..........$\times69$ के गुणनफल का इकाई स्थान का अंक ज्ञात करें-

(a) 0 (b) 5
(c) 2 (d) 6

Sol. (a) $61\times62\times63\times$........$\times69$

∵ इस गुणनफल में 62×65 है जिसमें (5×2) प्राप्त होगा।

∴ इसके इकाई अंक शून्य होगा। **Ans.**

175. $(780)^{139}$ के मान में इकाई स्थान पर अंक ज्ञात करे-

(a) 0 (b) 9
(c) 5 (d) 8

Sol. (a) $(780)^{139}=780\times780\times780$ .... 139 बार

∵ इसमें हमें 10 का गुणज मिलता है।

∴ इकाई स्थान पर शून्य होगा। **Ans.**

176. $(911)^{111}$ के मान में इकाई स्थान पर अंक ज्ञात करें-

(a) 0 (b) 1
(c) 6 (d) 4

Sol. (b) $(911)^{111}=911\times911\times911\times$......$\times111$ बार

∵ 1 को यदि 1 से कितनी बार भी गुणा किया जाए, हमेशा इकाई स्थान का अंक 1 ही होगा।

∴ $(911)^{111}$ = इकाई अंक 1 होगा। **Ans.**

177. $(565)^{51}$ के मान में इकाई स्थान का अंक बताइये-

(a) 0 (b) 1
(c) 5 (d) 6

Sol. (c) $(565)^{51}=565\times565\times565\times$.........$\times51$ बार

∵ 5 को 5 से गुणा करने पर हमेशा इकाई अंक 5 ही प्राप्त होगा।

∴ $(565)^{51}$ = इकाई का अंक = 5 **Ans.**

178. $(86)^{1728}$ के मान में इकाई अंक ज्ञात करें-

(a) 0 (b) 1
(c) 4 (d) 6

Sol. (d) $(86)^{1728}=86\times86\times86\times$.........$\times1728$ बार

∵ 6 का गुणा यदि 6 से किया जाता है तो हमेशा इकाई अंक हमें 6 ही प्राप्त होगा।

∴ $(86)^{1728}$ = इकाई अंक 6 होगा। **Ans.**

179. $(164)^{83}$ के मान में इकाई का अंक ज्ञात करें-

(a) 4 (b) 6
(c) 1 (d) 2

Sol. (a) $(164)^{83}=164\times164\times164\times$...........83 बार

∵ 4 का गुणा यदि विषम घात से किया जाता है तो इकाई का अंक हमेशा 4 होगा।।

∴ $(164)^{83}$ में इकाई अंक = 4 **Ans.**

180. $(1324)^{1024}$ के मान में इकाई का अंक ज्ञात करें-

(a) 4 (b) 6
(c) 0 (d) 2

Sol. (b) $(1324)^{1024}=1324\times1324\times1324\times$.........$\times1024$ बार

∵ 4 का गुणा यदि हम सम घात से करते है तो इकाई अंक हमेशा 6 ही प्राप्त होगा।

∴ $(1324)^{1024}$ में इकाई अंक = 6 **Ans.**

181. $(189)^{321}$ के मान में इकाई अंक ज्ञात करें-

(a) 1 (b) 9
(c) 3 (d) 6

Sol. (b) $(189)^{321}=189\times189\times189\times$.........$\times312$ बार

∵ 9 का गुणा यदि हम विषम घात से करते है तो हमेश। हमेशा इकाई अंक 9 ही प्राप्त होता है।

∴ $(189)^{321}$ में इकाई अंक = 9 **Ans.**

182. $(239)^{88}$ के मान में इकाई अंक ज्ञात करे-

(a) 1 (b) 9
(c) 3 (d) 6

Sol. (a) $(239)^{88}=239\times239\times239\times$.... $\times88$ बार

∵ 9 का गुणा यदि हम सम घात से करते है तो गुणनफल के अंत में इकाई का अंक हमेशा 1 ही प्राप्त होता हे।

∴ $(239)^{88}$ में इकाई अंक = 1 **Ans.**

183. प्रथम 111 पूर्ण संख्याओं के योग का इकाई अंक ज्ञात करे-

(a) 4 (b) 5
((c) 6 (d) 0

Sol. (b) $0+1+2+3+......+110 = \frac{110\times111}{2}$

$= 55 \times 111 = 6105$

$\because$ 5 का गुणा 1 से करने पर गुणनफल के अंत में इकाई अंक 5 होगा। **Ans.**

184. 2^{51} के मान में इकाई अंक ज्ञात करे-

(a) 2 (b) 8
(c) 1 (d) 4

Sol. (b) 2^{51}

$\Rightarrow$ = 3 शेषफल

$\therefore$ $2^3 = 8$

अत: इकाई अंक = 8 **Ans.**

185. संख्या $(30)^{2928}$ का सबसे दायां और गैर-शून्यक अंक ज्ञात करे-

(a) 1 (b) 3
(c) 7 (d) 9

Sol. (a) $(30)^{2928} = (3)^{2928} \times (10)^{2928}$

$\because$ $\frac{2928}{4} = 0$ शेषफल

$\therefore$ $(3)^4 = 81$

$\therefore$ गैर शून्यक अंक = 1 **Ans.**

186. $5^3 \times 2^{1001}$ का हजारवें स्थान का अंक ज्ञात करे-

(a) 2 (b) 4
(c) 0 (d) 8

Sol. (b) $5^3 \times 2^{1001}$

$= 5^3 \times 2^3 \times 2^{998}$

$\because$ $\frac{998}{4} = 2$ शेषफल

$\therefore$ $(2)^2 = 4$

$\therefore$ हजारवें स्थान का अंक = 4 **Ans.**

187. यदि 3333^n के इकाई का अंक 7 है तो 7777^n के इकाई का अंक ज्ञात करे-

(a) 1 (b) 3
(c) 7 (d) 9

Sol. (b) $3333^n = 7$ (इकाई अंक)

$\because$ $3^1 = 3$

$3^2 = 9$

$3^3 = 7$

$\therefore$ $n = 3$

अब, $(7777)^n$

$(7777)^3 = 3$ (इकाई अंक) **Ans.**

188. यदि 433×456×43 N का इकाई का अंक (N + 2) है तो N का मान ज्ञात करें-

(a) 1 (b) 8
(c) 3 (d) 6

Sol. (d) $433\times456\times43N = (N + 2)$

$8 \times N = N + 2$

$\because$ यहाँ N = 6 रखने पर हमारा समीकरण हल होगा।

$8 \times 6 = 6 + 2$

$8 = 8$

$\therefore$ $N = 6$ **Ans.**

189. $(2153)^{167} \times (8267)^{153}$ का इकाई के अंक का मान ज्ञात करे-

(a) 1 (b) 3
(c) 7 (d) 9

Sol. (d) $(2153)^{167} \times (8267)^{153}$

$\because$ $\frac{167}{4} = 3$ (शेषफल)

$\frac{153}{4} = 1$ (शेषफल)

$\therefore$ $(3)^3 \times (7)^1 = 7 \times 7 = 9$

$\therefore$ इकाई अंक = 9 **Ans.**

190. $2^{3^4} \times 3^{4^5} \times 4^{5^6} \times 5^{6^7} \times 6^{7^8} \times 7^{8^9} \times 8^{9^{10}}$ में इकाई अंक क्या होगा?

(a) 0 (b) 1
(c) 2 (d) 3

Sol. (a) $2^{3^4} \times 3^{4^5} \times 4^{5^6} \times 5^{6^7} \times 6^{7^8} \times 7^{8^9} \times 8^{9^{10}}$

इसमें 5 की घातें कितनी भी हो इकाई का अंक = 5

2 की घातें कितनी भी हो इकाई अंक हमेशा सम होगा।

यदि 5 का गुणा सम संख्या से करे तो इकाई अंक हमेशा शून्य होगा। **Ans.**

191. $(217)^{413} \times (819)^{547} \times (414)^{624} \times (342)^{812}$ का इकाई अंक ज्ञात करे-

(a) 2 (b) 4
(c) 6 (d) 8

Sol. (d) $(217)^{413} \times (819)^{547} \times (414)^{624} \times (342)^{812}$

$\Rightarrow$ $\frac{413}{4} = 1$ (शेषफल)

$\Rightarrow$ $\frac{547}{4} = 3$ (शेषफल)

$\Rightarrow \frac{624}{4} = 0$ (शेषफल)

$\Rightarrow \frac{812}{4} = 0$ (शेषफल)

$= (7)^1 \times (9)^3 \times (4)^4 \times (2)^4$

$= 7 \times 9 \times 6 \times 6$

= 8 (इकाई अंक) **Ans.**

192. इकाई अंक ज्ञात करे, यदि $\left(137^{13}\right)^{47}$

(a) 1 (b) 3
(c) 9 (d) 7

Sol. (b) $\left(137^{13}\right)^{47} = (137)^{13\times47}$

$= \frac{13\times47}{4} = 1\times3 = 3$ (शेषफल)

$\therefore (7)^3 = 343$

$\therefore$ इकाई अंक = 3 **Ans.**

193. $(3^{98} - 3^{89})$ संख्या के इकाई स्थान पर कौन-सा अंक है?

(a) 3 (b) 6
(c) 7 (d) 9

Sol. (b) $3^{98} - 3^{89}$

$\Rightarrow \frac{98}{4} = 2$ (शेषफल)

$\Rightarrow \frac{89}{4} = 1$ (शेषफल)

$(3)^2 - (3)^1$

$= 9 - 3 = 6$

$\therefore$ इकाई अंक = 6 **Ans.**

194. $(8735^{827} + 1693^{469}) \times (7339^{1256} - 244^{311}) \times 5827^{935}$ के मान में इकाई अंक ज्ञात करे-

(a) 2 (b) 4
(c) 6 (d) 8

Sol. (d) $(8735^{827}+1693^{469})\times(7339^{1256}-244^{311})\times5827^{935}$

$\Rightarrow \frac{469}{4} = 1$ (शेषफल)

$\Rightarrow \frac{935}{4} = 3$ (शेषफल)

$\because$ 5 की घात सम हो या विषम इकाई अंक = 5

9 की घात सम हो तो इकाई अंक = 1

4 की घात विषम हो तो इकाई अंक = 4

$(5 + 3)(1 - 4) \times 3$

$(5 + 3)(10 + 1 - 4) \times 3$

$8 \times 7 \times 3 = 8$

$\therefore$ इकाई अंक = 8

195. यदि $x = (633)^{24} - (277)^{38} + (266)^{54}$ है तो x का इकाई अंक क्या होगा?

(a) 8 (b) 4
(c) 6 (d) 7

Sol. (a) $x = (633)^{24} - (277)^{38} + (266)^{54}$

$(3)^4 - (7)^2 + 6$

$1 - 9 + 6$

$= -2 + 10$

[$\because$ मान ऋणात्मक है इसीलिए इसमें 10 जोड़ देते है]

= 8 **Ans.**

196. 1 से 99 तक की सभी अभाज्य संख्याओं के गुणनफल का इकाई अंक ज्ञात करे-

(a) 5 (b) 2
(c) 3 (d) 0

Sol. (d) 1 से 99 तक की अभाज्य संख्या

$\therefore$ इस श्रृंखला में हमें 2 जो सबसे छोटी अभाज्य संख्या है एवं 5 एक अभाज्य संख्या है वह मिलती है और इन दोनों के गुणनफल से हमें इकाई अंक शून्य प्राप्त होगा।

197. 1 से 999 तक की सभी विषम अभाज्य संख्याओं के गुणनफल का इकाई अंक ज्ञात करे-

(a) 0 (b) 2
(c) 5 (d) इनमें से कोई नहीं

Sol. (c)

$\therefore$ 1 से 999 तक सभी विषम अभाज्य संख्या में 5 प्राप्त होंगे और 5 का गुणा यदि विषम संख्या से हो तो इकाई अंक हमेशा 5 ही प्राप्त होगा।

198. $1^3 + 2^3 + 3^3 + ... + 98^3 + 99^3$ का इकाई अंक क्या होगा?

(a) 1 (b) 4
(c) 0 (d) 5

Sol. (c) $1^3 + 2^3 + 3^3 + ... + 98^3 + 99^3$

$\because 1^3 + 2^3 + 3^3 + ... + 8^3 + 9^3$

$= (1 + 8 + 7 + 4 + 5 + 6 + 3 + 2 + 9)$

= 5 (इकाई अंक)

यह श्रृंखला 10 बार दोहरायी गई है।

$\therefore 5 \times 10 = 50$

$\therefore$ इकाई अंक = 0 **Ans.**

199. प्रथम 60 प्राकृतिक संख्याओं का योगफल का इकाई अंक क्या होगा?
(a) 3 (b) 6
(c) 0 (d) 5

Sol. **(c)** प्रथम 60 प्राकृतिक संख्या का योग $= \frac{60 \times 61}{2}$
$= 30 \times 61$
$= 1830$
$\therefore$ इकाई अंक = 0 **Ans.**

200. इकाई अंक ज्ञात करे, यदि $973234! \times 234973!$
(a) 2 (b) 6
(c) 7 (d) 9

Sol. **(b)**
$\therefore$ 4! या 4! से बड़ा कोई भी मान क्रमगुणित हो तो वह हमेशा 4 से विभाजित होगी।
$\therefore$ $973234! \times 234973!$
$= (3)4 \times (4)4$
$= 1 \times 6$
= 6 (इकाई अंक) **Ans.**

201. $3^{3^{4n}} + 1$ का इकाई ज्ञात करे-
(a) 4 (b) 0
(c) 8 (d) 2

Sol. **(d)** $3^{3^{4n}} + 1 = (27)^{4n} + 1$
$= 74 + 1$
$= 1 + 1$
$= 2$
अतः इकाई अंक = 2 **Ans.**

202. ...... में इकाई स्थान पर अंक क्या होगा?
(a) 4 (b) 6
(c) 8 (d) 0

Sol. **(d)** $\frac{12^{55}}{3^{11}} + \frac{8^{48}}{16^{18}} = \frac{3^{55} \times 4^{55}}{3^{11}} + \frac{2^{144}}{2^{72}}$
$= 344 \times 455 + 272$
$= 1 \times 4 + 6$
$= 0$
अतः इकाई अंक = 0 **Ans.**

203. $(7 \times 77 \times 777 \times 7777 \times$.............$\times 7777$ .... 99 बार) के गुणनफल में इकाई अंक ज्ञात करे-
(a) 1 (b) 5
(c) 7 (d) 3

Sol. **(d)** $7 \times 77 \times 777 \times 7777 \times$...........$\times 7777$ .... 99 बार
$= 7^{99}$ (1)(11)(111) × ....× (111...........99 बार)
$= 7^3 \times 1$
$= 3 \times 1$
= 3 (इकाई अंक) **Ans.**

204. $7^{51!^{31!}}$ का इकाई अंक ज्ञात करे-
(a) 7 (b) 9
(c) 3 (d) 1

Sol. **(d)**
$\because$ 4! या उससे बड़े क्रमगुणित मान हमेशा 4 से विभाज्य होते है।
$\therefore$ $7^4 = 1$ (इकाई अंक) **Ans.**

205. $(1!)^{100!} + (2!)^{99!} + (3!)^{98!} +$ .... $+ (100!)^{1!}$ का इकाई अंक ज्ञात करे-
(a) 3 (b) 4
(c) 9 (d) 8

Sol. **(c)** 1! + 2! + 3! + 4! + 5! + 6! ....
$= 1 + 2 + 6 + 24 + 120 + 720 +$.........
इकाई अंक = 3
अब,
$= 1^{100!} + 2^{99!} + 6^{98!} + 24^{97!}$
$= 1 + 2^4 + 6 + 6$
$= 1 + 6 + 6 + 6$
= 9 (इकाई अंक) **Ans.**

गुणनखण्ड (Factor)

- किसी संख्या का गुणनखण्ड वह धनात्मक पूर्णांक होता है जो उस संख्या को पूर्ण रूप से विभाजित कर सकता है।

  जैसे- $2 = 1 \times 2$

  $3 = 1 \times 3$

  $12 = 1 \times 2 \times 3 \times 4 \times 6 \times 12$
- गुणनखण्डों को गिना जा सकता है।
- गुणनखण्डों का गुणज अनंत होता है।
- किसी संख्या के गुणनखण्ड खुद वह संख्या व उससे छोटे-छोटे संख्या एवं 1 होता है।
- गुणनखण्डों पर आधारित प्रश्न निम्न होते है-
  (a) कुल गुणनखण्डों की संख्या
  (b) अभाज्य गुणनखण्डों की संख्या
  (c) सम गुणनखण्डों की संख्या
  (d) विषम गुणनखण्डों की संख्या
  (e) पूर्ण वर्ग गुणनखण्डों की संख्या
  (f) पूर्ण घन गुणनखण्डों की संख्या
  (g) गुणनखण्डों का योग
  (h) सम गुणनखण्डों का योग
  (i) विषम गुणनखण्डों का योग
  (j) गुणनखण्डों का गुणनफल
  (k) गुणनखण्डों का औसत
  (l) गुणनखण्डों के व्युत्क्रम का औसत

- **गुणनखण्डों की संख्या**

  यदि $N = a^p \times b^q \times c^r$ जहाँ a, b, c अभाज्य संख्या है तो

  N के गुणनखण्डों की संख्या $= (p+1) \times (q+1) \times (r+1)$

- **गुणनखण्डों का योग**

  यदि $N = a^p \times b^q \times c^r$ जहाँ a, b, c अभाज्य संख्या है तो

  N के गुणनखण्डों का योग
  $$= (a^0 + a^1 + \ldots + a^p) \times (b^0 + b^1 + \ldots + b^q) \times (c^0 + c^1 + \ldots + c^r)$$

- **गुणनखण्डों का गुणनफल**

  N के गुणनखण्डों का गुणनफल $= (N)^{\frac{n}{2}}$

  जहाँ n, N के गुणनखण्डों की संख्या है।

- गुणनखण्डों का औसत $= \dfrac{\text{गुणनखण्डों का योग}}{\text{गुणनखण्डों की संख्या}}$

- N के सभी गुणनखण्डों के व्युत्क्रम का योग $= \dfrac{\text{गुणनखण्डों का योग}}{N}$

- यदि $N = a^p \times b^q \times c^r$ जहाँ a, b, c अभाज्य संख्या है तो

  अभाज्य गुणनखण्डों की संख्या $= (p + q + r)$

- किसी पूर्ण वर्ग संख्या में गुणनखण्डों की कुल संख्या विषम होती है।

  जैसे- पूर्ण वर्ग संख्या $\rightarrow 144 = 2^4 \times 3^2$

  कुल गुणनखण्डों की संख्या $= (4+1)(2+1) = 15 \rightarrow$ विषम

206. 12 के गुणनखण्डों की संख्या बताइये-

(a) 4 (b) 6
(c) 8 (d) 12

Sol. (b) 12 = 1, 2, 3, 4, 6, 12 = 6 गुणनखण्ड

207. 24 के गुणनखण्डों की संख्या बताइये-

(a) 4 (b) 6
(c) 8 (d) 12

Sol. (c) 24 = 1, 2, 3, 4, 6, 8, 12, 24 = 8 गुणनखण्ड

अथवा

$24 = 2^3 \times 3^1$

कुल गुणनखण्डों की संख्या $= (3+1)(1+1) = 8$

208. 48 के उचित गुणनखण्डों की संख्या बताइये-

(a) 4 (b) 6
(c) 8 (d) 9

Sol. (c) 48 = 1, 2, 3, 4, 6, 8, 12, 16, 24, 48

∴ उचित गुणनखण्ड = गुणनखण्ड − 2

= 10 − 2 = 8 **Ans.**

Note : उचित गुणनखण्ड में 1 और उस संख्या को नहीं लिया जाता है जिसका हम गुणनखण्ड करते है।

उचित गुणनखण्ड की संख्या = कुल गुणनखण्ड की संख्या − 2

209. 96 के उचित गुणनखण्ड ज्ञात करे-

(a) 10 (b) 8
(c) 7 (d) 9

Sol. (d) 96 के गुणनखण्ड = 1, 2, 3, 4, 6, 8, 12, 16, 24, 48, 96

96 के उचित गुणनखण्ड = गुणनखण्ड − 2

= 11 − 2 = 9 **Ans.**

210. 14 के अभाज्य गुणनखण्ड ज्ञात करे-

(a) 2, 7 (b) 3, 7
(c) 1, 14 (d) 2, 14

Sol. **(a)** 14 = 1, 2, 7, 14
यहाँ केवल दो अभाज्य गुणनखण्ड है, 2 एवं 7 **Ans.**

211. 108 के अभाज्य गुणनखण्ड ज्ञात करे-
(a) $2^2 \times 3^2$ (b) $2^3 \times 3^3$
(c) $2^3 \times 3^2$ (d) इनमें से कोई नहीं

Sol. **(a)** $108 = 2^2 \times 3^3$

212. 1080 का कुल गुणनखण्ड की संख्या ज्ञात करे-
(a) 30 (b) 32
(c) 34 (d) 36

Sol. **(b)** 1080 के गुणनखण्ड $= 2^3 \times 3^3 \times 5^1$
$= 2^0 \quad 3^0 \quad 5^0$
$= 2^1 \quad 3^1 \quad 5^1$
$= 2^2 \quad 3^2$
$= 2^3 \quad 3^3$
$= 4 \times 4 \times 2 = 32$
अतः 1080 के कुल गुणनखण्डों की संख्या = 32 **Ans.**

213. 1080 के कुल विषम गुणनखण्डों की संख्या ज्ञात करे-
(a) 2 (b) 4
(c) 6 (d) 8

Sol. **(d)** 1080 के गुणनखण्ड $= 2^3 \times 3^3 \times 5^1$
1080 के कुल विषम गुणनखण्ड $= 1 \times (3+1)(1+1)$
$= 8$ **Ans.**

214. 120 के कुल सम गुणनखण्डों की संख्या ज्ञात करे-
(a) 10 (b) 12
(c) 14 (d) 15

Sol. **(b)** $120 = 2 \times 2 \times 3 \times 2 \times 5$
$= 2^3 \times 3^1 \times 5^1$
∴ 120 के कुल सम गुणनखण्ड $= 3 \times (1+1)(1+1)$
$= 12$ **Ans.**

215. 360 के अभाज्य गुणनखण्ड की संख्या ज्ञात करे-
(a) 4 (b) 6
(c) 7 (d) 8

Sol. **(b)** $360 = 2 \times 2 \times 3 \times 3 \times 2 \times 5$
$= 2^3 \times 3^2 \times 5^1$
∴ 360 के कुल अभाज्य गुणनखण्ड = 3+2+1 = 6 **Ans.**

216. 360 के पृथक अभाज्य गुणनखण्ड की संख्या बताइये-
(a) 2 (b) 3
(c) 4 (d) 6

Sol. **(b)** 360 के गुणनखण्ड $= 2^3 \times 3^2 \times 5^1$
360 के पृथक अभाज्य गुणनखण्ड = 3 **Ans.**

217. 2160 के पूर्ण वर्ग गुणनखण्ड की संख्या ज्ञात करे-
(a) 4 (b) 5
(c) 6 (d) 7

Sol. **(c)** 2160 के गुणनखण्ड $= 2^3 \times 3^2 \times 21 \times 51$
$= 2^4 \times 3^3 \times 51$
∴ 2160 के पूर्ण वर्ग गुणनखण्ड
$= (2^0 + 2^2 + 2^4)(3^0 + 3^2)(5^0)$
$= 3 \times 2 \times 1 = 6$ **Ans.**

218. 540 के पूर्ण घन गुणनखण्ड की संख्या ज्ञात करे-
(a) 2 (b) 3
(c) 4 (d) 1

Sol. **(a)** 540 के गुणनखण्ड $= 2 \times 3 \times 3^2 \times 2 \times 5$
$= 2^2 \times 3^3 \times 5^1$
∴ 540 के पूर्ण घन गुणनखण्ड
$= (2^0)(3^0 + 3^3)(5^0)$
$= 1 \times 2 \times 1$
$= 2$ **Ans.**

219. N = 99 में पूर्ण घन गुणनखण्ड ज्ञात करे-
(a) 5 (b) 7
(c) 8 (d) 6

Sol. **(b)** $N = (3^2)^9 = 3^{18}$
3 के गुणज $= \frac{18}{3} + 1 = 7$
अतः पूर्ण घन गुणनखण्ड = 7 **Ans.**

220. N = 6^7 में पूर्ण वर्ग गुणनखण्ड ज्ञात करे-
(a) 10 (b) 12
(c) 14 (d) 16

Sol. **(d)** $N = 6^7 = (2 \times 3)^7 = 2^7 \times 3^7$
2 के गुणज $= \frac{7}{2} + 1 = 4$
∴ पूर्ण वर्ग गुणनखण्ड = 4×4 = 16 **Ans.**

221. $12^{13} \times 16^{19} \times 8^{12} \times 13^{12}$ में अभाज्य गुणनखण्ड की संख्या ज्ञात करे-
(a) 160 (b) 117
(c) 163 (d) 185

Sol. **(c)** $12^{13} \times 16^{19} \times 8^{12} \times 13^{12}$
$= 2^{26} \times 3^{13} \times 2^{76} \times 2^{36} \times 13^{12}$
$= 2^{138} \times 3^{13} \times 13^{12}$
∴ अभाज्य गुणनखण्ड की संख्या = (138+13+12)
= 163 **Ans.**

222. $x = 2^3 \times 3^2 \times 7^4$ के सभी गुणनखण्डों की संख्या ज्ञात करे-

(a) 50 (b) 55

(c) 58 (d) 60

Sol. (d) $x = 2^3 \times 3^2 \times 7^4$

गुणनखण्ड की संख्या $= (3+1)(2+1)(4+1)$

$= 4 \times 3 \times 5$

$= 60$ **Ans.**

223. $x = 2^6 \times 3^2 \times 5^1$ में सभी सम गुणनखण्डों की संख्या ज्ञात करे-

(a) 34 (b) 12

(c) 42 (d) 36

Sol. (d) $x = 2^6 \times 3^2 \times 5^1$

सम गुणनखण्ड की संख्या $= 6(2+1)(1+1)$

$= 36$ **Ans.**

224. $x = 2^8 \times 3^3 \times 5^2 \times 7^1$ में सभी विषम गुणनखण्ड की संख्या ज्ञात करे-

(a) 20 (b) 22

(c) 24 (d) 32

Sol. (c) $x = 2^8 \times 3^3 \times 5^2 \times 7^1$

विषम गुणनखण्ड की संख्या $= (3+1)(2+1)(1+1)$

$= 24$ **Ans.**

225. यदि $N = 4^{11} + 4^{12} + 4^{13} + 4^{14}$ हो तो N के कुल कितने धनात्मक गुणनखण्ड होंगे?

(a) 92 (b) 48

(c) 50 (d) 51

Sol. (a) $N = 4^{11} + 4^{12} + 4^{13} + 4^{14}$

$= 4^{11}(1 + 4^1 + 4^2 + 4^3)$

$= 4^{11}(1 + 4 + 16 + 64)$

$= 4^{11}(85)$

$= 2^{22} \times 5^1 \times 17^1$

$\therefore$ धनात्मक गुणनखण्ड $= (22+1)(1+1)(1+1)$

$= 92$ **Ans.**

226. यदि $N = 4^4 + 6^6$ है तो N के गुणनखण्डों की संख्या ज्ञात करे-

(a) 28 (b) 56

(c) 14 (d) 7

Sol. (c) $N = 4^4 + 6^6$

$= 2^8 + 2^6 \times 3^6$

$= 2^6(2^2 \times 3^6)$

$= 2^6 \times 733$

$= 2^6 \times 733^1$

$\therefore$ कुल गुणनखण्ड $= (6+1)(1+1) = 14$ **Ans.**

227. 24 के सभी गुणनखण्डों का योगफल ज्ञात करे-

(a) 60 (b) 64

(c) 68 (d) 72

Sol. (a) 24 = 1, 2, 3, 4, 6, 8, 12, 24

गुणनखण्ड का योगफल $= 1+2+3+4+6+8+12+24$

$= 60$ **Ans.**

228. 36 के सभी विषम गुणनखण्डों का योगफल ज्ञात करे-

(a) 9 (b) 12

(c) 13 (d) 15

Sol. (c) 36 = 1, 2, 3, 4, 6, 9, 12, 18, 36

$\therefore$ विषम गुणनखण्ड का योगफल $= 1+3+9 = 13$ **Ans.**

229. 120 के सभी सम गुणनखण्ड का योगफल ज्ञात करे-

(a) 360 (b) 312

(c) 300 (d) 240

Sol. (b) 120 = 1, 2, 3, 4, 5, 6, 8, 10, 12, 15, 20, 30, 40, 60, 120

$\therefore$ सम गुणनखण्ड का योगफल

$= (2+4+65+8+10+12+20+30+40+60+120)$

$= 312$ **Ans.**

230. $N = 2^2 \times 3^2 \times 5^2$ के सभी गुणनखण्डों का योगफल ज्ञात करे-

(a) 2821 (b) 3182

(c) 2956 (d) 3031

Sol. (a) $N = 2^2 \times 3^2 \times 5^2$

$\therefore$ सभी गुणनफल का योगफल

$= (2^0 + 2^1 + 2^2)(3^0 + 3^1 + 3^2)(5^0 + 5^1 + 5^2)$

$= (1+2+4)(1+3+9)(1+5+25)$

$= 7 \times 13 \times 31$

$= 2821$ **Ans.**

231. 19600 के सभी सम गुणनखण्डों का योगफल ज्ञात करे-

(a) 53100 (b) 53010

(c) 51300 (d) 50130

Sol. (b) $19600 = 2^4 \times 5^2 \times 7^2$

सम गुणनखण्ड का योगफल

$= (2^1 + 2^2 + 2^3 + 2^4)(5^0 + 5^1 + 5^2)(7^0 + 7^1 + 7^2)$

$= (2+4+8+16)(1+5+25)(1+7+49)$

$= 30 \times 31 \times 57$

$= 53010$ **Ans.**

232. 23100 के सभी गुणनखण्डों का योगफल 1 को छोड़कर ज्ञात करे-

(a) 11907 (b) 83328

(c) 83327 (d) 11903

Sol. (c) $23100 = 77 \times 3 \times 5^3 \times 2^2$

$= 2^2 \times 3^1 \times 5^2 \times 7^1 \times 11^1$

सभी गुणनखण्ड का योग

$= (2^0+2^1+2^2)(3^0+3^1)(5^0+5^1+5^2)(7^0+7^1)(11^0+11^1)$

$= (1+2+4)(1+3)(1+5+25)(1+7)(1+11)$

$= 7 \times 4 \times 31 \times 8 \times 12$

$= 83328$

$\therefore$ 1 को छोड़कर $= 83328 - 1 = 83327$ **Ans.**

233. 158760 के विषम गुणनखण्डों का योगफल ज्ञात करे-

(a) 41211 (b) 618165
(c) 576945 (d) 41382

Sol. (d) $158760 = 2^3 \times 3^4 \times 5^1 \times 7^2$

विषम गुणनखण्डों का योगफल

$= (3^0+3^1+3^2+3^3+3^4)(5^0+5^1)(7^0+7^1+7^2)$

$= (1+3+9+27+81)(1+5)(1+7+49)$

$= 121\times6\times57$

$= 42382$ **Ans.**

234. 480 मोबाइल किसी कक्षा के छात्रों को बराबर-बराबर संख्या में कितने तरीकों से बांटे जा सकते है-

(a) 4 (b) 16
(c) 24 (d) 20

Sol. (c) $480 = 2^5 \times 3^1 \times 5^1$

$= (5+1)(1+1)(1+1)$

$= 24$

अतः 24 तरीकों से बांटा जा सकता है। **Ans.**

235. 792 मोबाइल किसी कक्षा के छात्रों को बराबर-बराबर संख्या में कितने तरीकों से बांटे जा सकते है?

(a) 24 (b) 16
(c) 14 (d) 20

Sol. (a) $792 = 2^3 \times 3^2 \times 111$

$= (3+1)(2+1)(1+1)$

$= 4 \times 3 \times 2$

$= 24$

अतः 24 तरीकों से बांटा जा सकता है।

236. जब 732 को एक धनात्मक पूर्णांक x से विभाजित किया जाता है, तो शेषफल 12 बचता है। x के कितने मान संभव है?

(a) 18 (b) 16
(c) 19 (d) 20

Sol. (d) $732 - 12 = 720$

$720 = 2^4 \times 3^2 \times 5^1$

कुल गुणनखण्ड $= (4+1)(2+1)(1+1)$

$= 30$

किंतु 12 एवं 12 से छोटी संख्या नहीं लेना है।

$\therefore$ $720 \rightarrow 1, 2, 3, 4, 5, 6, 8, 9, 10, 12$

= 10 (12 से छोटे गुणनखण्ड)

$\therefore$ x के मान $= 30 - 10 = 20$ **Ans.**

237. जब 200 को एक धन पूर्णांक x से विभाजित किया जाता है तो शेषफल 8 आता है। x के कितने मान है?

(a) 6 (b) 8
(c) 7 (d) 5

Sol. (b) $200 - 8 = 192$

192 के गुणनखण्ड $= 2^6 \times 3^1$

$= (6+1)(1+1)$

$= 14$

परंतु 8 एवं 8 से छोटे गुणनखण्ड नहीं लेने है।

$\therefore$ $192 \rightarrow 1, 2, 3, 4, 5, 6, 8$

$\therefore$ x के मान $= 14 - 6 = 8$ **Ans.**

238. $71^3 - 39^3 - 32^3$ के गुणनखण्डों की संख्या ज्ञात कीजिए-

(a) 96 (b) 36
(c) 72 (d) 24

Sol. (c) $a + b + c = 0$

$a^3 + b^3 + c^3 = 3abc$

$71 + (-39) + (-32) = 0$

तब, $71^3 - 39^3 - 32^3 = 3 \times 71 \times 39 \times 32$

$= 2^5 \times 3^2 \times 13^1 \times 71^1$

$\therefore$ गुणनखण्ड की सं० $= (5+1)(2+1)(1+1)(1+1)$

$= 6 \times 3 \times 2 \times 2$

$= 72$ **Ans.**

239. यदि $N = 3^{14} + 3^{13} - 12$, तो N का सबसे बड़ा अभाज्य गुणनखण्ड ज्ञात करें-

(a) 11 (b) 13
(c) 73 (d) 79

Sol. (c) $N = 3^{14} + 3^{13} - 12$

$= 3^{13}(3+1) - 12$

$= 12(3^{12} - 1)$

$= 12(729^2 - 1^2)$

$= 12[(729 + 1)(729 - 1)]$

$= 12[(730)(728)]$

$\therefore$ सबसे बड़ा अभाज्य गुणनखण्ड = 73 **Ans.**

240. संख्या 360 के सभी गुणनखण्डों के व्युत्क्रमों का योग ज्ञात करे-

(a) 2.65 (b) 3.25
(c) 3.48 (d) 4.2

Sol. (b) $360 = 2^3 \times 3^2 \times 5^1$

व्युत्क्रमों का योग

$$= \frac{(2^0 + 2^1 + 2^2 + 2^3)(3^0 + 3^1 + 3^2)(5^0 + 5^1)}{360}$$

$$= \frac{(1+2+4+8)(1+3+9)(6)}{360}$$

$$= \frac{13}{4} = 3.25$$ **Ans.**

(i) 3^{12} के गुणनखण्डों का गुणनफल क्या होगा-

(a) 3^{75} (b) 3^{78}
(c) 372 (d) 3^{69}

Sol. (b) $N = 3^{12}, n = (12+1) = 13$

गुणनखण्डों का गुणनफल $= \left(3^{12}\right)^{\frac{13}{2}} = 3^{13\times6} = 3^{78}$

(ii) 360 के गुणनखण्डों का गुणनफल ज्ञात कीजिए-

(a) $2^{36}\times3^{24}\times5^{12}$ (b) $2^{24}\times3^{36}\times5^{12}$
(c) $2^{12}\times3^{24}\times5^{36}$ (d) $2^{31}\times3^{12}\times5^{24}$

Sol. (a) $360 = 2^3\times3^2\times5^1$
$n = (3+1)(2+1)(1+1) = 24$

गुणनखण्डों का गुणनफल $= (360)^{\frac{24}{2}}$
$= 360^{12} = \left(2^3\times3^2\times5^1\right)^{12}$
$= 2^{36}\times3^{24}\times5^{12}$

(iii) 120 के सभी गुणनखण्डों का औसत है-

(a) 20 (b) 21.5
(c) 22.5 (d) 24

Sol. (c) $120 = 2^3\times3^1\times5^1$

औसत $= \dfrac{\left(2^0+2^1+2^2+2^3\right)\left(3^0+3^1\right)\left(5^0+5^1\right)}{(3+1)(1+1)(1+1)}$

$= \dfrac{15\times4\times6}{4\times2\times2} = \dfrac{90}{4} = 22.5$

उभयनिष्ठ गुणनखण्ड (Common Factor)

- $a^n + b^n$ → उभयनिष्ठ गुणनखण्ड $= (a+b)$ {जहाँ n विषम है}
  → कोई उभयनिष्ठ गुणनखण्ड नहीं है। {जहाँ n सम है}
- $a^n+b^n+c^n \rightarrow$ उभयनिष्ठ गुणनखण्ड $= (a+b+c)$ जहाँ n विषम है।
- $a^n - b^n \rightarrow$ उभयनिष्ठ गुणनखण्ड $= (a-b)$ जहाँ n विषम है।
- $a^n - b^n \rightarrow$ उभयनिष्ठ गुणनखण्ड $= (a+b)$ और $(a-b)$ जहाँ n सम है।

1. जब $(127^{97}+97^{97})$ को 32 से विभाजित किया जाता है तो कितना शेषफल बचता है-

(a) 7 (b) 2
(c) 4 (d) 0

Sol. (d) $127^{\text{विषम}} + 97^{\text{विषम}} \Rightarrow$ C.F. $= (127+97)$
$= 224 \rightarrow 32$ से विभाज्य है।

अतः शेषफल शून्य (0) होगा।

2. $(25^{13}+26^{13}+27^{13}+28^{13})$ को 106 से विभाजित किये जाने पर शेष क्या होगा-

(a) 112 (b) 0
(c) 60 (d) 15

Sol. (b) प्रश्नानुसार

$\Rightarrow \quad 25^{13}+26^{13}+27^{13}+28^{13}$

हम जानते है कि $(a^n+b^n+c^n+d^n)$ में n यदि विषम संख्या है तो $(a+b+c+d)$ सदैव विभाजित होगी।

$(25+26+27+28) = 106$

अतः 106 से विभाजित होगी। अतः शेषफल हमें शून्य प्राप्त होगा।

3. $(341^{218} - 156^{218})$ विभाज्य है-

(a) 7 (b) 37
(c) 41 (d) a और b दोनों

Sol. (d) $(341^{\text{even}} - 156^{\text{even}}) \Rightarrow$ C.F. → $(341+156)=497$
→ $(341-156)=185$

$\Rightarrow$ 497 → divisible by 7
185 → divisible by 37

4. जब $(m^{12}-1)$ को $(m+1)$ द्वारा विभाजित किया जाता है तो शेषफल क्या होगा?

(a) 1 (b) 2
(c) 0 (d) −1

Sol. (c) घात यदि सम हो तो-

$a^n - b^n \rightarrow$ उभयनिष्ठ गुणनखण्ड $= (a+b)$ और $(a-b)$

अतः $(m^{12}-1)$ का उभयनिष्ठ गुणनखण्ड $(m+1)$ और $(m-1)$ होगा।

$\therefore$ शेषफल $= 0$

5. यदि $71^{83}+73^{83}$ को 36 से विभाजित किया जाए तो शेषफल क्या होगा?

(a) 0 (b) 9
(c) 13 (d) 8

Sol. (a) $R = \dfrac{(71+73)}{36} = \dfrac{144}{36} = 0$ **Ans.**

अनुक्रम तथा श्रेणी (Sequence and Series)

(A) समांतर श्रेढ़ी (Arithmetic Progression) (A.P.) : ऐसा अनुक्रम जिसमें पद समान रूप से बढ़ रहें हों अथवा घट रहें हों, समान्तर श्रेढ़ी कहलाता है। इसे अंकगणितीय श्रेणी भी कहते है। इनके क्रमागत पदों का अंतर सार्वान्तर कहलाता है।

a	a+d	a+2d	a + 3d.....	a+(n–1)d
↓	↓	↓	↓	↓
t_1	t_2	t_3	t_4	t_n

a = पहला पद

d = सर्वान्तर (दो पदों के बीच का अंतर)

- पदों के मध्य अंतर समान होता है-

$$t_2 - t_1 = t_3 - t_2 = d$$

- अंतिम पद अथवा nवाँ पद (t_n)

$= a + (n - 1)\,d$ [प्रारंभ से nवाँ पद]

- यदि अंतिम पद l हो तब-

अंत से nवाँ $= l_n = a - (n - 1)d$

$$\Rightarrow \quad n = \frac{l - a}{d} + 1$$

- **समांतर श्रेढ़ी के पदों का योग-**

$S_n = a + (a + d) + (a + 2d) + \text{.........} + [a + (n - 1)d]$

n पदों का योग $(S_n) = \frac{n}{2}[2a + (n - 1)d] = \frac{n}{2}(a + l)$

- nवां पद $= T_n = S_n - S_{n-1}$

(B) गुणोत्तर श्रेढ़ी (Geometric Progression) : ऐसा अनुक्रम जिसमें क्रमागत पदों का अनुपात समान होता है, गुणोत्तर श्रेढ़ी कहलाता है।

$a, ar, ar^2, ar^3, \text{............} ar^{(n-1)}$

r = सार्वानुपात, a = पहला पद

$$r = \frac{a_2}{a_1} = \frac{a_3}{a_2} = \frac{a_4}{a_3} \text{..........}$$

- nवां पद अथवा अंतिम पद $= l = T_n = ar^{n-1}$ (अंतिम पद)
- **गुणोत्तर श्रेढ़ी का योग-**

यदि $(r > 1)$ तब, $S_n = \frac{a.(r^n - 1)}{(r - 1)}$

यदि $(r < 1)$ तब, $S_n = \frac{a.(1 - r^n)}{(1 - r)}$

- **Infinite G.P. Series (अनंत गुणोत्तर श्रेढ़ी)**

अनंत पदों का योग-

यदि $(r > 1)$ तो $S_\infty \rightarrow$ does not exist

यदि $(r < 1)$ तो $S_\infty = \frac{a}{1 - r}$

(C) Harmonic Progression (हरात्मक श्रेढ़ी) : गैर-शून्य संख्याओं का अनुक्रम $a_1, a_2, a_3 \text{.......} a_n$ को हरात्मक श्रेढ़ी कहा जाता है। यदि अनुक्रम $\frac{1}{a_1}, \frac{1}{a_2}, \frac{1}{a_3} \text{........} \frac{1}{a_n}$ समान्तर श्रेढ़ी में हो।

- हरात्मक श्रेढ़ी का nवां पद ज्ञात करने के लिए पहले उसे समान्तर श्रेढ़ी में बदलकर निम्न सूत्र का प्रयोग करते है-

$$\text{H.P. का nवां पद} = \frac{1}{\text{A.P. का nवां पद}}$$

$$\Rightarrow \quad t_n = \frac{1}{a + (n - 1)d}$$

(D) समान्तर माध्य, गुणोत्तर माध्य एवं हरात्मक माध्य में सम्बन्ध-

दो धनात्मक संख्या A और B है।

तो इनका समांतर माध्य $= \frac{A + B}{2}$

गुणोत्तर माध्य $= \sqrt{AB}$

हरात्मक माध्य $= \frac{2AB}{A + B}$

A.M. ≥ G.M. ≥ H.M

$AM \times HM = (GM)^2$

241. 2, 6, 10, 14, 18, ... 94 में कुल पदों की संख्या ज्ञात करे-
(a) 29 (b) 28
(c) 25 (d) 24

Sol. **(d)** कुल पद $= \dfrac{\text{अंतिम पद} - \text{प्रथम पद}}{\text{सार्वन्तर}} + 1$

$= \dfrac{94-2}{4}+1$

$= \dfrac{92}{4}+1 = 24$ **Ans.**

242. 7, 13, 19, ..., 05 में कितने पद है?
(a) 31 (b) 32
(c) 34 (d) 36

Sol. **(c)** कुल पद $= \dfrac{205-7}{6}+1$

$= \dfrac{198}{6}+1 = 34$ **Ans.**

243. एक समांतर श्रेणी में 2, 7, 12, 17, ... का कौन-सा पद 137 है?
(a) 27 (b) 28
(c) 29 (d) 30

Sol. **(b)** 2, 7, 12, 17, ... 137वाँ पद
$a = 2, d = 5$
$137 = 2 + (n-1)\,5$
$135 = (n-1)\,5$
$n = 28$ **Ans.**

244. 9, 13, 17, 21, 25 में कुल पदों का योग ज्ञात करे-
(a) 80 (b) 85
(c) 90 (d) 95

Sol. **(b)** $S_5 = \left(\dfrac{9+25}{2}\right)5 = 85$

Trick :
कुल पदों का योग = (मध्य पद का मान) × कुल पद
$= 17 \times 5$
$= 85$ **Ans.**

245. शृंखला $20, 19\frac{1}{3}, 18\frac{2}{3}$, ... में पदों की संख्या ज्ञात कीजिए, जिसका योगफल 300 है-
(a) 25 (b) 36
(c) a और b दोनों (d) इनमें से कोई नहीं

Sol. **(c)** $a = 20, d = -\dfrac{2}{3}$

$30 = \dfrac{n}{2}\left[4 + (n-1)\left(-\dfrac{2}{3}\right)\right]$

$900 = n\,(61 - n)$
$n^2 - 61n + 900 = 0$
$n^2 - 36n - 25n + 900 = 0$
$(n-36)\,(n-25) = 0$
$n = 36 \quad n = 25$
यहाँ पदों की संख्या 25 और 36 दोनों होगी। **Ans.**

246. −11, −8, − 5, ... में पहले 10 पदों का योग ज्ञात करे-
(a) 25 (b) 27
(c) 30 (d) 35

Sol. **(a)** $a = -11$
$d = (a_2 - a_1) = -8 - (-11) = 23$

$S_{10} = \dfrac{10}{2}[2 \times (-11) + 9 \times 3]$
$= 5\,(-22 + 27)$
$= 25$ **Ans.**

247. 1, 4, 6, 5, 11, 6, ... के समांतर श्रेणी में पहले 100वें पदों तक का योग ज्ञात कीजिए-
(a) 7500 (b) 7600
(c) 7650 (d) 7555

Sol. **(b)** 1, 4, 6, 5, 11, 6 , 21 , ... t50
$a = 1, d = 5$

$S_{50} = \dfrac{50}{2}[1 \times 2 \times (50-1)5]$
$= 25\,[2 + 245]$
$= 25 \times 247$
$= 6175$
4, 5, 6, ... t_{50}
$a = 4, d = 1$

$S_{50} = \dfrac{50}{2}[4 \times 2 \times (50-1)1]$
$= 25\,[8 + 49]$
$= 25 \times 57$
$= 1425$
$\therefore \quad S_{100} = 6175 + 1425 = 7600$ **Ans.**

248. यदि A = 1 − 10 + 3 − 12 + 5 − 14 + 7 − ...... 60 पदों तक का मान ज्ञात करे-
(a) −360 (b) −310
(c) −240 (d) −270

Sol. (d) $A = \underbrace{1-10}_{-9} + \underbrace{3-12}_{-9} + \underbrace{5-14}_{-9} + \underbrace{7-16}_{-9}$ ....

$\therefore \quad S_{30} = -9\times30 = -270$ **Ans.** $\left[\begin{array}{l}\because \text{दो - दो पदों का अंतर है} \\ \therefore \text{कुल पद } \frac{60}{2} = 30\end{array}\right]$

249. $5-8+13+7-11+17+9-14+21+$ .... 99वें पदों तक का मान ज्ञात करे-

(a) 1843 (b) 1749
(c) 1914 (d) 1683

Sol. (c) $\underbrace{5-8+13}_{10} + \underbrace{7-11+17}_{13} + \underbrace{9-14+21}_{16} +$ ....

10, 13, 16, 19, ... 33 पद

$S_{33} = \frac{33}{2}[20+32\times3]$
$= 33\times58$
$= 1914$ **Ans.**

250. $100^2-99^2+98^2-97^2+96^2-95^2+94^2-93^2+$ .... $+12^2-11^2$ का मान ज्ञात करे-

(a) 5050 (b) 4895
(c) 4995 (d) 4950

Sol. (c) $100^2-99^2+98^2-97^2+96^2-95^2+94^2-93^2+$ .... $+12^2-11^2$
$= 100+99+98+97+96+95+94+93+......+12+11$
$[\because a^2-b^2 = (a+b)(a-b)]$

$\text{term}(n) = \frac{100-11}{1}+1 = 90$

$S_{90} = \frac{90}{2}(100+11) = 45\times111 = 4995$ **Ans.**

251. दो अंकों की उन सभी संख्याओं का योग ज्ञात कीजिए जिन्हें 5 से विभाजित करने पर शेषफल 2 रहता है-

(a) 1081 (b) 1131
(c) 981 (d) 841

Sol. (c) 5) N (K
 2
$N = 5K+2$

$\therefore$ संख्याएं = 12, 17, 22, ... 97

$\therefore \quad n = \frac{97-12}{5}+1 = 18$

$S_{18} = \frac{18}{2}(12+97) = 9\times109 = 981$ **Ans.**

252. 100 तथा 400 के मध्य सभी प्राकृतिक संख्याओं का योग क्या है जो 13 से विभाज्य है?

(a) 5681 (b) 5334
(c) 5434 (d) 5761

Sol. (a) 13) N (K
 0
$N = 13K$ (जहाँ $K = 8, 9, 10, ...$)
संख्याएं = 104, 117, 130, ... 390

$n = \frac{390-104}{13}+1 = 23$

$S_{23} = \frac{23}{2}[104\times2+(23-1)13]$
$= 23\times(104+143)$
$= 23\times247$
$= 5681$ **Ans.**

253. यदि किसी समांतर श्रेणी का 6वां पद 19 और 17वां पद 96 है तो इसका पचीसवाँ पद क्या है?

(a) 148 (b) 129
(c) 152 (d) 161

Sol. (c) $a+5d = 19$ .... (i)
$a+16d = 96$ ....(ii)
समीकरण (ii) – (i)
$11d = 77$
$d = 7$
$\therefore \quad T_{25} = a+24d$
$= (a+16d)+8d$
$= 96+8\times7$
$= 152$ **Ans.**

254. किसी समांतर श्रेणी के पहले 25 पदों का योग 525 है। अगले 25 पदों का योग 725 है। सार्वन्तर ज्ञात करे-

(a) $\frac{8}{25}$ (b) $\frac{7}{30}$
(c) $\frac{1}{4}$ (d) $\frac{11}{25}$

Sol. (a) $T_1+T_2+T_3+$ .... $T_{25} = 525$
$T_{26}+T_{27}+T_{28}+$ ....$T_{50} = 725$
$T_{25}+T_{25}+T_{25}+$ ....$+T_{25} = 200$
$25d+25d+25d+......+25d = 200$
$625d = 200$

$d = \frac{8}{25}$ **Ans.**

255. यदि किसी AP के चौथे पद का 4 गुना, 18वें पद के 18 गुणा के बराबर है तो 22वाँ पद ज्ञात करे-
(a) 0 (b) 693
(c) 110 (d) 242

Sol. (a) Note : Theorem
यदि $m \times T_m = n \times T_n$
तो $T_{(m+n)} = 0$
$\therefore$ $T_{4+18} = T_{22} = 0$ **Ans.**

256. एक समांतर श्रेणी के पहले 100 पदों का योग 50 है और पहले 200 पदों का योग 90 है तो श्रेणी के पहले 300 पदों का योग क्या है?
(a) 140 (b) 100
(c) 130 (d) 120

Sol. (d) पहले 100 पदों का योग = 50
अगले 100 पदों का योग = 90 – 50 = 40
अगले 100 पदों का योग = 30
$\therefore$ कुल 300 पदों का योग = 50+40+30
= 120 **Ans.**

257. $1, \frac{1}{4}, \frac{1}{16}, \frac{1}{65}$,.......... ∞ पद का योग ज्ञात करे-
(a) $\frac{4}{3}$ (b) $\frac{3}{4}$
(c) ∞ (d) 0

Sol. (a) $r = \frac{1}{4}, a = 1$

$$S_\infty = \frac{1}{1-\frac{1}{4}} = \frac{4}{3}$$ **Ans.**

258. $32 \times 32^{\frac{1}{6}} \times 32^{\frac{1}{36}} \times$.........∞ का मान ज्ञात करे-
(a) 68 (b) 72
(c) 74 (d) 64

Sol. (d) $32 \times 32^{\frac{1}{6}} \times 32^{\frac{1}{36}} \times$..........∞
$\because$ $a^m \times a^n = a^{m+n}$
$= 32^{1+\frac{1}{6}+\frac{1}{36}+........\infty}$
यहां $r = \frac{1}{6}, a = 1$

$$S_\infty = \frac{1}{1-\frac{1}{6}} = \frac{6}{5}$$

$= (32)^{6/5} = (2)^{5\times6/5} = 64$ **Ans.**

259. दो संख्याओं के हरात्मक माध्य और गुणोत्तर माध्य क्रमशः 10 और 12 है। इनका समांतर माध्य क्या होगा?
(a) $\frac{25}{3}$ (b) $\sqrt{120}$
(c) 11 (d) 14.4

Sol. (d) $AM \times HM = (GM)^2$
$AM \times 10 = (12)^2$
$AM = 14.4$ **Ans.**

260. दो अवलोकनों के लिए, योग S है और गुणनफल P है। इन दो अवलोकनों का हार्मोनिक माध्य क्या है?
(a) $\frac{2S}{P}$ (b) $\frac{S}{2P}$
(c) $\frac{2P}{S}$ (d) $\frac{P}{2S}$

Sol. (c) $H.M. = \frac{2ab}{a+b} = \frac{2 \times P}{S} = \frac{2P}{S}$ **Ans.**

261. यदि $t_1 + t_5 + t_{10} + t_{15} + t_{20} + t_{24} = 225$ है तो प्रथम 24 पदों का योग ज्ञात करे-
(a) 900 (b) 910
(c) 920 (d) 950

Sol. (a) $S_{24} = \frac{24}{2}[2a + (24-1)d]$
$\because$ $t_1 + t_5 + t_{10} + t_{15} + t_{20} + t_{24} = 225$
$\Rightarrow$ $a+a+4d+a+9d+a+14d+a+19d+a+23d = 225$
$\Rightarrow$ $6a + 69d = 225$
$\Rightarrow$ $2a + 23d = 75$

$S_{24} = \frac{24}{2}[2a + 23d]$
$= 12 \times 75$
$= 900$ **Ans.**

262. यदि $S_n = n^2 + 2n$ हो तो इसका प्रथम पद एवं सार्वन्तर ज्ञात करे-
(a) 3, 6 (b) 6, 3
(c) 3, 5 (d) 5, 3

Sol. (c) $S_n = n^2 + 2n$
(n=1) $S_1 = t_1 = 1 + 2 = 3$
(n=2) $S_2 = t_1 + t_2 = 4 + 4 = 8$
3, 8, ...
$d = 5, a = 3$
$\therefore$ प्रथम पद = 3, सार्वान्तर = 5 **Ans.**

263. 5, 10, 20, 40, 80, ... में 10वाँ पद ज्ञात करे-

(a) 3600 (b) 3060
(c) 2560 (d) 2472

Sol. **(c)** $a = 5$

$$r\,(\text{सार्वअनुपात}) = \frac{a_2}{a_1} = \frac{10}{5} = 2$$

$$t_{10} = ar^{n-1} = 5\times2^{10-1} = 5\times512 = 2560 \quad \textbf{Ans.}$$

264. 3, 6, 12, 24, ... में 10 पदों का योग ज्ञात करे-

(a) 3069 (b) 3264
(c) 3168 (d) 2472

Sol. **(a)** $a = 3, r = \frac{6}{3} = 2$

$$S_{10} = \frac{3\left(r^{10}-1\right)}{r-1} = \frac{3\left(2^{10}-1\right)}{2-1} = 3\times1023 = 3069 \quad \textbf{Ans.}$$

265. 9, 99, 999, 9999, ... t_{100} में इस श्रेणी का योग ज्ञात कीजिए-

(a) $\frac{10^{101}-910}{9}$ (b) $\frac{10^{100}-900}{9}$
(c) $\frac{10^{102}-920}{9}$ (d) इनमें से कोई नहीं

Sol. **(a)** 9, 99, 999, 9999, ... t_{100}

$= 10-1, 10^2-1, 10^3-1, 10^4-1, ... 10^{100}-1$

$= (10 + 10^2 + 10^3 + 10^4 + ... + 10^{100})$
$+(-1-1-1-.......-1) + (-1\times100)$
$+ (-100)$

$a = 10, r = 10$

$$S_{100} = \frac{10\left(10^{100}-1\right)}{10-1} - 100 = \frac{10\left(10^{100}-1\right)}{9} - 100 = \frac{10^{101}-10-9\times100}{9} = \frac{10^{101}-910}{9} \quad \textbf{Ans.}$$

266. गुणोत्तर श्रेणी का सातवां पद उसके चौथे पद के 8 गुना के बराबर है तो उसका प्रथम पद ज्ञात करे, यदि पांचवाँ पद 48 हो?

(a) 2 (b) 3
(c) 4 (d) 6

Sol. **(b)** $T_7 = 8\times T_4$

$t_n = ar^{n-1}$

$ar^{7-1} = 8\times ar^{4-1}$
$ar^6 = 8\times ar^3$
$r^3 = 8$
$r = 2$
$\because t_5 = 48$
$ar^4 = 48$
$a\times(2)^4 = 48$
$a\times16 = 48$
$a = 3$ **Ans.**

267. 16, 8, 4, 2, ... में ∞ पद का योग ज्ञात करे-

(a) 128 (b) 32
(c) 64 (d) 96

Sol. **(b)** 16, 8, 4, 2, ...

$a = 16, r = \frac{1}{2}$

$|r| < 1$

$$S_\infty = \frac{a}{1-r} = \frac{16}{1-1/2} = 32 \quad \textbf{Ans.}$$

268. $25^{\left(\frac{1}{3}+\frac{1}{9}+\frac{1}{27}+........\infty\right)}$ का मान ज्ञात करे-

(a) 5 (b) 25
(c) 625 (d) 3125

Sol. **(a)** $25^{\left(\frac{1}{3}+\frac{1}{9}+\frac{1}{27}+........\infty\right)}$

$= \left(\frac{1}{3}+\frac{1}{9}+\frac{1}{27}+........\infty\right)$

$\Rightarrow a = \frac{1}{3}, r = \frac{1}{3}$

$$S_\infty = \frac{1/3}{1-1/3} = 1/2$$

$= 25^{\left(\frac{1}{2}\right)}$

$= 25^{2\times1/2}$

$= 5$ **Ans.**

269. एक गेंद 5000 मीटर ऊँचाई से नीचे धरती पर फेंकी जाती है। गेंद प्रत्येक बार अपने पिछले उछाल का 4/5 गुणा उछलती है तो गेंद रुकने तक कुल कितनी दूरी तय करेगी?

(a) 40,000m (b) 41,000m
(c) 44,000m (d) 45,000m

Sol. (d) 5000, 4000, 4000, 3200, 32,00, ...
= 9000, 7200, ...
a = 9000, r = 4/5

$$S_\infty = \frac{9000}{1-4/5} = 9000\times5 = 45000\text{m}$$ **Ans.**

270. $A = \frac{1}{4}+\frac{1}{16}+\frac{1}{64}+........n^{term}$

और $B = 1+\frac{1}{2}+\frac{1}{4}+........2n^{term}$ तो $\frac{A}{B}$ का मान ज्ञात करे-

(a) $\frac{1}{3}$ (b) $\frac{1}{2}$
(c) $\frac{1}{6}$ (d) $\frac{1}{4}$

Sol. (c) $A = \frac{1}{4}+\frac{1}{16}+\frac{1}{64}+........n^{term}$

$$a = \frac{1}{4}, r = \frac{1/6}{1/4} = \frac{1}{4}$$

$$A = S_n = \frac{1/4\left[1-(1/4)^n\right]}{1-1/4} \quad \left[\text{यदि } r<1 \text{ then } S_n = \frac{a(1-(1/r)^n}{1-r}\right]$$

$$A = \frac{1}{3}\left[1-\left(\frac{1}{4}\right)^n\right]$$

अब,

$$B = 1+\frac{1}{2}+\frac{1}{4}+........2n^{term}$$

$$a = 1, r = \frac{1/2}{1} = \frac{1}{2}$$

$$B = S_{2n} = \frac{1\left[1-\left(\frac{1}{2}\right)^{2n}\right]}{1-1/2}$$

$$B = 2\left[1-\left(\frac{1}{4}\right)^n\right]$$

$$\therefore \frac{A}{B} = \frac{\frac{1}{3}\left[1-\left(\frac{1}{4}\right)^n\right]}{2\left[1-\left(\frac{1}{4}\right)^n\right]}$$

$$\therefore \frac{A}{B} = \frac{1}{6}$$ **Ans.**

प्राकृतिक संख्याओं का योगफल (Sum of Natural Numbers)

- प्रथम n प्राकृतिक संख्याओं का योगफल-
$$1+2+3+......+n = \frac{n(n+1)}{2}$$
- प्रथम n प्राकृतिक संख्याओं के वर्गों का योगफल-
$$1^2+2^2+3^2+......+n^2 = \frac{n(n+1)(2n+1)}{6}$$
- प्रथम n प्राकृतिक संख्याओं के घनों का योगफल-
$$1^3+2^3+3^3+......+n^3 = \left[\frac{n(n+1)}{2}\right]^2$$
- प्रथम n विषम संख्याओं का योगफल-
$$n = \frac{t_n+1}{2}, 1+3+5+............n = n^2$$
जहाँ n = पदों की संख्या, t_n = अंतिम पद
- प्रथम n सम संख्याओं का योगफल-
$$n = \frac{t_n}{2}, 2+4+6+........n = (n+1)$$
जहाँ n = पदों की संख्या, t_n = अंतिम पद

271. प्रथम 25 प्राकृतिक संख्या का योगफल ज्ञात करे-

(a) 405 (b) 625
(c) 535 (d) 325

Sol. (d) $1+2+3+......+25 = \frac{25\times(25+1)}{2}$
$= 25\times13 = 325$ **Ans.**

272. 50 से 100 तक की सभी प्राकृतिक संख्या का योगफल ज्ञात कीजिए-

(a) 1325 (b) 1225
(c) 2550 (d) 2665

Sol. (a) 1 से 100 तक प्राकृतिक संख्या का योग − 1 से 49 तक की संख्याओं का योग

$= \frac{100 \times (100+1)}{2} - \frac{49 \times (49+1)}{2}$
$= 50 \times 51 - 49 \times 25$
$= 2550 - 1225$
$= 1325$ **Ans.**

273. 1+2+3+3+......99+100+99+.......+3+2+1 का योग ज्ञात करे-

(a) 1000 (b) 10000
(c) 5000 (d) 6005

Sol. (b) 1 से 99 तक की संख्या का योग $\times 2 + 100$

$= \frac{99 \times 100}{2} \times 2 + 100$
$= 9900 + 100$
$= 10000$ **Ans.**

274. 101 + 102 + 103 + ... + 300 का मान क्या होगा?

(a) 45150 (b) 40000
(c) 40100 (d) 50505

Sol. (c) 1 से 300 तक की संख्या का योग − 1 से 100 तक की संख्या का योग

$= \frac{300 \times 301}{2} - \frac{100 \times 101}{2}$
$= 45150 - 5050$
$= 40100$ **Ans.**

275. प्रथम 25 विषम संख्याओं के का योगफल ज्ञात करे-

(a) 525 (b) 484
(c) 529 (d) 625

Sol. (d) प्रथम 25 विषम संख्या का योग $= (25)^2 = 625$

276. 1+3+5+.......+97+99 का योगफल ज्ञात करे-

(a) 10000 (b) 9900
(c) 5050 (d) 2500

Sol. (d) $n = \frac{99+1}{2} = 50$

$\therefore$ 50 विषम पदों का योग $= (50)^2 = 2500$

277. चार क्रमागत विषम संख्याओं का योग 72 है तो दूसरी संख्या ज्ञात करे-

(a) 15 (b) 21
(c) 19 (d) 17

Sol. (d) माना कि प्रथम विषम संख्या $= x$
दूसरी विषम संख्या $= x + 2$
तीसरी विषम संख्या $= x + 4$
चौथी विषम संख्या $= x + 6$

$x + x + 2 + x + 4 + x + 6 = 72$
$4x = 60$
$x = 15$

$\therefore$ दूसरी संख्या $= x + 2$
$= 15 + 2$
$= 17$ **Ans.**

278. प्रथम 20 सम प्राकृत संख्याओं का योगफल ज्ञात करे-

(a) 210 (b) 475
(c) 420 (d) 400

Sol. (c) प्रथम 20 सम संख्या का योग $= 20\,(20 + 1)$
$= 20 \times 21$
$= 420$ **Ans.**

279. 2+4+6+.......+56+58 का योगफल ज्ञात करे-

(a) 840 (b) 870
(c) 981 (d) 872

Sol. (b) कुल पद $= \frac{58}{2} = 29$

योगफल $= 29\,(29 + 1)$
$= 29 \times 30$
$= 870$ **Ans.**

280. 102+104+106+........+498+500 का योगफल ज्ञात करे-

(a) 62750 (b) 52550
(c) 60200 (d) 25500

Sol. (c) (2+4+6+......+500) − (2+4+6+......+100)

$= (250 \times 251) - (50 \times 51)$ $\left[\text{जहाँ } n_1 = \frac{500}{2} = 250,\; n_2 = \frac{100}{2} = 50\right]$

$= 62750 - 2550$
$= 60200$ **Ans.**

281. श्रेणी 1+2+3+4+....... के कितने पदों का योगफल 5050 है?

(a) 50 (b) 51
(c) 100 (d) 101

Sol. **(c)** कुल पदों का योग $= \frac{n(n+1)}{2}$

$$5050 = \frac{n(n+1)}{2}$$

$$n(n+1) = 10100$$
$$n^2 + n - 10100 = 0$$
$$n^2\ 101n - 100n - 10100 = 0$$
$$n(n+101) - 100(n+101) = 0$$
$$(n+101) \quad (n-100) = 0$$

यह ऋणात्मक मान है $\quad n - 100 = 0$, $n = 100$

$\therefore$ कुल पद $= 100$ **Ans.**

282. दी गयी शृंखला का मान ज्ञात करे-

$1-2+3-4+5-6+ .... +95-96+97-98$

(a) 49 (b) 53
(c) –49 (d) –53

Sol. **(c)** $1-2+3-4+5-6+ ...... +95-96+97-98$

$(1+3+5+.....+95+97) - (2+4+6+....+96+98)$

$n_1 = = 49 \qquad n_2 = 49$

$S_{n1} = (49)^2 \qquad S_{n2} = 49(49+1)$

$- 2401 \qquad = 2450$

$\therefore$ अंतर $= 2401 - 2450 = -49$ **Ans.**

283. $1^2 + 2^2 + 3^2 + ... + 10^2$ का मान ज्ञात करे-

(a) 380 (b) 385
(c) 390 (d) 392

Sol. **(b)** प्रथम 10 प्राकृत संख्या के वर्ग का योग

$$= \frac{10(10+1)(2\times10+1)}{6}$$

$$= \frac{10\times11\times21}{6}$$

$= 385$ **Ans.**

284. 1 से 30 तक की संख्याओं के वर्गों का योगफल ज्ञात करे-

(a) 9355 (b) 9455
(c) 9255 (d) 9466

Sol. **(b)** प्रथम 30 प्राकृत संख्या के वर्ग का योग

$$= \frac{30\times31\times61}{6} = 9455$$ **Ans.**

285. $11^2 + 12^2 + 13^2 + ... + 24^2$ का मान ज्ञात करे-

(a) 4500 (b) 4505
(c) 4515 (d) 4555

Sol. **(c)** $1^2 + 2^2 + 3^2 + ... + 24^2$

$$= \frac{24\times25\times49}{6} = 4900$$

$1^2 + 2^2 + 3^2 + ... + 10^2$

$$= \frac{10\times11\times21}{6} = 385$$

$\therefore \quad 11^2 + 12^2 + 13^2 + ... + 24^2 = 4900 - 385$

$= 4515$ **Ans.**

286. यदि $1^2 + 2^2 + 3^2 + ... + x^2 = \frac{x(x+1)(2x+1)}{6}$ है, तो $1^2 + 3^2 + 5^2 + ... + 19^2$ किसके बराबर है?

(a) 1330 (b) 2100
(c) 2485 (d) 2500

Sol. **(a)** n पदों के वर्ग का योग $= \frac{n(n+1)(2n+1)}{6}$

अभीष्ट योग

= (1 से 20 प्राकृत संख्याओं का वर्ग का योग) $\times 2^2 \times$ (1 से 10 प्राकृत संख्याओं के वर्ग का योग)

$$= \frac{20(20+1)(40+1)}{6} - \frac{2^2(10)(10+1)(20+1)}{6}$$

$= 2870 - 1540 = 1330$ **Ans.**

287. $(1^2 - 2^2 + 3^2 - 4^2 + 5^2 - 6^2 + ... + 9^2 - 10^2)$ किसके बराबर होगा?

(a) –55 (b) 55
(c) –56 (d) 56

Sol. **(a)** $1^2 - 2^2 + 3^2 - 4^2 + 5^2 - 6^2 + ... + 9^2 - 10^2$

1 - 1 युग्म लेने पर,

$(1^2 - 2^2) + (3^2 - 4^2) + (5^2 - 6^2) + ... + (9^2 - 10^2)$

$= (1+2)(1-2) + (3+4)(3-4) + ... (9+10)(9-10)$

$= (-3) + (-7) + (-11) + (-15) + (-19)$

$= -55$ **Ans.**

288. प्रथम 10 प्राकृत संख्याओं के घनों का योगफल ज्ञात करे-

(a) 3025 (b) 3028
(c) 2925 (d) 2928

Sol. **(a)** प्रथम 10 प्राकृत संख्याओं के घनों का योग

$$= \left[\frac{n(n+1)}{2}\right]^2 - \left(\frac{10\times11}{2}\right)^2$$

$= (55)^2 = 3025$ **Ans.**

289. $17^3 + 18^3 + 19^3 + ... + 28^3$ का योगफल ज्ञात करे-

(a) 146340 (b) 166345
(c) 178132 (d) 108092

Sol. (a) $(1^3+2^3+3^3+........+28^3) - (1^3+2^3+3^3+.......+16^3)$

$$= \left(\frac{28 \times 29}{2}\right)^2 - \left(\frac{16 \times 17}{2}\right)^2$$

$= 164836 - 18496$
$= 146340$ **Ans.**

290. यदि $1^3 + 2^3 + ... + 10^3 = 3025$ है तो $4+32+108+ .... + 4000$ का मान ज्ञात करे-

(a) 12000 (b) 12100
(c) 12200 (d) 12400

Sol. (b) $1^3 + 2^3 + 3^3 + ... + 10^3 = 3025$
$4 + 32 + 108 + ... + 4000$
$= 4(1 + 8 + 27 + ... + 1000)$
$= 4\,(1^3 + 2^3 + 3^3 + ... + 10^3)$
$= 4 \times 3025 = 12100$ **Ans.**

291. एक दो अंकों की संख्या, अंकों के योग के चार गुना और अंकों के गुणनफल के तीन गुणा के समान है, संख्या के दशम स्थान और प्रथम स्थान के अंक के बीच अंतर निम्नलिखित है-

(a) 2 (b) –2
(c) –1 (d) 1

Sol. (b) माना कि संख्या $= 10x + y$
$10x + y = (x + y)\,4$ .... (i)
$10x + y = (x \times y)\,3$ ....(ii)
समी.(i) और (ii) से
$4(x + y) = 3\,(xy)$

$$\frac{x + y}{xy} = \frac{3}{4}$$

$\therefore$ $x = 2$
$y = 4$
$\therefore$ अभीष्ट अंतर $= 2 - 4 = -2$ **Ans.**

292. दो अंकों की एक संख्या, अपने अंकों के योग की पांच गुनी है। यदि संख्या में 9 जोड़ दिया जाए तो अंकों के स्थान परस्पर बदल जाते है। संख्या के अंकों का योग ज्ञात करे-

(a) 11 (b) 9
(c) 7 (d) 6

Sol. (b) दो अंकों की संख्या $= 10x + y$ (माना)
$10x + y = 5(x + y)$ Þ $5x - 4y = 0$ .....(i)
$(10x + y) + 9 = 10y + x$
$10x + y + 9 = 10y + x$
$9x - 9y + 9 = 0$
$x - y + 1 = 0$ .... (ii)

समी.(ii) में 4 से गुणा कर समी.(i) में जोड़ने पर
$5x - 4y = 0$
$4x - 4y = -4$
$\quad - \quad + \quad +$
$x = 4$

$\therefore$ x का मान समी. (i) में रखने पर
$\Rightarrow$ $5 \times 4 - 4y = 0$
$\Rightarrow$ $-4y = -20$
$\therefore$ $y = 5$
$\therefore$ संख्या के अंकों का योग $= x + y = 4+5 = 9$ **Ans.**

293. दो अंकों की एक संख्या में इकाई की स्थान वाला अंक दहाई के स्थान वाले अंक से दुगुना है और यदि उन दोनों अंकों के योग में से 2 घटाया जाए तो अंतर उस संख्या के 1/6 के बराबर है। वह संख्या क्या है?

(a) 26 (b) 25
(c) 24 (d) 23

Sol. (c) विकल्प से,

2 4
दहाई अंक ईकाई अंक

$(2 + 4) - 2 = 4$

$$4 = 24 \times \frac{1}{6}$$

अतः संख्या = 24

294. एक दो अंकों वाली संख्या में दहाई का अंक इकाई के अंक से 5 अधिक है। यदि उन दोनों अंकों के योगफल का 5 गुणा उस संख्या से घटा दिया जाए तो उस संख्या के अंक उलट जाते है। तद्नुसार उस संख्या के अंकों का योगफल कितना होगा?

(a) 11 (b) 7
(c) 9 (d) 8

Sol. (c) माना कि ईकाई अंक $= x$
$\therefore$ दहाई अंक $= x + 5$
$\therefore$ संख्या $= 10\,(x + 5) + x$
$= 11x + 50$

पुनः
$11x + 50 - 5\,(2x + 5) = 10x + x + 5$
$\Rightarrow$ $11x + 50 - 10x - 25 = 11x + 5$
$\Rightarrow$ $10x = 20$
$\therefore$ $x = 2$
$\therefore$ अभीष्ट योगफल $= 2x + 5$
$= 2 \times 2 + 5$
$= 9$ **Ans.**

295. दो अंकों की संख्या के अंकों को परस्पर बदलने से हमें एक संख्या प्राप्त होती है जो मूल संख्या की चौगुनी से 24 अधिक है। यदि मूल संख्या का दशांक इसके इकाई अंक से 7 कम हो तो मूल संख्या ज्ञात करे-

(a) 29 (b) 36
(c) 58 (d) 18

Sol. (c) माना कि दो अंकीय संख्या $= 10x + y$ (जहाँ $x < y$)
अंकों को परस्पर बदलने पर संख्या $= 10y + x$

प्रश्नानुसार,
$10y + x = 4(10x + y) - 24$
$\Rightarrow 40x + 4y - 10y - x = 24$
$\Rightarrow 13x - 2y = 8$ .... (i)
$\because y - x = 7$
$y = x + y$ ....(ii)
y का मान समी. (i) में रखने पर
$\therefore 13x - 2(x + 7) = 8$
$\Rightarrow 13x - 2x - 14 = 8$
$\Rightarrow x = \frac{22}{11}$
$\therefore x = 2$
x का मान समी.(ii) में रखने पर
$\because y - x = 7$
$\therefore y - 2 = 7$
$\therefore y = 9$
$\therefore$ संख्या $= 10x + y$
$= 10\times2 + 9$
$= 29$ **Ans.**

296. तीन अंकों वाली एक संख्या में सैकड़े के स्थान वाला अंक इकाई के स्थान वाले अंक का दुगुना है और उसके सभी अंकों का योगफल 18 है। यदि उसके अंकों को उलट दिया जाए तो वह संख्या 396 कम हो जाती है। तद्नुसार उस संख्या के सैकड़े वाले अंक और दहाई वाले अंक का अंतर कितना है?

(a) 1 (b) 2
(c) 3 (d) 5

Sol. (b) माना कि संख्या $= 100(2x) + 10y + x$
$= 201x + 10y$ ....(i)
$\because 2x + y + x = 18$
$\Rightarrow 3x + y = 18$ ....(ii)
अंकों को उलटने पर,
संख्या $= 100(x) + 10y + 2x$
$= 102x + 10y$ ....(iii)

प्रश्नानुसार,
$201x + 10y - 102x - 10y = 396$
$\Rightarrow 99x = 396$
$\therefore x = 4$
समी. (ii) से,
$3x + y = 18$
$\Rightarrow 3\times4 + y = 18$
$\Rightarrow y = 6$
$\therefore$ अभीष्ट अंतर $= 2x - y$
$= 2\times4 - 6$
$= 2$ **Ans.**

297. दो संख्याओं का गुणनफल 48 है। इसमें से यदि एक संख्या एक तिपहिया साइकिल के पहियों की संख्या से किसी पक्षी के पंखों की संख्या और आपकी हाथ की अंगुलियों की संख्या की 2 गुनी के योग को, भाग देने से प्राप्त संख्या के बराबर है तो दूसरी संख्या क्या है?

(a) 9 (b) 10
(c) 12 (d) 18

Sol. (c) Ticks-

पहली संख्या $= \frac{2 + 2\times5}{3} = \frac{12}{3} = 4$

दूसरी संख्या $= \frac{48}{4} = 12$ **Ans.**

298. चार संख्याओं का योग 48 है। जब पहली दो संख्याओं में क्रमशः 5 और 1 जोड़ा जाए और तीसरी और चौथी संख्याओं में से क्रमशः 3 और 7 घटाया जाए तो संख्याएं समान हो जाएगी। वे संख्याएँ है-

(a) 9, 7, 15, 17 (b) 4, 12, 12, 20
(c) 5, 11, 13, 19 (d) 6, 10, 14, 18

Sol. (d) माना चार संख्याएं a, b, c एवं d है।
$\therefore a + b + c + d = 48$ .... (i)
$(a + 5) = (b + 1) = (c - 3) = (d - x) = x$ (माना)
$\therefore a = x - 5$
$b = x - 1$
$c = x + 3$
$d = x + 7$
समीकरण (i) से,
$x - 5 + x - 1 + x + 3 + x + 7 = 48$
$\Rightarrow 4x + 4 = 48$
$x = 11$
$\therefore a = x - 5 = 11 - 5 = 6$
$b = x - 1 = 11 - 1 = 10$
$c = x + 3 = 11 + 3 = 14$
$d = x + 7 = 11 + 7 = 18$ **Ans.**

299. एक परीक्षा में A और B के अंकों का योग 120 है, B और C का 130 एवं C और A का 140 है तो C के द्वारा प्राप्त अंक कितने है?

(a) 65 (b) 75
(c) 70 (d) 60

Sol. (b) $A + B = 120$
$B + C = 130$
$C + A = 140$
$a\,(A + B + C) = 390$
$A + B + C = 195$
$120 + C = 195$
$C = 75$ **Ans.**

300. तीन संख्याओं का योग 252 है। यदि पहली संख्या, दूसरी संख्या से तिगुनी है और तीसरी संख्या, पहली संख्या की दो तिहाई है तो दूसरी क्या होगी?

(a) 41 (b) 21
(c) 42 (d) 84

Sol. (c) माना कि दूसरी संख्या $= x$
∴ पहली संख्या $= 3x$

तीसरी संख्या $= \frac{2}{3} \times 3x = 2x$

प्रश्नानुसार,
$3x + x + 2x = 252$
$\Rightarrow 6x = 252$
$x = 42$

अतः दूसरी संख्या = 42 **Ans.**

301. एक लड़का 1 से 12 तक सभी प्राकृतिक संख्या को जोड़ता है लेकिन वह एक संख्या को दो बार जोड़ देता है जिसके कारण योग 80 हो जाता है। वह कौन-सी संख्या है जिसे दो बार जोड़ा गया है?

(a) 3 (b) 2
(c) 7 (d) 8

Sol. (b) माना कि दो बार जोड़ी गयी संख्या $= x$
∴ $1 + 2 + 3 + \ldots\ldots + 12 = 80 - x$

$\frac{12 \times 13}{2} = 80 - x$

$x = 80 - 78$
$x = 2$

अतः दो बार जोड़ी गयी संख्या = 2 **Ans.**

302. दो ऐसी संख्याएं है कि पहली संख्या के दो बार तथा दूसरी संख्या को तीन बार जोड़ा जाये तो योग 100 प्राप्त होता है। इसी प्रकार, पहली संख्या को तीन बार तथा दूसरी संख्या को दो बार जोड़ने पर योग 120 प्राप्त होता है। इनमें बड़ी संख्या कौन-सी है?

(a) 32 (b) 12
(c) 35 (d) 18

Sol. (a) $2x + 3y = 100$ .... (i)
$3x + 2y = 120$ .... (ii)

समी. (i) और (ii) को हल करने पर
$y = 12, x = 32$

∴ बड़ी संख्या = 32 **Ans.**

303. जब एक विद्यालय के सभी छात्रों को 54 छात्रों की पंक्तियों में खड़ा किया जाता है तो 30 पंक्तियां बनती है। यदि इन्हें 45 छात्रों वाली पंक्तियों में खड़ा किया जाये तो ऐसी कितनी पंक्तियां बनेगी?

(a) 25 (b) 42
(c) 36 (d) 32

Sol. (c) पंक्तियों की संख्या $= \frac{54 \times 30}{45} = 36$ **Ans.**

304. कुछ लड़कों को कतारों में इस प्रकार बैठाया जाता है कि प्रत्येक कतार में 8 लड़के हो, तो 6 लड़के शेष बचते है। यदि प्रत्येक कतार में 10 लड़के हो तो 8 लड़के शेष बचते है। यदि प्रत्येक कतार में 12 लड़के हो तो 10 लड़के शेष बचते है। यदि प्रत्येक कतार में 14 लड़के हो तो कोई लड़का शेष नहीं बचता। लड़कों की निम्नतम संख्या कितनी है?

(a) 242 (b) 240
(c) 238 (d) 236

Sol. (c) माना कि अभीष्ट संख्या $= x$
तब x को 8 से भाग देने पर शेषफल = 6
x को 10 से भाग देने पर शेषफल = 8
x को 12 से भाग देने पर शेषफल = 10
x को 14 से भाग देने पर शेषफल = 0

प्रत्येक दशा में भाजक तथा शेषफल का अंतर
$= (8 - 6) = (10 - 8)$
$= (12 - 10) = 2$

∴ 8, 10, 12 का ल०स० = 120

लड़कों की कम से कम संख्या = (120K – 2) जो 14 से पूर्णतः विभाज्य है।

$(120K - 2) = (112K + 8K - 2) = (14 \times 8K - 2) + (8K - 2)$

स्पष्ट है कि (8K – 2) तभी 14 से पूर्णतः विभक्त होगा जब K = 2

∴ लड़कों की अभीष्ट संख्या = (120×2 – K) = 238 **Ans.**

अथवा

विभाज्यता से–

∵ 10 से भाग देने पर शेषफल 8 होना चाहिए। अतः 8 घटाने पर संख्या 10 से विभाज्य होना चाहिए तथा 10 से विभाज्य होने के लिए अंतिम अंक शून्य (0) होना चाहिए।

विकल्प (c) से–

$238 - 8 = 230$

अतः यह 10 से विभाज्य है एवं अन्य विकल्प में से 8 घटाने पर अंतिम अंक शून्य नहीं आता है।

305. नाथू और बूचकू में से प्रत्येक के पास कुछ संतरे है। नाथू बूचकू से कहता है, "यदि तुम अपने संतरे में से मुझे 10 संतरे दे दो तो तुम्हारे पास जितने संतरे शेष बच रहे है, उससे दुगुने संतरे मेरे पास हो जाएंगे। बुचकू उत्तर देता है कि यदि तुम अपने पास से 10 संतरे मुझे दे दो तो मेरे पास संतरों की वही संख्या हो जाएगी जो तुम्हारे पास शेष रह जाती है। नाथू और बूचकू के पास कितने संतरे थे?

(a) 50, 20 (b) 70, 50
(c) 20, 50 (d) 50, 70

Sol. (b) माना कि नाथू के पास संतरों की संख्या = x
बूचकू के पास संतरों की संख्या = y

पहली स्थिति में,

$x + 10 = 2(y - 10)$

$\Rightarrow 2y - x = 30$ .... (i)

दूसरी स्थिति में,

$y + 10 = x - 10$

$\Rightarrow x - y = 20$ ....(ii)

समी. (i) + (ii)

$y = 50$

y का मान समी० (ii) में रखने पर

$x - 50 = 20$

$x = 70$

अतः नाथू और बूचकू के पास संतरों की संख्या = 70 एवं 50

306. 121 से 1346 तक की संख्या लिखने के लिए एक टाइपराइटर के बटनों को कितनी बार दबाया जाए?

(a) 3675 (b) 4018
(c) 4021 (d) 4025

Sol. (d) 121 से 999 तक तीन अंकीय संख्याओं की संख्या

$= 999 - 121 + 1 = 879$

1000 से 1346 तक चार अंकीय संख्याओं की संख्या

$= 1346 - 1000 + 1 = 347$

∴ दबाए गये बटनों की संख्या $= 879 \times 3 + 347 \times 4$
$= 2637 + 1388$
$= 4025$ **Ans.**

307. 1 से 99 तक की गिनती लिखने के लिए कितने अंकों का प्रयोग करना चाहिए?

(a) 199 (b) 189
(c) 179 (d) 180

Sol. (b) 1 से 9 तक लिखने के लिए एक अंक की संख्या

$= 9 - 1 + 1 = 9$

10 से 99 तक लिखने के लिए दो अंक की संख्या

$= 99 - 10 + 1 = 90$

∴ अंक का प्रयोग $= 9 \times 1 + 90 \times 2 = 189$ **Ans.**

308. 1 से 199 तक की गिनती लिखने के लिए अंक 1 कितनी बार प्रयोग होगा?

(a) 120 (b) 130
(c) 140 (d) 118

Sol. (c) 1 का प्रयोग 1 से 9 तक = 1 बार

1 का प्रयोग 10 से 20 तक = 11 बार

1 का प्रयोग 21 से 99 तक = 8 बार

∴ 1-99 तक 1 का प्रयोग 20 बार हुआ।

100-199 के बीच 100 अंक है इसीलिए 100-199 तक 1 की संख्या = 100+20 = 120

∴ 1 से 199 तक 1 की कुल संख्या = 120+20 = 140

309. 1 से 119 तक की गिनती को लिखने में 2 का प्रयोग कितनी बार होगा?

(a) 22 (b) 30
(c) 40 (d) 50

Sol. (a) 1 से 9 तक में 2 का प्रयोग = 1 बार

10 से 19 तक में 2 का प्रयोग = 1 बार

20 से 29 तक में 2 का प्रयोग = 11 बार

30 से 99 तक में 2 का प्रयोग = 7 बार

100 से 119 तक में 2 का प्रयोग = 2 बार

∴ 1 से 119 तक में 2 का प्रयोग = 1+1+11+7+2 = 22

310. किसी टाइपिस्ट द्वारा 1000 से 2000 तक की संख्याओं को लिखने के लिए कितनी बार की स्ट्रोक दबाना पड़ेगा?

(a) 4006 (b) 6005
(c) 4004 (d) 5005

Sol. (c) 1000 से 2000 तक की कुल संख्या

$= (2000 - 1000) + 1$
$= 1001$

चार अंकों की संख्या के लिए की-स्ट्रोक

$= 1001 \times 4 = 4004$ **Ans.**

311. एक किताब में 593 पृष्ठ है तथा एक टाइपिस्ट को पृष्ठ संख्या अंकन करनी है तब वह कुल कितने अंक का प्रयोग करेगा?

(a) 1897 (b) 1482
(c) 1671 (d) 1782

Sol. **(c)** 1 से 9 पृष्ठ तक अंकन की संख्या $= 9 \times 1 = 9$

10 से 99 पृष्ठ तक अंकन की संख्या $= (99 - 10 + 1)$ $= 180$

100 से 593 पृष्ठ तक अंकन की संख्या

$= (593 - 100 + 1)3 = 1482$

$\therefore$ कुल अंक $= 9 + 180 + 1482 = 1671$ **Ans.**

312. एक टाइपस्टि एक किताब की पृष्ठ संख्या अंकन करता है। वह 3089 की-स्ट्रोक प्रयोग करता है, तब बताइये कि उसने कितने पृष्ठ अंकन किये है?

(a) 1000 (b) 1040
(c) 1049 (d) 1061

Sol. **(c)** एकल अंक वाला पृष्ठ (1 से 9) = 9 अंक

दो अंक वाला पृष्ठ (10-99) = $90 \times 2 = 180$ अंक

तीन अंक का पृष्ठ (100-999) = $3 \times 900 = 2700$ अंक

कुल अंकों का प्रयोग $= 9 + 180 + 2700 = 2889$

शेष अंक $= 3089 - 2889 = 200$

चार अंकों वाले पृष्ठ की संख्या $= \frac{200}{4} = 50$

$\therefore$ कुल अभीष्ट पृष्ठों की संख्या $= 999 + 50 = 1049$ **Ans.**

313. किसी समारोह में प्रत्येक अतिथि अन्य सभी अतिथियों से सिर्फ एक बार हाथ मिलाता है। यदि समारोह में कुल 19 अतिथि उपस्थित हो, तो कितनी बार हाथ मिलाया जाएगा?

(a) 190 (b) 171
(c) 342 (d) 161

Sol. **(b)** हाथ मिलाने की कुल संख्या $= \frac{19 \times (19-1)}{2} = 171$

314. IPL लीग में कुल 10 टीमें है। प्रत्येक टीम अपने लीग मैचों में एक-दूसरे के साथ एक-एक मैच अवश्य खेलती है तो बताइए कि लीग मैच में कुल कितने मैच आयोजित होंगे?

(a) 55 (b) 72
(c) 90 (d) 45

Sol. **(d)** आयोजित मैच की संख्या $= \frac{10 \times (10-1)}{2} = 45$

315. किसी समारोह में प्रत्येक अतिथि अन्य सभी अतिथियों से सिर्फ एक बार हाथ मिलाता है। यदि कुल 66 बार हाथ मिलाये गए तो समारोह में कितने अतिथि थे?

(a) 12 (b) 13
(c) 22 (d) 33

Sol. **(a)** हाथ मिलाने की संख्या $= \frac{n(n-1)}{2}$

$$66 = \frac{n(n-1)}{2}$$

$$n(n-1) = 132 = 12 \times 11$$

$$n = 12$$

अतः अतिथि की संख्या = 12 **Ans.**

316. एक पार्टी में हर किसी को हर किसी से एक गिफ्ट मिला। यदि वितरित किए गए गिफ्टों की संख्या 210 थी तो पार्टी में कुल कितने व्यक्ति शामिल थे?

(a) 10 (b) 15
(c) 21 (d) 20

Sol. **(b)** गिफ्ट की संख्या $= n(n-1)$

$$210 = n(n-1)$$

$$\Rightarrow n(n-1) = 15 \times 14$$

यहाँ $n = 15$

$\therefore$ पार्टी में व्यक्ति की संख्या = 15 **Ans.**

317. किसी बाड़े में कुछ आदमी और कुछ बकरियां थी। एक आदमी द्वारा देखे जाने पर कुल 20 सिर और 60 पैर दिखाइ दे रहे थे तो बकरियों की संख्या ज्ञात करे-

(a) 10 (b) 12
(c) 15 (d) 13

Sol. **(a)** माना कि बकरी की संख्या = x

आदमी की संख्या $= (20 - x)$

प्रश्नानुसार,

$$x \times 4 + (20 - x)2 = 60$$

$$4x + 40 - 2x = 60$$

$$2x = 20$$

$$x = 10$$

अतः बकरी की संख्या = 10 **Ans.**

अथवा

Alligation Method-

एक आदमी के पैरों की संख्या = 2

यदि सभी आदमी ही है तो पैरों की संख्या $= 2 \times 20 = 40$

एक बकरी के पैरों की संख्या = 4

यदि सभी बकरियां ही है तो पैरों की संख्या $= 4 \times 20 = 80$

आदमी   बकरियां

40   80

60

20 : 20

1 : 1

(1+1) = 2 → 20

1 → 10   **Ans.**

318. किसी पार्किंग स्थान में कुछ तीन पहिया वाहन है और कुछ चार पहिया वाहन है। यदि वाहनों की कुल संख्या 32 हो तथा पहियों की संख्या 108 हो तब कितनी वाहन चार पहिया थी?

(a) 10   (b) 12
(c) 14   (d) 21

Sol. **(b)** माना कि चार पहिया वाहन = x

तीन पहिया वाहन = (32 – x)

प्रश्नानुसार,

$$x \times 4 + (32 - x)\,3 = 108$$
$$4x + 96 - 3x = 108$$
$$x = 12$$

अतः चार पहिया वाहन की संख्या = 12   **Ans.**

<u>**अथवा**</u>

Alligation Method-

तीन पहिया वाहन   चार पहिया वाहन

96   128

108

20 : 12

5 : 3

(5+3) = 8 → 32

3 → 12   **Ans.**

319. किसी परीक्षा में किसी व्यक्ति ने कुल 60 प्रश्नों का उत्तर दिया। यदि सही प्रश्नों के लिए 4 अंक मिलते हो तथा प्रत्येक गलत प्रश्न पर 2 अंक काट लिए जाते हो। यदि उसे कुल 150 अंक मिला तो उसने कितने प्रश्न सही किए?

(a) 48   (b) 50
(c) 45   (d) 35

Sol. **(c)** माना कि सही उत्तर की संख्या = x

गलत उत्तर की संख्या = 60 – x

प्रश्नानुसार,

$$x \times 4 - (60 - x)\,2 = 150$$
$$4x - 12 + 2x = 150$$
$$6x = 270$$
$$\therefore \quad x = 45$$

अतः सही उत्तर की संख्या = 45 **Ans.**

Alligation Method-

सभी सही   सभी गलत

240   –120

150

270 : 90

3 : 1

∴ 4 = 60

1 = 15

3 = 15×3

= 45   **Ans.**

320. किसी परीक्षा में कुल 100 प्रश्न थे, जिसमें कुछ प्रश्न दो अंक वाले ओर कुछ 1 अंक वाले थे। यदि कुल पूर्णांक 170 अंक है, तब 2 अंक वाले प्रश्नों की संख्या कितनी थी?

(a) 30   (b) 45
(c) 70   (d) 60

Sol. **(c)**

2 अंक वाले   1 अंक वाले

200   100

170

70   30

100 = 100

1 = 1

70 = 70 × 1

= 70

अतः दो अंक वाले प्रश्न = 70   **Ans.**

विभिन्न प्रतियोगी परीक्षाओं में विगत वर्षों में पूछे गये महत्त्वपूर्ण प्रश्न

1. किन्हीं दो प्राकृत संख्याओं के योग का वर्ग 784 है, जबकि दो गई दोनों संख्याओं का गुणनफल 192 है। दी गई इन दोनों संख्याओं के वर्गों का धनात्मक अंतर ज्ञात कीजिए- **[SSC CGL 2023]**
(a) 512 (b) 122
(c) 400 (d) 112

2. निम्न में से किस संख्या से विभाज्य है- **[SSC CGL 2023]**
$6^{25}+6^{26}+6^{27}+6^{28}$
(a) 256 (b) 254
(c) 255 (d) 259

3. जब $(265)^{4081}+9$ को 266 से विभाजित किया जाए तो शेषफल ज्ञात कीजिए- **[SSC CGL 2023]**
(a) 8 (b) 6
(c) 1 (d) 9

4. दी गई भिन्नों में से सबसे बड़ी और सबसे छोटी भिन्न का अंतर क्या है? **[SSC CHSL - 2022]**
$\frac{5}{11},\frac{5}{7},\frac{3}{8},\frac{6}{13}$
(a) $\frac{17}{56}$ (b) $\frac{19}{56}$
(c) $\frac{17}{7}$ (d) $\frac{23}{56}$

5. 654321×123456 गुणन के अंतिम तीन अंक क्या है- **[SSC CHSL - 2022]**
(a) 376 (b) 344
(c) 324 (d) 352

6. दो अंकों की सभी सम संख्याओं का योग कितना होता है- **[SSC CHSL - 2022]**
(a) 2520 (b) 2470
(c) 2430 (d) 2410

7. भाग का एक प्रश्न करते समय प्रांजल ने गलती से भाज्य के रूप में एक संख्या ले ली जो मूल भाज्य से 10% अधिक थी। उन्होंने गलती से भाजक के रूप में एक ऐसी संख्या ले ली जो मूल भाजक से 25% अधिक थी। यदि भाग के मूल प्रश्न का सही भागफल 25 था और शेषफल 0 था तो यह मानते हुए कि उसकी गणना में कोई त्रुटि नहीं है, प्रांजल ने कितना भागफल प्राप्त किया? **[SSC CGL 2023]**
(a) 21.75 (b) 21.25
(c) 28.75 (d) 22

8. छह अंकों की एक संख्या 33 से विभाज्य है। यदि संख्या में 54 जोड़ दिया जाए, तो निर्मित नई संख्या भी ..... विभाजित होगी- **[SSC CGL 2023]**
(a) 3 (b) 2
(c) 5 (d) 7

9. वह सबसे छोटी संख्या ज्ञात कीजिए जिसे 148109326 से घटाने पर प्राप्त संख्या 8 से विभाज्य होगी- **[SSC CGL 2023]**
(a) 4 (b) 8
(c) 6 (d) 10

10. यदि $(29)^{75}$ को 28 से विभाजित किया जाए तो शेषफल होगा- **[UPTET Junior 2016]**
(a) 0 (b) 1
(c) 29 (d) 7

11. निम्न में से कौन-सा कथन सत्य है- **[CTET Junior 2022]**
(a) यदि a एक धनात्मक पूर्णांक है तो $\sqrt{a}$ एक परिमेय संख्या है।
(b) किसी अभाज्य संख्या का वर्गमूल एक परिमेय संख्या नहीं होता है।
(c) ऐसी कोई घन संख्या नहीं है जिसका इकाई का अंक 4 है।
(d) $\sqrt[p]{x^q}=x^{\frac{p}{q}}$ है।

12. निम्नलिखित में से कौन-सी संख्या $4^{12}+4^{13}+4^{14}+4^{15}$ को पूर्णतः विभाजित करेगी- **[SSC CGL 2023]**
(a) 3 (b) 7
(c) 11 (d) 17

13. 24963, 24973, 24983 और 24993 में से कौन-सी संख्या 7 से विभाज्य है- **[SSC CGL 2023]**
(a) 24973 (b) 24983
(c) 24963 (d) 24993

14. जब m को 7 से विभाजित किया जाता है, तो शेषफल 5 होता है। जब 3m को 7 से विभाजित किया जाएगा, तो शेषफल क्या होगा- **[SSC CGL 2023]**
(a) 3 (b) 2
(c) 1 (d) 0

15. 201 और 401 के बीच ऐसी कितनी संख्याएं है जो 5 से विभाज्य है लेकिन 4 से नहीं- **[SSC CHSL - 2022]**
(a) 30 (b) 20
(c) 40 (d) 45

16. 484 के उन भाजकों का योग कितना है जो पूर्ण वर्ग है- **[SSC CGL 2023]**
(a) 125 (b) 35
(c) 610 (d) 13

17. 34936, 35508, 35580 और 36508 में से कौन-सी संख्या 33 से विभाज्य है- **[SSC CGL 2023]**
(a) 35508 (b) 35580
(c) 36508 (d) 34936

18. वह छोटी से छोटी संख्या कौन-सी है जिसे 9454351626 में जोड़ने पर प्राप्त संख्या 11 से विभाज्य होगी- **[SSC CGL 2023]**
(a) 1 (b) 6
(c) 5 (d) 4

19. एक भाग के प्रश्न में, भाजक भागफल का 13 गुना और शेषफल का 6 गुना है। यदि शेषफल 39 है, तो भाज्य ज्ञात करे- **[SSC CGL 2023]**
(a) 4240 (b) 4576
(c) 4251 (d) 4800

20. $(41^{43} + 43^{43})$ किससे विभाजित हो सकती है- **[RRB NTPC 2021]**
(a) 84 (b) 86
(c) 12 (d) 74

21. 5224 को 9 से भाग देने पर कितना शेष बचेगा- **[RPF Constable 2019]**
(a) 4 (b) 3
(c) 0 (d) 5

22. समान्तर श्रेणी का औसत ज्ञात कीजिए जिसका पहला पद 33 है और अंतिम पद 45 है- **[RPF Constable 2019]**
(a) 37 (b) 39
(c) 43 (d) 41

23. abba एक ऐसी चार अंकीय संख्या है जो 4 विभाज्य है और $a < b$ से विभाज्य है। ऐसी कितनी संख्याएं है- **[SSC CGL 2023]**
(a) 10 (b) 8
(c) 12 (d) 6

24. 846523X7Y एक ऐसी 9-अंकीय संख्या 9 से विभाज्य है, और $Y - X = 6$। $\sqrt{2X + 4Y}$ का मान ज्ञात कीजिए- **[SSC CGL 2023]**
(a) 4 (b) 2
(c) 6 (d) 8

25. जब किसी संख्या को 15 से विभाजित करने पर शेषफल 21 आता है। संख्या को 15 से विभाजित करने पर शेषफल क्या होगा- **[SSC CGL 2023]**
(a) 6 (b) 5
(c) 3 (d) 0

26. यदि A = 0.84181818....... तो A के निम्नतम भिन्न रूप के गणक और भाजक के बीच अंतर कितना होगा- **[UPSI 2017]**
(a) 79 (b) 87
(c) 83 (d) 84

27. निम्नलिखित में से 5 अंकों की सबसे छोटी संख्या कौन सी है, जो 526 से पूर्णतः विभाज्य है- **[SSC CGL 2023]**
(a) 10520 (b) 11046
(c) 10516 (d) 10426

28. एक 6 अंकीय संख्या में अंक क्रमागत प्राकृतिक संख्याओं के रूप में दिए गए है। यह संख्या सदैव .... से विभाज्य होगी- **[SSC CGL 2023]**
(a) 4 (b) 5
(c) 2 (d) 3

29. निम्नलिखित में से कितनी संख्याएं 3 से विभाज्य है लेकिन 9 से नहीं- 5826, 5964, 6039, 6336, 6489, 6564, 6867 और 6960 **[SSC CGL 2023]**
(a) 5 (b) 3
(c) 4 (d) 6

30. दो अंकों की सभी विषम संख्याओं का योग कितना है- **[SSC CHSL - 2022]**
(a) 2375 (b) 2475
(c) 2325 (d) 2425

31. यदि a, b, c, d धनपूर्णांक संख्याएं है तो जब $1^a + 2^b + 3^c + 4^d$ को 10 से विभाजित किया जाये तो कितने संभावित शेषफल हो सकते हैं- **[CDS 2024]**
(a) 3 (b) 4
(c) 5 (d) 6

32. 129^{76} को 5 से विभाजित करने पर प्राप्त शेषफल का वर्गमूल क्या होगा- **[IB ACIO - 2020]**
(a) 2 (b) 4
(c) 1 (d) 9

33. निम्नलिखित में से कौन-सा कथन सत्य है- **[SSC CHSL - 2022]**

I. $\frac{5}{11} > \frac{5}{6}$ II. $\frac{5}{9} > \frac{8}{9}$ III. $\frac{5}{6} > \frac{4}{5}$

(a) Only III (b) Both I and II
(c) Only II (d) Only I

34. जब 731^{732} को 9 से विभाजित किया जाता है तो शेषफल 'a' होता है। फिर a^{332211} की इकाई का स्थान है- **[IB ACIO - 2020]**
(a) 3 (b) 4
(c) 2 (d) 1

35. 5वीं अभाज्य संख्या और 100 के ठीक बाद वाली अभाज्य संख्या का गुणनफल ज्ञात करे- **[Delhi Police 2023]**
(a) 1261 (b) 1717
(c) 1111 (d) 1067

36. 4 अंकों की सबसे छोटी अभाज्य संख्या कौन-सी है- **[Delhi Police 2023]**
(a) 1003 (b) 1001
(c) 1009 (d) 1007

37. संख्या 720 के गुणनखण्डों 1 और 720 को छोड़कर कुल गुणनखण्ड की संख्या कितनी है- **[SSC CHSL - 2022]**

(a) 27 (b) 32
(c) 28 (d) 29

38. जब संख्या (1234578910111213.......99100) को 16 से विभाजित किया जाये तो शेषफल क्या होगा- **[CDS 2024]**

(a) 15 (b) 12
(c) 4 (d) 3

39. दो धनात्मक संख्याओं का योगफल 40 है। यदि इन दो संख्याओं का G.M. इनके A.M. से 20% कम है तो इन दोनों संख्याओं के बीच का अंतर क्या है- **[CDS 2024]**

(a) 12 (b) 18
(c) 24 (d) 28

40. यदि 73A215, 11 से विभाज्य है और 56B26, 9 से विभाज्य है तो A + B का मान क्या है- **[SSC CHSL - 2022]**

(a) 10 (b) 9
(c) 11 (d) 7

41. यदि 7A425B, 36 से विभाज्य है, तो A – B का मान क्या है- **[SSC CHSL - 2022]**

(a) 0 (b) 5
(c) 1 (d) 2

42. XY7B, 4 से विभाज्य एक 4 अंकों की संख्या है। B का सबसे बड़ा मान क्या होगा- **[SSC CHSL - 2022]**

(a) 6 (b) 2
(c) 8 (d) 0

43. यदि छः अंकों की संख्या 4x573y, संख्या 72 से विभाज्य है तो (x+y) का मान है- **[SSC GD 2023]**

(a) 9 (b) 4
(c) 8 (d) 6

44. एक परीक्षा में प्रत्येक सही उत्तर के लिए (+5) अंक दिए जाते है और प्रत्येक गलत उत्तर के लिए (–2) अंक दिए जाते है। जय ने सभी प्रश्नों के उत्तर दिए और (–12) अंक प्राप्त किए, हालांकि उसके 4 उत्तर सही मिले। उसके कितने उत्तर गलत थे- **[SSC CPO 2022]**

(a) 16 (b) 8
(c) 32 (d) 20

45. 17 से 457 तक ऐसी कितनी संख्याएं है जो 5 और 3 दोनों से विभाज्य है- **[SSC CHSL - 2022]**

(a) 33 (b) 29
(c) 35 (d) 30

46. यदि 4 अंकों की संख्या 48ab, 2, 5 और 7 से विभाज्य है तो (10a – b) का मान क्या है- **[SSC CHSL - 2022]**

(a) 0 (b) 20
(c) 10 (d) 30

47. तीन अंकों की सभी संख्याओं का योग क्या है जो 15 से विभाज्य है- **[SSC CHSL - 2022]**

(a) 41200 (b) 36825
(c) 32850 (d) 28750

48. छह अंकों की सबसे बड़ी संख्या ज्ञात करें जो एक पूर्ण वर्ग हो- **[CISF HCM 2023]**

(a) 998891 (b) 998001
(c) 998998 (d) 999999

49. इसे साधारण अंश (Vulgar fraction) में परिवर्तित करें-

$0.\overline{587}$

[CISF HCM 2023]

(a) $\frac{91}{165}$ (b) $\frac{97}{165}$
(c) $\frac{95}{165}$ (d) $\frac{93}{165}$

50. संख्या 7^{344} के अंतिम दो अंकों का योग क्या है- **[CISF HCM 2023]**

(a) 13 (b) 11
(c) 1 (d) 7

51. सबसे बड़ी और सबसे छोटी चार अंकों की संख्या जो 6 से शुरू होती है और 8 पर समाप्त होती है, के बीच का अंतर क्या होगा- **[DSSSB Assitt. Grade Feb.2024]**

(a) 900 (b) 940
(c) 990 (d) 999

52. 873×512×826×1446 के गुणनफल में निम्नलिखित में से कौन-सा इकाई अंक है- **[DSSSB Assitt. Grade Feb. 2024]**

(a) 8 (b) 2
(c) 6 (d) 4

53. यदि n एक धनपूर्णांक संख्या है तो n के विभिन्न मानों के लिए $4^n + 6^n + 9^n + 11^n$ को 10 से विभाजित करने पर प्राप्त सभी भिन्न शेषफलों का योगफल क्या है- **[CDS 2024]**

(a) 3 (b) 4
(c) 6 (d) 7

54. 1000 और 3300 के बीच कितनी संख्याएं 125 से पूर्णतः विभाज्य है- **[DSSSB Assitt. Grade Feb.2024]**

(a) 25 (b) 19
(c) 21 (d) 23

55. यदि अंश में 1 जोड़ा जाए और भिन्न के हर में 5 जोड़ा जाए, तो यह 1/3 हो जाता है। यदि अंश में से 2 घटाया जाए और मूल भिन्न के हर में 2 जोड़ा जाए, तो यह 1/5 हो जाता है। मूल भिन्न के अंश और हर का योग क्या है? **[ICAR Assitt. 2022]**

(a) 19 (b) 17
(c) 15 (d) 18

56. दो पूर्ण संख्याएं है। यदि उनमें से एक का वर्गमूल 5 है और दो संख्याओं के वर्गों का अंतर 481 है, तो दूसरी संख्या क्या हो सकती है- **[ICAR Technician 2022]**
(a) 10 (b) 12
(c) 6 (d) 7

57. यदि 5 अंकों की संख्या 459xy 3, 7 और 11 से विभाज्य है तो $(x^2 - y^2 + 3xy)$ निम्नलिखित में से किसका गुणज है- **[ICAR Technician 2022]**
(a) 13 (b) 7
(c) 11 (d) 18

58. यदि 5 अंकों की संख्या 699ab, 11 और 21 से विभाज्य है तो $(3a - 2b)$ का मान क्या होगा- **[ICAR Teachnician 2022]**
(a) 29 (b) 19
(c) 21 (d) 17

59. यदि k, $(k^2 + 3)$ और $(k^5 + 5)$ अभाज्य संख्याएं है, तो k का मान ज्ञात कीजिए- **[Delhi Police 2023]**
(a) 4 (b) 7
(c) 2 (d) 3

60. 100 से बड़ी और 150 से छोटी सभी अभाज्य संख्याओं की संख्या कितनी है- **[Delhi Police 2023]**
(a) 10 (b) 9
(c) 11 (d) 8

61. संख्या $(225)^{40}$ के 100वें स्थान पर कौन-सा अंक है- **[CDS 2024]**
(a) 6 (b) 5
(c) 4 (d) 2

62. निम्न में से कौन सी जोड़ी, जुड़वाँ अभाज्य की एक जोड़ी नहीं है- **[RRB ALP 2018]**
(a) 71, 73 (b) 191, 193
(c) 131, 133 (d) 11, 13

63. 69 को तीन भागों में इस प्रकार बांटे कि वे समान्तर श्रेणी में जाये और उनके सबसे छोटी भागों का गुणनफल 483 हो- **[RRB ALP 2018]**
(a) 15, 23, 31 (b) 19, 23, 27
(c) 17, 23, 29 (d) 21, 23, 25

64. 1568 को सबसे छोटी ऐसी कौन-सी संख्या से विभाजित किया जाए कि परिणामी संख्या एक पूर्ण वर्ग हो- **[RRB ALP 2018]**
(a) 3 (b) 5
(c) 6 (d) 2

65. 216 के विषम भाजकों का योगफल कितना है- **[SSC CPO 2022]**
(a) 16 (b) 14
(c) 40 (d) 600

66. एक परिमेय संख्या का हर इसके अंश से 10 अधिक है। यदि अंश को 4 बढ़ा दिया जाता है और हर को 3 कम कर दिया जाता है, तो संख्या $\frac{5}{6}$ प्राप्त होती है तो वास्तविक परिमेय संख्या कितनी है- **[RRB ALP 2018]**
(a) $\frac{9}{19}$ (b) $\frac{11}{21}$
(c) $\frac{13}{23}$ (d) $\frac{7}{17}$

67. निम्न में से कौन-सी एक परिमेय संख्या है- **[RRB ALP 2018]**
(a) $\sqrt[5]{32}$ (b) $\sqrt[6]{32}$
(c) $\sqrt[3]{32}$ (d) $\sqrt[4]{32}$

68. संख्या 273965 में 3 के स्थानीय मान और जातीय मान में अंतर कितना है- **[RRB ALP 2018]**
(a) 3962 (b) 2035
(c) 2997 (d) 0

69. श्रेणी $\frac{7}{6}, \frac{4}{3}, \frac{3}{2}, \frac{5}{3}, \frac{11}{6}$ है- **[RRB ALP 2018]**
(a) गुणोत्तर श्रेणी में (b) समान्तर-गुणोत्तर श्रेणी में
(c) हरात्मक श्रेणी में (d) समान्तर श्रेणी में

70. यदि a, b, c समांतर श्रेणी (A.P.) में हो, तो निम्नलिखित में से कौन-सा सही है- **[RRB ALP 2018]**
(a) 2c = a + b (b) 2a = b + c
(c) 2b = a + c (d) 3b = 2a + 3c

71. प्रथम पाँच अभाज्य संख्याओं का योग है- **[BPSC PRT 2024]**
(a) 26 (b) 18
(c) 28 (d) उपर्युक्त में से एक से अधिक
(e) उपर्युक्त में से कोई नहीं

72. यदि एक समान्तर श्रेणी का तीसरा पद 5 तथा सातवाँ पद 9 है तो 17वाँ पद है- **[BPSC Junior 2024]**
(a) 19 (b) 29
(c) 25 (d) उपर्युक्त में से एक से अधिक
(e) उपर्युक्त में से कोई नहीं

73. एक संख्या को तीन से भाग करने पर शेषफल 1 बचता है। यदि भागफल को 2 से भाग करते है तो शेषफल 1 बचता है। यदि संख्या को 6 से भाग करते है तो शेषफल क्या होगा- **[BPSC Junior 2024]**
(a) 1 (b) 4
(c) 5 (d) उपर्युक्त में से एक से अधिक
(e) उपर्युक्त में से कोई नहीं

74. एक संख्या को 342 से भाग करने पर 47 शेषफल बचता है। यदि उसी संख्या को 19 से भाग करें, तो शेषफल क्या होगा-
[BPSC Junior 2024]
(a) –1 (b) 9
(c) 17 (d) उपर्युक्त में से एक से अधिक
(e) उपर्युक्त में से कोई नहीं

75. प्रत्येक धनात्मक पूर्णांक n के लिए $41^n - 14^n$ अपवर्त्य है-
[BPSC Junior 2023]
(a) 14 का (b) 55 का
(c) 27 का (d) उपर्युक्त में से एक से अधिक
(e) उपर्युक्त में से कोई नहीं

76. $(49)^{15} - 1$ किस संख्या से पूर्णतः विभाजित है-
[UPTET Junior 2020]
(i) 50 (ii) 48
(iii) 29 (iv) 8
(a) (ii) और (iv) (b) (iii) और (iv)
(c) (i) और (iii) (d) (i) और (ii)

77. यदि a, a + 2, a + 4 अविभाज्य संख्याएं हो तो a के कितने मान है-
[UPTET Junior 2017]
(a) एक (b) दो
(c) तीन (d) तीन से अधिक

78. निम्नलिखित में से कौन-सा कथन सत्य है-
[CTET Junior 2023]
(a) कोई संख्या अपरिमेय संख्या है यदि इसे p/q के रूप में लिखा जा सके, जहाँ p तथा q पूर्णांक है, $q \neq 0$ है।
(b) किन्हीं दो अपरिमेय संख्याओं का योग कभी परिमेय तथा कभी अपरिमेय संख्या होती है।
(c) किन्हीं दो अपरिमेय संख्याओं का गुणन सदैव एक अपरिमेय संख्या होती है।
(d) एक अपरिमेय संख्या का वर्ग सदैव एक परिमेय संख्या होता है।

79. यदि कोई संख्या दो सहअभाज्य संख्याओं से विभाज्य है तो वह निम्न से भी विभाज्य होती है- **[CTET Junior 2023]**
(a) उनके योग (b) उनके अंतर
(c) उनके गुणनफल (d) उनके वर्गों के योग

80. निम्नलिखित में से कौन 2, 3 और 11 से विभाज्य है-
(i) 8448 (ii) 9812
(iii) 9126 (iv) 9636
सही विकल्प का चयन कीजिए- **[CTET Junior 2023]**
(a) (ii) और (iv) (b) (i) और (ii)
(c) (i) और (iv) (d) (i) और (iii)

81. निम्नलिखित में से कौन-सा युग्म सह-अभाज्य नहीं है-
[RRB Group D 2022]
(a) (11, 13) (b) (15, 17)
(c) (17, 23) (d) (17, 34]

82. यदि 111.....1 (n अंक) 9 से विभाज्य है, तो n का न्यूनतम मान कितना होगा-
[RRB NTPC 2021]
(a) 9 (b) 3
(c) 18 (d) 12

83. एक शांत दशमलव हमेशा .... होता है-
[RRB NTPC 2021]
(a) पूर्णांक (b) एक पूर्ण संख्या
(c) एक परिमेय संख्या (d) एक प्राकृतिक संख्या

84. निम्न में से कौन-सा पूर्ण वर्ग नहीं है-
[RPF Constable 2019]
(a) 2025 (b) 16641
(c) 1250 (d) 9801

85. किसी संख्या को 42 से विभाजित करने पर 13 शेष बचता है। उसी संख्या को 14 से विभाजित करने पर शेषफल कितना प्राप्त होगा-
[RPF S.I. 2018]
(a) 10 (b) 8
(c) 13 (d) 12

86. 76! में अनुगामी शून्यों (Trailing Zeros) की संख्या ज्ञात कीजिए-
[RPF S.I. 2018]
(a) 18 (b) 16
(c) 20 (b) 14

87. दिये गये गुणनखंड $(3451)^{51} \times (531)^{43}$ में इकाई का अंक ज्ञात कीजिए- **[RPF S.I. 2019]**
(a) 6 (b) 4
(c) 1 (d) 9

88. $2^8 \times 3^2 \times 5^3 \times 7^5$ के कितने गुणक सम संख्याएं है-
[RRB Group D 2018]
(a) 288 (b) 168
(c) 576 (d) 464

89. इनमें से किस संख्या के सर्वाधिक भाजक है- **[RRB JE 2019]**
(a) 240 (b) 156
(c) 200 (d) 172

90. $(2^{25} + 2^{26} + 2^{27} + 2^{28})$ निम्नलिखित में से किस संख्या का गुणज है-
[RRB JE 2019]
(a) 7 (b) 9
(c) 11 (d) 15

91. 1750 के गुणनखण्डों की संख्या ज्ञात कीजिए- **[UPSI 2021]**
(a) 16 (b) 20
(c) 18 (d) 22

92. 15870! में अनुगामी शून्यों की संख्या ज्ञात कीजिए-
[UPSI 2021]
(a) 3765 (b) 3965
(c) 3665 (d) 3865

93. जब $127\times141\times147\times162\times177$ को 27 से विभाजित किया जाता है तो शेषफल ज्ञात कीजिए- **[UPSI 2021]**

(a) 2 (b) 7
(c) 1 (d) 0

94. गुणोत्तर श्रेणी (G.P.) का योगफल ज्ञात कीजिए-

$\frac{9}{5}, \frac{9}{25}, \frac{9}{125}, \frac{9}{625}$........n पदों तक **[UPSI 2021]**

(a) $\frac{4}{5}\left\{1-\left(\frac{1}{5}\right)^n\right\}$ (b) $\frac{9}{2}\left\{1-\left(\frac{1}{5}\right)^n\right\}$

(c) $\frac{2}{5}\left\{1-\left(\frac{1}{5}\right)^n\right\}$ (d) $\frac{9}{4}\left\{1-\left(\frac{1}{5}\right)^n\right\}$

95. $0! + 1! + 2! + 3! .... + 98!$ को 5 से भाग देने पर शेषफल क्या होगा- **[UPSI 2017]**

(a) 2 (b) 5
(c) 3 (d) 4

96. $56^{283} \times 141^{283} \times 125^{254}$ के अंतिम दो अंक क्या है- **[UPSI 2017]**

(a) 25 (b) 10
(c) 01 (d) 00

97. गुणनफल $6812 \times 3528 \times 3179 \times 4324$ में इकाई अंक ज्ञात कीजिए- **[UP Police Constable 2024]**

(a) 5 (b) 7
(c) 3 (d) 6

98. 15, 20, 25, ... 135 के बीच कितने पद है- **[UP Police Constable 2024]**

(a) 25 (b) 23
(c) 26 (d) 24

99. जब 7^7 को 4 से विभाजित किया जाये तो शेषफल ज्ञात कीजिए- **[UP Police Constable 2024]**

(a) 1 (b) 0
(c) 3 (d) 2

100. यदि $2^{305} + 303$ को 9 से विभाजित किया जाता है तो शेषफल ...... होता है- **[SSC GD 2023]**

(a) 2 (b) 1
(c) 6 (d) 4

ANSWER

1	(d)	2	(d)	3	(a)	4	(b)	5	(a)	6	(c)	7	(d)	8	(a)	9	(c)	10	(b)
11	(b)	12	(d)	13	(b)	14	(c)	15	(a)	16	(c)	17	(a)	18	(b)	19	(c)	20	(a)
21	(a)	22	(b)	23	(b)	24	(c)	25	(a)	26	(b)	27	(a)	28	(d)	29	(c)	30	(b)
31	(c)	32	(c)	33	(a)	34	(d)	35	(c)	36	(c)	37	(c)	38	(b)	39	(c)	40	(a)
41	(b)	42	(a)	43	(c)	44	(a)	45	(b)	46	(d)	47	(c)	48	(b)	49	(b)	50	(c)
51	(c)	52	(c)	53	(b)	54	(b)	55	(d)	56	(b)	57	(a)	58	(c)	59	(c)	60	(a)
61	(a)	62	(c)	63	(d)	64	(d)	65	(c)	66	(b)	67	(a)	68	(c)	69	(d)	70	(c)
71	(c)	72	(a)	73	(b)	74	(b)	75	(c)	76	(a)	77	(a)	78	(b)	79	(c)	80	(c)
81	(d)	82	(a)	83	(c)	84	(c)	85	(c)	86	(a)	87	(c)	88	(c)	89	(a)	90	(d)
91	(a)	92	(b)	93	(d)	94	(d)	95	(d)	96	(d)	97	(d)	98	(b)	99	(c)	100	(a)

CHAPTER 02

वर्ग, घन, वर्गमूल एवं घनमूल (Square, Cube, Square root and Cube root)

वर्ग *(Square)*

किसी संख्या n को उसी संख्या (n) से गुणा करने पर जो परिणाम ($n \times n = n^2$) प्राप्त होता है उसे उस संख्या (n) का वर्ग कहते है। **जैसे–** 5 का वर्ग = 5×5 = 25, 23 का वर्ग = 529, –7 का वर्ग = (–7)×(–7) = 49

1 से 30 तक की संख्याओं के वर्ग

Number	Square	Number	Square	Number	Square	Number	Square	Number	Square
1	1	7	49	13	169	19	361	25	625
2	4	8	64	14	196	20	400	26	676
3	9	9	81	15	225	21	441	27	729
4	16	10	100	16	256	22	484	28	784
5	25	11	121	17	289	23	529	29	841
6	36	12	144	18	324	24	576	30	900

- किसी भी वास्तविक संख्या (R) का वर्ग एक धनात्मक संख्या होती है।
- **किसी वास्तविक संख्या (R) का वर्ग–**

(a) यदि $0 < R < 1$ तो $R > R^2$ ⇒ **जैसे-** $R = 0.4 \rightarrow R^2 = 0.16 \Rightarrow (0.4) > (0.16)$

(b) यदि R = 0 या 1 तो $R = R^2$ ⇒ **जैसे-** $R = 0 \rightarrow R^2 = 0, R = 1 \rightarrow R^2 = 1$

(c) यदि वास्तविक संख्या (R) > 1 तो $R < R^2$ ⇒ **जैसे-** $R = 2 \rightarrow R^2 = 4 \Rightarrow (2) < (4)$

वर्ग करने की लघु विधि

- **75 से 125 तक की संख्या का वर्ग ज्ञात करना**

Step I- सर्वप्रथम जिस संख्या का वर्ग ज्ञात करना है उसे 100 से अन्तर प्राप्त करेंगे।

Step II- 100 से कम संख्या के लिए घटाया जायेगा तथा 100 से अधिक संख्या के लिए जोड़ा जायेगा।

जैसे– 96^2 ज्ञात करने के लिए 96, 100 से 4 कम है अतः 4 ही और घटा देंगे तथा (96 – 4) = 92 प्राप्त करेंगे तथा 4 का वर्ग 16, 92 के पीछे लगाकर 9216 प्राप्त करेंगे जो $96^2 = 9216$ का वर्ग होगा।

इसी प्रकार 100 से अधिक संख्याओं के लिए **जैसे–** 108^2 ज्ञात करने के लिए 108, 100 से 8 अधिक है, अतः 8 ही 108 में जोड़ देगे तथा 116 प्राप्त करेगे और 8 का वर्ग 64, 116 के पीछे जोड़कर 11664 प्राप्त करेंगे जो $108^2 = 11664$ होगा।

- **25 से 75 तक की संख्या का वर्ग करना**

Step I- सर्वप्रथम $50^2 = 2500$ को याद रखे, जिसमें 25 संख्या याद रखें।

Step II- जैसे 50 से कम संख्या का वर्ग ज्ञात करने हेतु, संख्या जितना 50 से कम हो उतना ही 25 में से घटा लें।

Step III- अब जितनी संख्या घटायी जाए, उतनी ही संख्या का वर्ग करके उससे पीछे लगा दें।

जैसे– 44^2 ज्ञात करने के लिए 44, 50 से 6 कम है अतः 25 में से 6 घटाकर 19 प्राप्त करेंगे तथा $6^2 = 36$ को 19 के पीछे लिखकर 1936 प्राप्त करेंगे जो $44^2 = 1936$ होगा।

- इसी प्रकार 50 से अधिक संख्या का वर्ग प्राप्त करने के लिए जोड़ने का कार्य करेंगे। **जैसे-** 58 का वर्ग ज्ञात करने के लिए 58, 50 से 8 अधिक है अतः 25 में 8 जोड़कर 33 प्राप्त करेंगे तथा $8^2 = 64$ को 33 के पीछे लिखकर 3364 प्राप्त करेंगे जो $58^2 = 3364$ होगा।

विशेषताएँ-

- यदि किसी संख्या का इकाई अंक शून्य (0) है तो इसका वर्ग करने पर इकाई का अंक शून्य ही होगा तथा शून्यों की संख्या दुगुनी हो जायेगी। अर्थात् अन्तिम दो अंक दो शून्य (00) होगे। **जैसे-** $(70)^2 = 4900, (130)^2 = 16900$
- यदि किसी संख्या का इकाई का अंक 1 या 9 है तो इसके वर्ग का इकाई का अंक हमेशा 1 होगा तथा अन्तिम दो अंक 01, 21, 41, 61 अथवा 81 होंगे अर्थात् जिस संख्या के अन्तिम दो अंक 11, 31, 51, 71 अथवा 91 हो तो वह संख्या पूर्ण वर्ग नहीं हो सकती। **जैसे-** $61^2 = 3721, (29)^2 = 841$
- यदि किसी संख्या का इकाई का अंक 2 या 8 है तो इसके वर्ग का इकाई का अंक हमेशा 4 होगा तथा अन्तिम दो अंक 04, 24, 44, 64 अथवा 84 होंगे अर्थात् जिस संख्या के अन्तिम दो अंक 14, 34, 54, 74 अथवा 94 हो तो वह संख्या पूर्ण वर्ग नहीं हो सकती। **जैसे-** $(32)^2 = 1024, (188)^2 = 35344$
- यदि किसी संख्या का इकाई का अंक 3 या 7 है तो इसके वर्ग का इकाई का अंक हमेशा 9 होगा तथा अन्तिम दो अंक 09, 29, 49, 69 अथवा 89 होंगे अर्थात् जिस संख्या के अन्तिम दो अंक 19, 39, 59, 79 अथवा 99 हो तो वह संख्या पूर्ण वर्ग नहीं हो सकती। **जैसे-** $(33)^2 = 1089, (127)^2 = 16129$
- यदि किसी संख्या का इकाई का अंक 4 या 6 है तो इसके वर्ग का इकाई का अंक हमेशा 6 होगा तथा अन्तिम दो अंक 16, 36, 56, 76 अथवा 96 होंगे अर्थात् जिस संख्या के अन्तिम दो अंक 06, 26, 46, 66 अथवा 86 हो तो वह संख्या पूर्ण वर्ग नहीं हो सकती। **जैसे-** $(54)^2 = 2916, (166)^2 = 27556$
- यदि किसी संख्या का इकाई का अंक 5 हो तो उसके वर्ग में भी इकाई का अंक 5 होगा तथा अन्तिम दो अंक 25 होंगे अर्थात् अन्त में 25 आयेगा। जिस संख्या का इकाई का अंक 5 हो उसका वर्ग करने के लिए हम दाहिने तरफ अर्थात् इकाई व दहाई स्थान पर 25 लिखेंगे तथा 5 के अलावा बची हुई संख्या को उसके ठीक बाद वाले पूर्णांक से गुणा कर 25 के बांई ओर लिख देंगे।

जैसे-

$(35)^2 \Rightarrow$ Step-I 25
$\Rightarrow$ Step-II $3 \times (3 + 1) = 12$
$\Rightarrow$ Step-III $35^2 = 1225$

$(125)^2 \Rightarrow$ Step-I 25
$\Rightarrow$ Step-II $12 \times (12 + 1) = 156$
$\Rightarrow$ Step-III $125^2 = 15625$

- जिन संख्याओं के इकाई के अंक 0, 1, 5 अथवा 6 हो उनके वर्ग के इकाई के अंक भी क्रमशः 0, 1, 5, अथवा 6 ही होंगे।
- किसी भी पूर्ण वर्ग संख्या के अन्तिम अंक 1, 4, 5 (या 25); 6, 9 तथा 00 (even no. of zeros) होंगे। अर्थात् कोई भी पूर्ण वर्ग संख्या के अन्तिम अंक कभी भी 2, 3, 7 अथवा 8 तथा विषम संख्या में शून्य नहीं हो सकते।

वर्गमूल *(Square Root)*

किसी धनात्मक संख्या का वर्गमूल वह धनात्मक संख्या है जिसे स्वयं से गुणा करने पर दी गई संख्या प्राप्त हो। वर्गमूल का चिन्ह '$\sqrt{\ }$' होता है। **जैसे-** 196 का वर्गमूल $= 14 \Rightarrow \sqrt{196} = +14$ अतः $14 \times 14 = 196$

- किसी भी ऋणात्मक संख्या का वर्गमूल एक काल्पनिक संख्या होगी।
- किसी भी धनात्मक संख्या का वर्गमूल हमेशा धनात्मक संख्या होती है।

जैसे- $\sqrt{25} \neq \pm 5, \sqrt{25} = +5$ लेकिन यदि $x^2 = 25$ तो $x = \pm\sqrt{25} = \pm 5$

- यदि कोई संख्या 'n' अंकों की हो, तो उसका वर्गमूल $\frac{n}{2}$ अंकों वाली संख्या होगी, जहाँ 'n' सम संख्या है। **जैसे-** $\sqrt{1600} = 40$

- यदि कोई संख्या 'n' अंकों की हो, तो उसका वर्गमूल $\frac{n+1}{2}$ अंकों वाली संख्या होगी, जहाँ 'n' विषम संख्या है। **जैसे–** $\sqrt{144} = 12$

- किसी संख्या में यदि 'n' अंकों के बाद दशमलव लगा हो (दाहिनी तरफ से) तो उसके वर्गमूल में $\frac{n}{2}$ अंकों के बाद दशमलव लगेगा।

जैसे– $\sqrt{0.25} = 0.5$

▶ **किसी धनात्मक संख्या 'A' का वर्गमूल–**

- यदि $0 < A < 1$ तो $\sqrt{A} > A$ $\Rightarrow$ **जैसे–** $A = 0.5 \rightarrow \sqrt{A} = 0.7071.....\Rightarrow (0.7071..) > (0.5)$
- यदि $A = 0, 1$ तो $\sqrt{A} = A$ $\Rightarrow$ **जैसे–** $A = 0 \rightarrow \sqrt{A} = 0, A = 1 \rightarrow \sqrt{A} = 1$
- यदि $A > 1$ तो $\sqrt{A} < A$ $\Rightarrow$ **जैसे–** $A = 4 \rightarrow \sqrt{A} = 2 \Rightarrow (2) < (4)$

▶ **किसी संख्या का वर्गमूल दो विधियों से निकाल सकते है**

- **गुणनखण्ड विधि :** दी गई संख्या का कैनोनिकल रूप (अभाज्य गुणनखण्डों के रूप) में लिखकर समान संख्याओं के जोड़े बनाते है तथा प्रत्येक जोड़े से एक संख्या लेकर उनका आपस में गुणा कर देते है। इस प्रकार प्राप्त परिणाम ही दी गई संख्या का वर्गमूल होगा।

जैसे– 3600 का वर्गमूल : 3600 के अभाज्य गुणनखण्ड $= 2 \cdot 2 \times 2 \cdot 2 \times 3 \cdot 3 \times 5 \cdot 5$

अतः $\sqrt{3600} = 2 \times 2 \times 3 \times 5 = 60$

जैसे– 10404 का वर्गमूल : 10404 के अभाज्य गुणनखण्ड $= 2 \cdot 2 \times 3 \cdot 3 \times 17 \cdot 17$

$\sqrt{10404} = 2 \times 3 \times 17 = 102$

- **भाग विधि :** दी गई संख्या के दाहिने तरफ से दो-दो जोड़े बनाकर नीचे दिये अनुसार हल करते है।

जैसे– (1) 10404 का वर्गमूल (2) 54289 का वर्गमूल

	102
1	1 04 04
1	1
202	0 04 04
02	4 04
	× ×

	233
2	5 42 89
2	4
43	142
3	129
463	1389
3	1389
	× ×

▶ **वर्गमूल निकालने के विभिन्न चरण–** इस प्रक्रिया के विभिन्न चरणों को समझाने हेतु उदाहरण के लिए संख्या 54289 लिया गया है।

- दी गयी संख्या में दाँयी ओर से दो-दो अंकों के जोड़े बना लें व सबसे दाँयीं ओर के जोड़े या अंक (यदि एक अंक ही बचा हो) पर विचार करें–

  यहाँ संख्या 54289 में 5 अंक (अंकों की संख्या विषम) होने के कारण अन्त में एक अंक 5 शेष बचेगा। 5 42 89

- सबसे बायें अंक (यहाँ पर 5) से ठीक छोटी ऐसी संख्या चुने जो पूर्ण वर्ग हो यहाँ यह संख्या 4 होगी, अब इसी संख्या के वर्गमूल अर्थात् 2 से भाग देकर आगे बढ़े।
- फिर अगले दो अंक 42 उतारें।

- अब भाजक 2 में स्वयं को जोड़े।
- प्राप्त 4 के साथ इकाई अंक लगाये और उसी अंक से गुणा करें प्राप्त संख्या ऐसी हो कि भाज्य में से घटाने पर शेषफल न्यूनतम हो अर्थात् भाग की क्रिया नियमानुसार हो

  जैसे– $41 \times 1 = 41, 42 \times 2 = 84, 43 \times 3 = 129, 44 \times 4 = 176$ ....

  यहाँ पर संख्या $43 \times 3 = 129$ लेंगे चूँकि भाज्य 142 है।
- अब 43 में 3 जोड़े व अगला जोड़ा उतार कर आगे बढ़े। यही प्रक्रिया तब तक दोहरायी जायेगी जब तक शेषफल खत्म न हो जाये।

घन *(Cube)*

किसी संख्या (n) को उसी संख्या के वर्ग (n^2) से गुणा करने पर प्राप्त परिणाम ($n \times n^2 = n^3$) को उस संख्या का घन (n^3) कहते है। या किसी संख्या को आपस में तीन बार गुणा करने पर प्राप्त परिणाम उस संख्या का घन कहलाता है। **जैसे–** 4 का घन $= 4 \times 4 \times 4 = 64$ इसे 4^3 भी लिखते है तथा 7 का घन या $7^3 = 7 \times 7 \times 7 = 343$

1 से 20 तक की संख्याओं के घन

Number	Cube	Number	Cube	Number	Cube	Number	Cube	Number	Cube
1	1	5	125	9	729	13	2197	17	4913
2	8	6	216	10	1000	14	2744	18	5832
3	27	7	343	11	1331	15	3375	19	6859
4	64	8	512	12	1728	16	4096	20	8000

▶ किसी वास्तविक संख्या R का घन

- यदि $R > 1$ तो $R^3 > R$ ⇒ **जैसे–** $3^3 > 3$
- यदि $R = 0$ या 1 हो तो $R = R^3$ ⇒ **जैसे–** $0^3 = 0, 1^3 = 1, (-1)^3 = -1$
- यदि $0 < R < 1$ तो $R^3 < R$ ⇒ **जैसे–** $(0.5)^3 < (0.5) \Rightarrow 0.125 < 0.5$
- यदि $-1 < R < 0$ तो $R^3 > R$ ⇒ **जैसे–** $(-0.2)^3 > (-0.2) \Rightarrow -0.008 > -0.2$
- यदि $R < -1$, तो $R^3 < R$ ⇒ **जैसे–** $(-1.5)^3 < (-1.5) \Rightarrow -3.375 < -1.5$

घनमूल *(Cube Roots)*

किसी संख्या का घनमूल वह संख्या है जिसे स्वयं से तीन बार गुणा करने पर दी गयी संख्या प्राप्त हो। इसका प्रतीक '$\sqrt[3]{\ }$' होता है। **जैसे:** 64 का घनमूल या $\sqrt[3]{64} = 4$ चूँकि $4 \times 4 \times 4 = 64$ इसे $(64)^{1/3} = 4$ भी लिखते है।

▶ किसी संख्या के घन में इकाई अंक

संख्या का इकाई अंक	1	2	3	4	5	6	7	8	9	0
घन का इकाई अंक	1	8	7	4	5	6	3	2	9	0

▶ **गुणनखण्ड विधि –** घन मूल ज्ञात करने के लिए गुणनखण्ड विधि का ही प्रयोग होता है। किसी संख्या के घनमूल को ज्ञात करने के लिए उस संख्या के अभाज्य गुणनखण्डों का तीन-तीन का जोड़ा बनाते है तथा प्रत्येक तीन के जोड़े से एक एक संख्या को लेकर इनका आपस में गुणा कर लेते हैं। इस प्रकार प्राप्त परिणाम ही उस संख्या का घनमूल होता है।

▶ किसी संख्या में यदि n अंकों के बाद दशमलव लगा हो (दाहिनी तरफ से) तो उसके घनमूल में $\frac{n}{3}$ अंकों के बाद दशमलव लगेगा।

जैसे– $\sqrt[3]{0.064} = 0.4$

1. 15876 के वर्गमूल में इकाई का अंक क्या होगा?

(a) 8 (b) 6
(c) 4 (d) 2

Sol. (b) $\sqrt{15876} = 126$

अतः इकाई अंक = 6

2. निम्नलिखित में से कौन सी संख्या पूर्ण वर्ग भी है और पूर्ण घन भी?

343, 125, 81, 64

(a) 81 (b) 125
(c) 343 (d) 64

Sol. (d) $(8)^2 = 64$ तथा $(4)^3 = 64$

3. किसी पूर्ण घन संख्या का चरमांक 3 है तो इसके घनमूल का चरमांक होगा–

(a) 3 (b) 7
(c) 6 (d) 5

Sol. (b) घनमूल का चरमांक 7 होगा

4. संख्याओं (A) 250000 (B) 6400000 (C) 70560 (D) 10000000 में से पूर्ण वर्ग संख्या है

(a) केवल (A) (b) (A) तथा (B)
(c) केवल (C) तथा (D) (d) (A) तथा (D)

Sol. (a) 6400000, 70560 व 10000000 पूर्ण वर्ग नहीं हो सकती क्योंकि अन्त में शून्यों की संख्या विषम है। अतः उत्तर 250000 होगा।

5. 100 से छोटी किसी धनात्मक संख्या का वर्गमूल जिन संख्याओं के बीच होगा वे है।

(a) 0 और 10 (b) 0 और –10
(c) – 10 और 10 (d) –100 और 100

Sol. (a) 100 का वर्गमूल $= \sqrt{100} = +10$

अतः 100 से कम किसी धनात्मक संख्या का वर्गमूल 0 और 10 के बीच होगा।

6. $0.\overline{4}$ का वर्गमूल है

(a) $0.\overline{8}$ (b) $0.\overline{6}$
(c) $0.\overline{7}$ (d) $0.\overline{9}$

Sol. (b)

7. वह संख्या जिसका वर्ग 75.15 और 60.12 के वर्गों के अन्तर के बराबर है, होगी।

(a) 46.09 (b) 48.09
(c) 45.09 (d) 47.09

Sol. (c) माना संख्या x,

तो $x^2 = 75.15^2 - 60.12^2$

$= (75.15 + 60.12)(75.15 - 60.12)$

$x = 45.09$

8. दो संख्याओं के वर्गों का योग 386 है। यदि एक संख्या 5 है, तो दूसरी संख्या होगी।

(a) 18 (b) 19
(c) 15 (d) 20

Sol. (b) माना दूसरी संख्या x है

$(x)^5 + (5)^2 = 386$

$x^2 = 386 - 25 = 361$

$x = \sqrt{361} = 19$

9. दो धनात्मक संख्याओं के वर्गों का योग 100 है तथा उनके वर्गों का अन्तर 28 है, इन संख्याओं का योग ज्ञात कीजिए

(a) 12 (b) 13
(c) 14 (d) 15

Sol. (c) माना दो संख्याएं x और y है।

$(x^2 + y^2) = 100$

$(x^2 - y^2) = 28$

दोनों समी० को जोड़ने पर

$2x^2 = 128$

$x = 8$

$\therefore$ $y = 6$

संख्याओं का योग $= x + y$

$= 8 + 6$

$= 14$ **Ans.**

10. दो धनात्मक संख्याओं का अन्तर 3 है, यदि उनके वर्गों का योग 369 हो, तो उन संख्याओं का योग है।

(a) 81 (b) 33
(c) 27 (d) 25

Sol. (c) माना एक संख्या = x

तब दूसरी संख्या = x + 3

अब $x^2 + (x + 3)^2 = 369$

$x^2 + x^2 + 9 + 6x = 369$

$2x^2 + 6x - 360 = 0$

$x^2 + 3x - 180 = 0$

$x^2 + 15x - 12x - 180 = 0$

$(x + 15)(x - 12) = 0$

$x = -15$ तथा 12

$\because$ संख्याएँ धनात्मक हैं अतः x = 12

तब दोनों संख्याओं का योग $= x + x + 3$

$= 12 + 12 + 3$

$= 27$

11. उन दो क्रमागत सम संख्याओं का योग क्या है जिनके वर्गों का अन्तर 84 हैं?

(a) 38 (b) 34
(c) 42 (d) 46

Sol. (c) माना दो क्रमागत सम संख्याएँ x व x + 2 है

अतः $(x + 2)^2 - x^2 = 84$

$x^2 + 4 + 4x - x^2 = 84$

$x + 1 = \frac{84}{4} = 21$

$x = 20$

अतः अभीष्ट योग = x + x + 2
= 20 + 20 + 2
= 42

12. यदि a तथा b ऐसे धन पूर्णांक हैं कि $a^2 - b^2 = 19$ है, तो a का मान होगा

(a) 19 (b) 20
(c) 9 (d) 10

Sol. (d) $a^2 - b^2 = 19$

$a^2 - b^2 = 100 - 81$

$a^2 = 100$

$a = 10$ **Ans.**

13. दो पूर्ण संख्याओं का गुणनफल 37 है। उन संख्याओं के अन्तर का वर्गमूल होगा

(a) 8 (b) 7.5
(c) 6 (d) 4.5

Sol. (c) ∵ 37 एक अभाज्य संख्या है इसलिए 37 को 1 से गुणा करने पर ही गुणनफल 37 आयेगा।

∴ 37 = 1 × 37 तथा अन्तर = 37 − 1 = 36

अतः 36 का वर्गमूल = 6

14. यदि दो संख्याओं के योग तथा अन्तर क्रमशः 20 तथा 8 हो तो उन संख्याओं के वर्गों का अन्तर होगा−

(a) 12 (b) 28
(c) 80 (d) 160

Sol. (d) माना संख्या a, b है

तो $a^2 - b^2 = (a + b)(a - b)$
= 20 × 8
= 160

अतः उनके वर्गों का अन्तर 160 होगा।

15. किस संख्या के वर्गमूल का $\frac{1}{3}$ भाग 0.001 है?

(a) 0.0009 (b) 0.000001
(c) 0.00009 (d) उपर्युक्त में से कोई नहीं

Sol. (d) माना कि संख्या x है−

अतः $\sqrt{x} \times \frac{1}{3} = 0.001$ या $\sqrt{x} = 0.003$

$x = (0.003)^2 = 0.000009$

16. $(272)^2 - (128)^2$ का वर्गमूल ज्ञात कीजिए−

(a) 256 (b) 200
(c) 240 (d) 144

Sol. (c) $(272^2 - 128^2) = (272 + 128)(272 - 128)$
= 400 × 144

अब $\sqrt{400 \times 144} = 20 \times 12 = 240$

17. $\frac{\left(3\frac{1}{4}\right)^4 - \left(4\frac{1}{3}\right)^4}{\left(3\frac{1}{4}\right)^2 - \left(4\frac{1}{3}\right)^2}$ का वर्गमूल है।

(a) $7\frac{1}{12}$ (b) $5\frac{5}{12}$
(c) $1\frac{1}{12}$ (d) $7\frac{7}{12}$

Sol. (b) $\frac{\left(\frac{13}{4}\right)^4 - \left(\frac{13}{3}\right)^4}{\left(\frac{13}{4}\right)^2 - \left(\frac{13}{3}\right)^2} = \frac{\left[\left(\frac{13}{4}\right)^2\right]^2 - \left[\left(\frac{13}{3}\right)^2\right]^2}{\left(\frac{13}{4}\right)^2 - \left(\frac{13}{3}\right)^2}$

$= \frac{\left[\left(\frac{13}{4}\right)^2 + \left(\frac{13}{3}\right)^2\right]\left[\left(\frac{13}{4}\right)^2 - \left(\frac{13}{3}\right)^2\right]}{\left(\frac{13}{4}\right)^2 - \left(\frac{13}{3}\right)^2}$

$\Rightarrow \frac{169}{16} + \frac{169}{9} = 169\left(\frac{1}{16} + \frac{1}{9}\right)$

$\Rightarrow 169 \times \frac{25}{144}$

अतः संख्या का वर्गमूल

$= \sqrt{\frac{169 \times 25}{144}} = \frac{13 \times 5}{12} = 5\frac{5}{12}$

18. $14+6\sqrt{5}$ का वर्गमूल कितना है?

(a) $2+\sqrt{5}$ (b) $3+\sqrt{5}$
(c) $5+\sqrt{3}$ (d) $3+2\sqrt{5}$

Sol. (b) $\sqrt{14+6\sqrt{5}} = \sqrt{3^2+(\sqrt{5})^2+2.3\sqrt{5}}$

$= \sqrt{(3+\sqrt{5})^2}$

$= 3+\sqrt{5}$

19. 175616 का घनमूल 56 है, तो $\sqrt[3]{175.616}+\sqrt[3]{0.175616}$ $+\sqrt[3]{0.000175616}$ का मान बराबर है

(a) 0.168 (b) 62.16
(c) 6.216 (d) 6.116

Sol. (c) $\sqrt[3]{175616} = 56$

अब व्यंजक

$\sqrt[3]{175.616}+\sqrt[3]{0.175616}+\sqrt[3]{0.000175616}$
$= 6.216$

20. शुद्ध दशमलव के तीन स्थानों पर $\frac{\sqrt{3}+\sqrt{2}}{\sqrt{3}-\sqrt{2}}$ का वर्गमूल ज्ञात कीजिए।

(a) 3.146 (b) 4.140
(c) 3.313 (d) 2.223

Sol. (a) $\frac{\sqrt{3}+\sqrt{2}}{\sqrt{3}-\sqrt{2}} = \frac{\sqrt{3}+\sqrt{2}}{\sqrt{3}-\sqrt{2}}\times\frac{\sqrt{3}+\sqrt{2}}{\sqrt{3}+\sqrt{2}}$

$= \frac{(\sqrt{3}+\sqrt{2})^2}{3-2}$

$= (\sqrt{3}+\sqrt{2})^2$

वर्गमूल करने पर $= \sqrt{3}+\sqrt{2}$
$= 1.732 + 1.414$
$= 3.146$

21. $\frac{\sqrt{24}+\sqrt{216}}{\sqrt{96}}$ का वर्गमूल ज्ञात कीजिए।

(a) $2\sqrt{6}$ (b) $6\sqrt{2}$
(c) 2 (d) $\frac{1}{3}\sqrt{6}$

Sol. (c) $\frac{\sqrt{24}+\sqrt{216}}{\sqrt{96}} = \frac{\sqrt{4\times6}+\sqrt{36\times6}}{\sqrt{16\times6}}$

$= \frac{2\sqrt{6}+6\sqrt{6}}{4\sqrt{6}} = \frac{8}{4} = 2$ **Ans.**

22. 5808 को किस छोटी से छोटी संख्या से गुणा किया जाए कि वह पूर्ण वर्ग बन जाए?

(a) 2 (b) 11
(c) 7 (d) 3

Sol. (d) $5808 = 11\times11\times4\times4\times3$

अतः अभीष्ट संख्या = 3

23. वह छोटी से छोटी संख्या जिसे 680621 में जोड़ने पर योग एक पूर्ण वर्ग बन जाता है, निम्न है

(a) 4 (b) 5
(c) 6 (d) 8

Sol. (a) वर्गमूल करने पर ज्ञात होता है कि

$(825)^2 > 680621 > (824)^2$

तो अभीष्ट संख्या $= (825)^2 - 680621 = 4$

24. वह छोटी से छोटी संख्या जिसे 63520 में से घटाने पर एक पूर्ण वर्ग प्राप्त हो, निम्न है

(a) 16 (b) 20
(c) 24 (d) 30

Sol. (a) $\sqrt{63520} = 252.03$

$\Rightarrow (252)^2 = 63504$

तो घटायी जाने वाली संख्या = 63520 – 63504
= 16

25. वह सबसे छोटा धन पूर्णांक, जिसे 392 से गुणा करने पर गुणनफल एक पूर्ण वर्ग संख्या प्राप्त होती हो, होगा

(a) 6 (b) 5
(c) 3 (d) 2

Sol. (d) $392 = 2\times2\times2\times7\times7$

अतः 392 में 2 से गुणा करने पर एक पूर्ण वर्ग संख्या प्राप्त होगी।

26. वह न्यूनतम संख्या, जिससे 1800 को गुणा करने पर एक पूर्ण घन संख्या प्राप्त हो के अंकों का योग होगा

(a) 2 (b) 3
(c) 6 (d) 8

Sol. (c) प्रश्नानुसार $1800 = 2\times2\times2\times5\times5\times3\times3$

तो $3\times5 = 15$ से गुणा करने पर संख्या पूर्ण घन अर्थात् 27000 होगी

अतः न्यूनतम संख्या 15 के अंकों का योग = 1+5 = 6

27. 4320 को किस छोटी-से-छोटी संख्या से गुणा किया जाए कि यह पूर्ण घन बन जाए?
(a) 10 (b) 20
(c) 30 (d) 50

Sol. (d) **Method - I**
4320 का लघुत्तम समापवर्त्य $= 2^5 \times 3^3 \times 5^1$
संख्या 4320 को $2 \times 5 \times 5$ से गुणा किया जाना चाहिए जो कि 50 के बराबर है।
अतः सही उत्तर 50 है।

Method - II
4320 का अभाज्य गुणनखण्ड $= 2\times2\times2\times2\times2\times3\times3\times3\times5$
इसलिए, इसे एक पूर्ण घन बनाने के लिए हमें $2\times5\times5 = 50$ की आवश्यकता है।
$\therefore$ $4320\times50 = \underline{2\times2\times2} \times \underline{2\times\times2\times2} \times \underline{3\times3\times3} \times \underline{5\times5\times5}$
अतः सही उत्तर 50 है।

28. A का वह निम्नतम मान जिसके लिए 90 × A एक पूर्ण घन संख्या हो जाए, निम्न है
(a) 200 (b) 300
(c) 500 (d) 600

Sol. (b) $90 = 5\times3\times3\times2$
अतः पूर्ण घन होने के लिए
$A = 5\times5\times3\times2\times2 = 300$ **Ans.**

29. वह सबसे छोटी प्राकृत संख्या जिससे 3000 को भाग देने से प्राप्त भागफल एक पूर्ण घन संख्या उपलब्ध होगी
(a) 3 (b) 4
(c) 5 (d) 6

Sol. (a) $3000 = 3\times1000 = 3\times10^3$
अतः 3000 में 3 से भाग देने पर भागफल 1000 प्राप्त होगा जो कि पूर्ण घन है।

30. 10870210 से घटाया जाने वाला न्यूनतम धनात्मक पूर्णांक कौन-सा है कि शेष एक पूर्ण वर्ग बन जाए?
(a) 1 (b) 5
(c) 7 (d) 11

Sol. (a) 10870210
1 घटाने पर = 10870209, अन्तिम दो अंक = 09
5 घटाने पर = 10870205, अन्तिम दो अंक = 05
7 घटाने पर = 10870203, अन्तिम दो अंक = 03
11 घटाने पर = 10870199, अन्तिम दो अंक = 99
दिये गये विकल्पों में केवल 1 घटाने पर प्राप्त संख्या के अन्तिम दो अंक इस प्रकार कि संख्या पूर्ण वर्ग हो सकती है।

31. पाँच अंकों वाली सबसे बड़ी पूर्ण वर्ग संख्या है
(a) 99999 (b) 99976
(c) 99856 (d) 99764

Sol. (c) पाँच अंकों की सबसे बड़ी संख्या = 99999
अतः संख्या के सन्निकट पूर्णवर्ग संख्या = 99856

32. निम्नलिखित संख्याओं में से कौन-सी संख्या किसी भी प्राकृतिक संख्या का वर्ग नहीं है?
(a) 17956 (b) 18225
(c) 63592 (d) 53361

Sol. (c) 63592 वह संख्या है जो किसी भी प्राकृतिक संख्या का वर्ग नहीं है क्योंकि किसी भी प्राकृतिक संख्या के वर्ग में इकाई के स्थान पर 2 नहीं आता है।

33. 120 तथा 300 के बीच कितनी पूर्ण वर्ग संख्याएँ हैं?
(a) 5 (b) 6
(c) 7 (d) 8

Sol. (c) 120 तथा 300 के बीच की पूर्ण वर्ग संख्याएँ 121, 144, 169, 196, 225, 256, 289
अतः 120 तथा 300 के बीच कुल पूर्ण वर्ग संख्याएँ = 7

34. किसी पूर्णांक के वर्ग को यदि उसके घन में से घटाया जाए, तो शेषफल 48 आता है, वह पूर्णांक बताइए।
(a) 8 (b) 6
(c) 5 (d) 4

Sol. (d) माना पूर्णांक a है
या $a^3 - a^2 = 48$
$\Rightarrow a^3 - a^2 - 48 = 0$
विकल्प (d) से यदि a = 4 रखा जाए
तो $(4)^3 - (4)^2 - 48 = 0$
अतः a = 4 **Ans.**

35. 710 में सबसे छोटी कौन-सी संख्या जोड़ी जाए, ताकि योगफल एक पूर्ण घन संख्या प्राप्त हो?
(a) 29 (b) 19
(c) 11 (d) 21

Sol. (b) $9^3 = 729$
$\Rightarrow 729 - 710 = 19$
अतः 710 में 19 जोड़ने पर योगफल एक पूर्ण घन संख्या प्राप्त होगी।

36. 62478078 के वर्गमूल के अंकों की संख्या कितनी है?
(a) 5 (b) 6
(c) 3 (d) 4

Sol. (d) दी गई संख्या में 8 अंक है
अतः वर्गमूल में अंकों की संख्या (P) $= \frac{8}{2} = 4$

37. 1013 के घन में शून्यों की संख्या है-

(a) 0 (b) 1
(c) 2 (d) 3

Sol. (c) 1013 का घन $= (1013)^3$

$= 1039509197$

अतः शून्यों की संख्या = 2

38. किसी प्राकृत संख्या के वर्ग के तिगुने में से उस संख्या के चार गुने को घटाने पर प्राप्त संख्या उस प्राकृत संख्या से 50 अधिक है, वह संख्या है-

(a) 4 (b) 5
(c) 10 (d) 6

Sol. (b) माना वह प्राकृत संख्या x है

तब $x^2 \times 3 - 4x = x + 50$

$\Rightarrow 3x^2 - 5x - 50 = 0$

$\Rightarrow (x - 5)(3x + 10) = 0$

$\Rightarrow x = 5, -\frac{10}{3}$

अतः अभीष्ट संख्या = 5 **Ans.**

39. 1008 को किस एक अंक वाली संख्या से विभाजित किया जाए कि भागफल एक पूर्ण वर्ग संख्या बन जाए?

(a) 9 (b) 4
(c) 8 (d) 7

Sol. (d) $1008 = 2\times2\times2\times2\times3\times3\times7$

यहाँ गुणनखण्ड 7 को जोड़ा नहीं बन रहा है

अतः 7 से भाग देना पड़ेगा।

40. तीन क्रमिक पूर्णांकों के वर्गों का योग 2030 हो, तो बीच का पूर्णांक क्या होगा?

(a) 25 (b) 26
(c) 27 (d) 28

Sol. (b) माना तीन क्रमिक पूर्णांक x, (x+1) तथा (x+2) हैं।

$\therefore \quad x^2 + (x+1)^2 + (x+2)^2 = 2030$

$3x^2 + 6x + 5 - 2030 = 0$

$3x^2 + 6x - 2025 = 0$

$x^2 + 2x - 675 = 0$

$(x + 27)(x - 25) = 0$

$x = 25$, या -27 [ऋणात्मक मान नहीं होगा]

$\therefore$ बीच का पूर्णांक = 25+1 = 26

41. $(3-\sqrt{5})$ का वर्गमूल है-

(a) $(\sqrt{3} - 5^{1/4})$ (b) $\frac{1}{2}(\sqrt{5}-\sqrt{3})$

(c) $\frac{1}{2}(\sqrt{5}-1)$ (d) $\frac{1}{\sqrt{2}}(\sqrt{5}-1)$

Sol. (d) $3-\sqrt{5}$ का वर्गमूल $= \sqrt{3-\sqrt{5}}$

$= \sqrt{\frac{1}{2}(6-2\sqrt{5})}$

$= \sqrt{\frac{1}{2}(\sqrt{5}-1)^2}$

$= \frac{1}{\sqrt{2}}(\sqrt{5}-1)$

42. यदि x एक ऐसा पूर्ण वर्ग पूर्णांक है कि 7<(2x–3)<17 है, तो x का मान है-

(a) 25 (b) 16
(c) 9 (d) 4

Sol. (c) $7 < (2x - 3) < 17$

$10 < 2x < 20$

$5 < x < 10$

स्पष्ट है 5 तथा 10 के बीच पूर्ण वर्ग केवल 9 है।

43. 1166400 के वर्गमूल में अंकों की संख्या होगी

(a) 5 (b) 3
(c) 6 (d) 4

Sol. (d) **Method-I**

दी गई संख्या में अंकों की संख्या = 7

अतः वर्गमूल में अंकों की संख्या $= \frac{7+1}{2} = 4$

Method - II

$\sqrt{1166400} = 1080$

अतः 1166400 के वर्गमूल में अंकों की संख्या 4 होगी

44. एक बाग की प्रत्येक पंक्ति में पेड़ों की संख्या उतनी ही है जितनी कि उसमें पंक्तियाँ है। एक तूफान में 111 पेड़ों के उखड़ जाने के उपरान्त, बाग में पेड़ों की संख्या 10914 रह जाती है। बाग में पेड़ों की पंक्तियों की संख्या है–

(a) 100 (b) 105
(c) 115 (d) 125

Sol. (b) माना कि बाग में पेड़ों की पंक्तियों संख्या x है तथा प्रत्येक पंक्ति में उतने ही पेड़ है जितनी की पेड़ों की पंक्तियाँ है।

$\therefore$ कुल पेड़ $= x \times x = x^2$

प्रश्नानुसार

$$x^2 - 111 = 10914$$
$$x^2 = 11025$$
$$x = 105$$

45. 3, 4, 5, 6 तथा 8 से विभाज्य पाँच अंकों की न्यूनतम पूर्ण वर्ग संख्या है

(a) 14400 (b) 32400
(c) 10800 (d) 10201

Sol. (a) 3, 4, 5, 6, 8 का ल.स.प. = 120 हो तो पूर्ण वर्ग बनाने के लिए 2×2×2×3×5 = 120

2 × 3 × 5 से गुणा करने पर,

120 × 30 = 3600 तथा

पाँच अंकों की सबसे छोटी संख्या

$= 3600 \times 2^2 = \mathbf{14400}$

46. 24010000 का चतुर्थ मूल कितना है?

(a) 7 (b) 49
(c) 490 (d) 70

Sol. (d) $P = 24010000 = 2401 \times 10^4$

$\sqrt[4]{p} = (2401)^{1/4} \times (10^4)^{1/4} = 7 \times 10 = 70$

47. यदि $\left(n^r - tn + \frac{1}{4}\right)$ एक पूर्ण वर्ग हो, तो t के मान क्या होंगे?

(a) 1, 2 (b) 2, 3
(c) ± 1 (d) ± 2

Sol. (c) $n^r - tn + \frac{1}{4}$

अतः पूर्ण वर्ग होने के लिए r = 2

अतः $n^2 - tn + \frac{1}{4} = \left(n - \frac{1}{2}\right)^2 + n - tn$

प्रश्नानुसार

पूर्ण वर्ग के लिए

$n - tn = 0$

$t = 1$

$-(n + tn) = 0$

$t = -1$

अतः $t = \pm 1$

48. निम्नलिखित में से असत्य कथन है-

(a) पूर्ण वर्ग संख्या का इकाई अंक 0, 1, 4, 5, 6 अथवा 9 होता है।

(b) जिस संख्या के अन्त में एक या तीन या पाँच शून्य हो, तो वह संख्या पूर्ण वर्ग नहीं होती है।

(c) जिस संख्या का बीजांक 2, 3, 5, 6 अथवा 8 हो, तो वह संख्या पूर्ण वर्ग होती है।

(d) n अंकों वाली पूर्ण संख्या के वर्गमूल में $\frac{n}{2}$ अंक अथवा $\frac{n+1}{2}$ अंक होते हैं।

Sol. (c) पूर्ण वर्ग संख्या का बीजांक 2, 3, 7, 8 नहीं होते है।

49. $\frac{(0.75)^3}{1-0.75} + [0.75 + (0.75)^2 + 1]$ का वर्गमूल है

(a) 1 (b) 2
(c) 3 (d) 4

Sol. (b) $\sqrt{\frac{(.75)^3}{1-0.75} + \frac{1^3 - (0.75)^3}{1-0.75}}$

$= \sqrt{\frac{1}{.25}[(.75)^3 + 1 - (.75)^3]} = \sqrt{4} = 2$

❑❑❑

विभिन्न प्रतियोगी परीक्षाओं में विगत वर्षों में पूछे गये महत्त्वपूर्ण प्रश्न

1. $\sqrt{48}\times\sqrt{256}$ किसके बराबर है-
[DSSSB Assitt. Grade 2024]
(a) 22 (b) 25
(c) 20 (d) 23

2. निम्नलिखित में से कौन-सा अन्य में सबसे बड़ा है-
[DSSSB Asstt. 2024]
(a) $\sqrt{0.0144}$ (b) 0.19
(c) $\sqrt{0.0016}$ (d) $(0.3)^2$

3. $\sqrt{0.000441}$ का मान है-
[SSS CHSL 2023]
(a) 0.00021 (b) 0.0021
(c) 0.021 (d) 0.21

4. संख्या 625686734489 के वर्गमूल में अंकों की संख्या है-
[SSC CGL -2018]
(a) 4 (b) 5
(c) 6 (d) 7

5. संख्या 680621 को पूर्ण वर्ग बनाने के लिए कौन सी छोटी से छोटी संख्या जोड़ी जाए-
[SSC CGL -2018]
(a) 4 (b) 5
(c) 6 (d) 8

6. $\dfrac{\sqrt[3]{-2744}\times\sqrt[3]{-216}}{\sqrt[3]{\dfrac{64}{729}}}$ का मान ज्ञात करें-
[SSC CPO 2022]
(a) 164 (b) 152
(c) 189 (d) 156

7. $(1018)^2-1019\times1017+1015\times1012-1016\times1011$ का मान ज्ञात करें-
[SSC CPO 2022]
(a) 1 (b) 4
(c) 3 (d) 5

8. गणना कीजिए-

$$\sqrt[3]{-125}+\sqrt[3]{0.008}+\sqrt[3]{0.343}-\sqrt[3]{-0.009261}$$

[CISF HCM 2023]
(a) –4.31 (b) –5.51
(c) 25.1 (d) 0.21

9. $\left[\left(\frac{1}{8}\right)^{-2}+\left(\frac{1}{6}\right)^{-2}\right]\div\left(\frac{1}{10}\right)^{-2}$ का मान है-
[CISF HCM 2023]
(a) 7/4 (b) 1
(c) 0 (d) –1

10. छः अंकों की सबसे बड़ी संख्या ज्ञात करे जो एक पूर्ण वर्ग हो-
[CISF HCM 2023]
(a) 998891 (b) 998001
(c) 998998 (d) 999999

11. यदि $\sqrt{1849}+\sqrt{0.0608+x}=43.25$ है तो x का मान ज्ञात कीजिए-
[CISF HCM 2023]
(a) 0.0017 (b) 72.17
(c) 1729 (d) 1

12. $\left(5+3\sqrt{2}\right)\left(5-3\sqrt{2}\right)$ का वर्गमूल क्या है-
[CISF HCM 2023]
(a) 16 (b) $\sqrt{7}$
(c) 8 (d) $\sqrt{2}$

13. 645.8 का वर्गमूल दो दशमलव स्थानों तक ज्ञात कीजिए-
[CISF HCM 2023]
(a) 26.08 (b) 25.84
(c) 25.41 (d) 26.40

14. 5545 को पूर्ण वर्ग बनाने के लिए उसमें कौन-सी सबसे छोटी संख्या जोड़ी जाए-
[CRPF HCM 2023]
(a) 80 (b) 90
(c) 100 (d) 70

15. एक पूर्ण वर्ग प्राप्त करने के लिए 588 को किस सबसे छोटी संख्या से गुणा किया जाना चाहिए-
[CRPF HCM 2023]
(a) 7 (b) 3
(c) 2 (d) 6

16. 735.4944 का वर्गमूल क्या है-
[CRPF HCM 2023]
(a*) 27.12 (b) 32.12
(c) 37.14 (d) 29.14

17. 20 और 30 के बीच की अभाज्य संख्याओं के वर्ग का योग ज्ञात करें-
[Delhi Police 2023]
(a) 1500 (b) 1370
(c) 1276 (d) 1290

18. 42.25 का वर्गमूल ज्ञात कीजिए-

[RRB NTPC 2011]

(a) 6.5 (b) 7.5
(c) 4.5 (d) 5.5

19. सबसे छोटी प्राकृत संख्या N ज्ञात कीजिए जिसका गुणनफल 288 × N एक पूर्ण घन हो-

[RRB NTPC 2021]

(a) 8 (b) 9
(c) 12 (d) 6

20. 18769 के वर्गमूल में कितने अंक होते है-

[RRB NTPC 2021]

(a) 4 (b) 3
(c) 5 (d) 2

21. दो संख्याओं का योग 20 है और उनके वर्गों के बीच का अंतर 80 है। दिए गए विकल्पों में से दोनों संख्याओं का चयन करें-

[RRB NTPC 2021]

(a) 15, 5 (b) 11, 9
(c) 13, 7 (d) 12, 8

22. सबसे छोटा धनात्मक पूर्णांक इस प्रकार ज्ञात कीजिए कि उसका वर्ग पूर्णांक के 5 गुने से (–6) से अधिक हो-

[RRB NTPC 2021]

(a) 3 (b) 4
(c) 5 (d) 2

23. निम्न को हल करें- $\frac{\sqrt{4375}}{\sqrt{7}} = ?$

[RRB RPF (Constable) 2019]

(a) 64 (b) 25
(c) 36 (d) 16

24. 519841 का वर्गमूल क्या है-

[RRB RPF (S.I.) 2019]

(a) 721 (b) 629
(c) 631 (d) 731

25. 0.000216 का घनमूल है-

[BPSC TRE Primary 2023]

(a) 0.6 (b) 0.006
(c) 0.06 (d) उपर्युक्त में से एक से अधिक
(e) उपर्युक्त में से कोई नहीं

26. यदि $\sqrt{4225} = 65$ है तो $\sqrt{42.25} + \sqrt{0.4225}$ का मान ज्ञात कीजिए-

[RRB JE 2019]

(a) 6.5 (b) 7.25
(c) 6.25 (d) 7.15

27. यदि $\sqrt{108} + \sqrt{243} = 25.98$ है तो $\sqrt{147} + \sqrt{192}$ का मान ज्ञात कीजिए-

[RRB Group D 2018]

(a) 26.89 (b) 27.172
(c) 25.98 (d) 24.248

28. $\left(\frac{0.14}{1.4}\right)^2 - \left(\frac{0.11}{1.1}\right)^2 + \left(\frac{0.13}{1.3}\right)^2 = ?$

[RRB RPF (S.I.) 2019]

(a) 1.01 (b) 0.001
(c) 0.10 (d) 0.01

29. छात्रों के एक समूह ने तय किया कि हर एक सदस्य से अधिक से अधिक उतने पैसे ही लिए जाएंगे जितनी सदस्यों की संख्या है। यदि राशि का कुल संग्रह रु.62.41 है, तो समूह में सदस्यों की संख्या .... है-

[RRB Group D 2018]

(a) 77 (b) 81
(c) 71 (d) 79

30. निम्नलिखित में से कौन-सी एक संख्या पूर्ण वर्ग नहीं है-

[CISF Fireman 2023]

(a) 9604 (b) 7864
(c) 17956 (d) 15129

ANSWER

1	(d)	2	(b)	3	(c)	4	(c)	5	(a)	6	(c)	7	(d)	8	(a)	9	(b)	10	(b)
11	(a)	12	(b)	13	(c)	14	(a)	15	(b)	16	(a)	17	(b)	18	(a)	19	(d)	20	(b)
21	(d)	22	(d)	23	(b)	24	(a)	25	(c)	26	(d)	27	(c)	28	(d)	29	(d)	30	(b)

CHAPTER 03

घातांक एवं करणी (Surds and Indices)

घातांक (Indices)

यदि a को आपस में m बार गुणा किया जाये अर्थात् a × a × a × .... m times = a^m लिखा जाये तो आधार a का घातांक m कहा जाता है। जहाँ a एक अशून्य वास्तविक या काल्पनिक संख्या तथा m प्रायः धनात्मक पूर्णांक होते है।

जैसेः $3^4 \Rightarrow$ आधार 3 तथा घातांक 4

5^{-4} का अर्थ है $\Rightarrow \frac{1}{5^4}$

घातांक के नियम (*Laws of Indices*)

- $a^0 = 1$ जहाँ $a \neq 0$
- $a^{-m} = \frac{1}{a^m}$; जहाँ $(a \neq 0)$
- $a^m \times a^n = a^{m+n}$ जहाँ m व n परिमेय संख्याएँ है।
- $\frac{a^m}{a^n} = a^{m-n}$ जहाँ m व n परिमेय संख्याएँ है तथा $a \neq 0$,

  यदि m = n हो तो–

  $$\frac{a^n}{a^n} = a^{n-n} = a^0 = 1$$
- $a^{\frac{p}{q}} = \left(a^p\right)^{\frac{1}{q}} = \sqrt[q]{a^p}$
- $(a^m)^n = a^{mn}$
- $a^{m^n} = (a)^{m^n} = a^{(m^n)}$
- $(ab)^n = a^n . b^n$
- $\left(\frac{a}{b}\right)^n = \frac{a^n}{b^n}$; $b \neq 0$

नोटः $(a^m)^n$ तथा a^{m^n} दो अलग-अलग संख्याएँ है $(a^m)^n$ का मान a^{mn} होता है जबकि a^{m^n} का मान $a^{(m^n)}$ होता है।

जैसेः $(2^2)^3 = 2^{2\times3} = 2^6 = 64$

$2^{2^3} = 2^{(2^3)} = 2^8 = 256$

करणी (Surds)

किसी संख्या का कोई भी मूल जो स्पष्ट रूप से ज्ञात नहीं किया जा सकता करणी कहलाता है।

माना x एक परिमेय संख्या है तथा n कोई धनात्मक पूर्णांक है। यदि x का nवाँ मूल अर्थात् $x^{\frac{1}{n}}$ या $\sqrt[n]{x}$ एक अपरिमेय संख्या हो, तब यह $(\sqrt[n]{x})$ n कोटि की करणी कहलाती है।

जैसेः $\sqrt[5]{7}$; कोटि 5 की करणी है,

$\sqrt[5]{11^3} = 11^{\frac{3}{5}}$ कोटि 5 की करणी है।

$\sqrt[n]{3}$; कोटि n की करणी है, $\sqrt[4]{81}$; एक करणी नहीं है। चूँकि $\sqrt[4]{81} = 3$

यदि a परिमेय नहीं है, तब $\sqrt[n]{a}$ करणी नहीं है।

करणी के नियम

- $(\sqrt[n]{a})^m = (a^{1/n})^m = a^{m/n} = (a^m)^{1/n} = \sqrt[n]{a^m}$
- $\sqrt[n]{ab} = (ab)^{1/n} = a^{1/n}.b^{1/n} = \sqrt[n]{a}.\sqrt[n]{b}$
- $\sqrt[n]{\frac{a}{b}} = \left(\frac{a}{b}\right)^{1/n} = \frac{a^{1/n}}{b^{1/n}} = \frac{\sqrt[n]{a}}{\sqrt[n]{b}}$
- $\sqrt[m]{\sqrt[n]{a}} = \sqrt[m]{a^{1/n}} = a^{1/mn} = \sqrt[mn]{a}$
- $\left(\sqrt[x]{\left(\sqrt[y]{\left(\sqrt[z]{a}\right)^m}\right)^n}\right)^p = a^{\frac{mnp}{xyz}}$
- यदि $a + \sqrt{b} = c + \sqrt{d}$, जहाँ a एवं c परिमेय संख्याएँ है, एवं $\sqrt{b}, \sqrt{d}$ अपरिमेय संख्याएँ हैं तब a = c व b = d

करणी के महत्त्वपूर्ण सूत्र

- $\sqrt{a+\sqrt{a+\sqrt{a+...}}}$ अनन्त पदों तक $= \frac{\sqrt{4a+1}+1}{2}$
- $\sqrt{a-\sqrt{a-\sqrt{a-\sqrt{a-....}}}}$ अनन्त पदों तक $= \frac{\sqrt{4a+1}-1}{2}$
- $\sqrt{a+\sqrt{a-\sqrt{a+.........\infty}}} = \frac{\sqrt{4a-3}+1}{2}$
- $\sqrt{a-\sqrt{a+\sqrt{a-.........\infty}}} = \frac{\sqrt{4a-3}-1}{2}$
- $\sqrt{a\sqrt{a\sqrt{a\sqrt{a\sqrt{a...}}}}}$ अनन्त पदों तक $= a$
- $\sqrt[n]{a\sqrt[n]{a\sqrt[n]{a.......\infty}}} = a^{\frac{1}{n-1}} = \sqrt[n-1]{a}$
- $\sqrt{a\sqrt{a\sqrt{a\sqrt{a....}}}}$ n पदों तक $= a^{1-\left(\frac{1}{2}\right)^n}$
- $\sqrt[n]{a \div \sqrt[n]{a \div \sqrt[n]{a \div ....\infty}}} = a^{\frac{1}{n+1}} = \sqrt[n+1]{a}$

Type - I

1. $\left(\frac{1}{2}\right)^{-\frac{1}{2}}$ बराबर है–

(a) $\frac{1}{\sqrt{2}}$ (b) $2\sqrt{2}$

(c) $-\sqrt{2}$ (d) $\sqrt{2}$

Sol. (d) $\left(\frac{1}{2}\right)^{-\frac{1}{2}} = 2^{\frac{1}{2}} = \sqrt{2}$

2. $\left[\left\{\left(-\frac{1}{2}\right)^2\right\}^{-2}\right]^{-1}$ बराबर है

(a) $\frac{1}{16}$ (b) 16

(c) $-\frac{1}{16}$ (d) –16

Sol. (a) $\left[\left\{\left(-\frac{1}{2}\right)^2\right\}^{-2}\right]^{-1}$

$= \frac{1}{\left[\left\{\left(-\frac{1}{2}\right)^2\right\}^{-2}\right]} = \frac{1}{\frac{1}{\left[\left(-\frac{1}{2}\right)^2\right]^2}} = \left(\frac{1}{2}\right)^4 = \frac{1}{16}$

3. $(-1)^{(-1)^{(-1)^{......}}}$ का मान ज्ञात कीजिए।

(a) –1 (b) 0

(c) 2 (d) 4

Sol. (a) $(-1)^{(-1)^{(-1)^{......}}}$ सर्वप्रथम $(-1)^{(-1)}$ को निम्नलिखित तरीके से हल किया जा सकता है

$(-1)^{(-1)} = \left(\frac{1}{-1}\right)^1 = -1$

अब $(-1)^{(-1)(-1)} = (-1)^{(-1)} = \left(\frac{1}{-1}\right)^1 = -1$

अतः दिए गए व्यजंक का हल –1 होगा क्योंकि घात अनन्त तक होने पर भी परिणाम –1 ही होगा।

4. $\{(-2)^{(-2)}\}^{(-2)}$ बराबर है

(a) 16 (b) 8

(c) –8 (d) –16

Sol. (a) $\{(-2)^{(-2)}\}^{(-2)} = (-2)^{(-2)\times(-2)} = (-2)^4 = 16$

[जब किसी संख्या के घात के ऊपर घात होता है तो घातों का आपस में गुणा हो जाता है।]

5. $\left(\frac{1}{2}\right)^{-2} \times \left(\frac{1}{3}\right)^{-2} \times \left(\frac{1}{4}\right)^{-2}$ बराबर है

(a) –576 (b) 576

(c) 376 (d) –288

Sol. (b) $\left(\frac{1}{2}\right)^{-2} \times \left(\frac{1}{3}\right)^{-2} \times \left(\frac{1}{4}\right)^{-2}$

$= (2^{-1})^{-2} \times (3^{-1})^{-2} \times (4^{-1})^{-2}$

$= 2^2 \times 3^2 \times 4^2 = 576$

6. $\left(\frac{1}{216}\right)^{-2/3} \div \left(\frac{1}{27}\right)^{-4/3} = ?$

(a) $\frac{3}{4}$ (b) $\frac{2}{3}$

(c) $\frac{4}{9}$ (d) $\frac{1}{8}$

Sol. (c) $\left(\frac{1}{216}\right)^{-2/3} \div \left(\frac{1}{27}\right)^{-4/3} = ?$

$= (216)^{2/3} \div (27)^{4/3}$

$= (6^3)^{2/3} \div (3^3)^{4/3}$

$= 6^2 \div 3^4$

$= \frac{6\times6}{3\times3\times3\times3} = \frac{4}{9}$

7. $\frac{1}{(216)^{-2/3}} + \frac{1}{(256)^{-3/4}} + \frac{1}{(243)^{-1/5}} = ?$

(a) 103 (b) 105

(c) 107 (d) इनमें से कोई नहीं

Sol. (a) $\frac{1}{(216)^{-2/3}} + \frac{1}{(256)^{-3/4}} + \frac{1}{(243)^{-1/5}}$

$= (216)^{2/3} + (256)^{3/4} + (243)^{1/5}$

$= 6^2 + 4^3 + 3^1 = 103$

8. $\frac{(81)^{3.6} \times (9)^{2.7}}{(81)^{4.2} \times (3)}$ का मान है

(a) 3 (b) 6

(c) 9 (d) 8.2

Sol. (c) $\frac{(81)^{3.6} \times (9)^{2.7}}{(81)^{4.2} \times (3)} = \frac{(3)^{14.4} \times (3)^{5.4}}{(3)^{16.8} \times (3)^1}$

$= \frac{(3)^{14.4+5.4}}{(3)^{16.8+1}}$

$= \frac{(3)^{19.8}}{(3)^{17.8}} = 3^{19.8-17.8}$

$= 3^2 = 9$

9. $\left[\left(\sqrt[5]{x^{-3/5}}\right)^{-5/3}\right]^5$ का सरलीकृत रूप है-

(a) x^5 (b) x^{-5}

(c) x (d) 1/x

Sol. (c) $\left[\left(\sqrt[5]{x^{-3/5}}\right)^{-5/3}\right] = \left[\left(x^{-\frac{3}{5}\times\frac{1}{5}}\right)^{-5/3}\right]^5$

$= \left[x^{-\frac{3}{25}\times\frac{-5}{3}}\right]^5 = \left[x^{\frac{1}{5}}\right]^5$

$= (x)^{\frac{1}{5}\times5} = x^1 = x$

10. $(256)^{0.16} \times (256)^{0.09}$ है-

(a) 16 (b) 64

(c) 256.25 (d) 4

Sol. (d) $(256)^{.16+.09} = (256)^{1/4} = (4^4)^{1/4} = 4$

11. यदि x = 0.5 तथा y = 0.2 हो तो $\sqrt{0.6} \times (3y)^x$ का मान होगा-

(a) 1.0 (b) 0.5

(c) 0.6 (d) 1.1

Sol. (c) x = 0.5 तथा y = 0.2

तब $\sqrt{0.6} \times (3y)^x$

$= \sqrt{0.6} \times (3\times0.2)^{0.5} = \sqrt{0.6} \times (0.6)^{1/2} = 0.6$

12. $\left[\frac{(1.331)^{-1} + (1.331)^{-2} + (1.331)^{-3} + ... + (1.331)^{-6}}{(1.331)^{-2} + (1.331)^{-3} + (1.331)^{-4} + ... + (1.331)^{-7}}\right]^{\frac{1}{3}} \div (1.1)$

का मान ज्ञात कीजिए

(a) 3 (b) 2

(c) 1 (d) 0

Sol. (c) $\left[\frac{(1.331)^{-1} + (1.331)^{-2} + (1.331)^{-3} + ... + (1.331)^{-6}}{(1.331)^{-1} \times \{(1.331)^{-1} + (1.331)^{-2} + (1.331)^{-3} + ... + (1.331)^{6}}\right]^{1/3} \div (1.1)$

$= \left\{\frac{1}{(1.331)^{-1}}\right\}^{1/3} \div (1.1) = \left\{(1.1^3)^{1/3} \div (1.1)\right\}$

$= (1.1) \times \frac{1}{(1.1)} = 1$

13. $(100)^{\frac{1}{2}} \times (0.001)^{\frac{1}{3}} - (0.0016)^{\frac{1}{4}} \times 3^0 + \left(\frac{5}{4}\right)^{-1}$ सरल करके मान बताइए

(a) 1.6 (b) 0.8

(c) 1.0 (d) 0

Sol. (a) $(10^2)^{\frac{1}{2}} \times (10^{-3})^{\frac{1}{3}} - (0.2)^{\frac{1}{4}} \times 1 + \frac{4}{5}$

$= 10 \times \frac{1}{10} - \frac{1}{5} + \frac{4}{5} = 1 - \frac{1}{5} + \frac{4}{5} = \frac{8}{5} = 1.6$

14. $(0.01024)^{1/5}$ का मान ज्ञात कीजिए

(a) 4.0 (b) 0.04
(c) 0.4 (d) 0.00004

Sol. (c) $\left(\frac{1024}{100000}\right)^{1/5} = \left(\frac{4^5}{10^5}\right)^{1/5} = \left[\left(\frac{4}{10}\right)^5\right]^{1/5} = \frac{4}{10} = 0.4$

15. $\left(\frac{8}{125}\right)^{-\frac{4}{3}}$ को सरलीकृत कीजिए।

(a) $\frac{625}{16}$ (b) $\frac{625}{8}$
(c) $\frac{625}{32}$ (d) $\frac{16}{625}$

Sol. (a) $\left(\frac{125}{8}\right)^{\frac{4}{3}} = \left[\left(\frac{5}{2}\right)^3\right]^{\frac{4}{3}} = \left(\frac{5}{2}\right)^4 = \frac{625}{16}$

16. $(256)^{0.16} \times (16)^{0.18}$ का मान है?

(a) 4 (b) –4
(c) 16 (d) 256

Sol. (a) $[(16)^2]^{0.16} \times (16)^{0.18}$

$= 16^{0.32} \times 16^{0.18}$

$= 16^{0.50} = 16^{1/2} = \sqrt{16} = 4$

17. $(0.04)^{-(1.5)}$ बराबर है–

(a) 25 (b) 125
(c) 60 (d) 5

Sol. (b) $(0.04)^{-(1.5)} = \frac{1}{(0.04)^{1.5}} = \frac{1000}{8} = 125$

18. निम्न का मान ज्ञात कीजिए–

$$\frac{(0.3)^{\frac{1}{3}}\left(\frac{1}{27}\right)^{\frac{1}{4}}(9)^{\frac{1}{6}}(0.81)^{\frac{2}{3}}}{(0.9)^{\frac{2}{3}}(3)^{-\frac{1}{2}}(243)^{-\frac{1}{4}}}$$

(a) 2.7 (b) 3
(c) 4.7 (d) 5.7

Sol. (a) $\frac{(0.3)^{\frac{1}{3}}\left(\frac{1}{27}\right)^{\frac{1}{4}}(9)^{\frac{1}{6}}(0.81)^{\frac{2}{3}}}{(0.9)^{\frac{2}{3}}(3)^{-\frac{1}{2}}(243)^{-\frac{1}{4}}}$

$= \frac{(0.3)^{\frac{1}{3}}\left\{\left(\frac{1}{27}\right)^3\right\}^{\frac{1}{4}}\{(3)^2\}^{\frac{1}{6}}(0.9)^{2\times\frac{2}{3}}}{(0.9)^{\frac{2}{3}}(3)^{-\frac{1}{2}}(3^5)^{-\frac{1}{4}}}$

$= \frac{(0.3)^{\frac{1}{3}}\left(\frac{1}{3}\right)^{\frac{3}{4}}(3)^{\frac{1}{3}}(0.9)^{\frac{4}{3}}}{(0.9)^{\frac{2}{3}}(3)^{-\frac{1}{2}}(3)^{-\frac{5}{4}}}$

$= (0.3)^{\frac{1}{3}}(0.9)^{\frac{4}{3}-\frac{2}{3}}(3)^{-\frac{3}{4}+\frac{1}{3}+\frac{1}{2}+\frac{5}{4}}$

$= (0.3)^{\frac{1}{3}}(0.9)^{\frac{2}{3}}.3^{\frac{16}{12}}$

$= (0.3)^{\frac{1}{3}}(0.3 \times 3)^{\frac{2}{3}}.3^{\frac{4}{3}}$

$= (0.3)^{\frac{1}{3}+\frac{2}{3}}(3)^{\frac{2}{3}+\frac{4}{3}}$

$= (0.3)^1\, 3^2 = 0.3 \times 9 = 2.7$

Type - II

19. यदि $\frac{(x^3)^2 \times x^4}{x^{10}} = x^p$ तो p का मान निकालें।

(a) 1 (b) 0
(c) –1 (d) 2

Sol. (b) $\frac{(x^3)^2 \times x^4}{x^{10}} = x^p$

$\Rightarrow \frac{x^6 \times x^4}{x^{10}} = x^p$

$\Rightarrow x^{10-10} = x^p$

$\Rightarrow x^o = x^p$

$\Rightarrow p = 0$

20. यदि a और b दो धनात्मक पूर्णांक है तथा $a^b = 125$ तो $(a - b)^{a+b-4}$ बराबर है

(a) 16 (b) 25
(c) 26 (d) 30

Sol. (a) $a^b = 125$

$\Rightarrow a^b = 5^3$

$\Rightarrow a = 5$ तथा $b = 3$ $[125 = 5 \times 5 \times 5]$

अब $(a - b)^{a+b-4} = (5 - 3)^{5+3-4} = (2)^4 = 16$

21. यदि $3^{x+8} = 27^{2x+1}$ तब x का मान है

(a) 7 (b) 3
(c) −2 (d) 1

Sol. (d) $3^{x+8} = 27^{2x+1} \Rightarrow 3^{x+8} = 3^{6x+3} \Rightarrow x + 8 = 6x + 3 \Rightarrow x = 1$ [आधार समान हैं तो घातें बराबर होगी]

22. यदि m तथा n(n > 1) ऐसी पूर्ण संख्याएँ है कि $m^n = 121$ है, तो $(m - 1)^{n-1}$ का मान होगा।

(a) 1 (b) 10
(c) 121 (d) 1000

Sol. (d) दिया है $m^n = 121$

अतः $m^n = (11)^2$

$\Rightarrow m = 11, n = 2$

$\Rightarrow (m - 1)^{n+1} = (11 - 1)^{2+1}$

$\Rightarrow 10^3 = 10 \times 10 \times 10$

$\Rightarrow 1000$

23. यदि $5^{5x+5} = 1$ तो x बराबर है

(a) 0 (b) −1
(c) 1 (d) $-\frac{4}{5}$

Sol. (b) यदि $5^{5x+5} = 1$

अतः $5^{5x} = \frac{1}{5^5} \Rightarrow 5x = -5 \Rightarrow x = -1$

24. यदि $5^{\sqrt{x}} + 12^{\sqrt{x}} = 13^{\sqrt{x}}$ हो, तो x का मान होगा

(a) 4 (b) $\frac{25}{4}$
(c) 9 (d) 16

Sol. (a) विकल्प (a) से माना x = 4

$\Rightarrow 5^{\sqrt{x}} + 12^{\sqrt{x}} = 13^{\sqrt{x}}$

$5^2 + 12^2 = 13^2$

$\Rightarrow 25 + 144 = 169$

अतः x का मान = 4

25. यदि $2^x = 3^y = 6^{-z}$ तो $\left(\frac{1}{x}+\frac{1}{y}+\frac{1}{z}\right)$ किसके बराबर है?

(a) 0 (b) 1
(c) $\frac{3}{2}$ (d) $-\frac{1}{2}$

Sol. (a) $2^x = 3^y = 6^{-z} = k$

$\Rightarrow 2 = k^{1/x}$; $3 = k^{1/y}$; $6 = k^{-1/z}$

अतः $2 \times 3 = 6$

$\Rightarrow k^{\frac{1}{x}} \times k^{\frac{1}{y}} = k^{-\frac{1}{z}} \Rightarrow \frac{1}{x}+\frac{1}{y} = -\frac{1}{z}$

$\Rightarrow \frac{1}{x}+\frac{1}{y}+\frac{1}{z} = 0$

26. $\frac{(243)^{n/5} . 3^{2n+1}}{9^n . 3^{n-1}}$ का मान है

(a) 1 (b) 9
(c) 3 (d) 3^n

Sol. (b) $\frac{(243)^{n/5} . 3^{2n+1}}{9^n . 3^{n-1}} = \frac{3^{5\times\frac{n}{5}} . 3^{2n+1}}{3^{2n} . 3^{n-1}}$

$= 3^{n+2n+1-2n-n+1}$

$= 3^2 = 9$

27. यदि $x^{-\frac{4}{5}} = 81$ हो, तो x का मान क्या होगा

(a) $\frac{1}{243}$ (b) 243
(c) $\frac{1}{3}$ (d) 3

Sol. (a) $x^{-\frac{4}{5}} = 81$

$\Rightarrow \frac{1}{x^{4/5}} = (3)^4 \Rightarrow x^{4/5} = \left(\frac{1}{3}\right)^4$

$\Rightarrow (x^{1/5})^4 = \left(\frac{1}{3}\right)^4 \Rightarrow x^{1/5} = \frac{1}{3}$

$\Rightarrow x = \left(\frac{1}{3}\right)^5 = \frac{1}{243}$

28. यदि $a^x = (x+y+z)^y$, $a^y = (x+y+z)^z$ तथा $a^z = (x+y+z)^x$ हो, तो x+y+z (a ≠ 0 दिये होने पर) का मान कितना होगा?

(a) 0 (b) a^3
(c) 1 (d) a

Sol. (d) $a^x = (x + y + z)^y$ ...(1)

$a^y = (x + y + z)^z$ ...(2)

$a^z = (x + y + z)^x$ ...(3)

समीकरण (1), (2) व (3) को गुणा करने पर

$a^x \times a^y \times a^z = (x+y+z)^y \times (x + y + z)^z \times (x + y + z)^x$

$a^{(x+y+z)} = (x + y + z)^{x+y+z}$

$\Rightarrow a = x + y + z$

29. यदि $3^{x+y} = 81$ तथा $81^{x-y} = 3$ हो, तो x का मान होगा

(a) 42 (b) $\frac{15}{8}$

(c) $\frac{17}{8}$ (d) 39

Sol. (c) $3^{x+y} = 81$

$\Rightarrow 3^{x+y} = 3^4$

$\Rightarrow x + y = 4$ ...(i)

$81^{x-y} = 3$

$\Rightarrow 3^{4(x-y)} = 3$

$\Rightarrow 4^{(x-y)} = 1$

$\Rightarrow x + y = \frac{1}{4}$ ...(ii)

समीकरण (i) और (ii) को जोड़ने पर

$x + y = 4$

$\Rightarrow x - y = \frac{1}{4}$

$\Rightarrow 2x = \frac{17}{4}$

$\Rightarrow x = \frac{17}{8}$

30. यदि $7^x = \frac{1}{343}$ हो, तो x का मान होगा

(a) 3 (b) –3

(c) $\frac{1}{3}$ (d) $\frac{1}{7}$

Sol. (b) यदि $7^x = \frac{1}{343} \Rightarrow 7^x = \frac{1}{(7)^3} \Rightarrow x = -3$

31. यदि $3^{x+3} + 7 = 250$ हो, तो x बराबर होगा–

(a) 5 (b) 3

(c) 2 (d) 1

Sol. (c) $3^{x+3} + 7 = 250$

$\Rightarrow 3^{x+3} = 243$

$\Rightarrow 3^{x+3} = 3^5$

$\Rightarrow x + 3 = 5$

$\Rightarrow x = 5 - 3$

$\Rightarrow x = 2$

32. यदि $\left(\sqrt{5}\right)^7 \div \left(\sqrt{5}\right)^5 = 5^p$ हो तो p का मान होगा

(a) 5 (b) 2

(c) $\frac{3}{2}$ (d) 1

Sol. (d) $\left(\sqrt{5}\right)^7 \div \left(\sqrt{5}\right)^5 = 5^p$ या $\frac{\left(\sqrt{5}\right)^7}{\left(\sqrt{5}\right)^5} = 5^p$

$\Rightarrow \left(\sqrt{5}\right)^2 = 5^p \Rightarrow 5 = 5^p \Rightarrow p = 1$

33. $[x^{(b-c)}]^{(b+c)}\,[x^{(c-a)}]^{(c+a)}\,[x^{(a-b)}]^{(a+b)}$ का मान निकाले।

(a) 0 (b) 1

(c) x (d) $x^{a^2+b^2+c^2}$

Sol. (b) $x^{(b-c)(b+c)}.x^{(c-a)(c+a)}.x^{(a-b)(a+b)}$

$= x^{b^2-c^2}.x^{c^2-a^2}.x^{a^2-b^2}$

$= x^{b^2-c^2+c^2-a^2+a^2-b^2} = x^o = 1$

34. $(64x^3 \div 27a^{-3})^{-2/3} = ?$

(a) $\frac{9ax}{16}$ (b) $\frac{9}{16ax}$

(c) $\frac{3}{4}x^{-2}a^{-2}$ (d) $\frac{9}{16x^2a^2}$

Sol. (d) $(64x^3 \div 27a^{-3})^{-2/3}$

$= \left(\frac{64x^3}{27a^{-3}}\right)^{-2/3} = \left(\frac{27a^{-3}}{64x^3}\right)^{2/3}$

$= \left(\frac{27}{64x^3a^3}\right)^{2/3} = \left(\frac{3^3}{4^3x^3a^3}\right)^{2/3}$

$= \left[\left(\frac{3}{4xa}\right)^3\right]^{2/3} = \left(\frac{3}{4xa}\right)^2 = \frac{9}{16a^2x^2}$

35. यदि $a^x = b^y = c^z$ तथा $b^2 = ac$ हो, तो y = ?

(a) $\frac{xy}{x+y}$ (b) $\frac{xy}{2(x-z)}$

(c) $\frac{xy}{2(z-x)}$ (d) $\frac{2xz}{z+x}$

Sol. (d) $a^x = b^y = c^z$

माना $a^x = b^y = c^z = k$

$\Rightarrow a = k^{1/x}$

$\Rightarrow b = k^{1/y}$

$\Rightarrow c = k^{1/z}$

$b^2 = ac$ (दिया गया है)

अतः $(k^{1/y})^2 = k^{1/x} \times k^{1/z}$

$\Rightarrow k^{2/y} = k^{1/x} \times k^{1/z}$

$\frac{2}{y} = \frac{1}{x} + \frac{1}{z} \Rightarrow \frac{2}{y} = \frac{z+x}{xz} \Rightarrow y = \frac{2xz}{x+z}$

36. यदि $(2000)^{10} = 1.024 \times 10^k$ हो, तो k का मान क्या होगा?

(a) 33 (b) 30
(c) 34 (d) 31

Sol. (a) $(2000)^{10} = 1.024 \times 10^k$

$\Rightarrow (2)^{10} \times (1000)^{10} = 1024 \times 10^{k-3}$

$\Rightarrow 2^{10} \times (10)^{30} = 2^{10} \times 10^{k-3}$

$\Rightarrow 10^{30} = 10^{k-3}$

$\Rightarrow 30 = k - 3$

$\Rightarrow k = 33$

37. यदि $2^a + 3^b = 17$ तथा $2^{a+2} - 3^{b+1} = 5$ तो $(a + b)^2$ का मान ज्ञात कीजिए।

(a) 27 (b) 26
(c) 25 (d) 24

Sol. (c) $2^a + 3^b = 17$ ...(1)

$2^{a+2} - 3^{b+1} = 5$ ...(2)

समीकरण (1) को 3 से गुणा करने पर

$3 \times 2^a + 3^b \times 3 = 51$ ...(3)

$2^{a+2} - 3^b \times 3 = 5$ ...(4)

समीकरण (3) तथा (4) को जोड़ने पर

$3.2^a + 2^{a+2} = 56$

$\Rightarrow 2^a(3 + 2^2) = 56$

$\Rightarrow 2^a \times 7 = 56$

$\Rightarrow 2^a = \frac{56}{7} = 8 = 2^3$

$\Rightarrow a = 3$

समीकरण (1) में a का मान रखने पर

$2^3 + 3^b = 17$

$\Rightarrow 8 + 3^b = 17$

$\Rightarrow 3^b = 17 - 8 = 9 = 3^2$

$\Rightarrow b = 2$

$\therefore$ $(a + b)^2 = (3 + 2)^2 = 5^2 = 25$

38. यदि $\frac{\left(x+\frac{1}{y}\right)^a + \left(x-\frac{1}{y}\right)^b}{\left(y+\frac{1}{x}\right)^a \left(y-\frac{1}{x}\right)^b}$ बराबर है

(a) $\left(\frac{x}{y}\right)^{a \times b}$ (b) $\left(\frac{x}{y}\right)^{a+b}$

(c) $\frac{x}{y}$ (d) इनमें से कोई नहीं

Sol. (b) $\frac{\left(x+\frac{1}{y}\right)^a + \left(x-\frac{1}{y}\right)^b}{\left(y+\frac{1}{x}\right)^a \left(y-\frac{1}{x}\right)^b}$

$$= \frac{\left(\frac{xy+1}{y}\right)^a \times \left(\frac{xy-1}{y}\right)^b}{\left(\frac{xy+1}{x}\right)^a \times \left(\frac{xy-1}{x}\right)^b}$$

$$= \frac{\frac{(xy+1)^a}{y^a} \times \frac{(xy-1)^b}{y^b}}{\frac{(xy+1)^a}{x^a} \times \frac{(xy-1)^b}{x^b}}$$

$$= \frac{(xy+1)^a \times (xy-1)^b}{y^{a+b}} \times \frac{x^{(a+b)}}{(xy+1)^a \times (xy-1)^b}$$

$$= \frac{x^{(a+b)}}{y^{(a+b)}} = \left(\frac{x}{y}\right)^{a+b}$$

39. दिया है $10^{0.48} = x$, $10^{0.70} = y$ और $x^z = y^2$ तब z का मान निम्न के समीप होगा

(a) 1.45 (b) 1.88
(c) 2.9 (d) 3.7

Sol. (c) $x^z = y^2$

$\Rightarrow (10^{0.48})^z = (10^{0.70})^2 = 10^{0.48z} = 10^{1.40}$

अतः $0.48z = 1.40$

$\Rightarrow z = \frac{1.40}{.48} = 2.9$

40. यदि $3^{2x-y} = 16$ और $2^{x+y} = 32$ दो xy का मान है

(a) 2 (b) 4
(c) 6 (d) 8

Sol. (c) $2^{2x-y} = 16$ या $2^{2x-y} = 2^4$ ...(i)

$2x - y = 4$

$\Rightarrow 2^{x+y} = 32$

$\Rightarrow 2^{x+y} = 2^5$

$x + y = 5$ ...(ii)

समीकरण (i) और (ii) से

$3x = 9 \Rightarrow x = 3$

x का मान समीकरण (i) में रखने पर

$6 - y = 4 \Rightarrow y = 2$

अतः $xy = 3 \times 2 = 6$

41. यदि $(10^{12} + 25)^2 - (10^{12} - 25)^2 = 10^n$ हो, तो n का मान होगा–

(a) 20 (b) 14
(c) 10 (d) 5

Sol. (b) $(10^{12} + 25)^2 - (10^{12} - 25)^2 = 10^n$

$= (10^{12})^2 + (25)^2 + 2 \times 10^{12} \times 25 - \{(10^{12})^2 + (25)^2 - 2 \times 10^{12} \times 25\}$

$= (10^{12})^2 + (25)^2 + 2 \times 10^{12} \times 25 - \{(10^{12})^2 - (25)^2 + 2 \times 10^{12} \times 25\}$

$= 2 \times (10)^{12} \times 25 + 2 \times (10)^{12} \times 25$

$= 2\{2 \times (10)^{12} \times 25\}$

$= 4 \times (10)^{12} \times 25 = 100 \times (10)^{12}$

$= (10)^2 \times (10)^{12} = (10)^{14}$

$= (10)^{14} = 10^n = n = 14$

Type - III

42. $\sqrt{\sqrt[3]{0.000729}}$ का मान क्या होगा?

(a) 0.03 (b) 0.09
(c) 0.9 (d) 0.3

Sol. (d) $\sqrt{\sqrt[3]{0.000729}} = \sqrt{.09} = 0.3$

43. $\sqrt{400} + \sqrt{4} + \sqrt{0.04} + \sqrt[3]{0.008}$ का मान कितना होगा?

(a) 22.22 (b) 22.02
(c) 22.04 (d) 22.4

Sol. (d) $\sqrt{400} + \sqrt{4} + \sqrt{0.04} + \sqrt[3]{0.008}$

$= 20 + 2 + .2 + .2 = 22.4$

44. $2\sqrt[3]{32} - 3\sqrt[3]{4} + \sqrt[3]{500}$ बराबर है

(a) $4\sqrt[3]{6}$ (b) $\sqrt[3]{24}$
(c) $6\sqrt[3]{4}$ (d) 916

Sol. (c) $2\sqrt[3]{32} - 3\sqrt[3]{4} + \sqrt[3]{500}$

$= 2\sqrt[3]{8 \times 4} - 3\sqrt[3]{4} + \sqrt[3]{125 \times 4}$

$= 2 \times 2\sqrt[3]{4} - 3\sqrt[3]{4} + 5\sqrt[3]{4}$

$= 6\sqrt[3]{4}$

45. यदि x = 27 तथा $\sqrt[3]{x} + \sqrt[3]{y} - \sqrt[3]{729}$ हो, तो y का मान कितना होगा?

(a) 64 (b) 128
(c) 216 (d) 81

Sol. (c) x = 27 तथा $\sqrt[3]{x} + \sqrt[3]{y} = \sqrt[3]{729}$, $\sqrt[3]{27} + \sqrt[3]{y} = 9$

$\Rightarrow 3 + \sqrt[3]{y} = 9 \Rightarrow \sqrt[3]{y} = 6$

$\Rightarrow y = 6^3 = 216$

46. $\sqrt[3]{2^4\sqrt{2^{-5}\sqrt{2^6}}}$ का मान है

(a) 2 (b) $2^{5/3}$
(c) 2^5 (d) 1

Sol. (a) $\sqrt[3]{2^4\sqrt{2^{-5}\sqrt{2^6}}}$

$= \sqrt[3]{2^4\sqrt{\frac{1}{2^5} \times 2^3}} = \sqrt[3]{2^4 \times \frac{1}{2}} = 2$

47. $\sqrt{2^4} + \sqrt[3]{64} + \sqrt[4]{2^8}$ का मान है

(a) 12 (b) 18
(c) 16 (d) 24

Sol. (a) व्यंजक $\sqrt{2^4} + \sqrt[3]{64} + \sqrt[4]{2^8}$

$= (2^4)^{1/2} + 64^{1/3} + (2^8)^{1/4}$

$= 2^2 + 2^2 + 2^2 = 12$

48. सरल कीजिए– $\left[\sqrt[3]{\sqrt[6]{5^9}}\right]^4 \left[\sqrt[6]{\sqrt[3]{5^9}}\right]^4$

(a) 5^2 (b) 5^8
(c) 5^4 (d) 5^{12}

Sol. (c) व्यंजक $\left[\left\{(5^9)^{1/6}\right\}^{1/3}\right]^4 \left[\left\{(5^9)^{1/3}\right\}^{1/6}\right]^4$

$= 5^{\left(9 \times \frac{1}{6} \times \frac{1}{3} \times 4\right)} \times 5^{\left(9 \times \frac{1}{3} \times \frac{1}{6} \times 4\right)}$

$= 5^2 \times 5^2 = 5^4$

49. सरल कीजिए– $\sqrt{\frac{(12.12)^2 - (8.12)^2}{(0.25)^2 + (0.25)(19.99)}} + \frac{\left[(8^{-3/4})^{5/2}\right]^{8/15} \times 16^{3/4}}{\sqrt[3]{\left[\left((128)^{-5}\right)^{3/7}\right]^{-1/5}}}$

(a) $5\frac{1}{3}$ (b) $5\frac{1}{2}$
(c) $4\frac{1}{2}$ (d) 4

Sol. (c) प्रश्न का प्रथम खण्ड

$= \sqrt{\frac{(12.12 + 8.12)(12.12 - 8.12)}{0.25(0.25 + 19.99)}}$

$= \sqrt{\frac{(20.24)(4)}{0.25 \times 20.24}} = \sqrt{\frac{4}{0.25}} = \sqrt{16} = 4$

दूसरा खण्ड $= \dfrac{\left[\left\{(2^3)^{-\frac{3}{4}}\right\}^{\frac{5}{2}\times\frac{8}{15}} \times 2^{4\times\frac{3}{4}}\right]}{\left[\left[\left\{(2^7)^{-5}\right\}^{3/7}\right]^{-1/5}\right]^{1/3}}$

$= \dfrac{2^{3\times\left(\frac{-3}{4}\right)\times\frac{5}{2}\times\frac{8}{15}} \times 2^3}{2^{7\times(-5)\times\frac{3}{7}\times\left(\frac{-1}{5}\right)\times\frac{1}{3}}}$

$= \dfrac{2^{-3+3}}{2^1} = \dfrac{2^0}{2} = \dfrac{1}{2}$

अतः अभीष्ट उत्तर $= 4 + \dfrac{1}{2} = 4\dfrac{1}{2}$

50. यदि $\sqrt{0.03 \times 0.3 \times a} = 0.3 \times 0.3 \times \sqrt{b}$ हो, तो $\dfrac{a}{b}$ का मान कितना होगा?

(a) 0.009 (b) 0.03
(c) 0.9 (d) 0.08

Sol. (c) $\sqrt{0.03 \times 0.3 \times a} = 0.3 \times 0.3 \times \sqrt{b}$

दोनों पक्षों का वर्ग करने पर

$0.03 \times 0.3 \times a = 0.3 \times 0.3 \times 0.3 \times 0.3 \times b$

$.009a = .0081b$

$\Rightarrow \dfrac{a}{b} = \dfrac{.0081}{.009}$

$\Rightarrow \dfrac{a}{b} = \dfrac{9}{10} = 0.9$

51. यदि $\sqrt{4225} = 65$ है तो $\sqrt{42.25} + \sqrt{0.4225}$ का मान ज्ञात कीजिए-

(a) 6.5 (b) 7.25
(c) 6.25 (d) 7.15

Sol. (d) $\sqrt{42.25} + \sqrt{0.4225} = \sqrt{\dfrac{4225}{100}} + \sqrt{\dfrac{4225}{10000}}$

$= \dfrac{65}{10} + \dfrac{65}{100}$

$= \dfrac{650 + 65}{100}$

$= \dfrac{715}{100} = 7.15$

52. निम्न अभिव्यक्ति को सरलीकृत करें-

$7\sqrt{48} + 7\sqrt{147}$

(a) $77\sqrt{7}$ (b) $76\sqrt{3}$
(c) $76\sqrt{7}$ (d) $77\sqrt{3}$

Sol. (d) $7\sqrt{48} + 7\sqrt{147} = 7\sqrt{16 \times 3} + 7\sqrt{49 \times 3}$

$= 7\sqrt{4 \times 4 \times 3} + 7\sqrt{7 \times 7 \times 3}$

$= 28\sqrt{3} + 49\sqrt{3} = 77\sqrt{3}$

53. यदि $\sqrt{45} + \sqrt{20} = 11.180$ है तो $\sqrt{180} + 4\sqrt{5}$ का मान ज्ञात कीजिए-

(a) 22.360 (b) 24.595
(c) 20.124 (d) 17.888

Sol. (a) दिया है-

$\sqrt{45} + \sqrt{20} = 11.180$

$\sqrt{5 \times 9} + \sqrt{5 \times 4} = 11.180$

$3\sqrt{5} + 2\sqrt{5} = 11.180$

$5\sqrt{5} = 11.180$

$\sqrt{5} = \dfrac{11.180}{5}$ .... (i)

$\Rightarrow \sqrt{180} + 4\sqrt{5} = \sqrt{5 \times 9 \times 4} + 4\sqrt{5}$

$= 6\sqrt{5} + 4\sqrt{5} = 10\sqrt{5}$

समी. (i) से मान रखने पर-

$= 10 \times \dfrac{11.180}{5}$

$= 22.360$

54. यदि $\sqrt{54} + \sqrt{150} = a$ है तो $\sqrt{96} + \sqrt{216}$ का मान क्या होगा-

(a) 1.20a (b) 1.50a
(c) 1.60a (d) 1.25a

Sol. (d) दिया है-

$\sqrt{54} + \sqrt{150} = a$

$\sqrt{9 \times 6} + \sqrt{6 \times 25} = a$

$$3\sqrt{6}+5\sqrt{6}=a$$
$$8\sqrt{6}=a$$
$$\sqrt{6}=\frac{a}{8} \text{ ...... (i)}$$
$$\Rightarrow \sqrt{96}+\sqrt{216}=\sqrt{16\times6}+\sqrt{36\times6}$$
$$=4\sqrt{6}+6\sqrt{6}$$
$$=10\sqrt{6}$$

समी.(i) से मान रखने पर

$$=10\times\frac{a}{8}$$
$$=1.25a$$

55. $\sqrt{5+\sqrt{11+\sqrt{19+\sqrt{29+\sqrt{49}}}}}$ का मान है-

(a) 3 (b) 2
(c) 4 (d) 6

Sol. (a) $\sqrt{5+\sqrt{11+\sqrt{19+\sqrt{29+\sqrt{49}}}}}$

$$=\sqrt{5+\sqrt{11+\sqrt{19+\sqrt{29+7}}}}$$
$$=\sqrt{5+\sqrt{11+\sqrt{19+6}}}$$
$$=\sqrt{5+\sqrt{11+5}}=\sqrt{5+4}=3$$

56. $\sqrt{21+\sqrt[3]{59+\sqrt{16+\sqrt[3]{722+\sqrt{49}}}}}$ का मान है-

(a) 4 (b) 5
(c) 6 (d) 8

Sol. (b) $\sqrt{21+\sqrt[3]{59+\sqrt{16+\sqrt[3]{722+\sqrt{49}}}}}$

$$=\sqrt{21+\sqrt[3]{59+\sqrt{16+\sqrt[3]{722+7}}}}$$
$$=\sqrt{21+\sqrt[3]{59+\sqrt{16+\sqrt[3]{729}}}}$$
$$=\sqrt{21+\sqrt[3]{59+\sqrt{25}}}$$
$$=\sqrt{21+\sqrt[3]{59+5}}=\sqrt{21+4}=5$$

57. $\sqrt{-\sqrt{3}+\sqrt{3+8\sqrt{7+4\sqrt{3}}}}$ का मान है-

(a) 1 (b) 2
(c) 3 (d) 8

Sol. (b) $\sqrt{-\sqrt{3}+\sqrt{3+8\sqrt{7+4\sqrt{3}}}}$

$$=\sqrt{-\sqrt{3}+\sqrt{3+8\sqrt{4+3+4\sqrt{3}}}}$$
$$=\sqrt{-\sqrt{3}+\sqrt{3+8\sqrt{(2+\sqrt{3})^2}}}$$
$$=\sqrt{-\sqrt{3}+\sqrt{3+16+8\sqrt{3}}}$$
$$=\sqrt{-\sqrt{3}+\sqrt{(4+\sqrt{3})^2}}$$
$$=\sqrt{-\sqrt{3}+4+\sqrt{3}}=\sqrt{4}=2$$

58. $\sqrt{(3\sqrt{9}-3\sqrt{8})(9+2\sqrt{18})}$ का मान है-

(a) 2 (b) 4
(c) 3 (d) 9

Sol. (c) $\sqrt{(3\sqrt{9}-3\sqrt{8})(9+2\sqrt{18})}$

$$=\sqrt{(9-6\sqrt{2})(9+6\sqrt{2})}$$
$$=\sqrt{9^2-(6\sqrt{2})^2}$$
$$=\sqrt{81-72}=\sqrt{9}=3$$

59. यदि $\sqrt{x\sqrt{45-\sqrt{73+\sqrt{64}}}}=18$ हो तो x का मान है-

(a) 24 (b) 54
(c) 48 (d) 36

Sol. (b) $\sqrt{x\sqrt{45-\sqrt{73+8}}}=18$

$$\sqrt{x\sqrt{45-9}}=18$$
$$\sqrt{6x}=18$$
$$6x=18^2=324$$
$$x=\frac{324}{6}=54$$

60. $\sqrt{12+\sqrt{12+\sqrt{12........\infty}}}$ का मान होगा-

(a) 4 (b) 5.7

(c) 3 (d) 6 से अधिक

Sol. **(a)** **Method-I**

$$x=\sqrt{12+\sqrt{12+\sqrt{12+........\infty}}}$$

दोनों पक्षों का वर्ग करने पर-

$$\begin{aligned} x^2 &= 12+\sqrt{12+\sqrt{12+\sqrt{12+........\infty}}} \\ x^2 &= 12+x \\ x^2-x-12 &= 0 \\ x^2-4x+3x-12 &= 0 \\ x(x-4)+3(x-4) &= 0 \\ (x-4)(x+3) &= 0 \\ x &= 4 \\ x &= -3 \text{ (मान्य नहीं है)} \\ x &= 4 \quad \textbf{Ans.} \end{aligned}$$

Method-II

दी गई रेखा का ऐसा गुणनखण्ड करते है जिनके अंतर 1 हो तथा बड़ी संख्या उत्तर कर देते है।

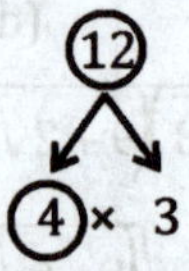

61. यदि $x=\sqrt{56-\sqrt{56-\sqrt{56-........\infty}}}$ हो, तो x का मान ज्ञात करें-

(a) 5 (b) 6

(c) 7 (d) 8

Sol. **(c)**

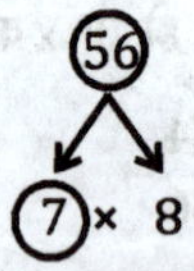

ऋणात्मक चिह्न लेने पर छोटी संख्या को उत्तर करते है।

62. यदि $p=\sqrt{72-\sqrt{72-\sqrt{72-\sqrt{72-.........\infty}}}}$ है तो $2p^2+1$ का मान ज्ञात करें-

(a) –129 (b) –163

(c) 129 (d) 163

Sol. **(c)**

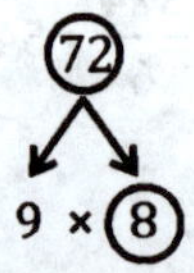

ऋणात्मक (–) चिह्न होने पर छोटी संख्या को उत्तर करते है।

$P=8$

$2P^2+1=2\times8^2+1=128+1=129$

63. यदि और हो तो m और n होल्ड के बीच निम्नलिखित में से क्या संबंध है-

(a) $m-n+1=0$ (b) $m+n+1=0$

(c) $m+n-1=0$ (d) $m-n-1=0$

Sol. **(d)** $m=\sqrt{5+\sqrt{5+\sqrt{5.......}}}$

$m^2=5+\sqrt{5+\sqrt{5+\sqrt{5.......}}}$

m^2+5+m

$m^2-m=5$ ..... (i)

$n=\sqrt{5-\sqrt{5-\sqrt{5-.......}}}$

$n^2=5-\sqrt{5-\sqrt{5-\sqrt{5-.......}}}$

$n^2=5-n$

$n^2+n=5$ ....(ii)

समी. (i) व (ii) से

$m^2-m=n^2+n$

$m^2-n^2=m+n$

$(m-n)(m+n)=(m+n)$

$m-n=1 \Rightarrow m-n-1=0$

64. $\sqrt{24+\sqrt{24+\sqrt{24+........\infty}}}$ का मान ज्ञात कीजिए-

(a) $\frac{1-\sqrt{97}}{2}$ (b) $\frac{1+\sqrt{95}}{2}$

(c) $\frac{1+\sqrt{96}}{2}$ (d) $\frac{1+\sqrt{97}}{2}$

Sol. **(d)** सूत्र द्वारा-

$$a=24$$

$$\frac{\sqrt{4a+1}+1}{2}=\frac{\sqrt{4\times24+1}+1}{2}=\frac{\sqrt{97}+1}{2}$$

65. $\sqrt{18-\sqrt{18-\sqrt{18-........\infty}}}$ का मान ज्ञात कीजिए-

(a) $\frac{1+\sqrt{72}}{2}$ (b) $\frac{1-\sqrt{73}}{2}$

(c*) $\frac{-1+\sqrt{73}}{2}$ (d) $\frac{-1-\sqrt{73}}{2}$

Sol. **(c)** सूत्र द्वारा-

$$a = 18$$

$$\frac{\sqrt{4a+1}-1}{2} = \frac{\sqrt{4\times18+1}-1}{2}$$

$$= \frac{\sqrt{73}-1}{2}$$

66. $\sqrt{5\sqrt{5\sqrt{5\sqrt{5}}}}$ का मान ज्ञात कीजिए-

(a) $5^{\frac{1}{16}}$ (b) $5^{\frac{15}{32}}$

(c) $5^{\frac{15}{16}}$ (d) $5^{\frac{1}{32}}$

Sol. **(c)** **Method-I**

$$x = \sqrt{5\sqrt{5\sqrt{5\sqrt{5}}}}$$

वर्ग करने पर

$$x^2 = 5\sqrt{5\sqrt{5\sqrt{5}}}$$

$$x^4 = 5^2.5\sqrt{5\sqrt{5}}$$

$$x^8 = 5^4.5^2.5\sqrt{5}$$

$$x^{16} = 5^8.5^4.5^2.5$$

$$x^{16} = 5^{(8+4+2+1)} = 5^{15}$$

$$x = 5^{\frac{15}{16}}$$

Method-II

सूत्र द्वारा-

$$n = 4, a = 5$$

$$a^{\left(1-\frac{1}{2^n}\right)} = 5^{\left(1-\frac{1}{2^4}\right)} = 5^{\frac{15}{16}}$$

67. $\sqrt{2\sqrt[3]{4\sqrt{2\sqrt[3]{4\sqrt{2\sqrt[3]{4........}}}}}}$ का मान कितना है-

(a) 2 (b) 2^2

(c) 2^3 (d) 2^5

Sol. **(a)** $x = \sqrt{2\sqrt[3]{4\sqrt{2\sqrt[3]{4\sqrt{2\sqrt[3]{4........}}}}}}$

वर्ग करने पर

$$x^2 = 2\sqrt[3]{4\sqrt{2\sqrt[3]{4\sqrt{2\sqrt[3]{4........}}}}}$$

घन करने पर

$$x^6 = 8\times4\sqrt{2\sqrt[3]{4........}}$$

$$x^6 = 2^5\times x$$

$$x^5 = 2^5$$

$$x = 2$$

68 $\sqrt{3\sqrt{3\sqrt{3\sqrt{3........}}}} = ?$

(a) 9 (b) $2^{\frac{15}{16}}$

(c) 3 (d) 12

Sol. **(c)** **Method - I**

सूत्र द्वारा-

$$a = 3, n = 2$$

$$a^{\frac{1}{n-1}} = 3^{\frac{1}{2-1}} = 3$$

Method - II

$$x = \sqrt{3\sqrt{3\sqrt{3.....}}}$$

$$x^2 = 3\sqrt{3\sqrt{3\sqrt{3......}}}$$

$$x^2 = 3x$$

$$x = 3$$

69. $\frac{1}{(\sqrt{9}-\sqrt{8})} - \frac{1}{(\sqrt{8}-\sqrt{7})} + \frac{1}{(\sqrt{7}-\sqrt{6})} - \frac{1}{(\sqrt{6}-\sqrt{5})} + \frac{1}{(\sqrt{5}-\sqrt{4})}$

(a) 0 (b) 1

(c) 5 (d) $\frac{1}{3}$

Sol. **(c)** परिमेयीकरण करने पर-

$$\Rightarrow \frac{1}{(\sqrt{9}-\sqrt{8})}\times\frac{(\sqrt{9}+\sqrt{8})}{(\sqrt{9}+\sqrt{8})} - \frac{1}{(\sqrt{8}-\sqrt{7})}\times\frac{(\sqrt{8}+\sqrt{7})}{(\sqrt{8}+\sqrt{7})} + \frac{1}{(\sqrt{7}-\sqrt{6})}\times\frac{(\sqrt{7}+\sqrt{6})}{(\sqrt{7}+\sqrt{6})}$$

$$-\frac{1}{(\sqrt{6}-\sqrt{5})}\times\frac{(\sqrt{6}+\sqrt{5})}{(\sqrt{6}+\sqrt{5})} + \frac{1}{(\sqrt{5}-\sqrt{4})}\times\frac{(\sqrt{5}+\sqrt{4})}{(\sqrt{5}+\sqrt{4})}$$

$$\Rightarrow \frac{\sqrt{9}+\sqrt{8}}{1} - \frac{\sqrt{8}+\sqrt{7}}{1} + \frac{\sqrt{7}+\sqrt{6}}{1} - \frac{\sqrt{6}+\sqrt{5}}{1} + \frac{\sqrt{5}+\sqrt{4}}{1}$$

$$= \sqrt{9}+\sqrt{8} - \sqrt{8} - \sqrt{7}+\sqrt{7}+\sqrt{6}-\sqrt{6}-\sqrt{5}+\sqrt{5}+\sqrt{4}$$

$$= \sqrt{9}+\sqrt{4}$$

$$= 3+2 = 5$$

70. यदि दो पूर्णांकों के वर्गमूलों का योग $\sqrt{14+8\sqrt{3}}$ है तो इन दोनों पूर्णांकों के वर्गों का योग क्या है-

(a) 144 (b) 388
(c) 100 (d) 162

Sol. (c) माना दोनों पूर्णांक क्रमशः x तथा y है।

$$\sqrt{x}+\sqrt{y}=\sqrt{14+8\sqrt{3}}$$

$$x+y+2\sqrt{xy}=14+8\sqrt{3}$$

तुलना करने पर

$$x+y=14$$

$$\sqrt{xy}=4\sqrt{3} \Rightarrow xy=48$$

$$\Rightarrow x+y=14$$

दोनों पक्षों का वर्ग करने पर

$$x^2+y^2+2xy=14^2=196$$
$$x^2+y^2+2\times 48-196$$
$$x^2+y^2=196-96$$
$$x^2+y^2=100$$

71. $\sqrt{5+2\sqrt{5+2\sqrt{5+......}}}$ का मान होगा-

(a) $\sqrt{6}+1$ (b) $\sqrt{6}-1$
(c) $\sqrt{6}+7$ (d) इनमें से कोई नहीं

Sol. (a) $x=\sqrt{5+2\sqrt{5+2\sqrt{5+......}}}$

दोनों पक्षों का वर्ग करने पर

$$x^2=5+2\sqrt{\sqrt{5+2\sqrt{5+......}}}$$
$$x^2=5+2x$$
$$x^2-2x=5$$
$$x^2-2x+1=6$$
$$(x-1)^2=6$$
$$x-1=\sqrt{6}$$
$$x=\sqrt{6}+1$$

72. यदि $x=\sqrt{14+\sqrt{14-\sqrt{14+\sqrt{14-.........}}}}$ और $y=\sqrt{14-\sqrt{14+\sqrt{14-\sqrt{14+.........\infty}}}}$ है तो $(x-y)$ का मान होगा-

(a) 1 (b) 2
(c) 3 (d) 4

Sol. (a) सूत्र द्वारा-

$$x=\frac{\sqrt{4a-3}+1}{2}=\frac{\sqrt{4\times 14-3}+1}{2}=\frac{\sqrt{53}+1}{2}$$

$$y=\frac{\sqrt{4a-3}-1}{2}=\frac{\sqrt{4\times 14-3}-1}{2}=\frac{\sqrt{53}-1}{2}$$

$$\Rightarrow (x-y)=\left(\frac{\sqrt{53}+1}{2}\right)-\left(\frac{\sqrt{53}-1}{2}\right)$$

$$=\frac{\sqrt{53}}{2}+\frac{1}{2}-\frac{\sqrt{53}}{2}+\frac{1}{2}=1$$

73. $\sqrt[3]{64\sqrt[3]{64\sqrt[3]{64......}}}$ का मान है-

(a) 4 (b) 8
(c) 16 (d) $4\sqrt{2}$

Sol. (b) **Method - I**

$$x=\sqrt[3]{64\sqrt[3]{64\sqrt[3]{64......}}}$$

दोनों पक्षों का घन करने पर-

$$x^3=64\sqrt[3]{64\sqrt[3]{64\sqrt[3]{64......}}}$$
$$x^3=64x$$
$$x^2=64$$
$$x=8$$

Method-II

$n=3, a=64$

$$a^{\left(\frac{1}{n-1}\right)}=64^{\left(\frac{1}{3-1}\right)}=64^{\frac{1}{2}}=\sqrt[2]{64}=8$$

74. $\sqrt{27\div\sqrt{27\div\sqrt{27\div........\infty}}}$ का मान होगा-

(a) 3 (b) $3\sqrt{3}$
(c) $\sqrt{3}$ (d) 9

Sol. (a) **Method - I**

$$x=\sqrt{27\div\sqrt{27\div\sqrt{27\div........\infty}}}$$

दोनों पक्षों का वर्ग करने पर-

$$x^2=27\div\sqrt{27\div\sqrt{27\div\sqrt{27.......\infty}}}$$
$$x^2=27\div x$$
$$x^2=27$$
$$x^3=27$$
$$x=3$$

Method - II

$n=2, a=27$

$$a^{\left(\frac{1}{n+1}\right)}=27^{\left(\frac{1}{2+1}\right)}=27^{\frac{1}{3}}=\sqrt[3]{27}=3$$

75. $\sqrt[4]{1024 \div \sqrt[4]{1024 \div \sqrt[4]{1024 \div ....\infty}}}$

(a) 3 (b) 4

(c) 5 (d) इनमें से कोई नहीं

Sol. **(b)** **Method - I**

$x = \sqrt[4]{1024 \div \sqrt[4]{1024 \div \sqrt[4]{1024 \div ....\infty}}}$

दोनों पक्षों की घात 4 करने पर-

$x^4 = 1024 \div \sqrt[4]{1024 \div \sqrt[4]{1024 \div ....\infty}}$

$x^4 = 1024 \div x$

$x^5 = 1024$

$x^5 = 4^5$

$x = 4$

Method - II

$a^{\left(\frac{1}{n+1}\right)} = (1024)^{\frac{1}{4+1}} = (1024)^{\frac{1}{5}} = (4^5)^{\frac{1}{5}} = 4$

Type-IV

76. कौन-सा बड़ा है $\sqrt[3]{2}$ या $\sqrt{3}$?

(a) $\sqrt{3}$ (b) समान

(c) $\sqrt[3]{2}$ (d) तुलना नहीं की जा सकती

Sol. **(a)** $2^{1/3}, 3^{1/2}$

$\Rightarrow (2^{1/3})^6, (3^{1/2})^6$

$\Rightarrow 2^2, 3^3$

स्पष्टतः $\sqrt{3}$ बड़ा है।

77. $(\sqrt{7}-\sqrt{5}), (\sqrt{5}-\sqrt{3}), (\sqrt{9}-\sqrt{7}), (\sqrt{11}-\sqrt{9})$ में सबसे बड़ी संख्या कौन-सी है?

(a) $(\sqrt{7}-\sqrt{5})$ (b) $(\sqrt{5}-\sqrt{3})$

(c) $(\sqrt{9}-\sqrt{7})$ (d) $(\sqrt{11}-\sqrt{9})$

Sol. **(b)** $(\sqrt{7}-\sqrt{5}), (\sqrt{5}-\sqrt{3}), (\sqrt{9}-\sqrt{7}), (\sqrt{11}-\sqrt{9})$

$\sqrt{7}-\sqrt{5} = \frac{(\sqrt{7}-\sqrt{5})(\sqrt{7}+\sqrt{5})}{(\sqrt{7}+\sqrt{5})} = \frac{2}{\sqrt{7}+\sqrt{3}},$

$\sqrt{5}-\sqrt{3} = \frac{(\sqrt{5}-\sqrt{3})(\sqrt{5}+\sqrt{3})}{(\sqrt{5}+\sqrt{3})} = \frac{2}{\sqrt{5}+\sqrt{3}}$

$\sqrt{9}-\sqrt{7} = \frac{(\sqrt{9}-\sqrt{7})(\sqrt{9}+\sqrt{7})}{(\sqrt{9}+\sqrt{7})} = \frac{2}{\sqrt{9}+\sqrt{7}},$

इसी प्रकार $\sqrt{11}-\sqrt{9} = \frac{2}{\sqrt{11}+\sqrt{9}}$

अतः $\frac{2}{\sqrt{5}+\sqrt{3}} > \frac{2}{\sqrt{7}+\sqrt{5}} > \frac{2}{\sqrt{9}+\sqrt{7}} > \frac{2}{\sqrt{11}+\sqrt{9}}$

अतः $\sqrt{5}-\sqrt{3} > \sqrt{7}-\sqrt{5} > \sqrt{9}-\sqrt{7} > \sqrt{11}-\sqrt{9}$

अतः सबसे बड़ा है $(\sqrt{5}-\sqrt{3})$

78. $\sqrt[2]{8}, \sqrt[4]{13}, \sqrt[5]{16}, \sqrt[10]{41}$ में सबसे बड़ी संख्या कौन-सी हैं?

(a) $\sqrt[4]{13}$ (b) $\sqrt[5]{16}$

(c) $\sqrt[10]{41}$ (d) $\sqrt[2]{8}$

Sol. **(a)** $\sqrt[2]{8}, \sqrt[4]{13}, \sqrt[5]{16}, \sqrt[10]{41}$

अतः दी गई करणी क्रमशः, घात 2, 4, 5, 10 की है।

जिनका ल.स.प. = 20

अतः प्रत्येक को घात 20 की करणी में बदलने पर

$\sqrt[2]{8} = 8^{1/2} = (8^{10})^{1/20} = (32,768)^{1/20},$

$\sqrt[4]{13} = 13^{1/4} = (13^5)^{1/20} = (371293)^{1/20}$

$\sqrt[5]{16} = 16^{1/5} = (16^4)^{1/20} = (65536)^{1/20},$

$\sqrt[10]{41} = 41^{1/10} = (41^2)^{1/20} = (1681)^{1/20}$

$(371293)^{1/20}$ सबसे बड़ा है

अतः $\sqrt[4]{13}$ सबसे बड़ा है।

79. $\sqrt[6]{12}, \sqrt[3]{4}, \sqrt[4]{5}, \sqrt{3}$ में सबसे छोटा कौन है?

(a) $\sqrt[6]{12}$ (b) $\sqrt[3]{4}$

(c) $\sqrt{3}$ (d) $\sqrt[4]{5}$

Sol. **(d)** $\sqrt[6]{12}, \sqrt[3]{4}, \sqrt[4]{5}, \sqrt{3}$

अतः $(12^2)^{1/12} = (144)^{1/12}$ तथा $(4^4)^{1/12}$

$= (256)^{1/12}$ [6, 3, 4, 2 का LCM = 12]

$\sqrt[4]{5} = (5^3)^{1/12} = (125)^{1/12}$

तथा $\sqrt[2]{3} = (3^6)^{1/12} = (729)^{1/12}$

$(729)^{1/12} > (256)^{1/12} > (144)^{1/12} > (125)^{1/12}$

अर्थात् सबसे छोटी संख्या $\sqrt[4]{5}$ होगी

80. निम्नलिखित संख्याओं $(2.89)^{0.5}$, $2-(0.5)^2$, $1+\frac{0.5}{1-\frac{1}{2}}$, $\sqrt{3}$ में सबसे बड़ी संख्या है–

(a) $(2.89)^{0.5}$ (b) $2-(0.5)^2$

(c) $1+\frac{0.5}{1-\frac{1}{2}}$ (d) $\sqrt{3}$

Sol. (c) $\Rightarrow (2.89)^{1/2} = 1.7$

$\Rightarrow 2-(0.5)^2 = 2-(0.25)$

$\Rightarrow 1.75$

$1+\frac{0.5}{1-\frac{1}{2}} = 1+\frac{0.5}{\frac{1}{2}} \Rightarrow 1+1.0 = 2$

तथा $\sqrt{3} = 1.732$

अतः $1+\frac{0.5}{1-\frac{1}{2}}$ सबसे बड़ी संख्या है।

81. निम्न संख्याओं में से सबसे छोटी संख्या कौन–सी है?

$(0.5)^2, \sqrt{0.49}, \sqrt[3]{0.008}, 0.23$

(a) $(0.5)^2$ (b) $\sqrt{0.49}$

(c) $\sqrt[3]{0.008}$ (d) 0.23

Sol. (c) $(0.5)^2 = 0.25$,

$\sqrt{0.49} = 0.7$,

$\sqrt[3]{0.008} = 0.2$ तथा

$0.23 = 0.23$

अतः सबसे छोटी संख्या $= \sqrt[3]{0.008}$

82. $\sqrt[3]{4}, \sqrt[4]{6}, \sqrt[6]{15}$ और $\sqrt[12]{245}$ में कौन–सा सबसे बड़ा है?

(a) $\sqrt[3]{4}$ (b) $\sqrt[4]{6}$

(c) $\sqrt[6]{15}$ (d) $\sqrt[12]{245}$

Sol. (a) दी गई करणी की घात क्रमशः 3, 4, 6 तथा 12 है इनका ल.स.प. = 12

$\Rightarrow \sqrt[3]{4} = 4^{1/3} = 4^{4/12} = 256^{1/12}$

$\sqrt[4]{6} = 6^{1/4} = 6^{3/12} = 216^{1/12}$

तथा $\sqrt[6]{15} = 15^{1/6} = 15^{2/12} = 225^{1/12}$

तथा $\sqrt[12]{245} = 245^{1/12}$

$\therefore$ सबसे बड़ा $= 256^{1/12} = \sqrt[3]{4}$

83. $0.7+\sqrt{0.16}, 1.02-\frac{0.6}{24}, 1.2\times 0.83$ तथा $\sqrt{1.44}$ में सबसे बड़ी संख्या है

(a) $0.7+\sqrt{0.16}$ (b) $\sqrt{1.44}$

(c) 1.2×0.83 (d) $1.02-\frac{0.6}{24}$

Sol. (b) $0.7+\sqrt{0.16} = 0.7+0.4 = 1.1$

$\Rightarrow 1.02-\frac{0.6}{24} = 1.02-0.025 = 0.995$

$\Rightarrow 1.2 \times 0.83 = 0.996$ तथा $\sqrt{1.44} = 1.2$

अतः सबसे बड़ी संख्या $\sqrt{1.44}$ है।

84. $(\sqrt{19}, -\sqrt{17}), (\sqrt{13}, -\sqrt{11}), (\sqrt{7}-\sqrt{5})$ तथा $(\sqrt{5}-\sqrt{3})$ में सबसे बड़ा व्यंजक कौन–सा है?

(a) $\sqrt{19}-\sqrt{17}$ (b) $\sqrt{13}-\sqrt{11}$

(c) $\sqrt{7}-\sqrt{5}$ (d) $\sqrt{5}-\sqrt{3}$

Sol. (d) परिमेयीकरण करने पर $\frac{2}{\sqrt{19}+\sqrt{17}}, \frac{2}{\sqrt{13}+\sqrt{11}}$,

$\frac{2}{\sqrt{7}+\sqrt{5}}, \frac{2}{\sqrt{5}+\sqrt{3}}$ सभी व्यंजकों का अंश समान है वह व्यंजक सबसे बड़ा होगा जिसका हर सबसे छोटा है

अतः $\frac{2}{\sqrt{5}+\sqrt{3}}$ अर्थात् $\sqrt{5}-\sqrt{3}$ सबसे बड़ा व्यंजक है।

85. 2^{250}, 3^{150}, 5^{100} तथा 4^{200} संख्याओं में सबसे छोटी संख्या कौन–सी है?

(a) 4^{200} (b) 5^{100}

(c) 3^{150} (d) 2^{250}

Sol. (b) $2^{250} = (2^5)^{50} = (32)^{50}$,

$3^{150} = (3^3)^{50} = (27)^{50}$,

$5^{100} = (52)^{50} = (25)^{50}$,

$4^{200} = (4^4)^{50} = (256)^{50}$

अतः सबसे छोटी संख्या 5^{100} है।

86. निम्न संख्याओं में सबसे बड़ी संख्या कौन-सी है?

$0.16, \sqrt{0.16}, (0.16)^2, 0.04$

(a) 0.16 (b) $\sqrt{0.16}$
(c) 0.04 (d) $(0.16)^2$

Sol. (b) $\sqrt{0.16} = \sqrt{\frac{16}{100}} = \frac{4}{10} = .4$, $(.16)^2 = .0256$ तथा 0.04 अतः सबसे बड़ी संख्या $\sqrt{0.16}$ होगी।

87. निम्नलिखित में से कौन-सी संख्या सबसे बड़ी है -

$0.1, 0.01, (0.11)^2, \sqrt{0.0001}$

(a) 0.1 (b) 0.01
(c) $(0.11)^2$ (d) $\sqrt{0.001}$

Sol. (a) $(0.01)^2 = 0.0121$, $\sqrt{0.001} = 0.01$

अतः $0.01 < 0.0121 < 0.1$

88. संख्याओं $0.9, (0.9)^2, \sqrt{0.9}, 0.\overline{9}$ में सबसे बड़ी संख्या है

(a) 0.9 (b) $(0.9)^2$
(c) $\sqrt{0.9}$ (d) $0.\overline{9}$

Sol. (d) a = 0.9, b = $(0.9)^2 = 0.81$,

c = $\sqrt{0.09} = 0.94$, d = $0.\overline{9} = \frac{9}{9} = 1$

अतः सबसे बड़ी संख्या $0.\overline{9}$ है

89. $\frac{4}{9}, \sqrt{\frac{9}{49}}, 0.45$ और $(0.8)^2$ में सबसे छोटी संख्या है

(a) $\frac{4}{9}$ (b) $\sqrt{\frac{9}{49}}$
(c) 0.45 (d) $(0.8)^2$

Sol. (b) (i) $\frac{4}{9} = 0.44$ (ii) $\sqrt{\frac{9}{49}} = \frac{3}{7} = 0.42$

(iii) 0.45 (iv) $(0.8)^2 = 0.64$

अतः सबसे छोटी संख्या = $\sqrt{\frac{9}{49}}$

90. $-0.2, (-0.2)^2, (-0.2)^3$ और $(-0.2)^4$ में से सबसे छोटा मान है-

(a) -0.2 (b) $(-0.2)^2$
(c) $(-0.2)^3$ (d) $(-0.2)^4$

Sol. (c) $(-0.2)^2 = 0.04$ तथा $(-0.2)^3 = -0.008$

तथा $(-0.2)^4 = 0.0016$

अतः कि सबसे छोटी संख्या $(-0.2)^3$ है।

91. यदि $a = \sqrt{8} - \sqrt{7}, b = \sqrt{7} - \sqrt{6}$ तथा $c = \sqrt{6} - \sqrt{5}$ हो तो निम्नलिखित में से कौन सा विकल्प सही है

(a) a > b > c (b) a < b < c
(c) b < a < c (d) a < c < b

Sol. (b) a = $\sqrt{8} - \sqrt{7}$ = 2.82 - 2.64 = 0.18

b = $\sqrt{7} - \sqrt{6}$ = 2.64 - 2.45 = 0.19

c = $\sqrt{6} - \sqrt{5}$ = 2.45 - 2.24 = 0.21

$\sqrt{8} - \sqrt{7} < \sqrt{7} - \sqrt{6} < \sqrt{6} - \sqrt{5}$

$\therefore$ a < b < c

92. $3\sqrt{7} - 4\sqrt{5}$ से $5\sqrt{7} - 2\sqrt{5}$ कितना अधिक है

(a) $5(\sqrt{7} + \sqrt{5})$ (b) $\sqrt{7} + \sqrt{5}$
(c) $2(\sqrt{7} + \sqrt{5})$ (d) $7(\sqrt{2} + \sqrt{5})$

Sol. (c) $(5\sqrt{7} - 2\sqrt{5}) - (3\sqrt{7} - 4\sqrt{5})$

$= 5\sqrt{7} - 2\sqrt{5} - 3\sqrt{7} + 4\sqrt{5}$

$= \sqrt{7}(5-3) + \sqrt{5}(4-2)$

$= 2\sqrt{7} + 2\sqrt{5} = 2(\sqrt{7} + \sqrt{5})$

93. $\sqrt{8} + \sqrt{5}, \sqrt{7} + \sqrt{6}, \sqrt{10} + \sqrt{3}$ तथा $\sqrt{11} + \sqrt{2}$ में से सबसे छोटी संख्या है

(a) $\sqrt{8} + \sqrt{5}$ (b) $\sqrt{7} + \sqrt{6}$
(c) $\sqrt{10} + \sqrt{3}$ (d) $\sqrt{11} + \sqrt{2}$

Sol. (d) वर्ग करने पर

$(\sqrt{8} + \sqrt{5})^2 = 13 + 2\sqrt{40}$

$(\sqrt{7} + \sqrt{6})^2 = 13 + 2\sqrt{42}$

$(\sqrt{10} + \sqrt{3})^2 = 13 + 2\sqrt{30}$

$(\sqrt{11} + \sqrt{2})^2 = 13 + 2\sqrt{22}$

स्पष्ट सबसे छोटी संख्या $(\sqrt{11} + \sqrt{2})$ है।

94. $2^{60}, 3^{48}, 4^{36}, 5^{24}$ को बढ़ते क्रम में दर्शाइये-

(a*) $5^{24}, 2^{60}, 4^{36}, 3^{48}$ (b) $2^{60}, 3^{48}, 4^{36}, 5^{24}$
(c) $4^{36}, 2^{60}, 3^{48}, 5^{24}$ (d) $5^{24}, 2^{60}, 3^{48}, 4^{36}$

Sol. (a) $2^{60}, 3^{48}, 4^{36}, 5^{24}$

सभी की घात समान करने पर-

$(2^5)^{12}, (3^4)^{12}, (4^3)^{12}, (5^2)^{12}$

$(32)^{12}, (81)^{12}, (64)^{12}, (25)^{12}$

बढ़ते क्रम में रखने पर-

$(25)^{12} < (32)^{12} < (64)^{12} < (81)^{12}$

$5^{24} < 2^{60} < 4^{36} < 3^{48}$

विभिन्न प्रतियोगी परीक्षाओं में विगत वर्षों में पूछे गये महत्त्वपूर्ण प्रश्न

1. यदि $P=\sqrt[3]{\left(a+\sqrt{a^2+b^3}\right)}+\sqrt[3]{\left(a-\sqrt{a^2+b^3}\right)}$ तो p^3+3bp किसके बराबर है- **[CDS 2024]**

(a) $-2a$ (b) a
(c) 2a (d) 3a

2. $\left[\left(\frac{1}{8}\right)^{-2}+\left(\frac{1}{6}\right)^{-2}\right]\div\left(\frac{1}{10}\right)^{-2}$ का मान ज्ञात कीजिए- **[CISF HCM 2023]**

(a) $\frac{7}{4}$ (b) 1
(c) 0 (d) -1

3. यदि $9^{x+2}=240+9^x$ हो तो $(16x^2)^x$ का मान ज्ञात कीजिए- **[CISF HCM 2023]**

(a) 9 (b) 4
(c) 1 (d) 2

4. यदि $\sqrt{1849}+\sqrt{(0.0608+x)}=43.25$ है तो x का मान ज्ञात कीजिए- **[CISF HCM 2023]**

(a) 0.0017 (b) 72.17
(c) 1729 (d) 1

5. सरल करें- $\frac{(0.8)^4-(0.4)^4}{(0.8)^2+(0.4)^2}$ **[CRPF HCM 2023]**

(a) 0.64 (b) 0.16
(c) 0.48 (d) 0.36

6. दिया गया है कि $\sqrt{19}=4.35$ और $\sqrt{190}=13.78$ तो $\sqrt{1.9}+\sqrt{1900}+\sqrt{0.019}$ का मान किसके बराबर होगा- **[CRPF HCM 2023]**

(a) 43.0142 (b) 45.0158
(c) 46.0186 (d) 48.0542

7. यदि $x=\sqrt{4+\sqrt{10+2\sqrt{5}}}+\sqrt{4-\sqrt{10+2\sqrt{5}}}$ तो x का मान किसके बीच है- **[CRPF HCM 2023]**

(a) 3.8 और 4.2 (b) 3.4 और 3.8
(c) 3 और 3.4 (d) 2.6 और 3

8. यदि $2^{x+1}=8^{2x-3}$ हो तो x का मान ज्ञात कीजिए- **[CRPF HCM 2023]**

(a) 1 (b) 4
(c) 3 (d) 2

9. यदि $\frac{\left(2^{a+b}\right)^2\times\left(2^{b+c}\right)^2\times\left(2^{c+a}\right)^2}{(2^a2^b2^c)^3}=4$ है तो $a+b+c$ का मान ज्ञात करें- **[CRPF HCM 2023]**

(a) 0 (b) 2
(c) -2 (d) 1

10. $\sqrt{63+\sqrt{310+\sqrt{183+\sqrt{169}}}}$ का मान है- **[CRPF HCM 2023]**

(a) 6 (b) 7
(c) 8 (d) 9

11. निम्नलिखित व्यंजक का धनात्मक मान क्या है- **[SSC CHSL 2022]**

$\sqrt{36\div15\text{ of }2\text{ of }[25\times4\div4\text{ of }(29-(8-11)\div(9\times5\div5\text{ of }3)\}]}$

(a) $1\frac{5}{6}$ (b) $1\frac{1}{5}$
(c) $2\frac{4}{5}$ (d) $2\frac{3}{5}$

12. $\frac{\sqrt[3]{-2744}\times\sqrt[3]{-216}}{\sqrt[3]{\frac{64}{729}}}$ का मान ज्ञात करें- **[SSC CHSL 2022]**

(a) 164 (b) 152
(c) 189 (d) 156

13. $\frac{(4.7)^2\times(1.3)^2}{4.7-1.3}$ का मान ज्ञात करें- **[Delhi Polie 2023]**

(a) 3 (b) 5
(c) 4 (d) 6

14. निम्नलिखित को सरल कीजिए- $\frac{0.009\times0.025\times0.016\times0.08}{0.002\times0.0008\times0.0002}$ **[Delhi Police 2023]**

(a) 16 (b) 18
(c) 30 (d) 72

15. $\frac{(11.12)^2-(8.12)^2}{(0.3)^2+(0.3)(18.94)}$ का मान ज्ञात कीजिए- **[Delhi Police 2023]**

(a) 0.1 (b) 1
(c) 100 (d) 10

16. $\dfrac{(231+19)^2+(231-19)^2}{(231\times231+19\times19)}$ का मान ज्ञात कीजिए- **[Delhi Police 2023]**

(a) 62500 (b) 212
(c) 2 (d) 250

17. व्यंजक को सरल रूप में लिखिए-

$$\sqrt[4]{34-24\sqrt{2}}\times\sqrt{4+3\sqrt{2}}$$

[ICAR Assitt. 2022]

(a) 4 (b) $\sqrt{2}$
(c) $2\sqrt{2}$ (d) 2

18. निम्नलिखित में से कौन सा सही है- **[IB ACIO 2021]**

(a) $\sqrt[3]{2}>\sqrt[4]{3}>\sqrt[6]{8}>\sqrt[12]{12}$
(b) $\sqrt[4]{3}>\sqrt[6]{8}>\sqrt[12]{12}>\sqrt[3]{2}$
(c) $\sqrt[4]{3}>\sqrt[6]{8}>\sqrt[3]{2}>\sqrt[12]{12}$
(d) $\sqrt[6]{8}>\sqrt[4]{3}>\sqrt[3]{2}>\sqrt[12]{12}$

19. निम्नलिखित में से कौन-सा कथन सही है- **[IB ACIO 2021]**

I. $\dfrac{3}{7}<\dfrac{5}{9}<\dfrac{7}{11}$ II. $\sqrt{6}>\sqrt[3]{12}$

(a) न ही I और न ही II (b) केवल I
(c) I और II दोनों (d) केवल II

20. यदि $\left(\dfrac{3}{7}\right)^8\times\left(\dfrac{3}{7}\right)^{-14}=\left(\dfrac{3}{7}\right)^{3P-3}$ हो तो P का मान ज्ञात कीजिए- **[RRB Group D 2022]**

(a) −1 (b) −2
(c) 1 (d) 0

21. यदि $\left(\sqrt{2}+\sqrt{5}-\sqrt{3}\right)\times k=-12$ तो k का मान क्या होगा- **[SSC CGL Mains 2019]**

(a) $\sqrt{2}+\sqrt{5}+\sqrt{3}$
(b) $\left(\sqrt{2}+\sqrt{5}-\sqrt{3}\right)\left(2+\sqrt{6}\right)$
(c) $\left(\sqrt{2}+\sqrt{5}+\sqrt{3}\right)\left(2-\sqrt{6}\right)$
(d) $\left(\sqrt{2}+\sqrt{5}+\sqrt{3}\right)\left(2-\sqrt{10}\right)$

22. यदि $x=\sqrt{1+\dfrac{\sqrt{3}}{2}}-\sqrt{1-\dfrac{\sqrt{3}}{2}}$ है तो $\dfrac{\sqrt{2}-x}{\sqrt{2}+x}$ का मान किसके निकटतम होगा- **[SSC CGL Mains 2019]**

(a) 0.12 (b) 1.4
(c) 1.2 (d) 0.17

23. व्यंजक $\sqrt{10+2\left(\sqrt{6}-\sqrt{15}-\sqrt{10}\right)}$ किसके बराबर है- **[SSC CGL Mains 2019]**

(a) $\sqrt{3}+\sqrt{2}-\sqrt{5}$ (b) $\sqrt{3}-\sqrt{2}-\sqrt{5}$
(c) $\sqrt{3}-\sqrt{2}+\sqrt{5}$ (d) $\sqrt{2}-\sqrt{3}-\sqrt{5}$

24. $\sqrt{28+10\sqrt{3}}-\sqrt{7-4\sqrt{3}}$ का मान निम्नलिखित में से किसके सबसे अधिक निकट है- **[SSC CGL Mains 2019]**

(a) 7.2 (b) 5.8
(c) 6.1 (d) 6.5

25. यदि $x=\sqrt[6]{27}-\sqrt{6\dfrac{3}{4}}$ और $y=\dfrac{\sqrt{45}+\sqrt{605}+\sqrt{245}}{\sqrt{80}+\sqrt{125}}$ है, तो x^2+y^2 का मान क्या होगा- **[SSC CGL Mains 2019]**

(a) $\dfrac{223}{36}$ (b) $\dfrac{221}{36}$
(c) $\dfrac{221}{9}$ (d) $\dfrac{227}{9}$

26. $\dfrac{2\sqrt{10}}{\sqrt{5}+\sqrt{2}-\sqrt{7}}-\sqrt{\dfrac{\sqrt{5}-2}{\sqrt{5}+2}}-\dfrac{3}{\sqrt{7}-2}$ का मान है- **[SSC CGL Mains 2019]**

(a) $\sqrt{7}$ (b) $2+\sqrt{2}$
(c) $\sqrt{2}$ (d) $2\sqrt{5}$

27. यदि $847\times385\times675\times3025=3^a\times5^b\times7^c\times11^d$ है तो ab − cd का मान ज्ञात करें- **[SSC CGL Mains 2022]**

(a) 4 (b) 7
(c) 5 (d) 1

28. $(0.3)^{\left[\frac{(200-146)}{(3\times3\times3)}-3\right]}$ का मान कितना होगा- **[SSC CGL Mains 2022]**

(a) $\dfrac{8}{3}$ (b) $\dfrac{5}{3}$
(c) $\dfrac{10}{3}$ (d) $\dfrac{7}{3}$

29. यदि $5\sqrt{3}+\sqrt{75}=17.32$ है तो $14\sqrt{3}+\sqrt{108}$ का मान ज्ञात करें- **[SSC CGL 2022]**

(a) 32.46 (b) 35.64
(c) 34.64 (d) 33.86

30. यदि $x = \left(\frac{3}{2}\right)^2 \times \left(\frac{2}{3}\right)^{-4}$ है तो x^{-2} का मान ज्ञात कीजिए-

[SSC CHSL (Tier-II) 2023]

(a) $\left(\frac{2}{3}\right)^6$ (b) $\left(\frac{3}{2}\right)^{12}$

(c) $\left(\frac{2}{3}\right)^{12}$ (d) $\left(\frac{3}{2}\right)^6$

31. $\left(\sqrt[3]{\sqrt[3]{\sqrt[3]{343}}}\right)^3 \times \left(\sqrt[3]{\sqrt[3]{\sqrt[3]{216}}}\right)^3$ का मान ज्ञात कीजिए-

[SSC CHSL (Tier-II) 2023]

(a) $\sqrt[3]{42}$ (b) 42^3

(c) 42 (d) 56

32. $\sqrt{625} + \sqrt{\frac{625}{100}} + \sqrt{\frac{625}{10000}} + \sqrt{\frac{625}{1000000}}$ का मान ज्ञात कीजिए-

[SSC CHSL (Tier-II) 2023]

(a) 27.075 (b) 27.775

(c) 27.75 (d) 27.025

33. निम्नलिखित का मान ज्ञात कीजिए- $\frac{\sqrt{1.24} \times \sqrt{2.79}}{\sqrt{2.64} \times \sqrt{5.94}}$

[SSC CGL Mains 2023]

(a) $\frac{31}{44}$ (b) $\frac{33}{64}$

(c) $\frac{31}{66}$ (d) $\frac{33}{31}$

34. निम्न को हल करे- $\frac{\sqrt{4375}}{7} = ?$

[RRB RPF Constable 2019]

(a) 64 (b) 25

(c) 36 (d) 16

35. यदि x धनात्मक है और $\frac{x}{\sqrt{243}} = \frac{\sqrt{2187}}{x}$ है, तो x का मान क्या है-

[RRB Group D 2018]

(a) 29 (b) 27

(c) 23 (d) 21

36. यदि $\sqrt{7} = 2.6457$ और $\sqrt{3} = 1.732$ हो तो $\frac{1}{\sqrt{7} - \sqrt{3}}$ का मान ज्ञात कीजिए-

[RRB RPF Constable 2019]

(a) 1.0944 (b) 1.944

(c) 1.009 (d) 1.0844

37. यदि $\sqrt{4225} = 65$ है तो $\sqrt{42.25} + \sqrt{0.4225}$ का मान ज्ञात कीजिए-

[RRB JE 2019]

(a) 6.5 (b) 7.25

(c) 6.25 (d) 7.15

38. यदि $\frac{0.27}{p^2} = 27$ तो $p = ?$

[RRB RPF SI 2019]

(a) 0.001 (b) 0.1

(c) 0.01 (d) 1.0

39. यदि $\sqrt{169} = 13$ है तो $\frac{\left(\sqrt{.00000169}\right)}{13}$ है-

[RRB RPF Constable 2019]

(a) 0.0013 (b) 0.001

(c) 0.0001 (d) 0.013

40. $\left(\frac{0.14}{1.4}\right)^2 - \left(\frac{0.11}{1.1}\right)^2 + \left(\frac{0.13}{1.3}\right)^2$

[RRB RPF SI 2019]

(a) 1.01 (b) 0.001

(c) 0.10 (d) 0.01

ANSWER

1	(c)	2	(b)	3	(d)	4	(a)	5	(c)	6	(b)	7	(c)	8	(d)	9	(b)	10	(d)
11	(b)	12	(c)	13	(d)	14	(c)	15	(d)	16	(c)	17	(b)	18	(d)	19	(c)	20	(a)
21	(d)	22	(d)	23	(a)	24	(d)	25	(a)	26	(c)	27	(c)	28	(c)	29	(c)	30	(c)
31	(c)	32	(b)	33	(c)	34	(b)	35	(b)	36	(a)	37	(d)	38	(b)	39	(c)	40	(d)

CHAPTER

04 सरलीकरण (Simplification)

सरलीकरण (Simplification)

जब किसी व्यंजक में जोड़, घटाव, गुणा, भाग आदि की क्रियाऐं करनी होती है तो एक निश्चित क्रम के अनुसार इनका समायोजन करना होता है। अतः ऐसी क्रियाओं में BODMAS का नियम लगाना होता है।

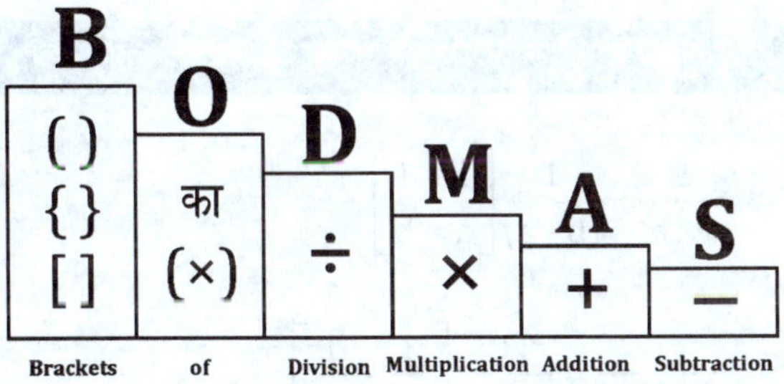

सरलीकरण के दौरान क्रियाएँ इसी क्रम में की जाती है। **जैसे** : 5 + 5 ÷ 5 का मान 6 होगा।

इस उदाहरण में जोड़ व भाग की क्रियाएँ हैं, BODMAS नियमानुसार पहले भाग की क्रिया व बाद में जोड़ की क्रिया होगी। प्रथम भाग की क्रिया करने पर 5 ÷ 5 = 1 होगा, फिर इसमें 5 जोड़ने पर 5 + 1 = 6 होगा। ध्यान दें यदि पहले जोड़ की क्रिया की जाती तो 5 + 5 ÷ 5 = 10 ÷ 5 = 2 आता जो कि गलत है। इसी प्रकार 8 ÷ 4 × 4 का मान 8 होगा।

BODMAS के नियमानुसार पहले भाग की क्रिया व बाद में गुणा की क्रिया होगी अतः 8 ÷ 4 × 4 = 2 × 4 = 8

(ध्यान दें यदि पहले गुणा की क्रिया की जाती तो 8 ÷ 4 × 4 = 8 ÷ 16 = $\frac{1}{2}$ जो कि गलत है।)

'का' (Of) तथा गुणा (Multiplication) में अन्तर

'का' (Of) का सामान्य अर्थ गुणा ही होता है लेकिन यदि किसी सरलीकरण में गुणा, भाग, 'का' (Of) आये तो (VBODMAS नियम के अनुसार) सबसे पहले 'का' (Of) की क्रिया की जाती है।

जैसे : 8 ÷ 4 × 4 का मान 8 होगा; क्योंकि पहले भाग तथा फिर गुणा की क्रिया होगी। लेकिन 8 ÷ 4 का 4, का मान $\frac{1}{2}$ होगा; क्योंकि पहले 'का' (Of) तथा फिर भाग की क्रिया होगी।

वास्तविक संख्या का निरपेक्ष मान अथवा मॉडूलस (Modulus of Real Number)

$$|a| = \begin{cases} a \text{ यदि } a > 0 \\ -a \text{ यदि } a < 0 \end{cases}$$

Ex. $|6| = 5$

$|-6| = -(-6) = 6$

रेखा बन्धनी एवं कोष्ठक (Vinculum and Bracket)

सरलीकरण की प्रक्रिया के दौरान सर्वप्रथम रेखा बन्धनी की क्रिया करते है। इसे '—' द्वारा प्रदर्शित करते है। इसे लकीर कोष्टक (bar bracket) भी कहते है।

- कोष्ठक तीन प्रकार के होते है–
  - **(i)** छोटा कोष्ठक : इसे '( )' द्वारा प्रदर्शित करते है।
  - **(ii)** मझला कोष्ठक : इसे '{ }' द्वारा प्रदर्शित करते है।
  - **(iii)** बड़ा कोष्ठक : इसे '[ ]' द्वारा प्रदर्शित करते है।
- सरलीकरण की प्रक्रिया में रेखा बन्धनी के बाद क्रमशः छोटा कोष्ठक, मझला कोष्ठक व बड़ा कोष्ठक की क्रियाएँ करते हैं। इसके बाद VBODMAS नियमानुसार आगे की क्रियाएँ करते है।

संयुग्मीकरण (Rationalization)

कई प्रश्नों में हमें ऐसे व्यंजक मिलते है जिनके अंश अथवा हर अथवा दोनों वर्गमूल (Square root) के अन्दर होते है। ऐसे व्यंजकों के हर यदि वर्गमूल मुक्त हो तो इनका जोड़, घटा, गुणा तथा भाग सुविधाजनक हो जाता है। हर को वर्गमूल से मुक्त करने के लिए अंश तथा हर को समान अपरिमेय संख्या से गुणा करते है। जिस संख्या से अंश व हर को गुणा किया जाता है वह परिमेयकारी गुणक कहलाता है। **जैसे** : $\frac{4+\sqrt{7}}{\sqrt{3}}$

हम जानते है कि $\sqrt{3}\times\sqrt{3} = 3$ अतः व्यंजक के हर को वर्गमूल से मुक्त करने के लिए हम अंश व हर दोनों को $\sqrt{3}$ से गुणा करते है।

अतः $\frac{4+\sqrt{7}}{\sqrt{3}}\times\frac{\sqrt{3}}{\sqrt{3}} = \frac{4\sqrt{3}+\sqrt{21}}{3}$

इसी प्रकार $\frac{1}{2+\sqrt{3}} = \frac{1}{2+\sqrt{3}}\times\frac{2-\sqrt{3}}{2-\sqrt{3}}$

$= \frac{2-\sqrt{3}}{2^2-(\sqrt{3})^2} = \frac{2-\sqrt{3}}{4-3} = 2-\sqrt{3}$

यहाँ $(2+\sqrt{3})$ का संयुग्मी $(2-\sqrt{3})$ है।

- उपरोक्त विवेचना से स्पष्ट है कि $\frac{1}{\sqrt{a}}$ का परिमेयकारी गुणक $\sqrt{a}$ है तथा $\frac{1}{a\pm\sqrt{b}}$ का परिमेयकारी गुणक $a\mp\sqrt{b}$ है।

विशेष व्यंजकों को सरल करने के लिए बीजगणितीय सूत्र

- $(a + b)^2 = a^2 + 2ab + b^2$
- $(a - b)^2 = a^2 - 2ab + b^2$
- $a^2 - b^2 = (a + b)(a - b)$
- $(a + b + c)^2 = a^2 + b^2 + c^2 + 2ab + 2bc + 2ac$
- $a + b = \sqrt{(a-b)^2 + 4ab}$
- $a - b = \sqrt{(a+b)^2 - 4ab}$
- $(a + b)^3 = a^3+3a^2b+3ab^2+b^3 = a^3+b^3+3ab(a + b)$
- $(a - b)^3 = a^3-3a^2b+3ab^2-b^3 = a^3-b^3-3ab(a - b)$
- $a^3 + b^3 = (a + b)(a^2 - ab + b^2)$
- $a^3 - b^3 = (a - b)(a^2 + ab + b^2)$
- $a^3+b^3+c^3-3abc = (a+b+c)(a^2+b^2+c^2-ab-bc-ac)$

  $= \frac{1}{2}(a+b+c)\{(a-b)^2+(b-c)^2+(c-a)^2\}$
- यदि $a + b + c = 0$ हो, तो $a^3 + b^3 + c^3 = 3abc$

कुछ विशेष श्रेणी को सरल करने के लिए सूत्र

- $\frac{1}{a\times b} = \frac{1}{(b-a)}\left[\frac{1}{a}-\frac{1}{b}\right]$
- $\frac{1}{a\times b\times c} = \frac{1}{(c-a)}\left[\frac{1}{ab}-\frac{1}{bc}\right]$
- $\frac{1}{a\times b\times c\times d} = \frac{1}{(d-a)}\left[\frac{1}{abc}-\frac{1}{bcd}\right]$

डिजिटल योग विधि (Digital Sum Method/Nines Remainder Method)

किसी संख्या को 9 से विभाजित करने पर जो शेषफल प्राप्त होता है वही उस संख्या का डिजिटल योग होता है।

जैसे- 4561 का डिजिटल योग $\rightarrow (4+5+6+1) = 16 \rightarrow$ शेषफल = 7 (9 से विभाजित किरने पर)

अतः संख्या 4561 का डिजिटल योग 7 है।

▶ डिजिटल योग के गुण (Properties of Digital Sum)

- डिजिटल योग ज्ञात करते समय हम दशमलव पर ध्यान नहीं देते है।

  जैसे- 325.61 का डिजिटल योग $\rightarrow (3+2+5+6+1) = 17$

  $\rightarrow DS = 8$

- डिजिटल योग BODMAS के नियम का पालन करता है।

जैसे- $362 + 85 - 12 \times 27 = 123$

$2 + 4 - 3 \times 0 = 6$

$6 - 0 = 6$

$6 = 6$

L.H.S. = R.H.S.

अतः किसी भी व्यंजक के L.H.S. और R.H.S. का डिजिटल योग सदैव बराबर होता है।

- भाग का डिजिटल योग ज्ञात करते समय हर के डिजिटल योग को एक बना लेते है। इसके लिए अंश और हर में ऐसी समान संख्या से गुणा करते है जिससे हर का डिजिटल योग 1 बन जाये।

जैसे- $\frac{1175}{47} = 25$

अंश 1175 का डिजिटल योग = 5

हर 47 का डिजिटल योग = 2

$\frac{5}{2} \times \frac{5}{5}$ (हर के डिजिटल योग को 1 बनाने के लिए अंश और हर में 5 से गुणा किया)

$= \frac{25 \rightarrow DS = 7}{10 \rightarrow DS = 1}$

L.H.S. = R.H.S.

नोट- भाग के मामले में डिजिटल योग का नियम विफल हो जाता है जब हर का डिजिटल योग 3, 6 और 9 होता है। इस मामले में हर को हटाने के लिए पहले संख्या को विभाजित करना होता है।

- सन्निकट (अनुमानित) के मामले में डिजिटल योग का प्रयोग नहीं किया जाता है।

Ex. 5231405×99999 का मान ज्ञात कीजिए-

(a) $523135278595 \rightarrow DS = 1$

(b) $723135268595 \rightarrow DS = 2$

(c) $523135268595 \rightarrow DS = 0$

(d) $623135268595 \rightarrow DS = 1$

Sol. (c) 5231405×99999

2×0

DS = 0

1. 12.04 × 8.5 × 0.4 = ?
(a) 409.36 (b) 49.036
(c) 40.936 (d) 490.36

Sol. (c) 12.04 × 8.5 × 0.4 = 40.936

2. 2688 ÷ 14 ÷ 12 = ?
(a) 24 (b) 12
(c) 8 (d) 16

Sol. (d) $2688 \div 14 \div 12 = 2688 \times \frac{1}{14} \times \frac{1}{12} = 16$

3. $\sqrt{?} + 36 \times 15 = 581$
(a) 41 (b) 61
(c) 1461 (d) 1681

Sol. (d) $\sqrt{x} + 36 \times 15 = 581$
$\Rightarrow \sqrt{x} = 581 - 540$
$\Rightarrow x = 41^2 = 1681$

4. 744 ÷ ? × 0.4 = 9.3
(a) 32 (b) 35
(c) 36 (d) 28

Sol. (a) 744 ÷ x × 0.4 = 9.3
$\Rightarrow \frac{744}{x} \times 0.4 = 9.3 = x = \frac{744 \times 0.4}{9.3} = 32$

5. $196 \times 1.5 + (?)^2 = 358$
(a) 64 (b) 12
(c) 8 (d) 16

Sol. (c) $196 \times 1.5 + x^2 = 358$
$\Rightarrow x^2 = 358 - 294 = 64$
$\Rightarrow x = \sqrt{64} = 8$

6. – 31 – 35 – 37 + 18 + 17 = ?
(a) 68 (b) –103
(c) –138 (d) –86

Sol. (a) (–31 – 35 – 37) + (18+17) = – 103 + 35 = 68

7. 598 ÷ 2.5 = 650 का ?%
(a) 34.4 (b) 35.6
(c) 36.8 (d) 36.4

Sol. (c) 598 ÷ 2.5 = 650 का x%
$\Rightarrow \frac{598}{2.5} = \frac{650 \times x}{100} \Rightarrow x = \frac{598 \times 100}{2.5 \times 650} = 36.8$
$\Rightarrow \frac{598}{2.5} = \frac{650 \times x}{100}$
$\Rightarrow x = \frac{598 \times 100}{2.5 \times 650} = 3.68$

8. $\frac{27 \times 4 - 13 \times 6}{25 \div 5 \times 2} = ?$
(a) 30 (b) 10
(c) 3 (d) 6

Sol. (c) $\frac{27 \times 4 - 13 \times 6}{25 \div 5 \times 2} = \frac{108 - 78}{5 \times 2} = \frac{30}{10} = 3$

9. $1\frac{1}{2} + 1\frac{2}{3} \div \left(\frac{6}{7} - \frac{5}{6}\right) = ?$
(a) 71.5 (b) 133
(c) $\frac{19}{252}$ (d) $\frac{19}{180}$

Sol. (a) $1\frac{1}{2} + 1\frac{2}{3} \div \left(\frac{6}{7} - \frac{5}{6}\right) = \frac{3}{2} + \frac{5}{3} \div \left(\frac{1}{42}\right)$
$= \frac{3}{2} + 70 = 71.5$

10. (6.24 × 3.25) ÷ ? = 8.45
(a) 1.4 (b) 2.4
(c) 2.8 (d) 1.8

Sol. (b) (6.24 × 3.25) ÷ x = 84.5
$\Rightarrow x = \frac{6.24 \times 3.25}{8.45} = 2.4$

11. 756 के $\frac{2}{3}$ के $\frac{4}{9}$ का $\frac{3}{7} = ?$
(a) 96 (b) 108
(c) 88 (d) 86

Sol. (a) 756 के $\frac{2}{3}$ के $\frac{4}{9}$ के $\frac{3}{7}$
$= 756 \times \frac{2}{3} \times \frac{4}{9} \times \frac{3}{7} = 96$

12. ? के $\frac{4}{5}$ के $\frac{3}{5}$ का $\frac{2}{3}$ = 1112
(a) 3575 (b) 3475
(c) 3425 (d) 3215

Sol. (b) x के $\frac{4}{5}$ के $\frac{3}{5}$ का $\frac{2}{3}$ = 1112
$\Rightarrow x \times \frac{4}{5} \times \frac{3}{5} \times \frac{2}{3} = 1112$
$\Rightarrow x = \frac{1112 \times 5 \times 5 \times 3}{4 \times 3 \times 2} = 3475$

13. $3654 \div \sqrt{1764} + ? = (10)^2$

(a) 16 (b) 13
(c) 9 (d) 12

Sol. (b) $3654 \div \sqrt{1764} + x = (10)^2$

$\Rightarrow \frac{3654}{42} + x = 100$

$\Rightarrow$ x = 100 – 87 = 13

14. $1190 \div \sqrt{7225} \times ? = 3094$

(a) 221 (b) 121
(c) 214 (d) 241

Sol. (a) $1190 \div \sqrt{7225} + x = 3094$

$\Rightarrow \frac{1190}{85} x = 3094$

$\Rightarrow x = \frac{3094 \times 85}{1190} = 221$

15. $\frac{1}{0.04}$ का मान बताइए

(a) $\frac{1}{40}$ (b) $\frac{2}{5}$
(c) $\frac{5}{2}$ (d) 25

Sol. (d) $\frac{1}{0.04} = \frac{100}{4} = 25$

16. 8.31 + 0.3 + 0.002 बराबर है

(a) 0.912 (b) 8.612
(c) 8.979 (d) 8.978

Sol. (b) 8.31 + 0.3 + 0.002 = 8.612

17. यदि $\sqrt{15625} = 125$ है, तो

$\sqrt{156.25} + \sqrt{1.5625} - \sqrt{0.015625}$ ज्ञात कीजिए।

(a) 12.5 (b) 2.375
(c) 13.625 (d) 13.6

Sol. (c) $\sqrt{156.25} + \sqrt{1.5625} - \sqrt{.015626}$
= 12.5 + 1.25 – .125 = 13.625

18. यदि $\sqrt{18225} = 135$ हो, तो

$\sqrt{18225} + \sqrt{182.25} + \sqrt{1.8225} + \sqrt{0.018225}$ का मान कितना होगा?

(a) 149.985 (b) 149.985
(c) 1499.85 (d) 1.49985

Sol. (b) $\sqrt{18225} + \sqrt{182.25} + \sqrt{1.8225} + \sqrt{.018225}$
= 135 + 13.5 + 01.35 + .135 = 149.985

19. 2 × (2.11 + 2.23 + 2.16) का मान कितना होगा–

(a) 15 (b) 16
(c) 13 (d) 14

Sol. (c) 2 × (2.11+2.23+2.16)
= 2 × (6.50) = 13

20. $(3^2-2^2)^2 + (5^2-4^2)^2 + (6^2-5^2)^2$ का मान कितना होगा?

(a) 216 (b) 206
(c) 236 (d) 227

Sol. (d) $(3^2 - 2^2)^2 + (5^2 - 4^2)^2 + (6^2 - 5^2)^2$
$= (9 - 4)^2 + (25 - 16)^2 + (36 - 25)^2$
$\Rightarrow 25 + 81 + 121 = 227$

21. $\left[\frac{56.234}{5.6234} \times \frac{0.0003}{0.003}\right] - 1$ बराबर है–

(a) 0 (b) 1
(c) 9 (d) 11

Sol. (a) $\left[\frac{56.234}{5.6234} \times \frac{0.0003}{0.003}\right] - 1$

$= \left[\frac{562340}{56234} \times \frac{3}{30}\right] - 1 = \frac{3}{3} - 1 = 1 - 1 = 0$

22. [1×2 + 2×3 + 3×4 + 4×5 + 5×6 + 6×7 + 7×8 + 8×9 + 9×10 + 10×11] बराबर है

(a) 770 (b) 660
(c) 440 (d) 330

Sol. (c) [1×2 + 2×3 + 3×4 + 4×5 + 5×6 + 6×7 + 7×8 + 8×9 + 9×10 + 10×11]
= 2+6+12+20+30+42+56+72+90+110
= 440

23. $\frac{3^0 + 3^{-1}}{3^{-1} - 3^0}$ का सरलीकृत रूप है

(a) –2 (b) –1
(c) 1 (d) 2

Sol. (a) $\frac{3^0 + 3^{-1}}{3^{-1} - 3^0} = \frac{1 + \frac{1}{3}}{\frac{1}{3} - 1} = \frac{\frac{4}{3}}{-\frac{2}{3}} = -2$

24. 369 के आधे का $\frac{2}{3}$ किसके बराबर है?

(a) 123 (b) $246\frac{3}{8}$

(c) 246 (d) $271\frac{3}{8}$

Sol. **(a)** अभीष्ट उत्तर $369 \times \frac{1}{2} \times \frac{2}{3} \Rightarrow 123$

25. यदि $p \times q = p + q + \frac{p}{q}$ है, तो 8 × 2 का मान है

(a) 6 (b) 10
(c) 14 (d) 16

Sol. **(c)** प्रश्नानुसार

$p \times q = p + q + \frac{p}{q}$

$\Rightarrow 8 \times 2 = 8 + 2 + \frac{8}{2} = 14$

26. यदि $\frac{1120}{\sqrt{p}} = 80$ है, तो p बराबर है

(a) 14 (b) 140
(c) 196 (d) 225

Sol. **(c)** $\frac{1120}{\sqrt{p}} = 80$ [दोनों पक्षों का वर्ग करने पर]

$\frac{1120 \times 1120}{p} = 80 \times 80$

$\Rightarrow P = \frac{1120 \times 1120}{80 \times 80} = 196$

27. $[3 - 4(3 - 4)^{-1}]^{-1}$ बराबर है

(a) 7 (b) –7

(c) $\frac{1}{7}$ (d) $-\frac{1}{7}$

Sol. **(c)** $[3 - 4(3 - 4)^{-1}]^{-1} = (3 + 4)^{-1} \Rightarrow \frac{1}{7}$

28. $\frac{0.3555 \times 0.5555 \times 2.025}{0.225 \times 1.7775 \times 0.2222}$ का मान है

(a) 5.4 (b) 4.58
(c) 4.5 (d) 5.45

Sol. **(c)** $\frac{0.3555 \times 0.5555 \times 2.025}{0.225 \times 1.7775 \times 0.2222}$

$= \frac{3555 \times 5555 \times 2025}{225 \times 17775 \times 2222} = \frac{1 \times 5 \times 81}{9 \times 5 \times 2} = \frac{9}{2} = 4.5$

29. $\sqrt{\frac{1.296 \times 0.081 \times 5.776}{1.5625 \times 0.0361 \times 72.9 \times 64}}$ का मान है

(a) 0.044 (b) 0.048
(c) 0.48 (d) 0.44

Sol. **(b)** $\sqrt{\frac{1.296 \times .081 \times 5.776}{1.5625 \times .0361 \times 72.9 \times 64}}$

$= \sqrt{\frac{1296 \times 81 \times 5776}{15625 \times 361 \times 729 \times 64}} = \frac{36 \times 9 \times 76}{125 \times 19 \times 27 \times 8}$

$= .048$

30. $\frac{0.625 \times 0.0729 \times 28.9}{0.0081 \times 0.025 \times 1.7}$ का मान कितना है?

(a) 3825 (b) 3845
(c) 3925 (d) 3945

Sol. **(a)** $\frac{0.625 \times 0.0729 \times 28.9}{0.0081 \times 0.025 \times 1.7} = \frac{625 \times 729 \times 289}{81 \times 25 \times 17}$

$= 25 \times 9 \times 17$
$= 3825$

31. $\sqrt{\frac{0.081 \times 0.324 \times 4.624}{1.5625 \times 0.0289 \times 72.9 \times 0.64}}$ का मान क्या है?

(a) 0.24 (b) 2.4
(c) 0.024 (d) 2.04

Sol. **(a)** $\sqrt{\frac{0.081 \times 0.324 \times 4.624}{1.5625 \times 0.0289 \times 72.9 \times 0.64}}$

$= \frac{9 \times 18 \times 68}{125 \times 17 \times 27 \times .8} = .24$

32. समीकरण x – [– x – {– x – (–x)}] = x + 5 में x मान है

(a) 0 (b) 5
(c) –5 (d) 1

Sol. **(b)** x – [–x – {–x + x}] = x + 5
⇒ x – [–x + x – x] = x + 5
⇒ x + x = x + 5
⇒ x = 5

33. मान लिजिए $a = \sqrt{6} - \sqrt{5}, b = \sqrt{5} - 2, c = 2 - \sqrt{3}$ तो नीचे दिए गए चार विकल्पों में से सही विकल्प चुनिए

(a) b < c < a (b) a < b < c
(c) b < a < c (d) a < c < b

Sol. **(b)** a = 2.449 – 2.236 = 0.213,
b = 2.236 – 2 = 0.236,
c = 2 – 1.732 = 0.268
अतः c > b > a

34. 348 ÷ 29 × 15 + 156 = $(?)^3$ + 120
(a) 12 (b) 6
(c) 36 (d) 9

Sol. **(b)** 348 ÷ 29 × 15 + 156 = $(?)^3$ + 120
$\Rightarrow 12\times15+156 = (?)^3 + 120$
$\Rightarrow (?)^3 = 336 - 120$
$\Rightarrow (?) = 6$

35. $3\frac{1}{2}-\left[2\frac{1}{4}\div\left\{1\frac{1}{4}-\frac{1}{2}\left(1\frac{1}{2}-\frac{1}{3}-\frac{1}{6}\right)\right\}\right]$ का मान कितना है?
(a) $\frac{1}{2}$ (b) $2\frac{1}{2}$
(c) $3\frac{1}{2}$ (d) $9\frac{1}{2}$

Sol. **(a)** $\frac{7}{2}-\left[\frac{9}{4}\div\left\{\frac{5}{4}-\frac{1}{2}\left(\frac{3}{2}-\frac{1}{3}-\frac{1}{6}\right)\right\}\right]$

$= \frac{7}{2}-\left[\frac{9}{4}\div\left\{\frac{5}{4}-\frac{1}{2}\right\}\right]\Rightarrow\frac{7}{2}-\left[\frac{9}{4}\div\frac{3}{4}\right]\Rightarrow\frac{7}{2}-3=\frac{1}{2}$

36. $999\frac{1}{7}+999\frac{2}{7}+999\frac{3}{7}+999\frac{4}{7}+999\frac{5}{7}+999\frac{6}{7}$ का सरलीकृत मान कितना होगा?
(a) $100009\frac{2}{7}$ (b) $5994\frac{6}{7}$
(c) $9999\frac{2}{7}$ (d) 5997

Sol. **(d)** $\frac{(999\times7)+1}{7}+\frac{(999\times7)+2}{7}+\frac{(999\times7)+3}{7}$

$+\frac{(999\times7)+4}{7}+\frac{(999\times7)+5}{7}+\frac{(999\times7)+6}{7}$

$\Rightarrow\frac{999\times7}{7}+\frac{1}{7}+\frac{999\times7}{7}+\frac{2}{7}+\frac{999\times7}{7}+\frac{3}{7}$

$+\frac{999\times7}{7}+\frac{4}{7}+\frac{999\times7}{7}+\frac{5}{7}+\frac{999\times7}{7}+\frac{6}{7}$

$\Rightarrow 999\times6+\left[\frac{1}{7}+\frac{2}{7}+\frac{3}{7}+\frac{4}{7}+\frac{5}{7}+\frac{6}{7}\right]$

$\Rightarrow 999\times6+3\Rightarrow 5997$

37. $\sqrt{8-8\times\frac{2\frac{1}{5}-\frac{9}{7}}{2-\frac{1}{6-\frac{1}{6}}}}$ का मान है-
(a) 0 (b) 4
(c) 3 (d) 2

Sol. **(d)** $\sqrt{8-8\times\frac{\frac{11}{5}-\frac{9}{7}}{2-\frac{1}{6-\frac{1}{6}}}}$

$=\sqrt{8-8\times\frac{\frac{32}{35}}{2-\frac{6}{35}}}\Rightarrow\sqrt{8-8\times\frac{\frac{32}{35}}{\frac{64}{35}}}\Rightarrow\sqrt{8-8\times\frac{1}{2}}$

$=\sqrt{8-4}=\sqrt{4}=2$

38. सरल कीजिए- $1+\frac{4}{2+\frac{3}{5-\frac{1}{2}}}-\frac{1}{2}(10\div2)$
(a) 1 (b) 0
(c) $-\frac{15}{2}$ (d) $-\frac{1}{2}$

Sol. **(b)** $1+\frac{4}{2+\frac{3}{5-\frac{1}{2}}}-\frac{1}{2}(10\div2)$

$=1+\frac{4}{2+\frac{2}{3}}-\frac{5}{2}=1+\frac{3}{2}-\frac{5}{2}=\frac{2+3-5}{2}=0$

39. $\frac{2}{2+\frac{2}{3+\frac{2}{3+\frac{2}{3}}}\times0.39}$ का सरलीकृत रूप है-
(a) $\frac{1}{3}$ (b) 2
(c) 6 (d) इनमें से कोई नहीं

Sol. **(d)** $\dfrac{2}{2+\dfrac{2}{3+\dfrac{2}{3+\dfrac{2}{3}}}\times 0.39}$

$= \dfrac{2}{2+\dfrac{2}{3+\dfrac{2\times 3}{11}}\times 0.39} = \dfrac{2}{2+\dfrac{2\times 11}{39}\times 0.39}$

$= = \dfrac{2\times 100}{222} = \dfrac{100}{111}$

40. $\dfrac{\dfrac{1}{3}\div\dfrac{1}{3}\times\dfrac{1}{3}}{\dfrac{1}{3}\div\dfrac{1}{3}\text{ का }\dfrac{1}{3}} - \dfrac{1}{9}$ का सरलीकृत मान है–

(a) 0 (b) 1

(c) $\dfrac{1}{3}$ (d) $\dfrac{1}{9}$

Sol. **(a)** $\dfrac{\dfrac{1}{3}\div\dfrac{1}{3}\times\dfrac{1}{3}}{\dfrac{1}{3}\div\dfrac{1}{3}\text{ का }\dfrac{1}{3}} - \dfrac{1}{9}$

$= \dfrac{\dfrac{1}{3}\times\dfrac{3}{1}\times\dfrac{1}{3}}{\dfrac{1}{3}\div\left(\dfrac{1}{3}\times\dfrac{1}{3}\right)} - \dfrac{1}{9} = \dfrac{\dfrac{1}{3}}{\dfrac{1}{3}\div\dfrac{1}{9}} - \dfrac{1}{9}$

$\Rightarrow \dfrac{\dfrac{1}{3}}{\dfrac{1}{3}\times\dfrac{9}{1}} - \dfrac{1}{9} = \dfrac{1}{3}\times\dfrac{1}{3} - \dfrac{1}{9} = 0$

41. $\dfrac{\sqrt{72}\times\sqrt{363}\times\sqrt{175}}{\sqrt{32}\times\sqrt{147}\times\sqrt{252}}$ का मान कितना होगा?

(a) $\dfrac{55}{42}$ (b) $\dfrac{45}{56}$

(c) $\dfrac{45}{28}$ (d) $\dfrac{55}{28}$

Sol. **(d)** $\dfrac{6\sqrt{2}\times 11\sqrt{3}\times 5\sqrt{7}}{4\sqrt{2}\times 7\sqrt{3}\times 6\sqrt{7}} = \dfrac{6\times 11\times 5}{4\times 7\times 6} = \dfrac{55}{28}$

42. यदि $\sqrt{6}\times\sqrt{15} = x\sqrt{10}$ हो, तो x का मान क्या होगा?

(a) 3 (b) ± 3

(c) $\sqrt{3}$ (d) $\sqrt{6}$

Sol. **(a)** $\sqrt{6}\times\sqrt{15} = x\sqrt{10}$

$\Rightarrow \sqrt{90} = x\sqrt{10}$

$\Rightarrow x\sqrt{10\times 9} = x\sqrt{10} = 3\sqrt{10}$

अतः x = 3 होगा

43. $2\sqrt{50}+\sqrt{18}-\sqrt{72}$ का सरलतम मान ज्ञात कीजिए ($\sqrt{2} = 1.414$) लें।

(a) 9.898 (b) 10.312

(c) 8.484 (d) 4.242

Sol. **(a)** $2\sqrt{50}+\sqrt{18}-\sqrt{72}$

$= 10\sqrt{2}+3\sqrt{2}-6\sqrt{2} \Rightarrow 7\sqrt{2}$

= 7 × 1.414 = 9.898

44. यदि $\sqrt{15-x\sqrt{14}} = \sqrt{8}-\sqrt{7}$ हो, तो x का मान क्या है

(a) 2 (b) $\sqrt{2}$

(c) 4 (d) 7

Sol. **(c)** $\left(\sqrt{15-x\sqrt{14}}\right)^2$

$= (\sqrt{8}-\sqrt{7})^2 \Rightarrow 15 - x\sqrt{14} = 15 - 2\sqrt{56}$

45. यदि $\sqrt{1+\dfrac{x}{9}} = \dfrac{13}{3}$ तो x का मान कितना होगा?

(a) $\dfrac{1439}{9}$ (b) 160

(c) $\dfrac{1443}{9}$ (d) 169

Sol. **(b)** $\sqrt{1+\dfrac{x}{9}} = \dfrac{13}{3}$

$\Rightarrow 1+\dfrac{x}{9} = \dfrac{169}{9}$ [दोनों पक्षों का वर्ग करने पर]

$\Rightarrow \dfrac{x}{9} = \dfrac{169}{9} - 1 \Rightarrow \dfrac{x}{9} = \dfrac{160}{9} \Rightarrow x = 160$

46. $(0.98)^3 + (0.02)^3 + 0.98 \times 0.06 - 1$ का मान कितना है?
(a) 0 (b) 1
(c) 1.09 (d) 1.98

Sol. (a) $(a + b)^3 = a^3 + b^3 + 3ab(a + b)$
$\Rightarrow (0.98+0.02)^3 = (0.98)^3+(0.02)^3+0.98\times0.06$
प्रश्नानुसार
$(0.98 + 0.02)^3 - 1 = 1 - 1 = 0$

47. $(1.7)^3 + (3.9)^3 - (5.6)^3$ का मान कितना है?
(a) –92.384 (b) –134.384
(c) 0 (d) –111.384

Sol. (d) $(1.7)^3 + (3.9)^3 - (1.7 + 3.9)^3$
$= (1.7)^3+(3.9)^3-[(1.7)^3+(3.9)^3 +(3\times1.7\times3.9)(1.7+3.9)]$
$\Rightarrow -(3 \times 1.7 \times 3.9)(5.6) = -111.384$

48. $8080 \div 80 \div 8 = ?$
(a) 800 (b) 12.625
(c) 10.545 (d) 808

Sol. (b) $101 \div 8 = 12.625$

Alter : $8080 \times \frac{1}{80} \times \frac{1}{8} = 12.625$

49. $(0.\overline{63} + 0.\overline{37})$ का मान कितना है?
(a) 1 (b) $\frac{100}{99}$
(c) $\frac{99}{100}$ (d) $\frac{100}{33}$

Sol. (b) $.\overline{63} + .\overline{37} = \frac{63}{99} + \frac{37}{99} \Rightarrow \frac{100}{99}$

50. यदि (x + 7954 × 7956) वर्ग संख्या हो तो 'x' का मान क्या होगा?
(a) 1 (b) 16
(c) 9 (d) 4

Sol. (a) (x + 7954 × 7956) माना 7954 = a हो तो
$x + a(a + 2) = x + a^2 + 2a$
अब x = 1 रखने पर संख्या पूर्ण वर्ग है।

51. व्यंजक $x^4 - 2x^2 + k$ पूर्ण वर्ग होगा यदि k का मान हो–
(a) 1 (b) 2
(c) $\frac{1}{2}$ (d) $\frac{1}{4}$

Sol. (a) $x^4 - 2x^2 + k$, [समीकरण में k का मान 1 रखने पर]
$x^4 - 2x^2 + 1 = (x^2 - 1)^2$
अतः k = 1 रखने व्यंजक पूर्ण वर्ग बन जायेगा।

52. 0.3, 0.03, 0.9, 0.09 संख्याओं में, वह संख्या कौन सी है, जो $\sqrt{0.9}$ के मान के निकटतम है?
(a) 0.3 (b) 0.03
(c) 0.9 (d) 0.09

Sol. (c) 0.3, 0.03, 0.9, 0.09 का वर्ग करने पर
= 0.09, .0009, 0.81, 0.0081 तथा $\sqrt{0.9}$ का वर्ग = 0.9
स्पष्ट है $\sqrt{0.9}$ के निकटतम मान 0.9 होगा।

53. $\sqrt{529} \div 46 \times 7.4 + (8)^3 - 251 = ?$
(a) 264.7 (b) 246.1
(c) 256.4 (d) 285.4

Sol. (a) $\sqrt{529} \div 46 \times 7.4 + (8)^3 - 251 = ?$
$\Rightarrow 1/2 \times 7.4 + (8)^3 - 251 = ?$
$\Rightarrow 3.7 + 512 - 251 = ?$
$\Rightarrow ? = 264.7$

54. $\sqrt{40 + \sqrt{9\sqrt{81}}}$ का मान है
(a) 7 (b) 11
(c) $\sqrt{111}$ (d) 9

Sol. (a) $\sqrt{40 + \sqrt{9\sqrt{81}}}$
$= \sqrt{40 + \sqrt{9 \times 9}} = \sqrt{40 + 9} = 7$

55. $\sqrt{2\sqrt[3]{4\sqrt{2\sqrt[3]{4\sqrt{2\sqrt[3]{4...}}}}}}$ का मान कितना है?
(a) 2 (b) 2^2
(c) 2^3 (d) 2^5

Sol. (a) माना $\sqrt{2\sqrt[3]{4...}} = x$
प्रश्नानुसार
$x = \sqrt{2\sqrt[3]{4x}}$ (दोनों तरफ वर्ग करने पर)
$x^2 = 2\sqrt[3]{4x}$
$\Rightarrow \frac{x^2}{2} = \sqrt[3]{4x}$ (दोनों तरफ घन करने पर)
$\Rightarrow \frac{x^6}{8} = 4x \Rightarrow x^5 = 32 \Rightarrow x^5 = 2^5 = x = 2$
अतः समीकरण का मान 2 होगा।

56. $\sqrt{64^{2/3} \times 2^{-2} \div 8^0}$ का मान ज्ञात कीजिए।

(a) 0 (b) 1
(c) 2 (d) 1/2

Sol. (c) $\sqrt{(4^3)^{2/3} \times \frac{1}{2^2} \div 1} = \sqrt{4^2 \times \frac{1}{4}} = 2$

57. यदि $\left(\frac{5}{12} + \frac{17}{16} + x\right)$ पूर्णांक हो, तो x का न्यूनतम मान है।

(a) $\frac{23}{48}$ (b) $\frac{25}{48}$
(c) $\frac{13}{48}$ (d) $\frac{45}{46}$

Sol. (b) x का न्यूनतम मान के लिए पूर्णांक 1 होगा

$\frac{5}{12} + \frac{17}{16} + x = 1$

$\Rightarrow \frac{71}{48} + x = 1 \Rightarrow x = 1 - \frac{71}{48} = -\frac{23}{48}$

अर्थात् या तो $\frac{23}{48}$ घटाना होगा या $\frac{25}{48}$ जोड़ना होगा।

58. $3 - \frac{3+\sqrt{5}}{4} - \frac{1}{3+\sqrt{5}}$ किसके बराबर है?

(a) 0 (b) $\frac{3}{2}$
(c) $\frac{\sqrt{5}}{2}$ (d) $\sqrt{5}$

Sol. (b) $\frac{3}{1} - \frac{3+\sqrt{5}}{4} - \frac{1}{3+\sqrt{5}}$

$= \frac{36 + 12\sqrt{5} - 14 - 6\sqrt{5} - 4}{12 + 4\sqrt{5}}$

$\Rightarrow \frac{9 + 3\sqrt{5}}{6 + 2\sqrt{5}} \times \frac{6 - 2\sqrt{5}}{6 - 2\sqrt{5}}$

$= \frac{54 - 18\sqrt{5} + 18\sqrt{5} - 30}{36 - 20} \Rightarrow \frac{24}{16} = \frac{3}{2}$

59. यदि $\sqrt{3} = 1.732$ तो $\frac{3+\sqrt{6}}{5\sqrt{3} - 2\sqrt{12} - \sqrt{32} + \sqrt{50}}$ का मान है-

(a) 4.899 (b) 2.551
(c) 1.414 (d) 1.732

Sol. (d) $\frac{3+\sqrt{6}}{5\sqrt{3} - 4\sqrt{3} - 4\sqrt{2} + 5\sqrt{2}}$

$= \frac{3+\sqrt{6}}{\sqrt{3}+\sqrt{2}} \times \frac{\sqrt{3}-\sqrt{2}}{\sqrt{3}-\sqrt{2}} = \frac{3\sqrt{3} - 3\sqrt{2} + 3\sqrt{2} - 2\sqrt{3}}{1} = 1.732$

60. यदि $x = \frac{1}{1+\sqrt{2}}$ है, तो $x^2 + 2x + 3$ का मान है-

(a) 4 (b) 1
(c) 3 (d) 0

Sol. (a) $x = \frac{1}{\sqrt{2}+1} \times \frac{\sqrt{2}-1}{\sqrt{2}-1} = \frac{\sqrt{2}-1}{2-1} = \sqrt{2}-1$

प्रश्नानुसार

$(\sqrt{2}-1)^2 + 2(\sqrt{2}-1) + 3$

$= 3 - 2\sqrt{2} + 2\sqrt{2} - 2 + 3 = 4$

61. सरल कीजिए- $\frac{1+\sqrt{2}}{\sqrt{5}+\sqrt{3}} + \frac{1-\sqrt{2}}{\sqrt{5}-\sqrt{3}}$

(a) $\sqrt{5} - \sqrt{6}$ (b) $2\sqrt{5} - 3\sqrt{6}$
(c) $\sqrt{5} + \sqrt{6}$ (d) $2\sqrt{5} + \sqrt{6}$

Sol. (a) $\frac{1+\sqrt{2}}{\sqrt{5}+\sqrt{3}} + \frac{1-\sqrt{2}}{\sqrt{5}-\sqrt{3}}$

$= \frac{\sqrt{5} - \sqrt{3} + \sqrt{10} - \sqrt{6} + \sqrt{5} + \sqrt{3} - \sqrt{10} - \sqrt{6}}{(\sqrt{5})^2 - (\sqrt{3})^2}$

$= \frac{2\sqrt{5} - 2\sqrt{6}}{5-3} = \frac{2(\sqrt{5} - \sqrt{6})}{2} = \sqrt{5} - \sqrt{6}$

62. $\sqrt{20} + \sqrt{12} + \sqrt[3]{729} - \frac{4}{\sqrt{5}-\sqrt{3}} - \sqrt{81}$ का मान ज्ञात कीजिए-

(a) $\sqrt{2}$ (b) $\sqrt{3}$
(c) 0 (d) $2\sqrt{2}$

Sol. (c) $2\sqrt{5} + 2\sqrt{3} + 9 - \frac{4}{\sqrt{5}-\sqrt{3}} - 9$

$= 2\sqrt{5} + 2\sqrt{3} - \frac{4}{\sqrt{5}-\sqrt{3}} \times \frac{\sqrt{5}+\sqrt{3}}{\sqrt{5}+\sqrt{3}}$

$\Rightarrow 2\sqrt{5} + 2\sqrt{3} - \frac{4\sqrt{5} + 4\sqrt{3}}{2}$

$= 2\sqrt{5} + 2\sqrt{3} - 2\sqrt{5} - 2\sqrt{3} = 0$

63. $1 \div [1 + 1 \div \{1 + 1 \div (1 + 1 \div 2)\}]$ का मान है-

(a) 1 (b) $\frac{5}{8}$

(c) 2 (d) $\frac{1}{2}$

Sol. (b) $1 \div [1 + 1 \div \{1 + 1 \div (1 + 1 \div 2)\}]$

$$= 1 \div \left[1 + 1 \div \left\{1 + 1 \div \left(1 + \frac{1}{2}\right)\right\}\right]$$

$$= 1 \div \left[1 + 1 \div \left\{1 + 1 \div \left(\frac{3}{2}\right)\right\}\right] = 1 \div \left[1 + 1 \div \left\{1 + 1 \times \frac{2}{3}\right\}\right]$$

$$= 1 \div \left[1 + 1 \div \left\{1 + \frac{2}{3}\right\}\right] = 1 \div \left[1 + \frac{3}{5}\right] = 1 \div \left[\frac{8}{5}\right] = 1 \times \frac{5}{8} = \frac{5}{8}$$

64. सरल कीजिए- $8\frac{1}{2} - \left[3\frac{1}{4} \div \left\{1\frac{1}{4} - \frac{1}{2}\left(1\frac{1}{2} - \frac{1}{3} - \frac{1}{6}\right)\right\}\right]$

(a) $4\frac{1}{2}$ (b) $4\frac{1}{6}$

(c) $9\frac{1}{2}$ (d) $\frac{2}{9}$

Sol. (b) $8\frac{1}{2} - \left[3\frac{1}{4} \div \left\{1\frac{1}{4} - \frac{1}{2}\left(1\frac{1}{2} - \frac{1}{3} - \frac{1}{6}\right)\right\}\right]$

$$= \frac{17}{2} - \left[\frac{13}{4} \div \left\{\frac{5}{4} - \frac{1}{2}\left(\frac{3}{2} - \frac{1}{3} - \frac{1}{6}\right)\right\}\right]$$

$$= \frac{17}{2} - \left[\frac{13}{4} \div \left\{\frac{5}{4} - \frac{1}{2}(1)\right\}\right] = \frac{17}{2} - \left[\frac{13}{4} \div \left\{\frac{5}{4} - \frac{1}{2}\right\}\right]$$

$$= \frac{17}{2} - \left[\frac{13}{4} \div \left\{\frac{3}{4}\right\}\right] = \frac{17}{2} - \left[\frac{13}{4} \times \frac{4}{3}\right] = \frac{17}{2} - \frac{13}{3} = 4\frac{1}{6}$$

65. $\frac{(0.03)^2 - (0.01)^2}{0.03 - 0.01}$ का मान ज्ञात कीजिए-

(a) 0.02 (b) 0.004

(c) 0.1 (d) 0.04

Sol. (d) $\frac{(0.03)^2 - (0.01)^2}{0.03 - 0.01} = \frac{(0.03 + 0.01)(0.03 - 0.01)}{(0.03 - 0.01)}$

$= 0.03 + 0.01 = 0.04$

66. $\frac{3}{1^2.2^2} + \frac{5}{2^2.3^2} + \frac{7}{3^2.4^2} + \frac{9}{4^2.5^2} + \frac{11}{5^2.6^2} + \frac{13}{6^2.7^2} + \frac{15}{7^2.8^2} + \frac{17}{8^2.9^2} + \frac{19}{9^2.10^2}$ का मान है-

(a) $\frac{1}{100}$ (b) $\frac{99}{100}$

(c) $\frac{101}{100}$ (d) 1

Sol. (b) $\frac{3}{1^2.2^2} + \frac{5}{2^2.3^2} + \frac{7}{3^2.4^2} + \frac{9}{4^2.5^2} + \frac{11}{5^2.6^2} + \frac{13}{6^2.7^2} + \frac{15}{7^2.8^2} + \frac{17}{8^2.9^2} + \frac{19}{9^2.10^2}$

$$= 1 - \frac{1}{4} + \frac{1}{4} - \frac{1}{9} + \frac{1}{9} - \frac{1}{16} + \frac{1}{16} - \frac{1}{25} + ... + \frac{1}{64} - \frac{1}{81} + \frac{1}{81} - \frac{1}{100}$$

$$= 1 - \frac{1}{100} = \frac{99}{100}$$

67. $\frac{(2.697 - 0.498)^2 + (2.697 + 0.498)^2}{2.697 \times 2.697 + 0.498 \times 0.498}$ का मान है-

(a) 4 (b) 2

(c) 2.199 (d) 3.195

Sol. (b) माना a = 2.697 तथा b = 0.498

$$\frac{(a - b)^2 + (a + b)^2}{a^2 + b^2}$$

$$= \frac{a^2 + b^2 - 2ab + a^2 + b^2 + 2ab}{a^2 + b^2}$$

$$= \frac{2a^2 + 2b^2}{a^2 + b^2} = \frac{2(a^2 + b^2)}{(a^2 + b^2)} = 2$$

68. $\frac{4.41 \times 0.16}{2.1 \times 1.6 \times 0.21}$ का सरलीकृत रूप है -

(a) 1 (b) 0.1]

(c) 0.01 (d) 10

Sol. (a) $\frac{4.41 \times 0.16}{2.1 \times 1.6 \times 0.21}$

$$= \frac{2.1 \times 2.1 \times 0.16}{2.1 \times 1.6 \times 0.21} = \frac{21 \times 16}{16 \times 21} = 1$$

69. $\dfrac{0.1\times0.1\times0.1+0.02\times0.02\times0.02}{0.2\times0.2\times0.2+0.04\times0.04\times0.04}$ का मान है -

(a) 0.0125 (b) 0.125
(c) 0.25 (d) 0.5

Sol. (b) $\dfrac{0.1\times0.1\times0.1+0.02\times0.02\times0.02}{0.2\times0.2\times0.2+0.04\times0.04\times0.04}$

$=\dfrac{0.001+0.000008}{0.008+0.000064}=\dfrac{0.001008}{0.008064}$

$=\dfrac{1008}{8064}=0.125$

70. व्यजंक $1+2\div\left\{1+2\div\left(1+\dfrac{1}{3}\right)\right\}$ का मान बराबर है-

(a) $5\frac{1}{4}$ (b) $4\frac{1}{5}$

(c) $2\frac{1}{4}$ (d) $1\frac{4}{5}$

Sol. (d) $1+2\div\left\{1+2\div\left(1+\dfrac{1}{3}\right)\right\}$

$=1+2\div\left\{1+2\div\dfrac{4}{3}\right\}=1+2\div\left\{1+\dfrac{2\times3}{4}\right\}$

$=1+2\times\dfrac{4}{10}=1\dfrac{4}{5}$

71. $\left[\dfrac{(0.337+0.126)^2-(0.337-0.126)^2}{0.337\times0.126}\right]$ का मान है

(a) 4 (b) 0.211
(c) 0.463 (d) 0.4246

Sol. (a) माना a = 0.337, b = 0.126

$=\dfrac{(a+b)^2-(a-b)^2}{ab}$

$=\dfrac{a^2+b^2+2ab-a^2-b^2+2ab}{ab}$

$=\dfrac{4ab}{ab}=4$

72. $\dfrac{(998)^2-(997)^2-45}{(98)^2-(97)^2}$ बराबर है

(a) 1995 (b) 195
(c) 95 (d) 10

Sol. (d) $\dfrac{(998)^2-(997)^2-45}{(98)^2-(97)^2}$

$=\dfrac{(998+997)(998-997)-45}{(98+97)(98-97)}=\dfrac{1995\times1-45}{195\times1}$

$=\dfrac{1950}{195}=10$

73. $\dfrac{(3.63)^2-(2.37)^2}{3.63+2.37}$ का सरलीकृत मान है

(a) 6 (b) 2.26
(c) 1.36 (d) 1.26

Sol. (d) माना a = 3.63 तथा b = 2.37,

$\dfrac{a^2-b^2}{a+b}=\dfrac{(a+b)(a-b)}{(a+b)}$

$= 3.63 - 2.37 = 1.26$

74. (0.05×5 – 0.005×5) बराबर है

(a) 2.250 (b) 0.225
(c) 0.0225 (d) 0.275

Sol. (b) 0.05×5 – 0.005×5
= 0.25 – 0.025
= 0.25 – 0.025 = 0.225

75. $\dfrac{256\times256-144\times144}{112}$ बराबर है

(a) 420 (b) 400
(c) 360 (d) 320

Sol. (b) माना a = 256 तथा b = 144,

$\dfrac{a^2-b^2}{a-b}=\dfrac{(a+b)(a-b)}{(a-b)}$

$= 256 + 144 = 400$

76. $\dfrac{3.25\times3.20-3.20\times3.05}{0.064}$ बराबर है

(a) 1 (b) $\frac{1}{2}$

(c) $\frac{1}{10}$ (d) 10

Sol. (d) $\dfrac{3.25 \times 3.20 - 3.20 \times 3.05}{0.064}$

$= \dfrac{3.20(3.25 - 3.05)}{0.064}$

$= \dfrac{3.20 \times 0.2}{0.064} = \dfrac{0.640}{0.064} = 10$

77. $\dfrac{137 \times 137 + 137 \times 133 + 133 \times 133}{137 \times 137 \times 137 - 133 \times 133 \times 133}$ बराबर है

(a) 4 (b) 270

(c) $\dfrac{1}{4}$ (d) $\dfrac{1}{270}$

Sol. (c) माना a = 137, b = 133,

$\dfrac{a^2 + ab + b^2}{a^3 - b^3} = \dfrac{a^2 + ab + b^2}{(a - b)(a^2 + b^2 + ab)}$

$= \dfrac{1}{137 - 133} = \dfrac{1}{4}$

78. $\dfrac{2.3 \times 2.3 \times 2.3 - 1}{2.3 \times 2.3 + 2.3 + 1}$ बराबर है

(a) 1.3 (b) 3.3

(c) 0.3 (d) 2.2

Sol. (a) $\dfrac{2.3 \times 2.3 \times 2.3 - 1}{2.3 \times 2.3 + 2.3 + 1} = \dfrac{12.167 - 1}{7.59 + 1} = \dfrac{11.167}{8.59} = 1.3$

79. सरल कीजिए-

$\dfrac{0.05 \times 0.05 \times 0.05 - 0.04 \times 0.04 \times 0.04}{0.05 \times 0.05 + 0.002 + 0.04 \times 0.04}$

(a) 1 (b) 0.1

(c) 0.01 (d) 0.001

Sol. (c) $\dfrac{0.05 \times 0.05 \times 0.05 - 0.04 \times 0.04 \times 0.04}{0.05 \times 0.05 + 0.002 + 0.04 \times 0.04}$

$= \dfrac{(0.05)^3 - (0.04)^3}{0.05 \times 0.05 + 0.002 + 0.04 \times 0.04}$

$\dfrac{a^3 - b^3}{a^2 + ab + b^2} = \dfrac{(a - b)(a^2 + ab + b^2)}{(a^2 + ab + b^2)}$

$= a - b = 0.05 - 0.04 = 0.01$

80. $\dfrac{0.0347 \times 0.0347 \times 0.0347 + (0.9653)^3}{(0.0347)^2 - (0.347)(0.09653) + (0.9653)^2}$ को सरल कीजिए-

(a) 0.9306 (b) 1.0009

(c) 1.0050 (d) 1

Sol. (d) $\dfrac{0.0347 \times 0.0347 \times 0.0347 + (0.9653)^3}{(0.0347)^2 - (0.347)(0.09653) + (0.9653)^2}$

$= \dfrac{a \times a \times a + b^3}{a^2 - ab + b^2} = \dfrac{(a + b)(a^2 - ab + b^2)}{(a^2 - ab + b^2)}$

= (a + b) = 0.0347 + 0.9653 = 1

[माना a = 0.0347 तथा b = 0.9653]

81. $\dfrac{0.051 \times 0.051 \times 0.051 + 0.041 \times 0.041 \times 0.041}{0.051 \times 0.051 - 0.051 \times 0.041 + 0.041 \times 0.041}$ का मान है-

(a) 0.92 (b) 0.092

(c) 0.0092 (d) 0.00092

Sol. (b) माना a = 0.051 तथा b = 0.041

तब, व्यंजक $\dfrac{a^3 + b^3}{a^2 - a \times b + b^2}$

$= \dfrac{(a + b)(a^2 - ab + b^2)}{(a^2 - ab + b^2)}$

$= a + b = 0.051 + 0.041 = 0.092$

82. सरल कीजिए- $\dfrac{2\frac{3}{4}}{1\frac{5}{6}} \div \dfrac{7}{8} \times \left(\dfrac{1}{3} + \dfrac{1}{4}\right) + \dfrac{5}{7} \div \dfrac{3}{7}$ का $\dfrac{3}{4}$

(a) $\dfrac{55}{77}$ (b) $\dfrac{49}{80}$

(c) $\dfrac{2}{3}$ (d) $3\dfrac{2}{9}$

Sol. (d) $\dfrac{2\frac{3}{4}}{1\frac{5}{6}} \div \dfrac{7}{8} \times \left(\dfrac{1}{3} + \dfrac{1}{4}\right) + \dfrac{5}{7} \div \dfrac{3}{7}$ का $\dfrac{3}{4}$

$= \dfrac{\frac{11}{4}}{\frac{11}{6}} \div \dfrac{7}{8} \times \left(\dfrac{7}{12}\right) + \dfrac{5}{7} \div \dfrac{9}{28}$

$= \dfrac{3}{2} \times \dfrac{8}{7} \times \left(\dfrac{7}{12}\right) + \dfrac{5}{7} \times \dfrac{28}{9}$

$= \dfrac{12}{7} \times \dfrac{7}{12} + \dfrac{20}{9} = 1 + \dfrac{20}{9} \Rightarrow \dfrac{29}{9} \Rightarrow 3\dfrac{2}{9}$

83. $9-3\frac{3}{11}$ का $1\frac{2}{9} \div \frac{7}{9}$ का $5\frac{1}{7}$ बराबर है

(a) 8 (b) 9

(c) $8\frac{32}{81}$ (d) $\frac{5}{4}$

Sol. (a) $9-3\frac{3}{11}$ का $1\frac{2}{9} \div \frac{7}{9}$ का $5\frac{1}{7}$

$= 9-3\frac{3}{11}$ का $\frac{11}{9} \div \frac{7}{9}$ का $\frac{36}{7}$

$= 9-\left(\frac{36}{11}\times\frac{11}{9}\right)\div\left(\frac{7}{9}\times\frac{36}{7}\right)$

$= 9-4\div 4 = 9-1 = 8$

84. यदि $1\frac{2}{3} \div \frac{2}{7} \times \frac{x}{7} = 1\frac{1}{4} \times \frac{2}{3} \div \frac{1}{6}$ तो x का मान ज्ञात कीजिए।

(a) 0.006 (b) $\frac{1}{6}$

(c) 0.6 (d) 6

Sol. (d) $1\frac{2}{3} \div \frac{2}{7} \times \frac{x}{7} = 1\frac{1}{4} \times \frac{2}{3} \div \frac{1}{6}$

$\Rightarrow \frac{5}{3} \div \frac{2}{7} \times \frac{x}{7} = \frac{5}{4} \times \frac{2}{3} \times \frac{6}{1} = 5$

$\Rightarrow 5x = 30$

$\Rightarrow x = 6$

85. $\frac{2}{3} \times \frac{3}{\frac{5}{6} \div 1\frac{1}{4} \text{ का } \frac{2}{3}}$ का मान है

(a) 2 (b) 1

(c) $\frac{1}{2}$ (d) $\frac{2}{3}$

Sol. (a) $\frac{2}{3} \times \frac{3}{\frac{5}{6} \div 1\frac{1}{4} \text{ का } \frac{2}{3}}$

$= \frac{2}{3} \times \frac{3}{\frac{5}{6} \div \left(\frac{5}{4} \times \frac{2}{3}\right)} = \frac{2}{3} \times \frac{3}{\frac{5}{6} \times \frac{6}{5}} = \frac{2}{3} \times \frac{3}{1} = 2$

86. $\frac{(2.644+2.356)(2.644-2.356)}{0.288}$ का सरलीकरण करने पर प्राप्त होता है

(a) 1 (b) 5

(c) 4 (d) 6

Sol. (b) व्यंजक $\frac{(2.644+2.356)(2.644-2.356)}{0.288}$

$= \frac{5.0 \times 0.288}{0.288} = 5$

87. सरल कीजिए– $\frac{5.32 \times 56 + 5.32 \times 44}{(7.66)^2 - (2.34)^2}$

(a) 7.2 (b) 8.5

(c) 10 (d) 12

Sol. (c) $\frac{5.32 \times 56 + 5.32 \times 44}{(7.66)^2 - (2.34)^2}$

$= \frac{5.32(56+44)}{(7.66+2.34)(7.66-2.34)}$

$[\because a^2 - b^2 = (a+b)(a-b)]$

$= \frac{5.32 \times 100}{10 \times 5.32} = 10$

88. $\frac{10.3 \times 10.3 \times 10.3 + 1}{10.3 \times 10.3 - 10.3 + 1}$ बराबर है

(a) 9.3 (b) 10.3

(c) 11.3 (d) 12.3

Sol. (c) $\frac{10.3 \times 10.3 \times 10.3 + 1}{10.3 \times 10.3 - 10.3 + 1}$

$= \frac{(10.3)^3 + (1)^3}{(10.3)^2 - 10.3 \times 1 + (1)^2}$

$= \frac{(10.3+1)[(10.3)^2 - 10.3 \times 1 + (1)^2]}{[(10.3)^2 - 10.3 \times 1 + (1)^2]} = 11.3$

89. $(2.4 \times 10^3) \div (8 \times 10^{-2})$ बराबर है

(a) 3×10^5 (b) 3×10^4

(c) 3×10^{-5} (d) 30

Sol. (b) $\frac{2.4 \times 10^3}{8 \times 10^{-2}} = \frac{24 \times 100 \times 100}{8} = 30000$

$= 3 \times 10^4$

90. $(5.5)^3 - (4.5)^3$ का मान क्या होगा?

(a) 1 (b) 75
(c) 74.25 (d) 75.25

Sol. (d) $(5.5)^3 - (4.5)^3 = (5.5-4.5)(5.5^2+4.5^2+5.5\times4.5)$
$= 1(30.25 + 20.25 + 24.75) = 75.25$

91. $(7.5 \times 7.5 + 37.5 + 2.5 \times 2.5)$ का मान बताइए

(a) 100 (b) 80
(c) 60 (d) 30

Sol. (a) $7.5 \times 7.5 + 37.5 + 2.5 \times 2.5$
$= (7.5)^2 + 2 \times (7.5)(2.5) + (2.5)^2$
$= (7.5 + 2.5)^2 = (10)^2 = 100$

92. $999\frac{995}{999} \times 999$ का मान है

(a) 990809 (b) 998996
(c) 999824 (d) 998999

Sol. (b) $999\frac{995}{999} \times 999$

$= (999)^2 + \frac{995}{999} \times 999$

$= 998001 + 995 = 998996$

93. $0.008 \times 0.01 \times 0.072 \div (0.12 \times 0.0004)$ का मान है

(a) 1.2 (b) 0.12
(c) 0.012 (d) 1.02

Sol. (b) $0.008 \times 0.01 \times 0.072 \div (0.12 \times 0.0004)$

$= \frac{0.008 \times 0.01 \times 0.072}{(0.12 \times 0.0004)} = \frac{12}{100} = 0.12$

94. यदि $\frac{50}{*} = \frac{*}{12\frac{1}{2}}$ हो, तो * का मान है

(a) $\frac{25}{2}$ (b) $\frac{4}{25}$
(c) 4 (d) 25

Sol. (d) माना * = x

$\frac{50}{x} = \frac{x}{\frac{25}{2}} \Rightarrow x^2 = 50 \times \frac{25}{2} \Rightarrow x = 25$

95. सरल कीजिए- $\dfrac{\frac{5}{3}\times\frac{17}{5} \text{ का } \frac{7}{51} - \frac{1}{3}}{\frac{2}{9}\times\frac{28}{5} \text{ का } \frac{5}{7} - \frac{2}{3}}$

(a) $\frac{1}{2}$ (b) 4
(c) 2 (d) $\frac{1}{4}$

Sol. (c) $\dfrac{\frac{5}{3}\times\frac{17}{5} \text{ का } \frac{7}{51} - \frac{1}{3}}{\frac{2}{9}\times\frac{28}{5} \text{ का } \frac{5}{7} - \frac{2}{3}}$

$= \dfrac{\frac{5}{3}\times\frac{17}{5}\times\frac{7}{51} - \frac{1}{3}}{\frac{2}{9}\times\frac{4}{1} - \frac{2}{3}} = \dfrac{\frac{7}{9} - \frac{1}{3}}{\frac{8}{9} - \frac{2}{3}} = \dfrac{\frac{4}{9}}{\frac{2}{9}} = 2$

96. $\frac{0.0203 \times 2.92}{0.0073 \times 14.5 \times 0.7}$ बराबर है

(a) 0.8 (b) 1.45
(c) 2.40 (d) 3.25

Sol. (a) $\frac{0.0203 \times 2.92}{0.0073 \times 14.5 \times 0.7}$

$= \frac{203 \times 292}{73 \times 145 \times 7} = \frac{29 \times 4}{145} \Rightarrow \frac{4}{5} = 0.8$

97. $(0.1 \times 0.01 \times 0.001 \times 10^7)$ बराबर है

(a) 100 (b) $\frac{1}{10}$
(c) $\frac{1}{100}$ (d) 10

Sol. (d) $0.1 \times 0.01 \times 0.001 \times 10^7$

$= \frac{1}{10} \times \frac{1}{100} \times \frac{1}{1000} \times 10^7 \Rightarrow \frac{10^7}{10^6} = 10$

98. व्यंजक $\frac{1}{1\times2\times3} + \frac{1}{2\times3\times4} + \frac{1}{3\times4\times5} + \frac{1}{4\times5\times6}$ का मान बराबर है

(a) $\frac{1}{30}$ (b) $\frac{7}{30}$
(c) $\frac{11}{30}$ (d) $\frac{13}{30}$

Sol. (b) $\frac{1}{1\times2\times3}+\frac{1}{2\times3\times4}+\frac{1}{3\times4\times5}+\frac{1}{4\times5\times6}$

$=\frac{1}{6}+\frac{1}{24}+\frac{1}{60}+\frac{1}{120}$

$=\frac{20+5+2+1}{120}=\frac{28}{120}=\frac{7}{30}$

99. $\frac{(7.5)^3+1}{(7.5)^2-6.5}$ बराबर है-

(a) 2.75 (b) $\frac{9}{5}$
(c) 4.75 (d) 8.5

Sol. (d) $\frac{(7.5)^3+1}{(7.5)^2-6.5}=\frac{(7.5)^3+1^3}{(7.5)^2-7.5+1}$

$\Rightarrow a^3+b^3=(a+b)(a^2-ab+b^2)$

$=\frac{(7.5+1)(7.5^2-7.5\times1+1^2)}{7.5^2-7.5\times1+1^2}=8.5$

100. (71 × 29 + 27 × 15 + 8 × 4) बराबर है
(a) 3450 (b) 3458
(c) 2496 (d) उपर्युक्त में से कोई नहीं

Sol. (c) (71 × 29 + 27 × 15 + 8 × 4)
= 2059 + 405 + 32 = 2496

101. व्यंजक $1998^2-1997^2+1996^2-1995^2+1994^2-1993^2$ की सरलीकृत मान हैं
(a) 11973 (b) 11958
(c) 11963 (d) 11953

Sol. (a) $1998^2-1997^2+1996^2-1995^2+1994^2-1993^2$
= [(1998 + 1997)(1998 – 1997) + (1996 + 1995) (1996 – 1995) + (1994 + 1993)(1994 – 1993)]
= 3995 + 3991 + 3987 = 11973
$[(a^2-b^2)=(a+b)(a-b)$ से]

102. 12345679 × 72 का मान होगा?
(a) 88888888 (b) 99999998
(c) 888888888 (d) 898989898

Sol. (c) 12345679 × 72 = 888888888 **अथवा**
डिजिटल योग से- 12345679 × 72 → DS = 0
(a) 88888888 → DS = 1
(b) 99999998 → DS = 8
(c) 888888888 → DS = 0
(d) 898989898 → DS = 4

केवल विकल्प (c) का डिजिटल योग 0 है। अतः यही सही उत्तर होगा।

103. 3034 – (1002 ÷ 20.04) को सरल करके मान बताइए
(a) 3029 (b) 2984
(c) 2993 (d) 2543

Sol. (b) 3034 – (1002 ÷ 20.04)

$=3034-\left(\frac{100200}{2004}\right)$

$=3034-50\Rightarrow2984$

104. $\frac{8(3.75)^3+1}{(7.5)^2-6.5}$ बराबर है

(a) 2.75 (b) $\frac{9}{5}$
(c) 4.75 (d) 8.5

Sol. (d) $\frac{8(3.75)^3+1}{(7.5)^2-6.5}$

$=\frac{8(3.75\times3.75\times3.75)+1}{(7.5\times7.5)-6.5}=\frac{8(52.734375)+1}{56.25-6.5}$

$=\frac{421.875+1}{49.75}=\frac{422.875}{49.75}\Rightarrow\frac{422875}{49750}=8.5$

105. $\frac{(6.25)^{1/2}\times(0.0144)^{1/2}+1}{(0.027)^{1/3}+(81)^{1/4}}$ का सरलीकृत रूप है

(a) 0.14 (b) 0.4
(c) 1 (d) 1.44

Sol. (d) $\frac{(6.25)^{1/2}\times(0.0144)^{1/2}+1}{(0.027)^{1/3}+(81)^{1/4}}$

$=\frac{2.5\times.12+1}{.3\times3}\Rightarrow\frac{.3+1}{.9}=\frac{1.3}{.9}\Rightarrow\frac{13}{9}\Rightarrow1.44$

106. $\left(\frac{1}{1\times2}+\frac{1}{2\times3}+\frac{1}{3\times4}+....\frac{1}{9\times10}\right)$ बराबर है

(a) 0.1 (b) 1.1
(c) 0.9 (d) 0.09

Sol. (c) $\frac{1}{1\times2}+\frac{1}{2\times3}+\frac{1}{3\times4}+....\frac{1}{9\times10}$

$=\left(\frac{1}{1}-\frac{1}{2}\right)+\left(\frac{1}{2}-\frac{1}{3}\right)+\left(\frac{1}{3}-\frac{1}{4}\right)+....\left(\frac{1}{9}-\frac{1}{10}\right)$

$=1-\frac{1}{10}\Rightarrow\frac{9}{10}=0.9$

107. सरल कीजिए- $(64^{2/3} \times 2^{-2} \div 8^0)^{1/2}$

(a) 0 (b) 1

(c) 2 (d) $\frac{1}{2}$

Sol. **(c)** $\left(64^{2/3} \times 2^{-2} \div 8^0\right)^{1/2}$

$$= \left\{(2)^{6\times\frac{2}{3}} \times \frac{1}{2^2} \div 1\right\}^{1/2} = \left(2^4 \times \frac{1}{2^2}\right)^{1/2} = (2^2)^{1/2} = 2$$

108. $(243)^{0.16} \times (243)^{0.04}$ का मान बराबर है

(a) 0.16 (b) $\frac{1}{3}$

(c) 3 (d) 0.04

Sol. **(c)** व्यंजक $= (243)^{0.16+0.04} = (243)^{0.20} = (3^5)^{1/5} = 3$

109. $(0.04)^{-1.5}$ को सरल करने पर प्राप्त होता है

(a) 25 (b) 125

(c) 250 (d) 625

Sol. **(b)** $(0.04)^{-1.5} = 0.04^{-\frac{15}{10}} = (0.04)^{-\frac{3}{2}}$

$$= \left(\frac{4}{100}\right)^{-\frac{3}{2}} = \left(\frac{1}{25}\right)^{-\frac{3}{2}}$$

$$= (5^2)^{\frac{3}{2}} = 5^{2\times\frac{3}{2}} = 125$$

110. निम्नांकित का सरलीकृत मान है-

$$\left(1-\frac{1}{3}\right)\left(1-\frac{1}{4}\right)\left(1-\frac{1}{5}\right)....\left(1-\frac{1}{99}\right)\left(1-\frac{1}{100}\right)$$

(a) $\frac{2}{99}$ (b) $\frac{1}{25}$

(c) $\frac{1}{50}$ (d) $\frac{1}{100}$

Sol. **(c)** $\left(1-\frac{1}{3}\right)\left(1-\frac{1}{4}\right)\left(1-\frac{1}{5}\right)....\left(1-\frac{1}{99}\right)\left(1-\frac{1}{100}\right)$

$$= \frac{2}{3} \times \frac{3}{4} \times \frac{4}{5} .... \frac{98}{99} \times \frac{99}{100} = \frac{2}{100} \Rightarrow \frac{1}{50}$$

111. यदि (a – b), (c + d) से 6 अधिक है तथा (a + b), (c – d) से 3 कम है, तो (a – c) का मान है

(a) 0.5 (b) 1.0

(c) 1.5 (d) 2.0

Sol. **(c)** $\because$ $(a-b) - (c+d) = 6$

$\Rightarrow a - b - c - d = 6$ ...(1)

तथा $(c-d) - (a+b) = 3$

$\Rightarrow c - d - a - b = 3$ ...(2)

समी. (1) में से (2) को घटाने पर

$2a - 2c = 3$

$\Rightarrow a - c = \frac{3}{2} = 1.5$

112. यदि $\frac{2a+b}{a+4b} = 3$ है, तो $\frac{a+b}{a+2b}$ का मान ज्ञात कीजिए-

(a) $\frac{5}{9}$ (b) $\frac{2}{7}$

(c) $\frac{10}{9}$ (d) $\frac{10}{7}$

Sol. **(c)** $\frac{2a+b}{a+4b} = 3$

$\Rightarrow 2a + b = 3a + 12b$

$\Rightarrow a = -11b \Rightarrow \frac{a}{b} = -11$

$$\Rightarrow \quad \frac{a+b}{a+2b} = \frac{\frac{a}{b}+1}{\frac{a}{b}+2} = \frac{-11+1}{-11+2} = \frac{-10}{-9} \Rightarrow \frac{10}{9}$$

113. यदि Δ एक ऐसी संक्रिया है कि धन पूर्णांकों a और b के लिए $a\Delta b = -a + b - (-2)$ है, तो $4\Delta 3$ का मान है

(a) 1 (b) –1

(c) +3 (d) –3

Sol. **(a)** $a\Delta b = -a + b - (-2)$

इसी प्रकार $-4 + 3 + 2$

$\Rightarrow -4 + 5 \Rightarrow 1$

114. सरल कीजिए-

$$\left[3\frac{1}{4} \div \left\{1\frac{1}{4} - \frac{1}{2}\left(2\frac{1}{2} - \frac{1}{4} - \frac{1}{6}\right)\right\}\right] \div \left(4\frac{1}{3} \text{ का } \frac{1}{2}\right)$$

(a) 18 (b) 36

(c) 39 (d) 78

Sol. **(b)** $\left[3\frac{1}{4} \div \left\{1\frac{1}{4} - \frac{1}{2}\left(2\frac{1}{2} - \frac{1}{4} - \frac{1}{6}\right)\right\}\right] \div \left(4\frac{1}{3} \text{ का } \frac{1}{2}\right)$

$= \left[\frac{13}{4} \div \left\{\frac{5}{4} - \frac{1}{2}\left(\frac{5}{2} - \frac{1}{4} - \frac{1}{6}\right)\right\}\right] \div \left(\frac{13}{3} \times \frac{1}{2}\right)$

$= \frac{13}{4} \div \left[\frac{5}{4} - \frac{1}{2}\left\{\frac{5}{2} - \frac{1}{12}\right\}\right] \div \frac{13}{6}$

$= \frac{13}{4} \div \left[\frac{5}{4} - \frac{29}{24}\right] \div \frac{13}{6}$

$= \frac{13}{4} \div \frac{1}{24} \div \frac{13}{6} = \frac{13}{4} \times 24 \times \frac{6}{13} = 36$

115. $1.\overline{2} \times 0.\overline{03} = ?$

(a) $0.\overline{04}$ (b) $0.0\overline{36}$

(c) $1.\overline{13}$ (d) $0.\overline{037}$

Sol. **(d)** $1.\overline{2} \times 0.\overline{03}$

$= 1.\frac{2}{9} \times \frac{3}{99} = \frac{11}{9} \times \frac{3}{99} = \frac{1}{27} = \overline{.037}$

116. $\frac{1.\overline{3} \times 1.\overline{3} \times 1.\overline{3} - 1}{1.\overline{3} + 1.\overline{3} \times 1.\overline{3} + 1}$ का सरलीकृत है

(a) $\frac{1}{3}$ (b) $1\frac{1}{3}$

(c) $\frac{37}{91}$ (d) $\frac{27}{91}$

Sol. **(a)** माना $a = 1.\overline{3}$ तथा $b = 1$

$\frac{a^3 - b^3}{a^2 + b^2 + ab}$

$= \frac{(a-b)(a^2 + b^2 + ab)}{a^2 + b^2 + ab} = 1.\overline{3} - 1 = .\overline{3} = \frac{3}{9} \Rightarrow \frac{1}{3}$

117. मान ज्ञात कीजिए– $\frac{9|3-5| - 5|4| \div 10}{-3(5) - 2 \times 4 \div 2}$

(a) $\frac{8}{10}$ (b) $-\frac{16}{19}$

(c) $-\frac{8}{17}$ (d) $\frac{4}{7}$

Sol. **(b)** व्यंजक $\frac{9|3-5| - 5|4| \div 10}{-3(5) - 2 \times 4 \div 2}$

$= \frac{(9 \times 2) - 5 \times 4 \div 10}{-15 - 4} = \frac{18 - 2}{-19} = -\frac{16}{19}$

118. $\left(0.\overline{63} + 0.\overline{37} + 0.\overline{80}\right)$ को सरल करने का परिणाम आता है–

(a) $1.\overline{80}$ (b) $1.\overline{81}$

(c) $1.\overline{79}$ (d) 1.80

Sol. **(b)** $(0.\overline{63} + 0.\overline{37} + 0.\overline{80})$

$= \frac{63}{99} + \frac{37}{99} + \frac{80}{99} = \frac{180}{99} \Rightarrow 1 + \frac{81}{99} = 1.\overline{81}$

119. $8.7 - \left[7.6 - \left\{6.5 - \left(5.4 - \overline{4.3 - 2}\right)\right\}\right]$ का सरलीकृत मान है–

(a) 2.5 (b) 3.5

(c) 4.5 (d) 5.5

Sol. **(c)** $8.7 - \left[7.6 - \left\{6.5 - \left(5.4 - \overline{4.3 - 2}\right)\right\}\right]$

$= 8.7 - [7.6 - \{6.5 - (5.4 - 4.3 + 2)\}]$

$= 8.7 - 4.2 = 4.5$

120. कुछ समीकरण विशेष विधि के आधार पर हल किए गए हैं। उसी आधार पर हल न किए गए समीकरण का सही उत्तर दिए गए विकल्पों में से चुनिए

6 × 4 × 3 = 436; 8 × 4 × ? = 468; 6 × 9 × 8 = 986

(a) 3 (b) 4

(c) 5 (d) 6

Sol. **(d)** जिस प्रकार 6 × 4 × 3 = 436; 6 × 9 × 8 = 986

इसी प्रकार 8 × 4 × (6) = 468

उपरोक्त प्रश्न में सैकड़ा का अंक गुणनफल के बाद इकाई का अंक, दहाई का अंक गुणनफल के बाद सैकड़ा का अंक तथा इकाई का अंक गुणनफल के बाद दहाई के अंक का स्थान ले लेते हैं अतः रिक्त स्थान पर 6 होगा।

121. यदि * एक संख्या को प्रदर्शित करता हो, तो $5\frac{3}{*} \times 3\frac{1}{2} = 19$ में * का मान होगा।

(a) 7 (b) 4

(c) 6 (d) 2

Sol. (a) माना कि * = x

प्रश्नानुसार

$$5\frac{3}{x}\times 3\frac{1}{2} = 19$$

$$\Rightarrow \frac{5x+3}{x}\times\frac{7}{2} = 19$$

$$\Rightarrow \frac{5x+3}{x} = \frac{38}{7}$$

$35x + 21 = 38x \Rightarrow 3x = 21 \Rightarrow x = 7$

अतः अभीष्ट संख्या x = 7

122. $\frac{3.25\times 3.25+1.75\times 1.75-2\times 3.25\times 1.75}{3.25\times 3.25-1.75\times 1.75}$ को सरल करने पर प्राप्त होता है

(a) 0.5 (b) 0.4

(c) 0.3 (d) 0.2

Sol. (c) माना a = 3.25 तथा b = 1.75

$$\frac{a^2+b^2-2ab}{a^2-b^2} = \frac{(a-b)^2}{(a+b)(a-b)}$$

$$= \frac{a-b}{a+b}$$

$$= \frac{3.25-1.75}{3.25+1.75} = \frac{1.5}{5} = 0.3$$

123. $\left(\frac{1+\sqrt{2}}{\sqrt{5}+\sqrt{3}}+\frac{1-\sqrt{2}}{\sqrt{5}-\sqrt{3}}\right)$ को सरल करने पर प्राप्त होता है

(a) $\sqrt{5}+\sqrt{6}$ (b) $2\sqrt{5}+\sqrt{6}$

(c) $\sqrt{5}-\sqrt{6}$ (d) $2\sqrt{5}-3\sqrt{6}$

Sol. (c) $\frac{1+\sqrt{2}}{\sqrt{5}+\sqrt{3}}+\frac{1-\sqrt{2}}{\sqrt{5}-\sqrt{3}}$

$$= \frac{(1+\sqrt{2})(\sqrt{5}-\sqrt{3})}{(\sqrt{5}-\sqrt{3})(\sqrt{5}+\sqrt{3})}+\frac{(1-\sqrt{2})(\sqrt{5}+\sqrt{3})}{(\sqrt{5}-\sqrt{3})(\sqrt{5}+\sqrt{3})}$$

$$= \frac{\sqrt{5}-\sqrt{3}+\sqrt{2}\sqrt{5}-\sqrt{3}\sqrt{2}}{(\sqrt{5})^2-(\sqrt{3})^2}+\frac{\sqrt{5}+\sqrt{3}-\sqrt{2}\sqrt{5}-\sqrt{3}\sqrt{2}}{(\sqrt{5})^2-(\sqrt{3})^2}$$

$$= \frac{\sqrt{5}-\sqrt{3}+\sqrt{10}-\sqrt{6}}{2}+\frac{\sqrt{5}+\sqrt{3}-\sqrt{10}-\sqrt{6}}{2}$$

$$= \frac{\sqrt{5}-\sqrt{3}+\sqrt{10}-\sqrt{6}+\sqrt{5}+\sqrt{3}-\sqrt{10}-\sqrt{6}}{2}$$

$$= \frac{2\sqrt{5}-2\sqrt{6}}{2} = \frac{2\left(\sqrt{5}-\sqrt{6}\right)}{2} = \sqrt{5}-\sqrt{6}$$

124. $\frac{1+876542\times 876544}{876543\times 876543}$ किसके बराबर है?

(a) 3 (b) 0

(c) 1 (d) 2

Sol. (c) माना 876543 = a

$$\Rightarrow \frac{1+[(a-1)(a+1)]}{a^2} = \frac{1+a^2-1}{a^2} = 1$$

125. $\sqrt{\frac{4\frac{1}{7}-2\frac{1}{4}}{3\frac{1}{2}+1\frac{1}{7}}\div\frac{1}{2+\frac{1}{2+\frac{1}{5-\frac{1}{5}}}}}$ किसके बराबर है?

(a) 1 (b) 4

(c) 3 (d) 2

Sol. (a) $\sqrt{\frac{\frac{29}{7}-\frac{9}{4}}{\frac{7}{2}+\frac{8}{7}}\div\frac{1}{2+\frac{1}{2+\frac{5}{24}}}}$

$$= \sqrt{\frac{\frac{53}{28}}{\frac{65}{14}}\div\frac{1}{2+\frac{24}{53}}} \Rightarrow \sqrt{\left(\frac{53}{28}\times\frac{14}{65}\right)\div\frac{53}{130}} = \sqrt{\frac{53}{130}\times\frac{130}{53}}$$

= 1

126. $\frac{1}{7}+\left(999\frac{692}{693}\right)\times 99$ किसके बराबर है?

(a) 1 (b) 99000

(c) 99800 (d) 99900

Sol. (b) $\frac{1}{7}+\left[\frac{(693\times 999)+692}{693}\times 99\right]$

$$= \frac{1}{7}+\left[\frac{693\times 999+692}{7}\right] = \frac{1+693\times 999+692}{7}$$

$$\Rightarrow \frac{693\times 999+693}{7}$$

$$= \frac{693(999+1)}{7} = 99\times 1000 = 99000$$

127. यदि p = 99 हो, तो $p(p^2 + 3p + 3)$ का मान क्या होगा?
(a) 100089 (b) 999999
(c) 10000 (d) 99999

Sol. (b) $P(P^2 + 3P + 3)$
$= P^3 + 3P^2 + 3P + 1 - 1$
$= (P + 1)^3 - 1$
P = 99 रखने पर
$(99 + 1)^3 - 1 = (100)^3 - 1 = 999999$

128. $2^{32} - (2 + 1)(2^2 + 1)(2^4 + 1)(2^8 + 1)(2^{16} + 1)$ का मान है-
(a) 0 (b) 1
(c) 2 (d) 2^{16}

Sol. (b) $2^{32} - [(2 - 1)(2 + 1)(2^2 + 1)(2^4 + 1)(2^2 + 1)(2^{16} + 1)]$ [कोष्ठक के अन्दर 1 गुणा करने पर]
$= 2^{32} - [(2^2-1)(2^2+1)(2^4+1)(2^8+1)(2^{16}+1)]$
$= 2^{32} - [(2^4 - 1)(2^4 + 1)(2^8 + 1)(2^{16} + 1)]$
$= 2^{32} - [2^{32} - 1] \Rightarrow 2^{32} - 2^{32} + 1 = 1$

129. यदि व्यंजक x + 809436 × 809438 एक पूर्ण वर्ग है, तो x का मान है-
(a) 0 (b) 1
(c) 809436 (d) 809438

Sol. (b) x + 809436 × 809638 माना 809436 = a
$x + a(a + 2) = x + (a^2 + 2a)$
अब x = 1 रखने पर
$a^2 + 2a + 1 = (a + 1)^2$
अतः x = 1 रखने पर संख्या पूर्ण वर्ग है।

130. यदि $1^3 + 2^3 + ... + 9^3 = 2025$ तो $(0.11)^3 + (0.22)^3 + ... + (0.99)^3$ का लगभग मान है
(a) 0.2695 (b) 0.3695
(c) 2.695 (d) 3.695

Sol. (c) $1^3 + 2^3 + ... + 9^3 = 2025$ (दिया है)
$(0.11)^3 + (0.22)^3 + ... + (0.99)^3$
$$= \left(\frac{11}{100}\right)^3 (1^3 + 2^3 + ... + 9^3)$$
$$\Rightarrow \left(\frac{11}{100}\right)^3 (2025) = 2.695$$

131. यदि $x = (0.08)^2, y = \frac{1}{(0.08)^2}$ तथा $z = (1 - 0.08)^2 - 1$ हो, तो निम्न में से कौन-सा सम्बन्ध सही है?
(a) y < x तथा x = z (b) x < y तथा x = z
(c) y < z < x (d) z < x < y

Sol. (d) $x = \frac{8}{100} \times \frac{8}{100} = \frac{64}{10000}, y = \frac{10000}{64}$
अतः y > x
माना 0.08 = a, $(1 - a)^2 - 1$
$\Rightarrow 1 + a^2 - 2a - 1 = a^2 - 2a = (.08)^2 - 2 \times .08$
अतः x > z
अतः y > x > z

132. यदि $x = \frac{\sqrt{3}}{2}$ तो $\sqrt{1+x} + \sqrt{1-x}$ का मान होगा
(a) $\frac{1}{\sqrt{3}}$ (b) $2\sqrt{3}$
(c) $\sqrt{3}$ (d) 2

Sol. (c) $x = \frac{\sqrt{3}}{2}, \sqrt{1+x} + \sqrt{1-x} = ?$
(वर्ग करके वर्गमूल करने पर)
$$\sqrt{\left(\sqrt{1+x} + \sqrt{1-x}\right)^2} = \sqrt{1+x+1-x+2\sqrt{1-x^2}}$$
$$\Rightarrow \sqrt{2+2\sqrt{1-\frac{3}{4}}} = \sqrt{2+2\times\frac{1}{2}} \Rightarrow \sqrt{3}$$

133. $71^2 - 41^2$ निम्न में से किस संख्या द्वारा पूर्णतः विभाज्य है?
(a) 34 (b) 33
(c) 36 (d) 35

Sol. (d) $71^2 - 41^2 = (71 + 41)(71 - 41) = 112 \times 30$
= यह संख्या 35 से पूर्णतया विभाजित है।

134. यदि व्यंजक $x^2 + x + 1$ को $\left(x + \frac{1}{2}\right)^2 + q^2$ के रूप में लिखा जाए, तो q के सम्भावित मान हैं
(a) $-\frac{\sqrt{3}}{2}$ (b) $\pm\frac{\sqrt{3}}{2}$
(c) $\pm\frac{2}{\sqrt{3}}$ (d) $\pm\frac{1}{2}$

Sol. (b) $x^2 + x + 1$
$$= \left(x + \frac{1}{2}\right)^2 + q^2 \Rightarrow x^2 + x + 1 = x^2 + \frac{1}{4} + x + q^2$$
$$\Rightarrow 1 = \frac{1}{4} + q^2 \Rightarrow q^2 = 1 - \frac{1}{4} = \frac{3}{4} \Rightarrow q = \pm\frac{\sqrt{3}}{2}$$

135. मान लिखिए $\sqrt[3]{a}=\sqrt[3]{26}+\sqrt[3]{7}+\sqrt[3]{63}$ है तो

(a) a < 729 किन्तु a > 216
(b) a < 216
(c) a > 729
(d) a = 729

Sol. (a) $\sqrt[3]{a} = \sqrt[3]{26}+\sqrt[3]{7}+\sqrt[3]{63}$

$2^3 < 26 < 3^3,\ 1^3 < 7 < 2^3,\ 3^3 < 63 < 4^3$

अतः $(2+1+3)^3 < a < (3+2+4)^3$

$= 216 < a < 729$

136. यदि $\frac{(x-\sqrt{24})(\sqrt{75}+\sqrt{50})}{\sqrt{75}-\sqrt{50}} = 1$ हो, तो x का मान कितना होगा?

(a) $\sqrt{5}$ (b) 5
(c) $2\sqrt{5}$ (d) $3\sqrt{5}$

Sol. (b) $(x-2\sqrt{6})(5\sqrt{3}+5\sqrt{2}) = 5\sqrt{3}-5\sqrt{2}$

$\Rightarrow x-2\sqrt{6}$

$= \frac{5\sqrt{3}-5\sqrt{2}}{5\sqrt{3}+5\sqrt{2}} \times \frac{5\sqrt{3}-5\sqrt{2}}{5\sqrt{3}-5\sqrt{2}} = \frac{75+50-50\sqrt{6}}{25}$

$\Rightarrow x-2\sqrt{6} = 5-2\sqrt{6}$

अतः x = 5

137. $\left[\left(1+\frac{1}{10+\frac{1}{10}}\right)\times\left(1+\frac{1}{10+\frac{1}{10}}\right)-\left(1-\frac{1}{10+\frac{1}{10}}\right)\times\left(1-\frac{1}{10+\frac{1}{10}}\right)\right]$

$\div\left[\left(1+\frac{1}{10+\frac{1}{10}}\right)+\left(1-\frac{1}{10+\frac{1}{10}}\right)\right]$

का सरलीकृत मान है।

(a) $\frac{100}{101}$ (b) $\frac{90}{101}$
(c) $\frac{20}{101}$ (d) $\frac{101}{100}$

Sol. (c) माना $a = 1+\frac{1}{10+\frac{1}{10}},\ b = 1-\frac{1}{10+\frac{1}{10}}$

$\because \frac{a^2-b^2}{a+b} = \frac{(a+b)(a-b)}{(a+b)} = a-b$

a और b का मान रखने पर

$= 1+\frac{1}{10+\frac{1}{10}}-\left(1-\frac{1}{10+\frac{1}{10}}\right)$

$= 1+\frac{10}{101}-\left(1-\frac{10}{101}\right)$

$= \frac{111}{101}-\frac{91}{101} = \frac{20}{101}$

138. $[(0.111)^3+(0.222)^3-(0.333)^3+(0.333)^2(0.222)]^2$ का सरलीकृत मान है।

(a) 0.999 (b) 0
(c) 0.888 (d) 111

Sol. (b) यदि a + b + c = 0 तो $a^3+b^3+c^3 = 3abc$

$\because 0.111+0.222-0.333 = 0$

$\therefore (0.111)^3+(0.222)^3+(-0.333)^3$

$= 3(0.111)(0.222)(-0.333)$

$= [(0.111)^3+(0.222)^3-(0.333)^3 + (0.333)\times(0.222)]^2$

$= [3(0.111)+(0.222)(-0.333) + (0.333)^2(0.222)]$

$= [(0.222)(0.333)\times\{-3(0.111)+0.333\}]^3$

$= [(0.222)(0.333)(0)]^3 = 0$

139. $\frac{5.42\times6+5.42\times24}{32.71\times32.71-27.29\times27.29} \div \frac{6.54\times6.54-3.46\times3.46}{3.08\times5+3.08\times45}$ बराबर है–

(a) 0.3 (b) 0.4
(c) 0.7 (d) 2.5

Sol. (d) माना a = 32.71, b = 27.29, c = 6.54, d = 3.46

$\frac{5.42\times6+5.42\times24}{32.72\times32.71-27.29\times27.29} \div \frac{6.54\times6.54-3.56\times3.46}{3.08\times5+3.08\times45}$

$= \frac{5.42\times(6+24)}{a^2-b^2} \div \frac{c^2-d^2}{3.08(5+45)} = \frac{5.42\times30}{(a+b)(a-b)} \div \frac{(c+d)(c-d)}{3.08\times50}$

$= \frac{5.42\times30}{60\times5.42} \div \frac{10\times3.08}{3.08\times50}$

(a, b, c तथा d का मान रखने पर)

$= \frac{5.42\times30\times3.08\times50}{60\times5.42\times10\times3.08} = \frac{5}{2} = 2.5$

140. 0.75 × 7.5 – 2 × 7.5 × 0.25 + 0.25 × 02.5 बराबर है

(a) 205 (b) 2500
(c) 2.5 (d) 25

Sol. **(c)** 0.75 × 7.5 – 2 × 7.5 × 0.25 + 0.25 × 2.5
= 10 (0.75 × 0.75 – 2 × 0.75 × 0.25 + 0.25 × .25)
= 10 $(0.75 - 0.25)^2$ = 10 × 25 = 2.5
[$\because (a-b)^2 = a^2 - 2ab + b^2$]

141. $\frac{0.07 \times 0.07 - 0.0021 + 0.03 \times 0.03}{0.000343 + 0.000027}$ को सरल करने पर प्राप्त होता है–

(a) 1.0 (b) 0.1
(c) 0.01 (d) 10

Sol. **(d)** माना a = 0.07 तथा b = 0.03

$$\therefore \frac{a^2 - ab + b^2}{a^3 + b^3}$$

$$= \frac{a^2 - ab + b^2}{(a+b)(a^2 + b^2 - ab)}$$

$$= \frac{1}{a+b} \quad \text{(a और b का मान रखने पर)}$$

$$= \frac{1}{0.07 + 0.03} = \frac{1}{.10} = 10$$

142. $\frac{0.9 \times 0.9 \times 0.9 + 0.2 \times 0.2 \times 0.2 + 0.3 \times 0.3 \times 0.3 - 3 \times 0.9 \times 0.2 \times 0.3}{0.9 \times 0.9 + 0.2 \times 0.2 + 0.3 \times 0.3 - 0.9 \times 0.2 - 0.2 \times 0.3 - 0.3 \times 0.9}$

(a) 1.4 (b) 0.054
(c) 0.8 (d) 1.0

Sol. **(a)** माना 0.9 = a, 0.2 = b तथा 0.3 = c प्रश्न में ये मान प्रतिस्थापित करने पर

$$\frac{a^3 + b^3 + c^3 - 3abc}{a^2 + b^2 + c^2 - ab - bc - ca}$$

$$= \frac{(a+b+c)(a^2 + b^2 + c^2 - ab - bc - ca)}{(a^2 + b^2 + c^2 - ab - bc - ca)}$$

= (a + b + c) = 0.9 + 0.2 + 0.3 = 1.4

143. $\frac{\frac{1}{3} \times \frac{1}{3} \times \frac{1}{3} + \frac{1}{4} \times \frac{1}{4} \times \frac{1}{4} - 3 \times \frac{1}{3} \times \frac{1}{4} \times \frac{1}{5} + \frac{1}{5} \times \frac{1}{5} \times \frac{1}{5}}{\frac{1}{3} \times \frac{1}{3} + \frac{1}{4} \times \frac{1}{4} + \frac{1}{5} \times \frac{1}{5} - \left(\frac{1}{3} \times \frac{1}{4} + \frac{1}{4} \times \frac{1}{5} + \frac{1}{3} \times \frac{1}{2}\right)}$

बराबर है

(a) $\frac{2}{3}$ (b) $\frac{3}{4}$
(c) $\frac{47}{60}$ (d) $\frac{49}{60}$

Sol. **(c)** $\frac{\frac{1}{3} \times \frac{1}{3} \times \frac{1}{3} + \frac{1}{4} \times \frac{1}{4} \times \frac{1}{4} - 3 \times \frac{1}{3} \times \frac{1}{4} \times \frac{1}{5} + \frac{1}{5} \times \frac{1}{5} \times \frac{1}{5}}{\frac{1}{3} \times \frac{1}{3} + \frac{1}{4} \times \frac{1}{4} + \frac{1}{5} \times \frac{1}{5} - \left(\frac{1}{3} \times \frac{1}{4} + \frac{1}{4} \times \frac{1}{5} + \frac{1}{3} \times \frac{1}{2}\right)}$

$$= \frac{\left(\frac{1}{3}\right)^3 + \left(\frac{1}{4}\right)^3 + \left(\frac{1}{5}\right)^3 - 3 \times \frac{1}{3} \times \frac{1}{4} \times \frac{1}{5}}{\left(\frac{1}{3}\right)^2 + \left(\frac{1}{4}\right)^2 + \left(\frac{1}{5}\right)^2 - \left(\frac{1}{3} \times \frac{1}{4} + \frac{1}{4} \times \frac{1}{5} + \frac{1}{5} \times \frac{1}{3}\right)}$$

$$\left[\because \frac{a^3 + b^3 + c^3 - 3abc}{a^2 + b^2 + c^2 - (ab + bc + ca)}\right]$$

$$= \frac{\left(\frac{1}{3} + \frac{1}{4} + \frac{1}{5}\right)\left[\left(\frac{1}{3}\right)^2 + \left(\frac{1}{4}\right)^2 + \left(\frac{1}{5}\right)^2 - \left(\frac{1}{3} \times \frac{1}{4} + \frac{1}{4} \times \frac{1}{5} + \frac{1}{5} \times \frac{1}{3}\right)\right]}{\left[\left(\frac{1}{3}\right)^2 + \left(\frac{1}{4}\right)^2 + \left(\frac{1}{5}\right)^2 - \left(\frac{1}{3} \times \frac{1}{4} + \frac{1}{4} \times \frac{1}{5} + \frac{1}{5} \times \frac{1}{3}\right)\right]}$$

$$= \left(\frac{1}{3} + \frac{1}{4} + \frac{1}{5}\right) = \frac{20 + 15 + 12}{60} = \frac{47}{60}$$

144. (6.5 × 6.5 – 45.5 + 3.5 × 3.5) किसके बराबर है

(a) 10 (b) 9
(c) 7 (d) 6

Sol. **(b)** (6.5 × 6.5 – 45.5 + 3.5 × 3.5)
= $(6.5 - 3.5)^2 = (6.5 - 3.5)^2 = 3^2 = 9$

145. $\frac{1}{5} + 999\frac{494}{495} \times 99$ का मान ज्ञात कीजिए

(a) 90000 (b) 99000
(c) 90900 (d) 99990

Sol. **(b)** $\frac{1}{5} + 999\frac{494}{495} \times 99$

$$= \frac{1}{5} + \frac{999 \times 495 + 494}{495} \times 99$$

$$= \frac{1}{5} + \frac{999 \times 495 + 494}{5} = \frac{1 + (1000 - 1)495 + 494}{5}$$

$$= \frac{1 + 495000 - 495 + 494}{5} = 99000$$

146. $[(81)^{0.25} \times (9)^{0.5} \times (27)^{1.5} \div (243)^{0.5}]$ बराबर है
(a) 81 (b) 83
(c) 85 (d) 87

Sol. **(c)** $\left[(81)^{0.25} \times (9)^{0.5} \times (27)^{1.5} \div (243)^{0.5}\right]$
$= (3^4)^{1/4} \times (3^2)^{1/2} \times (3^3)^{3/2} \div (3^5)^{1/2}$
$= 3 \times 3 \times 3^{\frac{9}{2}} \div 3^{\frac{5}{2}}$
$= 3^{1+1+\frac{9}{2}} \div 3^{\frac{5}{2}} = 3^{\frac{13}{2}} \div 3^{\frac{5}{2}} = 3^{\frac{13}{2}-\frac{5}{2}} = 3^4 = 81$

147. $[(5p)^2 + (6p)^2 + (7p)^2 + (8p)^2 + (9p)^2 + (10p)^2]$ बराबर हैं–
(a) $335p^2$ (b) $360p^2$
(c) $365p^2$ (d) $370p^2$

Sol. **(a)** प्रथम n प्राकृत संख्याओं की वर्गों का योग
$$= \frac{n(n+1)(2n+1)}{6}$$
1 से 10 तक की प्राकृत संख्याओं के वर्गों का योग
$$= \frac{10 \times 11 \times 21}{6} = 385$$
1 से 4 तक की प्राकृत संख्याओं के वर्गों का योग
$$= \frac{4 \times 5 \times 9}{6} = 30$$
$\therefore$ 5 से 10 तक की प्राकृत संख्याओं के वर्गों का योग
$= [(5p)^2 + (6p)^2 + (7p)^2 + (8p)^2 + (9p)^2 + (10p)^2]$
$= p^2 [5^2 + 6^2 + 7^2 + 8^2 + 9^2 + 10^2]$
$= 385p^2 - 30p^2 = 355\,p^2$

148. $\left(1+\frac{1}{x}\right)\left(1+\frac{1}{x+1}\right)\left(1+\frac{1}{x+2}\right)\left(1+\frac{1}{x+3}\right)$ का मान क्या है?
(a) $1+\frac{1}{x+4}$ (b) $x+4$
(c) $\frac{1}{x}$ (d) $\frac{x+4}{x}$

Sol. **(d)** $\left(1+\frac{1}{x}\right)\left(1+\frac{1}{x+1}\right)\left(1+\frac{1}{x+2}\right)\left(1+\frac{1}{x+3}\right)$
$$= \frac{x+1}{x} \times \frac{x+2}{x+1} \times \frac{x+3}{x+2} \times \frac{x+4}{x+3} = \frac{x+4}{x}$$

149. यदि $1^2 + 2^2 + 3^2 .... x^2 = \frac{x(x+1)(2x+1)}{6}$ हो, तो $1^2 + 3^2 + 5^2 .... 19^2$ बराबर है।
(a) 1330 (b) 2100
(c) 2485 (d) 2500

Sol. **(a)** $1^2 + 2^2 + 3^2 .... x^2 = \frac{x(x+1)(2x+1)}{6}$
तब $1^2 + 3^2 + 5^2 .... 19^2$
$$\frac{19(19+1)(19 \times 2+1)}{6} \Rightarrow \frac{(380)(39)}{6} = 2470$$
$\therefore$ $1^2 + 3^2 + 5^2 + ... 19^2$
$= (1^2 + 3^2 + 5^2 + ... + 19^2) + (2^2 + 4^2 + 6^2 + ... + 18^2)$
$= 2470 - (2^2 + 4^2 + 6^2 + ... 18^2)$
$= 2470 - 4(1^2 + 2^2 + 3^2 + ... 9^2)$
$= 2470 - 4\left[\frac{9(10)(19)}{6}\right] = 2470 - \frac{4 \times 1710}{6}$
$= 2470 - 1140 = 1330$

150. $\left[(5.\overline{88} - 4.\overline{58}) - (0.\overline{64}) + (0.\overline{36})\right]$ बराबर है
(a) $1.\overline{01}$ (b) $1.\overline{30}$ (c) $1.\overline{19}$ (d) $0.\overline{29}$

Sol. **(d)** $\left[(5.\overline{88} - 4.\overline{58}) - (0.\overline{64}) + (0.\overline{36})\right]$
$$= \left(5.\frac{88}{99} - 4.\frac{58}{99}\right) - \left(\frac{64}{99} + \frac{36}{99}\right)$$
$$= \left(\frac{583}{99} - \frac{454}{99}\right) - \left(\frac{100}{99}\right) = \frac{129}{99} - \frac{100}{99} = \frac{29}{99} \Rightarrow .\overline{29}$$

151. निम्नलिखित में से सबसे छोटा है
100 का $12\frac{1}{2}\%, 12.\overline{55}, \left(\frac{18}{5}\right)^2, \sqrt{160}$
(a) 100 का $12\frac{1}{2}\%$ (b) $12.\overline{55}$
(c) $\left(\frac{18}{5}\right)^2$ (d) $\sqrt{160}$

Sol. **(a)** 100 का $12\frac{1}{2}\% = 100 \times \frac{25}{2 \times 100} = 12.5$
तथा $12.\overline{55} = 12\frac{55}{99} = 12 + 0.556 = 12.56$

तथा $\left(\frac{18}{5}\right)^2 = \frac{324}{25} = 12.96$

तथा $\sqrt{160} = 4\sqrt{10} \Rightarrow 4 \times 3.1623 = 12.65$

अतः सबसे छोटी संख्या $= 12.5 = 100$ का $12\frac{1}{2}\%$

152. यदि a = 4011 और b = 3989 तो ab का मान = ?

(a) 15899879 (b) 15989979
(c) 15998879 (d) 15999879

Sol. **(d)** ab $= (4000 + 11)(4000 - 11)$
$= 16000000 - 121 = 15999879$

153. $55^3 + 17^3 - 72^3 + 201960$ किसके बराबर है?

(a) 0 (b) 1
(c) 17 (d) −1

Sol. **(a)** यहाँ $a + b + c = 55 + 17 - 72 = 0$
अतः $55^3+17^3-72^3 = 3 \times 55 \times 17 \times (-72)$
$= -201960$
तथा $55^3 + 17^3 - 72^3 + 201960$
$= -201960 + 201960 = 0$

154. $\sqrt{(x^2 + y^2 + z)(x + y - 3z)} \div \sqrt[3]{xy^3z^2}$ का मान ज्ञात करें जब x = +1, y = −3, z = −1.

(a) 0 (b) −1
(c) $\frac{1}{2}$ (d) 1

Sol. **(b)** $\sqrt{(1^2 + (-3)^2 + (-1)) \times [1 - 3 + 3]} \div \sqrt[3]{1 \times (-3)^3(-1)^2}$

$= \frac{\sqrt{9}}{-3} = \frac{3}{-3} = -1$

155. यदि $2^{x-1} + 2^{x+1} = 320$ तो x का मान है

(a) 8 (b) 5
(c) 7 (d) 6

Sol. **(c)** $\frac{2^x}{2} + 2^x \times 2 = 320$
$\Rightarrow 2^x + 2^x \times 2 \times 2 = 640$
$\Rightarrow 2^x[1 + 4] = 640$
$\Rightarrow 2^x = 128 \Rightarrow x = 7$

156. यदि p = 102, तो $p(p^2 - 6p + 12)$ का मान बताइए।

(a) 1000008 (b) 10000008
(c) 999992 (d) 9999992

Sol. **(a)** $p(p^2 - 6p + 12) = p^3 - 6p^2 + 12p$
$= (p - 2)^3 + 8$
$= (102 - 2)^3 + 8$
$= 1000008$

157. $3\sqrt{147} - \frac{7}{3}\sqrt{\frac{1}{3}} - \sqrt{\frac{1}{27}}$ का मान ज्ञात कीजिए।

(a) $\frac{281\sqrt{3}}{9}$ (b) $\frac{181\sqrt{3}}{3}$

(c) $\frac{181\sqrt{3}}{9}$ (d) $\frac{381\sqrt{3}}{9}$

Sol. **(c)** $3\sqrt{49 \times 3} - \frac{7}{3}\sqrt{\frac{1}{3}} - \sqrt{\frac{1}{9 \times 3}} =$

$21\sqrt{3} - \left(\frac{7}{3} + \frac{1}{3}\right)\frac{1}{\sqrt{3}} = 21\sqrt{3} - \frac{8}{3\sqrt{3}}$

$= \frac{189 - 8}{3\sqrt{3}} = \frac{181\sqrt{3}}{9}$

158. यदि $a = 2 + \sqrt{3}$ तो $\left(a^2 + \frac{1}{a^2}\right)$ का मान क्या होगा?

(a) 12 (b) 14
(c) 16 (d) 10

Sol. **(b)** $a = 2 + \sqrt{3}, \frac{1}{a} = \frac{1}{2 + \sqrt{3}} \times \frac{2 - \sqrt{3}}{2 - \sqrt{3}} = 2 - \sqrt{3}$

$\Rightarrow a + \frac{1}{a} = 2 + \sqrt{3} + 2 - \sqrt{3} = 4$

$a^2 + \frac{1}{a^2} + 2 \times a \times \frac{1}{a} = 4^2$

$\Rightarrow a^2 + \frac{1}{a^2} + 2 = 16 \Rightarrow a^2 + \frac{1}{a^2} = 14$

विभिन्न प्रतियोगी परीक्षाओं में विगत वर्षों में पूछे गये महत्त्वपूर्ण प्रश्न

1. दिये गये व्यंजक का सरलीकृत मान ज्ञात कीजिए- **[SSC CGL 2023]**

$$4\frac{4}{5} \div \frac{3}{5} \text{ of } 5 + \frac{4}{5} \times \frac{3}{10} - \frac{1}{5}$$

(a) $1\frac{4}{5}$ (b) 5
(c) $1\frac{16}{25}$ (d) 6

2. निम्नलिखित व्यंजक का मान ज्ञात कीजिए-
$[7 + 30 \div 6 - (6 + 6) + 7]$ **[SSC CGL 2023]**

(a) 6 (b) 7
(c) 5 (d) 4

3. निम्नलिखित व्यंजक का मान ज्ञात कीजिए- **[SSC CGL 2023]**

$$\left[\frac{85}{34} \times \frac{1}{18} - \left\{\left(\frac{46}{69} \div \frac{27}{135}\right) - \left(\frac{86}{129} \times \frac{91}{14}\right) \text{ of } \frac{112}{36}\right\}\right]$$

(a) $3\frac{1}{5}$ (b) $3\frac{3}{4}$
(c) $3\frac{1}{2}$ (d) $3\frac{1}{4}$

4. निम्नलिखित व्यंजक को हल कीजिए- **[SSC CGL 2023]**
$(2 \times 7 - 5 + 9 \div 3) \div (4 + 2)^2 \times 2$

(a) 2 (b) $\frac{3}{2}$
(c) $\frac{2}{3}$ (d) 1.5

5. दिये गये व्यंजक का मान ज्ञात कीजिए- **[SSC CGL 2023]**
$18 \div 3 \text{ of } 2 \times 5 + 72 \div 18 \text{ of } 2 \times 3 - 4 \div 8 \times 4$

(a) 20 (b) $\frac{20}{3}$
(c) $\frac{25}{3}$ (d) 25

6. $3 + 3^2 + 3^3 \ldots\ldots + 38$ का योग ज्ञात कीजिए- **[SSC CGL 2023]**

(a) 6561 (b) 6560
(c) 9840 (d) 3280

7. व्यंजक को सरल कीजिए- $\frac{3.35^2 - 1.25^2}{3.35 + 1.25} = ?$ **[SSC CGL 2023]**

(a) 3.10 (b) 4.60
(c) 4.10 (d) 2.1

8. निम्न का मान ज्ञात करें- **[SSC CGL 2023]**
$2.5 \times [144 \div 198 \times \{121 \times 81 \div (11 \times 9)\}]$

(a) 180 (b) 175
(c) 185 (d) 190

9. निम्नलिखित व्यंजक को सरल कीजिए- **[SSC CGL 2023]**

$$\left[\sqrt{25} + 12 \div 3 - \left\{20 + (16 \text{ of } 8 \div 16) - \left(54 \div 18 \text{ of } \frac{1}{2}\right)\right\}\right]$$

(a) –13 (b) 12
(c) 22 (d) 0

10. दिये गये व्यंजक का मान ज्ञात करें- **[SSC CGL 2023]**

$$\frac{7}{10} \div \frac{3}{7} \text{ of } \left(2\frac{3}{10} + 2\frac{3}{5}\right) + \frac{1}{5} \div 1\frac{2}{5} - \frac{2}{7}$$

(a) $-\frac{4}{21}$ (b) $\frac{5}{21}$
(c) $\frac{4}{21}$ (d) $-\frac{5}{21}$

11. दिए गए व्यंजक का सरलीकरण करें- **[SSC CGL 2023]**

$$\frac{432 \times 432 + 247 \times 247 - 432 \times 247}{432 \times 432 \times 432 + 247 \times 247 \times 247}$$

(a) $\frac{1}{259}$ (b) $\frac{1}{185}$
(c) $\frac{1}{679}$ (d) $\frac{1}{450}$

12. निम्न व्यंजक का मान ज्ञात कीजिए- **[SSC CGL 2023]**

$$\frac{\left(12+5-\frac{48}{16}+71\right)+\left(\frac{\frac{72}{36}+6\times 7}{11}\right)\times[(51+4-13)+(13-12\times 7)]}{232}$$

(a) $-\frac{31}{233}$ (b) $\frac{31}{232}$
(c) $\frac{41}{232}$ (d) $-\frac{31}{232}$

13. $7.5\times 17.2\div 8.6+(59.5)$ of $\frac{1}{17}-\frac{7}{2}$ of 5 का मान ज्ञात करें- **[SSC CGL 2023]**

(a) 1 (b) 3
(c) 4 (d) 2

14. $325+276\div[150-\{9\times 9+(83-4\times 15)\}]$ का मान ज्ञात कीजिए- **[SSC CGL 2023]**

(a) 332 (b) 333
(c) 334 (d) 331

15. निम्न का मान ज्ञात कीजिए- **[SSC CGL 2023]**

$$264-\left[142-\left\{75+\left(38-\left(\frac{5}{4}+\frac{11}{4}\right)\right)\right\}\right]$$

(a) 231 (b) 230
(c) 232 (d) 234

16. $(3^2)^2+3\times 3\div 3-3$ का मान क्या होगा- **[SSC CGL 2023]**

(a) 3^2 (b) 9^2
(c) 2^3 (d) 3^0

17. $(16+14)\div 2-12+16\times 4-28+13\,(-16+13)$ का मान क्या होगा- **[SSC CGL 2023]**

(a) 6 (b) 0
(c) −3 (d) 3

18. $\frac{3}{2}\div\frac{1}{7}\times\left[\left(\frac{1}{2}-\frac{1}{3}\right)\div\frac{1}{42}\right]$ का मान ज्ञात कीजिए- **[SSC CGL 2023]**

(a) $172\frac{1}{3}$ (b) $73\frac{1}{2}$
(c) $72\frac{1}{2}$ (d) $71\frac{2}{3}$

19. यदि $720\div 8+915\div 15-m+32\times 5=1104\div 16\times 111\div 37$ है तो m का मान क्या होगा- **[SSC CGL 2023]**

(a) 104 (b) 518
(c) 207 (d) 311

20. निम्नलिखित का सरलीकरण कीजिए- **[SSC CGL 2023]**

$$\frac{0.01\times 0.01\times 0.10+0.003\times 0.003\times 0.003}{0.05\times 0.05-0.015\times 0.05+0.015\times 0.015}$$

(a) $\frac{13}{15}\times 10^3$ (b) $\frac{13}{25}\times 10^{-3}$
(c) $\frac{13}{25}\times 10^3$ (d) $\frac{13}{15}\times 10^{-3}$

21. दिये गये व्यंजक का मान ज्ञात कीजिए- **[SSC CGL 2023]**
$1755\div 39\times(8-28\div 4)-2$

(a) −315 (b) −45
(c) 270 (d) 43

22. $\frac{2}{3}-\frac{5}{6}\times\frac{4}{5}\div\frac{4}{3}+\frac{1}{2}$ का मान क्या है- **[SSC CGL 2023]**

(a) $\frac{2}{3}$ (b) $\frac{2}{5}$
(c) $-\frac{11}{60}$ (d) 0

23. निम्नलिखित में से कौन-सा सबसे छोटा अनुपात है- **[SSC CGL 2023]**

$\frac{5}{6},\frac{7}{9},\frac{11}{12},\frac{13}{18}$

(a) $\frac{7}{9}$ (b) $\frac{13}{18}$
(c) $\frac{5}{6}$ (d) $\frac{11}{12}$

24. दिए गए व्यंजक का मान ज्ञात कीजिए- **[SSC CGL 2023]**

$$\left[\frac{120\times 120\times 120-100\times 100\times 100}{120\times 120+120\times 100+100\times 100}\right]$$

(a) 20 (b) 25
(c) 10 (d) 15

25. निम्नलिखित व्यंजक का मान ज्ञात कीजिए- **[SSC CGL 2023]**

$$\frac{7.35\times 7.35-2.25\times 2.25}{0.24}$$

(a) 204 (b) 320
(c) 225 (d) 304

26. यदि $\frac{3}{2}\times\frac{7}{3}\div\frac{7}{6}+\frac{1}{4}=\frac{1}{x}$, X का मान क्या है- **[SSC CHSL 2022]**

(a) $\frac{7}{12}$ (b) $\frac{4}{13}$
(c) $\frac{13}{4}$ (d) $\frac{6}{7}$

27. $\dfrac{\frac{5}{6}\text{ of }\frac{1}{3}\times\frac{12}{25}-\frac{1}{3}\text{ of }\frac{5}{6}\times\frac{18}{25}}{\frac{25}{12}\text{ of }\frac{1}{6}\times\frac{2}{5}+\frac{3}{8}\text{ of }\frac{12}{25}\times\frac{5}{6}}$ का मान क्या है- **[SSC CHSL 2022]**

(a) $-\frac{3}{13}$ (b) $-\frac{5}{13}$
(c) $-\frac{8}{25}$ (d) $-\frac{3}{25}$

28. $\frac{7\text{ of }14\div 4}{5\times 4\div 2}+\frac{6\div 12\times 3}{5\div 25\times 2}+\frac{15\div 5\times 6}{5\times 15\div 6}$ का मान क्या है- **[SSC CHSL 2022]**

(a) 7.64 (b) 7.44
(c) 7.62 (d) 7.22

29. यदि $\frac{1}{4}\text{ of }\frac{4}{5}+\frac{9}{2}\text{ of }\frac{17}{3}-\frac{3}{10}=p$ तो p का मान क्या है- **[SSC CHSL 2022]**

(a) $\frac{127}{5}$ (b) $\frac{177}{5}$
(c) $\frac{255}{2}$ (d) $\frac{51}{2}$

30. निम्नलिखित में से कौन-सा कथन सत्य है- **[SSC CHSL 2022]**

I. $\frac{1}{2}+\frac{1}{6}+\frac{1}{12}=\frac{3}{4}$ II. $\frac{1}{6}+\frac{1}{12}+\frac{1}{2}=\frac{3}{5}$

(a) Neither I nor II (b) Only II
(c) Only I (d) Both I and II

31. $25\div 10-\left(\frac{7}{4}\times\frac{1}{3}\right)\text{ of }\frac{6}{5}+\frac{14}{3}\times\frac{9}{10}+\left(\frac{1}{5}\div\frac{1}{25}\right)$ का मान क्या है- **[SSC CHSL 2022]**

(a) 9 (b) 15
(c) 11 (d) 7

32. $\dfrac{\frac{3}{4}\div\frac{9}{64}+\frac{7}{11}\times\frac{121}{14}-\frac{9}{13}\times\frac{65}{36}}{\frac{1}{2}\div\frac{4}{5}+\frac{3}{4}\times\frac{16}{15}}$ का मान क्या है- **[SSC CHSL 2022]**

(a) $\frac{1169}{143}$ (b) $\frac{1150}{171}$
(c) $\frac{1413}{157}$ (d) $\frac{1216}{141}$

33. यदि $A=\frac{18\div 9\times 4}{15\div 3\times 5}$ और $B=\frac{18\div 36\times 3+5\times 1-6}{18\div 6\times 20-3\times 4+12}$ तो (A + B) का मान क्या है- **[SSC CHSL 2022]**

(a) $\frac{137}{600}$ (b) $\frac{23}{100}$
(c) $\frac{187}{600}$ (d) $\frac{197}{600}$

34. x का मान क्या है?
यदि $x = 0.05\times 0.36\div 0.4+0.055+1.50\div 0.03$ **[SSC CHSL 2022]**

(a) 55.1 (b) 49.9
(c) 50.1 (d) 45.9

35. यदि $15+18\div 3\times 5-12\div 4+a=100$ हो तो 'a' का मान ज्ञात कीजिए- **[SSC CHSL 2022]**

(a) 54 (b) 58
(c) 48 (d) 42

36. $\frac{7\times 4\div 8}{5\times 25\div 125}+\frac{5\times 4\div 8}{8\times 4\div 16}-\frac{7\times 4\div 2}{8\times 4\div 4}$ का मान क्या है- **[SSC CHSL 2022]**

(a) 4 (b) $\frac{13}{4}$
(c) $\frac{15}{4}$ (d) $\frac{9}{2}$

37. $\frac{(0.91)^3+(0.9)^3}{[(0.91)^2-.0819+(0.09)^2]}$ का मान क्या है- **[SSC CHSL 2022]**

(a) 1 (b) 5
(c) 4 (d) 6

38. निम्नलिखित समीकरण को हल कीजिए- **[SSC CPO 2022]**

$12^3\times(16^2-14^2-40)\div 2-9^4=$ _____

(a) 17280 (b) 6561
(c) 10719 (d) 9865

39. $\left[1\frac{2}{7}\times\left\{3\frac{1}{2}\div\left(\frac{1}{2}-\frac{1}{7}\right)\right\}\right]\div\left(4\frac{1}{5}\times1\frac{1}{2}\right)$ का मान क्या है-

[SSC CPO 2022]

(a) $\frac{1}{3}$ (b) $\frac{3}{4}$

(c) 2 (d) 1

40. निम्नलिखित समीकरण को हल कीजिए- **[SSC CPO 2022]**

$456-(76+15^2)+\frac{3}{4}\text{ of }\frac{76}{18}\div\left(\frac{19}{72\times27}\right)=$ ....

(a) 443 (b) 256

(c) 356 (d) 401

41. निम्नलिखित समीकरण को हल कीजिए- **[SSC CPO 2022]**

$(7^3-7^2+6)\times(6^3-2^3-3^2+1)\div(21^2+20^2-41)=$___.

(a) 75 (b) 40

(c) 50 (d) 25

42. $\{1+7+(16\div8\div2)\}+\left\{(6\times2^2+6)\times\frac{2}{\sqrt{36}}\right\}$ का मान ज्ञात करें- **[SSC CPO 2022]**

(a) 17 (b) 21

(c) 19 (d) 12

43. सरल कीजिए- $\frac{2}{3}\text{ of }\frac{5}{7}\text{ of }\frac{4}{5}\text{ of }630$

[CISF HCM 2023]

(a) 200 (b) 240

(c) 109 (d) 150

44. सरल कीजिए- $\frac{0.\overline{52}\div0.5\bar{7}\times4\frac{3}{2}}{2.\overline{90}\div\frac{2}{11}\text{ of }8}=?$

[CRPF HCM 2023]

(a) 2.005 (b) 3.05

(c) 2.5 (d) 3.105

45. निम्नलिखित को हल करें- $\frac{4\frac{1}{2}-3\frac{1}{3}}{3\frac{2}{3}-2\frac{1}{4}}=?$

[CRPF HCM 2023]

(a) $\frac{11}{16}$ (b) $\frac{8}{15}$

(c) $\frac{2}{5}$ (d) $\frac{14}{17}$

46. $2+\cfrac{1}{2-\cfrac{1}{3-\cfrac{1}{4-\frac{1}{4}}}}=?$ **[CRPF HCM 2023]**

(a) $\frac{41}{67}$ (b) $2\frac{15}{41}$

(c) $2\frac{41}{67}$ (d) $\frac{15}{41}$

47. $15+\cfrac{1}{6+\cfrac{1}{8+\frac{1}{10}}}=?$

[CRPF HCM 2023]

(a) $15\frac{81}{496}$ (b) $15\frac{71}{186}$

(c) $15\frac{81}{472}$ (d) $15\frac{31}{374}$

48. $\left(2.\overline{53}+1.0\overline{46}+0.4\bar{9}\right)$ किसके बराबर है-

[CRPF HCM 2023]

(a) $3.0\overline{81}$ (b) $5.0\overline{51}$

(c) $4.0\overline{51}$ (d) $4.0\overline{81}$

49. $\left(1.0\bar{5}\div0.\overline{95}\right)\times0.4\overline{09}$ का मान है-

[ICAR 2022]

(a) 0.25 (b) 0.5

(c) 0.9 (d) 0.45

50. $7.25+\cfrac{7.5}{1-\cfrac{1}{3-\cfrac{1}{\frac{4}{5}}}}$ का मान किसके बराबर है-

[ICAR Technician 2022]

(a) 24.75 (b) 27.45

(c) 25.47 (d) 22.55

51. $1.6+1.2\times\frac{1}{4}-\left\{\frac{1}{5}+(1-0.8)\right\}$ को सरल कीजिए-

[Delhi Police 2023]

(a) 1.8 (b) 1.6
(c) 1.5 (d) 1.4

52. निम्नलिखित को सरल कीजिए-

$$12-\left[2.06+\left\{2.57+\left(9.91-\overline{5.09-0.75}\right)\right\}\right]$$

[Delhi Police 2023]

(a) 2.79 (b) 1.99
(c) 2.17 (d) 1.79

53. निम्नलिखित को सरल कीजिए-

$$\sqrt{\frac{0.009\times0.025\times0.016\times0.08}{0.002\times0.0008\times0.0002}}$$

[Delhi Police 2023]

(a) 16 (b) 18
(c) 30 (d) 72

54. $\frac{1+0.000027}{1-0.03+0.0009}$ का मान ज्ञात कीजिए-

[Delhi Police 2023]

(a) 1.08 (b) 1.07
(c) 1.05 (d) 1.03

55. निम्नलिखित को सरल कीजिए-

$$7\frac{1}{2}\div\left\{4\frac{1}{2}-\frac{1}{2}\times\left(2\frac{1}{2}-1\frac{1}{4}-\frac{3}{4}\right)\right\}$$

[IB ACIO 2020]

(a) 7.25 (b) 4.5
(c) 1.875 (d) 5.75

56. निम्नलिखित प्रश्न में प्रश्न चिह्न (?) के स्थान पर कौन-सा मान आएगा-

[IB ACIO 2020]

$$\left(9^2\times23+7^3\times8+?\right)\frac{1}{2}=87$$

(a) 2947 (b) –2971
(c) –4433 (d) 2968

57. निम्नलिखित को सरल कीजिए-

[IB ACIO 2020]

$$\left[\left(1-\frac{1}{2}\right)\left(1-\frac{1}{3}\right)\left(1-\frac{1}{4}\right)......\left(1-\frac{1}{100}\right)\right]^{-0.5}$$

(a) 10 (b) 100
(c) $\frac{1}{100}$ (d) $\frac{1}{10}$

58. सरल कीजिए- $\frac{(420\times60-720+1800)}{10}$

[DSSSB Assitt. Grade 2024]

(a) 2260 (b) 2628
(c) 3240 (d) 3165

59. $12\sqrt{9}+20\sqrt{16}$ और $10\sqrt{9}-6\sqrt{16}$ को जोड़िये-

[DSSSB Assitt. Grade 2024]

(a) 160 (b) 122
(c) 140 (d) 220

60. सरल कीजिए- $\frac{4}{12}\times\frac{3}{2}\div\frac{4}{8}-12+4$

[UPP Constable 2024]

(a) 7 (b) 8
(c) –7 (d) –8

61. मान ज्ञात कीजिए-

$5.061+3.98+0.7034+7.6+0.3+2$

[UPP Constable 2024]

(a) 19.6444 (b) 19.6476
(c) 19.6440 (d) 19.6467

62. 'x' का मान ज्ञात करें- $\frac{17.28\div x}{3.6\times0.2}=2$

[UPP Constable 2024]

(a) 15 (b) 14
(c) 12 (d) 10

63. निम्नलिखित समीकरण में प्रश्नचिन्ह (?) के स्थान पर आएगा-

$5072.19+368.312+(?)=9018.618$

[UPP Constable 2024]

(a) 3578.116 (b) 3571.115
(c) 3578.112 (d) 3571.116

64. सरल करें- $60-[15-\{35\div7-(12-24\div6)\div8\}]$

[UPSI 2021]

(a) 37 (b) 49
(c) 36 (d) 45

65. सरल करे $(18\times23\times10\times23)\div\left\{2\left(\sqrt{529}\div2\right)\right\}^2$

[UPSI 2021]

(a) 361 (b) 343
(c) 341 (d) 324

66. 'x' का मान ज्ञात करें- **[UPSI 2021]**

$$\sqrt{(320-x)}=\sqrt{\left(12+\sqrt{16}\right)}$$

(a) 465 (b) 295
(c) 315 (d) 498

67. $\frac{3}{1^2\times2^2}+\frac{5}{2^2\times3^2}+\frac{7}{3^2\times4^2}+.......$ किसके बराबर है- **[CDS 2024]**

(a) 1 (b) 4
(c) 7 (d) 9

68. यदि $\cfrac{1}{a+\cfrac{1}{b+\cfrac{1}{c+\cfrac{1}{d+\cfrac{1}{e}}}}}=\frac{421}{972}$, तो a × b × c × d × e का मान क्या है- **[CDS 2024]**

(a) 720 (b) 480
(c) 360 (d) 60

69. यदि $x=\cfrac{1}{2+\cfrac{3}{4+\cfrac{5}{6+\cfrac{7}{8+\cfrac{9}{10}}}}}$, तो निम्नलिखित में से कौन-सा सही है- **[CDS 2024]**

(a) 0 < x < 0.5 (b) x = 0.5
(c) 0.5 < x < 1.0 (d) x > 1.0

70. यदि $x=\left(\frac{3}{2}\right)^2\times\left(\frac{2}{3}\right)^{-4}$ हो, तो x^{-2} का मान है- **[BPSC Junior 2024]**

(a) $\left(\frac{3}{2}\right)^6$ (b) $\left(\frac{3}{2}\right)^{-12}$
(c) $\left(\frac{2}{3}\right)^{12}$ (d) उपर्युक्त में से एक से अधिक
(e) उपर्युक्त में से कोई नहीं

71. यदि $\frac{1}{3}+\frac{1}{2}+\frac{1}{x}=4$ तो x का मान ज्ञात कीजिए- **[BPSC Primary 2024]**

(a) $\frac{24}{11}$ (b) $\frac{6}{19}$
(c) $\frac{5}{18}$ (d) उपर्युक्त में से एक से अधिक
(e) उपर्युक्त में से कोई नहीं

72. 1093×1093 का मान ज्ञात कीजिए- **[RRB NTPC 2016]**

(a) 1194649 (b) 1162481
(c) 1424649 (d) 1428481

73. निम्न प्रश्न में '?' की जगह पर क्या आएगा-
9999 × 19 + 1111 × 111 + 777 × 77 = ? **[UPSI 2017]**

(a) 390031 (b) 291301
(c) 191131 (d) 373131

ANSWER

1	(c)	2	(b)	3	(d)	4	(a)	5	(a)	6	(c)	7	(d)	8	(a)	9	(a)	10	(c)
11	(c)	12	(d)	13	(a)	14	(d)	15	(a)	16	(b)	17	(b)	18	(b)	19	(a)	20	(b)
21	(d)	22	(a)	23	(b)	24	(a)	25	(a)	26	(b)	27	(a)	28	(a)	29	(a)	30	(c)
31	(c)	32	(b)	33	(d)	34	(c)	35	(b)	36	(c)	37	(a)	38	(c)	39	(c)	40	(a)
41	(a)	42	(c)	43	(b)	44	(c)	45	(d)	46	(c)	47	(a)	48	(d)	49	(d)	50	(a)
51	(c)	52	(d)	53	(c)	54	(d)	55	(c)	56	(c)	57	(a)	58	(b)	59	(b)	60	(d)
61	(a)	62	(c)	63	(a)	64	(b)	65	(d)	66	(b)	67	(a)	68	(a)	69	(a)	70	(d)
71	(b)	72	(a)	73	(d)														

CHAPTER 05

लघुत्तम समापवर्त्य एवं महत्तम समापवर्तक (LCM and HCF)

अपवर्तक एवं अपवर्त्य (Factor and Multiple) : यदि एक संख्या m दूसरी संख्या n को पूरी तरह विभाजित करती है तो m को n का अपवर्तक तथा n को m का अपवर्त्य कहते है।

LCM- Least (Lowest) Common Multiple (लघुत्तम समापवर्त्य)

HCF - Higest (Greatest) Comman Factor (महत्तम समावर्त्तक)

समावर्त्य (Common Multiple) : एक संख्या जो दो या दो से अधिक संख्याओं में प्रत्येक से पूरी तरह विभाजित होती हो, तो वह संख्या उन संख्याओं की समावर्त्य कहलाती है। जैसे- 3, 6, 5 का समापवर्त्य 30, 60, 90 आदि है।

लघुत्तम समावर्त्य (LCM) : वह छोटी से छोटी संख्या जिसे दो या दो से अधिक संख्याओं में प्रत्येक को पूरी तरह विभाजित किया जा सके, लघुत्तम समावर्त्य कहलाती है। जैसे 3, 5, 6 का लघुत्तम समापवर्त्य 30 है।

समापवर्त्तक (Common Factor) : ऐसी संख्या जो दो या दो से अधिक संख्याओं में से प्रत्येक को पूरी तरह विभाजित करे। जैसे- 10, 20, 30 के विभिन्न समापवर्त्तक 2, 5, 10 है।

महत्तम समापवर्त्तक (HCF) : जब एक बड़ी से बड़ी संख्या जो दो या दो से अधिक संख्याओं में से प्रत्येक को पूरी तरह विभाजित करती है तो वह संख्या उन दोनों संख्याओं का महत्तम समापवर्तक कहलाती है। जैसे- 10, 20, 30 का महत्तम समापवर्तक 10 है।

LCM का विभाज्यता पर आधारित प्रश्न

- वह छोटी से छोटी संख्या जो x, y और z से पूर्णतः विभाज्य है।

  संख्या = LCM of (x, y, z)

- वह छोटी से छोटी संख्या जिसे x, y और z से भाग देने पर प्रत्येक दशा में 'r' शेषफल बचे-

  संख्या = LCM of (x, y, z) + r

- वह छोटी से छोटी संख्या जिसे x, y और z से भाग देने पर क्रमशः a, b तथा c शेष बचे-

  संख्या = LCM of (x, y, z) – k

  जहाँ k = (x – a) = (y – b) = (z – c)

HCF का विभाज्यता पर आधारित प्रश्न

- वह बड़ी से बड़ी संख्या जो x, y और z को पूर्णतः विभाजित करती है।

  संख्या = HCF of (x, y, z)

- वह बड़ी से बड़ी संख्या जिससे x, y और z में भाग देने पर प्रत्येक दशा में 'r' शेषफल बचता है।

  संख्या = HCF of [(x – r), (y – r), (z – r)]

- वह बड़ी से बड़ी संख्या जिससे x, y और z में भाग देने पर प्रत्येक दशा में समान शेषफल बचता है।

  संख्या = HCF of [(x – y), (y – z), (z – x)]

- वह बड़ी से बड़ी संख्या जिससे x, y और z में भाग देने पर क्रमशः a, b तथा c शेष बचता है।

  संख्या = HCF of [(x – a), (y – b), (z – c)]

LCM और HCF में सम्बन्ध

पहली संख्या × दूसरी संख्या = ल०स० × म०स०

$$p(x) \times q(x) = LCM \times HCF$$

कुछ महत्त्वपूर्ण बिन्दु

- $$\text{भिन्नों का ल०स०} = \frac{\text{अंशों का लघुत्तम समापवर्त्य}}{\text{हरों का महत्तम समापवर्तक}}$$

- $$\text{भिन्नों का म०स०} = \frac{\text{अंशों का महत्तम समापवर्तक}}{\text{हरों का लघुत्तम समापवर्त्य}}$$

- दो संख्याओं के बीच की कुल संख्या जो x, y और z से विभाज्य हो-

  $$\text{कुल संख्या} = \frac{L - F}{LCM\ of\ (x, y, z)} + 1$$

  जहाँ L ⟶ अंतिम विभाज्य संख्या

  F ⟶ पहली विभाज्य संख्या

- सह अभाज्य संख्याओं का HCF सदैव 1 होता है।
- सह अभाज्य संख्याओं का LCM = संख्याओं का गुणनफल
- दो या दो से अधिक संख्याओं का HCF सदैव उन संख्याओं में से सबसे छोटी संख्या के बराबर अथवा छोटा होता है।
- दो या दो से अधिक संख्याओं का LCM सदैव उन संख्याओं में से सबसे बड़ी संख्या के बराबर अथवा बड़ा होता है।
- यदि संख्या a : b : c के अनुपात में और उसका HCF, h हो तो-

संख्याएं $\rightarrow$ ha, hb और hc

महत्तम समापवर्तक ज्ञात करने की विधि

गुणनखण्ड विधि – दी गई संख्याओं में से प्रत्येक को अभाज्य गुणनखण्डों के गुणनफल के रूप में व्यक्त करते है। कम से कम घात वाले उभयनिष्ठ अभाज्य गुणनखण्डों का गुणनफल म०स० प्रदान करता है।

उदाहरण–

42, 63 और 140 का म०स०

$42 = 2\times3\times7$

$63 = 3\times3\times7$

$140 = 2\times2\times5\times7$

इसीलिए, 42, 63 तथा 140 का म०स० = 7

भाग विधि – बड़ी संख्या का छोटी संख्या से भाग करना। अब भाजक को शेषफल से विभाजित करना, जब तक कि शेषफल शून्य न प्राप्त हो जाए। अंतिम भाजक ही म०स० होता है।

उदाहरण–

148 और 185 का म०स० ज्ञात करना।

```
148 ) 185 ( 1
      148
      ----
       37 ) 148 ( 4
            148
            ---
             ×
```

अतः म०स० = 37

ल०स० ज्ञात करने की विधि

गुणनखण्ड विधि – दी गई संख्या में प्रत्येक का अभाज्य गुणनखण्डों के गुणनफल के रूप में हल करना। सभी गुणनखण्डों की सबसे अधिक घात वाली पदों का गुणनफल ही ल०स० प्रदान करता है।

Type - I

1. 148 तथा 185 का लघुत्तम समापवर्तक कितना है?

(a) 680 (b) 740
(c) 2960 (d) 3700

Sol. (b) $148 = 2\times2\times37$

$185 = 5\times37$

$\therefore$ ल०स० $= 2^2\times5\times37 = 740$ **Ans.**

2. 24, 36, 40 का लघुत्तम समापवर्त्य ज्ञात करे-

(a) 120 (b) 240
(c) 360 (d) 480

Sol. (c)

4	24, 36, 40
2	6, 9, 10
3	3, 9, 5
	1, 3, 5

$\therefore$ ल०स० $= 2\times3^2\times4\times5 = 360$ **Ans.**

3. 22, 54, 108, 135, 198 का लघुत्तम समापवर्त्य कितना है?

(a) 330 (b) 1980
(c) 5940 (d) 11880

Sol. (c)

2	22, 54, 108, 135, 198
3	11, 27, 54, 135, 99
3	11, 9, 18, 45, 33
3	11, 3, 6, 15, 11
11	11, 1, 2, 5, 11
	1, 1, 2, 5, 1

ल०स० $= 2^2\times3^3\times5^1\times11^1$

$= 5940$ **Ans.**

4. 216, 288 तथा 720 का महत्तम समापवर्तक कितना है?

(a) 12 (b) 24
(c) 72 (d) 84

Sol. (c)

```
216 ) 288 ( 1              72 ) 720 ( 10
      216                       72
      ---                       ---
       72 ) 216 ( 3             ××
            216
            ---
             ×
```

अतः म०स० = 72 **Ans.**

5. 96, 528, 2160, 3520 का महत्तम समापर्वतक कितना है-

(a) 8 (b) 16
(c) 12 (d) 24

Sol. **(b)**

```
96 ) 528 ( 1        48 ) 2160 ( 1        48 ) 3520 ( 73
     480                 192                  336
     48 ) 96 ( 2          240                  160
          96              240                  144
          ×                ×                16 ) 48 ( 3
                                                 48
                                                 ×
```

अतः म०स० = 16 **Ans.**

6. 1134, 1344 तथा 1701 का महत्तम समापवर्तक ज्ञात करे-

(a) 42 (b) 21
(c) 23 (d) 29

Sol. **(b)**

```
2 | 1134      2 | 1134      3 | 1701
7 | 567       2 | 672       3 | 567
3 | 81        2 | 336       3 | 189
3 | 27        2 | 168       3 | 63
3 | 9         2 | 84        3 | 21
3 | 3         2 | 42        3 | 7
  | 1         3 | 21
                | 7
```

$1134 = 2^1 \times 3^4 \times 7^1$
$1344 = 2^6 \times 3^1 \times 7^1$
$1701 = 3^5 \times 7^1$
$\therefore$ म०स० $= 3^1 \times 7^1 = 21$ **Ans.**

7. 1.08, 0.36 तथा 0.9 का लघुत्तम समापवर्त्य कितना है?

(a) 1.08 (b) 0.9
(c) 10.8 (d) 5.4

Sol. **(d)**

```
18 | 108, 36, 90
 2 | 6, 2, 5
   | 3, 1, 5
```

संख्याएं = 1.08, 0.36, 0.90
108, 36, 90 का ल०स० = 540
$\therefore$ 1.08, 0.36, 0.90 का ल०स० = 5.4 **Ans.**

8. 2.4, 0.36 तथा 7.2 का महत्तम समापवर्तक ज्ञात करे-

(a) 12 (b) 1.2
(c) 0.12 (d) 120

Sol. **(c)** 2.40, 0.36, 7.20 का म०स०
240, 36, 720 का म०स० = 12
$\therefore$ 2.4, 0.36, 7.2 का म०स० = 0.12 **Ans.**

9. $\frac{2}{3}, \frac{4}{9}, \frac{5}{6}$ का ल०स० ज्ञात करे-

(a) $\frac{20}{3}$ (b) $\frac{10}{3}$
(c) $\frac{20}{27}$ (d) $\frac{8}{27}$

Sol. **(a)** भिन्नों का ल०स० $= \frac{\text{अंशों का ल०स०}}{\text{हरों का म०स०}}$

$= \frac{(2,4,5) \text{ का ल०स०}}{(3,9,6) \text{ का म०स०}} = \frac{20}{3}$ **Ans.**

10. $\frac{2}{3}, \frac{3}{5}, \frac{4}{7}, \frac{9}{13}$ का लघुत्तम समापवर्त्य कितना है?

(a) 36 (b) $\frac{1}{36}$
(c) $\frac{1}{1365}$ (d) $\frac{12}{455}$

Sol. **(a)** भिन्नों का ल०स० $= \frac{\text{अंशों का ल०स०}}{\text{हरों का म०स०}}$

$= \frac{(2,3,4,9) \text{ का ल०स०}}{(3,5,7,13) \text{ का म०स०}}$

$= \frac{36}{1} = 36$ **Ans.**

11. $\frac{7}{4}, \frac{14}{15}, \frac{7}{10}$ का महत्तम समापवर्तक कितना है?

(a) $\frac{3}{5}$ (b) $\frac{3}{1400}$
(c) $\frac{7}{60}$ (d) $\frac{252}{5}$

Sol. **(a)** भिन्नों का ल०स० $= \frac{\text{अंशों का म०स०}}{\text{हरों का ल०स०}}$

$= \frac{(7,14,7) \text{ का म०स०}}{(4,15,10) \text{ का ल०स०}}$

$= \frac{7}{60}$ **Ans.**

12. $\frac{9}{10}, \frac{12}{25}, \frac{18}{35}, \frac{21}{40}$ का महत्तम समापवर्तक ज्ञात करे-

(a) $\frac{3}{1400}$ (b) $\frac{5}{1400}$

(c) $\frac{7}{1400}$ (d) $\frac{9}{1400}$

Sol. (a) भिन्नों का म०स० $= \frac{\text{अंशों का म०स०}}{\text{हरों का ल०स०}}$

$= \frac{(9,12,18,21) \text{ का म०स०}}{(10,25,35,40) \text{ का ल०स०}}$

$= \frac{3}{1400}$ **Ans.**

13. यदि $P = 2^3.3^{10}.5$, $Q = 2^5.3.7$ हो तो P तथा Q का महत्तम समापवर्तक क्या होगा?

(a) 2×3×5×7 (b) 3×2^3

(c) $2^2 \times 3^7$ (d) $2^5 \times 3^{10} \times 5 \times 7$

Sol. (b) $P = 2^3 \times 3^{10} \times 5$

$Q = 2^5 \times 3 \times 7$

∴ म०स० $= 2^3 \times 3 = 3 \times 2^3$ **Ans.**

Type - II

14. वह छोटी से छोटी संख्या ज्ञात करें जिसे 4, 6, 8, 12 और 16 से भाग करने पर प्रत्येक दशा में 2 शेष प्राप्त हो-

(a) 46 (b) 48

(c) 50 (d) 56

Sol. (c) 4, 6, 8, 12 एवं 16 का ल०स० = 48

∴ अभीष्ट संख्या = 50

15. पांच अंकों की वह बड़ी से बड़ी संख्या ज्ञात कीजिए जिसे 3, 5, 8, 12 से भाग देने पर 2 शेष प्राप्त होता हो।

(a) 99999 (b) 99958

(c) 99960 (d) 99962

Sol. (d) 3, 5, 8, 12 का ल०स० = 120

पांच अंकों की सबसे बड़ी संख्या = 99999

प्रश्नानुसार,

120) 99999 (833
960
399
360
399
360
39

∴ अभीष्ट संख्या $= 99999 - 39 + 2$

$= 99962$ **Ans.**

16. 13 का वह सबसे छोटा गुणज, जिसे 4, 5, 6, 7, 8 से भाग देने पर प्रत्येक दशा में 2 शेष प्राप्त होता है।

(a) 2520 (b) 842

(c) 2522 (d) 840

Sol. (c) 4, 5, 6, 7, 8 का ल०स० = 840

अभीष्ट संख्या = 840K + 2, जो 13 से पूर्णतः विभाज्य हो।

K = 3

संख्या $= 840 \times 3 + 2$

= 2522 (जो 13 से पूर्णतः विभाज्य हो)

Ans.

17. 4 अंकों की ऐसी सबसे बड़ी संख्या ज्ञात करे जिसे 15, 18, 21 एवं 24 से भाग देने पर क्रमशः 11, 14, 17 एवं 20 शेष प्राप्त हो।

(a) 6557 (b) 7556

(c) 5675 (d) 7664

Sol. (d) $15 = 3 \times 5$

$18 = 2 \times 3 \times 3$

$21 = 3 \times 7$

$24 = 2 \times 2 \times 2 \times 3$

ल०स० = 8×9×5×7 = 2520

चार अंक की सबसे बड़ी संख्या = 9999

2520) 9999 (3
7560
2439

अभीष्ट संख्या = 9999 – 2439 – 4 = 7556 **Ans.**

18. वह कौन-सी न्यूनतम संख्या है जिसे दुगुना करने पर वह 12, 18 और 30 से पूर्णतया विभाजित हो जाती है-

(a) 2520 (b) 1260

(c) 630 (d) 196

Sol. (c) 12, 18, 21 और 30 का ल०स० = 1260

जो दी गयी संख्याओं से पूर्णतः विभाज्य है।

∴ अभीष्ट संख्या $= \frac{1260}{2} = 630$ **Ans.**

19. M, 4 अंकों की सबसे बड़ी संख्या है जिसे 4, 5, 6 तथा 7 से विभाजित करने पर शेषफल क्रमशः 2, 3, 4 तथा 5 आता है। जब M को 9 से विभाजित किया जाये तो शेषफल क्या होगा?

(a) 2 (b) 1

(c) 3 (d) 6

Sol. (b) भाजक – शेषफल = 2

चार अंकीय बड़ी संख्या = 9999

4, 5, 6 एवं 7 का ल०स० = 420

अब,

```
420 ) 9999 ( 23
      840
      1599
      1260
       339
```

∴ विभाज्य संख्या = 9999 – 339 = 9660

अभीष्ट संख्या = 9660 – 2 = 9658

अब,

```
9 ) 9658 ( 1073
    9
     65
     63
      28
      27
       1
```

अतः शेषफल = 1 **Ans.**

20. 1000 और 2000 के बीच कोई ऐसी संख्या है जिसे यदि 30, 36 और 80 से विभक्त किया जाए तो प्रत्येक स्थिति में शेष 11 होगा-

(a) 1451 (b) 1641
(c) 1712 (d) 1523

Sol. (a) $30 = 2 \times 3 \times 5$

$36 = 2 \times 2 \times 3 \times 3$

$80 = 2 \times 2 \times 2 \times 2 \times 5$

ल०स० = 24 × 32 × 5 = 720

∴ अभीष्ट संख्या = 2×720 + 11 = 1451 **Ans.**

21. वह सबसे छोटी संख्या, जिसमें 5 जोड़ने पर प्राप्त संख्या 24, 34, 36 और 54 में से प्रत्येक से विभाजित हो जाती है।

(a) 869 (b) 589
(c) 432 (d) 427

Sol. (b)

2	24, 32, 36, 54
2	12, 16, 18, 27
2	6, 8, 9, 27
3	3, 4, 9, 27
3	1, 4, 3, 9
	1, 4, 1, 3

ल०स० = 2×2×2×3×3×3×4 = 864

∴ अभीष्ट संख्या = 864 – 5 = 859 **Ans.**

22. वह सबसे छोटी संख्या कौन-सी है जिसे 1936 से घटाने पर प्राप्त परिणामी संख्या को 9, 10 तथा 15 में से किसी से भी भाग देने पर शेष 7 रहेगा?

(a) 37 (b) 36
(c) 39 (d) 30

Sol. (c) 9, 10 तथा 15 का ल०स० = 90

∴ 90 का अपवर्त्य = 21×90 = 1890

9, 10 या 15 से विभाज्य होगा।

अर्थात् 1897 एक संख्या होगी, जिसमें 9, 10 या 15 से भाग देने पर शेष 7 रहेगा।

∴ अभीष्ट संख्या = 1936 – 1897 = 39 **Ans.**

23. वह सबसे छोटी संख्या कौन-सी है, जिसमें 5, 6, 7 एवं 8 से भाग देने पर प्रत्येक दशा में 3 शेष रहे किंतु 9 से भाग देने पर कुछ भी शेष न हो।

(a) 1677 (b) 1683
(c) 2523 (d) 3363

Sol. (b) 5, 6, 7, 8 का ल०स० = 840

अभीष्ट संख्या = 840x + 3 जो 9 से पूर्णतः विभाज्य हो।

= 93x × 9 + 3x + 3

जब x = 2 हो, तो (840x + 3), 9 से पूर्णतः विभाज्य है।

∴ अभीष्ट संख्या = 840×2 + 3 = 1683 **Ans.**

24. मान लीजिए N वह बड़ी से बड़ी संख्या जिससे 1305, 4665 और 6905 में भाग देने पर प्रत्येक दशा में समान शेषफल आता है। N के अंकों का योग क्या होगा-

(a) 4 (b) 5
(c) 6 (d) 8

Sol. (a) 4665 – 1305 = 3360

6905 – 1305 = 5600

6905 – 4665 = 2240

N = 3360, 5600, 2240 का म०स०

```
2240 ) 3360 ( 1
       2240
       1120 ) 2240 ( 2
              2240
               ×
```

पुनः

```
1120 ) 5600 ( 5
       5600
        ×
```

∴ म०स० = 1120

∴ N के अंकों का योगफल = 1+1+1+2+0 = 4 **Ans.**

Method - II

1305, 4665, 6905

3600, 2240, 5600

3600, 2240, 5600 का म०स० = 1120

∴ अंकों का योग = 1+1+2+0 = 4 **Ans.**

25. 2300 और 3500 को किस महत्तम संख्या से विभाजित किया जाए कि क्रमशः 32 और 56 शेष रहे-

(a) 136 (b) 168
(c) 42 (d) 84

Sol. (d) अभीष्ट संख्या
= (2300 – 32) एवं (3500 – 56) का म०स०
= 2268 एवं 3444

2268) 3444 (1
2268
1176) 2268 (1
1176
1092) 1176 (1
1092
84) 1092 (13
84
252
252
×

∴ अतः अभीष्ट संख्या = 84 **Ans.**

26. जब 3738, 5659 और 9501 को बड़ी से बड़ी संभावित संख्या x से विभाजित किया जाता है तो प्रत्येक स्थिति में शेषफल y बचता है। x और y का योगफल ज्ञात करे-

(a) 3738 (b) 3783
(c) 3673 (d) 3637

Sol. (a) माना कि सबसे बड़ी संभावित संख्या = x

x) 3738 (1

y

संख्या = x×1 + y
3738 = x + y
अतः x + y का योगफल = 3738 **Ans.**

Type - III

27. यदि किसी कक्षा के विद्यार्थियों को 6 या 8 या 10 के पूरे-पूरे समूह में रखा जा सके, तो कक्षा के विद्यार्थियों की निम्नतम संख्या ज्ञात करे-

(a) 60 (b) 120
(c) 180 (d) 240

Sol. (b) 6, 8 और 10 का ल०स० = 120
∴ अभीष्ट विद्यार्थियों की संख्या = 120 **Ans.**

28. दो आदमी एक ही स्थान से एक साथ एक ही दिशा में एक वृत्ताकार मार्ग पर चक्कर लगाने के लिए रवाना होते है। यदि पूरा चक्कर लगाने में उनमें से एक 10 मिनट और दूसरा 15 मिनट लेता है तो वे कितने समय बाद परस्पर मिलेंगे?

(a) 30 मिनट (b) 33 मिनट
(c) 45 मिनट (d) 40 मिनट

Sol. (a) अभीष्ट समय = 10 मिनट एवं 15 मिनट का ल०स०
= 30 मिनट **Ans.**

29. सबसे बड़ा मापने वाला सिलेंडर जो 98, 182 और 266 लीटर क्षमता के 3 टैंकों के सटीक रूप से भर सकता है, कितनी क्षमता है मापने वाले सिलेंडर की?

(a) 7 लीटर (b) 14 लीटर
(c) 98 लीटर (d) 42 लीटर

Sol. (b) 98 = 2 × 7 × 7
182 = 2 × 7 × 13
266 = 2 × 7 × 19
∴ म०स० = 2×7 = 14
अतः मापन सिलेंडर की क्षमता = 14 लीटर **Ans.**

30. A, B एवं C एक ही समय एक वृत्ताकार स्टेडियम में एक ही बिंदु से एक ही दिशा में भागना शुरू करते है। A एक चक्कर 252 सेकेण्ड में, B, 308 सेकेण्ड में एवं C, 198 सेकेण्ड में पूरा करते है। वे आरंभिक बिन्दु पर कितने समय बाद फिर मिलेंगे?

(a) 26 मिनट 18 सेकेण्ड (b) 42 मिनट 36 सेकेण्ड
(c) 45 मिनट (d) 46 मिनट 12 सेकेण्ड

Sol. (d)

2	252, 308, 198
2	126, 154, 99
3	63, 77, 99
3	21, 77, 33
7	7, 77, 11
11	1, 11, 11
	1, 1, 1

लoसo $= 2 \times 2 \times 3 \times 3 \times 7 \times 11 = 2772$ सेकेण्ड

$\therefore$ अभीष्ट समय $= \dfrac{2772}{60} = 46$ मिनट 12 सेकेण्ड **Ans.**

31. पांच घंटे एक समय बजना शुरू करते है और क्रमशः 6, 7, 8, 9, 12 सेकेण्ड के अंतराल पर बजते है। कितने समय बाद वे फिर एक साथ बजेंगे-

(a) 72 (b) 612
(c) 504 (d) 318

Sol. (c)

2	**6, 7, 8, 9, 12**
2	**3, 7, 4, 9, 6**
3	**3, 7, 2, 9, 3**
	1, 7, 2, 3, 1

लoसo $= 2 \times 2 \times 2 \times 3 \times 3 \times 7 = 504$

अतः फिर से वे 504 सेकेण्ड बाद साथ बजेंगे।

32. तीन इलेक्ट्रॉनिक यंत्र प्रत्येक क्रमशः 48 सेकेण्ड, 72 सेकेण्ड और 108 सेकेण्ड के बाद बजते है। वे तीनों एक साथ पूर्वाह्न 10 बजे एक साथ बजते है तो वह समय बताइये जब वे पुनः दोबारा एक साथ बजते है-

(a) 10:07 : 12 बजे (b) 10 : 07 : 24 बजे
(c) 10 : 7 : 36 बजे (d) 10 : 07 : 48 बजे

Sol. (a) $48 = 2 \times 2 \times 2 \times 2 \times 3$
$72 = 2 \times 2 \times 2 \times 3 \times 3$
$108 = 2 \times 2 \times 3 \times 3 \times 3$

$\therefore$ लoसo $= 24 \times 33 = 432$

$\therefore$ दो बार एक साथ बजने में लगा समय

$= \dfrac{432}{60}$

= 7 मिनट 12 सेकेण्ड

33. तीन आदमी एक स्थान से एक साथ चलते है। उनके कदम क्रमशः 63 सेमी., 70 सेमी. और 77 सेमी. के है। न्यूनतम कितनी दूरी तय की जानी चाहिए कि सभी उस दूरी को पुरे कदमों में तय कर सके-

(a) 9630 सेमी. (b) 9360 सेमी.
(c) 6930 सेमी. (d) 6950 सेमी.

Sol. (c) $63 = 3 \times 3 \times 7$
$70 = 2 \times 5 \times 7$
$77 = 7 \times 11$

लoसo $= 2 \times 3^2 \times 7 \times 5 \times 11 = 6930$

अतः अभीष्ट दूरी = 6930 सेमी. **Ans.**

34. विद्यार्थियों की अधिकतम संख्या ज्ञात कीजिए जिसमें 1001 पेन और 910 पेंसिल इस प्रकार बाँटा गया जाए कि प्रत्येक को मिले पेनों की संख्या बराबर हो एवं प्रत्येक को मिले पेंसिलों की संख्या बराबर हो-

(a) 91 (b) 910
(c) 1001 (d) 1911

Sol. (a) $1001 = 7 \times 11 \times 13$
$910 = 2 \times 5 \times 7 \times 13$

मoसo $= 7 \times 13 = 91$

बराबर पेन और पेंसिल बांटने के लिए विद्यार्थियों की अधिकतम संख्या = 91 **Ans.**

35. चार अभाज्य संख्याओं को आरोही क्रम में लिखा गया है। प्रथम तीन का गुणनफल 385 एवं अंतिम तीन का 1001 है। प्रथम अभाज्य संख्या ज्ञात करे-

(a) 5 (b) 7
(c) 11 (d) 17

Sol. (a) माना चार अभाज्य संख्या आरोही क्रम में $a < b < c < d$ है।

प्रश्नानुसार,

$abc = 385$
$bcd = 1001$

इनका मoसo = bc

385) 1001 (2
770
231) 385 (1
231
154) 231 (1
154
77) 154 (2
154
×

$\therefore$ $bc = 77$

अब, $\dfrac{abc}{bc} = \dfrac{385}{77}$

$\therefore$ $a = 5$

अतः प्रथम अभाज्य संख्या = 5 **Ans.**

36. गणित की 84 पुस्तकों, भौतिकी की 90 पुस्तकों और रसायनशास्त्र की 120 पुस्तकों की विषय वार ढेरियाँ लगाई जानी है। प्रत्येक ढेरी में कितनी पुस्तकें हो जिससे प्रत्येक ढेरी की ऊँचाई भी एक समान हो-

(a) 12 (b) 18
(c) 6 (d) 21

Sol. **(c)** 84) 90 (1
84
6) 84 (14
6
24
24
×

पुनः
6) 120 (20
12
× 0

अतः प्रत्येक ढेरी में पुस्तकों की समान ऊँचाई के लिए 6 पुस्तकों को रखना चाहिए।

37. एक किसान के पास 945 गायें और 2475 भेंडे है। वह उनके रेवड़ बनाता है। गायों और भेड़ों को अलग-अलग रखकर और हर रेवड़ में पशुओं की बराबर संख्या रख कर। यदि वे रेवड़ यथासंभव बड़े है तो हर रेवड़ में पशुओं की अधिकतम संख्या और इस उद्देश्य के लिए अपेक्षित रेवड़ों की कुल संख्या क्रमशः क्या होगी-

(a) 15 और 228 (b) 9 और 380
(c) 45 और 76 (d) 46 और 75

Sol. **(c)** 945 एवं 2475 का म०स०

945) 2475 (2
1890
585) 945 (1
585
360) 585 (1
360
225) 360 (1
225
135) 225 (1
135
90) 135 (1
90
45) 90 (2
90
×

∴ प्रत्येक रेवड़ में पशुओं की संख्या = 45

∴ रेवड़ों की अभीष्ट संख्या $= \frac{945}{45} + \frac{2475}{45}$
$= 21 + 55 = 76$

∴ पशु की अधिकतम संख्या = 45
रेवड़ों की अधिकतम संख्या = 76 **Ans.**

38. एक दुग्ध विक्रेता के पास 21 लीटर गाय का दूध है, 42 लीटर टोंड दूध है और 63 लीटर डबल टोंड दूध है। यदि वह उन्हें टिन के डिब्बों में इस प्रकार पैक करना चाहता है कि हर डिब्बे में उतने ही लीटर दूध हो और किसी भी दो तरह के दूध को एक डिब्बे में मिलाया न जाये, तो डिब्बे की अपेक्षित न्यूनतम संख्या ज्ञात करे-

(a) 3 (b) 6
(c) 9 (d) 12

Sol. **(b)** $21 = 3 \times 7$
$42 = 2 \times 3 \times 7$
$63 = 3 \times 3 \times 7$
∴ म०स० $= 3 \times 7 = 21$
अतः प्रत्येक डिब्बों की अधिकतम मात्रा = 21 लीटर

∴ डिब्बों की न्यूनतम संख्या $= \frac{21}{21} + \frac{42}{21} + \frac{63}{21}$
$= 1 + 2 + 3 = 6$ **Ans.**

39. एक व्यक्ति के पास क्रमशः 10, 15 और 20 मीटर लंबाई की लोहे की तीन छड़े है। वह तीनों छड़ों में से बराबर लंबाई के टुकड़े काटना चाहता है। वह बिना कुछ बर्बाद किए उसमें से कम से कम कितने टुकड़े काट सकता है?

(a) 45 (b) 15
(c) 9 (d) 30

Sol. **(c)** $10 = 2 \times 5$
$15 = 3 \times 5$
$20 = 2 \times 2 \times 5$
∴ म०स० = 5
अतः प्रत्येक टुकड़े की अधिकतम लम्बाई = 5 मीटर

∴ टुकड़ों की न्यूनतम संख्या $= \frac{10}{5} + \frac{15}{5} + \frac{20}{5}$
$= 2 + 3 + 4 = 9$ **Ans.**

40. एक नौकर को निश्चित दिनों के लिए काम पर रखा गया, जिसके लिए उसे 1189 रुपये दिया जाना था। वह कुछ दिनों के लिए अनुपस्थित रहा एवं उसे केवल 1073 रुपये दिया गया। उसकी अधिकतम दैनिक मजदूरी क्या थी?

(a) रु.27 (b) रु.25
(c) रु.29 (d) रु.32

Sol. **(c)** 1073) 1189 (1
1073
116) 1073 (9
1044
29) 116 (4
116
×

म०स० = 29
अतः उसकी अधिकतम दैनिक मजदूरी = रु.29 **Ans.**

41. एक रेजीमेंट में कम से कम सिपाहियों की संख्या ज्ञात कीजिए जो ऐसे खोखले (बीच में रिक्त) वर्ग में खड़े किये जा सकते है जिसकी प्रत्येक भुजा के साथ गहराई (भीतर की ओर) 8, 10, 12 तथा 15 है तथा वह एक ठोस वर्ग के रूप में भी खड़े किए जा सकते है?

(a) 1440 (b) 14400
(c) 14000 (d) 16000

Sol. **(b)** 8, 10, 12 अथवा 15 के गहराई वाले खोखले वर्ग में खड़े किए गए सिपाहियों की संख्या = 4 × (8, 10, 12, 15 का ल०स०) क्योंकि वे वर्ग की परिमिति पर ही खड़े होंगे।

2	8, 10, 12, 15
2	4, 5, 6, 15
3	2, 5, 3, 15
5	2, 5, 1, 5
	2, 1, 1, 1

ल०स० = 2 × 2 × 2 × 3 × 5 = 120

∴ खोखले वर्ग में अभीष्ट कुल संख्या = 4×4×30

लेकिन ठोस वर्ग में खड़े हुए कम से कम सिपाहियों की संख्या

= 4×4×30×30

= 14400 **Ans.**

42. तीन खेत है, जिनका क्षेत्रफल क्रमशः 165, 195 एवं 285 वर्गमीटर है। इनमें बराबर-बराबर माप की फूल की क्यारियां बनानी है। यदि प्रत्येक क्यारी की चौड़ाई 3 मीटर हो, तो उनकी अधिकतम लंबाई ज्ञात करे-

(a) 3 मीटर (b) 5 मीटर
(c) 4 मीटर (d) 6 मीटर

Sol. **(b)** प्रत्येक क्यारी का अधिक क्षेत्रफल = दिए गए क्षेत्रफलों 165, 195 एवं 285 वर्ग मीटर का महत्तम समापवर्तक

```
165 ) 195 ( 1
      165
      ----
       30 ) 165 ( 5
            150
            ----
             15 ) 30 ( 2
                  30
                  --
                  ×
```

पुनः

```
15 ) 285 ( 19
     15
     ---
     135
     135
     ---
      ×
```

∴ म०स० या क्यारी का क्षेत्रफल = 15 वर्ग मीटर

चौड़ाई = 3 मीटर

∴ अभीष्ट लंबाई = $\frac{15}{3}$ = 5 मीटर

43. एक आयताकार सतह की लंबाई 25.27 मीटर एवं चौड़ाई 22.61 मीटर है। उस पर वर्गाकार टाइल्स बिछाया जाता है। सम्पूर्ण सतह को ढकने के लिए ऐसे टाइल्स की न्यूनतम संख्या क्या होगी?

(a) 321 (b) 221
(c) 223 (d) 323

Sol. **(d)** वर्गाकार टाइल्स की संख्या न्यूनतम होगी यदि प्रत्येक टाइल्स का आकार अधिकतम हो।

प्रत्येक टाइल की अधिकतम ऊँचाई = आयताकार सतह की लंबाई व चौड़ाई का म०स०

लंबाई = 25.27 मीटर = 2527 सेंटीमीटर

चौड़ाई = 22.61 मीटर = 2261 सेंटीमीटर

∴ वर्गाकार टाइल्स की लंबाई = 133 सेंटीमीटर

∴ टाइल्स की संख्या = $\frac{\text{सतह का क्षेत्रफल}}{\text{प्रत्येक टाइल्स का क्षेत्रफल}}$

$= \frac{2261 \times 2527}{133 \times 133}$

= 323 टाइल्स

44. A, B और C एक ही बिन्दु से एक वृत्तीय पथ, जिसकी परिधि 30 किमी. है, पर चलना प्रारम्भ करते है। A और B एक ही दिशा में यात्रा करते हैं और C विपरीत दिशा में यात्रा करता है। यदि A, 5 किमी., B, 7 किमी. और C, 8 किमी की यात्रा 1 घंटे में करता है तो वे सभी फिर से कितने समय बाद एक साथ होंगे?

(a) 25 घंटे (b) 30 घंटे
(c) 15 घंटे (d) 20 घंटे

Sol. **(b)** A द्वारा लिया गया समय = $\frac{30}{5}$ घंटे

B द्वारा लिया गया समय = $\frac{30}{7}$ घंटे

C द्वारा लिया गया समय = $\frac{30}{8}$ घंटे

∴ सबको एक साथ आने में लगा समय

$= \frac{30}{5}, \frac{30}{7}$ एवं $\frac{30}{8}$ का ल०स०

$= \frac{30,30,30 \text{ का ल०स०}}{5,7,8 \text{ का म०स०}}$

$= \frac{30}{1}$

= 30 घंटे **Ans.**

45. राजू 36 आम के पेड़, 144 संतरे के पेड़ और 234 सेब के पेड़ अपने बगीचे में लगाना चाहता है। यदि वह प्रत्येक पंक्ति में बराबर संख्या में पेड़ लगाना चाहता है, लेकिन आम, संतरे और सेब की पंक्तियाँ अलग-अलग है तो उनके बगीचे में पक्तियों की न्यूनतम संख्या ज्ञात करे-

(a) 18 (b) 23
(c) 36 (d) 38

Sol. (b) पंक्तियों की न्यूनतम संख्या का अर्थ है, प्रति पंक्ति में पेड़ों की अधिकतम संख्या साथ ही प्रत्येक पंक्ति में पेड़ों की बराबर संख्या आवश्यक है। इसीलिए हमें 36, 144 और 234 का म०स० ज्ञात करना होगा, जिससे एक पंक्ति में पेड़ों की संख्या ज्ञात हो-

36, 144 और 234 का म०स० = 18

∴ पंक्तियों की न्यूनतम संख्या $= \frac{\text{पेडों की कुल संख्या}}{\text{पंक्ति में पेडों की संख्या}}$

$= \frac{36+144+234}{18}$

= 23 **Ans.**

46. अभिषेक बॉबी और चार्ली एक ही बिंदु से एक ही दिशा में 6 किमी. परिधि वाले एक द्वीप के चारों ओर घूमना आरंभ करते है। अभिषेक 3 किमी./घंटा, बॉबी $2\frac{1}{2}$ किमी./घंटे और $1\frac{1}{4}$ किमी./घंटा की चाल से यात्रा करते है। कितने घंटों में वे पुनःएक साथ होंगे?

(a) 6 घंटे (b) 12 घंटे
(c) 24 घंटे (d) 15 घंटे

Sol. (c) तीनों व्यक्तियों द्वारा लिया गया समय क्रमशः

$= \left(\frac{6}{3}, \frac{6}{2\frac{1}{2}} \text{ और } \frac{6}{1\frac{1}{4}}\right)$ घंटे

$= \frac{6,6,6 \text{ का ल०स०}}{3, 2\frac{1}{2}, 1\frac{1}{4} \text{ का म०स०}}$

$= \frac{6}{1/4}$

= 24 घंटे **Ans.**

47. पत्थरों के एक ढेर को क्रमशः 32, 40, 72 के ढेर बनाने पर 10, 18 तथा 50 पत्थर शेष बचते है। इस ढेर में कम से कम कितने पत्थर है?

(a) 1412 (b) 1416
(c) 1418 (d) 1420

Sol. (c) (32 – 10) = (40 – 18) = (72 – 50) = 22

∴ अभीष्ट संख्या = 32, 40, 72 का ल०स० – 22
= 1440 – 22
= 1418 **Ans.**

Type - IV

48. दो संख्याओं का ल०स० 520 है और उनका म०स० 4 है। यदि उनमें से एक संख्या 52 है तो दूसरी संख्या क्या है?

(a) 40 (b) 42
(c) 50 (d) 52

Sol. (a) पहली संख्या × दूसरी संख्या = ल०स० × म०स०

52 × दूसरी संख्या = 520 × 40

∴ दूसरी संख्या = 40 **Ans.**

49. दो संख्याओं का म०स० 96 है और उनका ल०स० 1296 है। यदि एक संख्या 864 है तो दूसरी संख्या ज्ञात करे-

(a) 132 (b) 135
(c) 140 (d) 144

Sol. (d) पहली संख्या × दूसरी संख्या = ल०स० × म०स०

864 × दूसरी संख्या = 96 × 1296

∴ दूसरी संख्या = 144 **Ans.**

50. दो संख्याओं का गुणनफल 216 है। यदि उनका म०स० 6 है। उनका ल०स० ज्ञात करें-

(a) 72 (b) 60
(c) 48 (d) 36

Sol. (d) पहली संख्या × दूसरी संख्या = म०स० × ल०स०

216 = 6 × ल०स०

∴ ल०स० = 36 **Ans.**

51. दो संख्याओं का ल०स०, जो 12 की गुणज है, 1056 है। यदि एक संख्या 132 है तो दूसरी संख्या ज्ञात करें-

(a) 12 (b) 72
(c) 96 (d) 132

Sol. (c) दी गई पहली संख्या = 132

चूंकि दोनों संख्याओं में से प्रत्येक 12 का गुणज है।

∴ म०स० = 12 और ल०स० = 1056

∴ म०स० × ल०स० = पहली संख्या × दूसरी संख्या

12 × 1056 = 132 × दूसरी संख्या

∴ दूसरी संख्या = 96 **Ans.**

52. दो संख्याओं का म०स० और ल०स० क्रमशः 44 और 264 है। यदि पहली संख्या को 2 से भाग दिया जाए तो भागफल 44 है तो दूसरी संख्या ज्ञात करे-

(a) 147 (b) 528
(c) 132 (d) 264

Sol. (c) पहली संख्या = 2 × 44 = 88

∴ पहली संख्या × दूसरी संख्या = ल०स० × म०स०

88 × दूसरी संख्या = 44 × 264

∴ दूसरी संख्या = 132 **Ans.**

53. दो संख्याओं का म०स० 8 है। निम्न में से कौन-सा एक कभी भी उनका ल०स० नहीं हो सकता है?

(a) 24 (b) 48
(c) 56 (d) 60

Sol. (d) दो संख्याओं का म०स० 8 है। इसका अर्थ है कि 8 दोनों संख्याओं के लिए उभयनिष्ठ गुणनखंड है।

∴ ल०स० अवश्य ही 8 का गुणज होना चाहिए।

विकल्प में 60 ल०स० नहीं हो सकता क्योंकि यह 8 का गुणज नहीं है।

54. दो संख्याएं 3 : 4 के अनुपात में है। उनके म०स० और ल०स० का गुणनफल 2028 है। उन संख्याओं का योग ज्ञात करे-

(a) 68 (b) 72
(c) 86 (d) 91

Sol. (d) माना कि संख्याएं = 3x और 4x

म०स० × ल०स० = पहली संख्या × दूसरी संख्या

$2028 = 3x \times 4x$

$x^2 = 169$

$x = 13$

∴ संख्या का योग = $3x + 4x = 7x = 7 \times 13 = 91$ **Ans.**

55. दो संख्याएं 3 : 4 के अनुपात में है। यदि उनका ल०स० 240 है तो उनमें से छोटी संख्या ज्ञात करे-

(a) 50 (b) 60
(c) 80 (d) 100

Sol. (b) माना कि संख्याएं = 3x और 4x

3x और 4x का ल०स० = 12x

प्रश्नानुसार,

$12x = 240$

$x = 20$

∴ छोटी संख्या = $3x = 3 \times 20 = 60$ **Ans.**

56. दो संख्याओं का गुणनफल 4107 है। यदि इन संख्याओं का म०स० 37 है तो बड़ी संख्या क्या होगी?

(a) 185 (b) 111
(c) 107 (d) 101

Sol. (b) म०स० × ल०स० = दोनों संख्याओं का गुणनफल

37 × ल०स० = 4107

ल०स० = 111

अब,

ab × म०स० = ल०स०

जहाँ a, b अभाज्य गुणनखण्ड है,

अभाज्य संख्या का युग्म (3, 1)

संख्याएं = 3 × म०स०, 1 × म०स०

= 3×37, 1 × 37

= 111 एवं 37

∴ बड़ी संख्या = 111 **Ans.**

57. दो संख्याओं का ल०स० उसके म०स० का 12 गुना है। म०स० और ल०स० का योग 403 है। यदि उनमें से एक संख्या 93 है तो दूसरी संख्या क्या है?

(a) 124 (b) 128
(c) 134 (d) 138

Sol. (a) म०स० + ल०स० = 403

म०स० + 12 म०स० = 403

म०स० = 31

पहली सं० × दूसरी सं० = म०स० × ल०स०

93 × दूसरी सं० = 31 × 12 × 31

∴ दूसरी संख्या = 124 **Ans.**

58. यदि दो व्यंजकों का ल०स० और म०स० क्रमशः $(x^2+6x+8)(x+1)$ और $(x+1)$ है और उनमें से एक व्यंजक (x^2+3x+2) है तो दूसरा व्यंजक ज्ञात करें-

(a) x^2+5x+4 (b) x^2-5x+4
(c) x^2+4x+5 (d) x^2-4x+5

Sol. **(a)** ल०स० $=(x^2+6x+8)(x+1)$
$=(x+4)(x+2)(x+1)$
म०स० $=(x+1)$
पहला व्यंजक $=x^2+3x+2$
$=(x+1)(x+2)$
∴ पहली संख्या × दूसरी संख्या = ल०स० × म०स०
$(x+1)(x+2)$ × दूसरी संख्या = $(x+4)(x+2)(x\ 1)\times(x+1)$
∴ दूसरी संख्या = $(x+4)(x+1)=x^2+5x+4$ **Ans.**

59. दो संख्याओं के लघुत्तम समापवर्त्य और महत्तम समापवर्त्य का योग तथा अंतर क्रमशः 512 और 496 है। यदि उनमें से एक संख्या 72 है तो दूसरी संख्या कौन-सी है?

(a) 80 (b) 40
(c) 64 (d) 56

Sol. **(d)** LCM + HCF = 512
LCM – HCF = 496
2 LCM = 1008
LCM = 504
∴ HCF = 512 – 504 = 8
अब,
पहली संख्या × दूसरी संख्या = ल०स० × म०स०
72 × दूसरी संख्या = 504 × 8
दूसरी संख्या = 56 **Ans.**

Type - V (विविध)

60. दो संख्याएं 3 : 4 के अनुपात में है। यदि उनका म०स० 4 है तो उनका ल०स० ज्ञात करे-

(a) 48 (b) 42
(c) 36 (d) 24

Sol. **(a)** माना कि संख्याएं = 3x और 4x
म०स० = x = 4
3x और 4x का ल०स० = 12x = 12 × 4 = 48 **Ans.**

61. दो संख्याओं का अनुपात 3 : 4 है और उनका म०स० 5 है तो उनका ल०स० ज्ञात करें-

(a) 80 (b) 48
(c) 120 (d) 60

Sol. **(d)** माना कि संख्याएं = 3x और 4x
म०स० = x = 5
∴ 3x और 4x का ल०स० = 12x = 12×5 = 60 **Ans.**

62. दो संख्याओं का म०स० और गुणनफल क्रमशः 15 और 6300 है। संख्याओं के संभावित युग्मों की संख्या है-

(a) 4 (b) 3
(c) 2 (d) 1

Sol. **(b)** माना कि दो संख्याएं 15x एवं 15y है जहाँ x और y एक दूसरे की सह अभाज्य है।
$15x\times15y=6300$
$x\times y=28$
28 के गुणज = 1, 2, 4, 7, 14, 28
28 = 1 × 28 या 2 × 14 या 4×7
अतः केवल 3 युग्म संभव है।

63. 2 अंक की संख्याओं का गुणनफल 2160 है और उनका महत्तम समापवर्तक 12 है। बताइए कि संख्या क्या होगी?

(a) 12, 60 (b) 72, 30
(c) 36, 60 (d) 60, 72

Sol. **(c)** संख्याओं का म०स० = 12
संख्याएं = 12x एवं 12y
जहाँ पर x एवं y परस्पर अभाज्य है।
प्रश्नानुसार,
$12x\times12y=2160$
$xy=\frac{2160}{144}$
$x\times y=15$
15 का गुणज = 1, 3, 5, 15
∴ युग्म = (1, 15) या (3, 5)
∴ संख्या = 12 × 3 = 36
= 12 × 5 = 60 **Ans.**

64. दो संख्याओं के ल०स० व म०स० का गुणनफल 24 है। दोनों संख्याओं का अंतर 2 है। वे संख्याएं ज्ञात कीजिए-

(a) 8 और 6 (b) 8 और 10
(c) 2 और 4 (d) 6 और 4

Sol. **(d)** पहली संख्या×दूसरी संख्या = ल०स०×म०स०
$a\times b=24$
$ab=24$

प्रश्नानुसार,

$(a-b) = 2$ .... (i)

$\because (a+b)^2 = (a-b)^2 + 4ab$

$\because (a+b)^2 = (2)^2 + 4 \times 24$

$\because (a+b)^2 = 100$

$a+b = 10$ ...... (ii)

समी. (i) + (ii)

$a-b=2$

$a+b=10$

$2a=12$

$a=6$

a का मान समी. (i) में रखने पर

$a-b=2$

$6-b=2$

$\therefore b=4$

$\therefore$ संख्याएं $= a=6, b=4$ **Ans.**

65. 29 से बड़ी दो संख्याओं का म०स० 29 और ल०स० 4147 है। इन संख्याओं का योगफल ज्ञात करें-

(a) 669 (b) 666
(c) 696 (d) 966

Sol. **(c)** माना कि संख्याएं = 29x एवं 29y

जहाँ x और y परस्पर अभाज्य है।

$\therefore$ ल०स० $= 29xy$

$\Rightarrow 4147 = 29xy$

$\therefore xy = 143 = 11 \times 13$

$\therefore x=11, y=13$

$\therefore$ योगफल $= 29(x+y)$

$= 29(11+13)$

$= 696$ **Ans.**

66. दो संख्याओं का योगफल 45 है। उन संख्याओं का अंतर उनके योगफल का 1/9 गुना है। संख्याओं का लघुत्तम समापवर्त्य क्या होगा?

(a) 200 (b) 250
(c) 100 (d) 150

Sol. **(c)** माना कि दो संख्याएं = x एवं y

जहाँ $x > y$

$x+y = 45$ ....(i)

$x-y = 1/9(x+y)$

$9(x-y) = x+y$

$8x-10y = 0$

$4x-5y = 0$ ....(ii)

समी. (i) × 5 + समी. (ii)

$5x+5y=225$

$4x-5y=0$

$9x=225$

$\therefore x=25$

x का मान समी. (i) में रखने पर

$x+y=45$

$25+y=45$

$y=20$

$\therefore$ संख्या = 25 एवं 20

ल०स० = 100 **Ans.**

67. दो संख्याओं का योग 36 है तथा उनके म०स० तथा ल०स० क्रमशः 3 और 105 है। उन दो संख्याओं के व्युत्क्रमों का योग क्या होगा?

(a) 13 (b) $\frac{9}{11}$
(c) $\frac{7}{35}$ (d) $\frac{4}{35}$

Sol. **(d)** म०स० = 3

$\therefore$ संख्याएं = 3x एवं 3y

जहां x और y परस्पर अभाज्य है।

$\therefore 3x+3y=36$

$x+y=12$ .... (i)

एवं ल०स० = 105

$\Rightarrow 3xy=105$

$\therefore xy=35$ ....(ii)

समी. (i) ÷ समी. (ii)

$$\frac{x+y}{xy} = \frac{12}{35}$$

$$\Rightarrow \frac{1}{x}+\frac{1}{y} = \frac{12}{35}$$

$$\Rightarrow \frac{1}{3x}+\frac{1}{3y} = \frac{4}{35}$$ **Ans.**

68. यदि दो (धनात्मक) सम संख्याओं के महत्तम समापवर्तक और लघुत्तम समापवर्त्य क्रमशः 2 तथा 84 है तो उन संख्याओं का योग कितना होगा?

(a) 30 (b) 26
(c) 14 (d) 34

Sol. **(b)** माना कि संख्याएं = 2x एवं 2y

जहाँ x और y परस्पर अभाज्य है।

$\therefore$ ल०स० $= 2xy$

$84 = 2xy$

$\therefore xy = 42$

$xy = 6 \times 7$

$\therefore$ संख्या = 12 एवं 14

अभीष्ट योग = 12 + 14 = 26 **Ans.**

69. दो संख्याओं का म०स० 13 एवं ल०स० 455 है। यदि उनमें से एक संख्या 75 और 125 के बीच में स्थित हो तो वह संख्या क्या होगी?

(a) 78 (b) 91
(c) 104 (d) 117

Sol. (b) संख्याओं का म०स० = 13

∴ संख्याएं = 13x एवं 13y (जहाँ x एवं y परस्पर अभाज्य है)

∴ ल०स० = 13xy

455 = 13xy

xy = 35

xy = 5×7

∴ संख्या = 13 × 7 = 91 **Ans.**

70. दो धनात्मक पूर्णांकों का लघुत्तम समापवर्त्य बड़ी संख्या का दुगुना है। उनमें छोटी संख्या और दोनों पूर्णांकों के महत्तम समापवर्तक का अंतर 4 है। तद्नुसार उनमें छोटी संख्या ज्ञात करें-

(a) 12 (b) 6
(c) 8 (d) 10

Sol. (c) माना कि संख्याएं xH एवं yH है जहां H महत्तम समापवर्तक है एवं yH > xH

∴ लघुत्तम समापवर्त्य = xyH

∴ xyH = 2yH

∴ x = 2

पुनः

xH – H = 4

2H – H = 4

H = 4

∴ छोटी संख्या = xH = 2 × 4 = 8 **Ans.**

71. दो संख्याओं का म०स० 23 है तथा उनके ल०स० के अन्य दो गुणनखण्ड 13 एवं 14 है। उनमें से बड़ी संख्या ज्ञात करें-

(a) 276 (b) 299
(c) 345 (d) 322

Sol. (d) म०स० = 23

ल०स० के अन्य गुणनखण्ड = 13 एवं 14

∴ बड़ी संख्या = 14 × 23

= 322 **Ans.**

72. 28 और 42 के ल०स० और म०स० किस अनुपात में है-

(a) 6 : 1 (b) 2 :3
(c) 3 : 2 (d) 7 : 2

Sol. (a) 28 एवं 42 के ल०स०

28 = 2 × 2 × 7

28 = 2 × 3 × 7

43 = 2 × 3 × 7

ल०स० = $2^2 \times 3^1 \times 7 = 84$

28 एवं 42 का म०स० = $2^1 \times 7^1 = 14$

∴ अभीष्ट अनुपात = 84 : 14 = 6 : 1 **Ans.**

73. तीन संख्याएं 2 : 3 : 4 के अनुपात में है तथा उनका म०स० 12 है। उनका ल०स० ज्ञात करें-

(a) 144 (b) 192
(c) 96 (d) 72

Sol. (a) माना कि संख्याएं = 2x, 3x एवं 4x

म०स० = x = 12

∴ संख्याएं = 2x = 2 × 12 = 24

= 3x = 3 × 12 = 36

= 4x = 4 × 12 = 48

24, 36, 48 का ल०स०

24 = 2 × 2 × 2 × 3

36 = 2 × 2 × 3 × 3

48 = 2 × 2 × 2 × 2 × 3

∴ ल०स० = 24 × 32 = 144 **Ans.**

74. दो संख्याओं का लघुत्तम समापवर्त्य 48 है। यदि वे संख्याएं 2 : 3 के अनुपात में हो तो उनका योग कितना होगा?

(a) 28 (b) 32
(c) 40 (d) 64

Sol. (c) माना कि संख्याएं = 2x एवं 3x

∴ ल०स० = 6x

48 = 6x

x = 8

∴ अभीष्ट योग = 2x + 3x

= 5x

= 5 × 8 = 40 **Ans.**

75. दो प्राकृतिक संख्याओं के योगफल का उनके लघुत्तम समापवर्त्य के साथ अनुपात 7 : 12 है। यदि उनका महत्तम समापवर्तक 4 है तो छोटी संख्या ज्ञात करें-

(a) 20 (b) 16
(c) 12 (d) 8

Sol. (c) माना कि संख्याएं 4x एवं 4y है जहाँ x और y परस्पर अभाज्य है।

इनका ल०स० = 4xy

$$\frac{4x+4y}{4xy} = \frac{7}{12}$$

⇒ 12 (x + y) = 7xy

⇒ x = 3 एवं y = 4

∴ छोटी संख्या = 4 × 3 = 12 **Ans.**

76. चार क्रमिक संख्याओं का लघुत्तम समापवर्त्य 60 है। पहली दो संख्याओं का योग चौथी संख्या के बराबर है। चारों संख्या का योग कितना है?

(a) 17 (b) 14
(c) 21 (d) 24

Sol. (b) $60 = 2\times2\times3\times5$

अर्थात् संख्याएं = 2, 3, 4 एवं 5

$\therefore$ अभीष्ट योगफल = 2+3+4+5 = 14 **Ans.**

77. दो अभाज्य संख्याओं x और y (x > y) का लघुत्तम समापवर्त्य 101 है तो (3y – x) का मान ज्ञात करे-

(a) –2 (b) –1
(c) 1 (d) 4

Sol. (a) x एवं y का ल०स० = 161

$xy = 23\times7$

$\therefore$ $x = 23, y = 7$

$\therefore$ $(3y - x) = 3\times7 - 23 = -2$ **Ans.**

78. $3^{3^{333}}+1$ और $3^{3^{334}}+1$ का महत्तम समापवर्तक क्या होगा?

(a) 2 (b) 1
(c) $3^{3^{333}}+1$ (d) 20

Sol. (a) $3^1 = 3$

$3^2 = 9$

$3^3 = 27$

$3^4 = 81$

$3^5 = 243$

अतः हर स्थिति में ईकाई अंक विषम संख्या है एवं उसें 1 जोड़ने पर वह सम संख्या हो जाएगी, जिससे वह 2 से पूर्णतः विभाज्य हो जाएगी।

अतः महत्तम समापवर्तक = 2 **Ans.**

79. यदि a + b + c = 13 हो तो (a – 3), (b – 2), (c + 1) का महत्तम मान ज्ञात करे-

(a) 27 (b) 28
(c) 32 (d) 64

Sol. (a) यदि (x + y + z) का मान नियतांक हो तो xyz का मान महत्तम होगा। यदि x, y, z का मान रामान हो।

$\because$ $a + b + c = 13$

$a - 3 + b - 2 + c + 1 = 13 - 3 - 2 + 1 = 9$

$\therefore$ (a – 3) (b – 2) (c + 1) का मान महत्तम होगा। यदि

$$a - 3 = b - 2 = c + 1 = \frac{9}{3} = 3$$

$\Rightarrow$ $(a - 3)(b - 2)(c + 1) = 9\times3$

$\therefore$ $(a - 3)(b - 2)(c + 1) = 27$ **Ans.**

80. एक भिन्न 1/6 हो जाती है, जब इसके अंश से 4 घटाया जाता है और इसके हर में 1 जोड़ा जाता है। यदि 2 और 1 को क्रमशः इसके अंश और हर में जोड़ा जाता है तो यह 1/3 हो जाती है तो कीमत भिन्न के अंश और हर का ल०स० ज्ञात कीजिए-

(a) 14 (b) 350
(c) 70 (d) 5

Sol. (c) माना कि मूल भिन्न = x/y

प्रश्नानुसार,

$$\frac{x-y}{y+1} = \frac{1}{6}$$

$\Rightarrow$ $6x - y = 25$ .... (i)

पुनः प्रश्नानुसार,

$$\frac{x+2}{y+1} = \frac{1}{3}$$

$\Rightarrow$ $3x - y = -5$ ....(ii)

समी. (ii) को समी. (i) से घटाकर हम पाते है

$6x - y = 25$

$3x - y = -5$

$3x = 30$

$x = 10$

समी. (i) में x का मान रखने पर

$6\times10 - y = 25$

$\therefore$ $y = 35$

$\therefore$ भिन्न $= \frac{10}{35}$

$\therefore$ अंश और हर का ल०स० = 10 और 35 का ल०स०

= 70 **Ans.**

81. यदि दो संख्याओं 216 और 216 और k का लघुत्तम समापवर्तक 648 है, तो k के कितने मान संभव है-

(a) 1 (b) 4
(c) 5 (d) अनंत

Sol. (b) $216 = 2^3\times3^3$

ल०स० $\Rightarrow 648 = 3\times216 = 2^3\times3^4$

k
↓

$3^4\times2^0$

$3^4\times2^1$

$3^4\times2^2$

$3^4\times2^3$

अतः इसके 4 मान संभव है।

82. 3240, 3600 और (N) तीसरी संख्या का म०स० 36 और उनका ल०स० $24 \times 35 \times 52 \times 72$ है। N का मान ज्ञात करे-

(a) $22 \times 34 \times 72$ (b) $23 \times 35 \times 72$
(c) $23 \times 35 \times 73$ (d) $22 \times 35 \times 72$

Sol. **(d)** $3240 = 2^3 \times 3^4 \times 5^1$
$3600 = 2^4 \times 5^2 \times 3^2$
म०स० $= 3^6 = 2^2 \times 3^2$
ल०स० $= 2^4 \times 3^5 \times 5^2 \times 7^2$

$\therefore$ N (तीसरी संख्या) का गुणनखंड $2^2 \times 3^2$ होना चाहिए।
क्योंकि महत्तम समापवर्त्य = सबसे कम घात वाले उभयनिष्ठ गुणनखंडों का गुणनफल
लघुत्तम समापवर्त्य = सबसे अधिक घात वाले उभयनिष्ठ गुणनखंडों का गुणनफल

$\therefore$ तीसरी संख्या का गुणनखण्ड $3^5 \times 7^2$ होना चाहिए।
$\therefore$ तीसरी संख्या (N) $= 2^2 \times 3^5 \times 7^2$ **Ans.**

83. विभाजन विधि द्वारा दो संख्याओं का म०स० ज्ञात करने पर भागफल क्रमशः 1, 8 और 2 प्राप्त होता है और अंतिम भाजक 105 है। दोनों संख्याओं का योग कितना है-

(a) 3885 (b) 3780
(c) 3570 (d) 3675

Sol. **(b)**
1785) 1785+210 (1
– 1995
210) 1680 (8
+105
1785
– 1680
105) 210 (2
210
×

$\therefore$ दोनों संख्या $= 1995 + 1785 = 3780$

84. विभाजन विधि द्वारा दो संख्याओं के म०स० को ज्ञात करने में, अंतिम विभाजक 17 और भागफल क्रमशः 1, 11 और 2 है। दो संख्याओं का योग क्या है?

(a) 833 (b) 901
(c) 816 (d) 867

Sol. **(c)**
391) 391+34 (1
= 425
34) 374 (11
+17
391
17) 34 (2
34
×

$\therefore$ दोनों संख्याओं का योग $= 391 + 425 = 816$ **Ans.**

85. तीन अंकों की उस बड़ी से बड़ी संख्या और चार अंकों की उस छोटी से छोटी संख्या के अंकों का योग क्या होगा, जिनका म०स० 23 है।

(a) 1998 (b) 1984
(c) 2002 (d) 2001

Sol. **(d)**
23) 999 (43
92
79
69
10

$\because$ 999 में 10 घटाने पर यह 23 से पूर्णतः विभाजित होगी।
$\therefore$ संख्या $= 999 - 10 = 989$

23) 1000 (43
92
80
69
11

$\because$ 11 में 12 जोड़ने पर यह 23 से पूर्णतः विभाजित होगा।
$\therefore$ संख्या $= 1000 + 12 = 1012$
अतः संख्या का योगफल $= 989 + 1012 = 2001$ **Ans.**

86. तीन संख्याएं $\frac{1}{2} : \frac{2}{3} : \frac{3}{4}$ के अनुपात में है। यदि सबसे बड़ी संख्या और सबसे छोटी संख्या का अंतर 33 है, तो तीनों संख्याओं का महत्तम समापवर्तक कितना होगा-

(a) 9 (b) 5
(c) 13 (d) 11

Sol. **(d)** $\frac{1}{2}:\frac{2}{3}:\frac{3}{4}$

2, 3, 4 का ल०स० = 12

= 6 : 8 : 9

9 – 6 = 33

1 = 11

∴ म०स० = 11 **Ans.**

87. $2^{15}+1$ और $2^{25}+1$ का म०स० ज्ञात करे

(a) $2^{15}+1$ (b) $2^{25}+1$

(c) $2^{5}+1$ (d) 1

Sol. **(b)** a^p+1, a^q+1

म०स० = $a^{p,q \text{ का म०स०}}+1$

∴ $(2^{15}+1)$ एवं $(2^{25}+1)$ का म०स० = 2^5+1 **Ans.**

∵ (15 और 25 का म०स० = 5)

88. 165, 176, 385 और 495 का ल०स० K है। जब K को संख्याओं के म०स० द्वारा विभाजित किया जाता है तो भागफल P प्राप्त होता है। P का मान ज्ञात करें-

(a) 2520 (b) 5040

(c) 6720 (d) 3360

Sol. **(b)** 165 = 11 × 15

176 = 11 × 16

385 = 11 × 35

495 = 11 × 45

(K) lcm = 11 × 45 × 7 × 16

म०स० = 11

अब ल०स० (K) को म०स० से भाग देने पर

11×45×7×16 ÷ 11 = 45×7×16

= 5040 **Ans.**

89. 13, a, b, c चार अलग-अलग संख्याएं है और संख्याओं के प्रत्येक जोड़े (13, a), (13, b), (13, c) का म०स० 13 है, जहाँ a, b, c प्रत्येक 60 से कम है और $a<b<c$ है। $\frac{a+c}{b}$ का मान क्या है?

(a) 3.5 (b) 2

(c) 5 (d) 4.5

Sol. **(b)** 13, a, b, c का म०स० = 13

∴ संख्याएं 13, 26, 39, 52

∴ $\frac{a+c}{b}=\frac{26+52}{39}=2$ **Ans.**

❑❑❑

विभिन्न प्रतियोगी परीक्षाओं में विगत वर्षो में पूछे गये महत्त्वपूर्ण प्रश्न

1. यदि दो संख्याओं का ल०स० और म०स० क्रमशः 12 और 2 हैं, तो इन संख्याओं का माध्यानुपातिक ज्ञात कीजिए- **[SSC CGL 2023]**
(a) $2\sqrt{6}$ (b) $\sqrt{14}$
(c) 2 (d) $\sqrt{6}$

2. 2, 3, 5, 6, 9 और 18 से विभाज्य सबसे छोटी संख्या ज्ञात कीजिए, जो एक पूर्ण वर्ग है- **[SSC CGL 2023]**
(a) 900 (b) 400
(c) 144 (d) 3600

3. 25, 30, 50 और 75 का लघुत्तम समापवतर्य ज्ञात कीजिए। **[SSC CPO 2022]**
(a) 15.0 (b) 150
(c) 1.50 (d) 75

4. 364 और 724 का महत्तम समापवर्तक ज्ञात कीजिए। **[SSC CPO 2022]**
(a) 4 (b) 2
(c) 6 (d) 364

5. दो संख्याओं का LCM 60 है, और उनका HCF 5 है। यदि एक संख्या 15 है, तो दूसरी संख्या क्या है- **[DSSSB Assitt. Grade 2024]**
(a) 20 (b) 12
(c) 22 (d) 26

6. दो संख्याओं का HCF 12 है और LCM 160 है। यदि एक संख्या 400 है तो निम्नलिखित में दूसरी संख्या कौन-सी है- **[DSSSB Assitt. Grade 2024]**
(a) 60 (b) 45
(c) 52 (d) 48

7. दो संख्याओं का HCF और LCM 16 और 288 है और संख्याएं 2 : 9 के अनुपात में है। दोनों संख्याओं में से बड़ी संख्या ज्ञात कीजिए- **[DSSSB Assitt. Grade 2024]**
(a) 121 (b) 256
(c) 144 (d) 169

8. दो सह-अभाज्य संख्याओं का गुणनफल 117 है। उनका LCM होना चाहिए- **[BPSC Primary 2024]**
(a) 1 (b) उनके HCF के बराबर
(c) 117 (d) उपर्युक्त में से एक से अधिक
(e) उपर्युक्त में से कोई नही

9. उन जोड़ियों की संख्या के बारे में जिनका HCF, 15 और LCM 138 है, हम निश्चित रूप से कह सकते है कि- **[UPP Constable 2024]**
(a) ऐसी केवल एक जोड़ी मौजूद है
(b) ऐसी कई जोड़ियाँ मौजूद है
(c) ऐसी कोई जोड़ी मौजूद नहीं है
(d) ऐसी केवल दो जोड़ियाँ मौजूद है

10. $x^4 - 13x^2y^2 - 300y^4$, $x^3 - 4x^2y - 4xy^2 - 5y^3$ और $x^3 - 125y^3$ का HCF क्या है- **[CDS 2024]**
(a) $x - 5y$ (b) $x + 5y$
(c) $x^2 + 5xy + 25y^2$ (d) 1

11. यदि धनपूर्ण संख्याओं $x \geq 2, y \geq 2$ के लिए, 768 और x^6y^2 का HCF, 32xy है, तो (x + y) का मान क्या है- **[CDS 2024]**
(a) 5 (b) 7
(c) 9 (d) 10

12. दो संख्याओं a और b का अनुपात क्रमशः 7 : 15 है। उनका लघुत्तम समापवर्त्य 840 है। (b + a) : (b – a) का मान ज्ञात करें- **[IB ACIO 2021]**
(a) 11 : 4 (b) 15 : 4
(c) 7 : 11 (d) 15 : 1

13. दो संख्याओं का अनुपात 3 : 5 है और उनका लघुत्तम समापवर्त्य, उनके महत्तम समापवर्तक से 42 अधिक है। उनमें से बड़ी संख्या का मान क्या है- **[IB ACIO 2021]**
(a) 15 (b) 9
(c) 12 (d) 18

14. दो संख्याओं का लघुत्तम समापवर्त्य 4640 है, और उनका म०स०प० 10 है। यदि संख्याओं में से एक संख्या 290 है, तो दूसरी संख्या ज्ञात कीजिए- **[CRPF HCM 2023]**
(a) 160 (b) 58
(c) 145 (d) 116

15. दो संख्याएं 4 : 5 के अनुपात में है और उनका ल.स.प. (LCM) 100 है। उनका अंतर ज्ञात कीजिए- **[RRB RPF SI 2019]**
(a) 20 (b) 25
(c) 5 (d) 10

16. चार अलार्म घड़ियाँ क्रमशः 3, 4, 5 तथा 8 मिनट के अंतराल पर बजती है। यदि वे एक साथ प्रातः 06:00 बजे बजी हो तो अब वे एक साथ कितने बजे बजेगी- **[RRB RPF (SI) 2019]**
(a) प्रातः 08:00 बजे (b) प्रातः 10:00 बजे
(c) दोपहर 12:03 बजे (d) प्रातः 09:00

17. दो संख्याओं 960 और 1020 का महत्तम समापवर्तक क्या है? **[SSC CPO 2022]**
(a) 40 (b) 12
(c) 60 (d) 80

18. यदि तीन संख्या 1 : 3 : 7 के अनुपात में हैं और उनका लघुत्तम समापवर्त्य, 336 है, तो उनका महत्तम समापवर्तक क्या है? **[SSC CPO 2022]**

(a) 16 (b) 18
(c) 10 (d) 12

19. a और b का लघुत्तम समापवर्त्य 42 है। 5a और 11b का लघुत्तम समापवर्त्य क्या है? **[SSC CPO 2022]**

(a) 2310 (b) 4630
(c) 210 (d) 462

20. दो संख्याओं का अनुपात 5 : 7 है और उनका महत्तम समापवर्तक 3 है। उनका लघुत्तम समापवर्त्य ज्ञात कीजिए। **[SSC CPO 2022]**

(a) 75 (b) 105
(c) 125 (d) 35

21. दो संख्याओं के म.स.प. और ल.स.प. क्रमशः 126 और 9 हैं। यदि एक संख्या 18 है, तो दूसरी संख्या कौन सी है? **[SSC CPO 2022]**

(a) 63 (b) 36
(c) 84 (d) 24

22. 48 और 64 का लघुत्तम समापवर्त्य, 12 और 18 के महत्तम समापवर्तक का ...... गुना है। **[SSC CPO 2022]**

(a) 28 (b) 32
(c) 24 (d) 16

23. 120, 360 और 210 का महत्तम समापवर्तक क्या है? **[SSC CPO 2022]**

(a) 30 (b) 15
(c) 3 (d) 12

24. मान लीजिए, x = 224 और y = 322। यदि 23x और $a \times y$ का उच्चतम उभयनिष्ठ गुणनखंड x और y से विभाज्य है, तो a का संभावित मान क्या हो सकता है? **[SSC CPO 2022]**

(a) 4 (b) 12
(c) 8 (d) 16

25. तीन संख्याओ का लघुत्तम समापवर्त्य और अनुपात क्रमशः 1386 और 3 : 7 : 11 है। सबसे बड़ी और सबसे छोटी संख्याओं का योग ज्ञात कीजिए। **[SSC CPO 2022]**

(a) 108 (b) 84
(c) 64 (d) 60

26. $a^3b - ab^3, a^3b^2 - a^2b^3, ab(a - b)$ का ल.स.प. क्या है- **[SSC CPO 2022]**

(a) $a^2b^2(a^2 + b^2)$ (b) $a^2b^2(a^2 - b^2)$
(c) $a^2b^3(a^2 + b^2)$ (d) $a^3b^2(a^2 - b^2)$

27. दो संख्याओं का लघुत्तम समापवर्तक 840 है और उनका म.स.प. 7 है। यदि एक संख्या 56 है, तो दूसरी संख्या ज्ञात कीजिए। **[SSC CPO 2022]**

(a) 120 (b) 112
(c) 105 (d) 84

28. वह उच्चतम लम्बाई ज्ञात कीजिए जिसका उपयोग 48 मीटर, 72 मीटर और 120 मीटर की लम्बाईयों को पूर्णतः मापने के लिए किया जा सकता है। **[UPSI 2021]**

(a) 26 (b) 25
(c) 24 (d) 27

29. दो संख्याओं के ल.स.प. और म.स.प. का गुणनफल 48 है। दोनों संख्याओं का अंतर 13 है। संख्याएं ज्ञात कीजिए- **[Delhi Police 2023]**

(a) 3 और 16 (b) 9 और 22
(c) 6 और 19 (d) 10 और 23

30. दो संख्याओं का लघुत्तम समापवर्त्य उनके महत्तम समापवर्तक का 12 गुना है। संख्याओं में से एक संख्या 8 है और महत्तम समापवर्तक लघुत्तम समावर्त्य का योग 52 है। दूसरी संख्या क्या है- **[Delhi Police 2023]**

(a) 28 (b) 26
(c) 15 (d) 20

31. दो संख्याएं 5 : 7 के अनुपात में है। उनके म.स.प. और ल.स.प. का गुणनफल 2835 है। संख्याओं का योग क्या है- **[Delhi Police 2023]**

(a) 108 (b) 109
(c) 107 (d) 106

32. मान लीजिए x सबसे छोटी संख्या है जिसे 16, 24, 30, 36 और 45 से विभाजित करने पर प्रत्येक स्थिति में शेष 4 है, और x, 28 से विभाज्य है। यदि x और 3193 का म.स.प. y है, तो y के अंकों का योग क्या है? **[ICAR Technician 2022]**

(a) 4 (b) 9
(c) 5 (d) 10

33. चार घंटिया 6, 8, 9 और 10 सेकंड के अंतराल पर बजती है। सभी घंटिया एक समय पर एक साथ बजती है। अब कितने मिनट पश्चात वे फिर से एक साथ बजेगी? **[ICAR Technician 2022]**

(a) 9 (b) 5
(c) 8 (d) 6

34. भाग विधि द्वारा दो संख्याओं का HCF ज्ञात करने में, अंतिम भाजक 28 है और भागफल क्रमशः 1, 30, 1 और 3 है। दो संख्याओं का योग क्या है? **[ICAR Technician 2022]**

(a) 7000 (b) 6944
(c) 6860 (d) 7140

35. दो संख्याओ का लघुत्तम समापवर्तक, उनके महत्तम समापवर्तक का 28 गुना है और उनके लघुत्तम समापवर्तक और महत्तम समापवर्तक का योग 493 है। दोनों संख्याओ का अंतर 51 है। यदि उन दोनों संख्याओ का योग s है , तो s के अंको का योग ज्ञात कीजिये?
[ICAR Technician 2022]
(a) 13 (b) 17
(c) 19 (d) 16

36. एक वनपाल 76 सेब के वृक्ष, 114 केले के वृक्ष और 152 आम के वृक्ष समान पंक्तियों (वृक्षों की संख्या के संबंध में) में लगाना चाहता है। इसके अलावा वह वृक्षों की भिन्न पंक्तियां बनाना चाहता है (एक पंक्ति में केवल एक प्रकार के वृक्ष)। पंक्तियों की आवश्यक संख्या (न्यूनतम) ज्ञात कीजिए-
[UPSI 2021]
(a) 11 (b) 10
(c) 12 (d) 9

37 यदि दो संख्याओं a और b का लघुत्तम समापवर्त्य 60 है और उनका महत्तम समापवर्तक 15 है, तो उनका मध्यानुपात ज्ञात कीजिए।
[SSC CPO 2022]
(a) 30 (b) 25
(c) 60 (d) 4

38. $\frac{11}{25}, \frac{9}{20}, \frac{16}{25}$ और $\frac{10}{33}$ का म.स.प. ज्ञात कीजिए।
[SSC CPO 2022]
(a) $\frac{1}{3300}$ (b) $\frac{1}{330}$
(c) $\frac{1}{33}$ (d) $\frac{1}{300}$

39. 108, 72 और 5a का उच्चतम सामान्य गुणनखंड है। 108, 72 और a का लघुत्तम समापवर्त्य क्या हो सकता है?
[SSC CPO 2022]
(a) 432 (b) 324
(c) 108 (d) 216

40. मान लीजिए x सबसे छोटी संख्या है जिसे 12, 18, 20, 27 और 30 से विभाजित करने पर प्रत्येक स्थिति में शेष 2 है और x, 47 से विभाज्य है। यदि x और 1932 का HCF, y है, तो y का अंकों का योग है?
[ICAR Technician 2022]
(a) 7 (b) 10
(c) 5 (d) 11

41. दो संख्याओं का लघुत्तम समापवर्त्य और महत्तम समावर्तक क्रमशः 3 और 18 है। यदि उनमें से एक 9 है तो दूसरी संख्या ज्ञात करें-
[IB ACIO 2021]
(a) 9 (b) 6
(c) 8 (d) 3

42. सबसे बड़ी संभावित लम्बाई ज्ञात कीजिए, जो 2m 76cm, 5m 52cm, 11m 96 cm की लंबाईयों को पूरा-पूरा मापने के लिए उपयोग में लाया जा सके-
[RRB RPF (SI) 2019]
(a) 92 cm (b) 11.96 cm
(c) 92 m (d) 1196 cm

43. ऐसी सबसे बड़ी संख्या ज्ञात कीजिए, जिसके द्वारा 76, 151 और 226 का भाग करने पर प्राप्त होने वाले सभी शेष समान होते है-
[RRB Group D 2018]
(a) 69 (b) 60
(c) 75 (d) 70

44. वो बड़ी से बड़ी संख्याएं, जिससे संख्या 200 और 432 को विभाजित करने पर क्रमशः 2 और 3 शेष रहे-
[RRB Group D 2018]
(a) 24 (b) 8
(c) 33 (d) 44

45. $\frac{37}{9}, \frac{85}{18}$ और $\frac{68}{45}$ का म.स. क्या है-
[RRB RPF Constable 2019]
(a) $\frac{17}{45}$ (b) $\frac{34}{9}$
(c) $\frac{17}{90}$ (d) $\frac{1}{90}$

46. 1.08, 0.36 और 0.9 का GCD ज्ञात कीजिए-
[RRB JE 2019]
(a) 0.03 (b) 18
(c) 0.18 (d) 1.8

47. दो संख्याओं का महत्तम समापवर्तक और लघुत्तम समापवर्त्य 12 और 720 है। इन संख्याओं के संभावित जोड़े कितने है-
[RRB RPF SI 2019]
(a) 3 (b) 4
(c) 2 (d) 1

48. दो संख्याओं का लघुत्तम समापवर्त्य उनके महत्तम समापवर्तक का 42 गुना है। लघुत्तम समापवर्त्य और महत्तम समापवर्तक का योग 602 है। यदि उन संख्याओं में से एक संख्या 84 है, तो दूसरी संख्या ज्ञात कीजिए-
[RRB Group D 2018]
(a) 98 (b) 78
(c) 87 (d) 89

49. दो संख्याओं का म.स. 12 है और उनका ल.स. 72 है। यदि इनमें से एक संख्या 24 है तो दूसरी संख्या क्या है-
[RRB ALP & Tec. 2018]

(a) 48 (b) 60
(c) 36 (d) 72

50. एक मंदिर में क्रमशः 12, 16, 24 और 36 मिनट के अंतराल पर चार घंटियाँ बजी है। यदि उन्हें 6 बजे से निरंतर अंतराल पर बजना शुरू किया जाए, तब वे दोबारा कब एक साथ बजेंगी- **[RRB Group D 2018]**
(a) 8 : 24 am (b) 5 : 24 am
(c) 7 : 24 am (d) 6 : 24 am

51. तीन संख्याएं 3 : 4 : 5 के अनुपात में है और उनका LCM, 2400 है। उनका HCF है- **[BPSC Primary 2024]**
(a) 120 (b) 40
(c) 80 (d) उपर्युक्त में से एक से अधिक
(e) उपर्युक्त में से कोई नहीं

52. x और y का लघुत्तम समापवर्त्य 441 है और उनका महत्तम समापवर्तक 7 है। यदि x = 49 है, तो y ज्ञात कीजिए। **[SSC CPO 2022]**
(a) 56 (b) 36
(c) 65 (d) 63

53. दो संख्याओं का योगफल 1224 है और उनका म.स.प. 68 है। संख्याओं के कुल कितने युग्म उपर्युक्त स्थिति को संतुष्ट करते हैं? **[SSC CPO 2022]**
(a) 3 (b) 4
(c) 6 (d) 2

54. दो संख्याओं का अनुपात 4 : 5 है और उनका महत्तम समापवर्तक 3 है। उनका लघुत्तम समापवर्त्य क्या है? **[SSC CPO 2022]**
(a) 48 (b) 80
(c) 60 (d) 36

55. दो संख्याएँ 13 : 9 के अनुपात में है। यदि उनका HCF, 13 है तो बड़ी संख्या ज्ञात कीजिए- **[UPP Constable 2024]**
(a) 143 (b) 117
(c) 169 (d) 52

56. यदि दो संख्याओं का गुणनफल और HCF क्रमशः 3430 और 35 है तो LCM ज्ञात करें- **[DSSSB Assitt. Grade 2024]**
(a) 98 (b) 96
(c) 112 (d) 102

57. इस प्रकार की लघुत्तम धनपूर्ण संख्या n कौन-सी है कि (n + 1) × n × (n – 1) × (n – 2) × ..... 3×2×1, 910 से भाज्य हो- **[CDS 2024]**
(a) 91 (b) 90
(c) 13 (d) 12

58. 1 और 100 के बीच कितनी संख्याएं है जो 6 और 8 से दोनों से पूर्णतः विभाज्य है- **[RRB NTPC 2021]**
(a) 5 (b) 6
(c) 7 (d) 4

59. 4 अंकों की सबसे छोटी संख्या ज्ञात कीजिए जिसे 2, 3 और 5 से विभाजित करने पर प्रत्येक स्थिति में 1 शेष बचता है- **[RRB NTPC 2021]**
(a) 1001 (b) 1041
(c) 1021 (d) 1091

60. 10000 से कम ऐसी कितनी संख्याएं है जो 21, 35 और 63 से पूर्णतः विभाज्य है- **[RRB NTPC 2021]**
(a) 32 (b) 30
(c) 34 (d) 31

ANSWER

1	(a)	2	(a)	3	(b)	4	(a)	5	(a)	6	(d)	7	(c)	8	(c)	9	(c)	10	(a)
11	(a)	12	(a)	13	(a)	14	(a)	15	(c)	16	(a)	17	(c)	18	(a)	19	(a)	20	(b)
21	(a)	22	(b)	23	(a)	24	(d)	25	(b)	26	(b)	27	(c)	28	(c)	29	(a)	30	(d)
31	(a)	32	(a)	33	(d)	34	(a)	35	(d)	36	(d)	37	(a)	38	(a)	39	(d)	40	(b)
41	(b)	42	(a)	43	(c)	44	(c)	45	(c)	46	(c)	47	(b)	48	(a)	49	(c)	50	(a)
51	(b)	52	(d)	53	(a)	54	(c)	55	(c)	56	(a)	57	(d)	58	(d)	59	(c)	60	(d)

CHAPTER 06

प्रतिशत (Percentage)

▶ **प्रतिशत (Percentage) :** प्रतिशत का शाब्दिक अर्थ होता है प्रति सौ भाग। प्रतिशत एक संख्या या अनुपात है जिसे 100 के अंश के रूप में व्यक्त किया जा सकता है। इसे प्रतीक '%' द्वारा दर्शाया जाता है।

▶ **प्रतिशत को भिन्न में बदलना-** प्रतिशत को भिन्न में बदलने के लिए 100 से भाग दिया जाता है।

- $10\% = \frac{10}{100} = \frac{1}{10}$
- $16\frac{2}{3}\% = \frac{50}{3\times100} = \frac{1}{6}$
- $12\frac{1}{2}\% = \frac{25}{2\times100} = \frac{1}{8}$
- $24\frac{1}{2}\% = \frac{49}{2\times100} = \frac{49}{200}$
- $5\frac{5}{19}\% = \frac{100}{19\times100} = \frac{1}{19}$
- $33\frac{1}{3}\% = \frac{100}{3\times100} = \frac{1}{3}$

महत्त्वपूर्ण भिन्न और उनके प्रभावी प्रतिशत

- $1 = 100\%$
- $\frac{1}{2} = 50\%$
- $\frac{1}{3} = 33\frac{1}{3}\% = 33.33\%$
- $\frac{1}{4} = 25\%$
- $\frac{1}{5} = 20\%$
- $\frac{1}{6} = 16\frac{2}{3}\% = 16.66\%$
- $\frac{1}{7} = 14\frac{2}{7}\% = 14.28\%$
- $\frac{1}{8} = 12\frac{1}{2}\% = 12.5\%$
- $\frac{1}{9} = 11\frac{1}{9}\% = 11.11\%$
- $\frac{1}{10} = 10\%$
- $\frac{1}{11} = 9\frac{1}{11}\% = 9.09\%$
- $\frac{1}{12} = 8\frac{1}{3}\% = 8.33\%$
- $\frac{1}{13} = 7\frac{9}{13}\% = 7.69\%$
- $\frac{1}{14} = 7\frac{1}{7}\% = 7.14\%$
- $\frac{1}{15} = 6\frac{2}{3}\% = 6.66\%$
- $\frac{1}{16} = 6\frac{1}{4}\% = 6.25\%$
- $\frac{1}{17} = 5\frac{15}{17}\% = 5.88\%$
- $\frac{1}{18} = 5\frac{5}{9}\% = 5.55\%$
- $\frac{1}{19} = 5\frac{5}{19}\% = 5.26\%$
- $\frac{1}{20} = 5\%$
- $\frac{1}{21} = 4\frac{16}{21}\% = 4.76\%$
- $\frac{1}{24} = 4\frac{1}{6}\% = 4.16\%$
- $\frac{3}{8} = 37\frac{1}{2}\% = 37.5\%$
- $\frac{5}{8} = 62\frac{1}{2}\% = 62.5\%$
- $\frac{2}{3} = 66\frac{2}{3}\% = 66.66\%$
- $\frac{7}{40} = 17\frac{1}{2}\% = 17.5\%$

प्रतिशत के कुछ महत्त्वपूर्ण नियम

- x का $(a+b)\%$ = x का $a\%$ + x का $b\%$
- y का $x\%$ = x का $y\%$

क्रमिक प्रतिशत परिवर्तन

- यदि a% और b% के दो क्रमिक परिवर्तन किये जाये-

  नेट प्रतिशत परिवर्तन = $\left(\pm a \pm b \pm \frac{ab}{100}\right)\%$

- यदि a%, b% और c% के तीन क्रमिक परिवर्तन किये जाये- नेट प्रतिशत परिवर्तन =

$$\left[(\pm a \pm b \pm c) + \frac{(\pm ab \pm bc \pm ca)}{100} + \frac{(\pm abc)}{10000}\right]\%$$

नोट- जहाँ $[+ \rightarrow$ वृद्धि, $- \rightarrow$ कमी$]$

यूनियन (∪) तथा इंटरसेक्शन (∩) फार्मूला

- $n(A \cup B) = n(A) + n(B) - n(A \cap B)$
- $n(A \cup B \cup C) = n(A) + n(B) + n(C) - n(A \cap B) - n(A \cap C) - n(B \cap C) + n(A \cap B \cap C)$

जहाँ $(\cup) \rightarrow$ या, अथवा $(\cap) \rightarrow$ और, दोनों

1. x का मान ज्ञात करे, यदि 480 का 25% + 500 का 30% + 90 का x% = 900 का 35% है।

(a) 40 (b) 45
(c) 55 (d) 50

Sol. (d) **Method - I**

480 का 25% + 500 का 30% + 90 का x% = 900 का 35%

$\Rightarrow \quad 480\times\frac{25}{100}+500\times\frac{30}{100}+90\times\frac{x}{100}=900\times\frac{35}{100}$

$\Rightarrow \quad 120+150+\frac{9x}{10}=35\times 9$

$\Rightarrow \quad \frac{9x}{10}=315-270$

$\Rightarrow \quad 9x = 45 \times 10$

$\therefore \quad x = 50$ **Ans.**

Method - II

480 का 25% + 500 का 30% + 90 का x% = 900 का 35%

$\Rightarrow \quad 480\times\frac{1}{4}+500\times\frac{3}{10}+90\times\frac{x}{100}=900\times\frac{7}{20}$

$\Rightarrow \quad 120+150+\frac{9x}{10}=315$

$\Rightarrow \quad \frac{9x}{10}=45$

$\therefore \quad x = 50$ **Ans.**

2. 1700 का 20% – 1500 का $33\frac{1}{3}\%$ + 900 का 30% = x का 50% में x का मान ज्ञात करें।

(a) 200 (b) 210
(c) 220 (c) 230

Sol. 1700 का 20% – 1500 का $33\frac{1}{3}\%$ + 900 का 30% = x का 50%

$\Rightarrow \quad 1700\times\frac{1}{5}-1500\times\frac{1}{3}+900\times\frac{3}{10}=x\times\frac{1}{2}$

$\Rightarrow \quad 340-500+270=\frac{x}{2}$

$\Rightarrow \quad 610-500=\frac{x}{2}$

$\therefore \quad x = 220$ **Ans.**

3. यदि x के आधे का 25%, y के एक-चौथाई के 30% मान के 2.5 गुणा के बराबर है, तो x, y से कितना प्रतिशत अधिक या कम है?

(a) $33\frac{1}{3}\%$ से ज्यादा (b) $33\frac{1}{3}\%$ के बराबर
(c) 50% से ज्यादा (d) 50% के बराबर

Sol. (d) प्रश्नानुसार,

$\left(\frac{x}{2} \text{ का } 25\%\right)=\left(\frac{y}{4} \text{ का } 30\%\right)2.5$

$\Rightarrow \quad \frac{x}{2}\times\frac{1}{4}=\frac{y}{4}\times\frac{3}{10}\times 2.5$

$\Rightarrow \quad x \times 10 = y \times 15$

$\Rightarrow \quad 2x = 3y$

$\therefore \quad \frac{x}{y}=\frac{3}{2}$

$\therefore$ प्रतिशत $=\frac{3-2}{2}\times 100=\frac{1}{2}\times 100 = 50\%$ **Ans.**

4. यदि x का 8%, y के 4% के बराबर है तो x का 20% किसके बराबर होगा?

(a) y का 10% (b) y का 16%
(c) y का 80% (d) y का 50%

Sol. (a) प्रश्नानुसार,

x का 8% = y का 4%

$\Rightarrow \quad x\times\frac{8}{100}=y\times\frac{4}{100}$

$\Rightarrow \quad 2x = y$

$\therefore \quad x=\frac{y}{2}$

अब,

x का 20%

$\frac{y}{2}\times\frac{20}{100}$ = y के 10% **Ans.**

5. (A + B) का 15% = (A – B) का 25% है, तो B का कितना प्रतिशत A के बराबर होगा?

(a) 150% (b) 300%
(c) 350% (d) 400%

Sol. (d) $(A + B) \times 15\% = (A - B) \times 25\%$

$\Rightarrow \quad A \times 15 + B \times 15 = A \times 25 - B \times 25$

$\Rightarrow \quad A \times 10 = B \times 40$

$\therefore \quad A = 4B$

पुनः प्रश्नानुसार,

B का x% = A

$\Rightarrow \quad B\times\frac{x}{100}=4B$

$\therefore \quad x = 400\%$ **Ans.**

6. यदि A का 5% + B का 4% = $\frac{2}{3}$(A का 6% + B का 8%) हो, तो A : B ज्ञात करें।

(a) 1 : 1 (b) 4 : 3
(c) 1 : 2 (d) 5 : 4

Sol. (b) A का 5% + B का 4% = $\frac{2}{3}$(A का 6% + B का 8%)

$\Rightarrow A \times 5\% + B \times 4\% = A \times 4\% + B \times \frac{16}{3}\%$

$\Rightarrow A(5-4) = B\left(\frac{16}{3} - 4\right)$

$\Rightarrow A \times 1 = B \times \frac{4}{3}$

$\Rightarrow A \times 3 = B \times 4$

$\therefore$ A : B = 4 : 3 **Ans.**

7. P का 5%, 10 है। Q का 10%, 5 है। R, $\frac{Q}{P}$ के बराबर है तो R का मान ज्ञात करे।

(a) 4 (b) $\frac{1}{32}$
(c) $\frac{1}{4}$ (d) 1

Sol. (c) P का 5% = 10

$\Rightarrow P \times \frac{5}{100} = 10$

$\therefore$ P = 200

उसी प्रकार,

$Q \times \frac{10}{100} = 5$

$\therefore$ Q = 50

प्रश्नानुसार,

$R = \frac{Q}{P}$

$R = \frac{50}{200}$

$\therefore R = \frac{1}{4}$ **Ans.**

8. यदि x का 50%, y और 20 के योग के बराबर हो, तो x – 2y का मूल्य क्या है?

(a) 50 (b) 45
(c) 40 (d) 60

Sol. (c) x का 50% = y + 20

$\Rightarrow x \times \frac{50}{100} = y + 20$

$\Rightarrow x = 2y + 40$

$\therefore x - 2y = 40$ **Ans.**

9. यदि (x – y) का 60% = (x + y) का 45% और y = x का k% है, तो k का 21% बराबर है।

(a) 7 (b) 6
(c) 3 (d) 1

Sol. (c) (x – y) × 60% = (x + y) × 45%

$\Rightarrow x \times 4 - y \times 4 = x \times 3 + y \times 3$

$\Rightarrow x = y \times 7$

$\therefore x = 7y$

अब,

x = 7y

$\therefore y = \frac{1}{7}x$ ....(i)

$y = x \times k\%$ ....(ii)

$\therefore \frac{1}{7}x = x \times k\%$

$\therefore k\% = \frac{1}{7}$

अब, k का 21% = k% का 21 = $\frac{1}{7} \times 21 = 3$ **Ans.**

10. यदि 70 का 40%, 80 के 30% से *x*% अधिक है तो '*x*' का मान ज्ञात कीजिए-

(a) 16.67 (b) 33.33
(c) 150 (d) 400

Sol. (d) 70 × 40% – 80 × 30% = x%

$\Rightarrow 28 - 24 = x\%$

$\Rightarrow x\% = 4$

$\therefore x = 400$ **Ans.**

11. यदि x की आय, y की आय से 40% कम है तो y की आय, x की आय से लगभग कितने प्रतिशत अधिक है?

(a) 66.33% (b) 66.67%
(c) 67.67% (d) 67.33%

Sol. (a) माना कि y की कुल आय = 100 इकाई

$\therefore$ x की कुल आय = 60 इकाई

प्रश्नानुसार,

%अधिक $= \frac{(y-x) \text{ आय}}{x \text{ की आय}} \times 100$

$= \frac{(100-60)}{60} \times 100$

$= \frac{40}{60} \times 100 = 66.67\%$ **Ans.**

12. मोहन की आय श्याम की आय से 40% अधिक है। श्याम की आय मोहन की आय से कितने प्रतिशत कम है?

(a) $28\frac{2}{7}\%$ (b) $28\frac{5}{7}\%$

(c) $28\frac{3}{7}\%$ (d) $28\frac{4}{7}\%$

Sol. (d) माना कि श्याम की आय = 100 इकाई

∴ मोहन की आय = 140 इकाई

$$\% \text{ कमी} = \frac{(140-100)}{140}\times 100$$

$$= \frac{40}{140}\times 100 = \frac{2}{7}\times 100$$

∴ $\% \text{ कमी} = 28\frac{4}{7}\%$ **Ans.**

13. A, B और C तीन धनात्मक संख्याएँ इस प्रकार है कि A, B का 70% है और B, C का 40% है। यदि तीनों संख्याओं का योग 672 है, तो B और C के योग का 15% है।

(a) 42 (b) 44
(c) 84 (d) 96

Sol. (c) माना कि C = 100 इकाई

∴ B = 40 इकाई

∴ $A = 40\times\frac{70}{100} = 28$ इकाई

प्रश्नानुसार,

(100 + 40 + 28) इकाई = 672

168 इकाई = 672

1 इकाई = 4

∴ C = 100 इकाई = 100 × 4 = 400

B = 40 इकाई = 40 × 4 = 160

पुनः प्रश्नानुसार,

$$(B+C)\ 15\% = (160+400)\times\frac{15}{100}$$

$$= 560\times\frac{15}{100} = 84$$ **Ans.**

14. A का वेतन, B के वेतन से 15% कम है। B का वेतन, C के वेतन से 30% कम है। लगभग कितने प्रतिशत तक C का वेतन A के वेतन से अधिक है?

(a) 75 (b) 45
(c) 68 (d) 40

Sol. (c) माना कि C की आय = 100 इकाई

B की आय = 70 इकाई

A की आय = 59.5 इकाई

$$\% \text{ अधिक} = \frac{(100-59.5)}{60}\times 100$$

$$= \frac{40.5}{60}\times 100 = 67.5 \cong 68\% \text{ (लगभग)}$$

15. रजनी का 24% वेतन, सुनीता के 38% वेतन के बराबर है। वीना का वेतन, रजनी और सुनीता के कुल वेतन का दो-तिहाई है। यदि वीणा का वेतन रु.62,000 है, तो सुनीता का वेतन ज्ञात करे।

(a) रु.36,000 (b) रु.35,000
(c) रु.32,000 (d) रु.38,000

Sol. (a) रजनी का 24% = सुनीता का 38%

$$\frac{\text{रजनी}}{\text{सुनीता}} = \frac{38}{24} \Rightarrow \frac{\text{रजनी}}{\text{सुनीता}} = \frac{19}{12}$$

∴ रजनी और सुनीता का कुल वेतन = (19 + 12) इकाई

= 31 इकाई

प्रश्नानुसार,

वीणा का वेतन = रु.62,000

$$\text{वीणा का वेतन} = (\text{रजनी + सुनीता का कुल वेतन})\times\frac{2}{3}$$

$$62{,}000 = 31 \text{ इकाई}\times\frac{2}{3}$$

∴ 1 इकाई = 3000

∴ सुनीता की आय = 12 इकाई = 12 × 3000

= रु.36000

16. A की आय B की आय से 20% कम है और C की आय A और B की आय के योग का 70% है। D की आय C की आय से 25% अधिक है। यदि B और D की आय का अंतर रु.23000 है, तो A की आय क्या है?

(a) रु.32,000 (b) रु.25,000
(c) रु.26,000 (d) रु.28,000

Sol. (a) माना कि B की आय = 100 इकाई

A की आय = 80 इकाई

∴ C की आय = (A + B की आय) का 70%

$$= (80+100)\frac{70}{100} = 126 \text{ इकाई}$$

D का लाभ $= 126 \times \frac{125}{100} = 126 \times \frac{5}{4}$

$= 157.5$ इकाई

B और D की आय का अंतर $= (157.5 - 100)$ इकाई

23000 $= 57.5$ इकाई

1 इकाई $= \frac{23000}{57.5}$

$\therefore$ 80 इकाई (A की आय) $= \frac{23000}{57.5} \times 80$

= रु.32000 **Ans.**

17. एक संख्या का 50%, दूसरी संख्या के 40% से 1 अधिक है। अगर मूल संख्याओं के बीच का अंतर 10 है, तो दोनों संख्याओं के योग का मान क्या होगा?

(a) 210 (b) 100
(c) 110 (d) 70

Sol. (c) माना कि पहली संख्या = x

दूसरी संख्या = y

$x \times 50\% - y \times 40\% = 1$

$\Rightarrow 5x - 4y = 10$ ....(i)

पुनः $y - x = 10$ ....(ii)

समी० (ii) में 4 से गुणा कर समी० (i) से जोड़ने पर

$$\begin{array}{r} 5x - 4y = 10 \\ -4x + 4y = 40 \\ \hline x = 50 \end{array}$$

$\therefore x = 50$

x का मान समी० (ii) में रखने पर

$y - x = 10$

$y - 50 = 10$

$\therefore y = 60$

$\therefore$ दोनों संख्या का योग $= x + y$

$= 50 + 60 = 110$ **Ans.**

18. यदि हम अंश में 20% की वृद्धि करते है और हर में 20% की कमी करते है, तो यह $\frac{6}{5}$ हो जाता है तो वास्तविक भिन्न क्या है?

(a) $\frac{4}{5}$ (b) $\frac{5}{7}$

(c) $\frac{3}{5}$ (d) $\frac{5}{4}$

Sol. (a) माना कि भिन्न क्रमशः $\frac{x}{y}$ है।

प्रश्नानुसार,

$$\frac{x \times \frac{120}{100}}{y \times \frac{80}{100}} = \frac{6}{5}$$

$$\Rightarrow \frac{3x}{2y} = \frac{6}{5}$$

$$\Rightarrow \frac{x}{y} = \frac{4}{5}$$ **Ans.**

19. यदि हम अंश में 25% की वृद्धि करते है और हर में $31\frac{1}{4}\%$ की वृद्धि करते है, तो यह $\frac{5}{14}$ हो जाता है तो वास्तविक भिन्न क्या है?

(a) $\frac{3}{11}$ (b) $\frac{5}{8}$

(c) $\frac{7}{8}$ (d) $\frac{3}{8}$

Sol. (d) माना कि भिन्न क्रमशः $\frac{x}{y}$ है।

प्रश्नानुसार,

$$\frac{x \times \frac{125}{100}}{y \times \frac{21}{16}} = \frac{5}{14}$$

$$\Rightarrow \frac{x \times 125 \times 16}{y \times 21 \times 100} = \frac{5}{14}$$

$$\Rightarrow \frac{x}{y} = \frac{3}{8}$$ **Ans.**

20. संख्या x और y का अनुपात x : y = 4 : 5 है। यदि x का मान z से 20% अधिक है तो y का मान z से कितना प्रतिशत अधिक होगा?

(a) 40% (b) 30%
(c) 50% (d) 60%

Sol. $x : y = 4 : 5$

$x = z \times 120\%$

$4 = z \times \frac{120}{100}$

$z = \frac{10}{3}$

x	:	y	:	z
4	:	5	:	$\frac{10}{3}$
12	:	15	:	10

% अधिक $= \frac{15 - 10}{10} \times 100 = \frac{5}{10} \times 100 = 50\%$

सतत प्रतिशत वृद्धि एवं कमी पर आधारित प्रश्न

21. यदि किसी पुस्तक के मूल्य में पहले 25% की कमी कर दी जाए और 20% की वृद्धि कर दी जाये तो पुस्तक के मूल्य में शुद्ध परिवर्तन क्या होगा?

(a) 10% की कमी (b) 5% की वृद्धि
(c) 5% की कमी (d) 15% की कमी

Sol. (a) **Method - I**

माना कि वस्तु का मूल्य = 100 इकाई

25% कमी करने पर मूल्य = 100 – 100 × 25%
= 75 इकाई

पुनः 20% की वृद्धि करने पर नया मूल्य
= 75 + 75 × 20%
= 90 इकाई

$\therefore$ शुद्ध परिवर्तन $= \frac{(100-90)}{100}\times 100$
= 10% कमी **Ans.**

Method - II

प्रतिशत कमी या वृद्धि $= -25 + 20 + \frac{(-25\times 20)}{100}$
$= -5 - 5$
$= -10\%$

प्रतिशत कमी या वृद्धि $= \pm x \pm y \pm \frac{xy}{100}$

ऋणात्मक मान = कमी, धनात्मक मान = वृद्धि

Method - III

	पहले	बाद में
$25\% \downarrow = \frac{1}{4}$	4	3
$20\% \uparrow = \frac{1}{5}$	5	6
	20	18

अंतर = 2

% कमी $= \frac{2\times 100}{20}$ = 10% कमी **Ans.**

22. एक आयत की लम्बाई को 20% बढ़ा दिया जाता है और फिर चौड़ाई को 10% कम कर दिया जाता है तो आयत के क्षेत्रफल में कितने प्रतिशत की वृद्धि या कमी होगी?

(a) 4% की कमी (b) 4% की वृद्धि
(c) 8% की कमी (d) 8% की वृद्धि

Sol. (d) **Method - I**

माना कि आयत की लंबाई = 100 इकाई
आयत की चौड़ाई = 100 इकाई

20% की वृद्धि करने पर आयत की लंबाई
= 100 का 120% = 120 इकाई

10% की कमी करने पर आयत की चौड़ाई
= 100 का 90% = 90 इकाई

अब पुराने आयत का क्षेत्रफल
= 100 × 100 = 10,000 इकाई

नये आयत का क्षेत्रफल
= 120 × 90 = 10800 इकाई

प्रतिशत वृद्धि $= \frac{(10800-10000)\times 100}{10000}$
$= \frac{800\times 100}{10000} = 8\%$ **Ans.**

Method - II

	पहले	बाद में
$20\% \uparrow = \frac{1}{5}$	5	6
$10\% \downarrow = \frac{1}{10}$	10	9
	50	54

अंतर = 4

% वृद्धि $= \frac{4\times 100}{50} = 8\%$ **Ans.**

Method - III

प्रतिशत कमी या वृद्धि $= +20 - 10 + \frac{20\times(-10)}{100}$
= 10 – 2 = 8% वृद्धि

23. एक आदमी की आय में पहले 20% की बढ़ोत्तरी हुई और बाद में फिर से 30% की बढ़ोत्तरी हुई तो उसके आय में कुल वृद्धि प्रतिशत बताइये।

(a) 58 (b) 54
(c) 60 (d) 56

Sol. (d) **Method - I**

	प्रारंभ में	बाद में
$20\% \uparrow = \frac{1}{5}$	5	6
$30\% \uparrow = \frac{3}{10}$	10	13
	50	78

अंतर = 28

प्रतिशत वृद्धि $= \frac{28 \times 100}{50} = 56\%$

Method - II

प्रतिशत वृद्धि $= 20 + 30 + \frac{20 \times 30}{100} = 56\%$

24. एक वृत्त की त्रिज्या को 25% बढ़ाने पर उसके क्षेत्रफल पर क्या प्रभाव पड़ेगा?

(a) $56\frac{1}{4}\%$ की वृद्धि (b) $56\frac{2}{3}\%$ की वृद्धि

(c) $55\frac{5}{4}\%$ की कमी (d) इनमें से कोई नहीं

Sol. (a) वृत्त की त्रिज्या $= r$

क्षेत्रफल $= \pi r^2$

	प्रारंभ में	बाद में
$25\% \uparrow = \frac{1}{4}$	4	5
	4	5
	16	25

अंतर = 9

प्रतिशत वृद्धि $= \frac{9 \times 100}{16} = 9 \times 6\frac{1}{4} = 56\frac{1}{4}\%$

25. एक संख्या को 20% बढ़ा दिया जाता है। मूल संख्या पर वापस आने के लिए बढ़ी हुई संख्या को कितना प्रतिशत कम किया जाना चाहिए?

(a) 20% (b) 21%

(c) $16\frac{2}{3}\%$ (d) $14\frac{1}{3}\%$

Sol. (c) माना कि संख्या = 100

20% बढ़ाने पर $= 100 + 100 \times 20\%$

$= 120$

प्रतिशत कमी $= \frac{(120 - 100) \times 100}{120}$

$= \frac{20 \times 100}{120} = 16\frac{2}{3}\%$

26. जब चीनी का मूल्य 30% बढ़ जाता है, तो व्यक्ति चीनी पर अपना खर्च केवल 12% बढ़ाता है। उसे किस प्रतिशत से अपने चीनी की खपत में कमी करनी चाहिए, जिससे उसके व्यय का स्तर समान बनाए रखा जा सके?

(a) 15.75 (b) 11.54

(c) 12.75 (d) 13.85

Sol. (d) नेट परिवर्तन $= a + b + \frac{ab}{100}$

$$12\% = 30\% + x\% + \frac{30x}{100}\%$$

$$120\% = 300\% + 10x\% + 3x\%$$

$$-13x = 180$$

$$x = -13.85\%$$

ऋणात्मक (–) चिह्न का अर्थ है कि कमी हो रही है।

Method -II

	मूल्य	×	खपत	=	व्यय
पहले (माना)	10	×	10	=	100 रु.
बाद में	13	×	x	=	112 रु.

x (खपत) $= \frac{112}{13}$

कमी $= 10 - \frac{112}{13} = \frac{130 - 112}{13} = \frac{18}{13}$

% कमी $= \frac{\frac{18}{13}}{10} \times 100 = 13.85\%$

Trick-

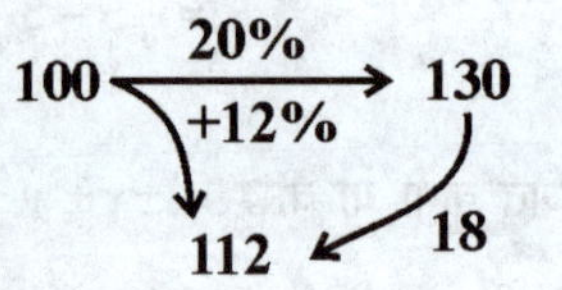

कमी% $= \frac{180}{130} \times 100$

$\Rightarrow \frac{180}{13} = 13.85\%$

27. चीनी की कीमत 20% से बढ़ जाती है। एक व्यक्ति अपना व्यय केवल 8% बढ़ाना चाहता है। उसे अपनी खपत में कितने प्रतिशत की कमी करनी चाहिए?

(a) 10% (b) 11%

(c) 9% (d) 12%

Sol. (a)

	मूल्य	×	खपत	=	व्यय
प्रारंभ में (माना)	10	×	10	=	100 रु.
बाद में	12	×	x	=	108 रु.

x (खपत) $= \frac{108}{12}$

कमी $= 10 - 9 = 1$

% कमी $= \frac{1 \times 100}{10} = 10\%$

Trick-

$100 \xrightarrow{20\%} 120$

व्यय 8% = 108   (अंतर = 12)

$$\%\text{कमी} = \frac{12 \times 100}{120} = 10\%$$

28. तेल के मूल्य में 20% की कमी से एक व्यक्ति रु.4500 में 15 लीटर अधिक तेल खरीद पाता है। तेल का प्रारम्भिक मूल्य प्रति लीटर कितना है-

(a) रु.72   (b) रु.70
(c) रु.75   (d) रु.80

Sol **(c)** $20\% = \frac{1}{5}$

	मूल्य	मात्रा
कमी से पूर्व →	5	4
कमी के बाद →	4	5

$1 \to 15$ लीटर

$4 \to 60$ लीटर

$$\text{प्रारम्भिक मूल्य} = \frac{4500}{60} = 75$$

29. चीनी की कीमत में 20% की वृद्धि के कारण एक व्यक्ति रु.600 में 5 किग्रा. कम खरीद पाता है। चीनी की बढ़ी हुई कीमत बताइये-

(a) रु.20   (b) रु.24
(c) रु.15   (d) रु.28

Sol **(b)**

	मूल्य	मात्रा
वृद्धि से पूर्व →	5	6
वृद्धि के बाद →	6	5

$1 \to 5$ किग्रा.

$5 \to 25$ किग्रा.

$$\text{बढ़ा हुई कीमत} = \frac{600}{25} = 24$$

30. एक संख्या को पहले 30% से बढ़ाया जाता है फिर 25% कम कर दिया जाता है और इसके बाद पुनः 25% बढ़ाया जाता है। संख्या में लगभग प्रतिशत वृद्धि/कमी ज्ञात करे।

(a) 22% कमी   (b) 22% वृद्धि
(c) 20% कमी   (d) 20% वृद्धि

Sol **(b)**

		प्रारंभ में	बाद में
30% बढ़ाने पर =	$\frac{3}{10}$	10	13
25% कम करने पर =	$\frac{1}{4}$	4	3
25% बढ़ाने पर =	$\frac{1}{4}$	4	5
		32	39

अंतर = 7

$$\text{प्रतिशत वृद्धि} = \frac{7 \times 100}{32} = \frac{700}{32} = 21.87\%$$

31. एक बार की कीमत में 20% की वृद्धि की गयी जिससे उसके बिक्री में कमी होने पर उसकी कीमत में 30% की कमी की गयी। फिर उसके विज्ञापन में हुए खर्च को उस कार की कीमत में जोड़ने पर उसके कीमत में पुनः 10% की वृद्धि हो गयी तो ज्ञात करे कि इस प्रक्रिया के दौरान अंत में कार की कीमत में हुई प्रतिशत वृद्धि या कमी ज्ञात करे।

(a) 7.6% कमी   (b) 7.6% वृद्धि
(c) 5.8% वृद्धि   (d) 5.8% कमी

Sol **(a)**

		प्रारंभ में	बाद में
20% की वृद्धि करने पर =	$\frac{1}{5}$	5	6
30% की कमी करने पर =	$\frac{3}{10}$	10	7
10% की वृद्धि होने पर =	$\frac{1}{10}$	10	11
		250	231

कमी = 19

$$\text{प्रतिशत कमी} = \frac{19 \times 100}{250} = \frac{38}{5} = 7.6\%$$

32. एक प्रेक्षागृह की सीटों की संख्या में 25 प्रतिशत की वृद्धि की गई है और उसके टिकटों की कीमत में भी 12 प्रतिशत की वृद्धि कर दी गई थी। तदनुसार उस प्रेक्षागृह की आय में कितनी वृद्धि हुई।

(a) 40%   (b) 35%
(c) 45%   (d) 48%

Sol. (a)

		प्रारंभ में	बाद में
$\left(\frac{1}{4}\right)$ 25% वृद्धि करने पर सीटों की संख्या -		4	5
$\left(\frac{3}{25}\right)$ 12% वृद्धि करने पर टिकटों की कीमत -		25	28
		5	7

वृद्धि = 2

$$\text{प्रतिशत वृद्धि} = \frac{2 \times 100}{5} = 40\%$$

33. सिनेमा हॉल की टिकट की बिक्री $57\frac{1}{7}\%$ बढ़ जाती है तथा मूल्य $16\frac{2}{3}\%$ बढ़ जाता है। कुल आमदनी में प्रतिशत परिवर्तन ज्ञात करें।

(a) $83\frac{2}{3}\%$ (b) $83\frac{1}{3}\%$

(c) 83% (d) इनमें से कोई नहीं

Sol. (b)

	प्रारंभ में	बाद में
$16\frac{2}{3}\% = \left(\frac{1}{6}\right)\uparrow$ टिकट का मूल्य =	6	7
$57\frac{1}{7}\% = \left(\frac{4}{7}\right)\uparrow$ टिकट का बिक्री =	7	11
	6	11

वृद्धि = 5

$$\text{प्रतिशत वृद्धि} = \frac{5}{6} \times 100 = 83\frac{1}{3}\%$$

34. किसी वर्ग की भुजा को 40% बढ़ायी जाए तो क्षेत्रफल में कितने प्रतिशत का परिवर्तन होगा?

(a) 56.25% (b) $83\frac{1}{3}\%$

(c) $82\frac{2}{3}\%$ (d) 96%

Sol. (d) वर्ग का क्षेत्रफल = $(\text{भुजा})^2$

$$\text{प्रतिशत वृद्धि} = 40 + 40 + \frac{40 \times 40}{100} = 96\%$$

35. किसी लंब वृत्तीय बेलन की आधार की त्रिज्या 40% बढ़ा दी जाए तथा इसकी ऊँचाई $37\frac{1}{2}\%$ घटा दी जाए तो इसके आयतन में परिवर्तन ज्ञात करें।

(a) $16\frac{2}{3}\%$ वृद्धि (b) $16\frac{2}{3}\%$ कमी

(c) $22\frac{1}{2}\%$ वृद्धि (d) $22\frac{1}{2}\%$ कमी

Sol. (c) बेलन का आयतन = $\pi r^2 h$

		प्रारंभ में	बाद में
$40\% \uparrow = \frac{2}{5}$	(त्रिज्या)²	$(5)^2$	$(7)^2$
$37½\% \downarrow = \frac{3}{8}$	आधार	8	5
		40	49

वृद्धि = 9

$$\text{प्रतिशत वृद्धि} = \frac{9 \times 100}{40} = 22\frac{1}{2}\%$$

36. यदि किसी घन की भुजा को 20% बढ़ा दिया जाए तो घन के आयतन में कितने प्रतिशत की वृद्धि होगी?

(a) 32.8% (b) 37.5%

(c) 72.8% (d) इनमें से कोई नहीं

Sol. (c) घन का आयतन = a^3

	प्रारंभ में	अंत में
20% बढ़ाने पर = $\frac{1}{5}$	5	6
	5	6
	5	7
	125	216

अंतर = 91

$$\text{वृद्धि प्रतिशत} = \frac{91 \times 100}{125} = \frac{364}{5} = 72.8\%$$

37. एक त्रिभुज में इसकी ऊँचाई 22% बढ़ जाती है और इसका आधार 6% कम हो जाता है। इसके क्षेत्रफल पर पड़े प्रभाव को ज्ञात करें।

(a) 18.59% (b) 29.78%

(c) 14.68% (d) 19.58%

Sol. (c) त्रिभुज का क्षेत्रफल = $\frac{1}{2}$ × आधार × ऊँचाई

	प्रारंभ में	बाद में
22% वृद्धि $\left(\frac{11}{50}\right)$ ऊँचाई =	50	61
6% कमी $\left(\frac{3}{50}\right)$ आधार =	50	47
	2500	2867

(वृद्धि) अंतर = 367

वृद्धि प्रतिशत = $\frac{367}{2500} \times 100 = 14.68\%$ **Ans.**

38. एक वृत्तीय बेलन की त्रिज्या में 50% की वृद्धि होती है। आयतन में होने वाली वृद्धि ज्ञात कीजिए।
(a) 120% (b) 125%
(c) 150% (d) 95%

Sol. (b) बेलन का आयतन = $\pi r^2 h$

	प्रारंभ में	बाद में
50% $\left(\frac{1}{2}\right)$ त्रिज्या बढ़ने पर =	2	3
ऊँचाई समान =	2	3
	1	1
	4	9

वृद्धि = 5

वृद्धि प्रतिशत = $\frac{5}{4} \times 100 = 125\%$ **Ans.**

39. एक लंबवृत्तीय शंकु के आधार की त्रिज्या को, ऊँचाई को स्थिर रखते हुए 15% बढ़ाया जाता है, तब शंकु का आयतन कितना बढ़ जाएगा?
(a) 30% (b) 31%
(c) 32.25% (d) 34.75%

Sol. (c) शंकु का आयतन = $\frac{1}{3}\pi r^2 h$

	प्रारंभ में	बाद में
15% $\left(\frac{3}{20}\right)$ त्रिज्या को बढ़ाने पर =	20	23
ऊँचाई स्थिर होने पर =	20	23
	1	1
	400	529

वृद्धि = 129

वृद्धि प्रतिशत = $\frac{129}{400} \times 100 = 32.25\%$ **Ans.**

40. यदि किसी गोले की त्रिज्या को 20% बढ़ा दिया जाए तो गोले के आयतन में कितने प्रतिशत की वृद्धि होगी?
(a) 72.8% (b) 72.3%
(c) 76.78% (d) 74.34%

Sol. (a) गोले का आयतन = $\frac{4}{3}\pi r^3$

	प्रारंभ में	बाद में
20% $\left(\frac{1}{5}\right)$ त्रिज्या बढ़ाने पर =	5	6
ऊँचाई समान =	5	6
	5	6
	125	216

वृद्धि = 91

वृद्धि प्रतिशत = $\frac{91 \times 100}{125} = \frac{364}{5} = 72.8\%$ **Ans.**

41. यदि एक घन का प्रत्येक सिरा 25% बढ़ा दिया जाए, तो उसकी सतह का क्षेत्रफल कितने प्रतिशत बढ़ जाएगा?
(a) $56\frac{1}{4}\%$ (b) $56\frac{2}{3}\%$
(c) $56\frac{3}{4}\%$ (d) इनमें से कोई नहीं

Sol. (a) घन के सतह का क्षेत्रफल = $6a^2$

	प्रारंभ में	बाद में
25% $\left(\frac{1}{4}\right)$ वृद्धि करने पर =	4	5
	4	5
	16	25

वृद्धि = 9

वृद्धि प्रतिशत = $\frac{9}{16} \times 100 = 56\frac{1}{4}\%$ **Ans.**

42. यदि किसी बेलन के अर्द्धव्यास को 50% कम कर के तथा उसकी ऊँचाई को 50% बढ़ाकर एक नया बेलन बनाया जाए तो नए बेलन के आयतन में कितनी प्रतिशत की कमी होगी?
(a) 1% (b) 10%
(c) 50% (d) 62.5%

Sol. **(d)** बेलन का आयतन $= \pi r^2 h$

	प्रारंभ में	बाद में
$50\%\left(\frac{1}{2}\right)$ अर्द्धव्यास को कम करने पर =	2	1
	2	1
$50\%\left(\frac{1}{2}\right)$ ऊँचाई को बढ़ाने पर =	2	3
	8	3

कमी = 5

वृद्धि प्रतिशत $= \frac{5}{8} \times 100 = \frac{125}{2} = 62.5\%$ **Ans.**

परीक्षा आधारित प्रश्न (Questions based On Exam)

43. एक छात्र को उत्तीर्ण होने के लिए कुल अंकों का 33% प्राप्त होना आवश्यक है। उसने कुल अंकों का 25% प्राप्त किया और 40 अंकों से फेल हो गया। कुल अंकों की संख्या क्या है?

(a) 800 (b) 300
(c) 500 (d) 1000

Sol. **(c)** 33% = 25% + 40
8% = 40
1% = 5
100% = 500 अंक

अतः अधिकतम अंक = 500 **Ans.**

44. एक प्रतियोगिता परीक्षा में उत्तीर्ण होने के लिए 36% अंक प्राप्त करना था। रवि ने 45% अंक प्राप्त कर उत्तीर्ण होने के लिए आवश्यक अंक से 27 अंक अधिक प्राप्त किया तो उस परीक्षा का अधिकतम अंक ज्ञात करे।

(a) 200 (b) 300
(c) 400 (d) 500

Sol. **(b)** 36% = 45% – 27
9% = 27
1% = 3
100% = 300 अंक

अतः अधिकतम अंक = 300 **Ans.**

45. एक परीक्षा में, अनीता को 31% अंक मिले तथा वह 16 अंकों से फेल हो गयी। सुनीता को 40% अंक मिले तथा उसके अंक उत्तीर्ण होने के लिए आवश्यक अंक से 56 अधिक थे। उत्तीर्ण होने के लिए न्यूनतम कितने अंकों की आवश्यकता है?

(a) 264 (b) 209
(c) 219 (d) 213

Sol. **(a)** 31% + 16 = 40% – 56
9% = 72
1% = 8
40% = 320

∴ पास होने के लिए न्यूनतम अंक = 320 – 56 = **264**

46. एक छात्र ने 32% अंक प्राप्त किया और 6 अंकों से फेल हो गया। यदि उसने 36% अंक प्राप्त किए होते, तो वह 2 अंकों से उत्तीर्ण हो गया होता। उत्तीर्ण अंक कितना है?

(a) 66 (b) 75
(c) 80 (d) 70

Sol. **(d)** 32% + 6 = 36% – 2
4% = 8
1% = 2
32% = 64

∴ उत्तीर्ण अंक = 32% + 6 = 64 + 6 = 70

47. किसी परीक्षा में एक छात्रा ने अधिकतम अंकों का 30% अंक प्राप्त किया और 20 अंकों से फेल हो गयी। दूसरी छात्रा ने उसी परीक्षा में अधिकतम अंकों का 40% अंक प्राप्त किया और वह 15 अंकों से फेल हो गयी, तो उस परीक्षा का पूर्णांक ज्ञात करें।

(a) 25 (b) 20
(c) 50 (d) 45

Sol. **(c)** 30% + 20 = 40% + 15
10% = 5

$1\% = \frac{1}{2}$

100% = 50 अंक

अतः अधिकतम अंक = 50 **Ans.**

48. 140 प्रश्नों वाली एक परीक्षा में, किसी अभ्यर्थी ने पहले 80 प्रश्नों में से 70% प्रश्नों का उत्तर सही किया। इस परीक्षा में 60% अंक लाने के लिए अभ्यर्थी को शेष प्रश्नों में से कितने प्रतिशत प्रश्नों का उत्तर सही देना होगा?

(a) 40% (b) $45\frac{1}{3}\%$
(c) $46\frac{2}{3}\%$ (d) 35%

Sol. **(c)** **Ist Paper-**

$80 \times 70\% = 80 \times \frac{70}{100} = 56$ अंक

अब, $140 \times 60\% = 84$ अंक

60% अंक प्राप्त करने के अतिरिक्त अंक
= (84 – 56) अंक
= 28 अंक

IInd Paper में 60 प्रश्न में 28 अंक प्राप्त करना होगा।

अतः प्रतिशत $= \frac{28 \times 100}{60} = \frac{140}{3} = 46\frac{2}{3}\%$

49. किसी विषय के 180 अंकों की परीक्षा में, 75% अंक थ्योरी (theory) के लिए और शेष प्रोजेक्ट कार्य के लिए आवंटित किए जाते है। वीना, थ्योरी (theory) में 60% अंक प्राप्त करती है। इस विषय में कुल 62% अंक प्राप्त करने के लिए, उसे प्रोजेक्ट में कितने प्रतिशत अंक चाहिए?

(a) 65 (b) 64
(c) 66 (d) 68

Sol. (d) थ्योरी (Theory) के कुल अंक $= 180 \times \frac{75}{100} = 135$ अंक

थ्योरी में वीणा को कुल प्राप्तांक $= 135 \times \frac{60}{100} = 81$ अंक

प्रोजेक्ट कार्य के कुल अंक $= 180 - 135 = 45$ अंक

62% अंक उस विषय में प्राप्त करने के लिए

$= 180 \times \frac{62}{100} = 111.6$ अंक

कुल प्राप्त अंक (theory) = 81

62% अंक प्राप्त करने के लिए आवश्यक अंक

$= 111.6 - 81 = 30.6$ अंक

अतः प्रोजेक्ट कार्य में आवश्यक प्राप्तांक%

$= \frac{30.6 \times 100}{45} = 68\%$

50. एक प्रतियोगिता परीक्षा में 160 प्रश्न दिए गये तथा प्रत्येक प्रश्न का 4 अंक है। मनीष ने प्रथम 120 प्रश्नों में से 75% प्रश्नों का सही उत्तर दिया, कुल 80% अंक प्राप्त करने हेतु उसे शेष प्रश्नों में से कितने प्रतिशत प्रश्नों का सही उत्तर देना चाहिए।

(a) 60 (b) 30
(c) 75 (d) 95

Sol. (d) **Method - I**

माना कि शेष प्रश्नों में से मनीष ने x% प्रश्नों का सही उत्तर दिया।

$$120 \times 75\% + 40 \times x\% = 160 \times 80\%$$

$$90 + 40x\% = 128$$

$$40x\% = 38$$

$$x = \frac{38 \times 100}{40} = 95$$

अतः मनीष को 95% प्रश्नों के सही उत्तर देना होगा।

Method - II

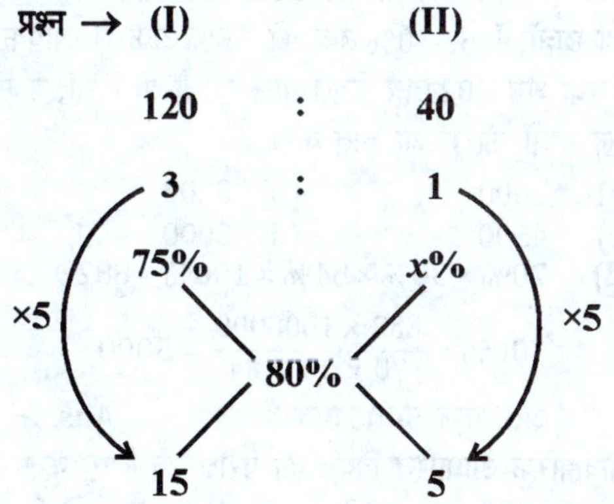

$x - 80 = 15$

$x = 95\%$

51. एक विद्यालय में, 4% छात्र वार्षिक परीक्षा में शामिल नहीं हुए। परीक्षा में शामिल होने वाले 10% छात्र परीक्षा पास नहीं कर सके। शेष छात्रों में से, 50% को डिस्टिंक्शन अंक मिले तथा 432 छात्र परीक्षा तो पास कर गए लेकिन उन्हें डिस्टिंक्शन अंक नहीं मिले। विद्यालय में छात्रों की कुल संख्या कितनी है?

(a) 960 (b) 1000
(c) 878 (d) 1200

Sol. (b)

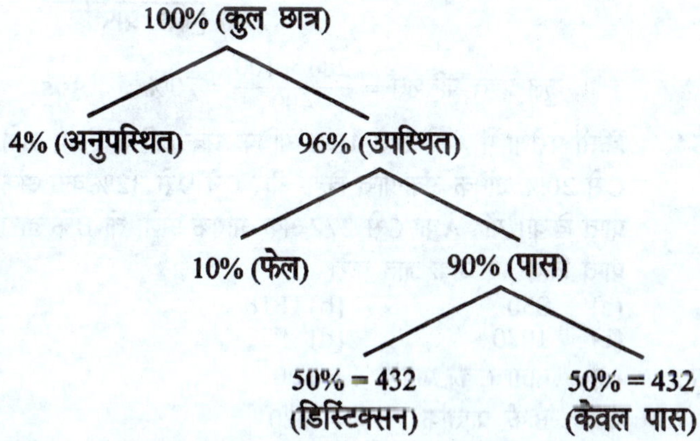

$$100\% \times 96\% \times 90\% \times 50\% = 432$$

$$100\% \times \frac{96}{100} \times \frac{96}{100} \times \frac{50}{100} = 432$$

$$100\% = 1000 \text{ छात्र}$$

52. एक विद्यालय में, 16% छात्र वार्षिक परीक्षा में अनुपस्थित थे। परीक्षा में उपस्थित छात्रों में से 30% छात्र परीक्षा पास नहीं कर पाये। शेष छात्रों में से, 30% छात्र को 75% अंक से अधिक प्राप्त हुए है तथा शेष 882 छात्र केवल पास हुए है तो विद्यालय में उपस्थित कुल छात्रों की संख्या ज्ञात करे।

(a) 3000 (b) 3202
(c) 4500 (d) 5000

Sol. (d) $70\% \times 30\% \times 84\% \times 100\% = 882$

$$100\% = \frac{882 \times 1000000}{70 \times 30 \times 84} = 5000$$

अतः कुल 5000 छात्र है। **Ans.**

53. व्यावहारिक आधारित विषय की परीक्षा के लिए, कुल अंक 400 है। थ्योरी, प्रैक्टिकल, प्रोजेक्ट और वॉइवा वॉइस के लिए ब्रेक-अप 40%, 30%, 20%, 10% है। एक उम्मीदवार ने थ्योरी में 80%, प्रैक्टिकल में 70%, प्रोजेक्ट में 60% और वॉइवा-वॉइस में 50% स्कोर किया। उसका कुल प्रतिशत क्या था?

(a) 70 (b) 72
(c) 68 (d) 67

Sol. (a) कुल अंक = 400

		अंक	प्राप्तांक	
थ्योरी (40%)	=	160	80%	128
प्रैक्टिकल (30%)	=	120	70%	84
प्रोजेक्ट (20%)	=	80	60%	48
वाइवा वॉइस (10%)	=	40	50%	20
				280 (कुल प्राप्तांक)

$$\text{कुल प्राप्त प्रतिशत} = \frac{280 \times 100}{400} = 70\%$$ **Ans.**

54. किसी परीक्षा में, A ने B से 10% अधिक अंक हासिल किये। B ने C से 20% अधिक अंक प्राप्त किया और C ने D से 32% कम अंक प्राप्त किया। यदि A को C से 272 अंक अधिक मिले, तो B के द्वारा प्राप्त किए गए अंक ज्ञात करे।

(a) 850 (b) 816
(c) 1020 (d) 952

Sol. (c) माना C की प्रातांक = 100

∴ B की प्राप्तांक = 120

∴ A की प्राप्तांक = 132

A एवं C का अंतर = 272

(132 – 100) = 272

1 = 8.5

∴ B की कुल प्राप्तांक = 120 × 8.5 = 1020 अंक

55. एक परीक्षा, जिसमें पूर्णांक 500 था, A को B की तुलना में 25% अधिक अंक प्राप्त हुए, B को C की तुलना में 60% अधिक अंक प्राप्त हुए, C को D की तुलना में 20% कम अंक प्राप्त हुए। यदि A को 80% अंक मिले हो, तो D को कितने प्रतिशत अंक मिले?

(a) 65% (b) 60%
(c) 50% (d) 54%

Sol. (c)

	A	:	B	:	C	:	D
$25\% \uparrow = \frac{1}{4}$	5	:	4	:	4	:	4
$60\% \uparrow = \frac{3}{5}$	8	:	8	:	5	:	5
$20\% \downarrow = \frac{1}{5}$	4	:	4	:	4	:	5
	160	:	128	:	80	:	100

A को कुल प्राप्तांक = 500 × 80% = 400

160 = 400

$$\text{D को प्राप्तांक } 100 = \frac{400 \times 100}{160} = 250 \text{ अंक}$$

$$\therefore \text{D को कुल प्राप्त अंकों का प्रतिशत} = \frac{250}{500} \times 100 = 50\%$$

56. दो छात्र अनिल और सुनील एक परीक्षा में बैठे। अनिल ने सुनील से 6 अधिक अंक हासिल किए। यदि अनिल के अंक उनके अंकों के योग द्वारा प्राप्त किए गए अंक के 56% है, दोनों के द्वारा प्राप्त किए गए अंक कितने है?

(a) 28 अंक, 22 अंक (b) 38 अंक, 32 अंक
(c) 40 अंक, 34 अंक (d) 36 अंक, 30 अंक

Sol. (a) अनिल + सुनील = 100% (माना)

अनिल – सुनील = 6 अंक

प्रश्नानुसार,

अनिल = 56%

तो सुनील = (100 – 56)% = 44%

अनिल : सुनील

56 : 44

14 : 11

अंतर = 3

3 = 6

2 = 2

∴ अनिल के अंक = 14 × 2 = 28 अंक

सुनील के अंक = 11 × 2 = 22 अंक **Ans.**

57. दो लड़कियाँ शिवानी और अंजली एक परीक्षा में साथ बैठे है। शिवानी ने अंजली से 24 अधिक अंक प्राप्त की। यदि शिवानी के अंक उनके अंकों के योग द्वारा प्राप्त किए गए अंक के 54% है, दोनों के द्वारा प्राप्त किए गए अंक कितने है?

(a) 162 अंक, 152 अंक (b) 172 अंक, 138 अंक
(c) 162 अंक, 138 अंक (d) 138 अंक, 152 अंक

Sol. (c) शिवानी + अंजली = 100 (माना)
शिवानी – अंजली = 24 अंक
प्रश्नानुसार,
शिवानी = 54%
अंजली = (100 – 54)% = 46%

शिवानी : अंजलि
54 : 46
27 : 23
अंतर = 4
4 = 24
1 = 6

∴ शिवानी के अंक = 27 × 6 = 162 अंक
अंजली के अंक = 23 × 6 = 138 अंक **Ans.**

58. कक्षा A और B में छात्रों की कुल संख्या 72 है। कक्षा A में छात्रों की संख्या, कक्षा B में छात्रों की संख्या से 40% अधिक है। कक्षा B में छात्रों के औसत अंक, कक्षा A के छात्रों के औसत अंकों से 50% अधिक है। यदि कक्षा A और B के सभी छात्रों के औसत अंक 58 है, तो कक्षा B के छात्रों के औसत अंक कितने है?

(a) 58 (b) 48
(c) 72 (d) 50

Sol. (c) माना कि कक्षा B में छात्रों की संख्या = 100
कक्षा A में छात्रों की संख्या = 140

A : B
140 : 100
7 : 5 = 12 (कुल)
↓×6 ↓×6 12 = 72
42 30 1 = 6

∴ कक्षा A में छात्र = 42
कक्षा B में छात्र = 30
माना कि B का औसत अंक = x

∴ A का औसत अंक $= \frac{x}{150} \times 100 = \frac{2x}{3}$

प्रश्नानुसार,

$$\frac{42 \times \frac{2x}{3} + 30 \times x}{42 + 30} = 58$$

$$\Rightarrow \frac{28x + 30x}{72} = 58$$

⇒ x = 72

∴ B के औसत अंक = 72

59. एक परीक्षा में, 35% छात्र एक विषय में और 42% दूसरे विषय में फेल हुए। इनमें से 30% दोनों विषयों में फेल हुए। यदि छात्रों की कुल संख्या 2500 है, तो केवल एक विषय में कितने छात्र फेल हुए?

(a) 425 (b) 1750
(c) 1050 (d) 750

Sol. (a) माना कि कुछ छात्र = 100%
दोनों विषय में फेल छात्र = 30%
केवल एक विषय में फेल छात्र = 35% – 30% = 5%
केवल दूसरे विषय में फेल छात्र = 42% – 30% = 12%
केवल एक विषय में फेल छात्र = 5% + 12% = 17%
∴ 100% = 2500
1% = 25
∴ 17% = 17 × 25 = 425 छात्र

60. एक परीक्षा में, गणित में 66% और अंग्रेजी में 70% अभ्यर्थी उत्तीर्ण हुए। यदि 20% अभ्यर्थी दोनों विषयों में अनुत्तीर्ण हुए और 350 अभ्यर्थी दोनों विषयों में उत्तीर्ण हुए, तो कितने अभ्यर्थी परीक्षा में बैठे थे?

(a) 680 (b) 700
(c) 600 (d) 625

Sol. (d) परीक्षा में उत्तीर्ण अभ्यर्थियों का प्रतिशत
= (100 – 20) = 80%
माना कि दोनों विषयों में उत्तीर्ण अभ्यर्थियों का प्रतिशत = x%
प्रश्नानुसार,
(66 – x) + (70 – x) + x = 80%
136 – x = 80%
∴ x = 56%
56% = 350

$$1\% = \frac{350}{56}$$

$$\therefore 100\% = \frac{350}{56} \times 100 = 625$$

अतः कुल अभ्यर्थियों की संख्या = 625

61. एक परीक्षा में विज्ञान में 70% और गणित में 80% अभ्यार्थी पास होते है और 10% दोनों विषयों में फेल होते है। यदि 144 अभ्यर्थी दोनों विषयों में पास होते है तब अभ्यार्थी की कुल संख्या क्या है?

(a) 125 (b) 200
(c) 240 (d) 375

Sol. (c) विज्ञान में फेल अभ्यर्थी = (100 – 70)% = 30%

गणित में फेल अभ्यर्थी = (100 – 80)% = 20%

दोनों विषयों में फेल अभ्यर्थी = 10%

दोनों विषयों में पास अभ्यर्थी

= (100 – 30 – 20 + 10)% = 60%

प्रश्नानुसार,

60% = 144

$100\% = \frac{144 \times 100}{60}$ = 240 अभ्यर्थी **Ans.**

62. एक परीक्षा में 48% छात्र विज्ञान में उत्तीर्ण हुए जबकि 56% छात्र गणित में अनुत्तीर्ण रह गए। यदि 32% छात्र दोनों विषयों में असफल रहे, तो दोनों विषयों में कितने प्रतिशत उत्तीर्ण हुए?

(a) 24% (b) 32%
(c) 28% (d) 22%

Sol. (a) विज्ञान में अनुत्तीर्ण छात्र = (100 – 48)% = 52%

गणित में अनुत्तीर्ण छात्र = 56%

दोनों विषयों में अनुत्तीर्ण छात्र = 32%

माना कि कुल छात्र = 100%

दोनों विषयों में उत्तीर्ण छात्र का प्रतिशत

= (100–52–56+32)%

= 24% **Ans.**

63. एक कक्षा में, 60% छात्र लड़कियाँ है और शेष लड़के है, 45% लड़कियाँ परीक्षा उत्तीर्ण करती है और 40% लड़के अनुत्तीर्ण होते है। यदि अनुत्तीर्ण होने वाली लड़कियों की संख्या 66 है, तो परीक्षा उत्तीर्ण करने वाले लड़कों की संख्या क्या है?

(a) 36 (b) 48
(c) 54 (d) 60

Sol. (b) माना कि कुल विद्यार्थी = x

$$x \times \frac{60}{100} \times \frac{55}{100} = 66$$

x = 200

∴ परीक्षा उत्तीर्ण करने वालों लड़कों की संख्या

$$= 200 \times \frac{40}{100} \times \frac{60}{100}$$

= 48 लड़के **Ans.**

64. एक कॉलेज में 35% छात्र लड़कियाँ है और शेष लड़के है। कॉलेज में छात्रों की कुल संख्या 2800 है। 75% लड़कों और 85% लड़कियों ने अंतिम परीक्षा उत्तीर्ण की। अंतिम परीक्षा उत्तीर्ण करने वाले कुल छात्रों का प्रतिशत है।

(a) 80% (b) 82%
(c) 78% (d) 78.5%

Sol. (d)

लड़कियाँ	:	लड़के
35	:	65
7	:	13

परीक्षा उत्तीर्ण करने वाले कुल छात्र

$$= 2800\left(\frac{7}{20} \times 0.85 + \frac{13}{20} \times 0.75\right)$$

= 140 (5.95 + 9.75) = 2198

$$\text{आवश्यक प्रतिशत} = \frac{2198}{2800} \times 100 = 78.5\%$$

65. एक परीक्षा में स्कूल 'A' के पास हुए छात्र, कुल परीक्षार्थियों का 80% है। स्कूल 'B' के कुल परीक्षार्थी स्कूल 'A' कुल परीक्षार्थियों से 25% अधिक है एवं स्कूल 'B' के पास हुए छात्र स्कूल 'A' के पास हुए छात्र से 40% अधिक है तो स्कूल 'B' के पास हुए छात्र स्कूल 'A' के कुल परीक्षार्थियों का कितना प्रतिशत है?

(a) 80.6% (b) 89.6%
(c) 84% (d) 85%

Sol. (b)

	A	B
शामिल	100	125
उत्तीर्ण	80	112

$$\frac{112}{125} \times 100 = \frac{448}{5} = 89.6\%$$

अतः स्कूल 'B' के पास हुए छात्र स्कूल 'A' के कुल परीक्षार्थियों का 89.6% है।

जनसंख्या आधारित प्रश्न

66. वर्तमान जन्मदर प्रति हजार 32 है, जबकि मृत्यु दर प्रति हजार 11 है। जनसंख्या बढ़ोत्तरी के संदर्भ में कुल वृद्धि दर प्रति हजार में दी गई है।

(a) 21% (b) 2.1%
(c) 0.021% (d) 0.0021%

Sol. (a) प्रति हजार पर जन्म दर = 32

प्रति हजार पर मृत्यु दर = 11

∴ प्रति हजार पर वृद्धि दर = 21

$\therefore$ वृद्धि % = $\frac{21\times100}{1000}$ = 2.1% **Ans.**

67. उत्तर प्रदेश राज्य में एक सर्वेक्षण में पाया गया कि प्रति 5 हजार पर जन्म दर 61 है एवं प्रति 5 हजार पर मृत्यु दर 36 है तो इस संदर्भ में उस राज्य की वृद्धि दर प्रति पांच हजार पर ज्ञात करे।

(a) 2% (b) 1.5%
(c) 1% (d) 0.5%

Sol. (d) प्रति 5 हजार पर जन्म दर = 61
प्रति 5 हजार पर मृत्यु दर = 36

$\therefore$ प्रति 5 हजार पर वृद्धि दर = 25

$\therefore$ वृद्धि % = $\frac{25\times100}{5000}$ = 0.5% **Ans.**

68. किसी नगर की जनसंख्या 5% की दर से प्रतिवर्ष बढ़ती है। यदि वर्तमान जनसंख्या 600000 है, तो 3 वर्ष बाद उस नगर की जनसंख्या क्या होगी?

(a) 694575 (b) 732835
(c) 665430 (d) 697545

Sol. (a)

	प्रारंभिक जनसंख्या	अंतिम जनसंख्या
5% की वृद्धि दर	20	21
$5\% = \frac{1}{20}$	20	21
	20	21
	8000 :	**9261**

$\downarrow \qquad \downarrow\times75$

8000 = 600000
1 = 75 **= 694575**

$= 600000\times\frac{105}{100}\times\frac{105}{100}\times\frac{105}{100} = 694575$ **Ans.**

69. एक शहर की जनसंख्या प्रतिवर्ष 10% की दर से बढ़ रही है। यदि वर्तमान जनसंख्या 170000 है तो 3 वर्ष बाद इसकी जनसंख्या क्या होगी?

(a) 217062 (b) 226270
(c) 198090 (d) 234590

Sol. (b)

	वर्तमान में	3 वर्ष बाद
10% की दर से बढ़ने पर तीन वर्ष में	10	11
$10\% = \frac{1}{10}$	10	11
	10	11
	1000	1331
		×170

1000 = 170000 =226270
1 = 170

70. एक शहर की जनसंख्या प्रतिवर्ष 5% की दर से बढ़ रही है। वर्तमान जानसंख्या 185220 है। 3 वर्ष पहले इस शहर की जनसंख्या कितनी थी?

(a) 180500 (b) 180000
(c) 160000 (d) 178000

Sol. (c) माना कि तीन वर्ष पूर्व शहर की जनसंख्या = x

$\therefore \quad x\times\frac{105}{100}\times\frac{105}{100}\times\frac{105}{100} = 185220$

$x = \frac{185220\times1000000}{105\times105\times105}$

$\therefore \quad x = 160000$ **Ans.**

Method - II

	वर्तमान में	3 वर्ष पहले
5% की वृद्धि पर	21	20
$5\% = \frac{1}{20}$	21	20
	21	20
	9261	8000

9261 = 185220 ×20
1 = 20 = 160000

अतः 3 वर्ष पूर्व शहर की जनसंख्या = 160000 **Ans.**

71. एक शहर की वर्तमान जनसंख्या 26010 है। उसमें प्रत्येक वर्ष 2% की दर से वृद्धि होती है। 2 वर्ष पहले शहर की जनसंख्या क्या थी?

(a) 25000 (b) 25100
(c) 25200 (d) 25500

Sol. (a) माना कि 2 वर्ष पहले शहर की जनसंख्या = x
प्रश्नानुसार,

$x\times\frac{102}{100}\times\frac{102}{100} = 26010$

$x\times\frac{51}{50}\times\frac{51}{50} = 26010$

x = 25000 **Ans.**

अतः 2 वर्ष पूर्व शहर की जनसंख्या = 25000 है।

72. 3 वर्ष पूर्व किसी कस्बे की जनसंख्या 62500 थी। बड़े नगरों में जनसंख्या का पलायन होने के कारण जनसंख्या में 4% वार्षिक की दर से कमी होती है। कस्बे की वर्तमान जनसंख्या क्या है?

(a) 57600 (b) 56700
(c) 76000 (d) 55296

Sol. (d)

	3 वर्ष पूर्व	वर्तमान
4% वार्षिक कमी होने पर	25	24
$4\% = \frac{1}{25}$	25	24
	25	24
	15625	13824
	15625 = 62500	×4
	1 = 4	= 55296

73. चार साल पहले किसी गाँव की आबादी 390625 थी। प्रवास के कारण यह हर साल 8% कम हो जाती है। वर्तमान वर्ष में इस गाँव की आबादी कितनी है?

(a) 681380 (b) 609406
(c) 279841 (d) 274144

Sol. (c)

	चार वर्ष पूर्व	वर्तमान में
8% की कमी के कारण	25	23
$8\% = \frac{2}{25}$	25	23
	25	23
	25	23
	390625	279841
	390625 = 390625	×1
	1 = 1	= 279841

अतः वर्तमान में शहर की आबादी = 279841 **Ans.**

74. एक गाँव की जनसंख्या में, 2018 में 15% और 2019 में 10% की वृद्धि हुई। एक महामारी के कारण, 2020 में इसमें 10% की कमी हुई। 3 वर्षों में शहर की जनसंख्या में हुई प्रतिशत वृद्धि ज्ञात करें।

(a) 12.5% (b) 17.5%
(c) 13.85% (d) 15%

Sol. (c)

	वर्तमान में	वृद्धि या कमी के बाद
2018 में 15% की वृद्धि पर $15\% = \frac{3}{20}$	20	23
2019 में 10% की वृद्धि पर $10\% = \frac{1}{10}$	10	11
2020 में 10% की कमी पर $10\% = \frac{1}{10}$	10	9
	2000	2277

वृद्धि = 277

$$\% \text{ वृद्धि} = \frac{277 \times 100}{2000} = 13.85\%$$ **Ans.**

75. एक शहर की जनसंख्या में क्रमशः प्रथम वर्ष में 25% की वृद्धि, दूसरे वर्ष $66\frac{2}{3}\%$ की कमी एवं तीसरे वर्ष 50% की वृद्धि होती है। अंततः उस शहर की जनसंख्या में हुई प्रतिशत वृद्धि या कमी को बताये।

(a) $33\frac{1}{3}\%$ (b) $37\frac{1}{2}\%$
(c) 40% (d) 44%

Sol. (b)

	(वर्तमान में)	(वृद्धि या कमी के बाद)
प्रथम वर्ष - $25\% \uparrow = \frac{1}{4}$	4	5
द्वितीय वर्ष- $66\frac{2}{3}\% \downarrow = \frac{2}{3}$	3	1
तृतीय वर्ष- $50\% \uparrow = \frac{1}{2}$	2	3
	8	5

कमी = 3

$$\text{कमी}\% = \frac{3 \times 100}{8} = 37.5\%$$ **Ans.**

76. एक गाँव की जनसंख्या में प्रथम वर्ष में 10% की वृद्धि होती है और दूसरे वर्ष में उसकी जनसंख्या में 12% की कमी हो जाती है। दूसरे वर्ष के अंत में उस गाँव की जनसंख्या 14,520 थी। पहले वर्ष के आरंभ में उस गाँव की जनसंख्या क्या थी?

(a) 15,000 (b) 15,250
(c) 13,500 (d) 14,750

Sol. (a) **Method - I**

माना कि प्रारंभ में गाँव की जनसंख्या = x

प्रश्नानुसार,

$$x \times 110\% \times 88\% = 14520$$

$$x \times \frac{110}{100} \times \frac{88}{100} = 14520$$

$$\therefore \quad x = 15,000$$

अतः प्रारंभ में गाँव की जनसंख्या 15,000 थी।

Method - II

		प्रारंभ में	बाद में
$10\% \uparrow = \frac{1}{10}$	प्रथम वर्ष	10	11
$12\% \downarrow = \frac{3}{25}$	द्वितीय वर्ष	25	22
		125	121
		×120 ↓	↓
		15000	121 = 14520
			1 = 120

77. एक शहर की आबादी पहले वर्ष में 30% बढ़ी और अगले वर्ष 15% तक घर गयी। यदि वर्तमान जनसंख्या 11050 है, तो 2 वर्ष पहले की जनसंख्या क्या थी?

(a) 10,050 (b) 10,000
(c) 99,000 (d) 99,500

Sol. (b) माना कि 2 वर्ष पूर्व जनसंख्या = x

प्रश्नानुसार,

$$x \times 130\% \times 85\% = 11050$$

$$x \times \frac{130}{100} \times \frac{85}{100} = 11050$$

$$\therefore \quad x = 10,000$$

78. यदि किसी गाँव की जनसंख्या 5 वर्ष में 175000 से बढ़कर 262500 हो जाती है, तो जनंसख्या में प्रतिवर्ष होने वाली औसत प्रतिशत वृद्धि ज्ञात कीजिए।

(a) 15% (b) 29%
(c) 10% (d) 12%

Sol. (c) 5 वर्ष में बढ़ी जनसंख्या = 262500 – 175000 = 87500

1 वर्ष में औसत बढ़ी जनसंख्या $= \frac{87500}{5} = 17500$

प्रतिवर्ष औसत वृद्धि प्रतिशत $= \frac{17500}{175000} \times 100 = 10\%$

79. यदि किसी गाँव की आबादी 4 वर्ष में 132000 से बढ़कर 396000 हो जाती है, तो जनसंख्या में प्रतिवर्ष होने वाली औसत प्रतिशत वृद्धि ज्ञात करें।

(a) 30% (b) 40%
(c) 50% (d) 60%

Sol. (c) 4 वर्ष में बढ़ी जनसंख्या = 396000 – 132000 = 264000

1 वर्ष में औसत बढ़ी जनसंख्या $= \frac{264000}{4} = 66000$

प्रतिवर्ष औसत वृद्धि प्रतिशत $= \frac{66000 \times 100}{132000} = 50\%$

80. किसी शहर की जनसंख्या 15000 है उस शहर के पुरुषों की जनसंख्या में 10% की वृद्धि हुई और महिलाओं की जनसंख्या में 5% की वृद्धि हुई और कुल जनसंख्या में 6% की वृद्धि हो, तो उस शहर के पुरुषों तथा महिलाओं की पूर्व जनसंख्या बताइये।

(a) 3000, 12000 (b) 4000, 13000
(c) 3000, 15000 (d) 3500, 12000

Sol. (a) माना कि पुरुषों की संख्या = x
महिलाओं की संख्या = 15000 – x

प्रश्नानुसार,

$$x \times 110\% + (15000 - x)\,105\% = 15000 \times 106$$

$$110x + 15000 \times 105 - 105x = 15000 \times 106$$

$$5x = 15000\,(106 - 105)$$

$$5x = 15000$$

$$\therefore \quad x = 3000$$

अतः पुरुषों की संख्या = x = 3000

महिलाओं की संख्या = 15000 – x = 15000 – 3000 = 12000

81. किसी शहर की जनसंख्या 20000 है। एक वर्ष में पुरुषों की संख्या में 10% तथा स्त्रियों की जनसंख्या में 20% की वृद्धि हुई। लेकिन कुल जनसंख्या में 12% की वृद्धि हुई। उस शहर में पुरुषों की संख्या एवं स्त्रियों की संख्या ज्ञात करें।

(a) 16000, 4000 (b) 12800, 7200
(c) 13000, 7000 (d) 8000, 12000

Sol. (a) पुरुष महिला

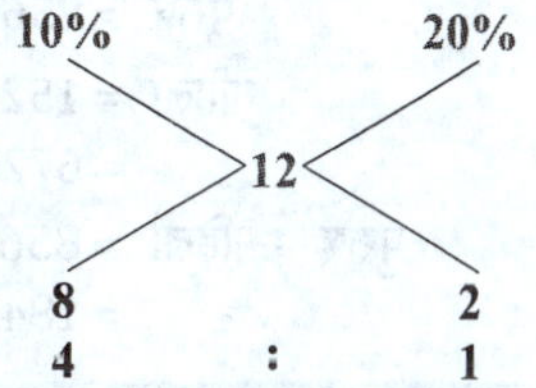

पुरुषों की संख्या $= \frac{4}{5} \times 20000 = 16000$

महिलाओं की संख्या $= \frac{1}{5} \times 20000 = 4000$

82. एक कस्बे की जनसंख्या 10,000 है। यदि पुरुष जनसंख्या में 5% और महिला जनसंख्या में 10% की वृद्धि होती है, तो जनसंख्या 10,800 हो जाएगी। कस्बे में महिलाओं की वर्तमान संख्या कितनी है?

(a) 7000 (b) 6000
(c) 8000 (d) 5000

Sol. (b) जनसंख्या में वृद्धि = 10800 – 1000 = 800

वृद्धि % $= \frac{800 \times 100}{10,000} = 8\%$

पुरुष महिला

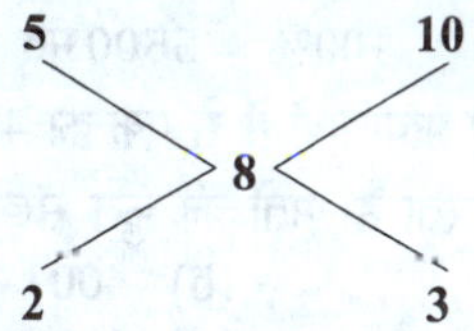

पुरुष की संख्या $= \frac{2}{5} \times 1000 = 4000$

महिला की संख्या = 10000 – 4000 = 6000 **Ans.**

83. किसी गाँव की वर्तमान जनसंख्या 15,280 है। यदि पुरुषों की संख्या में 25% की वृद्धि होती है और महिलाओं की संख्या में 15% की वृद्धि होती है तो जनसंख्या 18428 हो जाएगी। गाँव में पुरुषों और महिलाओं की जनसंख्या के बीच का अंतर ज्ञात करे।

(a) 1840　　(b) 1380
(c) 920　　(d) 2760

Sol. (a) 15% महिला + 25% पुरुष = 18428 – 15280

15% महिला + 15% पुरुष + 10% पुरुष = 3148

15% (पुरुष + महिला) + 10% पुरुष = 3148

$\frac{15}{100} \times 15280 + 10\%$ महिला = 3148

10% पुरुष = 3148 – 2292

10% पुरुष = 856

∴ पुरुष = 8560

महिला = 15280 – 8560 = 6720

∴ पुरुष – महिला = 8560 – 6720 = 1840 **Ans.**

चुनाव पर आधारित प्रश्न

84. एक चुनाव में केवल दो उम्मीदवार थे। उनमें एक उम्मीदवार को 35% मत प्राप्त हुए और वह एक अन्य उम्मीदवार से 1650 मतों से हार गया। तद्नुसार डाले गए कुल मतों की संख्या ज्ञात करे।

(a) 5000　　(b) 5500
(c) 6000　　(d) 6500

Sol. (b) माना कि कुल मत = 100%

100%

35%　　**65%**

अन्तर = 30%

30% = 1650

1% = 55

100% = 5500 मत **Ans.**

85. एक चुनाव में दो प्रत्याशियों में से एक को 40% मत मिले और वह 100 मतों से हारता है। मतों की कुल संख्या बताइये।

(a) 500　　(b) 400
(c) 600　　(d) 1000

Sol. (a) माना कि कुल डाला गया मत = 100%

100%

40%　　**60%**

अन्तर = 20%

20% = 100

1% = 5

100% = 500 मत **Ans.**

86. एक कार्यालय में दो उम्मीदवार थे। जीतने वाला उम्मीदवार ने 59% वोट प्राप्त किए और वह 5580 वोटों से जीत गया। कुल वोटों की संख्या कितनी थी?

(a) 30000　　(b) 32000
(c) 33000　　(d) 31000

Sol. (d) माना कि कुल मतों की संख्या = 100%

100%

59%　　**41%**

अन्तर = 18%

18% = 5580

1% = 310

100% = 31000 मत **Ans.**

87. एक कार्यालय में 40% महिला कर्मचारी है। उनमें से 40% महिलाओं और 60% पुरुष ने मेरे पक्ष में मतदान किया। तद्नुसार मेरे मतों का प्रतिशत कितना रहा?

(a) 24　　(b) 42
(c) 50　　(d) 52

Sol. (d) माना कि कुल कर्मचारी = 100

∴ महिला कर्मचारी = 100 × 40% = 40

∴ पुरुष कर्मचारी = 100 – 40 = 60

प्रश्नानुसार,

मुझे प्राप्त मत = 40 × 40% + 60 × 60%

= 16 + 36 = 52

∴ मेरे प्राप्त मत प्रतिशत = $\frac{52 \times 100}{100}$ = 52% **Ans.**

88. किसी सर्वेक्षण में यह पाया गया कि किसी निर्वाचन क्षेत्र में, 55% मतदाता पुरुष है और शेष महिलाएं है। 40% पुरुष मतदाता शिक्षित है और $33\frac{1}{3}\%$ महिला मतदाता अशिक्षित है। कितने प्रतिशत मतदाता शिक्षित हैं?

(a) 54%　　(b) 52%
(c) 37%　　(d) 48%

Sol. (b) माना कि कुल मतदाता = 100

$\therefore$ पुरुष मतदाता = $100 \times 55\% = 55$

महिला मतदाता = $100 - 55 = 45$

शिक्षित पुरुष मतदाता = $55 \times \frac{40}{100} = 22$

शिक्षित महिला मतदाता = $45 \times 66\frac{2}{3}\%$

$= 45 \times \frac{200}{100 \times 3} = 30$

$\therefore$ कुल शिक्षित मतदाता = $22 + 30 = 52$

$\therefore$ कुल शिक्षित मतदाता% = $\frac{52 \times 100}{100} = 52\%$

89. एक निर्वाचन क्षेत्र में, कुल मतदाताओं की संख्या का 55% पुरुष है और शेष महिलाएं है। यदि 40% पुरुष अशिक्षित है और 40% महिलाएं साक्षर है, तो अशिक्षित महिलाओं की संख्या, अशिक्षित पुरुषों की संख्या से कितने प्रतिशत अधिक है?

(a) 22.7% (b) 16.4%
(c) 21.5% (d) 20.8%

Sol. (a) माना कि कुल मतदाताओं की संख्या = 100

$\therefore$ पुरुषों की संख्या = $100 \times 55\% = 55$

महिलाओं की संख्या = $100 - 55 = 45$

अशिक्षित पुरुषों की संख्या = $55 \times 40\% = 22$

अशिक्षित महिलाओं की संख्या = $45 \times 60\% = 27$

अशिक्षित महिला का प्रतिशत अशिक्षित पुरुष के सापेक्ष्य में

$= \frac{27 - 22}{22} \times 100 = \frac{5}{22} \times 100$

$= \frac{250}{11} = 22.72 = 22.7\%$

90. एक निर्वाचन क्षेत्र में, 40% मतदाता वरिष्ठ नागरिक है। 40% वरिष्ठ नागरिक मतदाता अशिक्षित है तथा 25% गैर-वरिष्ठ नागरिक मतदाता शिक्षित है। निरक्षर गैर-वरिष्ठ नागरिक मतदाताओं की तुलना में साक्षर वरिष्ठ मतदाताओं की संख्या कितने प्रतिशत कम है?

(a) 40 (b) $48\frac{1}{3}$
(c) 50 (d) $46\frac{2}{3}$

Sol. (d) माना कि कुल मतदाता की संख्या = 100

वरिष्ठ मतदाता की संख्या = $100 \times 40\% = 40$

शिक्षित वरिष्ठ मतदाता की संख्या = $40 \times 60\% = 24$

गैर वरिष्ठ मतदाता की संख्या = $100 - 40 = 60$

निरक्षर गैर वरिष्ठ मतदाता की संख्या

$= 60 \times 75\% = 45$

वांछित% = $\frac{45 - 24}{45} \times 100$

$= \frac{21}{45} \times 100 = 46\frac{2}{3}\%$ **Ans.**

91. एक चुनाव में, उम्मीदवार M का कुल वैध मतों का 70% मिला। यदि कुल मतों में से 20% को अवैध घोषित किया गया और कुल मतों की संख्या 640000 है, तो उम्मीदवार के पक्ष में मतदान के वैध मतों की संख्या ज्ञात कीजिए।

(a) 358400 (b) 450000
(c) 400000 (d) 358000

Sol. (a) कुल वैध मतों की संख्या = $\frac{640000 \times (100-20\%)}{100}$

$= 6400 \times 80$

$= 512000$ मत

कुल वैध मतों का 70% = $512000 \times \frac{70}{100}$

$= 358400$ मत **Ans.**

92. दो प्रत्याशी के बीच एक ग्रामीण चुनाव में 10% मत अमान्य घोषित हुए एक प्रत्याशी, जिसे कुल मान्य मतों का 62% मत मिला। 21600 मतों से विजयी हुआ। ग्रामीण चुनाव के कुल मतों की संख्या क्या है?

(a) 41600 (b) 60,000
(c) 90,000 (d) 10,0000

Sol. (c) **Method-I**

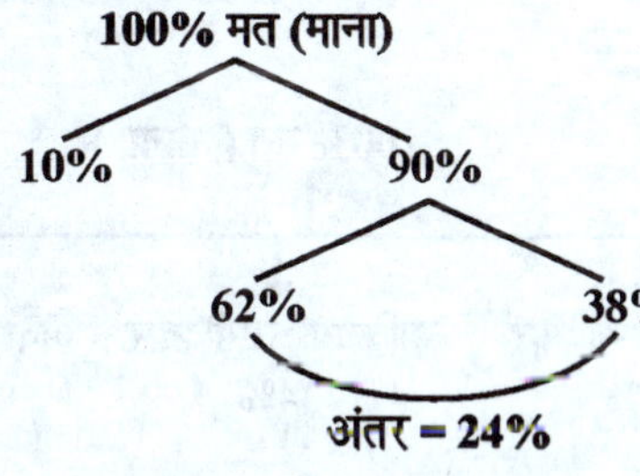

24% = 21600
1% = 900
100% = 900×100
= 90,000 मत **Ans.**

Method-II

माना कि कुल मत = x

$$x \times \frac{90}{100} \times \frac{(62-38)}{100} = 21600$$

$\therefore$ x = 90,000 मत **Ans.**

93. एक चुनाव में, उम्मीदवार x को कुल मान्य वोटों के 75% के बराबर वोट मिले है। यदि कुल वोटों में से 15% वोटों को अमान्य घोषित किया गया और कुल वोटों की संख्या 560000 है तो x के पक्ष में पड़ने वाले मान्य मतों की संख्या ज्ञात करें।

(a) 355000 (b) 357000
(c) 356000 (d) 358000

Sol. (b)

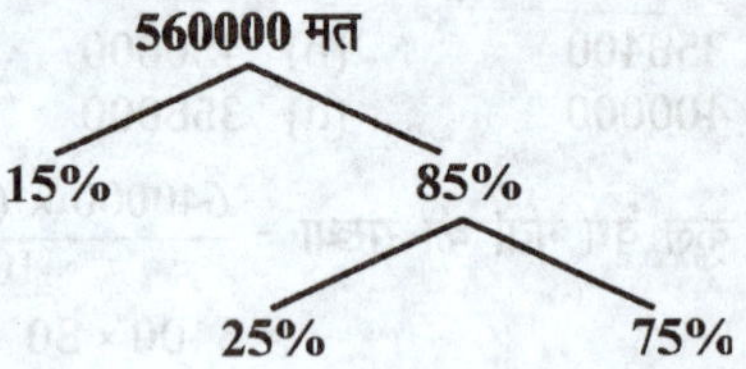

$$560000 \times 85\% \times 75\% = 560000 \times \frac{85}{100} \times \frac{75}{100}$$

$= 357000$ मत **Ans.**

94. एक चुनाव में, केवल दो उम्मीदवार थे। विजयी उम्मीदवार को कुल मतों के 48% मत प्राप्त हुए। उसके विरोधी उम्मीदवार को 6800 मत प्राप्त हुए जो कुल मतों के 34% के बराबर है। कुछ मत अमान्य थे। विजयी उम्मीदवार का विनिंग मार्जिन और अमान्य मतों की संख्या ज्ञात करे।

(a) 3000 मत, 3600 मत (b) 2800 मत, 3600 मत
(c) 3600 मत, 2800 मत (a) 3200 मत, 3600 मत

Sol. (c)

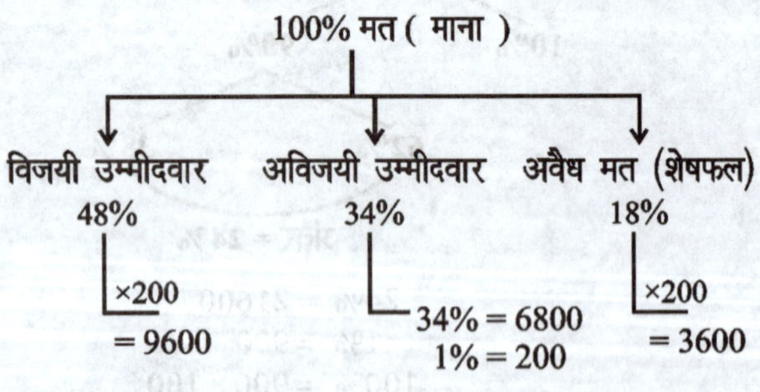

विनिंग मार्जिन = 9600 – 6800 = 2800

अमान्य मत = 3600 **Ans.**

95. दो उम्मीदवारों के बीच एक चुनाव में, 75% मतदाताओं ने मतदान किया, जिनमें से 2% मत अवैध घोषित किए गए। एक उम्मीदवार को 9261 मत प्राप्त हुए, जो कुल वैध मतों के 75% के बराबर थे। उस चुनाव में नामांकित मतदाताओं की कुल संख्या ज्ञात करे, जबकि प्रत्येक मतदाता केवल एक मत डालता है।

(a) 16200 (b) 15800
(c) 16800 (d) 16000

Sol. (c)

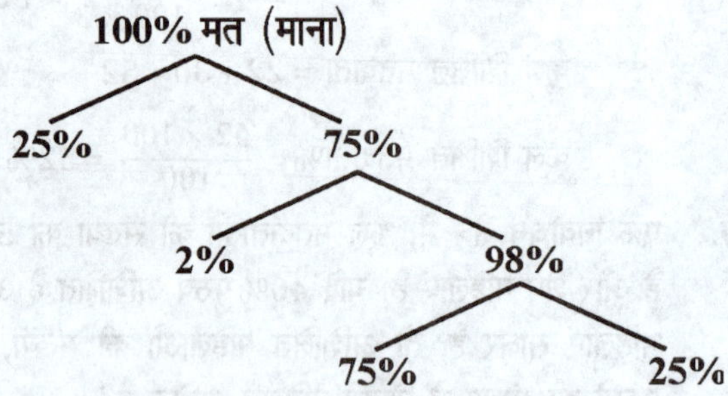

$$100\% \times 75\% \times 98\% \times 75\% = 9261$$

$$100\% \times \frac{75}{100} \times \frac{98}{100} \times \frac{75}{100} = 9261$$

$\therefore$ 100% = 16800 मत

अतः कुल नामांकित मतदाता की संख्या = 16800 मत

96. एक चुनाव में दो उम्मीदवार थे। इसमें मतदाता सूची में से 10% मतदाताओं ने अपने मताधिकार का प्रयोग नहीं किया तथा कुल डाले गए मतों के 10% मत अवैध घोषित कर दिए गए। सफल उम्मीदवार कुल वैध मतों के 54% मत प्राप्त करे 1620 मतों से जीत गया। मतदाता सूची में कुल कितने मतदाता थे?

(a) 32500 (b) 27500
(c) 28950 (d) 25000

Sol. (d)

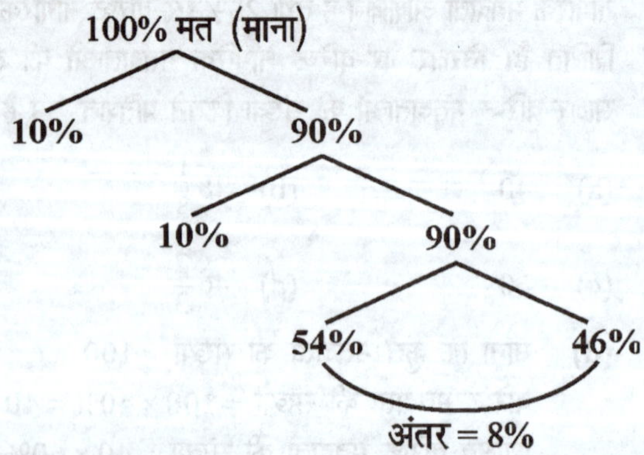

$$8\% = 1620$$
$$1\% = \frac{1620}{8}$$
$$54\% = \frac{1620 \times 54}{8}$$
$$= 10935$$
$$100\% \times 90\% \times 90\% \times 54\% = 10935$$
$$100\% \times \frac{90}{100} \times \frac{90}{100} \times \frac{54}{100} = 10935$$
$$100\% = 25000$$ **Ans.**

97. एक चुनाव में केवल दो उम्मीदवारों ने भाग लिया। 30% पंजीकृत मतदाताओं ने मतदान में भाग नहीं लिया एवं 180 मत अवैध घोषित कर दिया गया। विजेता ने प्रतिद्वंद्वी से 684 मत अधिक प्राप्त किया। विजेता द्वारा प्राप्त वैध मतों की संख्या पंजीकृत मतों की कुल संख्या का 42% है। कितने पंजीकृत मतदाताओं ने मतदान किया।

(a) 2660 (b) 2260

(c) 2520 (d) 2800

Sol. (c)

100% मत (माना)

विजेता 42% | मतदान नहीं करने वाले 30% | शेष मत 28%

प्रश्नानुसार,

$$42\% - 28\% = 14\%$$
$$14\% = 684 - 180$$
$$14\% = 504$$
$$1\% = 36$$
$$\therefore \quad 70\% = 70 \times 36 = 2520 \text{ मत}$$

98. एक चुनाव में दो उम्मीदवार थे। 10% मतदाताओं ने वोट नहीं डाले। 60 मत अवैध पाये गये। पहले उम्मीदवार को कुल वोटों का 47% वोट मिला और 308 वोटों से जीत हासिल की। नामांकित मतदाताओं की संख्या ज्ञात कीजिए।

(a) 6000 (b) 6100

(c) 6200 (d) 6050

Sol. (c) 100% मत (माना)

10% | 47% | 43%

अंतर = 4%

प्रश्नानुसार

$$4\% = 308 - 60$$
$$4\% = 248$$
$$1\% = 62$$
$$\therefore \quad 100\% = 6200 \text{ मत}$$ **Ans.**

99. चमनलाल, अरशद और जगजीत सिंह ने कोई चुनाव लड़ा था। मतदान के सभी वोट वैध थे। अरशद को कुल वोटों के 35% वोट मिले थे। चमनलाल को प्रत्येक 35 वोट में से 14 वोट मिले थे। विजेता को सबसे कम वोट पाने वाले व्यक्ति की तुलना में 4950 वोट अधिक मिले थे। मतदान हुए सभी वोटों की कुल संख्या ज्ञात करे।

(a) 38000 (b) 33000

(c) 13378 (d) 99000

Sol. (b) माना कि कुल मत = 100%

अरशद को प्राप्त मत = 35%

चमनपाल को प्राप्त मत $= \frac{14}{35} \times 100 = 40\%$

जगजीत को प्राप्त मत $= [100 - (35 + 40)]\%$ $= 25\%$

विजेता एवं कम वोट पाने वाले का अंतर = 4950

$$(40 - 25)\% = 4950$$
$$15\% = 4950$$
$$1\% = 330$$
$$100\% = \text{Rs.}33000$$ **Ans.**

100. एक चुनाव में तीन उम्मीदवारों ने भाग लिया। एक उम्मीदवार ने कुल डाले गए मतों का 10% मत प्राप्त किया और वह तीसरे स्थान पर रहा। एक अन्य उम्मीदवार ने कुल डाले गये मतों का 60% मत प्राप्त किया और 120000 मतों से चुनाव जीत गया। इस चुनाव में कुल कितने मतदाताओं ने भाग लिया?

(a) 4 लाख (b) 1.1 लाख

(c) 2.5 लाख (d) 2.5 लाख

Sol. (a) **100% मत (माना)**

I 60% | II 30% | III 10%

$$60\% - 30\% = 120000$$
$$30\% = 120000$$
$$1\% = 4000$$
$$100\% = 400000 \text{ मत}$$

अत: कुल मतदाताओं की संख्या = 4 लाख **Ans.**

101. एक गाँव में कुल पंजीकृत मतदाताओं में से 63% मतदाता ही मतदान कर सके एवं कोई मत अवैध नहीं था। केवल दो उम्मीदवार ही चुनाव में भाग ले रहे थे एवं उनके द्वारा प्राप्त मतों का संगत अनुपात 4 : 5 था। यदि विजयी उम्मीदवार ने 1120 मत प्राप्त किया, तो गाँव में पंजीकृत मतदाताओं की कुल संख्या क्या है?

(a) 3000 (b) 3100
(c) 3200 (d) 3300

Sol. (c) कुल पंजीकृत मतदाता = 100% (माना)

100%

63% **37%**

पहले मतदाता को प्राप्त मत= $\frac{4}{9}\times 63\% = 28\%$

दूसरे मतदाता को प्राप्त मत= $\frac{5}{9}\times 63\% = 35\%$

35% = 1120
1% = 32
100% = 3200 मत

102. एक गाँव में 8160 पंजीकृत मतदाता है। एक चुनाव में 60% पंजीकृत मतदाताओं ने मतदान किया एवं कोई भी मत अवैध नहीं था। केवल दो उम्मीदवार चुनाव लड़ रहे थे एवं उनके द्वारा प्राप्त मतों का संगत अनुपात 12 : 5 था, तो विजयी उम्मीदवार द्वारा प्राप्त मतों की संख्या क्या है?

(a) 3340 (b) 3456
(c) 10000 (d) 9680

Sol. (b) माना कि कुल पंजीकृत मतदाता = 100%
डाला गया कुल मत = 60%

पहले उम्मीदवार द्वारा प्राप्त मत = $\frac{12}{17}\times 60\%$

दूसरे उम्मीदवार द्वारा प्राप्त मत = $\frac{5}{17}\times 60\%$

कुल मतदाता = 100%
100% = 8160

$1\% = \frac{8160}{100}$

(विजयी उम्मीदवार) $\frac{12}{17}\times 60\% = \frac{8160\times 12\times 60}{100\times 17}$

= 3456 मत **Ans.**

अतः विजयी उम्मीदवार 3456 मतों से विजयी हुआ।

103. किसी चुनाव में दो उम्मीदवार है। 20% मतदाताओं ने वोट नहीं डाला। जिनमें से 600 वोट अवैध तथा जीतने वाला प्रत्याशी वैध मतों का 75% मत प्राप्त करता है तथा 1500 वोटो से जीतता है। पंजीकृत मतदाताओं की संख्या ज्ञात करे।

(a) 4000 (b) 4200
(c) 4400 (d) 4500

Sol. (d) कुल मतदाता = 100x
मतदान = 80x
वैध मत = (80x – 600)

जीतने वाला 75% **हारने वाला 25%**

$(80x-600)\frac{50}{100} = 1500$
$80x - 600 = 3000$
$80x = 3600$
$x = 45$

∴ कुल मतदाता $= 100x = 100\times 45$
$= 4500$ **Ans.**

104. किसी चुनाव में सिम्मी तथा राधेमाँ भाग लेती है। $\frac{2}{5}$ मतदाता राधेमाँ को तथा शेष मतदाता सिम्मी को वोट डालने का वादा करते है। राधेमाँ को वोट करने वाले 15% मतदाता तथा सिम्मी को वोट करने वाले 25% मतदाता अपने वादे से पलटते है। कुल मतों की संख्या ज्ञात करे, यदि सिम्मी 750 मतों से विजयी हुई।

(a) 37500 (b) 38500
(c) 39500 (d) 13310

Sol. (a) $\frac{2}{5}$

माना कि कुल मत = 500

राधेमाँ	**सिम्मी**
200	**300**
–30	**–75**
170	**225**
+75	**+30**
245	**255**

अंतर = 10
10 = 750
1 = 75

$500 = 75 \times 500 = 37500$ मत **Ans.**

अतः कुल मतों की संख्या = 37500 मत है।

वेन आरेख पर आधारित प्रश्न (Questions Based on Venn Diagram)

105. एक कॉलेज की छमाही परीक्षा में, भौतिकी में 48% छात्र उत्तीर्ण हुए, 42% छात्र रसायन में उत्तीर्ण हुए और दोनों विषय में 10% छात्र उत्तीर्ण हुए। दोनों विषयों में असफल हुए छात्रों का प्रतिशत ज्ञात करें।

(a) 20% (b) 40%
(c) 10% (d) 30%

Sol. (a) भौतिकी में उत्तीर्ण = 48%
रसायन में उत्तीर्ण = 42%
दोनों में उत्तीर्ण = 10%

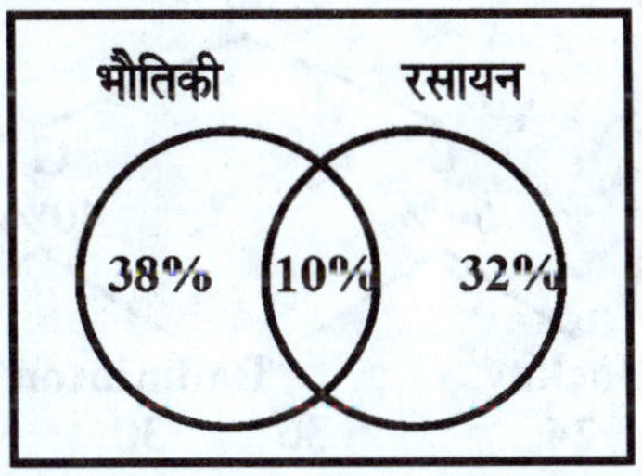

दोनों में असफल छात्रों की संख्या

$= [100 - (38 + 32 + 10)]\%$
$= (100 - 80)\% = 20\%$

अतः दोनों विषयों में असफल छात्र = 20% **Ans.**

Method - II

$n(A \cup B) = n(A) + n(B) - n(A \cap B)$
$= 48 + 42 - 10$
$= 80\%$

दोनों में असफल छात्र = 100% – A या B में सफल छात्र
= 100% – 80% = 20%

106. एक परीक्षा में, 80% छात्र भौतिकी में, 70% रसायन विज्ञान में पास हुए जबकि 15% दोनों विषयों में असफल रहे। यदि 325 छात्र दोनों विषयों में उत्तीर्ण हुए। परीक्षा में बैठने वाले छात्रों की कुल संख्या ज्ञात कीजिए।

(a) 500 (b) 400
(c) 300 (d) 600

Sol. (a) भौतिकी में सफल छात्र = 80%
रसायन में सफल छात्र = 70%
दोनों में असफल छात्र = 15%

माना कि दोनों विषयों में सफल छात्र = x%

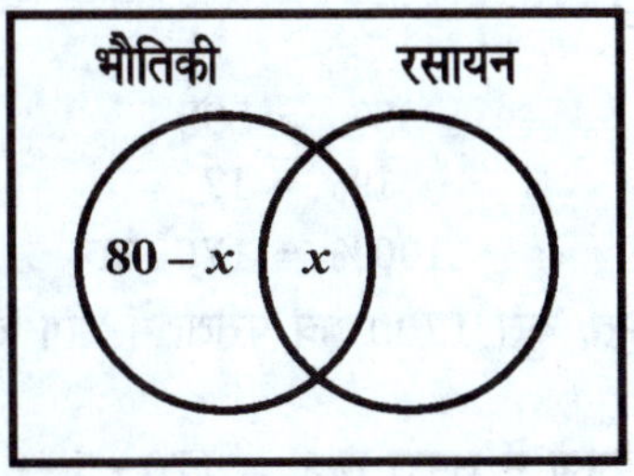

$(80 - x) + x + (70 - x) + 15 = 100$
$\therefore x = 65\%$

प्रश्नानुसार,
65% = 325
1% = 5
100% = 500 छात्र

अतः परीक्षा में कुल 500 छात्रों ने भाग लिया।

Tricks-

दोनों विषयों में सफल छात्र%
$= [(80 + 70 + 15) - 100]\%$
$= 65\%$

प्रश्नानुसार,
65% = 325
1% = 5
100% = 500 **Ans.**

107. एक प्रतियोगिता परीक्षा में, सेक्शन A में 70%, सेक्शन B में 55% उम्मीदवार उत्तीर्ण हुई जबकि दोनों सेक्शनों में 10% अनुत्तीर्ण हुए। यदि 595 छात्र दोनों सेक्शनों में उत्तीर्ण हुए है, तो प्रतियोगिता परीक्षा में भाग लेने वाले उम्मीदवारों की संख्या ज्ञात करे।

(a) 1700 (b) 1600
(c) 1900 (d) 1800

Sol. (a) सेक्शन A में पास हुए छात्र = 70%
सेक्शन B में पास हुए छात्र = 55%
दोनों विषयों में फेल हुए छात्र = 10%
माना कि दोनों विषयों में पास छात्र = x%

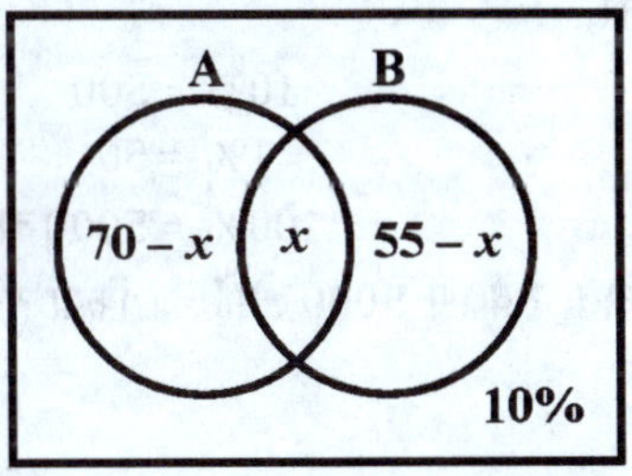

$$70 - x + x + 55 - x + 10 = 100$$
$$x = 35\%$$

प्रश्नानुसार,

$35\% = 595$

$1\% = 17$

$100\% = 1700$ छात्र

अतः कुल 1700 छात्र परीक्षा में भाग लिए।

Tricks-

दोनों विषयों में सफल छात्र $= (70 + 55 + 10 - 100)\%$

$= (135 - 100)\% = 35\%$

$35\% = 595$

$1\% = 17$

$100\% = 1700$ छात्र **Ans.**

108. एक इलाके में किए गए सर्वेक्षण में, यह पाया गया कि 50% लोग A नामक समाचार पत्र पढ़ते है। 40% लोग B नामक समाचार पत्र पढ़ते है और 20% न तो समाचार पत्र A पढ़ते है और न ही समाचार पत्र B पढ़ते है। यदि A और B दोनों समाचार पत्र पढ़ने वाले व्यक्तियों की संख्या 500 है तो कितने लोगों का सर्वेक्षण किया गया था?

(a) 7000 (b) 3000

(c) 5000 (d) 4500

Sol. (c) समाचार पत्र A पढ़ने वाले व्यक्ति = 50%

समाचार पत्र B पढ़ने वाले व्यक्ति = 40%

दोनों नहीं पढ़ने वाले व्यक्ति = 20%

माना कि दोनों समाचार-पत्र पढ़ने वालों की संख्या = x%

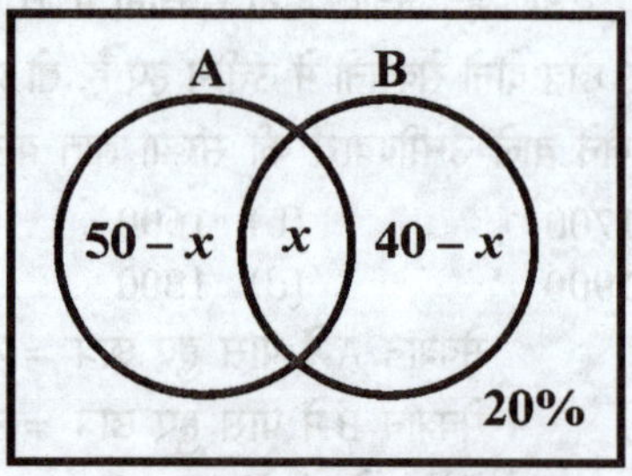

$$50 - x + x + 40 - x + 20 = 100$$
$$x = 10\%$$

प्रश्नानुसार,

$10\% = 500$

$1\% = 50$

$100\% = 5000$ व्यक्ति

अतः सर्वेक्षण 5000 लोगों का किया गया।

Tricks-

दोनों समाचार पत्र पढ़ने वालों की संख्या

$= (50 + 40 + 20 - 100)\%$

$= 10\%$

$10\% = 500$

$1\% = 50$

$100\% = 5000$ **Ans.**

108. एक स्कूल में, 500 छात्र है। 60% छात्र लड़के है, जिनमें से 40% हॉकी खेलते है तथा शेष लड़के कोई गेम नहीं खेलते है और लड़कियाँ हॉकी नहीं खेलती है, 75% लड़कियाँ बैडमिंटन खेलती है। केवल दो गेम खेले जाने है। कोई भी गेम नहीं खेलने वाले छात्रों की प्रतिशत ज्ञात कीजिए।

(a) 10% (b) 36%

(c) 46% (d) ज्ञात नहीं किया जा सकता

Sol. (c)

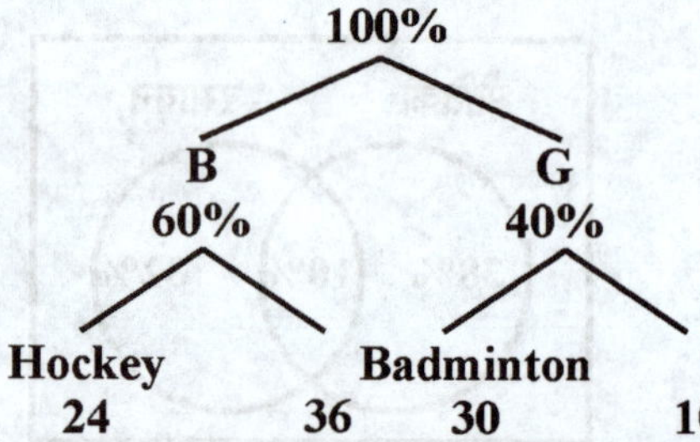

∴ कोई गेम नहीं खेलने वालों का प्रतिशत = 46%

109. एक प्रतियोगिता परीक्षा में, सेक्शन A में 80% अभ्यर्थी उत्तीर्ण हुए, सेक्शन B में 77% जबकि दोनों सेक्शनों में 18% अभ्यर्थी अनुत्तीर्ण हुए तथा 1425 छात्र दोनों सेक्शनों में उत्तीर्ण हुए, तो प्रतियोगिता परीक्षा में उपस्थित कुल अभ्यर्थियों की संख्या ज्ञात करे।

(a) 2000 (b) 1800

(c) 1900 (d) 1700

Sol. (c) सेक्शन A में उत्तीर्ण अभ्यर्थी = 80%

सेक्शन B में उत्तीर्ण अभ्यर्थी = 77%

दोनों सेक्शनों में अनुत्तीर्ण अभ्यर्थी = 18%

माना कि दोनों सेक्शनों में उत्तीर्ण अभ्यर्थी = x%

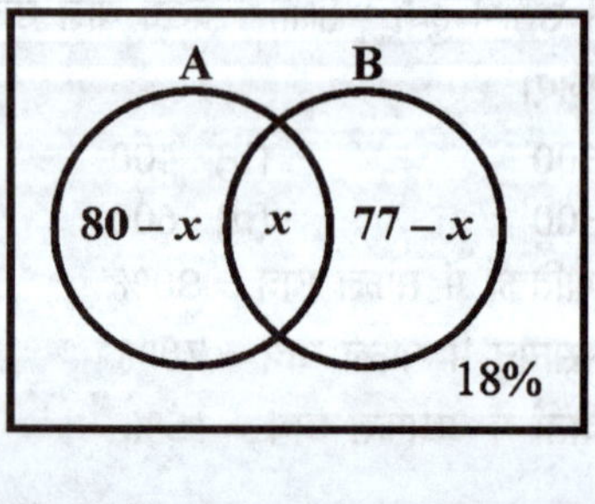

$$80 - x + x + 77 - x + 18 = 100$$
$$x = 75\%$$

प्रश्नानुसार,

$$75\% = 1425$$
$$1\% = 19$$
$$100\% = 1900$$

अतः कुल उपस्थित अभ्यर्थी = 1900

Tricks-

दोनों विषयों में उत्तीर्ण अभ्यर्थियों की संख्या

$$= 80 + 77 + 18 - 100 = 75\%$$
$$75\% = 1425$$
$$1\% = 19$$

100% = 1900 अभ्यर्थी

110. एक परीक्षा में 35% परीक्षार्थी एक विषय में असफल होते हैं तथा 42% परीक्षार्थी दूसरे विषय, जबकि 15% दोनों विषयों में असफल होते हैं। अगर 2500 परीक्षार्थी परीक्षा में सम्मिलित हुए हो, तो कितने परीक्षार्थी एक विषय में सफल हुए लेकिन दोनों विषयों में नहीं।

(a) 325 (b) 1175
(c) 2125 (d) इनमें से कोई नहीं

Sol. (b) पहले विषय में अनुत्तीर्ण छात्र = 35%
दूसरे विषय में अनुत्तीर्ण छात्र = 42%
दोनों विषय में अनुत्तीर्ण छात्र = 15%

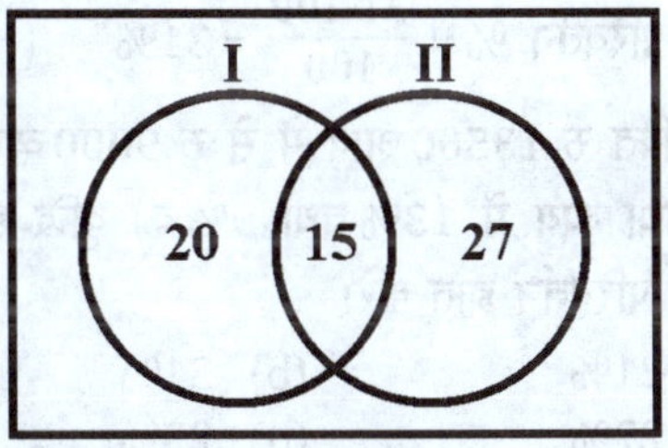

⇒ जो केवल पहले विषय में असफल है, वह दूसरे विषय में आवश्यक रूप से सफल होगा।

⇒ अतः दोनों विषयों में से केवल एक विषय में सफल विद्यार्थी

$$= 27\% + 20\% = 47\%$$

दोनों विषयों में से केवल एक विषय में सफल छात्रों की संख्या $= 2500 \times \frac{47}{100} = 1175$ छात्र **Ans.**

111. कक्षा 11 की मध्यावधि परीक्षा में, 42% छात्र गणित में असफल हुए, 54% छात्र भौतिकी में और 47% छात्र रसायन विज्ञान में असफल हुए। सभी तीनों विषयों में केवल 10% छात्र असफल हुए। भौतिकी और रसायन विज्ञान दोनों में 20% छात्र असफल हुए, रसायन विज्ञान और गणित दोनों में 15% छात्र असफल हुए और भौतिकी और गणित दोनों में 18% छात्र असफल हुए। उन छात्रों का प्रतिशत कितना है जो केवल दो विषयों में असफल रहे।

(a) 33% (b) 43%
(c) 53% (d) 23%

Sol. (d) गणित में असफल छात्र = 42%
भौतिकी में असफल छात्र = 54%
रसायन विज्ञान में असफल छात्र = 47%
तीनों विषयों में असफल छात्र = 10%
भौतिकी और रसायन विज्ञान में असफल छात्र = 20%
रसायन विज्ञान और गणित में असफल छात्र = 15%
भौतिकी और गणित में असफल छात्र = 18%

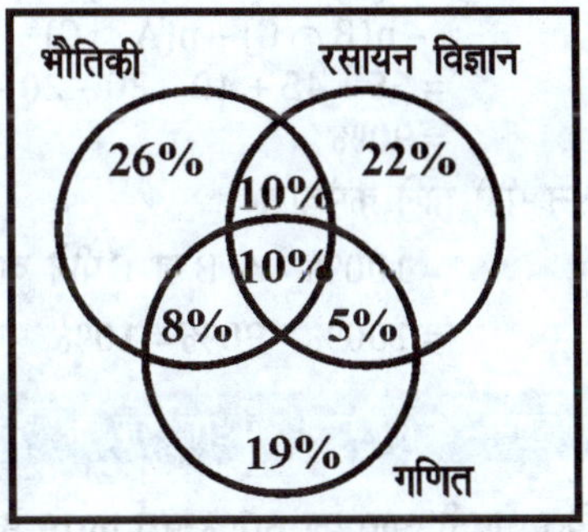

अतः केवल दो विषयों में असफल छात्र = 8% + 5% + 10%
= 23%

112. एक कंपनी में 55% कर्मचारी चाय पीते है। 45% कॉफी पीते है और 40% दूध पीते है। उनमें से 20% लोग चाय और दूध दोनों पीते है। 20% लोग कॉफी और दूध दोनों पीते है तथा 25% लोग चाय और कॉफी दोनों पीते है। 15% कार्यकर्ता सभी तीन पेय पदार्थ पीते है। उन श्रमिकों का प्रतिशत ज्ञात करें जिन्हें तीन पेय पदार्थ में से कोई भी पसंद नहीं है।

(a) 25% (b) 10%
(c) 15% (d) 20%

Sol. (b) चाय पीने वाले = 55%
कॉफी पीने वाले = 45%
दूध पीने वाले = 40%
तीनों पेय पीने वाले = 15%
चाय और दूध पीने वाले = 20
कॉफी और दूध पीने वाले = 20
चाय और कॉफी पीने वाले = 25

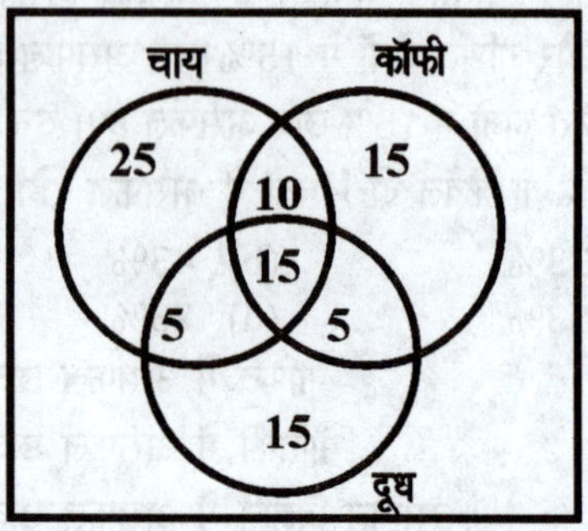

अतः तीनों पेय पदार्थ में से कुछ भी नहीं पीने वाले कर्मचारी
$= [100 - (25+15+15+15+5+5+10)]\% = 10\%$

Method - II

$A \rightarrow$ चाय, $B \rightarrow$ कॉफी, $C \rightarrow$ दूध

$n(A \cup B \cup C) = n(A) + n(B) + n(C) - n(A \cap B) - n(B \cap C) - n(A \cap C) + n(A \cap B \cap C)$
$= 55 + 45 + 40 - 20 - 20 - 25 + 15$
$= 90\%$

कुछ भी न पीने वाले कर्मचारी
= 100% – A, B या C पीने वाले कर्मचारी
= 100% – 90% = 10%

आय-व्यय पर आधारित प्रश्न

113. एक व्यक्ति अपनी आय का 60% खर्च करता है। यदि व्यक्ति की आय में 15% की वृद्धि एवं व्यय में भी 15% की वृद्धि होती है तो बचत में प्रशित परिवर्तन ज्ञात करे।

(a) 10% (b) 15%
(c) 20% (d) 25%

Sol. **(b)** $60\% = \frac{3}{5}$

माना कि कुल आय = 500
कुल व्यय = 300

आय – व्यय = बचत

500 – 300 = 200
×115%↑ ×115% → **30**
575 – 345 = 230

$\text{अंतर प्रतिशत} = \frac{30 \times 100}{200} = 15\%$

114. एक व्यक्ति रु.8550 आय में से रु.5700 व्यय करता है। यदि आय तथा व्यय में क्रमशः 19% तथा 13% की वृद्धि हो तो बचत में प्रतिशत परिवर्तन ज्ञात करें।

(a) 20% (b) 23%
(c) 27% (d) 31%

Sol. **(d)**

आय – व्यय = बचत

8550 – 5700 = 2850
×119%↑ ×113% → **883.5**
10174.5 6441 = 3733.5

$\text{परिवर्तन } \% = \frac{883.5}{2850} \times 100 = 31\%$

Method - II

आय व्यय बचत
8550 5700
3 : 2 = 1
(माना) 300 : 200 = 100
×119% 113 → **31**
357 226 = 131

अंतर = 31

$\text{परिवर्तन } \% = \frac{31 \times 100}{100} = 31\%$

115. एक व्यक्ति रु.13500 आय में से रु.9000 व्यय करता है। यदि आय तथा व्यय में 13% तथा 9% की वृद्धि हो, तब बचत में प्रतिशत परिवर्तन ज्ञात करे।

(a) 21% (b) 31%
(c) 27% (d) 23%

Sol. **(a)**

आय – व्यय = बचत

13500 – 9000 = 4500
×113% ×109% → **945**
15255 9810 = 5445

$\text{परिवर्तन} \% = \frac{945}{4500} \times 100 = 21\%$

Trick- आय – व्यय = बचत

13500 9000

3 : 2

$$\begin{array}{ccccc} 300 & - & 200 & = & 100 \text{ (माना)} \\ \times 113\% & & \times 109\% & & 21 \\ 339 & & 218 & = & 121 \end{array}$$

परिवर्तन% $= \frac{21 \times 100}{100} = 21\%$

116. A की आय B की आय से 20% कम है और C की आय A और B की आय के योग का 70% है। D की आय C की आय से 25% अधिक है। यदि B और D की आय का अंतर रु.23000 है, तो A की आय क्या है?

(a) 32000 (b) 25000

(c) 26000 (d) 28000

Sol. (a) माना कि B की आय = 100

A की आय $= 100 \times \frac{(100-20)}{100} = 80$

C की आय $= (100+80) \times \frac{70}{100} = 126$

D की आय $= 126 \times \frac{125}{100} = 157.5$

प्रश्नानुसार,

B और D की आय का अंतर = रु.23000

$(157.5 - 100) = 23000$

$57.5 = 23000$

$1 = 400$

(A की आय) $80 = 400 \times 80$

$= 32000$

अत: A की आय = रु.32000

117. सुशांत और प्रशांत की तनख्वाह की रकमों का आधा फर्क उनकी तनख्वाह की रकमों के जोड़ के $\frac{3}{10}$ के बराबर है। सुशांत की तनख्वाह के संदर्भ में प्रशांत की तनख्वाह दर्शाइये।

(a) 20% (b) 25%

(c) 33.33% (d) 10%

Sol. (b) माना कि सुशांत की आय = x

प्रशांत की आय = y

प्रश्नानुसार,

$(x-y)\frac{1}{2} = (x+y)\frac{3}{10}$

$5x - 5y = 3x + 3y$

$2x = 8y$

$x : y = 4 : 1$

सुशांत = प्रशांत × P%

$1 = 4 \times \frac{P}{100}$

$\therefore$ P = 25% **Ans.**

118. किसी वस्तु के मूल्य को P% से घटा दिया जाता है तथा घटे हुए मूल्य को पुनः P% से बढ़ा दिया जाता है। यदि वर्तमान मूल्य k/100 हो तो प्रारंभिक मूल्य क्या था?

(a) $\frac{100k}{100-P^2}$ (b) $\frac{k}{100-P}$

(c) $\frac{k}{10000-P^2}$ (d) $\frac{10000k}{10000-P^2}$

Sol. (a) माना कि प्रारंभिक मूल्य = रु.x

प्रश्नानुसार,

$$x\left(\frac{100-P}{100}\right)\left(\frac{100+P}{100}\right) = \frac{k}{100}$$

$$x\left[\frac{(100)^2 - P^2}{(100)^2}\right] = \frac{k}{100}$$

$$x = \frac{100k}{10000 - P^2}$$

119. एक वस्तु की कीमत में पहले x% की वृद्धि की गई और फिर नए मूल्य में x% की कमी की गयी। यदि अंतिम कीमत रु.10x है तो वस्तु का मूल मूल्य ज्ञात करे।

(a) $\frac{10x}{\left[1+\left(\frac{x}{100}\right)^2\right]}$ (b) $\frac{100x}{\left[1-\left(\frac{x}{100}\right)^2\right]}$

(c) $\frac{10x}{\left[1-\left(\frac{x}{100}\right)^2\right]}$ (d) $\frac{100}{\left[1-\frac{x}{100}\right]}$

Sol. (c) $P \times \frac{(100+x)}{100} \times \frac{(100-x)}{100} = 10x$

$$P \times \frac{(10000 - x^2)}{10000} = 10x$$

$$P = \frac{10x}{\frac{10000 - x^2}{10000}}$$

$$P = \frac{10x}{1 - \left(\frac{x}{100}\right)^2}$$

120. A की आय B की आय से 45% अधिक है और C की आय A और B की आय के योगफल से 60% कम है। D की आय C की आय से 20% अधिक है। यदि B और D की आय के बीच अंतर रु. 13,200 है, तो C की आय ज्ञात करे।

(a) रु.73500 (b) रु.75000
(c) रु.72500 (d) रु.72000

Sol. (a) माना कि B की आय = 100

$$A \text{ की आय} = 100 \times \frac{(100 + 45)}{100} = 145$$

$$C \text{ की आय} = (100 + 145) \times \frac{(100 - 60)}{(100}$$

$$= \frac{245 \times 40}{100} = 98$$

$$D \text{ की आय} = 98 \times \frac{120}{100} = 117.6$$

प्रश्नानुसार,

B और D के बीच अंतर = 13200
117.6 − 100 = 13200
17.6 = 13200
1 = 750
(अत: C की आयु) 98 = 750 × 98
= रु.73500

Trick-

$$45\% \uparrow = \frac{9}{20}$$

A	:	B	:	C	:	D
29	:	20	:	19.6	:	23.52

अंतर = 3.52

$$C = (29 + 20)\frac{40}{100} = 19.6$$

$$D = 19.6 \times \frac{120}{100} = 23.52$$

3.52 = 13200
1 = 3750
19.6 = 3750 × 19.6
= ₹7350

121. राधा, अपनी आय का 25% बचाती है। यदि उसके व्यय में 20% की वृद्धि होती है और उसकी आय में 29% की वृद्धि होती है, तो उसकी बचत में वृद्धि ज्ञात करें।

(a) 70% (b) 56%
(c) 65% (d) 52%

Sol. (b)

$$25\% = \frac{1}{4} \left(\frac{\text{बचत}}{\text{आय}}\right)$$

	आय	−	व्यय	=	बचत
	400	−	300	=	100
	×129		×120		56
	516	−	360	=	156

$$\text{बचत में वृद्धि\%} = \frac{56 \times 100}{100} = 56\%$$

122. A, B और C किसी निश्चित राशि को आपस में वितरित करते है। उनके पास की राशियों का औसत रु.4520 है। A का हिस्सा, B के हिस्से से $10\frac{2}{3}\%$ अधिक है और C के हिस्से में $33\frac{1}{3}\%$ कम है। B का हिस्सा ज्ञात करे।

(a) रु.3500 (b) रु.3984
(c) रु.3600 (d) रु.5976

Sol. (c) A, B से अधिक $10\frac{2}{3}\% = \frac{32}{3 \times 100} = \frac{8}{75}$

A, C से कम $33\frac{1}{3}\% = \frac{1}{3}$

A	:	B	:	C
$83_{\times 2}$	:	$75_{\times 2}$		
$2_{\times 83}$	:		:	$3_{\times 83}$
166	:	150	:	249

प्रश्नानुसार,

(166 + 150 + 249) unit = 3×4520
565 unit = 3 ×4520
1 unit = 24
∴ 150 unit = 150 × 24
= रु.3600

123. राजन अपने वेतन का 10% किराए पर खर्च करता है। वह अपने वेतन के शेष भाग का 20% परिवहन पर खर्च करता है। उसके बाद, वह अपने शेष वेतन का 40% भोजन पर खर्च करता है। इसके अलावा वह शेष राशि का 80% विभिन्न बिलों पर खर्च करता है। वह बैंक में रु.5000 जमा करता है और शेष रु.1480 अपने

स्वयं के छोटे-छोटे खर्च के लिए रखता है। उसका मासिक वेतन ज्ञात करे।

(a) 75000 (b) 80000
(c) 82500 (d) 64800

Sol. (a) माना कि कुल आय = 100x

10% किराये पर खर्च करने पर = 10x

शेष राशि = 90x

शेष राशि में 20% परिवहन पर खर्च करने पर

$$= 90x \times \frac{20}{100} = 18x$$

शेष राशि = 72x

शेष राशि में 40% परिवहन पर खर्च करने पर

$$= 72x \times \frac{40}{100} = 28.8x$$

शेष राशि = 43.2x

शेष राशि में 80% विभिन्न बिलों पर खर्च करने पर

$$= 43.2x \times \frac{80}{100} = 34.56x$$

शेष राशि = 43.2x − 34.56x

= 8.64x

8.64x = 5000 + 1480

$$x = \frac{6480}{8.64}$$

$$100x = \frac{6480 \times 100}{8.64} = ₹.75000$$

124. एक मशीन के मूल्य में प्रतिवर्ष 25% की दर से मूल्यह्रास होता है। यदि दूसरे वर्ष और तीसरे वर्ष के अंत में इसके मूल्य के बीच रु. 24000 का अंतर हो, तो पहले वर्ष के अंत में मशीन का मूल्य कितना होगा?

(a) 1,28,000 (b) 1,00,000
(c) 1,35,000 (d) 1,12,000

Sol. (a) माना कि वस्तु का मूल्य = 100 unit

$$\text{पहले वर्ष के अंत में मूल्य} = 100 \times \frac{75}{100} = 75 \text{ unit}$$

$$\text{दूसरे वर्ष के अंत में मूल्य} = 75 \times \frac{75}{100} \text{ unit} = 56.25 \text{ unit}$$

$$\text{तीसरे वर्ष के अंत में मूल्य} = 56.25 \times \frac{75}{100} \text{ unit} = 42.1875 \text{ unit}$$

प्रश्नानुसार,

(56.25 − 42.1875) unit = 24000

14.0625 unit = 24000

$$1 \text{ unit} = \frac{24000}{14.0625}$$

$$75 \text{ unit} = \frac{24000 \times 75}{14.0625}$$

75 unit = रु.128000

125. एक कार के मूल्य में प्रतिवर्ष 12% की दर से अवमूल्यन होता है। इसका वर्तमान मूल्य रु.7,74,400 है। 2 वर्ष पहले कार का मूल्य कितना था?

(a) रु.9,99,999 (b) रु.10,00,000
(c) रु.11,00,000 (d) रु.9,00,000

Sol. (b) 12% का मूल्य ह्रास पर

$$12\% = \frac{3}{25}$$

दो वर्ष पूर्व	वर्तमान
25	22
×25	×22
625	484
↓×1600	↓×1600
1000000	774400

126. एक लैपटॉप का मूल्य रु.27,000 है। 2 वर्ष की एक्स्टेंडेड वारंटी खरीदने के लिए आपको 15% अतिरिक्त भुगतान करना होगा। लैपटॉप का अंतिम मूल्य ज्ञात कीजिए, यदि पूरी राशि पर 6% जीएसटी का भुगतान किया जाना हो।

(a) रु.32913 (b) रु.31050
(c) रु.31293 (d) रु.32,670

Sol. (a) एक्स्टेंडेड वारंटी के लिए $= 15\%\uparrow = \frac{3}{20}$

जीएसटी $= 6\% = \frac{3}{50}$

प्रारम्भिक मूल्य	अंतिम मूल्य
20	23
50	53
1000	1219
↓×27	↓×27
27000	₹32913

127. एक व्यक्ति का मासिक वेतन रु.50,000 था। वह तीन मदों पर खर्च करता था। व्यक्तिगत एवं पारिवारिक व्यय (E), कर (T) और परोपकार (P) तथा शेष राशि उसकी बचत थी। E आय का 50%,, T, E का 20% और P, T का 15% था। जब उसकी आय 40% बढ़ गयी, तो उसने E के औसत स्तर को बनाए रखा, लेकिन T, E का 30% और P, T का 20% हो गया। उसकी नयी बचत पहले की बचत से कितने प्रतिशत अधिक या कम है?

(a) 16.4% अधिक (b) 8.2% अधिक
(c) 16.4% कम (d) 8.2% कम

Sol. (c) माना कि व्यक्ति की आय = रु.100

E का व्यय $= 100 \times \frac{50}{100} =$ रु.50

T का व्यय = रु. $50 \times \frac{20}{100} =$ रु.10

P का व्यय $= 10 \times \frac{15}{100} =$ ₹1.5

उसकी बचत $= [100 - (50 + 10 + 1.5)]$
$= (100 - 61.5)$
= रु.38.5

आय बढ़ने पर नयी आय $= 100 \times \frac{140}{100} =$ रु.140

E का व्यय $= 140 \times \frac{50}{100} =$ रु.70

T का व्यय $= 70 \times \frac{30}{100} =$ रु.21

P का व्यय $= 21 \times \frac{20}{100} =$ रु.4.2

उसकी नयी बचत $= [140 - (70 + 21 + 432)]$
$= (140 - 95.2)$
= रु.44.8

अधिक बचत% $= \frac{44.8 - 38.5}{38.5} \times 100$

$= \frac{6.3}{38.5} \times 100 = 16.4\%$

128. सुधा ने अपनी मासिक आय का 12% एक अनाथालय में दान देने का निर्णय किया। दान देने के दिन, उसने अपना निर्णय बदल लिया और रु.4800 दान दिए जो उसके द्वारा पूर्व में सोची गयी राशि का 80% था। तो उसकी मासिक आय का 27% ज्ञात करे।

(a) रु.13959 (b) रु.11934
(c) रु.14040 (d) रु.13500

Sol. (d) माना कि सुधा की आय = रु.x

प्रश्नानुसार,

$$x \times \frac{12}{100} \times \frac{80}{100} = 4800$$

x $= \frac{4800 \times 100 \times 100}{12 \times 80} =$ रु.5,00,00

अतः सुधा की कुल आय = रु.50,000

अब,

$50,000 \times \frac{27}{100} =$ रु.13,500

129. जब किसी वस्तु की कीमत में 20% की कमी की गई तो उसकी बिक्री में x% की वृद्धि हुई। यदि राजस्व प्राप्ति में 25% की वृद्धि होती है तो x का मान ज्ञात करे।

(a) 53.84% (b) 55.75%
(c) 56.25% (d) 61.50%

Sol. (c)

		प्रारंभ	अंत में
कीमत	=	100	80
बिक्री	=	100	x
राजस्व	=	10000	12500

$$x = \frac{12500}{80} = 156.25$$

बढ़ी बिक्री $= (156.25 - 100)\% = 56.25\%$

130. रमेश अपने मासिक वेतन का 40% भोजन पर, 18% घर के किराये पर, 12% मनोरंजन पर और 5% वाहन पर खर्च करता है। लेकिन एक पारिवारिक समारोह के कारण उसे रु.20000 के खर्च को पूरा करने के लिए एक ऋणदाता से रु.16,000 उधार लेने पड़ते है। उसका मासिक वेतन क्या है?

(a) 15000 (b) 18000
(c) 16500 (d) 16000

Sol. (d) रमेश का कुल बचत $= [100 - (40 + 18 + 12 + 5)]\%$
$= 25\%$

प्रत्येक महीने का बचत $= (20000 - 16000)$
= रु.4000

25% = 4000
1% = 160
100% = रु.16000

131. A और B का मासिक वेतन समान है। A, B और C अपने मासिक वेतन का 10%, 8% और 9% एक धर्मार्थ ट्रस्ट को दान करते है। A और B के दान के बीच का अंतर 400 है। A और B का कुल दान C की तुलना में 900 अधिक है। C का मासिक वेतन क्या है?

(a) 25,000 (b) 36,000
(c) 30,000 (d) 27,000

Sol. (c) माना कि A और B

A : B

दान = 10 : 8

2% = 400

1% = 200

100% = ₹20000

A द्वारा दिया गया दान = 2000

B द्वारा दिया गया दान = 1600

कुल = 3600

∴ C द्वारा दिया गया दान = 3600 − 900 = 2700

∵ 9% = 2700

1% = 300

100% = रु.30000

कमीशन आधारित प्रश्न

132. एक कंपनी अपने विक्रेता को कुल बिक्री पर 12% कमीशन देती है तथा रु.15,000 से अधिक की बिक्री पर 1% बोनस देता है। यदि विक्रेता की कुल आय रु.7650 हो तब कुल बिक्री ज्ञात करे।

(a) रु.50,000 (b) रु.60,000
(c) रु.70,000 (d) रु.80,000

Sol. (b) माना कि कुल बिक्री = रु.x

कमीशन = 12%

बोनस = 1%

प्रश्नानुसार,

$$x \times 12\% + (x - 15000)\,1\% = 7650$$
$$x \times 12\% + x\% - 150 = 7650$$
$$x \times \frac{13}{100} = 7650 + 150$$
$$x = \text{रु.}60{,}000$$

133. एक कंपनी अपने विक्रेता को कुल बिक्री पर 9% कमीशन देती है तथा रु.20,000 से ऊपर की बिक्री पर 1% बोनस भी देती है। विक्रेता की कुल आय रु.6800 है तब कुल बिक्री ज्ञात करे।

(a) रु.70,000 (b) रु.65,000
(c) रु.60,000 (d) रु.55,000

Sol. (a) माना कि कुल बिक्री = रु.x

कमीशन = 9%

बोनस = 1%

प्रश्नानुसार,

$$x \times 9\% + (x - 20000)\,1\% = 6800$$
$$x \times \frac{10}{100} = 7000$$
$$\therefore \quad x = \text{रु.}70{,}000$$

134. एक कंपनी अपने विक्रेता को कुल बिक्री पर 12% कमीशन देती है तथा रु.15,000 से ऊपर की बिक्री पर 1% बोनस देता है। यदि सेल्समैन अपनी कुल बिक्री से अपनी कमाई हटाकर शेष रु.52350 कंपनी में जमा करा देता है तो कुल बिक्री ज्ञात करे।

(a) रु.60000 (b) रु.55000
(c) रु.50000 (d) रु.40000

Sol. (c) माना कि कुल बिक्री = रु.x

प्रश्नानुसार,

$$x \times 12\% + (x - 15000)\,1\%$$
$$x \times 13\% - 150$$

अब, पुनः प्रश्नानुसार,

$$x - (x \times 13\% - 150) = 52350$$
$$x - \frac{13x}{100} + 150 = 52350$$
$$\frac{87x}{100} = 52200$$
$$\therefore \quad x = \text{रु.}60{,}000$$

135. एक कंपनी अपने विक्रेता को कुल बिक्री पर 9% कमीशन देता है तथा रु.20,000 से ऊपर की बिक्री पर 1% बोनस देता है। यदि विक्रेता अपनी कुल बिक्री से अपनी कमाई हटाकर शेष रु.63,200 कंपनी में जमा करा देता है तो कुल बिक्री ज्ञात करे।

(a) रु.90,000 (b) रु.80,000
(c) रु.70,000 (d) रु.60,000

Sol. (c) माना कि कुल बिक्री = रु.x

प्रश्नानुसार,

$$x \times 9\% + (x - 20000)\,1\%$$
$$x \times 10\% - 200$$

पुनः प्रश्नानुसार,

$$x - (x \times 10\% - 200) = 63200$$

$$x - \frac{10x}{100} + 200 = 63200$$

$$\frac{90x}{100} = 63000$$

$$x = रु.70,000$$

136. एक कंपनी अपने विक्रेता को रु.10,000 की बिक्री पर 5% कमीशन देता है तथा रु.10,000 से ऊपर की बिक्री पर 4% कमीशन देता है। यदि सेल्समैन अपनी कुल बिक्री से अपनी कमाई हटाकर शेष रु. 31,100 कंपनी में जमा कर देता है तो कुल बिक्री ज्ञात करे।

(a) 30,000 (b) 31,500
(c) 32,150 (d) 32,500

Sol. (d) माना कि कुल बिक्री = रु. x

$$10{,}000 \times 5\% + (x - 10000)\,4\%$$

$$500 + \frac{4x}{100} - 400$$

$$\frac{4x}{100} + 100$$

प्रश्नानुसार,

$$x - \left(\frac{4x}{100} + 100\right) = 31{,}100$$

$$\frac{96x}{100} = 31{,}000$$

$$x = \frac{31000 \times 100}{96}$$

$$x = रु.32500$$

Method-II

10,000	**10,000 से अधिक**
5%	**4%**

अंतर = 1%

10,000 का = 1%

= रु.100

अब

$$रु.(31100 + 100) = रु.31200$$

10,000 से अधिक के लिए

$$4\% = \frac{1}{25}$$

$$24 = 31200$$

$$1 = \frac{31200}{24}$$

$$\therefore \quad 25 = \frac{31200 \times 25}{24}$$

$$= रु.32500$$

137. एक कंपनी अपने एक विक्रेता को रु.15,000 की बिक्री तक 9% कमीशन देती है तथा इसमें रु.15,000 से ऊपर की बिक्री 7% कमीशन देती है। यदि विक्रेता कुल बिक्री पर कमीशन काटने के बाद रु.32250 कंपनी में जमा करती है तो उसने कुल कितनी बिक्री की?

(a) 34500 (b) 35000
(c) 36000 (d) 31200

Sol. (b) माना कि कुल बिक्री = x

प्रश्नानुसार,

$$15000 \times \frac{9}{100} + (x - 15000) \times \frac{7}{100}$$

$$\Rightarrow \quad 1350 + \frac{7x}{100} - 1050$$

पुनः प्रश्न से,

$$x - \left[1350 + \frac{7x}{100} - 1050\right] = 32250$$

$$\Rightarrow \quad x - \left[300 + \frac{7x}{100}\right] = 32250$$

$$\Rightarrow \quad x - 300 - \frac{7x}{100} = 32250$$

$$\Rightarrow \quad x - \frac{7x}{100} = 32250 + 300$$

$$\Rightarrow \quad \frac{93x}{100} = 32550$$

$$\Rightarrow \quad x = 35000$$

अतः कुल बिक्री = रु.35000

विविध प्रश्नावली

138. ताजे अंगूर में 80% पानी और सूखे अंगूर में 10% पानी रहता है। यदि सूखे अंगूर का वजन 250 kg है, जब यह ताजा था, तो उसका कुल वजन कितना था?

(a) 1000 kg (b) 1100 kg
(c) 1125 kg (d) 1225 kg

Sol. (c)

ताजा अंगूर
100% (माना)
पानी **80%** **80 kg** — सूखा भाग **20%** **20 kg**

सूखा अंगूर
250
पानी **10%** — सूखा भाग **90%**

$$250 \text{ का } 90\% = 250 \times \frac{90}{100} = 225 \text{ kg}$$

प्रश्नानुसार,

$$20\% = 225$$

$$1\% = \frac{225}{20}$$

$$100\% = \frac{225 \times 100}{20} = 1125 \text{ kg}$$

139. ताजे फल में 68% पानी और सूखे मेवे में 20% पानी होता है तो 55 किलोग्राम ताजे फलों से कितना सूखा फल प्राप्त किया जा सकता है?

(a) 20kg (b) 22kg
(c) 32kg (d) 21kg

Sol. (b)

		पानी	सूखा फल
ताजे फल	=	68%	32%
सूखे मेवे	=	20%	80%

सूखे फल की मात्रा समान होती है।

पानी सूखने के बाद फल का भार = x kg

प्रश्नानुसार,

$$55 \times 32\% = x \times 80\%$$

$$\therefore \quad x = \frac{55 \times 32}{80}$$

$$x = 22 \text{kg}$$ **Ans.**

140. एक बड़े तरबूज का वजन 20 kg है व इसके भार का 96% पानी है। यदि इसे धूप में रख दिया जाए और इसका इतना पानी वाष्पीकृत हो जाए कि भार का 95% पानी रह जाए, तो इसका घटा हुआ भार कितना होगा?

(a) 18 kg (b) 17 kg
(c) 16.5 kg (d) 16 kg

Sol. (d)

पानी	सुखा भाग
96%	4%
95%	5%

सूखे भाग की मात्रा समान है।

$\therefore$ पानी सुखने के बाद तरबूज का भार = x kg

प्रश्न से,

$$20 \times \frac{4}{100} = x \times \frac{5}{100}$$

$$\therefore \quad x = 16 \text{ kg}$$

Method - II

सूखे भाग की मात्रा समान है।

	जल	सुखा भाग	
$96\% = \frac{24}{25}$	**24**	**1**	**= 25**
$95\% = \frac{19}{20}$	**19**	**1**	**= 20**

25 unit = 20

$$20 \text{ unit} = \frac{20 \times 20}{25} = 16 \text{ kg}$$

141. एक आदमी जुए की तीन बाजियाँ खेलने के बाद उसके पास आरंभिक धन का आधा धन हो जाता है। जुऐ के शर्तानुसार यदि वे प्रत्येक बाजी जीतता है तो उसे रु.100 मिलेंगे, परंतु उसे अपने कुल धन का 50% धन वापिस जमा करना होगा। यदि वे तीनों ही कुल धन का 50% धन वापिस जमा करना होगा। यदि वे तीनों ही बाजियाँ जीता हो, तो आरंभ में उसके पास कितना धन था?

(a) रु. $\frac{700}{3}$ (b) रु. $\frac{450}{7}$

(c) रु. $\frac{500}{3}$ (d) इनमें से कोई नहीं

Sol. (a) माना कि आरंभ में उसके पास रु.x था।

प्रश्न से,

$$\Rightarrow \left[\left\{(x+100)\frac{1}{2}+100\right\}\times\frac{1}{2}+100\right]\times\frac{1}{2}=\frac{x}{2}$$

$$\Rightarrow \left[\left(\frac{x}{2}+50+100\right)\times\frac{1}{2}+100\right]\times\frac{1}{2}=\frac{x}{2}$$

$$\Rightarrow \left[\frac{x}{4}+75+100\right]\times\frac{1}{2}=\frac{x}{2}$$

$\Rightarrow \quad x - \frac{x}{4} = 175$

$\Rightarrow \quad \frac{3x}{4} = 175$

$\therefore \quad x = \text{रु.}\ \frac{700}{3}$

142. एक खेल के सामान की दुकान में 3 रंगों की टेनिस गेंदे है। लाल, हरा और सफेद। सफेद गेंदों की संख्या लाल गेंदों की संख्या से 60% अधिक है और हरी गेंदों की संख्या, सफेद गेंदों की संख्या से 12.5% कम है। यदि गेंदों की कुल संख्या 120 है, तो कितनी हरी गेंदें है?

(a) 48 (b) 40
(c) 30 (d) 42

Sol. (d) माना कि लाल गेंदों की संख्या = 100 unit

सफेद गेंदों की संख्या $= 100 \times \frac{160}{100}$

= 160 unit

हरे गेंदों की संख्या $= 160 \times \frac{(100 - 12.5)}{100}$

= 140 unit

प्रश्नानुसार,

(100 + 160 + 140) unit = 120

400 unit = 120

$140 \text{ unit} = \frac{120 \times 140}{400}$

= 42 गेंद

143. राम 6 काली तथा x सफेद गेंद खरीदता है। काली गेंद का मूल्य सफेद गेंद का 5/2 है। बिल बनाते समय कर्मचारी ने गेंदों को बदल दिया तथा बिल की कीमत 45% बढ़ गयी तो सफेद गेंद की संख्या ज्ञात करे।

(a) 10 (b) 12
(c) 14 (d) 15

Sol. (d)

	काली	सफेद
मूल्य	5	2
संख्या	6	x

बिल 45% $\left(\frac{9}{20}\right)$ बढ़ने पर

$\Rightarrow \quad \frac{30 + 2x}{5x + 12} = \frac{20}{29}$

$\Rightarrow \quad 870 + 58x = 100x + 240$

$\Rightarrow \quad 42x = 630$

$\therefore \quad x = 15$

अतः सफेद गेंदों की संख्या = 15

144. एक स्कूल में गणित, भौतिकी और रसायन विज्ञान के लिए सीटें 7 : 8 : 9 के अनुपात में है। सीटों को क्रमशः 30%, 40% और 50% तक बढ़ाने का प्रस्ताव है। बढ़ी हुई सीटों का अनुपात क्या होगा?

(a) 135 : 112 : 91 (b) 112 : 91 : 135
(c) 91 : 112 : 135 (d) 110 : 100 : 135

Sol. (c)

गणित	:	भौतिकी	:	रसायन विज्ञान
700	:	**800**	:	**900**
↓ ×130%		↓ ×140%		↓ ×150%
910	:	**1120**	:	**1350**
91	:	**112**	:	**135**

अतः बढ़ी सीटों का अनुपात क्रमशः 91 : 112 : 135

145. राजन ने $\frac{5}{4}$ के बजाय $\frac{4}{5}$ से एक संख्या को गुणा किया। गणना में हुई त्रुटि प्रतिशत ज्ञात करे।

(a) 58% (b) 36%
(c) 38% (d) 42%

Sol. (b) माना कि संख्या = 20 unit

$\frac{5}{4}$ से गुणा करने पर $= 20 \text{ unit} \times \frac{5}{4}$

= 25 unit

$\frac{4}{5}$ से गुणा करने पर $= 20 \text{ unit} \times \frac{4}{5}$

= 16 unit

अंतर = (25 – 16) unit = 9 unit

त्रुटि% $= \frac{9 \times 100}{25} = 36\%$

Trick -

सही	**गलत**
$\frac{5}{4}$	$\frac{4}{5}$

Cross multiply करने पर

25 : 16

त्रुटि = 9

त्रुटि% $= \frac{9 \times 100}{25} = 36\%$

146. किसी संख्या को $\frac{3}{2}$ से गुणा करने के बजाय गलती से $\frac{7}{5}$ गुणा किया जाता है। इस गलती के कारण परिणाम में प्रतिशत परिवर्तन ज्ञात करे।

(a) $6\frac{2}{3}\%$ (b) $3\frac{2}{3}\%$

(c) $7\frac{2}{3}\%$ (d) $5\frac{2}{3}\%$

Sol. (a) **सही** **गलत**

$\frac{3}{2}$ $\frac{7}{5}$

Cross multiply करने पर

15 : 14

त्रुटि = 1

त्रुटि% $= \frac{1}{15}\times 100 = 6\frac{2}{3}\%$

147. एक छात्र ने गलती से किसी संख्या को $\frac{8}{3}$ से गुणा करने के स्थान पर $\frac{8}{3}$ से भाग कर दिया। इस परिकलन में त्रुटि % ज्ञात करे।

(a) 80.9% (b) 81.3%

(c) 82.7% (d) 85.9%

Sol. (d) माना कि संख्या= 24 unit

$\frac{8}{3}$ से गुणा करने पर $= 24\times\frac{8}{3}$ unit

$= 64$ unit

$\frac{8}{3}$ से भाग करने पर $= 24\times\frac{3}{8}$ unit

$= 9$ unit

त्रुटि % $= \frac{(64-9)\times 100}{64}$

$= \frac{55\times 100}{64} = 85.9\%$

148. गणना में प्रतिशत त्रुटि क्या है, अगर त्रुटि एक संख्या 'N' को $3\times\frac{1}{2}$ के बजाय $2\times\frac{1}{3}$ से गुणा करती है।

(a) 66.66% (b) 45.55%

(c) 50.55% (d) 55.55%

Sol. (d) माना कि संख्या 'N' = 6 unit

प्रश्न से,

सही करने पर, $6\times 3\times\frac{1}{2} = 9$ unit

त्रुटि या गलती से गुणा करने पर

$6\times 2\times\frac{1}{3} = 4$ unit

त्रुटि प्रतिशत $= \frac{(9-4)}{4}\times 100$

$= \frac{5}{9}\times 100 = 55.55\%$

149. A, B, C व D ने जमीन रु.5600000 में खरीदा। B + C + D का हिस्सा A के हिस्से का 460% जबकि A + D + C का हिस्सा B के हिस्से का 366.66% है तथा C का हिस्सा A + B + D का हिस्से का 40% है तो D का हिस्सा ज्ञात करे।

(a) 10 लाख (b) 13 लाख

(c) 15 लाख (d) 18 लाख

Sol. (d) A + B + C + D = 5600000

B + C + D का हिस्सा A के हिस्से का

$460\% = \frac{23}{5}$

B + C + D = A

23 5

28 = 5600000

1 = 200000

∴ A = 5×200000

= 1000000

= 10 लाख

उसी प्रकार,

A + C + D = B $\left(366.66\% = \frac{11}{3}\right)$

11 3

14 = 56 लाख

(B) 3 $= \frac{56 \text{ लाख}}{14}\times 3 = 12$ लाख

उसी प्रकार,

A + B + D = C $\left(40\% = \frac{2}{5}\right)$

5 2

7 = 56 लाख
1 = 8 लाख
2 = 16 लाख

प्रश्नानुसार,

A + B + C + D = 56 लाख

10 लाख + 12 लाख + 16 लाख + D = 56 लाख

∴ D = 18 लाख **Ans.**

150. किसी रेलगाड़ी में उतने ही डिब्बे है जितने प्रत्येक डिब्बे में सीटों की संख्या है। किसी डिब्बे में कुल क्षमता का $71\frac{3}{7}\%$, 25 व्यक्तियों के बराबर है तो अधिकतम व्यक्तियों की संख्या बताये जो रेलगाड़ी में सवार होते है। यदि हमेशा 20% सीट खाली रह जाती है।

(a) 390 (b) 630
(c) 740 (d) 980

SoL **(d)** ट्रेन की कुल क्षमता

$71\frac{3}{7}\% = \frac{5}{7}$

प्रश्न से,

$\frac{5}{7}$ — **आदमी** / — **क्षमता**

5 = 25
1 = 5

∴ 7 = 7 × 5 = 35

प्रत्येक डिब्बे में सीटों की संख्या = 35

डिब्बे की संख्या = 35

∴ पूरे ट्रेन में सीटों की संख्या = 35×35
= 1225

20% खाली होने के बाद ट्रेन में व्यक्तियों की संख्या

$= 1225 \times \frac{80}{100} = 980$

151. एक व्यक्ति 10 मिनट में 20 पंक्तियाँ टाइप करता है, लेकिन प्रत्येक पंक्ति में 8% खाली स्थान छोड़ता है। 40 पंक्तियों वाले 23 पेजों को वह कितने समय में टाइप करेगा, यदि अब वह पहले का 25% अतिरिक्त स्थान छोड़ता है।

(a) 450 मिनट (b) 480 मिनट
(c) 500 मिनट (d) 630 मिनट

SoL **(a)** प्रश्नानुसार,

$\frac{20 \text{ पंक्ति} \times 92\%}{10 \text{ मिनट}} = (2 \text{ पंक्ति} \times 92\%)$ प्रति मिनट

पुनः $\frac{40 \text{ पंक्ति} \times 23 \text{ पेज} \times 90\%}{2 \text{ पंक्ति} \times 92\%} = 450$ मिनट **Ans.**

152. एक मजदूर एक सप्ताह में 60 घंटे काम करता है तथा रु.2400 प्राप्त करता है। यदि उसका प्रति घंटे वेतन 40% बढ़ जाता है तथा कार्य का समय $16\frac{2}{3}\%$ कम हो जाता है तो आय में प्रतिशत परिवर्तन ज्ञात करे।

(a) $6\frac{2}{3}\%$ (b) $8\frac{1}{2}\%$

(c) $16\frac{2}{3}\%$ (d) $23\frac{3}{4}\%$

SoL **(a)** **समय** × **प्रति घंटा** = **आय**

60 **घंटा** × 40 = 2400

$83\frac{1}{3}\%$ ×140% **अंतर** = 400

50 × 56 = 2800

प्रतिशत परितर्वन $= \frac{400 \times 100}{2400} = 16\frac{2}{3}\%$

विभिन्न प्रतियोगी परीक्षाओं में विगत वर्षों में पूछे गये महत्त्वपूर्ण प्रश्न

1. यदि A, B का 95% है तो A का कितना प्रतिशत B है- **[SSC CGL - 2023]**

(a) $110\frac{3}{19}\%$ (b) $104\frac{7}{19}\%$

(c) $107\frac{17}{19}\%$ (d) $105\frac{5}{19}\%$

2. वैदिक की मासिक आय और व्यय के बीच का अनुपात 8 : 5 है। यदि उसकी आय में 20% की वृद्धि होती है और उसके व्यय में 30% की वृद्धि होती है, तो उसकी मासिक बचत में प्रतिशत वृद्धि या कमी ज्ञात कीजिए- **[SSC CGL - 2023]**

(a) $5\frac{2}{3}\%$ की वृद्धि (b) $5\frac{2}{3}\%$ की कमी

(c) $3\frac{1}{3}\%$ की वृद्धि (d) $3\frac{1}{3}\%$ की कमी

3. एक गाँव में हैजा के कारण 10% लोगों की मृत्यु हो गई और इसके कारण शेष लोगों में से 25% लोगों ने गाँव छोड़ दिया। फिर जनसंख्या घटकर 2025 रह गई। गाँव में मूलतः रहने वाले लोगों की कुल संख्या ज्ञात कीजिए- **[UPP Constable 2024]** **[RRB JE 2019]**

(a) 2000 (b) 3000
(c) 1500 (d) 2500

4. एक घनाभ की लंबाई, चौड़ाई और ऊँचाई क्रमशः 10%, 20% और 50% बढ़ाई जाती है। घनाभ के आयतन में कितने प्रतिशत की वृद्धि होगी- **[CDS 2024]**

(a) 100% (b) 99%
(c) 98% (d) 50%

5. सुहानी 90,000 रुपये की अपनी पूरी आय पर 30% की दर से कर का भुगतान करती है और रितिका y रुपये की अपनी पूरी आय पर 40% की दर से कर का भुगतान करती है। यदि उनकी संयुक्त आय पर कुल कर की दर 37% आती है, तो y का मूल्य क्या है- **[SSC CGL - 2023]**

(a) 204000 रुपये (b) 216000 रुपये
(c) 213000 रुपये (d) 210000 रुपये

6. दो संख्याएं तीसरे संख्या से क्रमशः 17.5% और 25% कम है। दूसरी संख्या पहली से कितने प्रतिशत कम है? **[DSSSB Assitt. Grade 2024]**

(a) 12.5% (b) 15.5%
(c) 9.1% (d) 10%

7. एक सोफा सेट की कीमत एक टेबल की कीमत से 225% अधिक है। यदि सोफा सेट की कीमत में 34% की कमी हो जाती है और टेबल की कीमत में 25% की वृद्धि की जाती है तो 2 सोफा सेट और 3 टेबल की लगत में उनकी प्रारम्भिक लागत की तुलना में कितने प्रतिशत वृद्धि अथवा कमी है- **[ICAR Assitt. 2022]**

(a) 18.2% की कमी (b) 16.4% की वृद्धि
(c) 18.2% की वृद्धि (d) 15.4% की कमी

8. एक कारखाने में, पुरुष श्रमिकों की संख्या का 48%, महिला श्रमिकों की संख्या के दो-तिहाई के बराबर है। कारखाने ने पुरुषों की संख्या का महिलाओं की की संख्या से अनुपात कितना है- **[SSC CGL - 2023]**

(a) 25 : 12 (b) 12 : 25
(c) 18 : 25 (d) 25 : 18

9. एक कार की कीमत रु.6,25,000 है। इसकी कीमत का 80% बीमा कराया गया था। कार पूरी तरह से क्षतिग्रस्त हो गई और बीमा कंपनी ने बीमा का 90% भुगतान किया। कार की कीमत और प्राप्त राशि के बीच क्या अंतर था- **[RRB NTPC 2021]**

(a) 18,000 (b) 1,50,000
(c) 1,25,000 (d) 1,75,000

10. यदि एक परिवार द्वारा उपभोग की जाने वाली किराने की वस्तु की कीमत में 25% की वृद्धि होती है, तो उसकी खपत में प्रतिशत की कमी होनी चाहिए ताकि इस सामान पर होने वाले व्यय को अपरिवर्तित रखा जा सके- **[RRB NTPC 2021]**

(a) 20% (b) 25%
(c) 67% (d) 50%

11. एक निर्वाचन क्षेत्र की निर्वाचक नामावली में शामिल कुल लोगों में से 85% ने चुनाव के दौरान अपने मत डाले। डाले गये मतों से 10% अवैध घोषित कर दिए गए। यदि मतदाता सूची में 3,00,000 लोग शामिल थे, और धरम ने 1,37,000 वैध मत प्राप्त किए, तो धरम को वैद्य मतों की कुल संख्या के कितने प्रतिशत मत प्राप्त हुए? **[SSC CGL - 2023]**

(a) 50.5% (b) 70.2%
(c) 45.9% (d) 60.0%

12. दो संख्याएं एक तीसरी संख्या से क्रमशः 17% और 50% अधिक है। दोनों संख्याओं का अनुपात ज्ञात कीजिए- **[SSC CGL - 2023]**

(a) 27 : 25 (b) 39 : 50
(c) 19 : 11 (d) 29 : 25

13. एक परीक्षा में 35% विद्यार्थी हिन्दी में, 45% गणित में तथा 20% दोनों विषयों में अनुत्तीर्ण हुए। दोनों विषयों में उत्तीर्ण विद्यार्थियों का प्रतिशत है- **[BPSC Junior 2024]**

(a) 40% (b) 50%
(c) 30% (d) उपर्युक्त में से एक से अधिक
(e) उपर्युक्त में से कोई नहीं

14. दो संख्याओं का योग 480 है। यदि बड़ी संख्या में 2% की कमी की जाती है और छोटी संख्या में 10% की वृद्धि की जाती है तो प्राप्त संख्याएं बराबर होती है। बड़ी संख्या है (लगभग) **[BPSC Junior 2023]**

(a) $\frac{3320}{13}$ (b) $\frac{3300}{13}$
(c) $\frac{3120}{13}$ (d) उपर्युक्त में से एक से अधिक
(e) उपर्युक्त में से कोई नहीं

15. आदित्य रु.1,100 में 300 आम खरीदता है। इनमें से कुछ आम सड़े हुए होते है और फेंक दिए जाते है। वह शेष आमों को रु.5 प्रत्येक की दर पर बेचता है और रु.150 का लाभ कमाता है। फेंके गए आमों का प्रतिशत ज्ञात कीजिए- **[SSC CGL - 2023]**

(a) $16\frac{1}{2}\%$ (b) $15\frac{2}{3}\%$
(c) $16\frac{2}{3}\%$ (d) $16\frac{1}{3}\%$

16. राकेश अपने मासिक आय का 10% अपने घरेलू खर्च पर, 15% किताबों पर, 20% कपड़ों पर खर्च करता है और बाकी बचाता है। हिसाब लगाने पर, उसे पता चलात है कि उसने आखिरकार रु.19,569 की बचत की है। उसकी मासिक आय ज्ञात कीजिए- (रु. में) **[UPSI 2021]**

(a) 36,580 (b) 35,580
(c) 34,580 (d) 33,580

17. एक किसान के पास जो चावल है, उसमें से 60% चावल बेचता है और बाकी बचे में से 20% अपने लिए उपयोग करता है। अगले दिन, वह बचे हुए के 80% को बेचता है और अपने स्वयं के उपभोग के लिए बाकी का उपयोग करता है। कुल चालव का कितना प्रतिशत उसने अपने ही उपभोग के लिए उपयोग में लिया- **[UPSI 2017]**

(a) 28.8% (b) 16.86%
(c) 10.56% (d) 14.4%

18. यदि पेट्रोल की कीमत में 7% की वृद्धि होती है, तो उपभोक्ता द्वारा पेट्रोल पर व्यय को अपरिवर्तित रखने के लिए खपत में कितने प्रतिशत की कमी की जानी चाहिए- **[SSC CGL - 2023]**

(a) $6\frac{58}{107}\%$ (b) $5\frac{11}{107}\%$
(c) $3\frac{49}{107}\%$ (d) $4\frac{99}{107}\%$

19. एक निश्चित वर्ष में, एक शहर की जनसंख्या 18000 थी। यदि अगले वर्ष, पुरुषों की जनसंख्या में 5% की वृद्धि हुई और महिलाओं की जनसंख्या में 7% की वृद्धि हुई, और कुल जनसंख्या बढ़कर 19200 हो गई, तो उस दिए गए वर्ष में पुरुषों और महिलाओं की जनसंख्या का अनुपात क्या था- **[SSC CGL - 2023]**

(a) 2 : 5 (b) 1 : 5
(c) 4 : 3 (d) 3 : 5

20. प्रत्येक 30% की दो क्रमिक वृद्धि, प्रत्येक 30% की दो क्रमिक कमी से कितने प्रतिशत अधिक है? (दो दशमलव स्थानों तक सही) **[SSC CGL - 2023]**

(a) 32.54% (b) 28.15%
(c) 25.25% (d) 35.25%

21. एक व्यक्ति के पास प्रारंभ में कुछ राशि होती है। वह अपनी पत्नी को 30% राशि देता है। फिर शेष राशि में से वह अपने दोनों बेटों एवं एक बेटी को क्रमशः 20%, 20% और 15% देता है। अब शेष राशि में से, वह 1/3 राशि का भुगतान घर के किराए के रूप में करता है और शेष राशि रु.36,600 को वह बैंक में जमा करता है। उसकी प्रारंभिक राशि ज्ञात कीजिए- **[Delhi Police 2023]**

(a) रु.1,00,000 (b) रु.1,20,000
(c) रु.1,40,000 (d) रु.1,60,000

22. एक वस्तु के मूल्य में r% की वृद्धि की जाती है। बाद में इस नए मूल्य में r% की कमी कर दी जाती है। अब नवीनतम मूल्य रु.1 है। उस वस्तु का प्रारंभिक मूल्य कितना था- **[SSC CGL - 2023]**

(a) $\frac{10000}{10000-r^2}$ (b) $\frac{10000-r^2}{10000}$
(c) $\frac{100}{100-r^2}$ (d) $\frac{100}{1-r^2}$

23. एक परीक्षा में उत्तीर्ण प्रतिशत 35% है। यदि 210 अंक प्राप्त करने वाला एक छात्र 14 अंकों से अनुत्तीर्ण हो जाता है, तो परीक्षा के अधिकतम अंक क्या है- **[SSC CGL - 2023]**

(a) 600 (b) 660
(c) 620 (d) 640

24. एक व्यक्ति की मासिक आय रु.12,000 थी और उसका मासिक व्यय रु.8000 था। अगले वर्ष उसकी आय में 10% और उसके व्यय में 8% की वृद्धि हुई। उसकी बचत में प्रतिशत वृद्धि ज्ञात कीजिए- **[SSC CGL - 2023]**

(a) 10% (b) 14%
(c) 12% (d) 15%

25. जॉन को एक परीक्षा में 20% अंक प्राप्त हुए और वह 10 अंकों से अनुत्तीर्ण हो गया। उसी परीक्षा में, जैक को 35% अंक प्राप्त हुए जो न्यूनतम उत्तीर्ण अंकों से 20 अधिक थे। उत्तीर्ण होने के लिए आवश्यक न्यूनतम अंकों का प्रतिशत ज्ञात कीजिए- **[SSC CGL - 2023]**

(a) 30 (b) 35
(c) 25 (d) 20

26. पहले महीने में मोहन की आय में 30% की वृद्धि होती है। दूसरे महीने में उसकी आय 30% घट जाता है। 2 महीना बाद उनके आय में प्रतिशत कमी या वृद्धि ज्ञात करे- **[SSC CGL - 2023]**

(a) 15% की कमी (b) 9% की कमी
(c) 15% की वृद्धि (d) 9% वृद्धि

27. रवि शुरू में अपनी मासिक आय का 20% बचाता था। हाल ही में उनकी मासिक आय में 25% की वृद्धि हुई। उनकी नाममात्र बचत भी 5% बढ़ गई। रवि वर्तमान में अपनी वर्तमान नाममात्र आय का कितना प्रतिशत बचाता है- **[SSC CGL - 2023]**

(a) 25% (b) 20%
(c) 15% (d) 16.8%

28. यदि किसी प्रतिशत परीक्षा में सैम द्वारा प्राप्त अंक पीटर से 19% कम है, तो पीटर द्वारा प्राप्त अंक सैम द्वारा प्राप्त अंक सैम द्वारा प्राप्त अंकों से कितने प्रतिशत अधिक है? (दो दशमलव स्थानों तक सही) **[SSC CGL - 2023]**

(a) 28.64% (b) 22.25%
(c) 21.51% (d) 23.46%

29. एक पिता अपने मासिक आय का 8% अपने दोनों बेटों को पॉकेट मनी के रूप में देता है। बड़े बेटे को दोनों बेटों को दी गई कुल राशि का 85% मिलता है। वह राशि का 90% खर्च करता है और रु. 17 बचाता है। पिता की मासिक आय कितनी है? **[SSC CGL - 2023]**

(a) रु.5,000 (b) रु.4,500
(c) रु.3,500 (d) रु.2,500

30. यदि पेट्रोल की कीमत में 81% की वृद्धि हो जाती है, तो पेट्रोल पर व्यय अपरिवर्तित रहने का उपभोक्ता द्वारा पेट्रोल की खपत में कितने प्रतिशत कमी की जानी चाहिए? (दो दशमलव स्थानों तक सही) **[SSC CGL - 2023]**

(a) 40.5% (b) 41.25%
(c) 43.12% (d) 44.75%

31. सोहम का प्रारंभिक व्यय और बचत 5 : 3 के अनुपात में था। उसकी आय में 25% वृद्धि होती है। यदि उसकी प्रारंभिक बचत रु.4,500 थी, तो वृद्धि के बाद उसकी आय (रु. में) ज्ञात कीजिए- **[SSC CGL - 2023]**

(a) 16000 (b) 15000
(c) 9375 (d) 12000

32. एक चुनाव में, मतदाता सूची में नामांकित 2% व्यक्तियों ने भाग नहीं लिया और 500 वोट अवैध थे। दो उम्मीदवारों A और B ने चुनाव लड़ा और A ने B को 200 वोटों से हरा दिया। यदि मतदाता सूची में नामांकित व्यक्तियों 43% ने A के पक्ष में अपना वोट डाला, तो कुल डाले गये वोटों की संख्या कितनी है? **[SSC CGL - 2023]**

(a) 2450 (b) 2800
(c) 3000 (d) 3250

33. एक इलेक्ट्रॉनिक स्टोर का मालिक प्रत्येक आइटम पर 20% और 25% की दो क्रमिक छूट देता है। स्टोर में एक रिवॉर्ड पॉइंट योजना है जो ग्राहक से पिछली खरीदारी पर ग्राहक के खाते में जमा किए गए प्रत्येक 1 रिवॉर्ड पॉइंट पर रु.0.10 की मुफ्त खरीदारी करने में सक्षम बनाती है। एक ग्राहक एक लैपटॉप खरीदने का फैसला करता है जिसका अंकित मूल्य रु.72,000 है। यदि उसके खाते में 2850 रिवॉर्ड पॉइंट है तो लैपटॉप का निवल मूल्य क्या होगा- **[SSC CGL - 2023]**

(a) रु.43,200 (b) रु.42,915
(c) रु.42,215 (d) रु.42,942

34. दो उम्मीदवारों के बीच हुए एक चुनाव में, मतदाता सूची के 10% मतदाताओं ने अपना मत नहीं डाला, जबकि डाले गये मतों में से 10% मत अवैध पाए गए। जीतने वाले उम्मीदवार को वैद्य मतों के 56% मत प्राप्त हुए और वह 1,458 मतों के अंतर से चुनाव जीत गया। मतदाता सूची में नामांकित मतदाताओं की कुल संख्या क्या है? **[SSC CGL - 2023]**

(a) 14,000 (b) 15,000
(c) 16,000 (d) 13,000

35. तीन प्रत्याशियों के बीच हुए एक चुनाव में, अर्जुन, भास्कर और सरल ने एक पद के लिए चुनाव लड़ा। अर्जुन को सरल से 50% वोट अधिक मिले, और सरल को भास्कर से 2% वोट कम मिले। भास्कर और सरल के मतों के बीच का अंतर 1296 है। अर्जुन और भास्कर के मतों के बीच के अंतर का आधा कितना है?
[SSC CGL - 2023]

(a) 38888 (b) 13988
(c) 7766 (d) 15228

36. एक निर्वाचन क्षेत्र की मतदाता सूची में शामिल कुल लोगों में से 90% लोगों ने चुनाव के दौरान मत डाले, डाले गए मतों में से 15% मत अवैध घोषित कर दिए गए। जीता ने वैध मतों के 60% मत प्राप्त किये। यदि जीतने वाले को 91,800 वैध वोट मिले, तो मतदाता सूची में कुल कितने लोग शामिल थे- **[SSC CGL - 2023]**

(a) 2,16,000 (b) 2,25,000
(c) 1,80,000 (d) 2,00,000

37. यदि किसी भिन्न के अंश में 140% की वृद्धि की जाए और भिन्न के हर में 20% की कमी की जाए, तो परिणामी भिन्न $\frac{12}{7}$ है। मूल भिन्न ज्ञात कीजिए- **[SSC CHSL 2022]**

(a) $\frac{7}{9}$ (b) $\frac{4}{7}$
(c) $\frac{7}{6}$ (d) $\frac{8}{9}$

38. एक पंखे की कीमत 30 प्रतिशत कम करने पर उसकी बिक्री 40% बढ़ जाती है। उसकी आय में कितने प्रतिशत की कमी होगी-
[SSC CHSL 2022]

(a) 2% की कमी (b) 5% की कमी
(c) 8% की कमी (d) 2% की कमी

39. P की आय Q की आय का 250% है और P का व्यय Q के व्यय का 180 प्रतिशत है। यदि P की आय Q के आय का 400 प्रतिशत है तो P की बचत और Q की बचत का क्रमशः अनुपात क्या है-
[SSC CHSL 2022]

(a) 8 : 3 (b) 11 : 3
(c) 11 : 5 (d) 5 : 2

40. यदि किसी उत्पादन की कीमत में पहले 15% की वृद्धि की जाती है और फिर 20% की कमी की जाती है तो कीमत में कितने प्रतिशत परिवर्तन होता है- **[SSC CHSL 2022]**

(a) 5% की कमी (b) 8% की वृद्धि
(c) 5% की वृद्धि (d) 8% की कमी

41. यदि 280 का x% = 240 का 15% + 310 का 20% है, तो x का मान है- **[SSC CGL - 2023]**

(a) 38 (b) 35
(c) 30 (d) 40

42. राज की आय 45000 रुपये है और उसका व्यय 33000 रुपये है। यदि उसकी आय में 20% और व्यय में 12% की वृद्धि कर दी जाए, तो बचत में कितने प्रतिशत की वृद्धि होगी-
[SSC CGL - 2023]

(a) 48% (b) 56%
(c) 36% (d) 42%

43. एक कर्मचारी का वेतन हर वर्ष लगातार 20% बढ़ा है। यदि उसका वेतन आज रु.14,000 है तो 3 वर्ष बाद उसका वेतन कितना होगा-
[SSC CHSL 2022]

(a) रु.24,192 (b) रु.31,200
(c) रु.42,344 (d) रु.31,220

44. यदि 70% of (x – y) = 30% of (x + y) तो x का कितना प्रतिशत y है- **[SSC CHSL 2022]**

(a) 20% (b) 50%
(c) 40% (d) 30%

45. यदि चावल के मूल्य में 25% की वृद्धि की जाती है, तो चावल की खपत में कितने प्रतिशत की कमी की जानी चाहिए कि चावल पर होने वाला खर्च 40% कम हो जाए- **[SSC CHSL 2022]**

(a) 52% (b) 43.33%
(c) 42% (d) 48%

46. नकुल किराने का सामान लेने बाजार गया था। उसके पास कुछ पैसे है, जिसमें से 20% से वह गेहूँ का आटा खरीदता है, शेष राशि में से 25% खाना पकाने के तेल पर खर्च किया जाता है। यदि उसके पास रु.900 बचते है तो ज्ञात कीजिए कि नकुल के पास कुल कितनी धनराशि थी- **[SSC CHSL 2022]**

(a) रु.1500 (b) रु.1200
(c) रु.1350 (d) रु.1800

47. जब किसी संख्या में क्रमशः 25%, 40% और 20% की कमी की जाती है, तो वह 32,904 हो जाती है। वह संख्या कौन-सी है-
[SSC CHSL 2022]

(a) 95,600 (b) 92,800
(c) 91,400 (d) 80,500

48. यदि एक सेब की कीमत 30% कम कर दी जाती है, तो ग्राहक रु. 140 में 5 और सेब खरीद सकता है। सेब की घटी हुई दर ज्ञात कीजिए- **[SSC CHSL 2022]**

(a) रु.14 (b) रु.12
(c) रु.7 (d) रु.8.4

49. एक व्यक्ति ने रु.80 प्रति पेन के दर 80 पेन खरीदे। वह 40 पेन 20% की हानि पर बेचता है। यदि सभी पेनों को मिलाकर उन पर 20% का लाभ अर्जित किया जाता है, तो शेष 40 पेनों पर लाभ प्रतिशत क्या होगा- **[SSC CHSL 2022]**

(a) 60% (b) 80%
(c) 70% (d) 90%

50. एक संख्या को क्रमिक रूप से 20% और 30% बढ़ाने के स्थान पर, इसे 22% घटा दिया जाता है। परिणामी मूल्य आवश्यक सही मूल्य का कितना प्रतिशत है- **[SSC CHSL 2022]**

(a) 55% (b) 60%
(c) 48% (d) 50%

51. एक लोकसभा चुनाव में, दल A को कुल मतों के 30% मत प्राप्त हुए। दल B को कुल मतों के 25% मत प्राप्त हुए। दल C को शेष मत प्राप्त हुए और उन्हें दल A से 9000 अधिक मत प्राप्त हुए। दल B को प्राप्त हुए मतों की संख्या ज्ञात कीजिए- **[SSC CHSL 2022]**

(a) 12000 (b) 18000
(c) 21000 (d) 15000

52. आयुष और अभिषेक का वजन 8 : 5 के अनुपात में है। अभिषेक का वजन 40% प्रतिशत बढ़ जाता है और आयुष और अभिषेक दोनों का कुल वजन 60% बढ़ जाता है। यदि कुल वजन 104 किग्रा. हो जाता है तो वृद्धि के बाद आयु का वजन कितना है- **[SSC CHSL 2022]**

(a) 60 किग्रा. (b) 75 किग्रा.
(c) 69 किग्रा. (d) 72 किग्रा.

53. राज अपने पैसे का 10% प्रतिशत खर्च करता है। वह शेष राशि का 70% बैंक में जमा करता है। यदि उसके पास रु.2646 शेष है, तो प्रारंभ में उसके पास कितने पैसे थे- **[SSC CHSL 2022]**

(a) रु.8500 (b) रु.8800
(c) रु.9500 (d) रु.9800

54. जनवरी, 2022 में, कृति ने किस्त का भुगतान किया, जो उसके मासिक वेतन का 22% था। उसने शेष वेतन को किराने का सामान और कपड़ों की खरीदारी पर 7 : 5 के अनुपात में खर्च किया। उसेन कपड़ों की खरीदारी पर रु.19,200 खर्च किए। यदि फरवरी, 2022 में, उसके वेतन में 16% की वृद्धि हुई, जो फरवरी में उसका वेतन (रु. में) कितना था- **[SSC CGL - 2023]**

(a) 66,350 (b) 68,520
(c) 70,250 (d) 64,960

55. एक परीक्षा में एक परीक्षार्थी को तीन पेपर A, B और C में बैठना था। परीक्षार्थी ने पेपर A में 75% अंक, पेपर B में 80% अंक और पेपर C में 60% अंक प्राप्त किए। यदि पेपर A, B और C को क्रमशः 40%, 50% और 10% भारांक दिए गए थे, तो तीनों पेपरों में एक साथ परीक्षार्थी द्वारा प्राप्त अंकों का भारित प्रतिशत ज्ञात कीजिए- **[SSC CGL - 2023]**

(a) 77% (b) 74%
(c) 72% (d) 76%

56. रीमा अपनी मासिक आय का 35% खाद्य वस्तुओं पर और शेष का 15% कपड़ों पर खर्च करती है। वह शेष आय का 40% बचाती है। यदि उसका मासिक वेतन रु.27,500 है, तो वह प्रतिमाह कितना बचत (रु. में) करती है- **[SSC CGL - 2023]**

(a) 6077.5 (b) 6170.5
(c) 6277.5 (d) 6370.5

57. तीन संख्याएँ P, Q और R दी गई है। P का 30% Q के 15% के बराबर है। Q का 20%, R के 10% के बराबर है। R, P से कितने प्रतिशत अधिक है- **[SSC CHSL 2022]**

(a) 150% (b) 300%
(c) 200% (d) 250%

58. दो उम्मीदवारों के बीच एक चुनाव में, एक को कुल 60% विधिमान्य मत प्राप्त हुए, 90% मत विधिमान्य थे। यदि कुल मतों की संख्या 12000 थी, तो दूसरे उम्मीदवार को मिले विधिमान्य मतों की संख्या क्या थी- **[SSC CHSL 2022]**

(a) 8840 (b) 4320
(c) 10800 (d) 6200

59. राजीव ने एक परीक्षा में 20% अंक प्राप्त किए और 25 अंकों से अनुत्तीर्ण हो गया। यदि वह 50% अंक प्राप्त करता, तो उसे उत्तीर्ण अंकों से 20 अंक अधिक प्राप्त होते। परीक्षा में उत्तीर्ण होन के लिए कितने अंक आवश्यक है- **[SSC CHSL 2022]**

(a) 40 (b) 35
(c) 55 (d) 45

60. छात्र A के छात्र B से 25 अंक अधिक मिले और A के अंक उन दोनों अंकों के योग के 80% के बराबर थे। A और B द्वारा अलग-अलग क्रमशः कितने अंक प्राप्त किए गए है- [SSC CHSL 2022]

(a) 75,100 (b) 75,50
(c) 45,120 (d) 55,80

61. एक नगर की आबादी 5 वर्षों में 100000 से 250000 हो जाती है। प्रतिवर्ष आबादी की अनुमानित संयोजित प्रतिशत वृद्धि कितनी है- [SSC CHSL 2022]

(a) 20% (b) 10%
(c) 40% (d) 30%

62. भवानी ने अपनी मासिक आय का 15% बच्चों की शिक्षा पर और 20% भोजन पर खर्च किया। शेष का 40% उसने खेल पर और 30% परिवहन पर खर्च किया। इन सभी खर्चों के बाद उसके पास रु.10,257 की राशि शेष बची। भवानी की मासिक आय क्या है- [SSC CPO 2022]

(a) रु.45,800 (b) रु.48,000
(c) रु.52,600 (d) रु.81,965

63. एक चुनाव में, एक उम्मीदवार को डाले गसे मतों का 42% प्राप्त होता है, परन्तु 1400 अवैध मतों के कारण, अपने एकमात्र प्रतिद्वंद्वी द्वारा 3080 मतों के बहुत से हार जाता है। अवैध मतों का प्रतिशत .... है। [SSC CPO 2022]

(a) 5% (b) 3%
(c) 4% (d) 6%

64. एक निश्चित दूरी को तय करने हेतु 20% समय कम करने के लिए एक धावक को कितने प्रतिशत चाल बढ़ानी चाहिए- [SSC CPO 2022]

(a) 25% (b) 30%
(c) 40% (d) 35%

65. AB कंपनी के उत्पादन में एक वर्ष के बाद 10% की वृद्धि हुई, और अगले वर्ष में 22% की वृद्धि हुई। तीसरे वर्ष में इसमें 5% की वृद्धि हुई मूल उत्पादन से तीन वर्षों में उत्पादन में क्या समग्र परिवर्तन (% में) हुआ है- [SSC CPO 2022]

(a) 41.5% (b) 40.9%
(c) 41.2% (d) 42.8%

66. एक निश्चित राशि में से 20% और फिर शेष राशि में से 10% की कटौती के बाद रु.7,200 शेष है। मूल राशि ज्ञात कीजिए- [SSC CPO 2022]

(a) रु.9,00 (b) रु.10,000
(c) रु.7,500 (d) रु.7,800

67. राजू की आय, मंजू की आय से 25% अधिक है। राजू की आय में 25% की वृद्धि हुई, और मंजू की आय में 40% की वृद्धि हुई, उनकी संयुक्त आय में कितने प्रतिशत वृद्धि हुई- [SSC CPO 2022]

(a) 51.72% (b) 31.67%
(c) 22.43% (d) 41.26%

68. महामारी के कारण एक शहर की जनसंख्या 2% प्रतिशत की दर से घटती है। यदि शहर की वर्तमान जनसंख्या 45,000 है, 2 वर्ष बद इसकी कुल जनसंख्या क्या होगा- [SSC CPO 2022]

(a) 40538 (b) 44521
(c) 41568 (d) 43218

69. प्रत्येक 30% की दो क्रमिक वृद्धि, प्रत्येक 30% की दो क्रमिक कमी से कितने प्रशित अधिक है- [CISF HCM 2023]

(a) 0% (b) $35\frac{5}{17}\%$
(c) 18% (d) 60%

70. एक टी.वी. की मुद्रित कीमत 57200 रु. है एक डीलर 10% और 5% की दो क्रमिक छूट देता है। वह कीमत ज्ञात करें जिस पर ग्राहक को इसके लिए भुगतान करना होगा- [CISF HCM 2023]

(a) रु.51030 (b) रु.48906
(c) रु.52750 (d) रु.48620

71. एक वर्ग की भुजा मापते समय 2% अधिक की त्रुटि हो जाती है तो उस वर्ग के क्षेत्रफल में प्रतिशत त्रुटि क्या होगी- [CISF HCM 2023]

(a) 3.96% (b) 4.04%
(c) 4% (d) 2%

72. लगातार दो छूट मिलने के बाद रु.900 की सूची मूल्य वाला एक कैलकुलेटर 612 रुपये में उपलब्ध है। यदि दूसरी छूट का मूल्य 15% है, तो पहली छूट का प्रतिशत क्या है- [CISF HCM 2023]

(a) 20% (b) 10%
(c) 12.5% (d) 15%

73. 2023 में एक शहर की शिशु जनम दर में 5% की वृद्धि हुई। 2024 में इसमें फिर से 8% की वृद्धि होगी। शहर की जनसंख्या वृद्धि में शुद्ध प्रतिशत परितर्वन ज्ञात कीजिए- [CISF HCM 2023]

(a) 15% (b) 12%
(c) 13.4% (d) 13%

74. दीवाली के मौसम के दौरान, एक दुकान ने सभी वस्तुओं के अंकित मूल्य पर 15% और 10% की दो क्रमिक छूट की पेशकश की। एक ग्राहक को 2250 रुपये अंकितम मूल्य वाली जींस और दो टी-शर्ट प्रत्येक पर 750 रुपये अंकित मूल्य की एक जोड़ी के लिए क्या भुगतान करना होगा- **[CISF HCM 2023]**

(a) रु.2565.50 (b) रु.2295

(c) रु.2812.50 (d) रु.2868.75

75. जब पानी जमकर बर्फ बन जाता है तो उसक आयतन 10% बढ़ जाता है। यदि वह बर्फ पिघल जाये तो आयतन कितने प्रतिशत कम हो जायेगा- **[CISF HCM 2023]**

(a) 10% (b) 90%

(c) $9\frac{1}{11}\%$ (d) $10\frac{1}{11}\%$

76. एक मोबाइल पर 15600 रुपये अंकित है। दुकानदार नकद भुगतान पर 10% की छूट देता है। यदि ग्राहक से 8% जीएसटी प्राप्त होता है तो पता लगाएं कि ग्राहक को मोबाइल खरीदने के लिए कितने राशि नकद में भुगतान करनी होगी **[CISF HCM 2023]**

(a) रु.15163.20 (b) रु.14900

(c) रु.16848 (d) रु.14040

77. एक शहर में, जनसंख्या में 12% की वृद्धि होती है। कोविड जैसे वायरस के कारण इसमें 12% की कमी आती है। यदि वर्तमान में शहर की जनसंख्या 295680 है, तो शहर की प्रारंभिक जनसंख्या कितनी है- **[CRPF HCM (Tier-I) 2023]**

(a) 313000 (b) 320000

(c) 280000 (d) 300000

78. फ्रिज की कीमत हर साल 12.5% बढ़ जाती है। यदि लागत मूल्य रु.22781.25 है तो 2 वर्ष पहले कीमत (रुपये में) क्या थी- **[CRPF HCM (Tier-I) 2023]**

(a) 18000 (b) 19500

(c) 17500 (d) 18500

79. चीनी की कीमत में 16% की कमी से एक व्यक्ति रु.250 में 2 किलो अधिक चीनी खरीद सकता है। पहले प्रति किलो कीमत क्या थी- **[CRPF HCM (Tier-I) 2023]**

(a) रु.22.90 (b) रु.25.20

(c) रु.23.80 (d) रु.20.30

80. 01 जनवरी, 2022 को A का वेतन रु.1,52,400 प्रतिमाह है। मार्च में इसमें 8% की वृद्धि हुई, अगस्त में 5% की कमी हुई और नवम्बर में फिर से 10% की वृद्धि हुई। तीसरे बदलाव के बाद उसका वेतन (रु.में) क्या होगा- (निकटतम पूर्णांक तक पूर्णांकित) **[CRPF HCM (Tier-I) 2023]**

(a) 1,74,061 (b) 1,73,205

(c) 1,72,432 (d) 1,71,998

81. एक इंजीनियरिंग छात्र को उत्तीर्ण होने के लिए 45% अंक प्राप्त करने होंगे। वह 157 अंक प्राप्त करता है और 23 अंकों से अनुत्तीर्ण हो जाता है। अधिकतम अंक है- **[CRPF HCM (Tier-I) 2023]**

(a) 450 (b) 420

(c) 350 (d) 400

82. एक कस्बे की जनसंख्या 9000 थी। 1 वर्ष में, पुरुष जनसंख्या में 10% की वृद्धि हुई ओर महिला जनसंख्या में 8% की वृद्धि हुई, लेकिन कुल जनसंख्या में 9% की वृद्धि हुई। कस्बे की बढ़ी महिला आबादी कितनी है- **[CRPF HCM (Tier-I) 2023]**

(a) 4500 (b) 4750

(c) 4950 (d) 4860

83. चाय की कीमत में 20% की वृद्धि हुई है। किसी परिवार को अपने उपभोग में कितने प्रतिशत की कमी करनी चाहिए ताकि अतिरिक्त व्यय 2% से अधिक न बढ़ जाए- **[CRPF HCM (Tier-I) 2023]**

(a) 10% (b) 18%

(c) 12% (d) 15%

84. 1 जनवरी, 22 की कीमत की तुलना में, 1 अप्रैल, 22 को पेट्रोल की कीमत में 8% की वृद्धि हुई, यदि 31 सितंबर 22 को फिर से 5% की वृद्धि हुई, तो 1 जनवरी 22 को पेट्रोल की कीमत (रुपये/लीटर) में क्या थी। यदि 31 सितंबर 22 को कीमत 96.39 रुपये प्रति लीटर थी- **[CRPF HCM (Tier-I) 2023]**

(a) 85 (b) 82

(c) 86 (d) 80

85. दो उम्मीदवारों के बीच एक चुनाव में कुल मतदाताओं में से 10% ने मतदान नहीं किया। इसके अलावा, डाले गये वोटों में से 15% को अमान्य घोषित कर दिया गया। जीतने वाले उम्मीदवार ने वैध मतों का 58% प्राप्त किया और 7344 मतों के बहुमत से जीता। हारने वाली उम्मीदवार को प्राप्त वैध मतों की संख्या थी- **[CRPF HCM (Tier-I) 2023]**

(a) 19278 (b) 19152

(c) 19320 (d) 19110

86. एक वर्ष के दौरान, एक इलाके की जनसंख्या में 6% की वृद्धि हुई, लेकिन अगले वर्ष के दौरान, इसमें 6% की कमी आई। यदि दूसरे वर्ष के अंत में जनसंख्या 2491 थी, तो पहले वर्ष की शुरूआत में जनसंख्या ज्ञात कीजिए- **[CRPF HCM (Tier-I) 2023]**

(a) 2530 (b) 2500
(c) 2491 (d) 2650

87. एक व्यक्ति के पास शॉपिंग पर 40% पैसे खर्च करेन के बाद 4200 रुपये बचे थे। वह अपने साथ कितने पैसे ले गया- **[CRPF HCM (Tier-I) 2023]**

(a) रु.6000 (b) रु.7000
(c) रु.8000 (d) रु.7500

88. खाने के तेल की कीमत में 31 फीसदी का इजाफा हुआ है। एक परिवार को खाने पकाने के तेल की खपत में कितने प्रतिशत की कमी करनी चाहिए ताकि इस खपत में खर्च न बढ़े- **[DSSSB Assitt. Grade 2024]**

(a) 22.55% (b) 19.67%
(c) 20.56% (d) 23.66%

89. एक वर्ष में एक कस्बे की जनसंख्या 64500 से बढ़कर 68500 हो गयी तो जनसंख्या में प्रतिशत वृद्धि कितनी है- **[DSSSB Assitt. Grade 2024]**

(a) 8% (b) 5.25%
(c) 6.20% (d) 12%

90. यदि किसी संख्या में से 140 घटा दिया जाए तो वह संख्या 30% रह जाती है। उस संख्या का 42 प्रतिशत क्या होगा- **[DSSSB Assitt. Grade 2024]**

(a) 84 (b) 64
(c) 42 (d) 54

91. एक वर्ष में खेले जाने वाले 240 खेलों में से एक क्रिकेट टीम उनमें से 80% जीतना चाहती है। पहले से खेले गए 65% खेलों में से, सफलता दर 75% थी। शेष खेलों के लक्ष्य तक पहुँचने के लिए सफलता दर क्या होनी चाहिए- **[ICAR Assitt. 2022]**

(a) 88.4% (b) 90.2%
(c) 87.8% (d) 89.3%

92. एक कारखाने में तीन प्रकार की मशीन M1, M2 और M3 हैं जो कुल उत्पादों का क्रमशः 25%, 35% और 40% उत्पादन करती है। M1, M2 और M3 क्रमशः 3%, 4% और 5% दोषपूर्ण उत्पाद उत्पन्न करते हैं। गैर-दोषपूर्ण उत्पादों का प्रतिशत क्या है- **[ICAR Technicain 2022]**

(a) 89.55% (b) 85.55%
(c) 95.85% (d) 98.55%

93. एक पेन का मूल्य, एक नोटबुक के मूल्य से 20% कम है। 4 नोटबुक और 5 पेन का कुल मूल्य रु.144 है। एक नोटबुक का मूल्य 10% कम हो जाने और एक पेन का मूल्य वही रहने पर 5 नोटबुक और 3 पेन का मूल्य कितना होगा- **[ICAR Technician 2022]**

(a) 138.6 (b) 124.2
(c) 128.6 (d) 132.8

94. यदि राम के धन का 45% सोहम के धन के 50% में जोड़ा जाता है, तो कुल राशि सोहम के धन का 86% हो जाएगी। सोहम के पास राम के धन का कितना प्रतिशत था- **[Delhi Police 2023]**

(a) 137% (b) 125%
(c) 95% (d) 85%

95. एक आदमी अपनी 25% धनराशि खो देता है। शेष धनराशि का 60% खर्च करने के बाद, उसके पास रु.360 बच जाते है। मूल रूप से उसके पास कितनी धनराशि (रु.में) थी- **[Delhi Police 2023]**

(a) 645 (b) 1200
(c) 2400 (d) 1962

96. रु.1,560 की एक धनराशि A, B और C के बीच इस प्रकार बांटी जानी है, कि A को प्राप्त होने वाला भाग B को प्राप्त होने वाले भाग का 50% हो तो B को प्राप्त होने वाला भाग C को प्राप्त होने वाले भाग का 20% हो। B को कितनी राशि प्राप्त होगी- **[RRB ALP 2018]**

(a) रु.280 (b) रु.540
(c) रु.440 (d) रु.240

97. एक बिजली का बल्ब रु.4,200 में खरीदा गया था। इसका मूल्य 8% प्रतिवर्ष की दर से कम होता है। एक वर्ष बाद इसका मूल्य कितना होगा- **[RRB ALP 2018]**

(a) रु.3,684 (b) रु.3,864
(c) रु.3,746 (d) रु.3,800

98. यदि अंजू हिन्दी में 80 में से 68, गणित में 60 में से 46, विज्ञान में 90 में से 74 और अंग्रेजी में 45 में से 34 अंक प्राप्त करती है, तो उसे अधिकतम प्रतिशत अंक किस विषय में प्राप्त हुए- **[RRB ALP 2018]**

(a) गणित (b) हिन्दी
(c) विज्ञान (d) अंग्रेजी

99. 1500 व्यक्ति शनिवार को प्रदर्शनी देखने गए, जबकि 1680 लोग रविवार को प्रदर्शनी देखने गए। प्रदर्शनी में जाने वाले लोगों की संख्या में हुई प्रतिशत वृद्धि .... है-

[RRB Group D 2022]

(a) 10% (b) 14%
(c) 12% (d) 15%

100. पेट्रोल के मूल्य (प्रति लीटर) में 52% की वृद्धि होती है। इसकी खपत में कितने प्रतिशत की कमी की जानी चाहिए, ताकि उस पर होने वाले व्यय में केवल 14% की वृद्धि हो- **[RRB Group D 2022]**

(a) 30% (b) 38%
(c) 25% (d) 35%

101. कक्षा X में छात्रों की कुल संख्या 140 है और लड़कों का लड़कियों से अनुपात 2 : 3 है। यदि 50% लड़के और 33.33% लड़कियों को स्कूल में प्रतियोगिता के लिए चुना जाता है तो अचयनित लड़कों का अचयनित लड़कियों से प्रातिशत ज्ञात कीजिए-

[RRB NTPC 2022]

(a) 50% (b) 28%
(c) 56% (d) 66.66%

102. अनन्या और बबीता के पास अपनी मित्र कविता से क्रमशः 20% और 28% कम धन है। बबीता के पास अनन्या से कितने प्रतिशत कम पैसे है- **[RRB NTPC 2021]**

(a) 48 (b) 10
(c) 20 (d) 90

103. एक विद्यालय में लड़कों और लड़कियों की संख्या का अनुपात 5 : 6 है। 20% लड़के और 25% लड़कियां छात्रवृत्ति धारक है। कितने छात्रों की छात्रवृत्ति नहीं मिली- **[RRB NTPC 2021]**

(a) $\left(\frac{750}{11}\right)\%$ (b) $\left(\frac{950}{11}\right)\%$

(c) $\left(\frac{850}{11}\right)\%$ (d) $\left(\frac{8000}{11}\right)\%$

104. एक लॉटरी में, 96.5% प्रतिभागियों ने कोई पुरस्कार नहीं जीता। लेकिन 700 प्रतिभागियों ने एक पुरस्कार जीता। प्रतिभागियों की कुल संख्या कितनी है- **[RRD NTPC 2021]**

(a) 7000 (b) 67550
(c) 20000 (d) 10000

105. एक राष्ट्रीय स्तर की परीक्षा में 500 विद्यार्थियों ने परीक्षा दी, इनमें से 42% विद्यार्थियों ने 81-100 प्रतिशतता, 25% विद्यार्थियों ने 61-80 प्रतिशतता तथा शेष विद्यार्थियों ने 41-60 प्रतिशतता प्राप्त किए। 41-60 प्रतिशतता वाले छात्रों की संख्या ज्ञात कीजिए-

[RPF Constable 2019]

(a) 165 (b) 175
(c) 145 (d) 155

106. एक डिब्बे में 70 डिटर्जेंट साबुन है, जिनमें से 28 निकाल लिए गए तो बॉक्स में कितने प्रतिशत डिटर्जेंअ साबुन शेष है? (% में)

[RRB Constable 2019]

(a) 60 (b) 80
(c) 70 (d) 50

107. जेफरी अपने वेतन का 13% विकलांग संगठनों, 12% अनाथालयों, 14% शारीरिक रूप से विकलांग संगठनों और 16% चिकित्सा सहायता संगठनों को दान करते है। शेष राशि 23,455 बैंक में मासिक खर्च के लिए जमा की जाती है। अनाथालय में दान दी गई राशि ज्ञात कीजिए- **[RPF S.I. 2018]**

(a) 6652 (b) 6252
(c) 6452 (d) 6852

108. स्टेशन मास्टर ने एक आयताकार डिजिटल बोर्ड की लम्बाई 4% बढ़ाने और चौड़ाई 4% घटाने का निर्णय लिया। बोर्ड के क्षेत्रफल में होने वाला कुल परिवर्तन ज्ञात कीजिए- **[RPF S.I. 2019]**

(a) 0.09% की वृद्धि (b) 0.09% की कमी
(c) 0.16% की कमी (d) 0.16% की वृद्धि

109. एक इलाके में किए गए सर्वेक्षण में, यह पाया गया कि 50% लोग समाचार पत्र A पढ़ते है, 40% लोग समाचार पत्र B पढ़ते है, ओर 20% न तो समाचार पत्र A पढ़ते है और न ही समाचार पत्र B पढ़ते है। यदि A और B दोनों समाचार पत्र पढ़ने वाले व्यक्तियों की संख्या 500 है तो कितने लोगों का सर्वेक्षण किया गया था-

[RRB JE 2019]

(a) 7000 (b) 3000
(c) 5000 (d) 4500

110. किसी आयत की लंबाई की आधा और चौड़ाई को तीन गुना कर दिया जाता है। इसके क्षेत्रफल में होने वाला प्रतिशत परिवर्तन ज्ञात कीजिए- **[RRB JE 2019]**

(a) 75% घटता है (b) 25% बढ़ता है
(c) 50% घटता है (d) 50% बढ़ता है

111. एक निश्चित प्रयोग में, जीवाणुओं की संख्या 2.5% प्रति घण्टा की दर से बढ़ रही थी। प्रारम्भ में यह संख्या 512000 थी। 2 घण्टे के अन्त में जीवाणुओं की संख्या ज्ञात कीजिए- **[BPSC Junior 2023]**

(a) 537920 (b) 536920
(c) 537960 (d) उपर्युक्त में से एक से अधिक
(e) उपर्युक्त में से कोई नहीं

112. एक मशीन के मूल्य में प्रतिवर्ष 20% की दर से ह्रास होता है। इसे दो वर्ष पूर्व खरीदा गया था। यदि इसकी वर्तमान कीमत रु.40,000 हो, तो यह कितने में खरीदी गयी थी- **[BPSC Junior 2023]**

(a) रु.62,500 (b) रु.65,200
(c) रु.56,500 (d) उपर्युक्त में से एक से अधिक
(e) उपर्युक्त में से कोई नहीं

113. स्वाति स्टॉक बाजार में रु.1,87,000 निवेश करती है, जो उसकी वार्षिक आय का 20% है। उसकी मासिक आय (लगभग) है। **[BPSC Junior 2024]**

(a) रु.62,500 (b) रु.62,133
(c) रु.62,333 (d) उपर्युक्त में से एक से अधिक
(e) उपर्युक्त में से कोई नहीं

114. अधिकतम वेतन के लिए किसी व्यक्ति को किस वेतन वृद्धि वाले विकल्प का चुनना चाहिए- **[UPP Jail Warden 2020]**

(1) हर तिमाही में वेतन में 10% की वृद्धि
(2) हर साल वेतन में 40% की वृद्धि

(a) 1 (b) 2
(c) दोनों एक जैसे है (d) वेतन पर निर्भर करता है

115. एक प्रतियोगी परीक्षा में, सेक्शन A में 70%, सेक्शन B में 55% उम्मीदवार उत्तीर्ण हुए जबकि दोनों सेक्शनों में 10% अनुत्तीर्ण हुए। यदि 595 छात्र दोनों सेक्शनों में उत्तीर्ण हुए है तो प्रतियोगी परीक्षा में भाग लेने वाले उम्मीदवारों की संख्या ज्ञात करें- **[UPSI 2021]**

(a) 1700 (b) 1600
(c) 1900 (d) 1800

ANSWER

1	(d)	2	(c)	3	(b)	4	(c)	5	(d)	6	(c)	7	(d)	8	(d)	9	(d)	10	(a)
11	(d)	12	(b)	13	(a)	14	(b)	15	(c)	16	(b)	17	(d)	18	(a)	19	(b)	20	(d)
21	(d)	22	(a)	23	(d)	24	(b)	25	(c)	26	(b)	27	(d)	28	(a)	29	(d)	30	(d)
31	(b)	32	(a)	33	(b)	34	(b)	35	(d)	36	(d)	37	(b)	38	(a)	39	(b)	40	(d)
41	(b)	42	(d)	43	(a)	44	(c)	45	(a)	46	(a)	47	(c)	48	(d)	49	(a)	50	(d)
51	(d)	52	(c)	53	(d)	54	(d)	55	(d)	56	(a)	57	(b)	58	(b)	59	(c)	60	(b)
61	(a)	62	(c)	63	(a)	64	(a)	65	(b)	66	(b)	67	(b)	68	(d)	69	(b)	70	(b)
71	(a)	72	(a)	73	(c)	74	(d)	75	(c)	76	(a)	77	(d)	78	(a)	79	(c)	80	(d)
81	(d)	82	(a)	83	(d)	84	(a)	85	(a)	86	(b)	87	(b)	88	(d)	89	(c)	90	(a)
91	(d)	92	(c)	93	(b)	94	(b)	95	(b)	96	(d)	97	(b)	98	(b)	99	(c)	100	(c)
101	(a)	102	(b)	103	(c)	104	(c)	105	(a)	106	(a)	107	(b)	108	(c)	109	(c)	110	(d)
111	(a)	112	(a)	113	(e)	114	(a)	115	(a)										

CHAPTER 07

लाभ एवं हानि (Profit and Loss)

- **क्रय मूल्य (Cost Price) :** किसी भी वस्तु को हम जिस मूल्य पर खरीदते है, वह उस वस्तु का क्रय मूल्य (C.P.) कहलाता है। वह हमेशा खुद का 100% होता है–

$$\text{क्रय मूल्य} = \frac{\text{विक्रय मूल्य} \times 100}{100 \pm \text{लाभ/हानि\%}}$$

लाभ होने पर हम धनात्मक चिन्ह एवं हानि होने पर ऋणात्मक चिन्ह का प्रयोग करते है।

- **विक्रय मूल्य (Selling Price) :** जिस मूल्य पर हम किसी वस्तु को बेचते है, वह उस वस्तु का विक्रय मूल्य (S.P.) कहलाता है–

विक्रय मूल्य = 100 ± लाभ/हानि

$$\text{विक्रय मूल्य} = \text{क्रय मूल्य} \times \left(\frac{100 \pm \text{लाभ/हानि\%}}{100}\right)$$

- **लाभ (Profit) :** यदि विक्रय मूल्य, क्रय मूल्य से अधिक हो तो वह लाभ (P) कहलाती है।

लाभ = विक्रय मूल्य – क्रय मूल्य

$$\text{लाभ\%} = \frac{\text{लाभ} \times 100}{\text{क्रय मूल्य}}$$

- **हानि (Loss) :** यदि विक्रय मूल्य, क्रय मूल्य से कम हो तो वह हानि (L) कहलाती है।

हानि = क्रय मूल्य – विक्रय मूल्य

$$\text{हानि\%} = \frac{\text{हानि} \times 100}{\text{क्रय मूल्य}}$$

- यदि 'x' वस्तुओं का क्रय मूल्य, y वस्तुओं के विक्रय मूल्य के बराबर है, विक्रय मूल्य = x, क्रय मूल्य = y

$$\therefore \quad \text{लाभ\% या हानि\%} = \frac{x-y}{y} \times 100$$

- **सतत लाभ/हानि –** यदि x, y को कोई वस्तु $a\%$ लाभ पर बेचता है तथा y इसे z को $b\%$ लाभ पर बेचता है या यदि $a\%$ तथा $b\%$ दो लगातार लाभ % या हानि % है तो कुल लाभ % या हानि % निम्न है–

$$\text{लाभ\%/हानि\%} = \left(\pm a \pm b + \frac{ab}{100}\right)\%$$

- यदि एक वस्तु पर पहले $a\%$ लाभ हो फिर $b\%$ हानि होती है, तो कुल लाभ% या हानि% निम्न होता है–

$$\text{लाभ \% या हानि \%} = \left(a - b - \frac{ab}{100}\right)\%$$

- यदि कोई व्यक्ति दो वस्तुओं को समान विक्रय मूल्य पर बेचता है तथा एक वस्तु पर उसे $x\%$ हानि होती है तथा दूसरी वस्तु पर $x\%$ लाभ होता है तो उसे कुल व्यापार में हमेशा हानि होगी–

$$\text{हानि\%} = \frac{x^2}{100}\%$$

- एक व्यक्ति अपनी वस्तुओं को $x\%$ लाभ/हानि पर बेचता है। यदि उसने अपनी वस्तुओं को ₹R पर बेचा होता और उसे प्राप्त लाभ/हानि $y\%$ होता तो वस्तुओं का क्रय मूल्य होगा–

$$\text{क्रय मूल्य} = \frac{R}{y \pm x} \times 100$$

- दुकानदार यदि 'a' वस्तुएं रु.x में खरीदता है तथा 'b' वस्तुएं रु.y में बेच देता है तो उसे प्राप्त लाभ/हानि होगी–

$$\text{लाभ / हानि} = \frac{ay - bx}{bx} \times 100\%$$

- यदि कोई बेईमान दुकानदार अपनी वस्तुओं को क्रय मूल्य पर बेचता है परंतु सही वजन की जगह कम वजन का प्रयोग करता है तो उसका लाभ% होगा–

$$\text{लाभ\%} = \frac{\text{सही वजन} - \text{कम वजन}}{\text{कम वजन}} \times 100$$

- यदि A किसी वस्तु को B को $r_1\%$ लाभ/हानि पर बेचता है तथा B उसी वस्तु को C को $r_2\%$ लाभ/हानि पर बेचता है तो C के द्वारा वस्तु का क्रय मूल्य होगा–

$$\text{C के लिए क्रय मूल्य} = \text{A का क्रय मूल्य}\left(1 \pm \frac{r_1}{100}\right)\left(1 \pm \frac{r_2}{100}\right)$$

- कोई दुकानदार अपनी वस्तुओं को $x\%$ हानि पर क्रय मूल्य पर बेचता है परंतु वह z ग्राम की जगह y ग्राम का इस्तेमाल करता है तो उसका लाभ% या हानि% होगा–

$$\text{लाभ\% या हानि\%} = \left[(100 - x)\frac{z}{y} - 100\right]\%$$

1. एक दुकानदार ने एक वस्तु को रु.3000 में खरीदी। यदि वह इस वस्तु को रु.3600 में बेचता है तो उसे होने वाला प्रतिशत लाभ ज्ञात करे।

(a) 22% (b) 20%
(c) 15% (d) 17%

Sol. (b) Method - I

क्रय मूल्य = रु.3000

विक्रय मूल्य = रु.3600

लाभ = विक्रय मूल्य − क्रय मूल्य

= 3600 − 3000 = रु.600

$$\text{लाभ\%} = \frac{\text{लाभ} \times 100}{\text{क्रय मूल्य}} = \frac{600 \times 100}{3000}$$

अतः लाभ% = 20% **Ans.**

Method - II

CP	:	SP
3000	:	**3600**
5	:	**6**

लाभ% = 1

$$\text{लाभ\%} = \frac{1 \times 100}{5} = 20\%$$

2. सुरेश रु.25 में एक खिलौना खरीदता है और इसे वह रु.30 में अंजलि को बेच देता है। लाभ प्रतिशत ज्ञात करे।

(a) 20% (b) 22%
(c) 25% (d) 21%

Sol. (a) Method - I

क्रय मूल्य = रु.25

विक्रय मूल्य = रु.30

$$\text{लाभ\%} = \frac{\text{विक्रय मूल्य} - \text{क्रय मूल्य}}{\text{क्रय मूल्य}} \times 100$$

$$= \frac{30 - 25}{25} \times 100 = 20\%$$

Method - II

CP	:	SP
25	:	**30**

लाभ% = 5

$$\therefore \quad \text{लाभ\%} = \frac{5 \times 100}{25} = 20\%$$

अतः लाभ% = 20%

3. शिवानी एक मोबाइल रु.15000 में एक थोक दुकान से खरीदी और वह रु.19500 में बेच देती है तो उसका लाभ% ज्ञात करे।

(a) 20% (b) 25%
(c) 30% (d) 35%

Sol. (c) Method - I

क्रय मूल्य = रु.15000

विक्रय मूल्य = रु.19500

$$\text{लाभ\%} = \frac{\text{विक्रय मूल्य} - \text{क्रय मूल्य}}{\text{क्रय मूल्य}} \times 100$$

$$= \frac{19500 - 15000}{15000} \times 100$$

$$= \frac{4500 \times 100}{15000} = 30\%$$

Method - II

CP	:	SP
15000	:	**19500**
10	:	**13**

लाभ% = 3

$$\therefore \quad \text{लाभ\%} = \frac{3 \times 100}{10} = 30\%$$

अतः लाभ% = 30%

4. राहुल ने रु.1900 में एक घड़ी खरीदी और इसे रु.1862 में बेच दिया, उसका हानि प्रतिशत कितना था?

(a) 8% (b) 6%
(c) 2% (d) 4%

Sol. (c) Method - I

क्रय मूल्य = रु.1900

विक्रय मूल्य = रु.1862

$$\text{हानि\%} = \frac{\text{हानि} \times 100}{\text{क्रय मूल्य}}$$

$$= \frac{(1900 - 1862) \times 100}{1900}$$

$$= \frac{38 \times 100}{1900} = 2\%$$

Method - II

CP	:	SP
1900	:	1862
950	:	931

हानि% = 19

$\therefore$ हानि% $= \frac{19\times100}{950} = 2\%$

अतः हानि% = 2%

5. एक टेलीविजन रु.12,000 में खरीदा एवं इसे वह रु.10000 में बेच दिया। इस प्रक्रिया में होने वाला हानि% ज्ञात करे।

(a) 12% (b) $16\frac{2}{3}\%$

(c) $12\frac{1}{2}\%$ (d) 20%

Sol. (b) Method - I

क्रय मूल्य = रु.12,000

विक्रय मूल्य = रु.10,000

हानि% $= \frac{(\text{क्रय मूल्य} - \text{विक्रय मूल्य})\times100}{\text{क्रय मूल्य}}$

$= \frac{(12000-10000)}{12000}\times100$

$= \frac{2000\times100}{12000} = 16\frac{2}{3}\%$

Method - II

CP	:	SP
12000	:	10000
6	:	5

हानि% = 1

$\therefore$ हानि% $= \frac{1\times100}{6} = 16\frac{2}{3}\%$

6. सुजैन को रु.5750 मूल्य की सब्जियों को भारी वर्षा के कारण रु. 4500 में बेचना पड़ा। उसकी हानि की प्रतिशतता कितनी थी?

(a) 21.74% (b) 23.47%

(c) 23.45% (d) 20%

Sol. (a) क्रय मूल्य = रु.5750

विक्रय मूल्य = रु.4500

हानि% $= \frac{\text{क्रय मूल्य} - \text{विक्रय मूल्य}}{\text{क्रय मूल्य}}\times100$

$= \frac{5750-4500}{5750}\times100$

$= \frac{1250\times100}{5750}$

$= 21.739\% = 21.74\%$ **Ans.**

7. राहुल ने रु.3200 में एक पुराना प्रिंटर खरीदा और रु.600 उसकी मरम्मत में खर्च किए। उसने इसे फिर रु.4280 में बेच दिया। उसका लाभ प्रतिशत (लगभग) कितना है?

(a) 18.45% (b) 15.78%

(c) 16.92% (d) 12.63%

Sol. (d) क्रय मूल्य = रु.3200

उपरिव्यय = रु.600

नया क्रय मूल्य = रु.(3200 + 600)

= रु.3800

विक्रय मूल्य = रु.4280

लाभ% $= \frac{(4280-3800)\times100}{3800}\times100$

$= \frac{480}{3800}\times100 = 12.63\%$ **Ans.**

अतः लाभ% = 12.63%

8. राहुल ने एक मोटर साइकिल रु.22500 में खरीदा एवं इसके मरम्मत के लिए उसने रु.1500 का अतिरिक्त व्यय किया। फिर उसने इसे रु.30000 में बेचा। तद्नुसार राहुल का लाभ% ज्ञात करे।

(a) $33\frac{1}{3}\%$ (b) 25%

(c) 52% (d) 50%

Sol. (b) क्रय मूल्य = रु.22500

मरम्मत पर अतिरिक्त व्यय = रु.1500

नया क्रय मूल्य = 22500+1500 = रु.24000

लाभ% $= \frac{(30,000-24,000)\times100}{24000}$

$= \frac{6000\times100}{24000} = 25\%$

अतः लाभ% = 25%

9. राजू ने एक साइकिल रु.1200 में खरीदा और साइकिल की मरम्मत करवाने में रु.200 का अतिरिक्त व्यय करना पड़ा। उसके बाद उसने उस साइकिल को रु.1680 में बेच दिया तो उसका लाभ% ज्ञात करे।

(a) 20% (b) 10%
(c) 8% (d) 16%

Sol. (a) क्रय मूल्य = रु.1200

उपरिव्यय = रु.200

नया क्रय मूल्य = रु.1400

विक्रय मूल्य = रु.1680

$$\text{लाभ\%} = \frac{(1680 - 1400)}{1400} \times 100$$

$$= \frac{280}{1400} \times 100 = 20\%$$ **Ans.**

10. एक साइकिल को रु.7500 में खरीदता है और 25% की हानि पर बेचता है तो साइकिल का विक्रय मूल्य ज्ञात कीजिए।

(a) 4895 (b) 6300
(c) 5755 (d) 5625

Sol. (d) क्रय मूल्य = रु.7500

हानि% = 25%

$$\text{विक्रय मूल्य} = \frac{\text{क्रय मूल्य } (100 - \text{हानि\%})}{100}$$

$$= \frac{7500(100 - 25)}{100}$$

$= 75 \times 75 =$ रु.5625 **Ans.**

Method-II

25% हानि $\left(\frac{1}{4}\right)$ — 1 → हानि, 4 → क्रयमूल्य

∴ विक्रय मूल्य = 4 – 1 = 3

1 = 1875

4 = 7500

∴ 3 = 1875 × 3 = रु.5625

∴ विक्रय मूल्य = रु.5625 **Ans.**

Method - III

100% = 7500

1% = 75

75% = 75 × 75 = रु. 5625 **Ans.**

∴ 25% हानि पर साइकिल का मूल्य = रु.5625 **Ans.**

11. एक आदमी रु.1600 में एक रेडियो खरीदता है और इसे 20% हानि पर बेचता है तो रेडियो का विक्रय मूल्य ज्ञात करे।

(a) रु.1060 (b) रु.1280
(c) रु.1120 (d) रु.1350

Sol. (b) 20%↓ हानि = $\left(\frac{1}{5}\right)$ — 1 → हानि, 5 → क्रय मूल्य

विक्रय मूल्य = 5 – 1 = 4

5 = 1600

1 = 320

4 = 320 × 4

= रु.1280

अतः विक्रय मूल्य = रु.1280 **Ans.**

12. एक व्यक्ति ने किसी वस्तु को रु.3600 में खरीद कर इसे 12% की हानि पर बेच दिया। वस्तु का विक्रय मूल्य ज्ञात करे।

(a) 3166 (b) 3168
(c) 3100 (d) 3263

Sol. (b) 12%↓ हानि = $\left(\frac{3}{25}\right)$ — 3 → हानि, 25 → क्रय मूल्य

विक्रय मूल्य = 25 – 3 = 22

25 = 3600

1 = 144

22 = 22 × 144 = रु.3168

अतः विक्रय मूल्य = रु.3168 **Ans.**

13. एक वस्तु को रु.1300 में खरीदी जाती है। 10% का लाभ प्राप्त करने के लिए इसका विक्रय मूल्य कितना होना चाहिए?

(a) 1400 (b) 1407
(c) 1421 (d) 1430

Sol. (d) 10% लाभ = $\frac{1}{10}$ — 1 → लाभ, 10 → क्रय मूल्य

∴ विक्रय मूल्य = क्रय मूल्य + लाभ

= 10 + 1 = 11

10 = 1300

1 = 130

∴ 11 = 130 × 11 = रु.1430

अतः वस्तु का विक्रय मूल्य = रु.1430 **Ans.**

14. एक फूलदान को रु.240 में एक दुकानदार खरीदता है। उसे बाद उसे वह 20% का लाभ लेकर एक ग्राहक को बेच देता है तो दुकानदार के लिए फूलदान का विक्रय मूल्य ज्ञात करे।

(a) रु.240 (b) रु.268
(c) रु.288 (d) रु.238

Sol. (c) **20% लाभ** $= \left(\frac{1}{5}\right)$ (1 → लाभ, 5 → क्रय मूल्य)

विक्रय मूल्य $= 5 + 1 = 6$

$5 = 240$

$1 = 48$

$\therefore \quad 6 = 48 \times 6 =$ रु.288 **Ans.**

15. एक वस्तु का क्रय मूल्य रु.122 है। यदि लाभ प्रतिशत 56% है तो वस्तु का विक्रय मूल्य क्या है?

(a) 277.27 (b) 217.85
(c) 175.68 (d) 190.32

Sol. (d) **56% लाभ** $= \frac{14}{25}$ (14 → लाभ, 25 → क्रय मूल्य)

$\therefore$ विक्रय मूल्य $= 25 + 14$
$= 39$

प्रश्न से,

$25 = 122$

$1 = \frac{122}{25}$

$\therefore \quad 39 = \frac{122 \times 39}{25} =$ रु.190.32

अतः वस्तु का विक्रय मूल्य = रु.190.32 **Ans.**

16. एक चैन को 30% लाभ पर रु.286 में बेची गयी। चैन की लागत मूल्य या क्रय मूल्य ज्ञात करे।

(a) रु.200 (b) रु.220
(c) रु.260 (d) रु.271.80

Sol. (b)

30% हानि $= \frac{3}{10}$ (3 → हानि, 10 → क्रय मूल्य)

$\therefore$ विक्रय मूल्य $= 10 + 3 = 13$

प्रश्न से,

$13 = 286$

$1 = 22$

$\therefore \quad 10 = 22 \times 10$
= रु.220

अतः चैन का क्रय मूल्य = रु.220 **Ans.**

Tricks-

30% के लाभ के कारण विक्रय मूल्य 130% है, क्रय मूल्य का।

$130\% = 286$

$1\% = 2.2$

$100\% = 2.2 \times 100$
= रु.220 **Ans.**

17. जब एक डेटा कार्ड को रु.15875 में बेचा जाता है तो 27% का लाभ प्राप्त होता है। डेटा कार्ड का क्रय मूल्य ज्ञात कीजिए।

(a) 12450 (b) 12600
(c) 12750 (d) 12500

Sol. (d) **27% लाभ** $= \frac{27}{100}$ (27 → लाभ, 100 → क्रय मूल्य)

$\therefore$ विक्रय मूल्य $= 100 + 27$
$= 127$

प्रश्नानुसार,

$127 = 15875$

$1 = 125$

$\therefore \quad 100 =$ रु.12500

अतः वस्तु का क्रय मूल्य = रु.12500 **Ans.**

Tricks-

$127\% = 15875$

$1 = 125$

$100\% = 125 \times 100$
= रु.12500 **Ans.**

18. जब एक मोबाइल को रु.14950 में बेचा जाता है तो 30% का लाभ प्राप्त होता है तो मोबाइल का क्रय मूल्य ज्ञात करे।

(a) 9500 (b) 11500
(c) 10500 (d) 12500

Sol. (b) **30% लाभ** $= \frac{3}{10}$ (3 → लाभ, 10 → क्रय मूल्य)

विक्रय मूल्य $= 10 + 3 = 13$

$13 = 14950$

$1 = 1150$

$10 =$ रु.11500

अतः वस्तु का क्रय मूल्य = रु.11500 **Ans.**

19. सोने की एक अंगूठी 30% की हानि पर रु.17,500 में से बेची जाती है। सोने की अंगूठी का क्रय मूल्य ज्ञात कीजिए।

(a) रु.25000 (b) रु.26500
(c) रु.26000 (d) रु.25500

Sol. (a) **30% हानि** $= \frac{3}{10}$ (3 → हानि, 10 → क्रय मूल्य)

विक्रय मूल्य = 10 – 3
= 7

प्रश्न से,

7 = 17,500
1 = 2500
∴ 10 = रु.25000

अतः क्रय मूल्य = रु.25000 **Ans.**

Method - II

30% हानि पर
विक्रय मूल्य = 70%
क्रय मूल्य = 100%

प्रश्न से,

70% = 17500
1% = 250
100% = रु.25000

अतः अंगूठी का क्रय मूल्य = रु.25000 **Ans.**

20. एक साइकिल को रु.1452 में बेचने पर, एक दुकानदार को 12% की हानि होती है। दुकानदार के लिए साइकिल का क्रय मूल्य ज्ञात करे।

(a) 1650 (b) 1645
(c) 1647 (d) 1652

Sol. (a) **12% हानि** $= \frac{3}{25}$ (3 → हानि, 25 → क्रय मूल्य)

विक्रय मूल्य = 25 – 3
= 22

प्रश्न से,

22 = 1452
1 = 66
∴ 25 = 66 × 25
= रु.1650

Method - II

क्रय मूल्य = 100%
12% हानि पर विक्रय मूल्य = 88%
88% = 1452
1% = 16.5
100% = रु.1650

अतः साइकिल का क्रय मूल्य = रु.1650 **Ans.**

21. एक किताब को रु.3710 में बेचने पर एक दुकानदार को 30% की हानि होती है। दुकानदार के लिए किताब का मूल्य ज्ञात करे।

(a) 5100 (b) 5250
(c) 5300 (d) 5380

Sol. (b) **30% हानि** $= \frac{3}{10}$ (3 → हानि, 10 → क्रय मूल्य)

विक्रय मूल्य = 10 – 3 = 7

प्रश्नानुसार,

7 = 3710
1 = 530
∴ 10 = 530 × 10
= रु.5300

अतः किताब का क्रय मूल्य = रु.5300 **Ans.**

22. अगर कोई विक्रेता रु.69 में एक तरबूज बेचता है, तो उसे 8% का नुकसान होता है। यदि वह 16% मुनाफा कमाना चाहता है तो उसे वह तरबूज किस कीमत पर बेचना चाहिए?

(a) 91 (b) 83
(c) 87 (d) 79

Sol. (c) Method - I

8% का नुकसान होने पर विक्रय मूल्य = 92%

92% = 69

1% = रु. $\frac{69}{92}$

16% का लाभ लेने के लिए विक्रय मूल्य = 116%

116% = $\frac{69}{92} \times 116$

∴ 116% = रु.87

अतः 16% लाभ लेने पर तरबूज का विक्रय मूल्य = रु.87

Method - II

$$\Rightarrow \frac{(SP)_1}{100 \pm P_1/l_1} = \frac{(SP)_2}{100 \pm P_2/l_2}$$

$\Rightarrow \quad \frac{69}{100-8} = \frac{(SP)_2}{100+16}$

$\Rightarrow \quad \frac{69}{92} = \frac{(SP)_2}{116}$

$\therefore \quad (SP)_2 =$ रु.87

अतः तरबूज का नया विक्रय मूल्य = रु.87 **Ans.**

23. जब किसी भूखण्ड को रु.26310 में बेचा जाता है तो मालिक को 22% की हानि होती है। 22% लाभ प्राप्त करने के लिए उस भूखण्ड को किस मूल्य पर बेचना चाहिए?

(a) 39870 (b) 41870
(c) 38870 (d) 40870

Sol. (d) 22% की हानि पर विक्रय मूल्य = 78%

78% = 26310

$1\% = \frac{26310}{78}$

22% का लाभ प्राप्त करने के लिए

विक्रय मूल्य = 122%

$122\% = \frac{26310 \times 122}{78}$

122% = रु.40870 **Ans.**

अतः भूखण्ड को रु.40870 में बेचना चाहिए।

Method - II

माना कि क्रय मूल्य = रु.x

प्रश्न से,

$x \times \frac{78}{100} = 26310$

x = रु.33500

22% का लाभ प्राप्त करने के लिए

$33500 \times \frac{122}{100} =$ रु.40870

अतः भूखण्ड को रु.40870 मूल्य पर बेचना चाहिए।

24. किसी टेलीविजन सेट को जब रु.13600 में बेचते है, तो 15% की हानि होती है। यदि क्रय मूल्य पर 20% लाभ प्राप्त करना हो तो उसे किस विक्रय मूल्य पर बेचना चाहिए?

(a) 17900 (b) 18400
(c) 19200 (d) 20400

Sol. (c) 15% की हानि होने पर विक्रय मूल्य = 85%

85% = 13600

1% = 160

20% का लाभ प्राप्त करने के लिए

विक्रय मूल्य = 120%

$120\% = 160 \times 120$

= रु.19200 **Ans.**

25. एक मेज को रु.2280 में बेचने पर एक व्यक्ति को 5% हानि होती है। तद्नुसार उसे 10% हानि के लिए वह मेज कितने में बेची जानी चाहिए?

(a) रु.2160 (b) रु.3000
(c) रु.4080 (d) रु.2250

Sol. (a) **Method - I**

5% हानि पर विक्रय मूल्य = 95%

95% = 2280

1% = 24

10% हानि के लिए नया विक्रय मूल्य = 90%

$\therefore$ $90\% = 24 \times 90$

= रु.2160

अतः मेज को रु.2160 में बेची जानी चाहिए।

Method - II

$5\% = \frac{1}{20}$ (1 → हानि, 20 → क्रय मूल्य)

विक्रय मूल्य = 20 – 1

= 19

प्रश्न से,

19 = 2280

1 = रु.120

20 = रु.2400

10% हानि पर बेचने से,

$2400 \times \frac{90}{100} =$ रु.2160 **Ans.**

26. एक आदमी को रु.21600 में एक वाशिंग मशीन बेचने पर 8% का लाभ प्राप्त होता है। 20% लाभ प्राप्त करने के लिए उसे इस मशीन को किस मूल्य पर बेचना चाहिए?

(a) 28000 (b) 23200
(c) 26000 (d) 24000

Sol. (d) 8% का लाभ होने पर विक्रय मूल्य = 108%

108% = 21600

1% = 200

पुनः 20% का लाभ प्राप्त होने पर

विक्रय मूल्य = 120%

120% = 120×200

= रु.24000

अतः 20% लाभ के लिए वाशिंग मशीन का मूल्य रु.24000 होगा।

Method - II

माना कि क्रय मूल्य = रु.x

प्रश्नानुसार,

$$x \times \frac{108}{100} = 21600$$

x = रु.20000

पुनः 20% का लाभ प्राप्त करने के लिए

$20000 \times \frac{120}{100}$ = रु.20000

अतः 20% लाभ के लिए वाशिंग मशीन का मूल्य रु.24000 होगा।

27. एक साइकिल 15% के लाभ पर रु.1196 में बेचा जाता है। यदि इसे 30% के लाभ पर बेचा जाए तो साइकिल का विक्रय मूल्य ज्ञात करे।

(a) 1340 (b) 1344
(c) 1348 (d) 1352

Sol. **(d)** 15% लाभ पर बेचने पर विक्रय मूल्य = 115%

115% = 1196

1% = 10.4

30% के लाभ पर बेचने पर

विक्रय मूल्य = 130%

130% = 10.4 × 130

= रु.1352

अतः साइकिल को रु.1352 में बेचना होगा।

28. एक दुकानदार रु.14.4 में नारियल बेचता है तो उसे 10% का नुकसान होता है। यदि वह 25% के हानि पर वह नारियल बेचता है तो नारियल का विक्रय मूल्य ज्ञात करे।

(a) 10 (b) 12
(c) 14 (d) 16

Sol. **(b)** **Method - I**

10% हानि पर,

माना क्रय मूल्य = x

$$x \times \frac{90}{100} = 14.4$$

x = 16

अब 25% हानि पर

$$16 \times \frac{75}{100} = 12$$

अतः नारियल का विक्रय मूल्य = रु.12 **Ans.**

29. किसी वस्तु को रु.102 में बेचने पर 15% की हानि होती है। यदि वस्तु को रु.134.40 में बेचा जाए तो सौदे में निबल परिणाम क्या होगा?

(a) 12% लाभ (b) 12% हानि
(c) 10% हानि (d) 15% लाभ

Sol. **(a)** माना कि वस्तु का क्रय मूल्य = रु.x

प्रश्न से,

15% हानि पर

x × 85% = 102

$$x \times \frac{85}{100} = 102$$

x = रु.120

वस्तु को रु.134.40 में बेचने पर,

120 × P% = 134.40

$$120 \times \frac{P}{100} = 134.40$$

P = 112

∴ लाभ% = (112 – 100)%

= 12% **Ans.**

Method - II

15% हानि = $\frac{3}{20}$ (3 → **हानि**, 20 → **क्रय मूल्य**)

विक्रय मूल्य = 20 – 3

= 17

17 = 102

1 = 6

∴ 20 = 6 × 20

= 120

वस्तु का क्रय मूल्य = रु.120

वस्तु का विक्रय मूल्य = रु.134.40

$$\text{लाभ\%} = \frac{(134.40 - 120)\times 100}{120}$$

= 12% **Ans.**

Method - III

$$\frac{(\text{विक्रय मूल्य})_1}{100 \pm \text{लाभ}_1/\text{हानि}_1} = \frac{(\text{विक्रय मूल्य})_2}{100 \pm \text{लाभ}_2/\text{हानि}_2}$$

$$\frac{102}{100-15} = \frac{134.40}{100 \pm P_2/L_2}$$

$$100 \pm P_2/L_2 = \frac{134.40 \times 85}{102}$$

$$100 \pm P_2/L_2 = 112$$

$$P_2 = 112 - 100$$

$$\therefore \quad P_2\,(\text{लाभ})_2 = 12\%$$ **Ans.**

30. एक दुकानदार ने रु.27720 का माल बेचा और इस प्रक्रिया में 32% का लाभ कमाया। यदि उसने अपना माल रु.23205 में बेचा होता, तो उसका लाभ प्रतिशत ज्ञात करें।

(a) 10.5 (b) 12.5
(c) 9.5 (d) 11.5

Sol. (a) Method - I

माना कि क्रय मूल्य = रु.x

प्रश्न से,

32% लाभ पर

$$x \times 132\% = 27720$$

$$x \times \frac{132}{100} = 27720$$

$$x = \frac{27720 \times 100}{132} = \text{रु.}21000$$

माल का क्रय मूल्य = रु.21000

माल का विक्रय मूल्य = रु.23205

$$\text{लाभ\%} = \frac{(23205 - 21000) \times 100}{21000}$$

$$= \frac{2205 \times 100}{21000}$$

$$= 10.5\%$$ **Ans.**

Method - II

32% लाभ = $\frac{8}{25}$ (8 → **लाभ**, 25 → **क्रय मूल्य**)

क्रय मूल्य = 25 + 8 = 33

प्रश्न से,

$$33 = 27720$$

$$1 = 840$$

$$\therefore \quad 25 = 840 \times 25 = 21000$$

क्रय मूल्य = 21000

विक्रय मूल्य = 23205

$$\therefore \quad \text{लाभ\%} = \frac{(23205 - 21000) \times 100}{21000}$$

$$= 10.5\%$$ **Ans.**

31. एक रेडियो 15% के लाभ पर रु.1156 में बेचा जाता है। यदि इसे रु.884 में बेचा जाता है तो वास्तविक लाभ या हानि क्या होगी?

(a) 20% लाभ (b) 15% हानि
(c) 10% लाभ (d) 5% हानि

Sol. (b) माना कि क्रय मूल्य = रु.x

प्रश्न से,

15% के लाभ पर

$$x \times \frac{115}{100} = 1196$$

$$x = 1040$$

क्रय मूल्य = 1040

विक्रय मूल्य = 884

$$\text{हानि\%} = \frac{(1040 - 884) \times 100}{1040}$$

$$= 15\%$$

32. एक दुकानदार ने एक वस्तु को रु.450 में बेचने पर 10% की हानि होती है ओर रु.600 में बेचने पर उसे कितने प्रतिशत का लाभ या हानि होगी?

(a) 10% (b) 15%
(c) 20% (d) 25%

Sol. (c) माना कि वस्तु का क्रय मूल्य = x

10% हानि पर बेचने पर

$$x \times 90\% = 450$$

$$\therefore \quad x = \text{रु.}500$$

क्रय मूल्य = 500

विक्रय मूल्य = 600

$$\text{लाभ\%} = \frac{(600 - 500) \times 100}{500}$$

$$= 20\%$$ **Ans.**

33. जब कोई वस्तु रु.720 में बेचा जाता है, तो x% का लाभ होता है। जब एक ही वस्तु को रु.750 में बेचा जाता है, तो लाभ (x + 5)% होता है। x का मान ज्ञात करो।

(a) 20 (b) 18
(c) 25 (d) 10

Sol. **(a)** प्रश्न से,

$$(x+5)\% - x\% = 750 - 720$$
$$5\% = 30$$
$$1\% = 6$$
$$100\% = 600$$
क्रय मूल्य = रु.600
विक्रय मूल्य = रु.720
$$\text{लाभ\%} = \frac{(720-600)\times 100}{600}$$
$$= \frac{120 \times 100}{600} = 20\%$$

अतः x का मान 20% है। **Ans.**

34. अनु ने एक वस्तु कुछ लाभ पर रु.480 में बेच दी। यदि उसने इसे रु.400 में बेचा होता, तो आरंभिक लाभ के एक तिहाई के बराबर हानि हुई होती। वस्तु का क्रय मूल्य ज्ञात करो।

(a) रु.450 (b) रु.430
(c) रु.425 (d) रु.420

Sol. **(d)** माना कि लाभ = 3 unit

$$\text{हानि} = 3 \times \frac{1}{3}\text{ unit} = 1\text{ unit}$$

प्रश्नानुसार,
$$480 - 400 = (3+1)\text{ unit}$$
$$4\text{ unit} = 80$$
$$1\text{ unit} = 20$$
∴ वस्तु का क्रय मूल्य = 400 + 20
= रु.420 **Ans.**

35. दो वस्तु A तथा B क्रमशः 10% तथा 15% लाभ पर बेची गई है। यदि उन पर प्राप्त लाभ की राशि एक समान रही है तो A तथा B का लागत मूल्य कितना हो सकता है?

(a) रु.1000, रु.1500 (b) रु.5000, रु.2000
(c) रु.3000, रु.2000 (d) रु.3000, रु.5000

Sol. **(c)** A की लागत मूल्य = x

$$\text{A का लाभ} = x \times \frac{10}{100} = \frac{x}{10}$$

B की लागत मूल्य = y

$$\text{B का लाभ} = x \times \frac{15}{100} = \frac{3y}{20}$$

प्रश्नानुसार,
$$\frac{x}{10} = \frac{3y}{20}$$
$$\frac{x}{y} = \frac{3}{2}$$

अतः विकल्प (c) सही होगा क्योंकि उसमें धनों के अनुपात को 3 : 2 के अनुपात में बाँटा है।

अनुपात पर आधारित प्रश्न

36. किसी वस्तु के लागत मूल्य और विक्रय मूल्य का अनुपात 20 : 21 है उस पर प्राप्त होने वाला लाभ प्रतिशत बताइए।

(a) 4 (b) 5
(c) 6 (d) 10

Sol. **(b)** माना कि वस्तु का लागत मूल्य = 20x
वस्तु का विक्रय मूल्य = 21x

$$\therefore \quad \text{लाभ\%} = \frac{(21x-20x)\times 100}{20x}$$
$$= \frac{x \times 100}{20x} = 5\%\text{ लाभ}$$

Method - II

CP : SP
20 : 21
लाभ = 1

$$\therefore \quad \text{लाभ\%} = \frac{1 \times 100}{20} = 5\%$$ **Ans.**

37. यदि किसी वस्तु को 150% लाभ पर बेचा जाता है तो उसके क्रय मूल्य और विक्रय मूल्य का अनुपात कितना होगा?

(a) 1 : 3 (b) 2 : 5
(c) 2 : 3 (d) 1 : 1

Sol. **(b)** **150% लाभ = $\frac{3}{2}$** (3 → लाभ, 2 → क्रय मूल्य)

क्रय मूल्य = 2
लाभ = 3
∴ विक्रय मूल्य = 2 + 3 = 5
क्रय मूल्य : विक्रय मूल्य = 2 : 5 **Ans.**

38. यदि किसी वस्तु के विक्रय मूल्य और क्रय मूल्य का अनुपात 8 : 15 है तो प्रतिशत हानि ज्ञात करे।

(a) 52.5% (b) 37.5%
(c) 46.66% (d) 57%

Sol. (c) विक्रय मूल्य : क्रय मूल्य

8 : 15

हानि = 7

$$\text{हानि\%} = \frac{7 \times 100}{15} = 46.66\%$$ **Ans.**

39. एक वाशिंग मशीन का विक्रय मूल्य इसके क्रय मूल्य का $1\frac{1}{3}$ है। लाभ प्रतिशत ज्ञात करे।

(a) 33% (b) 66%
(c) $33\frac{1}{3}\%$ (d) $66\frac{1}{3}\%$

Sol. (c) विक्रय मूल्य $= 1\frac{1}{3}$ क्रय मूल्य

$$\frac{\text{विक्रय मूल्य}}{\text{क्रय मूल्य}} = \frac{4}{3} \quad \text{लाभ} = 1$$

$$\therefore \quad \text{लाभ\%} = \frac{1 \times 100}{3} = 33\frac{1}{3}\%$$ **Ans.**

40. एक पेन को रु.26 में बेचने पर, एक व्यक्ति को पेन के क्रय मूल्य के एक चौदहवें (1/14वें) भाग के बराबर हानि होती है। पेन का क्रय मूल्य ज्ञात कीजिए।

(a) रु.27 (b) रु.28
(c) रु.39 (d) रु.43

Sol. (b) $$\text{क्रय मूल्य} = \text{विक्रय मूल्य} \times \left(\frac{100}{100 - \text{हानि\%}}\right)$$

$$= 26 \times \frac{14}{13} = \text{रु.}28$$

अतः पेन का क्रय मूल्य = रु.28 **Ans.**

41. किसी वस्तु के क्रय मूल्य का 60% उसके विक्रय मूल्य के 50% के बराबर है तो लाभ या हानि का प्रतिशत है।

(a) 20% हानि (b) 30% लाभ
(c) 20% लाभ (d) 10% हानि

Sol. (c) क्रय मूल्य का 60% = विक्रय मूल्य का 50%

CP × 6 = SP × 5

CP : SP = 5 : 6

लाभ = 1

$$\therefore \quad \text{लाभ\%} = \frac{1 \times 100}{5} = 20\%$$ **Ans.**

42. यदि किसी वस्तु को 200% के लाभ से बेचा जाता है तो इसके क्रय मूल्य का इसके विक्रय मूल्य से अनुपात होगा।

(a) 1 : 2 (b) 2 : 1
(c) 1 : 3 (d) 3 : 1

Sol. (c) $200\% = \frac{2}{1}$ (2 → लाभ, 1 → क्रय मूल्य)

विक्रय मूल्य = क्रय मूल्य + लाभ

= 1 + 2 = 3

क्रय मूल्य : विक्रय मूल्य = 1 : 3 **Ans.**

सतत लाभ / हानि प्रतिशत पर आधारित प्रश्न

43. P ने एक वस्तु Q को 20% लाभ पर बेची। Q ने यही वस्तु R को 25% हानि पर बेच दी। R ने इसी वस्तु को T को 50% लाभ पर बेचा। यदि P ने यह वस्तु रु.100 खरीदी थी, तो T के लिए इस वस्तु की कीमत क्या रही?

(a) 145 (b) 125
(c) 115 (d) 135

Sol. (d) **Method - I**

	C.P.		S.P.
$P \rightarrow 20\%$ लाभ $= \frac{1}{5} \longrightarrow$	5	:	6
$Q \rightarrow 25\%$ हानि $= \frac{1}{4} \longrightarrow$	4	:	3
$R \rightarrow 50\%$ लाभ $= \frac{1}{2} \longrightarrow$	2	:	3
	40	:	54
	20	:	27
	↓		↓ ×5
	100		= 135

1 – 5

अतः T के लिए इस वस्तु की कीमत रु.135 होगी। क्योंकि जो R का विक्रय मूल्य है वही T का क्रय मूल्य है।

Method - II

P के लिए क्रय मूल्य $= 100$

P% $= 20\%$

$\therefore$ P का विक्रय मूल्य $= 100 \times \frac{120}{100} =$ रु.120

$\therefore$ Q का क्रय मूल्य $= 120$

हानि $= 25\%$

$\therefore$ Q के लिए विक्रय मूल्य $= 120 \times \frac{75}{100} =$ रु.90

R का क्रय मूल्य $= 90$

लाभ $= 50\%$

$\therefore$ R के लिए विक्रय मूल्य $= 90 \times \frac{150}{100} =$ रु.135

$\therefore$ जो विक्रय मूल्य R का है वही क्रय मूल्य T के लिए होगा।

$\therefore$ T का क्रय मूल्य = रु.135

44. x, y का एक वस्तु 12% हानि पर बेचता है। y इसे z को 9% लाभ पर बेचता है। यदि z इसके लिए रु.21,582 का भुगतान करता है, तो x ने किस कीमत पर वस्तु खरीदी थी।

(a) 19,800 (b) 22,500
(c) 23,275 (d) 21,000

Sol. (b)

	C.P.	:	S.P.
x → 12% लाभ $= \frac{3}{25}$ ⟶	25	:	22
y → 9% हानि $= \frac{9}{100}$ ⟶	100	:	109
	2500	:	2398
	↓ ×9 = 22500		↓ 21582 1 = 135

z का क्रय मूल्य y के विक्रय मूल्य के बराबर है।

अतः x ने रु.22500 में वस्तु खरीदा।

45. एक निर्माता थोक व्यापारी को 6% लाभ पर वस्तु बेचता है। थोक व्यापारी इसे खुदरा व्यापारी को 8% लाभ पर बेचता है तथा खुदरा व्यापारी इसे ग्राहक को 10% लाभ पर बेच देता है। ग्राहक के द्वारा दी गई कीमत रु.31482 है, तो निर्माता के लिए इस उत्पाद की कीमत क्या होगी?

(a) रु.28,306 (b) रु.26,524
(c) रु.25,000 (d) रु.26980

Sol. (c) Method - I

ग्राहक द्वारा अदा की गयी राशि

= खुदरा व्यापारी का विक्रय मूल्य

$\therefore$ खुदरा व्यापारी के लिए क्रय मूल्य

$= \frac{\text{विक्रय मूल्य} \times 100}{100 + \text{लाभ\%}}$

$= \frac{31482 \times 100}{100 + 10} =$ रु.28620

खुदरा व्यापारी का क्रय मूल्य

= थोक व्यापारी का विक्रय मूल्य

$\therefore$ थोक व्यापारी का क्रय मूल्य

$= \frac{28620 \times 100}{100 + 8} =$ रु.26,500

पुनः थोक व्यापारी का क्रय मूल्य

= निर्माण का विक्रय मूल्य

$\therefore$ निर्माता का विक्रय मूल्य

$= \frac{26500 \times 100}{100 + 6}$

= रु.25,000

अतः निर्माता के लिए उत्पाद की कीमत

= रु.25,000 **Ans.**

Method-II

ग्राहक का क्रय मूल्य

= थोक निर्माता का क्रय मूल्य $\left(1 + \frac{6}{100}\right)\left(1 + \frac{8}{100}\right)\left(1 + \frac{10}{100}\right)$

31482 = थोक निर्माता का क्रय मूल्य $\times \frac{106}{100} \times \frac{108}{100} \times \frac{110}{100}$

$\therefore$ थोक निर्माता का क्रय मूल्य = रु.25,000 **Ans.**

Method - III

	C.P.	:	S.P.
निर्माता → 6% लाभ $= \frac{3}{50}$	50	:	53
थोक व्यापारी → 8% लाभ $= \frac{2}{25}$	25	:	27
खुदरा व्यापारी → 10% लाभ $= \frac{1}{10}$	10	:	11
	12500	:	15741
	↓ ×2 = 25000		↓ 31482 1 = 2

∴ जो विक्रय मूल्य खुदरा व्यापारी के लिए है वही क्रय मूल्य ग्राहक का है।

अतः निर्माता के लिए उत्पाद की कीमत रु.25000 है।

46. A ने एक वस्तु B को 25% के लाभ पर बेची। B ने इसे 15% के लाभ पर C को बेच दिया। B द्वारा किया गया लाभ A द्वारा किए गए लाभ से रु.40 कम है। A के लिए वस्तु का लागत मूल्य क्या है?

(a) 546 (b) 400

(c) 640 (d) 240

Sol. (c) माना कि A के लिए वस्तु की लागत मूल्य = रु.100

प्रश्न से,

A का विक्रय मूल्य = B का क्रय मूल्य

A द्वारा प्राप्त लाभ = 25%

∴ A का विक्रय मूल्य $= 100 \times \frac{125}{100} =$ रु.125

B का विक्रय मूल्य = C का क्रय मूल्य

लाभ = 15%

∴ B का विक्रय मूल्य $= 125 \times \frac{115}{100}$

= रु.143.75

B का लाभ = 143.75 − 125

= रु.18.75

प्रश्नानुसार,

A का लाभ − B का लाभ = 40

25 − 18.75 = 40

1 = 6.4

∴ 100 = 6.4 × 100

= रु.640

अतः A के लिए वस्तु की लागत मूल्य = रु.640 **Ans.**

Trick-

	CP	:	SP
A द्वारा 25% लाभ पर $= \frac{1}{4}$	$4_{\times 4}$	:	$5_{\times 4}$
B द्वारा 15% लाभ पर $= \frac{3}{20}$	20	:	23

(A का लाभ = 4, B का लाभ = 3)

प्रश्न से,

लाभ का अंतर = 40

4 − 3 = 40

1 = 40

∴ 16 = 16 × 40

= रु.640

अतः A के लिए वस्तु की लागत कीमत = रु.640 **Ans.**

47. A एक वस्तु को रु.900 में खरीदता है और इसे 25% के लाभ पर B को बेचता है, जो इसे C को बेचता है और C इसे 10% की हानि पर रु.1350 में बेचता है। B का लाभ प्रतिशत क्या होगा?

(a) $33\frac{1}{3}\%$ (b) 30

(c) 35 (d) 34

Sol. (a) A के लिए क्रय मूल्य = रु.900

लाभ = 25%

∴ A का विक्रय मूल्य = B का क्रय मूल्य

$= 900 \times \frac{125}{100}$

= रु.1125

B का विक्रय मूल्य = C का क्रय मूल्य

$= \frac{\text{विक्रय मूल्य} \times 100}{100 - \text{हानि}\%}$

$= \frac{1350 \times 100}{100 - 10} =$ रु.1500

अब,

B का क्रय मूल्य = रु.1125

B का विक्रय मूल्य = रु.1500

लाभ% $= \frac{(1500 - 1125) \times 100}{1125}$

$= \frac{375 \times 100}{1125}$

$= 33\frac{1}{3}\%$ **Ans.**

48. A ने B को 20% के लाभ पर एक घड़ी बेची, B ने उसे C को 30% लाभ पर बेच दिया। C ने उसे 10% हानि पर D को बेच दिया। यदि B का लाभ A की तुलना में रु.80 अधिक है, तो D ने इसे कितने में खरीदा?

(a) 652 (b) 702

(c) 700 (d) 680

Sol. (b) Method - I

	CP	:	SP
A द्वारा 20% लाभ पर $=\frac{1}{5}$	$5_{\times5}$	:	$6_{\times5}$
	अंतर = 5		
B द्वारा 30% लाभ पर $=\frac{3}{10}$	$10_{\times3}$	:	$13_{\times3}$
	अंतर = 9		

प्रश्न से,

B का लाभ − A का लाभ = 80

9 − 5 = 80

4 = 80

1 = 20

∴ 25 = 25 × 20 = रु.500

अतः A का लागत मूल्य = रु.500

पुनः प्रश्नानुसार,

	CP	:	SP
A द्वारा 20% लाभ पर $=\frac{1}{5}$	5	:	6
B द्वारा 30% लाभ पर $=\frac{3}{10}$	10	:	13
C द्वारा 10% लाभ पर $=\frac{1}{10}$	10	:	9
	500	:	702

↓ ↓×1

500 = 500 : = ₹702

1 = 1

∴ जो विक्रय मूल्य C का है वही क्रय मूल्य D का होगा।

अतः D का क्रय मूल्य = रु.702 **Ans.**

Method - II

माना A का लागत मूल्य = 100 इकाई

A —20%↑→ B —30%↑→ C —10%↓→ D

$100 \longrightarrow 100\times\frac{120}{100} \longrightarrow 120\times\frac{130}{100} \longrightarrow 156\times\frac{90}{100}$

100 ⟶ 120 ⟶ 156 ⟶ 140.4

B का लाभ − A का लाभ = 80

36 − 20 = 80

16 = 80

1 = 5

∴ D का क्रय मूल्य = 140.4 × 5 = रु.702

49. A किसी वस्तु को B से 20% के लाभ पर बेचता है। B इसी वस्तु को C को 10% लाभ पर बेच देता है तथा रु.1,32,000 प्राप्त करता है। यदि C ने इसी वस्तु को A से क्रय किया होता, तो उसे B को भुगतान की गयी राशि की तुलना में 5% कम खर्च करना पड़ता। A को कितना लाभ हुआ?

(a) रु.25400 (b) रु.24450

(c) रु.25540 (d) रु.24540

Sol. (a)

	CP	:	SP
A द्वारा 20% लाभ पर $=\frac{1}{5}$	5	:	6
B द्वारा 10% लाभ पर $=\frac{1}{10}$	10	:	11
	50	:	66
	25	:	33

↓×4000 ↓

100000 132000

1 = 4000

∵ B का विक्रय मूल्य = C का क्रय मूल्य

∴ C द्वारा A से खरीदने पर,

$132000\times\frac{95}{100}$ = रु.125400

∴ A का लाभ = 125400 − 100000

= रु.25400 **Ans.**

50. A ने एक वस्तु B को 20% की हानि पर बेची। B ने उस वस्तु को C को 12.5% लाभ पर बेच दिया तथा C ने वह वस्तु D को 8% की हानि पर बेची। यदि D ने उसे रु.248.40 में खरीदा हो तो A और C को हुई हानि के बीच अंतर क्या है?

(a) रु.36.80 (b) रु.38.40

(c) रु.42.60 (d) रु.39.20

Sol. (b) C का विक्रय मूल्य = D का क्रय मूल्य

प्रश्न से,

8% हानि पर C ने D को बेचा तो,

$$\text{C का क्रय मूल्य} = \frac{\text{विक्रय मूल्य}\times 100}{100-\text{हानि\%}}$$

$$= \frac{248.40 \times 100}{100 - 8} = \text{रु.}270$$

C की हानि $= 270 - 248.4 = 21.6$

पुनः B का विक्रय मूल्य = C का क्रय मूल्य

प्रश्न से,

12.5% लाभ पर B ने C को बेचा तो,

B का क्रय मूल्य $= \frac{270 \times 100}{100 + 12.5} = \text{रु.}240$

पुनः B का क्रय मूल्य = A का विक्रय मूल्य

20% हानि पर A ने B को बेचा तो,

A का क्रय मूल्य $= \frac{240 \times 100}{100 - 20} = \text{रु.}300$

A की हानि $= 300 - 240 = \text{रु.}60$

प्रश्नानुसार,

A और C के बीच की हानि = रु. $(60 - 21.6)$

= रु. 38.4 **Ans.**

51. सुधा ने 20% हानि पर रेणु को एक वस्तु रु.576 में बेच दी। रेणु ने इसके परिवहन पर रु.224 खर्च किए तथा रघु को उस कीमत पर बेच दिया, जिस कीमत पर सुधा को 24% का लाभ होता। रेणु के लिए प्रतिशत लाभ है।

(a) 10.5% (b) 11.6%
(c) 12.9% (d) 13.2%

Sol. (b) सुधा की लागत मूल्य $= \frac{576 \times 100}{100 - 20}$

$$= \frac{576 \times 100}{80} = \text{रु.}720$$

रेणु द्वारा उपरिव्यय = 224

अब रेणु की कुल लागत मूल्य $= 576 + 224 = \text{रु.}800$

24% लाभ पर सुधा की विक्रय मूल्य $= 720 \times \frac{124}{100}$

= रु.892.8

∴ रेणु का विक्रय मूल्य = रु.892.8

लाभ% $= \frac{892.8 - 800}{800} \times 100$

$= \frac{92.8}{8} = 11.6\%$ **Ans.**

अतः रेणु के लिए प्रतिशत लाभ = 11.6% **Ans.**

52. एक प्रकाशक थोक विक्रेता को एक पुस्तक 30% के लाभ पर बेचता है। थोक विक्रेता, खुदरा विक्रेता को वह पुस्तक 25% के लाभ पर बेचता है। फिर वह पुस्तक ग्राहक को 20% के लाभार्जन पर रु. 312 में बेची जाती है। प्रकाशक के लिए पुस्तक का लागत मूल्य कितना है?

(a) 160 (b) 208
(c) 200 (d) 260

Sol. (a) **Method - I**

		CP	:	SP
प्रकाशक 30% लाभ पर =	$\frac{3}{10}$	10	:	13
थोक विक्रेता 25% लाभ पर =	$\frac{1}{4}$	4	:	5
खुदरा विक्रेता 20% लाभ पर =	$\frac{1}{5}$	5	:	6
		20	:	**39**
		↓×8		↓
		160	:	**312**

1 = 8

अतः प्रकाशक का लागत मूल्य = रु.160

Method - II

माना कि प्रकाशक का लागत मूल्य = रु.100

प्रश्न से,

प्रकाशक $\xrightarrow{30\%\uparrow}$ थोक विक्रता $\xrightarrow{25\%\uparrow}$ खुदरा विक्रेता $\xrightarrow{20\%\uparrow}$ ग्राहक

$100 \longrightarrow 130 \longrightarrow 130 \times \frac{5}{4} \longrightarrow 130 \times \frac{5}{4} \times \frac{6}{5}$

अब,

$$130 \times \frac{5}{4} \times \frac{6}{5} = 312$$

$195 = 312$

$1 = 1.6$

$100 = 100 \times 1.6$

= रु.160

अतः प्रकाशक के लिए लागत मूल्य = रु.160 **Ans.**

53. x, y का एक वस्तु 12% हानि पर बेचता है। y इसे z को 9% लाभ पर बेचता है। यदि z इसके लिए रु.21582 का भुगतान करता है, तो x ने किस कीमत पर वस्तु खरीदी थी।

(a) 19,800 (b) 22,500
(c) 23,275 (d) 21,000

Sol. (b) माना कि x का लागत मूल्य = रु.100

$$x \xrightarrow{12\%\downarrow} y \xrightarrow{9\%\uparrow} z$$

$$100 \longrightarrow 100 \times \frac{88}{100} \longrightarrow 88 \times \frac{109}{100}$$

प्रश्नानुसार,

$$88 \times \frac{109}{100} = 21582$$

$$1 = 225$$

$$\therefore \quad 100 = 225 \times 100$$

$$= \text{रु.}22500$$

अतः x की लागत मूल्य = रु.22500 **Ans.**

54. एक वस्तु को दो व्यक्तियों द्वारा क्रमागत तौर पर बेचे जाने पर प्राप्त कुल लाभ, वास्तविक मूल्य के 38% के बराबर होता है। यदि पहले व्यक्ति को इसे बेचने पर 15% का लाभ प्राप्त होता है तो दूसरे व्यक्ति को होने वाला प्रतिशत लाभ ज्ञात कीजिए।

(a) 12% (b) 20%
(c) 18% (d) 10%

Sol. (b) कुल लाभ% = $a\% + b\% + \frac{a \times b}{100}$

$$38\% = 15\% + b\% + \frac{15 \times b\%}{100}$$

$$23\% = \frac{115\, b\%}{100}$$

$$\therefore \quad b\% = 20\%$$

अतः दूसरे व्यक्ति को होने वाला लाभ% = 20%

SP और CP पर लाभ/हानि प्रतिशत आधारित प्रश्न

55. यदि किसी व्यक्ति को विक्रय मूल्य पर 20% हानि होती है तो क्रय मूल्य पर प्रतिशत हानि क्या होगी?

(a) 20% (b) 25%
(c) $\frac{40}{3}\%$ (d) $\frac{50}{3}\%$

Sol. (d)

20% हानि पर = $\frac{1}{5}$ (1 → हानि, 5 → विक्रय मूल्य)

∴ क्रय मूल्य = 5 + 1 = 6

∴ प्रतिशत हानि = $\frac{1}{6} \times 100 = \frac{50}{3}\%$ **Ans.**

56. यदि कोई व्यक्ति विक्रय मूल्य पर अपने लाभ% की गणना करता है और उसके अनुसार, उसका लाभ 40% है। उसका वास्तविक लाभ प्रतिशत ज्ञात करे।

(a) $33\frac{1}{3}\%$ (b) $41\frac{1}{3}\%$
(c) $11\frac{1}{9}\%$ (d) $9\frac{1}{11}\%$

Sol. (a) 40% लाभ = $\frac{2}{5}$ (2 → लाभ, 5 → क्रयमूल्य)

∴ क्रय मूल्य = 5 − 2 = 3

∴ लाभ% = $\frac{1}{3} \times 100 = 33\frac{1}{3}\%$

अतः वास्तविक लाभ% = $33\frac{1}{3}\%$ **Ans.**

57. यदि कोई व्यक्ति विक्रय मूल्य पर अपने नुकसान प्रतिशत की गणना करता है और उसके अनुसार, उसका नुकसान 37.5% है तो उसका वास्तविक नुकसान प्रतिशत ज्ञात कीजिए।

(a) 11.11% (b) 9.09%
(c) 20% (d) इनमें से कोई नहीं

Sol. (b) 37.5% हानि पर = $\frac{3}{8}$ (3 → हानि, 8 → विक्रय मूल्य)

∴ क्रय मूल्य = 8 + 3 = 11 unit

∴ हानि% = $\frac{3}{11} \times 100 = 27.27\%$

अतः वास्तविक नुकसान = 27.27% **Ans.**

58. नीरज और दीपक दो दोस्त है। नीरज विक्रय मूल्य पर अपने लाभ% की गणना करता है जबकि दीपक क्रय मूल्य पर अपने लाभ प्रतिशत की गणना करता है। यदि दोनों 20% लाभ कमाने का दावा करते है और उनके वास्तविक लाभ के बीच अंतर रु.100 है और दोनों का विक्रय मूल्य समान है तो उनका विक्रय मूल्य ज्ञात करे।

(a) 2500 (b) 3000
(c) 2000 (d) इनमें से कोई नहीं

Sol. (b) नीरज का 20% लाभ विक्रय मूल्य पर = $\frac{1}{5}$

$\therefore$ नीरज का CP = 5 – 1 = 4

	CP	:	SP
नीरज →	$4_{\times 6}$	:	$5_{\times 6}$
		अंतर = 6	
$\left(20\%\uparrow = \frac{1}{5}\right)$ दीपक →	$5_{\times 5}$	:	$6_{\times 5}$
		अंतर = 5	

$\therefore$ लाभ में कुल अंतर = (6 – 5) unit
= 1 unit

1 unit = 100

$\therefore$ 30 unit = 3000

अतः दोनों का विक्रय मूल्य = 3000 **Ans.**

59. एक दुकानदार किसी वस्तु को विक्रय मूल्य पर $8\frac{1}{3}\%$ लाभ पर बेचता है तो वास्तविक लाभ% ज्ञात करे।

(a) $11\frac{1}{9}\%$ (b) $9\frac{1}{11}\%$

(c) 10% (d) $7\frac{9}{13}\%$

Sol. (b) विक्रय मूल्य पर लाभ% = $8\frac{1}{3}\%$

$$8\frac{1}{3}\% = \frac{1}{12} \quad \begin{matrix} \nearrow \text{लाभ} \\ \searrow \text{क्रयमूल्य} \end{matrix}$$

$\therefore$ क्रय मूल्य = 12 – 1 = 11 = unit

क्रय मूल्य पर वास्तविक लाभ% = $\frac{1}{11}\times 100 = 9\frac{1}{11}\%$

60. एक वस्तु को रु.800 में बेचने पर एक व्यक्ति को विक्रय मूल्य के 20% के बराबर हानि होती है। उसे इस वस्तु को किस मूल्य पर बेचना चाहिए ताकि उसे क्रय मूल्य पर 25% का लाभ हो।

(a) रु.1280 (b) रु.1152

(c) रु.1250 (d) रु.1200

Sol. (d)

$$\textbf{20\% हानि पर क्रय मूल्य} = \frac{1}{5} \quad \begin{matrix} \nearrow CP \Rightarrow 6 \xrightarrow{\times 160} 960 \\ \searrow SP \Rightarrow 5 \xrightarrow{\times 160} 800 \end{matrix}$$

क्रय मूल्य पर 25% लाभ

$960 \times \frac{125}{100} = 1200$

61. एक वस्तु को रु.900 में बेचने पर अंकिता को विक्रय मूल्य पर 10% के बराबर लाभ होता है। अंकिता को इस वस्तु को किस मूल्य पर बेचना चाहिए ताकि उसे क्रय मूल्य पर 20% का लाभ हो।

(a) रु.970 (b) रु.960

(c) रु.982 (d) रु.972

Sol. (d)

$$\textbf{10\% लाभ पर विक्रय मूल्य} = \frac{1}{10} \quad \begin{matrix} \nearrow \text{लाभ} \\ \searrow \text{विक्रय मूल्य} \end{matrix}$$

$\therefore$ CP = (10 – 1) = 9

$\because$ 10 = 900

1 = 90

$\therefore$ 9 = 90×9

= 810

20% लाभ क्रय मूल्य पर

$810 \times \frac{120}{100} =$ रु.972

62. एक व्यक्ति व्यापार कर को कम करना चाहता है, इसीलिए वह लागत मूल्य के बजाय बिक्री मूल्य पर अपने लाभ की गणना करता है। इस तरह से एक वस्तु रु.280 में बेचकर वह अपने लाभ की गणना $14\frac{2}{7}\%$ के रूप में करता है। उसका वास्तविक लाभ प्रतिशत ज्ञात करे।

(a) 20% (b) 16.66%

(c) 25% (d) $37\frac{1}{2}\%$

Sol. (b) विक्रय मूल्य पर लाभ% की गणना करने पर

$$14\frac{2}{7}\% = \frac{1}{7} \quad \begin{matrix} \nearrow \text{लाभ} \\ \searrow \text{क्रयमूल्य} \end{matrix}$$

$\therefore$ CP = 7 – 1 = 6 unit

$\therefore$ क्रय मूल्य पर वास्तविक लाभ% = $\frac{1}{6}\times 100$

= 16.66% **Ans.**

63. A और B का लाभ प्रतिशत समान है और प्रत्येक अपने वस्तु को रु.1800 पर बेचते है परंतु A अपने लाभ की गणना विक्रय मूल्य पर करता है जबकि B अपने लाभ की गणना लागत मूल्य पर करता है जो कि 20% के बराबर है उनके मुनाफे में क्या अंतर है?

(a) रु.360 (b) रु.60
(c) रु.540 (d) रु.450

Sol. **(b)** 20% लाभ पर क्रय मूल्य पर B द्वारा गणना करने पर

$20\%\uparrow = \frac{1}{5}$ → लाभ (1), विक्रय मूल्य (5)

$\therefore$ $SP = 5 + 1$
$= 6 \text{ unit}$
$6 \text{ unit} = 1800$
(B का लाभ) $1 \text{ unit} = 300$

20% लाभ पर विक्रय मूल्य पर A द्वारा गणना करने पर

$20\%\uparrow = \frac{1}{5}$ → लाभ (1), विक्रय मूल्य (5)

$5 \text{ unit} = 1800$
$1 \text{ unit} =$ रु.360
A का लाभ = रु.360

$\therefore$ दोनों के लाभ का अंतर = रु.(360 − 300)
= रु.60 **Ans.**

तुलना पर आधारित प्रश्न

64. 15 पेनों का क्रय मूल्य, 20 पेनों के विक्रय मूल्य के बराबर है। हानि या लाभ प्रतिशत क्या है?

(a) 25% हानि (b) 20% लाभ
(c) 20% हानि (d) 14.25% लाभ

Sol. **(a)** **Method - I**

$15 \times CP = 20 \times SP$

$\frac{CP}{SP} = \frac{20}{15}$

$\frac{CP}{SP} = \frac{4}{3}$

हानि% $= \frac{4-3}{4} \times 100 = 25\%$ हानि

Method-II

माना कि 1 पेन का क्रय मूल्य = रु.1
$\therefore$ 15 पेन का क्रय मूल्य = रु.15
15 पेन का क्रय मूल्य = 20 पेन का विक्रय मूल्य
15 = 20 पेन का विक्रय मूल्य
$\because$ 20 पेन का विक्रय मूल्य = रु.15
$\therefore$ 1 पेन का विक्रय मूल्य = रु. $\frac{15}{20}$

$\therefore$ हानि% $= \frac{\left(1 - \frac{15}{20}\right) \times 100}{1}$

$= \frac{5 \times 100}{20} = 25\%$ हानि **Ans.**

65. यदि 50 वस्तुओं का विक्रय मूल्य 42 वस्तुओं के क्रय मूल्य के बराबर है, तो शुद्ध लाभ या हानि प्रतिशत ज्ञात करे।

(a) 10% हानि (b) 20% लाभ
(c) 16% हानि (d) 8% लाभ

Sol. **(c)**

$50 \times SP = 42 \times CP$

$\frac{SP}{CP} = \frac{21}{25}$

$\therefore$ हानि% $= \frac{25-21}{25} \times 100 = 16\%$ हानि

66. 19 कलमों का क्रय मूल्य 16 कलमों के विक्रय मूल्य के बराबर है। प्रतिशत लाभ ज्ञात करे।

(a) $18\frac{3}{4}\%$ (b) 15%
(c) 12.5% (d) $15\frac{3}{4}\%$

Sol. **(a)** $19\,CP = 16\,SP$

$\frac{CP}{SP} = \frac{16}{19}$

$\therefore$ लाभ% $= \frac{(19-16) \times 100}{16}$

$= \frac{3 \times 100}{16} = 18\frac{3}{4}\%$ **Ans.**

67. एक दुकानदार 20 कमीजे बेचने पर 5 कमीजों के बिक्री मूल्य के बराबर लाभ कमाता है। उसके लाभ का प्रतिशत ज्ञात करे।

(a) 5% (b) 15%
(c) $33\frac{1}{3}\%$ (d) 20%

Sol. **(c)** लाभ = विक्रय मूल्य – क्रय मूल्य

5 कमीज का विक्रय मूल्य = 20 कमीज का विक्रय मूल्य – 20 कमीज का क्रय मूल्य

20 कमीज का क्रय मूल्य = 15 कमीज का विक्रय मूल्य

$$\frac{\text{क्रय मूल्य}}{\text{विक्रय मूल्य}} = \frac{15}{20}$$

$$\text{लाभ\%} = \frac{(20-15)}{15} \times 100 = 33\frac{1}{3}\%$$

68. 60 वस्तुओं की लागत मूल्य 'X' वस्तुओं के विक्रय मूल्य के समान है। यदि 20% का लाभ हुआ, तो 'X' का मान क्या है?

(a) 15 (b) 30
(c) 50 (d) 80

Sol. **(c)** 60 का क्रय मूल्य = X का विक्रय मूल्य

$$\frac{\text{क्रय मूल्य}}{\text{विक्रय मूल्य}} = \frac{X}{60}$$

प्रश्नानुसार,

$$\frac{X}{60} = \frac{100}{120} > 20\% \text{ लाभ पर}$$

$x = 50$ **Ans.**

अतः वस्तुओं की संख्या = 50

69. x वस्तुओं का क्रय मूल्य, y वस्तुओं के विक्रय मूल्य के बराबर हो, तो 25% लाभ होता है। x : y का अनुपात ज्ञात करे।

(a) 4 : 5 (b) 5 : 4
(c) 5 : 3 (d) 3 : 5

Sol. **(b)** x × क्रय मूल्य = y का विक्रय मूल्य

$$\frac{\text{क्रय मूल्य}}{\text{विक्रय मूल्य}} = \frac{y}{x}$$

प्रश्नानुसार,

$$\frac{y}{x} = \frac{100}{125} \text{ (25\% लाभ)}$$

$$\frac{y}{x} = \frac{4}{5}$$

$\therefore$ $x : y = 5 : 4$ **Ans.**

70. यदि n पेजों का विक्रय मूल्य, 10 पेनों के क्रय मूल्य के बराबर है और इसमें 100% का लाभ होता है, तो 'n' का मान ज्ञात करे।

(a) 5 (b) 6
(c) 8 (d) 10

Sol. **(a)** n का विक्रय मूल्य = 10 का क्रय मूल्य

$$\frac{\text{क्रय मूल्य}}{\text{विक्रय मूल्य}} = \frac{n}{10}$$

प्रश्नानुसार,

$$\frac{n}{10} = \frac{100}{200} \text{ (100\% लाभ)}$$

$\therefore$ $n = 5$ **Ans.**

71. किसी वस्तु को रु.624 में बेचने पर उतना ही लाभ होता है जितना उसे रु.552 में बेचने से हानि होती है तो वस्तु का क्रय मूल्य क्या है?

(a) रु.590 (b) रु.588
(c) रु.596 (d) रु.592

Sol. **(b)** **Method - I**

$$\text{क्रय मूल्य} = \frac{(\text{वि०मू०})_1 + (\text{वि०मू०})_2}{2}$$

$$= \frac{624 + 552}{2} = \frac{1176}{2} = \text{रु.}588$$

Method - II

माना कि वस्तु का क्रय मूल्य = रु.x

प्रश्न से,

लाभ = विक्रय मूल्य – क्रय मूल्य

$= (624 - x)$ .... (i)

हानि = क्रय मूल्य – विक्रय मूल्य

$= (x - 552)$ ....(ii)

लाभ = हानि

$(624 - x) = (x - 552)$

$2x = 1176$

$x =$ रु.588

अतः वस्तु का क्रय मूल्य = रु.588 **Ans.**

72. राम ने एक स्कूटर को रु.46000 में बेचा तो उसे कुछ नुकसान हुआ। यदि उसने इसे रु.58000 में बेचा होता तो उसे उतने ही रुपये का लाभ होता जितने की हानि हुई थी तो वस्तु का क्रय मूल्य ज्ञात करे।

(a) रु.50,000 (b) रु.52,000
(c) रु.52500 (d) रु.53,000

Sol. **(b)** $$\text{वस्तु का क्रय मूल्य} = \frac{(\text{वि०मू०})_1 + (\text{वि०मू०})_2}{2}$$

$$= \frac{46000 + 58000}{2}$$

$$= \frac{104000}{2} = \text{रु.}52000$$

अतः वस्तु का क्रय मूल्य = रु.52000 **Ans.**

73. किसी वस्तु को रु.116 में बेचने पर लाभ प्रतिशत उसे रु.92 में बेचने की तुलना में तीन गुणा लाभ होगा, तो उस वस्तु का क्रय मूल्य क्या होगा?

(a) रु.68 (b) रु.72

(c) रु.78 (d) रु.80

Sol. (d) माना वस्तु का क्रय मूल्य $= x$

$$\text{लाभ}_1 = (\text{विक्रय मूल्य})_1 - \text{क्रय मूल्य}$$

$$\text{लाभ}_1 = 116 - x \quad \text{........(i)}$$

$$\text{लाभ}_2 = (\text{विक्रय मूल्य})_2 - \text{क्रय मूल्य}$$

$$\text{लाभ}_2 = 92 - x \quad \text{.......(ii)}$$

प्रश्नानुसार,

$$\text{लाभ}_1 = 3 \times (\text{लाभ})_2$$

$$(116 - x) = 3(92 - x)$$

$$116 - x = 276 - 3x$$

$$2x = 160$$

$$x = \text{रु}.80 \quad \textbf{Ans.}$$

Method - II

$$\text{क्रय मूल्य} = \frac{3 \times (\text{वि०मू०})_1 - (\text{वि०मू०})_1}{3 - 1}$$

$$= \frac{3 \times 92 - 116}{2} = \text{रु}.80$$

अतः वस्तु का क्रय मूल्य = रु.80 **Ans.**

Method - III

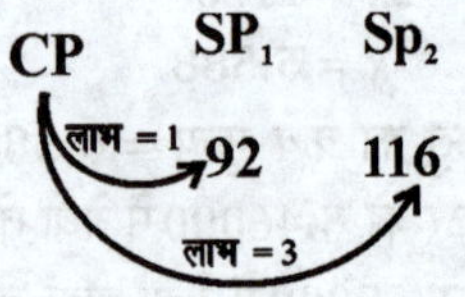

$$(3 - 1) \longrightarrow (116 - 92)$$

$$2 \longrightarrow 24$$

$$1 \longrightarrow 12$$

$$CP = SP_1 - \text{लाभ} = 92 - 12 = \mathbf{80}$$

74. किसी व्यक्ति ने एक मोबाइल रु.9500 में बेचने पर लाभ प्रतिशत उसे रु.7200 में बेचने की तुलना में चार गुना है तो उस वस्तु का क्रय मूल्य ज्ञात करे।

(a) रु.3000 (b) रु.3100

(c) रु.3200 (d) रु.3300

Sol. (b) $\text{क्रय मूल्य} = \dfrac{4 \times (\text{वि०मू०})_2 - (\text{वि०मू०})_1}{4 - 1}$

$$= \frac{4 \times 7200 - 9500}{3} = \frac{28800 - 9500}{3}$$

$$= \frac{9300}{3} = \text{रु}.3100$$

अतः वस्तु का क्रय मूल्य = रु.3100 **Ans.**

75. किसी व्यक्ति ने एक टी०वी० रु.9400 में बेचा और उसे कुछ हानि हुई। जब उसने उसी प्रकार का दूसरा टी०वी० रु.10600 में बेचा तो उसका लाभ पिछली हानि से दुगना था। उस टी०वी० का क्रय मूल्य ज्ञात करे।

(a) रु.9800 (b) रु.10,000

(c) रु.10200 (d) रु.10400

Sol. (a) Method - I

माना टी०वी० का क्रय मूल्य = रु.x

$$\text{हानि} = \text{क्रय मूल्य} - \text{विक्रय मूल्य}$$

$$= x - 9400 \quad \text{..........(i)}$$

$$\text{लाभ} = \text{विक्रय मूल्य} - \text{क्रय मूल्य}$$

$$= 10600 - x \quad \text{.........(ii)}$$

प्रश्नानुसार,

$$\text{लाभ} = \text{हानि} \times 2$$

$$(10600 - x) = (x - 9400) \times 2$$

$$\Rightarrow 10600 - x = 2x - 18800$$

$$\Rightarrow 29400 = 3x$$

$$\therefore x = \text{रु}.9800$$

अतः टी०वी० का क्रय मूल्य = रु.9800 **Ans.**

Method - II

$$\text{क्रय मूल्य} = \frac{2 \times (\text{वि०मू०})_1 + (\text{वि०मू०})_2}{2 + 1}$$

$$= \frac{2 \times 9400 + 10600}{3}$$

$$= \frac{29400}{3} = \text{रु}.9800$$

अतः टी०वी० की क्रय मूल्य = रु.9800 **Ans.**

76. पुराने कार के विक्रेता ने एक कार को रु.440000 में बेचा और उसे कुछ नुकसान हुआ। यदि उसने इसे रु.560000 में बेचा होता तो उसका कुल लाभ उसके नुकसान से दुगना होगा तो कार की लागत मूल्य ज्ञात करे।

(a) रु.470000 (b) रु.460000

(c) रु.510000 (d) रु.480000

Sol. (d) क्रय मूल्य $= \frac{2\times(\text{वि०मू०})_1 + (\text{वि०मू०})_2}{2+1}$

$= \frac{2\times 440000 + 560000}{3}$

$= \frac{880000+560000}{3}$

$= \frac{1440000}{3} =$ रु.480000 **Ans.**

अतः कार का क्रय मूल्य = रु.480000 **Ans.**

77. जब एक वस्तु को रु.800 में बेचा जाता है तो उस पर मिलने वाला लाभ, जब उसी वस्तु को रु.275 में बेचा जाता है, उससे होने वाली हानि का 20 गुना है। ज्ञात करो कि 20 प्रतिशत लाभ कमाने के लिए वस्तु को किस मूल्य पर बेचना चाहिए?

(a) 300 (b) 360
(c) 390 (d) 240

Sol. (b) माना कि वस्तु का क्रय मूल्य = रु.x

प्रश्नानुसार,

लाभ = (विक्रय मूल्य)$_1$ – (क्रय मूल्य)$_2$

$= 800 - x$ ....(i)

हानि = क्रय मूल्य – विक्रय मूल्य

$= x - 275$ ....(ii)

पुनः प्रश्नानुसार,

$(800 - x) = (x - 275)\times 20$

$800 - x = 20x - 5500$

$21x = 6300$

$\therefore$ $x =$ रु.300

वस्तु का क्रय मूल्य = रु.300

20% का लाभ कमाने के लिए वस्तु का विक्रय मूल्य

$= 300\times\frac{120}{100}$

= रु.360 **Ans.**

78. एक वस्तु को रु.13400 में बेचने से होने वाला लाभ, रु.11600 में उसी वस्तु को बेचने पर हुए नुकसान के बराबर है। अगर इसे रु.14750 में बेचा जाता है तो क्या लाभ होगा?

(a) 2000 (b) 2520
(c) 2500 (d) 2250

Sol. (d) माना कि वस्तु का क्रय मूल्य = रु.x

प्रश्नानुसार,

लाभ = (विक्रय मूल्य)$_1$ – क्रय मूल्य

$= 13400 - x$ ....(i)

हानि = क्रय मूल्य – (विक्रय मूल्य)$_2$

$= x - 11600$ ....(ii)

पुनः प्रश्नानुसार,

$(13400 - x) = (x - 11600)$

$2x = 25000$

$x =$ रु.12500

वस्तु को रु.14750 में बेचने पर प्राप्त लाभ

$= 14750 - 12500$

= रु.2250 **Ans.**

79. किसी वस्तु को रु.800 में बेचने पर जो हानि होती है, वह रु.1246 में बेचने पर हुए लाभ से 23% ज्यादा है। वस्तु का क्रय मूल्य ज्ञात करें।

(a) 900 (b) 946
(c) 1000 (d) 1046

Sol. (c) माना कि वस्तु का क्रय मूल्य = रु.x

प्रश्नानुसार,

हानि $= x - 800$ ....(i)

लाभ $= 1246 - x$ ....(ii)

पुनः प्रश्नानुसार,

$\frac{123}{100}(x - 800) = (1246 - x)$

$123x - 98400 = 124600 - 100x$

$223x = 223000$

$\therefore$ $x =$ रु.1000

अतः वस्तु का क्रय मूल्य = रु.1000 **Ans.**

80. रु.123.40 में एक वस्तु को बेचने पर लाभ, रु.108 में इसे बेचने पर हुए नुकसान की राशि से 20% अधिक है। यदि वस्तु रु. 120.75 में बेचा जाये तो लाभ या हानि प्रतिशत क्या है?

(a) 2.5% लाभ (b) 5% लाभ
(c) 2.5% हानि (d) 5% हानि

Sol. (b) माना कि क्रय मूल्य = रु.x

प्रश्न से,

लाभ $= 123.4 - x$ ....(i)

हानि $= x - 108$ ....(ii)

पुनः प्रश्न से,

$\frac{120}{100}(x - 108) = (123.4 - x)$

$$120x - 12960 = 12340 - 100x$$
$$220x = 25300$$
$$\therefore \quad x = 115$$

अतः क्रय मूल्य = 115

विक्रय मूल्य = 120.75

$$\text{लाभ\%} = \frac{(120.75 - 115) \times 100}{115}$$
$$= \frac{5.75 \times 100}{115} = 5\% \quad \textbf{Ans.}$$

81. 38 गेंदों को रु.2240 में बेचने पर, 6 गेदों के क्रय मूल्य के बराबर नुकसान होता है। एक गेंद का क्रय मूल्य बराबर है।

(a) रु.50 (b) रु.80
(c) रु.70 (d) रु.60

Sol. (c) 38 गेंद का विक्रय मूल्य + 6 गेंद का क्रय मूल्य = 38 गेंद का क्रय मूल्य

क्रय मूल्य : विक्रय मूल्य = 19 : 16

$$\text{एक गेंद का विक्रय मूल्य} = \frac{2240}{38}$$

$$\text{एक गेंद का क्रय मूल्य} = \frac{2240}{38} \times \frac{19}{16} = \text{रु.}70$$

अतः 1 गेंद का क्रय मूल्य रु.70 होगा। **Ans.**

समान क्रय मूल्य पर आधारित प्रश्न

82. एक आदमी ने 2 वस्तुएँ रु.3050 प्रत्येक में खरीदे। उन्होंने एक लेख 10% लाभ पर और दूसरा 20% लाभ पर बेचा। उन्होनें कुल कितने प्रतिशत लाभ कमाया।

(a) 10% (b) 18%
(c) 15% (d) 20%

Sol. (c) **Method - I**

पहले वस्तु की कीमत = रु.100 (माना)

$$\therefore \quad \text{लाभ} = 100 \times \frac{10}{100} = \text{रु.}10$$

दूसरे वस्तु की कीमत = रु.100 (माना)

$$\therefore \quad \text{लाभ} = 100 \times \frac{20}{100} = \text{रु.}20$$

कुल लाभ = 10 + 20 = रु.30

$$\therefore \quad \text{लाभ\%} = \frac{30 \times 100}{200} = 15\% \quad \textbf{Ans.}$$

Method - II

	CP		SP
10% लाभ ⇒	10	⟶	11
20% लाभ ⇒	5	⟶	6

CP को समान करने पर-

CP		SP
10	$\xrightarrow{\text{लाभ} = 1}$	11
$10 = 5_{\times 2}$	$\xrightarrow{\text{लाभ} = 2}$	$6_{\times 2} = 12$
कुल CP = 20		

$$\text{कुल लाभ\%} = \frac{(1+2)}{20} \times 100 = 15\%$$

83. एक व्यक्ति ने तीन वस्तुओं में प्रत्येक को रु.3000 की दर पर खरीदा। उन्हें क्रमशः 15% लाभ, 10% लाभ और 15% हानि पर बेचा। कुल अर्जित लाभ या हानि% ज्ञात करे।

(a) $\frac{10}{3}$% लाभ (b) $\frac{10}{3}$% हानि
(c) 10% हानि (d) न तो लाभ न हानि

Sol. (a)

		I	II	III
CP	=	100	100	100
लाभ/हानि(P/L)	=	15%↑	10%↑	15%↓
		15	10	15

∴ कुल लाभ = 15 + 10 − 15 = रु.10

$$\therefore \quad \text{लाभ\%} = \frac{10 \times 100}{300} = \frac{10}{3}\% \text{ लाभ} \quad \textbf{Ans.}$$

$$\text{अतः कुल अर्जित लाभ\%} = \frac{10}{3}\%$$

84. दो वस्तुएं समान कीमत पर खरीदी जाती है। एक वस्तु को 20% लाभ पर बेचा जाता है और दूसरे को 10% हानि पर बेचा जाता है। कुल लाभ या हानि प्रतिशत ज्ञात करे।

(a) 5% हानि (b) 5% लाभ
(c) 10% लाभ (d) 10% हानि

Sol. (b)

		I	II
क्रय मूल्य	=	100	100
	=	20%↑	10%↓
लाभ और हानि	=	+20	−10

∴ कुल लाभ = 20 − 10 = रु.10

$$\therefore \quad \text{लाभ\%} = \frac{10 \times 100}{200} = 5\%$$

85. दो वस्तुओं को समान मूल्य पर खरीदी जाती है। पहली वस्तु पर 15% का लाभ तथा दूसरी वस्तु पर 5% का लाभ होता है तो संपूर्ण लाभ% ज्ञात करे।

(a) 20.75% लाभ (b) 19.25% लाभ

(c) 20% लाभ (d) 10% लाभ

Sol. (d) माना कि दोनों वस्तुओं का क्रय मूल्य क्रमशः 100 और 100 है।

प्रश्नानुसार

$$100 \times \frac{115}{100} + 100 \times \frac{105}{100} = 200 \times \frac{(100+x)}{100}$$

$$220 = 200 + 200x$$

$$\therefore \quad 20 = 200x$$

$$x = \frac{1}{10}$$

$$\therefore \quad x\% = 10\% \quad \textbf{Ans.}$$

Method - II

$$\text{अतः संपूर्ण लाभ} = \frac{15\% + 5\%}{2} = 10\% \quad \textbf{Ans.}$$

86. एक व्यक्ति ने तीन वस्तुओं में से प्रत्येक को रु.3000 में खरीदा। उसने इन वस्तुओं को क्रमशः 10% लाभ, 5% लाभ और 15% हानि पर बेचा। उसके द्वारा प्राप्त कुल लाभ या हानि ज्ञात करे।

(a) 10% हानि (b) 5% हानि

(c) 5% लाभ (d) न तो लाभ न तो हानि

Sol. (d)

		I	II	III
क्रय मूल्य	=	3000	3000	3000
लाभ/हानि(P/L)	=	10%↑	5%↑	15%↓
		300	150	450

कुल लाभ या हानि= रु.(300 + 150 − 450) = रु.0

अतः इस व्यापार में न तो लाभ हुआ न ही हानि।

87. एक व्यापारी दो वस्तुओं को 4000 प्रति वस्तु के मूल्य पर खरीदता है। यदि बेचते समय उसे एक वस्तु पर 12.5% का लाभ तथा दूसरी वस्तु पर 20% की हानि होती है, तो संपूर्ण हानि प्रतिशत क्या होगी?

(a) 2.5% (b) 3.75%

(c) 5% (d) 5.25%

Sol. (b) Method - I

$$\text{संपूर्ण हानि\%} = \frac{12.5\% - 20\%}{2}$$

$$= \frac{-7.5}{2} = -3.75\%$$

अतः कुल हानि 3.75% होगी।

Method - II

		C.P		S.P
पहले वस्तु को 12.5% लाभ पर $= \frac{1}{8}$	→	$8_{\times 5}$	:	$9_{\times 5}$
दूसरी वस्तु को 20% हानि पर $= \frac{1}{5}$	→	$5_{\times 8}$	:	$4_{\times 8}$
		80	:	77

हानि = 3

$$\therefore \quad \text{हानि\%} = \frac{3 \times 100}{80}$$

$$= \frac{15}{4}$$

$$= 3.75\% \quad \textbf{Ans.}$$

88. दो वस्तुएं समान मूल्य प्रति ₹14000 की दर से खरीदी जाती है। पहली वस्तु को 20% हानि तथा दूसरी वस्तु को 14.5% की हानि पर बेचा जाता है तो संपूर्ण हानि% ज्ञात करे।

(a) $16\frac{1}{6}\%$ (b) $17\frac{1}{4}\%$

(c) $33\frac{1}{3}\%$ (d) $37\frac{1}{2}\%$

Sol. (b) Method - I

$$\text{संपूर्ण हानि\%} = \frac{(-20 - 14.5)}{2}$$

$$= \frac{-34.5}{2}$$

$$= -17\frac{1}{4}\%$$

अतः इस व्यापार में $17\frac{1}{4}\%$ की हानि होगी।

Method - II

		C.P		S.P
पहले वस्तु को 20% हानि पर $= \frac{1}{5}$	→	$5_{\times 40}$	:	$4_{\times 40}$
दूसरी वस्तु को 14.5% हानि पर $= \frac{29}{200}$	→	200	:	171
		400	:	331

हानि = 69

$$\text{हानि\%} = \frac{69 \times 100}{400} = 17\frac{1}{4}\% \quad \textbf{Ans.}$$

89. दो घड़ियां समान मूल्य प्रति रु.500 की दर से खरीदी जाती है। पहली घड़ी को 20% के लाभ तथा दूसरी घड़ी को 25% के हानि पर बेची जाती है तो संपूर्ण सौदे में कुल कितने रुपये का लाभ या हानि हुई?

(a रु.20 लाभ (b) रु.25 लाभ
(c) रु.20 हानि (d) रु.25 हानि

Sol. (d) **Method - I**

$$\text{लाभ या हानि\%} = \frac{20\% - 25\%}{2} = -2.5\%$$

अतः व्यापार में 2.5% की हानि हुई।

$$\therefore \quad \text{हानि\%} = \frac{\text{हानि} \times 100}{\text{क्रय मूल्य}}$$

$$2.5 = \frac{\text{हानि} \times 100}{1000}$$

$$\therefore \quad \text{हानि} = \text{रु.}25 \quad \textbf{Ans.}$$

Method - II

	CP : SP
पहले वस्तु पर 20% लाभ पर $= \frac{1}{5} \rightarrow$	$5_{\times 4}$: $6_{\times 4}$
दूसरे वस्तु पर 25% हानि पर $= \frac{1}{4} \rightarrow$	$4_{\times 5}$: $3_{\times 5}$
	40 : 39
	हानि = 1

$$40 = 1$$

$$1 = \frac{1}{40}$$

$$\therefore \quad 1000 = \frac{1}{40} \times 1000 = \text{रु.}25$$

अतः पूरे व्यापार में रु.25 की हानि हुई।

90. दो वस्तुएं समान मूल्य प्रति रु.5400 पर क्रय की जाती है। पहली वस्तु को 25% के लाभ पर बेचा जाता है। दूसरी वस्तु को कितने प्रतिशत की हानि पर बेचे ताकि संपूर्ण सौदे में कोई लाभ अथवा हानि न हो।

(a) 20% (b) 30%
(c) 25% (d) इनमें से कोई नहीं

Sol. (c) पहली वस्तु का 25% लाभ पर विक्रय मूल्य

$$= \frac{\text{क्रय मूल्य } (100 + \text{लाभ\%})}{100}$$

$$= \frac{5400\,(100 + 25)}{100} = 6750$$

प्राप्त लाभ = रु.(6750 – 5400) = रु.1350

अर्थात् दूसरे वस्तु पर रु.1350 की हानि होगी।

$$\therefore \quad \text{हानि\%} = \frac{1350 \times 100}{5400} = 25\%$$

अतः दूसरे वस्तु को 25% की हानि पर बेचना होगा।

91. दो वस्तुएं समान मूल्य पर खरीदी जाती है। पहली वस्तु को 15% लाभ तथा दूसरी वस्तु को 10% की हानि पर बेचा जाता है। यदि दूसरी वस्तु का विक्रय मूल्य रु.900 है तो पहली वस्तु का क्रय मूल्य ज्ञात करे।

(a) रु.850 (b) रु.1000
(c) रु.1115 (d) रु.1150

Sol. (b)

पहली वस्तु का क्रय मूल्य = दूसरी वस्तु का क्रय मूल्य

$$= \frac{\text{विक्रय मूल्य} \times 100}{(100 - \text{हानि\%})}$$

$$= \frac{900 \times 100}{100 - 10} = \text{रु.}1000$$

अतः पहली वस्तु का क्रय मूल्य = रु.1000 **Ans.**

92. दो वस्तुएं समान मूल्य पर खरीदी जाती है। पहली वस्तु को $14\frac{2}{3}\%$ के लाभ पर बेचा जाता है जबकि पहली वस्तु का विक्रय मूल्य रु. 472 हो तो दूसरी वस्तु का विक्रय मूल्य ज्ञात कीजिए, जबकि उसे 20% की हानि पर बेचा जाता है।

(a) रु.329.30 (b) रु.380.40
(c) रु.350.80 (d) इनमें से कोई नहीं

Sol. (a) पहले वस्तु के लिए

$$14\frac{2}{3}\% = \frac{44}{300} \begin{matrix} \nearrow \text{लाभ} \\ \searrow \text{क्रयमूल्य} \end{matrix}$$

$$\therefore \quad \text{SP (वि०मू०)} = 300 + 44 = 344 \text{ unit}$$

$$344 \text{ unit} = 472$$

$$1 \text{ unit} = \frac{472}{344}$$

$$\therefore \quad 300 \text{ unit} = \frac{472 \times 300}{344}$$

अर्थात् वस्तु का क्रय मूल्य = रु. $\frac{472 \times 300}{344}$

दूसरे वस्तु के लिए-

20% हानि पर = $\frac{1}{5}$ → हानि / क्रय मूल्य

विक्रय मूल्य = क्रय मूल्य – हानि
= 5 – 1
= 4 unit

प्रश्नानुसार,
दोनों के क्रय मूल्य समान है।

$\therefore$ 5 unit = $\frac{472 \times 300}{344}$

$\therefore$ 4 unit = $\frac{472 \times 300 \times 4}{344 \times 5}$
= रु.329.30

अतः दूसरे वस्तु का विक्रय मूल्य = रु.329.30 **Ans.**

समान विक्रय मूल्य पर आधारित प्रश्न

93. रु.800 में दो वस्तुओं को बेचने पर एक व्यक्ति को तीन वस्तुओं के क्रय मूल्य के बराबर लाभ होता है। लाभ का प्रतिशत है।

(a) 125 (b) 140
(c) 120 (d) 150

Sol. (d) माना कि 1 वस्तु का क्रय मूल्य = रु.100
2 वस्तु का क्रय मूल्य = रु.200
लाभ = 3×100 = रु.300

$\therefore$ बिक्री मूल्य = क्रय मूल्य + लाभ
= 200 + 300 = रु.500

प्रश्नानुसार,
रु.500 = 800
रु.1 = 1.6
$\therefore$ 200 = 200×1.6
क्रय मूल्य = रु.320
लाभ = 300×1.6 = रु.480

$\therefore$ लाभ% = $\frac{480 \times 100}{320}$ = 150%

Method - II

माना 1 वस्तु का क्रय मूल्य = 1 इकाई
2 वस्तु का क्रय मूल्य = 2 इकाई
अर्जित लाभ = 3 ईकाई

लाभ% = $\frac{3 \times 100}{2}$ = 150%

94. दो वस्तुओं में से प्रत्येक को एक दुकानदार ने रु.2400 में बेचा। दुकानदार को पूरे लेन-देन में न तो लाभ हुआ ना ही हानि हुई। यदि इनमें से एक वस्तु 20% के लाभ पर बेची गयी, तो दूसरी वस्तु पर कितने रुपये की हानि हुई।

(a) 600 (b) 400
(c) 380 (d) 240

Sol. (b) 20% का लाभ = $\frac{1}{5}$

$\therefore$ CP = 5
लाभ = 1
विक्रय मूल्य = 6

$\therefore$ 6 = 2400
1 = रु.400
लाभ = 400

पूरे लेन-देन में दुकानदार को न तो लाभ हुआ न ही हानि।

$\therefore$ दूसरे वस्तु पर रु.400 की हानि होगी।

95. दो वस्तुएं रु.9720 में एक की दर से बेची जाती है। पहली वस्तु पर, विक्रेता को 8% का लाभ होता है तथा दूसरी पर उसे 10% की हानि होती है। उसका कुल लाभ या हानि क्या है?

(a) रु.380 लाभ (b) रु.380 हानि
(c) रु.360 हानि (d) रु.360 लाभ

Sol. (c) पहले वस्तु का क्रय मूल्य = $\frac{9720 \times 100}{108}$
= रु.9000

दूसरे वस्तु का क्रय मूल्य = $\frac{9720 \times 100}{100 - 10}$
= $\frac{9720 \times 100}{90}$
= रु.10800

कुल लाभ या हानि = 9720 × 2 – (9000 + 10800)
= 19440 – 19800
= – 360

अतः रु.360 की हानि पूरे व्यापार में हुई।

96. राहुल ने दो वस्तुओं को रु.624 में खरीदा। उसने एक को 14% की हानि तथा दूसरी को 14% लाभ पर बेच दिया। यदि दोनों वस्तुओं का विक्रय मूल्य समान है, तो उनके क्रय मूल्य में अंतर ज्ञात करे।

(a) 89.64 (b) 87.36
(c) 89.68 (d) 88.84

Sol. (d) माना कि पहले वस्तु का क्रय मूल्य = x

दूसरे वस्तु का क्रय मूल्य = 624 – x

प्रश्नानुसार,

$$x \times \frac{84}{100} = (624-x) \times \frac{114}{100}$$

$$84x = 624 \times 114 - 114x$$

$$200x = 624 \times 114$$

$$x = \frac{312 \times 114}{100}$$

= रु.355.68

∴ पहले वस्तु का क्रय मूल्य = x = रु.355.68

दूसरे वस्तु का क्रय मूल्य = (624 – x)

= 624 – 355.68

= रु.268.32

दोनों के क्रय मूल्यों का अंतर = 355.68 – 268.32

= रु.87.36 **Ans.**

97. दो वस्तुओं में से प्रत्येक को रु.10384 में बेचा जाता है। पहली पर, विक्रेता को 18% का लाभ होता है तथा दूसरी पर उसे 12% की हानि होती है। कुल लाभ या हानि ज्ञात करे।

(a) रु.178 हानि (b) रु.168 हानि
(c) रु.178 लाभ (d) रु.168 लाभ

Sol. (d) पहले वस्तु का क्रय मूल्य $= \frac{10384 \times 100}{118}$

= रु.8800

लाभ = रु.(10384 – 8800) = रु.1584

दूसरे वस्तु का क्रय मूल्य $= \frac{10384 \times 100}{88}$

= रु.11800

हानि = 11800 – 10384 = रु.1416

∴ पूरे व्यापार में हुई लाभ = 1584 – 1416 = रु.168 **Ans.**

98. एक दुकानदार ने दो वस्तुएं प्रत्येक 10591 में बेची। एक पर उसे 19% का लाभ हुआ और दूसरे पर उसे 11% का नुकसान हुआ। उसका कुल लाभ या हानि प्रतिशत क्या था?

(a) 27% हानि (b) 10% हानि
(c) 5% लाभ (d) 1.8% लाभ

Sol. (d) पहले वस्तु का क्रय मूल्य $= \frac{10591 \times 100}{(100+19)}$

= रु.8900

लाभ = रु.(10591 – 8900)

= रु.1691

दूसरे वस्तु का क्रय मूल्य $= \frac{10591 \times 100}{(100-11)}$

= रु.11900

हानि = 11900 – 10591

= रु.1309

∴ पूरे व्यापार में कुल लाभ = रु.(1691 – 1309)

= रु.382

लाभ% $= \frac{382 \times 100}{20800}$

= 1.8% **Ans.**

99. दो कलाई घड़ियाँ प्रत्येक रु.1980 में बेची गई। एक कलाई घड़ी को 10% के लाभ पर और दूसरे को 10% हानि पर बेचा गया। पूरे लेन-देन का परिणाम है।

(a) रु.40 हानि (b) रु.99 हानि
(c) रु.99 लाभ (d) न लाभ न हानि

Sol. (a) पहले कलाई घड़ी का क्रय मूल्य $= \frac{1980 \times 100}{(100+10)}$

= रु.1800

लाभ = रु.(1980 – 1800)

= रु.180

दूसरे कलाई घड़ी का क्रय मूल्य $= \frac{1980 \times 100}{(100-10)}$

= रु.2200

हानि = रु.(2200 – 1980)

= रु.220

पूरे व्यापार में कुल हानि = रु.(220 – 180)

= रु.40 **Ans.**

100. एक व्यक्ति ने दो घड़ियां A व B, रु.650 की कुल कीमत पर खरीदे। वह A को 20% लाभ पर और B को 25% हानि पर बेचकर दोनों घड़ियों का वही विक्रय मूल्य प्राप्त करता है तो A और B का क्रय मूल्य क्रमशः क्या है?

(a) रु.225, रु.425 (b) रु.250, रु.400
(c) रु.275, रु.375 (d) रु.300, रु.350

Sol. (b) **A(20%↑)** **B(25%↑)**

120 **75**

75 **120**

5 : 8

∴ पहले घड़ी A का क्रय मूल्य $= \frac{5}{13} \times 650 =$ रु.250

दूसरे घड़ी B का क्रय मूल्य $= \frac{8}{13} \times 650 =$ रु.400

अतः दोनों घड़ी का क्रय मूल्य क्रमशः रु.250 एवं रु.400 है।

101. राहुल ने दो साइकिलें कुल रु.1500 में खरीदी। उसने एक साइकिल 20% हानि पर बेची और दूसरी साइकिल 20% लाभ पर। यदि दोनों साइकिलों का विक्रय मूल्य एकसमान है तो दोनों साइकिलों का क्रय मूल्य कितना है?

(a) रु.750, रु.750 (b) रु.550, रु.950
(c) रु.500, रु.1000 (d) रु.600, रु.900

Sol. (d) **पहली साइकिल : दूसरी साइकिल**

(20%↓) **(20%↑)**

80 : 120

120 **80**

3 : 2

∴ पहली साइकिल का क्रय मूल्य $= \frac{3}{5} \times 1500 =$ रु.900

दूसरी साइकिल का क्रय मूल्य $= \frac{2}{5} \times 1500 =$ रु.600

अतः दोनों साइकिलों का क्रय मूल्य क्रमशः रु.900 एवं रु.600 है।

102. दो वस्तुएं रु.9720 में एक ही दर से बेची जाती है। पहली वस्तु पर, विक्रेता को 8% का लाभ होता है तथा दूसरी पर उसे 10% की हानि होती है। उसका कुल लाभ या हानि क्या है?

(a) रु.380 लाभ (b) रु.380 हानि
(c) रु.360 हानि (d) रु.360 लाभ

Sol. (c)

	क्र०मू०	:	वि०मू०	
पहले वस्तु पर 8%↑ $=\frac{2}{25}$ →	25	:	27	
पहले वस्तु पर 10%↓ $=\frac{1}{10}$ →	$10_{\times 3}$	:	$9_{\times 3}$	[∵ दोनों वस्तु का वि०मू० समान है।]
	55	:	54	

हानि = 1

54 = 19440

1 = 360

अतः हानि = रु.360 **Ans.**

103. दो वस्तुओं में से प्रत्येक को रु.10384 में बेचा जाता है। पहली पर विक्रेता को 18% का लाभ होता है तथा दूसरी पर उसे 12% की हानि होती है। कुल लाभ या हानि ज्ञात करे।

(a) रु.178 की हानि (b) रु.168 हानि
(c) रु.178 की लाभ (d) रु.168 लाभ

Sol. (b)

	क्र०मू०	:	वि०मू०	
पहले वस्तु पर 18% लाभ पर $\left(\frac{9}{50}\right)$ →	$50_{\times 22}$ =1100	:	$59_{\times 22}$ =1298	
दूसरे वस्तु पर 12% लाभ पर $\left(\frac{3}{25}\right)$ →	$25_{\times 59}$ =1475	:	$22_{\times 59}$ =1298	[∵ दोनों वस्तु का वि०मू० समान है।]
	2575	:	2596	

लाभ = 21

2596 ईकाई = 10384 × 2

1 ईकाई = रु.8

∴ 21 ईकाई = 21 × 8 = रु.168

अतः कुल लाभ = रु.168 **Ans.**

104. एक मकान तथा एक दुकान में से प्रत्येक को एक-एक लाख रुपये में बेचा गया। मकान पर 20% की हानि तथा दुकान पर 20% का लाभ रहा। तो कुल सौदे में क्या हुआ?

(a) 4% लाभ (b) 4% हानि
(c) 10% (d) न तो लाभ न ही हानि

Sol. (b)

	CP	:	SP
मकान 20%↓ $=\frac{1}{5}$	5	:	4
दुकान 20%↑ $=\frac{1}{5}$	5	:	6

SP समान करने पर-

CP : SP

$30 = 5_{\times 6} \xrightarrow{\text{हानि } = 6} 4_{\times 6} = 24$

$20 = 5_{\times 4} \xrightarrow{\text{लाभ } = 4} 6_{\times 4} = 24$

कुल CP=50

नेट हानि = (6 – 4) = 2

$\text{हानि\%} = \frac{2}{50} \times 100 = 4\%$

105. एक आदमी ने रु.1008 में दो बकरियाँ खरीदी। उसने एक बकरी को 44% के लाभ पर बेचा और दूसरी बकरी को 20% की हानि पर बेचा। यदि प्रत्येक बकरी को समान मूल्य पर बेचा जाता तो हानि पर बेची गयी बकरी का क्रय मूल्य क्या था?

(a) 648 (b) 360
(c) 568 (d) 440

Sol. (a)

CP : SP

I बकरी $\left(44\%\uparrow = \frac{11}{25}\right) \rightarrow 25 : 36$

II बकरी $\left(20\%\downarrow = \frac{1}{5}\right) \rightarrow 5_{\times 9} : 6_{\times 9}$ = 45 : = 36

70 : 72

∴ हानि पर बेची गयी बकरी का क्रय मूल्य $= \frac{1008 \times 45}{70}$ = रु.648

106. एक व्यापारी दो घोड़े को रु.1920 में प्रत्येक के दर से बेचा गया। पहले पर उसे 5% की हानि तथा दूसरे घोड़े पर भी 10% की हानि होती है तो पूरे सौदे में हानि प्रतिशत ज्ञात करे। (लगभग में ज्ञात करे)

(a) 7.5% (लगभग) (b) 7.8%
(c) 7.2% (d) 7.3%

Sol. (a)

CP : SP

I घोड़े के लिए $\left(5\%\downarrow = \frac{1}{20}\right) \rightarrow 20_{\times 9} : 19_{\times 9}$

II घोड़े के लिए $\left(10\%\downarrow = \frac{1}{10}\right) \rightarrow 10_{\times 19} : 9_{\times 19}$

370 : 342

हानि = 28

$\text{हानि\%} = \frac{28 \times 100}{370} = 7.567\% = 7.5\%$

∴ पूरे सौदे में व्यापारी को 7.5% की हानि हुई।

107. दो खिलौने प्रति रु.504 में बेचे जाते है, एक खिलौने पर विक्रेता को 12% का लाभ होता है और दूसरे पर 4% की हानि होती है। दोनों खिलौनों के बेचने पर कितने प्रतिशत लाभ या हानि होगी।

(a) $5\frac{1}{13}$% लाभ (b) $3\frac{5}{12}$% लाभ
(c) $4\frac{5}{13}$% हानि (d) $2\frac{3}{13}$% लाभ

Sol. (b)

CP : SP

पहले खिलौने पर $12\%\uparrow\left(\frac{3}{25}\right)$ $25_{\times 6} : 28_{\times 6}$

दूसरे खिलौने पर $4\%\downarrow\left(\frac{1}{25}\right)$ $25_{\times 7} : 24_{\times 7}$

325 : 336

लाभ = 11

∴ $\text{लाभ\%} = \frac{11 \times 100}{325} = 3\frac{5}{12}\%$ लाभ

108. दो खिलौने प्रति रु.720 में बेचे जाते है। एक खिलौने पर विक्रेता को 20% का अभिलाभ होता है और दूसरे पर 10% की हानि होती है। दोनों खिलौने के बेचने पर कितने प्रतिशत लाभ या हानि होगी?

(a) $3\frac{5}{13}$% लाभ (b) $4\frac{5}{13}$% लाभ
(c) $2\frac{6}{7}$% लाभ (d) $2\frac{3}{13}$% लाभ

Sol. (c)

CP : SP

पहले खिलौने के लिए $20\%\uparrow\left(\frac{1}{5}\right)$ $5_{\times 3} : 6_{\times 3}$

दूसरे खिलौने के लिए $10\%\downarrow\left(\frac{1}{10}\right)$ $10_{\times 2} : 9_{\times 2}$

35 : 36

लाभ = 1

∴ $\text{लाभ\%} = \frac{1 \times 100}{35} = 2\frac{6}{7}\%$ **Ans.**

109. एक टी०वी० सेट में प्रत्येक को रु.7400 में बेचा गया। एक पर उसे 10% का लाभ हुआ और दूसरे पर 10% की हानि। कुल व्यापार में उसे कितना प्रतिशत का लाभ या हानि हुआ?

(a) न लाभ, न हानि (b) 1% लाभ
(c) 1% हानि (d) 0.1% हानि

Sol. (c) कुल लाभ या हानि% $= 10 - 10 + \frac{10 \times (-10)}{100}$

$= -1\%$ हानि

अतः परे व्यापार में उसे 1% की हानि हुई।

110. अमन दो टेबल प्रत्येक को रु.135 पर बेचता है और ऐसा करने पर एक टेबल पर 25% का लाभ होता है और दूसरी पर 25% की हानि होती है। रुपये में कुल मिलाकर उनका नुकसान है।

(a) 20 (b) 18
(c) 25 (d) 30

Sol. (b)

	CP	:	SP
पहले टेबुल को $25\%\uparrow\left(\frac{1}{4}\right)$	$4_{\times 3}$	:	$5_{\times 3}$
दूसरे टेबुल को $25\%\downarrow\left(\frac{1}{4}\right)$	$4_{\times 5}$	:	$3_{\times 5}$
	32	:	30

हानि = 2

हानि% $= \frac{2 \times 100}{32} = 6.25\%$

क्रय मूल्य $= \frac{\text{वि०मू०} \times 100}{100 - \text{हानि\%}}$

$= \frac{270 \times 100}{100 - 6.25} =$ रु.288

$\therefore$ हानि = रु.(288 – 270) = रु.18

अतः इस व्यापार में उसे रु.18 का नुकसान होगा।

111. एक रंगीन टी०वी० और एक वी०सी०पी० प्रत्येक को रु.12600 में बेचा गया। टी०वी० को 12.5% की हानि पर बेचा गया जबकि वी०सी०पी० को 12.5% के लाभ पर बेचा गया। पूरे लेन-देन में लाभ या हानि का पता लगाए?

(a) 400 हानि (b) 630 हानि
(c) 400 लाभ (d) 500 हानि

Sol. (c)

	CP	:	SP
टी.वी. $12.5\%\downarrow = \frac{1}{8}$	8	:	7
वी.सी.पी. $12.5\%\uparrow = \frac{1}{8}$	8	:	9

SP समान करने पर-

CP : SP

$72 = 8_{\times 9} \xrightarrow{\text{हानि} = 9} 7_{\times 9} = 63$

$56 = 8_{\times 7} \xrightarrow{\text{लाभ} - 7} 9_{\times 7} = 63 \rightarrow 12,600$

$1 \rightarrow 200$

नेट हानि $= (9 - 7) = 2 \rightarrow 400$

112. x दो वस्तुएं बिना किसी लाभ या हानि के 4000 प्रति वस्तु की दर से बेचता है। यदि उनमें एक 25% लाभ पर बेची हो, तो दूसरी कितनी प्रतिशत हानि पर बेची थी?

(a) 25% (b) $16\frac{2}{3}\%$
(c) $18\frac{2}{9}\%$ (d) 20%

Sol. (b) पहले वस्तु का क्रय मूल्य $= \frac{\text{वि०मू०} \times 100}{100 + \text{लाभ\%}}$

$= \frac{4000 \times 100}{100 + 25}$

= रु.3200

$\therefore$ लाभ = 4000 – 3200 = रु.800

अतः दूसरी वस्तु हमें रु.800 हानि पर बेचनी होगी।

$\therefore$ दूसरी वस्तु का क्रय मूल्य = 4000 + 800

= रु.4800

$\therefore$ हानि% $= \frac{800 \times 100}{4800} = 16\frac{2}{3}\%$

अतः दूसरी वस्तु को $16\frac{2}{3}\%$ हानि पर बेचना होगा।

113. एक व्यक्ति ने दो वस्तुएं प्रति वस्तु रु.8400 की दर से बेची। उसमें उसे न तो कोई लाभ हुआ न ही हानि। वही व्यक्ति एक वस्तु को 20% लाभ पर बेचे तो उसे दूसरी वस्तु कितने प्रतिशत हानि पर बेचनी होगी?

(a) $15\frac{2}{3}\%$ (b) $14\frac{2}{7}\%$
(c) $17\frac{1}{3}\%$ (d) $18\frac{1}{3}\%$

Sol. **(b)** पहली वस्तु का क्रय मूल्य $= \frac{8400 \times 100}{120}$

$= रु.7000$

$\therefore$ लाभ $= (8400 - 7000) = रु.1400$

अतः हमें दूसरी वस्तु पर रु.1400 की हानि पर बेचना होगा।

$\therefore$ क्रय मूल्य $= (8400 + 1400) = रु.9800$

$\therefore$ हानि% $= \frac{1400 \times 100}{9800} = 14\frac{2}{7}\%$ **Ans.**

114. एक टी०वी० तथा ए०सी० समान मूल्य पर बेची जाती है। टी०वी० को $14\frac{2}{7}\%$ के लाभ पर तथा ए०सी० को $16\frac{2}{3}\%$ के हानि पर बेचा जाता है। यदि टी०वी० का क्रय मूल्य रु.17500 हो, तो ए०सी० का क्रय मूल्य ज्ञात कीजिए।

(a) 26000 (b) 24000
(c) 20000 (d) 21000

Sol. **(b)** टी०वी० का वि०मू० $14\frac{2}{7}\%$ लाभ पर

$14\frac{2}{7}\% = \frac{1}{7}$ → 1 = लाभ, 7 = क्रयमूल्य

$\therefore$ विक्रय मूल्य $= 7 + 1 = 8$

$7 = 17500$

$1 = 2500$

$8 = 2500 \times 8$

$= रु.20000$

अतः टी०वी० का विक्रय मूल्य = रु.20,000

समान मूल्य पर बेचने के कारण ए०सी० का विक्रय मूल्य = 20,000

$16\frac{2}{3}\%$ हानि पर ए०सी० का क्रय मूल्य

$16\frac{2}{3}\% = \frac{1}{6}$ → 1 = हानि, 6 = क्रयमूल्य

$\therefore$ विक्रय मूल्य $= 6 - 1 = 5$

$5 = 20000$

$1 = 4000$

$\therefore$ $6 = 4000 \times 6$

$= रु.24000$

अतः ए०सी० का क्रय मूल्य = रु.24000 **Ans.**

Method - II

पहले टी०वी० का वि०मू० = ए०सी० का क्रय मूल्य

$$17500 \times \frac{\left(100 + 14\frac{2}{7}\right)}{100} = CP_2 \times \frac{\left(100 - 16\frac{2}{3}\right)}{100}$$

$$17500 \times \frac{800}{7} = CP_2 \times \frac{250}{3}$$

$\therefore$ $CP_2 = रु.24000$

अतः ए०सी० का क्रय मूल्य = रु.24000 **Ans.**

समतुल्य लाभ-हानि प्रतिशत पर आधारित प्रश्न

115. एक दूधवाला शुद्ध दूध में 10% पानी मिलाता है, लेकिन वह इससे संतुष्ट नहीं होता है। इसलिए वह फिर से पिछले मिश्रण में 10% और पानी मिलाता है। यदि वह इसे क्रय मूल्य पर बेचता है, तो लाभ प्रतिशत ज्ञात कीजिए।

(a) 21% (b) 12.1%
(c) 20% (d) 11.11%

Sol. **(a)**

लाभ% $= 10 + 10 + \frac{10 \times 10}{100}$

$= 21\%$ लाभ

अतः लाभ प्रतिशत = 21% **Ans.**

116. एक दूधवाला 20% का लाभ कमाता है। यदि वह दूध की मूल मात्रा में 10% पानी मिलाता है, तो उसके लाभ का प्रतिशत क्या होगा?

(a) 50% (b) 84%
(c) 64% (d) 32%

Sol. **(d)**

लाभ प्रतिशत $= 20 + 10 + \frac{20 \times 10}{100}$

$= 32\%$

अतः लाभ% = 32% **Ans.**

117. एक दुकानदार छेड़छाड़ वजन का उपयोग करके फल खरीदते और बेचत समय 15% तक धोखा देता है। प्रतिशत में उनका कुल लाभ ज्ञात करे।

(a) 32.75 (b) 32.25
(c) 32 (d) 32.5

Sol. **(b)**

लाभ प्रतिशत $= 15 + 15 + \frac{15 \times 15}{100}$

$= 30 + 2.25$

$= 32.25\%$

अतः लाभ प्रतिशत = 32.25% **Ans.**

118. एक दुकानदार छेड़छाड़ वजन का उपयोग करके, खरीदते और बेचते समय 11% की सीमा तक धोखा देता है। प्रतिशत में उसका कुल लाभ ज्ञात करे।

(a) 23.75 (b) 23.25
(c) 23.21 (d) 23.5

Sol. **(c)**

$$\text{अतः लाभ\%} = 11 + 11 + \frac{11 \times 11}{100}$$
$$= 22 + 1.21$$
$$= 23.21\% \quad \textbf{Ans.}$$

119. एक दुकानदार फल खरीदते समय और बेचते समय छेड़छाड़ वजन का प्रयोग करता है और 8% तक धोखा देता है। प्रतिशत में उसका कुल लाभ ज्ञात करे।

(a) 16.25 (b) 16.64
(c) 16.75 (d) 16.5

Sol. **(b)**

$$\text{लाभ प्रतिशत} = 8 + 8 + \frac{8 \times 8}{100}$$
$$= 16.64\%$$

अतः लाभ प्रतिशत = 16.64% **Ans.**

वस्तुओं की संख्या पर आधारित प्रश्न

120. मोहित रु.3 प्रति अण्डे की दर से अण्डे खरीदता है तथा रु.5 प्रति अण्डे की दर से उन्हें बेचता है। 35 अण्डे बेचने पर लाभ प्रतिशत क्या है?

(a) 33.33% (b) 40%
(c) 60% (d) 66.66%

Sol. **(d)** **Method - I**

∵ 1 अण्डे का क्रय मूल्य = रु.3

∴ 35 अण्डे का क्रय मूल्य = 3 × 35 = रु.105

∵ 1 अण्डे का विक्रय मूल्य = रु.5

∴ 35 अण्डे का विक्रय मूल्य = 5 × 35 = रु.175

$$\therefore \text{लाभ\%} = \frac{(175 - 105) \times 100}{105}$$
$$= \frac{70 \times 100}{105} = 66.66\%$$

Method - II

क्रय मूल्य = रु.3 / अण्डा
विक्रय मूल्य = रु.5 / अण्डा
लाभ = रु.2 / अण्डा

$$\therefore \text{लाभ\%} = \frac{2 \times 100}{3} = 66.66\% \quad \textbf{Ans.}$$

121. यदि 10 पेंसिलों और 12 पेनों का क्रय मूल्य रु.150 है, तो 30 पेंसिलों और 36 पेनों का क्रय मूल्य ज्ञात करे।

(a) रु.450 (b) रु.200
(c) रु.600 (d) रु.300

Sol. **(a)** (10 पेंसिल + 12 पेन) का क्रय मूल्य = रु.150

दोनों तरफ 3 से गुणा करने पर

3(10 पेंसिल + 12 पेन) का क्रय मूल्य = रु.150 × 3

(30 पेंसिल + 36 पेन) का क्रय मूल्य = रु.450 **Ans.**

122. कोई दुकानदार रु.1350 के मूल्य में 15 दर्जन पेन खरीदता है और उन्हें रु.495 प्रति 5 दर्जन पेन के मूल्य में बेचता है। उसका प्रतिशत लाभ या हानि ज्ञात करे।

(a) 10% लाभ (b) 10% हानि
(c) 15% हानि (d) 15% लाभ

Sol. **(a)**

∵ 15 दर्जन पेन का क्रय मूल्य = रु.1350

∴ 1 दर्जन पेन का क्रय मूल्य = रु.90

अब,

5 दर्जन पेन का विक्रय मूल्य = रु.495

∴ 1 दर्जन पेन का विक्रय मूल्य = रु.99

$$\text{लाभ\%} = \frac{(99 - 90) \times 100}{90} = \frac{9 \times 100}{90} = 10\%$$

अतः दुकानदार को 10% का लाभ होगा।

123. एक विक्रेता ने रु.1800 में कुछ खिलौना खरीदा। उसने इनमें से 40% खिलौना को 15% हानि पर बेचा और शेष में से $33\frac{1}{3}\%$ खिलौना को 20% लाभ पर बेचा। कुल मिलाकर 10% लाभ प्राप्त करने के लिए, उसे शेष खिलौनों को कितने लाभ प्रतिशत पर बेचना चाहिए?

(a) 30% (b) 24%
(c) 25% (d) 20%

Sol. **(a)** माना कि खिलौनों की संख्या = रु.100

खिलौनों का मूल्य = रु.100

प्रश्नानुसार,

$$\left(100 \times \frac{40}{100}\right) \times \left(\frac{15}{100}\right) + \left(60 \times \frac{1}{3}\right) \times \left(\frac{20}{100}\right) + \left(40 \times \frac{x}{100}\right) = 10$$

$$40 \times \left(\frac{-15}{100}\right) + 4 + \frac{2x}{5} = 10$$

$$-6+4+\frac{2x}{5} = 10$$

$$\frac{2x}{5} = 12$$

$$\therefore \quad x = 30$$

अतः शेष खिलौनों को 30% लाभ पर बेचना होगा।

124. अनिल रु.8 में 6 की दर पर कुछ वस्तुएं खरीदता है और उन्हें रु. 12 में 10 की दर पर बेचता है। उसका प्रतिशत लाभ या हानि क्या होगा?

(a) 10% हानि (b) 8% हानि
(c) 8% लाभ (d) 10% लाभ

Sol. (c)

माना कि कुल वस्तु की संख्या = 30 (6 और 10 का LCM)

$\therefore$ 30 वस्तु का कुल क्रय मूल्य $= \frac{30 \times 8}{6} = 40$

$\therefore$ 30 वस्तु का विक्रय मूल्य $= \frac{30 \times 12}{10} = 36$

$\therefore$ हानि% $= \frac{(40-36) \times 12}{40}$

= 10% हानि **Ans.**

125. कुछ फलों को रु.100 में 11 की दर से और रु.100 में 9 की दर से एक समान संख्या में खरीदा जाता है। यदि सभी फल, रु.100 में 10 की दर से बेचे जाते है, तो संपूर्ण लाभ या हानि प्रतिशत क्या है?

(a) हानि 5% (b) हानि 1%
(c) लाभ 1% (d) लाभ 5%

Sol. (b) माना कि फलों की संख्या = 990

[$\because$ 11, 9 एवं 10 का ल०स०]

$\therefore$ 990 फलों के लिए (₹100 में 11 की दर से) क्रय मूल्य

$= \frac{990}{11} \times 100 =$ रु.9000

990 फलों के लिए क्रय मूल्य (रु.100 में 9 की दर से)

$= \frac{990 \times 100}{9} =$ रु.11000

सभी फलों के लिए विक्रय मूल्य (रु.100 में 10 की दर से)

$= \frac{1980 \times 100}{10} =$ रु.19800

$\because$ कुल क्रय मूल्य = 9000 + 11000 = रु.20,000

कुल विक्रय मूल्य = रु.19800

$\therefore$ हानि% $= \frac{(20000 - 19800) \times 100}{2000}$

$= \frac{200 \times 100}{20000} =$ 1% हानि

126. एक आदमी रु.40 में 3 की दर से कुछ संतरे खरीदता है और उतनी ही मात्रा में कुछ संतरे रु.60 में 5 की दर से खरीदता है। यदि वह सभी संतरे रु.50 में 3 की दर से बेचता है तो उसे प्राप्त होने वाले लाभ अथवा हानि का प्रतिशत ज्ञात करे। (लगभग में प्रतिशत ज्ञात करे)

(a) 32% लाभ (b) 31% हानि
(c) 34% हानि (d) 31% लाभ

Sol. (a)

माना कि प्रत्येक द्वारा संतरों की संख्या = 15 (3, 5, 3 का LCM)

$\therefore$ पहले 15 संतरों का क्रय मूल्य (रु.40 में 5 की दर)

$= \frac{15 \times 40}{3} =$ रु.200

$\therefore$ दूसरे 15 संतरों का क्रय मूल्य (रु.60 में 5 की दर)

$= \frac{15 \times 60}{5} =$ रु.180

अब, दोनों तरह के 30 संतरों का विक्रय मूल्य

$= \frac{30 \times 50}{3} =$ रु.500

$\therefore$ कुल क्रय मूल्य = रु.(200 + 180) = रु.380

कुल विक्रय मूल्य = रु.500

$\therefore$ लाभ% $= \frac{(500-380) \times 100}{380}$

$= \frac{120 \times 100}{380}$

$= 31.58\%$

$\cong 32\%$ **Ans.**

127. एक दुकानदार कुछ वस्तुएं 2 रुपये में 3 की दर से खरीदता है और सभी वस्तुओं को 3 रुपयें में 4 के हिसाब से बेचता है जिससे उसे रु.40 का लाभ होता है तो वस्तुओं की संख्या ज्ञात करे।

(a) 460 (b) 480
(c) 500 (d) 520

Sol. माना कि वस्तु की संख्या = 12

$\therefore$ 12 वस्तु का क्रय मूल्य $= \frac{12 \times 2}{3} =$ रु.8

∴ 12 वस्तु का विक्रय मूल्य $= \frac{12 \times 3}{4}$ = रु.9

लाभ = 9 – 8 = 1

प्रश्नानुसार,

$1 = 40$

∴ $12 = 12 \times 40$

$= 480$

अतः वस्तु की कुल संख्या = 480 **Ans.**

128. एक दुकानदार 4 पेन 6 रुपये के हिसाब से खरीदता है तथा रु.5 में 5 पेन बेचता है। अमर को रु.200 की हानि हुई हो तो पेन की संख्या ज्ञात करे।

(a) 415 (b) 410

(c) 400 (d) 500

Sol. (c) माना कि

पेन की संख्या = 20

20 पेन का कुल क्रय मूल्य $= \frac{20 \times 6}{4}$ = रु.30

20 पेन का कुल विक्रय मूल्य $= \frac{20 \times 5}{5}$ = रु.20

हानि = रु.(30 – 20) = रु.10

प्रश्न से,

रु.10 = 200

1 = 20

∴ 20 = 20 × 20

= 400 **Ans.**

अतः पेनों की संख्या = 400

129. रु.1 में 5 के हिसाब से कुछ वस्तु खरीदी और उतने ही वस्तु रु. 1 में 4 के हिसाब से खरीदी। दोनों को मिलाकर रु.2 में 9 के हिसाब से बेच दिया तो रुपये 3 की हानि हुई। वस्तु की संख्या ज्ञात करे।

(a) 950 (b) 1010

(c) 960 (d) 1080

Sol. (d)

माना कि वस्तु की संख्या = 180 [5, 4, 9 का LCM]

पहले 180 वस्तु का क्रय मूल्य (रु.1 में 5 की दर)

$= \frac{180 \times 1}{5} = 36$

दूसरे 180 वस्तु का क्रय मूल्य (रु.1 में 4 की दर)

$= \frac{180 \times 1}{4}$ = रु.45

कुल क्रय मूल्य = (36 + 45) = ₹81

कुल 360 वस्तु का विक्रय मूल्य (रु.2 में 9 की दर)

$= \frac{360 \times 2}{9}$ = रु.80

हानि = 81 – 80 = 1

प्रश्नानुसार,

1 = 3

∴ 360 = 3 × 360

= 1080 वस्तु **Ans.**

130. कोई दुकानदार रु.222 में 12 के मूल्य पर कुछ नोटबुक खरीदता है और उतनी ही संख्या में नोटबुक रु.225 में 10 के मूल्य पर खरीदता है। यदि वह सभी नोटबुक 20% लाभ पर बेचता है तो 15 नोटबुक का विक्रय मूल्य ज्ञात करे।

(a) 369 (b) 360

(c) 376.5 (d) 302.40

Sol. (a) माना कि नोटबुक की संख्या = 60

पहले 60 नोटबुक का क्रय मूल्य (रु.222 में 12 की दर)

$= \frac{222 \times 60}{12}$ = रु.1110

दूसरे 60 नोटबुक का क्रय मूल्य (रु.225 में 10 की दर)

$= \frac{225 \times 60}{10}$ = रु.1350

कुल क्रय मूल्य = रु.(1110 + 1350) = रु.2460

कुल 120 नोटबुक का विक्रय मूल्य (20% लाभ पर)

$= 2460 \times \frac{120}{100}$ = रु.2952

∵ 120 नोटबुक का 20% लाभ पर विक्रय मूल्य = रु.2952

∴ 15 नोटबुक का 20% लाभ पर विक्रय मूल्य

$= 2952 \times \frac{15}{120}$ = रु.369 **Ans.**

131. एक दुकानदार ने रु.1.40 प्रति अंडे के हिसाब से 40 दर्जन अंडे खरीदे। 80 अंडे परिवहन में टूट गए। उसने शेष प्रत्येक अंडे को रु. 1.60 में बेचा। उसका लाभ या हानि प्रतिशत ज्ञात करे।

(a) हानि $3\frac{19}{27}\%$ (b) लाभ $3\frac{19}{27}\%$

(c) लाभ $4\frac{16}{21}\%$ (d) हानि $4\frac{16}{21}\%$

Sol. (d) 40 दर्जन अंडों का कुल क्रय मूल्य

= 40 × 12 × 1.4 = रु.672

80 अंडे टूटने के बाद शेष अंडे का विक्रय मूल्य

$= (480 - 80) \times 1.6 =$ रु.640

हानि% $= \frac{(672 - 640) \times 100}{672}$

$= \frac{32}{672} \times 100 = 4\frac{16}{21}$% हानि **Ans.**

132. रु.405 में 3 दर्जन संतरे को बेचने पर एक व्यापारी को 25% की हानि होती है। यदि वह सौदे में 20% का लाभ प्राप्त करना चाहता है तो रु.288 में कितने संतरे बेचने चाहिए?

(a) 18 (b) 15
(c) 16 (d) 12

Sol. (c)

36 संतरे का विक्रय मूल्य (25% हानि पर) = 405

1 संतरे का विक्रय मूल्य $= \frac{405}{36}$

$= 11.25$

25% हानि $= \frac{1}{4}$

3 = 11.25
1 = 3.75
4 = 4 × 3.75
= 15

अतः संतरे का क्रय मूल्य = रु.15

20% का लाभ प्राप्त करने के लिए 1 संतरे का विक्रय मूल्य

$= 15 \times \frac{120}{100} =$ रु.18

अब ₹288 में संतरों की संख्या $= \frac{288}{18} = 16$ संतरे

(अतः रु.288 में 16 संतरे बेचना होगा)

133. एक दुकानदार ने 95 दर्जन संतरे प्रत्येक को रु.4.50 की दर से खरीदे। 7 दर्जन संतरे सड़े हुए थे। इसीलिए उन्हें फेंक दिया गया। उसने शेष संतरे रु.78 प्रति दर्जन की दर से बेच दिया। उसका लाभ या हानि प्रतिशत ज्ञात करे।

(a) लाभ 45% (b) लाभ 34%
(c) हानि 34% (d) हानि 45%

Sol. (b) 1 संतरे का क्रय मूल्य = रु.4.5

95 दर्जन संतरे का क्रय मूल्य = 95 × 12 × 4.5

= रु.5130

सड़े संतरे फेंकने के बाद शेष संतरे = (95 – 7) दर्जन

= 88 दर्जन

88 दर्जन संतरे का विक्रय मूल्य = 88 × 78

= रु.6864

लाभ% $= \frac{6864 - 5130}{5130} \times 100$

$= \frac{1734}{5130} \times 100$

$= 33.80\% \cong 34\%$ लाभ **Ans.**

134. कुछ वस्तुओं की विक्रय की कीमतों के बीच अंतर, अगर रु.9 के बजाय रु.12 प्रति वस्तु के हिसाब से बेचा जाता है तो रु.150 है। यदि इन वस्तुओं की लागत मूल्य रु.250 है, तो 20% लाभ अर्जित होने पर 21 वस्तुओं की विक्रय मूल्य है।

(a) रु.126 (b) रु.136
(c) रु.125 (d) रु.130

Sol. (a) वस्तु की संख्या $= \frac{150}{(12 - 9)} = 50$ वस्तु

एक वस्तु का क्रय मूल्य $= \frac{250}{50} =$ रु.5

20% लाभ अर्जित करने पर 21 वस्तुओं का विक्रय मूल्य

$= 21 \times 5 \times \frac{120}{100} =$ रु.126

क्रय मूल्य, अंकित मूल्य एवं विक्रय मूल्य में संबंध

135. एक व्यक्ति ने रु.12 लाख में एक कार खरीदी और इसकी 80% लागत का बीमा करवाया। उसने कार को 15% की हानि उठाकर बेच दिया। लेकिन उसके साथ दुर्घटना हो जाने के कारण वह खरीददार को कार नहीं दे पाया। दुर्घटना के कारण, कार को बहुत नुकसान हुआ और बीमा कंपनी ने बीमाकृत राशि के 90% का भुगतान कर दिया। इन दोनों लेन-देन में शुद्ध अंतर की गणना करे।

(a) रु.88 लाख (b) रु.92 लाख
(c) रु.1.38 लाख (d) रु.1.56 लाख

Sol. (d) कार की कीमत = 12 लाख रुपये

बीमा करवाने के बाद कार की कीमत

= 12 लाख $\times \frac{180}{100} =$ रु.2160000

बीमा कंपनी द्वारा बीमाकृत राशि का भुगतान

$= 960000 \times \frac{90}{100} =$ रु.864000

कार को 15% हानि पर बेचने पर $= 12 \text{ लाख} \times \frac{85}{100}$

$= \text{रु.}1020000$

शुद्ध अंतर $= 1020000 - 864000$

$= \text{रु.}156000$

$= \text{रु.}1.56$ लाख **Ans.**

136. एक वस्तु की अंकित कीमत रु.315 है। इसे रु.288 में बेचा गया है। यदि 4% की हानि होती है तो इस वस्तु की अंकित कीमत लागत कीमत से कितना प्रतिशत अधिक रखी गयी है।

(a) 5 (b) 8

(c) $6\frac{1}{2}$ (d) $5\frac{1}{2}$

Sol. **(a)** $4\% = \frac{1}{25}$ (1 → हानि, 25 → क्रयमूल्य)

∴ विक्रय मूल्य = 25 – 1 = 24 इकाई

प्रश्नानुसार,

24 इकाई = रु.288

1 इकाई = रु.12

∴ 25 इकाई = 12 × 25 = रु.300

प्रतिशत अधिकता $= \frac{315 - 300}{300} \times 100 = 5\%$ **Ans.**

अतः अंकित मूल्य, लागत मूल्य से 5% अधिक है।

137. किसी वस्तु को रु.800 में बेचने पर, एक व्यक्ति को इसके विक्रय मूल्य पर 20% की हानि होती है। क्रय मूल्य पर 25% लाभ कमाने के लिए उसे इस वस्तु को किस कीमत पर बेचना चाहिए?

(a) रु.1280 (b) रु.1152

(c) रु.1250 (d) रु.1200

Sol. **(c)** माना कि वस्तु का क्रय मूल्य = रु.x

प्रश्न से,

$x \times \frac{80}{100} = 800$

x = रु.1000

पुनः 25% लाभ के लिए वस्तु का विक्रय मूल्य

$= 1000 \times \frac{125}{100}$

= रु.1250 **Ans.**

138. सुषमा ने 6 मेज और 12 कुर्सियों को रु.12000 में क्रय किया। उसने मेजों को 15% लाभ पर तथा कुर्सियों को 10% हानि पर बेच दिया। यदि उसका कुल लाभ 300 था, तो मेजों की कुल कीमत ज्ञात करे।

(a) रु.6000 (b) रु.5000

(c) रु.5400 (d) रु.4800

Sol. **(a)** $6M + 12C = 12000$ ..... (i)

$6M \times \frac{15}{100} - 12C \times \frac{10}{100} = 300$

$\frac{9M}{10} - \frac{12C}{10} = 300$

$9M - 12C = 3000$ ....(ii)

समी.(i) + (ii)

$6M + 12C = 12000$

$9M - 12C = 3000$

$15M = 15000$

∴ $M = 1000$

∴ मेजों की कुल कीमत = 6 × 1000

= रु.6000 **Ans.**

139. किसी वस्तु का अंकित मूल्य, उसके क्रय मूल्य से 40% अधिक है। यदि इसका विक्रय मूल्य, अंकित मूल्य का $73\frac{1}{2}\%$ है तो लाभ प्रतिशत ज्ञात करे।

(a) 2.9% (b) 2.4%

(c) 3.1% (d) 2.7%

Sol. **(a)**

माना कि क्रय मूल्य = 100

अंकित मूल्य = 140

विक्रय मूल्य $= 140 \times \frac{147}{2 \times 100} = 102.9$

∴ लाभ% $= \frac{(102.9 - 100) \times 100}{100}$

= 2.9% **Ans.**

140. A ने रु.5400 में एक वस्तु खरीदा और इसे 30% की हानि पर बेचा। इस राशि के साथ, उन्होंने एक और वस्तु को खरीदा और इसे 60% के लाभ पर बेचा। उसका कुल प्रतिशत लाभ और प्रतिशत हानि क्या थी?

(a) 1.2% लाभ (b) 12% लाभ

(c) 12% हानि (d) 1.2% हानि

Sol. **(b)** A के लिए विक्रय मूल्य $= 5400 \times \frac{70}{100} =$ रु.3780

अब 60% के लाभ पर $= 3780 \times \frac{160}{100} =$ रु.6048

$\therefore$ लाभ% $= \frac{(6048 - 5400) \times 100}{5400}$

$= \frac{648 \times 100}{5400} = 12\%$

अतः A का कुल लाभ = **12%**

141. किसी वस्तु को इसके विक्रय मूल्य के $\frac{7}{12}$ भाग पर बेचने से, किसी आदमी को 16% की हानि होती है। यदि वह, इस वस्तु को इसके मूल विक्रय मूल्य के 90% पर बेचता है, तो लाभ प्रतिशत ज्ञात करे।

(a) 29.6% (b) 30.2%
(c) 32.5% (d) 26.4%

Sol. **(a)**

माना कि मूल विक्रय मूल्य = रु.120

अब विक्रय मूल्य = रु.70

$\therefore$ क्रय मूल्य $= \frac{70 \times 100}{100 - 16} =$ रु. $\frac{500}{6}$

नया विक्रय मूल्य $= 120 \times \frac{90}{100} =$ रु.108

$\therefore$ लाभ% $= \frac{108 - \frac{500}{6}}{\frac{500}{6}} \times 100$

$= \frac{648 - 500}{500} \times 100$

$= \frac{148 \times 100}{500}$

$= 29.6\%$

अतः लाभ% = 29.6% **Ans.**

बेईमान दुकानदार पर आधारित प्रश्न

142. दीपक अपनी दुकान में उपलब्ध अपने सभी समान को क्रय मूल्य पर बेचता है, लेकिन वह अपने ग्राहक को धोखा देता है और 20% कम समान देता है। उसका लाभ प्रतिशत ज्ञात करे।

(a) 30% (b) 33%
(c) 25% (d) 20%

Sol. **(c)** माना कि 1 ग्राम समान का क्रय मूल्य = रु.1

$\therefore$ 1000 ग्राम समान का क्रय मूल्य = रु.1000

20% कम सामान तोलने पर

1000 gm

200 gm = **₹200** | **800 gm** = **₹800**

लाभ% $= \frac{200 \times 100}{800} = 25\%$ **Ans.**

143. एक व्यापारी 20% के लाभ पर समान बेचकर लाभ कमाता है। इसके साथ ही वह ऐसे बांटों का उपयोग करता है, जो 20% कम है। उसका वास्तविक प्रतिशत लाभ ज्ञात कीजिए।

(a) 50% (b) 25%
(c) 40% (d) 60%

Sol. **(a)** माना कि 1 ग्राम वस्तु का क्रय मूल्य = रु.1

$\therefore$ 1000 ग्राम वस्तु का क्रय मूल्य = रु.1000

प्रश्नानुसार,

20% लाभ पर विक्रय मूल्य = रु.1200

$\because$ 20% कम समान तौलने पर क्रय मूल्य $= 1000 \times \frac{80}{100}$

= रु.800

लाभ = ₹(1200 – 800) = ₹400

$\therefore$ लाभ% $= \frac{400 \times 100}{800} = 50\%$ **Ans.**

144. एक दुकानदार दाल को 20% लाभ पर बेचता है और वह 1 किलोग्राम की जगह 900 ग्राम बाट का इस्तेमाल करता है। उसका कुल लाभ प्रतिशत ज्ञात करे।

(a) $20\frac{1}{3}\%$ (b) $33\frac{1}{3}\%$

(c) $16\frac{2}{3}\%$ (d) $16\frac{1}{2}\%$

Sol. **(b)** माना कि 1 ग्राम दाल का क्रय मूल्य = रु.1

$\therefore$ 1000 ग्राम दाल का क्रय मूल्य = रु.1000

प्रश्नानुसार,

900 ग्राम दाल बेचने के कारण क्रय मूल्य = 900

20% का लाभ प्राप्त करने पर $= 1000 \times \frac{120}{100}$

= 1200

$\therefore$ लाभ% $= \frac{(1200 - 900) \times 100}{900} = 33\frac{1}{3}\%$ **Ans.**

145. एक व्यापारी 500 किलोग्राम माल खरीदने के लिए एक थोक व्यापारी के पास जाता है। थोक व्यापारी के पास एक तराजू है जो एक किग्रा के बदले 1200 ग्राम दिखाता है। बाद में, व्यापारी उसका लागत मूल्य 25% बढ़ा कर एक ग्राहक को 5 किलोग्राम बेच देता है। (बिना यह अहसास किए कि थोक विक्रेता ने उसे धोखा दिया है।) व्यापारी का शुद्ध लाभ/हानि का प्रतिशत क्या है?

(a) 0% (b) 4.17% लाभ
(c) 20% लाभ (d) 3% हानि

Sol. (b) माना कि 1 ग्राम का क्रय मूल्य = रु.1

∴ 1000 ग्राम का क्रय मूल्य = रु.1000

प्रश्नानुसार,

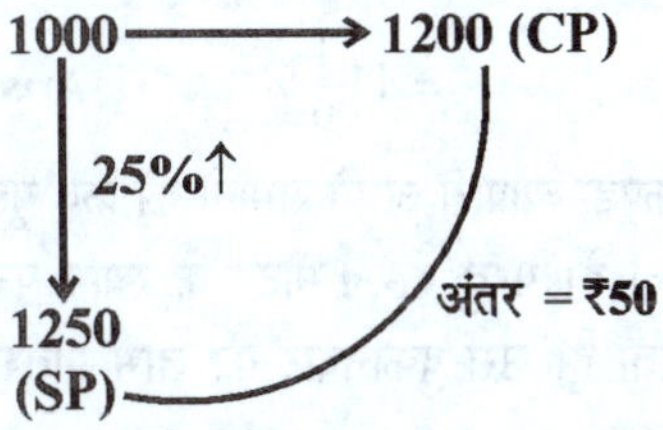

∴ $लाभ\% = \frac{50 \times 100}{1200} = 4.17\%$ लाभ **Ans.**

146. एक दुकानदार 1 किग्रा चीनी को y% नुकसान पर बेचता है परंतु वह 1 किग्रा वजन के स्थान पर 500 ग्राम इस्तेमाल करता है। अगर इसे 50% का लाभ हुआ हो तो y का मान ज्ञात करे।

(a) 25% (b) 20%
(c) 30% (d) 10%

Sol. (a) माना कि 1 ग्राम चीनी का क्रय मूल्य = रु.1

∴ 1000 ग्राम चीनी का क्रय मूल्य = रु.1000

प्रश्नानुसार,

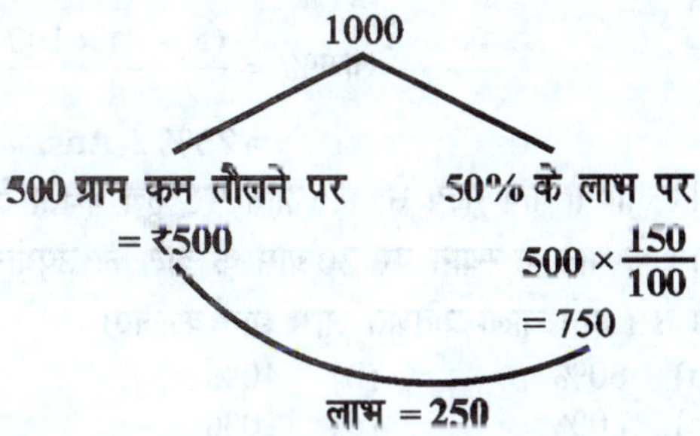

∴ $लाभ\% = \frac{250 \times 100}{1000} = 25\%$ **Ans.**

147. एक दुकानदार छेड़छाड़ वजन का उपयोग करके फल खरीदते है और बेचते समय 15% तक धोखा देते है तो उनका लाभ प्रतिशत ज्ञात करे।

(a) 32.75 (b) 32.25
(c) 32 (d) 32.5

Sol. (b) कुल $लाभ\% = 15 + 15 + \frac{15 \times 15}{100}$

$= 30 + 2.25 = 32.25\%$ **Ans.**

148. एक बेईमान दुकानदार समान खरीदते समय 20% की चोरी तथा बेचते समय 40% की चोरी करता है और दावा करता है कि वह अपनी वस्तुओं को 10% हानि पर बेच रहा है। उसका कुल लाभ या हानि प्रतिशत ज्ञात करो।

(a) 25% (b) 20%
(a) 60% (b) 72%
(c) 76% (d) 80%

Sol. (d) माना कि 1000 ग्राम का क्रय मूल्य = रु.1000

प्रश्नानुसार,

20% अधिक खरीदता है = 1200

40% कम बेचता है = 600

10% हानि पर बेचने पर नया विक्रय मूल्य $= 1200 \times \frac{90}{100}$

$= 1080$

∴ लाभ $= 1080 - 600 = 480$

$लाभ\% = \frac{480 \times 100}{600} = 80\%$ **Ans.**

149. एक दुकानदार चावल की कीमत को लागत मूल्य से 20% अधिक अंकित करता है और ग्राहक को 15% की छूट देता है। इसके अलावा बिक्री के समय, वह 1 किलोग्राम के बजाय 850 ग्राम के बाट का उपयोग करता है। इस लेन-देन में उसका समग्र लाभ प्रतिशत ज्ञात करे।

(a) 11.11% (b) 20%
(c) 9.09% (d) 15%

Sol. (b) माना कि 1000 ग्राम चावल का क्रय मूल्य = रु.1000

20% अधिक पर 1000 ग्राम चावल का अंकित मूल्य = रु.1200

15% छूट देने पर ग्राहक के लिए चावल का विक्रय मूल्य = रु.1020

150 ग्राम कम तौलने पर चावल का मूल्य = रु.850

∴ $लाभ\% = \frac{(1020 - 850) \times 100}{850}$

$= \frac{170 \times 100}{850} = 20\%$

Method - II

CP	SP
5	6
20	17
850	1000
85000	102000
85 :	102

लाभ = 17

$$\text{लाभ \%} = \frac{17}{85} \times 100 = 20\%$$

150. एक बेईमान दुकानदार अपना सामान क्रय मूल्य पर बेचने का दावा करता है परंतु 1 किलोग्राम के स्थान पर 750 ग्राम के वजन का प्रयोग करता है तो इस कारोबार में दुकानदार को कितने प्रतिशत का लाभ होगा?

(a) 30% (b) 25%

(c) 20% (d) $33\frac{1}{3}\%$

Sol. **(d)**

माना कि 1 ग्राम वस्तु का क्रय मूल्य = रु.1

∴ 750 ग्राम वस्तु का क्रय मूल्य = रु.750

प्रश्नानुसार,

क्रय मूल्य पर बेचने के बाद

1000 ग्राम वस्तु का विक्रय मूल्य = रु.1000

$$\therefore \text{ दुकानदार का लाभ} = \frac{(1000-750)}{750} \times 100$$

$$= \frac{250}{750} \times 100 = 33\frac{1}{3}\% \quad \textbf{Ans.}$$

Method - II

क्रय मूल्य : विक्रय मूल्य = 750 : 1000

= 3 : 4

$$\text{लाभ\%} = \frac{(4-3) \times 100}{3}$$

$$= 33\frac{1}{3}\% \quad \textbf{Ans.}$$

151. एक बेईमान दुकानदार वस्तु को क्रय मूल्य पर बेचने का दावा करता है। परंतु वह 1 किलोग्राम बाट के स्थान पर 900 ग्राम का प्रयोग करता है। उसे कितने प्रतिशत का लाभ होगा?

(a) 10% (b) $33\frac{1}{3}\%$

(c) $11\frac{1}{9}\%$ (d) $9\frac{1}{11}\%$

Sol. **(c)**

क्रय मूल्य : विक्रय मूल्य = 900 : 1000

= 9 : 10

$$\therefore \quad \text{लाभ\%} = \frac{(10-9) \times 100}{9}$$

$$= 11\frac{1}{9}\% \quad \textbf{Ans.}$$

152. एक बेईमान कपड़ा व्यापारी अपने समानों को क्रय मूल्य पर ही बेचने का दावा करता है। परंतु वह 1 मीटर के स्थान पर 80 सेमी. का ही प्रयोग करता है। उस दुकानदार का लाभ प्रतिशत ज्ञात करे।

(a) 20% (b) 25%

(c) 28% (d) 30%

Sol. **(b)** **Method - I**

माना कि 1 सेमी. का क्रय मूल्य = 1

∴ 80 सेमी. का क्रय मूल्य = 80

$$\therefore \quad \text{दुकानदार का लाभ प्रतिशत} = \frac{(100-80) \times 100}{80}$$

$$= 25\%$$

अतः दुकानदार का लाभ% = 25% **Ans.**

Method - II

क्रय मूल्य : विक्रय मूल्य = 80 : 100

= 4 : 5

$$\text{लाभ\%} = \frac{(5-4) \times 100}{4}$$

$$= 25\% \quad \textbf{Ans.}$$

153. यदि आदमी क्रय मूल्य से 4% हानि पर फूल बेचता है, परंतु 25 ग्राम के बाट के स्थान पर 20 ग्राम के बाट का उपयोग करता है, तो उसे होने वाला प्रतिशत लाभ ज्ञात कीजिए।

(a) 60% (b) 40%

(c) 20% (d) 10%

Sol. **(c)** माना कि 1 ग्राम फूल का क्रय मूल्य = रु.1

20 ग्राम फूल का क्रय मूल्य = रु.20

25 ग्राम फूल का क्रय मूल्य = रु.25

प्रश्नानुसार,

$$4\% \text{ हानि पर विक्रय मूल्य} = \frac{25 \times (100 - 4)}{100}$$

$$= \frac{25 \times 96}{100} = \text{रु}.24$$

$$\therefore \quad \text{लाभ}\% = \frac{(24 - 20) \times 100}{20}$$

$$= 20\% \quad \textbf{Ans.}$$

154. तेल का एक सौदागर रु.236 प्रति लीटर की दर से खरीदे गए 50 लीटर तेल को बेचकर न्यूनतम रु.2100 का लाभ कमाना चाहता है। इसके लिए वह तेल में कुछ लीटर नकली तेल मिलाता है जिसका क्रय मूल्य रु.180 प्रति लीटर है और वह इसे रु.250 प्रति लीटर की दर पर बेचता है। इसके लिए उसे कितने लीटर तेल की आवश्यकता होगी?

(a) 20 लीटर (b) 22 लीटर
(c) 16 लीटर (d) 18 लीटर

Sol. **(a)** लाभ प्रति लीटर = रु.(250 – 236) = रु.14

नकली तेल का मूल्य = रु.50

कुल कीमत = 14 × 50 = रु.700

अंतर = 2100 – 700 = रु.1400

नकली तेल का लाभ = 250 – 180 = रु.70

प्रश्नानुसार,

1400 = 70 × x लीटर

∴ x = 20 लीटर **Ans.**

155. एक बेईमान दुकानदार अपने समान को क्रय मूल्य पर ही बेचने का दावा करता है। परंतु वह त्रुटिपूर्ण बाट का प्रयोग करके $11\frac{1}{9}\%$ लाभ कमाता है। 1 किग्रा के स्थान पर वह कितना सामान देता है।

(a) 960 ग्राम (b) 940 ग्राम
(c) 925 ग्राम (d) 900 ग्राम

Sol. **(d)** $\text{लाभ} = 11\frac{1}{9}\% = \frac{100}{9}\%$

प्रश्नानुरार,

$$\frac{\text{गलत माप}}{100} = \frac{\text{सही माप}}{100 + \text{लाभ/हानि}\%}$$

$$\frac{\text{गलत माप}}{100} = \frac{1 \text{ किग्रा}}{100 \pm \frac{100}{9}}$$

∴ गलत माप = 900 ग्राम **Ans.**

Method - II

$$11\frac{1}{9}\% = \frac{1}{9}$$

CP	**SP**
9	**10**
↓	↓
900 ग्राम	**1000 ग्राम**

156. एक विक्रेता अपनी वस्तुओं को बेचने के लिए 1 किग्रा के स्थान पर 920 ग्राम का प्रयोग करता है। जब वह अपनी वस्तु लागत कीमत से 15% लाभ पर बेचता है तो वास्तविक प्रतिशत लाभ है।

(a) 20% (b) 15%
(c) 25% (d) 30%

Sol. **(c)** $\text{क्रय मूल्य : विक्रय मूल्य} = 920 : 1000 \times \frac{115}{100}$

$$= 92 : 115$$

$$\therefore \quad \text{लाभ}\% = \frac{(115 - 92) \times 100}{92}$$

$$= \frac{23}{92} \times 100 = 25\%$$

157. एक दुकानदार लागत मूल्य पर 10% की दिवाली छूट देता है। परंतु गलत वजन का प्रयोग करके लागत मूल्य पर 25% का लाभ कमाता है। ज्ञात करे कि सही वजन से गलत वजन कितना प्रतिशत कम है?

(a) 59% (b) 28%
(c) 33% (d) 46%

Sol. **(b)** 1 ग्राम का क्रय मूल्य = 1

CP → SP

100 ⟶ 90 (10% छूट पर)

$$\text{लाभ} = 25\% = \frac{1 \text{ लाभ}}{4 \text{ क्रय मूल्य}}$$

∴ विक्रय मूल्य = 4 + 1 = 5 unit

5 unit = 90

1 unit = 18

क्रय मूल्य = 18 × 4 = 72

अंतर = 100 – 72 = 28

$$\% \text{ कमी} = \frac{28 \times 100}{100} = 28\% \quad \textbf{Ans.}$$

158. एक दूधवाला 20% का लाभ कमाता है। अगर वह दूध की मूल मात्रा में 10% पानी मिलाता है, तो उसके लाभ का प्रतिशत क्या होगा?

(a) 100% (b) 128%
(c) 64% (d) 32%

Sol. **(d)** लाभ% $= 20 + 10 + \frac{20 \times 10}{100} = 32\%$ **Ans.**

159. एक दुकानदार अपने समान को x% हानि पर बेचने का वादा करता है तथा 20% कम वजन का इस्तेमाल करता है और 20% का लाभ कमाता है तो x का मान ज्ञात करो।

(a) 5% की हानि (b) 5% का लाभ
(c) 4% की हानि (d) 4% का लाभ

Sol. **(c)** माना 1 ग्राम का क्रय मूल्य = 1

1000 ग्राम का क्रय मूल्य = 1000

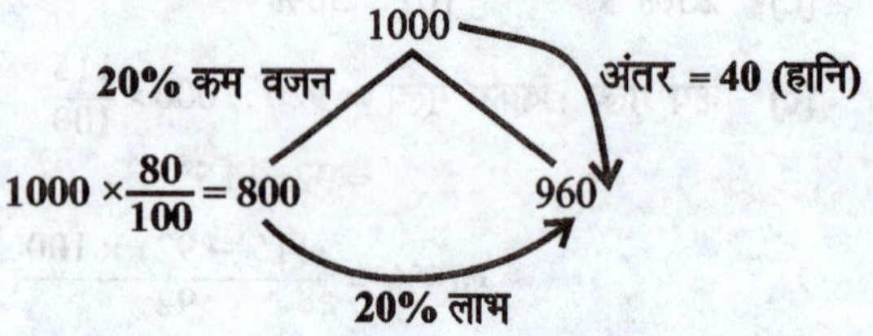

$\therefore$ हानि% $= \frac{40 \times 100}{1000} = 4\%$ **Ans.**

विविध (Miscellaneous)

160. यदि राम एक घोड़ा रु.6200 में और एक गाय रु.2600 में बेचता है तो दोनों की लागत पर 10% लाभ कमाता है। यदि राम घोड़ा को रु.6000 में और गाय को क्रय मूल्य पर बेचता है तो राम $12\frac{1}{2}\%$ का लाभ कमाता है। घोड़े का क्रय मूल्य ज्ञात करे।

(a) रु.3000 (b) रु.4000
(c) रु.5000 (d) रु.8000

Sol. **(c)**

घोड़ा का विक्रय मूल्य = रु.6200

गाय का विक्रय मूल्य = रु.2600

$\therefore$ कुल विक्रय मूल्य = रु.8800

लाभ% = 10%

$\therefore$ कुल क्रय मूल्य $= \frac{8800 \times 100}{100 + 10\%}$

$= \frac{8800 \times 100}{110}$

= रु.8000

अब, $12\frac{1}{2}\%$ लाभ बेचने पर

$12\frac{1}{2}\% = \frac{1}{8}$ → लाभ (1), क्रयमूल्य (8)

SP = 8 + 1 = 9 unit

8 unit = 8000

$\therefore$ 9 unit $= \frac{8000 \times 9}{8} = 9000$

प्रश्नानुसार,

कुल विक्रय मूल्य = घोड़े का विक्रय मूल्य + गाय का वि॰मू॰ (जो क्रय मूल्य पर बेचा)

9000 = 6000 + गाय का क्रय मूल्य

$\therefore$ गाय का क्रय मूल्य = रु.3000

$\therefore$ घोड़े का क्रय मूल्य = कुल क्रय मूल्य − गाय का क्रय मूल्य

= 8000 − 3000

= रु.5000 **Ans.**

161. एक आदमी एक टेबुल को $12\frac{1}{2}\%$ लाभ और कुर्सी को $8\frac{1}{3}\%$ हानि पर बेचता है तो उसे कुल रु.25 का फायदा होता है। यदि वो टेबुल को $8\frac{1}{3}\%$ हानि पर बेचता और कुर्सी को $12\frac{1}{2}\%$ लाभ पर बेचता तो उसे न हानि न लाभ होती तो टेबुल का क्रय मूल्य ज्ञात करे।

(a) रु.240 (b) रु.360
(c) रु.480 (d) रु.600

Sol. **(b)**

टेबुल को $8\frac{1}{3}\%$ हानि एवं कुर्सी को $12\frac{1}{2}\%$ लाभ पर बेचने से

$8\frac{1}{3}\%$ का टेबुल $= 12\frac{1}{2}\%$ की कुर्सी

$\frac{1}{12} \times T = \frac{1}{8} \times C$

$\frac{T}{C} = \frac{12x}{8x}$ [माना]

$\frac{T}{C} = \frac{3x}{2x}$ .... (i)

प्रश्नानुसार,

$12\frac{1}{2}\%$ का टेबुल – $8\frac{1}{3}\%$ का कुर्सी = 25

$\frac{1}{8}$ × टेबुल – $\frac{1}{12}$ × कुर्सी = 25

$$\frac{3x}{8} - \frac{2x}{12} = 25$$

$$\frac{9x - 4x}{24} = 25$$

$$5x = 600$$

$$x = 120$$

∴ टेबुल का क्रय मूल्य = 3×120

= रु.360 **Ans.**

162. एक आदमी ने एक वस्तु को खरीदा और उसे 10% के लाभ पर बेचा। यदि उसने 20% कम में वस्तु खरीदा होता और इसे रु. 1000 अधिक में बेचा होता, तो उसने 40% का लाभ कमाया होता। वस्तु का क्रय मूल्य ज्ञात करे।

(a) रु.50,000 (b) रु.25,000

(c) रु.60,000 (d) रु.40,000

Sol. **(a)** माना कि क्रय मूल्य = 100 इकाई

विक्रय मूल्य = $100 \times \frac{110}{100}$

= 110 ईकाई

यदि क्रय मूल्य 20% कम हो तो

क्रय मूल्य = $100 \times \frac{80}{100}$

= 80 इकाई

यदि विक्रय मूल्य, विक्रय मूल्य से 1000 अधिक हो तो

विक्रय मूल्य = 110 इकाई + रु.1000

40% लाभ पर विक्रय मूल्य = 80 ईकाई × 40%

= 32 ईकाई

प्रश्न से,

(80 + 32) इकाई = 110 ईकाई + 100

2 इकाई = 1000

1 इकाई = 500

∴ 100 ईकाई = 500 × 100

= रु.50,000 **Ans.**

163. एक व्यक्ति ने 16% की हानि पर एक वस्तु का बेचा। अगर उसने इसे रु.660 अधिक में बेचा होता तो उसे 8% का लाभ होता। 12% का लाभ प्राप्त करने के लिए विक्रय मूल्य क्या होना चाहिए?

(a) 3080 (b) 3200

(c) 2750 (d) 2950

Sol. **(a)** प्रश्न से,

$$16\% + 8\% = 660$$

$$24\% = 660$$

$$1\% = \frac{660}{24}$$

$$\therefore \quad 112\% = \frac{660 \times 112}{24} = \text{रु.}3080$$

अतः 12% के लाभ के लिए इसे रु.3080 में बेचना होगा।

164. एक टी.वी. 8% लाभ पर बेचा जाता है। अगर उसे रु.714 अधिक में बेचा जाता, तो लाभ 15% होता। 18% लाभ हासिल करने के लिए टी.वी. का विक्रय मूल्य क्या होना चाहिए?

(a) रु.12,138 (b) रु.12,036

(c) रु.11,934 (d) रु.12,240

Sol. **(b)** प्रश्न से,

$$15\% - 8\% = 714$$

$$7\% = 714$$

$$1\% = 102$$

$$118\% = 102 \times 118$$

= रु.12,036

अतः 18% लाभ के लिए टी.वी. को रु.12,036 में बेचना होगा।

165. अनु किसी वस्तु का विक्रय मूल्य उसके उत्पादन की लागत से 25% अधिक निश्चित करती है। यदि उसकी लागत 20% बढ़ जाती है और उसका विक्रय मूल्य 10% बढ़ा देती है तो उसका लाभ प्रतिशत क्या है?

(a) 16.4% (b) 14.58%

(c) 13.8% (d) 15.25%

Sol. **(b)** माना उत्पादन की लागत = 100 ईकाई

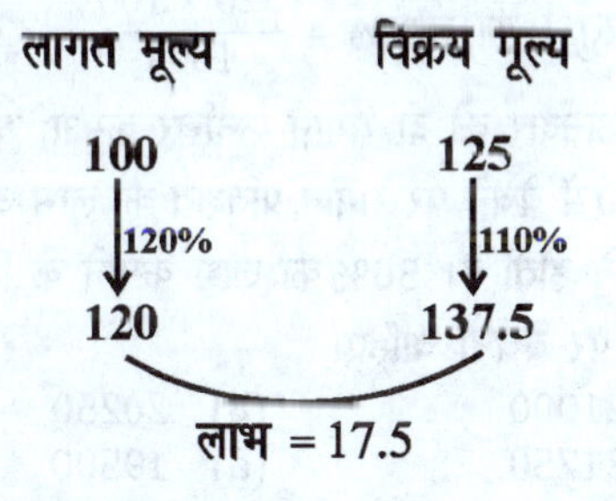

$$\text{लाभ\%} = \frac{17.5 \times 100}{120} = 14.58\% \textbf{ Ans.}$$

166. अनीशा ने एक टी०वी० इसके आरंभिक विक्रय मूल्य के $\frac{4}{5}$ मूल्य पर खरीदा और इसे आरंभिक विक्रय मूल्य से 4% अधिक मूल्य पर बेच दिया। अनीशा को इसमें कितने प्रतिशत का लाभ प्राप्त हुआ?

(a) 30% (b) 10%
(c) 20% (d) 40%

Sol. (a) माना कि टी०वी० का आरंभिक विक्रय मूल्य = रु.100

अनीशा के लिए अब टीवी का क्रय मूल्य

$= 100 \times \frac{4}{5} =$ रु.80

टी०वी० को आरंभिक विक्रय मूल्य से 4% अधिक पर बेचने पर

विक्रय मूल्य $= \frac{100 \times 104}{100} =$ रु.104

अनीशा का कुल लाभ% $= \frac{(104-80) \times 100}{80}$

$= 30\%$ **Ans.**

167. वस्तु A और वस्तु B के लागत मूल्य क्रमशः रु.1200 एवं रु.1600 है। वस्तु A का विक्रय मूल्य रु.1380 है तथा दोनों वस्तुओं को बेचने पर कुल लाभ 25% है। वस्तु B को बेचने पर लाभ प्रतिशत कितना है?

(a) 27.5 (b) 32.5
(c) 29.5 (d) 35.5

Sol. (b) वस्तु A एवं वस्तु B का कुल लागत मूल्य

$= 1200 + 1600 =$ रु.2800

कुल लाभ = 25%

कुल विक्रय मूल्य $= 2800 \times \frac{125}{100} =$ रु.3500

A का विक्रय मूल्य = रु.1380

B का लाभ = कुल लाभ – A का लाभ

= रु.(700 – 180) = रु.520

$\therefore$ वस्तु B का लाभ% $= \frac{520 \times 100}{1600} = 32.5\%$ **Ans.**

168. एक दुकानदार को दो समान फर्नीचर क्रमशः रु.18000 और रु. 10000 में बेचने पर समान प्रतिशत का लाभ और समान प्रतिशत की हानि होती है। 50% का लाभ कमाने के लिए उसे इसे किस कीमत पर बेचना चाहिए।

(a) 21000 (b) 20250
(c) 21750 (d) 19500

Sol. (a) यदि समान प्रतिशत का लाभ और हानि हो एवं क्रय मूल्य भी समान हो तो लाभ और हानि की राशि भी समान होगी।

$\therefore$ माना कि लाभ की राशि = A

हानि की राशि = A

प्रश्नानुसार,

$18000 - 10000 = A + A$

$8000 = 2A$

$\therefore$ A = रु.4000

$\therefore$ 1 वस्तु का क्रय मूल्य $= 18000 - 4000$

$= 14000$

अब, 50% लाभ कमाने के लिए विक्रय मूल्य

$= 14000 \times \frac{150}{100}$

= रु.21000

169. A तथा B के लागत मूल्यों का योग रु.1200 है। A तथा B के विक्रय मूल्यों का योग रु.1390 है। यदि A तथा B पर क्रमशः 10% तथा 20% लाभ कमाया जाता है तो A तथा B के लागत मूल्यों का अनुपात कितना है।

(a) 5 : 7 (b) 5 : 9
(c) 7 : 13 (d) 6 : 11

Sol. (a) माना कि A का क्रय मूल्य = a

B का क्रय मूल्य = b

प्रश्न से,

$a + b = 1200$ .... (i)

$a \times \frac{110}{100} + b \times \frac{120}{100} = 1390$

$11a + 12b = 13900$ ....(ii)

प्रश्न से,

समी. (i) में 11 से गुणा करने पर समी.(ii) में घटाने पर

$11a + 11b = 13200$

$11a + 12b = 13900$

$- \quad - \quad -$

$-b = -700$

$\therefore$ $b = 700$

b का मान समी.(i) में रखने पर

$a + b = 1200$

$a = 1200 - 700$

$a = 500$

प्रश्नानुसार,

a एवं b के लागत मूल्य का अनुपात

$= 500 : 700$

$= 5 : 7$ **Ans.**

170. दो वस्तुओं का कुल क्रय मूल्य रु.2000 है। उनमें से एक को 12% लाभ पर तथा दूसरी को 12% हानि पर बेचा जाता है। लेन-देन में कुल लाभ 1.2% का होता है। जिस वस्तु पर लाभ हुआ उसका क्रय मूल्य क्या था?

(a) रु.1050 (b) रु.1100
(c) रु.1120 (d) रु.1080

Sol. (b) माना कि पहली वस्तु का क्रय मूल्य = A
दूसरी वस्तु का क्रय मूल्य = B

प्रश्नानुसार,

$$A + B = 2000 \quad ....(i)$$

$$A \times \frac{112}{100} + B \times \frac{88}{100} = 2000 \times \frac{101.2}{100}$$

$$112A + 88B = 202400 \quad .....(ii)$$

समी.(i) में 88 से गुणा कर समी.(ii) में घटाने पर

$$88A + 88B = 176000$$
$$112A + 88B = 202400$$
$$- \quad - \quad -$$
$$-24A = -26400$$

$\therefore$ A = रु.1100

$\therefore$ लाभ पहले वस्तु पर हुआ जिसका क्रय मूल्य = रु.1100

Method - II (from Alligation)

लाभ		हानि
12%		–12%
	1.2%	
13.2		10.8
11	:	9

20 ⟶ 2000
11 ⟶ 1100

171. एक व्यक्ति रु.2000 में दो कुर्सी खरीदता है। बाद में वह उनमें से एक को 5% की हानि पर, दूसरी को 5% के लाभ पर बेच देता है, जिससे उसे रु.20 की हानि होती है। दोनों मेजों का क्रय मूल्य ज्ञात करे।

(a) रु.1200, रु.800 (b) रु.1400, रु.600
(c) रु.1050, रु.950 (d) रु.1300, रु.700

Sol. (a) माना कि पहले कुर्सी का मूल्य = x
दूसरे कुर्सी का मूल्य = y

$$x + y = 2000 \quad ....(i)$$

प्रश्नानुसार,

$$\frac{x \times (105-5)}{100} + \frac{y \times (100+5)}{100} = (2000 - 20)$$

$$\frac{95x}{100} + \frac{105y}{100} = 1980$$

$$19x + 21y = 39600 \quad ....(ii)$$

समी.(i) में 19 से गुणा कर समी.(ii) से घटाने पर

$$19x + 19y = 38000$$
$$19x + 21y = 39600$$
$$- \quad - \quad -$$
$$-2y = -1600$$

$\therefore$ y = 800

y का मान समी.(i) में रखने पर

$$x + y = 2000$$
$$x + 800 = 2000$$

x = रु.1200

अतः दो वस्तुओं का क्रय मूल्य क्रमशः रु.1200 एवं रु.800 है।

172. एक व्यक्ति किसी वस्तु को 12% लाभ पर बेचता है। यदि उसने इसे 12% कम में खरीदा होता और इसे रु.9 कम में बेचा जाता तो उसे 27% का लाभ होता। इस वस्तु का वास्तविक क्रय मूल्य ज्ञात करे।

(a) 4250 (b) 4000
(c) 4500 (d) 3750

Sol. (d) माना कि वस्तु का क्रय मूल्य = रु.100

$\therefore$ वस्तु का विक्रय मूल्य = $100 \times \frac{112}{100}$
= रु.112

अब 12% कम में खरीदने पर = $100 \times \frac{88}{100}$
= रु.88

27% लाभ के लिए नया विक्रय मूल्य = $88 \times \frac{127}{100}$
= 111.76

विक्रय मूल्य का अंतर = (112 – 111.76) = 0.24

प्रश्नानुसार,

$$0.24 = 9$$

$$1 = \frac{9}{0.24}$$

$\therefore$ 100 = रु.3750

अतः वस्तु का क्रय मूल्य = रु.3750 **Ans.**

Method - II

100 क्रय मू० (माना) $\xrightarrow{12\%\uparrow}$ 112 (वि०मू०)

12%↓ अंतर = 0.24

88 $\xrightarrow[27\%\uparrow]{}$ 111.76

प्रश्नानुसार,

$$0.24 = 9$$

$$100 = \frac{9 \times 100}{0.24} = \text{रु.}3750$$

अतः वस्तु का क्रय मूल्य = रु.3750 **Ans.**

173. एक वस्तु को 20% लाभ पर बेचा जाता है। यदि क्रय मूल्य एवं विक्रय मूल्य दोनों ही रु.20 कम हो तो लाभ प्रतिशत पहले से 10% ज्यादा होगा। वस्तु का क्रय मूल्य ज्ञात करें।

(a) रु.50 (b) रु.60
(c) रु.72 (d) रु.84

Sol. **(b)** माना कि क्रय मूल्य = $100x$

विक्रय मूल्य = $120x$

प्रश्नानुसार,

$$\frac{CP}{SP} \Rightarrow \frac{100x - 20}{120x - 20} = \frac{100}{130}$$

$$1300x - 260 = 1200x - 200$$

$$100x = 60$$

$$x = \frac{60}{100}$$

∴ वस्तु का क्रय मूल्य = $\frac{60}{100} \times 100$ = रु.60 **Ans.**

174. कोई व्यक्ति 10% मुनाफा लेकर एक वस्तु बेचता है। यदि उसने इस वस्तु को 10% कम मूल्य पर खरीदा होता और रु.3 अधिक लेकर बेचा होता तो 25% मुनाफा होता तो क्रय मूल्य ज्ञात करे।

(a) रु.120 (b) रु.150
(c) रु.175 (d) रु.225

Sol. **(a)**

100 (क्रय मू०) $\xrightarrow{10\%\uparrow}$ 110

10%↓ लाभ = 2.5

90 $\xrightarrow[25\%\uparrow]{}$ $90 \times \frac{125}{100} = 112.5$

प्रश्नानुसार,

$$2.5 \text{ unit} = 3$$

$$1 \text{ unit} = \frac{3}{2.5}$$

$$\therefore \quad 100 = \frac{3 \times 100}{2.5} = \text{रु.}120$$

175. एक आदमी ने एक वस्तु को खरीदा और उसे 10% के लाभ पर बेचा। यदि 20% कम में वस्तु खरीदा होता और इसे रु.10,000 अधिक में बेचा होता, तो उसने 40% का लाभ कमाया होता। वस्तु का क्रय मूल्य ज्ञात करे।

(a) रु.500000 (b) रु.250000
(c) रु.600000 (d) रु.400000

Sol. **(a)**

100 (क्रय मू०) $\xrightarrow{10\%\uparrow}$ 110

20%↓ लाभ = 2

80 $\xrightarrow[40\%\uparrow]{}$ 112

प्रश्नानुसार,

$$2 \text{ unit} = 10000$$

$$1 \text{ unit} = 5000$$

$$\therefore \quad 100 \text{ unit} = 500000$$

अतः वस्तु का क्रय मूल्य = रु.500000 **Ans.**

176. एक वस्तु को बेचने पर एक औरत 20% लाभ कमाती है। यदि उसने इसे रु.1000 कम में खरीदा होता एवं रु.400 कम में बेचती तो उसे 40% लाभ होता है। वस्तु का प्रारंभिक क्रय मूल्य क्या थी?

(a) रु.4000 (b) रु.4800
(c) रु.5000 (d) रु.5400

Sol. **(c)** माना कि वस्तु का क्रय मूल्य = $100x$

वस्तु का विक्रय मूल्य = $120x$

प्रश्नानुसार,

$$\frac{CP}{SP} \Rightarrow \frac{100x - 1000}{120x - 400} = \frac{100}{140}$$

$$\Rightarrow \quad 1400x - 14000 = 1200x - 4000$$

$$\Rightarrow \quad 200x = 10000$$

$$\therefore \quad x = 50$$

∴ वस्तु का क्रय मूल्य = $100x$

= 100 × 50 = रु.5000

अतः वस्तु का क्रय मूल्य = रु.5,000 **Ans.**

177. एक पुस्तक विक्रेता एक किताब 10% लाभ पर बेचता है। यदि वह उस किताब को 4% कम मूल्य पर खरीदता तथा रु.6 अधिक मूल्य पर बेचता तो उसे $18\frac{3}{4}\%$ का लाभ होता, पुस्तक का क्रय मूल्य ज्ञात करे।

(a) 100 (b) 120

(c) 150 (d) 160

Sol. (c)

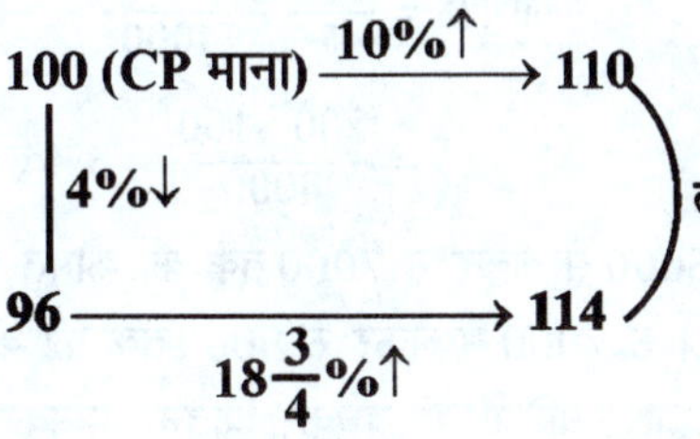

प्रश्नानुसार,

$4 = 6$

$1 = \frac{3}{2}$

∴ क्रय मूल्य $= 100 \times \frac{3}{2} = 150$

अतः पुस्तक का क्रय मूल्य = 150 **Ans.**

178. एक आदमी एक टी०वी० को 25% लाभ पर बेचता है। यदि उसको इस टी०वी० पर विक्रय मूल्य के 25% के बराबर लाभ हुआ होता तो उसे (क्रयमूल्य का 5% + रु.80) ज्यादा मिलते तो उस टी०वी० का क्रय मूल्य क्या है?

(a) रु.2400 (b) रु.3200

(c) रु.4800 (d) रु.6400

Sol. (a)

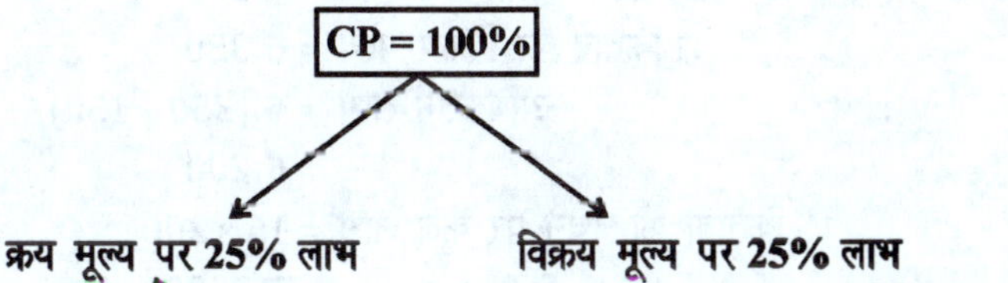

∴ क्रय मूल्य पर लाभ% $= \frac{25}{15} \times 100$

$= 33\frac{1}{3}\%$

अंतर $\Rightarrow 33\frac{1}{3}\% = 5\% + 80$

$1\% = 24$

∴ क्रय मूल्य = 100% = रु.2400

179. रु.42 प्रति किग्रा कीमत वाले कितने किग्रा चावल को रु.50 प्रति किग्रा कीमत वाले $7\frac{1}{2}$ kg चावल के साथ मिलाना चाहिए, ताकि परिणामी मिश्रण को रु.53.10 प्रति किग्रा. की दर से बेचकर 18% का लाभ अर्जित किया जा सके।

(a) 8 (b) 9

(c) $12\frac{1}{2}$ (d) $10\frac{1}{2}$

Sol. (c)

मिश्रित चावल की विक्रय मूल्य = रु.53.10

मिश्रित चावल का क्रय मूल्य $= 53.10 \times \frac{100}{118}$

= रु.45

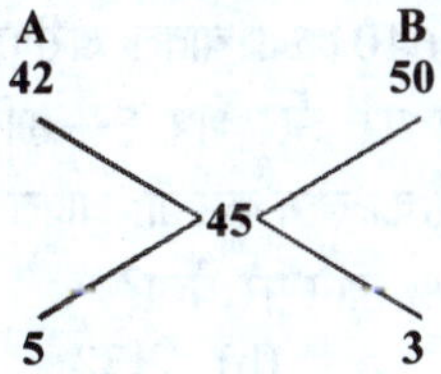

3 ईकाई $= \frac{15}{2}$ kg

1 ईकाई $= \frac{5}{2}$ kg

∴ 5 ईकाई = 12.5 kg

अतः मिलाया गया चावल = 12.5 kg **Ans.**

180. किसी मिल में मूँगफली के वजन के 20% के बराबर तेल निकाला जाता है। निष्कर्षण के पश्चात् जो पदार्थ बचता है उसे मवेशियों के भोजन के लिए रु.12.5 प्रति किग्रा के हिसाब से बेचा जाता है। मूँगफली रु.20/किग्रा. के हिसाब से खरीदी गयी। प्रोसेसिंग की कीमत रु.5/किग्रा है। तेल को किस मूल्य पर बेचा जाए ताकि कुल कीमत पर 20% लाभ मिले।

(कुल कीमत = मूंगफली की कीमत ओर प्रोसेसिंग की कीमत)

(a) 250 (b) 150

(c) 200 (d) 100

Sol. (d)

माना कि कुल मूँगफली = 100 kg

∴ निष्कर्षण पश्चात् मूँगफली का तेल = 20 kg

शेष पदार्थ = (100 – 20) kg

= 80 kg

शेष पदार्थ का विक्रय मूल्य = 12.5 × 80

= रु.1000

मूँगफली का कुल मूल्य = 100 × 20

= रु.2000

प्रोसेसिंग में कुल व्यय = 100 × 5

= रु.500

∴ मूंगफली तेल का कुल क्रय मूल्य = (2000 + 500)

= रु.2500

20% लाभ प्राप्त करने के लिए तेल का विक्रय मूल्य

$$2500 \times \frac{120}{100} = 20 \times x + 100$$

$$20x = 2000$$

$$x = रु.100$$

अतः तेल को रु.100 / किलोग्राम पर बेचना होगा।

181. एक व्यापारी ने 640 किग्रा चावल खरीदा। उसने चावल का एक भाग 20% लाभ पर और शेष 5% हानि पर बेचा। उसने पूरे लेन-देन में 15% का लाभ कमाया। चावल की मात्रा (किलो में) क्या है जिसे उसने 5% हानि पर बेचा?

(a) 128 (b) 132
(c) 154 (d) 256

Sol. **(a)** माना कि 1 किग्रा चावल का क्रय मूल्य = 1

माना कि एक भाग = x kg

∴ दूसरा भाग = (640 – x) kg

$$(x \times 1) \times \frac{20}{100} - \frac{(640-x)\,5}{100} = 640 \times 1 \times \frac{15}{100}$$

$$\frac{20x}{100} - 32 + \frac{5x}{100} = 96$$

$$25x = 12800$$

$$x = 512 \text{ kg}$$

∴ दूसरा भाग = (640 – 512) kg

= 128 kg

अतः 5% हानि पर बेचा गया भाग = 128 kg **Ans.**

182. एक दुकानदार ने रु.45 प्रति किग्रा की दर पर 20 किग्रा. चीनी, रु. 50 प्रति किग्रा की दर पर 25 किग्रा चीनी और रु.40 प्रति किग्रा की दर पर 35 किग्रा चीनी खरीदी। उसने परिवहन और अन्य व्ययों पर रु.450 की राशि खर्च की। उसने चीनी की तीनों किस्मों को मिला दिया और पूरे स्टॉक को रु.52.50 प्रति किग्रा की दर से बेचा। इस पूरे लेनदेन में उसका प्रतिशत लाभ ज्ञात करे।

(a) 5% (b) 7.25%
(c) 4.25% (d) 6.5%

Sol. **(a)** तीनों किस्मों की चीनी का क्रय मूल्य

= (45×20) + (50×25) + (40×35)

= 900 + 1250 + 1400 = 3550

परिवहन पर खर्च करने पर कुल क्रय मूल्य

= (3550 + 450) = 4000

तीनों किस्मों की चीनी का विक्रय मूल्य

= 80 kg × 52.50 = 4200

$$\text{लाभ\%} = \frac{(4200-4000)\times 100}{4000}$$

$$= \frac{200 \times 100}{4000} = 5\% \text{ लाभ}$$ **Ans.**

183. यदि रु.6000 से लेकर रु.7000 तक की कीमत पर खरीदी गई घड़ियों को रु.7000 से लेकर रु.8000 तक की कीमतों पर बेचा जाता है, तो 5 घड़ियों को बेचकर कितना अधिकतम संभव लाभ कमाया जा सकता है?

(a) रु.12,000 (b) रु.10,000
(c) रु.13,500 (d) रु.14,000

Sol. **(b)** 1 घड़ी का निम्नतम क्रय मूल्य = रु.6000

1 घड़ी का अधिकतम विक्रय मूल्य = रु.8000

अधिकतम लाभ = 8000 – 6000

= रु.2000

∴ 5 घड़ियों का अधिकतम लाभ = 5 × 2000

= रु.10000 **Ans.**

184. यदि रु.150 से रु.300 के बीच के मूल्यों पर किताबें खरीदी जाती है और रु.250 से रु.350 के बीच मूल्यों पर उन्हें बेचा जाता है तो 15 किताबों को बेचने पर अधिकतम लाभ ज्ञात करे।

(a) रु.1000 (b) रु.2000
(c) रु.3000 (d) रु.4000

Sol. **(c)** 1 किताब का निम्नतम क्रय मूल्य = रु.150

1 किताब का विक्रय मूल्य = रु.350

∴ अधिकतम लाभ = रु.(350 – 150)

= रु.200

∴ 15 किताबों को बेचने पर कुल लाभ = 15 × 200

= रु.3000 **Ans.**

185. यदि एक वस्तु रु.144 में बेचने पर एक व्यक्ति को जो लाभ होता है, वह प्रतिशत लाभ उस वस्तु के लागत मूल्य के बराबर है। तद्नुसार उस वस्तु का लागत मूल्य ज्ञात कीजिए।

(a) रु.90 (b) रु.80
(c) रु.75 (d) रु.85

Sol. **(b)** **Method - I**

माना कि वस्तु का क्रय मूल्य = रु.x

प्रश्नानुसार,

$$\text{क्रय मूल्य} = \text{लाभ\%}$$

$$x = \text{लाभ\%}$$

$$\therefore \quad \text{लाभ} = x\%$$

$$\text{विक्रय मूल्य} = \text{क्रय मूल्य} \times \frac{100 + \text{लाभ\%}}{100}$$

$$144 = x \times \frac{(100 + x)}{100}$$

$$\Rightarrow \quad 14400 = x^2 + 100x$$

$$\Rightarrow \quad x^2 + 100x - 14400 = 0$$

$$\Rightarrow x^2 + 180x - 80x - 14400 = 0$$

$$\Rightarrow x(x + 180) - 80(x + 180) = 0$$

$$\Rightarrow \quad (x + 180)(x - 80) = 0$$

$$x + 180 = 0 \qquad x - 80 = 0$$

$$x = -180 \qquad x = 80$$

अतः वस्तु का लागत मूल्य = रु.80 **Ans.**

Method - II

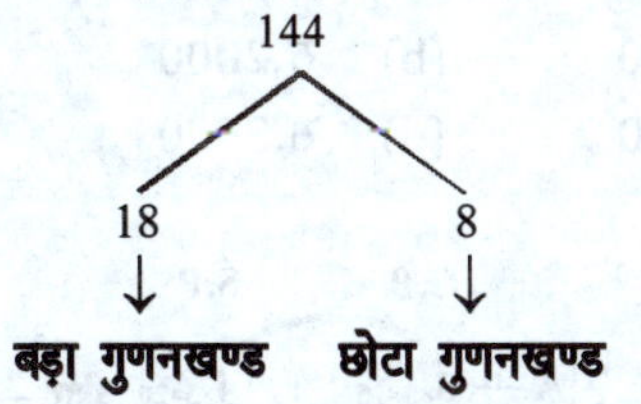

$$\text{क्रय मूल्य} = 10 \times \text{छोटा गुणनखण्ड}$$

$$= 10 \times 8 = \text{रु.}80$$ **Ans.**

Method - III

$$\text{क्रय मूल्य} = 10\sqrt{25 + \text{विक्रयमूल्य}} - 50$$

$$= 10\sqrt{25 + 144} - 50$$

$$= 10 \times 13 - 50 = \text{रु.}80$$ **Ans.**

186. राहुल एक वस्तु को रु.24 में बेचता है जिससे उसको उतने ही प्रतिशत का लाभ होता है, जितने की उसने वस्तु क्रय की थी तो वस्तु का क्रय मूल्य ज्ञात करे।

(a) 20 (b) 21

(c) 23 (d) 16

Sol. **(a)** माना कि वस्तु का क्रय मूल्य = रु.x

प्रश्नानुसार,

$$\text{वस्तु का क्रय मूल्य} = \text{लाभ\%}$$

$$\therefore \quad \text{लाभ\%} = x$$

$$\text{विक्रय मूल्य} = \text{क्रय मूल्य}\left(\frac{100 + \text{लाभ\%}}{100}\right)$$

$$24 = x\frac{(100 + x)}{100}$$

$$\Rightarrow \quad x^2 + 100x - 2400 = 0$$

$$\Rightarrow \quad x^2 + 120x - 20x - 2400 = 0$$

$$\Rightarrow x(x + 120) - 20(x + 120) = 0$$

$$\Rightarrow \quad (x - 20)(x + 120) = 0$$

$$\therefore \quad x - 20 = 0 \qquad x + 120 = 0$$

$$x = 20 \qquad x = -120$$

$\therefore$ वस्तु का क्रय मूल्य = x= रु.20 **Ans.**

Method - II

$$\text{क्रय मूल्य} = 10\sqrt{25 + \text{विक्रयमूल्य}} - 50$$

$$= 10\sqrt{25 + 24} - 50$$

$$= 70 - 50 = 20$$

अतः वस्तु का क्रय मूल्य = रु.20 **Ans.**

187. यदि एक वस्तु को रु.39 में बेचा जाता है तो एक व्यक्ति को लाभ का उतना ही प्रतिशत प्राप्त होता है जितना कि वस्तु का क्रय मूल्य है तो उस वस्तु का क्रय मूल्य ज्ञात करे।

(a) रु.49 (b) रु.27

(c) रु.50 (d) रु.30

Sol. **(d)** माना कि वस्तु का क्रय मूल्य = रु.x

प्रश्नानुसार,

$$\text{वस्तु का लाभ\%} = \text{वस्तु का क्रय मूल्य}$$

$$\text{लाभ\%} = x$$

$$\text{वस्तु का विक्रय मूल्य} = \text{क्रय मूल्य}\left(\frac{100 + \text{लाभ\%}}{100}\right)$$

$$39 = x \times \frac{(100 + x)}{100}$$

$$\Rightarrow \quad x^2 + 100x - 3900 = 0$$

$$\Rightarrow x^2 + 130x - 30x - 3900 = 0$$

$$\Rightarrow \quad (x - 30)(x + 130) = 0$$

$$x - 30 = 0 \qquad x + 130 = 0$$

$$x = 30 \qquad x = -130$$

अतः वस्तु का क्रय मूल्य = x = रु.30 **Ans.**

188. कुमारी एक वस्तु को रु.21 में बेचती है जिससे उसको उतने प्रतिशत की हानि होती है, जितने की उसने वस्तु क्रय की थी तो वस्तु का क्रय मूल्य ज्ञात करे।

(a) रु.21 या रु.100 (b) रु.36 या रु.27

(c) रु.28 या रु.43 (d) रु.30 या रु.70

Sol. **(d)**

माना कि वस्तु का क्रय मूल्य = रु.x

प्रश्नानुसार,

$$\text{वस्तु पर हुई हानि\%} = \text{वस्तु का क्रय मूल्य}$$

$$\text{हानि\%} = x$$

$$\text{वस्तु का विक्रय मूल्य} = \text{क्रय मूल्य}\left(\frac{100-\text{हानि\%}}{100}\right)$$

$$21 = x\frac{(100-x)}{100}$$

$\Rightarrow \quad x^2-100x+2100 = 0$

$\Rightarrow x^2-70x-30+2100 = 0$

$\Rightarrow \quad (x-70)(x-30) = 0$

$(x-30)=0 \qquad x-70=0$

$x=30 \qquad x=70$

अतः वस्तु का क्रय मूल्य = रु.30 या रु.70 **Ans.**

189. राजू एक वस्तु को रु.16 में बेचता है तो उसे क्रय मूल्य के बराबर हानि प्रतिशत होता है तो वस्तु का क्रय मूल्य ज्ञात करे।

(a) रु.80, रु.20 (b) रु.30, रु.60

(c) रु.40, रु.55 (d) रु.35, रु.68

Sol. (a)

माना कि वस्तु का क्रय मूल्य = x

प्रश्नानुसार,

वस्तु पर हुई हानि% = वस्तु का क्रय मूल्य

हानि% = x

$$\text{वस्तु का वि०मू०} = \text{वस्तु का क्र०मू०}\left(\frac{100-\text{हानि\%}}{100}\right)$$

$$16 = x\times\frac{(100-x)}{100}$$

$\Rightarrow \quad x^2-100x+1600 = 0$

$\Rightarrow x^2-80x-20x+1600 = 0$

$\Rightarrow \quad (x-80)(x-20) = 0$

$x-80=0 \qquad x-20=0$

$x=80 \qquad x=20$

अतः वस्तु का क्रय मूल्य रु.80 या रु.20 होगा।

190. रहीम एक वस्तु को रु.9 में बेचता है तो उसे उतने ही प्रतिशत की हानि होती है जितने कि उसने वस्तु क्रय की थी तो वस्तु का क्रय मूल्य ज्ञात करे।

(a) रु.90, रु.30 (b) रु.10, रु.40

(c) रु.90, रु.10 (d) रु.50, रु.40

Sol. (c) माना कि वस्तु का क्रय मूल्य = रु.x

प्रश्नानुसार,

वस्तु पर हुई हानि% = वस्तु का क्रय मूल्य

हानि% = x

$$\text{वस्तु का वि०मू०} = \text{क्रय मूल्य}\left(\frac{100-\text{हानि\%}}{100}\right)$$

$$9 = x\times\frac{(100-x)}{100}$$

$\Rightarrow \quad x^2-100x+900 = 0$

$\Rightarrow x^2-90x-10x+900 = 0$

$\Rightarrow \quad (x-90)(x-10) = 0$

$x-90=0 \qquad x-10=0$

$x=90 \qquad x=10$

अतः वस्तु का क्रय मूल्य = रु.90 या रु.10

191. दुकानदार 'A' अपने लाभ को विक्रय मूल्य पर गणना करता है जबकि दुकानदार 'B' अपने लाभ को क्रय मूल्य पर गणना करता है। दोनों को 25% का लाभ होता है तथा 'A' को 'B' से रु.100 अधिक लाभ होता है तो वस्तु का विक्रय मूल्य ज्ञात कीजिए।

(a) रु.1000 (b) रु.2000

(c) रु.2500 (d) रु.3000

Sol. (b)

C.P S.P

SP पर $\left(25\% = \frac{1}{4}\right)$ A → $3_{\times5=15}$: $4_{\times5=20}$ अंतर → 5

CP पर $\left(25\% = \frac{1}{4}\right)$ B → $4_{\times4=16}$: $5_{\times4=20}$ अंतर → 4

31 : 40

दोनों के लाभों का अन्तर = (5 – 4) unit

= 1 unit

∵ 1 unit = 100

∴ 20 unit = 20 × 1000

= रु.2000 **Ans.**

❑❑❑

विभिन्न प्रतियोगी परीक्षाओं में विगत वर्षों में पूछे गये महत्त्वपूर्ण प्रश्न

1. सरसों के तेल का अंकित मूल्य उसके क्रय मूल्य से 25% अधिक है। यदि इसे बिना किसी लाभ या हानि पर बेचा जाना है तो इसे अंकित मूल्य से कितने प्रतिशत कम पर बेचा जाना चाहिए- **[SSC CGL 2023]**

(a) 15% (b) 20%
(c) 18% (d) 22%

2. एक दुकानदार एक किलोवाट के स्थान पर 940 ग्राम बाट का उपयोग करता है। वह इसे 4% लाभ पर बेचता है। वास्तविक लाभ प्रतिशत क्या होगा-(दो दशमलव स्थानों तक पूर्णांकित) **[SSC CGL 2023]**

(a) 9.25% (b) 10.32%
(c) 10.64% (d) 10.96%

3. एक डीलर अपने माल को क्रय मूल्य पर बेचने का दावा करते हुए 1 किलो के लिए 950 ग्राम बाट का उपयोग करता है। उसका लाभ प्रतिशत .... है- (दो दशमलव स्थानों तक पूर्णांकित) **[SSC CGL 2023]**

(a) 5.35% (b) 5.26%
(c) 5.86% (d) 5.96%

4. एक व्यापारी के पास 100 किलोग्राम चीनी है, जिसका एक भाग 10% लाभ पर और शेष 25% लाभ पर बेचता है। उसे कुल मिलाकर 19.9% का लाभ हुआ। 10% लाभ पर बेची गई मात्रा कितनी है- **[DSSSB Assitt. Grade 2024]**

(a) 48.5 किग्रा. (b) 38.5 किग्रा
(c) 27 किग्रा. (d) 34 किग्रा.

5. एक व्यापारी को अपनी लागत मूल्य पर 18% लाभ की उम्मीद है। यदि एक सप्ताह में उसकी बिक्री रु.708 है तो इसका लाभ क्या होगा- **[DSSSB Assitt. Grade 2024]**

(a) रु.118 (b) रु.258
(c) रु.88 (d) रु.108

6. यदि वस्तु के विक्रय मूल्य रु.324 की वृद्धि की जाती है तो एक दुकानदार को 16% हानि के स्थान पर 20% लाभ होता है। वस्तु का क्रय मूल्य क्या है- **[SSC CGL 2023]**

(a) रु.900 (b) रु.750
(c) रु.1350 (d) रु.60

7. एक दुकानदार द्वारा अपने सामान को तोलने के लिए एक दोषपूर्ण तराजू का उपयोग किया जाता है तो 900 ग्राम भार को 1 किग्रा. दर्शाता है साथ ही दुकानदान अपने सामान का मूल्य 10% बढ़ाकर अंकित करता है, लेकिन दुर्भाय से वह मापिकी विभाग द्वारा पकड़ लिया जाता है, जिसके बाद उसे तराजू को ठीक करवाकर और दण्डस्वरूप एक महीने तक क्रय मूल्य पर 10% की छूट देते हुए सामान बेचने का आदेश दिया जाता है। यदि प्रत्येक ग्राहक अब 1 किग्रा. के लिए रु.20 का भुगतान कर रहा है तो छापे से पहले वे समान मात्रा के लिए कितनी धनराशि का भुगतान कर रहे थे? (दशमलव के दो स्थान तक पूर्णांकित) **[SSC CPO 2022]**

(a) रु.27.16 (b) रु.27.04
(c) रु.28.05 (d) रु.28.15

8. स्वाति ने अंकित को एक बैग 15% के लाभ पर बेचा। आशी ने यह बैग अंकिता से रु.24,840 में खरीदा था। अंकिता ने 20% का लाभ अर्जित किया। स्वाति ने बैग किस कीमत पर खरीदा होगा- **[SSC CPO 2022]**

(a) रु.18,500 (b) रु.18,000
(c) रु.16,000 (d) रु.20,000

9. राम, मोहन को एक सूटकेस 20% लाभ पर बेचता है। मोहन इसे श्याम को 40% लाभ पर बेचता है। यदि श्याम इसके लिए रु.1430 का भुगतान करता है। तो राम ने इसे .... में खरीदा है- **[SSC CGL 2023]**

(a) रु.875 (b) रु.870
(c) रु.880 (d) रु.851.19

10. दो वस्तुओं में से प्रत्येक को रु.9000 में बेचा गया। पहले को 50% हानि पर बेचा गया और दूसरे को 50% लाभ पर बेचा गया। दोनों वस्तुओं को बेचने पर कुल हानि ज्ञात कीजिए- **[IB ACIO 2020]**

(a) रु.1800 (b) रु.4500
(c) रु.2400 (d) रु.6000

11. यदि किसी वस्तु का विक्रय मूल्य दोगुना कर दिया जाए तो लाभ चार गुना हो जाता है। मूल प्रतिशत क्या था- **[SSC CGL 2023]**

(a) 75% (b) 100%
(c) 50% (d) 25%

12. शांतनु एक वस्तु खरीदता है और उसे 12% के लाभ पर अनिकेत को बेचता है। अनिकेत इसे वापस शांतनु को उसी कीमत पर बेच देता है जो शांतनु ने इसके लिए चुकाई थी। अनिकेत की प्रतिशत हानि क्या है- **[CISF HCM 2023]**

(a) 10% (b) $6\frac{2}{3}$%
(c) $10\frac{5}{7}$% (d) $8\frac{1}{3}$%

13. एक लड़की ने रु.4000 में एक साड़ी और एक परफ्यूम खरीदा। उसने साड़ी को 25% के लाभ पर और परफ्यूम को 10% की हानि पर बेचा, इस प्रकार कुल मिलाकर 2% का लाभ हुआ। साड़ी का मूल्य ज्ञात कीजिए- **[CISF HCM 2023]**

(a) रु.2000 (b) रु.2500
(c) रु.3200 (d) रु.3000

14. एक दुकानदार रु.100 में कोल्ड ड्रिंक की छह बोतले खरीदता है। 20% का लाभ प्राप्त करने के लिए उसे ऐसी एक बोतल को कितने में बेचना चाहिए- **[SSC CGL 2023]**

(a) रु.22 (b) रु.20
(c) रु.21 (d) रु.23

15. एक किराना व्यापारी का दावा है कि वह रु.48/ किलो पर चीनी बेच रहा है, जिसकी कीमत रु.50 प्रति किग्रा है लेकिन वह 1000 ग्राम के बजाय 900 ग्राम दे रहा है। लगभग प्रतिशत लाभ क्या होगा- **[SSC CGL 2023]**

(a) 7.5% (b) 5.5%
(c) 8.5% (d) 6.7%

16. एक दुकानदार ने 20% के लाभ पर हेडफोन की एक जोड़ी रु. 5,520 में बची। यदि इसे रु.4,370 में बेचा जाता, तो लाभ या हानि प्रतिशत क्या होता- **[SSC CGL 2023]**

(a) 15% का लाभ (b) 5% की हानि
(c) 2% का लाभ (d) 10% की हानि

17. चावल का क्रय मूल्य और विक्रय मूल्य समान है। तोलने की मशीन में खराबी के कारण विक्रेता को 15% का लाभ होता है। यदि 1000 ग्राम चावल का क्रय मूल्य x रुपये है और मशीन को बदल दिया जाता है जो 950 ग्राम के बजाय 1000 ग्राम दिखाती है तो समान लाभ प्रतिशत प्राप्त करने के लिए अब विक्रय मूल्य (रु. में) क्या होना चाहिए- **[SSC CGL 2023]**

(a) 1.0295x (b) 1.0259 x
(c) 10.0925x (d) 10.0950x

18. 14 नोटबुक बेचने पर एक विक्रेता 9 नोटबुक के विक्रय मूल्य के बराबर लाभ अर्जित करता है। उसका प्रतिशत लाभ ज्ञात कीजिए। (सभी नोटबुक का विक्रय मूल्य समान है। सभी नोटबुक का क्रय मूल्य समान है) **[SSC CHSL 2022]**

(a) 210% (b) 180%
(c) 140% (d) 130%

19. यदि एक वस्तु को उसके सामान्य विक्रय मूल्य के 9/10वें भाग पर बेचा जाए, तो उस पर 20% का लाभ अर्जित होगा। वह लाभ प्रतिशत ज्ञात कीजिए जो इसे उसके सामान्य विक्रय मूल्य पर बेचने पर अर्जित होता- **[SSC CHSL 2022]**

(a) 33.33% (b) 25%
(c) 30% (d) 20%

20. एक व्यक्ति 25% के लाभ पर गेहूँ बेचता है। यदि वह इसका विक्रय मूल्य 40 रुपए से घटा देता है, तो उसे 25% की हानि होती है। गेहूँ का प्रारंभिक विक्रय मूल्य क्या था- **[SSC CHSL 2022]**

(a) रु.80 (b) रु.120
(c) रु.60 (d) रु.100

21. एक आदमी एक वस्तु को 25% के लाभ पर बेचता है। यदि उसने इसे 20% कम पर खरीदा होता और इसे रु.12.60 कम में बेचा होता, तो उसे 30% का लाभ होता। वस्तु का क्रय मूल्य ज्ञात कीजिए- **[UPP Constable 2024]**

(a) रु.55 (b) रु.45
(c) रु.60 (d) रु.50

22. एक वस्तु एक निश्चित कीमत पर बेची जाती है। उस कीमत के $\frac{2}{3}$ पर बेचने पर व्यक्ति को 10% की हानि होती है। मूल कीमत पर लाभ प्रतिशत ज्ञात कीजिए- **[UPP Constable 2024]**

(a) 38% (b) 35%
(c) 30% (d) 25%

23. एक पेनड्राइव को रु.1452 में बेचने पर, एक दुकानदार को 12% की हानि होती है। दुकानदार के लिए पेनड्राइव का क्रय मूल्य ज्ञात कीजिए- (रु. में) **[UPSI 2021]**

(a) 1650 (b) 1645
(c) 1647 (d) 1652

24. यदि रु.6000 से लेकर रु.7000 तक की कीमत पर खरीदी गई घड़ियों को रु.7000 से लेकर रु.8000 तक की कीमतों पर बेचा जाता है तो 5 घड़ियों को बेचकर कितना अधिकतम संभव लाभ कमाया जा सकता है- **[UPSI 2017]**

(a) रु.12,000 (b) रु.10,000
(c) रु.13,500 (d) रु.14,000

25. 12% लाभ अर्जित करने के लिए, एक दुकानदार एक टेलीविजन को रु.22,400 में बेचता है। यदि वह दुगुना लाभ चाहता है कि तो टेलीविजन का विक्रय मूल्य (रु. में) क्या होना चाहिए- **[SSC CGL 2023]**

(a) 24,000 (b) 24,800
(c) 24,600 (d) 25,000

26. नीलू एक रुपये में 2 नींबू की दर से नींबू खरीदती है और उन्हें तीन रुपये में 5 नींबू की दर से बेचती है। उसका लाभ है- **[BPSC Junior 2023]**

(a) 18% (b) 18%
(c) 20% (d) उपर्युक्त में से एक से अधिक
(e) उपर्युक्त में से कोई नहीं

27. एक फर्नीचर विक्रेता को 30 कुर्सियों के बेचने पर 6 कुर्सियों के विक्रय मूल्य के बराबर हानि होती है। उसकी प्रतिशत हानि है- **[BPSC Junior 2023]**

(a) 16 (b) $16\frac{1}{3}$
(c) $16\frac{2}{3}$ (d) उपर्युक्त में से एक से अधिक
(e) उपर्युक्त में से कोई नही

28. अंकिता ने अपनी घड़ी 5% हानि पर बेचीा। यदि वह इसे रु.300 अधिक में बेचती, तो उसे 5% का लाभ होता। घड़ी का विक्रय मूल्य ज्ञात कीजिए- **[SSC CGL 2023]**

(a) रु.2,900 (b) रु.2,750
(c) रु.3,000 (d) रु.2,850

29. एक बेईमान दुकानदार बाजरे का रु.20 प्रति किग्रा. के भाव पर बेचता है, जिसे उसने रु.16 प्रति किग्रा. के भाव से खरीदा है और वह 1000 ग्राम के बदले 800 ग्राम दे रहा है। उसका वास्तविक लाभ प्रतिशत ज्ञात कीजिए- **[SSC CGL 2023]**

(a) 52.12% (b) 58.36%
(c) 54.255 (d) 56.25%

30. एक दुकानदार एक वस्तु को 15% के लाभ पर बेचता है और ऐसे बाट का उपयोग करता है जो 20% कम है। उसका वास्तविक लाभ प्रतिशत ज्ञात कीजिए- **[SSC CGL 2023]**

(a) 4.5% (b) 50%
(c) 40% (d) 43.75%

31. एक जैकेट को रु.9610 में बेचने पर अर्जित लाभ उसी जैकेट को रु.7690 में बेचने पर हुए नुकसान के बराबर है। 10% लाभ अर्जित करने के लिए जैकेट का विक्रय मूल्य क्या होना चाहिए- **[SSC CHSL 2022]**

(a) रु.9256 (b) रु.9275
(c) रु.9416 (d) रु.9515

32. एक व्यापारी रु.15000 प्रति मशीन की दर से दो मशीनें बेचता है। एक मशीन पर उसे 20% का लाभ होता है और दूसरी पर उसी 40% की हानि होती है। पूरे लेन-देन में उसका लाभ/हानि प्रतिशत कितना है- **[SSC CHSL 2022]**

(a) 20% की हानि (b) 10% की हानि
(c) 10% का लाभ (d) 20% का लाभ

33. एक वस्तु को रु.2000 में बेचने पर अर्जित प्रतिशत लाभ उसी वस्तु को रु.1,200 में बेचने में हुई प्रतिशत हानि के बराबर है। 20% का लाभ प्राप्त करने के लिए उसे वस्तु को किस मूल्य पर बेचा जाना चाहिए- **[SSC CGL 2023]**

(a) रु.2,000 (b) रु.1,800
(c) रु.1,920 (d) रु.1,840

34. एक घड़ी को रु.2000 में बेचने पर एक दुकानदार को 20% की हानि होती है इसे रु.3000 में बेचने उसे कितना लाभ या हानि होगी- **[SSC CGL 2023]**

(a) 20% का लाभ (b) 25% का लाभ
(c) 15% की हानि (d) 25% की हानि

35. एक दुकानदार ने रु.3,600 में एक निश्चित संख्या में सेब खरीदे। उसने उनमें से 1/5 भाग को 10% की हानि पर, शेष के एक-चौथाई सेबों को 5% की हानि पर, और शेष के दो-तिहाई भाग को 15% के लाभ पर बेचा। कुल मिलाकर 27% का लाभ अर्जित करने के लिए उसे शेष सेबों को किस कीमत पर (रु.में) बेचना चाहिए- **[SSC CGL 2023]**

(a) 1,548 (b) 1,584
(c) 1,845 (d) 1,864

36. एक वस्तु का अंकित मूल्य उसके क्रय मूल्य से 40% अधिक है। यदि इसका विक्रय मूल्य अंकित मूल्य का $73\frac{1}{2}\%$ है, तो लाभ प्रतिशत ज्ञात कीजिए- **[SSC CGL 2023]**

(a) 2.9% (b) 2.7%
(c) 2.6% (d) 2.5%

37. यदि 28 संतरे का क्रय मूल्य 24 संतरे के विक्रय मूल्य के बराबर है, तो लाभ प्रतिशत .... है- **[SSC CGL 2023]**

(a) $16\frac{2}{3}\%$ (b) $16\frac{1}{3}\%$
(c) $18\frac{2}{3}$ (d) $18\frac{1}{3}\%$

38. एक व्यक्ति रु.4,000 की दर से तीन चश्में खरीदता है। वह पहला चश्मा 30% के लाभ पर बेचता है, दूसरा चश्मा 10% की हानि पर बेचता है और तीसरा चश्मा भी 10% की हानि की बेचता है। पूरे सौदे में आर्जत लाभ कुल प्रतिशत कितना है- **[SSC CHSL 2022]**

(a) 7.14% (b) 2.18%
(c) 3.33% (d) 5.41%

39. पारस को अपना माल रु.960 में बेचने पर 33.33% का लाभ होता है। ज्ञात कीजिए 20% लाभ अर्जित करने के लिए उसे अपना माल किस मूल्य पर बेचना पड़ेगा- **[SSC CHSL 2022]**

(a) रु.792 (b) रु.720
(c) रु.854 (d) रु.864

40. राजीव एक पेन को 5% के लाभ पर बेचता है। यदि वह पेन को रु. 36 अधिक में बेचता है तो उसे 14% का लाभ होता है। पेन का क्रय मूल्य क्या है- **[SSC CHSL 2022]**

(a) रु.600 (b) रु.300
(c) रु.500 (d) रु.400

41. एक दुकानदार एक किताब को 40% की हानि पर बेचता है। यदि उसने किताब को रु.120 अधिक में बेचा होता, तो उसे 10% का की हानि होती। 10% का लाभ अर्जित करने के लिए, पुस्तक का विक्रय मूल्य क्या होना चाहिए- **[SSC CHSL 2022]**

(a) रु.400 (b) रु.440
(c) रु.500 (d) रु.650

42. एक वस्तु को 10 प्रतिशत हानि पर बेचा जाता है। यदि इसके क्रय मूल्य में रु.5 की कमी की जाती है और विक्रय मूल्य में रु.8 की वृद्धि की जाती है तो इस पर 10% का लाभ अर्जित किया जाता हैं वस्तु का वास्तविक विक्रय मूल्य क्या है- **[SSC CHSL 2022]**

(a) रु.68.5 (b) रु.67.5
(c) रु.62.5 (d) रु.60.75

43. एक विक्रेता 2 किग्रा. वजन के स्थान पर गलत वजन का उपयोग करता है और 25% लाभ अर्जित करता है। उसका दावा है कि वह ग्राहकों को क्रय पर बेच रहा है लेकिन गलत वजन का उपयोग करता है। 25% का लाभ कमाने के लिए 2 किग्रा. में कितना वजन कम करना होगा- **[SSC CPO 2022]**

(a) 250 ग्राम (b) 400 ग्राम
(c) 500 ग्राम (d) 300 ग्राम

44. एक व्यापारी 60 बोरी अनाज रु.400 प्रत्येक बोरी की दर पर खरीदता है। यदि यह 8% लाभ पर 18 बोरियां बेचता है, तो उसे 60 बोरी पर कुल 16.4% लाभ कमाने के लिए शेष बोरियां किस कीमत पर बेचनी चाहिए- **[RRB ALP (Tier-II) 2019]**

(a) 50% (b) 120%
(c) 100% (d) 40%

45. अरविंद ने एक वस्तु रु.x में खरीदी। उसने इसे 15% हानि पर बीरू को बेच दिया। बीरू ने इसकी ढुलाई पर रु.126 खर्च किए, और इसे 25% के लाभ पर मीनू को बेच दिया। यदि मीनू ने इसे रु. 1475 में खरीदा, तो रु.x का मान ज्ञात कीजिए- **[RRB Group D 2022]**

(a) रु.1,240 (b) रु.1,160
(c) रु.1,320 (d) रु.1,280

46. एक दुकानदार रु.23 प्रति किग्रा. क्रय मूल्य वाली वस्तुओं को रु. 20 प्रति किग्रा. पर बेचने का दावा करता है। लेकिन बेचते समय, वह तौल से गड़बड़ी करता है और 1 किग्रा. के बजाय केवल 800 ग्राम तौलता है। उसका लाभ प्रतिशत क्या होगा- **[SSC CPO 2022]**

(a) $8\frac{17}{23}\%$ (b) $8\frac{16}{23}\%$
(c) $8\frac{14}{23}\%$ (d) $8\frac{15}{23}\%$

47. रु.1265 के खुदरा मूल्य वाली एक मेज की उत्पादन लागत ज्ञात कीजिए, यदि निर्माता को 10% का लाभ होता है, और थोक व्यापारी को 15% का लाभ होता है तथा खुदरा विक्रेता को 25% का लाभ होता है- **[RRB JE 2019]**

(a) रु.900 (b) रु.850
(c) रु.750 (d) रु.800

48. रवि ने दो साइकिल समान मूल्य पर बेची, लेकिन उसे एक साइकिल पर 20% का लाभ हुआ और दूसरी साइकिल पर 20% की हानि हुई। इस लेनदेन में हुई उसकी लाभ या हानि ज्ञात कीजिए- **[RRB JE 2019]**

(a) 20% की हानि (b) 4% का लाभ
(c) 4% का हानि (d) 20% की हानि

49. अनुज 8% जी.एस.टी. सहित रु.604.80 की एक कलाई घड़ी खरीदता है। यदि जी.एस.टी. बढ़कर 10% हो जाए तो कलाई घड़ी का नया विक्रय मूल्य ज्ञात कीजिए- **[CISF HCM 2023]**

(a) रु.756 (b) रु.712.72
(c) रु.656.28 (d) रु.616

50. एक दुकानदार गलती से एक वस्तु को उसके मूल विक्रय मूल्य से 32% कम पर बेचता है और पाता है कि मूल बिक्री मूल्य की तुलना में उसे रु.67.20 कम मिलते है। यदि वस्तु को उसके मूल विक्रय मूल्य पर बेचने पर उसे 40% का लाभ प्राप्त होता है, तो वस्तु का क्रय मूल्य क्या है- **[ICAR Assitt. 2022]**

(a) रु.150 (b) रु.125
(c) रु.180 (d) रु.160

51. A एक वस्तु के विक्रय मूल्य पर अपने लाभ प्रतिशत की गणना करता है, जबकि B वस्तु के लागत मूल्य पर अपने लाभ प्रतिशत की गणना करता है। यदि उनके लाभ के बीच का अंतर रु.588 है, उन दोनों के लिए वस्तु का विक्रय मूल्य समान है, और दोनों को 28% का लाभ मिलता है, तो प्रत्येक वस्तु का विक्रय मूल्य (रु.में) है- **[ICAR Assitt. 2022]**

(a) 9000 (b) 10000
(c) 10200 (d) 9600

52. केवल ने कुल रु.14220 में 5 मेज और 13 कुर्सियाँ खरीदी। उसने मेजों को 15% के लाभ और कुर्सियों को 10% की हानि पर बेचा। यदि पूरे लेन-देन में उसका लाभ 378 रुपये है, तो 2 मेजों के क्रय मूल्य और 3 कुर्सियों के क्रय मूल्य के बीच का अंतर (रु० में) कितना है- **[ICAR Technician 2022]**

(a) 1240 (b) 1250
(c) 1280 (d) 1260

53. एक वस्तु को रु.1500 में बेचने पर, एक दुकानदार को 20% की हानि होती है। 10% का लाभ प्राप्त करने के लिए उसे वह वस्तु किस मूल्य पर बेचनी चाहिए- **[Delhi Police 2023]**

(a) रु.2,062.50 (b) रु.2,000
(c) रु.2,100 (d) रु.2,162.50

54. एक व्यापारी ने अपनी वस्तुओं का 5/6 भाग 30 प्रतिशत लाभ पर बेचा और शेष को क्रय मूल्य पर बेचा। उसका समग्र लाभ प्रतिशत क्या है- **[IB ACIO 2020]**

(a) 30% (b) 22.5%
(c) 27.27% (d) 25%

55. एक पंसारी दो प्रकार के गेहूं को मिलाता है और 25% का लाभ कमाने के लिए मिश्रण को रु.28 प्रति किग्रा पर बेचता है। यदि पहली किस्म का लागत मूल्य दूसरे से दोगुना है, और उसने उन्हें 2 : 3 के अनुपात में मिलाया जाता है तो सस्ती किस्म का प्रति किग्रा. मूल्य ज्ञात करें- **[IB ACIO 2020]**

(a) रु.14 (b) रु.18
(c) रु.20 (d) रु.16

56. एक दुकानदार कुछ नुकसान पर एक उत्पाद बेचता है। यदि वह उत्पाद के विक्रय मूल्य में 5% की कमी करता है तो उसका नुकसान 4% बढ़ जाता है। किस नुकसान पर वह अपन उत्पाद बेचता है। (ध्यान दें- विकल्प निकटतम संख्या तक पुर्णांकित हैं) **[IB ACIO 2020]**

(a) 63.63% (b) 40%
(c) 35% (d) 55.55%

57. एक लड़की एक साइकिल खरीदती है। रु.7500 में बेचती है और इसे 25% की हानि पर बेचती है। साइकिल का विक्रय मूल्य क्या है- **[IB ACIO 2020]**

(a) 5755 (b) 4895
(c) 6300 (d) 5625

58. एक विक्रेता रु.5 में 8 नग (पीस) के हिसाब से एक निश्चित संख्या में केले खरीदता है और उन्हें रु.8 में 5 नग (पीस) के हिसाब से बेचता है। उसका प्रतिशत लाभ कितना होगा- **[RRB ALP (Tier-II) 2019]**

(a) 156% (b) 48%
(c) 144% (d) 40%

59. एक फुटकर विक्रेता 54 किग्रा. संतरों वाला एक थैला रु.25 प्रति किग्रा की दर से खरीदता है। बाद में छँटाई करने पर वह पाता है कि 4 किलो संतरे सड़े हुए है, वह उन्हें फेंक देता है और शेष को रु.36 प्रति किलो प्रति पर बेच देता है। उसका लाभ प्रतिशत ज्ञात कीजिए- **[RRB NTPC 2021]**

(a) 25% (b) 30%
(c) $33\frac{1}{3}\%$ (d) 40%

60. एक व्यापारी द्वारा दो वस्तुएं बेची जाती है। उनमें से एक को 20% लाभ पर बेचा जाता है। इसका विक्रय मूल्य अन्य वस्तु के क्रय मूल्य के बराबर है जिसे 20% हानि पर बेचा जाता है। लगभग प्रभावी लाभ/हानि प्रतिशत ज्ञात कीजिए- **[RRB NTPC 2021]**

(a) 1.8% loss (b) 2.5% profit
(c) 4% loss (d) 1.8% profit

61. सबीहा ने अपनी दुकान के लिए रु.8 प्रति कप की दर पर 240 कप खरीदे। परिवहन के दौरान, 24 कप क्षतिग्रस्त हो गए, और उसने शेष कपों को रु.12 प्रति कप की दर पर बेचा। उसका कुल प्रतिशत लाभ ज्ञात कीजिए- **[RRB NTPC 2021]**

(a) 40% (b) 35%
(c) 30% (d) 45%

62. एक दुकानदार दो वस्तुओं को प्रत्येक 891 रुपये की दर से बेचता है। एक वस्तु पर उसे 10% का लाभ हुआ और दूसरी पर उसे 10% की हानि हुई। कुल लाभ या हानि का प्रतिशत ज्ञात कीजिए- **[RPF Constable 2019]**

(a) 4% का लाभ (b) 1% की हानि
(c) 1% का लाभ (d) 4% की हानि

63. एक वस्तु को 535 रुपये में बेचने पर हुई हानि उसी वस्तु को 775 रुपये में बेचने पर प्राप्त लाभ का 60% है। उस वस्तु का क्रय मूल्य (रुपये में) ज्ञात कीजिए- **[RPF S.I. 2019]**

(a) 625 (b) 615
(c) 610 (d) 600

64. 33 मीटर कपड़ा बेचने पर, व्यक्ति को 11 मीटर का विक्रय मूल्य प्राप्त होता है। लाभ प्रतिशत ज्ञात कीजिए- **[UPP Constable 2024]**

(a) 25% (b) 65%
(c) 20% (d) 50%

65. 30 खिलौने का लागत मूल्य 40 खिलौने के बिक्री मूल्य के बराबर है। लाभ या हानि प्रतिशत की गणना करें- **[UPSI 2017]**

(a) 25% लाभ (b) 30% हानि
(c) 30% लाभ (d) 25% हानि

66. A, एक वस्तु खरीदता है और इसकी मरम्मत पर रु.515 खर्च करता है। फिर वह इसे B को 20% लाभ पर बेच देता है। B इसे C को 10% हानि पर बेच देता है। अंततः C इसे 30% के लाभ पर रु.2808 में बेच देता है। A ने वस्तु के लिए कितना भुगतान किया- (रु. में) **[UPSI 2021]**

(a) 1510 (b) 1497
(c) 1485 (d) 1495

67. जब किसी वस्तु को 18122 में बेचा जाता है तो यह इसी वस्तु को 9061 में बेचे जाने पर होने वाली हानि से 21% अधिक लाभ अर्जित करती है। वस्तु का क्रय मूल्य ज्ञात कीजिए- (रु. में) **[UPSI 2021]**

(a) 13163 (b) 13164
(c) 13161 (d) 13162

68. यदि किसी वस्तु का लागत मूल्य विक्रय मूल्य का 68% है तो लाभ प्रतिशत क्या होगा- **[DSSSB Assitt. Grade 2024]**

(a) 54% (b) 47%
(c) 50% (d) 40%

69. एक पंखा 30% घाटे पर रु.4,900 में बेचा गया। पंखे का क्रय मूल्य क्या है? **[BPSC Junior 2024]**

(a) रु.7,500 (b) रु.6,300
(c) रु.7,000 (d) उपर्युक्त में से एक से अधिक
(e) उपर्युक्त में से कोई नही

ANSWER

1	(b)	2	(b)	3	(b)	4	(d)	5	(d)	6	(a)	7	(a)	8	(b)	9	(d)	10	(d)
11	(c)	12	(c)	13	(c)	14	(b)	15	(d)	16	(b)	17	(a)	18	(b)	19	(a)	20	(d)
21	(c)	22	(b)	23	(a)	24	(b)	25	(b)	26	(c)	27	(c)	28	(d)	29	(d)	30	(d)
31	(d)	32	(a)	33	(c)	34	(a)	35	(b)	36	(a)	37	(a)	38	(c)	39	(d)	40	(d)
41	(b)	42	(d)	43	(b)	44	(b)	45	(a)	46	(b)	47	(d)	48	(c)	49	(d)	50	(a)
51	(d)	52	(d)	53	(a)	54	(d)	55	(d)	56	(d)	57	(d)	58	(a)	59	(c)	60	(a)
61	(b)	62	(b)	63	(a)	64	(d)	65	(d)	66	(c)	67	(c)	68	(b)	69	(c)		

CHAPTER 08

छूट या बट्टा (Discount)

- **छूट (Discount) :** विक्रेता द्वारा ग्राहक के लिए किसी वस्तु की कीमत में की गई कमी ही छूट कहलाती है।

$$\text{छूट} = \text{अंकित मूल्य} - \text{विक्रय मूल्य}$$
$$\text{Discount} = MP - SP$$

- छूट सदैव अंकित मूल्य पर दिया जाता है। छूट की गणना कभी भी विक्रय मूल्य अथवा लागत मूल्य पर नहीं करते है।
- सामान्यतः छूट को प्रतिशत के रूप में व्यक्त किया जाता है।

$$\text{छूट प्रतिशत} = \left(\frac{\text{छूट}}{\text{अंकित मूल्य}} \times 100\right)\%$$

- यदि किसी वस्तु पर D% बट्टा या छूट देकर बेचा जाये तो-

$$SP = MP \times \frac{(100-D)}{100}$$

- यदि किसी वस्तु पर क्रमशः $D_1\%$, $D_2\%$ तथा $D_3\%$ का क्रमिक बट्टा दिया जाये तो-

$$SP = MP \times \frac{(100-D_1)}{100} \times \frac{(100-D_2)}{100} \times \frac{(100-D_3)}{100}$$

- यदि किसी वस्तु के अंकित मूल्य पर D% का बट्टा देने के पश्चात् P% का लाभ हो तो-

$$SP = CP \times \frac{(100+P)}{100} = MP \times \frac{(100-D)}{100}$$

$$\Rightarrow \frac{CP}{MP} = \frac{100-D}{100+P}$$

- यदि किसी वस्तु x% तथा y% के दो उत्तरोत्तर छूट (क्रमिक छूट) दिये जाये तो-

$$\text{समतुल्य बट्टा (एकल छूट)} = \left(x + y - \frac{xy}{100}\right)\%$$

- यदि किसी वस्तु पर x%, y% और z% के तीन क्रमिक छूट दिये जाये तो-

$$\text{समतुल्य छूट} = \left[(x+y+z) - \left(\frac{xy+yz+zx}{100}\right) + \left(\frac{xyz}{10000}\right)\right]\%$$

- जब m वस्तुएं खरीदने पर n वस्तुएं मुफ्त दी जाती हो तो-

$$\text{छूट प्रतिशत} = \left(\frac{n}{m+n} \times 100\right)\%$$

- जब किसी वस्तु की कीमत लागत मूल्य (CP) से x% अधिक अंकित की जाये तथा अंकित मूल्य पर y% का बट्टा दिया जाये तो-

$$\text{लाभ अथवा हानि प्रतिशत} = \left[\frac{x \times (100-y)}{100} - y\right]\%$$

नोट- यदि लाभ होता है तो प्रतिशत धनात्मक (+) प्राप्त होता है और जब हानि होती है तो प्रतिशत ऋणात्मक (–) प्राप्त होता है।

---

1. छूट प्रतिशत ज्ञात करे, यदि ₹90 अंकित मूल्य की एक किताब ₹76 में बेची जाती है।

(a) 14.65% (b) 15.56%
(c) 13.45% (d) 14.75%

Sol. (b)

$$\text{छूट\%} = \frac{(90-76) \times 100}{90}$$
$$= \frac{14 \times 100}{90} = \frac{140}{9}$$
$$= 15.56\%$$ **Ans.**

2. किसी जनरल स्टोर में एक वस्तु, जिसका अंकित मूल्य ₹35,600 है, उसे छूट पर ₹34888 के विशेष मूल्य पर काउंटर पर रखा गया है। उस वस्तु पर कितने प्रतिशत की छूट दी जा रही है।

(a) 1% (b) 3%
(c) 4% (d) 2%

Sol. (d)

$$\text{छूट\%} = \frac{(35600-34888) \times 100}{35600}$$
$$= \frac{712 \times 100}{35600} = 2\%$$

अतः छूट प्रतिशत = 2% **Ans.**

3. यदि ₹350 अंकित मूल्य वाले एक जोड़ी जूते की छूट के बाद ₹308 में बेचा जाता है तो छूट प्रतिशत ज्ञात करे।

(a) 42% (b) 12%
(c) 13.6% (d) 14%

Sol. (b) $\text{छूट\%} = \frac{(350-308)\times 100}{350}$

$= \frac{42 \times 100}{350} = 12\%$

अतः छूट% = 12% **Ans.**

4. एक व्यक्ति ने ₹1285 की निवल छूट मिलने पर साड़ी ₹7710 में खरीदी। दुकानदार ने साड़ी पर कितने प्रतिशत छूट दी?

(a) $14\frac{1}{7}\%$ (b) $14\frac{2}{7}\%$
(c) $14\frac{3}{7}\%$ (d) $14\frac{4}{7}\%$

Sol. (b) अंकित मूल्य = 1285 + 7710 = 8995

$\therefore$ $\text{छूट\%} = \frac{1285 \times 100}{8995} = 14\frac{2}{7}\%$

अतः साड़ी पर छूट% = $14\frac{2}{7}\%$ **Ans.**

5. यदि किसी वस्तु पर दी गयी छूट 40% हो, तो विक्रय मूल्य और अंकित मूल्य का अनुपात क्या होगा?

(a) 2 : 5 (b) 4 : 7
(c) 5 : 8 (d) 3 : 5

Sol. (d)

MP : SP

40% छूट पर $\left(\frac{2}{5}\right)$ 5 : 3

अतः वस्तु का विक्रय मूल्य : अंकित मूल्य = 3 : 5 **Ans.**

6. किसी वस्तु के अंकित मूल्य तथा विक्रय मूल्य का अनुपात 12 : 7 है तो छूट प्रतिशत ज्ञात करे।

(a) 41.67 (b) 37.5
(c) 39.33 (d) 42.33

Sol. (a) MP : SP = 12 : 7

अंतर = 5

$\therefore$ $\text{छूट\%} = \frac{5 \times 100}{12} = 41.67\%$ **Ans.**

क्रमिक छूट पर आधारित प्रश्न

7. इनमें से कौन-सा छूट ग्राहक के लिए उत्तम है।

(A) 10% और 20% की दो क्रमिक छूट
(B) 30% की एकल छूट

(a) A और B दोनों (b) केवल A
(c) केवल B (d) ज्ञात नहीं किया जा सकता

Sol. (c) माना कि वस्तु का मूल्य ₹100 है।

10% और 20% की दो क्रमिक छूट पर

$\Rightarrow 100 \times \frac{(100-10)}{100} \times \frac{(100-20)}{100} = 72$

माना कि वस्तु का मूल्य ₹100 है।

30% का एकल छूट पर

$\Rightarrow 100 \times \frac{(100-30)}{100} = 70$

अतः 30% का एक छूट ग्राहक के लिए उत्तम होगा।

Method - II

10% और 20% का क्रमिक छूट

$= -10 - 20 + \frac{10 \times 20}{100}$

$= -30 + 2 = -28$

$\therefore$ छूट = 28%

30% का एकल छूट = 30%

अतः ग्राहक के लिए 30% का एकल छूट उत्तम होगा।

8. निम्नलिखित में से किसमें छूट प्रतिशत अधिकतम होगी?

(A) 10% और 20% का क्रमिक छूट
(B) 20% और 10% का क्रमिक छूट

(a) निर्धारित नहीं किया जा सकता
(b) दोनों समान है।
(c) 20% और 10% क्रमिक छूट
(d) 10% और 20% का क्रमिक छूट

Sol. (b) 10% और 20% का क्रमिक छूट

$= -10 - 20 + \frac{10 \times 20}{100} = -28$

$\therefore$ छूट = 28%

20% और 10% का क्रमिक छूट

$= -10 - 20 + \frac{10 \times 20}{100} = -28$

$\therefore$ छूट = 28%

अतः इस स्थिति में दोनों छूट समान होगा।

9. निम्नलिखित में से कौन-सी छूट प्रतिशत अधिकतम होगी?

(a) अंकित मूल्य = ₹2800, विक्रय मूल्य = ₹2400

(b) अंकित मूल्य = ₹3200, विक्रय मूल्य = ₹2800

(c) अंकित मूल्य = ₹4000, विक्रय मूल्य = ₹3600

(d) अंकित मूल्य = ₹2400, विक्रय मूल्य = ₹2000

Sol. **(a)** MP = ₹2800, SP = ₹2400

$$\text{छूट\%} = \frac{(2800-2400)}{2800}\times 100$$

$$= \frac{400}{2800}\times 100$$

$$= \frac{100}{7} = 14\frac{2}{7}\%$$

(b) MP = ₹3200, SP = ₹2800

$$\text{छूट\%} = \frac{(3200-2800)}{3200}\times 100$$

$$= \frac{400}{32} = 12\frac{1}{2}\%$$

(c) MP = 4000 SP = 3600

$$\text{छूट\%} = \frac{(4000-3600)}{4000}\times 100$$

$$= 10\%$$

(d) MP = 2400 SP = 2000

$$\text{छूट\%} = \frac{(2400-2000)}{2400}\times 100$$

$$= 16\frac{2}{3}\%$$

अतः सबसे अधिकतम छूट प्रतिशत के लिए MP = 2400, SP = 2000 वाली स्थिति होगी।

10. 8%, 15% और 12% की तीन क्रमागत छूट के समतुल्य एकल छूट ज्ञात करें।

(a) 35% (b) 68.816%

(c) 31.184% (d) 17.5%

Sol. **(c)** समतुल्य एकल छूट $= -8-15+\frac{8\times 15}{100}$

$= -23 + 1.2$

$= -21.8\%$

अब, $= -21.8 - 12 + \frac{21.8\times 12}{100}$

$= -33.8 + 2.616$

$= -31.184\%$

अतः समतुल्य एकल छूट = 31.184% **Ans.**

Method - II

	MP	:	SP
$8\% = \frac{2}{25} \rightarrow$	25	:	23
$15\% = \frac{3}{20} \rightarrow$	20	:	17
$12\% = \frac{3}{25} \rightarrow$	25	:	22
	12500	:	8602

छूट = 3898

$$\therefore \quad \text{छूट\%} = \frac{3898\times 100}{12500} = 31.184\% \quad \textbf{Ans.}$$

11. 10%, 12% और 15% के तीन क्रमिक छूट किसकी एकल छूट के बराबर है?

(a) 34.17% (b) 32.68%

(c) 35.36% (d) 37%

Sol. **(b)**

	MP	:	SP
$10\% = \frac{1}{10} \rightarrow$	10	:	9
$12\% = \frac{3}{25} \rightarrow$	25	:	22
$15\% = \frac{3}{20} \rightarrow$	20	:	17
	5000	:	3366

छूट = 1634

$$\therefore \quad \text{छूट\%} = \frac{1634\times 100}{5000} = 32.68\% \quad \textbf{Ans.}$$

12. निम्न में से कौन-सी छूट 10%, 15% और 18% की तीन क्रमिक छूटों के समतुल्य होगी?

(a) 32.68% (b) 34.17%

(c) 37.27% (d) 35.36%

Sol. **(c)**

	MP	:	SP
$10\% = \frac{1}{10} \rightarrow$	10	:	9
$12\% = \frac{3}{20} \rightarrow$	20	:	17
$18\% = \frac{9}{50} \rightarrow$	50	:	41
	10000	:	6273

छूट = 3727

∴ सततुल्य छूट% $= \frac{3727 \times 100}{10000} = 37.27\%$ **Ans.**

13. 10%, 17% और 25% के क्रमिक छूट के समतुल्य एकल छूट (निकटतम पूर्ण संख्या तक) क्या होगी?

(a) 44% (b) 43%
(c) 45% (d) 52%

Sol (a) $100 \xrightarrow{10\%\downarrow} 90$

$90 \xrightarrow{17\%\downarrow} 90 \times \frac{83}{100} = 74.7$

$74.7 \xrightarrow{25\%\downarrow} 74.7 \times \frac{75}{100} = 56.025$

∴ एकल छूट% = (100 – 56.025)%
= 43.975%
= 44% (निकटतम पूर्ण संख्या) **Ans.**

14. 18%, 10% और 15% की क्रमागत छूट, ... की एकल छूट के समतुल्य है।

(a) 45.16% (b) 37.27%
(c) 39.25% (d) 41.32%

Sol (a) $100 \xrightarrow{18\%\downarrow} 82$

$82 \xrightarrow{10\%\downarrow} 73.8$

$73.8 \xrightarrow{15\%\downarrow} 73.8 \times \frac{85}{100} = 62.73$

अतः एकल छूट% = (100 – 62.73)% = 37.27%

Method - II

माना कि अंकित मूल्य = ₹100

∴ एकल छूट% $= 100 - 100 \times \frac{82}{100} \times \frac{90}{100} \times \frac{85}{100}$
= (100 – 62.73)% = 37.27% **Ans.**

15. यदि 25% तथा 30% की दो क्रमिक छूट दी जाती है तो अंकित मूल्य का विक्रय मूल्य से क्या अनुपात है?

(a) 20 : 7 (b) 40 : 21
(c) 20 : 17 (d) 40 : 33

Sol (b)

	MP	:	SP
25% छूट देने पर $= \frac{1}{4} \rightarrow$	4	:	3
30% छूट देने पर $= \frac{3}{10} \rightarrow$	10	:	7
	40	:	21

अतः अंकित मूल्य : विक्रय मूल्य = 40 : 21 **Ans.**

16. एक वस्तु पर 25% छूट की पेशकश की गई है। एक प्रोमो कोड लागू करके ग्राहक 22% नकद वापस जीतता है। उसको मिली प्रभावी छूट क्या है?

(a) 41.5% (b) 50.63%
(c) 47% (d) 27.5%

Sol (b) प्रभावी छूट $= -25 - 22 + \frac{25 \times 22}{100}$
= –47 + 5.5 = – 41.5%

अतः प्रभावी छूट = 41.5% **Ans.**

17. उपभोक्ता के लिए सबसे अच्छी छूट कौन-सी है?

(a) 50% + 50% की छूट (b) 60% + 40% की छूट
(c) 70% + 30% की छूट (d) 1 खरीदें, 4 पायें

Sol (a) 50% + 50% की छूट

एकल छूट $= -50 - 50 + \frac{50 \times 50}{100} = -75$

अतः समतुल्य एकल छूट = 75%

(b) 60% + 40% की छूट

एकल छूट $= -60 - 40 + \frac{60 \times 40}{100} = -76\%$

अतः एकल छूट = 76%

(c) 70% + 30% की छूट

एकल छूट $= -70 - 30 + \frac{70 \times 30}{100} = -79\%$

अतः एकल छूट = 79%

(d) 1 की खरीद पर 3 मुफ्त

छूट% $= \frac{4-1}{4} \times 100 = 75\%$

अतः उपभोक्ता के लिए सबसे अच्छी छूट 70% + 30% की छूट है।

18. किसी वस्तु पर 20% की छूट दी जाती है। प्रोमो कोड लागू करने से ग्राहक 30% कैश बैक जीतता है तो प्रभावी छूट क्या है?

(a) 44% (b) 30%
(c) 32% (d) 22%

Sol (a) **Method - I**

प्रभावी छूट $= -20 - 30 + \frac{20 + 30}{100}$
= – 44%

अतः ग्राहक का प्रभावी छूट = 44%

Method - II

	M.P.	:	S.P.
20% की प्रथम छूट $\left(\frac{1}{5}\right)\rightarrow$	5	:	4
30% की कैशबैक छूट $\left(\frac{3}{10}\right)\rightarrow$	10	:	7
	25		14

अंतर = 11

$$\text{छूट\%} = \frac{11 \times 100}{25} = 44\%$$

19. किसी वस्तु पर 10% की छूट दी जाती है। प्रोमो कोड लागू करने से ग्राहक 5% कैश बैक जीतता है तो प्रभावी छूट क्या है?

(a) 15.225% (b) 14.5%
(c) 15% (d) 5.5%

Sol. (b) $\text{छूट\%} = -10 - 5 + \frac{10 \times 5}{100}$

$= -15 + 0.5$

$= -14.5\%$

अतः ग्राहक के लिए प्रभावी छूट = 14.5% **Ans.**

विक्रय मूल्य ज्ञात करना

20. किसी वस्तु का अंकित मूल्य ₹5320 है। यह दो क्रमागत छूटों के अधीन है। पहला छूट 15% और दूसरा छूट 20% की दर पर है तो वस्तु का विक्रय मूल्य ज्ञात करे।

(a) ₹3617.6 (b) ₹4167
(c) ₹4065.34 (d) ₹4185.81

Sol. (a) माना कि वस्तु का मूल्य = ₹100

15% के पहले छूट पर वस्तु का विक्रय मूल्य

$$= 100 \times \frac{(100-15)}{100} = ₹85$$

पुनः 20% के छूट पर वस्तु का विक्रय मूल्य

$$= 85 \times \frac{(100-20)}{100} = ₹68$$

$\because$ 100 = 5320

$\therefore$ 1 = 53.2

$\therefore$ 68 = 53.2 × 68

= ₹3617.6

अतः वस्तु का विक्रय मूल्य = ₹3617.6 **Ans.**

Method - II

दो क्रमिक छूट के बाद वस्तु का विक्रय मूल्य

$$= 5320 \times \frac{(100-15)}{100} \times \frac{(100-20)}{100}$$

$$= 5320 \times \frac{85}{100} \times \frac{80}{100}$$

= ₹3617.6 **Ans.**

Method - III

	M.P.	:	S.P.
15% के पहले छूट पर $\left(\frac{3}{20}\right)\rightarrow$	20	:	17
20% के दूसरे छूट पर $\left(\frac{1}{5}\right)\rightarrow$	5	:	4
	100		68
	↓		↓ × 53.2
	=5320		= 3617.6

1 = 53.2

अतः वस्तु का विक्रय मूल्य = ₹3617.6 **Ans.**

21. एक दुकानदार हर वस्तु पर 35%, 10% और 6% का क्रमिक बट्टा देता है। ₹1000 अंकित मूल्य वाली एक वस्तु को ग्राहक कितने मूल्य (निकटतम रुपये तक) पर खरीद सकता है।

(a) ₹645 (b) ₹450
(c) ₹562 (d) ₹550

Sol. (d) ग्राहक के लिए वस्तु का मूल्य

$$= 1000 \times \frac{(100-35)}{100} \times \frac{(100-10)}{100} \times \frac{(100-6)}{100}$$

$$= 1000 \times \frac{65}{100} \times \frac{90}{100} \times \frac{94}{100} = ₹549.9$$

= ₹550 लगभग **Ans.**

22. एक साइकिल का अंकित मूल्य ₹5500 है और उस पर अंकित मूल्य पर तीन क्रमिक छूट 40%, 30% और 20% दी गई है तो साइकिल का विक्रय मूल्य क्या होगा?

(a) ₹1835 (b) ₹1848
(c) ₹1868 (d) ₹1858

Sol. (b) साइकिल का तीन छूट के बाद मूल्य

$$= 5500 \times \frac{(100-40)}{100} \times \frac{(100-30)}{100} \times \frac{(100-20)}{100}$$

$$= 5500 \times \frac{60}{100} \times \frac{70}{100} \times \frac{80}{100} = ₹1848$$ **Ans.**

23. किसी वस्तु का विक्रय मूल्य ज्ञात करे, यदि इसके ₹25500 के अंकित मूल्य पर 15% और 12% के दो क्रमागत छूट दिए जाते है।

(a) ₹21165 (b) ₹19074
(c) ₹25041 (d) ₹18615

SoL **(b)** वस्तु का विक्रय मूल्य दोनों छूटों के बाद

$$= 25500 \times \frac{(100-15)}{100} \times \frac{(100-12)}{100}$$

$$= 25500 \times \frac{85}{100} \times \frac{88}{100} = ₹19074 \quad \textbf{Ans.}$$

24. गणित की एक किताब का अंकित मूल्य ₹550 है। यदि इसे 20% और 30% की दो क्रमिक छूट पर बेचा जाए, तो इसका विक्रय मूल्य क्या होगा?

(a) ₹312 (b) ₹310
(c) ₹308 (d) ₹305

SoL **(c)** दोनों छूट के बाद गणित के किताब का विक्रय मूल्य

$$= 550 \times \frac{(100-20)}{100} \times \frac{(100-30)}{100}$$

$$= 550 \times \frac{80}{100} \times \frac{70}{100} = ₹308$$

25. किसी वस्तु को बेचने से पहले 10% और 5% की दो क्रमिक छूट दी जाती है। यदि वस्तु का अंकित मूल्य ₹800 है तो इसका विक्रय मूल्य ज्ञात करे।

(a) ₹722 (b) ₹684
(c) ₹680 (d) ₹703

SoL **(b)** वस्तु का विक्रय मूल्य $= 800 \times \frac{(100-10)}{100} \times \frac{(100-5)}{100}$

$$= \frac{800 \times 90 \times 95}{100 \times 100}$$

$$= ₹684$$

26. किसी खिलौने का अंकित मूल्य ₹2100 था। इस पर सेल के दौरान दो उत्तरोत्तर छूट 20% और 15% दी थी। खिलौने का बिक्री मूल्य क्या था?

(a) ₹1460 (b) ₹1428
(c) ₹1360 (d) ₹1397

SoL **(b)** छूटों के बाद खिलौने का विक्रय मूल्य

$$= 2100 \times \frac{(100-20)}{100} \times \frac{(100-15)}{100}$$

$$= 2100 \times \frac{80}{100} \times \frac{85}{100} = ₹1428$$

27. किसी वस्तु का विक्रय मूल्य ज्ञात कीजिए, यदि दुकानदार उसे अंकित मूल्य ₹80 पर 5% की दो क्रमागत छूट देता है।

(a) ₹72 (b) ₹70.10
(c) ₹72.2 (d) ₹73

SoL **(c)** 5% की दो क्रमागत छूट के बाद विक्रय मूल्य

$$= 80 \times \frac{(100-5)}{100} \times \frac{(100-5)}{100}$$

$$= \frac{80 \times 95 \times 95}{10000} = ₹72.2 \quad \textbf{Ans.}$$

28. एक पियानों का अंकित मूल्य ₹15000 था। उसे बेचते समय उस पर 20%, 10% तथा 10% की तीन क्रमिक छूटें दी गयी। तद्नुसार उसका बिक्री मूल्य क्या थी?

(a) ₹9720 (b) ₹9750
(c) ₹7960 (d) ₹9780

SoL **(a)** तीन क्रमिक छूट पर पियानों का विक्रय मूल्य

$$= 15000 \times \frac{(100-20)}{100} \times \frac{(100-10)}{100} \times \frac{(100-10)}{100}$$

$$= \frac{15000 \times 80 \times 90 \times 90}{1000000} = ₹9720$$

29. किसी वस्तु के अंकित मूल्य ₹1250 पर क्रमशः 5%, 15% और 20% की क्रमिक छूट दी जाती है। सभी छूटों के बाद विक्रय मूल्य ज्ञात करे।

(a) ₹950.25 (b) ₹1000
(c) ₹975.75 (d) ₹807.50

SoL **(d)** तीनों छूटों के बाद विक्रय मूल्य

$$= 1250 \times \frac{(100-5)}{100} \times \frac{(100-15)}{100} \times \frac{(100-20)}{100}$$

$$= 1250 \times \frac{95}{100} \times \frac{85}{100} \times \frac{80}{100}$$

$$= ₹807.50 \quad \textbf{Ans.}$$

30. ₹10,000 की एक वस्तु का विक्रय मूल्य तीन छूट, 20%, 10% और k% देने के बाद ₹6120 है। यदि $(k+20)$% की एकल छूट की अनुमति है, तो उसी वस्तु का विक्रय मूल्य (₹ में) क्या होगा?

(a) ₹6500 (b) ₹8500
(c) ₹6800 (d) ₹8000

SoL **(a)**

$$\therefore 10000\left(\frac{100-20}{100}\right)\left(\frac{100-10}{100}\right)\left(\frac{100-k}{100}\right) = 6120$$

$$10000 \times \frac{80}{100} \times \frac{90}{100} \times \left(\frac{100-k}{100}\right) = 6120$$

$$100 - k = 85$$

$$\therefore \quad k = 15\%$$

अब (K + 20%)% की एकल छूट = (15 + 20)% = 35%

$$\therefore \quad 10000 \times \left(\frac{100-35}{100}\right) = ₹6500$$

अतः वस्तु का विक्रय मूल्य = ₹6500 **Ans.**

31. एक दुकानदार कागज की एक शीट की फोटोकॉपी के लिए ₹1.50 चार्ज करता है और 400 शीट के बाद की गई सभी फोटोकॉपी पर 5.5% की छूट दी जाती है। कागज की 800 शीट की फोटोकॉपी करने में कितना खर्च आएगा?

(a) ₹1167 (b) ₹1160
(c) ₹1276 (d) ₹1176

Sol. (a) 400 शीट की फोटोकॉपी का मूल्य = 400 × 1.5 = ₹600

(800 – 400) शीट की फोटोकॉपी का मूल्य

$$= 400 \times 1.5 \times \left(\frac{100-5.5}{100}\right)$$

$$= \frac{400 \times 1.5 \times 94.5}{100} = ₹567$$

∴ कुल खर्च = ₹(600 + 567) = ₹1167 **Ans.**

32. एक वस्तु के क्रय मूल्य पर 15% की छूट के बाद उसका विक्रय मूल्य, दूसरी वस्तु के क्रय मूल्य पर 25% की छूट के बाद उसके विक्रय मूल्य के बराबर है। यदि दोनों वस्तुओं के क्रय मूल्यों का योग ₹640 है तो प्रत्येक वस्तु का विक्रय मूल्य ज्ञात कीजिए।

(a) ₹340 (b) ₹255
(c) ₹280 (d) ₹250

Sol. (b)

		CP	:	SP
15% छूट देने पर $= \frac{3}{20}$	→	$20_{\times 3}$	:	$17_{\times 3}$
25% छूट देने पर $= \frac{1}{4}$	→	$4_{\times 17}$	:	$3_{\times 17}$
		128	:	102

128 ↓ 640

1 = 5

∴ प्रत्येक वस्तु का विक्रय मूल्य = 51 × 5 = ₹255 **Ans.**

33. एक वस्तु पर 20% की छूट देने के बाद, एक व्यापारी को 20% का लाभ होता है। यदि क्रय मूल्य ₹300 है तो 25% की छूट देने के बाद इस वस्तु का विक्रय मूल्य क्या होगा?

(a) ₹352.5 (b) ₹375.5
(c) ₹432.5 (d) ₹337.5

Sol. (d) क्रय मूल्य पर 20% का लाभ होने पर विक्रय मूल्य

$$= 300 \times \frac{(100+20)}{100} = ₹360$$

प्रश्नानुसार,

माना कि अंकित मूल्य = ₹x

$$x \times \frac{(100-20)}{100} = 360$$

$$x \times \frac{4}{5} = 360$$

$$x = ₹450$$

∴ अंकित मूल्य पर 25% छूट पर विमू. $= 450 \times \frac{(100-25)}{100}$

$$= 450 \times \frac{75}{100}$$

= ₹337.5 **Ans.**

अंकित मूल्य ज्ञात करना

34. 14% की छूट पर एक खिलौने की बिक्री ₹215 में की गयी। खिलौने का अंकित मूल्य क्या था?

(a) ₹240 (b) ₹275
(c) ₹250 (d) ₹200

Sol. (c) **Method - I**

खिलौने का अंकित मूल्य $= \frac{215 \times 100}{(100-14)}$

$$= \frac{215 \times 100}{86} = ₹250$$

Method - II

14% की छूट $= \frac{7}{50}$ (7 → छूट, 50 → अंकित मूल्य)

बिक्री मूल्य = (50 – 7) = 43 unit

∵ 43 unit = 215

1 unit = 5

∴ 50 unit = 5 × 50 = ₹250 **Ans.**

35. यदि 10% की छूट के बाद किसी पुस्तक का विक्रय मूल्य ₹486 है तो पुस्तक का अंकित मूल्य ज्ञात करे।
(a) ₹560 (b) ₹580
(c) ₹600 (d) ₹540

Sol. **(d)** पुस्तक का अंकित मूल्य $= \dfrac{486 \times 100}{(100-10)}$

$= \dfrac{486 \times 100}{90} = ₹540$ **Ans.**

36. एक घड़ी विक्रेता क्रमशः 15% और 20% की क्रमिक छूट के बाद ₹45,220 में घड़ी बेचता है। अंकित मूल्य क्या है?
(a) ₹66500 (b) ₹66400
(c) ₹66200 (d) ₹66300

Sol. **(a)**

	M.P.	:	S.P.
15% की छूट पर $\left(\frac{3}{20}\right)\rightarrow$	20	:	17
20% की छूट पर $\left(\frac{1}{5}\right)\rightarrow$	5	:	4
	100		68
	25		17
	↓ × 2660		↓
	=66500		= 45220
			1 = 2660

अतः वस्तु का अंकित मूल्य = ₹66500 **Ans.**

37. एक घड़ी विक्रेता क्रमशः 20% और 25% की दो क्रमिक छूट के बाद ₹40500 में एक घड़ी को बेचता है। अंकित मूल्य ज्ञात करे।
(a) ₹66500 (b) ₹67500
(c) ₹64500 (d) ₹65500

Sol. **(b)**

	M.P.	:	S.P.
20% की छूट के बाद $\left(\frac{1}{5}\right)\rightarrow$	5	:	4
25% की छूट के बाद $\left(\frac{1}{4}\right)\rightarrow$	4	:	3
	5		3
	↓ × 13500		↓
	= 67500		40500
			1 = 13500

अतः वस्तु का अंकित मूल्य = ₹67500 **Ans.**

38. एक घड़ी विक्रेता प्रति घड़ी की बिक्री ₹175615 के मूल्य पर करता है। हालांकि वह क्रमशः 20% और 30% की दो क्रमिक छूट देने के लिए बाध्य है तो अंकित मूल्य क्या है?
(a) ₹293600 (b) ₹253600
(c) ₹273600 (d) ₹313600

Sol. **(d)**

	M.P.	:	S.P.
20% की छूट देने पर $\left(\frac{1}{5}\right)\rightarrow$	5	:	4
30% की छूट देने पर $\left(\frac{3}{10}\right)\rightarrow$	10	:	7
	25		14
	↓ ×12543.92		↓
	= 313598.21		175615
	= ₹313600 (लगभग)		1 = 12543.92

अतः घड़ी का अंकित मूल्य = ₹313600 **Ans.**

39. किसी वस्तु के अंकित मूल्य पर 25% और 38% की दो क्रमागत छूट देने के बाद, इस वस्तु को ₹372 में बेचा जाता है तो वस्तु की अंकित मूल्य या सूची मूल्य ज्ञात करे।
(a) ₹920 (b) ₹980
(c) ₹800 (d) ₹828

Sol. **(c)**

	M.P.	:	S.P.
25% छूट के बाद $\left(\frac{1}{4}\right)\rightarrow$	4	:	3
38% छूट के बाद $\left(\frac{19}{50}\right)\rightarrow$	50	:	31
	200		93
	↓ × 4		↓
	= 800		= 372
			1 = 4

अतः वस्तु का अंकित मूल्य = ₹800 **Ans.**

40. एक दुकानदार वॉशिंग मशीन के चिन्हित मूल्य पर 12% की प्रारंभिक छूट देने के बाद 18% की अतिरिक्त छूट देता है। यदि अंतिम बिक्री मूल्य ₹19,844 है तो चिन्हित मूल्य या अंकित मूल्य ज्ञात करे।
(a) ₹27,500 (b) ₹22,500
(c) ₹30,000 (d) ₹25,000

Sol. **(a)** वॉशिंग मशीन का अंकित मूल्य $= \dfrac{19844 \times 100 \times 100}{(100-12)(100-18)}$

$= \dfrac{19844 \times 100 \times 100}{88 \times 82}$

$= ₹27500$

अतः चिन्हित मूल्य/अंकित मूल्य = ₹27500 **Ans.**

41. एक दुकानदार हर 4 महीने में एक बार 10% की छूट देता है। यदि कोई व्यक्ति इस योजना के तहत एक वस्तु को दिसंबर में ₹25515 में खरीदता है, तो जनवरी में उस वस्तु का प्रारंभिक मूल्य क्या था?

(a) ₹40,000 (b) ₹35000
(c) ₹45000 (d) ₹36000

Sol. **(b)** ∵ 1 वर्ष में 12 माह होते है।

∴ 4 महीने में यदि 10% का छूट मिलता है तो 1 वर्ष में यह तीन बार मिलेगा।

∴ वस्तु का प्रारंभिक मूल्य

$$= \frac{25515 \times 100 \times 100 \times 100}{(100-10)(100-10)(100-10)}$$

$$= \frac{25515 \times 100 \times 100 \times 100}{90 \times 90 \times 90} = ₹35000$$

42. एक कमीज पर 25% की छूट थी। एक महिला ने उस कमीज को खरीदा और उसे नकद में भुगतान करने के लिए 20% की अतिरिक्त छूट मिली और एक नियमित ग्राहक होने के लिए 10% की छूट दी। उसने ₹324 में कमीज खरीदा। कमीज पर अंकित मूल्य थी?

(a) ₹650 (b) ₹725
(c) ₹600 (d) ₹750

Sol. **(c)**

	M.P.	:	S.P.
25% की छूट पर $\left(\frac{1}{4}\right) \rightarrow$	4	:	3
20% की छूट पर $\left(\frac{1}{5}\right) \rightarrow$	5	:	4
10% की छूट पर $\left(\frac{1}{10}\right) \rightarrow$	10	:	9
	50		27
	↓ ×12		↓
	= 600		= 324
			1 = 12

अतः कमीज का अंकित मूल्य = ₹600

43. शर्ट पर 25% की छूट थी। एक महिला ने एक शर्ट खरीदा और उसे नकद में भुगतान करने के कारण 20% की अतिरिक्त छूट मिली। इसके बाद निष्ठावान ग्राहक होने के नाते उसे 10% की छूट और मिली। उसने ₹405 का भुगतान किया। इस शर्ट का अंकित मूल्य ज्ञात करे।

(a) ₹650 (b) ₹600
(c) ₹750 (d) ₹725

Sol. **(c)** माना कि शर्ट का अंकित मूल्य = ₹x

प्रश्नानुसार,

$$\frac{x \times (100-25)}{100} \times \frac{(100-20)}{100} \times \frac{(100-10)}{100} = 405$$

$$x \times \frac{75}{100} \times \frac{80}{100} \times \frac{90}{100} = 405$$

$$x = ₹750$$

अतः शर्ट का अंकित मूल्य = ₹750 **Ans.**

44. किसी वस्तु पर 32% की छूट के साथ और 20% और 12% की दो क्रमिक छूटों के बाद उसके विक्रय मूल्यों के बीच ₹36 का अंतर है। उस वस्तु का अंकित मूल्य ज्ञात करे।

(a) ₹1250 (b) ₹1500
(c) ₹1800 (d) ₹2000

Sol. **(b)** समतुल्य एकल छूट $= 20 + 12 - \frac{20 \times 12}{100}$

$= 32 - 2.4 = 29.6\%$

माना कि वस्तु का अंकित मूल्य = ₹100

∴ 32% की छूट की राशि $= 100 \times \frac{(100-32)}{100}$

= ₹68

इसी प्रकार,

29.6% की छूट की राशि $= 100 \times \frac{(100-29.6)}{100}$

= ₹70.4

प्रश्नानुसार,

दोनों विक्रय मूल्य का अंतर = 70.4 – 68

36 = 2.4 unit

unit 1 $= \frac{36}{2.4}$

∴ (क्रय मूल्य) 100 $= \frac{36 \times 100}{2.4}$

= ₹1500

अतः वस्तु का क्रय मूल्य = ₹1500 **Ans.**

45. किसी अंकित मूल्य पर, 35% की छूट वाले विक्रय मूल्य तथा 20% और 15% के दो क्रमिक छूटों वाले विक्रय मूल्य में ₹504 का अंतर है। वस्तु का अंकित मूल्य ज्ञात करे।

(a) ₹15500 (b) ₹16000
(c) ₹16800 (d) ₹18000

Sol. **(c)** समतुल्य छूट$_1$ $= 20 + 15 - \frac{20 \times 15}{100} = 32\%$

$$छूट_2 = 35\%$$
$$अंतर = 504$$
$$(35-32)\% = 504$$
$$3\% = 504$$
$$100\% = 16800$$

अतः क्रय मूल्य = ₹16800 **Ans.**

46. एक फर्नीचर दुकानदार अपने ग्राहकों को सामान के अंकित मूल्य पर 16% की छूट देता है और फिर भी उसे 20% लाभ मिलता है। उस डाइनिंग टेबुल का अंकित मूल्य क्या है, जिसका क्रय मूल्य ₹11900 है?

(a) ₹15000 (b) ₹12370
(c) ₹17000 (d) ₹16000

Sol. **(c)** 20% लाभ पर टेबुल का विक्रय मूल्य

$$= 11900\left(\frac{100+20}{100}\right) = ₹14280$$

माना कि अंकित मूल्य = ₹x

$$16\% \text{ छूट पर विक्रय मूल्य} = x\left(\frac{100-16}{100}\right)$$

$$14280 = x \times \frac{84}{100}$$

$$\therefore \quad x = ₹17000$$

अतः अंकित मूल्य = ₹17000 **Ans.**

Method - II

CP	:	MP
100–16	:	100+20
84	:	120
7	:	10
↓×1700		↓×1700
11900		17000

Ans.

47. एक दुकानदार एक वस्तु की अंकित कीमत पर 10% की छूट देता है और फिर भी 12.5% का लाभ पाता है, जो कि ₹25 है तो वस्तु की अंकित कीमत ज्ञात करे।

(a) ₹200 (b) ₹250
(c) ₹225 (d) ₹150

Sol. **(b)** माना कि अंकित मूल्य = ₹100

$$10\% \text{ छूट पर विक्रय मूल्य} = 100 \times \frac{(100-10)}{100}$$
$$= ₹90$$

$$\text{क्रय मूल्य} \frac{(100+12.5)}{100} = 90$$

$$\text{क्रय मूल्य} = \frac{90 \times 100}{112.5}$$
$$= ₹80$$

CP	:	SP	:	MP
80	:	90	:	100

लाभ = 10

10 = 25

1 = 2.5

∵ 100 = ₹250

अतः अंकित मूल्य = ₹250 **Ans.**

48. एक दुकानदार, एक वस्तु को उसके अंकित मूल्य पर 30% छूट पर खरीदता है और वस्तु के अंकित मूल्य पर 5% छूट देने के बाद वस्तु को बेचता है। यदि वह ₹65 का लाभ कमाता है, तो वस्तु का अंकित मूल्य ज्ञात करे।

(a) ₹260 (b) ₹227.50
(c) ₹325 (d) ₹292.50

Sol. **(a)** माना कि वस्तु का अंकित मूल्य = ₹100

$$30\% \text{ छूट पर खरीदने पर मूल्य} = 100 \times \frac{(100-30)}{100}$$
$$= ₹70$$

वस्तु को अंकित मूल्य के 5% छूट पर मूल्य

$$= 100\left(\frac{100-5}{100}\right)$$
$$= ₹95$$

$$लाभ = ₹65$$
$$(95-70) = ₹65$$
$$25 = ₹65$$
$$\therefore \quad 100 = \frac{65 \times 100}{25}$$
$$= ₹260$$

अतः वस्तु का अंकित मूल्य = ₹260 **Ans.**

क्रयमूल्य ज्ञात करना

49. कोई दुकानदार, प्रत्येक वस्तु पर क्रय मूल्य से 25% अधिक मूल्य अंकित करता है और उस पर 10% की छूट देता है। नियमित ग्राहक होने के कारण श्रुति को बिल पर 5% की अतिरिक्त छूट मिलती है और खरीदी गई एक वस्तु के लिए वह ₹2394 का भुगतान करती है तो उस वस्तु का क्रय मूल्य ज्ञात करे।

(a) ₹2440 (b) ₹2420
(c) ₹2240 (d) ₹2220

Sol. **(c)** माना कि वस्तु का क्रय मूल्य = ₹x

प्रश्नानुसार,

$$x \times \frac{(100+25)}{100} \times \frac{(100-10)}{100} \times \frac{(100-5)}{100} = 2394$$

$$\Rightarrow \quad x \times \frac{125 \times 90 \times 95}{1000000} = 2394$$

$$\therefore \quad x = ₹2240$$

अतः उस वस्तु का क्रय मूल्य = ₹2240 **Ans.**

Method - II

	M.P.	:	S.P.
क्रय मूल्य को 25% बढ़ाने पर $= \frac{1}{4} \rightarrow$	4	:	5
10% का बट्टा देने पर $= \frac{1}{10} \rightarrow$	10	:	9
5% का बट्टा देने पर $= \frac{1}{20} \rightarrow$	20	:	19
	160		171
	↓ ×14		↓
	= 2240		= 2394
			1 = 14

अतः वस्तु का क्रय मूल्य = ₹2240 **Ans.**

50. एक डीलर किसी वस्तु का मूल्य, क्रयमूल्य से 40% ज्यादा अंकित करता है और उसे अंकित मूल्य पर 20% और 25% की दो क्रमिक छूट के साथ एक ग्राहक को बेच देता है। यदि उस वस्तु का भुगतान मूल्य ₹1680 है तो वस्तु का क्रय मूल्य ज्ञात करे।

(a) ₹2350 (b) ₹2210
(c) ₹2000 (d) ₹1980

Sol. **(c)** माना कि वस्तु का क्रय मूल्य = ₹x

प्रश्नानुसार,

$$x \times \frac{(100+40)}{100} \times \frac{(100-20)}{100} \times \frac{(100-25)}{100} = 1680$$

$$\Rightarrow \quad x \times \frac{140}{100} \times \frac{80}{100} \times \frac{75}{100} = 1680$$

$$\therefore \quad x = 2000$$

अतः वस्तु का क्रय मूल्य = ₹2000 **Ans.**

51. 17% की छूट के बाद एक टेबल का विक्रय मूल्य ₹20,750 है। यदि क्रय मूल्य, अंकित मूल्य का 70% है तो क्रय मूल्य कितना है?

(a) ₹17500 (b) ₹17300
(c) ₹17400 (d) ₹17200

Sol. **(a)** माना कि अंकित मूल्य = ₹x

प्रश्नानुसार,

$$x \times \frac{(100-17)}{100} = 20750$$

$$\therefore \quad x = ₹25000$$

पुनः क्रय मूल्य = अंकित मूल्य × 70%

$$= 25000 \times \frac{70}{100}$$

$$= ₹17500$$

अतः वस्तु का क्रय मूल्य = ₹17500 **Ans.**

52. 16% की छूट के बाद, एक साइकिल का विक्रय मूल्य ₹22680 है। यदि क्रय मूल्य, अंकित मूल्य का 75% है, तो क्रय मूल्य क्या है?

(a) ₹20450 (b) ₹20350
(c) ₹20250 (d) ₹20550

Sol. **(c)** माना कि अंकित मूल्य = ₹x

प्रश्नानुसार,

$$x \times \frac{(100-16)}{100} = 22680$$

$$\therefore \quad x = ₹27000$$

पुनः साइकिल का क्रय मूल्य = साइकिल के अंकित मूल्य का 75%

$$= 27000 \times \frac{75}{100} = ₹20250$$

अतः साइकिल का क्रय मूल्य = ₹20250 **Ans.**

53. कोई दुकानदार एक वस्तु की कीमत को इस प्रकार से अंकित करता है कि 22% की छूट देने के बाद, उसे 11% का लाभ मिलता है। यदि अंकित मूल्य ₹888 है, तो उस वस्तु का क्रय मूल्य ज्ञात करे।

(a) ₹550 (b) ₹895
(c) ₹624 (d) ₹782

Sol. **(c)** 22% छूट के बाद वस्तु का विक्रय मूल्य

$$= 888 \times \frac{(100-22)}{100} = ₹692.64$$

प्रश्नानुसार,

₹692.64 में वस्तु को बेचने पर कुल 11% लाभ होता है।

$\therefore$ वस्तु का क्रय मूल्य $= \frac{692.64 \times 100}{(100+11)}$

$= \frac{692.64 \times 100}{111} = ₹624$

अतः वस्तु का क्रय मूल्य = ₹624 **Ans.**

54. सुरभि ने एक वस्तु को उसके अंकित मूल्य पर 12% की छूट देकर ₹176 में बेचा। अगर उसने कोई छूट नहीं दी होती तो उसे 25% का लाभ होता। वस्तु का क्रय मूल्य क्या है?

(a) ₹150 (b) ₹160
(c) ₹145 (d) ₹165

Sol. **(b)** वस्तु का अंकित मूल्य $\times \frac{(100-12)}{100} = 176$

अंकित मूल्य $\times \frac{88}{100} = 176$

अंकित मूल्य = ₹200

25% लाभ होने के लिए

क्रय मूल्य $\times \frac{(100+25)}{100} = ₹200$

क्रय मूल्य = ₹160 **Ans.**

55. एक वस्तु का अंकित मूल्य ₹240 है। एक दुकानदार इसे इसके अंकित मूल्य पर 18% की छूट देकर बेचता है और फिर भी 23% का लाभ प्राप्त करता है। वस्तु का लागत मूल्य क्या है?

(a) ₹200 (b) ₹180
(c) ₹160 (d) ₹150

Sol. **(c)** अंकित मूल्य के 18% छूट पर विक्रय मूल्य

$= 240\left(\frac{100-18}{100}\right)$

$= 240 \times \frac{82}{100} = ₹196.80$

माना कि क्रय मूल्य = x

$x \times \frac{(100+23)}{100} = 196.80$

$x = ₹160$

अतः वस्तु का लागत मूल्य = ₹160 **Ans.**

Method - II

CP : MP

100–d : 100+P

82 : 123

↓ ↓

160 240

Ans.

56. अमित ने अंकित मूल्य पर 12% छूट देने के बाद ₹369.60 में एक वस्तु को बेच दिया। अगर उसने कोई छूट नहीं दी होती तो उसे 20% का लाभ होता। वस्तु का लागत मूल्य क्या है?

(a) ₹350 (b) ₹320
(c) ₹380 (d) ₹400

Sol. **(a)** 12% की छूट $= \frac{3}{25}$ (3 → छूट, 25 → अंकित मूल्य)

$\therefore$ विक्रय मूल्य = 25 – 3 = 22

22 = 369.60

1 = 16.8

25 = 16.8 × 25

= ₹420

अतः वस्तु का अंकित मूल्य = ₹420

$\therefore$ क्रय मूल्य $= 420 \times \frac{100}{(100+20)}$

$= 420 \times \frac{100}{120} = ₹350$ **Ans.**

अतः वस्तु का लागत मूल्य = ₹350

57. एक डीलर किसी वस्तु का मूल्य, क्रय मूल्य से 40% ज्यादा अंकित करता है और उसे अंकित मूल्य पर 20% और 25% की दो क्रमिक छूट के साथ एक ग्राहक को बेच देता है। यदि उसे ₹140 की हानि होती है, तो उस वस्तु का क्रय मूल्य बताइए।

(a) ₹872 (b) ₹875
(c) ₹840 (d) ₹900

Sol. **(b)** समतुल्य छूट $= 20 + 25 - \frac{20 \times 25}{100} = 40\%$

वस्तु का मूल्य क्रय मूल्य से 40% अधिक है।

$\therefore$ माना कि वस्तु का क्रय मूल्य = ₹100

वस्तु का अंकित मूल्य = ₹140

अब 40% का छूट पर वस्तु का मूल्य $= 140 \times \frac{(100-40)}{100}$

$= ₹84$

हानि $= (100 - 84) = 16$

$\because$ 16 unit $= 140$

$\therefore$ 100 unit $= \frac{140 \times 100}{16} = ₹875$

अतः वस्तु का क्रय मूल्य $= ₹875$ **Ans.**

अपठनीय बट्टा

58. किसी वस्तु पर इसके क्रय मूल्य से 27% अधिक अंकित किया गया है। यदि अंकित मूल्य पर x% की छूट देने पर भी 6.68% का लाभ हो, तो x का मान ज्ञात करे।

(a) 15 (b) 16
(c) 12.5 (d) 20

Sol. (b) माना कि वस्तु का क्रय मूल्य $= ₹100$

$\therefore$ 27% अधिक पर अंकित मूल्य $= 100 \times \frac{(100+27)}{100}$

$= ₹127$

प्रश्नानुसार,

छूट% $= x\%$

$$127 \times \frac{(100-x)}{100} = 100 \times \frac{(100+6.68)}{100}$$

$$12700 - 127x = 10000 + 668$$

$$127x = 2032$$

$\therefore$ $x = ₹16$

अतः x का मान $= ₹16$ **Ans.**

59. किसी वस्तु का अंकित मूल्य उसके क्रय मूल्य से 25% अधिक है। एक दुकानदार अंकित मूल्य पर x% की छूट देकर इसे बेचता है। यदि वह 8% की हानि उठाता है तो x का मान ज्ञात करे।

(a) 26.8% (b) 25.2%
(c) 25.6% (d) 26.4%

Sol. (d) माना कि क्रय मूल्य $= ₹100$

$\therefore$ 25% अधिक होने पर अंकित मूल्य $= 100 \times \frac{(100+25)}{100}$

$= ₹125$

प्रश्नानुसार,

$$125 \times \frac{(100-x)}{100} = 100 \times \frac{(100-8)}{100}$$

$$500 - 5x = 400 - 32$$

$$5x = 132$$

$$x = 26.4\%$$

अतः x का मान $= 26.4\%$ **Ans.**

Method - II

लाभ अथवा हानि प्रतिशत $= \left[\frac{x \times (100 - y)}{100} - y\right]\%$

$$-8\% = 25 \times \frac{(100-x)}{100} - x$$

$$-800 = 2500 - 25x - 100x$$

$$125x = 3300$$

$$x = 26.4\%$$

60. एक वस्तु का अंकित मूल्य उसके क्रय मूल्य से 60% अधिक है। यदि वस्तु को 20% के लाभ पर बेचा गया है, तो छूट प्रतिशत क्या होगा?

(a) 17.5% (b) 25%
(c) 15% (d) 37.5%

Sol. (b) माना वस्तु का क्रय मूल्य $= ₹100$

60% अधिक होने पर अंकित मूल्य $= 100 \times \frac{(100+60)}{100}$

$= ₹160$

प्रश्नानुसार,

माना कि छूट% $= x\%$

$$160 \times \frac{(100-x)}{100} = 100 \times \frac{(100+20)}{100}$$

$$800 - 8x = 500 + 100$$

$$8x = 200$$

$$x = 25$$

अतः छूट प्रतिशत $= 25\%$ **Ans.**

61. एक मशीन का अंकित मूल्य उसके क्रय मूल्य से 70% अधिक है। यदि मशीन को 44.5% के लाभ पर बेचा गया है, तो छूट प्रतिशत क्या होगा?

(a) 25% (b) 17%
(c) 20% (d) 15%

Sol. (d) माना कि मशीन का क्रय मूल्य $= ₹100$

70% अधिक होने पर अंकित मूल्य $= 100 \times \frac{(100+70)}{100}$

$= ₹170$

प्रश्नानुसार,

माना कि छूट प्रतिशत $= x\%$

$$170 \times \frac{(100-x)}{100} = 100 \times \frac{(100+44.5)}{100}$$

$$1700 - 17x = 1000 + 445$$

$$17x = 255$$

$$x = 15$$

अतः छूट प्रतिशत $= 15\%$ **Ans.**

62. एक वस्तु का अंकित मूल्य इसकी लागत मूल्य से दोगुना है। 40% लाभ प्राप्त करने के लिए, छूट प्रतिशत क्या होगी?
(a) 20 (b) 30
(c) 45 (d) 50

Sol. (b) माना कि वस्तु का क्रय मूल्य = ₹100
दोगुना होने के कारण अंकित मूल्य $= 100 \times 2 = ₹200$
प्रश्नानुसार,
माना कि छूट प्रतिशत $= x\%$
$$200 \times \frac{(100-x)}{100} = 100 \times \frac{(100+40)}{100}$$
$$200 - 2x = 100 + 40$$
$$2x = 60$$
$$\therefore \quad x = 30$$
∴ छूट प्रतिशत = 30% **Ans.**

63. एक दुकानदार एक लेख के चिन्हित मूल्य को 10% बढ़ाने का फैसला करता है। मूल चिन्हित मूल्य पर लेख को बेचने में सक्षम होने के लिए उसे कितने छूट% की अनुमति देनी चाहिए?
(a) $9\frac{1}{11}\%$ (b) $8\frac{1}{9}\%$
(c) $9\frac{1}{2}\%$ (d) 10%

Sol. (a) माना कि वस्तु का मूल्य = ₹100
10% बढ़ाने पर मूल्य $= 100 \times \frac{(100+10)}{100} = ₹110$
पुनः चिन्हित मूल्य के लिए छूट% $= \frac{(110-100) \times 100}{110}$
$$= \frac{10 \times 100}{11}$$
$$= 9\frac{1}{11}\%$$ **Ans.**

64. एक दुकानदार ने ₹100 में एक वस्तु को खरीदा और इसकी अंकित कीमत लागत कीमत से 25% अधिक है। 15% का लाभ कमाने के लिए उसे कितने प्रतिशत की छूट की घोषणा करनी चाहिए?
(a) 8.25% (b) 8.5%
(c) 8% (d) 10%

Sol. (d) वस्तु का मूल्य = ₹100
25% अधिक अंकित करने पर मूल्य
$$= 100 \times \frac{(100+25)}{100} = ₹125$$
अब क्रय मूल्य पर 15% का लाभ के लिए मूल्य
$$= 100 \times \frac{(100+15)}{100} = ₹115$$
$$\therefore \quad \text{छूट\%} = \frac{(125-115) \times 100}{125} = 8\%$$

65. एक वस्तु पर इसकी लागत मूल्य का 1.2 गुना मूल्य अंकित किया जाता है। अंकित मूल्य पर एक निश्चित छूट देने के बाद, लाभ कम हो कर 10% हो जाता है तो छूट प्रतिशत ज्ञात करे।
(a) $8\frac{1}{3}\%$ (b) 9%
(c) 10% (d) $8\frac{2}{3}\%$

Sol. (a) माना कि क्रय मूल्य = ₹100
1.2 गुना पर अंकित मूल्य $= 100 \times 1.2 = ₹120$
क्रय मूल्य पर 10% लाभ पर विक्रय मूल्य
$$= 100 \times \frac{(100+10)}{100} = ₹110$$
$$\therefore \quad \text{छूट\%} = \frac{(120-110)}{120} \times 100$$
$$= \frac{10 \times 100}{120} = 8\frac{1}{3}\%$$

66. किसी वस्तु का क्रय मूल्य और अंकित मूल्य क्रमशः ₹720 और ₹900 है। जब इसे $x\%$ की छूट पर बेचा जाता है तो $\frac{5x}{3}\%$ लाभ होता है तो x का मान ज्ञात करे।
(a) $7\frac{4}{7}\%$ (b) $8\frac{4}{7}\%$
(c) $5\frac{5}{7}\%$ (d) $5\frac{4}{7}\%$

Sol. (b) क्रय मूल्य $\left(\frac{100+\frac{5x}{3}}{100}\right)$ = अंकित मूल्य $\left(\frac{100-x}{100}\right)$
$$720\left(\frac{100+\frac{5x}{3}}{100}\right) = 900\left(\frac{100-x}{100}\right)$$
$$4\left(\frac{300+5x}{3}\right) = 5(100-x)$$
$$1200 + 20x = 1500 - 15x$$

$$35x = 300$$

$$\therefore \quad x = 8\frac{4}{7}\%$$

अतः x का मान $= 8\frac{4}{7}\%$ **Ans.**

67. कोई दुकानदार, किसी वस्तु की कीमत इस प्रकार अंकित करता है कि $x\%$ की छूट देने के बाद, उसे 20% लाभ होता है। यदि वस्तु का क्रय मूल्य और अंकित मूल्य क्रमशः ₹920 और ₹1472 है, तो x का मान ज्ञात करे।

(a) 18% (b) 20%
(c) 25% (d) 30%

Sol. (c)

$$\text{क्रय मूल्य}\left(\frac{100+\text{लाभ\%}}{100}\right) = \text{अंकित मूल्य}\left(\frac{100-\text{छूट\%}}{100}\right)$$

$$920\left(\frac{100+20}{100}\right) = 1472\left(\frac{100-x}{100}\right)$$

$$92000 + 18400 = 147200 - 1472x$$

$$1472x = 36800$$

$$\therefore \quad x = 25\%$$

अतः x का मान $= 25\%$ **Ans.**

68. एक व्यक्ति प्रकाशक से किसी पुस्तक की 100 प्रतियाँ खरीदता है और 25% की छूट प्राप्त करता है। वह खुदरा विक्रेता से 50 प्रतियाँ खरीदता है और 10% की छूट प्राप्त करता है, उसे कुल कितनी छूट प्राप्त हुई?

(a) 16.5% (b) 17.5%
(c) 20% (d) 35%

Sol. (c) माना कि पुस्तक की 1 प्रति का अंकित मूल्य = ₹1

$\therefore$ 100 पुस्तक की प्रतियाँ का अंकित मूल्य = ₹100

25% की छूट $= 100\times\frac{25}{100} =$ ₹25

50 प्रतियाँ की अंकित मूल्य = ₹50

10% छूट $= 50\times\frac{10}{100} =$ ₹5

$\therefore$ कुल छूट = ₹(25 + 5) = ₹30

$\therefore$ छूट% $= \frac{30\times100}{150} = 20\%$ **Ans.**

69. एक दुकानदार अपने माल पर क्रय मूल्य से 30% अधिक अंकित करता है और अंकित मूल्य पर 10% की छूट देता है। 6.5% अधिक लाभ अर्जित करने के लिए उसे अंकित मूल्य पर कितने प्रतिशत की छूट देनी चाहिए?

(a) 6 (b) 5.5
(c) 4 (d) 5

Sol. (c) माना कि वस्तु का क्रय मूल्य = ₹100

$\therefore$ 30% अधिक पर अंकित मूल्य = ₹130

10% अंकित मूल्य पर छूट होने पर $= 130\times\frac{90}{150}$
= ₹117

6.5% क्रय मूल्य का लाभ = ₹6.5

$\therefore$ कुल लाभ = ₹(17 + 6.5)
= ₹23.5

$\therefore$ अंकित मूल्य पर छूट% $= \frac{(130-123.5)\times100}{130}$
$= 5\%$

अतः छूट% = 5% **Ans.**

70. एक दुकानदार ने ₹4600 में एक मशीन खरीदी और उसकी मरम्मत और परिवहन पर ₹500 खर्च किए। उसने मशीन पर कुल लागत मूल्य से 8% अधिक अंकित किया। यदि उसने $x\%$ छूट देने के बाद मशीन को ₹4681.80 में बेचा, तो x का मान है?

(a) 18 (b) 15
(c) 20 (d) 12

Sol. (b) मशीन का क्रय मूल्य = ₹4600

मरम्मत एवं परिवहन पर खर्च = ₹500

$\therefore$ कुल क्रय मूल्य = ₹5100

लागत मूल्य से 8% अधिक अंकित करने पर

$= 5100\times\frac{(100+8)}{100} =$ ₹5508

छूट = (5508 − 4681.80)
= ₹826.6

$\therefore$ छूट% $= \frac{826.2\times100}{5508} = 15\%$

अतः x का मान = 15% **Ans.**

71. एक वस्तु का अंकित मूल्य क्रय मूल्य से 25% अधिक है। यदि अंकित मूल्य पर $x\%$ की छूट है और फिर भी 5.5% का लाभ होता है तो $x\%$ का मान क्या है?

(a) 13.6 (b) 15.4
(c) 15.6 (d) 16.4

Sol. (c) माना कि क्रय मूल्य = ₹100

25% अधिक पर अंकित मूल्य $= 100\times\frac{(100+25)}{100}$
= ₹125

5.5% का लाभ अंकित मूल्य पर $= 100 \times \frac{(100+5.5)}{100}$

$= ₹105.5$

$\therefore$ छूट% $= \frac{(125-105.5)\times 100}{125}$

$= \frac{19.5\times 100}{125} = 15.6\%$

अतः छूट% = 15.6% **Ans.**

72. एक वस्तु का अंकित मूल्य ₹7600 है और छूट की पेशकश की इकाई 10% है। शुद्ध बिक्री मूल्य को ₹5814 पर लाने के लिए अतिरिक्त छूट प्रतिशत कितनी देनी चाहिए।

(a) 12% (b) 10%

(c) 8% (d) 15%

Sol. **(d)** माना कि अतिरिक्त छूट% = x%

प्रश्नानुसार,

$7600\times\frac{(100-10)}{100}\times\frac{(100-x)}{100} = 5814$

$7600\times\frac{90}{100}\times\frac{(100-x)}{100} = 5814$

$100 - x = 85$

$\therefore$ $x = 15$

अतिरिक्त छूट% = 15% **Ans.**

छूट की राशि

73. एक आदमी को उसके ₹1500 के खाने के बिल पर 30% और फिर 20% की छूट मिलती है। उसे मिली छूट रुपये में कितनी है?

(a) ₹700 (b) ₹360

(c) ₹660 (d) ₹500

Sol. **(c)** दोनों छूट के बाद खाने का बिल

$= 1500\left(\frac{100-30}{100}\right)\left(\frac{100-20}{100}\right)$

$= 1500\times\frac{70}{100}\times\frac{80}{100} = ₹840$

$\therefore$ छूट = ₹(1500 − 840) = ₹660 **Ans.**

74. A, B और C तीन दुकानदार, किसी समरूप वस्तु पर ₹4820 का मूल्य अंकित करते है। A, B और C अपनी वस्तुओं को क्रमशः 20% और 20%, 25% और 15% तथा 30% और 10% की क्रमागत छूट पर बेचते है। कौन-सा दुकानदार अधिकतम छूट देता है और कितना रुपये देता है?

(a) A, ₹1735.20 (b) B, ₹1800

(c) C, ₹1783.40 (d) C, ₹1780

Sol. **(c)** A का छूट देने पर वस्तु का विक्रय मूल्य

$= 4820\left(\frac{100-20}{100}\right)\left(\frac{100-20}{100}\right)$

$= 4820\times\frac{80}{100}\times\frac{80}{100} = ₹3084.8$

$\therefore$ दिया गया छूट = (4820 − 3084.8) = ₹1735.2

B का छूट देने पर वस्तु का विक्रय मूल्य

$= 4820\left(\frac{100-25}{100}\right)\left(\frac{100-15}{100}\right)$

$= 4820\times\frac{75}{100}\times\frac{85}{100} = ₹3072.75$

$\therefore$ दिया गया छूट = (4820 − 3072.75) = ₹1747.25

C का छूट देने पर वस्तु का विक्रय मूल्य

$= 4820\left(\frac{100-30}{100}\right)\left(\frac{100-10}{100}\right)$

$= 4820\times\frac{70}{100}\times\frac{90}{100}$

$= ₹3036.6$

$\therefore$ दिया गया छूट = 4820 − 3036.6 = ₹1783.4

अतः दुकानदार C सर्वाधिक छूट देता है।

Method-II

A द्वारा दिया गया छूट $= 20 + 20 - \frac{20\times 20}{100} = 36\%$

B द्वारा दिया गया छूट $= 25 + 15 - \frac{25\times 15}{100}$

$= 40 - 3.75 = 36.25\%$

C द्वारा दिया गया छूट $= 30 + 10 - \frac{30\times 10}{100} = 37\%$

C द्वारा दिया गया छूट $= 4800\times\frac{37}{100} = ₹1783.4$

अतः C सबसे अधिक छूट ₹1783.4 देता है। **Ans.**

75. कोई ग्राहक ₹10,000 के अंकित मूल्य वाली वस्तु को खरीदना चाहता था। दुकानदार दो प्रकार की छूट देता है, 25% की एकल छूट या 14% और 12% की दो क्रमागत छूट। ग्राहकों के लिए कौन-सी छूट बेहतर है और कितना बेहतर है?

(a) दूसरा छूट, ₹100 (b) पहला छूट, ₹68

(c) दूसरा छूट, ₹68 (d) पहला छूट, ₹32

Sol. **(b)** पहले छूट की राशि $= 10000\times\frac{25}{100} = ₹2500$

$$\text{एकल छूट\%} = 14 + 12 - \frac{14 \times 12}{100}$$
$$= 26 - 1.68 = 24.32\%$$

$\therefore$ दूसरे छूट की राशि $= 10000 \times \frac{24.32}{100} =$ ₹2432

$\therefore$ दोनों छूट में अंतर = (2500 – 2432) = ₹68

$\therefore$ पहला छूट ₹68 ग्राहकों के लिए उत्तम है।

76. किसी वस्तु के अंकित मूल्य पर 25% और 38% की दो क्रमागत छूट देने के बाद, इस वस्तु को ₹372 में बेचा जाता है। कुल छूट की राशि ज्ञात करे।

(a) ₹420 (b) ₹380
(c) ₹400 (d) ₹428

Sol. (d)

	MP	:	SP
25% छूट देने पर $= \frac{1}{4} \rightarrow$	4	:	3
38% छूट देने पर $= \frac{19}{50}$	50	:	31
	200	:	93
	↓×4		↓
	800		372
			1 = 4

$\therefore$ छूट की राशि = (800 – 372) = ₹428 **Ans.**

77. एक दुकानदार किसी वस्तु की अंकित कीमत पर 20% की छूट देता है और उसे 25% का लाभ मिलता है जो कि ₹80 होता है तो दी गयी छूट की राशि ज्ञात करे।

(a) ₹100 (b) ₹120
(c) ₹110 (d) ₹150

Sol. (a) माना कि वस्तु का मूल्य = ₹100

20% छूट देने पर मूल्य $= 100\left(\frac{100-20}{100}\right) =$ ₹80

वस्तु का विक्रय मूल्य = वस्तु के क्रय मूल्य का 125%

$80 = \text{क्रय मूल्य} \times \frac{125}{100}$

$\therefore$ क्रय मूल्य = ₹64

लाभ = (80 – 64) = 16

$\because$ 16 unit = 80
1 unit = 5

$\therefore$ अंकित मूल्य = 100 × 5 = ₹500

छूट $= 500 \times \frac{20}{100} =$ ₹100 **Ans.**

78. किसी रेफ्रिजरेटर का मूल्य ₹22000 है। एक दुकानदार इसका मूल्य क्रय मूल्य से 15% अधिक निर्धारित करता है तथा 8% की छूट देता है। छूट की राशि ज्ञात करे।

(a) ₹1960 (b) ₹1824
(c) ₹1672 (d) ₹2024

Sol. (d) क्रय मूल्य से 15% अधिक अंकित करने पर अंकित मूल्य

$$= 22000 \times \frac{115}{100}$$
$$= 115 \times 220 = ₹25300$$

अंकित मूल्य पर 8% की छूट पर विक्रय मूल्य

$$= 25300 \times \frac{(100-8)}{100} = ₹23276$$

$\therefore$ छूट की राशि = ₹(25300 – 23276) = ₹2024

79. एक व्यापारी ₹25000 से अधिक की खरीद पर 4%, ₹35000 से अधिक की खरीद पर 6% तथा ₹50,000 से अधिक की खरीद पर 8% की छूट देता है। यदि किसी वस्तु का मूल्य ₹38,500 अंकित किया गया है, तो छूट की राशि ज्ञात करे।

(a) ₹3740 (b) ₹1810
(c) ₹3080 (d) ₹2310

Sol. (d) ₹35000 से अधिक की खरीद पर 6% का छूट मिलता है।

$\therefore$ छूट की राशि $= 38500 \times \frac{6}{100} =$ ₹2310 **Ans.**

80. यदि देय तारीख से पहले गृहकर का भुगतान किया जाता है तो किसी व्यक्ति को बिल की राशि पर 12% की कटौती मिलती है। नियमित तारीख से पहले कर का भुगतान करके, एक व्यक्ति को ₹2100 की कटौती प्राप्त हुई। गृहकर की राशि क्या थी?

(a) ₹17500 (b) ₹15400
(c) ₹21000 (d) ₹25000

Sol. (a) 12% कटौती पर व्यक्ति ₹2100 बचाता है।

$\therefore$ 12% = 2100
1% = 175
100% = 17500

अतः कुल गृहकर की राशि = ₹17500 **Ans.**

81. एक वस्तु के ₹1250 के अंकित मूल्य पर 5%, 15% और 20% की तीन क्रमिक छूट की पेशकश की गयी है। ग्राहक द्वारा प्राप्त छूट की राशि क्या है?

(a) ₹950.25 (b) ₹450
(c) ₹442.50 (d) ₹807.5

Sol. (c) समतुल्य छूट $= 5 + 15 - \frac{5 \times 15}{100}$

$$= 20 - 0.75 = 19.25\%$$

पुनः समतुल्य छूट $= 19.25 + 20 - \frac{19.25 \times 20}{100}$

$= 39.25 - 3.85 = 35.4\%$

$\therefore$ छूट की राशि $= 1250 \times \frac{35.4}{100} =$ ₹442.50 **Ans.**

लाभ/हानि ज्ञात करना

82. एक डीलर अपनी वस्तुओं पर क्रय मूल्य से 40% अधिक मूल्य अंकित करता है। उसने 60% वस्तुओं को 10% की छूट देने के बाद अंकित मूल्य पर बेच दिया तथा शेष वस्तुओं को अंकित मूल्य पर 50% की छूट देकर बेचा। कुल लाभ-हानि प्रतिशत ज्ञात करे।

(a) लाभ 3.6% (b) हानि 2.8%
(c) हानि 3.6% (d) लाभ 2.8%

Sol. (a) माना कि 1 वस्तु का क्रय मूल्य = ₹1

वस्तु की कुल संख्या = ₹100

$\therefore$ कुल क्रय मूल्य = ₹100

40% अधिक मूल्य पर अंकित मूल्य $= 100 \times \frac{140}{100} =$ ₹140

10% छूट पर अंकित मूल्य $= 140 \times \frac{90}{100} =$ ₹126

$\therefore$ 60% वस्तु का विक्रय मूल्य $= 60 \times \frac{126}{100} =$ ₹75.6

अब अंकित मूल्य पर 50% छूट पर मूल्य

$= 140 \times \frac{50}{100} =$ ₹70

40% वस्तु (शेष वस्तु) $= 70 \times \frac{40}{100} =$ ₹28

$\therefore$ कुल विक्रय मूल्य = ₹(75.6 + 28) = ₹103.6

$\therefore$ लाभ% $= \frac{(103.6 - 100) \times 100}{100} = 3.6\%$

अतः कुल लाभ = 3.6% **Ans.**

Method - II

माना CP = 100

MP = CP × 140% = 140

I	:	II
60%	:	40%
3	:	2
126 = 140 का 90%	:	140 का 50% = 70
378		140

औसत (SP) $= \frac{378 + 140}{(3 + 2)} = 103.6\%$

अतः लाभ% = SP − CP = 103.6 − 100 = 3.6%

83. एक विक्रेता ₹20,000 अंकित मूल्य वाली कोई वस्तु 20% और 5% की दो क्रमिक छूट पर खरीदता है। वह इसके मरम्मत पर ₹1000 खर्च करता है तथा इसे ₹20000 में बेच देता है। उसके लाभ या हानि का प्रतिशत ज्ञात करे। (दशमलव के दो स्थान तक)

(a) 25.64% लाभ (b) 23.64% हानि
(c) 23.46% लाभ (d) 25.64% हानि

Sol. (c) दो क्रमिक छूट के बाद वस्तु का मूल्य

$= 20,000 \times \left(\frac{100 - 20}{100}\right) \times \left(\frac{100 - 5}{100}\right)$

= 2 × 80 × 95 = ₹15200

मरम्मत में हुए खर्च बाद वस्तु का मूल्य

= ₹(15200 + 1000) = ₹16200

अतः वस्तु का कुल क्रय मूल्य = ₹16200

वस्तु का विक्रय मूल्य = ₹20000

$\therefore$ लाभ% $= \frac{(20000 - 162000)}{16200} \times 100$

$= \frac{3800}{16200} \times 100 = 23.46\%$ लाभ

अतः कुल लाभ% = 23.46% **Ans.**

84. एक वस्तु की कीमत क्रय मूल्य से कितनी अधिक होनी चाहिए ताकि इस पर 20% और 6.25% की दो क्रमिक छूट देने के बाद क्रय मूल्य पर 20% का शुद्ध लाभ हो?

(a) $66\frac{2}{3}\%$ (b) $44\frac{1}{4}\%$
(c) 50% (d) 60%

Sol. (d) माना कि वस्तु का क्रय मूल्य = ₹100

$\therefore$ 20% लाभ पर मूल्य = ₹120

प्रश्नानुसार,

अंकित मूल्य पर दो छूट के बाद मूल्य = 20% लाभ क्रय मूल्य पर

अंकित मूल्य $\times \left(\frac{100 - 80}{100}\right)\left(\frac{100 - 6.25}{100}\right) = 120$

अंकित मूल्य $= \frac{120 \times 100 \times 100}{80 \times 93.75}$

$\therefore$ अंकित मूल्य = ₹160

अंकित मूल्य – क्रय मूल्य = 160 – 100 = ₹60

∴ % वृद्धि = $\frac{60 \times 100}{100}$ = 60%

अतः क्रय मूल्य से 60% अधिक मूल्य अंकित करना होगा।

85. एक व्यापारी किसी वस्तु को इसके सूची मूल्य से 20% छूट पर खरीदता है और फिर इसका मूल्य सूची मूल्य से 25% अधिक तय करता है। यदि वह नए सूची मूल्य पर 20% की छूट देता है तो उसका लाभ प्रतिशत ज्ञात करे।

(a) 20% (b) 24%
(c) 25% (d) 27%

Sol. (c) माना कि वस्तु का सूची मूल्य = ₹100

20% छूट पर खरीदने पर मूल्य = ₹80

अब सूची मूल्य पर 25% अधिक अंकित करने पर नया अंकित मूल्य = ₹125

नए अंकित मूल्य पर 20% छूट के बाद मूल्य

$= 125 \times \frac{(100-20)}{100}$

$= \frac{125 \times 80}{100} = ₹100$

∴ लाभ% $= \frac{(100-80) \times 100}{80}$

$= \frac{20}{80} \times 100 = 25\%$

अतः लाभ% = 25% **Ans.**

86. एक दुकानदार प्रत्येक वस्तु पर 16% की छूट देता है। छूट देने के बाद भी उसे 8% का लाभ होता है। यदि वह ₹1800 की अंकित वस्तु पर 16% के स्थान पर 8% की छूट देता है तो उसका लाभ प्रतिशत क्या है?

(a) 18.31 (b) 19
(c) 18.29 (d) 18

Sol. (c)

वस्तु का विक्रय मूल्य $= 1800 \times \frac{(100-16)}{100} \times \frac{100}{(100+8)}$

$= 1800 \times \frac{84}{100} \times \frac{100}{108}$

= ₹1400

8% की छूट पर विक्रय मूल्य $= 1800 \times \frac{(100-8)}{100}$

$= 1800 \times \frac{92}{100} = ₹1656$

∴ लाभ% $= \frac{(1656-1400)}{1400} \times 100$

$= \frac{256 \times 100}{1400} = 18.2857$

= 18.29% **Ans.**

87. एक वस्तु का अंकित मूल्य ₹1500 है। एक दुकानदार इसे अंकित मूल्य पर 20% छूट देकर बेचता है। यदि वस्तु का क्रय मूल्य ₹991 है, तो उसका लाभ ज्ञात करे।

(a) ₹319 (b) ₹189
(c) ₹229 (d) ₹209

Sol. (d) 20% छूट पर वस्तु का मूल्य $= 1500 \times \frac{(100-20)}{100}$

= 15 × 80 = ₹1200

वस्तु का क्रय मूल्य = ₹991

∴ लाभ = (1200 – 991) = ₹209

अतः उसका लाभ = ₹209 **Ans.**

88. त्योहारों के मौसम में एक दुकानदार प्रत्येक वस्तु पर 10% की छूट देता है। छूट देने के बाद भी उसे 20% का लाभ होता है। यदि वह कोई छूट नहीं देता है तो उसका लाभ प्रतिशत क्या होगा?

(a) 33% (b) 25%
(c) 33.33% (d) 33.43%

Sol. (c) वस्तु का अंकित मूल्य = ₹100

∴ वस्तु का क्रय मूल्य $= 100 \times \frac{(100-10)}{100} \times \frac{100}{(100+20)}$

$= \frac{90 \times 100}{120} = ₹75$

छूट न देने पर लाभ% $= \frac{(100-75)}{75} \times 100$

= 33.33% **Ans.**

89. एक मोटरसाइकिल का अंकित मूल्य उसके क्रय मूल्य से 20% अधिक है। इसे 30% की छूट पर बेचा जाता है। डीलर के नुकसान प्रतिशत ज्ञात करे।

(a) 14% (b) 12%
(c) 10% (d) 16%

Sol. (d) माना कि क्रय मूल्य = ₹100

अंकित मूल्य $= 100 \times \frac{(100+20)}{100} = ₹120$

30% छूट पर बेचने पर मूल्य

$= 120 \times \frac{(100-30)}{100} = ₹84$

∴ हानि% $= \frac{(100-84) \times 100}{100} = 16\%$ **Ans.**

90. एक वस्तु का अंकित मूल्य ₹480 है। एक व्यक्ति इसे 15% और 10% की दो क्रमागत छूटों पर खरीदता है। वह इसे 25% के लाभ पर बेचता है। उसका लाभ क्या है?

(a) ₹95.40 (b) ₹90.60
(c) ₹91.80 (d) ₹93.20

Sol. **(c)** दो छूट के बाद वस्तु का मूल्य $= 480 \times \frac{85}{100} \times \frac{90}{100}$

$= ₹367.2$

25% लाभ पर बेचने पर मूल्य $= 367.2 \times \frac{125}{100} = ₹459$

$\therefore$ कुल लाभ $= ₹(459 - 367.20)$

$= ₹91.80$ **Ans.**

91. किसी वस्तु का अंकित मूल्य ₹5000 में सूचीबद्ध किया गया है और उस पर 12% और 12% की दो क्रमिक छूट दी जाती है। यदि विक्रेता 24% की एकल छूट देता है तो उसे होने वाला लाभ या हानि ज्ञात कीजिए।

(a) हानि, ₹72 (b) हानि, ₹64
(c) लाभ, ₹64 (d) लाभ, ₹72

Sol. **(a)** दो क्रमिक छूट के बाद वस्तु का मूल्य

$= 5000 \times \frac{88}{100} \times \frac{88}{100} = ₹3872$

24% की एकल छूट पर वस्तु का मूल्य

$= 5000 \times \frac{(100-24)}{100} = ₹3800$

हानि $= ₹(3872 - 3800) = ₹72$ **Ans.**

92. अमित ने 12% छूट पर ₹8000 की स्टेशनरी खरीदी और परिवहन पर ₹160 खर्च किए। उसने स्टेशनरी को अंकित मूल्य पर बेचा तो उसका लाभ प्रतिशत ज्ञात करे।

(a) 10 (b) 12
(c) 12.5 (d) $11\frac{1}{9}$

Sol. **(d)** वस्तु का अंकित मूल्य $= 8000 \times \frac{88}{100} = ₹7040$

परिवहन पर 160 खर्च करने पर कुल मूल्य

$= (7040 + 160) = ₹7200$

स्टेशनरी को अंकित मूल्य पर बेचने पर कुल लाभ

$= (8000 - 7200) = ₹800$

$\therefore$ लाभ% $= \frac{800 \times 100}{7200} = 11\frac{1}{9}\%$ **Ans.**

93. नारियल तेल का सूची मूल्य उसके क्रय मूल्य से 15% अधिक है। इसे कितने प्रतिशत कम पर बेचा जाना चाहिए ताकि कोई लाभ या हानि न हो।

(a) $13\frac{3}{23}\%$ (b) $13\frac{1}{23}\%$
(c) $13\frac{2}{23}\%$ (d) $13\frac{4}{23}\%$

Sol. **(b)** नारियल तेल का क्रय मूल्य = ₹100 (माना)

$\therefore$ सूची मूल्य $= 100 \times \frac{115}{100} = ₹115$

ना लाभ ना हानि के लिए प्रतिशत कमी

$= \frac{115 - 100}{115} \times 100$

$= \frac{15}{115} \times 100 = 13\frac{1}{23}\%$ **Ans.**

94. A अपने वस्तु पर क्रय मूल्य से 25% अधिक अंकित करती है। वह 25% माल अंकित मूल्य पर, 60% माल 25% छूट पर शेष 10% छूट पर बेची है। उसका कुल लाभ या हानि प्रतिशत ज्ञात करे।

(a) 15.124% लाभ (b) 18.175% हानि
(c) 3.125% हानि (d) 4.375% लाभ

Sol. **(d)** माना कि 1 वस्तु का क्रय मूल्य = ₹1

कुल वस्तु की संख्या = 100

$\therefore$ कुल क्रय मूल्य = ₹100

$\therefore$ 25% अधिक पर अंकित मूल्य = ₹125

प्रश्नानुसार,

सभी समानों को अलग-अलग दर पर बेचने पर कुल विक्रय मूल्य

$\frac{25}{100} \times 125 + \frac{60}{100} \times 125 \frac{(100-25)}{100} + \frac{15}{100} \times 125 \frac{(100-10)}{100}$

$+31.25 + 56.25 + 16.8750$

$= ₹104.375$

$\therefore$ लाभ% $= \frac{(104.375 - 100)}{100} \times 100 = 4.375\%$

95. एक वस्तु का अंकित मूल्य ₹660 है। एक दुकानदार 20% की छूट देता है और फिर भी 10% का लाभ प्राप्त करता है। यदि वह इसे ₹470 में बेचता है तो उसका लाभ या हानि प्रतिशत, (दशमलव के दो स्थान तक) क्या होगा?

(a) लाभ, 3.06% (b) हानि, 5.43%
(c) लाभ, 7.59% (d) हानि, 2.08%

Sol. **(d)** वस्तु का क्रय मूल्य $= 660\times\frac{(100-20)}{100}\times\frac{100}{(100+10)}$

$= 660\times\frac{80}{100}\times\frac{100}{110} = ₹480$

वस्तु का विक्रय मूल्य $= ₹470$

$\therefore$ हानि% $= \frac{(480-470)\times100}{480}$

$= \frac{10\times100}{480} = 2.08\%$ **Ans.**

96. एक दुकानदार अपने माल पर क्रय मूल्य से 25% अधिक मूल्य अंकित करता है। फिर, वह इस पर 40% की छूट देता है। प्रतिशत हानि क्या है?

(a) 25% (b) 15%
(c) 20% (d) 30%

Sol. **(a)** माना कि क्रय मूल्य $= ₹100$

$\therefore$ अंकित मूल्य $= 100\times\frac{(100+25)}{100} = ₹125$

40% छूट पर माल का विक्रय मूल्य $= 125\times\frac{(100-40)}{100}$

$= ₹75$

$\therefore$ हानि% $= \frac{(100-75)}{100}\times100 = 25\%$ **Ans.**

97. एक मेज का अंकित मूल्य ₹3000 है, जो क्रय मूल्य से 25% अधिक है। इसे अंकित मूल्य पर 20% की छूट पर बेचा जाता है। लाभ या हानि प्रतिशत क्या है?

(a) हानि, 5% (b) लाभ, 10%
(c) लाभ, 15% (d) न लाभ न हानि

Sol. **(d)** मेज का क्रय मूल्य $= 3000\times\frac{100}{125}$

$= ₹2400$

अंकित मूल्य पर 20% छूट पर मूल्य

$= 3000\times\frac{80}{100}$

$= ₹2400$

अतः इस स्थिति में ना तो कोई लाभ हुआ ना ही हानि।

98. किसी वस्तु का क्रय मूल्य ₹214 है। इस वस्तु के सूची मूल्य पर 15%, 20% और 10% की तीन क्रमागत छूटें देने के बाद, यह वस्तु ₹153 में बेची जाती है। यदि इस वस्तु को सूची मूल्य पर बेचा जाता है, तो लाभ रुपयों में ज्ञात करे।

(a) 36 (b) 45
(c) 49 (d) 39

Sol. **(a)** माना कि वस्तु का सूची मूल्य $= ₹x$

प्रश्नानुसार,

$x\times\frac{(100-15)}{100}\times\frac{(100-20)}{100}\times\frac{(100-10)}{100} = 153$

$x\times\frac{85}{100}\times\frac{80}{100}\times\frac{90}{100} = 153$

$x = 250$

अतः वस्तु का सूची मूल्य $= ₹250$

वस्तु का क्रय मूल्य $= ₹214$

$\therefore$ लाभ $= (250-214) = ₹36$ **Ans.**

Method-II

	M.P.	:	S.P.
15% की छूट पर वि०मू० $\left(\frac{3}{20}\right)\rightarrow$	20	:	17
20% की छूट पर वि०मू० $\left(\frac{1}{5}\right)\rightarrow$	5	:	4
10% की छूट पर वि०मू० $\left(\frac{1}{10}\right)\rightarrow$	10	:	9
	250		153
	↓×1		↓
	= 250		153
			1 = 1

अतः वस्तु का सूची मूल्य $= ₹250$

वस्तु का क्रय मूल्य $= ₹214$

$\therefore$ लाभ $= 250-214 = ₹36$ **Ans.**

मुफ्त वस्तुओं पर आधारित

99. यदि 3 साड़ी की खरीद पर 1 साड़ी मुफ्त पाने की पेशकश की जाती है, तो प्रत्येक साड़ी पर प्रभावी छूट क्या है?

(a) 20% (b) 30%
(c) 25% (d) 40%

Sol. **(c)** **Method - I**

3 साड़ी की खरीद पर 1 साड़ी मुफ्त दी जाती है।

$\therefore$ छूट% $= \frac{\text{मुफ्त में मिली सामग्री}}{\text{कुल सामग्री}}\times100$

$= \frac{1}{4}\times100 = 25\%$ **Ans.**

Method - II

3 साड़ी की खरीद पर 1 साड़ी मुफ्त

$\because$ 1 साड़ी का क्रय मूल्य = ₹100

$\therefore$ 4 साड़ी का क्रय मूल्य = ₹400

$\because$ 4 साड़ी प्राप्त होती है, 3 साड़ी के मूल्य पर

$\therefore$ छूट = ₹(400 – 300) = ₹100

$\therefore$ प्रतिशत छूट = $\frac{100 \times 100}{400} = 25\%$ **Ans.**

100. एक फल विक्रेता 24 आम पर 1 आम मुफ्त देता है। वह ग्राहक को कितना प्रतिशत छूट प्रदान करता है?

(a) 12% (b) 4%

(c) 1% (d) $4\frac{1}{6}\%$

Sol. (b) 24 आम पर 1 आम मुफ्त

$\therefore$ छूट% = $\frac{1}{25} \times 100 = 4\%$ **Ans.**

101. एक पेंसिल विक्रेता 4 पेंसिल खरीदने पर 1 पेंसिल मुफ्त देता है और वह ग्राहक को 15% अतिरिक्त छूट देता है तो बताइए उसे ग्राहक को कितने की छूट दिया?

(a) 22% (b) 35%

(c) 32% (d) 30%

Sol. (c) 4 पेंसिल खरीदने पर 1 पेंसिल मुफ्त

$\therefore$ छूट% = $\frac{1}{5} \times 100 = 20\%$

15% अतिरिक्त छूट पर कुल छूट%

$= 20 + 15 - \frac{20 \times 15}{100}$

$= 32\%$ **Ans.**

102. एक आदमी 6 वस्तुएं खरीदता है तो उसे दो वस्तुएँ मुफ्त मिलती है। छूट प्रतिशत ज्ञात करें।

(a) 25% (b) 20%

(c) 30% (d) 32%

Sol. (a) छूट% = $\frac{2}{8} \times 100 = 25\%$ **Ans.**

105. एक आदमी 7 वस्तुएं खरीदता है तो उसे 4 वस्तुएं मुफ्त मिलती है, तो छूट प्रतिशत ज्ञात करे।

(a) 15% (b) 18%

(c) 20% (d) $36\frac{4}{11}\%$

Sol. (d) छूट% = $\frac{\text{मुफ्त वस्तु की संख्या}}{\text{कुल वस्तु की संख्या}} \times 100$

$= \frac{4}{11} \times 100 = 36\frac{4}{11}\%$ **Ans.**

103. एक दुकानदार एक वस्तु को उसके अंकित मूल्य के 10% छूट पर बेचता है और 4 वस्तुएं खरीदने पर 1 वस्तु मुफ्त दे रहा है तो कुल छूट प्रतिशत ज्ञात करे।

(a) 28% (b) 25%

(c) 30% (d) 27%

Sol. (a) 4 वस्तु की खरीद पर 1 वस्तु मुफ्त

$\therefore$ छूट% = $\frac{1}{5} \times 100 = 20\%$

10% का छूट अंकित मूल्य पर प्रदान है।

$\therefore$ कुल समतुल्य छूट $= 10 + 20 - \frac{10 \times 20}{100} = 28\%$

104. एक दुकानदार ने 10% छूट पर 80 किग्रा चावल खरीदा। इसके अलावा हर 20 किग्रा. चावल की खरीद पर उसे 1 किग्रा चावल मुफ्त दिया गया। यदि वह अंकित मूल्य पर चावल बेचता है, तो उसका लाभ प्रतिशत ज्ञात कीजिए।

(a) $16\frac{2}{3}\%$ (b) $15\frac{1}{3}\%$

(c) $15\frac{3}{7}\%$ (d) $14\frac{2}{7}\%$

Sol. (a) माना कि 1 किलो चावल का मूल्य = ₹1

$\therefore$ 80 किलो चावल का मूल्य = ₹80

10% छूट पर 80 किलो चावल का मूल्य

$= 80 \times \frac{(100 - 10)}{100}$

$= \frac{80 \times 90}{100} = ₹72$

20 किलो चावल पर 1 किलो चावल मुफ्त

$\therefore$ 80 किलो चावल लेने पर 4 किलो चावल मुफ्त मिलेगा।

अब,

कुल 84 किलो चावल का मूल्य = ₹72

84 किलो चावल का विक्रय मूल्य = ₹84

$\therefore$ लाभ% $= \frac{(84 - 72) \times 100}{72}$

$= \frac{12 \times 100}{72} = 16\frac{2}{3}\%$ **Ans.**

105. एक आदमी अंकित मूल्य पर 4 प्रतिशत की छूट देता है और प्रत्येक 15 वस्तुओं की खरीद पर 1 वस्तु मुफ्त देता है और 35% का लाभ प्राप्त करता है। क्रय मूल्य से अंकित मूल्य कितने प्रतिशत अधिक है, ज्ञात करे।

(a) 30% (b) 25%
(c) 50% (d) 47%

Sol. **(c)**

$$15 \text{ वस्तु M.P.} \times \frac{(100-4)}{100} = 16 \text{ वस्तु C.P.} \times \frac{(100+35)}{100}$$

$$15 \text{ M.P.} \times \frac{96}{100} = 16 \text{ C.P.} \times \frac{135}{100}$$

$$\frac{\text{M.P.}}{\text{C.P.}} = \frac{3}{2}$$

$\therefore$ क्रय मूल्य पर अंकित मूल्य प्रतिशत अधिक

$$= \frac{3-2}{2} \times 100 = 50\%$$ **Ans.**

106. एक आदमी अंकित मूल्य पर 10 प्रतिशत की छूट देता है और प्रत्येक 4 वस्तुओं को खरीदने के लिए 1 वस्तु मुफ्त देता है और 20% का लाभ प्राप्त करता है। यदि अंकित मूल्य ₹200 है, क्रय मूल्य ज्ञात करे।

(a) ₹100 (b) ₹120
(c) ₹240 (d) ₹150

Sol. **(b)**

$$4 \text{ वस्तु M.P.} \times \frac{(100-10)}{100} = 5 \text{ वस्तु C.P.} \times \frac{(100+20)}{100}$$

$$\Rightarrow 4\text{MP} \times 90 = 5\text{CP} \times 120$$

$$\frac{\text{M.P.}}{\text{C.P.}} = \frac{5}{3}$$

$5 = ₹200$

$1 = 40$

$\therefore$ $3 = 3 \times 40$

$= ₹120$

अतः वस्तु का क्रय मूल्य = ₹120 **Ans.**

107. एक दुकानदार किसी वस्तु के अंकित मूल्य को क्रय मूल्य से 50% अधिक अंकित करता है और 20% की छूट देता है। यदि 12 वस्तुएँ खरीदने पर 3 वस्तु मुफ्त देता है तो उसे व्यापार में कितने प्रतिशत की लाभ या हानि हुई?

(a) 4% हानि (b) 4% लाभ
(c) 6% लाभ (d) 6% हानि

Sol. **(a)** माना कि वस्तु का क्रय मूल्य = ₹100

$$\therefore \text{ वस्तु का अंकित मूल्य} = 100 \times \frac{(100+50)}{100}$$

$= ₹150$

$(\text{छूट})_1 = 20\%$

$\because$ 12 वस्तुएं खरीदने पर 3 वस्तु मुफ्त देता है।

$$\therefore (\text{छूट})_2 = \frac{3}{15} \times 100 = 20\%$$

$$\therefore \text{विक्रय मूल्य} = \text{अंकित मूल्य} \times \frac{(100-\text{छूट}_1)}{100} \times \frac{(100-\text{छूट}_2)}{100}$$

$$= 150 \times \frac{(100-20)}{100} \times \frac{(100-20)}{100}$$

$$= 150 \times \frac{80}{100} \times \frac{80}{100} = ₹96$$

$$\therefore \text{हानि}\% = \frac{(100-96) \times 100}{100} = 4\%$$ **Ans.**

108. एक व्यापारी किसी वस्तु के अंकित मूल्य को क्रय मूल्य से 50% बढ़ाकर अंकित करता है तथा 10% की छूट देता है। यदि 9 वस्तु खरीदने पर 1 वस्तु मुफ्त में देता हो तो उसे व्यापार में कितने प्रतिशत का लाभ हुआ?

(a) 19.5% (b) 21.5%
(c) 10.5% (d) 20.5%

Sol. **(b)** वस्तु का क्रय मूल्य = ₹100 (माना)

50% अधिक पर अंकित मूल्य = ₹150

प्रथम छूट% = 10%

$\because$ 9 वस्तु खरीदने पर 1 वस्तु मुफ्त देता है।

$$\therefore \text{द्वितीय छूट}\% = \frac{1}{10} \times 100 = 10\%$$

$$\therefore \text{विक्रय मूल्य} = \text{अंकित मूल्य} \times \frac{(100-\text{छूट}_1)}{100} \times \frac{(100-\text{छूट}_2)}{100}$$

$$= 150 \times \frac{(100-10)}{100} \times \frac{(100-10)}{100}$$

$$= 150 \times \frac{90}{100} \times \frac{90}{100} = ₹121.5$$

$$\therefore \text{लाभ}\% = \frac{(121.5-100) \times 100}{100} = 21.5\%$$ **Ans.**

109. एक दुकानदार एक वस्तु का मूल्य ₹60 अंकित करता है और उसे 15% छूट पर बेच देता है। साथ में वह ₹3 का उपहार भी देता है। इसके बावजूद यदि उसे 20% लाभ प्राप्त हो तो उस वस्तु का लागत मूल्य (रुपयों में) कितना है?

(a) 22 (b) 32
(c) 40 (d) 42

Sol. **(c)** अंकित मूल्य = ₹60

$$\text{विक्रय मूल्य} = \text{अंकित मूल्य} \times \frac{(100 - \text{छूट})}{100}$$

$$= 60 \times \frac{(100-15)}{100} = ₹51$$

₹3 के उपहार के बाद विक्रय मूल्य = ₹(51 – 3) = ₹48

लाभ = 20% $\left(\frac{1}{5}\right)$

∴ CP = 5

SP = 5 + 1

= 6

∵ 6 = 48

1 = 8

∴ 5 = 8 × 5

= ₹40

∴ वस्तु का लागत मूल्य = ₹40 **Ans.**

110. एक दुकानदार प्रत्येक 5 वस्तुओं की खरीद पर 3 वस्तुएं मुफ्त देता है तथा ग्राहक को 20% की छूट देने पर भी उसे 25% का लाभ होता है तो वस्तु के क्रय मूल्य तथा अंकित मूल्य का अनुपात क्या होगा?

(a) 3 : 2 (b) 5 : 2

(c) 2 : 5 (d) 3 : 4

Sol. **(c)**

5 वस्तु की खरीद पर 3 वस्तु मुफ्त

MRP = 80

SP = 40

25% लाभ = $\frac{1}{4}$ (1 → लाभ, 4 → क्रयमूल्य)

CP	:	**SP**
4		**5**
↓×8		↓=40
= 32		**1 = 8**

∴ क्रय मूल्य और अंकित मूल्य का अनुपात

CP : SP = 32 : 80

= 2 : 5 **Ans.**

111. यदि प्रत्येक ₹500 कीमत वाली 3 शर्ट की खरीद पर 1 शर्ट मुफ्त पाने की पेशकश की जाती है, तो प्रत्येक शर्ट पर प्रभावी छूट क्या है?

(a) 30% (b) 33%

(c) 20% (d) 25%

Sol. **(d)** 3 शर्ट पर 1 शर्ट मुफ्त अर्थात् 3 शर्ट का मूल्य

= 500 × 4 = ₹2000

यदि 1 शर्ट मुफ्त में दी जाए तो 3 शर्ट का मूल्य

= 3 × 500 = ₹1500

$$\therefore \quad \text{1 शर्ट का मूल्य} = \frac{1500}{4} = ₹375$$

$$\therefore \quad \text{दी गयी छूट} = \frac{(500-375) \times 100}{500}$$

$$= \frac{125 \times 100}{500} = 25\% \quad \textbf{Ans.}$$

Method - II

$$\text{छूट प्रतिशत} = \frac{1}{(3+1)} \times 100 = 25\%$$

विविध (Miscellaneous)

112. मुद्रित मूल्य पर 21% छूट देकर, पुस्तक बेचने के बाद किसी दुकानदार को 21% का लाभ प्राप्त होता है। पुस्तक के क्रय मूल्य और विक्रय मूल्य का अनुपात ज्ञात करें।

(a) 100 : 79 (b) 100 : 121

(c) 121 : 100 (d) 79 : 100

Sol. **(b)** माना कि वस्तु का अंकित मूल्य = ₹100

$$\text{21\% छूट के बाद विक्रय मूल्य} = 100 \times \frac{(100-21)}{100}$$

= ₹79

विक्रय मूल्य पर दुकानदार को 21% का लाभ मिलता है।

$$\therefore \quad \text{क्रय मूल्य} = \frac{79 \times 100}{121}$$

∴ क्रय मूल्य : विक्रय मूल्य = 79×100 : 79×121

= 100 : 121 **Ans.**

113. सुरभि ने एक वस्तु को अंकित मूल्य पर 12% छूट पर ₹176 में बेचा। छूट न देने पर उसे 25% का लाभ प्राप्त होता है। वस्तु का क्रय मूल्य ज्ञात करें।

(a) 145 (b) 160

(c) 165 (d) 150

Sol. **(b)** माना कि वस्तु का अंकित मूल्य = ₹x

प्रश्नानुसार,

$$x \times \frac{(100-12)}{100} = 176$$

$$x \times \frac{88}{100} = 176$$

$$x = ₹200$$

छूट न देने पर,

$$(\text{क्रय मूल्य}) \times \frac{125}{100} = 200$$

$$\text{क्रय मूल्य} = ₹160$$

अतः वस्तु का क्रय मूल्य = ₹160 **Ans.**

114. यदि किसी वस्तु का विक्रय मूल्य, उसके क्रय मूल्य से 32% अधिक है और वस्तु के अंकित मूल्य पर दी गई छूट 12% है तो लागत मूल्य और अंकित मूल्य का अनुपात क्या है?

(a) 3 : 8 (b) 4 : 5
(c) 1 : 2 (d) 2 : 3

Sol. (d) माना कि वस्तु के अंकित मूल्य = ₹100

∴ 12% छूट पर विक्रय मूल्य = ₹88

$$\text{क्रय मूल्य} = 88 \times \frac{100}{(100+32)}$$

$$= \frac{88 \times 100}{132} = \frac{200}{3}$$

∴ क्रय मूल्य : अंकित मूल्य = $\frac{200}{3} : 100 = 2:3$ **Ans.**

115. जब कोई वस्तु अपने अंकित मूल्य से 40% की छूट पर बेची जाती है, तो लाभ 25% होता है। इस वस्तु के क्रय मूल्य और अंकित मूल्य में अनुपात ज्ञात करे।

(a) 12 : 25 (b) 4 : 5
(c) 5 : 8 (d) 8 : 13

Sol. (a) माना कि वस्तु का अंकित मूल्य = 100

40% छूट पर वस्तु का विक्रय मूल्य $= 100 \times \frac{(100-40)}{100}$

$$= 60$$

लाभ = 25%

$$\text{क्रय मूल्य} \times \frac{(100+25)}{100} = \text{विक्रय मूल्य}$$

$$\text{क्रय मूल्य} \times \frac{125}{100} = 60$$

$$\text{क्रय मूल्य} = ₹48$$

∴ क्रय मूल्य : अंकित मूल्य = 48 : 100

= 12 : 25 **Ans.**

Method - II

$$\frac{CP}{MP} = \frac{100-d}{100+P} = \frac{100-40}{100+25} = \frac{60}{125} = \frac{12}{25}$$

116. एक वस्तु का अंकित मूल्य और क्रय मूल्य 5 : 4 के अनुपात में है। यदि वस्तु को बेचने पर 12.5% का लाभ होता है, तो छूट का प्रतिशत ज्ञात करे।

(a) 12.5 (b) 15
(c) 8 (d) 10

Sol. (d) अंकित मूल्य : क्रय मूल्य = 5 : 4

माना कि क्रय मूल्य = 400 एवं अंकित मूल्य = 500

∴ 12.5% का लाभ होने पर विक्रय मूल्य

$$= 400 \times \frac{(100+12.5)}{100}$$

$$= 4 \times 112.5 = 450$$

∴ छूट% $= \frac{500-450}{500} \times 100 = 10\%$ **Ans.**

117. एक वस्तु का अंकित मूल्य उसके क्रय मूल्य का 7/5 है। यदि अंकित मूल्य पर 20% की छूट दी जाती है, तो लाभ प्रतिशत कितना है?

(a) 22% (b) 12%
(c) 18% (d) 15%

Sol. (b) अंकित मूल्य : क्रय मूल्य = 7 : 5

माना कि अंकित मूल्य ₹700 एवं क्रय मूल्य ₹500 है।

अंकित मूल्य पर 20% की छूट पर विक्रय मूल्य

$$= 700 \times \frac{(100-20)}{100} = ₹560$$

∴ लाभ% $= \frac{(560-500)}{500} \times 100 = 12\%$ **Ans.**

118. अतुल ने एक साइकिल उसकी अंकित कीमत से तीन चौथाई दाम पर खरीदी और उसे उसकी अंकित कीमत से 20% ज्यादा दाम पर बेची, लाभ प्रतिशत क्या होगा?

(a) 55% (b) 60%
(c) 75% (d) 35%

Sol. (b) माना कि साइकिल का अंकित मूल्य = ₹400

साइकिल का क्रय मूल्य $= 400 \times \frac{3}{4} = ₹300$

अंकित मूल्य से 20% अधिक पर विक्रय मूल्य

$$= 400 \times \frac{(100+20)}{100} = ₹480$$

∴ लाभ% $= \frac{(480-300) \times 100}{300} = 60\%$ **Ans.**

119. किसी वस्तु को 15% और 12% की क्रमागत छूट देकर बेचने पर भी 10% लाभ प्राप्त हुआ। वस्तु के अंकित मूल्य और क्रय मूल्य का अनुपात ज्ञात कीजिए।

(a) 25 : 17 (b) 2 : 1
(c) 110 : 73 (d) 90 : 73

Sol. **(a)** माना कि वस्तु का अंकित मूल्य = ₹100

15% और 12% की छूट पर विक्रय मूल्य

$$= 100\times\frac{(100-15)}{100}\times\frac{(100-12)}{100}$$

$$= 100\times\frac{85}{100}\times\frac{88}{100} = ₹74.8$$

प्रश्नानुसार,

$$\text{क्रय मूल्य} \times \frac{(100+10)}{100} = \text{विक्रय मूल्य}$$

$$\text{क्रय मूल्य} \times \frac{110}{100} = 74.8$$

क्रय मूल्य = ₹68

∴ वस्तु का अंकित मूल्य : क्रय मूल्य = 100 : 68
= 25 : 17 **Ans.**

120. यदि किसी लेख का विक्रय मूल्य लागत मूल्य से 8% अधिक है और प्रस्तावित छूट लेख के चिन्हित मूल्य पर 10% है, तो क्रय मूल्य और अंकित मूल्य का अनुपात क्या है?

(a) 5 : 6 (b) 8 : 9
(c) 3 : 4 (d) 4 : 5

Sol. **(a)** माना कि अंकित मूल्य = ₹100

10% छूट पर विक्रय मूल्य = ₹90

प्रश्नानुसार,

$$\text{क्रय मूल्य} \times \left(\frac{100+8}{100}\right) = \text{विक्रय मूल्य}$$

$$\text{क्रय मूल्य} \times \left(\frac{108}{100}\right) = 90$$

$$\text{क्रय मूल्य} = \frac{250}{3}$$

$$\therefore \text{क्रय मूल्य : अंकित मूल्य} = \frac{250}{3} : 100$$

= 5 : 6 **Ans.**

121. किसी वस्तु की कीमत ₹10,000 थी। इसे तीन क्रमिक छूटों के बाद ₹7866 में किसी खुदरा विक्रेता को बेच दिया गया, जिसमें से पहली दो छूट 10% और 8% थी। तीसरी छूट का प्रतिशत कितना था?

(a) 5% (b) 3%
(c) 6.5% (d) 4.5%

Sol. **(a)** माना कि तीसरा छूट = x%

$$10000\times\frac{(100-10)}{100}\times\frac{(100-8)}{100}\times\frac{(100-x)}{100} = 7866$$

$$10000\times\frac{90}{100}\times\frac{92}{100}\times\frac{(100-x)}{100} = 7866$$

$$(100-x) = 95$$

$$\therefore \quad x = 5\%$$

अतः तीसरा छूट = 5% **Ans.**

122. ₹1000 के कुकीज के एक बॉक्स पर 10% की छूट दी जाती है और ₹400 के चॉकलेट के एक बार पर 8% की छूट दी जाती है। यदि हम कुकीज के 2 बॉक्स और चॉकलेट के 3 बार खरीदते है तो हमें कुल कितनी छूट% मिलेगी?

(a) 9 (b) 9.25
(c) 8.75 (d) 8.5

Sol. **(b)** कुकीज के एक बॉक्स का अंकित मूल्य = ₹1000

∴ 2 बॉक्स का अंकित मूल्य = ₹2000

$$10\% \text{ छूट पर विक्रय मूल्य} = 2000\times\frac{(100-10)}{100}$$

= ₹1800

चॉकलेट के एक बार अंकित मूल्य = ₹400

चॉकलेट के तीन बार का अंकित मूल्य = ₹1200

$$8\% \text{ छूट पर विक्रय मूल्य} = 1200\times\frac{(100-80)}{100} = ₹1104$$

∴ कुल छूट = (2000 + 1200) – (1800 + 1104)
= (3200 – 2904) = ₹296

$$\therefore \text{कुल छूट\%} = \frac{296\times100}{3200} = 9.25\%$$ **Ans.**

123. एक डीलर एक वस्तु के अंकित मूल्य पर 20% की छूट देता है और 25% का लाभ प्राप्त करता है। यदि वस्तु के क्रय मूल्य में 20% की वृद्धि होती है, तो उसे अंकित मूल्य पर कितने प्रतिशत की छूट देनी चाहिए ताकि उसका लाभ प्रतिशत समान रहे?

(a) 10% (b) 15%
(c) 18% (d) 12%

Sol. **(d)** माना कि वस्तु का क्रय मूल्य रु.100 है।

$$\text{विक्रय मूल्य} = 100\times\frac{125}{100} = \text{रु.}125$$

अंकित मूल्य $= 125\times\frac{100}{80} =$ रु.156.25

नया क्रय मूल्य $= 100\times\frac{110}{100} =$ रु.110

अर्जित करने के लिए लाभ $= 125 - 100 =$ रु.25

विक्रय मूल्य $= 110\times\frac{125}{100} =$ रु.137.5

मान लीजिए कि दी गई छूट प्रतिशत a% है।

$$\Rightarrow \quad 137.5 = 156.25\times\frac{(100-a)}{100}$$

$$\Rightarrow \quad a = 12$$

अतः उसे अंकित मूल्य पर 12% की छूट देनी चाहिए।

124. एक लेख के चिन्हित मूल्य पर लगातार तीन छूट 19% की एकल छूट के बराबर है। यदि पहली और दूसरी छूट की दरें क्रमशः 10% और 4% है तो तीसरी छूट की दर क्या होगी?

(a) 7.50% (b) 5.25%
(c) 6.25% (d) 6.00%

Sol. (c) **Method - I**

माना कि चिन्हित मूल्य = ₹100

19% की छूट पर विक्रय मूल्य $= 100\times\frac{(100-19)}{100}$
= ₹81

पुनः तीन छूट के लिए तीसरी छूट = x%

$$100\times\frac{(100-10)}{100}\times\frac{(100-4)}{100}\times\frac{(100-x)}{100} = 81$$

$$100\times\frac{90}{100}\times\frac{96}{100}\times\frac{(100-x)}{100} = 81$$

$$100 - x = 93.75$$

$$\therefore \quad x = 6.25\%$$

अतः तीसरी छूट = 6.25% **Ans.**

125. किसी वस्तु पर तीन क्रमिक छूट दी गयी है, जिससे एक ग्राहक को अंकित मूल्य ₹12,500 से ₹2366.8 कम का भुगतान करना पड़ा। यदि आरंभिक दो क्रमिक छूटें क्रमशः 12% और 6% हो तो तीसरी छूट की प्रतिशत दर क्या है?

(a) 2 (b) 2.5
(c) 3.6 (d) 3

Sol. (a) विक्रय मूल्य = (12500 – 2366.8)
= ₹10133.20

माना कि तीसरी छूट = x%

$$12500\times\frac{(100-12)}{100}\times\frac{(100-6)}{100}\times\frac{(100-x)}{100} = 10133.20$$

$$\Rightarrow \quad 12500\times\frac{88}{100}\times\frac{94}{100}\times\frac{(100-x)}{100} = 10133.20$$

$$\Rightarrow \quad (100-x) = 98$$

$$\therefore \quad x = 2\%$$

अतः तीसरी छूट = 2% **Ans.**

126. रघु ने एक वस्तु ₹6800 में खरीदी और ₹700 इसकी मरम्मत पर खर्च किए। उसने इस पर इसकी संपूर्ण लागत से 8% अधिक मूल्य अंकित किया। उसने इसे x% की छूट देने के बाद ₹6480 में बेच दिया तो x का मान ज्ञात करे।

(a) 20% (b) 15%
(c) 18% (d) 25%

Sol. (a) वस्तु का क्रय मूल्य = ₹6800
उपरिव्यय = ₹700
∴ कुल मूल्य = ₹7500

8% अधिक पर वस्तु का अंकित मूल्य $= 7500\times\frac{108}{100}$
= ₹8100

$$\text{छूट\%} = \frac{(8100-6480)\times 100}{8100}$$

$$= \frac{1620\times 100}{8100} = 20\%$$ **Ans.**

127. किसी वस्तु के अंकित मूल्य पर, प्रत्येक x% के दो क्रमागत छूट ₹350 के एकल छूट के बराबर है। यदि वस्तु का अंकित मूल्य ₹800 है तो x का मान ज्ञात करे।

(a) 20% (b) 27.5%
(c) 25% (d) 22.5%

Sol. (c) वस्तु का अंकित मूल्य = ₹800
छूट = ₹350
∴ वस्तु का विक्रय मूल्य = ₹450

प्रश्नानुसार,

$$800\times\frac{(100-x)}{100}\times\frac{(100-x)}{100} = 450$$

$$\Rightarrow \quad (100-x)^2 = 225\times 25$$

$$\Rightarrow \quad 100 - x = 75$$

$$\therefore \quad x = 25\%$$

Method - II

x% के दो क्रमागत छूट $= x + x - \frac{x^2}{100}$

$$= \frac{200x - x^2}{100}$$

प्रश्नानुसार,

$$\frac{200x - x^2}{100} = \frac{350 \times 100}{800}$$

$\Rightarrow \quad x^2 - 200x + 4375 = 0$

$\Rightarrow \quad x^2 - 175x - 25x + 4375 = 0$

$\Rightarrow x(x - 175) - 25(x - 175) = 0$

$\Rightarrow \quad (x - 25)(x - 175) = 0$

$x - 25 = 0 \quad x - 175 = 0$

$x = 25 \quad x = 175$ (यह अमान्य है)

$\therefore$ x का मान = 25% **Ans.**

Method - III

Discount = MP – SP

SP = 800 – 350 = 450

MP : SP

$\sqrt[2]{800} : \sqrt[2]{450}$

$= \sqrt[2]{16} : \sqrt[2]{9}$

$= 4 : 3$

छूट = 1

$$x = \frac{1}{4} \times 100 = 25\%$$

128. किसी वस्तु का अंकित मूल्य ₹300 है। 20%, x% और 5% की तीन क्रमागत छूट देने के बाद, इस वस्तु को ₹177.84 में बेचा जाता है। x का मान निकाले।

(a) 22 (b) 18
(c) 24 (d) 15

Sol. **(a)**

$$300 \times \frac{(100-20)}{100} \times \frac{(100-x)}{100} \times \frac{(100-5)}{100} = 177.84$$

$$\Rightarrow 300 \times \frac{80}{100} \times \frac{(100-x)}{100} \times \frac{95}{100} = 177.84$$

$\Rightarrow \quad (100 - x) = 78$

$\therefore \quad x = 22\%$

129. एक दुकानदार आमतौर पर प्रत्येक वस्तु के अंकित मूल्य पर 10% की छूट देता है। एक सेल सीजन के दौरान वह दो और छूट देने का निर्णय होता है- पहली मूल छूट के 50% की दर से और दूसरी छूट, पहली की 40% की दर से। यह सारे छूट की समतुल्य एकल छूट की प्रतिशत दर (दशमलव के दो स्थानों तक) क्या होगी?

(a) 14.85 (b) 13.27
(c) 16.21 (d) 20

Sol. **(c)** माना कि वस्तु का अंकित मूल्य = ₹100

$$10\% \text{ छूट} = 100 \times \frac{10}{100} = ₹10$$

प्रश्नानुसार,

पहली छूट = मूल छूट × 50%

$$= 10 \times \frac{50}{100} = 5\%$$

दूसरी छूट = पहली छूट × 40%

$$= 5 \times \frac{40}{100} = 2\%$$

सभी छूट के बाद वस्तु का विक्रय मूल्य

$$= 100 \times \frac{(100-10)}{100} \times \frac{(100-5)}{100} \times \frac{(100-2)}{100}$$

$$= \frac{100 \times 90 \times 95 \times 98}{100 \times 100 \times 100} = ₹83.79$$

$\therefore$ एकल छूट% = 100 – 83.79 = 16.21% **Ans.**

130. एक वस्तु की कीमत ₹40,000 रखी है। एक खुदरा व्यापारी पहली 62.5% कीमत पर 10% की छूट देता है। शेष कीमत पर वह 4% की छूट देता है तो वस्तु पर दी गई समग्र छूट प्रतिशत क्या है?

(a) 8.25 (b) 7.75
(c) 8.5 (d) 8

Sol. **(b)** पहली 62.5% कीमत पर 10% छूट देने पर

$$\text{विक्रय मूल्य} = 40000\left(\frac{62.5}{100}\right)\left(\frac{100-10}{100}\right)$$

$$= 40000 \times \frac{62.5}{100} \times \frac{90}{100}$$

= ₹22500

पुनः शेष कीमत पर 4% की छूट पर

$$\text{विक्रय मूल्य} = \left(40000 - 40000 \times \frac{62.5}{100}\right) \text{ का } \left(\frac{100-4}{100}\right)$$

$$= 15000 \times \frac{96}{100} = ₹14400$$

$\therefore$ कुल विक्रय मूल्य = (22500 + 14400)
= ₹36900

$$\therefore \quad \text{एकल छूट} = \frac{(40000 - 36900) \times 100}{40000}$$

$$= \frac{3100 \times 100}{40000} = 7.75\%$$

अतः एकल छूट = 7.75% **Ans.**

131. एक वयस्क के टिकट का मूल्य ₹1600 है और एक बच्चे के टिकट का मूल्य ₹600 है। दो वयस्कों के साथ 1 बच्चा निःशुल्क जा सकता है। यदि एक समूह में 17 वयस्क और 7 बच्चे है, तो उस समूह को कितनी छूट मिलेगी?

(a) 13.37% (b) 26.02%
(c) 24.41% (d) 32.2%

Sol. **(a)** यदि छूट न दिया जा तो 17 वयस्क एवं 7 बच्चों के टिकट का मूल्य $= 17 \times 1600 + 7 \times 600 =$ ₹31400

$\because$ दो वयस्क के साथ 1 बच्चा निःशुल्क जाता है।

$\therefore$ 17 वयस्क $(2\times7+3)$ के साथ 7 बच्चे निःशुल्क जाऐंगे।

अब छूट देने पर टिकट का मूल्य $= 17 \times 1600$
= ₹27200

$\therefore$ समूह को मिली छूट $= \frac{(31400-27200)\times100}{31400}$

$= \frac{4200\times100}{31400}$

$= 13.37\%$ **Ans.**

132. एक व्यक्ति किसी वस्तु को खरीदते समय उस पर 25% तथा x% के दो क्रमवार बट्टे प्राप्त करने पर ₹480 बचा लेता है। यदि वस्तु का अंकित मूल्य ₹1200 है तो x का मान क्या होगा?

(a) 20 (b) 18
(c) 10 (d) 8

Sol. **(a)** वस्तु का अंकित मूल्य = ₹1200

छूट के बाद वस्तु का विक्रय मूल्य = (1200 – 480)
= ₹720

माना कि दूसरा छूट $= x\%$

$$1200\left(\frac{100-25}{100}\right)\times\left(\frac{100-x}{100}\right) = 720$$

$$1200\times\frac{75}{100}\times\frac{100-x}{100} = 720$$

$$100 - x = 80$$

$\therefore$ $x = 20\%$ **Ans.**

❑❑❑

विभिन्न प्रतियोगी परीक्षाओं में विगत वर्षों में पूछे गये महत्त्वपूर्ण प्रश्न

1. एक दुकानदार नीचे दी गयी दो छूट सम्बन्धी योजनाओं की पेशकश करता है- **[SSC CGL 2023]**

(A) 3 वस्तुओं को खरीद पर 4 वस्तु मुफ्त पाएं
(B) 5 वस्तुओं की खरीद पर 6 वस्तु मुफ्त पाएं

(a) केवल A
(b) योजना A में कोई छूट नहीं दी गई है
(c) A और B दोनों योजनाओं में छूट प्रतिशत समान है
(d) केवल B

2. 15%, 20% और 25% की तीन क्रमिक छूटें प्रदान की जाती है। प्रतिशत में निबल छूट क्या होगी- **[SSC CGL 2023]**

(a) 52% (b) 49%
(c) 46% (d) 40%

3. 15% की छूट के बाद, वाशिंग मशीन का मूल्य 29,750 रुपये है। यदि कोई छूट नहीं दी जाती है, तो दुकानदार को 12% का लाभ होता है। वॉशिंग मशीन का क्रय मूल्य ज्ञात कीजिए- **[SSC CGL 2023]**

(a) रु.3,125 (b) रु.31,500
(c) रु.31,750 (d) रु.32,000

4. निम्नलिखित में से किसमें छूट प्रतिशत अधिकतम होगी- **[IB ACIO 2020]**

(a) अंकित मूल्य = 2800, विक्रय मूल्य = 2400
(b) अंकित मूल्य = 2400, विक्रय मूल्य = 2000
(c) अंकित मूल्य = 3200, विक्रय मूल्य = 2800
(d) अंकित मूल्य = 4000, विक्रय मूल्य = 3600

5. एक साइकिल का अंकित मूल्य रु.1500 है जो लागत मूल्य से 25% अधिक है। यदि इसे 10% की छूट पर बेचा जाता है, तो लाभ प्रतिशत ज्ञात करे- **[IB ACIO 2020]**

(a) 30% (b) 15%
(c) 12.5% (d) 20%

6. एक दुकानदार एक वस्तु पर खरीददारों के लिए निम्नलिखित छूट योजनाएं ऑफर करता है- **[SSC CGL 2023]**

(i) प्रत्येक पर 15% की दो क्रमिक छूट।
(ii) 25% की छूट के बाद 5% छूट।
(iii) 20% और 10% की दो क्रमिक छूटें।
(iv) 30% की छूट।

किस योजना के अंतर्गत विक्रय मूल्य अधिकतम होगा-

(a) योजना (i) (b) योजना (iii)
(c) योजना (ii) (d) योजना (iv)

7. रु.10,000 मूल्य की वस्तुएं खरीदने पर एक दुकानदार अपने ग्राहकों को रु.500 की फ्लैट छूट प्रदान करता है। इसके अलावा, क्रेडिट कार्ड का उपयोग करके खरीदारी करने पर वह 7% की अतिरिक्त छूट देता है। यदि कोई ग्राहक क्रेडिट का उपयोग कर रु.10000 का सामान खरीदता है, तो उसे कितना भुगतान करना होगा- **[SSC CGL 2023]**

(a) रु.8,835 (b) रु.9,000
(c) रु.8,815 (d) रु.9,300

8. एक पुस्तक पर अंकित मूल्य रु.1000 है। एक पुस्तक मेले में, यह 12% और 8% की दो क्रमिक छूट देने वाली छूट योजना के साथ बिक्री के लिए उपलब्ध है। एक ग्राहक के लिए पुस्तक का अंतिम विक्रय मूल्य (रु. में) क्या होगा (निकटतम पूर्णांक तक पूर्णांकित करें)- **[SSC CGL 2023]**

(a) 810 (b) 790
(c) 825 (d) 800

9. एक दुकानदार अपने माल के मुद्रित मूल्य पर 10% छूट प्रदान करता है और इस प्रकार 20% का लाभ अर्जित करता है। वस्तु के क्रय मूल्य और मुद्रित मूल्य के बीच का अनुपात क्या है- **[SSC CGL 2023]**

(a) 3 : 4 (b) 2 : 3
(c) 4 : 5 (d) 1 : 2

10. जब भुगतान ऑनलाइन किया जाता है तो दी जाने वाली छूट 10% है। क्रेडिट कार्ड धारकों को 5% की अतिरिक्त छूट दी जाती है। एक व्यक्ति ऑनलाइन भुगतान करके रु.180000 की कीमत की वस्तु खरीदता है और अपने क्रेडिट कार्ड के माध्यम से भुगतान करता है। उसे कितना भुगतान करना होगा (रु.में) **[ICAR Technician 2022]**

(a) 159300 (b) 150930
(c) 150390 (d) 153900

11. 17% की छूट के बाद एक टेबल का विक्रय मूल्य रु.20,750 है। यदि क्रय मूल्य, अंकित मूल्य का 70% है तो क्रय मूल्य कितना है? (रु. में) **[UPSI 2021]**

(a) 17,500 (b) 17,300
(c) 17,400 (d) 17,200

12. एक घड़ी विक्रेता प्रति घड़ी की बिक्री रु.175615 के मूल्य पर करता है। हालांकि वह क्रमशः 20% और 30% की दो क्रमिक छूट देने के लिए बाध्य है। अंकित मूल्य क्या है- **[UPSI 2021]**

(a) 293600 (b) 253600
(c) 273600 (d) 313600

13. एक डीलर एक वस्तु पर क्रय मूल्य से 60% अधिक मूल्य करता है और उसे अंकित मूल्य पर 10% और 20% की दो क्रमिक छूटें देकर एक ग्राहक को बेचता है। यदि उसे लेन-देन में रु.1,064 का लाभ होता है, तो वस्तु का क्रय मूल्य (रु. में) ज्ञात करें- **[SSC CGL 2023]**

(a) 8400 (b) 7000
(c) 6300 (d) 7200

14. एक रिटेलर रु.9200 अंकित मूल्य के एक एयर कंडीशनर को बेचने के लिए 30% की छूट की घोषणा करता है। एयर कंडीशनर का क्रय मूल्य अंकित मूल्य से 70% कम है। यदि खरीददार खुदरा विक्रेता के स्टोर का अपना सदस्यता कार्ड प्रस्तुत करता है तो वह 20% की अतिरिक्त छूट प्रदान करता है। सदस्यता कार्ड योजना के साथ खुदरा विक्रेता का लाभ सदस्यता कार्ड योजना के बिना खुदरा विक्रेता के लाभ का सदस्यता कार्ड योजना के बिना खुदरा विक्रेता के लाभ का कितना प्रतिशत है- **[SSC CGL 2023]**

(a) 62% (b) 65%
(c) 70% (d) 74%

15. रामलाल अपने माल पर 40% अधिक मूल्य अंकित करता है और इस पर 10% की छूट देता है। उसका शुद्ध लाभ प्रतिशत क्या है- **[SSC CGL 2023]**

(a) 24% (b) 26%
(c) 28% (d) 32%

16. एक डेडफोन का अंकित मूल्य रु.800 है, एक दुकानदार ने इसे 20% और 10% की दो क्रमिक छूट पर खरीदा। उसने परिवहन पर रु.124 खर्च किये, इसके बाद उसने इस वस्तु को अंकित मूल्य पर बेच दिया। उसका लाभ या हानि प्रतिशत ज्ञात कीजिए- **[CISF HCF 2023]**

(a) रु.1000 (b) रु.1080
(c) रु.900 (d) रु.1200

17. एक व्यापारी ने एक वस्तु का विक्रय मूल्य लागत मूल्य से 20% अधिक अंकित किया। बेचते समय, वह कुछ छूट देता है और 10% की हानि उठाता है। उन्होनें इसकी कितनी छूट की अनुमति दी- **[CISF HCM 2023]**

(a) 25% (b) 50%
(c) 20% (d) 35%

18. एक खुदरा विक्रेता एक थोक विक्रेता से 16 रिफिल के अंकित मूल्य पर 20 रिफिल खरीदता है। यदि वह इन रिफिलों को 10% की छूट देकर बेचता है तो लाभ प्रतिशत क्या है- **[CISF HCM 2023]**

(a) 12.5% (b) 20%
(c) 22.5% (d) 10%

19. एक दुकानदार अपने माल पर 18% छूट देकर बेचता है और फिर भी 30% लाभ कमाता है। यदि वह अंकित मूल्य पर 12% की छूट देकर अपना माल बेचता है, तो उसका लाभ प्रतिशत (2 दशमलव स्थानों तक सही) क्या होगा- **[SSC CGL 2023]**

(a) 42.62% (b) 35.45%
(c) 40.35% (d) 39.51%

20. एक रेडियो के अंकित मूल्य पर 25% की प्रारंभिक छूट देने के बाद, एक दुकानदार बट्टाकृत मूल्य पर 12% अतिरिक्त छूट देता है। यदि रेडियो का अंतिम विक्रय मूल्य रु.792 है तो इसका अंकित मूल्य (रु.में) क्या है- **[SSC CGL 2023]**

(a) 1980 (b) 2330
(c) 1320 (d) 1200

21. विक्रम एक पुस्तक के अंकित मूल्य पर दो क्रमागत बट्टे 20% और 10% देता है, जो रु.252 के एकल बट्टे के बराबर है। यदि पुस्तक का क्रय मूल्य रु.600 है तो उस पुस्तक पर विक्रय कितना लाभ अर्जित करेगा- **[SSC CHSL 2022]**

(a) रु.72 (b) रु.56
(c) रु.48 (d) रु.54

22. एक कम्प्यूटर का अंकित मूल्य रु.80000 है। यह दो क्रमिक छूटों के बाद रु.65200 में बेचा जाता है। यदि एक छूट 15 प्रतिशत है तो दूसरी छूट का मान क्या है- **[SSC CHSL 2022]**

(a) 7% (b) 5%
(c) 6% (d) 4%

23. एक कुर्सी का अंकित मूल्य उसके क्रय मूल्य से 30% अधिक है। यदि कुर्सी रु.40 की छूट के बाद रु.200 में बेची जाती है तो लाभ प्रतिशत क्या होगा- **[SSC CHSL 2022]**

(a) 8.34% (b) 7.28%
(c) 9.66% (d) 8.13%

24. x ने रु.750 प्रत्येक के अंकित मूल्य वाली 20 कमीजों का एक ऑर्डर दिया। दुकान ने 20 कमीजें खरीदने पर 20% छूट की पेशकश की। उन्होंने रु.500 की एक अतिरिक्त छूट भी अनुमन्य थी, क्योंकि भुगतान नकद में किया गया था। यदि प्रत्येक कमीज का विक्रय मूल्य समान है, तो प्रत्येक कमीज का अंतिम विक्रय मूल्य ज्ञात कीजिए- **[RRB Group D 2022]**

(a) रु.575 (b) रु.625
(c) रु.550 (d) रु.650

25. एक दुकानदार को 10% की छूट की घोषणा के बाद 25% लाभ प्राप्त करने के लिए रु.360 के लागत मूल्य वाली वस्तु का अंकितम मूल्य कितना तय करना चाहिए- **[RRB NTPC 2021]**

(a) रु.500 (b) रु.486
(c) रु.450 (d) रु.460

26. एक व्यापारी अपनी वस्तु का मूल्य क्रय मूल्य से 20% अधिक अंकित करता है। यदि वह 10% की छूट देता है, तो लाभ या हानि प्रतिशत कितना है- **[SSC CHSL 2022]**

(a) 8% का लाभ (b) 3.33% की हानि
(c) 6% की हानि (d) 5% का लाभ

27. एक पतलून और एक जैकेट का अंकित मूल्य 1 : 3 के अनुपात में है। दुकानदार पतलून पर 20% का बूटटा देता है। यदि उन दोनों पर दिया गया कुल बट्टा 30% है तो जैकेट पर कितने प्रतिशत बट्टा दिया था- **[SSC CHSL 2022]**

(a) 25.56% (b) 41.25%
(c) 33.33% (d) 16.66%

28. निखिल अपनी पत्नी के लिए हीरे की अंगूठी खरीदता है। हीरे की अंगूठी की अंकित कीमत में रु.20,000 और उसकी कीमत में दो क्रमागत बट्टे दिये जाते है जो क्रमशः 25% और x% है। यदि दोनों बट्टों के बाद उसे खरीदने के लिए रु.12,000 का भुगतान किया जाता है तो x का मान ज्ञात करें- **[SSC CHSL 2022]**

(a) 10% (b) 20%
(c) 35% (d) 40%

29. अंकित मूल्य का $\frac{2}{5}$ भाग विक्रय मूल्य के $\frac{5}{8}$ भाग के बराबर है। छूट प्रतिशत क्या है- **[SSC CHSL 2022]**

(a) 40% (b) 42%
(c) 36% (d) 50%

30. एक वस्तु का अंकित मूल्य उसके क्रय मूल्य से 20% अधिक है। दुकानदार अपनी वस्तु को बेचने के लिए अधिकतम कितने प्रतिशत छूट दे सकता है, जिससे उसे कोई हानि न हो- **[SSC CHSL 2022]**

(a) 16.66% (b) 12.56%
(c) 15.33% (d) 13.33%

31. एक एकल बट्टा ज्ञात कीजिए जो 20% और 10% के दो क्रमागत बट्टों के समतुल्य हो- **[BPSC Junior 2024]**

(a) 25% (b) 26%
(c) 28% (d) उपर्युक्त में से एक से अधिक
(e) उपर्युक्त में से कोई नहीं

32. अंकित मूल्य का 20% क्रय मूल्य के 50% के बराबर है। यदि कोई बट्टा नहीं दिया जाता है तो लाभ प्रतिशत क्या होगा- **[SSC CHSL 2022]**

(a) 125% (b) 120%
(c) 150% (d) 100%

33. एक कैलकुलेटर का अंकित मूल्य रु.1200 है। इसे 25% की छूट पर बेचा जाता है। यदि कैलकुलेटर का क्रय मूल्य रु.800 है तो लाभ का मान क्या है- **[SSC CHSL 2022]**

(a) रु.100 (b) रु.50
(c) रु.150 (d) रु.200

34. एक दुकानदार एक मेज को 20% के बट्टे पर बेचता है और 30% का लाभ अर्जित करता है। यदि वह इसी मेज को 10% की छूट पर बेचता है, तो उसका नया लाभ या हानि प्रतिशत क्या होगा- **[SSC CHSL 2022]**

(a) 32.5% का लाभ (b) 40.5% की हानि
(c) 46.25% का लाभ (d) 50.5% की हानि

35. एक दुकान में, 8% की छूट प्रदान की जाती है। यदि छूट के बाद भुगतान की जाने वाली कुल राशि रु.5,000 से अधिक है, तो 20% की अतिरिक्त छूट प्रदान की जाती है। एक ग्राहक प्रत्येक रु.750 के मूल्य के 12 उत्पाद खरीदता है, उसके द्वारा भुगतान की जाने वाली अंतिम राशि ज्ञात कीजिए- **[SSC CPO 2022]**

(a) रु.6,724 (b) रु.6,624
(c) रु.6,424 (d) रु.6,524

36. एक व्यक्ति अपने कपड़ों पर 15% की छूट प्रदान करता है, और वह उन ग्राहकों को घटी हुई कीमत पर 10% की और छूट प्रदान करता है जो नकद भुगतान करते है। रु.3,600 की जैकेट के लिए ग्राहक को कितना नकद भुगतान करना होगा- **[SSC CPO 2022]**

(a) रु.3,240 (b) रु.3,366
(c) रु.2,754 (d) रु.3,060

37. एक सुपरमार्केट में कुल क्रय मूल्य पर $5\frac{1}{2}\%$ छूट और रु. 10,000 से अधिक की बिक्री $\frac{1}{2}\%$ का बोनस अर्जित करता है तो कुल विक्रय मूल्य क्या है- **[SSC CPO 2022]**

(a) रु.14,000 (b) रु.16,000
(c) रु.34,000 (d) रु.24,000

38. एक निश्चित बिल पर 32% की छूट पर बिक्री मूल्य और 20% की दो लगातार छूट पर बिक्री मूल्य के बीच अंतर 25 रुपये है। बिल की वास्तविक राशि ज्ञात कीजिए- **[RRB Group D 2022]**

(a) रु.425 (b) रु.576
(c) रु.200 (d) रु.625

39. एक पुस्तक का अंकित मूल्य रु.900 है। एक व्यक्ति ने लगातार दो छूट प्राप्त करने के बाद उसे रु.693 में खरीदा, पहली छूट 12% थी। दूसरी छूट दर क्या थी- **[RRB Group D 2022]**

(a) 13.5% (b) 11.5%
(c) 14.5% (d) 12.5%

40. एक शोरूम में एक वॉशिंग मशीन का अंकित मूल्य रु.66,000 है। ग्राहक को रु.2,000 की नकद छूट मिलती है, और एक स्क्रैच कार्ड मिलता है जिससे 10% से 15% की छूट का वादा किया जाता है। वाशिंग मशीन के न्यूनतम और अधिकतम विक्रय मूल्य के बीच का अंतर कीजिए- **[SSC CPO 2022]**

(a) रु.3,150 (b) रु.3,570
(c) रु.3,200 (d) रु.3,650

41. एलिजाबेथ एक फर्नीचर स्टोर में गई और एक स्टडी टेबल खरीदी। उसे इसे पर 20% की छूट मिली। यदि उसे 25% की छूट मिलती तो वह रु.1,000 और बचा लेती है। स्टडी टेबल की अंकित मूल्य क्या थी- **[SSC CPO 2022]**

(a) रु.21,100 (b) रु.19,200
(c) रु.20,000 (d) रु.10,900

42. एक वस्तु का अंकित मूल्य रु.800 है। x% की दो लगातार छूट के बाद इसे रु.612.50 में बेचा जाता है। उसी अंकित मूल्य पर 2x% की एकल छूट दी जाती है, तो वस्तु का विक्रय मूल्य होगा- **[CRPF HCM (Tier-I) 2023]**

(a) रु.600 (b) रु.560
(c) रु.608 (d) रु.520

43. एक फुटकर विक्रेता ने अपनी वस्तु का मूल्य इस प्रकार अंकित किया कि उसमें 21% का लाभ शामिल हो। यदि वह अंकित मूल्य पर 12% की छूट देता है, तो उस वस्तु पर उसका वास्तविक लाभ कितना था- **[CRPF HCM (Tier-I) 2023]**

(a) 5.98% (b) 7.28%
(c) 8.18% (d) 6.48%

44. एक वस्तु का अंकित मूल्य रु.20000 है। वस्तु को लगातार तीन छूट के बाद रु.10166 में बेचा जाता है। दूसरी और तीसरी क्रमिक दर का मूल्य क्रमशः 35% और 15% है। पहली दर का मूल्य क्या है- **[CRPF HCM (Tier-I) 2023]**

(a) 6% (b) 9%
(c) 8% (d) 15%

45. एक ड्रेस को रु.432 में बेचने पर एक विक्रेता को 20% का लाभ होता है। उसे ड्रेस पर किस कीमत (रु. में) का निशान लगाना चाहिए, ताकि 10% की छूट देने के बाद भी वह 30% का लाभ कमा सके- **[CRPF HCM (Tier-I) 2023]**

(a) 468 (b) 486
(c) 502 (d) 520

46. एक डीलर एक वस्तु के अंकित मूल्य पर 35% की छूट प्रदान करता है और फिर भी 30% का लाभ प्राप्त करता है। यदि लागत में 25% की वृद्धि होती है तो उसे उसी अंकित मूल्य पर अब कितना छूट प्रतिशत देना चाहिए ताकि नई लागत पर 24% लाभ अर्जित किया जा सके- **[ICAR Assitt. 2022]**

(a) 10% (b) 20.5%
(c) 25% (d) 22.5%

47. एक वस्तु का अंकित मूल्य x रुपये है। एक दुकानदार इसे 15% और 10% की दो क्रमागत छूट देकर बेचता है। यदि भुगतान क्रेडिट कार्ड द्वारा किया जाता है, तो अतिरिक्त 5% छूट की भी अनुमति है। एक ग्राहक इसे क्रेडिट कार्ड से रु.697.68 में खरीदता है। x का मूल्य क्या है- **[ICAR Assitt. 2022]**

(a) 960 (b) 980
(c) 920 (d) 950

48. एक दुकानदार अंकित मूल्य पर 12% की छूट देने के बाद, प्रत्येक रु. 264 के खिलौने बेचता है। यदि उसने कोई छूट नहीं दी होती, तो उसे 20% का लाभ होता। यदि किसी खिलौने के क्रय मूल्य में 20% की कमी की जाती है, और वह अभी भी पहले की तरह लाभ का प्रतिशत अर्जित करना चाहता है, तो उसे किस दाम में बेचना चाहिए- **[ICAR Technician 2022]**

(a) रु.255 (b) रु.240
(c) रु.250 (d) रु.235

49. व्यापारी A नकद खरीदे के लिए अंकित मूल्य पर 25% की छूट प्रदान करता है। व्यापारी B उसी वस्तु, जिस पर व्यापारी A की वस्तु के बराबर ही मूल्य अंकित है, पर 20% की व्यापारिक छूट और 4% की नकद छूट प्रदान करता हैं यदि व्यापारी A द्वारा दी गई छूट, व्यापारी B द्वारा दी गई छूट से रु.360 अधिक है, तो वस्तु का अंकित मूल्य (रु. में) क्या है- **[Delhi Police 2023]**

(a) 30,000 (b) 18,000
(c) 20,000 (d) 19,000

50. किसी वस्तु का अंकित मूल्य उसके क्रय मूल्य का 9/8 है। 3% का लाभ अर्जित करने के लिए कितने प्रतिशत की छूट दी जानी चाहिए- **[Delhi Police 2023]**

(a) 7.44% (b) 6.44%
(c) 8.44% (d) 5.44%

51. एक वस्तु का मूल्य उस पर अंकित किया जाता है जो 20% का लाभ देता है। एक निश्चित छूट देने के बाद लाभ घटकर 10% रह जाता है। छूट प्रतिशत .... है- **[Delhi Police 2023]**

(a) $7\frac{1}{3}\%$ (b) $8\frac{2}{3}\%$
(c) $8\frac{1}{3}\%$ (d) $7\frac{2}{3}\%$

52. एक कुर्सी का अंतिम मूल्य रु.1,200 था। वह कीमत इसके क्रय मूल्य से 20% अधिक थी। यदि कुर्सी को अंकित मूल्य पर 5% की छूट पर बेचा गया, तो लाभ प्रतिशत ज्ञात कीजिए- **[Delhi Police 2023]**

(a) 12% (b) 11%
(c) 14% (d) 16%

53. यदि कोई वस्तु अंकित मूल्य से 30% छूट पर बेची जाती है, तो उसे 20% की हानि होती है। अंकित मूल्य पर कितने प्रतिशत छूट देने पर भी यह हानि रहित सौदा होगा- **[IB ACIO 2020]**

(a) 12.5 (b) 10.5%
(c) 15% (d) 20%

54. एक व्यापारी एक वस्तु के अंकित मूल्य पर 5% की छूट देता है और 14 वस्तुएं खरीदने पर 2 वस्तुएं मुफ्त देता है और पूरे लेन देन में 33% का लाभ अर्जित करता है। यह मानते हुए कि एक ग्राहक 14 वस्तुओं के लिए भुगतान करता है, एक वस्तु का अंकित मूल्य, उसके क्रय मूल्य से कितने प्रतिशत अधिक है- **[RRB Group D 2022]**

(a) 48% (b) 50%
(c) 55% (d) 60%

55. गृह सज्जा की दुकान पर प्रत्येक वस्तु पर वास्तविक लागत मूल्य से 30% सज्जा अंकित किया गया। मालिक प्रत्येक वस्तु के अंकित मूल्य पर 10% की छूट प्रदान करता है। यदि एक सोफा सेट रु. 23,400 में बेचा जाता है। उसने कितना लाभ कमाया है- **[RRB NTPC 2021]**

(a) रु.3,400 (b) रु.3,978
(c) रु.18,000 (d) रु.70,450

56. एक सेल्समैन एक लैपटॉप की लेबल मूल्य पर 25% की प्रारम्भिक छूट देने के बाद 20% अतिरिक्त छूट प्रदान करता है। यदि लैपटॉप का अंतिम बिक्री मूल्य रु.18,000 है तो इसकी लेबल मूल्य क्या थी- **[RRB NTPC 2021]**

(a) रु.40,000 (b) रु.28,000
(c) रु.35,000 (d) रु.30,000

57. यदि रु.36 के विक्रय मूल्य के परिणामस्वरूप सूची मूल्य पर 10% की छूट मिलती है, तो सूची मूल्य पर 20% की छूट के परिणामस्वरूप किस विक्रय मूल्य का परिणाम होगा- **[RRB NTPC 2021]**

(a) रु.36 (b) रु.50
(c) रु.32 (d) रु.60

58. एक पुस्तक का अंकित मूल्य रु.1000 है और एक पुस्तक विक्रेता इस पर 10% की छूट देता है। यदि वह फिर भी 20% लाभ अर्जित करता है तो पुस्तक की कीमत क्या होगी (रुपये में) **[RRB Constable 2019]**

(a) 740 (b) 750
(c) 760 (d) 770

59. एक दुकानदार किसी वस्तु का अंकित मूल्य उसके क्रय मूल्य से 34% बढ़ाकर अंकित करता है फिर उसकी बिक्री पर 34% की छूट प्रदान करता है तो उसे होने वाले कुल प्रतिशत लाभ अथवा हानि को ज्ञात कीजिए- **[RPF S.I. 2018]**

(a) 11.56% (b) 10.24%
(c) 9.84% (d) 12.64%

60. यदि विक्रय मूल्य रु.1680 हो, तो 16% की हानि होती है। यदि 8% की छूट देने के बाद भी 15% का लाभ होता हो, तो उत्पाद का अंकित मूल्य कितना होना चाहिए- **[RRB JE 2019]**

(a) रु.2000 (b) रु.2500
(c) रु.2600 (d) रु.2200

61. एक वस्तु के अंकित मूल्य पर क्रमशः 24% और 34% की दो क्रमिक छूटें रु.1246 की एकल छूट के बराबर है, तो वस्तु का अंकित मूल्य (रुपये में) क्या है–

[DSSSB Assitt. Grade 2024]

(a) रु.1500 (b) रु.2800
(c) रु.1800 (d) रु.2500

62. एक वस्तु के अंकित मूल्य पर क्रमशः 35% और 20% की दो क्रमिक छूटें रु.1620 की एकल छूट के बराबर है। वस्तु का अंकित मूल्य (रु. में) ज्ञात करें–

[DSSSB Assitt. Grade 2024]

(a) रु.2265 (b) रु.3375
(c) रु.2850 (d) रु.3070

63. किसी वस्तु के अंकित मूल्य पर 9% की छूट देने के बाद इसे रु. 1820 में बेचा जाता है। इसका अंकित मूल्य ज्ञात कीजिए–

[DSSSB Assitt. Grade 2024]

(a) रु.2000 (b) रु.2410
(c) रु.2180 (d) रु.2360

64. एक वस्तु के क्रय मूल्य रु.900 पर 20%, 30% और 40% क्रमिक छूट मिलती है। छूट के बाद वस्तु की कीमत है–

[BPSC Junior 2024]

(a) 300 (b) 810
(c) 302.4 (d) उपर्युक्त में से एक से अधिक
(e) उपर्युक्त में से कोई नहीं

65. पेन के एक सेट की चिन्हित कीमत पर 15% की छूट के बाद, यह अभी भी खरीदार को रु.1,751 है। पेन सेट की चिन्हित कीमत क्या थी–

[UPP Constable 2019]

(a) रु.2,025 (b) रु.2,000
(c) रु.2,060 (d) रु.1,989

66. एक स्मार्ट टीवी को रु.155000 में खरीदा गया था। इसके अंकित मूल्य में 35% की वृद्धि की गई। यह अंकित मूल्य पर 20% की छूट पर बेचा गया। स्मार्ट टीवी पर लाभ प्रतिशत क्या था–

[UPSI 2021]

(a) 8% (b) 6%
(c) 4% (d) 2%

67. एक व्यापार अपने माल की कीमत को इस प्रकार से अंकित करता है कि 25% की छूट देने के बाद भी वह 40% का लाभ कमाता है। उस वस्तु का अंकित मूल्य क्या है, जिसका क्रय मूल्य रु.18600 है। (रु. में)

[UPSI 2021]

(a) 32720 (b) 33720
(c) 31720 (d) 34720

ANSWER

1	(a)	2	(b)	3	(a)	4	(b)	5	(c)	6	(d)	7	(a)	8	(a)	9	(a)	10	(d)
11	(a)	12	(d)	13	(b)	14	(b)	15	(b)	16	(b)	17	(a)	18	(a)	19	(d)	20	(d)
21	(c)	22	(d)	23	(a)	24	(a)	25	(a)	26	(a)	27	(c)	28	(b)	29	(c)	30	(a)
31	(c)	32	(c)	33	(a)	34	(c)	35	(b)	36	(c)	37	(c)	38	(d)	39	(d)	40	(a)
41	(c)	42	(a)	43	(d)	44	(c)	45	(d)	46	(d)	47	(a)	48	(d)	49	(c)	50	(c)
51	(c)	52	(c)	53	(a)	54	(d)	55	(a)	56	(d)	57	(c)	58	(b)	59	(a)	60	(b)
61	(d)	62	(b)	63	(a)	64	(c)	65	(c)	66	(a)	67	(d)						

CHAPTER 09

साधारण ब्याज (Simple Interest)

- **मूलधन (Principal) :** जिस धनराशि को ब्याज प्राप्त करने के लिए जमा किया जाता है या उधार दिया जाता है, मूलधन कहलाता है। **अथवा** जिस धनराशि पर ब्याज प्राप्त होता है उसे मूलधन कहते है।
- **मिश्रधन (Amount) :** मूलधन तथा उस पर प्राप्त ब्याज के योग को मिश्रधन कहते है।

$$\text{मिश्रधन} = \text{मूलधन} + \text{साधारण ब्याज}$$

- **ब्याज दर (Interest Rate) :** 100 रुपये की राशि पर एक वर्ष में प्राप्त ब्याज ही ब्याज दर कहलाती है।

$$\text{साधारण ब्याज} = \frac{\text{मूलधन} \times \text{समय} \times \text{दर}}{100}$$

- विभिन्न समय के लिए विभिन्न ब्याज की दर हो तो

$$\text{साधारण ब्याज} = \frac{P\left(R_1T_1 + R_2T_2 + R_3T_3\right)}{100}$$

- यदि कोई धनराशि साधारण ब्याज की दर पर 'T' वर्षों में खुद का '*n*' गुना हो जाता है, तो वार्षिक ब्याज की दर होगी।

$$\text{ब्याज दर} = \left[\frac{(n-1)}{T} \times 100\right]\%$$

इसी प्रकार, समय ज्ञात करने के लिए- $\text{समय} = \frac{(n-1)}{R} \times 100$

- यदि कोई धनराशि R_1% वार्षिक की साधारण ब्याज दर से खुद का n_1 गुना हो जाता है तथा R_2% वार्षिक दर से खुद का n_2 गुना हो जाता है, तो

$$\frac{R_2}{R_1} = \frac{(n_2 - 1)}{(n_1 - 1)} \quad \text{तथा} \quad \frac{T_2}{T_1} = \frac{(n_2 - 1)}{(n_1 - 1)}$$

- यदि कोई धनराशि 't' वर्षों में A हो जाती है और फिर यह राशि अगले 't' वर्षों में B हो जाती है तो

$$\text{मूलधन} = \frac{(B - A) \times 100}{(\text{ब्याज दरों में अन्तर}) \times (\text{समय})}$$

- यदि कोई धनराशि साधारण ब्याज दर पर 't_1' वर्षों में A और 't_2' वर्षों में B हो जाती है तो

$$\text{ब्याज दर} = \frac{(B - A) \times 100}{(A \times t_2 - B \times t_1)}$$

$$\text{मूलधन} = \frac{(A \times t_2 - B \times t_1)}{(t_2 - t_1)}$$

- यदि मूल राशि पर प्राप्त साधारण ब्याज मूल राशि का $\frac{x}{y}$ है और ब्याज की दर और समय बराबर है तो

$$\text{समय} = \text{दर} = \sqrt{\frac{x}{y} \times 100}$$

- कोई धनराशि P_1 साधारण ब्याज की दर R_1 से T_1 समय के लिए जमा की जाती है तथा एक दूसरी राशि P_2 साधारण ब्याज की दर R_2 से T_2 समय के लिए जमा की जाती है तो दोनों के साधारण ब्याज का अंतर होगा–

$$\text{Difference of S.I.} = \frac{P_2R_2T_2 - P_1R_1T_1}{100}$$

- यदि किसी मूलधन P को तीन भागों में P_1, P_2 और P_3 में बाँटकर r_1%, r_2% तथा r_3% की दर से t_1, t_2 तथा t_3 वर्षों के लिए साधारण ब्याज पर दिया जाता है।

(a) जब तीनों भागों से प्राप्त साधारण ब्याज समान हो तो

$$P_1 : P_2 : P_3 = \frac{1}{r_1t_1} : \frac{1}{r_2t_2} : \frac{1}{r_3t_3}$$

(b) जब तीनों भागों से प्राप्त मिश्रधन समान हो तो

$$P_1 : P_2 : P_3 = \frac{1}{100 + r_1t_1} : \frac{1}{100 + r_2t_2} : \frac{1}{100 + r_3t_3}$$

- एक धनराशि समान किश्तों में चुकायी जाए तो

$$\text{समान किश्त} = \frac{A \times 200}{T[200 + (T-1)R]}$$

T = वर्षों की संख्या, A = मिश्रधन, R = ब्याज दर

ब्याज पर आधारित प्रश्न

1. ₹2000 की धनराशि पर 5% वार्षिक ब्याज दर पर 2 वर्ष का साधारण ब्याज ज्ञात करे।

(a) ₹500 (b) ₹100
(c) ₹400 (d) ₹200

Sol. (d) $\therefore$ साधारण ब्याज $= \frac{P \times R \times T}{100}$

$$= \frac{2000 \times 5 \times 2}{100} = ₹200$$

अतः साधारण ब्याज = ₹200 **Ans.**

2. एक बैंक किसी व्यापारी को ₹12,50,000 की धनराशि 5 वर्षों के लिए 5% की वार्षिक ब्याज पर ऋण देता है। यहाँ कुल देय साधारण ब्याज कितना है?

(a) ₹4,20,250 (b) ₹3,12,500
(c) ₹2,25,400 (d) ₹2,40,600

Sol. (b) $\therefore$ साधारण ब्याज $= \frac{1250000 \times 5 \times 5}{100} = ₹3,12,500$

अतः कुल देय साधारण ब्याज = ₹3,12,500 **Ans.**

3. 6 वर्षों में ₹500 पर 5% प्रतिवर्ष की दर पर साधारण ब्याज क्या होगा?

(a) ₹250 (b) ₹150
(c) ₹140 (d) ₹120

Sol. (b) $\therefore$ साधारण ब्याज $= \frac{500 \times 5 \times 6}{100} = ₹150$

अतः साधारण ब्याज = ₹150 **Ans.**

4. ₹99000 की राशि पर 9 महीने की अवधि के लिए 12.5% प्रतिवर्ष की दर से साधारण ब्याज क्या है?

(a) ₹9282.25 (b) ₹8281.25
(c) ₹7281.25 (d) ₹9281.25

Sol. (d) समय = 9 महीना $= \frac{9}{12}$ वर्ष $= \frac{3}{4}$ वर्ष

$\therefore$ साधारण ब्याज $= \frac{99000 \times 3 \times 12.5}{4 \times 100}$

= ₹9281.25

अतः साधारण ब्याज = ₹9281.25 **Ans.**

5. ₹74000 पर $18\frac{2}{3}\%$ प्रतिवर्ष की दर से 8 माह का साधारण ब्याज ज्ञात करे।

(a) ₹9486.32 (b) ₹8956.74
(c) ₹8458.96 (d) ₹9208.88

Sol. (d) दर $= 18\frac{2}{3}\% = \frac{56}{3}\%$

समय = 8 माह $= \frac{8}{12}$ वर्ष $= \frac{2}{3}$ वर्ष

$\therefore$ साधारण ब्याज $= \frac{74000 \times 56 \times 2}{100 \times 3 \times 3} = ₹9208.88$

अतः साधारण ब्याज = ₹9208.88 **Ans.**

6. ₹35000 की राशि पर $\frac{18}{7}\%$ की दर से 9 माह का साधारण ब्याज ज्ञात करे।

(a) ₹675 (b) ₹600
(c) ₹875 (d) ₹700

Sol. (a) दर $= \frac{18}{7}\%$, समय = 9 माह $= \frac{9}{12}$ वर्ष

साधारण ब्याज $= \frac{35000 \times 18 \times 9}{100 \times 7 \times 12} = ₹675$

अतः साधारण ब्याज = ₹675 **Ans.**

7. ₹8000 पर 1 पैसे प्रति रुपये प्रतिमाह की दर से 6 साल के लिए साधारण ब्याज (रुपये में) क्या है?

(a) 5760 (b) 3875
(c) 6750 (d) 2875

Sol. (a) दर = 1 पैसे प्रतिमाह = 12 पैसे प्रतिवर्ष

साधारण ब्याज $= \frac{8000 \times 12 \times 6}{100}$

= ₹5760 **Ans.**

मूलधन पर आधारित प्रश्न

8. 10% वार्षिक दर पर 10 वर्ष के लिए उधार ली गयी किसी धनराशि पर प्राप्त साधारण ब्याज ₹10 है। उधार ली गयी धनराशि ज्ञात करे।

(a) ₹10 (b) ₹100
(c) ₹1000 (d) ₹10000

Sol. (a) दर = 10%, समय = 10 वर्ष, साधारण ब्याज = ₹10

$\therefore$ मूलधन $= \frac{\text{ब्याज} \times 100}{\text{दर} \times \text{समय}}$

$$= \frac{10 \times 100}{10 \times 10} = ₹10$$

अतः मूलधन = ₹10 **Ans.**

9. एक राशि 5% प्रतिवर्ष के साधारण ब्याज पर 2 वर्ष बाद ₹26,400 हो जाती है तो राशि ज्ञात करे।

(a) ₹2400 (b) ₹29040
(c) ₹24000 (d) ₹2640

Sol. (c) दर = 5%, समय = 2 वर्ष,

साधारण ब्याज = मिश्रधन (A) – मूलधन (P)

$$\therefore \quad \text{साधारण ब्याज} = \frac{\text{मूलधन} \times \text{समय} \times \text{दर}}{100}$$

$$\text{मिश्रधन} - \text{मूलधन} = \frac{\text{मूलधन} \times \text{समय} \times \text{दर}}{100}$$

$$26400 - P = \frac{P \times 2 \times 5}{100}$$

$$264000 = 11P$$

$$\therefore \quad P = ₹24000$$

अतः मूलधन = ₹24000 **Ans.**

10. हरि ने वार्षिक ब्याज 10% की दर पर एक निश्चित राशि ₹x का निवेश किया है। यदि निवेश साधारण ब्याज देता है और 4 वर्ष के अंत में प्राप्त कुल राशि ₹21,000 है, तो x का मान ज्ञात करे।

(a) ₹12600 (b) ₹13400
(c) ₹14200 (d) ₹15000

Sol. (d) साधारण ब्याज = 10% × 4 = 40%

मूलधन = 100%

∴ मूलधन + ब्याज = मिश्रधन

100% + 40% = 21000

140% = 21000

1% = 150

∴ 100% = 15000

अतः निवेशित राशि (x) = ₹15000 **Ans.**

11. श्री जोजो ने 5% के वार्षिक साधारण ब्याज पर एक राशि का निवेश किया। 8 वर्षों के अंत में निवेश की गयी राशि और अर्जित ब्याज ₹1400 है तो निवेशित राशि ज्ञात करे।

(a) ₹1000 (b) ₹1200
(c) ₹900 (d) ₹850

Sol. (a) साधारण ब्याज = 5% × 8 = 40%

मूलधन = 100%

मूलधन + ब्याज = मिश्रधन

100% + 40% = 1400

1% = 10

∴ 100% = 1000

अतः निवेशित धनराशि = ₹1000 **Ans.**

12. यदि चार वर्षों में 8% ब्याज दर से वर्तमान मिश्रधन ₹87,750 है तो मूलधन कितना था?

(a) ₹78456.34 (b) ₹66477.2
(c) ₹56896.98 (d) ₹69345.6

Sol. (b) साधारण ब्याज = 8% × 4 = 32%

मूलधन = 100%

मूलधन + ब्याज = मिश्रधन

100% + 32% = 87750

1% = 664.772

∴ 100% = 66477.2

अतः मूलधन = ₹66477.2 **Ans.**

13. एक व्यक्ति ने 11% प्रति वर्ष साधारण ब्याज की दर से एक बैंक से ऋण लिया। तीन वर्ष बाद, उन्हें केवल अवधि के लिए ₹9570 का ब्याज देना पड़ा। उसके द्वारा उधार ली गयी राशि ज्ञात करे।

(a) ₹27,685 (b) ₹26,545
(c) ₹25,000 (d) ₹29,000

Sol. (d)
$$\text{ब्याज} = \frac{\text{मूलधन} \times \text{दर} \times \text{समय}}{100}$$

$$9570 = \frac{\text{मूलधन} \times 11 \times 3}{100}$$

$$\therefore \quad \text{मूलधन} = ₹29000$$

अतः उधार ली गई राशि = ₹29000 **Ans.**

14. किसी राशि पर 7% प्रतिवर्ष की दर से 5 वर्षों के लिए साधारण ब्याज ₹700 है, तो मूलधन ज्ञात करे।

(a) ₹1800 (b) ₹1600
(c) ₹2000 (d) ₹2100

Sol. (c)
$$\text{मूलधन} = \frac{700 \times 100}{7 \times 5} = ₹2000$$

अतः मूलधन = ₹2000 **Ans.**

ब्याज दर पर आधारित प्रश्न

15. ₹480 साधारण ब्याज पर निवेश किए गए। यह राशि 20 महीने बाद ₹520 हो गयी। प्रतिवर्ष ब्याज की दर ज्ञात करे।

(a) 4% (b) 5%
(c) 6% (d) 8%

Sol. (b)
$$\text{समय} = 20 \text{ महीने} = \frac{20}{12} \text{ वर्ष}$$

साधारण ब्याज = (520 – 480) = 40

$$\text{दर\%} = \frac{\text{ब्याज} \times 100}{\text{मूलधन} \times \text{समय}}$$

$$= \frac{40 \times 100}{480 \times \frac{20}{12}} = 5\%$$

अतः दर% = 5% **Ans.**

16. यदि मूलधन और 5 वर्षों के साधारण ब्याज में 10 : 7 का अनुपात है, तो ब्याज की दर (प्रतिवर्ष) ज्ञात करे।

(a) 15% (b) 20%
(c) 10% (d) 14%

Sol. (d) माना कि मूलधन $= 10x$

साधारण ब्याज $= 7x$

समय = 5 वर्ष

$\therefore$ दर% $= \dfrac{7x \times 100}{10x \times 5} = 14\%$

अतः दर% = 14% **Ans.**

17. यदि 9 वर्ष का साधारण ब्याज मूलधन के 45% के बराबर है तो प्रतिवर्ष ब्याज की दर बराबर होगी।

(a) 5% (b) 6%
(c) 8% (d) 9%

Sol. (a) माना कि मूलधन = ₹100

$\therefore$ साधारण ब्याज = 45

$\therefore$ दर% $= \dfrac{45 \times 100}{100 \times 9} = 5\%$

अतः दर% = 5% **Ans.**

18. एक व्यक्ति ने 7 वर्षों के लिए साधारण ब्याज की एक निश्चित दर पर ₹12000 निवेश किये तथा उसे ₹20400 का मिश्रधन प्राप्त हुआ। उपरोक्त मिश्रधन प्राप्त करने के लिए ब्याज की दर कितनी थी–

(a) 7% (b) 8%
(c) 9% (d) 10%

Sol. (d) साधारण ब्याज = 20400 – 12000 = ₹8400

$\therefore$ दर% $= \dfrac{8400 \times 100}{12000 \times 7} = 10\%$

अतः दर% = 10% **Ans.**

19. साधारण ब्याज की किस दर से 5 वर्षों में ₹4500 की राशि ₹6525 का मिश्रधन देगी–

(a) 8% (b) 9%
(c) 10% (d) 12%

Sol. (b) साधारण ब्याज = (6525 – 4500) = ₹2025

$\therefore$ दर% $= \dfrac{2025 \times 100}{4500 \times 5} = 9\%$

अतः दर% = 9% **Ans.**

20. साधारण ब्याज पर निवेश की गयी ₹800 की एक राशि 8 वर्षों में ₹1200 बन जाती है। इसी ब्याज दर से इस राशि पर 6 वर्षों का साधारण ब्याज कितना होगा–

(a) ₹210 (b) ₹240
(c) ₹250 (d) ₹300

Sol. (d) साधारण ब्याज = (1200 – 800) = ₹400

$\therefore$ दर% $= \dfrac{400 \times 100}{800 \times 8} = 6.25\%$

अब 6 वर्षों में प्राप्त ब्याज $= \dfrac{800 \times 6.25 \times 6}{100}$ = ₹300

अतः 6 वर्ष का साधारण ब्याज = ₹300 **Ans.**

21. रीना ने साधारण ब्याज पर ब्याज दर जितने ही वर्षों के लिए ₹1800 का ऋण लिया। यदि उसने ऋण अवधि के अंत में ब्याज के रूप में ₹1152 का भुगतान किया है, तो ब्याज दर क्या थी?

(a) 12% (b) 8%
(c) 9% (d) 6%

Sol. (b) माना कि रीना ने R% पर T समय के लिए ऋण लिया।
प्रश्नानुसार,

T = R

$\therefore$ ब्याज $= \dfrac{\text{मूलधन} \times \text{समय} \times \text{दर}}{100}$

$1152 = \dfrac{1800 \times R \times R}{100}$

$R^2 = 64$

$\therefore$ R = 8%

अतः ब्याज की दर = 8% **Ans.**

22. यदि मूलधन और 5 वर्षों का ब्याज का अनुपात 10 : 3 है, तो ब्याज की दर क्या है–

(a) 6% (b) 8%
(c) 3% (d) 5%

Sol. (a) मूलधन : 5 वर्षों का ब्याज = 10 : 3

$\therefore$ दर $= \dfrac{3 \times 100}{10 \times 5} = 6\%$ **Ans.**

समय पर आधारित प्रश्न

23. मोहन ने ₹18000 की राशि उधार ली और 10% वार्षिक दर पर ₹2700 के साधारण ब्याज का भुगतान किया। वह अवधि ज्ञात कीजिए, जिसके दौरान उसने उधार ली राशि अपने पास रखी।

(a) 3 वर्ष (b) 1.5 वर्ष
(c) $\dfrac{3}{20}$ वर्ष (d) $\dfrac{2}{3}$ वर्ष

Sol. (b) समय $= \dfrac{\text{ब्याज} \times 100}{\text{मूलधन} \times \text{दर}} = \dfrac{2700 \times 100}{18000 \times 10} = 1.5$ वर्ष

अतः उधार की अवधि = 1.5 वर्ष **Ans.**

24. साधारण ब्याज की 6% वार्षिक दर पर निवेशित एक धनराशि को अपने मूल्य में 50% की वृद्धि करने के लिए कितना समय लगेगा–

(a) 3 वर्ष (b) 8 वर्ष

(c) $8\frac{1}{3}$ वर्ष (d) $3\frac{1}{8}$ वर्ष

Sol. (c) माना कि मूलधन = 100

∴ 50% वृद्धि पर मिश्रधन = 150

∴ साधारण ब्याज = (150 – 100) = ₹50

$$\text{समय} = \frac{50\times100}{100\times6} = 8\frac{1}{3}\text{ वर्ष}$$

अतः 50% वृद्धि के लिए समय = $8\frac{1}{3}$ वर्ष **Ans.**

25. कितने समय में ₹5000 की राशि 15% साधारण ब्याज की दर से निवेश की गई राशि ₹6500 हो जाएगी।

(a) 2.5 वर्ष (b) 1 वर्ष

(c) 1.5 वर्ष (d) 2 वर्ष

Sol. (d) साधारण ब्याज = ₹(6500 – 5000) = ₹1500

$$\therefore \text{समय} = \frac{1500\times100}{5000\times15} = 2\text{ वर्ष}$$ **Ans.**

26. किसी राशि पर कुछ निश्चित वर्ष, जिनकी संख्या ब्याज के दर प्रतिशत के बराबर है, का साधारण ब्याज स्वयं की राशि के बराबर है तो वर्षों की संख्या ज्ञात करे।

(a) 1 वर्ष (b) 5 वर्ष

(c) 8 वर्ष (d) 10 वर्ष

Sol. (d) समय = दर% = t

साधारण ब्याज = मूलधन = P

$$\therefore \text{समय (t)} = \frac{P\times100}{P\times\text{दर (T)}}$$

$$T^2 = 100$$

$$\therefore T = 10\text{ वर्ष}$$

अतः समय = 10 वर्ष **Ans.**

27. कितने समय में ₹5450 की राशि ₹8175 हो जाएगी। यदि 12.5% प्रतिवर्ष की दर से साधारण ब्याज पर निवेशित किया जाता है।

(a) 3 वर्ष (b) 4 वर्ष

(c) 5 वर्ष (d) 6 वर्ष

Sol. (b) साधारण ब्याज = ₹(8175 – 5450) = ₹2725

$$\therefore \text{समय} = \frac{2725\times100}{5450\times12.5} = 4\text{ वर्ष}$$

अतः समय = 4 वर्ष **Ans.**

28. ₹1500 की एक राशि x महीनों के लिए साधारण ब्याज पर निवेश की गयी। यदि ब्याज की दर $\frac{x}{8}\%$ है तो यह राशि बढ़कर ₹1590 हो जाती है तो x का मान ज्ञात करे।

(a) 3.2 वर्ष (b) 2.4 वर्ष

(c) 32 महीना (d) 24 महीना

Sol. (d) अर्जित ब्याज = (1590 – 1500) = ₹90

$$\text{साधारण ब्याज} = \frac{1500\times\frac{x}{12}\times\frac{x}{8}}{100}$$

$$90 = \frac{1500\times x^2}{100\times96}$$

$$\therefore x^2 = 576$$

x = 24 महीने **Ans.**

29. अंजलि को उसके पिताजी ने कोई धनराशि दी। कितने वर्षों में 6% साधारण ब्याज की दर से उस धन और उस पर मिलने वाले ब्याज का अनुपात 10 : 3 हो जाएगा–

(a) 7 वर्ष (b) 3 वर्ष

(c) 5 वर्ष (d) 4 वर्ष

Sol. (c) मूलधन : ब्याज = 10 : 3

$$\therefore \text{समय} = \frac{3\times100}{10\times6} = 5\text{ वर्ष}$$ **Ans.**

30. एक व्यक्ति अपने मित्र से 1 जनवरी, 2019 को ₹6000 इस शर्त पर उधार लेता है कि वह 6.25% की साधारण ब्याज की दर से ब्याज की राशि ₹75 होने पर उसे वापस कर देगा। उधारी अवधि की समाप्ति किस तिथि को होगी?

(a) 15 फरवरी, 2020 (b) 15 मार्च, 2019

(c) 20 अक्टूबर, 2019 (d) 14 फरवरी, 2019

Sol. (b) माना कि व्यक्ति अपने मित्र को T दिनों में राशि का भुगतान करेगा।

$$\therefore \text{साधारण ब्याज} = \frac{\text{मूलधन}\times\text{दर}\times\text{समय}}{100}$$

$$75 = \frac{6000\times6.25\times T}{100\times365}$$

$$\therefore T = 73\text{ दिन}$$

अतः 1 जनवरी, 2019 के 73 दिनों के बाद =

[30 दिन (जनवरी) + 28 दिन (फरवरी) + 15 दिन (मार्च)]

अतः 15 मार्च, 2019 को वह राशि का भुगतान करेंगे। **Ans.**

31. यदि किसी धनराशि पर 6 वर्ष का साधारण ब्याज मूलधन के 30% के बराबर हो, तो यह कितने समय बाद मूलधन के बराबर होगा-

(a) 20 वर्ष (b) 30 वर्ष
(c) 10 वर्ष (d) 22 वर्ष

Sol. (a) माना कि मूलधन = ₹100

$$\therefore \quad \text{ब्याज} = 100 \times \frac{30}{100} = 30$$

$$\therefore \quad r = \frac{30 \times 100}{100 \times 6} = 5\%$$

प्रश्नानुसार,

$$\text{ब्याज} = \text{मूलधन}$$

$$\text{साधारण ब्याज} = \frac{\text{मूलधन} \times \text{समय} \times \text{दर}}{100}$$

$$100 = \frac{100 \times T \times 5}{100}$$

$$\therefore \quad T = 20 \text{ वर्ष}$$

अतः मूलधन के बराबर ब्याज होने के लिए समय 20 वर्ष है।

मिश्रधन पर आधारित प्रश्न

32. यदि ₹1000 को 12.5% प्रतिवर्ष की दर से साधारण ब्याज पर दो वर्ष के लिए निवेश किया गया है, तो मिश्रधन कितना है?

(a) ₹1000 (b) ₹2000
(c) ₹1500 (d) ₹1250

Sol. (d)

$$\text{ब्याज} = \frac{1000 \times 12.5 \times 2}{100} = ₹250$$

$$\therefore \quad \text{मिश्रधन} = \text{मूलधन} + \text{ब्याज}$$

$$= 1000 + 250$$

$$= ₹1250$$

अतः मिश्रधन = ₹1250 **Ans.**

33. एक व्यक्ति एक बैंक में ₹8000 जमा करता है, जो 8% प्रतिवर्ष साधारण ब्याज देता है। 8 वर्ष बाद मिश्रधन क्या होगा?

(a) ₹12600 (b) ₹10784
(c) ₹13120 (d) ₹12545

Sol. (c)

$$\text{मिश्रधन} = \text{मूलधन} + \text{साधारण ब्याज}$$

$$= 8000 + \frac{8000 \times 8 \times 8}{100}$$

$$= 8000 + 5120 = ₹13120$$

अतः मिश्रधन = ₹13120 **Ans.**

34. 10% प्रतिवर्ष की दर से किसी निश्चित राशि पर दो वर्षों का साधारण ब्याज ₹1000 है। इन दो वर्षों के बाद मिश्रधन ज्ञात करे।

(a) ₹6500 (b) ₹6000
(c) ₹7000 (d) ₹5500

Sol. (b)

$$\text{ब्याज} = \frac{\text{मूलधन} \times \text{दर} \times \text{समय}}{100}$$

$$1000 = \frac{\text{मूलधन} \times 10 \times 2}{100}$$

$$\text{मूलधन} = ₹5000$$

$$\therefore \quad \text{मिश्रधन} = (5000 + 1000) = ₹6000$$

अतः मिश्रधन = ₹6000 **Ans.**

35. ₹2000 की एक राशि 10% साधारण ब्याज प्रतिवर्ष की दर से तीन वर्षों के लिए निवेश की जाती है तो मिश्रधन ज्ञात करे।

(a) ₹2900 (b) ₹2600
(c) ₹2300 (d) ₹2500

Sol. (b)

$$\text{मिश्रधन} = 2000 + \frac{2000 \times 10 \times 3}{100}$$

$$= 2000 + 600 = ₹2600$$

अतः मिश्रधन = ₹2600 **Ans.**

36. रमेश ने 13% प्रतिवर्ष साधारण ब्याज की दर से ₹12000 उधार लिए। रमेश उधार चुकता करने के लिए 5 वर्षों में कितनी राशि का भुगतान करेगा-

(a) ₹18800 (b) ₹20000
(c) ₹19800 (d) ₹18600

Sol. (c)

$$\text{मिश्रधन} = 12000 + \frac{12000 \times 13 \times 5}{100}$$

$$= 12000 + 7800 = ₹19800$$

अतः उधार चुकता करने के लिए ₹19800 देना होगा। **Ans.**

37. A अपने दोस्त B से ₹2000, 31 दिसंबर 2011 को इस शर्त पर उधार लेता है कि वह एक साल बाद साधारण ब्याज के साथ 8% प्रतिवर्ष के हिसाब से लौटाएगा। A, 1 जुलाई 2012 को धन वापस करने की स्थिति में आ जाता है तो उसे B को कितनी राशि वापस करनी होगी-

(a) ₹2200 (b) ₹2080
(c) ₹2088 (d) ₹2070

Sol. (b) मूलधन = ₹2000, समय = 6 माह, दर = 8%

$$\therefore \quad \text{मिश्रधन} = 2000 + \frac{2000 \times 6 \times 8}{100 \times 12}$$

$$= 2000 + 80 = ₹2080$$

B द्वारा A को वापस की गयी राशि = ₹2080 **Ans.**

38. A ने अपने मित्र B से ₹1000 की राशि 31 दिसम्बर, 2015 को इस शर्त पर उधार ली कि वह इसे 1 वर्ष बाद 12% साधारण ब्याज के साथ लौटा देगा। हालांकि A, 1 मई 2016 को ही यह राशि लौटाने की स्थिति में आ गया। वह B को कितनी राशि वापस करेगा-

(a) ₹133.5 (b) ₹1045
(c) ₹1120 (d) ₹1040

Sol. **(d)** मिश्रधन $= 1000 + \frac{1000 \times 12 \times 4}{100 \times 12}$

$= 1000 + 40 = ₹1040$

अतः A, B को कुल ₹1040 वापस करेगा। **Ans.**

39. किसी निश्चित राशि पर, $6\frac{3}{4}\%$ की दर से $4\frac{2}{3}$ वर्ष में प्राप्त साधारण ब्याज ₹8820 है। समान राशि पर, $8\frac{1}{3}\%$ साधारण ब्याज की दर से $7\frac{1}{2}$ वर्ष में प्राप्त धनराशि ज्ञात करे।

(a) ₹54400 (b) ₹45500
(c) ₹54500 (d) ₹45400

Sol. **(b)** दर% $= 6\frac{3}{4}\% = \frac{27}{4}\%$

समय $= 4\frac{2}{3}$ वर्ष $= \frac{14}{3}$ वर्ष

$\therefore \left(\frac{27}{4} \times \frac{14}{3}\right)\% = ₹8820$

$1\% = ₹280$

$\therefore$ 100% (मूलधन) $= ₹28000$

$\therefore$ मिश्रधन $= 28000 + \frac{28000 \times 8\frac{1}{3} \times 7\frac{1}{2}}{100}$

$= 28000 + 17500 = ₹45500$

40. एक आदमी ने साधारण ब्याज की 5% दर पर ₹2400 और 9% पर ₹5400 निवेश किया। 6 वर्ष बाद उसे अपने निवेश से कितनी राशि (₹ में) प्राप्ति होगी-

(a) 31,200 (b) 45600
(c) 11436 (d) 83136

Sol. **(c)**

$$A = \left[2400 + \frac{2400 \times 5 \times 6}{100}\right] + \left[5400 + \frac{5400 \times 9 \times 6}{100}\right]$$

$= 2400 + 720 + 5400 + 2916$
$= ₹11436$ **Ans.**

विभिन्न दरों पर आधारित प्रश्न

41. पहले दो वर्षों के लिए साधारण ब्याज की दर 8% प्रतिवर्ष है, अगले 4 वर्षों के लिए यह 10% प्रतिवर्ष है और 6 वर्ष से अधिक की अवधि के लिए, यह 12% प्रतिवर्ष है। यदि एक व्यक्ति को 9 वर्ष बाद साधारण ब्याज के रूप में ₹18358.60 मिलता है, तो उसने कितना पैसा (₹) निवेश किया?

(a) ₹21075 (b) ₹20087
(c) ₹19674 (d) ₹19955

Sol. **(d)** माना कि मूलधन = P

$$\text{साधारण ब्याज} = \frac{P \times R_1 \times T_1}{100} + \frac{P \times R_2 \times T_2}{100} + \frac{P \times R_3 \times T_3}{100}$$

$$18358.60 = \frac{P}{100}[8 \times 2 + 10 \times 4 + 12 \times 3]$$

$$18358.60 = \frac{P}{100} \times 92$$

$\therefore$ P = ₹19955

$\therefore$ व्यापार में कुल निवेशित धनराशि = ₹19955 **Ans.**

42. एक निश्चित धनराशि 5% वार्षिक की दर पर 4 वर्षों के लिए, 4% वार्षिक की दर पर, अगले 8 वर्षों के लिए और 7% वार्षिक की दर पर 12 वर्षों से अधिक के लिए ऋण स्वरूप दी गयी। यदि 15 वर्षों की समयावधि के लिए प्राप्त साधारण ब्याज ₹43,800 हो तो वह धनराशि कितनी थी-

(a) ₹50,000 (b) ₹60,000
(c) ₹75,000 (d) ₹55,000

Sol. **(b)** माना कि मूलधन = P

प्रश्नानुसार,

$$P\left[\frac{5 \times 4}{100} + \frac{4 \times 8}{100} + \frac{7 \times 3}{100}\right] = 43800$$

$$P\left[\frac{73}{100}\right] = 43800$$

$\therefore$ P = ₹60000

अतः धनराशि = ₹60,000 **Ans.**

43. किसी धनराशि पर साधारण ब्याज की दर पहले 4 वर्षों के लिए 5% वार्षिक है, अगले 3 वर्षों के लिए 8% वार्षिक है और 7 वर्ष से अधिक की अवधि के लिए 10% वार्षिक है। यदि 10 वर्षों की अवधि में उस धनराशि से अर्जित साधारण ब्याज ₹1850 है तो वह धनराशि क्या है-

(a) ₹2750 (b) ₹1650
(c) ₹2500 (d) ₹1500

Sol. **(c)** माना कि मूलधन = P

प्रश्नानुसार,

$$P\left[\frac{4\times5}{100}+\frac{3\times8}{100}+\frac{3\times10}{100}\right]=1850$$

$$P\left(\frac{74}{100}\right)=1850$$

$$\therefore \quad P = ₹2500$$

अतः धनराशि = ₹2500 **Ans.**

गुना पर आधारित प्रश्न

44. एक राशि साधारण ब्याज पर 7 वर्षों में दुगुनी हो जाती है। कितने वर्षों में यह राशि मूल राशि से पांच गुना हो जाएगी-

(a) 35 (b) 21
(c) 28 (d) 30

Sol. **(c)** **Method - I**

माना कि मूलधन = P

$\therefore$ मिश्रधन = 2P

$\therefore$ ब्याज = 2P – P = P

T_1 = 7 वर्ष

$$\therefore \quad R = \frac{P\times100}{P\times7}$$

$$R = \frac{100}{7}\%$$

मूल राशि से 5 गुणा होने पर ब्याज = 4P

$$\therefore \quad T_2 = \frac{4P\times100}{P\times\frac{100}{7}}$$

T_2 = 28 वर्ष

$\therefore$ राशि को 5 गुना होने के लिए समय = 28 वर्ष **Ans.**

Method - II

राशि 5 गुना होने में लगा समय

$$=\frac{(n_2\quad 1)}{(n_1-1)}\times T=\frac{(5\quad 1)}{(2-1)}\times7$$

= 4 × 7 = 28 वर्ष

45. प्रतिवर्ष कितने प्रतिशत साधारण ब्याज की दर से एक राशि 12.5 वर्षों में दोगुनी हो जाएगी-

(a) 8 (b) 12.5
(c) 10 (d) 6

Sol. **(a)** **Method - I**

$$\text{दर\%} = \frac{100(n-1)}{T}$$

$$= \frac{100(2-1)}{12.5} = 8\% \quad \textbf{Ans.}$$

Method - II

माना कि मूलधन = P

मिश्रधन = 2P

$\therefore$ ब्याज = P

$$R\% = \frac{P\times100}{P\times12.5} = 8\% \quad \textbf{Ans.}$$

46. एक निश्चित राशि साधारण ब्याज पर निवेश की गयी। पांच वर्षों में यह बढ़कर जो राशि बनी वह तीन वर्षों में इसमें हुई वृद्धि का $1\frac{1}{4}$ गुना है तो ब्याज की दर ज्ञात करे।

(a) 10% (b) 20%
(c) 25% (d) 15%

Sol. **(b)**

समय = 5 वर्ष : 3 वर्ष

राशि = 5 : 4

दो वर्ष में अर्जित ब्याज = 5 – 4 = 1

$\therefore$ 1 वर्ष में अर्जित ब्याज $= \frac{1}{2}$

$\therefore$ 3 वर्ष का ब्याज $= \frac{1}{2}\times3 = 1\frac{1}{2}$

$\therefore$ मूलधन $= 4 - 1\frac{1}{2} = 2\frac{1}{2}$

$$\therefore \quad \text{दर\%} = \frac{\frac{1}{2}\times100}{2\frac{1}{2}\times1} = 20\%$$

अतः ब्याज की दर% = 20% **Ans.**

47. एक निश्चित धनराशि पर 20% प्रतिवर्ष की दर से कितने समय में साधारण ब्याज धनराशि का $\frac{6}{5}$ गुना हो जायेगा-

(a) 5 वर्ष (b) 8 वर्ष
(c) 6 वर्ष (d) 7 वर्ष

Sol. **(c)** $T = \frac{6\times100}{5\times20}$ [साधारण ब्याज : मूलधन = 6 : 5]

= 6 वर्ष **Ans.**

48. साधारण ब्याज पर निवेशित कोई निश्चित धनराशि, 12 वर्ष में 4 गुनी हो जाती है। समान दर पर यह राशि कितने वर्ष में स्वयं की 10 गुनी हो जाएगी-

(a) 24 (b) 60
(c) 48 (d) 36

Sol. (d) $T_1 = 12$ वर्ष $T_2 = ?$
$N_1 = 4$ गुना $N_2 = 10$ गुना

$$T_2 = \frac{(N_2-1)\times T_1}{(N_1-1)}$$

$$T_2 = \frac{(10-1)\times 12}{(4-1)}$$

$T_2 = 36$ वर्ष

अतः 36 वर्ष में यह स्वयं की 10 गुनी होगी।

49. साधारण ब्याज की दर पर कोई निश्चित राशि 10 वर्ष में स्वयं की दुगुनी हो जाती है। समान ब्याज दर पर कितने वर्ष में यह राशि स्वयं की तीन गुनी हो जाएगी-

(a) 15 वर्ष (b) 12 वर्ष
(c) 20 वर्ष (d) 16 वर्ष

Sol. (c) $N_1 = 2$ गुनी $N_2 = 3$ गुनी
$T_1 = 10$ वर्ष $T_2 = ?$

$$T_2 = \frac{(N_2-1)\times T_1}{(N_1-1)}$$

$$T_2 = \frac{(3-1)\times 10}{(2-1)}$$

$T_2 = 20$ वर्ष

अतः यह राशि 20 वर्ष में स्वयं की तीन गुनी हो जाएगी।

50. 5% वार्षिक दर से किसी निश्चित धनराशि पर प्राप्त ब्याज कितने वर्ष में उसका तीन आठवां भाग होगा-

(a) 8 वर्ष 5 महीने (b) 8 वर्ष 6 महीने
(c) 7 वर्ष 6 महीने (d) 7 वर्ष 5 महीने

Sol. (c) माना कि धन = 24 unit

$\therefore$ ब्याज $= 24\times\frac{3}{8}$ unit = 9 unit

$\therefore$ समय $= \frac{9\times100}{24\times5} = 7.5$ वर्ष

= 7 वर्ष 6 महीने **Ans.**

51. कोई निश्चित राशि साधारण ब्याज पर निवेश की गई थी। पाँच वर्ष के उपरांत प्राप्त होने वाला मिश्रधन, तीन वर्ष में प्राप्त होने वाले मिश्रधन का $1\frac{1}{4}$ गुना था। ब्याज की प्रतिशत दर क्या थी?

(a) 25% (b) 10%
(c) 15% (d) 20%

Sol. (d) माना कि तीन वर्ष का मिश्रधन = 16 unit

$\therefore$ पांच वर्ष का मिश्रधन $= 16\times1\frac{1}{4}$
= 20 unit

$\therefore$ दो वर्ष का साधारण ब्याज = (20 – 16) unit
= 4 unit

$\therefore$ 1 वर्ष का सारधारण ब्याज = 2 unit

$\therefore$ 3 वर्ष का साधारण ब्याज = 2 × 3 = 6 unit

$\therefore$ मूलधन = (16 – 6) unit
= 10 unit

$\therefore$ दर% $= \frac{2\times100}{10\times1} = 20\%$

52. यदि एक निश्चित धनराशि साधारण ब्याज की दर पर 13 वर्ष में दोगुनी हो जाती है, तो वार्षिक ब्याज की दर ज्ञात करे। (दशमलव के दो स्थान तक सही)

(a) 7.29% (b) 7.69%
(c) 7.92% (d) 8.69%

Sol. (b) N = 2 गुनी
T = 13 वर्ष
R = ?

(N – 1) × 100 = R × T
(2 – 1) × 100 = R × 13
$\therefore$ R% = 7.69% **Ans.**

53. एक राशि 10 वर्षों में साधारण ब्याज की दर से स्वयं की तीन गुनी हो जाती है। ब्याज की वार्षिक दर ज्ञात करे।

(a) 25% (b) 30%
(c) 15% (d) 20%

Sol. (d) $R = \frac{(3-1)\times100}{10} = 20\%$

अतः ब्याज की दर = 20% **Ans.**

54. कितने वर्षों में, एक धनराशि 5% प्रतिवर्ष की ब्याज दर पर तिगुनी हो जाएगी।

(a) 30 वर्ष (b) 40 वर्ष
(c) 25 वर्ष (d) 20 वर्ष

Sol. **(b)** माना कि मूलधन = P

मिश्रधन = 3P

$\therefore$ ब्याज = 3P – P = 2P

$\therefore$ समय $= \frac{2P \times 100}{P \times 5} = 40$ वर्ष **Ans.**

55. एक धनराशि साधारण ब्याज वाली योजना में निवेश करने पर 4 वर्ष में 3 गुना हो जाती है। वह 21 गुना कितने वर्षों में हो जाएगी।

(a) 20 वर्ष (b) 36 वर्ष

(c) 40 वर्ष (d) 30 वर्ष

Sol. **(c)** $\frac{T_1}{T_2} = \frac{(n_1 - 1)}{(n_2 - 1)}$ [$T_1 = 4$ वर्ष, $n_1 = 3$ गुना, $n_2 = 21$ गुना]

$\frac{4}{T_2} = \frac{(3-1)}{(21-1)}$

$\therefore$ $T_2 = 40$ वर्ष

अतः राशि 40 वर्ष में 21 गुनी हो जाएगी।

56. साधारण ब्याज की दर प्रतिशत कितनी है, जिस पर कोई धनराशि 50 वर्षों में स्वयं की तिगुनी हो जाती है?

(a) 2 (b) 4

(c) 5 (d) 8

Sol. **(b)** माना कि मूलधन = P

मिश्रधन = 3P

$\therefore$ ब्याज = 3P – P = 2P

दर% $= \frac{2P \times 100}{P \times 50} = 4\%$ **Ans.**

57. यदि कोई धनराशि बैंक में साधारण ब्याज दर पर जमा करवाने पर 6 वर्ष में दोगुनी हो जाती है, तो 12 वर्ष में वह धनराशि कितनी होगी–

(a) $\frac{5}{2}$ गुना (b) 3 गुना

(c) $\frac{7}{2}$ गुना (d) 4 गुना

Sol. **(b)** $T_1 = 6$ वर्ष, $n_1 = 2$ गुना

$T_2 = 12$ वर्ष, $n_2 = x$ गुना

$\frac{T_1}{T_2} = \frac{(n_1 - 1)}{(n_2 - 1)}$

$\frac{6}{12} = \frac{(2-1)}{(n_2 - 1)}$

$n_2 - 1 = 2$

$n_2 = 3$

अतः 12 वर्ष में वह धन 3 गुना हो जाएगी।

58. साधारण ब्याज दर से कोई राशि 7 वर्ष में दोगुनी हो जाती है। उतनी ही राशि उसी ब्याज दर पर कितने वर्षों में चार गुनी हो जाएगी।

(a) 14 (b) 28

(c) 21 (d) 10

Sol. **(c)** $T_1 = 7$ वर्ष, $n_1 = 2$ गुना

$T_2 = ?$, $n_2 = 4$ गुना

$\frac{T_1}{T_2} = \frac{(n_1 - 1)}{(n_2 - 1)}$

$\frac{7}{T_2} = \frac{(2-1)}{(4-1)}$

$T_2 = 21$ वर्ष

अतः वह धन को चार गुना होने में 21 वर्ष का समय लगेगा।

तुलना पर आधारित

59. किसी व्यक्ति ने 8% वार्षिक साधारण ब्याज पर एक राशि उधार ली और 8 वर्षों में प्राप्त ब्याज, उधार की राशि से ₹5490 कम था। यह राशि ज्ञात करे।

(a) ₹15500 (b) ₹15250

(c) ₹14280 (d) ₹15600

Sol. **(b)** दर = 8% = $\frac{2(\text{ब्याज})}{25(\text{मूलधन})}$

$\therefore$ 8 वर्ष का कुल ब्याज = 8 × 2 = 16 unit

मूलधन = 25 unit

प्रश्नानुसार,

(25 – 16) unit = 5490

9 unit = 5490

1 unit = 610

$\therefore$ 25 unit = 15250

$\therefore$ मूलधन = ₹15250 **Ans.**

60. यदि ₹28000 की राशि पर 3 वर्षों में किसी दर पर साधारण ब्याज ₹27000 की राशि पर 3 वर्षों में उसी दर की साधारण ब्याज से ₹225 अधिक है, तो उसी दर पर ₹35,500 पर $2\frac{3}{5}$ वर्षों की साधारण ब्याज कितनी होगी–

(a) ₹6966.50 (b) ₹6922.50

(c) ₹6953.00 (d) ₹6723.50

Sol. **(b)** माना कि दर% = R%

$$\frac{28000 \times 3 \times R}{100} - \frac{27000 \times 3 \times R}{100} = 225$$

$$3000R = 22500$$

$$R\% = 7.5\%$$

अब,

समान दर पर

$$\text{साधारण ब्याज} = \frac{35500 \times 7.5 \times 13}{100 \times 5}$$

= ₹6922.50 **Ans.**

61. साधारण ब्याज की एक निश्चित दर पर एक राशि 3 साल बाद ₹14880 और 5 साल बाद ₹16800 हो जाती है। उसी राशि पर 10% प्रतिवर्ष की दर से 4 वर्षों के लिए साधारण ब्याज ज्ञात करे।

(a) ₹4740 (b) ₹4800
(c) ₹4860 (d) ₹5184

Sol. **(b)** 2 वर्ष का साधारण ब्याज = (16800 – 14880)
= ₹1920

∴ 1 वर्ष का साधारण ब्याज = ₹960

∴ 3 वर्ष का साधारण ब्याज = (960 × 3)
= ₹2880

∴ मूलधन = 14880 – 2880
= ₹12000

$$\text{साधारण ब्याज} = \frac{12000 \times 10 \times 4}{100} = ₹4800$$

अतः साधारण ब्याज = ₹4800 **Ans.**

62. एक धनराशि को दो भागों में क्रमशः 4 : 5 तथा 4 वर्ष और 5 वर्ष के अनुपात में, दोनों को 8% प्रतिवर्ष साधारण ब्याज की दर से उधार दिया गया था। यदि दोनों भागों से अर्जित ब्याज के बीच का अंतर ₹4680 है तो कुल उधार राशि क्या थी–

(a) ₹5850 (b) ₹4680
(c) ₹6500 (d) ₹4212

Sol. **(c)**

$$4680 = \frac{5x \times 5 \times 8}{100} - \frac{4x \times 4 \times 8}{100}$$

$$4680 = \frac{200x}{100} - \frac{128x}{100}$$

$$468000 = 72x$$

$$\therefore \quad x = ₹6500$$

अतः उधार ली गयी राशि = ₹6500 **Ans.**

63. y% की साधारण ब्याज की दर पर, x की राशि 4 वर्षों में ₹9246 और 7½ वर्षों में 11,298.75 हो जाती है तो x और y का मान ज्ञात करे–

(a) ₹6900 और 8.5 (b) ₹6800 और 8.5
(c) ₹6500 और 8 (d) ₹7200 और 7.5

Sol. **(a)** ∵ 7½ वर्ष का मिश्रधन = ₹11298.75

4 वर्ष का मिश्रधन = ₹9246

∴ 3½ वर्ष का साधारण ब्याज = ₹2052.75

∴ 1 वर्ष का साधारण ब्याज = ₹586.5

∴ 4 वर्ष का साधारण ब्याज = ₹2346

∴ मूलधन (x) = 9246 – 2346 = ₹6900

∴ x = ₹6900

$$y\% = \frac{2346 \times 100}{6900 \times 4} = 8.5\%$$

अतः x और y का मान = ₹6900 और 8.5% **Ans.**

64. 5 साल के लिए एक निश्चित राशि को साधारण ब्याज पर x% प्रतिवर्ष की दर से निवेश किया जाता है। यदि इसे $(x+5)$% प्रतिवर्ष पर निवेश किया गया होता, तो साधारण ब्याज पहले वाले की तुलना में ₹9200 अधिक होता। राशि क्या है–

(a) ₹36800 (b) ₹36400
(c) ₹35800 (d) ₹40000

Sol. **(a)** बढ़ी दर% = 5%

समय = 5 वर्ष

∴ अंतर = 5 × 5 = 25

∵ 25% = 9200

∴ 100% = 36800

∴ राशि = ₹36800 **Ans.**

65. 5% वार्षिक साधारण ब्याज की दर पर ₹x की राशि उस समय में बढ़कर ₹6900 हो जाती है, जितने समय में 4% वार्षिक साधारण ब्याज की दर पर ₹9000 की राशि बढ़कर ₹10080 हो जाती है। x का मान ज्ञात करे।

(a) ₹6400 (b) ₹5800
(c) ₹6000 (d) ₹6500

Sol. **(c)** साधारण ब्याज = ₹(10080 – 9000)
= ₹1080

$$\therefore \quad \text{दूसरे राशि के लिए समय} = \frac{1080 \times 100}{9000 \times 4} = 3 \text{ वर्ष}$$

अब 3 वर्ष पर पहली धनराशि = ₹P

∴ मिश्रधन = P + साधारण ब्याज

$$6900 = P + \frac{P \times 5 \times 3}{100}$$

$$6900 = \frac{115P}{100}$$

$$\therefore \quad P = ₹6000$$

अतः x का मान = ₹6000 **Ans.**

Method - II

$$\text{दूरारे राशि पर समय} = \frac{(10080-9000)\times 100}{9000\times 4} = 3 \text{ वर्ष}$$

अब पहला धन = x

दर = 5%

समय = 3 वर्ष

∴ 115% = 6900

∴ 100% = 6000

अतः x का मान = ₹6000 **Ans.**

66. कोई धनराशि R% वार्षिक साधारण ब्याज की दर पर 3 वर्ष में ₹9766 हो जाती है और उसी साधारण ब्याज दर पर 4½ वर्ष में ₹10,849 हो जाती है। R का मान ज्ञात करे।

(a) 8.5% (b) 9.5%
(c) 8% (d) 9%

Sol. (b) 4½ वर्ष – 3 वर्ष का ब्याज = 10849 – 9766

∴ 1½ वर्ष का ब्याज = ₹1083

∴ 1 वर्ष का ब्याज = ₹722

∴ 3 वर्ष का ब्याज = 3×722 = ₹2166

∴ मूलधन = ₹(9766 – 2166) = ₹7600

$$\therefore \text{दर\%} = \frac{722\times 100}{7600\times 1} = 9.5\%$$

विविध (Miscellaneous)

67. कुमार ने आरिफ को 10% वार्षिक साधारण ब्याज की दर पर 3 वर्ष के लिए कुछ धनराशि उधार दी और आरिफ ने वही धनराशि 20% वार्षिक साधारण ब्याज की दर पर 3 वर्ष के लिए नरेश को उधार दी। यदि 3 वर्ष बाद, आरिफ को प्राप्त ब्याज ₹1560 था, तो कुमार ने आरिफ को कितनी धनराशि उधार दी।

(a) ₹5400 (b) ₹5600
(c) ₹2600 (d) ₹5200

Sol. (c) माना कि मूलधन = P

आरिफ द्वारा नरेश को उधार देने पर

$$\therefore \text{मूलधन} = \frac{1560\times 100}{20\times 3} = ₹2600$$

∵ कुमार का मूलधन = आरिफ का मूलधन

∴ अतः कुमार ने आरिफ को ₹2600 उधार दी।

68. एक व्यक्ति ने ₹25000 की एक चौथाई राशि साधारण ब्याज की किसी निश्चित दर पर तथा शेष राशि 4% प्रतिवर्ष उच्च दर से निवेश की। यदि 2 वर्षों के लिए प्राप्त कुल ब्याज ₹4,125 है तो दूसरी राशि को किस दर पर निवेश किया गया था–

(a) 9.5% (b) 9.25%
(c) 5.255% (d) 7.5%

Sol. (b) माना कि दर% = 4%

∴ उच्च दर% = $(x+4)\%$

$$\text{साधारण ब्याज} = \frac{25000\times\frac{1}{4}\times x\times 2}{100} + \frac{25000\times\frac{3}{4}\times(x+4)\times 2}{100}$$

$4125 = 125x + 375x + 1500$

$500x = 2625$

∴ $x = 5.25\%$

अतः दूसरी राशि के लिए दर% = (5.25 + 4) = 9.25%

69. ₹10,500 की एक राशि प्रतिवर्ष साधारण ब्याज के लिए एक निश्चित दर प्रतिवर्ष पर $3\frac{4}{5}$ वर्षों में ₹13,825 हो जाती है। इसी राशि पर पहली दर से दोगुनी दर पर 5 वर्षों का साधारण ब्याज कितना होगा–

(a) ₹8470 (b) ₹8750
(c) ₹8670 (d) ₹8560

Sol. (b) साधारण ब्याज = ₹(13825 – 10500) = ₹3325

दर = $x\%$

$$\therefore \text{साधारण ब्याज} = \frac{10500\times x\times 19}{100\times 5}$$

$3325 = 399x$

$$\therefore x = \frac{3325}{399}\%$$

दर% दोगुनी करने पर

$$\text{साधारण ब्याज} = \frac{10500\times 3325\times 2\times 5}{100\times 399} = ₹8750$$

अतः ब्याज = ₹8750 **Ans.**

70. ₹10000 की एक राशि साधारण ब्याज की तीन योजनाओं में निवेश की जाती है। वार्षिक ब्याज की दरें क्रमशः 4%, 6% और 10% है। पहली योजना में ₹4000 निवेश किए। यदि पांच वर्षों के बाद प्राप्त कुल ब्याज ₹2800 है तो तीसरी योजना में कितनी राशि निवेश की गई थी।

(a) ₹1500 (b) ₹5000
(c) ₹1000 (d) ₹3000

Sol. (c) पहली योजना में निवेश के बाद शेष राशि

= (10000 – 4000) = ₹6000

माना कि तीसरी योजना में निवेशित राशि = ₹x

$\therefore$ दूसरी योजना में निवेशित राशि = ₹$(6000-x)$

$$\therefore \text{साधारण ब्याज} = \frac{4000\times5\times4}{100}+\frac{(6000-x)\times5\times6}{100}+\frac{x\times5\times10}{100}$$

$$2800 = 800+1800-\frac{3x}{10}+\frac{5x}{10}$$

$$\frac{2x}{10} = 200$$

$$\therefore \quad x = ₹1000$$

अतः तीसरी योजना में निवेशित राशि = ₹1000 **Ans.**

71. ₹x पर r% की दर से m वर्षों का साधारण ब्याज ₹y पर S% की दर से n वर्षों के साधारण ब्याज के बराबर है तो $\frac{x}{y}$ किसके बराबर होगा-

(a) $\frac{nr}{ms}$ (b) $\frac{ns}{mr}$

(c) $\frac{ms}{nr}$ (d) $\frac{mr}{ns}$

Sol. (b) $\frac{x\times r\times m}{100} = \frac{y\times s\times n}{100}$

$\Rightarrow \quad x:y = ns:mr$ **Ans.**

72. ₹12,800 की एक राशि अंशतः 15% प्रतिवर्ष तथा अंशतः 12% प्रतिवर्ष साधारण ब्याज पर निवेश की जाती है। यदि 3 वर्ष के अंत में कुल ब्याज ₹5085 है तो 15% प्रतिवर्ष पर कितनी राशि निवेश की गयी थी-

(a) ₹5200 (b) ₹7500
(c) ₹5800 (d) ₹5300

Sol. (d) माना कि 15% प्रतिवर्ष पर लागत धन = ₹x

$\therefore$ 12% प्रतिवर्ष पर लागत धन = ₹$(12800-x)$

$$\text{साधारण ब्याज} = \frac{x\times15\times3}{100}+\frac{(12800-x)\times12\times3}{100}$$

$$5085 = \frac{45x}{100}+4608-\frac{36x}{100}$$

$$9x = 477\times100$$

$$\therefore \quad x = ₹5300$$

अतः 15% पर लगाया धन = ₹5300 **Ans.**

73. ₹2,60,000 की राशि पर अर्जित 12% ब्याज का उपयोग, एक स्कूल में हर साल समान मूल्य की 24 छात्रवृत्ति प्रदान करने के लिए किया जाना है। प्रत्येक छात्रवृत्ति का मूल्य (₹ में) क्या है-

(a) ₹1300 (b) ₹1150
(c) ₹1200 (d) ₹1250

Sol. (a) साधारण ब्याज = $\frac{260000\times12\times1}{100}$ = ₹31200

₹31200 को 24 छात्रों में बाँटने पर प्रत्येक को प्राप्त राशि

$$= \frac{31200}{24} = ₹1300$$ **Ans.**

74. एक व्यक्ति ने साधारण ब्याज पर x% प्रतिवर्ष की दर से ₹10500 और राशि ₹13500, $(x+2)$% प्रतिवर्ष की दर से निवेश किया। यदि 3 वर्षों के बाद दोनों निवेशों पर अर्जित कुल ब्याज ₹7650 है, तो पहले निवेश के लिए ब्याज दर क्या है?

(a) 8% (b) 8.5%
(c) 9% (d) 9.5%

Sol. (d) $$7650 = \frac{10500\times x\times3}{100}+\frac{13500\times(x+2)\times3}{100}$$

$$7650 = 315x+405x+810$$

$$6840 = 720x$$

$$\therefore \quad x = 9.5\%$$

$\therefore$ पहले निवेश के लिए ब्याज दर = 9.5% **Ans.**

75. दो समान राशियाँ क्रमशः 'T' वर्ष और (T + 2) वर्षों के लिए साधारण ब्याज पर 10% और 8% प्रतिवर्ष की दर से उधार दी जाती है। प्रत्येक मामले में प्राप्त राशि ₹36900 है। प्रत्येक राशि ज्ञात करें।

(a) ₹21,500 (b) ₹20,500
(c) ₹20,200 (d) ₹18,100

Sol. (b) $$10T = 8(T+2)$$

$$2T = 16$$

$\therefore$ T = 8 वर्ष

माना कि प्रत्येक राशि = P

$$P+\frac{P\times8\times10}{100} = 36900$$

$$18P = 369000$$

$$\therefore \quad P = ₹20500$$

$\therefore$ राशि = ₹20500 **Ans.**

76. पंकज किसी राशि को विभाजित कर तीन अलग-अलग योजनाओं A, B और C में क्रमशः 10%, 12% और 15% प्रतिवर्ष ब्याज दर पर निवेश करता है, और एक वर्ष में संचित कुल ब्याज ₹3200 है। योजना A, B और C में निवेश की गयी राशि 8 : 5 : 12 के अनुपात में है। योजना B में वह कितनी राशि का निवेश करता है-

(a) ₹5500 (b) ₹4500
(c) ₹5000 (d) ₹4000

Sol. **(c)** माना कि निवेशित राशियाँ क्रमशः $8x, 5x, 12x$ है।

$$\therefore \quad \frac{8x\times10}{100}+\frac{5x\times12}{100}+\frac{12x\times15}{100}=3200$$

$$\Rightarrow \quad \frac{80x}{100}+\frac{60x}{100}+\frac{180x}{100}=3200$$

$$\Rightarrow \quad 320x = 3200\times100$$

$$\therefore \quad x = ₹1000$$

$\therefore$ योजना B की राशि $= 5x$

$= 5\times1000$

$= ₹5000$ **Ans.**

77. ₹15400 की राशि दो भागों में, पहली 9% और शेष 12% साधारण ब्याज की दर पर उधार दी जाती है। तीन वर्ष बाद प्राप्त कुल ब्याज ₹4914 है। 9% और 12% की दर पर उधार दी गयी राशि का अनुपात ज्ञात करे।

(a) 6 : 7 (b) 5 : 6
(c) 4 : 5 (d) 5 : 7

Sol. **(b)** माना कि 9% दर पर निवेशित राशि = ₹x

$\therefore$ 12% दर पर निवेशित राशि = ₹$(15400-x)$

प्रश्नानुसार,

$$\frac{x\times9\times3}{100}+\frac{(15400-x)\times12\times3}{100}=4914$$

$$\frac{27x}{100}+5544-\frac{36x}{100}=4914$$

$$9x = 6300$$

$$x = ₹7000$$

$\therefore$ 9% दर पर निवेशित राशि $= x = ₹7000$

12% दर पर निवेशित राशि $= (15400-x)$

$= (15400-7000)$

$= ₹8400$

$\therefore$ 9% राशि : 12% राशि = 7000 : 8400

= 5 : 6 **Ans.**

Method - II

15400 का 9% = 1386

15400 का 12% = 1848

3 वर्ष में कुल ब्याज = 4914

1 वर्ष में कुल ब्याज = 1638

9% **12%**

1386 **1848**

1638

210 : 252

5 : 6

78. एक पुस्तक की आठ प्रतियाँ, एक वर्ष के अंत में देय एक निश्चित धनराशि में खरीदी जा सकती है और उतनी ही धनराशि का नगद भुगतान करके उसी पुस्तक की दस प्रतियाँ खरीदी जा सकती है। ब्याज दर का प्रतिशत कितना है-

(a) 30% (b) 10%
(c) 25% (d) 15%

Sol. **(c)** माना कि 1 पुस्तक का मूल्य = ₹100

8 पुस्तक का मूल्य = ₹800

10 पुस्तक का मूल्य = ₹1000

$\therefore$ ब्याज = 1000 − 800 = ₹200

$\therefore$ दर % $= \frac{200\times100}{800} = 25\%$ **Ans.**

79. साधारण ब्याज की समान दर पर राघव, गोपाल को तीन वर्ष के लिए ₹7500 और सचिन को चार वर्ष के लिए ₹5000 उधार देता है और दोनों से ब्याज के रूप में ₹3570 प्राप्त करता है। सचिन द्वारा दिया गया ब्याज ज्ञात करे।

(a) ₹1600 (b) ₹1680
(c) ₹1580 (d) ₹1500

Sol. **(b)** गोपाल का ब्याज : सचिन का ब्याज

$$= \frac{7500\times3\times r}{100} : \frac{5000\times4\times r}{100}$$

= 9 : 8

$\because$ गोपाल और सचिन से प्राप्त कुल ब्याज = ₹3570

$\therefore$ सचिन द्वारा दिया गया ब्याज $= 3570\times\frac{8}{17}$

= ₹1680 **Ans.**

80. किसी व्यक्ति ने अपने 15 वर्ष और 13 वर्ष की आयु वाले दो पुत्रों में ₹145600 की राशि विभाजित की। दोनों पुत्रों ने अपने हिस्सों का 10% वार्षिक साधारण ब्याज पर निवेश किया। यदि प्रत्येक को उसकी 18 वर्ष की आयु होने पर बराबर धनराशि मिली हो, तो छोटे पुत्र ने कितनी राशि ब्याज पर निवेश की थी-

(a) ₹67500 (b) ₹66400
(c) ₹67600 (d) ₹64500

Sol. (d) 15 वर्ष वाले आयु के पुत्र का धन = ₹x
13 वर्ष वाले आयु के पुत्र का धन = ₹y

प्रश्नानुसार,

$$x + \frac{x \times 10 \times 3}{100} = y + \frac{y \times 10 \times 5}{100}$$

$$\frac{130x}{100} = \frac{150y}{100}$$

$\therefore$ $x : y = 15 : 13$

28 unit = 145600

1 unit = 5200

$\therefore$ छोटे पुत्र को मिला धन = 5200×13

= ₹67600 **Ans.**

Method - II

$$\text{बड़ा पुत्र : छोटा पुत्र} = \frac{1}{100+3\times10} : \frac{1}{100+5\times10}$$

= 15 : 13

$28 \longrightarrow 145600$

$1 \longrightarrow 5200$

$13 \longrightarrow 67600$

81. कोई व्यक्ति अपने बेटे, बेटी और पत्नी के नाम, ₹105750 की राशि साधारण ब्याज पर इस प्रकार निवेशित करता है कि उन्हें क्रमशः 3, 4 और 5 वर्ष बाद समान ब्याज प्राप्त होता है। यदि ब्याज दर 5% वार्षिक है तो पत्नी के लिए निवेश की गयी राशि ज्ञात करे।

(a) ₹30000 (b) ₹25000
(c) ₹27000 (d) ₹28000

Sol. (c) माना कि बेटे, बेटी और पत्नी के नाम पर निवेशित राशि क्रमशः S : D : W है।

प्रश्नानुसार,

S + D + W = 105750 ......(i)

3 वर्ष बाद 5% वार्षिक दर से बेटे की राशि

$$= \frac{S \times 3 \times 5}{100} = \frac{3S}{20}$$

4 वर्ष बाद 5% वार्षिक दर से बेटी की राशि

$$= \frac{D \times 4 \times 5}{100} = \frac{4D}{20}$$

5 वर्ष बाद 5% वार्षिक दर से पत्नी की राशि

$$= \frac{W \times 5 \times 5}{100} = \frac{5W}{20}$$

$$\frac{3S}{20} = \frac{4D}{20} = \frac{5W}{20}$$

3S = 4D = 5W

$$\therefore \quad S = \frac{5W}{3} \text{ तथा } D = \frac{5W}{4}$$

समी. (i) में मान रखने पर

$$\frac{5W}{3} + \frac{5W}{4} + W = 105750$$

$$\frac{47W}{12} = 105750$$

$\therefore$ W = ₹27000

अतः पत्नी का हिस्सा = ₹27000 है। **Ans.**

Method - II

$$S : D : W = \frac{1}{15} : \frac{1}{20} : \frac{1}{25} = 20 : 15 : 12$$

$47 \longrightarrow 105750$

$1 \longrightarrow 2250$

$12 \longrightarrow 27000$

82. एक निश्चित राशि पर 6% सालाना ब्याज दर से साधारण ब्याज 5½ वर्ष में ₹2541 है। वही राशि $5\frac{2}{3}$ वर्षों में सालाना $8\frac{1}{7}$% ब्याज पर कितनी होगी?

(a) ₹11235 (b) ₹13125
(c) ₹12153 (d) ₹11253

Sol. (d) $$\text{मूलधन} = \frac{2541 \times 100}{6 \times 5\frac{1}{2}} = ₹7700$$

$$\text{पुनः साधारण ब्याज} = \frac{7700 \times 5\frac{2}{3} \times 8\frac{1}{7}}{100}$$

$$= \frac{7700 \times 17 \times 57}{100 \times 3 \times 7} = ₹3553$$

$\therefore$ मिश्रधन = ₹(7700 + 3553) = ₹11253

अतः ब्याज दर = 20% **Ans.**

83. एक राशि पर 10 वर्ष का सामान्य ब्याज ₹3130 है। यदि 5 वर्ष बाद मूलधन 5 गुना हो जाता है, तो 10 वर्ष के बाद कुल कितना ब्याज (₹ में) प्राप्त होगा-

(a) 6260 (b) 7825
(c) 9390 (d) 15650

Sol. (c)

$\because$ 10 वर्षों का साधारण ब्याज = ₹3130

$\therefore$ 1 वर्ष का साधारण ब्याज = ₹313

$\therefore$ 5 वर्ष का साधारण ब्याज = ₹1565

$\because$ 5 वर्ष बाद मूलधन अपने का 5 गुना हो जाता है अर्थात् 5 वर्षों में मूलधन का चार गुना ब्याज के रूप में प्राप्त होता है।

$\therefore$ 5 वर्ष का ब्याज = 1565×4 = ₹6260

10 वर्ष का कुल ब्याज = 10 वर्षों का साधारण ब्याज + अंतिम 5 वर्ष में प्राप्त ब्याज

= 3130 + 6260 = ₹9390

84. कोई व्यक्ति ₹5000 की राशि का कुछ भाग 4 प्रतिशत और शेष भाग 5 प्रतिशत वार्षिक की दर से साधारण ब्याज पर उधार देता है। 2 वर्षों के बाद कुल ब्याज ₹440 है। उपर्युक्त दरों में से प्रत्येक पर लगाई गई राशि ज्ञात करने के लिए ₹5000 को निम्नलिखित में किस अनुपात में बांटना चाहिए।

(a) 4 : 5 (b) 3 : 2
(c) 5 : 4 (d) 2 : 3

Sol. (b) माना कि एक भाग = x

दूसरा भाग = $(5000 - x)$

प्रश्नानुसार,

$$\frac{x \times 4 \times 2}{100} + \frac{(5000 - x) \times 5 \times 2}{100} = 440$$

$$\frac{8x}{100} + 500 - \frac{10x}{100} = 440$$

$\therefore$ $x = 3000$

$\therefore$ पहला भाग = x = 3000

दूसरा भाग = $(5000 - x)$
= (5000 − 3000)
= 2000

$$\therefore \frac{\text{पहला भाग}}{\text{दूसरा भाग}} = \frac{3000}{2000} = 3 : 2$$

अतः ₹5000 की धनराशि को 3 : 2 में बाँटना होगा।

Method - II

5000 का 4% = 200

5000 का 5% = 2500

2 वर्षों का कुल ब्याज = 440

1 वर्ष का कुल ब्याज = 220

4% **5%**

200 **250**

220

30 : 20

3 : 2

85. गोपाल ने ₹10,000 आंशिक रूप से 4%, 5% वार्षिक दरों पर दो लोगों को उधार देता है। 2 वर्ष बाद उसे 4.2% वार्षिक औसत दर से ब्याज प्राप्त हुआ। 4% की दर पर दिया गया धन ज्ञात करे।

(a) ₹8000 (b) ₹2000
(c) ₹6000 (d) ₹4000

Sol. (a) **4%** **5%**

4.2%

0.8% **0.2%**

4 : 1

$\therefore$ 4% की दर पर दिया गया भाग = $10000 \times \frac{4}{5}$

= ₹8000 **Ans.**

86. दीपांशु ने जयपाल को 15 वर्षों के लिए ₹8400 साधारण ब्याज दर पर उधार दिए और करीम को उसी दर पर 14 वर्षों के लिए ₹5100 उधार दिए और दोनों से साधारण ब्याज के रूप में कुल ₹17766 प्राप्त किए। वार्षिक ब्याज दर कितनी होगी-

(a) 9% (b) 9.5%
(c) 10% (d) 10.5%

Sol. (a) $\frac{8400 \times 15 \times r}{100} + \frac{5100 \times 14 \times r}{100} = 17766$

$1260r + 714r = 17766$

$1947r = 17766$

$\therefore$ $r = 9\%$

अतः ब्याज दर = 9% **Ans.**

87. ₹12000 की राशि साधारण ब्याज पर किसी ब्याज दर पर उधार ली गयी। चार महीनों के बाद, इसमें ₹6000 और जोड़े गए और कुल मूलधन पर ब्याज की दर को पिछली दर के मुकाबले दोगुना कर दिया गया। वर्ष के अंत में, ब्याज के रूप में ₹2800 का भुगतान किया गया, प्रारंभ में लगाई गई ब्याज दर की गणना करे।

(a) 16% (b) 12%
(c) 14% (d) 10%

Sol. **(d)** माना कि प्रारंभ में ब्याज की दर $= r\%$

4 महीनें के बाद ब्याज दर $= 2r\%$

प्रश्नानुसार,

$$\frac{12000 \times r \times 4}{100 \times 12} + \frac{18000 \times 2r \times 8}{100 \times 12} = 2800$$

$$40r + 240r = 2800$$

$$280r = 2800$$

$$\therefore \quad r\% = 10\%$$

अतः प्रारंभ में लगाई ब्याज की दर = 10% **Ans.**

88. एक आदमी ने अपनी पूंजी का $\frac{1}{3}$ भाग 7% की दर पर, $\frac{1}{4}$ भाग 8% की दर पर और शेष भाग 10% की दर पर निवेश किया, जिससे उसे ₹561 की वार्षिक आय प्राप्त होती है तो उसकी पूंजी ज्ञात करे।

(a) ₹5500 (b) ₹5800
(c) ₹6600 (d) ₹4400

Sol. **(c)** **Method - I**

माना कि कुल पूंजी = P

प्रश्नानुसार,

$$\frac{P \times \frac{1}{3} \times 7}{100} + \frac{P \times \frac{1}{4} \times 8}{100} + \frac{P \times \frac{5}{12} \times 10}{100} = 561$$

$$\left[\frac{7}{3}P + 2P + \frac{50P}{12}\right] = 561 \times 100$$

$$\frac{28P + 24P + 50P}{12} = 56100$$

$$\therefore \quad P = ₹6600$$

अतः पूंजी = ₹6600 **Ans.**

Method - II

माना कि कुल पूंजी = 12 unit

प्रश्नानुसार,

$$\frac{4 \times 7}{100} + \frac{3 \times 8}{100} + \frac{5 \times 10}{100} = 561$$

$$\frac{102}{100} \text{unit} = 561$$

$$1 \text{ unit} = 550$$

$$\therefore \quad 12 \text{ unit} = 12 \times 550 = 6600$$ **Ans.**

89. 4 : 5 के अनुपात में कोई धनराशि दो भागों में क्रमशः 4 वर्ष और 5 वर्ष के लिए उधार दी गई। दोनों भाग को 8% वार्षिक साधारण ब्याज की दर पर दिया गया है। यदि दोनों भागों से प्राप्त ब्याज अंतर ₹4680 था, तो उधार ली गई कुल राशि ज्ञात करे।

(a) ₹58500 (b) ₹46800
(c) ₹65000 (d) ₹42120

Sol. **(a)** माना कि उधार लिया गया धन $= 4x$ एवं $5x$

प्रश्नानुसार,

$$\frac{5x \times 5 \times 8}{100} - \frac{4x \times 4 \times 8}{100} = 4680$$

$$\frac{72x}{100} = 4680$$

$$x = ₹6500$$

अतः कुल उधार ली गयी राशि $= (4x + 5x)$
$= 9x$
$= 9 \times 6500$
= ₹58500 **Ans.**

90. एक आदमी तीन अलग-अलग योजनाओं में साधारण ब्याज की 10%, 12% और 15% की दर पर क्रमशः 6 वर्ष, 10 वर्ष और 12 वर्ष के लिए धनराशियों का निवेश करता है। यदि प्रत्येक योजना की परिपक्वता पर, उसे समान ब्याज प्राप्त होता है, तो निवेशित धनराशियों का क्रमशः अनुपात ज्ञात कीजिए।

(a) 7 : 4 : 3 (b) 6 : 3 : 2
(c) 5 : 4 : 3 (d) 4 : 3 : 2

Sol **(b)** माना कि तीनों योजना के लिए लिया गया धन क्रमशः P_1, P_2, P_3 है।

प्रश्नानुसार,

$$\frac{P_1 \times 10 \times 6}{100} = \frac{P_2 \times 12 \times 10}{100} = \frac{P_3 \times 15 \times 12}{100}$$

$$60P_1 = 120P_2 = 180P_3$$

$$\therefore \quad P_1 : P_2 : P_3 = \frac{1}{1} : \frac{1}{2} : \frac{1}{3}$$

$$P_1 : P_2 : P_3 = 6 : 3 : 2$$ **Ans.**

91. दो समान राशियाँ क्रमशः 6% और 10% वार्षिक साधारण ब्याज पर उधार ली जाती है। पहली राशि, दूसरी राशि की तुलना में दो वर्ष बाद वापस की गई और प्रत्येक स्थिति में राशि ₹1105 थी। प्रत्येक योजना में कितनी राशि उधार ली गयी थी–

(a) ₹900 (b) ₹936
(c) ₹891 (d) ₹850

Sol. **(d)** माना कि उधार ली गयी राशि = P

प्रश्नानुसार,

$$\frac{P \times (t + 2) \times 6}{100} = \frac{P \times t \times 10}{100}$$

$6t + 12 = 10t$

$t = 3$

$\therefore$ मिश्रधन = मूलधन + साधारण ब्याज

$$1105 = P + \frac{P \times 10 \times 3}{100}$$

$$1105 = \frac{13P}{10}$$

$\therefore$ P = ₹850

अतः उधार ली गई राशि = ₹850 **Ans.**

92. A, 10% साधारण ब्याज पर M को ₹26200 का एक हिस्सा उधार देता है। शेष हिस्से को 5% साधारण ब्याज दर पर y को उधार देता है। 4 वर्षों के बाद उसे कुल ₹34060 की राशि प्राप्त होती है तो फिर y को कितनी राशि उधार दी गई है।

(a) ₹12100 (b) ₹15100
(c) ₹14100 (d) ₹13100

Sol. (d) साधारण ब्याज = 34060 − 26200 = ₹7860

पूरे धन पर 10% ब्याज होने पर साधारण ब्याज

$$= \frac{26200 \times 10 \times 4}{100} = ₹10480$$

ब्याज दर में अंतर = (10 − 5)% = 5%

ब्याज में अंतर = (10480 − 7660) = ₹2620

y = 5% साधारण ब्याज पर उधार देने पर

$$\frac{y \times 5 \times 4}{100} = 2620$$

$\therefore$ y = ₹13100

अतः y को दी गयी राशि = ₹13100 **Ans.**

93. A, 9% साधारण ब्याज पर x को ₹25800 का एक हिस्सा उधार देता है। शेष हिस्से को 5% साधारण ब्याज पर y को उधार देता है। 4 वर्षों के बाद उसे कुल मिलाकर ₹33540 की राशि प्राप्त होती है तो y को कितनी राशि उधार दी गई-

(a) ₹9875 (b) ₹9775
(c) ₹9675 (d) ₹9575

Sol. (c) ब्याज = 33540 − 25800 = ₹7740

यदि संपूर्ण राशि पर 9% ब्याज दर होने पर

$$\text{साधारण ब्याज} = \frac{25800 \times 9 \times 4}{100} = ₹9288$$

ब्याजों में अंतर = 9288 − 7740 = ₹1548

ब्याज दरों में अंतर = 9% − 5% = 4%

$$\therefore \frac{y \times 4 \times 4}{100} = 1548$$

$\therefore$ y = ₹9675

अतः y को उधार दी गयी राशि = ₹9675 **Ans.**

94. ₹7930 की राशि 3 भागों में विभाजित की जाती है और A, B एवं C को क्रमशः 2, 3 एवं 4 वर्षों के लिए 5% के साधारण ब्याज पर ऋण के रूप में दी जाती है। यदि तीनों की राशि उनके ऋण की संबंधित अवधि के बाद बराबर है तो A ने कितने ₹ का ऋण लिया था-

(a) 4 : 5 (b) 3 : 2
(a) ₹3050 (b) ₹2760
(c) ₹2750 (d) ₹2800

Sol. (b) $$A + \frac{A \times 2 \times 5}{100} = B + \frac{B \times 3 \times 5}{100} = C + \frac{C \times 4 \times 5}{100}$$

$$22A = 23B = 24C$$

$$A : B : C = \frac{1}{22} : \frac{1}{23} : \frac{1}{24}$$

$$A : B : C = 552 : 528 : 506$$

$$\therefore A \text{ का ऋण} = \frac{552}{1586} \times 7930 = ₹2760$$

अतः A का ऋण = ₹2760 **Ans.**

95. P साधारण ब्याज पर बैंक से ₹7000 उधार लेता है। 3 वर्ष बाद, वह बैंक को ₹3000 देता है। 5 वर्ष के उधार के दिन के बाद, वह ₹1450 देकर अपना खाता साफ करता है। ब्याज दर ज्ञात कीजिए-

(a) 5% (b) 7%
(c) 5.5% (d) 6%

Sol. (a) $$\frac{7000 \times 3 \times R}{100} + \frac{4000 \times 2 \times R}{100} = 1450$$

$$210R + 80R = 1450$$

$$R = 5\%$$

अतः दर = 5% **Ans.**

किश्त आधारित प्रश्न

96. ₹1720, 4 वर्ष के बाद देते है। यदि वो 4 बराबर किश्तों में चुकाना चाहता है तो प्रत्येक किश्त कितने ₹ की होगी। यदि ब्याज की दर 5% है।

(a) ₹400 (b) ₹300
(c) ₹250 (d) ₹200

Sol. (a) **Method - I**

माना कि प्रथम किश्त = 100%

द्वितीय किश्त = 105%

तृतीय किश्त = 110%

चतुर्थ किश्त = 115%

कुल = 430%

प्रश्नानुसार, 430% = 1720

1% = 4

$\therefore$ 100% = 400

अतः प्रत्येक किश्त ₹400 है।

Method - II प्रत्येक किश्त $= \frac{A \times 200}{T[200 + (T-1)R]}$

$= \frac{1720 \times 200}{4[200 + (4-1)5]}$

$= \frac{1720 \times 200}{4[200 + 15]}$

$= \frac{1720 \times 200}{860} = ₹400$ **Ans.**

97. ₹6450 के धन को 5% साधारण ब्याज की वार्षिक दर से 4 वार्षिक किश्तों में चुकाया जाता है। बताएं प्रत्यक किश्त की राशि कितनी होगी–

(a) ₹1500 (b) ₹1835
(c) ₹1935 (d) ₹1950

Sol. (a) **Method - I**

माना कि प्रथम किश्त = 100%
द्वितीय किश्त = 105%
तृतीय किश्त = 110%
चतुर्थ किश्त = 115%
कुल = 430%

प्रश्नानुसार, 430% = 6450
1% = 15
∴ 100% = 1500

अतः प्रत्येक किश्त ₹1500 है।

Method - II प्रत्येक किश्त $= \frac{6450 \times 200}{4[200 - 3 \times 5]}$

$= \frac{6450 \times 200}{4 \times 215} = ₹1500$

98. ₹848 की धनराशि को 4% वार्षिक साधारण ब्याज की दर से 4 वर्ष के अंत तक चुकाना है तो उसके द्वारा चुकाई गयी प्रत्येक बराबर किश्त बताएं।

(a) ₹212 (b) ₹200
(c) ₹250 (d) ₹225

Sol. (b) माना कि प्रथम किश्त = 100%
द्वितीय किश्त = 104%
तृतीय किश्त = 108%
चतुर्थ किश्त = 112%
कुल = 424%

प्रश्नानुसार, 424% = 848
1% = 2
∴ 100% = 200

अतः प्रत्येक किश्त ₹200 है। **Ans.**

99. एक आदमी ने एक मोटरसाइकिल ₹3000 में खरीदी और 12% ब्याज के रूप में देने के लिए सहमत हुआ। उसने मूलधन और ब्याज 12 समान किश्तों में लौटाया। प्रत्येक किश्त की राशि ज्ञात करे।

(a) ₹260 (b) ₹240
(c) ₹280 (d) ₹300

Sol. (c) किश्त $= 3000 \times \frac{12}{100} \times 1 = ₹360$

कुल $= 3000 + 360 = ₹3360$

∴ प्रत्येक किश्त $= \frac{3360}{12} = ₹280$ **Ans.**

100. ₹12800, 3 वर्ष के बाद देने है। यदि वो 3 किश्तों में चुकाना चाहता है तथा पहली किश्त दूसरी किश्त का आधा तथा तीसरी किश्त का एक तिहाई हो तो तीनों किश्त ज्ञात करे। यदि ब्याज की दर 10% हो।

(a) ₹1000, ₹2000, ₹3000 (b) ₹2000, ₹3000, ₹7000
(c) ₹3000, ₹4000, ₹5000 (d) ₹2000, ₹4000, ₹6000

Sol. (d) माना कि पहली किश्त = 1

I	II	III
1	2	3

×2 ×3

पहली किश्त दूसरी किश्त का आधा तथा तीसरी किश्त का एक तिहाई

I	II	III
100	200	300

$\frac{100 \times 2 \times 10}{100} + \frac{200 \times 1 \times 10}{100} + \frac{300 \times 0 \times 10}{100}$

$= 20 + 20 + 0 = 40$

अब,

100 + 200 + 300 + 40 = 12800
640 unit = 12800
∴ 100 unit = ₹2000

∴ तीनों किश्त = ₹2000, ₹4000, ₹6000 **Ans.**

❑❑❑

विभिन्न प्रतियोगी परीक्षाओं में विगत वर्षों में पूछे गये महत्त्वपूर्ण प्रश्न

1. कितने समय में 4% प्रतिवर्ष की दर से रु.10,000 पर उतना ही ब्याज मिलेगा जितना 5% साधारण ब्याज दर पर 4 वर्षों में रु.8,000 पर प्राप्त होता है- **[SSC CGL 2023]**

(a) 5 वर्ष (b) 3 वर्ष
(c) 4 वर्ष (d) 6 वर्ष

2. यदि किसी ब्याज दर पर रु.500 का 4 वर्ष और रु.700 का 2 वर्ष का साधारण ब्याज मिलाकर रु.280 है, तो ब्याज की दर क्या है- **[SSC CGL 2023]**

(a) $9\frac{3}{17}\%$ (b) $6\frac{5}{17}\%$
(c) $8\frac{4}{17}\%$ (d) $7\frac{3}{17}\%$

3. 5% साधारण ब्याज पर कितने वर्षों में रु.8000 से बढ़कर रु. 12000 हो जाएगा- **[DSSSB Assitt. Grade 2024]**

(a) 8.5 वर्ष (b) 12 वर्ष
(c) 10 वर्ष (d) 7.5 वर्ष

4. रु.774 पर 10% प्रतिवर्ष की दर से साधारण ब्याज के रूप में रु. 64.5 प्राप्त करने के लिए आवश्यक महीनों की संख्या निर्धारित करे- **[DSSSB Assitt. Grade 2024]**

(a) 15 महीने (b) 11 महीने
(c) 10 महीने (d) 18 महीने

5. एक व्यक्ति किसी कंपनी में कुल रु.10000 की राशि का निवेश करता है। राशि का हिस्सा 10% प्रति वर्ष साधारण ब्याज और शेष भाग 15% वार्षिक साधारण ब्याज पर निवेश किया गया था। यदि उसे दो वर्षों में उसे अर्जित कुल ब्याज रु.2400 है, तो 15% वार्षिक साधारण ब्याज पर निवेश की गई राशि है- **[SSC CGL 2023]**

(a) रु.8000 (b) रु.4000
(c) रु.6000 (d) रु.5000

6. यदि साधारण ब्याज की एक निश्चित दर पर निवेश की गई राशि पर सात साल में प्राप्त मिश्रधन रु.14552 और ग्यारह वर्षों में प्राप्त मिश्रधन रु.18906 है तो निवेश की गई राशि (रुपये में) ज्ञात कीजिए- **[SSC CGL 2023]**

(a) 6850 (b) 6900
(c) 6800 (d) 6750

7. एक व्यक्ति ने पहले वर्ष के दौरान 5% प्रति वर्ष साधारण ब्याज पर ऋण लिया, जिसमें दूसरे वर्ष से आगे के प्रत्येक वर्ष में 0.5% साधारण ब्याज की वृद्धि की जाती है। 4 साल के बाद उसने ऋण को पूरी तरह से चुकाने के लिए कुल ब्याज के रूप में रु.4,600 का भुगतान किया। कुल कितना ऋण था- **[SSC CGL 2023]**

(a) रु.20,000 (b) रु.19,000
(c) रु.18,000 (d) रु.21,000

8. यदि 5 वर्ष का साधारण ब्याज मूलधन के 25% के बराबर है, तो कितने वर्षों बाद ब्याज मूलधन के बराबर होगा- **[SSC CGL 2023]**

(a) 20 (b) 30
(c) 25 (d) 22

9. साधारण ब्याज की एक राशि 8 वर्षों में दोगुनी हो जाती है। समान ब्याज दर पर रु.25,000 की राशि कितने वर्षों में रु.1,00,000 हो जाएगी- **[SSC CGL 2023]**

(a) 32 (b) 28
(c) 16 (d) 24

10. किसी राशि पर 2 वर्ष का साधारण ब्याज रु.400 है। यदि 'r', 4% अधिक होता, तो साधारण ब्याज रु.400 अधिक होता। वह मूल राशि कितनी है- **[RRB JE 2019]**

(a) रु.4000 (b) रु.12000
(c) रु.5000 (d) रु.10000

11. P1, P2, P3 को क्रमशः 4%, 6%, 8% पर इस प्रकार निवेश किया जाता है, कि वर्ष के अंत में तीनों राशियों से प्राप्त साधारण ब्याज बराबर हो। यदि तीनों निवेशित राशियों का योग रु.2600 है, तो क्रमशः P1, P2 और P3 का मान ज्ञात कीजिए- **[RRB JE 2019]**

(a) रु.1100, रु.800, रु.700
(b) रु.1200, रु.600, रु.800
(c) रु.1000, रु.900, रु.700
(d) रु.1100, रु.800, रु.600

12. एक आदमी ने वार्षिक साधारण ब्याज की एक निश्चित दर पर रु. 32,400 ऋण लिया। यदि उसने ऋण अवधि के अंत में रु.11,664 ब्याज का भुगतान किया, तो ब्याज की दर थी- **[SSC CGL 2023]**

(a) 3% (b) 8%
(c) 5% (d) 12%

13. अर्चना ने 24 जनवरी, 2012 को एक बैंक से $8\frac{3}{4}\%$ वार्षिक साधारण ब्याज पर रु.78,000 का ऋण लिया और इसे 18 जून, 2012 को वापस चुका दिया। अर्चना द्वारा भुगतान की गई कुल राशि ज्ञात कीजिए- **[SSC CGL 2023]**

(a) रु.80,723 (b) रु.90,730

(c) रु.85,733 (b) रु.88,730

14. R, S को कुछ धनराशि उधार देता है, जिस पर S, R को रु.17,000 अधिक वापस करता है। S. T को उतनी ही धनराशि उधार देता है, जिस पर T, S को 8.5% अधिक भुगतान करता है। S द्वारा उधार ली जाने वाली वह न्यूनतम धनराशि (रु. में) क्या होगी, जिससे उसे इस लेन-देन में कोई हानि न हो- **[SSC CGL 2023]**

(a) 2,00,000 (b) 2,25,000
(c) 1,80,000 (d) 1,70,000

15. किसी धनराशि पर पहले 8 वर्षों के लिए 7.25% प्रति वर्ष छः वर्षों के लिए 8.5% और अंतिम चार वर्षों के लिए 6.5% की दर से साधारण ब्याज मिलता है। यदि इन अठारह वर्षों के दौरान अर्जित कुल ब्याज रु.35,100 था तो निवेश की गई मूल राशि (रु.में) क्या थी- **[SSC CGL 2023]**

(a) 25,800 (b) 25,500
(c) 26,400 (d) 26,000

16. एक व्यक्ति एक बैंक खाते में रु.4500 जमा करता है। जिस पर प्रतिवर्ष 6.75% साधारण ब्याज मिलता है। 4 वर्ष बाद उसकी जमा राशि का मूल्य ज्ञात कीजिए- **[CISF HCM 2023]**

(a) रु.5715 (b) रु.4725
(c) रु.5735 (d) रु.5215

17. एक राशि को 4 वर्षों के लिए एक निश्चित दर पर साधारण ब्याज पर रखा गया था। यदि इसे 2% अधिक दर पर रखा जाता तो रु. 400 अधिक मिलते। योग ज्ञात कीजिए- **[CISF HCM 2023]**

(a) रु.6000 (b) रु.8000
(c) रु.7550 (d) रु.5000

18. किसी धनराशि पर 3 वर्ष के लिए 6% वार्षिक दर से साधारण ब्याज प्रति वर्ष 10% की दर से 2 वर्ष के लिए रु.5000 पर चक्रवृद्धि ब्याज का आधा है। साधारण ब्याज पर रखी गई राशि क्या है- **[CISF HCM 2023]**

(a) रु.4275 (b) रु.4375
(c) रु.4325 (d) रु.4250

19. एक निश्चित राशि x% वार्षिक साधारण ब्याज की दर पर 3 वर्ष के लिए उधार दी जाती है। यदि इस धनराशि को 3x% वार्षिक साधारण ब्याज की दर पर y अधिक वर्षों के लिए उधार दिया जाता है तो इससे प्राप्त साधारण ब्याज पहले का सात गुणा होता है। y का मान क्या होगा- **[SSC CGL 2023]**

(a) 3 (b) 4
(c) 5 (d) 6

20. R एक वर्ष के लिए एक बैंक में रु.80,000 जमा करना चाहता है। उकसे खाते में बैंक 12% वार्षिक दर से साधारण ब्याज देता है, लेकिन खाते के प्रोसेसिंग शुल्क के रूप में रु.3,000 का शुल्क लेता है। खाते में उसका लाभ प्रतिशत क्या होगा- **[SSC CGL 2023]**

(a) 8.75% (b) 9%
(c) 8.5% (d) 8.2%

21. एक कम्प्यूटर रु.76800 नकद डाउन पेमेंट और तीन समान अर्द्धवार्षिक किश्तों में उपलबध है। यदि ब्याज 20% प्रतिवर्ष है, अर्द्धवार्षिक रूप से संयोजित है, तो किस्त योजना में परिवर्तित ब्याज कितना है- **[ICAR Assitt. 2022]**

(a) रु.10848 (b) रु.10878
(c) रु.10928 (d) रु.10698

22. रु.9600 की राशि साधारण ब्याज पर 2.5 वर्षों में रु.11616 हो जाती है। $5\frac{1}{2}$ वर्षों में उसी राशि के $\frac{3}{4}$ भाग पर का मिश्रधन, पहले की दर से कितनी होगी- **[ICAR Assitt. 2022]**

(a) रु.12926.40 (b) रु.12203.20
(c) रु.13035.20 (d) रु.12980.40

23. रु.800 की राशि पर 6 वर्षों में 5.5% की वार्षिक दर से प्राप्त साधारण ब्याज, एक निश्चित समयावधि में रु.600 की राशि पर 4% की वार्षिक दर से प्राप्त साधारण ब्याज के बराबर है। समयावधि ज्ञात करें- **[SSC CGL 2023]**

(a) 11 वर्ष (b) 9 वर्ष
(c) 12 वर्ष (d) 10 वर्ष

24. रु.8,500 साधारण ब्याज की एक निश्चित दर पर 6 वर्षों में रु. 11,050 हो जाता है। यदि दर स्वयं की 1.8 गुनी हो जाती है, तो 5 वर्ष में उसी मूलधन पर प्राप्त होने वाला मिश्रधन ज्ञात कीजिए- **[SSC CGL 2023]**

(a) रु.15,625 (b) रु.14,350
(c) रु.13,550 (d) रु.12,325

25. S दो खातों में कुल रु.50,000 की धनराशि जमा करता है, जिन पर क्रमशः 8% और 12% वार्षिक दर से साधारण ब्याज प्राप्त होता है। एक वर्ष बाद उसे ब्याज के रूप में कुल रु.5,200 प्राप्त होते है। उसने 12% ब्याज की दर पर कितनी धनराशि खाते में जमा करवाई थी- **[SSC CGL 2023]**

(a) रु.30,000 (b) रु.32,000
(c) रु.20,000 (d) रु.25,000

26. किसी राशि पर 4% प्रतिवर्ष की दर से 6 वर्षों के लिए साधारण ब्याज, उसी राशि पर 11 वर्षों के साधारण ब्याज से रु.7,500 कम है। राशि ज्ञात कीजिए- **[SSC CGL 2023]**

(a) रु.38,000 (b) रु.37,500
(c) रु.37,000 (d) रु.38,500

27. रु.6,600 को दो भागों में इस प्रकार विभाजित करें, ताकि पहले भाग पर 3 वर्षों के लिए प्रतिवर्ष 10% की दर पर प्राप्त साधारण ब्याज, दूसरे भाग पर 4 वर्षों के प्रतिवर्ष 9% की दर पर प्राप्त साधारण बयाज के बराबर हो- **[RRB Group D 2018]**

(a) रु.3600, 3000 (b) रु.4000, 2600
(c) रु.5000, 1600 (d) रु.6000, 600

28. 6.25% वार्षिक ब्याज की दर से रु.5000 की राशि का 5 फरवरी, 2017 से 19 अप्रैल 2017 तक का साधारण ब्याज ज्ञात कीजिए- **[RRB RPF SI 2019]**

(a) रु.62.50 (b) रु.48.50
(c) रु.64 (d) रु.80

29. रु.27,000 पर $14\frac{2}{3}\%$ प्रतिवर्ष की दर से 8 महीने का साधारण ब्याज ज्ञात कीजिए- **[SSC CGL 2023]**

(a) रु.2,600 (b) रु.2,630
(c) रु.2,610 (d) रु.2,640

30. एक धनराशि पर साधारण ब्याज की दर से 3 वर्ष में प्राप्त मिश्रधन रु.1,200 और 4 वर्षों में प्राप्त मिश्रधन रु.1,350 है। वह धनराशि ज्ञात करें- **[SSC CGL 2023]**

(a) रु.650 (b) रु.850
(c) रु.450 (d) रु.750

31. कितने प्रतिशत वार्षिक साधारण ब्याज की दर से कोई धनराशि 16 वर्षों में तीन गुना हो जाती है- **[SSC CGL 2023]**

(a) 11.5% (b) 11%
(c) 12% (d) 12.5%

32. निम्न में से कौन-सा कथन सही है-

I. यदि राशि = रु.26500, समय = 5 वर्ष और ब्याज दर = 16.5% प्रतिवर्ष, तो मूलधन साधारण ब्याज पर रु.14000।

II. यदि मूलधन रु.22000, राशि = रु.39160 और समय = 6 वर्ष, तो साधारण ब्याज दर पर ब्याज दर 13% प्रतिवर्ष है। **[IB ACIO -II 20200]**

(a) I और II दोनों (b) न तो I और न ही II
(c) केवल I (d) केवल II

33. साधारण ब्याज की योजना में निवेश करने पर रु.3000 की राशि रु.6000 हो जाती है। यदि ब्याज का वार्षिक दर और वर्षों की संख्या जिसके लिए राशि का निवेश किया गया था, समान है, तो वार्षिक ब्याज दर क्या है- **[SSC CHSL 2022]**

(a) 5% (b) 20%
(c) 10% (d) 15%

34. एक निश्चित राशि साधारण ब्याज दर से 5 वर्षों में 4 गुना हो जाती है। उसी साधारण ब्याज दर से 15 वर्षों में यह राशि कितने गुना हो जाएगी- **[SSC CHSL 2022]**

(a) 12 (b) 10
(c) 9 (d) 8

35. 10% वार्षिक दर पर ऋण दी गई एक निश्चित धनराशि पर 1 वर्ष के लिए चक्रवृद्धि ब्याज (अर्द्धवार्षिक रूप से संयाजित) और 1 वर्ष के लिए साधारण ब्याज के बीच का अंतर रु.25 है। वह धनराशि क्या है- **[SSC CHSL 2022]**

(a) रु.12,000 (b) रु.6000
(c) रु.8000 (d) रु.10,000

36. एक आदमी रु.12,000 की धनराशि ऋण पर लेता है जो साधारण ब्याज पर 2 वर्ष में रु.13,200 हो जाती है। यदि ब्याज दर दोगुना होता तो यह धनराशि कितनी हो गई होती- **[SSC CHSL 2022]**

(a) रु.13,400 (b) रु.14,400
(c) रु.12,400 (d) रु.14,000

37. एक व्यक्ति 6% वार्षिक दर पर साधारण ब्याज पर 3 वर्ष के लिए रु.20000 उधार लेता है। वह इसे तुरंत किसी अन्य व्यक्ति को 3 वर्ष के लिए 8.5% प्रतिशत वार्षिक साधारण ब्याज दर पर उधार दे देता है। प्रतिवर्ष प्राप्त लाभ का मूल्य क्या है- **[SSC CHSL 2022]**

(a) रु.1500 (b) रु.500
(c) रु.800 (d) रु.200

38. राजीव ने एक कंपनी में चक्रवृद्धि ब्याज (वार्षिक रूप से संयोजित) पर 2 वर्ष के लिए रु.3,000 का निवेश किया, इस पर उस कंपनी ने उसे रु.1,320 का ब्याज दिया। राजीव द्वारा निवेश की गई राशि पर वार्षिक ब्याज दर कितना होगा- **[SSC CHSL 2022]**

(a) 30% (b) 24%
(c) 16% (d) 20%

39. 2 वर्षों के लिए रु.6000, 10 प्रतिशत वार्षिक दर पर उधार दिया जाता है। निम्नलिखित में से कौन-सा कथन सही है-

I. इस राशि पर प्राप्त होने वाला साधारण ब्याज रु.1200 है।

II. इस राशि पर प्राप्त होने वाला चक्रवृद्धि ब्याज (वार्षिक रूप से संयोजित) रु.1260 है। **[SSC CHSL 2022]**

(a) कथन I सही है। (b) कथन I और II दोनों सही है।
(c) कथन II सही है। (d) इनमें से कोई नहीं

40. नूतन को एक बैंक और एक ऐप से ऋण के दो प्रस्ताव मिले। ऐप ने 15 प्रतिशत वार्षिक चक्रवृद्धि ब्याज दर पर 2 वर्षों के लिए रु. 10,000 का प्रस्ताव दिया और ब्रेक ने समान दर पर तथा समान

समय के लिए लेकिन साधारण ब्याज दर पर समान राशि का प्रस्ताव दिया। ब्याज के बीच अंतर ज्ञात कीजिए- [SSC CPO 2022]

(a) रु.375 (b) रु.400
(c) रु.250 (d) रु.225

41. एक व्यक्ति ने 4%, 6% और 10% वार्षिक दर पर साधारण ब्याज की तीन विभिन्न योजनाओं में कुल रु.15,500 का निवेश किया। एक वर्ष के अंत में उसे सभी तीनों योजनाओं में समान ब्याज मिला। 6% दर पर निवेश की गई राशि कितनी है- [SSC CPO 2022]

(a) रु.5400 (b) रु.5000
(c) रु.5500 (d) रु.6500

42. 4 साल के लिए 15% प्रतिवर्ष की दर से रु.4200 की राशि पर अर्जित साधारण ब्याज 4 साल के लिए 20% प्रति वर्ष की दर से रु.3000 पर अर्जित साधारण ब्याज से कितना अधिक है- [CRPF HCM 2023]

(a) रु.100 (b) रु.110
(c) रु.120 (d) रु.130

43. साधारण ब्याज पर $3\frac{1}{2}$ वर्ष बाद 8% प्रतिवर्ष की दर से निवेश की गई एक निश्चित राशि, उसी राशि पर 10 वर्षों के लिए दोगुने ब्याज दर पर साधारण ब्याज से रु.2944 कम है। राशि (रुपये में) है- [ICAR Asstt. 2022]

(a) 9800 (b) 9200
(c) 9000 (d) 9500

44. $3\frac{1}{2}$ वर्षों के लिए साधारण ब्याज पर एक निश्चित दर प्रतिशत प्रति वर्ष निवेश की गई एक निश्चित राशि रु.16160 और $7\frac{1}{2}$ वर्षों में समान दर पर साधारण ब्याज पर रु.20000 हो जाती है। उसी राशि पर $2\frac{3}{5}$ वर्षों में दोगुनी दर से साधारण ब्याज कितना होगा- [ICAR Technicain 2022]

(a) रु.4680 (b) रु.5070
(c) रु.4875 (d) रु.4992

45. एक व्यक्ति 4% वार्षिक साधारण ब्याज पर 2 वर्ष के लिए रु. 5,000 उधार लेता है। वह तुरंत इसे दूसरे व्यक्ति को $\frac{25}{4}$% वार्षिक की दर पर 2 वर्ष के लिए उधार दे देता है। इस लेन-देन में उसके लाभ (रु.में) की गणना करें- [Delhi Police 2023]

(a) 200 (b) 250
(c) 225 (d) 275

46. एक निश्चित राशि, साधारण ब्याज पर 3 वर्ष के लिए 4% वार्षिक, अगले 4 वर्ष के लिए 8% वार्षिक और 7 वर्ष के बाद की अवधि के लिए 12% वार्षिक पर उधार दी जाती है। यदि 11 वर्ष की अवधि के लिए प्राप्त साधारण ब्याज रु.27,600 है तो राशि की गणना (रु.में) करें- [Delhi Police 2023]

(a) 25,000 (b) 30,000
(c) 32,000 (d) 28,000

47. एक व्यक्ति ने साधारण ब्याज पर रु.1,200 का ऋण उतने ही वर्षों के लिए लिया, जितनी ब्याज दर पर यह ऋण लिया गया। यदि उसने ऋण अवधि के अंत में ब्याज के रूप में रु.432 का भुगतान किया, तो ब्याज की वार्षिक दर की गणना करें- [Delhi Police 2023]

(a) 5% (b) 9%
(c) 6% (d) 8%

48. रु.2,500 की राशि को दो भागों में इस प्रकार विभाजित किया जाता है कि यदि एक भाग को 5% वार्षिक साधारण ब्याज पर और दूसरे को 6% वार्षिक ब्याज पर रखा जाए, तो वार्षिक रूप से प्राप्त होने वाला वार्षिक ब्याज रु.140 होगा। 50% वार्षिक पर कितनी राशि उधार दी जाती है- [Delhi Police 2023]

(a) रु.2,000 (b) रु.1,000
(c) रु.500 (d) रु.1,500

49. एक निश्चित धनराशि, वार्षिक रूप से चक्रवृद्धि होने वाली 10% वार्षिक ब्याज दर पर 3 वर्ष में रु.1331 हो जाती है। निवेश की गई राशि ज्ञात करें- [IB ACIO-II 2020]

(a) रु.1050 (b) रु.1100
(c) रु.1000 (d) रु.1132

50. यदि रु.1000 की धनराशि साधारण ब्याज दर पर 2 वर्ष के बाद रु. 1200 हो जाती है, तो ब्याज दर ज्ञात कीजिए- [IB ACIO -II 20200]

(a) 10% (b) 15%
(c) 20% (d) 5%

51. एक व्यक्ति साधारण ब्याज की 4% प्रतिवर्ष की दर से 2 वर्ष के लिए रु.5,000 उधार लेता है वह इसे 2 वर्ष के लिए 6.25% की वार्षिक दर पर अन्य व्यक्ति को दे देता है। प्रतिवर्ष उसके द्वारा प्राप्त लाभ ज्ञात कीजिए- [RRB JE 2019]

(a) रु.150 (b) रु.112.50
(c) रु.167.50 (d) रु.125

52. दो अलग-अलग योजनाओ में क्रमशः 6 वर्ष और 10 वर्ष के लिए समान दर पर निवेश की गई समान राशि से प्राप्त साधारण ब्याज का अनुपात ज्ञात कीजिए- [RRB JE 2019]

(a) 4 : 3 (b) 2 : 1
(c) 4 : 5 (d) 3 : 4

53. एक निश्चित साधारण ब्याज की दर पर रु.800 की राशि 3 वर्षों में रु.956 हो जाती है। यदि दर को 4% बढ़ा दिया जाए, तो निवेश में कितनी वृद्धि होगी- **[RRB JE 2019]**
(a) रु.108 (b) रु.96
(c) रु.1052 (d) रु.72

54. मिस्टर जॉनसन ने क्रमशः 15% और 12.5% की साधारण ब्याज पर दो अलग-अलग योजनाओं A और B में रु.19,500 का निवेश किया। यदि 2 वर्षों में अर्जित साधारण ब्याज की कुल राशि रु. 6125 है, तो योजना A में निवेश की गई राशि क्या थी? (रु.में) **[UPSI 2021]**
(a) 27000 (b) 26000
(c) 24000 (d) 25000

55. रु.3680 पर 4% वार्षिक साधारण ब्याज की दर 2.5 साल में कितना ब्याज प्राप्त होगा- **[RRB RPF Constable 2019]**
(a) रु.368 (b) रु.92
(c) रु.184 (d) रु.274

56. 5 वर्ष के लिए प्रतिवर्ष 9% सरल ब्याज पर निवेश किया गया। रु. x उतनी ही ब्याज पैदा करता है, जितना रु.y के निवेश पर 4 वर्ष के लिए प्रतिवर्ष 7.5% सरल ब्याज मिलता है। x : y ज्ञात करें- **[RRB ALP & Tec. 2018]**
(a) 45 : 30 (b) 2 : 3
(c) 16 : 15 (d) 8 : 9

57. 8.5% साधारण वार्षिक ब्याज के दर पर 6 वर्षों के लिए निवेशित रु.2,000 की राशि पर कितना ब्याज प्राप्त होगा- **[RRB ALP & Tec. 2018]**
(a) रु.935 (b) रु.1,020
(c) रु.510 (d) रु.1,275

58. एक निश्चित धनराशि का 5 वर्ष के लिए एक निश्चित दर से साधारण ब्याज पर निवेश किया गया। यदि यह 10% अधिक दर पर निवेश किया गया होता तो रु.2000 अधिक प्राप्त हुए होते। निवेश किया गया मूलधन क्या था- **[RRB RPF Constable 2019]**
(a) रु.3500 (b) रु.4000
(c) रु.4500 (d) रु.5000

59. 6% साधारण ब्याज प्रतिवर्ष पर $3\frac{3}{4}$ वर्षों के अंत पर एक राशि से कुल राशि रु.2,940 प्राप्त होती है। निवेश की गई राशि कितनी थी- **[RRB RPF SI 2019]**
(a) रु.2,350 (b) रु.2,400
(c) रु.2,550 (d) रु.2,600

60. 8% साधारण ब्याज की दर पर, 12% की वार्षिक दर से $\frac{5}{2}$ वर्ष में प्राप्त होने वाला साधारण ब्याज उसी धनराशि पर 10% की वार्षिक दर से $\frac{7}{2}$ वर्ष में प्राप्त होने वाले साधारण ब्याज से रु.50 कम है। धनराशि ज्ञात कीजिए- **[RRB Group D 2018]**
(a) रु.1,500 (b) रु.1,000
(c) रु.2,5000 (d) रु.1,200

61. श्याम ने अपने घर की मरम्मत के लिए रु.1,80,000 उधार लिया। यह राशि तीन समान वार्षिक किस्तों में ब्याज के साथ वापस की जानी है। यदि ब्याज की दर 10% वार्षिक हो, तो प्रथम, द्वितीय और तृतीय वर्ष के अन्त में देय धनराशियाँ है, क्रमशः- **[BPSC Junior 2023]**
(a) रु.78,000, रु.72,000, रु.66,000
(b) रु.78,000, रु.70,000, रु.65,000
(c) रु.78,000, रु.71,000, रु.67,000
(d) उपर्युक्त में से एक से अधिक
(e) उपर्युक्त में से कोई नहीं

62. 5% वार्षिक साधारण ब्याज पर निवेश की गई किसी धनराशि का मूल्य 40% तक बढ़ाने में कितना समय लगेगा- **[BPSE Primary 2024]**
(a) 8 वर्ष (b) 6 वर्ष
(c) 7 वर्ष (d) उपर्युक्त में से एक से अधिक
(e) उपर्युक्त में से कोई नहीं

63. साधारण ब्याज पर लगाई गई एक धनराशि 8 वर्षों में तिगुनी हो जाती है और 20 वर्षों में n गुना हो जाती है। n का मान क्या है- **[CDS 2024]**
(a) 5 (b) 6
(c) 7.5 (d) 9

64. एक राशि को 3 वर्षों के लिए एक निश्चित दर पर साधारण ब्याज पर रखा गया था इसे 2% अधिक दर पर रखा गया होता, तो 420 रुपये अधिक प्राप्त हुए होते। राशि ज्ञात कीजिए- **[UPP Constable 2024]**
(a) रु.7,000 (b) रु.8,000
(c) रु.6,000 (d) रु.7,500

65. A, 10% साधारण ब्याज पर X को रु.26,200 का एक हिस्सा उधार देता है। शेष हिस्से को 5% साधारण ब्याज पर Y को उधार देता है। 4 वर्षों के बाद उसे कुल रु.34060 की राशि प्राप्त होती है तो फिर Y को कितनी राशि उधार दी गई है- (रु.में) **[UPSI 2021]**

(a) 13,100 (b) 15100
(c) 12100 (d) 14100

66. साधारण ब्याज पर निवेशित धन की एक राशि 17 वर्षों में अपने आप का तीन गुना हो जाती है। ज्ञात कीजिए कि समान दर पर वह राशि अपने आप का 17 गुना कितने वर्षों में होगी- **[UPSI 2021]**

(a) 142 (b) 134
(c) 138 (d) 136

67. साधारण ब्याज की एक योजना में रु.3000 की राशि का निवेश किया जाता है। इस योजना में ब्याज दर प्रतिवर्ष 10 प्रतिवर्ष है। यदि रु.1200 का ब्याज प्राप्त होता है, तो राशि को कितने महीनों के लिए निवेश किया गया था- **[SSC CHSL 2022]**

(a) 36 महीने (b) 30 महीने
(c) 48 महीने (d) 40 महीनें

68. वार्षिक रूप से संयोजित 10% वार्षिक दर पर 2 वर्षों के लिए रु. 14,000 पर चक्रवृद्धि ब्याज क्या होगा- **[SSC CHSL 2022]**

(a) रु.1,490 (b) रु.6,940
(c) रु.3,490 (d) रु.2,940

69. एक निश्चित राशि का $\frac{1}{2}$, 20 प्रतिशत ब्याज दर पर उधार दिया जाता है। शेष राशि का $\frac{2}{5}$, 25 प्रतिशत ब्याज दर पर उधार दिया जाता है। शेष राशि को 10 प्रतिशत ब्याज दर पर उधार दिया जाता है। यदि कुल राशि पर 2 वर्ष के लिए रु.360 साधारण ब्याज प्राप्त होता है, तो कुल राशि कितनी है- **[SSC CHSL 2022]**

(a) रु.1200 (b) रु.800
(c) रु.1000 (d) रु.1400

ANSWER

1	(c)	2	(c)	3	(c)	4	(c)	5	(b)	6	(a)	7	(a)	8	(a)	9	(d)	10	(c)
11	(d)	12	(a)	13	(a)	14	(a)	15	(d)	16	(a)	17	(d)	18	(a)	19	(b)	20	(d)
21	(c)	22	(a)	23	(a)	24	(d)	25	(a)	26	(b)	27	(a)	28	(a)	29	(d)	30	(d)
31	(d)	32	(d)	33	(c)	34	(b)	35	(d)	36	(b)	37	(b)	38	(d)	39	(b)	40	(d)
41	(b)	42	(c)	43	(b)	44	(d)	45	(c)	46	(b)	47	(c)	48	(b)	49	(c)	50	(c)
51	(b)	52	(b)	53	(b)	54	(d)	55	(a)	56	(b)	57	(b)	58	(b)	59	(b)	60	(b)
61	(a)	62	(a)	63	(b)	64	(a)	65	(a)	66	(d)	67	(c)	68	(d)	69	(c)		

CHAPTER 10

चक्रवृद्धि ब्याज (Compound Interest)

- साधारण ब्याज में सदैव ब्याज मूलधन पर लगता है जबकि चक्रवृद्धि ब्याज में ब्याज के ऊपर भी ब्याज लगता है। अर्थात् इसमें सतत् वृद्धि होती है।

- $A = P\left(1+\frac{r}{100}\right)^n$
- $C.I. = P\left[\left(1+\frac{r}{100}\right)^n - 1\right]$

जहाँ $A =$ मिश्रधन, $P =$ मूलधन

$r =$ चक्रवृद्धि ब्याज की दर, $n =$ वर्षों की संख्या

$C.I. = A - P$

- चक्रवृद्धि ब्याज की गणना तीन आधार पर की जाती है-

आधार	ब्याज दर	समय (n)
वार्षिक	$r\%$	t वर्ष
छमाही (अर्द्धवार्षिक)	$\frac{r}{2}\%$	$t\times2$ छमाही
तिमाही	$\frac{r}{4}\%$	$t\times4$ तिमाही
मासिक	$\frac{r}{12}\%$	$t\times12$ मासिक

- यदि विभिन्न वर्षों के लिए विभिन्न ब्याज की दर हो तो-

$$A = P\left(1+\frac{r_1}{100}\right)\left(1+\frac{r_2}{100}\right)\left(1+\frac{r_3}{100}\right)............$$

- यदि समय एक भिन्न के रूप में दिया गया हो, तो $t = nF$, तब

$$A = P\left(1+\frac{r}{100}\right)^n\left(1+\frac{rF}{100}\right)$$ [जहाँ $F =$ fraction]

- यदि पहले वर्ष का ब्याज दर $x\%$ तथा दूसरे वर्ष का ब्याज दर $y\%$ हो तो-

$$\text{प्रभावी दर} = \left[x+y+\frac{xy}{100}\right]\%$$

- यदि पहले वर्ष का ब्याज दर $x\%$, दूसरे वर्ष का ब्याज दर $y\%$ तथा तीसरे वर्ष का ब्याज दर $z\%$ हो तो-

$$\text{प्रभावी दर} = \left[(x+y+z)+\frac{(xy+yz+zx)}{100}+\frac{xyz}{10000}\right]\%$$

- यदि कोई राशि 't' वर्ष में खुद की 'm' गुना हो जाती है, जबकि वार्षिक दर चक्रवृद्धि हो, तो कितने समय में यह खुद का m^n हो जाएगी-

$$\text{अभीष्ट समय} = (t \times n) \text{ वर्ष}$$

- 2 वर्षों में R% वार्षिक चक्रवृद्धि ब्याज की दर से मूलधन P पर चक्रवृद्धि ब्याज तथा साधारण ब्याज का अंतर होगा-

$$C.I. - S.I. = P\left(\frac{R}{100}\right)^2$$

- यदि समय 3 वर्ष है, तो

$$C.I. - S.I. = P\left(\frac{R}{100}\right)^2 \times \left(\frac{300+R}{100}\right)$$

- यदि चक्रवृद्धि ब्याज दर पर कोई मूलधन 'a' वर्षों में A हो जाता है तथा 'b' वर्षों में B हो जाता है तो-

(i) यदि $b - a = 1$ हो, तो $R\% = \left(\frac{B}{A}-1\right)\times100\%$

(ii) यदि $b - a = 2$ हो, तो $R\% = \left(\sqrt{\frac{B}{A}}-1\right)\times100\%$

(iii) यदि $b - a = n$ हो, तो $R\% = \left[\left(\frac{B}{A}\right)^{\frac{1}{n}}-1\right]$

जहाँ n एक पूर्णांक है।

- यदि कोई धनराशि चक्रवृद्धि ब्याज की दर से 't' वर्षों में खुद की 'n' गुनी हो जाती है, तो $R\% = \left(n^{\frac{1}{t}} - 1\right) \times 100\%$

- एक राशि निश्चित दर पर t वर्षों में x और 2t वर्षों में y हो जाती है तो मूलधन $= \frac{x^2}{y}$

- यदि किसी निश्चित दर पर कोई धनराशि T_1 वर्षों में N_1 गुना और T_2 वर्षों में N_2 गुना हो जाती है तो- $N_2 = N_1^{\left(\frac{T_2}{T_1}\right)}$

- यदि कोई व्यक्ति अपने x वर्ष और y वर्ष की आयु के दो पुत्रों के बीच K रुपये की वसीयत इस प्रकार बनाता है कि उनमें से प्रत्येक को z वर्ष की आयु तक पहुंचने पर समान राशि प्राप्त हो, यदि ब्याज की दर r% प्रतिवर्ष संयोजित होती है तो प्रत्येक पुत्र को वसीयत के समय प्राप्त राशि का अनुपात-

$$\frac{P_{(elder)}}{P_{(younger)}} = \left(\frac{1+\frac{r}{100}}{1}\right)^{y-x}$$ जहाँ $(x<y)$

- यदि एक धन P, r% वार्षिक चक्रवृद्धि ब्याज की दर पर उधार लिया जाता है, जिसे 'n' समान वार्षिक किश्तों में चुकाना है, (ब्याज सहित), तो-

मूलधन = प्रत्येक किश्त $[n + n^2 + n^3 + ...]$

जहाँ $n = \frac{100}{100+R}$

(i) $n = 2$ के लिए प्रत्येक समान वार्षिक किश्त

$$= \frac{P}{\left(\frac{100}{100+r}\right) + \left(\frac{100}{100+r}\right)^2}$$

(ii) $n = 3$ के लिए प्रत्येक समान वार्षिक किश्त

$$= \frac{P}{\left(\frac{100}{100+r}\right) + \left(\frac{100}{100+r}\right)^2 + \left(\frac{100}{100+r}\right)^3}$$

ब्याज पर आधारित प्रश्न

1. ₹8000 की धनराशि पर 5% वार्षिक ब्याज की दर से 2 वर्ष का चक्रवृद्धि ब्याज, जहाँ ब्याज की गणना वार्षिक तौर पर होती है, ज्ञात कीजिए।

(a) ₹820 (b) ₹630
(c) ₹780 (d) ₹920

Sol. **(a) <u>Method - I</u>**

$$\text{C.I.} = P\left[\left(1+\frac{r}{100}\right)^n - 1\right]$$

$$= 8000\left[\left(1+\frac{5}{100}\right)^2 - 1\right]$$

$$= 8000\left[\frac{441-400}{400}\right] = 20 \times 41 = ₹820$$

अतः चक्रवृद्धि ब्याज = ₹820 **Ans.**

<u>Method - II</u> दर $= 5\% = \frac{1}{20}$

मूलधन	:	मिश्रधन
20	:	21
20	:	21
400	:	441

ब्याज = **41 unit**

∵ 400 unit = 8000
1 unit = 20
∴ 41 unit = 20×41 = 820

अतः चक्रवृद्धि ब्याज = 820 **Ans.**

2. ₹10,000 की राशि पर 10% वार्षिक ब्याज की दर से 3 वर्ष का चक्रवृद्धि ब्याज (₹ में) ज्ञात कीजिए।

(a) 1333 (b) 3003
(c) 3130 (d) 3310

Sol. (d) $r = 10\% = \frac{1}{10}$

मूलधन	:	मिश्रधन
10	:	11
10	:	11
10	:	11
1000	:	1331

चक्रवृद्धि ब्याज = 41 unit

1000 unit = 10,000
1 unit = 10
∴ 331 unit = 10×331 = ₹3310

अतः चक्रवृद्धि ब्याज = ₹3310 **Ans.**

3. ₹8950 की राशि पर 2 वर्ष के लिए 9% प्रतिवर्ष के हिसाब से चक्रवृद्धि ब्याज (₹ में, निकटतम पूर्णांक तक) कितना होगा, अगर इसकी वार्षिक रूप से गणना की जाती है-

(a) ₹820 (b) ₹630
(a) ₹1683 (b) ₹1685
(c) ₹1468 (d) ₹1523

Sol. (a) $t = 9\% = \frac{9}{100}$

मूलधन	:	मिश्रधन
100	:	109
100	:	109
10000	:	11881

चक्रवृद्धि ब्याज = 1881 unit

∵ 10000 unit = 8950

∴ 1881 unit $= \frac{8950 \times 1881}{10000} = 1683.49 = ₹1683$

अतः चक्रवृद्धि ब्याज = ₹1683 **Ans.**

4. सुमन चक्रवृद्धि ब्याज का 4% वार्षिक दर पर ₹8500 उधार लेता है। 2 वर्ष का चक्रवृद्धि ब्याज क्या होगा। यदि ब्याज वार्षिक संयोजित होता है-

(a) ₹9139.6 (b) ₹639.6
(c) ₹9193.6 (d) ₹693.6

Sol. (d) $r = 4\% = \frac{1}{25}$

मूलधन	:	मिश्रधन
25	:	26
25	:	26
625	:	676

चक्रवृद्धि ब्याज = 51 unit

625 unit = 8500
1 unit = 13.6
∴ 51 unit = 13.6 × 51 = ₹693.6

अतः चक्रवृद्धि ब्याज = ₹693.6 **Ans.**

5. ₹30,000 की राशि पर 15% वार्षिक दर को $2\frac{2}{3}$ वर्ष में भुगतान किया जाने वाला चक्रवृद्धि ब्याज (₹ में) ज्ञात करे।

(a) 12364.50 (b) 13642.50
(c) 16342.50 (d) 14362.50

Sol. (b)

$$I = 15\%, \quad II = 15\%, \quad III = 15 \times \frac{2}{3} \times \frac{1}{100} = \frac{1}{10}$$

$\because 15\% = \frac{3}{20}$

मूलधन	:	मिश्रधन
20	:	23
20	:	23
10	:	11
4000	:	5819

चक्रवृद्धि ब्याज = 1819 unit

$\because$ 4000 unit = 3000

$1 \text{ unit} = \frac{30}{4}$

$\therefore \quad 1819 \text{ unit} = \frac{30}{4} \times 1819 = ₹13642.50$

अतः चक्रवृद्धि ब्याज = ₹13642.50 **Ans.**

6. किसी राशि पर 12½% प्रतिवर्ष की दर से 2 वर्षों के लिए वार्षिक चक्रवृद्धि ब्याज कितना ₹ होगा-

(a) ₹1700 (b) ₹4400
(c) ₹7260 (d) ₹2560

Sol. (a)

$r = 12\frac{1}{2}\% = \frac{1}{8}$

मूलधन	:	मिश्रधन
8	:	9
8	:	9
64	:	81

चक्रवृद्धि ब्याज = 17 unit

64 unit = 6400
1 unit = 100
$\therefore$ 17 unit = 100 × 17 = ₹1700

अतः चक्रवृद्धि ब्याज = ₹1700 **Ans.**

7. ब्याज की गणना वार्षिक चक्रवृद्धि आधार पर करते हुए, 15% वार्षिक ब्याज की दर से ₹46000 की राशि पर $2\frac{2}{5}$ वर्ष में प्राप्त चक्रवृद्धि ब्याज (₹ में) ज्ञात करे। (निकटतम ₹ तक)

(a) 19485 (b) 18485
(c) 18458 (d) 19458

Sol. (b)

$I = 15\%, \quad II = 15\%, \quad III = 15 \times \frac{2}{5} \times \frac{1}{100} = \frac{3}{50}$

$r = 15\% = \frac{3}{20}$

मूलधन	:	मिश्रधन
20	:	23
20	:	23
50	:	53
20000	:	28037

चक्रवृद्धि ब्याज = 8037 unit

20000 unit = 46000
1 unit = 2.3
$\therefore$ 8037 unit = 2.3 × 8037 = ₹18485

अतः चक्रवृद्धि ब्याज = ₹18485 **Ans.**

8. यदि ₹12000 को वार्षिक रूप से संयोजित 5% प्रतिवर्ष की दर से दे दिया गया है तो 2 वर्षों में संचित ब्याज क्या होगा-

(a) ₹1180 (b) ₹1050
(c) ₹1350 (d) ₹1230

Sol. (d) $r = 5\% = \frac{1}{20}$

मूलधन	:	मिश्रधन
20	:	21
20	:	21
400	:	441

चक्रवृद्धि ब्याज = 41 unit

$\because$ 400 unit = 12000
1 unit = 30
$\therefore$ 41 unit = 30×41 = ₹1230

अतः चक्रवृद्धि ब्याज = ₹1230 **Ans.**

9. जब ब्याज की गणना अर्द्धवार्षिक चक्रवृद्धि आधार पर की जाती है तो 16% वार्षिक दर से ₹22500 की राशि पर 1 वर्ष का चक्रवृद्धि ब्याज ज्ञात करे।

(a) ₹36244 (b) ₹3744
(c) ₹3600 (d) ₹3700

Sol. (b)

ब्याज की गणना अर्द्धवार्षिक चक्रवृद्धि आधार पर की जाती है।

$\therefore$ ब्याज दर (r) $= \frac{16}{2} = 8\% = \frac{2}{25}$

समय = 1 वर्ष = 2 छमाही

मूलधन	:	मिश्रधन
25	:	27
25	:	27
625	:	729

चक्रवृद्धि ब्याज = 104 unit

$\because$ 625 unit = 22500

$\therefore$ 1 unit = 36

$\therefore$ 104 unit = 36 × 104

= ₹3744

अतः चक्रवृद्धि ब्याज = ₹3744 **Ans.**

10. यदि ब्याज को अर्द्धवार्षिक रूप से चक्रवृद्धि किया जाता है तो ₹12600 की धनराशि के लिए 20% वार्षिक ब्याज दर पर $1\frac{1}{2}$ वर्ष का चक्रवृद्धि ब्याज ज्ञात करे। (निकटतम ₹ तक)

(a) ₹4171 (b) ₹4169
(c) ₹4251 (d) ₹4269

Sol. (a)

ब्याज को अर्द्धवार्षिक रूप से चक्रवृद्धि किया जाता है।

$\therefore$ ब्याज दर (r) = $\frac{20}{2}$ = 10%, छमाही = $\frac{1}{10}$

समय = $1\frac{1}{2}$ वर्ष = $\frac{3}{2} \times 2$ = 3 छमाही

मूलधन	:	मिश्रधन
10	:	11
10	:	11
10	:	11
1000	:	1331

चक्रवृद्धि ब्याज = 331 unit

$\because$ 1000 unit = 12600

1 unit = 12.6

$\therefore$ 331 unit = 12.6×331

= 4170.6

= ₹4171

अतः चक्रवृद्धि ब्याज = ₹4171 **Ans.**

11. यदि ₹12500 को 12% वार्षिक चक्रवृद्धि ब्याज की दर पर एक वर्ष 4 माह के लिए निवेशित किया जाता है, जबकि ब्याज वार्षिक संयोजित होता है, तो प्राप्त चक्रवृद्धि ब्याज ज्ञात करे।

(a) ₹2050 (b) ₹2060
(c) ₹2170 (d) ₹2210

Sol. (b) **Method - I**

$$\text{C.I.} = P\left[\left(1+\frac{r}{100}\right)^n\left(1+\frac{rf}{100}\right)-1\right]$$

$$= 12500\left[\left(1+\frac{12}{100}\right)^1\left(1+\frac{12\times\frac{4}{12}}{100}\right)-1\right]$$

$$= 12500\left[\frac{28}{25}\times\frac{26}{25}-1\right]$$

= 20 [728 – 625]

= 20 × 103 = ₹2060

अतः चक्रवृद्धि ब्याज = ₹2060 **Ans.**

Method - II

1 वर्ष का ब्याज दर = 12% = $\frac{3}{25}$

4 माह का ब्याज दर = 4% = $\frac{1}{25}$

मूलधन	:	मिश्रधन
25	:	28
25	:	26
625	:	728

चक्रवृद्धि ब्याज = 103 unit

625 ⟶ 12500

1 ⟶ 20

103 ⟶ 2060

12. ब्याज की गणना वार्षिक चक्रवृद्धि आधार पर करते हुए, 15% वार्षिक ब्याज की दर से ₹46,000 की राशि पर $2\frac{2}{5}$ वर्ष में प्राप्त चक्रवृद्धि ब्याज (₹ में) ज्ञात करे। (निकटतम ₹ तक)।

(a) 19485 (b) 18485

(c) 18458 (d) 19458

Sol. (c) Method - I

$$\text{C.I.} = P\left[\left(1+\frac{r}{100}\right)^n\left(1+\frac{rf}{100}\right)-1\right]$$

$$= 46000\left[\left(1+\frac{15}{100}\right)^2\left(1+\frac{15\times\frac{2}{5}}{100}\right)-1\right]$$

$$= 46000\left[\frac{529}{400}\times\frac{53}{50}-1\right]$$

$$= 46000\left[\frac{28037-20000}{20000}\right]$$

$$= \frac{46000\times 8037}{20000}$$

= 18485.1 (लगभग)

= ₹18485

अतः चक्रवृद्धि ब्याज = ₹18485 **Ans.**

Method - II

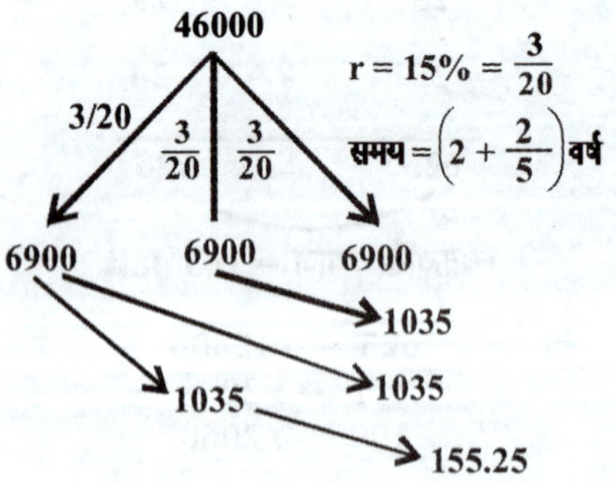

2 वर्ष का C.I. = 6900 + 6900 + 1035

= ₹14835

तीसरे वर्ष का C.I. = 6900 + 1035 + 1035 + 155.25

= ₹9125.25

$\frac{2}{5}$ वर्ष का C.I. $= 9125.25\times\frac{2}{5}$ = ₹3650.10

$\therefore$ $2\frac{2}{5}$ वर्ष का C.I. = 14835 + 3650.10

= 18485.1

= ₹18485 **Ans.**

Method - III

1 वर्ष का ब्याज दर = 15% = 3/20

2/5 वर्ष का ब्याज दर = 6% = 3/50

मूलधन		मिश्रधन
20	**:**	**23**
20	**:**	**23**
50	**:**	**53**
20000		**28037**

ब्याज = 8037

$20000 \longrightarrow 46000$

$1 \longrightarrow 2.3$

$8037 \longrightarrow 18485.1 \approx 18485$

13. ₹800 की राशि पर एक निश्चित वार्षिक ब्याज दर पर 3 वर्ष में प्राप्त साधारण ब्याज ₹3600 है। यदि ब्याज की गणना प्रति 8 माह चक्रवृद्धि आधार पर की जाती है तो उसी राशि पर उसी ब्याज दर से 2 वर्ष के बाद कितनी धनराशि प्राप्त होगी-

(a) ₹2600 (b) ₹2622

(c) ₹2648 (d) ₹2692

Sol. (c)

$$\text{साधारण ब्याज} = \frac{\text{मूलधन}\times\text{दर}\times\text{समय}}{100}$$

$$3600 = \frac{8000\times\text{दर}\times 3}{100}$$

$\therefore$ दर% = 15%

$$\text{प्रति 8 माह पर दर} = \frac{15}{3/2}$$

= 10%

$r = 10\% = \frac{1}{10}$

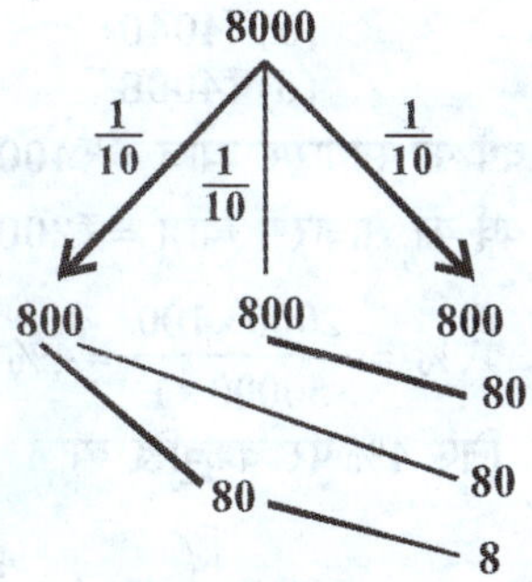

$$C.I. = 800 + 800 + 800 + 80 + 80 + 80 + 8$$
$$= ₹2648$$

अतः चक्रवृद्धि ब्याज = ₹2648 **Ans.**

14. वार्षिक 10% की ब्याज दर पर, 3½ वर्ष में किसी निश्चित राशि पर प्राप्त साधारण ब्याज ₹2940 है। ब्याज की गणना यदि अर्द्धवार्षिक चक्रवृद्धि आधार पर की जाए, तो समान ब्याज दर पर 1½ वर्ष में समान राशि पर प्राप्त चक्रवृद्धि ब्याज (₹ में) ज्ञात करे (₹ के निकटतम पूर्णांकित)।

(a) 1564 (b) 1324
(c) 1125 (d) 1470

Sol. (b) मूलधन $= \frac{100 \times \text{साधारण ब्याज}}{\text{दर} \times \text{समय}}$

$$= \frac{100 \times 2940}{10 \times \frac{7}{2}} = 8400$$

∵ ब्याज अर्द्धवार्षिक लगाया जा रहा है।

$\therefore$ दर $= \frac{10}{2} = 5\%$

समय $= \frac{3}{2} \times 2 = 3$ छमाही

$$C.I. = 8400\left[\left(1 + \frac{5}{100}\right)^3 - 1\right]$$

$$= 8400\left[\frac{21}{20} \times \frac{21}{20} \times \frac{21}{20} - 1\right]$$

$$= 8400\left[\frac{9261 - 8000}{8000}\right]$$

$$= \frac{8400 \times 1261}{8000}$$

$$= 1324.05 = ₹1324$$

अतः चक्रवृद्धि ब्याज = ₹1324 **Ans.**

15. एक निश्चित धनराशि पर, 12% वार्षिक ब्याज दर पर 3 वर्षों के साधारण ब्याज की राशि ₹6750 है। उसी धनराशि पर, 20% वार्षिक ब्याज दर पर 2 वर्षों के चक्रवृद्धि ब्याज की राशि (₹ में) कितनी होगी। यदि ब्याज अर्द्धवार्षिक रूप से चक्रवृद्धि संयोजित किया जाता है (निकटतम ₹ में पूर्णांकित)।

(a) 7729 (b) 8702
(c) 8000 (d) 6750

Sol. (b) मूलधन $= \frac{6750 \times 100}{12 \times 3} = ₹18750$

अर्द्धवार्षिक रूप से संयोजित धनराशि के चक्रवृद्धि ब्याज पर

दर% $= \frac{20}{2}\% = 10\% = \frac{1}{10}$

समय = 2 × 2 = 4 छमाही

मूलधन	:	मिश्रधन
10	:	11
10	:	11
10	:	11
10	:	11
10000	:	**14641**

ब्याज = 4641 unit

10000 unit = 18750

$$4641 \text{ unit} = \frac{18750 \times 4641}{10000}$$
$$= 8701.87 = ₹8702$$

अतः चक्रवृद्धि ब्याज = ₹8702 **Ans.**

16. 15% प्रतिवर्ष की दर पर 2½ वर्ष के लिए ₹4096 की राशि पर चक्रवृद्धि ब्याज क्या होगा, अगर ब्याज 10 मासिक रूप से संयोजित होता है।

(a) ₹1736 (b) ₹1763
(c) ₹1726 (d) ₹1636

Sol. **(a)** समय $= 2\frac{1}{2}$ वर्ष $= 30$ माह $= \frac{30}{10} = 3$ (10 मासिक)

दर = 15%, वार्षिक $= \frac{15}{12} \times 10 = 12.5\%$

$$P = 4096$$

$$\therefore \quad C.I. = 4096\left[\left(1+\frac{12.5}{100}\right)^3 - 1\right]$$

$$= 4096\left[\left(\frac{9}{8}\right)^3 - 1\right]$$

$$= 4096\left[\frac{729-512}{512}\right]$$

$$= 4096 \times \frac{217}{512} = ₹1736$$

अतः चक्रवृद्धि ब्याज = ₹1736 **Ans.**

17. तीन वर्षों के अंत में 5% प्रतिवर्ष की दर पर एक निश्चित राशि पर साधारण ब्याज ₹1200 है। समान दर पर समान अवधि के लिए समान राशि पर चक्रवृद्धि ब्याज (वार्षिक रूप से चक्रवृद्धि ब्याज) है।

(a) ₹1260 (b) ₹1800
(c) ₹820 (d) ₹1261

Sol. **(d)** मूलधन $= \frac{1200 \times 100}{3 \times 5} = 8000$

$\therefore \; r = 5\% = \frac{1}{20}$

t = 3 वर्ष

मूलधन	:	मिश्रधन
20	:	21
20	:	21
20	:	21
8000	:	9261

चक्रवृद्धि ब्याज = 1261 unit

$\because$ 8000 unit = 8000

$\therefore$ 1261 unit = 1 × 1261 = ₹1261

अतः चक्रवृद्धि ब्याज = ₹1261 **Ans.**

18. ₹50000 की एक राशि पर दो वर्ष के अंत में साधारण ब्याज ₹4000 प्राप्त होता है। उसी राशि पर समान अवधि के लिए समान ब्याज दर पर चक्रवृद्धि ब्याज क्या होगा-

(a) ₹8000 (b) ₹4040
(c) ₹4080 (d) ₹4008

Sol. **(c)** $\because$ 2 वर्ष का साधारण ब्याज = ₹4000

$\therefore$ 1 वर्ष का साधारण ब्याज = ₹2000

$\therefore$ दर% $= \frac{2000 \times 100}{50000 \times 1} = 4\%$

2 वर्ष के लिए 4% पर चक्रवृद्धि ब्याज

$$= 50000\left[\left(4+4+\frac{4 \times 4}{100}\right)\%\right]$$

$$= 50000 \times 8.16\%$$

$$= 50000 \times \frac{8.16}{100} = ₹4080$$

अतः चक्रवृद्धि ब्याज = ₹4080 **Ans.**

19. ₹8192 की राशि पर $1\frac{1}{4}$ वर्षों के लिए 15% प्रतिवर्ष की दर से चक्रवृद्धि ब्याज (₹ में) क्या है, यदि ब्याज 5 मासिक चक्रवृद्धि है-

(a) ₹1640 (b) ₹1740
(c) ₹1634 (d) ₹1735

Sol. **(c)** समय $= 1\frac{1}{4}$ वर्ष $= \frac{15}{5}$ महीना $= 3$ (5 मासिक)

दर $= 15\% = \frac{15 \times 5}{12} = 6.25\% = \frac{1}{16}$

मूलधन	:	मिश्रधन
16	:	17
16	:	17
16	:	17
4096	:	4913

चक्रवृद्धि ब्याज = 817 unit

4096 unit = 8192

1 unit = 2

$\therefore$ 817 unit = 817×2

= ₹1634

अतः चक्रवृद्धि ब्याज = ₹1634 **Ans.**

20. एक निश्चित राशि पर 12% प्रतिवर्ष की दर से 3 वर्षों के लिए साधारण ब्याज ₹6750 है। यदि ब्याज अर्द्धवार्षिक रूप से संयोजित किया जाता है, तो उसी राशि पर 2 वर्षों के लिए 10% प्रतिवर्ष की दर से चक्रवृद्धि ब्याज (₹ में) क्या है? (निकटतम ₹ में पूर्णांकित करें)

(a) 3000 (b) 4041
(c) 2729 (d) 4750

Sol. (b) $$\text{मूलधन} = \frac{6750 \times 100}{12 \times 3} = ₹18750$$

अब,

ब्याज अर्द्धवार्षिक संयोजित होने पर

समय = 2 वर्ष = 2 × 2 = 4 छमाही

$$\text{दर} = \frac{10}{2}\% = 5\%$$

$$\text{C.I.} = 18750\left[\left(1+\frac{5}{100}\right)^4 - 1\right]$$

$$= 18750\left[\left(\frac{21}{20}\right)^4 - 1\right]$$

$$= 18750 \times \left[\frac{194481 - 160000}{160000}\right]$$

$$= 18750 \times \frac{34481}{160000} = 4040.74 = ₹4041$$

अतः चक्रवृद्धि ब्याज = ₹4041 **Ans.**

21. यदि ब्याज की दर पहले दो वर्षों के लिए 20% प्रतिवर्ष और अगले दो वर्षों के लिए 10% प्रतिवर्ष है तो 4 वर्षों के लिए ₹7500 की राशि पर चक्रवृद्धि ब्याज ज्ञात कीजिए। (ब्याज सलाना चक्रवृद्धि है)

(a) ₹5658 (b) ₹5586
(c) ₹6558 (d) ₹5568

Sol. (d) Method - I

$$A = P\left(1+\frac{r_1}{100}\right)^{n_1}\left(1+\frac{r_2}{100}\right)^{n_2}$$

$$= 7500\left(1+\frac{20}{100}\right)^2\left(1+\frac{10}{100}\right)^2$$

$$= 7500 \times \frac{6}{5} \times \frac{6}{5} \times \frac{11}{10} \times \frac{11}{10} = 13068$$

$\therefore$ C.I. = 13068 − 7500 = ₹5568

अतः चक्रवृद्धि ब्याज = ₹5568 **Ans.**

Method-II

$$r_1 = 20\% = \frac{1}{5}$$

t_1 = 2 वर्ष

$$r_2 = 10\% = \frac{1}{10}$$

t_2 = 2 वर्ष

मूलधन	:	मिश्रधन
5	:	6
5	:	6
10	:	11
10	:	11
625	:	1089

चक्रवृद्धि ब्याज = 464 unit

चक्रवृद्धि ब्याज = 464 unit

625 unit = 7500

1 unit = 12

464 unit = 12 × 464 = ₹5568

अतः चक्रवृद्धि ब्याज = ₹5568 **Ans.**

22. ₹4000, 5% प्रतिवर्ष की दर से एक वर्ष के लिए दिए जाते है तथा ब्याज की चक्रवृद्धि अर्द्धवार्षिक है। ₹2000, 1 वर्ष के लिए 40% प्रतिवर्ष की दर से दिए जाते है तथा ब्याज की चक्रवृद्धि त्रैमासिक है। प्राप्त होने वाला कुल ब्याज लगभग कितना है?

(a) ₹1444.40 (b) ₹1888.80
(c) ₹1130.70 (d) ₹1333.30

Sol. (c) $$r_1 = \frac{5}{2}\% = 2.5\%$$

t_1 = 1 वर्ष = 1 × 2 = 2 छमाही

$$r_2 = \frac{40}{4}\% = 10\%$$

t_2 = 1 × 4 = 4 त्रैमासिक

$$A = P\left(1+\frac{r_1}{100}\right)^{t_1}\left(1+\frac{r_2}{100}\right)^{t_2}$$

$$= 4000\left(1+\frac{2.5}{100}\right)^2 + 2000\left(1+\frac{10}{100}\right)^4$$

$= 4000\times\frac{41}{40}\times\frac{41}{40}+2000\times\frac{11}{10}\times\frac{11}{10}\times\frac{11}{10}\times\frac{11}{10}$

$= 4202.5 + 2928.2 = ₹7130.7$

∴ चक्रवृद्धि ब्याज $= 7130.7-(4000+2000)$

$= ₹1130.70$ **Ans.**

23. 10% प्रतिवर्ष की दर से निवेश की गयी ₹8000 की एक राशि अर्द्धवार्षिक चक्रवृद्धि ब्याज की दर से किसी निश्चित समय में ₹9261 हो जाती है। इसी राशि पर इतने ही समय के लिए पूर्व की तुलना में दोगुने दर से चक्रवृद्धि ब्याज ज्ञात कीजिए। यदि ब्याज का संयोजन वार्षिक है-

(a) ₹2520 (b) ₹2480
(c) ₹2560 (d) ₹2500

Sol. **(c)** $A = P\left(1+\frac{r}{100}\right)^n$

$$9261 = 8000\left(1+\frac{\frac{10}{2}}{100}\right)^{2n}$$

[∵ ब्याज अर्द्धवार्षिक संयोजित है]

$$\Rightarrow \frac{9261}{8000} = \left(\frac{21}{20}\right)^{2n}$$

$$\Rightarrow \left(\frac{21}{20}\right)^3 = \left(\frac{21}{20}\right)^{2n}$$

∴ $2n = 3$

$n = 1½$ वर्ष

अब,

दोगुने होने पर

$r = 10 \times 2\% = 20\%$

$$C.I. = 8000\left[\left(1+\frac{20}{100}\right)\left(1+\frac{20\times1/2}{100}\right)-1\right]$$

$$= 8000\left[\frac{6}{5}\times\frac{11}{10}-1\right]$$

$$= 8000\times\frac{8}{25} = ₹2560$$

अतः चक्रवृद्धि ब्याज $= ₹2560$ **Ans.**

24. ₹5000 की राशि 8 वर्षों में एक निश्चित दर से ₹7200 हो जाती है, ब्याज चक्रवृद्धि रूप से संयोजित होता है। ₹6550 की राशि पर 4 वर्षों से समान ब्याज दर पर चक्रवृद्धि ब्याज कितना होगा?

(a) ₹1290 (b) ₹1285
(c) ₹1415 (d) ₹1310

Sol. **(d)** $\sqrt{5000} : \sqrt{7200}$

$\sqrt{25} : \sqrt{36}$

$5 : 6$

∵ 5 इकाई $= 6550$

∴ 1 इकाई $= ₹1310$

अतः चक्रवृद्धि ब्याज $= ₹1310$ **Ans.**

25. कोई मूलधन साधारण ब्याज दर पर पांच वर्षों में 50% बढ़ जाता है। समान ब्याज दर के साथ ₹20000 पर 3 वर्षों के लिए चक्रवृद्धि ब्याज कितना होगा-

(a) ₹6620 (b) ₹3310
(c) ₹5760 (d) ₹2880

Sol. **(a)**

माना कि मूलधन $= P$

साधारण ब्याज $= \frac{P}{2}$

समय $= 5$ वर्ष

∴ दर% $= \frac{\frac{P}{2}\times100}{P\times5} = 10\%$

∴ $C.I. = 20000\left[\left(1+\frac{10}{100}\right)^3-1\right]$

$$= 20000\left[\frac{1331-1000}{1000}\right] = ₹6620$$

अतः चक्रवृद्धि ब्याज $= ₹6620$ **Ans.**

26. ₹10,000 की एक राशि को 17 माह के लिए 8% प्रतिवर्ष अर्द्धवार्षिक चक्रवृद्धि पर निवेश किया जाता है। 17 माह के अंत में लाभ ज्ञात करे।

(a) ₹1176.53 (b) ₹1188.9
(c) ₹1271.74 (d) ₹1361.34

Sol. **(a)** मूलधन $= ₹10,000$

दर $= 8\% = \frac{8}{2}\% = 4\%$

समय = 17 माह = 17×2 माह = 34 माह

$= \frac{34}{12}$ वर्ष $= 2\frac{5}{6}$ वर्ष (छमाही)

$\therefore$ C.I. $= 10000\left[\left(1+\frac{4}{100}\right)^2\left(1+\frac{4\times5/6}{100}\right)-1\right]$

$= 10000\left[\frac{676}{625}\times\frac{31}{30}-1\right]$

$= 10000\left[\frac{20956-18750}{18750}\right]$

$= \frac{10000\times2206}{18750} = ₹1176.53$

अतः ब्याज की राशि या लाभ की राशि = ₹1176.53

27. 2 वर्ष के लिए प्रतिवर्ष 10% की दर से एक धन पर साधारण ब्याज ₹8100 है। 15% प्रतिवर्ष की दर से इसी अवधि के लिए इसी राशि पर चक्रवृद्धि ब्याज (₹ में) कितना होगा, यदि ब्याज वार्षिक रूप से संयोजित होता है।

(a) ₹13061 (b) ₹8100
(c) ₹14671 (d) ₹12751

Sol. **(a)** मूलधन $= \frac{8100\times100}{2\times10} = ₹40500$

दर = 15% $= \frac{3}{20}$

मूलधन	:	मिश्रधन
20	:	23
20	:	23
400	:	529

चक्रवृद्धि ब्याज = 129 unit

चक्रवृद्धि ब्याज = 129 unit

$\because$ 400 unit = 40500

$\therefore$ 1 unit $= \frac{405}{4}$

$\therefore$ 129 unit $= \frac{405}{4}\times129$

= 13061.25 = ₹13061 लगभग

अतः चक्रवृद्धि ब्याज = ₹13061 **Ans.**

मूलधन पर आधारित प्रश्न

28. एक धनराशि को 10% वार्षिक चक्रवृद्धि ब्याज की दर से 2 वर्ष के लिए निवेशित करने पर मिश्रधन ₹1815 प्राप्त होता है। आरंभ में निवेशित मूलधन ज्ञात करे।

(a) ₹1512.50 (b) ₹1475
(c) ₹1500 (d) ₹1550

Sol. **(c)** r = 10% $= \frac{1}{10}$, समय = 2 वर्ष

मूलधन	:	मिश्रधन
10	:	**11**
10	:	**11**
100	:	**121**

100 ↓×15 = **1500**, 121 ↓ **1815**

1 unit = 15

अतः मूलधन = ₹1500

Method - II

$$A = P\left[\left(1+\frac{r}{100}\right)^n\right]$$

$$1815 = P\left[\left(1+\frac{10}{100}\right)^2\right]$$

$$1815 = P\left[\frac{121}{100}\right]$$

$\therefore$ P = ₹1500

अतः मूलधन = ₹1500 **Ans.**

29. ब्याज की गणना वार्षिक चक्रवृद्धि आधार पर करते हुए, किसी निश्चित राशि पर 10% वार्षिक ब्याज दर से 3 वर्ष का चक्रवृद्धि ब्याज ₹1324 होता है तो राशि ज्ञात करे।

(a) ₹4000 (b) ₹5000
(c) ₹4500 (d) ₹5500

Sol. **(a)** दर = 10% $= \frac{1}{10}$ एवं समय = 3 वर्ष

मूलधन	:	मिश्रधन
10	:	11
10	:	11
10	:	11
1000	:	1331

चक्रवृद्धि ब्याज = 331 unit

331 unit = 1324

1 unit = 4

$\therefore$ 1000 unit = 4 × 1000

= ₹4000

अतः मूलधन = ₹4000 **Ans.**

30. ब्याज की गणना वार्षिक चक्रवृद्धि के आधार पर किए जाने से किसी निश्चित धनराशि पर $2\frac{2}{3}$ वर्षों के लिए 15% वार्षिक की दर से चक्रवृद्धि ब्याज ₹9095 है तो मूलधन कितना था-

(a) ₹20,000 (b) ₹22,500
(c) ₹18,000 (d) ₹21,500

Sol. (a)

$$C.I. = P\left[\left(1+\frac{r}{100}\right)^n - 1\right]$$

$$9095 = P\left[\left(1+\frac{15}{100}\right)^2\left(1+\frac{15\times 2/3}{100}\right) - 1\right]$$

$$9095 = P\left[\frac{529}{400}\times\frac{11}{10} - 1\right]$$

$$9095 = P\left[\frac{5819-4000}{4000}\right]$$

$$\therefore \quad P = \frac{4000\times 9095}{1819}$$

P = ₹20000

अतः मूलधन की राशि = ₹20000 **Ans.**

31. 10% प्रतिवर्ष पर 2 वर्ष के लिए निवेशित एक निश्चित राशि पर चक्रवृद्धि ब्याज ₹1522.50 है, राशि ज्ञात करे।

(a) ₹7250 (b) ₹7200
(c) ₹7500 (d) ₹7000

Sol. **(a)** r = 10% = $\frac{1}{10}$, समय = 2 वर्ष

मूलधन	:	मिश्रधन
10	:	11
10	:	11
100	:	121

चक्रवृद्धि ब्याज = 21 unit

$\because$ 21 unit = 1522.50

1 unit = 72.5

$\therefore$ 100 unit = 72.50 × 100

= ₹7250

अतः मूलधन = ₹7250 **Ans.**

32. किसी निश्चित राशि पर 10% प्रतिवर्ष वार्षिक चक्रवृद्धि की दर से 2½ वर्षों का चक्रवृद्धि ब्याज ₹1623 है तो राशि ज्ञात करे।

(a) ₹5000 (b) ₹6000
(c) ₹6500 (d) ₹7200

Sol. **(b)** r = 10% = $\frac{1}{10}$, समय = $2\frac{1}{2}$ वर्ष

मूलधन	:	मिश्रधन
10	:	11
10	:	11
20	:	21
2000	:	2541

चक्रवृद्धि ब्याज = 541 unit

$\because$ 541 unit = 1623

1 unit = 3

$\therefore$ 2000 unit = 3×2000 = ₹6000

अतः मूलधन = ₹6000 **Ans.**

33. 2 साल में ₹x की राशि 15% प्रतिवर्ष की दर से ₹12777.60 हो जाता है। जब ब्याज आठ मासिक चक्रवृद्धि होता है तो मूलधन ज्ञात करे।

(a) 9800 (b) 10400
(c) 10200 (d) 9600

Sol. **(d)** दर = 15% = $\frac{15}{12}\times 8$ = , 10% = $\frac{1}{10}$

समय = 2 वर्ष = 24 माह = 3 (आठ मासिक)

मूलधन	:	मिश्रधन
10	:	11
10	:	11
10	:	11
1000	:	1331
↓ ×9.6		↓
9600		12777.60

1 = 9.6

अतः मूलधन = ₹9600 **Ans.**

34. 10% वार्षिक दर पर ब्याज की गणना करते हुए $2\frac{1}{3}$ वर्ष के अंत में एक निश्चित राशि का चक्रवृद्धि ब्याज ₹1201.60 होता है। वह धनराशि ज्ञात करे।

(a) ₹4200 (b) ₹4800
(c) ₹5400 (d) ₹4500

Sol. (b) **Method - I**

$$\text{C.I.} = P\left[\left(1+\frac{r}{100}\right)^n - 1\right]$$

$$1201.6 = P\left[\left(1+\frac{10}{100}\right)^2\left(1+\frac{10\times 1/3}{100}\right) - 1\right]$$

$$1201.6 = P\left[\frac{121}{100}\times\frac{31}{30} - 1\right]$$

$$1201.6 = P\left[\frac{3751-3000}{3000}\right]$$

$$\Rightarrow \quad P = \frac{1201.6\times 3000}{751}$$

$\therefore$ P = 4800

Method - II

$r\% = 10\% = \frac{1}{10}$, समय = $2\frac{1}{3}$ वर्ष

$\frac{1}{3}$ समय के लिए, $r\% = \frac{1}{10}\times\frac{1}{3} = \frac{1}{30}$

मूलधन	:	मिश्रधन
10	:	11
10	:	11
30	:	31
3000	:	3751

चक्रवृद्धि ब्याज = 751 unit

751 unit = 1201.6
1 unit = 1.6
$\therefore$ 3000 unit = 1.6×3000
= ₹4800

अतः मूलधन = ₹4800 **Ans.**

35. एक निश्चित धनराशि, वार्षिक रूप से चक्रवृद्धि होने वाली 10% वार्षिक ब्याज दर पर 3 वर्ष में ₹1331 हो जाती है। निवेश की गयी राशि ज्ञात करे।

(a) ₹1000 (b) ₹1050
(c) ₹1100 (d) ₹1132

Sol. (a) दर = 10% = $\frac{1}{10}$, समय = 3 वर्ष

मूलधन	:	मिश्रधन
10	:	11
10	:	11
10	:	11
1000	:	1331
↓ ×1		↓
=1000		1331

1 = 1

अतः निवेशित राशि = ₹1000 **Ans.**

36. जहाँ ब्याज सालाना रूप से संयोजित किया जाता है, 10% प्रतिवर्ष चक्रवृद्धि ब्याज दर पर दिए गए रूपयों की कितनी राशि 2 वर्षों में ₹1331 हो जाएगी?

(a) ₹1000 (b) ₹1100
(c) ₹1300 (d) ₹1200

Sol. (b) दर = 10% = $\frac{1}{10}$

समय = 2 वर्ष
मिश्रधन = ₹1331

मूलधन	:	मिश्रधन
10	:	11
10	:	11
100	:	121

×11

1100 ↓ 1331
1 = 11

अतः मूलधन = ₹1100 **Ans.**

37. कोई एक धनराशि 6% वार्षिक चक्रवृद्धि ब्याज (वार्षिक रूप से) की दर पर 2 वर्षों में ₹280900 हो जाती है। वह धनराशि ज्ञात कीजिए।
(a) ₹250000 (b) ₹200000
(c) ₹350000 (d) ₹550000

Sol. **(a)** दर = $6\% = \frac{3}{50}$, समय = 2 वर्ष

मूलधन	:	मिश्रधन
50	:	53
50	:	53
2500	:	2809

×100

250000 ↓ 280900
1 = 100

अतः मूलधन = ₹250000 **Ans.**

38. A और B ने मिलकर 7% वार्षिक चक्रवृद्धि ब्याज दर पर ₹51750 की राशि इस तरह से उधार ली कि ऋण का निपटान करने के लिए, A ने तीन वर्ष के बाद उतनी राशि चुकाई, जितनी B ने उधार की तारीख से 4 वर्ष बाद चुकाई। A द्वारा उधार ली गई राशि (₹ में) की गणना कीजिए-
(a) ₹26750 (b) ₹25000
(c) ₹24860 (d) ₹25650

Sol. **(a)**

51750
A — B
3 वर्ष — 4 वर्ष

$$A\left(1+\frac{7}{100}\right)^3 = B\left(1+\frac{7}{100}\right)^4$$

$$A = B\left(1+\frac{7}{100}\right)$$

$$A : B = 107 : 100$$

∴ A की राशि = $\frac{107}{207} \times 51750 =$ ₹26750

अतः A द्वारा उधार ली गयी राशि = ₹26750 **Ans.**

39. किसी मूलधन पर 10% वार्षिक ब्याज की दर पर दूसरे वर्ष का चक्रवृद्धि ब्याज ₹154 है, मूलधन ज्ञात करे।
(a) ₹1400 (b) ₹1200
(c) ₹1540 (d) ₹2750

Sol. **(a)** माना कि कुल धन = 100 ईकाई

दर = $10\% = \frac{1}{10}$

I वर्ष = 10 (ब्याज)
II वर्ष = 10 : 1 (ब्याज)
11 unit = 154
1 unit = 14
∴ 100 unit = 14 × 100 = 1400
अतः मूलधन = ₹1400

मिश्रधन पर आधारित प्रश्न

40. हरीश एक पूंजी के निवेश में ₹16000 का निवेश करता है, जो 10% की वार्षिक ब्याज की दर से सालाना चक्रवृद्धि ब्याज दर के रूप में देता है। 3 वर्ष के अंत में हरीश के द्वारा प्राप्त राशि कितनी है-
(a) ₹21000 (b) ₹21296
(c) ₹23296 (d) ₹24500

Sol. **(b)** मूलधन = 16000 समय = 3 वर्ष दर = 10% = 1/10

मूलधन	:	मिश्रधन
10	:	11
10	:	11
10	:	11
1000	:	1331

×16

16000 = 596
1 = 16 = 21296

अतः तीसरे वर्ष के अंत में हरीश को प्राप्त राशि = ₹21296

41. यदि ₹20,000 की राशि पर 8% वार्षिक की दर से 2 वर्ष का मिश्रधन ज्ञात कीजिए, यदि ब्याज की गणना वार्षिक चक्रवृद्धि आधार पर की जाती है।

(a) ₹36450 (b) ₹23109.78
(c) ₹33328 (d) ₹23200

Sol. (a)

$$A = P\left(1+\frac{r}{100}\right)^n$$

$$= 20000\left(1+\frac{8}{100}\right)^2$$

$$= 20000\left(\frac{27}{20}\times\frac{27}{20}\right) = ₹36450$$

अतः मिश्रधन = ₹36450 **Ans.**

42. ₹12000 की राशि प्रतिवर्ष एक निश्चित दर से 3 वर्षों में ₹20,736 हो जाती है, जिसमें ब्याज की चक्रवृद्धि वार्षिक है। यह राशि चक्रवृद्धि ब्याज की इसी दर से दो वर्षों में कितनी हो जाएगी-

(a) ₹15640 (b) ₹17820
(c) ₹17280 (d) ₹14520

Sol. (b)

$$A = P\left(1+\frac{r}{100}\right)^n$$

$$20736 = 12000\left(1+\frac{r}{100}\right)^3$$

$$\frac{20736}{12000} = \left(1+\frac{r}{100}\right)^3$$

$$\frac{216}{125} = \left(1+\frac{r}{100}\right)^3$$

$$\frac{r}{100} = \frac{6}{5}-1$$

$$\frac{r}{100} = \frac{1}{5}$$

$$\therefore \quad r = 20\%$$

दो वर्ष के लिए यदि मिश्रधन ब्याज दर 20% $\left(\frac{1}{5}\right)$ हो

मूलधन	:	मिश्रधन
5	:	6
5	:	6
25	:	36

25 → 12000, 36 ×480 → = 17280

1 = 480

अतः मिश्रधन = 17280 **Ans.**

43. एक निश्चित राशि 2 वर्ष बाद 15% वार्षिक साधारण ब्याज की दर से ₹13650 हो जाती है। यदि ब्याज अर्द्धवार्षिक रूप से संयोजित किया जाता है, तो समान ब्याज दर पर 1 वर्ष के बाद उसी राशि की राशि (₹ में) क्या होगी? (रुपये के करीब)

(a) ₹13625 (b) ₹11000
(c) ₹12134 (d) ₹10500

Sol. (c) माना कि मूलधन = P

मिश्रधन = मूलधन + साधारण ब्याज

$$13650 = P+\frac{P\times2\times15}{100}$$

$$13650 = \frac{13P}{10}$$

$$\therefore \quad P = ₹10500$$

अतः मूलधन = ₹10500

अब ब्याज दर अर्द्धवार्षिक होने पर

दर% = $\frac{15}{2}\% = 7.5\%$

समय = 1 वर्ष = 2 छमाही

$$\text{मिश्रधन} = 10500\left(1+\frac{7.5}{100}\right)^2$$

$$= 10500\left(\frac{43}{40}\times\frac{43}{40}\right)$$

= 12134.06

= ₹12134 (लगभग)

अतः मिश्रधन = ₹12134 **Ans.**

44. ₹8000 की राशि पर एक निश्चित वार्षिक ब्याज दर पर 3 वर्ष में प्राप्त साधारण ब्याज ₹3600 है। यदि ब्याज की गणना प्रति 8 माह चक्रवृद्धि आधार पर की जाती है तो उसी राशि पर उसी ब्याज दर से 2 वर्ष के बाद कितनी धनराशि प्राप्त होगी–

(a) ₹11239 (b) ₹10450
(c) ₹10580 (d) ₹10648

Sol. **(d)** साधारण ब्याज पर दर% = $\frac{3600 \times 100}{8000 \times 3} = 15\%$

प्रति 8 माह चक्रवृद्धि आधार पर गणना करने पर

दर% = $15\% \times \frac{8}{12} = 10\% = \frac{1}{10}$

समय = 2 वर्ष = 3 (8 मासिक)

मूलधन	:	मिश्रधन
10	:	11
10	:	11
10	:	11
1000	:	1331

↓ ×8
8000 = 10648
1 = 8

अतः मिश्रधन = ₹10648 **Ans.**

45. कोई निश्चित राशि 12% वार्षिक साधारण ब्याज की दर पर 2 वर्ष में ₹15500 हो जाती है। यदि ब्याज की गणना अर्द्धवार्षिक चक्रवृद्धि आधार पर की जाती है, तो समान राशि 10% वार्षिक दर पर 1½ वर्ष में कितनी हो जाएगी। (₹ के निकटतम मान में)

(a) ₹14470 (b) ₹13460
(c) ₹14360 (d) ₹15125

Sol. **(a)** साधारण ब्याज पर,

माना कि मूलधन = P

मिश्रधन = मूलधन + ब्याज

$$15500 = P + \frac{P \times 12 \times 2}{100}$$

$$124P = 15500 \times 100$$

$$\therefore \quad P = 12500$$

अतः मूलधन = ₹12500

अर्द्धवार्षिक चक्रवृद्धि आधार पर,

दर = $\frac{10}{2}\% = 5\%$, समय = 1½ वर्ष = 3 छमाही

मूलधन	:	मिश्रधन
20	:	21
20	:	21
20	:	21
8000	:	9261

↓ ×1.5625
12500 = 14470.31
1 = 1.5625 = 14470 (लगभग)

अतः मिश्रधन = ₹14470 **Ans.**

46. ₹2000 की राशि को चक्रवृद्धि ब्याज (वार्षिक रूप से संयोजित) पर निवेश किया जाता है। यदि ब्याज की दर 10% प्रतिवर्ष है, तो 30 माह के बाद मिश्रधन कितना होगा?

(a) ₹2538 (b) ₹2524
(c) ₹2541 (d) ₹2532

Sol. **(c)** समय = 30 माह = 2½ वर्ष दर = 10% = $\frac{1}{10}$

मूलधन	:	मिश्रधन
10	:	11
10	:	11
20	:	21
2000	:	2541

↓ ×1
2000 = 2541
1 = 1

अतः मिश्रधन = 2541 **Ans.**

47. ₹2400 की राशि चक्रवृद्धि ब्याज (वार्षिक रूप से संयोजित) को किसी निश्चित दर से 6 वर्षों में ₹3600 हो जाती है। इसी ब्याज दर से 12 वर्ष बाद मिश्रधन कितना होगा–

(a) ₹6000 (b) ₹4800
(c) ₹5400 (d) ₹4500

Sol. **(c)** 6 वर्षों में राशि का अनुपात $= \frac{3600}{2400} = \frac{3}{2}$

6 वर्षों में 1.5 गुणा हो जाता है।

$\therefore$ 12 वर्षों (6×2 वर्ष) में $(1.5)^2 = 2.25$ गुणा

$\therefore$ $2400 \times 2.25 = 5400$

अतः 12 वर्षों के बाद मिश्रधन = ₹5400 **Ans.**

48. दो वर्षों के लिए निवेश की गयी किसी राशि पर चक्रवृद्धि ब्याज (वार्षिक रूप से संयोजित) ₹10125 है। यदि ब्याज की दर 25% प्रतिवर्ष है, तो इन दो वर्षों के बाद मिश्रधन ज्ञात करे।

(a) ₹28125 (b) ₹32275
(c) ₹30625 (d) ₹26275

Sol. **(a)** दर $= 25\% = \frac{1}{4}$

मूलधन	:	मिश्रधन
4	:	5
4	:	5
16	:	25

चक्रवृद्धि ब्याज = 9

9 unit = 10125
1 unit = 1125
$\therefore$ 25 unit = 25×1125
= ₹28125

अतः मिश्रधन = ₹28125 **Ans.**

49. ₹1200 की राशि चक्रवृद्धि ब्याज (अर्द्धवार्षिक रूप से संयोजित) पर निवेश की गयी है। यदि ब्याज की दर 10% प्रतिवर्ष है, तो 18 माह के बाद मिश्रधन कितना होगा-

(a) ₹1389.15 (b) ₹1185.45
(c) ₹1563.25 (d) ₹1295.35

Sol. **(a)** अर्द्धवार्षिक संयोजित होने पर

दर% $= \frac{10}{2}\% = 5\% = \frac{1}{20}$

समय = 18 माह $= \frac{3}{2} \times 2 = 3$ छमाही

मूलधन	:	मिश्रधन
20	:	21
20	:	21
20	:	21
8000	:	9261

(×0.15)

1200 = 1389.15

1 = 0.15

अतः मिश्रधन = ₹1389.15 **Ans.**

50. ₹2,40,000 की राशि तीन वर्षों के लिए 12.5% प्रतिवर्ष वार्षिक चक्रवृद्धि पर उधार ली जाती है। पहले वर्ष के अंत में, ब्याज में संशोधन करके 12% कर दिया जाता है। तीन वर्षों के अंत में कुल कितने राशि का भुगतान करना होगा-

(a) ₹3,26, 400 (b) ₹3,34,800
(c) ₹3,38,688 (d) ₹3,42,648

Sol. **(c)** पहले वर्ष के लिए दर% $= 12.5\% = \frac{1}{8}$

दूसरे एवं तीसरे वर्ष के लिए दर% $= 12\% = \frac{3}{25}$

मूलधन	:	मिश्रधन
8	:	9
25	:	28
25	:	28
5000	:	7056

(×48)

240000 = 338688

1 = 48

अतः मिश्रधन = ₹338688 **Ans.**

51. ₹3000 का हर चार माह में चक्रवृद्धि होने वाले 30% वार्षिक ब्याज दर पर निवेश करने पर एक वर्ष में कितने रुपये की राशि प्राप्त होगी-

(a) ₹3993 (b) ₹3990
(c) ₹3980 (d) ₹3900

Sol. **(a)** दर% = $\left(30\times\frac{4}{12}\right)\% = \frac{1}{10}$

समय = 12 माह × $\frac{1}{4}$ = 3 बार

मूलधन	:	मिश्रधन
10	:	11
10	:	11
10		11
1000	:	1331

1000 : 1331 → (×3) → 3000 = 3993

1 = 3

अतः मिश्रधन = ₹3993 **Ans.**

52. श्रीराम ₹14000 निवेश करता है। परिपक्वता पर उसे कुल कितनी राशि प्राप्त होगी। यदि उसने यह धनराशि 6 महीनों के लिए 20% वार्षिक चक्रवृद्धि ब्याज की दर पर निवेश की है और ब्याज तिमाही संयोजित होता है-

(a) ₹15434 (b) ₹15436
(c) ₹15435 (d) ₹15437

Sol. **(c)** समय = $\frac{6}{12}\times 4 = 2$ (तिमाही)

दर% = $\frac{20}{4}\% = 5\% = \frac{1}{20}$

मूलधन	:	मिश्रधन
20	:	21
20	:	21
400	:	441

400 : 441 → (×35) → 14000 = 15435

1 = 35

अतः मिश्रधन = ₹15435 **Ans.**

53. सुमित ₹24000 तीन वर्षों के लिए एक बैंक में निवेश किया। यदि प्रथम, द्वितीय एवं तृतीय वर्ष के लिए ब्याज दर 5%, 10% तथा 4% क्रमशः हो तथा ब्याज प्रतिवर्ष संयोजित होता है तो 3 वर्ष की समाप्ति के बाद उसके खाते में कितने रूपये जमा होगें-

(a) ₹27472 (b) ₹28828.80
(c) ₹29480.20 (d) ₹30000

Sol. **(b)** दर% = 5% = $\frac{1}{20}$ ⇒ 10% = $\frac{1}{10}$ ⇒ 4% = $\frac{1}{25}$

मूलधन	:	मिश्रधन
20	:	21
10	:	11
25		26
5000	:	6006

5000 : 6006 → (×4.8) → 240000 = 28828.80

1 = 4.8

अतः 3 वर्ष पश्चात् खाते में ₹28828.80 प्राप्त होंगे।

54. एक आदमी ₹8100 एक बैंक में 10% वार्षिक साधारण ब्याज की दर से जमा करता है। प्रत्येक 2 वर्ष के बाद वह प्राप्त ब्याज बैंक में ही जमा रखता है। 6 वर्ष की समाप्ति के बाद उसे कितने ₹ प्राप्त होंगे?

(a) ₹15740.80 (b) ₹13996.80
(c) ₹16210 (d) ₹16310.40

Sol. **(b)**

2 वर्ष का ब्याज बैंक में ही जमा करने पर

समय = $\frac{6}{2}$ वर्ष = 3 वर्ष

दर% = 10%×2 = 20% = $\frac{1}{5}$

मूलधन	:	मिश्रधन
5	:	6
5	:	6
5		6
125	:	216

125 : 216 → (×64.8) → 8100 = ₹13996.8

1 = 64.8

अतः मिश्रधन = ₹13996.8 **Ans.**

ब्याज दर पर आधारित प्रश्न

55. एक व्यक्ति एक निश्चित वार्षिक चक्रवृद्धि ब्याज की दर पर तीन वर्ष के लिए ₹5,000 की राशि का निवेश करता है। पहले वर्ष के अंत में, यह धनराशि ₹5,600 हो जाती है। ब्याज की वार्षिक दर ज्ञात कीजिए।

Sol. (c) $\text{मिश्रधन} = \text{मूलधन}\left(1+\frac{\text{दर\%}}{100}\right)^{\text{समय}}$

$$5600 = 5000\left(1+\frac{r}{100}\right)^1$$

$$\frac{28}{25} = 1+\frac{r}{100}$$

$$\frac{r}{100} = \frac{3}{25}$$

$$r = 12\%$$

अतः ब्याज दर = 12% **Ans.**

56. ₹400 की एक धनराशि r% वार्षिक चक्रवृद्धि ब्याज की दर से 2 वर्ष बाद बढ़कर ₹441 हो जाएगी। तब r का मान ज्ञात करे।

(a) 8% (b) 7%
(c) 5% (d) 6%

Sol. (c) $A = P\left(1+\frac{r}{100}\right)^n$

$$441 = 400\left(1+\frac{r}{100}\right)^2$$

$$\frac{441}{400} = \left(1+\frac{r}{100}\right)^2$$

$$\frac{21}{20}-1 = \frac{r}{100}$$

$$\frac{1}{20} = \frac{r}{100}$$

∴ $r = 5\%$

अतः r का मान = 5% **Ans.**

Method - II

P = 400, A = 441, T = 2y

P : A

$\sqrt{400} : \sqrt{441}$

20 : 21

ब्याज = 1

$$\text{दर\%} = \frac{1\times100}{20} = 5\%$$ **Ans.**

57. एक कारखाने का उत्पादन 2 वर्ष में 6600 टन से बढ़कर 7986 टन हो गया। यदि वृद्धि की गणना वार्षिक चक्रवृद्धि आधार पर की जाती हो, तो वृद्धि की दर ज्ञात कीजिए-

(a) 14% (b) 8%
(c) 10% (d) 12%

Sol. (c) मूलधन = 6600, मिश्रधन = 7986, समय = 2 वर्ष

मूलधन : मिश्रधन

$\sqrt{6600} : \sqrt{7986}$

$\sqrt{100} : \sqrt{121}$

10 : 11

ब्याज = 1

∴ $$\text{ब्याज दर} = \frac{1\times100}{10\times1} = 10\%$$

अतः ब्याज दर = 10% **Ans.**

58. चक्रवृद्धि ब्याज पर उधार ली गयी ₹6000 की धनराशि 3 वर्षों में बढ़कर ₹7986 हो जाती है तो ब्याज की दर ज्ञात कीजिए।

(a) 6% (b) 20%
(c) 7.5% (d) 10%

Sol. (d) समय = 3 वर्ष

मूलधन : मिश्रधन

$\sqrt[3]{6000} : \sqrt[3]{7986}$

$\sqrt[3]{1000} : \sqrt[3]{1331}$

10 : 11

ब्याज = 1

∴ $$\text{ब्याज दर} = \frac{1\times100}{10\times1} = 10\%$$

अतः ब्याज दर = 10% **Ans.**

59. एक निश्चित वार्षिक चक्रवृद्धि ब्याज की दर पर निवेश की गई एक धनराशि का मिश्रधन 4 वर्ष में ₹729 और 7 वर्ष में ₹1331 हो जाता है, जबकि ब्याज की गणना वार्षिक चक्रवृद्धि आधार पर की जाती है। वार्षिक ब्याज की दर ज्ञात करे।

(a) $23\frac{2}{9}\%$ (b) $22\frac{2}{9}\%$

(c) $17\frac{2}{7}\%$ (d) 20%

Sol. **(b)** समय = (7 – 4) वर्ष = 3 वर्ष

P : A

$\sqrt[3]{1331} : \sqrt[3]{729}$

11 : 9

∴ ब्याज = 11 – 9 = 2

∴ $r\% = \frac{2}{9}\times 100 = 22\frac{2}{9}\%$ **Ans.**

60. किसी धनराशि को चक्रवृद्धि ब्याज पर उधार दिया गया। यह पहले वर्ष की समाप्ति पर ₹500 और दूसरे वर्ष की समाप्ति पर ₹550 हो गई। चक्रवृद्धि ब्याज की वार्षिक दर ज्ञात करे।

(a) 10% (b) 25%

(c) 15% (d) 20%

Sol. **(a)** दूसरे वर्ष का C.I. – पहले वर्ष का C.I. = 550 – 500 = 50

∵ दूसरे वर्ष के अंत में दिया गया अतिरिक्त चक्रवृद्धि ब्याज पहले वर्ष के ब्याज पर दिया गया।

∴ $50 = \frac{500\times r}{100}$

∴ $r = 10\%$

अतः चक्रवृद्धि ब्याज की दर = 10% **Ans.**

61. ब्याज की दर ज्ञात कीजिए। यदि 3 वर्ष के लिए साधारण ब्याज ₹1500 और दो वर्ष के लिए चक्रवृद्धि ब्याज ₹1020 है।

(a) 4% (b) 5%

(c) 3% (d) 2%

Sol. **(a)** 3 वर्ष का साधारण ब्याज = ₹1500

∴ 1 वर्ष का साधारण ब्याज = $\frac{1500}{3}$ = ₹500

∴ 2 वर्ष का साधारण ब्याज = 500 × 2 = ₹1000

दो वर्ष का C.I. – दो वर्ष का S.I. = 1020 – 1000 = 20

∵ दूसरे वर्ष का अतिरिक्त ब्याज, पहले वर्ष के ब्याज पर लगता है।

$20 = \frac{500\times r}{100}$

∴ $r = 4\%$

अतः दर = 4% **Ans.**

62. यदि कोई धनराशि वार्षिक आधार पर चक्रवृद्धि ब्याज पर 2 वर्षों में अपनी 1.44 गुनी हो जाती है, तो ब्याज की वार्षिक दर कितनी है–

(a) 25% (b) 22%

(c) 21% (d) 20%

Sol. **(d)** माना कि मूलधन = ₹100

∴ मिश्रधन = 100 × 1.44 = 144

समय = 2 वर्ष

मूलधन : मिश्रधन

$\sqrt{100} : \sqrt{144}$

10 : 12

ब्याज = 2

∴ दर% = $\frac{2\times 100}{10}$ = 20%

अतः दर% = 20% **Ans.**

63. एक निश्चित धनराशि चक्रवृद्धि ब्याज पर 3 वर्ष में ₹66550 और 4 वर्ष में ₹73,205 हो जाती है। वार्षिक ब्याज दर प्रतिशत कितनी है–

(a) 9% (b) 5%

(c) 11% (d) 10%

Sol. **(d)** 4 वर्ष का मिश्रधन – 3 वर्ष का मिश्रधन = 73205 – 66550 = ₹6655

∵ पिछले वर्ष का मिश्रधन ही अगले वर्ष के लिए मूलधन होता है।

∴ $6655 = \frac{66550\times r}{100}$

∴ $r = 10\%$

अतः वार्षिक ब्याज दर% = 10% **Ans.**

64. यदि किसी निश्चित मूलधन पर दूसरे और तीसरे वर्ष में मिलने वाली राशि क्रमशः ₹9600 और ₹10272 है तो ब्याज की दर ज्ञात करे।

(a) 7% (b) 8%

(c) 6% (d) 5%

Sol. **(a)** तीसरे वर्ष का मिश्रधन – दूसरे वर्ष का मिश्रधन = 10272 – 9600 = ₹672

∵ दूसरे वर्ष का मिश्रधन ही तीसरे वर्ष के लिए मूलधन होता है।

$$\therefore \quad 672 = \frac{9600 \times r}{100}$$

$$\therefore \quad r = 7\%$$

अतः ब्याज की दर% = 7% **Ans.**

65. 10% प्रतिवर्ष (अर्द्धवार्षिक रूप से संयोजित) की दर के संगत प्रभावी वार्षिक ब्याज दर कितनी होगी-

(a) 10.75% (b) 10.5%
(c) 10% (d) 10.25%

Sol. **(d)** समय = 1 वर्ष, 1×2 = 2 छमाही

$$\text{दर} = \frac{10}{2}\% = 5\%$$

$$\therefore \quad \text{प्रभावी दर}\% = 5\% + 5\% + \frac{5 \times 5}{100}$$

$$= 10.25\%$$ **Ans.**

66. अमित ने साधारण ब्याज पर ₹25,000 की राशि उधार ली। भोला ने इतनी ही राशि चक्रवृद्धि ब्याज (ब्याज का संयोजन वार्षिक) पर उधार ली। 2 वर्षों के अंत में, भोला को अमित से ₹160 अधिक ब्याज का भुगतान करना पड़ा। प्रतिवर्ष लगाये गये ब्याज की दर क्या है?

(a) $3\frac{1}{8}\%$ (b) $\frac{16}{25}\%$
(c) 8% (d) $\frac{8}{25}\%$

Sol. **(c)**
अमित द्वारा साधारण ब्याज पर लिए गए 2 वर्षों का ब्याज दर = $2r\%$
भोला द्वारा ब्याज पर किए गए 2 वर्षों का चक्रवृद्धि ब्याज

$$= r\% + r\% + \frac{r \times r}{100}$$

$$= \left(2r + \frac{r^2}{100}\right)\%$$

$$\text{दोनों ब्याजों का अंतर} = \left(2r + \frac{r^2}{100} - 2r\right)\% = \frac{r^2}{100}\%$$

$$\therefore \quad 25000 \times \frac{r^2}{100}\% = 160$$

$$25000 \times \frac{r^2}{100 \times 100} = 160$$

$$r^2 = 64$$

$$r = 8\%$$

अतः ब्याज दर = 8% **Ans.**

67. एक निश्चित राशि पर 2 वर्ष बाद चक्रवृद्धि ब्याज और प्राप्त राशि क्रमशः ₹820 और ₹8820 है। यदि ब्याज की दर वार्षिक रूप से संयोजित है, तो ब्याज की दर क्या है-

(a) 8% (b) 6%
(c) 5% (d) 7%

Sol. **(c)** 2 वर्ष बाद प्राप्त ब्याज = 820
मिश्रधन = 8820
मूलधन = (8820 – 820) = 8000

$$A = P\left(1 + \frac{r}{100}\right)^n$$

$$8820 = 8000\left(1 + \frac{r}{100}\right)^2$$

$$\frac{441}{400} = \left(1 + \frac{r}{100}\right)^2$$

$$\frac{21 - 20}{20} = \frac{r}{100}$$

$$\therefore \quad r\% = 5\%$$

अतः ब्याज की दर% = 5% **Ans.**

68. यदि ब्याज अर्द्धवार्षिक रूप से संयोजित किया जाता है तो किस दर पर प्रतिवर्ष ₹7200 की राशि 1 वर्ष में ₹7938 हो जाएगी-

(a) 5% (b) 12%
(c) 8% (d) 10%

Sol. **(d)** ब्याज अर्द्धवार्षिक संयोजित होने पर,

$$\text{दर}\% = \frac{r}{2}\%$$

समय = 1 वर्ष = 1×2 छमाही = 2 छमाही

$$\therefore \quad A = P\left(1 + \frac{r}{100}\right)^n$$

$$7938 = 7200\left(1 + \frac{r}{2 \times 100}\right)^2$$

$$\frac{3969}{3600} = \left(1+\frac{r}{2\times100}\right)^2$$

$$\frac{21}{20}-1 = \frac{r}{200}$$

$$\frac{1}{20} = \frac{r}{200}$$

$$\therefore \quad r = 10\%$$

अतः दर% = 10% **Ans.**

69. एक निश्चित राशि वार्षिक चक्रवृद्धि की किसी निश्चित दर पर निवेश की जाती है जो पांच वर्षों। में बढ़कर उतनी हो जाती है जो तीन वर्षों में इसमें हुई वृद्धि से 1.1881 अधिक का एक गुणक है तो दर प्रतिशत ज्ञात करे।

(a) 9% (b) 8.1%
(c) 8% (d) 9.2%

Sol. **(a)** माना कि तीन वर्ष के बाद की राशि = ₹10000

∴ 5 वर्ष के बाद की राशि = 10000 × 1.1881 = ₹11881

$$\therefore \quad \text{ब्याज दर\%} = \left[\left(\frac{\text{मिश्रधन}}{\text{मूलधन}}\right)^{\frac{1}{t}} - 1\right]\times100$$

$$= \left[\left(\frac{11881}{10000}\right)^{\frac{1}{2}} - 1\right]\times100$$

$$= \left(\frac{109}{100}-1\right)\times100 = \frac{9}{100}\times100$$

∴ r% = 9

अतः ब्याज दर% = 9%

समय पर आधारित प्रश्न

70. कितने वर्षों में, वार्षिक रूप से चक्रवृद्धि होने वाली ₹60,000 की धनराशि पर 8% वार्षिक ब्याज दर पर, ब्याज के रूप में ₹9984 प्राप्त होंगे–

(a) 3 (b) 2
(c) 1 (d) 4

Sol. **(b)** मूलधन = 6000, वार्षिक ब्याज दर = 8%

चक्रवृद्धि ब्याज = 9984, समय = n वर्ष

मिश्रधन = 60000 + 9984 = ₹69984

अब,

$$\text{मिश्रधन} = \text{मूलधन}\left(1+\frac{\text{दर}}{100}\right)^{\text{समय}}$$

$$69984 = 60000\left(1+\frac{8}{100}\right)^n$$

$$\frac{729}{625} = \left(1+\frac{8}{100}\right)^n$$

$$\Rightarrow \quad \left(\frac{27}{25}\right)^2 = \left(\frac{27}{25}\right)^n$$

$$\therefore \quad n = 2$$

अतः समय = 2 वर्ष **Ans.**

71. ₹1000 की राशि 10% वार्षिक चक्रवृद्धि ब्याज की दर से कितने समय में ₹1331 हो जाएगी–

(a) 2 वर्ष (b) 4 वर्ष
(c) 2½ वर्ष (d) 3 वर्ष

Sol. **(d)** मूलधन = 1000, दर% = 10%, मिश्रधन = 1331

$$A = P\left(1+\frac{r}{100}\right)^n$$

$$1331 = 1000\left(1+\frac{10}{100}\right)^n$$

$$\left(\frac{11}{100}\right)^3 = \left(\frac{11}{100}\right)^n$$

$$\therefore \quad n = 3 \text{ वर्ष}$$

अतः समय = 3 वर्ष **Ans.**

72. 10% वार्षिक चक्रवृद्धि ब्याज की दर पर ₹3200 की राशि कितने समय में बढ़कर ₹3362 हो जाएगी, जबकि ब्याज की गणना त्रैमासिक चक्रवृद्धि आधार पर की जाती है?

(a) $2\frac{1}{2}$ वर्ष (b) 2 वर्ष

(c) $\frac{1}{4}$ वर्ष (d) $\frac{1}{2}$ वर्ष

Sol. **(d)** $\because$ ब्याज की गणना त्रैमासिक हो रही है।

$\therefore$ दर% = $\frac{10\%}{4}$

समय = $4n$

$$A = P\left(1+\frac{r}{100}\right)^n$$

$$3362 = 3200\left(1+\frac{10}{4\times100}\right)^{4n}$$

$$\frac{1681}{1600} = \left(\frac{41}{40}\right)^{4n}$$

$$\left(\frac{41}{40}\right)^2 = \left(\frac{41}{40}\right)^{4n}$$

$\therefore$ $4n = 2$

$n = \frac{1}{2}$ वर्ष

अतः समय = $\frac{1}{2}$ वर्ष **Ans.**

73. एक व्यक्ति ने प्रतिवर्ष 5% की दर से चक्रवृद्धि ब्याज पर ₹8000 की राशि का निवेश किया। अगर संचित ब्याज ₹8200 है, तो वर्षों में समयावधि ज्ञात करे।

(a) 2 वर्ष (b) 1 वर्ष
(c) 3 वर्ष (d) 4 वर्ष

Sol. **(a)** मिश्रधन = 80000 + 8200 = ₹88200

$$A = P\left(1+\frac{r}{100}\right)^n$$

$$88200 = 80000\left(1+\frac{5}{100}\right)^n$$

$$\frac{441}{400} = \left(\frac{21}{20}\right)^n$$

$$\left(\frac{21}{20}\right)^2 = \left(\frac{21}{20}\right)^n$$

$\therefore$ $n = 2$ वर्ष

अतः समयावधि = 2 वर्ष **Ans.**

74. $8\frac{1}{3}\%$ प्रतिवर्ष चक्रवृद्धि ब्याज की वार्षिक दर पर ₹1728 कितने वर्षों में ₹2197 हो जाएंगे-

(a) 2 वर्ष (b) $1\frac{1}{2}$ वर्ष
(c) 3 वर्ष (d) $2\frac{1}{2}$ वर्ष

Sol. **(c)**

$$A = P\left(1+\frac{r}{100}\right)^n$$

$$2197 = 1728\left(1+\frac{25}{3\times100}\right)^n$$

$$\frac{2197}{1728} = \left(\frac{13}{12}\right)^n$$

$$\left(\frac{13}{12}\right)^3 = \left(\frac{13}{12}\right)^n$$

$\therefore$ $n = 3$

अतः समय = 3 वर्ष **Ans.**

75. 12% वार्षिक ब्याज दर से ₹1,25,000 की राशि कितने वर्षों में ₹1,48,877 हो जाएगी, यदि ब्याज अर्द्धवार्षिक रूप से चक्रवृद्धि किया जाता हो।

(a) 2½ वर्ष (b) 3 वर्ष
(c) 1 वर्ष (d) 1½ वर्ष

Sol. **(d)** ब्याज अर्द्धवार्षिक संयोजित होने पर,

दर = $\frac{12}{2}\% = 6\%$

समय = $n \times 2 = 2n$ (छमाही)

$$A = P\left(1+\frac{r}{100}\right)^n$$

$$148877 = 125000\left(1+\frac{6}{100}\right)^{2n}$$

$$\frac{148877}{125000} = \left(\frac{53}{50}\right)^{2n}$$

$$\left(\frac{53}{50}\right)^3 = \left(\frac{53}{50}\right)^{2n}$$

$$\therefore \quad 2n = 3$$

$$n = \frac{3}{2} \text{ वर्ष} = 1\tfrac{1}{2} \text{ वर्ष}$$

अतः समय = 1½ वर्ष

76. कितने वर्षों में ₹320 की राशि बढ़कर ₹405 हो जाएगी। यदि ब्याज प्रतिवर्ष 12.5% पर चक्रवृद्धि है।

(a) 2 वर्ष (b) 1 वर्ष
(c) 2½ वर्ष (d) 1½ वर्ष

Sol. (a)

$$A = P\left(1+\frac{r}{100}\right)^n$$

$$405 = 320\left(1+\frac{12.5}{100}\right)^n$$

$$\frac{81}{64} = \left(1+\frac{1}{8}\right)^n$$

$$\left(\frac{9}{8}\right)^2 = \left(\frac{9}{8}\right)^n$$

$$\therefore \quad n = 2$$

अतः समय = 2 वर्ष **Ans.**

77. यदि ₹4000 पर 5% प्रतिवर्ष की दर से चक्रवृद्धि ब्याज ₹630.50 है, तो समयावधि कितनी है-

(a) 2 वर्ष (b) 3½ वर्ष
(c) 3 वर्ष (d) 1½ वर्ष

Sol. (c) मिश्रधन = 4000 + 630.50 = 4630.50

$$A = P\left(1+\frac{r}{100}\right)^n$$

$$4630.50 = 4000\left(1+\frac{5}{100}\right)^n$$

$$\frac{4630.50}{4000} = \left(\frac{21}{20}\right)^n$$

$$\frac{9261}{8000} = \left(\frac{21}{20}\right)^n$$

$$\left(\frac{21}{20}\right)^3 = \left(\frac{21}{20}\right)^n$$

$$\therefore \quad n = 3$$

अतः समयावधि = 3 वर्ष **Ans.**

78. ₹3125 कितने वर्षों में 4% वार्षिक चक्रवृद्धि ब्याज पर से ₹3515.20 हो जाएगा-

(a) 2½ वर्ष (b) 3 वर्ष
(c) 4 वर्ष (d) 2 वर्ष

Sol. (b)

$$A = P\left(1+\frac{r}{100}\right)^n$$

$$3515.20 = 3125\left(1+\frac{4}{100}\right)^n$$

$$\frac{3515.20}{3125} = \left(\frac{26}{25}\right)^n$$

$$\frac{17576}{15625} = \left(\frac{26}{25}\right)^n$$

$$\left(\frac{26}{25}\right)^3 = \left(\frac{26}{25}\right)^n$$

$$\therefore \quad n = 3$$

अतः समय = 3 वर्ष **Ans.**

भिन्न-भिन्न दरों पर आधारित प्रश्न

79. ₹1000 की राशि तीन वर्षों के लिए चक्रवृद्धि ब्याज (वार्षिक रूप से संयोजित) पर निवेश की गयी है। यदि ब्याज की दर पहले दो वर्षों के लिए 10% प्रतिवर्ष और तीसरे वर्ष के लिए 50% प्रतिवर्ष है, तो ब्याज की राशि कितनी होगी-

(a) ₹612 (b) ₹655
(c) ₹815 (d) ₹756

Sol. **(c)** मूलधन = ₹1000

$r_1 = 10\% = \frac{1}{10}$ $r_2 = 50\% = \frac{1}{2}$

मूलधन	:	मिश्रधन
10	:	11
10	:	11
2	:	3
200	:	**363**

चक्रवृद्धि ब्याज = 163 unit

∵ 200 unit = 1000
1 unit = 5
∴ 163 unit = 163×5
= ₹815

अतः ब्याज की राशि = ₹815 **Ans.**

80. चक्रवृद्धि ब्याज (नार्षिक रूप से संयोजित) पर निवेश की गयी एक निश्चित राशि तीन वर्षों में ₹5040 बढ़ जाती है। यदि ब्याज की दर पहले वर्ष के लिए 20%, दूसरे वर्ष के लिए 40% और तीसरे वर्ष के लिए 50% है तो यह राशि ज्ञात करे।

(a) ₹1210 (b) ₹2566
(c) ₹1800 (d) ₹2000

Sol. **(d)** माना कि धनराशि = 1000 ईकाई

∴ $\mathbf{1000 \xrightarrow[1^{st} y]{20\%} 1200 \xrightarrow[2^{nd} y]{40\%} 1680 \xrightarrow[3^{rd} y]{50\%} 2520}$ **ईकाई**

∵ 2520 ईकाई = 5040
∴ 1 ईकाई = 2
∴ 1000 ईकाई = 2 × 1000
= 2000 **Ans.**

81. एक निश्चित धनराशि का तीन वर्षों के लिए, वार्षिक रूप से चकवृद्धि बयाज देने वाली किसी योजना में निवेश किया गयज्ञ। आरंभिक दो वर्षों के दौरान योजना में क्रमशः 80% और 60% की वृद्धि दर्ज की गई, लेकिन तीसरे वर्ष इसमें 40% की गिरावट आ गई। तीन नर्षों के लिए समग्र ब्याज दर पर ज्ञात कीजिए।

(a) 48.6% (b) 22.5%
(c) 20% (b) 24%

Sol. **(c)** माना कि कुल धन = ₹100

प्रश्नानुसार,

$$100 \times \frac{180}{100} \times \frac{160}{100} \times \frac{60}{100} = 172.8$$

$$\text{मिश्रधन} = \text{मूलधन}\left(1 + \frac{r}{100}\right)^n$$

$$172.8 = 100\left(1 + \frac{r}{100}\right)^3$$

$$\sqrt[3]{\frac{172.8}{100}} = 1 + \frac{r}{100}$$

$$\frac{r}{100} = \frac{12}{100} - 1$$

∴ r = 20%

अतः समग्र ब्याज दर = 20% **Ans.**

विभिन्न वर्षों के मिश्रधन पर आधारित प्रश्न

82. ब्याज की गणना वार्षिक चक्रवृद्धि आधार पर करते हुए, जब कोई धनराशि चक्रवृद्धि ब्याज पर निवेशित की जाती है, तो यह राशि 2 वर्ष में ₹28224 और 3 वर्ष में ₹29635.20 हो जाती है। धनराशि ज्ञात करे।

(a) ₹25600 (b) ₹26096
(c) ₹26000 (d) ₹26880

Sol. **(a)** 2 वर्ष का मिश्रधन = ₹28224
3 वर्ष का मिश्रधन = ₹29635.20
∴ 1 वर्ष का ब्याज = (29635.20 − 28224)
= ₹1411.20

∵ पिछले वर्ष का मिश्रधन = अगले वर्ष का मूलधन

∴ $\text{दर\%} = \frac{1411.20 \times 100}{28224 \times 1}$

$= 5\% = \frac{1}{20}$

मूलधन	:	मिश्रधन
20	:	21
20	:	21
400	:	**441**
↓ ×64		↓
25600		**28224**
		1 = 64

अतः मूलधन = ₹25600 **Ans.**

83. कोई धनराशि प्रतिवर्ष निश्चित दर प्रतिशत से वार्षिक चक्रवृद्धि पर 3 वर्ष में ₹35680 तथा 6 वर्ष के बाद ₹53520 हो जाती है। पहले मामले में इसी राशि पर चक्रवृद्धि ब्याज कितना होगा- (उत्तर निकटतम पूर्णांक होना चाहिए)

(a) ₹11,983 (b) ₹11,893
(c) ₹10,842 (d) ₹11,938

Sol. (b) माना कि मूलधन = P

$P \rightarrow 3$ वर्ष पश्चात् $= A_1 = 35680$

$P \rightarrow 6$ वर्ष पश्चात् $= A_2 = 53520$

$\therefore$ 3 वर्षों के लिए दर $= \frac{35680}{P}$ .... (i)

इसी प्रकार,

अगले 3 वर्ष के लिए दर $= \frac{53520}{35680}$ .... (ii)

समी.(i) = समी.(ii)

$$\frac{35680}{P} = \frac{53520}{35680}$$

$$\therefore \quad P = 35680 \times \frac{2}{3} = ₹23786.67$$

चक्रवृद्धि ब्याज $= 35680 - 23786.67 = 11893.34 = ₹11893$

84. एक निश्चित राशि पर दूसरे वर्ष और तीसरे वर्ष के लिए एक निश्चित ब्याज दर पर चक्रवृद्धि ब्याज क्रमशः ₹3300 और ₹3630 है। 2.5 वर्ष के बाद प्राप्त ब्याज क्या है, जब समान राशि को समान वार्षिक चक्रवृद्धि ब्याज दर पर उधार दिया जाता है?

(a) ₹8115 (b) ₹9100
(c) ₹7585 (d) ₹8471

Sol. (a) Method - I

तीसरे वर्ष एवं दूसरे वर्ष के ब्याज का अंतर

$= (3630 - 3300) = ₹330$

$\therefore$ ब्याज दर % $= \frac{330 \times 100}{3300} = 10\%$

माना कि मूलधन = P

$$P \xrightarrow{10\%} 11P \xrightarrow{10\%} 3300$$

$$\Rightarrow \frac{1}{10} \times \frac{11P}{10} = 3300$$

$$\therefore \quad P = ₹30000$$

अब 2.5 वर्ष का ब्याज $= 30000\left[\left(1+\frac{10}{100}\right)^2\left(1+\frac{5}{100}\right)-1\right]$

$$= 30000\left[\frac{121}{100} \times \frac{21}{20} - 1\right]$$

$$= 30000 \times \frac{541}{2000} = ₹8115$$

Method - II

तीसरे एवं दूसरे वर्ष के ब्याज का अंतर

$= (3630 - 3300)$

$= ₹330$

$\therefore$ दर% $= \frac{330 \times 100}{3300} = 10\%$

माना कि मूलधन = ₹100

$\therefore$ दूसरे वर्ष के लिए ब्याज = 10 + 1 = 11

11 unit = 3300

1 unit = 300

$\therefore$ 100 unit = ₹30000

$\therefore$ 2.5 वर्ष के लिए,

मूलधन	:	मिश्रधन
10	:	11
10	:	11
20	:	21
2000	:	2541

चक्रवृद्धि ब्याज = **541 unit**

$\therefore$ 2000 unit = 3000

1 unit = 15

$\therefore$ 541 unit = 15 × 541 = ₹8115

अतः चक्रवृद्धि ब्याज = ₹8115 **Ans.**

85. चक्रवृद्धि ब्याज पर निवेश की गई कोई राशि पहले वर्ष के अंत में ₹750 और दूसरे वर्ष के अंत में ₹900 हो जाती है। यह राशि कितनी है-

(a) ₹700 (b) ₹625
(c) ₹600 (d) ₹650

Sol. (b) ब्याज दर $= \left[\left(\frac{\text{Amount}}{\text{Principle}}\right)^{\frac{1}{t}} - 1\right] \times 100$

$$= \left[\left(\frac{900}{750}\right)^{\frac{1}{1}} - 1\right] \times 100$$

$$= \frac{150}{750} \times 100 = 20\%$$

$\therefore \quad r = 20\%$

$$A = P\left(1 + \frac{r}{100}\right)^n$$

$$750 = P\left(1 + \frac{20}{100}\right)^1$$

$$P = \frac{750 \times 5}{6}$$

$P = ₹625$

अतः मूलधन $= ₹625$ **Ans.**

Method - II

I[st] year	:	2nd year
750	:	900
5	:	6

मूलधन	:	प्रथम वर्ष का मिश्रधन
5	:	6
↓		↓
625		750

Ans.

86. चक्रवृद्धि ब्याज पर आधारित एक धनराशि 2 वर्षों में ₹5000 और 3 वर्षों में ₹5500 हो जाती है। धनराशि ज्ञात करें।

(a) ₹4132.50 (b) ₹4123.25
(c) ₹4132 (d) ₹4132.23

Sol. (d) 2 वर्ष के लिए मिश्रधन = ₹5000

3 वर्ष के लिए मिश्रधन = ₹5500

$\therefore$ ब्याज = (5500 – 5000) = ₹500

$\because$ पिछले वर्ष का मिश्रधन = अगले वर्ष का मूलधन

$\therefore \quad$ दर% $= \frac{500 \times 100}{5000 \times 1} = 10\% = \frac{1}{10}$

मूलधन	:	मिश्रधन
10	:	11
10	:	11
100	:	121

$100 \xrightarrow{\times \frac{5000}{121}} 4132.23$; $121 \rightarrow 5000$

$$1 = \frac{5000}{121}$$

अतः मूलधन = ₹4132.23 **Ans.**

87. एक धनराशि 4 वर्षों में किसी चक्रवृद्धि ब्याज की दर से ₹4800 बन जाती है। वही राशि 8 वर्षों में ₹6000 बन जाती है तो मूलधन ज्ञात करें।

(a) ₹3000 (b) ₹3640
(c) ₹3240 (d) ₹3840

Sol. (d)

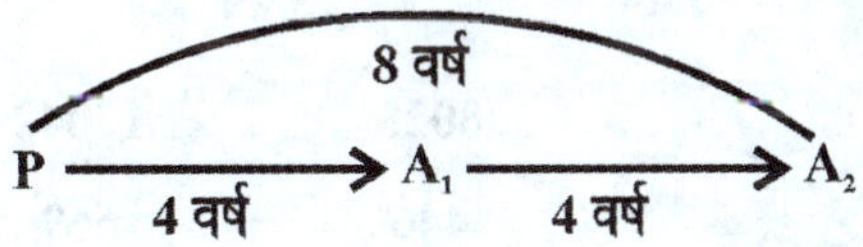

4800 : 6000

4 : 5

$4 \xrightarrow{\times 960} = 3840$; $5 \rightarrow 4800$

1 = 960

$\therefore$ मूलधन = ₹3840 **Ans.**

88. कोई धनराशि चक्रवृद्धि ब्याज की वार्षिक दर से 3 साल में ₹18600 तथा 6 साल में ₹27900 हो जाती है। वह धनराशि ज्ञात करें।

(a) ₹12400 (b) ₹9300
(c) ₹13310 (d) इनमें से कोई नहीं

Sol. (a)

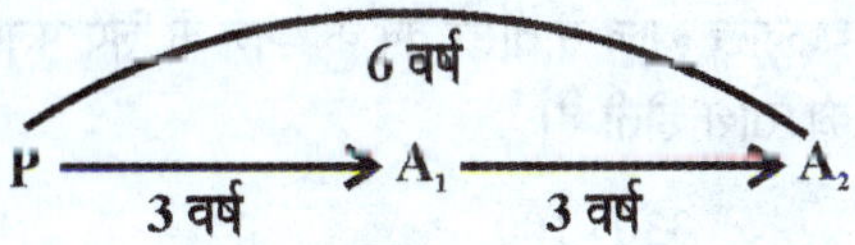

18600 : 27900

62 : 93

62 : 93

↓×200 ↓

= 12400 18600

1 = 200

अतः मूलधन = 12400 **Ans.**

89. कोई धनराशि चक्रवृद्धि ब्याज की वार्षिक दर से 3 वर्ष में ₹8028 तथा 6 वर्ष में ₹12042 हो जाती है। वह धनराशि ज्ञात करे।

(a) ₹5352 (b) ₹5235

(c) ₹5325 (d) ₹5253

Sol. **(a)**

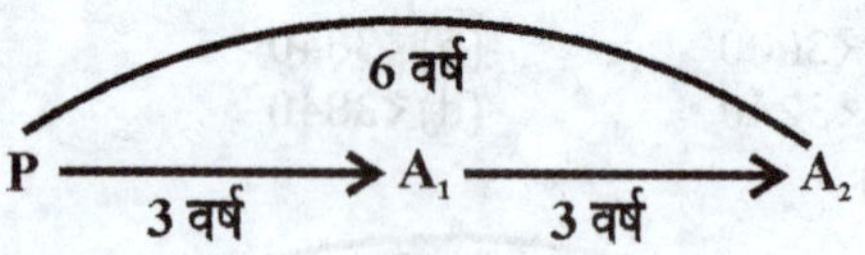

8028 : 12042

446 : 669

446 : 669

↓×12 ↓

= 5352 8028

1 = 12

अतः मूलधन = ₹5352 **Ans.**

90. एक निश्चित राशि पर दूसरे वर्ष और तीसरे वर्ष के लिए एक निश्चित ब्याज दर पर चक्रवृद्धि ब्याज क्रमशः ₹3300 और ₹3630 है। 2.5 वर्ष के बाद प्राप्त राशि क्या है, जब समान राशि को समान वार्षिक चक्रवृद्धि ब्याज दर पर उधार दिया जाता है?

(a) ₹37215 (b) ₹36300

(c) ₹38115 (d) ₹36000

Sol. **(c)** तीसरे एवं दूसरे वर्ष के ब्याज का अंतर = 3630 − 3300 = ₹330

∵ चक्रवृद्धि ब्याज में तीसरे वर्ष के ब्याज के लिए मूलधन दूसरे वर्ष की राशि होती है।

$\therefore$ दर% = $\frac{330 \times 100}{3300}$ = 10% = $\frac{1}{10}$

पहले वर्ष → 10%

दूसरे वर्ष → 10% + 1% = 11%

∵ 11% = 3300

1% = 300

∴ 100% = 30000

अब,

दर = 10% = $\frac{1}{10}$ समय = 2½ वर्ष = 2 वर्ष 6 महीना

मूलधन	:	मिश्रधन
10	:	11
10	:	11
20		21
2000	:	2541

↓ ↓×15

30000 = 38115

1 = 15

अतः मिश्रधन = ₹38115 **Ans.**

91. एक धनराशि 10 वर्षों में किसी चक्रवृद्धि ब्याज की दर पर ₹800 बन जाती है। वही धनराशि 15 वर्षों में ₹1000 बन जाती है। 20 वर्षों के बाद वही रुपये कितने बन जायेंगे-

(a) ₹1250 (b) ₹1540

(c) ₹1050 (d) ₹1500

Sol. **(a) <u>Method - I</u>**

10 वर्षों का मिश्रधन = ₹800

15 वर्ष का मिश्रधन = ₹1000

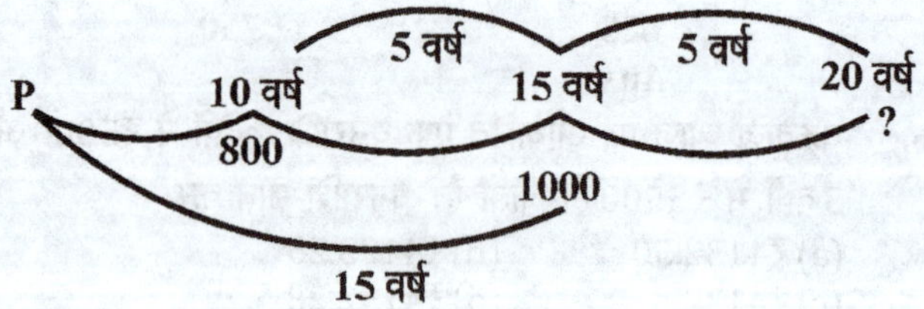

जब समय का अंतर समान हो तो

मिश्रधन = $\frac{1000 \times 1000}{800}$ = ₹1250 **Ans.**

<u>Method - II</u>

10 वर्ष में राशि ₹800 तथा 15 वर्ष में राशि ₹1000

अर्थात् 15 − 10 = 5 वर्ष में

$$\text{राशि} = \frac{1000}{800} = \frac{5}{4} \text{ गुना}$$

अब,

$$15 \text{ से } 20 \text{ वर्ष पश्चात् मिश्रधन} = 1000 \times \frac{5}{4} = ₹1250$$

अतः मिश्रधन = ₹1250 **Ans.**

92. एक धनराशि 8 वर्षों में किसी चक्रवृद्धि ब्याज की दर से ₹1600 बन जाती है। वही रूपये उसी दर से 12 वर्षों में ₹2000 बन जाते है। 16 वर्षों बाद वही रूपये कितने बन जायेंगे-

(a) ₹2000 (b) ₹2800
(c) ₹2500 (d) ₹3000

Sol. (c)

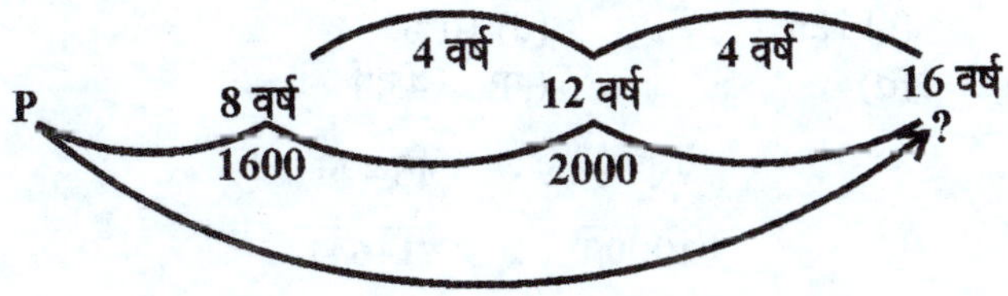

जब समय का अंतर समान हो तो

$$\text{मिश्रधन} = \frac{2000 \times 2000}{1600} = ₹2500$$

अतः मिश्रधन = ₹2500 **Ans.**

93. जब ब्याज का संयोजन वार्षिक है, तब एक राशि प्रतिवर्ष एक निश्चित दर प्रतिशत से 4 वर्षों में ₹7562 तथा 5 वर्षों में ₹8469.44 हो जाती है। इसी दर से ₹10,000 दो वर्षों के लिए उधार लिए जाते है, तो चक्रवृद्धि ब्याज कितना होगा-

(a) ₹1736 (b) ₹1965
(c) ₹2544 (d) ₹2764

Sol. (c) पांचवें एवं चौथे वर्ष के ब्याज का अंतर

= (8469 – 7562)
= ₹907.44

∵ जो ब्याज अंतर होता है वह पिछले वर्ष के ब्याज पर होता है।

$$\therefore \quad \text{दर\%} = \frac{907.44 \times 100}{7562} = 12\%$$

$$\therefore \quad \text{दर \%} = 12\% = \frac{3}{25}$$

मूलधन	:	मिश्रधन
25	:	28
25	:	28
625		784

अंतर = 159

∴ 625 unit = 10000
1 unit = 16
∴ 159 unit = 16×159
= ₹2544

अतः चक्रवृद्धि ब्याज = ₹2544 **Ans.**

गुना पर आधारित प्रश्न

94. ₹6250 की एक राशि चक्रवृद्धि ब्याज दर पर कर्ज दिया जाता है। यदि कोई भी राशि चक्रवृद्धि ब्याज दर से 5 वर्षों में तीन गुनी हो जाती है तो उस राशि पर 20 वर्षों का मिश्रधन क्या होगा-

(a) ₹506250 (b) ₹404280
(c) ₹345240 (d) ₹546280

Sol. (a) 5 वर्षों में 3 गुना, अगले 5 वर्षों में 3 का गुना अर्थात् 9 गुना। इसी प्रकार,

20वें वर्ष 27 का 3 गुना अर्थात 81 गुनी हो जाती है।

1 — 5 वर्ष → 3 गुना
5 — 10 वर्ष → 3 × 3 गुना
10 — 15 वर्ष → $3^2 \times 3$ गुना
15 — 20 वर्ष → $3^3 \times 3$ गुना = 81 गुणा

मिश्रधन = 6250 × 81 = ₹506250
अतः मिश्रधन = ₹506250

95. चक्रवृद्धि ब्याज की निश्चित दर पर 2 वर्षों में एक राशि स्वयं की 9 गुनी हो जाती है। वार्षिक ब्याज की दर ज्ञात करे।

(a) 100% (b) 50%
(c) 200% (d) 25%

Sol. (c) माना कि मूलधन = 100

∴ मिश्रधन = 9 × 100 = 900

$$\therefore \quad A = P\left(1 + \frac{r}{100}\right)^n$$

$$900 = 100\left(1 + \frac{r}{100}\right)^2$$

$$\frac{9}{1} = \left(1+\frac{r}{100}\right)^2$$

$$3 - 1 = \frac{r}{100}$$

$$\therefore \quad r\% = 200\%$$

अतः ब्याज की दर = 200% **Ans.**

Method - II

$$\text{दर\%} = \left(n^{\frac{1}{t}} - 1\right) \times 100\%$$

$$= \left(9^{\frac{1}{2}} - 1\right) \times 100\%$$

$$= \left(3^{2\times\frac{1}{2}} - 1\right) \times 100\%$$

= 2 × 100% = 200%

अतः दर% = 200% **Ans.**

96. चक्रवृद्धि ब्याज पर 3 वर्षों में कोई राशि अपने आप का 27 गुना बन जाता है। प्रतिवर्ष ब्याज की दर ज्ञात करे।
(a) 100% (b) 150%
(c) 75% (d) 200%

Sol. (d)

$$\text{दर\%} = \left(n^{\frac{1}{t}} - 1\right) \times 100\%$$

$$= \left(27^{\frac{1}{3}} - 1\right) \times 100\%$$

$$= \left(3^{3\times\frac{1}{3}} - 1\right) \times 100\% = 200\%$$

अतः दर% = 200% **Ans.**

97. कितने प्रतिशत वार्षिक चक्रवृद्धि ब्याज की दर पर एक धनराशि 2 वर्ष में स्वयं के $\frac{9}{4}$ के बराबर हो जाएगी-
(a) 35% (b) 60%
(c) 40% (d) 50%

Sol. (d) समय = 2 वर्ष

मूलधन	:	मिश्रधन
$\sqrt{4}$	:	$\sqrt{9}$
2	:	3

ब्याज = 1

$$\therefore \quad \text{दर\%} = \frac{1\times100}{2} = 50\%$$

अतः दर% = 50% **Ans.**

98. उस धनराशि के लिए ब्याज दर ज्ञात कीजिए जो 4 वर्ष में वार्षिक चक्रवृद्धि ब्याज की दर पर स्वयं की $\frac{14641}{10000}$ गुनी हो जाती है।
(a) 20% (b) 15%
(c) 12% (d) 10%

Sol. (d) समय = 4 वर्ष

मूलधन	:	मिश्रधन
$\sqrt[4]{10000}$	:	$\sqrt[4]{14641}$
10	:	11

ब्याज = 1

$$\therefore \quad \text{दर\%} = \frac{1\times100}{10} = 10\%$$

अतः दर% = 10% **Ans.**

99. एक धनराशि चक्रवृद्धि ब्याज पर 15 वर्षों में अपने आप की दो गुनी हो जाती है। समान ब्याज पर यह अपने आप की 256 गुनी कितने वर्षों में हो जाएगी-
(a) 127 वर्ष (b) 125 वर्ष
(c) 115 वर्ष (d) 120 वर्ष

Sol. (d) $x^{\frac{1}{n_1}} = y^{\frac{1}{n_2}}$ [जहाँ n_1 एवं n_2 = वर्षों की संख्या, x एवं y = राशि का गुणात्मक वृद्धि]

$$2^{\frac{1}{15}} = (256)^{\frac{1}{n_2}}$$

$$2^{\frac{1}{15}} = (2)^{8\times\frac{1}{n_2}}$$

$$\frac{1}{15} = \frac{8}{n_2}$$

$$\therefore \quad n_2 = 120$$

अतः समय = 120 वर्ष **Ans.**

100. एक धनराशि चक्रवृद्धि ब्याज पर 15 वर्षों में अपने आप की दोगुनी हो जाती है। समान ब्याज पर यह अपने आपकी 4096 गुनी कितने समय में होगी-

(a) 170 वर्ष (b) 180 वर्ष
(c) 190 वर्ष (d) 160 वर्ष

Sol. **(b)**

2 गुना होने में लगा समय = 15 वर्ष

$\therefore$ 4096 गुना $[(2)^{12}]$ होने में लगा समय = 15 × 12

= 180 वर्ष **Ans.**

101. यदि वार्षिक चक्रवृद्धि ब्याज पर रखी कोई राशि 5 वर्ष में दुगुनी हो जाती है, तो वही राशि आठ गुना होने में कितने समय लेगी-

(a) 25 वर्ष (b) 20 वर्ष
(c) 15 वर्ष (d) 10 वर्ष

Sol. **(c)**

2 गुना होने गें लगा समय = 5 वर्ष

$\therefore$ 8 गुना $[(2)^3]$ होने में लगा समय = 5 × 3 = 15 वर्ष **Ans.**

102. एक धनराशि, चक्रवृद्धि ब्याज पर 3 वर्षों में तीन गुनी हो जाती है। तद्नुसार वह अपनी मूल राशि की 9 गुनी कितने वर्षों में हो जाएगी-

(a) 9 वर्ष (b) 27 वर्ष
(c) 6 वर्ष (d) 3 वर्ष

Sol. **(c)**

$\because$ 3 गुनी होने में लगा समय = 3 वर्ष

$\therefore$ 9 गुनी $[(3)^2]$ होने में लगा समय = 3 × 2 = 6 वर्ष

103. एक राशि चक्रवृद्धि ब्याज पर 3 वर्षों में स्वयं का 5 गुना हो जाती है (ब्याज का संयोजन वार्षिक किया गया है)। कितने वर्षों में राशि स्वयं का 125 गुना हो जाएगी-

(a) 9 वर्ष (b) 8 वर्ष
(c) 12 वर्ष (d) 6 वर्ष

Sol. **(a)** $\because$ 5 गुनी होने में लगा समय = 3 वर्ष

$\therefore$ 125 गुनी $[(5)^3]$ होने में लगा समय = 3 × 3 = 9 वर्ष

104. कोई राशि चक्रवृद्धि ब्याज की दर से 4 वर्ष में अपने आप की तिगुनी हो जाती है, कितने साल में ये अपने आप की 2187 गुनी हो जाएगी-

(a) 22 वर्ष (b) 26 वर्ष
(c) 28 वर्ष (d) 24 वर्ष

Sol. **(c)** $\because$ 3 गुनी होने में लगा समय = 4 वर्ष

$\therefore$ 2187 गुनी $[(3)^7]$ होने में लगा समय = 4 × 7 = 28 वर्ष

105. चक्रवृद्धि ब्याज पर दी गई एक राशि पांच वर्ष में स्वयं की दोगुनी हो जाती है। कितने वर्षों में यह स्वयं की सोलह गुनी हो जाएगी-

(a) 25 (b) 16
(c) 20 (d) 15

Sol. **(c)** $\because$ 2 गुनी होने में लगा समय = 5 वर्ष

$\therefore$ 16 गुनी $[(2)^4]$ होने में लगा समय = 5 × 4 = 20 वर्ष

106. यदि चक्रवृद्धि ब्याज पर दी गयी एक धनराशि 3 वर्षों में 4 गुनी हो जाती है, तो उसी ब्याज दर पर वह धनराशि कितने वर्षों में 64 गुनी हो जाएगी-

(a) 15 वर्ष (b) 12 वर्ष
(c) 8 वर्ष (d) 9 वर्ष

Sol. **(d)** $\because$ 4 गुनी होने में लगा समय = 5 वर्ष

$\therefore$ 64 गुनी $[(4)^3]$ होने में लगा समय = 3×3 = 9 वर्ष

107. यदि चक्रवृद्धि ब्याज पर निवेश की गई एक धनराशि 12 वर्षों में स्वयं की दोगुनी हो जाती है। समान ब्याज दर यह कितने वर्षों में 4 गुनी हो जाएगी-

(a) 36 वर्ष (b) 24 वर्ष
(c) 18 वर्ष (d) 20 वर्ष

Sol. **(d)** $\because$ दोगुनी होने में लगा समय = 12 वर्ष

$\therefore$ 4 गुनी $[(2)^2]$ होने में लगा समय = 12 × 2 = 24 वर्ष

108. एक राशि चक्रवृद्धि ब्याज (वार्षिक चक्रवृद्धि) की दर से 10 वर्षों में तिगुनी हो जाती है। यह कितने वर्षों में 243 गुनी हो जाएगी-

(a) 40 वर्ष (b) 50 वर्ष
(c) 35 वर्ष (d) 30 वर्ष

Sol. **(b)** 3 गुनी होने में लगा समय = 10 वर्ष

$\therefore$ 243 गुनी $[(3)^5]$ होने में लगा समय = 10×5

= 50 वर्ष **Ans.**

साधारण ब्याज एवं चक्रवृद्धि ब्याज के अन्तर पर आधारित प्रश्न

109. किसी धनराशि पर 5% वार्षिक दर से 2 वर्ष में प्राप्त चक्रवृद्धि ब्याज और साधारण ब्याज का अंतर ₹1 है तो धनराशि ज्ञात करे।

(a) ₹500 (b) ₹550
(c) ₹450 (d) ₹400

Sol. **(d)** **Method - I**

माना कि मूलधन = ₹P

दर = 5%

समय = 2 वर्ष

$$P\left[\left(1+\frac{5}{100}\right)^2-1\right]-\frac{P\times5\times2}{100}=1$$

$$\Rightarrow \quad P\left[\frac{441-400}{400}\right]-\frac{P}{10}=1$$

$$\Rightarrow \quad \frac{41P-40P}{400}=1$$

$$\therefore \quad P=₹400$$

अतः मूलधन = ₹400 **Ans.**

Method - II

$$C.I.-S.I.=P\left(\frac{R}{100}\right)^2$$

$$1=P\left(\frac{5}{100}\right)^2$$

$$\therefore \quad P=₹400$$

110. किसी धनराशि पर 17% की ब्याज दर से 2 वर्ष में प्राप्त चक्रवृद्धि ब्याज और साधारण ब्याज के बीच का अंतर ₹433.50 है (यदि ब्याज की गणना वार्षिक चक्रवृद्धि आधार पर होती है), तो राशि (₹ में) ज्ञात करे।

(a) ₹15000 (b) ₹12000
(c) ₹20000 (d) ₹25000

Sol. (c)

$$C.I.-S.I.=\frac{PR^2}{(100)^2}$$

$$433.50=\frac{P\times(17)^2}{(100)^2}$$

$$P=\frac{4335000}{289}$$

$$\therefore \quad P=₹15,000$$

अतः मूलधन = ₹15,000 **Ans.**

111. यदि दो वर्षों के लिए एक निश्चित धनराशि पर 5% प्रतिवर्ष चक्रवृद्धि और साधारण ब्याज के बीच अंतर ₹122 है, तो धनराशि ज्ञात करें-

(a) ₹14000 (b) ₹48,800
(c) ₹16000 (d) ₹17000

Sol. (b)

$$C.I.-S.I.=\frac{PR^2}{(100)^2}$$

$$122=\frac{P\times(5)^2}{(100)^2}$$

$$\therefore \quad P=₹48,800$$

अतः मूलधन = ₹48,800 **Ans.**

112. एक निश्चित राशि पर पहले 2 वर्षों के लिए साधारण ब्याज और चक्रवृद्धि ब्याज के बीच का अंतर ₹1280 है। यदि दोनों मामलों में ब्याज दर 25% है तो मूलधन ज्ञात करे।

(a) ₹18489 (b) ₹19457
(c) ₹17480 (d) ₹20480

Sol. (d)

$$C.I.-S.I.=\frac{PR^2}{(100)^2}$$

$$1280=\frac{P\times(25)^2}{(100)^2}$$

$$\therefore \quad P=₹20,480$$

अतः मूलधन = ₹20,480 **Ans.**

113. किसी धनराशि पर 2 वर्ष का साधारण ब्याज ₹50 है और उसी राशि पर उसी दर और उसी अवधि का चक्रवृद्धि ब्याज ₹51.25 है। ब्याज की वार्षिक दर ज्ञात कीजिए।

(a) 6.5% (b) 5.5%
(c) 6% (d) 5%

Sol. (d) चक्रवृद्धि ब्याज – साधारण ब्याज = 51.25 – 50 = 1.25

1 वर्ष का साधारण ब्याज $=\frac{50}{2}=25$

$\because$ दूसरे वर्ष का अतिरिक्त चक्रवृद्धि ब्याज पहले वर्ष के ब्याज पर लगता है।

$$\therefore \quad 1.25=\frac{25\times r\times1}{100}$$

$$\therefore \quad r=5\%$$

अतः दर% = 5% **Ans.**

114. दो वर्ष के अंत में एक निश्चित राशि पर चक्रवृद्धि ब्याज ₹408 होता है, उसी अवधि के लिए समान राशि पर साधारण ब्याज ₹400 है। वार्षिक ब्याज की दर ज्ञात कीजिए।

(a) 4% (b) 80%
(c) 40% (d) 8%

Sol. **(a)** चक्रवृद्धि ब्याज – साधारण ब्याज = 408 – 400 = 8

$$1 \text{ वर्ष का साधारण ब्याज} = \frac{400}{2} = 200$$

∵ दूसरे वर्ष का अतिरिक्त चक्रवृद्धि ब्याज पहले वर्ष के ब्याज पर दी जाती है।

$$\therefore \quad 8 = \frac{200 \times r \times 1}{100}$$

$$\therefore \quad r = 4\%$$

अतः ब्याज की दर% = 4% **Ans.**

115. वह राशि ज्ञात कीजिए जिस पर 1½ वर्षों में 20% ब्याज दर पर अर्द्धवार्षिक जोड़े गए चक्रवृद्धि ब्याज और उसके साधारण ब्याज का अंतर ₹62 होगा।

(a) ₹4000 (b) ₹3600
(c) ₹3200 (d) ₹2000

Sol. **(d)**

$$P = \frac{D \times (100)^2}{R^2} \times \frac{100}{(300+R)} \quad \begin{bmatrix} \text{जहाँ, } P = \text{मूलधन} \\ D = \text{अंतर} \\ R = \text{दर} \end{bmatrix}$$

$$P = \frac{62 \times (100)^2}{(10)^2} \times \frac{100}{(300+10)}$$

$$\left[\text{अर्द्धवार्षिक संयोजन पर दर\%} = \frac{20}{2}\% = 10\%, \text{समय} = 1\tfrac{1}{2} \text{ वर्ष} \times 2 = 3 \text{ छमाही}\right]$$

$$= \frac{62 \times 10000}{310} = ₹2000$$

अतः मूलधन = ₹2000 **Ans.**

116. यदि किसी धनराशि का 12% वार्षिक की दर से छः महीने बाद जोड़े आने वाली चक्रवृद्धि ब्याज और साधारण ब्याज का 1 वर्ष का अंतर रु.36 हो तो वह धनराशि कितनी है-

(a) 10000 (b) 12000
(c) 15000 (d) 9000

Sol. **(a)** छमाही संयोजन पर,

$$\text{दर\%} = \frac{12}{2}\% = 6\%$$

$$P = \frac{D \times (100)^2}{(R)^2}$$

$$= \frac{36 \times (100)^2}{(6)^2}$$

$$= 10000$$

अतः मूलधन = 10000 **Ans.**

विविध (Miscellaneous)

117. 10% प्रतिवर्ष चक्रवृद्धि ब्याज दर पर निवेशित कोई राशि 3 वर्ष में ₹19965 हो जाती है। यही राशि समान ब्याज दर पर $2\frac{2}{5}$ वर्षों में ₹x हो जाएगी। यदि दोनों ही मामलों में ब्याज को वार्षिक रूप से संयोजित किया जाता है तो x का मान कितना है।

(a) ₹18855 (b) ₹18768
(c) ₹18867 (d) ₹18876

Sol. **(d)**

$$A = P\left(1 + \frac{r}{100}\right)^n$$

$$19965 = P\left(1 + \frac{10}{100}\right)^3$$

$$19965 = P\left(\frac{1331}{1000}\right)$$

$$\therefore \quad P = ₹15000$$

पुनः मूलधन = ₹15000, दर = 10%, समय = $2\frac{2}{5}$ वर्ष

$$A = 15000\left(1 + \frac{10}{100}\right)^2\left(1 + \frac{10 \times 2/5}{100}\right)$$

$$(x) = 15000\left(\frac{121}{100}\right)\left(\frac{26}{25}\right)$$

$$x = ₹18876$$

अतः x का मान = ₹18876 **Ans.**

118. ₹10000 की राशि पर 2 वर्ष के लिए 20% वार्षिक दर पर चक्रवृद्धि ब्याजों में क्या अंतर है, जब ब्याजों को क्रमशः अर्द्धवार्षिक और वार्षिक रूप से संयोजित किया जाता है।

(a) ₹440 (b) ₹241
(c) ₹441 (d) ₹240

Sol. **(b)** ब्याज अर्द्धवार्षिक संयोजन पर

$$\text{दर} = \frac{20}{2}\% = 10\% = \frac{1}{10}, \text{समय} = 2 \times 2 = 4 \text{ छमाही}$$

मूलधन : मिश्रधन

$(10)^4 : (11)^4$

10000 14641

ब्याज = 4641

$\because$ 10000 unit = 10000

1 unit = 1

$\therefore$ 4641 unit = ₹4641

ब्याज वार्षिक संयोजन पर

दर $= 20\% = \frac{1}{5}$, समय = 2 वर्ष

मूलधन : मिश्रधन

$(5)^2 : (6)^2$

25 36

ब्याज = 11

25 unit = 10000

1 unit = 400

$\therefore$ 11 unit = 11×400

= ₹4400

अब ब्याजों का अंतर = ₹(4641 − 4400)

= ₹241 **Ans.**

119. किसी राशि पर किसी निश्चित दर से दो वर्षों का साधारण ब्याज ₹320 है। इसी राशि पर इसी दर से इस अवधि का चक्रवृद्धि ब्याज (वार्षिक रूप से संयोजित) ₹384 है। यह राशि क्या है-

(a) ₹400 (b) ₹250

(c) ₹200 (d) ₹309

Sol. **(a)** चक्रवृद्धि ब्याज − साधारण ब्याज = ₹(384 − 320)

= ₹64

$\because$ 2 वर्ष का साधारण ब्याज = 320

$\therefore$ 1 वर्ष का साधारण ब्याज = 160

दूसरे वर्ष में ब्याज का जो अंतर है वह पहले वर्ष के ब्याज का ब्याज है।

$\therefore$ दर% $= \frac{64 \times 100}{160 \times 1} = 40\%$

$\therefore$ मूलधन $= \frac{160 \times 100}{40 \times 1} = 400$

अतः राशि = 400 **Ans.**

120. ₹18000 की राशि 10% प्रतिवर्ष चक्रवृद्धि ब्याज पर उधार दी जाती है। तीसरे और चौथे वर्ष के चक्रवृद्धि ब्याज का अंतर ज्ञात करे।

(a) ₹220.60 (b) ₹217.80

(c) ₹221.80 (d) ₹215.40

Sol. **(b)** माना कि कुल धनराशि = ₹10000

दर $= 10\% = \frac{1}{10}$

10,000
↓

I^{st} y	→	1000			
IInd y	→	1000	100		
IIIrd y	→	1000	200	10	→ 1210
IVth y	→	1000	300	30	1 → 1331

$\therefore$ अंतर = 121

$\because$ 10000 = 18000

1 = 1.8

$\therefore$ 121 = 121 × 1.8

= ₹217.8

अतः तीसरे एवं चौथे वर्ष के ब्याज का अंतर = ₹217.8 **Ans.**

121. यदि ब्याज की दर प्रतिवर्ष 20% है तथा चक्रवृद्धि वार्षिक है और किसी निश्चित राशि पर दूसरे वर्ष का ब्याज ₹250 है तो पांचवें वर्ष में इस राशि पर ब्याज कितना होगा-

(a) ₹515 (b) ₹400

(c) ₹360 (d) ₹432

Sol. **(d)** दर% $= 20\% = \frac{1}{5}$

दो वर्ष का ब्याज = 250

शेष तीन वर्षों का ब्याज $= 250 \times \frac{6}{5} \times \frac{6}{5} \times \frac{6}{5} =$ ₹432

122. यदि किसी राशि पर 8% प्रतिवर्ष की दर से तीसरे वर्ष का चक्रवृद्धि ब्याज ₹3600 है, तो चौथे और पांचवें वर्ष में चक्रवृद्धि ब्याज के बीच अंतर ज्ञात करे। (किसी पूर्णांक के निकटतम अंक)

(a) 304 (b) 335

(c) 288 (d) 311

Sol. **(d)** तीसरे वर्ष का चक्रवृद्धि ब्याज = ₹3600

दर% $= 8\% = \frac{2}{25}$

$\therefore$ पाँचवे वर्ष का ब्याज − चौथे वर्ष का ब्याज

$= \left(3600 \times \frac{27}{25} \times \frac{27}{25}\right) - \left(3600 \times \frac{27}{25}\right)$

$= 4199.04 - 3888 = 311.04$

= ₹311 (लगभग) **Ans.**

123. एक निश्चित दर पर सम संख्या के वर्षों के लिए निवेश किए गए ₹60000 वार्षिक चक्रवृद्धि पर बढ़कर 63,654 हो जाते है। यदि यह राशि आधी अवधि के लिए निवेश की जाए तो यह बढ़कर कितनी हो जाएगी?

(a) ₹61800 (b) ₹61809
(c) ₹61675 (d) ₹61827

Sol. **(a)** माना कि ब्याज की दर = r%

समय = 2t वर्ष

$$A = P\left(1+\frac{r}{100}\right)^{2t}$$

$$63654 = 60000\left(1+\frac{r}{100}\right)^{2t}$$

$$\frac{103}{100} = \left(1+\frac{r}{100}\right)^{t} \text{ .... (i)}$$

पुनः समय आधा करने पर समय = t

$$A = 60000\left(1+\frac{r}{100}\right)^{t}$$

$$= 60000 \times \frac{103}{100}$$

= ₹61800

अतः यह राशि बढ़कर ₹61800 हो जाएगी। **Ans.**

124. एक व्यक्ति ने कोई निश्चित राशि तीन वर्षों के लिए 10% प्रतिवर्ष की दर से उधार ली, जिसमें ब्याज की चक्रवृद्धि वार्षिक है। दो वर्ष के अंत में, उसने ₹6634 की राशि का भुगतान कर दिया और तीसरे वर्ष के अंत में उसने ₹13,200 का भुगतान करके ऋण चुकता कर दिया। उसके द्वारा उधार ली गयी राशि कितनी थी?

(a) ₹16400 (b) ₹15400
(c) ₹15600 (d) ₹16500

Sol. **(b)** दर $= 10\% = \frac{1}{10}$

मूलधन	:	मिश्रधन
10	:	11
10	:	11
100	:	121

$$(121 \text{ unit} - 6634) \times \frac{11}{10} = ₹13200$$

121 unit = 18634

1 unit = 154

∴ 100 unit = 154×100

= ₹15400

अतः उसके द्वारा उधार ली गयी राशि = ₹15400 **Ans.**

125. एक निश्चित राशि पर 12% प्रतिवर्ष की दर से 3 वर्षों के लिए साधारण ब्याज ₹6750 है। यदि ब्याज अर्द्ध-वार्षिक रूप से संयोजित किया जाता है, तो उसी राशि पर 2 वर्षों के लिए 20% प्रतिवर्ष की दर से चक्रवृद्धि ब्याज (₹ में) क्या है? (निकटतम ₹ में पूर्णांकित करे)

(a) ₹8000 (b) ₹8702
(c) ₹7729 (d) ₹6750

Sol. **(b)** मूलधन $= \frac{6750 \times 100}{12 \times 3} = ₹18750$

ब्याज दर अर्द्धवार्षिक पर दर% $= \frac{20}{2}\% = 10\%$

समय = 2 × 2 – 4 छमाही

मूलधन	:	मिश्रधन
$(10)^4$	:	$(11)^4$
10000	:	14641

ब्याज = 4641

10000 unit = ₹18750

∴ 4641 unit $= \frac{18750 \times 4641}{10000} = 8701.87$

= ₹8702 (लगभग)

अतः चक्रवृद्धि ब्याज = ₹8702 **Ans.**

126. एक आदमी 2 वर्ष के लिए 8% प्रतिवर्ष साधारण ब्याज की दर पर ₹7000 और उसी अवधि के लिए समान दर पर चक्रवृद्धि ब्याज पर ₹10,000 का निवेश करता है। समय पूर्ण होने पर कुल ब्याज और कुल राशि क्रमशः क्या होगी?

(a) ₹19748 और ₹2874 (b) ₹2740 और ₹19784
(c) ₹19784 और ₹2784 (d) ₹2784 और ₹19764

Sol. **(d)** साधारण ब्याज पर,

ब्याज $= \frac{7000 \times 8 \times 2}{100} = ₹1120$

∴ मिश्रधन = 7000 + 1120 = ₹8120

चक्रवृद्धि ब्याज पर,

$$A = 10,000\left(1+\frac{8}{100}\right)^2$$
$$= 10,000\times\frac{27\times27}{25\times25}$$
$$= ₹11664$$

∴ C.I. = 11664 − 10000 = ₹1664

अब कुल ब्याज = 1120 + 1664 = ₹2784

∴ कुल मिश्रधन = 8120 + 11664 = ₹19764

∴ कुल ब्याज = ₹2784

कुल मिश्रधन = ₹19764 **Ans.**

127. ₹15000 की राशि को 16% वार्षिक चक्रवृद्धि ब्याज पर उधार दिया जाता है। दूसरे वर्ष और तीसरे वर्ष के लिए चक्रवृद्धि ब्याज में अंतर क्या है-

(a) ₹548 (b) ₹544
(c) ₹445.44 (d) ₹454.88

Sol. **(c)**

प्रथम वर्ष $= 15000 \xrightarrow{16\%} 2400$

द्वितीय वर्ष $= 15000 \xrightarrow{16\%} 2400 \xrightarrow{16\%} 384$

तृतीय वर्ष $= 15000 \xrightarrow{16\%} 2400 \xrightarrow{16\%} 384 \xrightarrow{16\%} 61.44$

∴ दूसरे वर्ष का ब्याज = ₹384

तीसरे वर्ष का ब्याज = 384 + 384 + 61.44 = ₹829.44

∴ अभीष्ट अंतर = (829.44 − 384) = ₹445.44 **Ans.**

128. A, B से ₹1,60,000 की राशि, 10% वार्षिक साधारण ब्याज की दर पर उधार लेता है। उसी समय, वह यह राशि C को चक्रवृद्धि ब्याज की समान दर पर 2 वर्ष के लिए उधार देता है। ब्याज को अर्द्धवार्षिक रूप से चक्रवृद्धि किया जाता है। संपूर्ण लेन-देन में A द्वारा प्राप्त धन ज्ञात करें-

(a) ₹4280 (b) ₹4281
(c) ₹2481 (d) ₹2840

Sol. **(c)** साधारण ब्याज $= \frac{160000\times10\times2}{100}$ = ₹32000

अब,

ब्याज अर्द्धवार्षिक संयोजन पर,

$$\text{दर}\% = \frac{10}{2}\% = 5\% = \frac{1}{20}$$

समय = 2×2 = 4 छमाही

मूलधन	:	मिश्रधन
$(20)^4$	:	$(21)^4$
160000		**194481**

ब्याज = **34481**

∵ 160000 unit = ₹160000

∴ 34481 unit = 34481

∴ A का प्राप्त लाभ = 34481 − 32000 = ₹2481 **Ans.**

129. रफीक और प्रीतम ने दो समान धनराशियाँ, क्रमशः 15% और 10% वार्षिक चक्रवृद्धि ब्याज की दर पर दो वर्ष के लिए निवेश की। यदि इन दो वर्षों के दौरान ब्याज के रूप में रफीक को प्रीतम से ₹2250 अधिक मिलते है, तो उनमें से प्रत्येक का आरम्भिक निवेश कितना था-

(a) ₹20250 (b) ₹22500
(c) ₹18000 (d) ₹20000

Sol. **(d) Method - I**

माना कि धनराशि = P

दर क्रमशः = 15% एवं 10%

समय = 2 वर्ष

रफीक का ब्याज − प्रीतम का ब्याज = 2250

$$\left[P\left(1+\frac{15}{100}\right)^2-1\right]-\left[P\left(1+\frac{10}{100}\right)^2-1\right]=2250$$

$$\Rightarrow \left[P\left(\frac{529}{400}-1\right)\right]-\left[P\left(\frac{121}{100}-1\right)\right]=2250$$

$$\Rightarrow \frac{129P}{400}-\frac{21P}{100}=2250$$

$$\Rightarrow \frac{45P}{400}=2250$$

∴ P = ₹20000

अतः आरंभिक धनराशि = ₹20,000 **Ans.**

Method - II

रफीक द्वारा निवेशित राशि पर प्राप्त चक्रवृद्धि ब्याज

$$= 15 + 15 + \frac{15 \times 15}{100} = 32.25\%$$

प्रीतम द्वारा निवेशित राशि पर प्राप्त चक्रवृद्धि ब्याज

$$= 10 + 10 + \frac{10 \times 10}{100} = 21\%$$

दोनों के चक्रवृद्धि ब्याज का अंतर = 2250

$$(32.25 - 21)\% = 2250$$
$$11.25\% = 2250$$
$$100\% = \frac{2250 \times 100}{11.25}$$
$$= 20000$$

अतः मूलधन = ₹20000 **Ans.**

130. रामू अपने 14 एवं 15 वर्ष आयु के दो बेटों के लिए ₹44100 की वसीयत छोड़ता है। उन्हें 17 वर्ष की आयु पर 10% चक्रवृद्धि ब्याज के तहत रागान राशि प्राप्त होनी चाहिए। छोटे बेटे का वर्तमान हिस्सा ज्ञात करे।

(a) ₹20500 (b) ₹21000
(c) ₹217500 (d) ₹21500

Sol. **(b)** माना कि छोटे बेटे का हिस्सा = x

समय = 17 − 14 = 3 वर्ष

∴ बड़े बेटे का हिस्सा = $(44100 - x)$, समय = 17 − 15 = 2 वर्ष

प्रश्नानुसार,

$$x\left(1 + \frac{10}{100}\right)^3 = (44100 - x)\left(1 + \frac{10}{100}\right)^2$$

$$\frac{11x}{10} = 44100 - x$$
$$21x = 441000$$
$$\therefore \quad x = ₹21000$$

अतः छोटे बेटे का हिस्सा = ₹21000 **Ans.**

131. अंजली ने अपने दो बेटों के लिए ₹52500 की वसीयत छोड़ी, जिनकी उम्र 18 और 19 वर्ष है। 10% चक्रवृद्धि ब्याज पर 21 वर्ष होने पर उन्हें बराबर राशि मिलनी चाहिए। छोटे बेटे का वर्तमान हिस्सा ज्ञात करे।

(a) ₹25000 (b) ₹26000
(c) ₹27000 (d) ₹24000

Sol. **(a)** माना कि छोटे बेटे का हिस्सा = x

समय = (21 − 18) वर्ष = 3 वर्ष

बड़े बेटे का हिस्सा = $(52500 - x)$

समय = (21 − 19) वर्ष = 2 वर्ष

प्रश्नानुसार,

$$x\left(1 + \frac{10}{100}\right)^3 = (52500 - x)\left(1 + \frac{10}{100}\right)^2$$

$$\frac{11x}{10} = (52500 - x)$$
$$21x = 525000$$
$$x = ₹25000$$

अतः छोटे बेटे का हिस्सा = ₹25000 **Ans.**

132. कुमुद ने 10% वार्षिक साधारण ब्याज की दर पर $1\frac{1}{2}$ वर्ष के लिए एक राशि उधार ली। स्नेहा ने समान अवधि के लिए चक्रवृद्धि ब्याज की (अर्द्धवार्षिक चक्रवृद्धि आधार पर) समान दर पर समान राशि उधार ली। यदि स्नेहा ने ब्याज के रूप में कुमुद से ₹61 अधिक का भुगतान किया हो, तो उनमें से प्रत्येक ने कितनी राशि उधार ली थी-

(a) ₹$\frac{1281}{80}$ (b) ₹8000
(c) ₹$\frac{61}{80}$ (d) ₹4000

Sol. **(b)** कुमुद के लिए दर% = 10%

$$\text{समय} = 1\frac{1}{2} \text{ वर्ष} = \frac{3}{2} \text{ वर्ष}$$

$$\text{स्नेहा के लिए दर\%} = \frac{10}{2} = 5\%$$

$$\text{समय} = \frac{3}{2} \times 2 = 3 \text{ छमाही}$$

माना कि दोनों के लिए मूलधन = P

$$P\left[\left(1 + \frac{5}{100}\right)^3 - 1\right] - \frac{P \times 10 \times 3}{100 \times 2} = 61$$

$$P\left[\frac{9261 - 8000}{8000}\right] - \frac{3P}{20} = 61$$

$$\frac{1261P-1200P}{8000}=61$$

$$61P=61\times8000$$

$$\therefore \quad P=₹8000$$

अतः प्रत्येक द्वारा उधार ली गयी राशि = ₹8000 **Ans.**

133. अमृत ने 1 वर्ष के लिए 10% साधारण ब्याज दर पर कुछ धनराशि उधार ली। अभिषेक ने उतने ही समय के लिए उतनी ही धनराशि उसी दर पर चक्रवृद्धि (छमाही चक्रवृद्धि) ब्याज पर उधार ली। यदि अभिषेक ने ब्याज के रूप में अमृत से ₹50 अधिक का भुगतान किया तो उनमें से प्रत्येक ने कितनी धनराशि उधार ली थी-

(a) ₹20,010 (b) ₹19,950
(c) ₹20,050 (d) ₹20,000

Sol. (d)

माना कि अमृत एवं अभिषेक के लिए उधार ली गयी राशि = P

अमृत के लिए,	अभिषेक के लिए,
समय = 1 वर्ष	समय = 1 वर्ष = 2 छमाही
दर = 10%	दर = $\frac{10}{2}\%=5\%$

$\therefore$ अभिषेक के लिए कुल ब्याज $=5\%+5\%+\frac{5\times5}{100}$

$=10.25\%$

अमृत के लिए कुल ब्याज = 10%

ब्याजों का अंतर = 50

$(10.25-10)\%=50$

$0.25\%=50$

$$100\%=\frac{50\times100}{0.25}=₹2000$$

अतः उधार ली गयी धनराशि = ₹20,000 **Ans.**

134. कोई आदमी, कुल ₹12050 की राशि को दो भागों में निवेशित करता है, पहले भाग को साधारण ब्याज पर प्रतिवर्ष 10% की दर से 2 वर्ष के लिए और दूसरे भाग को वार्षिक रूप से चक्रवृद्धि होने वाले ब्याज की समान दर से समान समय के लिए निवेशित करता है। उसे दोनों भागों से मिलने वाली धनराशियाँ बराबर है। चक्रवृद्धि ब्याज पर निवेशित धनराशि को ज्ञात करे।

(a) ₹5850 (b) ₹5780
(c) ₹5800 (d) ₹6000

Sol. (d)

माना कि चक्रवृद्धि ब्याज पर निवेशित राशि = P

साधारण ब्याज पर निवेशित राशि = (12050 – P)

प्रश्नानुसार,

$$P\left[\left(1+\frac{10}{100}\right)^2\right]=(12050-P)+\frac{(12050-P)\times10\times2}{100}$$

$$\frac{121P}{100}=12050-P+2410-\frac{2P}{10}$$

$$\frac{121P}{100}+P+\frac{2P}{10}=14460$$

$$\frac{241P}{100}=14460$$

$$\therefore \quad P=₹6000$$

अतः चक्रवृद्धि ब्याज पर ली गयी धनराशि = ₹6000 **Ans.**

135. एक निश्चित राशि पर 10% वार्षिक ब्याज की दर से 5 वर्षों का साधारण ब्याज, ₹5000 पर 10% वार्षिक ब्याज की दर से वार्षिक रूप से चक्रवृद्धि होने वाले 2 साल के चक्रवृद्धि ब्याज का आधा है। साधारण ब्याज पर दी गई राशि ज्ञात करे।

(a) ₹1450 (b) ₹1540
(c) ₹1050 (d) ₹1500

Sol. (c) माना कि साधारण ब्याज पर दी गयी राशि = P

प्रश्नानुसार,

$$\left(\frac{P\times10\times5}{100}\right)\times2=5000\left[\left(1+\frac{10}{100}\right)^2-1\right]$$

$$P=5000\times\frac{21}{100}$$

$$\therefore \quad P=₹1050$$

अतः साधारण ब्याज पर दी गयी राशि = ₹1050 **Ans.**

136. सौरभ ने 1½ वर्ष के लिए 10% प्रतिवर्ष साधारण ब्याज पर एक निश्चित राशि उधार ली। उसने उतने ही राशि एक मित्र को ऋण के रूप में दी और उसी अवधि के लिए समान दर पर चक्रवृद्धि ब्याज (अर्द्धवार्षिक चक्रवृद्धि) लिया। इस तरह उसने ₹305 मांगे। धनराशि का पता करे।

(a) ₹30500 (b) ₹40000
(c) ₹30000 (d) ₹40305

Sol. (b) चक्रवृद्धि ब्याज एवं साधारण ब्याज पर ली गयी राशि = P

चक्रवृद्धि ब्याज के लिए दर% = $\frac{10}{2}\%=5\%$

समय = 1½ वर्ष = 3 छमाही

प्रश्नानुसार,

$$P\left[\left(1+\frac{5}{100}\right)^3-1\right]-\frac{P\times10\times3}{100\times2}=305$$

$$P\left[\frac{9261-8000}{8000}\right]-\frac{3P}{20}=305$$

$$\frac{1261P-1200P}{8000}=305$$

$$61P=305\times8000$$

$$\therefore \quad P=₹40000$$

अतः राशि = ₹40000 **Ans.**

किश्त पर आधारित प्रश्न

137. एक आदमी ₹4000 पर 10% प्रतिवर्ष चक्रवृद्धि ब्याज की दर पर उधार लेता है और ₹1100 प्रतिवर्ष भुगतान करने का वादा करता है। अगर वह 3 वर्षों में अपना कर्ज पूरा चुकाना चाहता है तो उसे तीसरे वर्ष कुल कितने ₹ देने होंगे-

(a) ₹3782 (b) ₹2783
(c) ₹3873 (d) ₹3265

Sol. (b) मूलधन = ₹4000
दर = 10%
प्रत्येक किश्त = 1100

पहले वर्ष के लिए $= 4000\times\frac{110}{100}=4400$

पहली किश्त देने पर शेष राशि = 4400 – 1100 = ₹3300

दूसरे वर्ष के लिए $= 3300\times\frac{110}{100}=3630$

दूसरी किश्त के बाद राशि = 3630 – 1100 = ₹2530

$\therefore$ तीसरे वर्ष के लिए $= 2530\times\frac{110}{100}=2783$

अतः तीसरे वर्ष के अंत में व्यक्ति को ₹2783 देना होगा।

138. एक व्यक्ति ने 10% वार्षिक चक्रवृद्धि ब्याज दर पर ₹30,800 की राशि 3 वर्ष के लिए उधार ली, जिसमें ब्याज वार्षिक रूप से चक्रवृद्धि होता है। दूसरे वर्ष के अंत में, उसने ₹13268 की राशि का भुगतान किया। तीसरे वर्ष के अंत में, उसने ऋण चुकाने के लिए ₹x का भुगतान किया। ₹ का मान ज्ञात करें।

(a) ₹26200 (b) ₹26620
(c) ₹26400 (d) ₹26510

Sol. (c) मूलधन = ₹30,800, दर = 10%

दो वर्ष के लिए चक्रवृद्धि ब्याज पर कुल राशि

$$=30800\left(1+\frac{10}{100}\right)^2$$

$$=30800\times\frac{121}{100}=₹37268$$

दूसरे वर्ष के अंत में वापस करने के बाद शेष राशि = 37268 – 13268 = ₹24000

$\therefore$ तीसरे वर्ष के अंत में चुकायी गयी राशि $= 24000\times\frac{110}{100}$ = ₹26400

139. राम 25% वार्षिक चक्रवृद्धि ब्याज की दर पर ₹64000 की राशि उधार लेता है। प्रत्येक वर्ष के अंत में वह आंशिक पुनर्भुगतान के रूप में ₹3200 चुकाता है। ऐसी 3 किश्तों के भुगतान के पश्चात् बकाया धनराशि ज्ञात करें।

(a) ₹12,800 (b) ₹1,12,800
(c) ₹12,500 (d) ₹1,12,500

Sol. (b) वार्षिक ब्याज दर $= 25\% = \frac{1}{4}$

मूलधन = 64000

पहले वर्ष के अंत में कुल देय राशि $= 64000\times\frac{5}{4}$ = ₹80,000

पहली किश्त देने के बाद शेष राशि = (80000 – 3200) = ₹76800

दूसरे वर्ष के अंत में कुल देय राशि $= 76800\times\frac{5}{4}$ = ₹96,000

दूसरी किश्त देने के बाद शेष राशि = (96000 – 3200) = ₹92800

तीसरे वर्ष के अंत में कुल देय राशि $= 92800\times\frac{5}{4}$ = ₹1,16,000

तीसरी किश्त देने के बाद शेष राशि = ₹(116000 – 3200) = ₹112800

140. किसी व्यक्ति ने कोई निश्चित धनराशि उधार ली और पहले वर्ष के अंत में ₹400 तथा दूसरे वर्ष के अंत में ₹7700 का भुगतान करके इसे चुकाने के लिए तैयार हुआ। यदि वार्षिक रूप से चक्रवृद्धि होने वाली ब्याज दर 10% वार्षिक है, तो उधार ली गयी राशि ज्ञात करे।

(a) 11,500 (b) 11,000
(c) 9,000 (d) 10,000

Sol. **(d)** माना कि मूलधन $= x$

1 वर्ष पश्चात् चुकायी गयी राशि $= x \times \frac{110}{100} = \frac{11x}{10}$

पहले वर्ष के किश्त चुकाने के बाद शेष राशि

$$= \left(\frac{11x}{10} - 4000\right)$$

अब, दूसरे वर्ष का कर्ज चुकाने के लिए दी गयी

$$\text{राशि} = \left(\frac{11x}{10} - 4000\right) \times \frac{11}{10}$$

$$7700 = \left(\frac{11x}{10} - 4000\right) \times \frac{11}{10}$$

$\Rightarrow \quad = 7000 + 4000$

$\therefore \quad x = ₹10000$

अतः मूलधन की राशि = ₹10,000 **Ans.**

141. राम ने ₹12000 की राशि उधार ली और पहले वर्ष के अंत में ₹4800 और दूसरे वर्ष के अंत में ₹9240 का भुगतान करके इसे चुकाने के लिए सहमत हुआ। सालाना चक्रवृद्धि ब्याज की दर ज्ञात करे–

(a) 10% (b) 12%
(c) $\frac{8}{5}$% (d) 8%

Sol. **(a)** $$A = P\left(1 + \frac{r}{100}\right)^n$$

$$\Rightarrow 9240 = \left[12000\left(1 + \frac{r}{100}\right)^1 - 4800\right]\left(1 + \frac{r}{100}\right)^1$$

$$\Rightarrow 9240 = [12000 + 120r - 4800]\left(\frac{100 + r}{100}\right)$$

$\Rightarrow 924000 = (7200 + 120r)(100 + r)$

$\Rightarrow 924000 = 720000 + 12000r + 7200r + 120r^2$

$\Rightarrow 204000 = 120[r^2 + 60r + 100r]$

$\Rightarrow r^2 + 160r - 170 = 0$

$\Rightarrow r^2 - 10r + 170r - 1700 = 0$

$r - 10 = 0 \qquad r + 170 = 0$

$r = 10\%$ यह अमान्य है।

अतः ब्याज की दर = 10% **Ans.**

142. ₹16,400 की राशि उधार ली जाती है। इसे 5% चक्रवृद्धि ब्याज की दर से समान वार्षिक किश्तों में 2 वर्षों में चुकाया जाना है। वार्षिक भुगतान की राशि ज्ञात कीजिए।

(a) ₹7590 (b) ₹8820
(c) ₹7600 (d) ₹7495

Sol. **(b)** मूलधन = ₹16400, दर% = 5% $= \frac{1}{20}$

	मूलधन	:	मिश्रधन	
प्रथम वर्ष	$20_{\times 21}$	:	$21_{\times 21 = 441}$	
द्वितीय वर्ष	$(20)^2$	:	$(21)^2_{= 441}$	[∵ दोनों वर्षों का किश्त समान है।]
	820	:	882	[∴ प्रथम वर्ष में 21 से गुणा करने पर]

अंतर = 62

$\because \quad 820 = 16400$

$1 = 20$

$\therefore \quad 441 = 441 \times 20$

$= ₹8820$

अतः प्रत्येक किश्त = ₹8820 **Ans.**

143. 5% वार्षिक चक्रवृद्धि ब्याज की दर पर लिए गए ₹1025 के ऋण को 2 वर्ष में चुकाने हेतु किए जाने वाले वार्षिक भुगतान की राशि ज्ञात कीजिए–

(a) ₹551.60 (b) ₹549.23
(c) ₹551.25 (d) ₹550

Sol. **(c)** **Method-I**

मूलधन राशि = ₹1025, दर% = 5% $= \frac{1}{20}$, समय = 2 वर्ष

	मूलधन	:	मिश्रधन	
प्रथम वर्ष	$20_{\times 21}$	:	$21_{\times 21 = 441}$	
द्वितीय वर्ष	$(20)^2$	:	$(21)^2_{= 441}$	[∵ दोनों वर्षों का किश्त समान है।]
	820	:	882	[∴ प्रथम वर्ष में 21 से गुणा करने पर]

अंतर = 62

$820 = 1025$

$$1 = \frac{1025}{820}$$

$\therefore \quad 441 = \frac{1025 \times 441}{820} = 551.25$ **Ans.**

Method - II

माना कि वार्षिक प्रत्येक किश्त $= x$

$$\therefore \quad \text{प्रत्येक किश्त} = \frac{P}{\left(\frac{100}{100+r}\right) + \left(\frac{100}{100+r}\right)^2}$$

$$= \frac{1025}{\left(\frac{100}{100+5}\right) + \left(\frac{100}{100+5}\right)^2}$$

$$= \frac{1025}{\frac{100}{105} + \frac{10000}{105 \times 105}}$$

$$= \frac{1025 \times 105 \times 105}{10500 + 10000}$$

$$= \frac{1025 \times 105 \times 105}{20500} = ₹551.25$$

अतः वार्षिक किश्त = ₹551.25 **Ans.**

144. ₹1100 की ऋण के रूप में ली गई थी। इसका भुगतान दो समान किश्तों में किया जाता है। यदि ब्याज दर 20% वार्षिक है और ब्याज की गणना वार्षिक चक्रवृद्धि आधार पर की जाती है, तो प्रत्येक किश्त की राशि ज्ञात कीजिए।

(a) ₹720 (b) ₹620
(c) ₹670 (d) ₹600

Sol. **(a)** मूलधन = ₹1100, दर = 20% $= \frac{1}{5}$, समय = 2 वर्ष

	मूलधन	:	मिश्रधन
प्रथम वर्ष	$5_{\times 6}$	:	$6_{\times 6}$
द्वितीय वर्ष	$(5)^2$	:	$(6)^2$
	55	:	72

[∵ दोनों वर्षों का किश्त समान है।]
[∴ प्रथम वर्ष में 6 से गुणा करने पर]

55 = 1100
1 = 20
∴ 36 = 20 × 36
= ₹720

अतः प्रत्येक किश्त = ₹720 **Ans.**

145. एक ऋण को दो समान वार्षिक किश्तों में वापस करना है। यदि ब्याज दर प्रतिवर्ष 10% है, जिसकी गणना वार्षिक चक्रवृद्धि आधार पर होती है और प्रत्येक किश्त ₹6534 है, तो लगाया गया कुल ब्याज ज्ञात करें।

(a) ₹1728 (b) ₹1867
(c) ₹1642 (d) ₹1579

Sol. **(a)** प्रत्येक किश्त = ₹6534, दर = 10% $= \frac{1}{10}$, समय = 2 वर्ष

	मूलधन	:	मिश्रधन
प्रथम वर्ष	$10_{\times 11}$	:	$11_{\times 11}$
द्वितीय वर्ष	$(10)^2$	:	$(11)^2$
	210	:	242

[∵ दोनों वर्षों का किश्त समान है।]
[∴ प्रथम वर्ष में 11 से गुणा करने पर]

ब्याज = 32

∵ 121 unit = 6534
1 unit = 54
∴ 32 unit = 54 × 32
= ₹1728

अतः लगाया गया कुल ब्याज = ₹1728 **Ans.**

146. एक धनराशि ₹44100 को दो बराबर वार्षिक किश्तों में वापस करना है। यदि ब्याज की दर 5% है, जो सालाना चक्रवृद्धि है तो कुल कितने ब्याज का भुगतान किया जाता है।

(a) ₹5840 (b) ₹6200
(c) ₹6280 (d) ₹6000

Sol. **(b)** मूलधन = ₹44100, दर = 5% $= \frac{1}{20}$, समय = 2 वर्ष

	मूलधन	:	मिश्रधन
प्रथम वर्ष	$20_{\times 21}$	:	$21_{\times 21 = 441}$
द्वितीय वर्ष	$(20)^2$	:	$(21)^2 = 441$
	820	:	882

[∵ दोनों वर्षों का किश्त समान है।]
[∴ प्रथम वर्ष में 21 से गुणा करने पर]

अंतर = 62

∵ 441 unit = 44100
1 unit = 100
∴ 62 unit = 100 × 62
= ₹6200

अतः कुल ब्याज = ₹6200 **Ans.**

147. एक धनराशि वार्षिक चक्रवृद्धि की दर से 5% चक्रवृद्धि ब्याज देकर प्रतिवर्ष ₹1740 की दो वार्षिक किश्तों में चुकाई जाती है। उधार ली गयी राशि कितनी थी-

(a) ₹32,800 (b) ₹32,200
(c) ₹32,000 (d) ₹32,400

Sol. **(a)** प्रत्येक वार्षिक किश्त = ₹17640, दर = 5% = $\frac{1}{20}$,

समय = 2 वर्ष

	मूलधन	:	मिश्रधन	
प्रथम वर्ष	$20_{\times 21}$	:	$21_{\times 21}$	[∵ दोनों वर्षों का किश्त समान है।]
द्वितीय वर्ष	$(20)^2$	:	$(21)^2$	[∴ प्रथम वर्ष में 21 से गुणा करने पर]
	820	:	882	

∵ 441 unit = 17640
1 unit = 40
∴ 820 unit = 40 × 820
= ₹32800

अतः उधार ली गयी राशि = ₹32800 **Ans.**

148. एक ऋण का भुगतान ₹5,808 की दो समान वार्षिक किश्तों में किया जाता है। यदि चक्रवृद्धि ब्याज की दर, जिसकी गणना वार्षिक तौर पर होती है, 10% वार्षिक है, तो ऋण की कुल राशि ज्ञात करे।

(a) ₹10,800 (b) ₹10,080
(c) ₹18,000 (d) ₹12,450

Sol. **(b)** प्रत्येक वार्षिक किश्त = ₹5808, दर% = 10% = $\frac{1}{10}$

समय = 2 वर्ष

	मूलधन	:	मिश्रधन	
प्रथम वर्ष	$10_{\times 11}$	:	$11_{\times 11}$	[∵ दोनों वर्षों का किश्त समान है।]
द्वितीय वर्ष	$(10)^2$	:	$(11)^2$	[∴ प्रथम वर्ष में 11 से गुणा करने पर]
	210	:	242	

∵ 121 unit = 5808
1 unit = 48
∴ 210 unit = ₹10080

अतः ऋण की कुल राशि = ₹10080 **Ans.**

149. एक ऋण का भुगतान के समान वार्षिक किश्तों में करना है। यदि ब्याज की दर 10% प्रतिवर्ष है तथा उसकी गणना वार्षिक चक्रवृद्धि रूप से की जाती है और प्रत्येक किश्त ₹3872 है, तो इस किश्त योजना में कुल कितना ब्याज चुकाना होगा-

(a) ₹980 (b) ₹1020
(c) ₹1050 (d) ₹1024

Sol. **(d)** दर% = 10% = $\frac{1}{10}$, प्रत्येक वार्षिक किश्त = 3872

समय = 2 वर्ष

	मूलधन	:	मिश्रधन	
प्रथम वर्ष	$10_{\times 11}$	:	$11_{\times 11}$	[∵ दोनों वर्षों का किश्त समान है।]
द्वितीय वर्ष	$(10)^2$	:	$(11)^2$	[∴ प्रथम वर्ष में 11 से गुणा करने पर]
	210	:	242	

ब्याज = 32

121 unit = 3872
1 unit = 32
∴ 32 unit = 32×32
= 1024

अतः कुल दिया गया ब्याज = 1024 **Ans.**

150. एक मोबाइल फोन ₹79860 के नकद भुगतान पर या डाउन पेमेंट के रूप में ₹60,000 का नकद भुगतान करने और शेष धनराशि को तीन समान वार्षिक किश्तों में भुगतान करने पर उपलबध है। यदि दुकानदार 10% वार्षिक चक्रवृद्धि ब्याज की दर से ब्याज लेता है, तो वार्षिक रूप से चक्रवृद्धि होता है, तो प्रत्येक किश्त की राशि कितनी होगी-

(a) ₹6789 (b) ₹6689
(c) ₹6000 (d) ₹7986

Sol. **(d)** नकद भुगतान करने के बाद शेष राशि
= ₹(79860 – 60000) = ₹19860

दर = 10% = $\frac{1}{10}$, समय = 3 वर्ष

	मूलधन	:	मिश्रधन
प्रथम वर्ष →	$10_{\times 121}$	:	$11_{\times 121}$
द्वितीय वर्ष →	$(10)^2_{\times 11}$	:	$(11)^2_{\times 121}$
तृतीय वर्ष →	$(10)^3$	:	$(11)^3$
	3310	:	3993

3310 unit = 19860
1 unit = 6
∴ 1331 unit = 1331 × 6
= ₹7986

अतः प्रत्येक किश्त = ₹7986 **Ans.**

विभिन्न प्रतियोगी परीक्षाओं में विगत वर्षों में पूछे गये महत्त्वपूर्ण प्रश्न

1. एक निश्चित राशि सालाना चक्रवृद्धि ब्याज पर 10% प्रतिवर्ष की दर से 4 वर्ष के लिए जमा की जाती है। 2 वर्ष के अंत में और 4 वर्ष के अंत में ब्याज के बीच का अंतर रु.5,082 है। राशि (रुपये में) ज्ञात कीजिए- **[SSC CGL 2023]**

(a) 20,000 (b) 10,164
(c) 50,820 (d) 25,500

2. मान लीजिए रु.1000 की धनराशि पर 10% की दर से वार्षिक रूप से संयोजित चक्रवृद्धि ब्याज 3 वर्षों के बाद x है और रु.1000 की धनराशि पर 11% की वार्षिक दर से 3 वर्षों के बाद साधारण ब्याज y है। x और y के बीच क्या अंतर है- **[CDS 2024]**

(a) रु.16 (b) रु.15
(c) रु.5 (d) रु.1

3. यदि ब्याज की दर 5% है तो रु.10,000 (प्रत्येक) की राशि पर अब से 3 वर्षों के बाद मिलने वाले चक्रवृद्धि ब्याज और साधारण ब्याज के बीच कितना अंतर होगा- **[CDS 2024]**

(a) रु.175.25 (b) रु.152.25
(c) रु.76.25 (d) रु.24.25

4. एक धनराशि चक्रवृद्धि ब्याज पर 3 वर्ष बाद रु.4,460 और 6 वर्ष बाद रु.6,690 हो जाती है। अनुमानित धनराशि ज्ञात कीजिए- **[UPP Constable 2024]**

(a) रु.2,991.66 (b) रु.3,115.33
(c) रु.3,12166 (d) रु.2,973.33

5. 2 वर्षों के लिए रु.28,000 की राशि पर चक्रवृद्धि ब्याज और साधारण ब्याज के बीच का अंतर रु.280 है। प्रतिवर्ष ब्याज दर क्या है- (% में) **[UPSI 2021]**

(a) 14 (b) 10
(c) 8 (d) 12

6. चक्रवृद्धि ब्याज (वार्षिक चक्रवृद्धि) पर निवेश करने पर एक राशि 2 वर्ष में स्वयं का 1.96 गुना हो जाती है। वार्षिक दर क्या है- **[SSC CHSL 2022]**

(a) 20% (b) 25%
(c) 40% (d) 30%

7. रु.18000 की धनराशि पर 20% प्रतिवर्ष वार्षिक दर पर अर्द्धवार्षिक रूप से संयोजित होने पर 1 वर्ष का चक्रवृद्धि ब्याज क्या है- **[SSC CHSL 2022]**

(a) रु.3780 (b) रु.2450
(c) रु.4500 (d) रु.3650

8. 10% वार्षिक दर पर ऋण दी गई एक निश्चित धनराशि पर 1 वर्ष के लिए चक्रवृद्धि ब्याज (अर्द्धवार्षिक रूप से संयोजित) और 1 वर्ष के लिए साधारण ब्याज के बीच का अंतर रु.25 है। वह धनराशि क्या है- **[SSC CHSL 2022]**

(a) रु.12000 (b) रु.6000
(c) रु.8000 (d) रु.10000

9. यदि रु.7,500 की राशि चक्रवृद्धि ब्याज पर 8% प्रति वर्ष की दर से 1.5 वर्ष के लिए निवेश की जाती है, जबकि ब्याज अर्द्धवार्षिक रूप से चक्रवृद्धि किया जाता है तो मिश्रधन ज्ञात कीजिए- **[SSC CPO 2022]**

(a) रु.8,436.48 (b) रु.8,736.48
(c) रु.8,657.48 (d) रु.8,564.48

10. एक व्यक्ति ने बैंक से 10% प्रतिवर्ष की दर से रु.50,000 ऋण लिया, जिसका ब्याज वार्षिक रूप से चक्रवृद्धि होता है। प्रत्येक वर्ष के अंत में, वह ऋण और ब्याज के आंशिक भुगतान के रूप में रु. 15,000 का भुगतान करता है। ऐसी तीन किश्तों के बाद उसे बैंक को कितनी धनराशि का भुगतान करना बाकी है- **[SSC CPO 2022]**

(a) रु.16,900 (b) रु.15,800
(c) रु.15,200 (d) रु.16,200

11. एक किसान को उसकी अवधि जमा पर रु.1,80,000 का ऋण मिलता है। यदि ब्याज की दर 1.5 पैसे प्रति रुपया प्रति वर्ष है, तो 2 वर्ष के बाद देय चक्रवृद्धि ब्याज की गणना करें- **[DSSSB Assitt. Grade 2024]**

(a) रु.58700.5 (b) रु.5440.5
(c) रु.54400.5 (d) रु.5870.5

12. नव्या ने काव्या को 3% वार्षिक चक्रवृद्धि ब्याज की दर से 3 वर्ष के लिए रु.8000 उधार दिए। 3 वर्ष बाद नव्या को मिलने वाली राशि की गणना करें- **[DSSSB Assitt. Grade 2024]**

(a) रु.8741.82 (b) रु.8852.56
(c) रु.8991.44 (d) रु.8901.32

13. एक निश्चित धनराशि पर 6% वार्षिक ब्याज दर पर 4 वर्ष के लिए साधारण ब्याज रु.4500 होता है। जब ब्याज की दर 4% वार्षिक हो तो समान धनराशि पर 2 वर्ष का चक्रवृद्धि ब्याज (वार्षिक संयोजन) ज्ञात कीजिए- **[SSC CHSL 2022]**

(a) रु.1,530 (b) रु.1,430
(c) रु.1,830 (d) रु.1,560

14. राजीव ने एक कंपनी में चक्रवृद्धि ब्याज (वार्षिक रूप से संयोजित) पर 2 वर्ष के लिए रु.3,000 का निवेश किया, इस पर उस कंपनी ने उसे रु.1,320 का ब्याज दिया। राजीव द्वारा निवेश की गई राशि पर वार्षिक ब्याज दर कितना होगा- **[SSC CHSL 2022]**

(a) 30% (b) 24%
(c) 16% (d) 20%

15. एक व्यक्ति ने 20% वार्षिक दर पर चक्रवृद्धि ब्याज पर रु.8000 का ऋण लिया। यदि ब्याज अर्द्धवार्षिक रूप से संयोजित किया जाता है तो 1.5 वर्ष पश्चात भुगतान की जाने वाली धनराशि क्या होगी- **[SSC CHSL 2022]**

(a) रु.10618 (b) रु.11488
(c) रु.10825 (d) रु.9865

16. 2½ वर्षों के लिए 8% प्रतिवर्ष की दर से अर्द्धवार्षिक रूप से संयोजित रु.156250 पर चक्रवृद्धि ब्याज की गणना करें- **[CISF HCM 2023]**

(a) रु.20110 (b) रु.19510
(c) रु.19710 (d) रु.21735.5

17. रु.221 को A और B के बीच विभाजित करें, ताकि 3 वर्ष बाद A की राशि 5 साल बाद B की राशि के बराबर हो, ब्याज 10% प्रतिवर्ष की दर से संयाजिज हो- **[CISF HCM 2023]**

(a) रु.200, रु.150 (b) रु.121, रु.100
(c) रु.331, रु.300 (d) रु.441, रु.400

18. वार्षिक रूप से संयोजित 10% वार्षिक दर पर 2 वर्षों के लिए रु. 14,000 पर चक्रवृद्धि ब्याज क्या होगा- **[SSC CHSL 2022]**

(a) रु.1,490 (b) रु.6,940
(c) रु.3,490 (d) रु.2,940

19. एक धनराशि पर 2 वर्षों के लिए चक्रवृद्धि ब्याज (वार्षिक रूप से संयोजित) रु.4180 है। यदि वार्षिक ब्याज दर 20% है तो धनराशि कितनी है- **[SSC CHSL 2022]**

(a) रु.8800 (b) रु.9800
(c) रु.9500 (d) रु.8500

20. किसी मूलधन पर 2 वर्ष के लिए एक निश्चित ब्याज दर पर साधारण ब्याज और चक्रवृद्धि ब्याज (वार्षिक संयोजन) क्रमशः रु.1600 और रु.1760 है। मूलधन क्या है- **[SSC CHSL 2022]**

(a) रु.10000 (b) रु.7000
(c) रु.6000 (d) रु.4000

21. 2 वर्षों के लिए रु.6000, 10% वार्षिक दर पर उधार दिया जाता है। निम्नलिखित में से कौन-सा कथन सही है-

I. इस राशि पर प्राप्त होने वाला साधारण ब्याज रु.1200 है।

II. इस राशि पर प्राप्त होने वाला चक्रवृद्धि ब्याज (वार्षिक रूप से संयोजित) रु.1260 है। **[SSC CHSL 2022]**

(a) कथन I सही है। (b) कथन I और II दोनों सही है।
(c) कथन II सही है। (d) इनमें से कोई भी सही नहीं है।

22. 2 वर्षों में 20% प्रतिवर्ष की दर से एक निश्चित राशि का मिश्रधन रु.7776 है। ब्याज प्रतिवर्ष रूप से संयोजित होता है। अर्द्धवार्षिक चक्रवृद्धि ब्याज की समान दर पर 1½ वर्षों में समान राशि का मिश्रधन क्या होगी- **[ICAR Assitt. 2022]**

(a) रु.7187 (b) रु.7178
(c) रु.7285 (d) रु.7085

23. सुधा अपने बचत योजनाओं A और B में 3 : 5 के अनुपात में 1½ वर्षों के लिए निवेश की। योजना A, 20% प्रतिवर्ष की दर से 6 मासिक चक्रवृद्धि ब्याज की पेशकश करती है, जबकि योजना B, 10% प्रतिवर्ष की दर से वार्षिक चक्रवृद्धि ब्याज प्रदान करती है। यदि A और B से प्राप्त ब्याज के बीच का अंतर रु.152.60 है तो योजना B में निवेश की गई राशि है- **[ICAR Assitt. 2022]**

(a) रु.4000 (b) रु.4500
(c) रु.3000 (d) रु.3500

24. नूतन को एक बैंक और एक ऐप से ऋण के दो प्रस्ताव मिले। ऐप ने 15% वार्षिक चक्रवृद्धि ब्याज दर पर 2 वर्षों के लिए रु.10,000 का प्रस्ताव दिया और बैंक ने समान दर पर तथा समान समय के लिए लेकिन साधारण ब्याज दर पर समान राशि का प्रस्ताव दिया। ब्याज के बीच अंतर ज्ञात कीजिए- **[SSC CHSL 2022]**

(a) रु.375 (b) रु.400
(c) रु.250 (d) रु.225

25. रु.6000 चक्रवृद्धि ब्याज (अर्द्धवार्षिक चक्रवृद्धि) पर 20% प्रतिवर्ष के दर पर उधार दिया गया है। 18 महीने का चक्रवृद्धि ब्याज कितना होगा- **[SSC CHSL 2022]**

(a) रु.1825 (b) रु.1986
(c) रु.1876 (d) रु.2036

26. यदि 10% वार्षिक दर पर वार्षिक रूप से संयोजित ब्याज, X प्रतिशत वार्षिक दर पर अर्द्धवार्षिक रूप से संयोजित चक्रवृद्धि ब्याज के बराबर है, तो X का मान (लगभग) क्या है- **[SSC CHSL 2022]**

(a) 6.25% (b) 5.32%
(c) 4.88% (d) 4.55%

27. रंजन 4% की वार्षिक ब्याज की दर पर रु.7500 उधार लेता है। 2 वर्षों के लिए चक्रवृद्धि ब्याज क्या होगा जबकि ब्याज वार्षिक चक्रवृद्धि होता है- **[RRB RPF SI 2019]**

(a) रु.612 (b) रु.8112
(c) रु.8121 (d) रु.621

28. एक निश्चित धनराशि पर एक वर्ष में 10% की दर पर प्राप्त होने वाला ब्याज रु.400 है। इसी धनराशि के लिए, उसी दर पर और उतनी ही अवधि के लिए चक्रवृद्धि ब्याज की गणना कीजिए, यदि ब्याज अर्द्धवार्षिक संयोजित होता है- [RRB Group D 2018]

(a) रु.400 (b) रु.210
(c) रु.410 (d) रु.200

29. रु.6,500 की राशि पर 7% की वार्षिक दर से 3 वर्षों में देय साधारण और वार्षिक रूप से चक्रवृद्धि किये जाने वाले चक्रवृद्धि ब्याज का अंतर ज्ञात कीजिए। (दशमलव के दो स्थानों तक सही उत्तर दीजिए) [SSC CHSL 2022]

(a) रु.94.34 (b) रु.97.78
(c) रु.98.73 (d) रु.97.85

30. एक निश्चित राशि पर 10% प्रतिवर्ष की दर पर दो वर्ष के चक्रवृद्धि ब्याज और साधारण ब्याज में अंतर रु.250 है। वह राशि ज्ञात करें- [SSC CPO 2022]

(a) रु.25,450 (b) रु.26,550
(c) रु.25,000 (d) रु.26,000

31. 16% प्रतिवर्ष की दर से उधार दी गई एक निश्चित राशि पर, 1 वर्ष के चक्रवृद्धि ब्याज, अर्द्धवार्षिक देय और 1 वर्ष के साधारण ब्याज के बीच का अंतर रु.60 है तो योग है- [SSC CPO 2022]

(a) रु.937.5 (b) रु.9,000
(c) रु.9,365 (d) रु.9,375

32. रु.100000 पर प्रतिवर्ष 4% की दर से 2½ वर्षों के लिए चक्रवृद्धि ब्याज ज्ञात करें- [CISF HCM 2023]

(a) रु.10425.25 (b) रु.10500.75
(c) रु.10325.5 (d) रु.10323.2

33. यदि रु.17,500 की राशि 1 वर्ष में रु.19293.75 हो जाती है तो x% चक्रवृद्धि ब्याज अर्द्धवार्षिक रूप से संयोजित होता है, तो x का मान क्या है- [CRPF HCM (Tier-I) 2023]

(a) 10 (b) 13
(c) 11 (d) 12

34. यदि एक निश्चित राशि पर चक्रवृद्धि ब्याज 2 वर्ष के लिए 12% वार्षिक चक्रवृद्धि ब्याज की दर से रु.3,688.8 है तो राशि (रु.में) है- [CRPF HCM (Tier-I) 2023]

(a) 15,000 (b) 14,000
(c) 14,500 (d) 13,500

35. वह राशि जो 20% प्रति वर्ष चक्रवृद्धि ब्याज पर दिये जाने पर रु. 1205 अधिक प्राप्त होगी, जब ब्याज 2 वर्ष के लिए सालाना देय होने की तुलना में अर्द्धवार्षिक देय होगा- [CRPF HCM (Tier-I) 2023]

(a) रु.42,000 (b) रु.40,000
(c) रु.45,000 (d) रु.50,000

36. एक व्यक्ति ने एक योजना में चार वर्षों के लिए एक निश्चित राशि का निवेश किया, जिसमें पहले 2 वर्षों के लिए 12.5% वार्षिक चक्रवृद्धि ब्याज और शेष समय के लिए संचित राशि पर 20% का साधारण ब्याज दिया जाता है। यदि उसके द्वारा प्राप्त साधारण ब्याज रु.3809 है तो उसके द्वारा निवेश की गई राशि ज्ञात कीजिए- [CRPF HCM (Tier-I) 2023]

(a) रु.7328.10 (b) रु.7248.25
(c) रु.7420.35 (d) रु.7523.95

37. यदि 10% ब्याज दर पर 2 वर्ष का साधारण ब्याज रु.6800 है। उसी समय के लिए चक्रवृद्धि ब्याज ज्ञात कीजिए- [DSSSB Assitt. Grade 2024]

(a) रु.10000 (b) रु.11560
(c) रु.7140 (d) रु.7980

38. रु.10,000 पर 3% वार्षिक दर से चक्रवृद्धि ब्याज रु.609 है। अवधि (वर्षों में) क्या होगी- [DSSSB Assitt. Grade 2024]

(a) 8 वर्ष (b) 2 वर्ष
(c) 4 वर्ष (d) 5 वर्ष

39. एक मोटरसाइकिल रु.135000 नकद या रु.23,880 नकद डाउन पेमेंट के बाद तीन समान वार्षिक किश्तों के लिए उपलब्ध है। यदि ब्याज की दर 15% प्रतिवर्ष चक्रवृद्धि वार्षिक है, तो किश्त योजना में कुल भुगतान किया गया है- [ICAR Technician 2022]

(a) रु.33874 (b) रु.33784
(c) रु.34848 (d) रु.34884

40. रु.8,000 की राशि पर चक्रवृद्धि ब्याज 18 महीनों में रु.1,261 हो जाता है। यदि ब्याज छमाही रूप से चक्रवृद्धि किया जाता है तो ब्याज दर ज्ञात कीजिए- [Delhi Police 2023]

(a) 20% (b) 10%
(c) 12% (d) 8%

41. रु.10,000 की धनराशि पर 10% वार्षिक दर पर 1½ वर्ष में प्राप्त छमाही रूप से चक्रवृद्धि किए जाने वाले चक्रवृद्धि ब्याज और साधारण ब्याज के बीच का अंतर (रु.में) क्या होगा- [Delhi Police 2023]

(a) 76.25 (b) 71.65
(c) 72.65 (d) 75.26

42. एक व्यक्ति चक्रवृद्धि ब्याज पर 3 वर्ष के लिए रु.5,000 का निवेश करता है। एक वर्ष के बाद, धनराशि रु.5,450 हो जाती है। 3 वर्ष के अंत में देय राशि (निकटतम रुपये में) ज्ञात करें- **[Delhi Police 2023]**

(a) रु.7,405 (b) रु.6,475
(c) रु.5,575 (d) रु.6,970

43. रु.5,19,500 की राशि, 7-4/5% प्रतिवर्ष चक्रवृद्धि ब्याज दर पर उधार ली गई और दो समान वार्षिक किस्तों में 2 वर्षों में वापस इसका भुगतान किया गया। किश्त ज्ञात कीजिए- **[Delhi Police 2023]**

(a) रु.3,00,521 (b) रु.2,80,521
(c) रु.2,90,521 (d) रु.2,70,521

44. 5% प्रतिवर्ष की दर से 2 वर्ष के लिए रु.60,000 पर अर्जित चक्रवृद्धि ब्याज ज्ञात करें- **[IB ACIO-II 2020]**

(a) रु.6,150 (b) रु.6,000
(c) रु.66,150 (d) रु.60,000

45. एक निश्चित धनराशि, वार्षिक रूप से चक्रवृद्धि होने वाली 10% वार्षिक ब्याज दर पर 3 वर्ष में रु.1331 हो जाती है। निवेश की राशि ज्ञात करें- **[IB ACIO-II 2020]**

(a) रु.1050 (b) रु.1100
(c) रु.1000 (d) रु.1132

46. A एक बैंक में 5% वार्षिक साधारण ब्याज की दर पर x धनराशि जमा करता है। उसका भाई B, 10% वार्षिक चक्रवृद्धि ब्याज की दर पर एक धनराशि y जमा करता है। 1 वर्ष बाद, B को प्राप्त ब्याज, A को प्राप्त ब्याज से दोगुना है। 1 वर्ष बाद, B को प्राप्त ब्याज, A को प्राप्त ब्याज से दोगुना है। y : x का मान ज्ञात कीजिए- **[IB ACIO-II 2020]**

(a) 2 : 1 (b) 1 : 1
(c) 2 : 3 (d) 3 : 2

47. रु.20,000 की राशि को चक्रवृद्धि ब्याज पर तीन वर्षों के लिए निवेश किया जाता है। पहले वर्ष के लिए ब्याज दर 20% प्रतिवर्ष, दूसरे वर्ष के लिए 15% प्रतिवर्ष और तीसरे वर्ष के लिए 10% प्रति वर्ष है। तीसरे वर्ष के लिए ब्याज ज्ञात कीजिए- **[IB ACIO-II 2020]**

(a) रु.2190 (b) रु.2620
(c) रु.2760 (d) रु.2340

48. यदि 20% वार्षिक दर से रु.2,000 का निवेश किया जाता है, और ब्याज को अर्द्धवार्षिक आधार पर चक्रवृद्धि किया जाता है, तो 18 मास बाद राशि कितनी होगी- **[RRB ALP & Tec. 2018]**

(a) रु.2,628 (b) रु.2,662
(c) रु.2,600 (d) रु.3,200

49. रु.10000 पर प्रतिवर्ष 20% चक्रवृद्धि ब्याज दिया जा रहा है। 2 वर्ष बाद मिलने वाली धनराशि की गणना कीजिए यदि ब्याज छमाही प्रभारित होता है- **[RRB NTPC 2016]**

(a) रु.10041 (b) रु.14641
(c) रु.12000 (d) रु.13660

50. स्मिता ने 15% की साधारण वार्षिक ब्याज दर पर रु.75,000 ऋण लिया। वह धनराशि उसने अपने मित्र को ठीक उसी दिन, उसी ब्याज दर पर लेकिन वार्षिक चक्रवृद्धि के हिसाब से ऋण दे दिया। 2 वर्ष बाद वह कितना लाभ अर्जित करेगी- **[RRB Group D 2018]**

(a) रु.1,887.5 (b) रु.1,867.5
(c) रु.1,786.5 (d) रु.1,687.5

51. एक निश्चित धनराशि पर 5% के वार्षिक दर से 3 वर्ष में प्राप्त होने वाला साधारण ब्याज रु.5,250 है। समान अवधि के लिए ब्याज की समान दर पर उसी धनराशि का चक्रवृद्धि ब्याज कितना होगा- **[RRB ALP & Tec. 2018]**

(a) रु.5,510.88 (b) रु.5,516.88
(c) रु.5,512.88 (d) रु.5,517.88

52. एक निश्चित धनराशि पर 2 वर्षों में 10% वार्षिक ब्याज की दर से रु. 2000 साधारण ब्याज मिलता है। यदि इसी धनराशि पर ब्याज वार्षिक संयोजित होता है तो दोनों प्रकार के ब्याज का अंतर कितना होगा- **[RRB NTPC 2016]**

(a) रु.200 (b) रु.220
(c) रु.100 (d) रु.120

53. किसी मूलधन पर 8% की दर से 8 महीने और 6% की दर से 14 महीनों के साधारण ब्याज के बीच का अंतर रु.200 है। मूलधन ज्ञात कीजिए- **[RRB JE 2019]**

(a) रु.12,000 (b) रु.12,800
(c) रु.24,000 (d) रु.14,400

54. एक निश्चित राशि पर 10% की दर से 2 वर्षों के लिए अर्द्धवार्षिक आधार पर गणना करने पर चक्रवृद्धि ब्याज और साधारण ब्याज के बीच का अंतर रु.124.05 है। राशि ज्ञात कीजिए- **[RRB JE 2019]**

(a) रु.8400 (b) रु.10000
(c) रु.8000 (d) रु.8200

55. एक निश्चित राशि पर 3 वर्ष के लिए 5% की दर लगने वाले साधारण ब्याज तथा चक्रवृद्धि ब्याज का अंतर रु.14.48 है। राशि क्या है- **[RRB RPF Constable 2019]**

(a) रु.1850 (b) रु.1999
(c) रु.1899 (d) रु.2160

56. कितने समय में रु.4400 ब्याज की 8% वार्षिक दर पर रु.4576 हो जायेंगे, जबकि यह चक्रवृद्धि ब्याज अर्द्धवार्षिक संयोजित होता है- **[RRB ALP & Tec. 2018]**

(a) 6 माह (b) 2 वर्ष
(c) 7 माह (d) 1 वर्ष

57. उस राशि का 3 वर्ष के लिए 7% की दर पर चक्रवृद्धि ब्याज ज्ञात कीजिए। जिसका 3 वर्ष में 7% की दर पर साधारण ब्याज रु. 18,900 होगा- (निकटतम रुपये में पूर्णांकित) **[RRB NTPC 2016]**

(a) रु.19,746 (b) रु.18,390
(c) रु.20,254 (d) रु.21,053

58. 2 वर्ष में एक मूलधन पर 5% वार्षिक दर से चक्रवृद्धि ब्याज और समान समय में उसी मूलधन पर साधारण ब्याज से रु.10 ज्यादा है तो मूलधन ज्ञात कीजिए- **[RRB RPF SI 2019]**

(a) रु.5,000 (b) रु.4,500
(c) रु.4,000 (d) रु.3,500

59. रवीश एक एफ.डी. में निवेश करता है। परिपक्वता होने पर उसे कुल कितनी राशि मिलेगी। यदि रु.5500, 6 महीनों के लिए 20% वार्षिक चक्रवृद्धि ब्याज की दर पर निवेश किये गये हैं, ब्याज तिमाही संयोजित होती है- **[RRB NTPC 2016]**

(a) रु.6063.5 (b) रु.6063.75
(c) रु.6063.35 (d) रु.6063

60. प्रतिवर्ष 12% पर 3 साल के लिए किसी धनराशि पर साधारण ब्याज रु.6,750 है। वार्षिक रूप से संयोजित करने पर उसी अवधि के लिए समान दर पर समान राशि पर चक्रवृद्धि ब्याज क्या होगा- **[RRB Group D 2018]**

(a) रु.7,092.40 (b) रु.7,000
(c) रु.7,592.40 (d) रु.7,500.40

61. 4 वर्षों में साधारण ब्याज दर पर, एक राशि में 20% की वृद्धि होती है। उसी ब्याज दर पर 2 वर्षों के बाद रु.44,500 पर चक्रवृद्धि ब्याज कितना होगा- **[UPSI 2021]**

(a) 4561.25 (b) 4261.25
(c) 4461.25 (d) 4361.25

62. अकबर अपने 14 और 15 वर्ष के दो बेटों के लिए रु.44,100 की वसीयत छोड़ता है। उन्हें 17 वर्ष की आयु पर 10% चक्रवृद्धि ब्याज के तहत समान राशि प्राप्त होने चाहिए। छोटे बेटे का वर्तमान हिस्सा ज्ञात कीजिए- (रु.में) **[UPSI 2021]**

(a) 21750 (b) 20500
(c) 21500 (d) 21500

63. मिहिर और दीप्तेश के बीच रु.1301 इस प्रकार बाँटिये, ताकि 7 वर्षों के बाद मिहिर की राशि, 9 वर्षों के बाद दीप्तेश की राशि के बराबर हो, ब्याज 4% प्रति वर्ष की दर से संयोजित किया जाता है। मिहिर का हिस्सा कितना है- **[UPP Constable 2024]**

(a) रु.653 (b) रु.616
(c) रु.676 (d) रु.620

64. एक नई योजना के तहत एक बैंक 30% वार्षिक ब्याज प्रदान करता है। सूरज इस नई योजना के तहत रु.10,000 जमा करता है। अवधि के अंत में रु.28,561 प्राप्त करता है। सूरज ने यह योजना कितने समय के लिए चुनी थी- **[RRB NTPC 2016]**

(a) 2 वर्ष (b) 3.5 वर्ष
(c) 4 वर्ष (d) 4.5 वर्ष

ANSWER

1	(a)	2	(d)	3	(c)	4	(d)	5	(b)	6	(c)	7	(a)	8	(d)	9	(a)	10	(a)
11	(b)	12	(a)	13	(a)	14	(d)	15	(a)	16	(b)	17	(b)	18	(d)	19	(c)	20	(d)
21	(b)	22	(a)	23	(d)	24	(d)	25	(b)	26	(c)	27	(a)	28	(c)	29	(b)	30	(c)
31	(d)	32	(d)	33	(a)	34	(c)	35	(d)	36	(d)	37	(c)	38	(b)	39	(d)	40	(b)
41	(a)	42	(b)	43	(c)	44	(a)	45	(c)	46	(b)	47	(c)	48	(b)	49	(b)	50	(d)
51	(b)	52	(c)	53	(a)	54	(c)	55	(c)	56	(a)	57	(c)	58	(c)	59	(b)	60	(c)
61	(a)	62	(d)	63	(c)	64	(c)												

CHAPTER 11

अनुपात एवं समानुपात (Ratio and Proportion)

▶ **अनुपात (Ratio) :** समान प्रकार के दो राशियों के बीच तुलनात्मक संबंध को अनुपात कहते है। $\frac{a}{b}$ एक अनुपात कहलाता है, यदि a और b समान प्रकार की राशि/मात्रा हो। अनुपात में पहली संख्या 'a' को पूर्ववर्ती और दूसरी संख्या 'b' को अनुवर्ती कहा जाता है।

जैसे- किसी कक्षा में 20 लड़के और 12 लड़कियां है। लड़कों का लड़कियों से अनुपात निर्धारित नहीं किया जा सकता है क्योंकि वे समान प्रकार के नहीं है जबकि लड़कों की संख्या का लड़कियों की संख्या से अनुपात ज्ञात कर सकते है, क्योंकि संख्याएं समान प्रकार की होती है।

लड़कों की संख्या : लड़कियों की संख्या = 20 : 12
= 5 : 3

अनुपात के गुण (Properties of Ratio)

- अनुपात सदैव समान प्रकार के राशियों के बीच होता है।
  जैसे- रुपये : रुपये
  किग्रा : किग्रा
- शून्य के अतिरिक्त किसी भी संख्या से अनुपात के सभी अवयवों से गुणा या भाग करने पर अनुपात में कोई परिवर्तन नहीं होता है।

$$\frac{a}{b} = \frac{ak}{bk} = \frac{a/k}{b/k}$$

Ex. 3 : 7 = (3 × 5) : (7 × 5) = (3 × 4) : (7 × 4)
= 15 : 35 = 12 : 28

- दो भिन्नों के अनुपात को दो पूर्णांकों के अनुपात के रूप में व्यक्त किया जा सकता है।

$$\frac{a}{b} = \frac{c}{d} = ad : bc$$

- यदि किसी राशि z को A और B के बीच x : y के अनुपात में विभाजित किया जाये तो-

$$A \text{ का भाग} = \left(\frac{x}{x+y} \times z\right)$$

$$B \text{ का भाग} = \left(\frac{y}{x+y} \times z\right)$$

$$\text{आय A और B का अंतर} = \left(\frac{x-y}{x+y} \times z\right)$$

- यदि A और B का अनुपात x : y है और इनके हिस्से का अंतर z इकाई हो तो-

$$A \text{ का भाग} = \left(\frac{x}{x-y} \times z\right)$$

$$B \text{ का भाग} = \left(\frac{y}{x-y} \times z\right)$$

$$\text{भाग A और B का योग} = \left(\frac{x+y}{x-y} \times z\right)$$

अनुपात के प्रकार (Types of Ratio)

- (x : y) का वर्गानुपात = $(x^2 : y^2)$
- (x : y) का वर्गमूलानुपात = $\left(\sqrt{x} : \sqrt{y}\right)$
- (x : y) का घनानुपात = $(x^3 : y^3)$
- (x : y) का घनमूलानुपात = $\left(\sqrt[3]{x} : \sqrt[3]{y}\right)$
- (x : y) का व्युत्क्रम अनुपात = $\frac{1}{x} : \frac{1}{y} = y : x$
- (a : b), (c : d) और (e : f) का मिश्र अनुपात = ace : bdf
- **संयुक्त अनुपात (Combined Ratio) :** यदि दो या दो से अधिक भिन्न-भिन्न अनुपात दिये गये हो तो उनका एक साथ अनुपात (संबंध) ही संयुक्त अनुपात कहलाता है।
  जैसे- a : b = 3 : 2, b : c = 3 : 4
  संयुक्त अनुपात = a : b : c = 9 : 6 : 8

समानुपाती (Proportional)

जब दो अनुपात एक दूसरे के बराबर होते है तो उन्हें समानुपाती कहते है। यदि a : b = c : d हो तो a, b, c और d समानुपात में है।

▶ **सीधा समानुपाती (Direct Proportional) :** यदि x = ky हो

तो- $x \propto y \Rightarrow \frac{x_1}{x_2} = \frac{y_1}{y_2}$

जहाँ k अचर है।

- **व्युत्क्रमानुपाती (Inversely Proportional)-** यदि $xy = k$

हो तो- $x \propto \frac{1}{y} \Rightarrow \boxed{\frac{x_1}{x_2} = \frac{y_2}{y_1}}$

जहाँ k अचर है।

समानुपात के गुण (Properties of Proportion)

- $\frac{a}{b} = \frac{c}{d} = \frac{a-c}{b-d} = \frac{a+c}{b+d}$
- $\frac{a}{b} = \frac{c}{d} = \frac{e}{f} = \frac{a+c+e}{b+d+f} = \frac{a+c}{b+d} = \frac{c+e}{d+f} = \frac{a-c}{b-d} = \frac{c-e}{d-f}$
- यदि $\frac{a}{b} > \frac{c}{d}$ हो तो $\frac{a}{b} > \frac{a+c}{b+d}$
- यदि $\frac{a}{b} < \frac{c}{d}$ हो तो $\frac{a}{b} < \frac{a+c}{b+d}$
- यदि $\frac{a}{b} < 1$ हो तो $\frac{a}{b} < \frac{a+k}{b+k}$ एवं $\frac{a}{b} > \frac{a-k}{b-k}$
जहाँ K - धनात्मक संख्या है।
- यदि $\frac{a}{b} > 1$ हो तो $\frac{a}{b} > \frac{a+k}{b+k}$ एवं $\frac{a}{b} < \frac{a-k}{b-k}$
जहाँ K - धनात्मक संख्या है।

- **योगानुपात नियम (Componendo Rule)-**

यदि $\frac{a}{b} = \frac{c}{d}$ हो तो-

$$\boxed{\frac{a+b}{b} = \frac{c+d}{d}}$$

- **अंतरानुपात नियम (Dividendo Rule)-**

यदि $\frac{a}{b} = \frac{c}{a}$ हो तो-

$$\boxed{\frac{a-b}{b} = \frac{c-d}{d}}$$

- **योगान्तरानुपात नियम (C & D Rule)** – यह नियम योगानुपात और अंतरानुपात के अनुपात से प्राप्त होता है।

यदि $\frac{a}{b} = \frac{c}{d}$ हो तो $\boxed{\frac{a+b}{a-b} = \frac{c+d}{c-d}}$

समानुपात के प्रकार (Types of Proportion)

- **प्रथम समुनपात (First Proportion) :** यदि x, a तथा b समानुपात में है तो-

$$\frac{x}{a} = \frac{a}{b} \Rightarrow x = \frac{a^2}{b}$$

$$\boxed{\text{प्रथम समानुपात} = \frac{a^2}{b}}$$

- **द्वितीय समानुपात या मध्यानुपात (Second or Mean Proportion) :** यदि a, x तथा b समानुपात में है तो-

$$\frac{a}{x} = \frac{x}{b} \Rightarrow x^2 = ab \Rightarrow x = \sqrt{ab}$$

$$\boxed{\text{मध्यानुपात} = \sqrt{ab}}$$

- **तृतीय समानुपात (Third Proportion) :** यदि a, b तथा x समानुपात में है तो-

$$\frac{a}{b} = \frac{b}{x} \Rightarrow x^2 = \frac{b^2}{a}$$

$$\boxed{\text{तृतीय समानुपात} = \frac{b^2}{a}}$$

- **चतुर्थ समानुपात (Fourth Proportion) :** यदि a, b, c तथा x समानुपात में है तो-

$$\frac{a}{b} = \frac{c}{x} \Rightarrow x = \frac{bc}{a}$$

$$\boxed{\text{चतुर्थ समानुपात} = \frac{bc}{a}}$$

- यदि किसी संख्या x को a, b, c तथा d प्रत्येक में जोड़कर इन्हें समानुपातिक बनाया जाता हो, तो-

$$\boxed{x = \frac{bc-ad}{(a+d)-(b+c)}}$$

जहाँ a, b, c तथा d सदैव बढ़ते क्रम में होने चाहिए।

- यदि किसी संख्या x को a, b, c तथा d प्रत्येक में घटाकर इन्हें समानुपातिक बनाया जाता हो, तो-

$$\boxed{x = \frac{ad-bc}{(a+d)-(b+c)}}$$

जहाँ a, b, c तथा d सदैव बढ़ते क्रम में होने चाहिए।

Type - I

1. 3 दिन का 30 घंटे के साथ अनुपात ज्ञात करें-

(a) 7 : 6 (b) 12 : 5

(c) 6 : 7 (d) 5 : 12

Sol. (b) $\frac{3 \times 24}{30} = 12:5$ **Ans.** $\left[\begin{array}{l} \because \text{ 1 दिन में 24 घंटे} \\ \therefore \text{ 3 दिन में } 3 \times 24 \text{ घंटे} \end{array}\right]$

2. 5 वर्ष में सप्ताह की संख्या एवं 65 दिनों में अनुपात ज्ञात करें-

(a) 1 : 4 (b) 4 : 3

(c) 4 : 1 (d) 3 : 4

Sol. (c) $\because$ 1 वर्ष में 52 सप्ताह

$\therefore$ 5 वर्ष में 52 × 5 सप्ताह

प्रश्नानुसार,

$\frac{5 \times 52}{65} = 4:1$ **Ans.**

3. यदि A : B = 3 : 5 और B : C = 2 : 5 है, तो A : B : C किसके बराबर होगा-

(a) 6 : 10 : 15 (b) 6 : 10 : 25

(c) 6 : 15 : 10 (d) 3 : 7 : 3

Sol. (b) **Method - I**

A	:	B	:	C
3	:	5	:	5
2	:	2	:	5
6	:	10	:	25

Method - II

A : B = (3 : 5) × 2

B : C = (2 : 5) × 5

A : B = 6 : 10

B : C = 10 : 25

A : B : C = 6 : 10 : 25

4. यदि A : B = 3 : 5, B : C = 7 : 8 और C : D = 2 : 3 हो, तो A : B : C : D का मान ज्ञात करें-

(a) 1 : 8 : 10 : 17 (b) 21 : 35 : 40 : 60

(c) 21 : 30 : 45 : 60 (d) इनमें से कोई नहीं

Sol. (b) **Method - I**

A	:	B	:	C	:	D
3	:	5	:	5	:	5
7	:	7	:	8	:	8
2	:	2	:	2	:	3
42	:	70	:	80	:	120

$\therefore$ A : B : C : D = 21 : 35 : 40 : 60 **Ans.**

Method - II

A : B = (3 : 5) × 2

B : C = (7 : 8) × 5

A : B : C = 21 : 35 : 40

$\Rightarrow$ C : D = (2 : 3) × 20 = 40 : 60

$\therefore$ A : B : C : D = 21 : 35 : 40 : 60

5. यदि A : B = 2 : 3 और C : D = 5A : 3B है, तो 2C : 5D का मान ज्ञात करें-

(a) 1 : 1 (b) 9 : 10

(c) 10 : 9 (d) 4 : 9

Sol. (d) A : B = 2 : 3

C : D = 5A : 3B

$\frac{C}{D} = \frac{5A}{3B} = \frac{5 \times 2}{3 \times 3} = \frac{10}{9}$

तो $\frac{2C}{5D} = \frac{2 \times 10}{5 \times 9} = \frac{4}{9}$

अतः $\frac{2C}{5D} = \frac{4}{9}$ **Ans.**

6. यदि 7A = 4B = 14C है तो A : B : C का मान ज्ञात करें-

(a) 2 : 7 : 4 (b) 4 : 2 : 7

(c) 2 : 4 : 7 (d) 4 : 7 : 2

Sol. (d) **Method-I**

7A = 4B = 14C = K (माना)

7A = K, 4B = K, 14C = K

$A = \frac{K}{7}, B = \frac{K}{4}, C = \frac{K}{14}$

$A:B:C = \frac{K}{7}:\frac{K}{4}:\frac{K}{14}$ (7, 4, 14 का LCM = 28)

$\therefore A:B:C = \frac{K}{7} \times 28 : \frac{K}{4} \times 28 : \frac{K}{14} \times 28$

= 4K : 7K : 2K

= 4 : 7 : 2

अतः A : B : C = 4 : 7 : 2 **Ans.**

Method - II

7A = 4B = 14C .... LCM (7, 4, 14) = 28

↓ ↓ ↓

4 : 7 : 2

$\therefore$ प्रत्येक पद 28 बनाना है।

$\therefore$ A : B : C = 4 : 7 : 2 **Ans.**

7. यदि $a:b=\frac{2}{9}:\frac{1}{3}$, $b:c=\frac{2}{7}:\frac{5}{14}$ और $d:c=\frac{7}{10}:\frac{3}{5}$ है तो $a:b:c:d$ का मान क्या होगा-

(a) 4 : 6 : 7 : 9 (b) 16 : 24 : 30 : 35
(c) 8 : 12 : 15 : 7 (d) 30 : 35 : 24 : 16

Sol. **(b)** $a:b=\frac{2}{9}:\frac{1}{3}$ $\quad b:c=\frac{2}{7}:\frac{5}{14}$ $\quad d:c=\frac{7}{10}:\frac{3}{5}$

$\frac{a}{b}=\frac{2}{9}\times\frac{3}{1}$ $\quad \frac{b}{c}=\frac{2}{7}\times\frac{14}{5}$ $\quad \frac{d}{c}=\frac{7}{10}\times\frac{5}{3}$

$a:b=2:3$ $\quad b:c=4:5$ $\quad d:c=7:6$

a	:	b	:	c	:	d
2	:	3	:	3	:	3
4	:	4	:	5	:	5
6	:	6	:	6	:	7
48	:	72	:	90	:	105

$\therefore$ A : B : C : D = 16 : 24 : 30 : 35 **Ans.**

8. यदि $A=\frac{2}{3}B$, $B=\frac{1}{3}C$ है, तो A : B : C का मान ज्ञात करें-

(a) 2 : 3 : 9 (b) 3 : 9 : 2
(c) 9 : 3 : 2 (d) 1 : 3 : 9

Sol. **(a)** $A=\frac{2}{3}B$ $\quad B=\frac{1}{3}C$

$\frac{A}{B}=\frac{2}{3}$ $\quad \frac{B}{C}=\frac{1}{3}$

A : B = 2 : 3 $\quad$ B : C = 1 : 3

तो A : B = 2 : 3

B : C = (1 : 3) × 3 = 3 : 9

$\therefore$ A : B : C = 2 : 3 : 9 **Ans.**

Type - II

9. 9 : 13 का वर्गानुपात क्या होगा-

(a) 13 : 9 (b) 81 : 169
(c) 27 : 308 (d) इनमें से कोई नहीं

Sol. **(b)** 9 : 13 का वर्गानुपात $=9^2:13^2$
$=81:169$

10. 0.6 और 0.7 का वर्गानुपात ज्ञात कीजिए-

(a) 0.49 : 0.36 (b) 0.36 : 0.49
(c) 3.9 : 4.9 (d) 7 : 6

Sol. **(b)** 0.6 : 0.7 का वर्गानुपात $=(0.6)^2:(0.7)^2$
$=0.36:0.49$

11. 4 : 5 का घनानुपात क्या होगा-

(a) 16 : 25 (b) 25 : 16
(c) 64 : 125 (d) इनमें से कोई नहीं

Sol. **(c)** 4 : 5 का घनानुपात $=4^3:5^3$
$=64:125$

12. 81 : 256 का वर्गमूलानुपात क्या होगा-

(a) 16 : 9 (b) 25 : 16
(c) 64 : 125 (d) इनमें से कोई नहीं

Sol. **(d)** 81 : 256 का वर्गमूलानुपात $=\sqrt{81}:\sqrt{256}$
$=9:16$

13. 441 : 576 का वर्गमूलानुपात क्या होगा-

(a) 26 : 21 (b) 21 : 26
(c) 24 : 21 (d) 21 : 24

Sol. **(d)** 441 : 576 का वर्गमूलानुपात $=\sqrt{441}:\sqrt{576}$
$=21:24$

14. $\frac{1}{49}:\frac{1}{81}$ का वर्गमूलानुपात ज्ञात कीजिए-

(a) 9 : 7 (b) 7 : 9
(c) 9 : 14 (d) इनमें से कोई नहीं

Sol. **(a)** $\frac{1}{49}:\frac{1}{81}=81:49$

81 : 49 का वर्गमूलानुपात $=\sqrt{81}:\sqrt{49}$
$=9:7$

15. 2744 : 6859 का घनमूलानुपात ज्ञात कीजिए-

(a) 14 : 19 (b) 19 : 14
(c) 19 : 7 (d) 8 : 9

Sol. **(a)** 2744 : 6859 का घनमूलानुपात $=\sqrt[3]{2744}:\sqrt[3]{6859}$
$=14:19$

16. 1.728 : 2.197 का घनमूलानुपात ज्ञात कीजिए-

(a) 1.2 : 1.3 (b) 1.3 : 1.2
(c) 14 : 18 (d) 6 : 8

Sol. **(b)** 1.728 : 2.197 का घनमूलानुपात $=\sqrt[3]{1.728}:\sqrt[3]{2.197}$
$=1.2:1.3$

17. 11 : 15 का व्युत्क्रम अनुपात क्या होगा-

(a) $\sqrt{11}:\sqrt{15}$ (b) 15 : 11

(c) 121 : 225 (d) इनमें से कोई नहीं

Sol. (b) $\frac{1}{11}:\frac{1}{15}=\frac{15:11}{11\times15}=15:11$

$\because$ 11, 15 का LCM = 11 × 15

18. $\frac{1}{20}:\frac{1}{25}$ का व्युत्क्रम अनुपात ज्ञात कीजिए-

(a) 5 : 4 (b) 4 : 5

(c) 5 : 3 (d) 3 : 5

Sol. (a) $\frac{1}{20}:\frac{1}{25}=25:20=5:4$

19. 2 : 3, 6 : 5, 7 : 9 का यौगिक अनुपात ज्ञात कीजिए-

(a) 15 : 12 (b) 12 : 15

(c) 28 : 45 (d) 48 : 135

Sol. (c) $\frac{2}{3},\frac{6}{5},\frac{7}{9}$ का यौगिक अनुपात $=\frac{2\times6\times7}{3\times5\times9}$

$=28:45$

20. 2 : 5, 3 : 7, 8 : 11 तथा 14 : 16 का मिश्रित अनुपात ज्ञात कीजिए-

(a) 6 : 15 (b) 3 : 65

(c) 6 : 65 (d) 6 : 55

Sol. (d) $\frac{2}{5},\frac{3}{7},\frac{8}{11},\frac{14}{16}$ का मिश्रित अनुपात

$=\frac{2\times3\times8\times14}{5\times7\times11\times16}$

$=6:55$

21. 3 : 8, 4 : 5, 14 : x तथा 15 : 7 का मिश्रित अनुपात 1 : 1 हो तो x का मान ज्ञात कीजिए-

(a) 8 (b) 7

(c) 9 (d) 6

Sol. (c) $\frac{3}{8},\frac{4}{5},\frac{14}{x},\frac{15}{7}$ का मिश्रित अनुपात

$=\frac{3\times4\times14\times15}{8\times5\times x\times7}=\frac{1}{1}$

$\Rightarrow 3\times4\times14\times15=8\times5\times x\times7$

$\Rightarrow x=9$

22. $\frac{5}{8}:\frac{3}{4},\frac{3}{7}:\frac{5}{14},\frac{3}{11}:\frac{5}{12},\frac{22}{15}:x$ का मिश्रित अनुपात 48 : 35 हो तो x का मान ज्ञात कीजिए-

(a) $\frac{7}{10}$ (b) $\frac{14}{15}$

(c) $\frac{21}{20}$ (d) इनमें से कोई नहीं

Sol. (a) $\frac{5}{8}:\frac{3}{4},\frac{3}{7}:\frac{5}{14},\frac{3}{11}:\frac{5}{12},\frac{22}{15}:x$

$=\frac{20}{24},\frac{42}{35},\frac{36}{55},\frac{22}{15x}$

$\Rightarrow \frac{20\times42\times36\times22}{24\times35\times55\times15x}=\frac{48}{35}$

$x=\frac{7}{10}$

23. 4 : 5 के वर्गानुपात 1 : 3 के घनानुपात 81 : 256 के वर्गमूलानुपात और 125 : 512 के घनमूलानुपात के अनुपात का मिश्रित अनुपात है-

(a) 4 : 512 (b) 3 : 32

(c) 1 : 12 (d) 1 : 120

Sol. (d) 4 : 5 का वर्गानुपात = 16 : 25

1 : 3 का घनानुपात = 1 : 27

81 : 256 का वर्गमूलानुपात = 9 : 16

125 : 512 का घनमूलानुपात = 5 : 8

अभीष्ट मिश्रित अनुपात $=\frac{16\times1\times9\times5}{25\times27\times16\times8}=\frac{1}{120}$

$=1:120$

Type - III

24. यदि $\frac{a}{b}=\frac{1}{3},\frac{b}{c}=2,\frac{c}{d}=\frac{1}{2},\frac{d}{e}=3$ और $\frac{e}{f}=\frac{1}{4}$ है, तो $\frac{abc}{def}$ का मान बताए-

(a) $\frac{1}{4}$ (b) $\frac{3}{4}$

(c) $\frac{3}{8}$ (d) $\frac{27}{4}$

Sol. (c) $a:b=1:3, b:c=2:1, c:d=1:2,$
$d:e=3:1, e:f=1:4$
$a:b=(1:3)\times2=2:6$ $c:d=(1:2)\times3=3:6$
$b:c=(2:1)\times3=6:3$ $d:e=(3:1)\times2=6:2$
$a:b:c=2:6:3$ $c:d:e=3:6:2$
$e:f=(1:4)\times2=2:8$ $c:d:e:f=3:6:2:8$

अब

$\therefore$ $a:b:c:d:e:f=2:6:3:3:6:2:8$

$\frac{abc}{def}=\frac{2\times6\times3}{6\times2\times8}=\frac{3}{8}$ **Ans.**

25. यदि $\frac{p}{q}=\frac{1}{3},\frac{q}{r}=2,\frac{r}{s}=\frac{1}{2},\frac{s}{t}=3$ और $\frac{t}{u}=\frac{1}{4}$ है तो $\left(\frac{pqr}{stu}\right)^3$ का मान ज्ञात करें-

(a) $\frac{27}{512}$ (b) $\frac{100}{216}$
(c) $\frac{125}{512}$ (d) $\frac{216}{343}$

Sol. (a) $p:q=(1:3)\times2=2:6$
$q:r=(2:1)\times3=6:3$
$r:s=(1:2)\times3=3:6$
$s:t=(3:1)\times2=6:2$
$t:u=(1:4)\times2=2:8$

प्रश्नानुसार,

$$\left(\frac{pqr}{stu}\right)^3=\left(\frac{2\times6\times3}{6\times2\times8}\right)^3=\left(\frac{3}{8}\right)^3=\frac{27}{512}$$

26. यदि $a:b:c=1:3:5$, तब $\frac{4a-b+2c}{3(a+b+c)}$ का मान ज्ञात करें-

(a) $\frac{8}{27}$ (b) $\frac{10}{27}$
(c) $\frac{11}{27}$ (d) $\frac{3}{7}$

Sol. (c) $a:b:c=1:3:5$

$$\frac{4a-b+2c}{3(a+b+c)}=\frac{4\times1-3+2\times5}{3(1+3+5)}$$
$$=\frac{4-3+10}{3(9)}=\frac{11}{27}$$ **Ans.**

27. यदि $x:y:z=1:2:3$ और $x^2+y^2+z^2=224$ है तो $x+y+z$ का मान ज्ञात करें-

(a) 48 (b) 32
(c) 36 (d) 24

Sol. (d) $x:y:z=1:2:3$
$x=a, y=2a, z=3a$ (माना)

प्रश्नानुसार,

$x^2+y^2+z^2=224$
$(a)^2+(2a)^2+(3a)^2=224$
$a^2+4a^2+9a^2=224$
$14a^2=224$
$14a^2=224$
$a^2=16$
$a=4$
$\therefore$ $x=a=4$
$y=2a=2\times4=8$
$z=3a=3\times4=12$
$x+y+z=4+8+12$
$\therefore$ $x+y+z=24$

28. यदि $\frac{a}{b}=\frac{3}{4},\frac{b}{c}=\frac{4}{5}$ और $\frac{c}{d}=\frac{5}{6}$ तो $\left(\frac{a}{d}\right)^{10}$ अंश और हर का योग (जो सह-अभाज्य है) है-

(a) 1025 (b) 4097
(c) 2049 (d) 5123

Sol. (a) $a:b=3:4$
$b:c=4:5$
$c:d=5:6$
$a:b:c:d=3:4:5:6$

$$\left(\frac{a}{d}\right)^{10}=\left(\frac{3}{6}\right)^{10}=\left(\frac{1}{2}\right)^{10}=\frac{1}{1024}$$

प्रश्नानुसार

$=1+1024=1025$

Type - IV

29. $x:190::840:40$ हो, तो x के स्थान पर क्या आएगा?

(a) 3980 (b) 3990
(c) 4120 (d) इनमें से कोई नहीं

Sol. (b) $x=\frac{190\times840}{40}=190\times21=3990$ **Ans.**

30. $a:250::150:50$ हो तो a के स्थान पर क्या होगा?

(a) 725 (b) 780
(c) 750 (d) 700

Sol. (c) $a=\frac{250\times150}{50}=250\times3=750$ **Ans.**

31. 5 : x : : 3 : 15 में x का मान ज्ञात करे-

(a) 20 (b) 15
(c) 25 (d) इनमें से कोई नहीं

Sol. (c) $x = \frac{5 \times 15}{3} = 5 \times 5 = 25$ **Ans.**

32. यदि 0.25 : x : : 5 : 6 हो तो x का मान इनमें से कितने के बराबर है-

(a) 0.6 (b) 1.3
(c) 0.9 (d) 0.3

Sol. (d) $x = \frac{0.25 \times 6}{5} = 0.3$ **Ans.**

33. यदि 8 : 4 : : k : 12 हो तो k का मान ज्ञात करे-

(a) 16 (b) 24
(c) 20 (d) 28

Sol. (b) $k = \frac{8 \times 12}{4} = 2 \times 12 = 24$ **Ans.**

Type - V

34. 9 और 16 का मध्य समानुपाती क्या होगा-

(a) 10 (b) 12
(c) 14 (d) 16

Sol. (b) मध्य समानुपाती $= \sqrt{a \times b}$
$= \sqrt{9 \times 16}$
$= 3 \times 4 = 12$ **Ans.**

35. 25 तथा 16 का मध्य समानुपाती क्या होगा-

(a) 10 (b) 15
(c) 20 (d) 25

Sol. (c) मध्य समानुपाती $= \sqrt{25 \times 16} = 5 \times 4 = 20$ **Ans.**

36. 1.8 और 3.2 के बीच मध्यानुपात ज्ञात करें-

(a) 1.8 (b) 2.0
(c) 2.2 (d) 2.4

Sol. (d) मध्य समानुपात $= \sqrt{1.8 \times 3.2} = \frac{3 \times 8}{10} = 2.4$ **Ans.**

37. 4.8 और 10.8 के बीच मध्यानुपात ज्ञात करें-

(a) 7.2 (b) 7.6
(c) 0.84 (d) 8.8

Sol. (a) मध्यनुपात $= \sqrt{4.8 \times 10.8} = 7.2$ **Ans.**

38. 9 और 15 का तृतीयानुपात ज्ञात करे-

(a) 30 (b) 27
(c) 36 (b) 25

Sol. (d) तृतीयानुपात $= \frac{15 \times 15}{9} = 5 \times 5 = 25$ **Ans.**

39. 6, 24 और 83 का चौथा आनुपातिक क्या होगा-

(a) 249 (b) 332
(c) 166 (d) 498

Sol. (b) 6 : 24 : : 83 : x
$6x = 24 \times 83$
$x = 4 \times 83 = 332$ **Ans.**

40. 18, 27, 68 का चौथा समानुपात क्या होगा-

(a) 136 (b) 170
(c) 204 (d) 102

Sol. (d) 18 : 27 : : 68 : x
$18 \times x = 27 \times 68$

$x = \frac{27 \times 68}{18}$

$x = 3 \times 34 = 102$ **Ans.**

41. 12, 18, 6 का चतुर्थानुपात, 4, k के तृतीयानुपात के बराबर है, तो k का मान ज्ञात करे-

(a) 6 (b) $4\sqrt{3}$
(c) 6.5 (d) 4

Sol. (a) चतुर्थ समानुपात $= \frac{18 \times 6}{12} = 9$

अब,

4 : K : : K : 9
$K^2 = 36$
$K = 6$ **Ans.**

42. 12, 18, 6 के चतुर्थानुपात, K और 6 के तृतीयानुपात के बराबर है तो K का मान ज्ञात करे-

(a) 2 (b) 13.5
(c) 4 (d) 3

Sol. (c) चतुर्थ समानुपात $= \frac{18 \times 6}{12} = 9$

K : 6 : : 6 : 9
$9K = 36$
$K = 4$ **Ans.**

43. यदि 3, 9 का तृतीय समानुपात P है, तो 6, P, 4 का चतुर्थ समानुपात ज्ञात करे-

(a) $\frac{3}{2}$ (b) $2\sqrt{3}$
(c) 10 (d) 18

Sol. (d) तृतीय समानुपात = $\frac{9\times9}{3}=27$

6 : 27 : : 4 : x
6x = 27 × 4
x = 18 **Ans.**

44. यदि 13 और 39 का तृतीयानुपात x है, तो 9, x, 2 का चतुर्थ समानुपात ज्ञात करे-

(a) 26 (b) $13\sqrt{3}$
(c) 8 (d) $2\sqrt{3}$

Sol. (a) तृतीय समानुपात = $\frac{39\times39}{13}$
x = 117

9, x, 2
9, 117, 2
9 : 117 : : 2 : x
9x = 117 × 2
x = 26 **Ans.**

45. 1.2 और 10.8 के मध्य समानुपात तथा 0.2 और 1.2 के तृतीय समानुपात का अनुपात ज्ञात करे-

(a) 2 : 1 (b) 3 : 1
(c) 1 : 3 (d) 1 : 2

Sol. (d) मध्य समानुपात = $\sqrt{1.2\times10.8}=\frac{12\times3}{10}=3.6$

तृतीय समानुपात = $\frac{1.2\times1.2}{0.2}=7.2$

$\frac{\text{मध्य समानुपात}}{\text{तृतीय समानुपात}}=\frac{3.6}{7.2}=\frac{1}{2}$ **Ans.**

46. x और y ऐसी दो संख्याएं है जिनका माध्य समानुपात 16 है और तृतीय समानुपात 128 है तो x एवं y का मान ज्ञात करे-

(a) 8 और 16 (b) 16 और 32
(c) 8 और 32 (d) 16 और 16

Sol. (c) $\sqrt{x\times y}=16$, x × y = 256 .... (i)

$\frac{y^2}{x}=128$, $x=\frac{y^2}{128}$ .... (ii)

x का मान समी. (i) में रखने पर

x × y = 256

$\frac{y^2}{128}\times y=256$

$y^3=128\times256$
$y^3=16\times8\times16\times16$
y = 16×2
∴ y = 32
∴ xy = 256
x × 32 = 256
∴ x = 8
y = 32 **Ans.**

47. x और y ऐसी दो संख्याएं है जिनका माध्य समानुपात 9 है और तृतीय अनुपात 243 है तो x और y का मान ज्ञात करें-

(a) 3 और 9 (b) 3 और 27
(c) 6 और 27 (d) 6 और 81

Sol. (b) $\sqrt{xy}=9$, xy = 81 ...... (i)

$\frac{y^2}{x}=243$, $x=\frac{y^2}{243}$ ...... (ii)

x का मान समी. (i) में रखने पर

xy = 81

$\frac{y^2}{243}\times y=81$

$y^3=243\times81$
$y^3=3^5\times3^4$
∴ $y=3^3$
y = 27
∵ y = 27
∴ x × y = 81
x × 27 = 81
x = 3
y = 27 **Ans.**

Type - VI

48. संख्याएं 7, 4 और 2 में से प्रत्येक में कौन-सी संख्या जोड़ी जाए कि परिणामी संख्याएं निरंतर समानुपात में है-

(a) 5 (b) 3
(c) 4 (d) 2

Sol. **(d)** माना कि संख्या में x जोड़ा जाए

$$\frac{7+x}{4+x} = \frac{4+x}{2+x}$$

$$14 + 7x + 2x + x^2 = 16 + 4x + 4x + x^2$$
$$14 + 9x = 16 + 8x$$
$$x = 2$$ **Ans.**

Method - II (By option Method)

$$\frac{7+x}{4+x} = \frac{4+x}{2+x}$$

$$\frac{7+2}{4+2} = \frac{4+2}{2+2}$$

$$\frac{9}{6} = \frac{6}{4}$$

$$\frac{3}{2} = \frac{3}{2}$$

अतः प्रत्येक में 2 जोड़ने पर निरंतर समानुपात में है।

49. 15, 9 और 5 प्रत्येक संख्या में कौन-सी संख्या जोड़ी जानी चाहिए ताकि परिणामी संख्याएं समानुपात में हो-

(a) 3 (b) 5
(c) 2 (d) 4

Sol. **(a)** माना कि संख्या x में जोड़ा जाए

$$\frac{15+x}{9+x} = \frac{9+x}{5+x}$$

$$75 + 15x + 5x + x^2 = 81 + 9x + 9x + x^2$$
$$75 + 20x = 81 + 18x$$
$$2x = 6$$
$$x = 3$$ **Ans.**

50. 10, 16, 22 और 32 में प्रत्येक में x का क्या मान जोड़ा गया है कि इस क्रम में प्राप्त संख्याएं समानुपात में है-

(a) 4 (b) 6
(c) 8 (d) 12

Sol. **(c)** माना कि संख्या में x जोड़ने पर संख्याएं समानुपातिक होगी

$$\frac{10+x}{16+x} = \frac{22+x}{32+x}$$

$\Rightarrow$ $320 + 42x = 352 + 38x$
$\Rightarrow$ $4x = 32$
$\Rightarrow$ $x = 8$ **Ans.**

51. जब x को 19, 28, 55 और 91 में से प्रत्येक से घटाया जाता है, तो इस क्रम में प्राप्त संख्याऐं समानुपात में होती है तो x का मान ज्ञात करें-

(a) 5 (b) 8
(c) 9 (d) 7

Sol. **(d)** माना कि प्रत्येक संख्या में x घटाया गया

$$\frac{19-x}{28-x} = \frac{55-x}{91-x}$$

$\Rightarrow$ $1729 - 19x - 91x = 1540 - 55x - 28x$
$\Rightarrow$ $189 = 27x$
$\therefore$ $x = 7$ **Ans.**

52. 10, 18, 14 और 26 में से क्या घटाये कि हमें प्राप्त परिणाम समानुपातिक हो-

(a) 2 (b) 4
(c) 6 (d) 8

Sol. **(a)**
$$\frac{10-x}{18-x} = \frac{14-x}{26-x}$$

$\Rightarrow$ $260 - 36x = 252 - 32x$
$\Rightarrow$ $4x = 8$
$\therefore$ $x = 2$ **Ans.**

53. जब 43, 38, 11 तथा 10 प्रत्येक में से x को घटाया जाता है, तो इस प्रकार प्राप्त संख्याएं आनुपातिक होती है तो (11x+3) और (9x–2) के बीच मध्यानुपाती क्या है-

(a) 20 (b) 30
(c) 25 (d) 35

Sol. **(b)** **Method - I**

$$\frac{43-x}{38-x} = \frac{11-x}{10-x}$$

$\Rightarrow$ $430 - 43x - 10x = 418 - 38x - 11x$
$\Rightarrow$ $4x = 12$
$\therefore$ $x = 3$

अब,
$(11x + 3)$ & $(9x - 2)$
$(11\times3 + 3)$ & $(9\times3 - 2)$
36 & 25

मध्यानुपाती $= \sqrt{36\times25} = 6\times5 = 30$ **Ans.**

Method - II

$$x = \frac{ad - bc}{(a+d)-(b+c)}$$

$$= \frac{43\times10 - 38\times11}{(43+10)-(38+11)}$$

$$= \frac{430-418}{53-49}$$

$$= \frac{12}{4}$$

$\therefore$ $x = 3$

$\therefore$ संख्या = (33 + 3) & (27 – 2) = 36 & 25

मध्यानुपाती = $\sqrt{36\times25} = 30$ **Ans.**

54. यदि 21, 22, 60 और 64 में से x घटाया जाता है तो इस क्रम में प्राप्त होने वाली संख्याएं समानुपातिक होती है तो $(x+4)$ और $\left(\frac{x}{2}-1\right)$ के बीच का मध्यानुपातिक ज्ञात करे-

(a) 6 (b) 5
(c) 8 (d) 12

Sol. (a) $x = \frac{ad - bc}{(a+d)-(b+c)} = \frac{21\times64 - 22\times60}{(21+64)-(22+60)}$

$$= \frac{1344-1320}{85-82} = \frac{24}{3} = 8$$

$\therefore$ $x = 8$

संख्या $= (x+4) \ \& \ \left(\frac{x}{2}-1\right)$

$= (8+4) \ \& \ \left(\frac{8}{2}-1\right)$

= 12 & 3

मध्यानुपाती = $\sqrt{12\times3} = 6$ **Ans.**

Type - VII

55. A, B का दोगुना है। B, D का आधा है। D, C का तीन गुना है तो A, D का कितना गुना होगा-

(a) 0.5 (b) 4
(c) 3 (d) 1

Sol. (d) A, B का दोगुना

$\therefore$ 2B = A .... (i)

B, D का आधा है

$\therefore$ $B = \frac{D}{2}$

$\therefore$ D = 2B .... (ii)

समी. (i) और (ii) से

A = D

अतः A, D का 1 गुना है।

56. यदि एक संख्या का 50% दूसरी संख्या के बराबर है तो उनका अनुपात ज्ञात करें-

(a) 4 : 1 (b) 2 : 1
(c) 3 : 2 (d) 4 : 3

Sol. (b) माना कि पहली संख्या = x

दूसरी संख्या = y

प्रश्नानुसार,

$$x\times\frac{50}{100} = y$$

$$\frac{x}{y} = \frac{2}{1}$$

अतः पहली संख्या : दूसरी संख्या = x : y = 2 : 1

57. प्रथम संख्या का $\frac{1}{2}$ दूसरी संख्या के 0.25 के बराबर है, दूसरी संख्या एवं पहली संख्या के बीच अनुपात ज्ञात करें-

(a) 2 : 1 (b) 3 : 1
(c) 1 : 3 (d) 1 : 2

Sol. (a) माना कि पहली संख्या = x

दूसरी संख्या = y

प्रश्नानुसार,

$$x\times\frac{1}{2} = y\times\frac{0.25}{100}$$

$$\frac{x}{y} = \frac{50}{100} \Rightarrow \frac{x}{y} = \frac{1}{2}$$

$\therefore$ $\frac{\text{दूसरी संख्या}}{\text{पहली संख्या}} \Rightarrow \frac{y}{x} = \frac{2}{1}$ **Ans.**

58. एक पेटी में 1 दर्जन शीशे थे। पेटी के गिरने पर टूटे हुए तथा बिना टूटे हुए शीशों का अनुपात निम्न में से कौन-सा नहीं हो सकता-

(a) 2 : 1 (b) 3 : 1
(c) 3 : 2 (d) 7 : 5

Sol. **(c)** यहाँ 1 दर्जन अर्थात् 12 शीशे है।
जिस अनुपात का योग 12 को विभाजित नहीं करेगा वह विकल्प गलत होगा।
अर्थात् (c) 3 : 2 = 5 जो कि 12 को विभाजित नहीं करता है।

59. दो संख्याएं जिनका योगफल 84 है, वे निम्नलिखित में से किस अनुपात में नहीं सकती है-

(a) 5 : 7 (b) 13 : 8
(c) 1 : 3 (d) 3 : 2

Sol. **(d)** विकल्प (d) 3 : 2 = 5
5 से 84 को पूर्णतः भाग नहीं दिया जा सकता है।
अतः यह इस अनुपात में नहीं हो सकता है। **Ans.**

60. दो संख्याएं तीसरी संख्या से क्रमशः 30% और 60% अधिक है तो दोनों संख्या का अनुपात ज्ञात करें-

(a) 14 : 13 (b) 16 : 13
(c) 22 : 23 (d) 13 : 16

Sol. **(d)**
माना कि तीसरी संख्या = 100

$\therefore$ पहली संख्या $= 100 + 100 \times \frac{30}{100} = 130$

दूसरी संख्या $= 100 + 100 \times \frac{60}{100} = 160$

$\frac{\text{पहली संख्या}}{\text{दूसरी संख्या}} = \frac{130}{160} = \frac{13}{16}$ **Ans.**

61. पाँच संख्याओं का अनुपात 1 : 2 : 3 : 4 : 5 है और उनका योग 30 है। दूसरी और पांचवी संख्या का योग इनमें से किसके बराबर है-

(a) 15 (b) 14
(c) 13 (d) 12

Sol. **(b)** माना कि संख्याएं = x, 2x, 3x, 4x, 5x
$\Rightarrow x + 2x + 3x + 4x + 5x = 30$
$\Rightarrow 15x = 30$
$x = 2$
$\therefore$ दूसरी संख्या $= 2x = 2 \times 2 = 4$
पांचवी संख्या $= 5x = 5 \times 2 = 10$
दूसरी संख्या + पांचवी संख्या = 4 + 10 = 14 **Ans.**

62. तीन संख्याएं दी गयी है। यदि पहली और दूसरी संख्या का अनुपात 2 : 7 है तथा दूसरी और तीसरी संख्या का अनुपात 5 : 8 है तो पहली और तीसरी संख्या का अनुपात ज्ञात करें-

(a) 7 : 8 (b) 1 : 4
(c) 5 : 28 (d) 5 : 7

Sol. **(c)** $a : b = (2 : 7) \times 5 = 10 : 35$
$b : c = (5 : 8) \times 7 = 35 : 56$
$a : b : c = 10 : 35 : 56$
प्रश्नानुसार,

$\frac{\text{पहली संख्या}}{\text{तीसरी संख्या}} = \frac{10}{56} = \frac{5}{28}$ **Ans.**

63. एक कॉलेज में यदि लड़कों की संख्या का 15%, लड़कियों की संख्या एक तिहाई के बराबर है तो कॉलेज में लड़कों की संख्या और लड़कियों की संख्या का अनुपात ज्ञात करे-

(a) 20 : 9 (b) 20 : 7
(c) 9 : 20 (d) 7 : 20

Sol. **(a)** माना कि लड़कों की कुल संख्या = B
लड़कियों की कुल संख्या = G
प्रश्नानुसार,

$$B \times \frac{15}{100} = \frac{G \times 1}{3}$$

$$\frac{B}{G} = \frac{20}{9}$$

$\therefore$ B : G = 20 : 9
अतः लड़कों : लड़कियाँ = 20 : 9 **Ans.**

64. यदि तीन धनात्मक संख्याओं का अनुपात 3 : 7 : 8 है और उनके वर्गों का योगफल 7808 है तो उनमें से सबसे छोटी संख्या ज्ञात करें-

(a) 24 (b) 27
(c) 30 (d) 36

Sol. **(a)** माना कि संख्याएं = 3x, 7x, 8x है।
प्रश्नानुसार,

$$(3x)^2 + (7x)^2 + (8x)^2 = 7808$$
$$9x^2 + 49x^2 + 64x^2 = 7808$$
$$122x^2 = 7808$$
$$x^2 = 64$$
$$x = 8$$

$\therefore$ सबसे छोटी संख्या $= 3 \times x = 3 \times 8 = 24$ **Ans.**

65. किसी विद्यालय में लड़के और लड़कियों का अनुपात 17 : 12 है और विद्यालय में छात्रों की कुल संख्या 1305 है। विद्यालय में लड़कों की संख्या बताइए-

(a) 765 (b) 700
(c) 750 (d) 650

Sol. **(a)** माना कि विद्यालय में लड़कों की संख्या = 17x

लड़कियों की संख्या = 12x

प्रश्नानुसार,

$17x + 12x = 1305$

$29x = 1305$

$x = 45$

$\therefore$ लड़कों की संख्या $= 17x = 17 \times 45 = 765$

66. एक कमरे के मेज और कुर्सी का अनुपात 7 : 9 है। यदि कमरे में 560 मेज और कुर्सियां है तो कुर्सियों की संख्या ज्ञात करें-

(a) 397 (b) 463
(c) 315 (d) 489

Sol. **(c)** मेज की संख्या $= 7x$

कुर्सी की संख्या $= 9x$

$7x + 9x = 560$

$16x = 560$

$x = 35$

$\therefore$ कुर्सियों की संख्या $= 9x$

$= 9 \times 35$

$= 315$ **Ans.**

67. तीन संख्याएं क्रमशः 4 : 3 : 8 के अनुपात में है और उनमें से सबसे छोटी संख्या 42 है तो सबसे बड़ी संख्या ज्ञात करें-

(a) 96 (b) 104
(c) 120 (d) 112

Sol. **(d) Method - I**

माना कि संख्याएं $= 4x, 3x, 8x$

$3x = 42$

$x = 14$

$\therefore$ सबसे बड़ी संख्या $= 8x$

$= 8 \times 14 = 112$ **Ans.**

Method - II

माना कि संख्याएँ

A : B : C = 4 : 3 : 8

3 ↓ → 42; 8 ↓ ×14 → 112

1 = 14

68. दो संख्याओं का योग 22 है। एक संख्या का पाँच गुना दूसरी संख्या के 6 गुने के बराबर है। इन दोनों में से बड़ी संख्या बताइए-

(a) 15 (b) 16
(c) 10 (d) 12

Sol. **(d)** माना कि पहली संख्या = x

दूसरी संख्या = y

प्रश्नानुसार,

$5x = 6y$

$$\frac{x}{y} = \frac{6}{5}$$

$\therefore$ बड़ी संख्या $= \frac{6}{(6+5)} \times 22 = \frac{6}{11} \times 22 = 12$ **Ans.**

69. दो संख्याओं का अनुपात 3 : 4 है। उनके घनों का योगफल 5824 हो तो उनमें छोटी संख्या ज्ञात कीजिए-

(a) 12 (b) 16
(c) 192 (d) 256

Sol. **(a)** माना कि संख्याएं $= 3x$ एवं $4x$ है।

प्रश्नानुसार,

$(3x)^3 + (4x)^3 = 5824$

$27x^3 + 64x^3 = 5824$

$91x^3 = 5824$

$x^3 = 64$

$\therefore x = 4$

$\therefore$ संख्याएं $= 3x = 3 \times 4 = 12$

$4x = 4 \times 4 = 16$

$\therefore$ सबसे छोटी संख्या $= 3x = 3 \times 4 = 12$ **Ans.**

70. तीन संख्याओं अनुपात 2 : 3 : 4 है। उनके वर्गों का योगफल 1856 है। सबसे बड़ी संख्या क्या होगी-

(a) 16 (b) 24
(c) 32 (d) इनमें से कोई नहीं

Sol. **(c)** माना कि संख्याएं क्रमशः 2x, 3x एवं 4x है।

प्रश्नानुसार,

$(2x)^2 + (3x)^2 + (4x)^2 = 1856$

$4x^2 + 9x^2 + 16x^2 = 1856$

$29x^2 = 1856$

$x^2 = 64$

$x = 8$

$\therefore$ सबसे बड़ी संख्या $= 4x = 4 \times 8 = 32$ **Ans.**

Type - VIII

71. यदि कर्मचारियों की संख्या को 3 : 2 के अनुपात में घटाया जाए और उनके वेतन को 4 : 5 के अनुपात में बढ़ाया जाए तो कंपनी को ₹12000 की बचत होती है तो कंपनी का प्रारंभ में वेतन पर व्यय ज्ञात करें?

(a) ₹70000 (b) ₹65000

(c) ₹72000 (d) ₹76000

Sol. (c) Emp. : Salary

3 : 4 = 12

2 : 5 = 10

$+2 \xrightarrow{\times 6000} 12000$

1 = ₹6000

∴ कुल व्यय ⇒ 12 = 12 × 6000 = ₹72000 **Ans.**

72. दो लगातार वर्षों की आय का अनुपात 2 : 3 है और व्यय का अनुपात 5 : 9 है। यदि दूसरे वर्ष में आय ₹45,000 है और प्रथम वर्ष का खर्च ₹25,000 है, तो दोनों वर्ष की कुल बचत क्या है-

(a) ₹5100 (b) ₹5000

(c) ₹4700 (d) ₹5400

Sol. (b)

	Ist	:	IInd	
आय ⇒	2	:	3	3 ⇒ ₹45000
खर्च ⇒	5	:	9	1 ⇒ ₹15000
				5 ⇒ ₹25000
				1 ⇒ ₹5000

∴ कुल आय = (2 + 3) × 15000

= 5 × 15000

= ₹75000

कुल खर्च = (5 + 9) × 5000

= 14 × 5000

= ₹70000

∴ कुल बचत = (75000 – 70000) = ₹5000

73. A, B तथा C की मजदूरी की कुल राशि ₹333 है। वे अपनी मजदूरी का क्रमशः 80%, 85% तथा 75% खर्च करते है। यदि उनकी बचत का अनुपात 7 : 6 : 9 हो तो उनकी मजदूरी क्रमशः कितनी है-

(a) ₹102, ₹118, ₹113 (b) ₹85, ₹125, ₹123

(c) ₹105, ₹120, ₹108 (d) इनमें से कोई नहीं

Sol. (c) माना कि कुल आय = 100%

आय = खर्च + बचत

∴ A की बचत = (100 – 80)% = 20%

B की बचत = (100 – 85)% = 15%

C की बचत = (100 – 75)% = 25%

	A	:	B	:	C
बचत	20	:	15	:	25
	4	:	3	:	5

$$\text{आय} = \frac{7}{4} : \frac{6}{3} : \frac{9}{5} = \left(\frac{7}{4} : 2 : \frac{9}{5}\right) \times 20$$

[LCM 4 और 5 = 20]

= 35 : 40 : 36 ⇒ 111 unit

111 unit = 333

1 unit = 3

∴ A = 35 unit = 35 × 3 = ₹105

B = 40 unit = 40 × 3 = ₹120

C = 36 unit = 36 × 3 = ₹108 **Ans.**

74. पिछले वर्ष A और B के आय का अनुपात 3 : 5 था। उनकी पिछले वर्ष की आय व वर्तमान वर्ष की आय का अनुपात 2 : 3 और 4 : 5 है। यदि उनकी वर्तमान वर्ष की कुल आय ₹4300 है तो दोनों की अलग-अलग वर्तमान आय ज्ञात करें-

(a) ₹1400, ₹2900 (b) ₹1800, ₹2500

(c) ₹1700, ₹2600 (d) इनमें से कोई नहीं

Sol. (b)

	A	:	B
पिछले वर्ष	$3x$	:	$5x$

A: पिछले वर्ष : वर्तमान वर्ष = 2 : 3

B: पिछले वर्ष : वर्तमान वर्ष = 4 : 5

यहाँ, 2 = 3x उसी प्रकार, 4 = 5x

$1 = \frac{3}{2}x$ ∴ $5 = \frac{25}{4}x$

∴ $3 = \frac{3 \times 3}{2}x = \frac{9}{2}x$

A	:	B
$3x$	:	$5x$

A: Ly : Cy = 2 : 3 → $3 = \frac{9}{2}x$

B: Ly : Cy = 4 : 5 → $5 = \frac{25}{4}x$

$\frac{9}{2}x \quad : \quad \frac{25}{4}x$

$18 \quad : \quad 25 = 43 \Rightarrow 4300$

$1 \Rightarrow 100$

$\therefore \quad 18 \Rightarrow 18\times100 \Rightarrow ₹1800$

$25 = 25\times100 \Rightarrow ₹2500$

Method - II

Ly	:	Cy	Ly	:	Cy
2	:	3	4	:	5

2 एवं 4 का LCM = 4

	A	:	B
पिछले वर्ष	3×4	:	5×4
	12	:	20

$\therefore$ 2 = 12   4 = 20

1 = 6   1 = 5

3 = 18   5 = 25

$18 + 25 \Rightarrow 4300$

$1 \Rightarrow 100$

$\therefore \quad 3 = 18\times100 = 1800$

$5 = 25\times100 = 2500$ **Ans.**

75. A और B की आय का अनुपात 3 : 2 है व खर्च का अनुपात 4 : 3 है। अगर वे क्रमशः ₹2000 और ₹900 बचाते है तो उनकी आय ज्ञात करें-

(a) ₹7200, ₹4700 (b) ₹4750, ₹9800
(c) ₹7200, ₹4800 (d) इनमें से कोई नहीं

Sol. (c)

	A	:	B
आय	3x	:	2x
खर्च	4	:	3
बचत	2000	:	900

प्रश्नानुसार,

$$\frac{3x-2000}{2x-900} = \frac{4}{3}$$

$\Rightarrow \quad 9x - 6000 = 8x - 3600$

$\Rightarrow \quad x = 2400$

$\therefore \quad A \Rightarrow 3x = 3\times2400 = ₹7200$

$B \Rightarrow 2x = 2\times2400 = ₹4800$ **Ans.**

76. A, B और C के आय का अनुपात क्रमशः 3 : 7 : 4 है, तथा उनके व्यय का अनुपात क्रमशः 4 : 3 : 5 है। यदि A अपनी आय के ₹2400 में से ₹300 बचत करता है तो C की बचत ज्ञात करें-

(a) ₹525 (b) ₹676
(c) ₹575 (d) ₹625

Sol. (c)

	A	:	B	:	C
आय	3	:	7	:	4
खर्च	4	:	3	:	5

A की आय

3 = ₹2400

1 = ₹800

$\therefore$ C की कुल आय = 4×800 = ₹3200

A का व्यय

$4 \Rightarrow ₹2100$

$1 \Rightarrow ₹525$

$\therefore$ C की कुल खर्च = 5×525 ⇒ ₹2625

$\therefore$ C की बचत = (3200 – 2625) ⇒ ₹575 **Ans.**

77. A, B, C की आय का अनुपात 3 : 7 : 4 व उनके खर्च का अनुपात 4 : 3 : 5 है। यदि A अपनी आय का $14\frac{2}{7}\%$ बचाता है तो उनकी बचत का अनुपात अनुपात बताइये।

(a) 6 : 72 : 11 (b) 8 : 36 : 13
(c) 7 : 68 : 12 (d) 36 : 8 : 72

Sol. (a)

	A	:	B	:	C
आय	3x	:	7x	:	4x
खर्च	4y	:	3y	:	5y

A द्वारा कुल बचत = $14\frac{2}{7}\% = \frac{1}{7}$ (1 → बचत, 7 → कुल आय)

$\frac{3x}{4y} = \frac{7}{6}$ (3x → आय, 4y → खर्च)

x : y = 14 : 9

$\therefore$ आय	42	:	98	:	56
खर्च	36	:	27	:	45
बचत	6	:	72	:	11

Ans.

78. सभी पुरुषों व महिलाओं में बांटी गयी वेतन का अनुपात 6 : 5 है जबकि एक पुरुष व एक महिला की वेतन का अनुपात 2 : 3 है। पुरुष व महिला की संख्या का अनुपात ज्ञात करें-

(a) 5 : 9 (b) 9 : 5
(c) 8 : 11 (d) 7 : 8

Sol. (b)

	पुरुष		महिला
सभी में बांटी वेतन	6	:	5
प्रत्येक में बांटी वेतन	2	:	3
व्यक्तियों की संख्या	3	:	$\frac{5}{3}$
$\therefore$ पुरुष : महिला =	9	:	5

79. ₹430 को 45 व्यक्तियों में इस प्रकार बाँटा गया कि सभी पुरुष, महिला व बच्चों के धन का अनुपात 12 : 15 : 16 है जबकि पुरुष, महिला व बच्चे के धन का अनुपात 6 : 5 : 4 है। प्रत्येक महिला को मिला धन ज्ञात करें-

(a) ₹18 (b) ₹15
(c) ₹10 (d) ₹8

Sol. (c)

	M	:	W	:	C
All-	12	:	15	:	16
Each-	6	:	5	:	4
व्यक्तियों की संख्या	2	:	3	:	4

$2+3+4=9$
$9 \Rightarrow 45$
$1=5$

∴ M W C
2×5 3×5 4×5
10 15 20

$12+15+16=43$
$43 \Rightarrow 430$
$1=10$

∴ महिला की कुल मिला धन = 15×10 = ₹150

∴ प्रत्येक महिला को मिला धन $= \frac{150}{15} =$ ₹10 **Ans.**

Type - IX

80. किसी बैग में ₹1, ₹2 और ₹5 मूल्य के सिक्कों का अनुपात 4 : 5 : 8 है। यदि इन सिक्कों का कुल मूल्य ₹432 है, तो ₹2 वाले सिक्कों की संख्या ज्ञात करें-

(a) 60 (b) 40
(c) 30 (d) 50

Sol. (b)

सिक्कों का मान	-	1	:	2	:	5
सिक्कों का अनुपात	-	4	:	5	:	8
सिक्कों का कुल योग		4	:	10	:	40

$= 54 \Rightarrow 432$

$1 \Rightarrow 8$

∴ 2 रु. वाले सिक्कों की संख्या = 5×8 = 40 **Ans.**

81. एक बॉक्स में ₹110 रखे हुए है, जिसमें 1 : 2 : 3 के अनुपात में ₹1, 50 पैसे, 25 पैसे के सिक्के शामिल है तो 50 पैसे के सिक्कों की संख्या ज्ञात करें-

(a) 80 (b) 77
(c) 78 (d) 79

Sol. (a)

सिक्कों का मान	-	1	:	0.50	:	0.25
सिक्कों का अनुपात	-	1	:	2	:	3
सिक्कों का कुल मान	-	1	:	1	:	$\frac{0.75}{100}$
		100	:	100	:	75

∵ 275 यूनिट = 110 × 100

∴ 1 यूनिट $= \frac{110\times100}{275} = 40$

∴ 50 पैसे की सिक्कों की संख्या = 2 × 40 = 80 **Ans.**

82. ₹8000 को A, B और C में इस प्रकार वितरित किया जाता है कि उन्हें क्रमशः ₹500, ₹200 और ₹100 के नोट प्राप्त होते है, उनके द्वारा प्राप्त राशि का अनुपात 15 : 2 : 3 है। ₹500, ₹200 और ₹100 के नोटों की संख्या का अनुपात क्या था?

(a) 3 : 1 : 3 (b) 3 : 3 : 1
(c) 4 : 1 : 2 (d) 3 : 2 : 2

Sol. (a)

रुपयों का मान	-	500	:	200	:	100
रुपयों का अनुपात	-	15	:	2	:	3
नोटों की संख्या	-	$\frac{15}{500}$	:	$\frac{2}{200}$	:	$\frac{3}{100}$

[LCM of 500, 200, 100 is 1000]

30 : 10 : 30

नोटों का अनुपात - 3 : 1 : 3

83. अतुल, ₹20 क्रय मूल्य वाला ब्रेड खरीदता है और दुकानदार को 100 रु. का नोट देता है। दुकानदार ₹2, ₹5 और ₹10 मूल्य वर्ग के सिक्कों में शेष धन देता है। यदि इन सिक्कों का अनुपात 5 : 4 : 1 है तो दुकानदार ₹5 के कितने सिक्के देता है।

(a) 8 (b) 6
(c) 5 (d) 4

Sol. (a) 20 रु. का ब्रेड लेने के बाद दुकानदार उसे 80 रु. वापस करेगा

सिक्का	2	:	5	:	10
संख्या	5	:	4	:	1
रुपया	10	:	20	:	10

$\Rightarrow 40 = 80$
$1 = 2$

∴ 5 रु. के सिक्कों की संख्या = 4 × 2 = 8 **Ans.**

84. एक पिता ने अपने बेटों A, B और C को 6 : 4 : 5 के अनुपात में कुछ सोने के सिक्के दिए। A ने 70 सिक्के अपने दोस्त को बेच दिए, B ने इनमें से 50 सिक्के अपने सास को भेट कर दिए और C ने यात्रा के दौरान 80 सिक्के खो दिए। A, B व C के पास शेष बचे सोने के सिक्कों का अनुपात 5 : 3 : 2 के अनुपात में थे। पिता द्वारा अपने बेटों को दिए गए सोने के सिक्कों की कुल संख्या ज्ञात करो-

(a) 375 (b) 320
(c) 300 (d) 250

Sol. (c) A : B : C
6x : 4x : 5x

माना कि कुल सिक्के = 15x

सिक्कों को बांटने के बाद शेष सिक्कों का अनुपात

5 : 3 : 2

A= 70 सिक्के दोस्त को

B= 50 सिक्के सास को

C= 80 सिक्के खोने पर

$\Rightarrow \frac{6x-70}{4x-50} = \frac{5}{3}$

$\Rightarrow 18x - 210 = 20x - 250$

$\Rightarrow 2x = 40$

$\therefore x = 20$

$\therefore$ सोने की कुल सिक्कों की संख्या = 15x = 15 × 20 = 300

85. यदि 378 सिक्के रु.1, 50 पैसे तथा 25 पैसे के सिक्कों के रूप में है तथा इनकी संख्या 13 : 11 : 7 के अनुपात में है, तो 50 पैसे के सिक्कों की संख्या क्या होगी-

(a) 132 (b) 128
(c) 136 (d) 133

Sol. (a) सिक्कों के मूल्यों का अनुपात = 13 : 11 : 7

सिक्कों की संख्या का अनुपात = 13×1 : 11×2 : 7×4
= 13 : 22 : 28 = 63

$\therefore$ 50 पैसे के सिक्कों की संख्या= $\frac{22}{63} \times 378$
= 22 × 6 = 132

86. एक बॉक्स में 1 रु., 50 पैसे और 25 पैसे के 280 सिक्के है। प्रत्येक प्रकार के सिक्के के मूल्य 8 : 4 : 3 के अनुपात में है तो 50 पैसे के सिक्कों की संख्या ज्ञात करें-

(a) 70 (b) 60
(c) 80 (d) 90

Sol. (c) सिक्कों की कुल मूल्य का अनुपात = 8 : 4 : 3

सिक्कों की संख्या का अनुपात = 8×1 : 4×2 : 3×4
= 8 : 8 : 12
= 2 : 2 : 3 = 7

$\therefore$ 50 पैसे की सिक्कों की संख्या = $\frac{2}{7} \times 280 = 80$

87. आदित्य के पास 10 पैसे और 20 पैसे के सिक्के मिले है। यदि उसके पास सिक्कों की कुल संख्या 50 है और कुल राशि रु.6 है तो फिर उसके पास कुल 20 पैसे के सिक्कों की संख्या ज्ञात कीजिए-

(a) 10 (b) 20
(c) 40 (d) 30

Sol. (a) Method-I

माना 20 पैसे के सिक्कों की संख्या = x

	10 पैसे	20 पैसे
सिक्कों की संख्या-	50 – x	x
राशि	10 (50 – x) पैसे	20x पैसे

कुल राशि = 10(50 – x) + 20x = (6×100)
⇒ 500 – 10x + 20x = 600

10x = 100

x = 10

Method - II (by Alligation)

यदि सभी सिक्के 10 पैसे के हो तो राशि = 5 रु.

यदि सभी सिक्के 20 पैसे के हो तो राशि = 10 रु.

10 पैसे : 20 पैसे
5 10
6
4 : 1

5 ⟶ 50
1 ⟶ 10

88. 10 पैसे और 5 पैसे के मूल्य वर्ग के 100 सिक्कों को मिलाकर रु. 7.25 की राशि बनती है। प्रत्येक प्रकार के सिक्कों की संख्या कितनी है?

(a) 25, 75 (b) 15, 85
(c) 45, 55 (d) 35, 65

Sol. (c) by Alligation -

10 पैसे : 5 पैसे
10 5
7.25
2.25 : 2.75
9 : 11

20 ⟶ 100
9 ⟶ 45
11 ⟶ 55

Type - X (विविध)

89. एक फर्म में पुरुष और महिला सदस्य का अनुपात 4 : 5 था। फर्म ने पुरुषों की संख्या में 80% तथा महिलाओं की संख्या में 60% बढ़ोत्तरी करने का निर्णय लिया तो अब फर्म में कुल पुरुष सदस्य एवं महिला सदस्य का अनुपात क्या है-

(a) 8 : 10 (b) 18 : 15
(c) 9 : 10 (d) 15 : 16

Sol. (c) **Method - I**

माना कि फर्म में पुरुष सदस्यों की संख्या = 400
महिला सदस्यों की संख्या = 500

प्रश्नानुसार,

$$\frac{\text{पुरुषों में 80\% बढ़ोत्तरी}}{\text{महिला में 60\% बढ़ोत्तरी}} = \frac{400 + 400 \times \frac{80}{100}}{500 + 500 \times \frac{60}{100}}$$

$$= \frac{720}{800} = \frac{9}{10}$$

अतः फर्म में पुरूष : महिला = 9 : 10 **Ans.**

Method - II

माना कि पुरुष की संख्या = 4x
महिला की संख्या = 5x

प्रश्नानुसार,

$$= \frac{4x \times \frac{180}{100}}{5x \times \frac{160}{100}} = \frac{4x \times 9}{5x \times 8} = \frac{9x}{10x} = \frac{9}{10}$$

पुरूष : महिला = 9 : 10 **Ans.**

90. एक विद्यालय में छात्र एवं छात्रा का अनुपात 7 : 8 के अनुपात में है। नए सत्र के प्रारंभ होने पर वहाँ छात्रों की संख्या में 20% एवं छात्राओं की संख्या में 28% की कमी हुई है तो विद्यालय में अभी छात्रों एवं छात्राओं की संख्या का अनुपात ज्ञात करें-

(a) 280 : 278 (b) 40 : 39
(c) 35 : 36 (d) इनमें से कोई नहीं

Sol. (c) माना कि छात्रों की संख्या = 700
छात्राओं की संख्या = 800

$$\frac{\text{छात्रों की संख्या}}{\text{छात्राओं की संख्या}} = \frac{700 - 700 \times \frac{20}{100}}{800 - 800 \times \frac{28}{100}}$$

$$= \frac{560}{576} = 35 : 36$$

∴ छात्र : छात्रा = 35 : 36 **Ans.**

91. x और y का माध्य 400 है तथा x और y का अनुपात 3 : 7 है तो $y - x$ का मान ज्ञात करें-

(a) 230 (b) 800
(c) 320 (d) 130

Sol. (c) माना कि x = 3a
y = 7a

प्रश्नानुसार

$$\frac{3a + 7a}{2} = 400$$

$10a = 2 \times 400$

$a = 80$

∴ $(y - x) = (7a - 3a) = 4a$

⇒ $4 \times 80 = 320$ **Ans.**

92. तीन कक्षाओं के विद्यार्थियों की संख्या का अनुपात 2 : 3 : 5 है। यदि प्रत्येक कक्षा में 20 विद्यार्थी बढ़ा दिए जाते है तो यह अनुपात 4 : 5 : 7 हो जाता है। बढ़ोत्तरी से पहले छात्रों की कुल संख्या क्या थी-

(a) 10 (b) 90
(c) 100 (d) 110

Sol. (c) **Method - I**

माना कि छात्रों की संख्या क्रमशः $2x, 3x$ एवं $5x$ है।

प्रश्नानुसार,

$(2x + 20) : (3x + 20) : (5x + 20) = 4 : 5 : 7$

$$\frac{2x + 20}{3x + 20} = \frac{4}{5}$$

$$\frac{2(x + 10)}{3x + 20} = \frac{2 \times 2}{5}$$

$$\frac{x + 10}{3x + 20} = \frac{2}{5}$$

⇒ $5x + 50 = 6x + 40$

∴ $x = 10$

∴ छात्रों की संख्या = $2x = 2 \times 10 = 20$
$3x = 3 \times 10 = 30$
$5x = 5 \times 10 = 50$

अतः छात्रों की कुल संख्या = 100 **Ans.**

Method - II

$= 2x$

∵ $2x = 20$

∴ $x = 10$

∴ $(2x + 3x + 5x) = 10x$
$= 10 \times 10 = 100$

∴ बढोत्तरी से पहले छात्रों की संख्या = 100 **Ans.**

93. दो संख्याएं 3 : 5 के अनुपात में है। यदि दोनों में से 9 घटा दिया जाए, तो उनका अनुपात 12 : 23 हो जाता है। तद्नुसार वे संख्याएं ज्ञात करें-

(a) 15 एवं 28 (b) 36 एवं 115
(c) 33 एवं 55 (d) 60 एवं 69

Sol. **(c)** माना कि संख्याएं = $3x$ एवं $5x$

प्रश्नानुसार

$$\frac{3x-9}{5x-9}=\frac{12}{23},\frac{3(x-3)}{5x-9}=\frac{3\times4}{23},\frac{x-3}{5x-9}=\frac{4}{23}$$

$23x - 69 = 20x - 36, 3x = 33, x = 11$

अतः संख्या = $3x = 3 \times 11 = 33$

$5x = 5 \times 11 = 55$ **Ans.**

94. दो संख्याएं $1\frac{1}{2}:2\frac{2}{3}$ के अनुपात में है, जब इनमें से प्रत्येक में 15 बढ़ाया जाता है तो ये $1\frac{2}{3}:2\frac{1}{2}$ के अनुपात में हो जाती है तो सबसे बड़ी संख्या ज्ञात करें-

(a) 27 (b) 36
(c) 48 (d) 64

Sol. **(c)** अनुपात $\Rightarrow \frac{3}{2}:\frac{8}{3}=\frac{3}{2}\times6:\frac{8}{3}\times6$

$\Rightarrow 9:16$

माना संख्याएं $9x, 16x$ है।

प्रश्नानुसार

$$\Rightarrow \frac{9x+15}{16x+15}=\frac{1\frac{2}{3}}{2\frac{1}{2}}$$

$$\Rightarrow \frac{9x+15}{16x+15}=\frac{5/3}{5/2}=\frac{2}{3}$$

$\Rightarrow 27x + 45 = 32x + 30$

$\Rightarrow 5x = 15$

$\therefore x = 3$

$\therefore$ बड़ी संख्या = $16x = 16\times3 = 48$ **Ans.**

95. दो संख्याओं के बीच 5 : 4 का अनुपात है तद्नुसार यदि पहली का 40% का मान 12 है तो दूसरी संख्या का 50% कितना होगा-

(a) 12 (b) 21
(c) 18 (d) 20

Sol. **(a)** माना कि संख्याएं क्रमशः $5x$ एवं $4x$ है।

$$5x\times\frac{40}{100}=12$$

$x = 6$

$\therefore$ दूसरी संख्या = $4x = 4\times6 = 24$

$\therefore$ दूसरी संख्या का 50% = $24\times\frac{50}{100}=12$ **Ans.**

96. दो संख्याओं का औसत 62 है। यदि छोटी संख्या में 2 जोड़ दिया जाए तो संख्याओं का अनुपात 1 : 2 हो जाता है तो संख्याओं का अंतर ज्ञात करें-

(a) 62 (b) 40
(c) 84 (d) 44

Sol. **(d)** दो संख्या का औसत = 62

तो दोनों संख्या का योग = $2\times62 = 124$

माना कि छोटी संख्या = x

बड़ी संख्या = 124 – x

प्रश्नानुसार,

$$\frac{x+2}{124-x}=\frac{1}{2}$$

$2x + 4 = 124 - x$

$3x = 120$

$x = 40$

$\therefore$ छोटी संख्या = x = 40

बड़ी संख्या = 124 – x = 124 – 40 = 84

$\therefore$ अंतर = 84 – 40 = 44 **Ans.**

97. किसी भिन्न के अंश व हर 2 : 3 के अनुपात में है, यदि अंश में से 6 घटाया जाए तो परिणाम वह भिन्न है जिसका मान प्रारंभिक भिन्न का 2/3 है तो प्रारंभिक भिन्न का अंश ज्ञात करें-

(a) 6 (b) 18
(c) 27 (d) 36

Sol. **(b)** माना कि भिन्न = $\frac{2x}{3x}$

प्रश्नानुसार,

$$\frac{2x-6}{3x}=\frac{2x\times2}{3x\times3}$$

$6x - 18 = 4x$

$\Rightarrow 6x - 4x = 18$

$\Rightarrow 2x = 18$

$\therefore x = 9$

∴ प्रारंभिक भिन्न $= \frac{2x}{3x} = \frac{2\times9}{3\times9} = \frac{18}{27}$

∴ भिन्न का अंश = 18

98. दो संख्याएं इस प्रकार है कि एक का वर्ग दूसरे के वर्ग के 8 गुने से 224 कम है। यदि संख्याएं 4 : 3 के अनुपात में है तो संख्याएं ज्ञात करे-

(a) 12, 9 (b) 12, 16
(c) 8, 6 (d) 18, 8

Sol. **(c)** माना कि संख्याएं $= 4x$ एवं $3x$

$$(3x)^2\times8-(4x)^2 = 224$$
$$9x^2\times8-16x^2 = 224$$
$$8(9x^2-2x^2) = 224$$
$$7x^2 = 28$$
$$x^2 = 4$$
$$x = 2$$

∴ संख्याएं $= 4x = 4\times2 = 8$
$= 3x = 3\times2 = 6$ **Ans.**

99. किसी संख्या के वर्ग और उसके घन का व्युत्क्रमानुपात का अनुपात $\frac{243}{16807}$ है तो संख्या ज्ञात करे-

(a) $\frac{2}{7}$ (b) $\frac{7}{3}$
(c) $\frac{3}{7}$ (d) $\frac{5}{7}$

Sol. **(c)** माना कि संख्या $= x$

प्रश्नानुसार

$$x^2 : \frac{1}{x^3} = \frac{243}{16807}$$

$$\frac{x^2}{1/x^3} = \frac{243}{16807}$$

$$x^5 = \frac{243}{16807}$$

$$x = \sqrt[5]{\frac{243}{16807}}$$

$$x = \frac{3}{7}$$

∴ संख्या $= x = \frac{3}{7}$ **Ans.**

100. दो संख्याओं का योग, अंतर और गुणनफल का अनुपात क्रमशः 11 : 1 : 90 है। संख्याओं के वर्ग का योग ज्ञात करें-

(a) 179 (b) 509
(c) 99 (d) 549

Sol. **(d)** माना दो संख्याएँ a तथा b है।

$(a+b) = 11x$
$(a-b) = x$
$ab = 90x$

∴ $a+b = 11x$
$\underline{a-b = x}$
$2a = 12x$ जोड़ने पर
$a = 6x$ ....(i)

∵ $a+b = 11x$
$6x+b = 11x$
$b = 5x$ ....(ii)

∵ $ab = 90x$
$6x\times5x = 90x$
$x = 3$

समी. (i) व (ii) से,
$a = 6x = 6\times3 = 18$
$b = 5x = 5\times3 = 15$

∴ संख्याओं के वर्गों का योग-
$18^2+15^2 = 324+225 = 549$ **Ans.**

101. एक व्यक्ति ने अपने पेन अपने चार मित्रों A, B, C एवं D में $\frac{1}{3}:\frac{1}{4}:\frac{1}{5}:\frac{1}{6}$ के अनुपात में बांटे। तद्नुसार, उस व्यक्ति के पास पेनों की न्यूनतम संख्या कितनी होनी चाहिए-

(a) 57 (b) 65
(c) 75 (d) 45

Sol. **(a)**

$A:B:C:D = \frac{1}{3}:\frac{1}{4}:\frac{1}{5}:\frac{1}{6}$ [LCM of 3, 4, 5, 6 = 60]

$= \frac{1}{3}\times60 : \frac{1}{4}\times60 : \frac{1}{5}\times60 : \frac{1}{6}\times60$
$= 20:15:12:10$

∴ पेनों की कुल न्यूनतम संख्या $= 20+15+12+10$
$= 57$ **Ans.**

102. तीन व्यक्तियों ने एक व्यवसाय में $\frac{1}{2}:\frac{1}{3}:\frac{1}{4}$ के अनुपात में धन निवेश किया। वर्ष के अंत में कुल लाभ रु.15600 था। लाभ का सबसे बड़ा हिस्सा क्या होगा-

(a) ₹7200 (b) ₹7000
(c) ₹7500 (d) ₹8000

Sol. (a) निवेशित धन का अनुपात

$= \frac{1}{2}:\frac{1}{3}:\frac{1}{4}$ [LCM of 2, 3, 4, = 12]

$= \frac{1}{2}\times 12 : \frac{1}{3}\times 12 : \frac{1}{4}\times 12 = 6:4:3$

∴ लाभ का सबसे बड़ा हिस्सा $= \frac{6}{13}\times 15600$

$= 6 \times 1200 =$ ₹7200

103. रु.2366 को 8 आदमियों, 10 औरत व 10 बच्चों में इस प्रकार बांटा गया कि प्रत्येक आदमी को औरत से 25% जयादा और हर औरत को प्रत्येक बच्चे से 25% ज्यादा मिला तो ज्ञात करो कि प्रत्येक औरत को कितना रुपये मिला।

(a) रु.86 (b) रु.87.33
(c) रु.84.5 (d) रु.81.5

Sol. (c)

	M	:	W	:	C
संख्या	8	:	10	:	10
प्रत्येक का हिस्सा ⇒	25	:	20	:	16
कुल =	200	:	200	:	160
	5	:	5	:	4

कुल ⇒ 14 ⟶ 2366

∴ 1 ⟶ 169

∴ 10 महिलाओं का कुल धन ⇒ $5 \xrightarrow{\times 169} 845$

∴ 1 महिला को मिला धन ⇒ ₹$\frac{845}{10}$ = ₹84.5 **Ans.**

104. ₹56250 को A, B एवं C में बांटता है, ताकि A को B एवं C की कुल धनराशि का आधा मिले तथा B को A एवं C को मिली कुल राशि का चौथाई भाग। बताइए कि A का हिस्सा B के हिस्से से कितना अधिक है-

(a) ₹7500 (b) ₹7750
(c) ₹15000 (d) ₹16000

Sol. (a) $A:(B+C) = 1:2 = 3\times 5 = 5:10$

[A+B+C का याग समान होगा]

$B:(A+C) = 1:4 = 5\times 3 = 3:12$

$A:(B+C) = 5:10$

$B:(A+C) = 3:12$

∵ $B + C = 10$

$3 + C = 10$

∴ $C = 7$

$A + B + C = 56250$

$(5 + 3 + 7) = 56250$

15 unit = 56250

1 unit = 3750

∴ $A - B = (5-3)\times 3750$

$= 2 \times 3750 =$ ₹7500 **Ans.**

105. रु.900 को A, B, C में इस प्रकार विभाजित किया गया कि A के पैसे का $\frac{1}{2}$ = B के पैसे का $\frac{1}{3}$ = C के पैसे का $\frac{1}{4}$ है तब A, B एवं C के द्वारा प्राप्ति राशि ज्ञात करे-

(a) 200, 300, 400 (b) 100, 300, 500
(c) 200, 100, 600 (d) इनमें से कोई नहीं

Sol. (a) $\frac{A}{2} = \frac{B}{3} = \frac{C}{4} = K$

$A = 2K, B = 3K, C = 4K$

$2K + 3K + 4K = 900$

$9K = 900$

$K = \frac{900}{9} = 100$

∴ $A = 2K = 2\times 100 = 200$

$B = 3K = 3\times 100 = 300$

$C = 4K = 4\times 100 = 400$ **Ans.**

106. दो संख्याओं का अन्तर, योगफल तथा गुणनफल का अनुपात 1 : 7 : 24 हो तो संख्याओं का गुणनफल क्या होगा-

(a) 24 (b) 36
(c) 48 (d) 30

Sol. (c) $(a-b) : (a+b) : (a\times b)$

$1x : 7x : 24x$ (माना)

$a - b = x$

$a + b = 7x$

$2a = 8x$

$a = 4x$

∴ $b = 3x$

$a\times b = 24x$

$4x \times 3x = 24x$

∴ $x = 2$

∴ संख्याओं का गुणनफल

⇒ $ab = 24x = 24\times 2$

$ab = 48$ **Ans.**

107. 530 रु. को A, B, C में इस प्रकार बांटा गया कि A को B से रु. 70 अधिक तथा B को C से रु.80 अधिक मिले तो इन तीनों का अलग-अलग हिस्सा ज्ञात करे-

(a) 240, 190, 100 (b) 250, 180, 100
(c) 250, 100, 180 (d) 300, 80, 100

Sol. **(b)** माना कि C को ₹x प्राप्त हुए।

∴ B को प्राप्त राशि = ₹(x + 80)

∴ A को प्राप्त राशि = ₹(x + 80 + 70) = ₹(x + 150)

प्रश्नानुसार,

$$A + B + C = 530$$
$$x + 150 + x + 80 + x = 530$$
$$3x + 230 = 530$$
$$3x = 300$$
$$\therefore x = 100$$

∴ A = (x + 150) = 100 + 150 = ₹250
B = (x + 80) = 100 + 80 = ₹180
C = x = ₹100 **Ans.**

108. ₹117 को A, B तथा C में $\frac{1}{2}:\frac{1}{3}:\frac{1}{4}$ के अनुपात में बांटा जाना था पर गलती से इसको 2 : 3 : 4 के अनुपात में बांटा गया। इस प्रकार उनमें से किसको सबसे अधिक लाभ हुआ और कितने रु. का?

(a) 28 (b) 3
(c) 20 (d) 25

Sol. **(d)** गलती से वितरण करने पर-

$$A : B : C = 2 : 3 : 4$$
$$2x + 3x + 4x = 117$$
$$9x = 117$$
$$x = 13$$

∴ A = 2x = 2 × 13 = 26
B = 3x = 3 × 13 = 39
C = 4x = 4 × 13 = 52

सही वितरण करने पर

$$A : B : C = \frac{1}{2}:\frac{1}{3}:\frac{1}{4} \quad \text{[LCM of 2, 3, 4, = 12]}$$

$$A : B : C = \frac{1}{2}\times 12 : \frac{1}{3}\times 12 : \frac{1}{4}\times 12$$

A : B : C = 6 : 4 : 3

∴ 6x + 4x + 3x = 117
13x = 117
x = 9

∴ A = 6x = 6 × 9 = 54
B = 4x = 4 × 9 = 36
C = 3x = 3 × 9 = 27

यहाँ पर C को सबसे अधिक लाभ ₹(52 – 27) = ₹25 का हुआ।

109. x, y थैलों में गोलियों की संख्या का अनुपात 2 : 3 है। y थैले से 5 गोलियाँ निकालकर x थैले में डाल दी गई। अब हर थैले में गोलियों की संख्या बराबर हो गई। अब हर थैले में गोलियों की संख्या बराबर हो गई। अब हर थैले में गोलियों की संख्या है-

(a) 45 (b) 20
(c) 30 (d) 25

Sol. **(d)**

माना कि थैले x और y में गोलियों की संख्या = a

x : y
2a : 3a

प्रश्नानुसार

3a – 5 = 2a + 5
a = 10

∴ प्रत्येक थैले में गोली की संख्या = 2a + 5
= 2 × 10 + 5
= 25 **Ans.**

110. पिता और माँ की उम्र का अनुपात 11 : 10 था, जब उनके बेटे का जन्म हुआ था। पिता और माँ की उम्र का अनुपात 19 : 18 होगा। जब पुत्र की आयु अपने वर्तमान आयु से दोगनी हो जाएगी तो पिता और माँ के वर्तमान आयु का क्या अनुपात है?

(a) 15 : 14 (b) 14 : 13
(c) 16 : 15 (d) 17 : 16

Sol. **(a)** माना कि पुत्र की वर्तमान आयु = y वर्ष
पिता की वर्तमान आयु = (11x + y) वर्ष
माता की वर्तमान आयु = (10x + y) वर्ष

आज से y वर्ष बाद

$$\frac{11x + 2y}{10x + 2y} = \frac{19}{18}$$

$$198x + 36y = 190x + 38y$$
$$8x = 2y$$
$$\frac{x}{y} = \frac{1}{4}$$
$$\therefore y = 4x$$

अब,

$$\frac{11x + y}{10x + y} = \frac{11x + 4x}{10x + 4x} = \frac{15x}{14x} = \frac{15}{14} = 15 : 14$$

पुत्र की आयु वर्तमान आयु से जब दोगुनी हो तो पिता की आयु : माता की आयु = 15 : 14 **Ans.**

111. x और y की वर्तमान आयु का अनुपात 3 : 8 है जबकि y और z की वर्तमान आयु का अनुपात 4 : 5 है। दो वर्ष पहले x और y की आयु का अनुपात 1 : 3 था। तीनों की वर्तमान आयु का योग ज्ञात करें-

(a) 126 वर्ष (b) 63 वर्ष
(c) 84 वर्ष (d) 105 वर्ष

Sol. (c)

x	:	y	:	z
3	:	8		
		4×2	:	5×2
3	:	8	:	10

प्रश्नानुसार

माना कि x की आयु = 3a
y की आयु = 8a

$\because \frac{3a-2}{8a-2}=\frac{1}{3}$

$\Rightarrow 9a-6=8a-2$

$a=4$

$\therefore$ तीनों की आयु का योग $=(3a+8a+10a)$
$=21a=21\times4$
= 84 वर्ष

112. हीरे के एक टुकड़े का मूल्य उसके भार के वर्ग के अनुसार परिवर्तित होता है। तद्नुसार, यदि ₹5184 मूल्य का एक हीरा, तीन टुकड़ों में काटा जाए एवं उनके भार का अनुपात 1 : 2 : 3 हो तो इस प्रकार के काटने से हुई हानि ज्ञात करे-

(a) ₹3175 (b) ₹3168
(c) ₹3068 (d) ₹3088

Sol. (b) भार का अनुपात = I : II : III
= 1 : 2 : 3

कुल भार = x + 2x + 3x = 6x

काटने से पहले कुल मूल्य $=(6x)^2=36x^2$

काटने के बाद मूल्य = I : II : III
$= x^2 : 4x^2 : 9x^2$

काटने के बाद कुल मूल्य $=x^2+4x^2+9x^2=14x^2$

हीरे का प्रारंभिक मूल्य = 5184

$\Rightarrow 36x^2=5184$

$\Rightarrow x^2=144$

हानि = प्रारंभिक मूल्य – (काटने के बाद कुल मूल्य)
$=36x^2-14x^2$
$=22x^2$
$=22\times144$
= ₹3168

113. एक हीरे का मूल्य उसके भाग के वेग का अनुक्रमानुपाती है। एक व्यक्ति से गलती से यह हीरा तीन टुकड़ों में 3 : 5 : 7 के अनुपात में टूट गया और इस वजह से उसे ₹42600 की हानि हुई। हीरे का वास्तविक मूल्य क्या था-

(a) ₹11786 (b) ₹60000
(c) ₹57500 (d) ₹75000

Sol. (c)

भार का अनुपात = I : II : III
3x : 5x : 7x
= 15x

प्रारंभिक कुल मूल्य $=(15x)^2=225x^2$

टूटने के बाद मूल्य $=9x^2+25x^2+49x^2=83x^2$

हानि $=225x^2-83x^2$

$42600=142x^2$

$42600=142x^2$

$x^2=300$

$\therefore$ प्रारंभिक मूल्य $=225x^2$
$=225\times300$
= ₹67500 **Ans.**

114. एक मणिक का मूल्य सीधे उसके वजन के वर्ग के रूप में बदलता रहता है। ऐसा ही एक मणिक टूट जाता है और उसके टुकड़ों का वजन 2 : 3 : 4 के अनुपात में है। अगर टूटने के कारण हानि ₹26000 है तो मूल मणिक की कीमत क्या थी-

(a) ₹50,500 (b) ₹50000
(c) ₹45000 (d) ₹40500

Sol. (d) मणिक के भार का अनुपात = I : II : III
2x : 3x : 4x

कुल भार = 9x

प्रारंभिक कुल मूल्य $=(9x)^2=81x^2$

टूटने के बाद कुल मूल्य $=4x^2+9x^2+16x^2$
$=29x^2$

हानि = प्रारंभिक मूल्य – टूटने के बाद का मूल्य

$2600=81x^2-29x^2$

$2600=52x^2$

$500=x^2$

$\therefore$ प्रारंभिक मूल्य $=81x^2$
$=81\times500=$ ₹40500 **Ans.**

115. एक आर्मी की भर्ती प्रक्रिया में, चयनित और अचयनित का अनुपात 5 : 1 था। यदि 100 कम ने आवेदन किया होता और 20 कम चयनित होते, तो चयनित और अचयनित का अनुपात 6 : 1 होता, कितने उम्मीदवारों ने प्रक्रिया के लिए आवेदन किया था-

(a) 5520 (b) 2760
(c) 1380 (d) 1775

Sol. (b)

आर्मी भर्ती में- चयनित : अचयनित

5x : x = 6x

5x – 20 : x = 6x – 100

प्रश्नानुसार,

अचयनित = कुल उम्मीदवार – चयनित उम्मीदवार
= 6x – 100 – (5x – 20)
= 6x – 100 – 5x + 20
= x – 80

$\therefore \frac{\text{चयनित}}{\text{अचयनित}} = \frac{6}{1}$

$\Rightarrow \frac{(5x-20)}{(x-80)} = \frac{6}{1}$

$\Rightarrow$ 5x – 20 = 6x – 480

$\Rightarrow$ 460 = x

$\therefore$ कुल उम्मीदवार = 6x = 6×460 = 2760 **Ans.**

116. वातानुकूलित शयन श्रेणी और साधारण शयन श्रेणी का रेलवे किराया 4 : 1 के अनुपात में है। वातानुकूलित शयन और साधारण शयन श्रेणी द्वारा यात्रा करने वाले यात्रियों की संख्या 3 : 25 के अनुपात में थी। यदि कुल किराया संग्रह ₹37,000 हुआ, तो वातानुकूलित शयन श्रेणी के यात्रियों ने कितने किराये का भुगतान किया-

(a) ₹15,000 (b) ₹10,000
(c) ₹12,000 (d) ₹16,000

Sol. (c) माना कि वातानुकूलित शयन और साधारण शयन में किराया तथा यात्रियों की संख्या क्रमशः x तथा y है।

$\therefore$ वातानुकूलित तथा साधारण शयन का किराया = 4x और x

वातानुकूलित तथा साधारण शयन में यात्रियों की संख्या
= 3y और 25y

प्रश्नानुसार,

(4x × 3y) + (x × 25y) = 37000

$\Rightarrow$ 12xy + 25xy = 37000

$\therefore$ वातानुकूलित शयन श्रेणी द्वारा किया गया पूरा भुगतान

$= \frac{4x \times 3y}{12xy + 25xy} \times 37000$

$= \frac{12xy}{37xy} \times 37000$

= ₹12,000 **Ans.**

Method- II

माना कि वातानुकूलित तथा साधारण श्रेणी में यात्रा करने वाले यात्रियों की संख्या क्रमशः 3x तथा 25x है।

प्रश्नानुसार,

4 × 3x + 1 × 25x = 37000

37x = 37000

वातानुकूलित शयन श्रेणी के यात्रियों द्वारा दिए गए किराये

का भुगतान $= \frac{37000 \times 12x}{25x + 12x}$

$= \frac{37000 \times 12x}{37x} = ₹12000$

117. एक मेले की प्रवेश टिकट के मूल्य 7 : 17 के अनुपात में वृद्धि करके, मेले में आने वाले लोगों की संख्या 9 : 5 के अनुपात में कम हो गई है। कुल संकलन में किस अनुपात में वृद्धि या कमी हुई है-

(a) 85 : 63 कमी (b) 35 : 153 वृद्धि
(c) 63 : 85 वृद्धि (d) 153 : 35 कमी

Sol. (c) टिकट मूल्य में वृद्धि = 7 : 17

वृद्धि पश्चात लोगों की संख्या में कमी = 9 : 5

63 = 85

अतः 63 : 85 के अनुपात में वृद्धि हुई। **Ans.**

118. एक नियोक्ता अपने कर्मचारियों की संख्या में 16 : 10 के अनुपात में कमी कर देता है और उनका वेतन 14 : 18 के अनुपात में बढ़ा देता है। परिणामस्वरूप सभी कर्मचारियों के वेतन की कुल राशि में क्या परिवर्तन आ जाएगा-

(a) 56 : 45 कमी (b) 45 : 56 कमी
(c) 56 : 45 वृद्धि (d) 35 : 56 वृद्धि

Sol. (a)

कर्मचारियों की संख्या = 16 : 10

कमी बाद उनके वेतन का अनुपात = 14 : 18

224 : 180

= 56 : 45 कमी

119. किसी फन पार्क के एंट्री टिकट मूल्य में 7 : 9 के अनुपात में वृद्धि हुई जिसके कारण ग्राहकों की संख्या में 13 : 11 के अनुपात में कमी आई। प्रतिदिन होने वाला नया कलेक्शन कितना होगा। यदि कीमत बढ़ने के पहले प्रतिदिन 2,27,500 का कलेक्शन होता था-

(a) 237500 (b) 247500
(c) 232500 (d) 242500

Sol. (b)

टिकट मूल्य में वृद्धि	=	7	:	9
वृद्धि कारण ग्राहक में कमी	=	13	:	11
कुल प्राप्त राशि	=	91	:	99
	=	227500		×2500
		1 = 2500		= 247500

120. एक सिनेमाघर में टिकट की कीमतें 10 : 11 के अनुपात में बढ़ाई गई तो सिनेमाघर में आने वाले दैनिक आंगतुकों की संख्या 8 : 7 के अनुपात में गिर जाती है। यदि टिकट की कीमत में वृद्धि करने से पहले दैनिक राजस्व ₹17,600 था, तो टिकट की कीमत में वृद्धि करने के बाद प्राप्त हुआ दैनिक आय ज्ञात करें-

(a) 168400 (b) 168000
(c) 170000 (d) 169400

Sol. (d)

टिकट मूल्य में वृद्धि	=	10	:	11
मूल्य वृद्धि बाद आगंतुकों की कमी	=	8	:	7
कुल आय	=	80	:	77
				× 2200
		17600		= ₹169400
				1 = 2200

121. ₹1460 की राशि A, B एवं C में इस प्रकार विभाजित की गई है कि यदि A को ₹3 मिले तो B को ₹4 मिले और यदि B को ₹3.50 मिले तो C को ₹3 मिले। B का हिस्सा, C से कितना अधिक है-

(a) ₹60 (b) ₹80
(c) ₹100 (d) ₹110

Sol. (b)

	A	:	B	:	C
	3	:	4		
			3.5	:	3
			3×70	:	4×70
			35 × 8	:	30×8
	210	:	280	:	240
	21	:	28	:	24
⇒	73	= ₹1460			

(B – C) का हिस्सा = (28 – 24) = 4 = 4×20 = ₹80 **Ans.**

122. एक व्यक्ति ने ₹4300 अपने 5 बेटे, 4 बेटियाँ तथा 2 भतीजों के लिए छोड़े। यदि प्रत्येक बेटी को भतीजे का चार गुना तथा प्रत्येक बेटे को भतीजे का पांच गुना भाग मिले, तो बेटी का भाग क्या होगा-

(a) 1300 (b) 1450
(c) 1575 (d) 1600

Sol. (d)

	बेटा	:	बेटी	:	भतीजा
संख्या	5	:	4	:	2
प्राप्त राशि	5x	:	4x	:	x
	25x	:	16x	:	2x

43x = 4300

∴ x = 100

∴ बेटी का भाग = 16x
= 16 × 100
= ₹1600 **Ans.**

123. पृथ्वी पर भूमि और जल का अनुपात 5 : 7 है। यदि उत्तरी गोलार्द्ध में भूमि और जल का अनुपात 3 : 2 है तो दक्षिणी गोलार्द्ध में भूमि और जल का अनुपात क्या है-

(a) 23 : 7 (b) 11 : 17
(c) 7 : 23 (d) 17 : 11

Sol. (c)

भूमि : जल = 5 : 7 = 12 $\xrightarrow{\times 10}$ 50 : 70

उत्तरी गोलार्द्ध : जल = 3 : 2 = 5 $\xrightarrow{\times 12}$ 36 : 24

दक्षिणी गोलार्द्ध में भूमि : जल = 7 : 23 **Ans.**

124. संपूर्ण पृथ्वी पर जमीन से पानी का अनुपात 1 : 2 है तथा उत्तरी गोलार्द्ध में यह अनुपात 2 : 3 है। दक्षिणी गोलार्द्ध में जमीन का पानी से अनुपात होगा-

(a) 4 : 11 (b) 1 : 3
(c) 1 : 4 (d) 4 : 7

Sol. (a)

संपूर्ण भूमि : जल = 1 : 2 = 3 $\xrightarrow{\times 10}$ = 10 : 20

उत्तरी गोलार्द्ध में भूमि : जल = 2 : 3 = 5 $\xrightarrow{\times 3}$ = 6 : 9

दक्षिणी गोलार्द्ध में भूमि : जल = 4 : 11 **Ans.**

विभिन्न प्रतियोगी परीक्षाओं में विगत वर्षों में पूछे गये महत्त्वपूर्ण प्रश्न

1. 7 और 112 के मध्यानुपाती ज्ञात कीजिये-
[SSC CGL (Tier-I) 2023]
(a) 42 (b) 28
(c) 21 (d) 14

2. A और B के पास कुछ टॉफियाँ हैं। यदि A, B को एक टॉफी देता है, तो उनके पास बराबर संख्या में टॉफी हो जाती हैं। यदि B, A को एक टॉफी देता है, तो A के पास वाली टॉफी B से दोगुनी हैं। A और B के पास टॉफी की कुल संख्या ...... है।
[SSC CGL (Tier-I) 2023]
(a) 12 (b) 10
(c) 14 (d) 15

3. एक कॉलेज में लड़के और लड़कियों की संख्या का अनुपात 11 : 18 है। यदि लड़कों और लड़कियों की संख्या में प्रतिशत वृद्धि क्रमशः 40% और 20% होती है, तो नया अनुपात क्या होगा-
[DSSSB Assitt. Grade 2024]
(a) 11 : 7 (b) 7 : 11
(c) 77 : 108 (d) 108 : 7

4. सभी पुरुषों और महिलाओं में वेतन के रूप में वितरित कुल राशि का अनुपात 5 : 8 है। प्रत्येक पुरुष और महिला के वेतन का अनुपात 3 : 4 है। पुरुषों और महिलाओं के संख्या का अनुपात ज्ञात कीजिए-
[DSSSB Assitt. Grade 2024]
(a) 3 : 5 (b) 5 : 6
(c) 5 : 7 (d) 7 : 9

5. एक स्कूल में लड़कों की संख्या का लड़कियों की संख्या से अनुपात 11 : 15 है। यदि स्कूल में लड़कों की तुलना में 200 लड़कियां अधिक हैं, तो उस स्कूल में लड़कों की संख्या क्या है?
[SSC CGL (Tier-I) 2023]
(a) 550 (b) 750
(c) 506 (d) 605

6. रु.1,210 को A, B, C के बीच विभाजित किया गया ताकि A : B = 5 : 4 और B : C = 9 : 10 हो, तो C को मिलता है-
[BPSC Primary 2024]
(a) रु.340 (b) रु.400
(c) रु.475 (d) उपर्युक्त में से एक से अधिक
(e) उपर्युक्त में से कोई नहीं

7. एक संख्या का $\frac{4}{7}$ भाग, दूसरी संख्या के 40% के समान है। प्रथम संख्या व दूसरी संख्या में अनुपात है, क्रमशः-
[BPSC Primary 2024]
(a) 10 : 7 (b) 7 : 10
(c) 6 : 7 (d) उपर्युक्त में से एक से अधिक
(e) उपर्युक्त में से कोई नहीं

8. यदि 405 : y :: y : 125, और y > 0, तो y का मान ज्ञात कीजिए।
[SSC CGL (Tier-I) 2023]
(a) 225 (b) 205
(c) 215 (d) 235

9. रोहन और सोहम का वेतन 2 : 3 के अनुपात में है। यदि प्रत्येक के वेतन में रु.2,000 की वृद्धि होती है तो नया अनुपात 40:57 हो जाता है। सोहम का वर्तमान वेतन क्या है?
[UPP Constable 2024]
(a) रु.34,000 (b) रु.25,500
(c) रु.20,000 (d) रु.17,000

10. P, Q, R में रु.9400 इस प्रकार बांटे जाते हैं कि यदि उनके संबंधित हिस्सों में रु.93, रु.24, रु.55 कम कर दिए जाते है, तो उनके पास धनराशि 3 : 4 : 5 के अनुपात में रहती है। P का हिस्सा कितना है-
[CDS 2024]
(a) रु.2307 (b) रु.2376
(c) रु.2508 (d) रु.2400

11. यदि (a + b) : (b + c) : (c + a) = 5 : 7 : 6, तो (a – b + c) : (a + b – c) का मान क्या है-
[CDS 2024]
(a) 1 : 1 (b) 2 : 3
(c) 3 : 1 (d) 4 : 3

12. राहुल अपनी आय का कुछ भाग खर्च करके शेष भाग की बचत करता है। उसके खर्च और बचत का अनुपात 5 : 4 है। यदि राहुल की आय रु.38000 है, तो उसके द्वारा खर्च की जाने वाली धनराशि कितनी होगी? [SSC CHSL (Tier–I) 2022]
(a) रु.15000 (b) रु.25000
(c) रु.20000 (d) रु.26000

13. 144, 192 और 216 का चतुर्थानुपाती ज्ञात कीजिए।
[SSC CGL (Tier-I) 2023]
(a) 361 (b) 288
(c) 324 (d) 289

14. A, (B + 18) के अनुक्रमानुपाती है और B = 136 होने पर, A = 108 होता है। A का मान ज्ञात कीजिए जब B = 36 हो।
[SSC CGL (Tier-I) 2023]
(a) 75 (b) 86
(c) 127 (d) 172

15. एक स्कूल में गणित, अंग्रेजी और रसायन विज्ञान की सीटें 6 : 4 : 7 के अनुपात में हैं। यदि इन सीटों में क्रमशः 20%, 40% और 60% की वृद्धि की जाती है, तो बढ़ी हुई सीटों का अनुपात है-
[SSC CGL (Tier-I) 2023]
(a) 9 : 7 : 8 (b) 9 : 7 : 14
(c) 1 : 2 : 3 (d) 7 : 9 : 14

16. 25 और 35 के मध्य तृतीयानुपाती है-
[SSC CGL (Tier-I) 2023]
(a) 35 (b) 49
(c) 40 (d) 25

17. राधिका के पास पालतू जानवर के रूप में 2 कुत्ते, 3 खरगोश और 4 तोते हैं। राधिका के खरगोशों की संख्या और पालतू जानवरों की कुल संख्या का अनुपात क्या होगा-
[SSC CGL (Tier-I) 2023]
(a) 2:3 (b) 1:3
(c) 3:1 (d) 3:2

18 P, Q और Q के पास कुल मिलाकर 180 कैंडी है। P, Q और R को उतनी ही मिठाइयाँ देता है जितनी उनके पास पहले से है। इसके बाद R, Q को उसकी आधी कैंडी देता है जितनी Q के पास पहले से है और R भी P को उससे दोगुनी कैंडी देता है जितनी P के पास पहले से है। अब उनमें से प्रत्येक के पास समान संख्या में मिठाइयाँ है। शुरूआत में P और R के पास मौजूद कैंडीज की संख्या का अनुपात है-
[IB ACIO 2020]
(a) 5:3 (b) 3:2
(c) 1:2 (d) 2:1

19. यदि a : b : : b : c और b = 96, तो निम्नलिखित में से कौन सा a और c के मानों का संभावित युग्म हो सकता है?
[SSC CGL (Tier-I) 2023]
(a) a = 24, c = 374 (b) a = 32, c = 288
(c) a = 48, c = 168 (d) a = 16, c = 586

20. तीन संख्याएँ $\frac{4}{5}:\frac{5}{6}:\frac{9}{10}$ के अनुपात में हैं। सबसे छोटी और सबसे बड़ी संख्याओं के बीच का अंतर 12 है। वह संख्या ज्ञात कीजिए जो न तो सबसे छोटी है और न ही सबसे बड़ी है।
[SSC CGL (Tier-I) 2023]
(a) 96 (b) 108
(c) 100 (d) 104

21. पिछले वर्ष, A और B की आय का अनुपात 4 : 3 था। पिछले वर्ष और वर्तमान वर्ष की उनकी व्यक्तिगत आय का अनुपात क्रमशः 3 : 4 और 5 : 6 है। यदि वर्तमान वर्ष के लिए उनकी कुल आय 16.08 लाख रुपये है तो वर्तमान वर्ष के लिए A की आय (रुपये में) क्या है-
[ICAR Technician 2022]
(a) 6.6 (b) 7.2
(c) 9.6 (d) 8.4

22. यदि 39 और 156 के बीच मध्यानुपाती x है और 24 और 36 का तृतीय समानुपाती y है तो 6x : 13y ज्ञात कीजिए-
[ICAR Technician 2022]
(a) 4 : 9 (b) 3 : 2
(c) 2 : 3 (d) 3 : 4

23. वह सबसे छोटी धनात्मक संख्या कौन सी है जिसे 2 और 3 में से घटाये जाने पर उनका तृतीयानुपाती 4 होगा?
[SSC CGL (Tier-I) 2023]
(a) 1 (b) 2
(c) 4 (d) 3

24. अविनाश का मासिक वेतन रु.50,000 है और उसका मासिक खर्च रु.18,000 है। राधा का मासिक वेतन रु.60,000 है और उसका मासिक खर्च रु.24,000 है। राधा की बचत का अविनाश की बचत से अनुपात ज्ञात कीजिये- [SSC CGL (Tier-I) 2023]
(a) 9 : 8 (b) 9 : 7
(c) 6 : 5 (d) 8 : 7
[SSC CHSL (Tier–I) 2022]

25. दो लड़कियों की वर्तमान आयु का अनुपात 3 : 4 है। दो वर्ष बाद अनुपात 7 : 9 हो जाएगा। निम्नलिखित में से कौन सा कथन सही है।
[SSC CHSL (Tier–I) 2022]
I. 10 वर्ष बाद उनकी आयु का अनुपात 6 : 7 है।
II. 12 वर्ष बाद उनकी आयु का अनुपात 6 : 7 है।
(a) केवल II (b) न ही I और न ही II
(c) I और II दोनों (d) केवल I

26. 8772 रुपये की राशि को अनुज, चंदन और विक्रय के बीच इस प्रकार विभाजित किया गया है कि अनुज और चंदन के शेयर 2 : 3 के अनुपात में है और चंदन और विक्रम के शेयर 5 : 6 के अनुपात में है। चंदन का हिस्सा ज्ञात कीजिए। **[CISF HCM 2023]**

(a) रु.4312 (b) रु.2341
(c) रु.2041 (d) रु.3060

27. 48 सेकेंड $1\frac{1}{3}$ घंटे अनुपात को उसके सरलतम रुप में व्यक्त करें- **[CISF HCM 2023]**

(a) 3:5 (b) 36:1
(c) 1:100 (d) 4:3

28. तीन संख्याओं के वर्ग का योग जिनका अनुपात 3:4:5 है, 1250 है। तो सबसे बड़ी संख्या क्या है? **[CISF HCM 2023]**

(a) 15 (b) 30
(c) 20 (d) 25

29. एक पिता और उसके पुत्र की वर्तमान आयु का योग 94 वर्ष है। 8 वर्ष पहले उनकी क्रमश: आयु का अनुपात 2 : 1 था। 10 वर्ष बाद पिता और पुत्र की आयु का अनुपात क्या होगा?

(a) 35 : 22 (b) 14 : 13
(c) 25 : 18 (d) 16 : 15

30. यदि दो बेलनों की ऊँचाई का अनुपात 2 : 3 है और उनकी त्रिज्या का अनुपात 6 : 5 है, तो बेलन के आयतनों का अनुपात क्या है? **[SSC CHSL (Tier-I) 2022]**

(a) 24 : 29 (b) 21 : 31
(c) 24 : 25 (d) 28 : 31

31. यदि A : B = 2 : 3, B : C = 6 : 7, C : D = 14 : 3, तो A : B : C : D का मान ज्ञात कीजिए। **[SSC CHSL (Tier-I) 2022]**

(a) 12 : 12 : 4 : 6 (b) 7 : 2 : 10 : 4
(c) 8 : 12 : 14 : 3 (d) 8 : 5 : 14 : 6

32. एक स्कूल में कुल 414 विद्यार्थी हैं। लड़कों और लड़कियों का अनुपात 5 : 4 है। यदि अधिक 46 लड़कों को स्कूल में प्रवेश दिया जाता है, तो लड़कों और लड़कियों का नया अनुपात कितना होगा? **[SSC CHSL (Tier-I) 2022]**

(a) 3 : 1 (b) 4 : 3
(c) 5 : 2 (d) 3 : 2

33. रु.43,120 को P, Q और R में इस प्रकार बांटा जाता है कि P का हिस्सा Q और R के कुल हिस्से का $\frac{4}{7}$ है और Q का हिस्सा P और R के कुल हिस्से का $\frac{2}{5}$ है। R का हिस्सा कितना है? **[SSC CHSL (Tier-I) 2022]**

(a) रु.15120 (b) रु.14220
(c) रु.16400 (d) रु.18050

34. A और B की कीमतों का अनुपात 5 : 9 है, और C और D की कीमतों का अनुपात 24 : 13 है। C की कीमत B की कीमत से रु.1,500 अधिक है, और D की कीमत रु.1,300 है। A की कीमत ज्ञात कीजिए- **[SSC CHSL (Tier-I) 2022]**

(a) रु.2,400 (b) रु.900
(c) रु.1,000 (d) रु.500

35. रु.12,029 की राशि को P, Q और R में इस प्रकार विभाजित किया गया है कि P का हिस्सा Q के हिस्से का 5 गुना है और R का हिस्सा P के हिस्से का एक तिहाई है। R का हिस्सा कितना है? **[SSC CHSL (Tier-I) 2022]**

(a) रु.2,718 (b) रु.2,312
(c) रु.2,615 (d) रु.2,518

36. यदि p : q = 3 : 5 और p : r = 2 : 3, तो 3p : 4q : 3r का मान क्या है? **[SSC CHSL (Tier-I) 2022]**

(a) 12 : 8 : 9 (b) 18 : 40 : 27
(c) 10 : 5 : 4 (d) 9 : 5 : 4

37. एक पिता की आयु और उसके पुत्र की आयु का अनुपात 3 : 2 है, उनकी आयु को दर्शाने वाली संख्याओं का गुणनफल 486 है। 5 वर्ष बाद उनकी आयु का अनुपात क्या होगा? **[SSC CPO 2022]**

(a) 32 : 24 (b) 32 : 21
(c) 32 : 22 (d) 32 : 23

38. इनमें से कौन सा सबसे कम अनुपात है? **[SSC CPO 2022]**

(a) 3 : 22 (b) 23 : 29
(c) 17 : 5 (d) 5 : 19

39. C और D की आय का अनुपात क्रमश: 3 : 4 है। उनके व्यय का योग रु.12000 है। C की बचत D के व्यय के बराबर है। उनकी बचत का योग क्या है? **[SSC CHSL (Tier-I) 2022]**

(a) रु.20000 (b) रु.16000
(c) रु.15000 (d) रु.25000

40. वैदिक की मासिक आय और व्यय के बीच का अनुपात 8:5 है। यदि उसकी आय 20% बढ़ जाती है और उसका व्यय 30% बढ़ जाता है, तो उसकी मासिक बचत में प्रतिशत वृद्धि या कमी ज्ञात कीजिए।
[SSC CGL (Tier-I) 2023]

(a) $5\frac{2}{3}\%$ वृद्धि (b) $5\frac{2}{3}\%$ कमी

(c) $3\frac{1}{3}\%$ वृद्धि (d) $3\frac{1}{3}\%$ कमी

41. एक थैले में 2: 3: 5 के अनुपात में 50, 25 पैसे और 20 पैसे के सिक्के शामिल है, जिनकी राशि 550 रुपये हैं। 50 पैसे और 20 पैसे के सिक्कों से बनी धनराशियो के बीच का अंतर है:
[SSC CGL (Tier-I) 2023]

(a) रु.30 (b) रु.20
(c) रु.10 (d) रु.0

42. A और B का अनुपात x : 12 है और B से C का अनुपात 4 : y है। यदि A से C का अनुपात 5 : 3 है, तो x : y ____ है-
[RRB NTPC 2021]

(a) 5 : 1 (b) 5 : 3
(c) 3 : 5 (d) 3 : 1

43. दो दोस्तो को उनके बैंक खातों में प्रत्येक को रु.2,000 का बोनस मिला। उनके पास पहले से ही उनके संबंधित बैंक खातों में रु. 47,000 और रु.54,000 है। उनके संबंधित खातों में राशियों का अनुपात होगा-
[RRB NTPC 2021]

(a) 7 : 8 (b) 47 : 56
(c) 49 : 54 (d) 47 : 54

44. यदि 851 रुपये को $\frac{1}{2}:\frac{2}{3}:\frac{3}{4}$ के अनुपात में तीन भागों में विभाजित किया जाए, तो पहला भाग है-
[UPP Constable 2024]

(a) 222 (b) 396
(c) 296 (d) 333

45. $(x^2 - y^2)$ और $(x - y)$ का तृतीयानुपाती ज्ञात करे-
[SSC CGL (Tier-I) 2023]

(a) $(x - y)$ (b) $\frac{(x-y)}{(x+y)}$

(c) $\frac{(x+y)}{(x-y)}$ (d) $(x + y)$

46. एक कॉलेज में लड़कों और लड़कियों की संख्या का अनुपात 3 : 2 है। यदि 40 लड़के कॉलेज छोड़ देते हैं और 40 लड़कियां कॉलेज में भर्ती हो जाती हैं, तो उनका अनुपात 2 : 3 हो जाएगा। कॉलेज में लड़कों की प्रारंभिक संख्या कितनी है?
[SSC CHSL (Tier–I) 2022]

(a) 75 (b) 120
(c) 150 (d) 225

47. जितेंद्र और नरेंद्र की आय का अनुपात 4 : 7 है और उनके व्यय का अनुपात क्रमशः 6 : 5 है। यदि जितेंद्र रु.2,800 की आय में से रु.400 बचाता है, तो नरेंद्र की बचत ज्ञात कीजिए।
[SSC CHSL (Tier–I) 2022]

(a) रु.2,900 (b) रु.2,000
(c) रु.4,900 (d) रु.3,900

48. P और Q की आय का अनुपात 1 : 2 है। Q और R की आय का अनुपात 3 : 2 है। यदि P की आय का एक तिहाई भाग P की आय के आधे से रु.4400 कम है, तो Q की आय कितनी है?
[SSC CHSL (Tier–I) 2022]

(a) रु.56600 (b) रु.52800
(c) रु.46600 (d) रु.41200

49. A और B की आय 4 : 5 के अनुपात में है और उनका व्यय 5 : 4 के अनुपात में है। यदि A, रु.6000 की बचत करता है और B, रु.12000 की बचत करता है, तो A की आय क्या होगी?
[SSC CHSL (Tier–I) 2022]

(a) रु.18000 (b) रु.20000
(c) रु.12000 (d) रु.16000

50. A, B और C के वेतन 2 : 3 : 4 के अनुपात में हैं। यदि उनके वेतनों में क्रमशः 30%, 20% और 10% वृद्धि हो जाए, तो उनके वेतन का नया अनुपात क्या होगा?
[SSC CPO 2022]

(a) 22 : 11 : 18 (b) 18 : 13 : 22
(c) 13 : 18 : 22 (d) 22 : 18 : 13

51. 0.04 और 0.36 के बीच मध्यानुपाती क्या होगा?
[SSC CPO 2022]

(a) 0.144 (b) 1.2
(c) 12 (d) 0.12

52 दो व्यक्तियों की मासिक आय 4 : 5 के अनुपात में है और उनका व्यय 7 : 9 के अनुपात में है। यदि प्रत्येक व्यक्ति रु.50 प्रति माह बचाता है, तो उनकी मासिक आय कितनी-कितनी है? **[SSC CPO 2022]**

(a) रु.900, रु.500 (b) रु.400, रु.500
(c) रु.700, रु.900 (d) रु.400, रु.700

53. एक स्कूल में लड़कों और लड़कियों की संख्या का अनुपात क्रमशः 3 : 4 है। यदि लड़कों की संख्या में 10% की वृद्धि होती है और लड़कियों की संख्या 15% की वृद्धि होती है, तो लड़कों की संख्या और लड़कियों की संख्या का नया अनुपात क्या होगा? **[SSC CPO 2022]**

(a) $\frac{33}{45}$ (b) $\frac{35}{46}$
(c) $\frac{33}{46}$ (d) $\frac{46}{33}$

54. यदि $p:q=4:5, q:r=3:4$ और $r:s=2:5$ है, तो $p:s$ क्या होगा? **[SSC CPO 2022]**

(a) 2 : 5 (b) 6 : 25
(c) 5 : 2 (d) 25 : 6

55. चार संख्याएँ 1 : 2 : 3 : 5 के अनुपात में हैं। उनके योग का दोगुना 44 है। प्रत्येक संख्या के घन में से 3 घटाकर प्राप्त संख्याओं का अनुपात ज्ञात कीजिए- **[SSC CPO 2022]**

(a) 2 : 31 : 204 : 999
(b) 3 : 13 : 208 : 992
(c) 11 : 67 : 219 : 1003
(d) 5 : 61 : 213 : 997

56. 16 और 40 के तृतीयानुपाती तथा 10 और 40 के बीच मध्यानुपाती का अनुपात क्या है? **[SSC CPO 2022]**

(a) 5 : 1 (b) 1 : 5
(c) 4 : 1 (d) 1 : 4

57. दो स्टेशनों के बीच प्रथम श्रेणी और तृतीय श्रेणी के ट्रेन किराए का अनुपात 5 : 3 है और प्रथम और तृतीय श्रेणी से यात्रा करने वाले यात्रियों की संख्या 1 : 45 है। यदि 5628 रुपये किराया वसूला जाता है, तो प्रथम श्रेणी यात्रियों से कितनी रकम वसूली जाती है? **[CISF HCM 2023]**

(a) रु.137 (b) रु.105
(c) रु.201 (d) रु.210

58. दो प्रकार के स्टेनलेस स्टील में क्रोमियम और स्टील के बीच का अनुपात क्रमशः 2:11 और 5:21 है। यदि इन दो प्रकार के स्टेनलेस स्टील को एक साथ मिलाकर एक नया स्टेनलेस स्टील बनाया जाता है जिसमें क्रोमियम और स्टील का अनुपात 7 : 32 है, तो वह अनुपात ज्ञात कीजिए, जिसमें इन दोनों प्रकार के स्टेनलेस को एक साथ मिलाया जाना है? **[CISF HCM 2023]**

(a) 3 : 4 (b) 1 : 2
(c) 2 : 3 (d) 2 : 1

59. कंपनी ABC में 4 कर्मचारी, लारेंज, मार्क, जेसन और तान्या है। मार्क ओर जेसन की मासिक आय का अनुपात क्रमशः 5 : 6 है और तान्या और जेसन की मासिक आय क्रमशः 4 : 3 है। लारेंज की मासिक आय शेष सभी 3 कर्मचारियों की कुल मासिक आय की दोगुनी है। यदि लारेंज की मासिक आय 26600 है तो शेष 3 कर्मचारियों में से उच्चतम मासिक आय कितनी है- **[CRPF HCM 2023]**

(a) 5400 (b) 5600
(c) 4600 (d) 5500

60. यदि $a+b+c=1728, a:(b+c)=3:5$ और $b:(a+c)=2:7$ हो तो c का मान क्या है- **[CRPF HCM 2023]**

(a) 648 (b) 624
(c) 696 (d) 708

61. किसी वस्तु की गिरती ऊँचाई समय के घन के समानुपाती होती है। एक वस्तु 4 सेकेण्ड में 192 सेमी. गिरती है, तो 7 सेकेण्ड में वस्तु की ऊँचाई (सेमी. में) से गिरेगी- **[CRPF HCM 2023]**

(a) 1059 (b) 1079
(c) 1029 (d) 1009

62. एक पुस्तकालय में, कहानी की किताबों की संख्या और गैर-कहानी की किताबों की संख्या का अनुपात 5 : 7 था और कहानी की किताबों की कुल संख्या 1325 थी। जब कुछ और कहानी की किताबें खरीदी गई, तो अनुपात 8 : 5 हो गया। खरीदी गई कहानी की पुस्तकों की संख्या ज्ञात कीजिए- **[DSSSB Assitt. Grade 2024]**

(a) 2145 (b) 1934
(c) 1789 (d) 1643

63. तीन कारों ने 2 : 4 : 7 के अनुपात में दूरी तय की। यदि यात्रा के समय का अनुपात 3 : 4 : 1 है तो उनकी गति का अनुपात है- **[DSSSB Assitt. Grade 2024]**

(a) 2 : 3 : 7 (b) 2 : 3 : 21
(c) 2 : 7 : 1 (d) 1 : 3 : 14

64. अजय को दो विषयों, गणित और विज्ञान की परीक्षा में 9 : 13 के अनुपात में अंक प्राप्त हुए है। यदि उसे विज्ञान में गणित से 16 अंक अधिक प्राप्त हुए थे, तो गणित में कितने अंक प्राप्त हुए- **[Delhi Police 2023]**

(a) 45 (b) 27
(c) 36 (d) 54

65. यदि $A:B=\frac{1}{2}:\frac{3}{8}, B:C=\frac{1}{3}:\frac{5}{9}$ और $C:D=\frac{5}{6}:\frac{3}{4}$ तो A : B : C : D का अनुपात है- **[BPSC Junior 2023]**

(a) 6 : 8 : 9 : 10 (b) 8 : 6 : 10 : 9
(c) 4 : 6 : 8 : 10 (d) उपर्युक्त में से एक से अधिक
(e) उपर्युक्त में से कोई नहीं

66. P के वेतन और Q के वेतन का अनुपात 2 : 3 है। Q के वेतन और R के वेतन का अनुपात 4 : 5 है। P के वेतन और R के वेतन का अनुपात क्या होगा- **[Delhi Police 2023]**

(a) 8 : 12 (b) 3 : 5
(c) 12 : 15 (d) 8 : 15

67. समानुपातिक संख्याएँ प्राप्त करने के लि, संख्या 39, 42, 9 और 10 में से प्रत्येक में क्या जोड़ा जाना चाहिए? **[CISF HCM 2023]**

(a) 2 (b) 7
(c) 9 (d) 6

68. 800 रुपये की राशि रुपये की राशि P, Q और R के बीच विभाजित की गई थी। यदि उनमें से प्रत्येक को 20 रुपये कम मिले होते, तो उनके शेयर 1 : 1 : 3 के अनुपात में होते। R द्वारा प्राप्त धनराशि क्या थी? **[CISF HCM 2023]**

(a) रु.350 (b) रु.464
(c) रु.500 (d) रु.660

69. एक धनराशि को पारस, रमेश और आरव के बीच 5 : 8 : 15 के अनुपात में विभाजित किया जाना है। यदि रमेश और आरव के हिस्से के बीच का अंतर 6000 रुपये है तो कुल धनराशि ज्ञात कीजिए- **[IB ACIO 2020]**

(a) रु.24000 (b) रु.63995
(c) रु.52003 (d) रु.28361

70. दो दोस्त A और B कुछ फल खरीदने के लिए फल बाजार गए। पहली दुकान पर B ने रु.a प्रति आम की दर पर कुछ आम खरीदे और A ने B से 9 आम अधिक खरीदे। अगली दुकान पर A ने रु. b प्रति सेब की इकाई कीमत पर कुछ सेब खरीदे और B ने A से 18 सेब अधिक खरीदे। बाद में, पाया गया कि A और B द्वारा खरीदे गए फलों की संख्या का अनुपात क्रमशः 4 : 7 है, जबकि फल खरीदने के लिए उनके द्वारा खर्च की गई धनराशि समान है। a : b का अनुपात ज्ञात करें- **[IB ACIO 2020]**

(a) 1 : 2 (b) 3 : 2
(c) 2 : 1 (d) 2 : 3

71. एक मिश्रण में रेत और रोड़ी का अनुपात 41 : 30 है, जबकि रोड़ी और सीमेंट का अनुपात 6 : 7 है। मिश्रण में रेत और सीमेंट का अनुपात क्या है- **[RRB Group D 2018]**

(a) 8 : 6 (b) 11 : 7
(c) 77 : 48 (d) 41 : 35

72. लाल, हरे और गुलाबी टोकन वाले बैग में, लाल रंग के टोकनों का हरे टोकनों के साथ अनुपात 5 : 12 है जबकि गुलाबी टोकनों का लाल टोकनों के साथ 7 : 15 का अनुपात था। हरे टोकनों का गुलाबी टोकन के साथ क्या अनुपात था- **[RRB ALP & Tec. 2018]**

(a) 25 : 28 (b) 36 : 7
(c) 28 : 25 (d) 12 : 7

73. एक मिश्र धातु, जर्मन सिल्वर में तांबे और जस्ते का अनुपात 21 : 16 था, जबकि निकिल और जस्ते का अनुपात 7 : 24 था। मिश्र धातु में ताँबा : जस्ता : निकिल का अनुपात क्या होगा- **[RRB Group D 2018]**

(a) 63 : 48 : 14 (b) 21 : 6 : 7
(c) 17 : 21 : 4 (d) 68 : 28 : 21

74. 3 विषयों में एक छात्र द्वारा प्राप्त अंकों का अनुपात 1 : 2 : 3 है। स्कूल ने प्रत्येक विषय के लिए 5% ग्रेस अंक देने का फैसला किया है। छात्र के नए अनुपात का पता लगाएं- **[RRB NTPC 2016]**

(a) 1 : 2 : 3 (b) 2 : 3 : 4
(c) 2 : 3 : 1 (d) 3 : 2 : 1

75. गुँथे हुए आटे की किसी लोई में चीनी और आटे का प्रारम्भिक अनुपात 4 : 7 था। उस 22 किग्रा. की लोई में जस्टिन ने और आटा मिलाकर चीनी ओर आटे का अनुपात 2 : 5 कर दिया। बाद में जस्टिन ने कितना आटा मिलाया- **[RRB Group D 2018]**

(a) 2 किग्रा. (b) 4 किग्रा.
(c) 8 किग्रा. (d) 6 किग्रा.

76. एक कक्षा में लड़कों तथा लड़कियों का अनुपात 4 : 5 है। यदि 4 नए लड़के कक्षा में शामिल हो जाए तो लड़कों की संख्या में 20% की वृद्धि हो जाती है। कक्षा में लड़कियों की संख्या क्या होगी- **[RRB NTPC 2017]**

(a) 30 (b) 35
(c) 20 (d) 25

77. एक पार्टी में, पुरुषों का महिलाओं से अनुपात 4 : 3 है। यदि 84 पुरुष है, तो पार्टी में कितनी महिलाएं है- **[RRB NTPC 2021]**

(a) 36 (b) 42
(c) 63 (d) 53

78. दो संख्याएँ 3 : 5 के अनुपात में है। यदि प्रत्येक में से 6 घटा दिया जाए, तो नई संख्याएं 9 : 17 के अनुपात में हो जाती है। छोटी संख्या है- **[UPP Constable 2024]**

(a) 24 (b) 12
(c) 20 (d) 40

79. यदि $a:b:c:d = \sqrt{4}:\sqrt{3}:\sqrt{2}:\sqrt{1}$ हो तो

$$\frac{(-a^2+b^2+c^2+d^2)}{(a^2-b^2+c^2-d^2)}$$ का मान क्या है- **[CDS 2024]**

(a) 1 (b) 2
(c) 3 (d) 6

80. यदि $m:n = 1:2$ और $p:q = 3:4$, तो $(2m+4p):(n+3q)$ किसके बराबर है- **[CDS 2024]**

(a) 1 : 1 (b) 1 : 3
(c) 2 : 1 (d) 2 : 3

ANSWER

1	(b)	2	(a)	3	(c)	4	(b)	5	(a)	6	(b)	7	(b)	8	(a)	9	(d)	10	(d)
11	(c)	12	(c)	13	(b)	14	(d)	15	(b)	16	(b)	17	(b)	18	(a)	19	(b)	20	(c)
21	(c)	22	(c)	23	(a)	24	(a)	25	(a)	26	(d)	27	(c)	28	(d)	29	(a)	30	(c)
31	(c)	32	(d)	33	(a)	34	(d)	35	(c)	36	(b)	37	(d)	38	(a)	39	(b)	40	(c)
41	(d)	42	(a)	43	(a)	44	(a)	45	(c)	46	(b)	47	(a)	48	(b)	49	(d)	50	(c)
51	(d)	52	(b)	53	(c)	54	(b)	55	(d)	56	(a)	57	(c)	58	(b)	59	(b)	60	(c)
61	(a)	62	(d)	63	(b)	64	(c)	65	(b)	66	(d)	67	(d)	68	(b)	69	(a)	70	(c)
71	(d)	72	(b)	73	(a)	74	(a)	75	(d)	76	(d)	77	(c)	78	(a)	79	(a)	80	(a)

CHAPTER 12

आयु सम्बन्धी प्रश्न (Age Related Questions)

कुछ महत्त्वपूर्ण तथ्य (Some Important Facts)

- दो व्यक्तियों के आयु का अंतर सदैव समान रहता है। (वर्तमान, n वर्ष पहले अथवा n वर्ष बाद)।
- जब हम किन्हीं दो या दो से अधिक व्यक्तियों की आयु की गणना n वर्षों बाद करते है तो प्रत्येक व्यक्ति की आयु n वर्ष बढ़ जाती है।
- जब हम किन्हीं दो या दो से अधिक व्यक्तियों की n वर्ष पहले की आयु की गणना करते है तो प्रत्येक व्यक्ति की आयु n वर्ष घट जाती है।
- वर्तमान आयु के अनुपात से n वर्षों बाद के अनुपात में सदैव वृद्धि होती है तथा n वर्षों पहले के अनुपात में सदैव कमी होती है। (अंतर बराबर करने पर)

जैसे-

	A	:	B	
वर्तमान →	5	:	6	
	+2 ↓		↓ +2	वृद्धि
n वर्ष बाद→	7	:	8	

	A	:	B	
वर्तमान →	17	:	16	
	–3 ↓		↓ –3	कमी
n वर्ष पहले→	14	:	13	

कुछ महत्त्वपूर्ण सूत्र (Some Important Formula)

- यदि A और B की वर्तमान आयु का योग a वर्ष हो तथा उनकी वर्तमान आयु का अनुपात x : y हो तो-

$$A \text{ की वर्तमान आयु} = \frac{xa}{(x+y)}$$

$$B \text{ की वर्तमान आयु} = \frac{ya}{(x+y)}$$

- यदि A और B की वर्तमान आयु का योग a वर्ष है तथा n वर्ष पहले उनकी आयु का अनुपात x : y था, तो-

$$A \text{ की वर्तमान आयु} = \frac{(y-x)n+xa}{(x+y)}$$

$$B \text{ की वर्तमान आयु} = \frac{(x-y)n+ya}{(x+y)}$$

- यदि A और B की वर्तमान आयु का योग a वर्ष है तथा n वर्ष बाद उनकी आयु का अनुपात x : y होगा, तो-

$$A \text{ की वर्तमान आयु} = \frac{(x-y)n+xa}{(x+y)}$$

$$B \text{ की वर्तमान आयु} = \frac{(y-x)n+ya}{(x+y)}$$

- A और B की वर्तमान आयु का अनुपात a : b है तथा n वर्ष बाद उनकी आयु का अनुपात c : d हो जाता है तो-

$$A \text{ की वर्तमान आयु} = \frac{a(c-d)n}{(ad-bc)}$$

$$B \text{ की वर्तमान आयु} = \frac{b(c-d)n}{(ad-bc)}$$

Type - I

1. यदि A और B की आयु का अनुपात 5 : 6 है और उनकी आयु का योग 55 वर्ष है, तो A की आयु ज्ञात कीजिए।

(a) 18 (b) 15
(c*) 25 (d) 30

Sol. (c) A : B
5 : 6
11 ⟶ 55 वर्ष
5 ⟶ 25 वर्ष

2. 2 भाइयों की आयु का अनुपात 5 : 8 है और उनकी आयु में अंतर 12 है, उनकी आयु ज्ञात करें-

(a) 20, 32 (b) 16, 28
(c) 18, 30 (d) 22, 34

Sol. **(a)** I II

5 : 8

3 ⟶ 12 वर्ष

5 ⟶ 20 वर्ष

8 ⟶ 32 वर्ष

3. सोनू हरि और गोविन्द की औसत आयु 30 वर्ष है यदि इनकी आयु का अनुपात क्रमशः 4 : 5 : 6 हो तो सोनू और गोविन्द की आयु के बीच अंतर ज्ञात करें-

(a) 18 वर्ष (b) 21 वर्ष

(c) 15 वर्ष (d) 12 वर्ष

Sol. **(d)** योग = औसत आयु × संख्या

= 30 × 3

= 90 वर्ष

सोनू हरि गोविन्द

4 : 5 : 6 $\Rightarrow$ 15 $\xrightarrow{\times 6}$ 90 वर्ष

2 $\xrightarrow{\times 6}$ 12 वर्ष

4. पिता और पुत्र की आयु का अनुपात 3:1 है। उनकी आयु का गुणनफल 147 है। उनकी आयु का योग ज्ञात कीजिए-

(a) 35 (b) 32

(c) 28 (d) 36

Sol. **(c)** पिता की आयु = 3x

पुत्र की आयु = x

प्रश्नानुसार,

$3x \times x = 147$

$3x^2 = 147$

$x^2 = 49$

$x = 7$

आयु का योग = (3x + x) = 4x

= 4 × 7

= 28 वर्ष

5. दादाजी और उनकी पोती की आयु का अनुपात 9 : 2 है। उनकी आयु का योग एक पूर्ण वर्ग संख्या है। उनकी आयु का अंतर 11 का गुणज हो, तो उनकी आयु ज्ञात कीजिए।

(a) 90, 20 (b) 72, 16

(c) 99, 22 (d) 95, 25

Sol. **(c)** दादाजी पोती

$[9 : 2]_{\times 11} \longrightarrow 11 \times 11$

= 121 (पूर्णवर्ग)

$7_{\times 11}$

दादा जी की आयु = 99 वर्ष

पोती की आयु = 22 वर्ष

Method - II

दादाजी : पोती

9 : 2

माना कि दादाजी की आयु = 9*x*

पोती की आयु = 2*x*

$9x + 2x = 11x$ (पूर्ण वर्ग) .... (i)

$9x - 2x = 7x$ (11 का गुणज) .... (ii)

11*x* जो कि पूर्ण वर्ग है उसमें हमें 11 से गुणा करना होगा-

$\therefore \quad x = 11$

7*x* जो कि 11 का गुणज है इसमें हमें 11 से गुणा करना होगा-

$\therefore \quad x = 11$

अतः दादाजी की आयु $\Rightarrow 9x = 9 \times 11 = 99$

पोती की आयु $\Rightarrow 2x = 2 \times 11 = 22$ **Ans.**

6. राम की आयु उसके पुत्र की आयु कि तिगुनी है तथा उसके पिता की आयु का $\frac{2}{5}$ है। इन तीनों की औसत आयु 46 वर्ष है, तो राम तथा उसके पिता की आयु में क्या अंतर है?

(a) 36 वर्ष (b) 90 वर्ष

(c) 54 वर्ष (d) 64 वर्ष

Sol. **(c)** तीनों के आयु का योग = 46×3 = 138 वर्ष

23 ⟶ 138 वर्ष

1 ⟶ 6 वर्ष

राम के पिता राम पुत्र

15 : 6 : 2

9 ⟶ 54 वर्ष

7. शादी के समय एक आदमी अपनी पत्नी से 6 वर्ष बड़ा था परन्तु शादी के 12 वर्ष बाद उसकी आयु अपनी पत्नी की आयु से $\frac{6}{5}$ गुना थी, तो शादी के समय दोनों की आयु क्या थी?

(a) 24 वर्ष, 18 वर्ष (b) 26 वर्ष, 20 वर्ष
(c) 27 वर्ष, 21 वर्ष (d) 21 वर्ष, 15 वर्ष

Sol. (a)

पति : पत्नी

शादी के 12 वर्ष बाद → 6 : 5

$1 \longrightarrow 6$ वर्ष (उम्र का अंतर सदैव बराबर होता है)

$6 \longrightarrow 36$ वर्ष

$5 \longrightarrow 30$ वर्ष

12 वर्ष पहले (शादी के समय आयु)-

पति की आयु = (36 – 12) = 24 वर्ष

पत्नी की आयु = (30 – 12) = 18 वर्ष

8. दो व्यक्तियों A और B की आयु में 16 वर्ष का अंतर है। 6 वर्ष पहले बड़े व्यक्ति की आयु छोटे व्यक्ति की आयु की 3 गुनी थी। A और B में से कम आयु वाले व्यक्ति की आयु कितनी है-

(a) 15 वर्ष (b) 11 वर्ष
(c) 14 वर्ष (d) 12 वर्ष

Sol. (c) माना कि A की वर्तमान आयु = x वर्ष

B की वर्तमान आयु = (x + 16) वर्ष

प्रश्नानुसार,

6 वर्ष पूर्व

$(x - 6) \times 3 = (x + 16 - 6)$

$3x - 18 = x + 10$

$2x = 28$

$x = 14$ वर्ष

∴ दोनों में कम आयु वाले व्यक्तियों की आयु = 14 वर्ष है।

9. A और B की आयु का अन्तर 16 वर्ष है। छः वर्ष पहले A की आयु B की आयु से तिगुनी थी। प्रत्येक की वर्तमान आयु ज्ञात कीजिए।

(a) 30 वर्ष, 14 वर्ष (b) 14 वर्ष, 14 वर्ष
(c) 16 वर्ष, 32 वर्ष (d) 32 वर्ष, 28 वर्ष

Sol. (a) माना A की वर्तमान आयु = x वर्ष

तथा B की वर्तमान आयु = $(x - 16)$ वर्ष

$(x - 6) = 3\,(x - 16 - 6) \Leftrightarrow x = 30$

A की वर्तमान आयु = 30 वर्ष

तथा B की वर्तमान आयु = (30 – 16) वर्ष = 14 वर्ष

10. पिता व पुत्र की आयु का अनुपात 14 : 5 है। इनकी आयु का गुणनफल 630 है। 3 वर्ष बाद इनकी आयु का अनुपात क्या होगा?

(a) 2 : 5 (b) 5 : 2
(c) 3 : 6 (d) 6 : 3

Sol. (b) माना पिता की आयु = $14x$ वर्ष तथा पुत्र की आयु = $5x$ वर्ष

$14x \times 5x = 630$

$x = 3$

3 वर्ष बाद,

पिता की आयु = 14 × 3 + 3 = 45 वर्ष

पुत्र की आयु = 5 × 3 + 3 = 18 वर्ष

अनुपात = 45 : 18 = 5 : 2

Type - II

11. एक वर्ष पहले, दो बहनों की आयु का अनुपात 2 : 3 था। उनकी वर्तमान आयु का योग 12 है। उनकी वर्तमान आयु ज्ञात कीजिए-

(a) 5, 7 (b) 9, 3
(c) 8, 4 (d) 7.5, 4.5

Sol. (a)

I : II

1 वर्ष पहले → 2 : 3 — 10 वर्ष

वर्तमान ———— 12 वर्ष (–2 वर्ष)

$(2 + 3) \longrightarrow 10$ वर्ष

$2 \longrightarrow 4$ वर्ष

$3 \longrightarrow 6$ वर्ष

I की वर्तमान आयु = (4 + 1) = 5 वर्ष

II की वर्तमान आयु = (6 + 1) = 7 वर्ष

12. सतीश तथा कृष्णकांत के वर्तमान आयु का अनुपात 4 : 5 है यदि सतीश की वर्तमान आयु 20 वर्ष हो तब कृष्णकांत की 5 वर्ष बाद की आयु क्या होगी?

(a) 20 वर्ष (b) 25 वर्ष
(c) 30 वर्ष (d) 35 वर्ष

Sol. (c)

सतीश : कृष्णकांत

वर्तमान → 4 : 5

↓ ↓

20 वर्ष 25 वर्ष

5 वर्ष बाद कृष्णकांत की आयु = (25 + 5) = 30 वर्ष

13. 5 वर्ष बाद A तथा B की आयु का अनुपात 3 : 5 होगा यदि दोनों की वर्तमान आयु का योग 38 वर्ष है। तब 5 वर्ष पूर्व दोनों की आयु क्या थी-

(a) 7 वर्ष, 21 वर्ष (b) 8 वर्ष, 20 वर्ष
(c) 18 वर्ष, 30 वर्ष (d) 5 वर्ष, 20 वर्ष

Sol. **(b)**

A   B

वर्तमान → ——— योग = 38 वर्ष

5 वर्ष बाद → 3 : 5   8 ⟶ (38+10)=48 वर्ष

A(3) ⟶ 18 वर्ष

B(5) ⟶ 30 वर्ष

वर्तमान से 5 वर्ष पूर्व A की आयु = (18 – 10) = 8 वर्ष

वर्तमान से 5 वर्ष पूर्व B की आयु = (30 – 10) = 20 वर्ष

14. आलोक और अनिल की वर्तमान आयु का अनुपात 3 : 4 है। यदि आलोक की आयु अब से 20 वर्ष बाद 62 वर्ष होगी, तो अनिल की वर्तमान आयु कितनी है?

(a) 60 वर्ष (b) 64 वर्ष
(c) 52 वर्ष (d) 56 वर्ष

Sol. **(d)**

आलोक   अनिल

वर्तमान → 3 : 4

3 ⟶ (62–20) = 42 वर्ष

4 ⟶ 56 वर्ष

15. इस समय अशोक की आयु तथा प्रदीप की आयु का अनुपात 4 : 3 है। 6 वर्ष बाद अशोक की आयु 26 वर्ष हो जाएगी। इस समय प्रदीप की आयु कितनी है?

(a) 12 वर्ष (b) 15 वर्ष
(c) $19\frac{1}{2}$ वर्ष (d) 21 वर्ष

Sol. **(b)**

अशोक   प्रदीप

वर्तमान → 4 : 3

4 ⟶ (26–6) = 20 वर्ष

3 ⟶ 15 वर्ष

16. राकेश, महेश तथा सुरेश की वर्तमान आयु का योग 84 वर्ष है। 8 वर्ष बाद इनकी आयु का अनुपात 4 : 3 : 5 हो जाएगा तब महेश तथा सुरेश की वर्तमान आयु में कितने वर्ष का अंतर है-

(a) 14 वर्ष (b) 16 वर्ष
(c) 18 वर्ष (d) 20 वर्ष

Sol. **(c)** 8 वर्ष बाद इनके आयु का योग

= (84 + 8×3) = 108 वर्ष

राकेश   महेश   सुरेश

4 : 3 : 5 ⇒ 12 $\xrightarrow{\times 9}$ 108 वर्ष

2 $\xrightarrow{\times 9}$ 18 वर्ष

17. M, N और P की औसत आयु 36 वर्ष है तथा 3 वर्ष पूर्व उनकी आयु का अनुपात क्रमशः 2 : 3 : 4 था। सात साल बाद N की आयु क्या होगी?

(a) 46 वर्ष (b) 43 वर्ष
(c) 42 वर्ष (d) 44 वर्ष

Sol. **(b)** M, N, P के आयु का योग = 36×3 = 108 वर्ष

M   N   P

3 वर्ष पूर्व → 2 : 3 : 4

9 ⟶ (108–3×3) = 99 वर्ष

3 ⟶ 33 वर्ष

वर्तमान से 7 वर्ष बाद N की आयु

= (33 + 3 + 7)

= 43 वर्ष

18. कामिनी और उसकी माँ की आयु का अनुपात 2 : 11 है। उनकी आयु का अन्तर 18 वर्ष है। 6 वर्ष बाद उनकी आयु का अनुपात क्या होगा?

(a) 2 : 5 (b) 4 : 9
(c) 7 : 10 (d) 5 : 14

Sol. **(d)**

कामिनी   माँ

2 : 11

9 ⟶ 18 वर्ष

2 ⟶ 4 वर्ष

11 ⟶ 22 वर्ष

6 वर्ष बाद अनुपात -

कामिनी		माँ
(4 + 6)	:	(22+6)
10	:	28
5	:	14

19. 9 वर्ष पहले अमित और अनु की आयु का अनुपात 5 : 7 तो अब से 5 वर्ष बाद निम्नलिखित में से कौन-सा उनकी आयु का अनुपात नहीं हो सकता है-

(a) 13 : 9 (b) 11 : 13
(c) 15 : 16 (d) 21 : 25

Sol. (a) अमित : अनु
5 : 7

माना अमित की आयु 5x और अनु की आयु 7x है।
उपरोक्त से यह स्पष्ट है कि अमित अनु से छोटा है। इसलिए अमित की आयु का अनुपात अनु से कम होना चाहिए।

अतः (a) 13 : 9 सम्भव नहीं है।

20. 7 वर्ष पहले प्रीति और ज्योति की आयु का अनुपात 7 : 6 था तो अब से 6 वर्ष बाद निम्नलिखित में से कौन-सा उनकी आयु का अनुपात नहीं हो सकता है?

(a) 15 : 14 (b) 13 : 11
(c) 16 : 15 (d) 13 : 12

Sol. (b) प्रीति ज्योति
7 वर्ष पूर्व → 7 : 6

दो व्यक्तियों के बीच आयु का अंतर सदैव समान होता है। अतः हम दिये गये विकल्पों के अनुपात में अंतर को दिये गये अनुपात के समान बनाकर जाँच कर सकते है।

(a) 7 : 6 → (+8, +8) → 15 : 14

(b) [7 : 6]×2 (1×2)
[13 : 11]×1 (2×1)
⇒ 14 : 12 → (−1, −1) → 13 : 11

यह सम्भव नहीं है क्योंकि 6 वर्ष के बाद का अनुपात पूछा है तो वह बढ़ेगा अर्थात् अंतर ऋणात्मक नहीं हो सकता है।

21. एक पिता तथा पुत्र की वर्तमान आयु का योगफल 100 वर्ष है। पाँच वर्ष पहले उनकी आयु 2 : 1 के अनुपात में थी। 10 वर्ष पश्चात् पिता तथा पुत्र की आयु का अनुपात ज्ञात करें-

(a) 5 : 3 (b) 4 : 3
(c) 10 : 7 (d) 3 : 5

Sol. (a) माना कि पुत्र की वर्तमान आयु = x वर्ष
पिता की वर्तमान आयु = (100 – x) वर्ष

5 वर्ष पूर्व,

$$\frac{\text{पिता की आयु}}{\text{पुत्र की आयु}} = \frac{2}{1}$$

$$\Rightarrow \frac{(100 - x - 5)}{x - 5} = \frac{2}{1}$$

$\Rightarrow$ 95 – x = 2x – 10
$\Rightarrow$ 3x = 105
$\therefore$ x = 35
$\therefore$ पुत्र की वर्तमान आयु = x = 35 वर्ष
पिता की वर्तमान आयु = 65 वर्ष

अब, 10 वर्ष पश्चात्,

$$\frac{\text{पिता की आयु}}{\text{पुत्र की आयु}} = \frac{65+10}{35+10} = \frac{75}{45} = \frac{5}{3}$$

= 5 : 3 **Ans.**

22. A की आयु और B की आयु का अनुपात 4 : 3 है। 6 वर्ष पश्चात् A, 26 वर्ष का हो जाएगा। B की वर्तमान आयु क्या है?

(a) 13 वर्ष (b) 12 वर्ष
(c) 21 वर्ष (d) 15 वर्ष

Sol. (d) A की आयु : B की आयु
वर्तमान 4x : 3x
6 वर्ष बाद (4x + 6) : (3x + 6)

4x + 6 = 26
4x = 20
x = 5

$\therefore$ B की वर्तमान आयु = 3x ⇒ 3 × 5 = 15 वर्ष **Ans.**

23. मनोज एवं राकेश की आयु का अनुपात 7 : 3 है। 8 वर्ष बाद राकेश की आयु 20 वर्ष हो जायेगी। ज्ञात कीजिए कि 10 वर्ष बाद दोनों की आयु का योग कितना होगा।

(a) 55 वर्ष (b) 60 वर्ष
(c) 62 वर्ष (d) 65 वर्ष

Sol. (b) माना मनोज एवं राकेश की आयु क्रमशः $7x$ वर्ष तथा $3x$ वर्ष है।

8 वर्ष बाद, राकेश की आयु = $(3x + 8)$ वर्ष

प्रश्नानुसार,

$3x + 8 = 20$
$3x = 20 - 8$
$3x = 12$

$x = \frac{12}{3}$

$x = 4$

मनोज की आयु = 7 × 4 वर्ष = 28 वर्ष

राकेश की आयु = 3 × 4 वर्ष = 12 वर्ष

10 वर्ष बाद, मनोज की आयु = (28 + 10) वर्ष = 38 वर्ष

10 वर्ष बाद, राकेश की आयु = (12 + 10) वर्ष = 22 वर्ष

10 वर्ष बाद, मनोज एवं राकेश की आयु का योग = (38 + 22) वर्ष = 60 वर्ष

Method-II

मनोज		राकेश
7	:	3
↓ ×4		↓ ×4
28 वर्ष		(20–8) = 12 वर्ष

10 वर्ष बाद मनोज की आयु = 28 + 10 = 38 वर्ष

10 वर्ष बाद राकेश की आयु = 12+10 = 22 वर्ष

योग = (38 + 22) = 60 वर्ष

24. एक पिता तथा पुत्र की आयु का योग 44 वर्ष है। यदि 4 वर्ष बाद इनकी आयु का अनुपात 10 : 3 हो जाये तो ज्ञात कीजिए कि पिता कितने वर्ष बाद 50 वर्ष का हो जायेगा।

(a) 12 वर्ष बाद (b) 13 वर्ष बाद

(c) 14 वर्ष बाद (d) 15 वर्ष बाद

Sol. (c) माना पिता की आयु x वर्ष तथा पुत्र की आयु $(44 - x)$ वर्ष है।

4 वर्ष बाद, पिता की आयु $= (x + 4)$ वर्ष

4 वर्ष बाद, पुत्र की आयु $= (44 - x + 4)$ वर्ष $= (48 - x)$ वर्ष

प्रश्नानुसार,

पिता की आयु : पुत्र की आयु = 10 : 3

$(x + 4) : (48 - x) = 10 : 3$

$$\frac{x+4}{48-x} = \frac{10}{3}$$

$3(x + 4) = 10(48 - x)$

$3x + 12 = 480 - 10x$

$3x + 10x = 480 - 12$

$13x = 468$

$x = \frac{468}{13}$

$x = 36$

पिता की आयु = 36 वर्ष

∴ 50 – 36 = 14

∴ 14 वर्ष बाद पिता की आयु 50 वर्ष हो जायेगी।

Type - III

25. माया और मीरा की वर्तमान आयु 6 : 5 के अनुपात में है और पंद्रह साल के बाद अनुपात 9 : 8 हो जाएगा। मीरा की आयु कितनी है?

(a) 30 वर्ष (b) 35 वर्ष

(c) 20 वर्ष (d) 25 वर्ष

Sol. (d)

	माया		मीरा
वर्तमान →	6	:	5
15 वर्ष बाद →	9	:	8

3 ⟶ 15 वर्ष

5 ⟶ 25 वर्ष

26. वर्तमान में, अनु और डिंपी की आयु के बीच का अनुपात 5 : 8 है। 2 साल बाद, उनकी आयु का अनुपात 2:3 हो जाएगा। 2 साल पहले डिंपी की उम्र क्या थी?

(a) 14 (b) 12

(c) 10 (d) 16

Sol. (a)

	अनु		डिंपी
वर्तमान →	5	:	8
2 वर्ष बाद →	2	:	3

दो व्यक्तियों के आयु का अंतर सदैव समान रहता है। अतः अंतर बराबर करने पर-

अनु डिंपी

[5 : 8] ×1 (3×1) ⇒ 5 : 8

[2 : 3] ×3 (1×3) ⇒ 6 : 9

1 ⟶ 2 वर्ष

वर्तमान में डिंपी की उम्र (8) ⟶ 16 वर्ष

2 वर्ष पहले डिंपी की उम्र = (16 – 2) = 14 वर्ष

27. A और B की वर्तमान आयु का अनुपात 9 : 10 है। अब से 8 वर्ष बाद उनकी आयु का अनुपात 11 : 12 होगा। अब से 3 वर्ष बाद उनकी आयु का योगफल (वर्ष में) ज्ञात करें-

(a) 82 (b) 84
(c) 78 (d) 76

Sol. (a)

	A		B	
वर्तमान →	9	:	10	2 ⟶ 8 वर्ष
8 वर्ष बाद →	11	:	12	

वर्तमान उम्र का योगफल (19) → 76 वर्ष
3 वर्ष बाद उम्र का योगफल = (76+3+3)
= 82 वर्ष

28. चार वर्ष पहले, A और B की आयु का अनुपात 4 : 5 था। आठ वर्ष बाद, A और B की आयु का अनुपात 11 : 13 होगा। उनकी वर्तमान आयु का अनुपात ज्ञात करें।

(a) 11 : 9 (b) 7 : 8
(c) 9 : 11 (d) 8 : 7

Sol. (c)

	A		B
4 वर्ष पहले ⟶	4	:	5
वर्तमान ⟶	....		
8 वर्ष बाद ⟶	11	:	13

अंतर बराबर करने पर-

A B
[4 : 5]×2 (1×2) ⇒ 8 : 10
[11 : 13]×1 (2×1) ⇒ 11 : 13

3 ⟶ 12 वर्ष
8 ⟶ 32 वर्ष
10 ⟶ 40 वर्ष

	A		B
वर्तमान उम्र का अनुपात ⟶	(32+4)	:	(40+4)
	36	:	44
	9	:	11

29. आठ वर्ष पहले, A और B की आयु का अनुपात 5 : 4 था। उनकी वर्तमान आयु का अनुपात 6 : 5 है। अब से 7 वर्ष बाद, A और B की आयु का योग (वर्षों में) कितना होगा?

(a) 90 वर्ष (b) 80 वर्ष
(c) 102 वर्ष (d) 112 वर्ष

Sol. (c)

	A		B	
8 वर्ष पहले →	5	:	4	1 ⟶ 8 वर्ष
वर्तमान →	6	:	5	

6 ⟶ 48 वर्ष
5 ⟶ 40 वर्ष

7 वर्ष बाद A और B की आयु का योग
= (48+40+7+7)
= 102 वर्ष

30. 4 वर्ष पूर्व A तथा B की आयु का अनुपात 11 : 14 के अनुपात में थी तथा चार वर्ष के बाद उनकी आयु 13 : 16 के अनुपात में होगी। A की वर्तमान आयु ज्ञात करें-

(a) 48 वर्ष (b) 26 वर्ष
(c) 44 वर्ष (d) 28 वर्ष

Sol. (a)
माना कि 4 वर्ष पूर्व उनकी आयु = 11x और 14x है।
प्रश्नानुसार,

$$\frac{11x+8}{14x+8} = \frac{13}{16}$$

$176x + 128 = 182x + 104$
$6x = 24$
$x = 4$

∴ A की वर्तमान आयु $= 11x + 4$
$= 11 \times 4 + 4$
= 48 वर्ष

31. एक पिता की आयु उसके पुत्र की आयु से दोगुनी है। 20 वर्ष पहले, पिता की आयु, उसके पुत्र की तत्कालीन आयु की 12 गुनी थी। पिता और पुत्र की वर्तमान आयु का अंतर ज्ञात करें-

(a) 44 (b) 12
(c) 2 (d) 22

Sol. (d) माना कि पिता की वर्तमान आयु = 2x
पुत्र की वर्तमान आयु = x

$(2x - 20) = 12(x - 20)$
$2x - 20 = 12x - 240$
$10x = 220$
$x = 22$

∴ पिता एवं पुत्र की वर्तमान आयु का अंतर
$= (2x - x)$
= x ⇒ 22 वर्ष **Ans.**

32. सात वर्ष पहले A और B की आयु का अनुपात 4 : 5 था और आज से 7 वर्ष बाद उनकी आयु का अनुपात 5 : 6 हो जाता है। अब से 5 वर्ष बाद उनकी आयु का अनुपात क्या होगा-

(a) 34 : 41 (b) 31 : 33
(c) 33 : 40 (d) 33 : 34

Sol. (a)

	A	:	B	
7 वर्ष पूर्व	4	:	5	अंतर
∴ 7 वर्ष बाद	5	:	6	1 = 14

वर्तमान आयु क्रमशः

∴ $A = 14 \times 4 + 7 = 63$ वर्ष

$B = 14 \times 5 + 7 = 77$ वर्ष

वर्तमान से 5 वर्ष बाद

$$\frac{A}{B} = \frac{63+5}{77+5}$$

$$\frac{A}{B} = \frac{68}{82} = \frac{34}{41}, \quad A : B = 34 : 41$$ **Ans.**

33. 8 वर्ष पूर्व A और B की आयु का अनुपात 9 : 10 था। अब से 4 वर्ष बाद आयु का अनुपात 12 : 13 होगा। C की आयु क्या है, यदि उसकी आयु A की तुलना में 6 वर्ष अधिक है?

(a) 56 (b) 42
(c) 50 (d) 48

Sol. (c)

	A	:	B	
8 वर्ष पूर्व	9	:	10	अंतर = 3 ⇒ 12 वर्ष
4 वर्ष बाद	12	:	13	1 ⇒ 4

∴ A की वर्तमान आयु $= 9 \times 4 + 8 = 44$ वर्ष

∴ C की वर्तमान आयु $= (44 + 6)$ वर्ष $= 50$ वर्ष **Ans.**

34. राम और मोहन की उम्र का अनुपात 4 : 5 है तथा राम एवं अनिल के उम्रों का अनुपात 5 : 6 है। यदि उनकी उम्रों का योग 69 वर्ष है तो राम की आयु ज्ञात करें-

(a) 24 वर्ष (b) 20 वर्ष
(c) 30 वर्ष (d) 25 वर्ष

Sol. Ans.(b)

राम	:	मोहन	:	अनिल
4×5	:	5×5		
5×4	:		:	6×4
20	:	25	:	24

(20+25+24) 69 = 69

1 = 1

∴ राम की आयु $= 20 \times 1 = 20$ वर्ष **Ans.**

35. A और B की वर्तमान आयु का अनुपात 7 : 8 है। अब से छः वर्ष बाद, उनकी आयु का अनुपात 8 : 9 होगा। यदि C की वर्तमान आयु A की वर्तमान आयु से 10 वर्ष अधिक है, तो C की वर्तमान आयु ज्ञात करे-

(a) 56 (b) 52
(c) 59 (d) 45

Sol. (b)

		A	:	B
वर्तमान आयु	=	7	:	8
6 वर्ष बाद	=	8	:	9

= 1 ⇒ 6 वर्ष

A की वर्तमान आयु $= 7 \times 6 = 42$ वर्ष

∴ C की वर्तमान आयु $= 42 + 10 = 52$ वर्ष **Ans.**

36. एक आदमी अपने बेटे से कहता है, "सात साल पहले मैं तुम्हारे उम्र का सात गुना था और तीन साल में आप जितने उम्र के होगें, मैं आपका तीन गुना हो जाऊँगा।" उनकी उम्र ज्ञात करे-

(a) 42 वर्ष, 12 वर्ष (b) 52 वर्ष, 12 वर्ष
(c) 40 वर्ष, 14 वर्ष (d) 20 वर्ष, 42 वर्ष

Sol. (a) माना कि पिता की वर्तमान आयु = x वर्ष

पुत्र की वर्तमान आयु = y वर्ष

$(x-7) = 7(y-7)$

$x - 7 = 7y - 49$

$x - 7y = -42$

$7y - x = 42$ .....(i)

पुनः

$(x+3) = 3(y+3)$

$x + 3 = 3y + 9$

$3y - x = -6$

$-3y + x = 6$ .....(ii)

समी. (i) + (ii) से

$7y - x = 42$

$-3y + x = 6$

$4y = 48$

∴ $y = 12$ वर्ष

$7y - x = 42$

∴ $x = 42$ वर्ष

अतः पिता की आयु = x वर्ष = 42 वर्ष

पुत्र की आयु = y वर्ष = 12 वर्ष **Ans.**

Method - II

आदमी बेटा

7 वर्ष पूर्व → [7 : 1] ×1 (6×1)

3 वर्ष बाद → [3 : 1] ×3 (2×3)

⇒ 7 : 1 ; 9 : 3 → 2 ⟶ 10 वर्ष

1 ⟶ 5 वर्ष

7 ⟶ 35 वर्ष

वर्तमान में-

बेटे की आयु = (5+7) = 12 वर्ष

आदमी की आयु = (35+7) = 42 वर्ष

37. एक पिता की आयु अपने पुत्र की आयु की 3 गुनी है। यदि 10 वर्ष पहले पिता की आयु पुत्र की आयु की 6 गुनी थी, तो पिता की वर्तमान आयु क्या है?

(a) 50 वर्ष (b) 40 वर्ष
(c) 25 वर्ष (d) 36 वर्ष

Sol. (a) पिता की वर्तमान आयु $= \left(\frac{n_1 - 1}{n_1 - n_2}\right) n_2 t$

$= \left(\frac{6-1}{6-3}\right) \times 3 \times 10 = 50$ वर्ष

Method-II

पिता पुत्र

10 वर्ष पहले ⟶ 6 : 1

वर्तमान ⟶ 3 : 1

दो व्यक्तियों के आयु का अंतर सदैव नियत होता है।
अतः अंतर बराबर करने पर-

पिता पुत्र

[6 : 1]×2 (5×2)

[3 : 1]×5 (2×5)

⇒ 12 : 2 ; 15 : 5 → 3 ⟶ 10 वर्ष

15 ⟶ 50 वर्ष

38. एक पिता की आयु अपने पुत्र की आयु की 4 गुनी है। दस वर्ष बाद पिता की आयु अपने पुत्र की आयु से दुगुनी रह जायेगी। लड़के की वर्तमान आयु क्या है?

(a) 2 वर्ष (b) 7 वर्ष
(c) 5 वर्ष (d) 8 वर्ष

Sol. (c) लड़के की वर्तमान आयु $= \left(\frac{n_2 - 1}{n_1 - n_2}\right) t$

$= \left(\frac{2-1}{4-2}\right) 10 = 5$ वर्ष

39. 10 वर्ष पहले माँ की आयु उसकी बेटी की आयु की 4 गुनी थी। 10 वर्ष बाद माँ की आयु अपनी बेटी की आयु की दुगुनी होगी। बेटी की वर्तमान आयु क्या होगी?

(a) 20 वर्ष (b) 10 वर्ष
(c) 15 वर्ष (d) 8 वर्ष

Sol. (a) अनु की वर्तमान आयु $= \frac{t_1(n_2 - 1) + t_1(n_1 - 1)}{n_1 - n_2}$

$= \frac{10(2-1) + 10(4-1)}{4-2}$

$= \frac{10+30}{2} = 20$ वर्ष

Method-II

माँ बेटी

10 वर्ष पहले ⟶ 4 : 1

वर्तमान ⟶ ....

10 वर्ष बाद ⟶ 2 : 1

अंतर बराबर करने पर-

माँ बेटी

10 वर्ष पहले → [4 : 1]×1 (3×1)

10 वर्ष बाद → [2 : 1]×3 (1×3)

⇒ 4 : 1 ; 6 : 3 → 2 ⟶ (10+10) = 20 वर्ष (अंतर)

10 वर्ष पहले आयु $(1) \rightarrow 10$ वर्ष

बेटी की वर्तमान आयु $= 10+10 = 20$ वर्ष

40. पिता और पुत्र की वर्तमान आयु का अनुपात 4 : 1 है। पाँच वर्ष बाद यह अनुपात 3 : 1 हो जायेगा। पुत्र की वर्तमान आयु क्या होगी?

(a) 5 वर्ष (b) 7 वर्ष
(c) 8 वर्ष (d) 10 वर्ष

Sol. **(d)** पुत्र की वर्तमान आयु $= \dfrac{bt\,(c-d)}{ad-bc}$

$= \dfrac{1\times 5\,(3-1)}{4\times 1-1\times 3} = 10$ वर्ष

Method-II by Cross product Method-

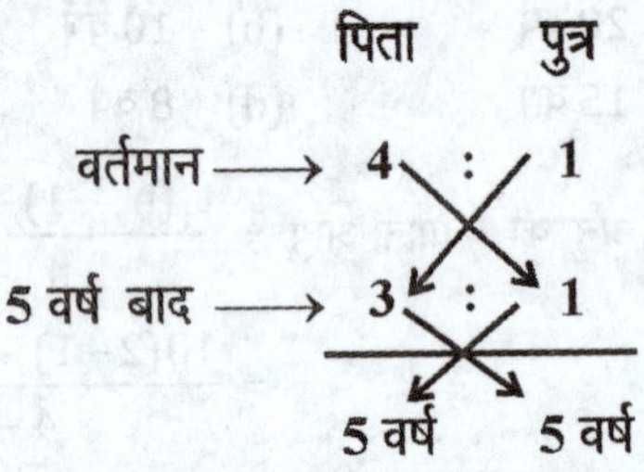

$\Rightarrow (4\times1-3\times1) \longrightarrow (3\times5-5\times1)$ वर्ष

$1 \longrightarrow 10$ वर्ष

41. एक पिता अपने पुत्र से 28 वर्ष बड़ा है। 3 वर्ष बाद उसकी आयु अपने पुत्र की आयु से दुगुनी होगी। पुत्र की वर्तमान आयु कितनी है?

(a) 25 वर्ष (b) 26 वर्ष
(c) 27 वर्ष (d) 28 वर्ष

Sol. **(a)** माना पुत्र की वर्तमान आयु $= x$ वर्ष

पिता की वर्तमान आयु $= (x + 28)$ वर्ष

3 वर्ष बाद, पुत्र की आयु $= (x + 3)$ वर्ष

तथा पिता की आयु $= (x + 31)$ वर्ष

$\therefore \quad 2\,(x + 3) = x + 31 \Leftrightarrow x = 25$

अतः पुत्र की वर्तमान आयु = 25 वर्ष

Method -II

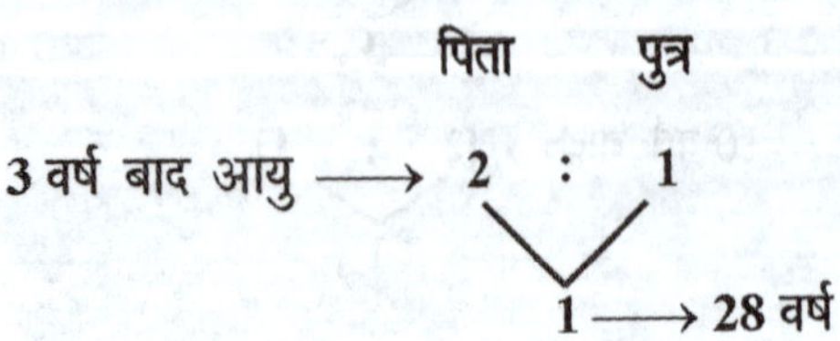

3 वर्ष बाद पुत्र की आयु (1) = 28 वर्ष

पुत्र की वर्तमान आयु = 28 – 3 = 25 वर्ष

42. सोहन और मोहन की आयु का अनुपात 2 : 1 है। 5 वर्ष बाद उनकी आयु का अनुपात 3 : 2 होगा। प्रत्येक की वर्तमान आयु ज्ञात कीजिए।

(a) 5 वर्ष, 10 वर्ष (b) 10 वर्ष, 5 वर्ष
(c) 8 वर्ष, 5 वर्ष (d) 4 वर्ष, 8 वर्ष

Sol. **(b)** माना सोहन की वर्तमान आयु $= 2x$ वर्ष

तथा मोहन की वर्तमान आयु $= x$ वर्ष

$$\therefore \quad \frac{2x+5}{x+5} = \frac{3}{2} \Leftrightarrow x = 5$$

अतः सोहन की वर्तमान आयु $= (2 \times 5)$ वर्ष $= 10$ वर्ष

तथा मोहन की वर्तमान आयु = 5 वर्ष

43. एक व्यक्ति की आयु अपने पुत्र की आयु का 30 गुना है। 18 वर्ष बाद इस व्यक्ति की आयु अपने पुत्र की आयु से तिगुनी होगी। उस व्यक्ति की वर्तमान आयु कितनी है?

(a) 20 वर्ष (b) 30 वर्ष
(c) 40 वर्ष (d) 50 वर्ष

Sol. **(c)** माना पुत्र की वर्तमान आयु $= x$ वर्ष, अब

उस व्यक्ति की वर्तमान आयु $= 30x$ वर्ष

18 वर्ष बाद पुत्र की आयु $= (x + 18)$ वर्ष,

18 वर्ष बाद उस व्यक्ति की आयु $= (30x + 18)$ वर्ष

$$\therefore \quad (30x + 18) = 3\,(x + 18) \Leftrightarrow x = \frac{4}{3}$$

उस व्यक्ति की वर्तमान आयु $= \left(30\times\dfrac{4}{3}\right)$ वर्ष $= 40$ वर्ष

44. 6 वर्ष बाद अमित की आयु उसके पिता की आयु की $\frac{3}{7}$ होगी। दस वर्ष पहले उनकी आयु का अनुपात 1 : 5 था। अमित के पिता की वर्तमान आयु क्या है?

(a) 60 वर्ष (b) 70 वर्ष
(c) 50 वर्ष (d) 80 वर्ष

Sol. **(c)** माना 10 वर्ष पहले अमित की आयु $= x$ वर्ष

तथा उसके पिता की आयु $= 5x$ वर्ष

अमित की वर्तमान आयु $= (x + 10)$ वर्ष

तथा उसके पिता की वर्तमान आयु $= (5x + 10)$ वर्ष

6 वर्ष बाद अमित की आयु $= (x + 16)$ वर्ष

6 वर्ष बाद उसके पिता की आयु $= (5x + 16)$ वर्ष

$$\therefore \quad (x+16) = \frac{3}{7}(5x+16) \Leftrightarrow x = 8$$

$\therefore$ अमित के पिता की वर्तमान आयु $= (5 \times 8 + 10)$ वर्ष $= 50$ वर्ष

45. 5 वर्ष पूर्व, एक पिता की आयु उसके पुत्र की आयु की 5 गुना थी। यदि वर्तमान समय में पिता की आयु पुत्र की आयु का 3 गुना हो तो ज्ञात कीजिए कि पुत्र की वर्तमान आयु कितनी है।

(a) 8 वर्ष (b) 10 वर्ष
(c) 12 वर्ष (d) 9 वर्ष

Sol. (b) माना 5 वर्ष पूर्व पुत्र की आयु x वर्ष थी।

∴ 5 वर्ष पूर्व पिता की आयु = $5x$ वर्ष

पुत्र की वर्तमान आयु = $(x + 5)$ वर्ष

पिता की वर्तमान आयु = $(5x + 5)$ वर्ष

प्रश्नानुसार,

पिता की वर्तमान आयु = 3 × पुत्र की वर्तमान आयु

$$5x + 5 = 3(x + 5)$$
$$5x + 5 = 3x + 15$$
$$5x - 3x = 15 - 5$$
$$2x = 10$$
$$x = 5$$

∴ पुत्र की वर्तमान आयु = (5 + 5) वर्ष = 10 वर्ष

46. 4 वर्ष पूर्व एक पिता एवं उसके पुत्र की आयु का अनुपात 9 : 2 था। यदि उनकी वर्तमान आयु का अनुपात 10 : 3 हो तो ज्ञात कीजिए कि पिता एवं पुत्र की वर्तमान आयु का योग कितना है।

(a) 50 वर्ष (b) 52 वर्ष
(c) 54 वर्ष (d) 48 वर्ष

Sol. (b) माना 4 वर्ष पूर्व पिता की आयु $9x$ वर्ष तथा पुत्र की आयु $2x$ वर्ष थी।

∴ पिता की वर्तमान आयु = $(9x + 4)$ वर्ष

पुत्र की वर्तमान आयु = $(2x + 4)$ वर्ष

प्रश्नानुसार,

पिता की वर्तमान आयु : पुत्र की वर्तमान आयु = 10 : 3

$$(9x + 4) : (2x + 4) = 10 : 3$$
$$\frac{9x+4}{2x+4} = \frac{10}{3}$$
$$27x + 12 = 20x + 40$$
$$27x - 20x = 40 - 12$$
$$7x = 28$$
$$x = \frac{28}{7}$$
$$x = 4$$

∴ पिता की वर्तमान आयु = (9 × 4 + 4) वर्ष = 40 वर्ष

पुत्र की वर्तमान आयु = (2 × 4 + 4) वर्ष = 12 वर्ष

पिता एवं पुत्र की आयु का योग = (40 + 12) वर्ष = 52 वर्ष

47. पिता एवं पुत्र की वर्तमान आयु का अनुपात 7 : 2 है। 5 वर्ष बाद यह अनुपात 8 : 3 हो जायेगा। ज्ञात कीजिए कि पिता एवं पुत्र की आयु में कितना अन्तर है।

(a) 25 वर्ष (b) 27 वर्ष
(c) 28 वर्ष (d) 30 वर्ष

Sol. (a) माना पिता एवं पुत्र की आयु क्रमशः $7x$ वर्ष तथा $2x$ वर्ष है।

5 वर्ष बाद, पिता की आयु = $(7x + 5)$ वर्ष

5 वर्ष बाद, पुत्र की आयु = $(2x + 5)$ वर्ष

प्रश्नानुसार,

पिता की आयु : पुत्र की आयु = 8 : 3

$$7x + 5 : 2x + 5 = 8 : 3$$
$$\frac{7x+5}{2x+5} = \frac{8}{3}$$
$$21x + 15 = 16x + 40$$
$$21x - 16x = 40 - 15$$
$$5x = 25$$
$$x = 5$$

पिता की वर्तमान आयु = 7 × 5 वर्ष = 35 वर्ष

पुत्र की वर्तमान आयु = 2 × 5 वर्ष = 10 वर्ष

पिता एवं पुत्र की आयु का अन्तर = (35 – 10) वर्ष = 25 वर्ष

विविध (Miscellaneous)

48. 16 वर्ष पहले मेरे नाना की आयु मुझसे 9 गुनी अधिक थी। अब से 8 वर्ष बाद उनकी आयु मुझसे 3 गुनी हो जाएगी। 8 वर्ष पहले मेरी आयु का मेरे नाना की आयु से अनुपात थी-

(a) 3 : 8 (b) 2 : 5
(c) 1 : 2 (d) 1 : 5

Sol. (d) 16 वर्ष पूर्व मेरी आयु = x वर्ष

नाना की आयु = 9x वर्ष

वर्तमान से 8 वर्ष बाद,

$$9x + 16 + 8 = 3(x + 8 + 16)$$
$$9x + 24 = 3x + 72$$
$$6x = 48$$
$$x = 8$$

वर्तमान से 8 वर्ष पूर्व, मेरी आयु एवं नाना की आयु का अनुपात

$$\Rightarrow \frac{(x+16-8)}{(9x+12-8)} = \frac{8+16-8}{9\times8+16-8} = \frac{16}{80} = 1:5 \textbf{ Ans.}$$

49. एक परिवार के 5 सदस्यों की औसत आयु 44 वर्ष है। जब बेटा शादी कर लेता है और उसकी पत्नी परिवार में शामिल होती है तो परिवार की औसत आयु 2.5 वर्ष कम हो जाती है। शादी के 2 वर्ष बाद, परिवार में एक बच्चा पैदा होता है। बेटे की शादी के 5 वर्ष बाद बहु और बच्चे की औसत आयु का पता लगाये-

(a) 23.5 वर्ष (b) 15.5 वर्ष
(c) 17.75 वर्ष (d) 18.5 वर्ष

Sol. (d) परिवार के 5 सदस्यों की कुल आयु = 5×44 = 220 वर्ष

शादी के पश्चात् परिवार की कुल आयु = 6×41.5 = 249 वर्ष

∴ बहु की वर्तमान आयु = (249 – 220) वर्ष = 29 वर्ष

5 वर्ष बाद बहु की आयु = 29 + 5 = 34 वर्ष

शादी के 5 वर्ष बाद (5 – 2) बच्चे की आयु = 3 वर्ष

∴ बहु और बच्चे की औसत आयु = $\frac{34+3}{2}$ = 18.5 वर्ष

50. 10 वर्ष पहले अरूण के परिवार में 6 सदस्य थे और तब परिवार की औसत आयु 45 वर्ष थी, इसी बीच अरूण का विवाह हो जाता है और उसकी पत्नी एक बच्चे को जन्म देती है। आज के दिन तक उसके परिवार की औसत आयु में कोई परिवर्तन नहीं हुआ। अगर बच्चे और माँ की आयु में 22 वर्षों का अंतर है, तो उसकी माँ की आयु वर्तमान में कितनी है-

(a) 28 वर्ष (b) 24 वर्ष
(c) 20 वर्ष (d) 26 वर्ष

Sol. (d) 10 वर्ष पूर्व अरूण (6 सदस्य) के परिवार की कुल आयु = 45 × 6 = 270 वर्ष

10 वर्ष बाद (वर्तमान) अरूण के (6 + पत्नी+बच्चे) की कुल आयु = 48 × 8 = 360 वर्ष

माना कि माँ की आयु = x वर्ष

बच्चे की आयु = $(x - 22)$ वर्ष

10 वर्ष बाद अरूण के 6 सदस्य की कुल आयु (वर्तमान) = 270 + 10×6 = 330 वर्ष

∴ पत्नी एवं बच्चे की कुल आयु = (360 – 330) वर्ष = 30 वर्ष

$x + x - 22 = 30$

$2x = 52$

$x = 26$ वर्ष

अतः माँ की आयु = 26 वर्ष **Ans.**

51. पिता माँ और एक बेटे समेत एक परिवार की औसत आयु 38 वर्ष है। 5 साल पहले, पिता की आयु माता की आयु से 25% अधिक थी और माँ एवं बेटे की आयु के बीच का अंतर 31 था। आज यदि बेटे और पिता की आयु के बीच का अंतर 41 है तो पिता की वर्तमान आयु क्या है-

(a) 60 वर्ष (b) 50 वर्ष
(c) 45 वर्ष (d) 55 वर्ष

Sol. (d)

पिता + माँ + बेटा की कुल वर्तमान आयु = 38×3 = 114 वर्ष

पिता – पुत्र = 41 वर्ष

पिता = 41 + पुत्र

5 वर्ष पूर्व पिता की आयु = 41 + पुत्र की आयु – 5 = 36 + पुत्र की आयु

5 वर्ष पूर्व माँ की आयु = $\frac{4}{5}$ (पिता की आयु)

= $\frac{4}{5}$ (36 + पुत्र की आयु) ......(i)

माँ की आयु – (पुत्र की आयु – 5) = 31

माँ की आयु = 31 – 5 + पुत्र की आयु = 26 + पुत्र की आयु ....(ii)

समी.(i) एवं (ii) से

$\frac{4}{5}$ (36 + पुत्र की आयु) = 26 + पुत्र की आयु

144 + 4 (पुत्र की आयु) = 130 + 5 (पुत्र की आयु)

∴ पुत्र की आयु = 14 वर्ष

∴ पिता की आयु = (41 + 14) वर्ष = 55 वर्ष **Ans.**

52. स्नेह की उम्र अपने पिता के उम्र का $\frac{1}{6}$ है। 10 वर्ष के बाद स्नेह के पिता की उम्र विमल के उम्र की दूनी हो जाएगी। यदि विमल का आठवाँ जन्म दिन 2 वर्ष पहले मनाया गया हो, तो स्नेह की वर्तमान आयु क्या है?

(a) 24 वर्ष (b) 6 वर्ष
(c) 30 वर्ष (d) 5 वर्ष

Sol. **(d)** माना कि स्नेह की वर्तमान आयु $= x$ वर्ष

10 वर्ष बाद स्नेह की आयु $= (x+10)$ वर्ष

पिता की वर्तमान आयु $= 6x$ वर्ष

10 वर्ष बाद पिता की आयु $= (6x+10)$ वर्ष

10 वर्ष बाद,

स्नेह के पिता की आयु = विमल की आयु × 2

$6x+10$ = विमल की आयु × 2

विमल की आयु $= (3x+5)$ वर्ष

विमल की वर्तमान आयु $= 3x+5-10$

$= (3x-5)$ वर्ष

प्रश्नानुसार,

$3x-5 = 8+2$

$3x-5 = 10$

$3x = 15$

$\therefore\quad x = 5$

अतः स्नेह की वर्तमान आयु = 5 वर्ष **Ans.**

53. चार भाइयों की आयु का योग 56 वर्ष है। उनकी आयु का अंतर क्रमशः समान रूप से 4 वर्ष है। सबसे बड़े भाई की आयु ज्ञात करे-

(a) 16 वर्ष (b) 32 वर्ष
(c) 24 वर्ष (d) 20 वर्ष

Sol. **(d)**

माना कि सबसे बड़े भाई की आयु = x वर्ष

$\therefore$ क्रमशः तीन छोटे भाई की आयु $= (x-4)$ वर्ष

$= (x-8)$ वर्ष

$= (x-12)$ वर्ष

$x+x-4+x-8+x-12 = 56$

$4x-24 = 56$

$4x = 80$

$x = 20$

$\therefore$ सबसे बड़े भाई की आयु = 20 वर्ष **Ans.**

54. अमन के परदादा की आयु 105 वर्ष है। अमन के पिता राम सिंह की आयु उसके दादा की आयु की $\frac{1}{3}$ गुनी है। पांच वर्ष पहले, जब अमन का जन्म हुआ था तब राम सिंह की माँ की आयु, राम सिंह की आयु की दुगुनी थी। अमन और राम सिंह की आयु का अंतर ज्ञात करो-

(a) 25 वर्ष (b) 30 वर्ष
(c) 20 वर्ष (d) 35 वर्ष

Sol. **(b)** अमन के परदादा की आयु = 105 वर्ष

$\therefore$ पिता की आयु $= 105 \times \frac{1}{3} = 35$ वर्ष

$\therefore$ अमन की आयु = 5 वर्ष

राम सिंह की आयु – अमन की आयु

$= (35-5)$ वर्ष $= 30$ वर्ष **Ans.**

55. जब पिता की आयु 54 वर्ष है, तब दो बहनों की आयु के बीच अंतर 4 वर्ष है। पिता, माँ से 2 वर्ष बड़े है। छोटी बहन की आयु माँ की आयु से आधी है। बड़ी बहन की आयु ज्ञात करें-

(a) 29 (b) 27
(c) 29 (d) 30

Sol. **(d)** पिता की वर्तमान आयु = 54 वर्ष

माता की वर्तमान आयु $= 54-2 = 52$ वर्ष

$\therefore$ छोटी बहन की आयु $= \frac{\text{माँ की आयु}}{2} = \frac{52}{2} = 26$ वर्ष

$\therefore$ बड़ी बहन की आयु $= 26+4 = 30$ वर्ष **Ans.**

56. किसी व्यक्ति तथा उसकी पत्नी की वर्तमान आयु का अनुपात 4 : 3 है। 4 वर्ष बाद उनकी आयु का अनुपात 9 : 7 होगा। यदि उनकी शादी के समय उनकी आयु का अनुपात 13 : 9 था तब कितने वर्ष पहले शादी हुई थी-

(a) 4 (b) 8
(c) 6 (d) 9

Sol. **(c)** माना कि व्यक्ति की वर्तमान आयु $= 4x$

पत्नी की वर्तमान आयु $= 3x$

प्रश्नानुसार,

$$\frac{4x+4}{3x+4} = \frac{9}{7}$$

$28x+28 = 27x+36$

$x = 8$

$\therefore$ व्यक्ति की वर्तमान आयु $= 4x = 4\times8 = 32$ वर्ष

पत्नी की वर्तमान आयु $= 3x = 3\times8 = 24$ वर्ष

माना कि M वर्ष पूर्व उनकी शादी हुई

$$\frac{32-M}{24-M} = \frac{13}{9}$$

$288-9M = 312-13M$

$4M = 24$

$M = 6$

$\therefore$ 6 वर्ष पूर्व उनकी शादी हुई। **Ans.**

57. जब राम का जन्म हुआ था, उसके पिता उसके भाई से 32 वर्ष बड़े थे और उसकी माँ, उसकी बहन से 25 वर्ष बड़ी थी। यदि राम का भाई उससे 6 वर्ष बड़ा है और उसकी माँ उसके पिता से 3 वर्ष छोटी है, तो राम की बहन की आयु क्या थी, जब वह पैदा हुआ था-

(a) 5 वर्ष (b) 8 वर्ष
(c) 10 वर्ष (d) 14 वर्ष

Sol. (c)
जब राम का जन्म हुआ तो उसके भाई की आयु = 6 वर्ष
∴ राम के पिता की आयु = 6 + 32 = 38 वर्ष
राम की माँ की आयु = 38 – 3 = 35 वर्ष
∴ राम की बहन की आयु = माँ की आयु – 25
= 35 – 25 = 10 वर्ष **Ans.**

58. मेरे वर्तमान आयु का दो तिहाई मेरे चचेरे भाई के आयु के तीन-चौथाई के बराबर है। तीन वर्ष पहले की मेरी आयु, मेरे चचेरे भाई की आज से चार वर्ष बाद के उम्र के बराबर होगी। मेरी वर्तमान आयु क्या है?

(a) 72 (b) 63
(c) 54 (d) 81

Sol. (b) माना कि मेरी वर्तमान आयु = x वर्ष
चचेरे भाई की आयु = y वर्ष

प्रश्नानुसार,

$$\frac{2x}{3} = y \times \frac{3}{4}$$

$8x - 9y = 0$ ...... (i)

अब,

$x - 3 = y + 4$
$x - y = 7$ ......(ii)

समी. (ii) में 9 से गुणा कर समी. (i) में घटाने पर

$8x - 9y = 0$
$9x - 9y = 63$
$-x = -63$
∴ $x = 63$
अर्थात् मेरी आयु 63 वर्ष है। **Ans.**

59. नीरज की आयु, सूरज की आयु से आधी है। यदि नीरज की आयु से 8 वर्ष घटाया जाता है तथा सूरज की आयु में 5 वर्ष बढ़ाया जाता है, तो सूरज की आयु नीरज से 5 गुना अधिक होगी। दो वर्ष पहले, सूरज और नीरज की आयु कितनी थी?

(a) 30 वर्ष एवं 15 वर्ष (b) 28 वर्ष एवं 14 वर्ष
(c) 26 वर्ष एवं 12 वर्ष (d) 28 वर्ष एवं 13 वर्ष

Sol. (d) माना कि नीरज की वर्तमान आयु = x वर्ष
सूरज की वर्तमान आयु = 2x वर्ष

$(x - 8)\,5 = (2x + 5)$
$5x - 40 = 2x + 5$
$3x = 45$
$x = 15$

∴ नीरज एवं सूरज की वर्तमान आयु = 15 वर्ष एवं 30 वर्ष
2 वर्ष पहले दोनों की आयु क्रमशः (15 – 2)
= 13 वर्ष एवं (30 – 2) = 28 वर्ष है।

60. सुधा की आयु राधा से दोगुना अधिक है। यदि राधा की आयु से 6 वर्ष को घटाया जाता है और सुधा की आयु में 4 वर्ष बढ़ाया जाता है तो सुधा की आयु, राधा की आयु से 4 गुना अधिक होगी तो आज से 2 वर्ष पूर्व सुधा और राधा की आयु ज्ञात करे-

(a) 30 वर्ष एवं 14 वर्ष (b) 26 वर्ष एवं 12 वर्ष
(c) 34 वर्ष एवं 20 वर्ष (d) 30 वर्ष एवं 16 वर्ष

Sol. (b) माना कि राधा की वर्तमान आयु = x वर्ष
सुधा की वर्तमान आयु = 2x वर्ष

$4\,(x - 6) = (2x + 4)$
$4x - 24 = 2x + 4$
$x = 14$ वर्ष

राधा और सुधा की आयु 2 वर्ष पूर्व क्रमशः
राधा = (x – 2) = (14 – 2) = 12 वर्ष
सुधा = (2x – 2) = (2×14 – 2) = 26 वर्ष **Ans.**

61. वकार और नसीमा की आयु में 8 वर्ष का अंतर है। जब 30 साल पहले उनका विवाह हुआ था तो वकार की आयु का 4 गुना नसीमा की आयु के 5 गुने के बराबर था। उनकी वर्तमान आयु का योग कितना है-

(a) 130 वर्ष (b) 134 वर्ष
(c) 132 वर्ष (d) 135 वर्ष

Sol. (c) माना कि नसीमा की आयु = x वर्ष
वकार की आयु = (x + 8) वर्ष

30 वर्ष पूर्व

नसीमा वकार
$5\,(x - 30) = 4\,(x + 8 - 30)$
⇒ $5x - 150 = 4x - 88$
⇒ $x = 62$
∴ नसीमा और वकार की आयु का योग
$= x + x + 8$
$= 2x + 8$
$= 2 \times 62 + 8$
= 132 वर्ष **Ans.**

62. एक व्यक्ति की आयु अपने पुत्र की आयु का तिगुने से 3 वर्ष अधिक है यदि 3 वर्ष बाद उस व्यक्ति की आयु अपने पुत्र की आयु से दुगुने से 10 वर्ष अधिक हो तो पुत्र की वर्तमान आयु बतायें-

(a) 10 वर्ष (b) 12 वर्ष
(c) 33 वर्ष (d) 30 वर्ष

Sol. (a) माना पुत्र की वर्तमान आयु = x वर्ष

व्यक्ति की वर्तमान आयु = (3x + 3) वर्ष

3 वर्ष बाद-

पुत्र की आयु = (x + 3) वर्ष

व्यक्ति की आयु = [2(x + 3) + 10] वर्ष

प्रश्नानुसार-

$$(3x + 3) + 3 = 2(x + 3) + 10$$
$$3x + 6 = 2x + 6 + 10$$
$$x = 10 \text{ वर्ष}$$

63. 4 वर्ष के अंतराल पर पैदा होने वाले 5 बच्चों की आयु का योग 80 है। सबसे बड़े बच्चे की आयु कितनी है?

(a) 28 वर्ष (b) 16 वर्ष
(c) 24 वर्ष (d) 18 वर्ष

Sol. (c) माना सबसे बड़े बच्चे की आयु = x वर्ष

प्रश्नानुसार,

$$x + (x - 4) + (x - 8) + (x - 12) + (x - 16) = 80 \text{ वर्ष}$$
$$5x - 40 = 80$$
$$x = 24 \text{ वर्ष}$$

64. जयेश अमित से उतना ही छोटा है जितना कि प्रशान्त से बड़ा है। यदि अमित और प्रशान्त की आयु का योग 48 वर्ष है तो जयेश की आयु क्या है?

(a) 22 वर्ष (b) 24 वर्ष
(c) 25 वर्ष (d) 28 वर्ष

Sol. (b) प्रशांत ← (−x वर्ष) जयेश (+x वर्ष) → अमित

जयेश − प्रशांत = अमित − जयेश

2 जयेश = अमित + प्रशांत

$$\Rightarrow \quad \text{जयेश} = \frac{48 \text{ वर्ष}}{2} = 24 \text{ वर्ष}$$

65. वर्तमान समय में पिता की आयु अपनी पुत्र की आयु का $2\frac{1}{2}$ गुना है। 10 वर्ष बाद, पिता की आयु, पुत्र की आयु का 2 गुना हो जायेगी। ज्ञात कीजिए कि पुत्र की आयु 18 वर्ष की कब हुई अथवा होगी।

(a) 3 वर्ष पूर्व (b) 3 वर्ष बाद
(c) 2 वर्ष (d) 5 वर्ष बाद

Sol. (c) माना पुत्र की आयु x वर्ष है।

$$\therefore \quad \text{पिता की आयु} = 2\frac{1}{2}x \text{ वर्ष} = \frac{5x}{2} \text{ वर्ष}$$

10 वर्ष बाद, पुत्र की आयु = $(x + 10)$ वर्ष

10 वर्ष बाद, पिता की आयु = $\left(\frac{5x}{2} + 10\right)$ वर्ष

प्रश्नानुसार,

पिता की 10 वर्ष बाद की आयु = 2 × पुत्र की 10 वर्ष बाद की आयु

$$\frac{5x}{2} + 10 = 2(x + 10)$$
$$\frac{5x}{2} + 10 = 2x + 20$$
$$\frac{5x}{2} - 2x = 20 - 10$$
$$\frac{5x - 4x}{2} = 10$$
$$x = 20$$

पुत्र की वर्तमान आयु = 20 वर्ष

∴ 2 वर्ष पूर्व पुत्र की आयु 18 वर्ष की थी।

66. 5 वर्ष पूर्व एक पिता की आयु उसके पुत्र की आयु की 5 गुनी थी। यदि 10 वर्ष बाद, पिता की आयु पुत्र की आयु की 2 गुनी हो जायेगी तो ज्ञात कीजिए कि पुत्र की 7वीं वर्षगाँठ कब मनायी जायेगी अथवा मनायी जा चुकी है।

(a) 2 वर्ष पूर्व (b) 3 वर्ष पूर्व
(c) 4 वर्ष पूर्व (d) 5 वर्ष पूर्व

Sol. (b) माना 5 वर्ष पूर्व पुत्र की आयु x वर्ष थी।

∴ 5 वर्ष पूर्व पिता की आयु = $5x$ वर्ष

वर्तमान में, पुत्र की आयु = $(x + 5)$ वर्ष

वर्तमान में, पिता की आयु = $(5x + 5)$ वर्ष

10 वर्ष बाद, पुत्र की आयु = $(x + 15)$ वर्ष

10 वर्ष बाद, पिता की आयु = $(5x + 15)$ वर्ष

प्रश्नानुसार,

पिता की आयु = 2 × पुत्र की आयु

$$5x + 15 = 2(x + 15)$$
$$5x + 15 = 2x + 30$$

$$5x - 2x = 30 - 15$$
$$3x = 15$$
$$x = \frac{15}{3}$$
$$x = 5$$

पुत्र की वर्तमान आयु = (5 + 5) वर्ष = 10 वर्ष

∴ 3 वर्ष पूर्व, पुत्र की 7वीं वर्षगाँठ मनायी जा चुकी है।

67. 3 वर्ष पूर्व पिता एवं पुत्र की आयु का अनुपात 9 : 2 है। 6 वर्ष बाद पिता एवं पुत्र की आयु का अनुपात 12 : 5 हो जायेगा। ज्ञात कीजिए कि पुत्र अपनी 13वीं वर्षगाँठ कब मनाएगा।

(a) 2 वर्ष बाद (b) 3 वर्ष बाद
(c) 4 वर्ष बाद (d) 5 वर्ष बाद

Sol. (c) माना 3 वर्ष पूर्व पुत्र की आयु $2x$ वर्ष तथा पिता की आयु $9x$ वर्ष है।

∴ पुत्र की वर्तमान आयु = $(2x + 3)$ वर्ष

पिता की वर्तमान आयु = $(9x + 3)$ वर्ष

6 वर्ष बाद, पुत्र की आयु = $(2x + 9)$ वर्ष

6 वर्ष बाद, पिता की आयु = $(9x + 9)$ वर्ष

प्रश्नानुसार,

पिता की आयु : पुत्र की आयु = 12 : 5

$$(9x + 9) : (2x + 9) = 12 : 5$$
$$\frac{9x + 9}{2x + 9} = \frac{12}{5}$$
$$45x + 45 = 24x + 108$$
$$45x - 24x = 108 - 45$$
$$21x = 63$$
$$\therefore \quad x = \frac{63}{21}$$
$$x = 3$$

पुत्र की वर्तमान आयु = (2 × 3 + 3) वर्ष

∴ 4 वर्ष बाद वो अपनी 13वीं वर्षगाँठ मनाएगा।

68. दिनेश की शादी 5 वर्ष पूर्व हुई थी। उसकी वर्तमान आयु उसकी शादी के समय की आयु की $\frac{6}{5}$ गुना है। दिनेश का पुत्र रमेश की आयु, दिनेश की आयु की $\frac{1}{10}$ गुना है। ज्ञात कीजिए कि रमेश की 5वीं वर्षगाँठ कब मनायी जायेगी।

(a) 2 वर्ष बाद (b) 3 वर्ष बाद
(c) 4 वर्ष बाद (d) 5 वर्ष बाद

Sol. (b) माना दिनेश की 5 वर्ष पूर्व आयु x वर्ष थी।

∴ दिनेश की वर्तमान आयु = $(x + 5)$ वर्ष

प्रश्नानुसार,

दिनेश की वर्तमान आयु= $\frac{6}{5}$ ×दिनेश की शादी के समय की आयु

$$x + 5 = \frac{6}{5} \times x$$
$$5(x + 5) = 6x$$
$$5x + 25 = 6x$$
$$\therefore \quad 6x - 5x = 25$$
$$x = 25$$

∴ दिनेश की वर्तमान आयु = (25 + 5) वर्ष = 30 वर्ष

रमेश की आयु = $\frac{1}{10} \times 30$ वर्ष = 3 वर्ष

∴ रमेश की 5वीं वर्षगाँठ 2 वर्ष बाद मनायी जायेगी।

69. अल्का की शादी 8 वर्ष पूर्व हुई थी। उसकी शादी के समय की आयु, उसकी वर्तमान आयु का $\frac{3}{4}$ गुना है। अल्का की पुत्री, पिंकी की आयु अल्का की आयु की $\frac{3}{16}$ गुना है। ज्ञात कीजिए कि पिंकी की वर्तमान आयु कितनी है।

(a) 3 वर्ष (b) 4 वर्ष
(c) 5 वर्ष (d) 6 वर्ष

Sol. (d) माना अल्का के शादी के समय अर्थात् 8 वर्ष पूर्व उसकी आयु x वर्ष थी।

∴ अल्का की वर्तमान आयु = $(x + 8)$ वर्ष

प्रश्नानुसार,

$$x = \frac{3}{4}(x + 8)$$
$$4x = 3x + 24$$
$$4x - 3x = 24$$
$$x = 24$$

∴ अल्का की वर्तमान आयु = (24 + 8) वर्ष = 32 वर्ष

पिंकी की आयु = $\frac{3}{16} \times 32$ वर्ष = 6 वर्ष

विभिन्न प्रतियोगी परीक्षाओं में विगत वर्षों में पूछे गये महत्त्वपूर्ण प्रश्न

1. पाँच वर्ष पूर्व मीनू की आयु, अमन की आयु से तीन गुना थी। दस वर्ष पश्चात् मीनू की आयु अमन की आयु से दुगनी होगी। मीनू तथा अमन की वर्तमान आयु (वर्षों में) है- **[BPSC Junior 2024]**

(a) 50 तथा 20 (b) 60 तथा 20
(c) 55 तथा 25 (d) उपर्युक्त में से एक से अधिक
(e) उपर्युक्त में से कोई नहीं

2. रहीम की वर्तमान आयु उसकी पुत्री सविता की वर्तमान आयु से पाँच गुना है। अब से सात साल बाद, रहीम की उम्र सविता से तीन गुना होगी। रहीम की वर्तमान आयु (वर्षों में) क्या है? **[SSC CGL (Tier-I) 2023]**

(a) 45 (b) 35
(c) 40 (d) 30

3. सुधीर और आशीष की वर्तमान आयु का अनुपात 5 : 7 है। बारह वर्ष पहले, उनकी आयु का अनुपात 1 : 2 था। अब से पांच वर्ष बाद सुधीर की आयु क्या होगी? **[SSC CGL (Tier-I) 2023]**

(a) 20 वर्ष (b) 25 वर्ष
(c) 33 वर्ष (d) 28 वर्ष

4. ज्ञानेंद्र और अरबिंद की आयु का अनुपात 6 : 5 है। यदि उनकी आयु का योग 55 वर्ष है, तो अब से सात वर्ष बाद उनकी आयु का अनुपात क्या होगा? **[SSC CGL (Tier-I) 2023]**

(a) 5 : 6 (b) 37 : 32
(c) 32 : 3 (d) 6 : 5

5. एक पिता की आयु, बेटे की आयु का 6 गुना है। 4 वर्ष पश्चात् पिता की आयु, बेटे की आयु का 4 गुना होगी। बेटे व पिता की वर्तमान आयु (वर्षों में) है, क्रमशः **[BPSC Junior 2024]**

(a) 7 तथा 42 (b) 6 तथा 36
(c) 4 तथा 24 (d) उपर्युक्त में से एक से अधिक
(e) उपर्युक्त में से कोई नहीं

6. एक परिवार में 3 सदस्य हैं। पिता और माता की औसत आयु 40 वर्ष है। पिता, माता और पुत्री की औसत आयु 30 दिन है। पुत्री की आयु (वर्षों में) ज्ञात कीजिये। **[SSC CGL (Tier-I) 2023]**

(a) 6 (b) 12
(c) 10 (d) 8

7. एक महिला अपने बेटे से 28 वर्ष बड़ी है। तीन साल में उसकी उम्र उसके बेटे की उम्र से दोगुनी हो जाएगी। पुत्र की वर्तमान आयु है: **[SSC CGL (Tier-I) 2023]**

(a) 28 वर्ष (b) 20 वर्ष
(c) 22 वर्ष (d) 25 वर्ष

8. माँ ने अपनी बेटी से कहा, ''सात साल पहले, मैं तुम्हारी उम्र से सात गुना बड़ी थी, साथ ही, अब से तीन साल बाद, मैं तुम्हारी उम्र से तीन गुना बड़ी हो जाऊंगी''। क्रमशः माँ और बेटी की वर्तमान आयु ज्ञात कीजिए। **[SSC CGL (Tier-I) 2023]**

(a) 45; 15 (b) 40; 10
(c) 42; 12 (d) 50; 20

9. एक पिता की आयु और उसके पुत्र की आयु का अनुपात 7 : 4 है। यदि उनकी आयु (वर्षों में) का गुणनफल 1008 है तो 10 वर्ष बाद पिता की आयु और पुत्र की आयु का अनुपात क्या होगा- **[Delhi Police 2023]**

(a) 23 : 21 (b) 11 : 13
(c) 26 : 17 (d) 17 : 13

10. तीन व्यक्तियों की औसत आयु 54 वर्ष है और उनकी आयु का अनुपात 2 : 3 : 4 है। सबसे छोटे व्यक्ति की आयु ज्ञात कीजिए- **[Delhi Police 2023]**

(a) 28 वर्ष (b) 34 वर्ष
(c) 36 वर्ष (d) 32 वर्ष

11. एक पिता की उम्र उसके पुत्र की उम्र की पाँच गुनी है, लेकिन 15 वर्षों बाद उसकी उम्र उसके पुत्र की उम्र की दो गुनी रह जाएगी। पिता की उम्र क्या है- **[BPSC Junior 2023]**

(a) 20 वर्ष (b) 25 वर्ष
(c) 30 वर्ष (d) उपर्युक्त में से एक से अधिक
(e) उपर्युक्त में से कोई नहीं

12. 2 वर्ष पहले A की आयु (वर्षों में) के व्युत्क्रम और अब से 2 वर्ष बाद उसकी आयु के व्युत्क्रम का योग $\frac{2}{3}$ है। A की वर्तमान आयु है- **[BPSC Primary 2023]**

(a) 5 वर्ष (b) 7 वर्ष
(c) 4 वर्ष (d) उपर्युक्त में से एक से अधिक
(e) उपर्युक्त में से कोई नहीं

13. A, B और C की औसत आयु 20 वर्ष है। दो वर्ष पहले A और B की आयु का योग C की आयु से 6 अधिक था। C की वर्तमान आयु ज्ञात कीजिए- **[SSC CGL Mains 2023]**

(a) 28 वर्ष (b) 29 वर्ष
(c) 26 वर्ष (d) 25 वर्ष

14. 10 वर्ष पहले पिता की आयु उसके पुत्र की आयु की तीन गुना थी। दस वर्ष बाद, पिता की आयु उसके पुत्र की आयु की दोगुनी होगी। उनकी वर्तमान आयु का अनुपात क्या है-
[SSC CHSL (Mains) 2023]
(a) 7 : 3 (b) 3 : 2
(c) 5 : 2 (d) 5 : 3

15. एक पिता ने अपने पुत्र से कहा, "n वर्ष पहले मेरी आयु तुम्हारी वर्तमान आयु के बराबर थी। मेरी वर्तमान आयु, तुम्हारी n वर्ष पहले की आयु की चार गुना है।" यदि पिता और पुत्र की वर्तमान आयु का योगफल 130 वर्ष है, तो उनकी आयु में कितना अन्तर है-
[UPSC CSAT 2024]
(a) 30 वर्ष (b) 32 वर्ष
(c) 34 वर्ष (d) 36 वर्ष

16. अर्तव और अमाया की आयु का योग 18 वर्ष है। 3 वर्ष बाद अर्तव की आयु अमाया की आयु की तीन गुनी हो जाएगी। अमाया की उम्र क्या है?
[CRPF HCM 2023]
(a) 2.5 वर्ष (b) 3 वर्ष
(c) 5 वर्ष (d) 2 वर्ष

17. लक्षिता के पिता की आयु उसकी आयु की 5 गुनी है। यदि 7 वर्ष पहले, उसकी आयु लक्षिता की आयु का 8 गुना थी, तो उसके पिता की वर्तमान आयु का 7 वर्ष पहले उसकी आयु से अनुपात ज्ञात कीजिए?
[CRPF HCM 2023]
(a) 49 : 3 (b) 35 : 4
(c) 36 : 7 (d) 43 : 9

18. अरुण की वर्तमान आयु (वर्षों में) वरुण की वर्तमान आयु (वर्षों में) के दोगुने से एक वर्ष कम है। अब से 5 वर्ष बाद, वरुण की आयु अरुण की वर्तमान आयु के दो-तिहाई के बराबर होगी। अब से 2 वर्ष बाद अरुण और वरुण की आयु (वर्षों में) का योग कितना है?
[CRPF HCM 2023]
(a) 54 (b) 50
(c) 58 (d) 52

19. 5 वर्ष बाद राम की आयु उस समय कपिल की आयु के दोगुने से एक वर्ष कम होगी। 7 वर्ष बाद कपिल की आयु, राम की वर्तमान आयु के $\frac{2}{3}$ के बराबर होगी। राम और कपिल की वर्तमान आयु में कितना अंतर (वर्षों में) है?
[ICAR Assitt. 2023]
(a) 13 (b) 18
(c) 16 (d) 17

20. सुमन की आयु, एक वर्ष बाद, संगीता की वर्तमान आयु के दोगुने से 3 वर्ष कम होगी। अब से 6 वर्ष बाद, संगीता की आयु उस समय सुमन की आयु के $\frac{2}{3}$ के बराबर होगी। सुमन और संगीता की वर्तमान आयु (वर्षों में) का योग क्या है?
[ICAR Assitt. 2023]
(a) 38 (b) 40
(c) 32 (d) 34

21. फराह का विवाह 8 वर्ष पहले हुआ था। वर्तमान में उसकी आयु, विवाह के समय की उसकी आयु की $\frac{9}{7}$ गुनी है। वर्तमान में, उसकी पुत्री की आयु, उसकी आयु के $\frac{1}{6}$ के बराबर है। 3 वर्ष पहले, उसकी पुत्री की आयु कितनी थी-
[RRB Group D 2022]
(a) 6 वर्ष (b) 9 वर्ष
(c) 12 वर्ष (d) 3 वर्ष

22. 6 वर्ष पूर्व एक पिता की आयु अपनी पुत्री की तत्कालीन आयु की छह गुनी थी। तीन वर्ष बाद, पिता की आयु अपनी पुत्री की आयु की तीन गुनी होगी। पुत्री की वर्तमान आयु क्या है-
[RRB Group D 2022]
(a) 15 वर्ष (b) 12 वर्ष
(c) 17 वर्ष (d) 20 वर्ष

23. एक वर्ष पहले, कृष्ण की आयु उसकी पुत्री कविता की आयु की चार गुनी थी। छह वर्ष बाद, कृष्ण की आयु, उसकी पुत्री की आयु से 12 वर्ष अधिक होगी। कृष्ण और उसकी पुत्री की वर्तमान आयु का अनुपात ज्ञात कीजिए-
[RRB Group D 2022]
(a) 11 : 3 (b) 9 : 2
(c) 12 : 5 (d) 17 : 5

24. शिवाजी और प्रभु की उम्र 11 : 7 के अनुपात में है। 8 साल बाद, उनकी उम्र का अनुपात 15 : 11 होगा। उनकी उम्र में कितना अंतर है-
[UPSI 2017]
(a) 8 (b) 6
(c) 2 (d) 4

25. अमन के परदादा की आयु 105 साल है। अमन के पिता राम सिंह की आयु उसके दादा की $\frac{1}{3}$ है। पांच साल पहले, जब अमन का जन्म हुआ था, राम सिंह की मां की आयु राम सिंह की आयु से दोगुनी थी। अमन और रामसिंह की आयु में कितना अंतर है-
[RRB NTPC 2021]

(a) 20 वर्ष (b) 25 वर्ष
(c) 35 वर्ष (d) 30 वर्ष

26. सुजाता की वर्तमान आयु का तीन गुना, वनिता की वर्तमान आयु के दो गुने से 5 वर्ष अधिक है। 3 वर्ष बाद, वनिता की आयु का तीन गुना, सुजाता की आयु के चार गुने से 4 वर्ष कम होगा। वनिता की आयु, सुजाता से K वर्ष की आयु अधिक है। K का मान ज्ञात कीजिए- **[RRB NTPC 2021]**
(a) 7 (b) 4
(c) 9 (d) 3

27. राम और राज की आयु 4 : 5 के अनुपात में है। यदि उनकी आयु का योग 126 है तो उनकी आयु के बीच का अंतर ज्ञात कीजिए- **[RPF Constable 2019]**
(a) 17 (b) 15
(c) 16 (d) 14

28. दीपिका और उसकी माँ की आयु का अनुपात 3 : 11 है। 3 साल बाद उनकी आयु का अनुपात 1 : 3 हो जाता है। दीपिका की आयु कितनी है- **[RRB RPF SI 2019]**
(a) 15 वर्ष (b) 9 वर्ष
(c) 13 वर्ष (d) 11 वर्ष

29. पीटर और प्रीती के उम्रों में 5 वर्ष का अंतर है। 35 वर्ष पहले जब दोनों का विवाह हुआ था उस समय पीटर के उम्र का चार गुना, प्रीती के उम्र के 5 गुने के बराबर था। वर्तमान में दोनों के उम्रों का योग क्या है- **[RRB ALP & Tec. 2018]**
(a) 105 वर्ष (b) 110 वर्ष
(c) 115 वर्ष (d) 112 वर्ष

30. 4 व्यक्तियों की औसत आयु 42 वर्ष है। यदि उनकी आयु क्रमशः 1 : 3 : 5 : 6 के अनुपात में है, तो सबसे अधिक और सबसे कम आयु के व्यक्ति की आयु का अंतर ज्ञात कीजिए- **[RRB JE 2019]**
(a) 61 वर्ष (b) 60 वर्ष
(c) 70 वर्ष (b) 59 वर्ष

31. पिता और पुत्र की आयु का योग 50 है। छह वर्ष पहले पिता की आयु बेटे की आयु के तीन गुने से 6 अधिक थी। 6 वर्ष बाद पिता की आयु क्या होगी- **[RRB JE 2019]**
(a) 40 वर्ष (b) 48 वर्ष
(c) 42 वर्ष (d) 50 वर्ष

32. एक पिता की आयु और उसके पुत्र की आयु का अनुपात 3 : 2 है, उनकी आयु को दर्शाने वाली संख्याओं का गुणनफल 486 है। 5 वर्ष बाद उनकी आयु का अनुपात क्या होगा- **[SSC CPO 2022]**
(a) 32 : 24 (b) 32 : 21
(c) 32 : 22 (d) 32 : 23

33. दो लड़कियों की वर्तमान आयु का अनुपात 3 : 4 है। दो वर्ष बाद अनुपात 7 : 9 हो जाएगा। निम्नलिखित में से कौन-सा कथन सही है- **[SSC CHSL 2022]**
I. 10 वर्ष बाद उनकी आयु का अनुपात 6 : 7 है।
II. 12 वर्ष बाद उनकी आयु का अनुपात 6 : 7 है।
(a) केवल II (b) न तो I और न ही II
(c) I और II दोनों (d) केवल I

34. एक पिता और उसके पुत्र की वर्तमान आयु का योग 94 वर्ष है। 8 वर्ष पहले उनकी क्रमशः आयु का अनुपात 2 : 1 था। 10 वर्ष बाद पिता और पुत्र की आयु का अनुपात क्या होगा- **[SSC CHSL 2022]**
(a) 35 : 22 (b) 14 : 13
(c) 25 : 18 (d) 16 : 15

35. एक परिवार में एक पिता, माता और एक बेटा है। उनकी वर्तमान आयु का अनुपात 8 : 5 : 2 है और पिता की वर्तमान आयु 48 वर्ष है। 3 वर्ष पश्चात् परिवार की औसत आयु क्या होगी- **[SSC CHSL 2022]**
(a) 30 वर्ष (b) 31 वर्ष
(c) 33 वर्ष (d) 35 वर्ष

ANSWER

1	(a)	2	(b)	3	(b)	4	(b)	5	(b)	6	(c)	7	(d)	8	(c)	9	(c)	10	(c)
11	(b)	12	(c)	13	(c)	14	(a)	15	(a)	16	(b)	17	(b)	18	(a)	19	(d)	20	(a)
21	(d)	22	(b)	23	(d)	24	(a)	25	(d)	26	(b)	27	(d)	28	(b)	29	(c)	30	(b)
31	(c)	32	(d)	33	(a)	34	(a)	35	(c)										

साझेदारी (Partnership)

CHAPTER 13

साझेदारी (Partnership) : दो अथवा दो से अधिक व्यक्तियों द्वारा एक निश्चित समयावधि के लिए धन लगाकर व्यवसाय करना तथा उसके पश्चात् प्राप्त लाभांश को लगाए गए धन एवं लगाए गए समयावधि के आधार पर बाँटना ही साझेदारी कहलाता है।

$$\text{लाभ } (P) \propto \text{निवेश } (I)$$
$$\text{लाभ } (P) \propto \text{समयावधि } (T)$$
$$P \propto IT$$

$$\frac{P_1}{P_2} = \frac{I_1 T_1}{I_2 T_2}$$

साझेदारी के प्रकार

(i) **साधारण साझेदारी (Simple Partnership) :** ऐसी साझेदारी जिसमें सभी साझेदार समान अथवा असमान पूँजी एक ही समय के लिए निवेश करते है, साधारण साझेदारी कहलाती है।

(ii) **मिश्रित साझेदारी (Complex Partnership) :** ऐसी साझेदारी जिसमें सभी साझेदार असमान पूँजी भिन्न-भिन्न समय के लिए निवेश करते है, मिश्रित साझेदारी कहलाती है।

साझेदार के प्रकार

(i) **सक्रिय साझेदार (Working Partner) :** ऐसा साझेदार जो धन के निवेश के साथ-साथ व्यापारिक कामों में भी भाग लेता है तथा इसके लिए वह वेतन भी लेता है, सक्रिय साझेदार कहलाता है।

(ii) **निष्क्रिय साझेदार (Sleeping Partner) :** ऐसा साझेदार जो केवल धन का निवेश करता है तथा व्यापारिक गतिविधियों में भाग नहीं लेता है, निष्क्रिय साझेदार कहलाता है।

साझेदारी पर पूछे जाने वाले प्रश्नों के प्रकार

- जब निवेश का समय समान हो-

$$\frac{P_1}{P_2} = \frac{I_1}{I_2}$$

- जब धनराशि समान हो-

$$\frac{P_1}{P_2} = \frac{T_1}{T_2}$$

- जब दोनों भिन्न-भिन्न हो-

$$\frac{P_1}{P_2} = \frac{I_1 T_1}{I_2 T_2}$$

- जब भिन्न-भिन्न धनराशि, भिन्न-भिन्न समय के लिए निवेश की जाये-

A	:	B
$I_f t_f + I_g t_g$	:	$I_h t_h + I_k t_k$

Type - I

1. तीन व्यक्ति x, y, z क्रमशः ₹80,000, ₹60,000, एवं ₹40,000 निवेश करके एक व्यापार में भागीदार बनते है। वे इस शर्त पर व्यापार शुरू करते है कि उनका लाभ, उनके द्वारा निवेशित धन के अनुपात में वितरित होगा। तद्नुसार, यदि कुल लाभ ₹15,453 हो तो उसमें x का भाग ज्ञात करे-

(a) ₹7475 (b) ₹3964
(c) ₹5854 (d) ₹6868

Sol. (d)

	x	:	y	:	z	
पूंजी/लाभ	80,000	:	60000	:	40000	
	4	:	3	:	2	$\Rightarrow 9 = 15453$
	×1717					$1 = 1717$
	₹6868					

2. A, B तथा C किसी व्यवसाय में ₹75500 की धनराशि लगाना स्वीकार करते है। A, B से ₹3500 अधिक लगाता है और B, C से ₹4500 अधिक लगाता है। यदि कुल लाभ ₹45300 है तो A का लाभ ज्ञात करे-

(a) ₹15,000 (b) ₹12,600
(c) ₹17,400 (d) ₹14,700

Sol. (c)

माना कि C द्वारा लगाया गया धनराशि = x

$$A + B + C = 75500$$
$$(x+3000) + (x+4500) + x = 75500$$
$$3x = 75500 - 12500$$
$$3x = 63000$$
$$x = 21000$$

A	:	B	:	C	
29000	:	25500	:	21000	
58	:	51	:	42	$\Rightarrow 151 = 45300$
× 300					1 = 300
17400					

3. एक व्यापार में राम, रोशन और सूरज ₹47000 कुल व्यय करते है। राम, रोशन से ₹5000 अधिक व्यय करता है तथा रोशन, सूरज से ₹3000 अधिक लगाता है। ₹14100 के कुल लाभ में राम का लाभ ज्ञात करें-

(a) ₹6300 (b) ₹4500
(c) ₹6000 (d) ₹3600

Sol. **(c)**

राम + रोशन + सूरज = 47000

(x + 8000) + (x + 3000) + x (माना) = 47000

3x = 36000

x = 12000

राम	:	रोशन	:	सूरज	
20000	:	15000	:	12000	
20	:	15	:	12	Þ 47 = 14100
×300					1 = 300
6000					

4. तीन साझेदार A, B एवं C, ₹5750 अपनी फर्म की पूंजी में निवेश करते है। A ने B से ₹500 अधिक निवेश किया और B ने C से ₹750 अधिक निवेश किया। इस वर्ष के दौरान फर्म ने ₹23000 लाभ कमाया। A द्वारा प्राप्त लाभ का हिस्सा कितना है-

(a) B और C के कुल हिस्से की राशि से ₹5000 अधिक है।
(b) B और C के कुल हिस्से की राशि से ₹3000 कम है।
(c) B और C के कुल हिस्से की राशि से ₹2000 अधिक है।
(d) B और C के कुल हिस्से की राशि से ₹7500 कम है।

Sol. **(b)**

x + (x + 750) + (x + 1250) = 5750

(C) + (B) + (A) = 5750

3x = 5750 – 2000

3x = 3750

x = ₹1250

A	:	B	:	C	
2500	:	2000	:	1250	
10	:	8	:	5	→ 23 = 23000
×1000		×1000		×1000	1 = 1000
10,000		8000		5000	

10000 13000

अन्तर = ₹3000

5. एक व्यापार में लगे धनों में A तथा C के धनों का अनुपात 2 : 1 है, जबकि A तथा B के धनों का अनुपात 3 : 2 है। यदि 1 वर्ष बाद कुल लाभ ₹1573 हो तो B का लाभ ज्ञात करें-

(a) ₹484 (b) ₹529
(c) ₹576 (d) ₹625

Sol. **(a)** A : C = 2 : 1 × 3

A : B = 3 : 2 × 2

A : B : C = 6 : 4 : 3 $\Rightarrow$ 13 = 1573

×121 1 = 121

₹484

Type - II

6. A और B ने ₹1500 और ₹2000 लगाकर एक व्यापार शुरू किया। 4 महीने बाद C ने ₹2250 लगाकर व्यापार में जुड़ गया। यदि B ने अपनी पूंजी 9 महीने बाद निकाल ली तो कुल ₹900 के लाभ में B का हिस्सा ज्ञात करे-

(a) ₹200 (b) ₹300
(c) ₹350 (d) ₹400

Sol. **(b)**

	A	:	B	:	C	
पूंजी =	1500×12	:	2000×9	:	2250×8	
	1	:	1	:	1	$\Rightarrow$ 3 = 900
			×300			1 = 300
			= ₹300			

7. राम ने ₹12000 लगाकर एक व्यापार प्रारंभ किया। 6 महीने बाद रहीम ने भी ₹15000 लगाकर व्यापार में साझीदार बन गया। यदि वर्ष के अंत में कुल लाभ ₹1690 हुआ तो दोनों भागीदार का लाभांश ज्ञात करे-

(a) ₹1040, ₹650 (b) ₹606, ₹1085
(c) ₹1050, ₹640 (d) इनमें से कोई नहीं

Sol. **Ans. (a)**

	राम	:	रहीम	
पूंजी =	12000×12	:	15000×9	
	8	:	5	$\Rightarrow$ 13 = 1690
	×130		×130	1 = 130
	1040		= ₹650	

8. A, B और C ने मिलकर एक व्यापार आरंभ किया। A ने ₹32000, 4 माह के लिए, B ने ₹51,000, 3 माह के लिए तथा C ने ₹27,000, 5 माह के लिए निवेश किए। यदि अंत में कुल लाभ ₹12480 है तो A का लाभ ज्ञात करें-

(a) ₹3800 (b) ₹3840
(c) ₹3880 (d) ₹4120

Sol. (b) A : B : C

पूंजी/लाभ 32,000×4 : 51000×3 : 27000×5

128 : 153 : 135

$\Rightarrow$ 128 + 153 + 135 = 12480

$\Rightarrow$ 416 = 12480

$\Rightarrow$ 1 = 30

$\therefore$ A का लाभ = 30×128 = ₹3840

9. S, T तथा U क्रमशः ₹4200, ₹6300 तथा ₹8400 निवेश करके एक व्यापार शुरू करते है। S, 3 महीने बाद व्यापार छोड़ देता है। T, व्यापार शुरू होने के 6 महीने पश्चात् छोड़ देता है तथा U एक वर्ष तक व्यापार में रहता है। एक वर्ष के अंत में कुल लाभ ₹600 होता है। लाभ में T का हिस्सा ज्ञात करें-

(a) ₹4200 (b) ₹3200
(c) ₹4000 (d) ₹3600

Sol. (c)

S : T : U

पूंजी/लाभ 4200×3 : 6300×6 : 8400×12

1 : 3 : 8 $\Rightarrow$ 12 = 6000

×500 1 = 500

= 4000

10. A और B ने क्रमशः ₹20,000 और ₹16,000 का निवेश करके एक साझेदारी की। 3 माह बाद C ने ₹15,000 का निवेश करके उस साझेदारी में शामिल हो जाता है। ₹4350 के छः माही लाभ में B का हिस्सा ज्ञात करें-

(a) ₹1760 (b) ₹2000
(c) ₹1600 (d) ₹1850

Sol. (c)

A : B : C

20000×6 : 16000×6 : 15000×3

40 : 32 : 15 $\Rightarrow$ 87 = 4350

1 = 50

×50

1600

11. A, B और C ने 5 : 6 : 8 के अनुपात में पूंजी लगाकर एक व्यवसाय शुरू किया। अंत में उन्हें 5 : 3 : 12 के अनुपात में लाभ प्राप्त हुआ तो समय का अनुपात ज्ञात करें-

(a) 2 : 1 : 3 (b) 1 : 3 : 2
(c) 1 : 2 : 3 (d) इनमें से कोई नहीं

Sol. (a) समय = $\frac{\text{लाभ}}{\text{पूंजी}}$

A : B : C

लाभ = 5 : 3 : 12

पूंजी = 5 : 6 : 8

समय = 1 : 1/2 : 3/2

= 2 : 1 : 3

12. S, T तथा U ने एक व्यापार शुरू किया तथा उनकी पूंजी 3 : 4 : 6 के अनुपात में है। अंत में वे 1 : 2 : 3 के अनुपात में लाभ प्राप्त करते है। उनके द्वारा निवेश की गई पूंजी के समयावधि का अनुपात क्या होगा-

(a) 3 : 2 : 2 (b) 2 : 3 : 3
(c) 2 : 2 : 3 (d) 4 : 5 : 3

Sol. (b) A : B : C

लाभ = 1 : 2 : 3

पूंजी = 3 : 4 : 6

समय = $\frac{1}{3}\times 6$: $\frac{1}{2}\times 6$: $\frac{1}{2}\times 6$

= 2 : 3 : 3

13. A तथा B ने मिलकर साझे में एक व्यापार आरंभ किया तथा 14 : 15 के अनुपात में पूंजी लगाई। यदि उनके लाभांश का अनुपात 7 : 6 हो तो A ने अपना धन 10 महीने के लिए निवेशित किया हो तो B ने अपना धन कितने महीने के लिए निवेशित किया-

(a) 6 महीने (b) 7 महीने
(c) 8 महीने (d) 9 महीने

Sol. (c) A : B

लाभ = 7 : 6

पूंजी = 14 : 15

समय = $\frac{1}{2}\times 10$: $\frac{2}{5}\times 10$

= 5 : 4

5 = 10 = 8 महीना

1 = 2

14. A तथा B ने क्रमशः 50 हजार रु. और 60 हजार रु. लगाकर कोई व्यापार शुरू किया। x माह के बाद C भी 70 हजार रु. लगाकर व्यापार में साझीदार हो गया। यदि B वर्ष के अंत से x माह पहले व्यापार छोड़ दिया और वर्ष के अंत में उनके लाभांश 20 : 18 : 21 के अनुपात में हो तो x का मान ज्ञात करे-

(a) $3\frac{1}{2}$ माह (b) $3\frac{1}{3}$ माह

(c) $3\frac{1}{4}$ माह (d) 3 माह

Sol. (d)

	A	:	B	:	C
लाभ =	20	:	18	:	21
पूंजी =	5	:	6	:	7
समय =	4	:	3	:	3
			×3		×3
∴	4 = 12		= 9		= 9
	1 = 3				
∴	x = 3				

15. A और B ने मिलकर एक व्यापार आरंभ किया। A और B के व्यापार में लगे रहने की अवधि का अनुपात 2 : 3 है तथा इनके लाभांश का अनुपात 4 : 5 हो तो उनकी पूंजी का अनुपात ज्ञात करे-

(a) 5 : 6 (b) 4 : 7
(c) 7 : 4 (d) 6 : 5

Sol. (d) $\text{पूंजी} = \frac{\text{लाभ}}{\text{समय}}$

	A	:	B
लाभ =	4	:	5
समय =	2	:	3
पूंजी =	2	:	5/3
=	6	:	5

16. x, y और z एक व्यवसाय में निवेश करते है। जिस अवधि के लिए वे निवेश करते है, यदि वह 5 : 3 : 4 के अनुपात में है और व्यवसाय से प्राप्त लाभ 6 : 9 : 8 के अनुपात में है, तो उस अनुपात का पता लगाइए जिसमें x, y और z द्वारा निवेश किए गए थे।

(a) 6 : 10 : 15 (b) 15 : 10 : 6
(c) 6 : 15 : 10 (d) 10 : 6 : 15

Sol. Ans.(c)

	x	:	y	:	z
लाभ =	6	:	9	:	8
समय =	5	:	3	:	4
पूंजी =	6/5	:	3	:	2
=	6	:	15	:	10

17. तीन भागीदार, किसी व्यापार में हुए लाभ को 8 : 7 : 5 के अनुपात में बांटते है। उन्होंने अपनी पूंजी को क्रमशः 7 माह, 8 माह और 14 माह के लिए निवेशित करते है। उनकी पूंजी का अनुपात ज्ञात करे-

(a) 49 : 64 : 20 (b) 64 : 49 : 20
(c) 20 : 64 : 49 (d) 20 : 49 : 64

Sol. (b)

	I	:	II	:	III
लाभ =	8	:	7	:	5
समय =	7	:	8	:	14
पूंजी =	$\frac{8}{7}\times 56$	:	$\frac{7}{8}\times 56$	:	$\frac{5}{14}\times 56$
=	64	:	49	:	20

18. A ने रु.3500 लगाकर 1 व्यापार आरंभ किया तथा 5 माह बाद B भी कुछ धन लगाकर साझीदार हो गया। यदि 1 वर्ष बाद प्राप्त लाभ को 2 : 3 के अनुपात में बांट लिया हो तो व्यापार में B द्वारा निवेशित धन कितना है-

(a) 9000 (b) 8500
(c) 5500 (d) 3500

Sol. (a)

	A	:	B
लाभ =	2	:	3
समय =	12	:	7
पूंजी =	$\frac{1}{6}\times 42$	:	$\frac{3}{7}\times 42$
=	7	:	18
	$7 \Rightarrow 3500$		$18 \Rightarrow 18\times 500$
	$1 \Rightarrow 500$		9000

19. सोहेल ने 2250 से एक कारोबार आरंभ किया जबकि त्रिशला से 3 माह बाद कुछ राशि निवेश की। यदि 12 मास के अंत में (सोहेल के निवेश से), सोहेल और त्रिशला ने लाभ को 25 : 24 के अनुपात में बांटा है, तो त्रिशला ने कितना निवेश किया था-

(a) 2160 (b) 2480
(c) 2880 (d) 2920

Sol. (c)

	सोहेल	:	त्रिशला
लाभ =	25	:	24
समय =	12	:	9
पूंजी =	$\frac{25}{12}\times 12$	:	$\frac{24}{9}\times 12$
=	25	:	32
	$25 \to 2250$		$32 \Rightarrow 32\times 90$
	$1 \Rightarrow 90$		2880

विविध (Miscellaneous)

20. A, B और C ने मिलकर एक व्यापार आरंभ किया। A पूरे वर्ष के लिए ₹20,000 लगाता है, B पहले ₹30000 लगाता है और 4 माह बाद ₹10,000 और लगता है जबकि C पहले ₹40000 लगाता है, परंतु 9 माह बाद ₹10,000 निकाल लेता है। यदि वर्ष के अंत में ₹84750 का लाभ हुआ तो B का लाभ ज्ञात करे-

(a) ₹31,000 (b) ₹32500
(c) ₹33000 (d) ₹33500

Sol. (c)

A = 20,000 × 12 = 24,0000

B = 30,000 × 4 + 40000 × 8 = 120000 + 320000 = ₹440000

C = 40000 × 9 + 30000 × 3 = 360000 + 90000 = ₹450000

A : B : C

240000 : 440000 : 450000

24 : 44 : 45

×750

₹33000

कुल लाभ ⇒ 113 = ₹84750

1 = ₹750

21. A और B दो साझेदारों ने एक व्यापार में 4 : 5 के अनुपात में पूंजी व्यय की और 3 माह बाद A ने अपनी पूंजी का 1/4 भाग तथा B अपनी पूंजी का 1/5 भाग वापस ले लिया। यदि 10 माह बाद कुल ₹7600 का लाभ हुआ तो उसमें A का हिस्सा ज्ञात करे-

(a) ₹3250 (b) ₹3280
(c) ₹3300 (d) ₹4400

Sol. (c)

	A	:	B	
प्रारंभिक पूंजी	4×3=12	:	5×3=15	
निकालने के बाद पूंजी	3×7=21	:	4×7 = 28	
लाभ =	33	:	43	⇒ 76 = 7600
	×100			1 = 100
	= ₹3300			

22. A, B और C ने 3 : 4 : 5 के अनुपात में अपनी राशियों के साथ एक व्यवसाय शुरु किया। 4 माह बाद B ने अपनी पूंजी का 50% धन निकाल लिया। वर्ष पूरा होने से 4 महीने पहले C ने अपनी पूंजी का 20% धन निकाल लिया। यदि उस वर्ष में कुल लाभ ₹31000 हुआ तो लाभ में A का भाग ज्ञात करें-

(a) ₹9000 (b) ₹10330
(c) ₹7750 (d) ₹9300

Sol. (a)

A	:	B	:	C	
3×12=36	:	4×4=16	:	5×5=40	
		2×8 = 16	:	4×4 = 16	
36	:	32	:	56	
9	:	8	:	14	⇒ 31 = 31000
× 1000					1 = 1000
= ₹9000					

23. A, B और C ने मिलकर 1 व्यापार आरंभ किया। आरंभ में इनकी पूंजी का अनुपात $\frac{1}{2}:\frac{1}{3}:\frac{1}{5}$ था। 4 माह बाद B अपनी आधी पूंजी निकाल लेता है। यदि वर्ष के अंत में ₹4150 का लाभ हुआ तो B का लाभ ज्ञात करें-

(a) ₹1300 (b) ₹1150
(c) ₹1000 (d) ₹1080

Sol. (c)

A	:	B	:	C	
$\frac{1}{2}\times30=15$	:	$\frac{1}{3}\times30=10$	:	$\frac{1}{5}\times30=6$	
15×12	:	10×4	:	6×12	
		5×8			
15×12	:	80	:	72	
45	:	20	:	18	⇒ 83 = 4150
		×50			1 = 50
		₹1000			

24. A, B और C ने मिलकर 1 व्यापार $\frac{7}{2}:\frac{4}{3}:\frac{6}{5}$ के अनुपात में धन लगाकर शुरू किया। 4 महीने बाद A ने अपनी पूंजी में 50% की वृद्धि कर दी। यदि वर्ष के अंत में ₹43200 का लाभ हुआ तो B के लाभ की गणना करे।

(a) ₹7500 (b) ₹4450
(c) ₹8000 (d) ₹8300

Sol. (c)

A	:	B	:	C	
$\frac{7}{2}\times30=105$	:	$\frac{4}{3}\times30=40$	:	$\frac{6}{5}\times30$	
105×2	:	40×2	:	36×2	
210×4	:	80×12	:	72×12	
315×8	:				
3360	:	960	:	864	
35	:	10	:	9	⇒ 54 = 43200
		×800			1 = 800
		8000			

25. साझे के व्यापार में अमित ने कुल पूंजी का $\frac{1}{4}$ भाग $\frac{1}{4}$ समय के लिए, विशाल ने कुल पूंजी का $\frac{1}{3}$ भाग $\frac{1}{3}$ समय के लिए तथा प्रिंस ने पूंजी का शेष भाग पूरे समय के लिए व्यय किया तो उसे ₹24000 का लाभ हुआ तो पूरे लाभ की गणना करे-

(a) ₹34000 (b) ₹28000
(c) ₹32500 (d) ₹14400

Sol. **(a)** माना कि कुल पूंजी = 12
कुल समय = 12 माह

	अमित	:	विशाल	:	प्रिंस
राशि	$\frac{1}{4}\times 12$	:	$\frac{1}{3}\times 12$	:	5
समय	$\frac{1}{4}\times 12$	:	$\frac{1}{3}\times 12$	:	12
लाभ =	9	:	16	:	60

60 = 24000
1 = 400

कुल लाभ = (9 + 16 + 60) 400
= 85 × 400
= 34000

26. A ने कुल पूंजी का $\frac{1}{6}$ भाग $\frac{1}{6}$ समय के लिए, B कुल पूंजी का $\frac{1}{3}$ भाग $\frac{1}{3}$ समय के लिए और शेष पूंजी C पूरे समय के लिए लगाता है। अगर कुल लाभ ₹23000 हो तो B का लाभ ज्ञात करें-

(a) ₹3500 (b) ₹4100
(c) ₹4000 (d) ₹3440

Sol. **(c)** माना कि कुल पूंजी = 12
कुल समय 12 माह

	A	:	B	:	C
राशि	$\frac{1}{6}\times 12$	:	$\frac{1}{3}\times 12$	:	6
समय	$\frac{1}{6}\times 12$	:	$\frac{1}{3}\times 12$	:	12
लाभ	4	:	16	:	72
	1	:	4	:	18

⇒ 23 = 23000
1 = 1000

4 ×1000 = ₹4000

27. A, B तथा C ने मिलकर साझे में एक व्यापार शुरू किया। A ने ₹6500, 6 माह के लिए, B ने ₹8400, 5 माह के लिए तथा C ने ₹10,000, 3 माह के लिए निवेश किए। इसमें से A को काम करने हेतु लाभ का 5% मिला हो तो कुल ₹7400 के लाभ में से C का लाभ ज्ञात करे-

(a) ₹2000 (b) ₹1900
(c) ₹1800 (d) ₹1700

Sol. **(b)**

A	:	B	:	C
6500×6	:	8400×5	:	10,000×3
13	:	14	:	10

37 = 7030
1 = 190
∴ C = 10×190 = 1900

28. A, B तथा C तीन साझेदार है जिनकी पूंजी क्रमशः ₹8000, ₹12000 और ₹15000 है और उन्होंने निर्णय लिया कि लाभ के राशि पर अपनी पूंजी के अनुपात में बांटेंगे, लेकिन A काम भी करता है और इसके लिए उसे कुल लाभ का 12½% सैलरी के रुप में लेता है। यदि A को कुल ₹5200 व्यवसाय से मिलते है तो कुल लाभ की राशि ज्ञात करे-

(a) ₹15000 (b) ₹17800
(c) ₹19300 (d) ₹16000

Sol. **(d)**

A	:	B	:	C
8000	:	12000	:	15000
8	:	12	:	15
$8\times\frac{7x}{35}$	:	$12\times\frac{7x}{35}$	:	$15\times\frac{7x}{35}$

∴ A की कुल लाभ (शेयर लाभ + कार्य लाभ) = $\frac{8x}{5}\times x$

⇒ $5200 = \frac{13x}{5}$

x = ₹2000

∴ कुल लाभ = 8x = 8×2000 = ₹16000

29. A और B दोनों ने मिलकर एक व्यापार प्रारंभ किया। उन्होंने 3 : 2 के अनुपात में धन लगाया। कुल प्राप्त लाभ का 5% दान कर देने के बाद A को ₹855 प्राप्त हुआ तो कुल लाभ ज्ञात करें-

(a) ₹1500 (b) ₹1525
(c) ₹1550 (d) ₹1575

Sol. (a) माना कि कुल लाभ = ₹100

5% दान देने पर शेष राशि = ₹95

A : B
3 : 2 $\Rightarrow 5 = 95$
×19 $1 = 19$
57 = 855
1 = 15

∴ कुल लाभ = 15×100 = ₹1500

30. A और B ने क्रमशः ₹50 हजार और ₹20 हजार रुपये के साथ व्यापार शुरू किया। यदि A काम भी करता है और लाभ का 20% अपनी वेतन के रूप में काट लेता है और शेष लाभ को उन दोनों की पूंजी के अनुपात में बांट दिया जाता है। यदि A को B से ₹38000 ज्यादा मिलता है तो कुल लाभ बताइये-

(a) ₹70 हजार (b) ₹80 हजार
(c) ₹85 हजार (d) ₹75 हजार

Sol. (a)

A : B
50 : 20
5 : 2 = 7

माना कि कुल लाभ = 100 × 7 = 700

A को 20% लाभ देने के बाद शेष लाभ $= 700 \times \frac{4}{5}$
= 560

A : B
5 : 2 $\Rightarrow 7 = 560$
×80 : ×80 $1 = 80$
= 400 = 160
+ 140
540

प्रश्नानुसार,
540 – 160 = 38000
380 = 38000
1 = 100
∴ 700 = 900×100 = ₹70,000

31. A और B दो साझेदार है जिनकी पूंजी ₹50,000 व ₹70,000 है और सहमति बनाते है कि 70% लाभ को बराबर-बराबर बांटेंगे व शेष लाभ को पूंजी के अनुपात में बांटेंगे। अगर एक को दूसरे से ₹90 ज्यादा मिले हो तो कुल लाभ ज्ञात करे।

(a) ₹1400 (b) ₹1600
(c) ₹1800 (d) ₹2000

Sol. (c)

A : B
50,000 : 70,000
5 : 7

माना कि कुल लाभ = 12×100
= 1200

शेष बचा 30% लाभ $= 1200 \times \frac{30}{100} = ₹360$

A : B
5 : 7 $\Rightarrow 12 = 360$
×30 : ×30 $1 = 30$
= 150 = 210

प्रश्नानुसार,
$210 - 150 \Rightarrow 90$
$60 \Rightarrow 90$

$1 \Rightarrow \frac{3}{2}$

∴ कुल लाभ $= 1200 \times \frac{3}{2} = ₹1800$

32. दो व्यक्तियों A और B ने क्रमशः ₹1,70,100 और ₹97,200 का एक व्यवसाय में निवेश किया। वे सहमत है कि लाभ का 40% उनके बीच समान रूप से विभाजित किया जाना चाहिए, बाकि उनके निवेश के अनुसार उसके बीच विभाजित किया जाना चाहिए। यदि A को B से ₹2727 अधिक मिले है तो कुल लाभ ज्ञात करे-

(a) ₹17665 (b) ₹15665
(c) ₹16665 (d) ₹18665

Sol. (c)

A : B
170100 : 97200
7 : 4

माना कि कुल लाभ = 100 यूनिट

40 यूनिट 60 यूनिट
20 20
A B

A : B = 7 : 4
अंतर = 3
A को B से 3 यूनिट अधिक मिलते है।

अंतर = 60 यूनिट $\times \frac{3}{11}$

2727 = 60 यूनिट $\times \frac{3}{11}$

$1 \text{ यूनिट} = \frac{2727\times11}{60\times3}$

$\therefore\ 100 \text{ यूनिट} = \frac{2727\times11\times100}{180} = 16665$

Method - II

A	:	B
170100	:	97200
⇒ 7	:	4

माना कुल लाभ = 1100

शेष 60% लाभ को बांटना है

$\frac{1100\times60}{100} = 660$

$A : B \Rightarrow 7 : 4 \Rightarrow 11 \xrightarrow{\times60} 660$

अन्तर ⇒ 180 ⇒ 2727

$\therefore$ कुल लाभ $= \frac{1100\times2727}{180}$

⇒ 55×303

⇒ ₹16665

33. एक व्यापार में A, B एवं C के लाभ का अनुपात $\frac{1}{4}:\frac{1}{3}:\frac{5}{12}$ है। यदि C बाहर हो जाता है, तब A और B, C के लाभ को 2 : 3 के अनुपात में बांट लेते है तो A और B के नए लाभ का अनुपात बताइए-

(a) 5 : 8 (b) 8 : 5
(c) 5 : 7 (d) 7 : 13

Sol. (c)

A	:	B	:	C
$\frac{1}{4}\times12$	:	$\frac{1}{3}\times12$	:	$\frac{5}{12}\times12$
3	:	4	:	5

C = 5

A	:	B	
2	:	3	⇒ 5 = 5
×1		×1	1 = 1
= 2		= 3	

$\therefore$ लाभ का नया अनुपात =

	A	:	B
	3	:	4
+	2	:	3
	5	:	7

34. A और B एक व्यापार में साझीदार है, जिनके लाभ का अनुपात 5 : 9 है। वे दोनों C को भी व्यापार में शामिल कर लेते है और उसे लाभ का 16% देते है तो उन तीनों के नए लाभ का अनुपात बताइये-

(a) 30 : 16 : 54 (b) 54 : 30 : 16
(c) 54 : 16 : 30 (d) 30 : 54 : 16

Sol. (d) माना कि कुल लाभ = 100

16% देने के बाद शेष लाभ = 84

A	:	B	
5	:	9	⇒ 14 = 84
			1 = 6

$\therefore$ नया अनुपात

A	:	B	:	C
5×6	:	9×6	:	16
30	:	54	:	16

35. A और B ने मिलकर एक व्यापार शुरू किया। A ने ₹42 हजार और B ने ₹48 हजार लगाए और निर्णय लिया कि लाभ को पूंजी के अनुपात में बांटेंगे। परंतु C इस शर्त पर शामिल हुआ कि लाभ को बराबर-बराबर बांटा जाए जिसके लिए C ने उन दोनों को ₹2,50,000 दिए तो ज्ञात करे कि A और B ने C की राशि को किस अनुपात में बांटा और कितना-कितना धन प्राप्त किया-

(a) 2 : 3 एवं ₹15 हजार व ₹10 हजार
(b) 3 : 2 एवं ₹15 हजार व ₹10 हजार
(c) 2 : 3 एवं ₹10 हजार व ₹15 हजार
(d) 3 : 2 एवं ₹10 हजार व ₹15 हजार

Sol. (c)

	A	:	B		
	42	:	48		
प्रारंभ में	7	:	8		कुल लाभ = 15
	−2	−3	:	C	
	5	5	:	5	

अतः C द्वारा दिए गए धन को A : B = 2 : 3 के अनुपात में बांटेंगे।

A	:	B	
2	:	3	⇒ 5 = 25000
			1 = 5000
×5000		×5000	
= 10000		= 15000	

36. A और B ने मिलकर एक व्यापार शुरू किया। A ने ₹25 हजार व B ने ₹35 हजार लगाये और निर्णय लिए कि लाभ को पूंजी के अनुपात में बांटेंगे। परंतु C ने एक शर्त पर व्यापार में हिस्सा लिया कि वे लाभ को 1 : 1 : 1 के अनुपात में बांटेंगे और इसके लिए C ने A और B को ₹2,20,000 दिए तो ज्ञात करे कि A और B को कितनी राशि दी।

(a) ₹165000 एंव ₹55000
(b) ₹55000 एवं ₹165000
(c) ₹150000 एवं ₹70000
(d) इनमें से कोई नहीं

Sol. (b)

A	:	B	:	C
25	:	35		
5	:	7		⇒ 12 (कुल लाभ)
–1	:	4	:	4
1	:	3	:	4

A : B
1 : 3 ⇒ 4

$4 = 220000$
$1 = 55000$
$\therefore\ 3 = 3 \times 55000 = ₹165000$

37. A और B ने कोई बाड़ा 10 महीने के लिए किराये पर लिया। A उसमें 100 गाय, 8 महीने के लिए रखता है। बचे हुए 2 महीने के लिए B उनमें कितनी गायें रख सकता है। अगर वह A से $\frac{3}{2}$ गुना ज्यादा पैसे देते है?

(a) 1080 (b) 1060
(c) 1030 (d) 1000

Sol. (d)

A : B
100 गायें × 8 महीना : x गायें × 2 महीना
[3/2 गुना ज्यादा पैसा तो A = 2, B = 2 + 2×3/2]
A = 2, B = 5]

$$\frac{A \rightarrow 100\times8}{B \rightarrow x\times2} = \frac{2}{5}$$

$\therefore$ x = 1000 गायें

38. A, B और C ने मिलकर एक चारागाह 800 में किराये पर लिया। A उसमें 50 गायें 2 महीने तक, B उसमें 80 गायें 5 महीने तक तथा C उसमें 60 गायें और 30 बछड़े 4 महीने तक चराता है। यदि 1 गाय उतना ही खाती है जितना 2 बछड़े, तो C को कितना किराया देना होगा–

(a) 400 (b) 350
(c) 300 (d) 250

Sol. (c)

A : B : C
50 गाय×2 महीना : 80 गाय×5 महीना : (60 गाय+30 बछड़े) ×4 महीने
100 : 400 : 75×4
[∵ 30 बछड़े = 15 गाय)
1 : 4 : 3
⇒ 8 = 100
×100
= ₹300

39. राम और श्याम एक व्यापार में साझीदार है। A कुल पूंजी का 1/4 भाग 15 महीनों के लिए निवेशित करता है तथा B को कुल लाभ का 2/3 भाग मिलता है तो B का धन कितने समय के लिए निवेशित रहा–

(a) 10 महीना (b) 7 महीना
(c) 14 महीना (d) इनमें से कोई नहीं

Sol. (a) कुल पूंजी = 1 एवं लाभ = 1

A की पूंजी = 1/4 B का लाभ = 2/3
$\therefore$ B की पूंजी = 3/4 A A का लाभ = 1/3

	A	:	B
लाभ =	1/3×3	:	2/3×3
पूंजी =	1/4×4	:	3/4×4
	1	:	2
	1	:	3

समय = 1 : 2/3
= 3 : 2

A : B
समय = 3 : 2
3 = 15 महीना
1 = 5 महीना
2 = 10 महीना

40. A और B मिलकर 6 : 5 के अनुपात में पूंजी लगाकर एक व्यापार प्रारंभ करते है। 7 माह बाद A अपनी सारी पूंजी निकाल लेता है जबकि B अपनी आधी पूंजी निकाल लेता है। यदि अंत में मिले लाभ का अनुपात 4 : 5 है तो B का धन कुल कितने समय तक व्यापार में लगा है–

(a) 12 माह (b) 14 माह
(c) 16 माह (d) 17 माह

Sol. (b)

A : B
6×2 : 5×2
12 : 10

प्रश्नानुसार,

$$\frac{12\times7}{10\times7+5\times x} = \frac{4}{5}$$ [जहाँ x = महीनों की संख्या]

105 = 70 + 5x
$\therefore$ 5x = 35
x = 7
$\therefore$ कुल समय = 7 माह + 7 माह = 14 माह

41. A ने एक काम में B से 375 ज्यादा लगाया। A ने 8 माह के लिए जबकि B ने 4 माह के लिए पूंजी निवेश किए। यदि 125 रु. के कुल लाभ में से A को B से 75 ज्यादा मिलता है तो A की पूंजी बतायें-

(a) 790 (b) 835
(c) 750 (d) 810

Sol. (c)

	A	:	B
लाभ =	100	:	25
समय =	8	:	4
पूंजी =	$\frac{100}{8}\times8$	:	$\frac{25}{4}\times8$
=	100	:	50

अंतर = 50 unit

50 unit $\Rightarrow$ 375

$1\text{ unit}=\frac{375}{50}$

$\therefore\quad 100\text{ unit}=\frac{375}{50}\times100=750$

42. A ने एक काम में B से 2500 ज्यादा निवेश किए। A ने 9 महीने के लिए जबकि B ने 8 माह के लिए अपनी पूंजी निवेश की। यदि 100 रु. के कुल लाभ में A को B से 50 रु. ज्यादा मिलता है तो A और B की अलग-अलग पूंजी ज्ञात करे-

(a) 4000 और 1500 (b) 1500 और 4000
(c) 3500 और 2000 (d) 2000 और 3500

Sol. (a)

	A	:	B
लाभ =	75	:	25
समय =	9	:	8
पूंजी =	$\frac{75}{9}\times72$	:	$\frac{25}{8}\times72$
=	600	:	225
=	8	:	3

अन्तर = 5 $\Rightarrow$ 2500

1 $\Rightarrow$ 500

$\therefore\quad A=8\times500=4000$

$B=3\times500=1500$

43. A और B, 3 : 7 की अनुपात में एक व्यवसाय में निवेश करते है। वह व्यवसाय 1 साल में 60000 रु. का लाभ देती है। उन्होंने लाभ का 40% हिस्सा फिर से निवेश करने के बाद लाभ को वितरित करने का निर्णय लिया। तब A को कितना प्राप्त होगा-

(a) 26,200 (b) 25,800
(c) 25,200 (d) 24,000

Sol. (c) लाभ का 40% = = 24000

शेष लाभ = 36000

A : B

3 : 7 $\Rightarrow$ 10

10 $\Rightarrow$ 36000

1 $\Rightarrow$ 3600

$\therefore\quad 3\Rightarrow3600\times3=10800$

$\therefore$ लाभ वितरित करने पर A का हिस्सा

= (36000 − 10800)

= 25200

44. दो व्यापारी A और B ने 5 : 8 के अनुपात में एक कारोबार में निवेश किया। उन्होंने व्यवसाय के कमाये गए लाभ में 30% धनराशि को पुनः निवेश करने का निर्णय लिया। शेष लाभ को उन्होंने स्वयं के बीच वितरित कर लिया। अगर लाभ में A का हिस्सा 87500 था तो उस कारोबार में कितना लाभ हुआ।

Sol. (c) माना कि कुल लाभ = 10x

पुनः निवेश = 3x

शेष लाभ = 7x

A : B

पूंजी/लाभ = 5 : 8 $\Rightarrow$ 13

5 $\Rightarrow$ 87500

1 $\Rightarrow$ 17500

$\therefore$ कुल बांटा गया लाभ = 13×17500

7x = 227500

$\therefore\quad x=\frac{227500}{7}$

$\therefore$ कुल लाभ = 10 x

$=\frac{10\times227500}{7}$

$=10\times32500$

$=325000$

45. A, B और C तीन साझीदार है। A कुल लाभ का $\frac{5}{8}$ भाग प्राप्त करता है व शेष लाभ B और C में बराबर-बराबर बांटते है जब लाभ 8% से 9% हो जाता है तो A की आय 450 रु. बढ़ जाती है तो (B + C) की पूंजी ज्ञात करे-

(a) 21,800 (b) 23,600
(c) 25,400 (d) 27000

Sol. (d) माना कि कुल पूंजी = 100

$$8\% \text{ लाभ पर A का हिस्सा} = 8\times\frac{5}{8} = \frac{40}{8}$$

$$9\% \text{ लाभ पर A का हिस्सा} = 9\times\frac{5}{8} = \frac{45}{8}$$

$1 \Rightarrow 720$

∴ कुल पूंजी = 720×100 = 72,000

72000 → A, (B + C)

A: $\frac{5}{8}\times 72000 = 45000$ (B + C): $(72000-45000) = 27000$

Method - II

8% – 9% = 1%

$$1\%\times\frac{5}{8} = 450$$

$1\% \Rightarrow 720$

∴ $100\% \Rightarrow 72000$

72000 → A, (B + C)

A: $\frac{5}{8}\times 72000$ (B + C): $72000\times\frac{3}{8}$
$= 9000\times 3$
$= ₹27000$

46. A, B एवं C तीन साझीदार है। A कुल लाभ का $\frac{5}{8}$ भाग प्राप्त करता है। व शेष लाभ B और C बराबर बांट लेते है। जब लाभ 4% से 9% हो जाता है तो A की आय ₹450 बढ़ जाती है तो B और C की पूंजी ज्ञात करे-

(a) B = ₹2700, C = ₹2700
(b) B = ₹2850, C = ₹2850
(c) B = ₹3190, C = ₹3190
(d) इनमें से कोई नहीं

Sol. (a) कुल पूंजी = 100 unit

100 unit → A, B, C

$$4\% \text{ पर लाभ} = 4\times\frac{5}{8} = \frac{20}{8}$$

$$9\% \text{ पर लाभ} = 9\times\frac{5}{8} = \frac{45}{8}$$

$$\frac{45}{8}-\frac{20}{8} = \frac{25}{8}$$

$$\frac{25}{8} \Rightarrow 450$$

1 unit = 144

∴ 100 unit = 14400

∴ $(B + C) \text{ का लाभ} = 14400\times\frac{3}{8} = 5400$

B : C
1 : 1 ⇒ 2 unit = 5400
1 unit = 2700

∴ B एवं C की पूंजी = 2700

47. A, B एवं C तीन साझेदार है। A का कुल लाभ $\frac{2}{7}$ भाग मिलता है वह शेष लाभ B और C को 1 : 2 के अनुपात में बांट दिया जाता है। जब लाभ 15% से बढ़कर 20% होता है तो A की आय में 600 की वृद्धि होती है तो B एवं C की पूंजी ज्ञात करें-

(a) B = 10,500, C = 15,900
(b) B = 10,000, C = 20,000
(c) B = 15,000, C = 13,000
(d) B = 13,000, C = 26,000

Sol. (b) 15% ~ 20% = 5%

5% × ⇒ 600

1% ⇒ 420

100% = 42000

$$(B + C) = \frac{5}{7}\times 42000$$

B + C = 30000

1 : 2 ⇒ 3

3 ⇒ 30000

1 = 10,000

∴ $B = 10,000$
$C = 20,000$

48. A और B ने साझे में व्यापार करने का फैसला किया। A ने कुल पूंजी ₹45000 इस शर्त पर व्यापार में लगाया कि दोनों में लाभ बराबर-बराबर बांटा जायेगा तथा B, A को आधी पूंजी पर 10% वार्षिक दर से ब्याज देगा लेकिन B को वार्षिक लाभ में से ₹120 प्रतिमाह उस व्यापार प्रतिष्ठान में काम करने हेतु मिलेगा। यदि वार्षिक लाभ में B का भाग A के भाग का आधा हो, तो कुल वार्षिक लाभ ज्ञात करे-

(a) ₹9180 (b) ₹10180
(c) ₹8180 (d) ₹7680

Sol. (a)

कुल पूंजी = 45000

A: 22500 | B: 22500

$$S.I. = \frac{22500 \times 10 \times 1}{100} = 2250$$

माना कुल लाभ = ₹x

B को व्यापार प्रतिष्ठान में काम करने के लिए मिली राशि

$= 12 \times 120 = ₹1440$

शेष लाभ = (x – 1440)

A: $\frac{x-1440}{2}$ | B: $\frac{x-1440}{2}$

∴ B का कुल हिस्सा $= 2250 + \frac{x-1440}{2}$

$$= \frac{x+3060}{2}$$

∴ A का कुल हिस्सा $= 1440 + \frac{x-1440}{2}$

$$= \frac{x+1440}{2}$$

प्रश्नानुसार,

B का कुल हिस्सा $\times \frac{1}{2}$ = A का शेष हिस्सा

$$\left(\frac{x+3060}{2}\right) \times \frac{1}{2} = \frac{x+1440}{2} - 2250$$

$x + 3060 = 2(x - 3060)$

$x + 3060 = 2x - 6120$

$x = 9180$

अतः कुल लाभ = ₹9180

49. A और B एक व्यापार में क्रमशः ₹10000 और ₹4000 की पूंजी लगाकर साझेदारी करते है। साझेदारी की शर्त है कि B को व्यापार की देखभाल के लिए 100 प्रतिमाह मिलेंगे। वार्षिक लाभ पूंजी पर 5% प्रतिवर्ष की दर से ब्याज का भुगतान करने के बाद उसके द्वारा लगायी गयी पूंजी के अनुपात में बांट दिया जाए। ₹4000 के वार्षिक लाभ में से प्रत्येक का हिस्सा ज्ञात करे-

(a) ₹2000 (b) ₹2200
(c) ₹2500 (d) ₹1500

Sol. (a)

		A	:	B
पूंजी/लाभ	=	10000	:	4000
	=	5	:	2

B को देखभाल के लिए मिली राशि $= 12 \times 100 = 1200$

A को प्राप्त ब्याज $= \frac{10000 \times 5 \times 1}{100} = 500$

B को प्राप्त ब्याज $= \frac{4000 \times 5 \times 1}{100} = 200$

शेष लाभ $= 4000 - (1200 + 500 + 200)$
$= 2100$

पूंजी के अनुपात में लाभ का वितरण-

A का हिस्सा $= \frac{5}{7} \times 2100 = 1500$

A का कुल हिस्सा $= 1500 + 500 = 2000$

B का हिस्सा $= \frac{2}{7} \times 2100 = 600$

B का कुल हिस्सा $= 600 + 1200 + 200$
$= 2000$

∴ A और B का लाभ में हिस्सा = 2000 रु.

विभिन्न प्रतियोगी परीक्षाओं में विगत वर्षों में पूछे गये महत्त्वपूर्ण प्रश्न

1. दो मित्रों A और B ने क्रमशः रु.1,50,000 और रु.2,50,000 का निवेश करके एक व्यवसाय शुरू किया। वे अपनी आय को अपने निवेश के समान अनुपात में वितरित करने के लिए सहमत हुए। एक वर्ष के बाद, अर्जित लाभ रु.6,00,000 था। उनमें से प्रत्येक ने अपने संबंधित लाभ में रु.50,000 जोड़कर एक अलग परियोजना में निवेश किया। यदि इस परियोजना में रु.4,20,000 की आय हुई थी, तो अर्जित लाभ में A का हिस्सा कितना होगा- **[SSS CGL (Mains) 2023]**

(a) रु.1,65,000 (b) रु.2,35,000
(c) रु.1,84,000 (d) रु.1,97,000

2. A और B क्रमशः रु.25,000 और रु.50,000 की धनराशि के साथ एक कंपनी में एक वर्ष के लिए साझेदारी की शुरूआत करते है। 7 महीने बाद, रु.30,000 की धनराशि के साथ C उनके साथ साझेदारी में शामिल हो जाता है और 9 महीने बाद A अपना योगदान (धनराशि) वापस ले लेता है। यह मानते हुए कि वर्ष के अंत में कुल लाभ रु.3,900 है, तो उस लाभ में C का हिस्सा कितना होगा- **[SSC CHSL (Mains) 2023]**

(a) रु.1,200 (b) रु.1,000
(c) रु.600 (d) रु.800

3. P, Q और R प्रत्येक 20,000 रुपये का निवेश करके एक व्यवसाय शुरू करते हैं। 5 महीने के बाद P ने 5,000 रुपये निकाले। Q ने 4,000 रुपये निकाले और R ने 6,000 का अतिरिक्त निवेश किया। वर्ष के अंत में कुल लाभ 34,950 दर्ज किया गया। P का हिस्सा ज्ञात कीजिए। **[UPP Constable 2024]**

(a) रु.10,250 (b) रु.10,800
(c) रु.10,600 (d) रु.14,100

4. अभिषेक, बिमल और चिन्मय साझेदारी में शामिल होते हैं। अभिषेक, बिमल के निवेश से 3 गुना अधिक निवेश करता है और बिमल, चिन्मय द्वारा किये गये निवेश का $\frac{2}{3}$ निवेश करता है। वर्ष के अंत में, अर्जित लाभ Rs. 5,500 है। चिन्मय का हिस्सा कितना है? **[UPP Constable 2024]**

(a) रु.1,000 (b) रु.3,000
(c) रु.2,500 (d) रु.1,500

5. दो व्यक्ति A और B एक व्यापार में क्रमशः रु.154000 और रु. 110000 की राशि निवेश करते है। वे सहमत हाते है कि लाभ के 40% को उनके बीच बराबर हिस्सों में बाँटा जाएगा ओर शेष लाभ को उनके निवेश के अनुसार बांटा जाएगा। यदि A को B की तुलना में 2520 अधिक प्राप्त होते है, तो कुल लाभ ज्ञात कीजिए- (रु.में) **[UPSI 2021]**

(a) 25200 (b) 25225
(c) 25205 (d) 25215

6. P और Q ने एक व्यवसाय में 5 : 13 के अनुपात में निवेश किया। Q ने 6 महीने बाद अपनी पूंजी निकाल ली। यदि उन्होंने अपना लाभ 25 : 26 के अनुपात में साझा किया हो, तो P की राशि को कितने समय तक उपयोग की गई थी- **[RRB JE 2019]**

(a) 8 महीने (b) 15 महीने
(c) 18 महीने (d) 12 महीने

7. P और Q क्रमशः रु.1400 और रु.1800 के निवेश के साथ एक साझेदारी में प्रवेश करते है। वे लाभ के आधे हिस्से को व्यवसाय के संचालन के लिए रखते हैं और शेष हिस्से को अपने निवेश के अनुपात में बांट लेते है। यदि लाभ में उनके हिस्सों का अंतर रु. 47 है, तो कुल लाभ ज्ञात कीजिए- **[RRB JE 2019]**

(a) रु.752 (b) रु.804
(c) रु.954 (d) रु.504

8. मोहित, रोहित और आयुष एक व्यवसाय में साझेदार है। मोहित, जिसका पैसा 5 महीने के लिए इस्तेमाल किया गया है लाभ का $\frac{1}{16}$ दावा करता है। रोहित, जिसका पैसा 4 महीने के लिए इस्तेमाल किया गया है, $\frac{1}{3}$ लाभ का दावा करता है। आयुष ने 10 महीने के लिए रु.1537 का निवेश किया था। मोहित और रोहित ने क्रमशः कितना पैसा का योगदान दिया- **[CRPF HCM 2023]**

(a) रु.326 और रु.2,236 (b) रु.318 और रु.2,120
(c) रु.659 और रु.1,896 (d) रु.256 और रु.2,365

9. A, B, C और D एक व्यवसाय में क्रमशः 3 : 6 : 2 : 5 के अनुपात में निवेश करते है। लेकिन पूंजी का उपयोग क्रमशः 5 : 3 : 2 : 6 के अनुपात में किया गया। रु.50250 के लाभ में से A और C के शेयरों (रु. में) के बीच का अंतर क्या है- **[ICAR Tech. 2022]**

(a) 5280 (b) 5820
(c) 8250 (d) 8520

10. तीन भागीदार, किसी व्यापार में हुए लाभ को 8 : 7 : 5 के अनुपात में बांटते है। उन्होंने अपनी पूँजी को क्रमशः 7 माह, 8 माह और 14 माह के लिए निवेशित किया था। उनकी पूँजी का अनुपात ज्ञात करे- **[SSC CPO 2020]**

(a) 49 : 64 : 20 (b) 64 : 49 : 20
(c) 20 : 64 : 49 (d) 20 : 49 : 64

11. A, B और C ने 2 : 3 : 5 के अनुपात में पूंजी का निवेश किया, उनके निवेश के समय का अनुपात 4 : 5 : 6 है। तीनों के लाभ का अनुपात होगा- **[RRB Group D 2018]**

(a) 08 : 15 : 20 (b) 05 : 15 : 30
(c) 08 : 15 : 30 (d) 07 : 15 : 30

12. उर्मी और लोकेश ने क्रमशः रु.11,250 और रु.13,125 के निवेश के साथ साझेदारी शुरू की, लेकिन वित्तीय संकट के कारण इनमें से एक को अपने निवेश के 8 महीने बाद अपना निवेश निकालना पड़ा। पहले 12 महीनों के लाभ को दोनों में किस अनुपात में बाँटा जाना चाहिए- **[RRB Group D 2018]**

(a) 7 : 9 (b) 9 : 7
(c) 7 : 6 (d) 6 : 7

13. उमर और अविनाश के क्रमशः रु.10,000 और रु.15,000 के निवेश के साथ साझेदारी शुरू की, लेकिन वित्तीय समस्या के कारण, अविनाश ने 8 महीने बाद अपना निवेश वापस ले लिया। पहले बारह मास का लाभ दोनों में किस अनुपात में बांटा जाना चाहिए- **[RRB ALP & Tec. 2018]**

(a) 3 : 2 (b) 2 : 3
(c) 1 : 1 (d) 1 : 2

14. 5 वर्ष पहले एक कंपनी को उसकी पूंजीगत निवेश का 60% नुकसान हुआ था। अगले वर्षों में, उन्होंने 2 चरणों में धन हानि की वसूली की। चरण 1 में, उन्हें रु.1,00,000 और चरण 2 में, उन्हें रु. 80,000 प्राप्त हुए। उनका प्रारंभिक पूंजी निवेश क्या था- **[RRB Group D 2018]**

(a) रु.3,60,000 (b) रु.3,00,000
(c) रु.2,40,000 (d) रु.1,60,000

15. N के पास K से p अधिक धन है। N और K दोनों की कुल धनराशि q है। K के पास कितना धन है- **[RRB NTPC 2017]**

(a) $\frac{q}{2}+p$ (b) $2(p+q)$

(c) $\frac{(p+q)}{2}$ (d) $\frac{(q-p)}{2}$

16. एक भागीदारी फर्म में तेजल की हिस्सेदारी 40% और अशांक की हिस्सेदारी 60% है। औसतन, यदि तेजल वार्षिक तौर पर रु. 10,00,000 का लाभ अर्जित करता है, तो अशांक कितना लाभ अर्जित करेगा- **[RRB Group D 2018]**

(a) रु.24 लाख (b) रु.25 लाख
(c) रु.30 लाख (d) रु.15 लाख

17. A, B और C, $\frac{1}{2}:\frac{1}{3}:\frac{1}{6}$ के अनुपात में अपनी पूंजी के साथ एक व्यवसाय शुरू करते है। 6 महीने के बाद, A अपनी पूंजी का आधा निकाल लेता है। B अपनी पूंजी में 50% की वृद्धि करता है और C अपनी पूंजी में 100% की वृद्धि करता है। एक वर्ष के बाद, रु. 12,42,000 के कुल लाभ में C का हिस्सा (रु.में) क्या होगा- **[ICAR Assitt. 2022]**

(a) 447120 (b) 496800
(c) 397440 (d) 298080

18. A, B और C एक साझेदारी में प्रवेश करते है और अपनी पूंजी को क्रमशः $\frac{1}{3}:\frac{5}{12}:\frac{1}{2}$ के अनुपात में निवेश करते है। A व्यवसाय के प्रबंधन के लिए कुल लाभ का एक-चौथाई प्राप्त करता है और शेष लाभ को उनके निवेश के अनुपात में उनके बीच विभाजित किया जाता है। एक वर्ष के अंत में, यदि A को B और C को मिलाकर प्राप्त लाभ से 1.26 लाख रुपये कम मिलते है, तो कुल लाभ में C का हिस्सा (लाख रुपये में) कितना है- **[ICAR Tech. 2022]**

(a) 2.52 (b) 4.41
(c) 3.15 (d) 3.78

19. A, B तथा C एक साझेदारी शुरू करते है। वे क्रमशः रु.45,000, रु.36,000, रु.54000 निवेश करते है। वे क्रमशः 4 वर्ष, 3 वर्ष तथा 2 वर्ष तक साझेदारी में रहते है। यदि लाभ में B का हिस्सा रु. 1800 है तो कुल लाभ कितना है- **[IB ACIO 2020]**

(a) रु.7200 (b) रु.6000
(c) रु.7000 (d) रु.6600

20. A, B और C ने एक व्यवसाय शुरू किया। A के निवेश का तिगुना, B के दोगुने निवेश के तथा C के चार गुना निवेश के बराबर है। यदि कुल लाभ में से C के हिस्से में रु.4863 आता है, तो A का लाभ कितना होगा- **[SSC Main 2010]**

(a) रु.9726 (b) रु.6484
(c) रु.7272 (d) रु.8105

21. A, B और C ने एक व्यवसाय शुरू किया। कुल पूंजी का $33\frac{1}{3}\%$ A, शेष पूँजी का $33\frac{1}{3}\%$, B और शेष C निवेश करता है। यदि एक वर्ष के अंत में कुल लाभ रु.20,250 था, तो C का लाभ B के लाभ से अधिक है- **[SSC CPO 2019]**

(a) रु.5200 (b) रु.4500
(c) रु.6750 (d) रु.2700

22. अजय, सुनील, कृष्णा और सुमित अच्छे दोस्त है। उन्होंने रु. 15,000 प्रति माह के किराए पर एक घर लिया। अजय एक महीने में केवल 15 दिन इस घर में रहता है, बाकी के दिन वह अपने परिवार के साथ रहता है। कृष्णा और सुमित भी काम कर रहे है, किन्तु उन्होंने साथ मिलकर अपने किराये के तौर पर रु.10,000 का भुगतान करने का फैसला किया है। सुनील पूरा महीना इसी घर में रहता है। यदि अजय और सुनील उन दिनों की संख्या पर किराया भुगतान करने का फैसला करते है जितने दिन के इस घर में रहते है, तो किराए में अजय, सुनील, सुमित और कृष्णा की हिस्सेदारी क्रमशः कितनी होगी- **[RRB NTPC 2021]**

(a) $\frac{1}{9},\frac{1}{3},\frac{1}{3},\frac{2}{9}$ (b) $\frac{1}{9},\frac{2}{9},\frac{1}{3},\frac{1}{3}$
(c) $\frac{1}{3},\frac{2}{3},\frac{1}{9},\frac{1}{3}$ (d) $\frac{1}{3},\frac{1}{3},\frac{1}{4},\frac{1}{4}$

23. A और B ने क्रमशः रु.20,000 और रु.16,000 का निवेश करके एक साझेदारी की। 3 माह के बाद, C, रु.15,000 का निवेश करके उस साझेदारी में शामिल हो जाता है। रु.4,350 के छमाही लाभ में B का हिस्सा (रु. में) कितना होगा- **[RRB NTPC 2021]**

(a) 1,760 (b) 2,000
(c) 1,600 (d) 1,850

24. तीन दोस्तो A, B, C ने 12 : 5 : 10 के अनुपात में एक व्यवसाय में निवेश किया। 6 महीने बाद C अपनी आधी पूँजी निकाल ली। एक वर्ष के लिए रु.1,47,000 के कुल लाभ में से C द्वारा अर्जित लाभ ज्ञात कीजिए- (रु. में) **[UPSI 2021]**

(a) 46,000 (b) 45,000
(c) 48,000 (d) 47,000

25. तीन मित्रों A, B, C ने एक व्यापार में 2 : 3 : 4 के अनुपात में निवेश किया। 6 महीनों बाद C ने अपनी आधी पूँजी निकाल ली। यदि वर्ष के लिए कुल अर्जित लाभ 110000 है तो C द्वारा प्राप्त लाभ ज्ञात कीजिए- (रु. में) **[UPSI 2021]**

(a) 41250 (b) 43250
(c) 42250 (d) 44250

26. तीन साझेदार X, Y और Z ने मुनाफा साझा किया। यदि कुल लाभ रु. 3000 है, X का हिस्सा Z से रु.400 कम और Y का हिस्सा Z से रु. 200 कम है। X : Y : Z का लाभ साझा करने का अनुपात ज्ञात करें- **[UPSI 2017]**

(a) 2 : 3 : 4 (b) 3 : 4 : 5
(c) 4 : 5 : 6 (d) 5 : 6 : 7

27. तीन व्यक्ति A, B और C क्रमशः 7 : 8 : 4 के अनुपात में निवेश करके एक साझेदारी में प्रवेश करते है। एक वर्ष बाद A, रु.5800 अधिक निवेश करता है और B, रु.4600 निकालता है। अब निवेश का अनुपात 8 : 5 : 6 हो जाता है। A ने आरंभ में लगभग कितना निवेश किया था- (रु. में) **[UPSI 2021]**

(a) 13882.75 (b) 15882.75
(c) 14882.75 (d) 12882.75

28. तीन साझेदार P, Q और R एक व्यवसाय शुरू करते हैं। P की पूँजी का दोगुना, Q की पूँजी के तीन गुना के बराबर है और Q की पूँजी, R की पूँजी के चार गुना के बराबर है। वर्ष के अंत में Rs. 27,500 के कुल लाभ में से R का हिस्सा है। **[UPP Constable 2024]**

(a) रु.15,000 (b) रु.5,000
(c) रु.2,500 (d) रु.7,000

ANSWER

1	(a)	2	(c)	3	(a)	4	(d)	5	(a)	6	(b)	7	(a)	8	(b)	9	(c)	10	(b)
11	(c)	12	(b)	13	(c)	14	(b)	15	(d)	16	(d)	17	(d)	18	(d)	19	(d)	20	(b)
21	(b)	22	(b)	23	(c)	24	(b)	25	(a)	26	(c)	27	(b)	28	(c)				

CHAPTER

औसत (Average) 14

औसत (Average) : सभी प्रेक्षणों के योग तथा उन प्रेक्षणों की कुल संख्या का अनुपात ही औसत अथवा माध्य कहलाता है। यह समान वितरण को प्रदर्शित करता है।

$$\text{औसत} = \frac{\text{कुल प्रेक्षणों का योग}}{\text{प्रेक्षणों की संख्या}}$$

औसत के गुण (Properties of Average)

- औसत सदैव उच्चतम तथा निम्नतम मानों के बीच होता है।
- औसत 'a' वाले किसी आंकड़े के प्रत्येक संख्या में x से गुणा करने पर-

$$\text{नया औसत} = a \times x$$

- औसत 'a' वाले किसी आंकड़े के प्रत्येक संख्या में x से भाग करने पर-

$$\text{नया औसत} = \frac{a}{x}$$

- औसत 'a' वाले किसी आंकड़े के प्रत्येक संख्या में x जोड़ने पर-

$$\text{नया औसत} = a + x$$

- औसत 'a' वाले किसी आंकड़े के प्रत्येक संख्या में x घटाने पर-

$$\text{नया औसत} = a - x$$

- यदि n_1 आकड़ों का औसत x_1, n_2 आंकड़ों का औसत x_2 तथा n_3 आंकड़ों का औसत x_3 हो तो-

$$\text{संयुक्त औसत} = \frac{n_1x_1 + n_2x_2 + n_3x_3}{n_1 + n_2 + n_3}$$

क्रमागत संख्याओं का औसत (Average of Consecutive Numbers)

- पहली 'n' प्राकृतिक संख्याओं का औसत $= \left(\frac{n+1}{2}\right)$
- पहली 'n' सम संख्याओं का औसत $= (n+1)$
- पहली 'n' विषम संख्याओं का औसत $= n$
- पहली 'n' प्राकृतिक संख्याओं के वर्गों का औसत $= \frac{(n+1)(2n+1)}{6}$
- पहली 'n' सम संख्याओं के वर्गों का औसत $= \frac{2(n+1)(2n+1)}{3}$
- पहली 'n' विषम संख्याओं के वर्गों का औसत $= \frac{(4n^2-1)}{3}$
- पहली 'n' प्राकृतिक संख्याओं के घनों का औसत $= \frac{n(n+1)^2}{4}$
- पहली 'n' सम प्राकृतिक संख्याओं के घनों का औसत $= 2n(n+1)^2$
- पहली 'n' विषम प्राकृतिक संख्याओं के घनों का औसत $= n(2n^2-1)$
- किसी संख्या 'a' के प्रथम 'n' गुणज का औसत $= \frac{a(n+1)}{2}$
- पहली 'n' पूर्ण संख्याओं का औसत $= \frac{n}{2}$
- क्रमागत संख्याओं का औसत $= \frac{\text{पहली संख्या} + \text{अन्तिम संख्या}}{2}$

प्रतिस्थापन की अवधारणा (Concept of Replacement)

$$\text{औसत में परिवर्तन} = \frac{\text{योग में परिवर्तन}}{\text{संख्या}}$$

$$\text{औसत में परिवर्तन} \propto \text{योग में परिवर्तन}$$

अर्थात् औसत बढ़ेगा तो योग भी बढ़ेगा, औसत घटेगा, तो योग भी घटेगा।

- **औसत में वृद्धि-**

नये व्यक्ति/वस्तु का मान
= हटाया गया मान + (औसत में वृद्धि × व्यक्तियों की संख्या)

- **औसत में कमी-**

नये व्यक्ति/वस्तु का मान
= हटाया गया मान − (औसत में कमी × व्यक्तियों की संख्या)

औसत (Average)

समावेशन एवं बहिष्करण (Inclusion & Exclusion)

प्रतिस्थापन में जितने व्यक्ति निकलते है उतने ही व्यक्ति सम्मिलित हो जाते है इसलिए प्रतिस्थापन में व्यक्तियों अथवा प्रेक्षणों की संख्या निश्चित रहती है किन्तु समावेशन में बढ़ती है तथा बहिष्करण में घट जाती है।

- ***औसत में वृद्धि-***

(i) **जब कोई शामिल होता है-**

शामिल हुए व्यक्ति/वस्तु का मान = नया औसत + (प्रारम्भ में व्यक्तियों की संख्या × औसत में वृद्धि)

(ii) **जब कोई निकलता है-**

निकले हुए व्यक्ति/वस्तु का मान = पुराना औसत – (शेष व्यक्ति × औसत में वृद्धि)

- ***औसत में कमी-***

(i) **जब कोई शामिल होता है-**

शामिल हुए व्यक्ति/वस्तु का मान = नया औसत – (प्रारम्भ में व्यक्ति × औसत में कमी)

(ii) **जब कोई निकलता है-**

निकले हुए व्यक्ति/वस्तु का मान = पुराना औसत + (शेष व्यक्ति × औसत में कमी)

क्रिकेट पर आधारित सूत्र (Cricket Based Formula)

$$\text{बल्लेबाजी औसत} = \frac{\text{कुल रन स्कोर}}{\text{कुल पारी}}$$

$$\text{गेंदबाजी औसत} = \frac{\text{कुल दिया गया रन}}{\text{कुल ली गयी विकेट}}$$

गलती पर आधारित समस्या (Problem Based on Error)

- यदि 'n' संख्याओं का औसत x है लेकिन बाद में यह पाया गया कि एक संख्या 'a' को गलती से 'b' पढ़ लिया गया था तो-

$$\text{सही औसत} = x + \frac{(a-b)}{n}$$

- यदि 'n' संख्याओं का औसत x है लेकिन बाद में यह पाया गया कि दों संख्याएं a और b गलती से p और q पढ़ ली गयी-

$$\text{सही औसत} = x + \left(\frac{(a-p)+(b-q)}{n}\right)$$

1. संख्या 34, 47, 52 का औसत ज्ञात करें-

(a) $44\frac{2}{3}$ (b) $45\frac{2}{3}$

(c) $44\frac{1}{3}$ (d) 47

Sol. **(c)** **Method - I**

$$\text{औसत} = \frac{34+47+52}{3} = \frac{133}{3} = 44\frac{1}{3}$$

Method - II

माना कि औसत = 45

34, 47, 52

–11, + 2, +7

$$\frac{-11+2+7}{3} = -\frac{2}{3}$$

$\therefore$ $45-\frac{2}{3} = 44\frac{1}{3}$ **Ans.**

2. 39, 63, 46 और 54 का औसत ज्ञात करें-

(a) 50 (b) $50\frac{1}{2}$

(c) $50\frac{2}{3}$ (d) 51

Sol. **(b)** माना कि औसत = 50

39, 63, 46, 54

–11, +13, –4, +4

$$= \frac{-11+13-4+4}{4} = \frac{2}{4} = \frac{1}{2}$$

$\therefore$ औसत $= 50+\frac{1}{2} = 50\frac{1}{2}$ **Ans.**

3. विज्ञान की एक परीक्षा में छात्रों द्वारा प्राप्त अंकों का औसत क्या है। यदि उनके द्वारा प्राप्त अंक निम्नलिखित है-

41, 39, 52, 48, 54, 62, 46, 52, 40, 96, 42, 40, 98, 60, 52

(a) 54.8 (b) 58.4

(c) 53.4 (d) 53.8

Sol. **(a)** माना कि औसत = 60

41, 39, 52, 48, 54, 62, 46, 52, 40, 96, 42, 40, 98, 60, 52

= –19, –21, –8, –12, –6, +2, –14, –8, –20, +36, –18, –20, +38, +0, –8

अब,

$$= \frac{-19-21-8-12-6+2-14-8-20+36-18-20+38+0-8}{15}$$

$$= \frac{76-154}{15} = \frac{78}{15} = -5.2$$

$\therefore$ औसत $= 60 - 5.2 = 54.8$ **Ans.**

Method - II

$$= \frac{[41+39+52+48+54+62+46+52+40+96+42+40+98+60+52]}{15}$$

$$= \frac{822}{15} = 54.8$$ **Ans.**

4. P, Q, R का औसत वजन 55 kg है। यदि P और Q का औसत भार 49 kg है और Q और R का भार 50 kg है तो Q का भार ज्ञात करे।

(a) 31 (b) 29
(c) 33 (d) 27

Sol. **(c)** $P + Q + R = 55 \times 3 = 165$ kg

$P + Q$ का कुल भार $= 49 \times 2 = 98$ kg

$Q + R$ का कुल भार $= 50 \times 2 = 100$ kg

$\therefore$ Q का वजन $= (100 + 98)$ kg $- 165$kg
$= (198 - 165)$
$= 33$ kg **Ans.**

क्रमागत संख्या पर आधारित प्रश्न

5. 1, 2, 3, 4, 5, ..., 98, 99, 100 तक का औसत ज्ञात करे।

(a) 50.5 (b) 51
(c) 51.5 (d) 50

Sol. **(a)** औसत $= \frac{\text{प्रथम संख्या + अंतिम संख्या}}{2}$

$$= \frac{1+100}{2} = \frac{101}{2} = 50.5$$ **Ans.**

6. 51, 52, 53, ..., 97, 98, 99, 100 तक का औसत ज्ञात करे।

(a) 74.5 (b) 75.5
(c) 51.5 (d) 55

Sol. **(b)** औसत $= \frac{\text{प्रथम संख्या + अंतिम संख्या}}{2}$

$$= \frac{51+100}{2} = \frac{151}{2} = 75.5$$ **Ans.**

7. प्रथम 50 सम प्राकृतिक संख्या का औसत ज्ञात करे।

(a) 50 (b) 50.5
(c) 51 (d) 51.5

Sol. **(c)** प्रथम 50 सम प्राकृतिक संख्या = 2, 4, 6, ...98, 100

औसत $= \frac{\text{प्रथम संख्या + अंतिम संख्या}}{2}$

$$= \frac{2+100}{2} = \frac{102}{2} = 51$$ **Ans.**

8. प्रथम 50 विषम प्राकृतिक संख्या का औसत ज्ञात करे।

(a) 53 (b) 51
(c) 50 (d) 49

Sol. **(c)** प्रथम 50 विषम प्राकृतिक संख्या = 1, 3, 5, 7, ..., 97, 99

$\therefore$ औसत $= \frac{\text{प्रथम संख्या + अंतिम संख्या}}{2}$

$$= \frac{1+99}{2} = \frac{100}{2} = 50$$ **Ans.**

9. संख्या 7 के प्रथम पांच गुणजों का औसत ज्ञात करे।

(a) 28 (b) 24
(c) 22 (d) 21

Sol. **(d)** संख्या 7 के प्रथम पांच गुणज = 7, 14, 21, 28, 35

औसत $= \frac{\text{प्रथम संख्या + अंतिम संख्या}}{2}$

$$= \frac{7+35}{2} = \frac{42}{2} = 21$$ **Ans.**

Method - II

7 के प्रथम पाँच गुणज = 7, 14, 21, 28, 35

माना कि औसत = 20

7, 14, 21, 28, 35
−13, −6, +1, +8, +15

अब,

$$\frac{-13-6+1+8+15}{5} = \frac{5}{5} = 1$$

$\therefore$ औसत $= 20 + 1 = 21$ **Ans.**

10. संख्या 4 के प्रथम 26 गुणजों का औसत ज्ञात करे।

(a) 50 (b) 52
(c) 54 (d) 56

Sol. **(c)** संख्या 4 के प्रथम 26 गुणज = 4, ..., 4×26

$\therefore$ औसत $= \frac{\text{प्रथम संख्या + अंतिम संख्या}}{2}$

$$= \frac{4+4\times26}{2} = \frac{108}{2} = 54$$ **Ans.**

11. $1^2, 2^2, 3^2, 4^2, ..., 20^2$ का औसत ज्ञात करे।

(a) 140.5 (b) 141.5
(c) 142.5 (d) 143.5

Sol. **(d)** प्रथम n प्राकृतिक संख्याओं के वर्गों का योग

$$= \frac{n(n+1)(2n+1)}{6}$$

$$\therefore \quad \text{औसत} = \frac{20(20+1)(2\times20+1)}{6\times20}$$

$$= \frac{20\times21\times41}{6\times20} = \frac{287}{2} = 143.5$$

12. $11^2, 12^2, 13^2, ... 18^2, 19^2, 20^2$ तक के संख्या का औसत बताइये।

(a) 248.5 (b) 249.8
(c) 251.6 (d) इनमें से कोई नहीं

Sol. **(a)**

$$\text{औसत} = \frac{\text{संख्या } 1^2 \text{ से } 20^2 \text{ तक का योग} - \text{संख्या } 1^2 \text{ से } 10^2 \text{ तक का योग}}{20-10}$$

$$= \frac{\frac{20\times21\times41}{6} - \frac{10-11\times21}{6}}{10}$$

$$= \frac{21\times10(82-11)}{6\times10} = \frac{497}{2}$$

$$= \frac{7\times71}{2} = 248.5 \quad \textbf{Ans.}$$

13. प्रथम 20 प्राकृत संख्या के घनों का औसत ज्ञात करे।

(a) 2100 (b) 2160
(c) 2205 (d) 2310

Sol. **(c)** प्रथम n प्राकृतिक संख्या के घनों का योग $= \left[\frac{n(n+1)}{2}\right]^2$

$$\therefore \quad \text{औसत} = \frac{\left[\frac{20\times(20+1)}{2}\right]^2}{20}$$

$$= \frac{(10\times21)^2}{20} = \frac{44100}{20}$$

$$= \frac{4410}{2} = 2205 \quad \textbf{Ans.}$$

14. $11^3, 12^3, 13^3, ... 18^3, 19^3, 20^3$ तक का औसत ज्ञात करे।

(a) 4107.8 (b) 4107.5
(c) 4107.3 (d) 4107

Sol. **(b)**

$$\text{औसत} = \frac{(1^3 \text{ से } 20^3 \text{ तक का योग}) - (1^3 \text{ से } 10^3 \text{ तक का योग})}{20-10}$$

$$= \frac{\left(\frac{20\times21}{2}\right)^2 - \left(\frac{10\times11}{2}\right)^2}{10}$$

$$= \frac{44100-3025}{10} = \frac{41075}{10} = 4107.5 \quad \textbf{Ans.}$$

नोट– यदि क्रमागत संख्या दी गयी हो तो :–

(i) हमेशा ही मध्य पद औसत होगी। (यदि पदों की संख्या विषम हो)

(ii) मध्य पद के औसत का औसत होगी। (यदि पदों की संख्या सम हो)

(iii) प्रथम पद और अंतिम पद का औसत वहीं होगा जो उन क्रमागत संख्या का औसत होगा।

15. 41 क्रमागत विषम संख्याओं का औसत 49 है तो सबसे बड़ी संख्या क्या है?

(a) 82 (b) 98
(c) 96 (d) 89

Sol. **(d)** प्रथम 20 पद + 21वाँ पद + अंतिम 20 पद
प्रथम 20 पद + 49 + अंतिम 20 पद
आखिरी पद या सबसे बड़ी संख्या

$= 49 + 2 \times 20$
$= 49 + 40$
$= 89$ **Ans.**

16. 41 क्रमागत सम संख्याओं का औसत 152 है तो सबसे छोटी संख्या क्या है?

(a) 112 (b) 142
(c) 110 (d) 121

Sol. **(a)** प्रथम 20 सम संख्या + 21वाँ संख्या + अंतिम 20 सम संख्या
प्रथम 20 सम संख्या + 152 + अंतिम 20 सम संख्या

20×2=40

$\therefore$ सबसे छोटी संख्या $= 152 - 40$
$= 112$ **Ans.**

17. 44 लगातार विषम संख्या का औसत 144 है, तो सबसे बड़ी संख्या ज्ञात करे।

(a) 187 (b) 191

(c) 197 (d) 201

Sol. **(a)** प्रथम 21 क्रमागत विषम संख्या + (22+23)वाँ पद + अंतिम 21 क्रमागत विषम संख्या

प्रथम 21 क्रमागत विषम संख्या + 144 × 2 + अंतिम 21 क्रमागत विषम संख्या

21×2=42

∴ 22वाँ पद = 143

23वाँ पद = 145

∴ सबसे बड़ी संख्या = 145 + 42 = 187 **Ans.**

18. यदि 58 लगातार सम संख्याओं का औसत 179 है और पहली और अंतिम संख्या का योग ज्ञात करे।

(a) 340 (b) 344

(c) 358 (d) 376

Sol. **(c)** प्रथम 28 क्रमागत सम संख्या + (29 + 30)वाँ पद + अंतिम 28 क्रमागत सम संख्या

= 28 × 2 + 179 × 2 + 28×2

∴ 29वाँ पद = 178

30वाँ पद = 180

∴ प्रथम पद = 178 – 56 = 122

अंतिम पद = 180 + 56 = 236

अब,

प्रथम पद + अंतिम पद = 122 + 236

= 358 **Ans.**

Method - II

$$\frac{\text{प्रथम पद + अंतिम पद}}{2} = 179$$

प्रथम पद + अंतिम पद = 358 **Ans.**

नोट: संख्या यहाँ क्रमागत दी गई है अर्थात् संख्या का अंतर समान है।

Method - III

सबसे छोटी या प्रथम पद = औसत – (n – 1)

= 179 – (58 – 1)

= 122

सबसे बड़ी या अंतिम पद = औसत + (n – 1)

= 179 + (58 – 1)

= 236

∴ प्रथम + अंतिम पद = 122 + 236

= 358 **Ans.**

19. यदि 6 क्रमागत विषम संख्याओं का औसत 48 है, तो न्यूनतम तथा अधिकतम संख्याओं के बीच का अंतर क्या है?

(a) 10 (b) 12

(c) 9 (d) इनमें से कोई नहीं

Sol. **(a)** **Method - I**

I II III IV V VI

43 45 47 49 51 53

48

∴ अभीष्ट अन्तर = 53 – 43 = 10 **Ans.**

Method - II

माना कि

संख्याएं = x, (x + 2), (x + 4), (x + 6), (x + 8), (x + 10)

$$\text{औसत} = \frac{x + x + 2 + x + 4 + x + 6 + x + 8 + x + 10}{6}$$

48 × 6 = 6x + 30

6x = 288 – 30

6x = 258

x = 43 (छोटी संख्या)

x + 10 = 43 + 10 (बड़ी संख्या)

∴ अभीष्ट अंतर = 53 – 43 = 10 **Ans.**

Method - III

यदि लगातार विषम संख्या हो, तो

अभीष्ट अंतर = (n – 1) × 2 [जहाँ n = पदों की संख्या]

= (6 – 1) × 2

= 10 **Ans.**

20. 5 क्रमागत संख्याओं का औसत n है। यदि आगे की दो संख्यायें और ले ली जाए तो औसत में कितने की वृद्धि होगी?

(a) 1 (b) 2

(c) 3 (d) 4

Sol. **(a)**

I II III IV V

x $(x+1)$ $(x+2)$ $(x+3)$ $(x+4)$

$$\frac{x + x + 1 + x + 2 + x + 3 + x + 4}{5} = \text{औसत } (n)$$

$5x + 10 = n \times 5$

$x + 2 = n$

∴ $n = x + 2$

प्रश्नानुसार,

दो और क्रमागत संख्या लेने पर

$$\frac{x+x+1+x+2+x+3+x+4+x+5+x+6}{5} = \text{औसत}$$

$$\frac{7x+21}{7} = \text{नया औसत}$$

$$x+3 = \text{नया औसत}$$

अभीष्ट अंतर $= x+3-(x+2) = 1$ **Ans.**

Method - II

$$I = \frac{1+5}{2} = 3$$

$$II = \frac{1+7}{2} = 4$$

$\therefore$ अभीष्ट अंतर $= 4-3 = 1$ **Ans.**

21. 20 क्रमागत संख्याओं का औसत n है। यदि अंतिम में 10 संख्याओं को और जोड़ दिया जाए तो औसत में क्या परिवर्तन होगा?

(a) 7.5 की वृद्धि (b) 5 की वृद्धि

(c) 5 की कमी (d) कोई अंतर नहीं

Sol. **(c)** $Ist = \frac{1+20}{2} = 10.5$

$IInd = \frac{1+30}{2} = 15.5$

$\therefore$ औसत में परिवर्तन $= 15.5-10.5 = 5$

अतः 5 की वृद्धि हागी।

नोट- जितनी संख्या बढ़ायी जाएगी, औसत में उतने पद का आधा बढ़ जायेगा।

22. 15 क्रमागत संख्याओं का औसत n है। यदि अंतिम 6 संख्या को हटा दिया जाए तो औसत में परिवर्तन कमी को बतायें।

(a) 3 (b) 4

(c) 2 (d) इनमें से कोई नहीं

Sol. **(a)** $Ist = \frac{1+15}{2} = 8$

$IInd = \frac{1+9}{2} = 5$

अंतर $= 8-5 = 3$ **Ans.**

नोट- जितनी संख्या घटायी जायेगी, औसत में उतने पद का आधा घट जायेगा।

23. आरोही क्रम में लिखी गई 8 क्रमागत सम संख्याओं का औसत 17 है। अंतिम तीन संख्याओं 36 और 53 का औसत क्या है?

(a) 32.2 (b) 29.8

(c) 31.6 (d) 31

Sol. **(d)** 8 क्रमागत सम संख्या का औसत = 17

$\because$ औसत मध्य की संख्या होती है।

$\therefore$ संख्या क्रमशः = 10, 12, 14, **16, 18,** 20, 22, 24

अब, अंतिम तीन संख्या एवं 36 और 53 का औसत

$$= \frac{20+22+24+36+53}{5}$$

$$= \frac{155}{5} = 31$$ **Ans.**

24. प्रथम दस धनात्मक विषम संख्याओं के औसत और प्रथम पंद्रह धनात्मक सम संख्याओं के औसम का गुणनफल क्या है?

(a) 85.25 (b) 44

(c) 160 (d) 150

Sol. **(c)** प्रथम 10 धनात्मक विषम संख्याओं का योग $= n^2$

$= (10)^2$

$= 100$

$\therefore$ प्रथम 10 धनात्मक विषम संख्याओं का औसत $= \frac{100}{10} = 10$

प्रथम 15 धनात्मक सम संख्या का योग $= n(n+1)$

$= 15(15+1)$

$= 240$

$\therefore$ प्रथम 15 धनात्मक सम संख्या का औसत $= \frac{240}{15}$

$= 16$

अब,

प्रथम 10 धनात्मक विषम संख्या का औसत × प्रथम 15 धनात्मक सम संख्या का औसत $= 10 \times 16 = 160$ **Ans.**

25. चार क्रमागत सम प्राकृत संख्याओं के वर्गों का औसत 126 है। सबसे बड़ी संख्या का 8 गुना और सबसे छोटी संख्या का 5 गुना का औसत क्या होगा?

(a) 66 (b) 76

(c) 68 (d) 74

Sol. **(b)** माना कि चार क्रमागत संख्या a, (a+2), (a+4), (a+6) है।

प्रश्नानुसार,

$$a^2+(a+2)^2+(a+4)^2+(a+6)^2 = 126\times4$$

$$\Rightarrow a^2+a^2+4a+4+a^2+8a+16+a^2+12a+36 = 504$$

$$\Rightarrow 4a^2+24a = 504-56$$

$$\Rightarrow \quad a^2+6a = 112$$
$$a^2+6a-112 = 0$$
$$a^2+14a-8a-112 = 0$$
$$a(a+14)-8(a+14) = 0$$
$$(a+14) \quad (a-8) = 0$$
$$a = -14 \quad a-8 = 0$$
यह अमान्य है $\quad a = 8$

$\therefore$ सबसे छोटी संख्या = 8

सबसे बड़ी संख्या = 8 + 6 = 14

$$\therefore \text{औसत} = \frac{8\times5+14\times8}{2} = \frac{40+112}{2}$$
$= 76$ **Ans.**

26. 17 क्रमिक संख्याओं का योग 289 है। 10 दूसरी क्रमिक संख्याओं का योग कितना होगा, जिसका पहला पद क्रमिक संख्याओं के पहले समुच्चय के योग से 5 अधिक है?

(a) 315 (b) 285
(c) 265 (d) 300

Sol. **(c)** 17 लगातार संख्याओं का योग = 289

$$17 \text{ लगातार संख्याओं का औसत} = \frac{289}{17} = 17$$

एक अन्य शृंखला का पहला पद क्रमागत संख्याओं के पहले सेट के औसत से 5 अधिक है।

$$17+5 = 22$$

$$\therefore \text{दूसरी 10 क्रमिक संख्या का योग} = \frac{n}{2}[2\times\text{औसत}+(n-1)]$$

$$= \frac{10}{2}[2\times22+(10-1)]$$

$= 5[53] = 265$ **Ans.**

27. 5 लगातार विषम संख्याओं का औसत 75 है। किस संख्या को जोड़ देने पर, यह औसत 76 हो जाएगा?

(a) 76 (b) 81
(c) 77 (d) 79

Sol. **(b)** 5 लगातार विषम संख्या का कुल योग = 75 × 5 = 375

6 लगातार विषम संख्या का कुल योग = 76×6 = 456

$\therefore$ अभीष्ट संख्या (छठी संख्या) = 456 – 375 = 81 **Ans.**

28. पहली चार संख्याओं का औसत पांचवीं संख्या से तीन गुना है। यदि सभी पांच संख्याओं का औसत 85.8 है तो पांचवी संख्या होगी।

(a) 33 (b) 34
(c) 39 (d) 29

Sol. **(a)** माना कि पांचवी संख्या = x

$\therefore$ पहली चार संख्या का औसत = $3x$

$\therefore$ पहली चार संख्या का कुल योग = $3x \times 4$
$= 12x$

$$\therefore \text{सभी पांच संख्या का औसत} \Rightarrow \frac{12x+x}{5} = 85.8$$
$$13x = 429$$
$$\therefore \quad x = 33$$

अतः पांचवी संख्या = 33 **Ans.**

29. पाँच लगातार सम संख्याओं का औसत M है। यदि अगली पांच सम संख्याओं को भी शामिल कर लिया जाए, तो दस संख्याओं का औसत कितना होगा?

(a) M + 10 (b) 11
(c) M + 5 (d) 10

Sol. **(a)** पाँच लगातार सम संख्या का औसत = M

$\therefore$ संख्या क्रमशः = (M – 4), (M – 2), M, (M + 2), (M + 4)

यदि अगली पांच संख्या और शामिल करने पर संख्याएं क्रमशः- (M – 4), (M – 2), M, (M + 2), (M + 4), (M + 6), (M + 8), (M + 10), (M + 12), (M + 14)

$$\therefore \text{औसत} = \frac{M-4+M-2+M+M+2+M+4+M+6+M+8+M+10+M+12+M+14}{10}$$

$$= \frac{10M+50}{10} = M+10$$ **Ans.**

30. 49 से 125 तक की सभी प्राकृतिक संख्याओं का औसत क्या है?

(a) 85 (b) 87
(c) 88 (d) 86

Sol. **(b)** प्रथम 125 तक की संख्या का योग $= \frac{n(n+1)}{2}$

$$= \frac{125(125+1)}{2}$$
$$= 7875$$

$$\text{प्रथम 48 तक की संख्या का योग} = \frac{48\times49}{2} = 1176$$

$$\therefore \quad \text{अभीष्ट औसत} = \frac{7875-1176}{125-48}$$

$$= \frac{6699}{77} = 87$$ **Ans.**

संयुक्त औसत पर आधारित प्रश्न

31. यदि 30 परिणामों का औसत 20 है और अन्य 20 परिणामों का औसत 30 है, तो सभी परिणामों का औसत क्या है?

(a) 50 (b) 48
(c) 25 (d) 24

Sol. **(d)** नया औसत $= \dfrac{30 \times 20 + 20 \times 30}{30 + 20} = \dfrac{1200}{50} = 24$

32. 8 सोने के सिक्कों का औसत भार 20 ग्राम/सिक्का है। चाँदी के 12 सिक्कों का औसत भार 35 ग्राम/सिक्का है। 20 सिक्कों के लिए प्रति सिक्का औसत भार ज्ञात करे।

(a) 25 ग्राम (b) 29 ग्राम
(c) 21 ग्राम (d) 31 ग्राम

Sol. **(b)** 20 सिक्कों के लिए प्रति सिक्का औसत भार

$$= \frac{8 \times 20 + 12 \times 35}{8 + 12}$$

$$= \frac{160 + 420}{20} = \frac{580}{20} = 29 \text{ ग्राम}$$

33. यदि m संख्याओं के औसत n^2 है और n संख्याओं का m^2 हो, तो (m + n) संख्याओं का औसत कितना होगा?

(a) m + n (b) mn
(c) m − n (d) m + nb

Sol. **(b)** औसत $= \dfrac{m \times n^2 + n \times m^2}{(m+n)} = \dfrac{mn(m+n)}{(m+n)} = mn$

34. किसी कक्षा x, y एवं z का औसत स्कोर क्रमशः 83, 76 तथा 85 है और छात्रों की संख्या क्रमशः 27, 36 एवं 45 है तो तीनों कक्षा का औसत स्कोर ज्ञात करे।

(a) 81.8 (b) 81.5
(c) 79.73 (d) 78.8

Sol. **(b)** औसत स्कोर $= \dfrac{83 \times 27 + 76 \times 36 + 85 \times 45}{(27 + 36 + 45)}$

$$= \frac{2241 + 2736 + 3825}{108}$$

$$= \frac{8802}{108} = 81.5 \quad \textbf{Ans.}$$

Method - II

$x = 27$ छात्रों का औसत = 83
$y = 36$ छात्रों का औसत = 76
$z = 45$ छात्रों का औसत = 85

माना कि कुल औसत = 83

$x = 3$ छात्रों का औसत स्कोर = 83 → 3×0 = 0
$y = 4$ छात्रों का औसत स्कोर = 76 → 4 × (−7) = −28
$z = 5$ छात्रों का औसत स्कोर = 85 → 5 × 2 = 10
12   −18

$\therefore \dfrac{-18}{12} = -1.5$

$\therefore$ औसत = 83 − 1.5 = 81.5 **Ans.**

समावेशन एवं बहिष्करण पर आधारित प्रश्न

35. 5 संख्याओं का औसत 18 है। एक संख्या निकाल देने से औसत 16 रह जाता है तो निकाली गयी संख्या ज्ञात करे।

(a) 24 (b) 25
(c) 26 (d) 27

Sol. **(c)** **Method - I**

5 संख्या का औसत = 18
$\therefore$ 5 संख्या का कुल योग = 18 × 5
= 90
1 संख्या निकालने पर कुल योग = 16×4
= 64
$\therefore$ निकाली गयी संख्या = 90 − 64
= 26 **Ans.**

Method - II

4 (16)   **1**   =   **5** (18)
16 → −2×4 = −8; **1** ↓ +8

$\therefore$ निकली संख्या = 18 + 8 = 26 **Ans.**

36. 17 सदस्यों के परिवार की औसत वजन 41 किग्रा. है। उस परिवार से दो सदस्य के निकल जाने से औसत वजन में 3 वर्ष की कमी हुई तो दोनों सदस्य की वजन (भार) ज्ञात करे।

(a) 85 (b) 86
(c) 88 (d) 90

Sol. **(b)** **15** (38)   **2**   =   **17** (41)
38 ↓ −3×15 = −45; **2** ↓ +45

$\therefore$ दोनों निकले सदस्य का वजन = 41 + 45 = 86 किग्रा. **Ans.**

37. 6 खिलाड़ियों वाली बॉलीबाल टीम के औसत वजन में 1 किग्रा. की वृद्धि की गयी है जबकि कोच का वजन भी जोड़ा गया है। यदि कोच को शामिल करने के बाद टीम का औसत वजन 67 किग्रा. है, तो कोच के वजन का पता लगाएं?

(a) 68 किग्रा. (b) 77 किग्रा.
(c) 73 किग्रा. (d) 66 किग्रा.

Sol. (c) 6 खिलाड़ी + कोच का कुल वजन = 7 × 67 = 469 किग्रा.
सिर्फ 6 खिलाड़ियों का कुल वजन = 6 × 66 = 396 किग्रा.
∴ कोच का वजन = (469 – 396) किग्रा. = 73 किग्रा.

38. 24 छात्रों और उनके शिक्षक की औसत आयु 15 वर्ष है। जब शिक्षक की आयु को अलग किया जाता है, तो औसत आयु 1 वर्ष कम हो जाती है तो शिक्षक की आयु बताइये।

(a) 38 वर्ष (b) 39 वर्ष
(c) 40 वर्ष (d) 41 वर्ष

Sol. (b)
(24 + 1) छात्रों एवं शिक्षक की कुल आयु = (24 + 1) 15
= 375 वर्ष
केवल 24 छात्रों की कुल आयु = 24 × 14
= 336 वर्ष
∴ शिक्षक की आयु = (375–336) वर्ष
= 39 वर्ष **Ans.**

Method - II

25 ⟶ 15 वर्ष
–1 ↓ ↓ –1
24 ⟶ 14 वर्ष

शिक्षक की आयु = 25 × (–1) + 24 × (–1)
= – 39 वर्ष

ऋणात्मक चिह्न यह दर्शाता है कि व्यक्ति समूह से बाहर गया है।

39. एक कोचिंग संस्थान में 68 छात्रों का औसत भार 84 किग्रा. है। यदि अध्यापक को भी शामिल कर दिया जाए तो माध्य भार 800 ग्राम बढ़ जाता है। अध्यापक का भार ज्ञात करे।

(a) 139 किग्रा. (b) 142.5 किग्रा.
(c) 139.2 किग्रा. (d) 142.75 किग्रा.

Sol. (c)
नए व्यक्ति की आयु = नया औसत ± (वृद्धि/कमी) × पूर्व संख्या

अध्यापक का भार = 84.8 ± 0.8 × 68
= 84.8 + 54.4
= 139.2 किग्रा.

40. 5 संख्याओं का औसत 18 है। एक संख्या निकाल देने से औसत 16 रह जाता है तो निकाली गयी संख्या ज्ञात करे।

(a) 24 (b) 26
(c) 29 (d) 31

Sol. (b) Method - I
5 संख्या का कुल – 4 संख्या का कुल = निकाली गयी संख्या
5 × 18 – 4 × 16 = निकाली गयी संख्या
90 – 64 = निकाली गयी संख्या
∴ निकाली गयी संख्या = 26 **Ans.**

Method - II

4	1	= 5
16	x	= 18
↓	↓	
–2×4 = –8	+8	

∴ संख्या = 18 + 8 = 26 **Ans.**

41. एक कक्षा में 31 छात्रों का औसत भार 30 kg है। यदि अध्यापक का भार भी सम्मिलित कर लिया जाए तो औसत में 500g की वृद्धि हो जाती है तो अध्यापक का भार ज्ञात करे।

(a) 45 (b) 47
(c) 48 (d) 46

Sol. (d)

31	Teacher	= 32
16		= 30.5
–.5×31 = –15.5	↓ +15.5	

∴ अध्यापक का भार = 30.5 + 15.5 = 46 kg

42. किसी समूह में छात्रों की निश्चित संख्या की औसत ऊँचाई 155.6 सेमी. है। यदि 150.5 सेमी. औसत ऊँचाई वाले 12 छात्र समूह में शामिल होते है और 159 सेमी. औसत ऊँचाई वाले 7 छात्र समूह छोड़ देते है, तो समूह में छात्रों की औसत ऊँचाई 34 मिमी. तक कम हो जाती है। समूहों में छात्रों की आरंभिक संख्या ज्ञात करे।

(a) 20 (b) 25
(c) 30 (d) 40

Sol. (a) माना कि कुल आरंभिक छात्र – x

$(x \times 155.6) + (12 \times 150.5) - (7 \times 159) = (x + 12 - 7)(155.6 - 3.4)$

$\Rightarrow 155.6x + 1806 - 1113 = (x + 5)(152.2)$

$\Rightarrow 155.6x + 693 = 152.2x + 761$

$\Rightarrow 3.4x = 68$

$\therefore x = 20$

अतः आरंभ में छात्रों की संख्या 20 थी।

43. A, B व C का औसत वजन 84 किग्रा. है। यदि D को भी शामिल कर लें तो औसत 80 किग्रा. हो जाता है। यदि एक व्यक्ति E जो D से 3 किग्रा. ज्यादा भारी है, को A की जगह शामिल किया जाता है तो B, C, D तथा E का औसत वजन 79 किग्रा. हो जाता है तो A का वजन ज्ञात करे-

(a) 75 किग्रा. (b) 80 किग्रा.

(c) 77 किग्रा. (d) 79 किग्रा.

Sol. (a) **Method - I**

A + B + C = 84 × 3 (कुल वजन)

= 252 किग्रा.

A + B + C + D = 80 × 4 (कुल वजन)

252 + D = 320 किग्रा.

∴ D = 68 किग्रा.

∴ E = 68 + 3 = 71 किग्रा.

B + C + D + E = 79 × 4 (कुल वजन)

B + C + 68 + 71 = 316

B + C = 177 किग्रा.

∴ A + B + C = 252 किग्रा.

A + 177 = 252

A = 75 किग्रा.

अतः A का वजन = 75 किग्रा. **Ans.**

Method - II

A, B, C, | D | = 80

−4×3

= −12

∴ D = 80 − 12 = 68 किग्रा.

∴ E = 68 + 3 = 72 किग्रा.

A + B + C + D = 80 × 4

E + B + C + D = 79 × 4

A − E = 4

A − 71 = 4

∴ A = 75 किग्रा.

अतः A का वजन = 75 किग्रा.

44. A, B व C का औसत वजन 94 किग्रा. है। यदि D को भी शामिल कर ले तो औसत 88 किग्रा. हो जाता है। यदि एक व्यक्ति E जो 7 किग्रा. हल्का है, को A की जगह शामिल किया जाता है तो B, C, D तथा E का औसत वजन 85 किग्रा. हो जाता है तो A का वजन ज्ञात करे।

(a) 110 किग्रा. (b) 90 किग्रा.

(c) 96 किग्रा. (d) 105 किग्रा.

Sol. (d) **A, B, C, | D | = 94**

−6×3

= −18

∴ D = 94 − 18 = 76 किग्रा.

∴ E = 76 − 7 = 69 किग्रा.

A + B + C + D = 94 × 4

E + B + C + D = 85 × 4

A − E = 4 × 9

A − 69 = 36

∴ A = 36 + 69 = 105

अतः A का वजन = 105 किग्रा. **Ans.**

45. एक कक्षा में कुछ विद्यार्थी का औसत वजन 43 किग्रा. है। 4 नए विद्यार्थियों के आने पर औसत वजन 42.5 किग्रा. हो गया। जबकि इन चार विद्यार्थियों का वजन 42, 36.5, 39 एवं 42.5 किग्रा. है तो बताइए कि कक्षा में कुल कितने छात्र है?

(a) 20 (b) 24

(c) 28 (d) 32

Sol. (b) **Method - I**

माना कि कक्षा में छात्रों की संख्या = x

औसत = 43 किग्रा.

∴ कुल वजन = 43x किग्रा.

43x + 42 + 36.5 + 39 + 42.5 = (x + 4) 42.5

43x + 160 = 42.5x + 170

0.5x = 10

∴ x = 20

∴ कुल छात्र (पुराने + 4 नए छात्र) = x + 4

= 20 + 4 = 24 **Ans.**

अतः कक्षा में कुल 24 छात्र है।

Method - II

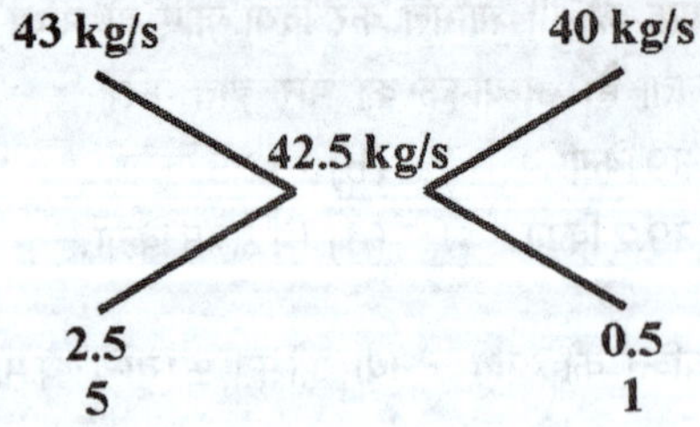

1 ⇒ 4

∴ 5 ⇒ 5 × 4 = 20

∴ कुल छात्र = 20 + 4 = **24 छात्र** **Ans.**

46. एक कक्षा में 30 छात्रों की औसत आयु 15 वर्ष है। एक छात्र जिसकी आयु 20 है, कक्षा को छोड़कर चला जाता है। उसके स्थान पर दो नए छात्र आते है, जिनकी आयु में 5 वर्ष का अंतर होता है। यदि कक्षा में उपस्थित नए छात्रों का नया औसत 15 वर्ष है, तो कक्षा में आये छोटे छात्र की आयु ज्ञात करे।

(a) 10 वर्ष (b) 12 वर्ष
(c) 15 वर्ष (d) 16 वर्ष

Sol. **(c)** माना कि नए छात्र की आयु = x वर्ष

∴ दूसरे की आयु = (x + 5) वर्ष

प्रश्नानुसार,

$$30\times15-20+x+x+5=31\times15$$
$$450-15+2x=465$$
$$2x=30$$
$$\therefore\ x=15 \text{ वर्ष}$$

अतः कक्षा में आए नए छोटे छात्र की आयु = 15 वर्ष

47. एक शिविर में कुछ बच्चों का औसत वजन 40 किग्रा. है। 36 किग्रा. औसत वजन वाले 5 बच्चे शिविर में शामिल हो जाए या यदि 43.2 किग्रा. औसत वजन वाले 5 बच्चे शिविर से चले जाये तो दोनों स्थिति में शिविर के बच्चों का औसत वजन समान रहता है। आरंभ में शिविर में कितने बच्चे थे?

(a) 35 (b) 45
(c) 40 (d) 50

Sol. **(b)** माना कि आरंभ में शिविर में बच्चों की संख्या = x

प्रश्नानुसार,

$$\frac{40\times x+36\times5}{x+5}=\frac{40\times x-43.2\times5}{x-5}$$
$$\Rightarrow \frac{40x+180}{x+5}=\frac{40x-216}{x-5}$$
$$\Rightarrow 40x^2-200x+180x-900=40x^2-216x+200x-1080$$
$$\Rightarrow 4x=180$$
$$\therefore x=45$$

अतः आरंभ में कुल 45 छात्र थे।

48. किसी कक्षा में कुछ छात्रों का औसत वजन 69.5 किग्रा. है। जब 68 किग्रा. औसत वजन वाले 10 छात्र कक्षा में शामिल होते है और 60 किग्रा. औसत वजन वाले 6 छात्र कक्षा छोड़ते है तो देखा जाता है कि छात्रों के नए समूह के औसत वजन में 2 किग्रा. की वृद्धि हुई तो अब कक्षा में कितने छात्र है?

Sol. **(c)** माना कि शुरू आत में छात्रों की कुल संख्या = x

$$x\times69.5+10\times68-6\times60=(x+4)\,71.5$$
$$69.5x+680-360=71.5x+286$$
$$2x=34$$
$$x=17$$

∴ वर्तमान में छात्रों की संख्या = (17 + 4)

= 21 छात्र **Ans.**

49. 35 लगातार प्राकृतिक संख्याओं का औसत N है। पहली 10 संख्याओं को हटा दिया जाए तथा अगली 10 संख्याओं को शामिल कर दिया जाए, तो यह औसत बदल कर M हो जाता है। यदि $M^2 - N^2 = 600$ है तो 3M और 5N का औसत क्या होगा?

(a) 90 (b) 120
(c) 100 (d) 115

Sol. **(d)** 35 क्रमागत प्राकृत संख्याओं का औसत = N

पहले 10 नंबरों को छोड़कर और अगले 10 नंबरों को मिलाकर, औसत को M में बदल दिया जाता है, तो हम कह सकते है कि M औी N के बीच का अंतर 10 है।

$$M-N=10 \quad \text{..........(i)}$$
$$M^2-N^2=600$$
$$(M+N)(M-N)=600$$
$$(M+N)=\frac{600}{10}$$
$$(M+N)=60 \quad \text{..........(ii)}$$

अब हम समीकरण (i) और (ii) से प्राप्त कर सकते है

$M = 35, N = 25$

$$\therefore \text{3M और 5N का औसत}=\frac{3M+5N}{2}=\frac{3\times35+5\times25}{2}$$
$$=\frac{105+125}{2}=115 \quad \textbf{Ans.}$$

50. एक कक्षा में कुछ छात्रों का औसत वजन 58.4 किलोग्राम था। जब 62.8 किग्रा. औसत वजन वाले 5 छात्र इस कक्षा में आते है, तो कक्षा के सभी छात्रों का औसत वजन 0.55 किलोग्राम बढ़ जाता है तो ज्ञात करे कि आरंभ में कक्षा के छात्रों की संख्या कितनी थी?

(a) 30 (b) 35
(c) 25 (d) 40

Sol. **(b)** माना कि कक्षा में छात्रों की संख्या = x

कुल औसत वजन = 58.4 किग्रा.

∴ कुल वजन = 58.4×x किग्रा.

5 नये छात्र का कुल वजन = 5 × 62.8

= 314 किग्रा.

कुल छात्रों का वजन = (x × 58.4) + 314

$$(x+5)\,58.95=58.4x+314$$
$$58.95x+294.75=58.4x+314$$
$$0.55x=19.25$$
$$\therefore x=35$$

अतः छात्रों की कुल संख्या = 35 **Ans.**

Method - II

आरंभ में 58.4 बाद में 62.8

58.95

3.85 0.55

7 : 1

↓ ×5 ↓ = 5

= 35

अत: आरंभ में छात्रों की संख्या = 35 **Ans.**

51. n प्रेक्षणों का औसत 40 है। यदि 80 के मान का एक परीक्षण जोड़ दिया जाए, तो सभी प्रेक्षणों का औसत 41 है तो n का मान क्या है?

(a) 40 (b) 39

(c) 38 (d) 43

Sol. (b) $n\times40+80=41(n+1)$

$40n+80=41n+41$

$\therefore$ $n=39$ **Ans.**

प्रतिस्थापन पर आधारित प्रश्न

52. नाव के 10 नाविकों में से 56 किग्रा. भार वाले नाविकों के स्थान पर एक नए नाविक के आने से औसत भार में 800 ग्राम की वृद्धि हो जाती है तो नए नाविक का भार ज्ञात करे।

(a) 60 किग्रा. (b) 62 किग्रा.

(c) 64 किग्रा. (d) 66 किग्रा.

Sol. (c) औसत वृद्धि = 800 ग्राम

कुल वृद्धि = 800 ग्राम × 10

= 8 किग्रा.

$\therefore$ नए नाविक का भार = 56 किग्रा. + 8 किग्रा. = 64 किग्रा.

53. 8 पुरूषों में से 2 पुरूषों की आयु क्रमशः 21 वर्ष 23 वर्ष है, उनके स्थान पर उसे औरतों को लेने पर उन सभी की औसत आयु में 2 वर्ष की वृद्धि हो जाती है तो उन दोनों की कुल औसत आयु बताइये।

(a) 30 (b) 35

(c) 40 (d) 25

Sol. (a) औसत आयु में वृद्धि = 2 वर्ष

$\therefore$ कुल बढ़ी आयु = 2 × 8 = 16 वर्ष

दो पुरूषों की कुल आयु = (21 + 23) वर्ष = 44 वर्ष

$\therefore$ उनके स्थान पर दो नयी महिला का औसत आयु

$= \frac{44+16}{2} = 30$ वर्ष

54. 11 छात्रों की कक्षा में से 2 छात्रों की आयु क्रमशः 17 वर्ष एवं 20 वर्ष है। उनके स्थान पर दो नए छात्र लेने पर कक्षा के 11 छात्र की औसत आयु 2 माह कम हो जाती है तो नए छात्रों की औसत आयु ज्ञात करे।

(a) 17 वर्ष 6 माह (b) 17 वर्ष 7 माह

(c) 17 वर्ष 10 माह (d) 18 वर्ष 3 माह

Sol. (b) औसत आयु में कमी = 2 माह

$\therefore$ कुल आयु में कमी = 11 × 2

= 22 माह (1 वर्ष 10 माह)

पुराने दोनों छात्रों की आयु = 17 वर्ष + 20 वर्ष = 37 वर्ष

$\therefore$ नए छात्रों का औसत आयु = $\frac{37-1 \text{ वर्ष } 10 \text{ माह}}{2}$

$= \frac{35 \text{ वर्ष } 2 \text{ माह}}{2}$

= 17 वर्ष 7 माह **Ans.**

गलती पर आधारित प्रश्न

55. 10 छात्रों का औसत 15 किग्रा. ज्ञात किया गया। बाद में पता चला कि 36 वर्ष के स्थान पर गलती से 26 वर्ष पढ़ लिया गया तो उन छात्रों का सही औसत ज्ञात करे।

(a) 17 (b) 14

(c) 15 (d) 16

Sol. (d) Method-I

10 छात्रों का औसत = 15

$\therefore$ कुल आयु = 15 × 10 = 150 वर्ष

सही योग = 150 – 26 + 36 = 160

$\therefore$ औसत $= \frac{160}{10} = 16$ **Ans.**

Method - II

सही गलत

36 26

अंतर $= \frac{-10}{10}$ (कुल छात्र)

= – 1

$\therefore$ सही औसत = 15 + 1 = **16 किग्रा. Ans.**

56. किसी परीक्षा में 18 छात्रों का औसत 60 था। बाद में पाया गया कि किसी एक छात्र के अंक 36 के बजाय 63 लिखे गए है तो सही औसत ज्ञात करे।

(a) 58.5 (b) 59.4
(c) 59.91 (d) इनमें से कोई नहीं

Sol. (a) सही गलत

36 63

अंतर = 27

$= \frac{27}{18}$

$= 1.5$

$\therefore$ सही औसत = 60 – 1.5 = 58.5 **Ans.**

57. किसी परीक्षा में 40 छात्रों के औसत अंक 72 है। बाद में ज्ञात हुआ कि 3 छात्रों के अंकों को गलती से 64, 62, 84 को 68, 58 एवं 73 लिख दिया, तो सही औसत ज्ञात करे।

(a) 70.4 (b) 71.6
(c) 72.2 (d) 73.1

Sol. (c) 40 छात्रों का औसत अंक = 72

40 छात्रों को कुल प्राप्त अंक = 40 × 72 = 2880

प्रश्नानुसार,

$2880 + (64 + 62 + 84) - (68 + 58 + 73) = 40\times x$ (माना)

$2880 + 210 - 199 = 40x$

$x =$

$\therefore$ $x = 72.2$

अतः सही औसत = 72.2 **Ans.**

Method - II

$$\text{सही औसत} = \frac{\text{कुल मान} - \text{गलत मान} + \text{सही मान}}{\text{मानों की कुल संख्या}}$$

$$\text{सही औसत} = \frac{40 \times 72 - (68 + 58 + 73) + (64 + 62 + 84)}{40}$$

$$= \frac{2891}{40} = 72.2$$ **Ans.**

58. 100 संख्याओं का औसत 46 है लेकिन गलती से 16 और 43 के स्थान पर 61 और 34 ले लिया गया। सही औसत ज्ञात करे जबकि यह भी पाया गया कि कुल संख्या 90 है।

(a) 50.1 (b) 50.35
(c) 50.5 (d) 50.7

Sol. (d) $\text{सही औसत} = \frac{46 \times 100 - (61 + 34) + (16 + 43)}{90}$

$= \frac{4600 - 95 + 59}{90} = \frac{4564}{90}$

$= 50.7$ **Ans.**

59. प्रशांत दो अंकों वाली 10 संख्याओं का औसत ज्ञात करता है। बाद में ज्ञात हुआ कि त्रुटि के कारण किसी संख्या के अंक आपस में बदल जाते है जिसके कारण औसत 1.8 कम हो जाता है तो संख्या के अंकों का अंतर ज्ञात करे, जिसमें त्रुटि हो।

(a) 2 (b) 4
(c) 6 (c) 8

Sol. (a)

$10x + y \longrightarrow xy$

$10y + x \longrightarrow yx$

$9x - 9y \longrightarrow xy - yx$

$9(x - y) \longrightarrow xy - yx$

9 (अंकों का अंतर) $\longrightarrow$ xy – yx

अब,

कुल कमी अंक = 1.8 × 10 = 18

$xy - yx = 18$

$9(x - y) = 18$

$x - y = 2$

अतः संख्या का अंतर = 2 **Ans.**

60. दो अंको वाली 20 संख्याओं का औसत ज्ञात करता है। यदि एक संख्या के अंकों को बदल दिया जाता है तो औसत 3.6 अंक बढ़ जाता है तो दो अंकों वाली संख्या के अंकों का अंतर ज्ञात करे।

(a) 4 (b) 12
(c) 9 (d) 8

Sol. (d) $xy - yx = 9(x - y)$

20 संख्याओं में कुल वृद्धि = 20 × 3.6 = 72

$xy - yx = 72$

$9(x - y) = 72$

$x - y = 8$

अतः संख्या का अंतर = 8

61. एक कक्षा के छात्रों के द्वारा परीक्षा में बनाए गए अंकों का सारणीकरण, गलती से एक छात्र द्वारा बनाए गए अंकों को 63 के स्थान पर 93 के रूप में दर्ज किया गया और इस तरह औसत अंकों में 0.5 की वृद्धि हुई। कक्षा में छात्रों की संख्या कितनी थी?

(a) 20 (b) 30
(c) 15 (d) 60

Sol. (d) सही अंक   गलत अंक

63   93

अंतर = 30

औसत अंतर = 0.5

$\therefore$ छात्रों की संख्या $= \frac{30}{0.5} = 60$ **Ans.**

62. कई छात्रों ने एक परीक्षा दी है। उत्तर कुंजी में एक त्रुटि थी, जिसने 48 छात्रों के अंकों को प्रभावित किया और उनके औसत अंक 78 से घटकर 66 हो गए। शेष छात्रों के औसत में 3.5 अंक की वृद्धि हुई। इससे सभी छात्रों के औसत में 4.5 अंक की कमी आई। परीक्षा में शामिल होने वाले छात्रों की संख्या ज्ञात करे।

(a) 96   (b) 84
(c) 93   (d) 100

Sol. (c) माना T छात्र एक परीक्षा में भाग लेते है।

सभी छात्रों का औसत = A

48 छात्रों के लिए, औसत 78 से 66 तक बदलता है, जबकि शेष छात्र (T – 48) के लिए औसत में 3.5 अंकों की वृद्धि हुई है। छात्रों के औसत अंकों में समग्र परिवर्तन 4.5 अंकों की कमी है।

(T–48) का औसत	48 छात्र का औसत	T का कुल औसत
x	78	A
$x + 3.5$	66	A – 4.5

$$(T-48)x + 48 \times 78 = T \times A$$

$$Tx - 48x + 3744 = TA \quad \text{...... (i)}$$

$$(T-48)(x+3.5) + 48 \times 66 = T(A-4.5)$$

$$Tx + 3.5T - 48x - 168 + 3168 = TA - 4.5T$$

$$Tx + 8T - 48x + 3000 = TA \quad \text{.......(ii)}$$

समी.(i) – (ii)

$$Tx - 48x + 3744 = TA$$

$$Tx + 8T - 48x + 3000 = TA$$

$$- \quad - \quad + \quad - \quad -$$

$$-8T + 744 = 0$$

$$8T = 744$$

$$\therefore \quad T = 93$$

अतः परीक्षा में शामिल होने वाले छात्र की संख्या = 93

Method - II

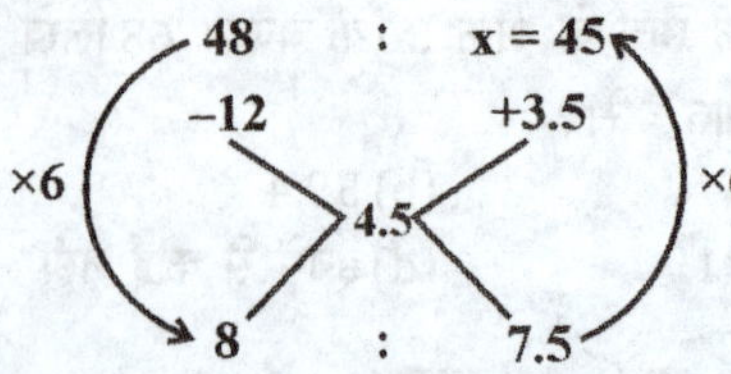

कुल संख्या = 48 + 45 = 93 **Ans.**

मध्य संख्या पर आधारित प्रश्न

63. 11 पारियों का औसत 50 है, प्रथम 6 परिणामों का औसत 49 है तथा अंतिम 6 परिणामों का औसत 52 है तो छठाँ परिणाम ज्ञात करे।

(a) 54   (b) 55
(c) 56   (d) 57

Sol. (c) 11 पारियों का औसत = 50

$\therefore$ कुल योग = 50 × 11 = 550

प्रथम 6 परिणामों का औसत = 49

$\therefore$ योग = 6 × 49 = 294

अंतिम 6 परिणामों का औसत = 52

$\therefore$ योग = 52 × 6 = 312

$\therefore$ 12 परिणामों (6वाँ पद 2 बार) का कुल योग = 312 + 294 = 606

$\therefore$ 6वाँ परिणाम = 606 – 550 = 56 **Ans.**

Method - II

11 परिणामों का औसत = 50

प्रथम 6 परिणामों का औसत = 49 ← –1×6 = –6

अंतिम 6 परिणामों का औसत = 52 ← $+2\times6 = \frac{12}{6}$

$\therefore$ 6वाँ परिणाम = 50 + 6 = 56 **Ans.**

64. 7 आंकड़ों का औसत 34 है। पहले 3 आँकड़ों का औसत 28 है व अगले दो आंकड़ों का औसत 47 है, तो अंतिम दो आंकड़ों का औसत ज्ञात करे।

(a) 25   (b) 30
(c) 32   (d) 37

Sol. (b)

$$7\times34 = 3\times28 + 2\times47 + 2\times x$$

$$238 = 84 + 94 + 2x$$

$$238 - 178 = 2x$$

$$60 = 2x$$

$$\therefore \quad x = 30$$

अतः अंतिम दो संख्या का औसत = 30 **Ans.**

Method - II

3 आँकड़े	2 आँकड़े	2 आँकड़े	= 7 आँकड़े
28	47		= 34
-6×3	$+13\times2$	↓	
-18	$+26$	$\frac{8}{2}=4$	

(−18 और +26 को जोड़ने पर) +8

अतः अंतिम दो संख्याओं का औसत = 34 – 4 = 30 **Ans.**

65. 10 परिणामों का औसत 55 है। प्रथम 3 परिणामों का औसत 52 है तथा अगले 5 परिणामों का औसत 59 है तो शेष दो परिणामों का औसत ज्ञात करे।

(a) 49.5 (b) 51.8
(c) 52 (d) 56

Sol. **(a)**

3 परिणाम	5 परिणाम	शेष 2 परिणाम	= 10 परिणाम
52	59	x	= 55
-3×3	$+4\times5$	↓	
-9	$+20$	$-11/2$	
		$=-5.5$	

(−9 और +20 को जोड़ने पर) +11

∴ शेष दो संख्या का औसत = 55 – 5.5 = 49.5 **Ans.**

66.. 15 परिणामों का औसत 40 है, प्रथम 7 परिणामों का औसत 36 है तथा अंतिम 9 परिणामों का औसत 42 है तो 7वाँ परिणाम ज्ञात करे।

(a) 32 (b) 31
(c) 30 (d) 27

Sol. **(c)** कुल 15 परिणामों का योग = 15×40 = 600

प्रथम 7 परिणामों का योग = 7 × 36 = 252

अंतिम 9 परिणामों का योग = 9 × 42 = 378

कुल (7 + 9 परिणामों) का योग = 252 + 378 = 630

∴ 7वाँ परिणाम = 630 – 600 = 30 **Ans.**

Method - II

कुल 15 परिणामों का औसत = 40

प्रथम 7 परिणामों का औसत = 36 ← $-4\times7=-28$

अंतिम 9 परिणामों का औसत = 42 ← $+2\times9=\frac{18}{-10}$

∴ सातवाँ परिणाम = 40 – 10 = 30 **Ans.**

67. 9 संख्याओं का औसत 79 है, पहली दो संख्याओं का औसत 75 है अगली 4 संख्याओं का औसत 87 है। यदि 7वीं संख्या 8वीं एवं 9वीं से क्रमशः 4 व 8 कम है तो 9वीं संख्या क्या होगी?

(a) 75 (b) 80
(c) 90 (d) 95

Sol. **(a)**

2	4	शेष 3	= 9
75	87	x	79
-4×2	8×4	$-24/3$	
-8	$+32$	$=-8$	

(−8 और +32 को जोड़ने पर) +24

∴ शेष तीन औसत = 79 – 8 = 71

VII	VIII	IX
x	x + 4	x + 8

$$\frac{x+x+4+x+8}{3}=71$$

$$3x = 213 - 12$$

$$3x = 201$$

$$x = 67$$

∴ 9वीं संख्या = x + 8 = 67 + 8 = 75 **Ans.**

68. दस संख्याओं का औसत 32.5 है, पहली चार संख्याओं का औसत 25.6 है और अंतिम तीन संख्याओं का औसत 38.2 है। 5वीं संख्या, 6वीं संख्या से 50% अधिक है और 7वीं संख्या से 8 कम है। 5वीं और 7वीं संख्या का औसत ज्ञात करे।

(a) 41 (b) 42.4
(c) 42 (d) 41.5

Sol. **(d)**

4	3	$5^{th}, 6^{th}, 7^{th}$	= 10
25.6	38.2	x	32.5
-6.9×4	$+5.7\times3$	$+10.5/3$	
-27.6	$+17.1$	$=+3.5$	

(−27.6 और +17.1 को जोड़ने पर) −10.5

∴ 5वीं, 6वीं एवं 7वीं संख्या का औसत = 32.5 + 3.5 = 36

प्रश्नानुसार,

माना कि 6वीं संख्या $= 2x$

5वीं संख्या $= 3x$

7वीं संख्या $= 3x + 8$

$$\frac{2x+3x+3x+8}{3} = 36$$

$$8x + 8 = 108$$
$$8x = 100$$
$$x = \frac{25}{2}$$

$\therefore$ 5वीं संख्या $= 3x = 3 \times \frac{25}{2} = 37.5$

7वीं संख्या $= 3x + 8 = 45.5$

$\therefore$ औसत $= \frac{37.5 + 45.5}{2} = \frac{83}{2} = 41.5$

69. फरवरी 2020 के दौरान, श्यामलाल की औसत दैनिक आय ₹560 थी। पहले 16 दिनों की औसत आय ₹590 थी। अंतिम 16 दिनों की ₹500 थी। 14, 15 और 16 फरवरी के लिए उसकी औसत आय क्या थी?

(a) ₹545 (b) ₹400
(c) ₹590 (d) ₹587

Sol. (b) $\because$ फरवरी, 2020 का माह लीप वर्ष का माह है।

$\therefore$ इसमें 29 दिन होते है।

इसमें 14, 15 एवं 16वाँ दिन दोनों में है।

कुल 29 दिनों का कुल आय $= 560 \times 29$
$=$ ₹16240

प्रथम 16 दिनों का कुल आय $= 590 \times 16$
$=$ ₹9440

अंतिम 16 दिनों का कुल आय $= 500 \times 16$
$=$ ₹8000

$\therefore$ 14, 15 एवं 16वाँ दिन का औसत आय

$$= \frac{[(9440 + 8000) - 16240]}{3}$$

$$= \frac{17440 - 16240}{3} = ₹400$$ **Ans.**

70. 19 संख्याओं का औसत 48 है। पहली 7 संख्याओं का औसत 50.6 है और अंतिम 13 संख्याओं का औसत 47.6 है। यदि 7वीं संख्या को हटा दिया जाता है तो शेष संख्याओं का औसत क्या है? (एक दशमलव स्थान तक सही)

(a) 42.4 (b) 49.5
(c) 39.6 (d) 47.3

Sol. (d) 19 संख्या का कुल योग $= 19 \times 48 = 912$

पहली 7 संख्या का कुल योग $= 7 \times 50.6 = 354.2$

अंतिम 13 संख्या का कुल योग $= 13 \times 47.6 = 618.8$

$\because$ 7वीं संख्या दोनों में है।

$\therefore$ 7वीं संख्या $= (354.2 + 618.8) - 912$
$= 973 - 912$
$= 61$

$\therefore$ शेष संख्या का औसत $= \frac{912 - 61}{18} = \frac{851}{18}$
$= 47.27 = 47.3$ **Ans.**

71. 24 संख्याओं का औसत 56 है। पहली 10 संख्याओं का औसत 71.7 है तथा अगली 11 संख्याओं का औसत 42 है। अगली तीन संख्या (अर्थात् 22वीं, 23वीं तथा 24वीं) $\frac{1}{2} : \frac{1}{3} : \frac{5}{12}$ के अनुपात में है। 22वीं तथा 24वीं संख्याओं का औसत कितना है-

(a) 49.5 (b) 58
(c) 55 (d) 60.5

Sol. (d) 22वीं, 23वीं तथा 24वीं संख्या $= \frac{1}{2} : \frac{1}{3} : \frac{5}{12} = k$
$= 6k : 4k : 5k$

24 संख्या का औसत $= 56$

$\therefore$ 24 संख्या का कुल योग $= 56 \times 24 = 1344$

प्रथम 10 संख्या का औसत $= 71.7$

$\therefore$ प्रथम 10 संख्या का योग $= 71.7 \times 10 = 717$

अगले 11 संख्या का औसत $= 42$

$\therefore$ अगले 11 संख्या का योग $= 42 \times 11 = 462$

$\therefore$ कुल योग $= 717 + 462 + 6k + 7k + 5k$

$$1344 = 1179 + 15k$$
$$15k = 165$$
$$\therefore k = 11$$

$\therefore$ 22वीं तथा 24वीं संख्या का औसत $= \frac{6k + 5k}{2} = \frac{11k}{2}$

$$= \frac{11 \times 11}{2} = 60.5$$

Method - II

$24 \longrightarrow 56$ ($+15.7\times10$)

$10 \longrightarrow 71.7$ (-14×11)

$11 \longrightarrow 42$

नेट परिवर्तन = 157–154 = +3

22वीं, 23वीं और 24वीं संख्या का योग = 56×3 –3 = 165

अनुपात $= \frac{1}{2}:\frac{1}{3}:\frac{5}{12} = 6:4:5$

$15 \longrightarrow 165$
$6 \longrightarrow 66$
$5 \longrightarrow 55$

औसत $= \frac{66+55}{2} = 60.5$

72. 10 संख्याओं का औसत 72 है। पहली चार संख्याओं का औसत 69 तथा अगली तीन संख्या का औसत 74 है। 8वीं संख्या, 9वीं संख्या से 6 अधिक है तथा 10वीं संख्या से 12 अधिक है। 8वीं संख्या का औसत क्या है?

(a) 76 (b) 76.5
(c) 77.5 (d) 77

Sol. **(d)** माना कि आठवीं संख्या = x
नौंवी संख्या = (x – 6)
दसवीं संख्या = (x – 12)

प्रश्नानुसार,

$72\times10 = 4\times69+3\times74+x+(x-6)+(x-12)$
$720 = 276+222+x+x-6+x-12$
$\therefore x = 80$
$\therefore$ आठवीं संख्या = x = 80
नौवीं संख्या = (x – 6) = (80 – 6) = 74

$\therefore$ औसत 8वीं एवं 9वीं संख्या $= \frac{80+74}{2} = 77$ **Ans.**

73. ग्यारह संख्याओं का औसत 68 है। पहली चार संख्याओं का औसत 78 है और अगली चार संख्याओं का औसत 63 है। 9वीं संख्या, 11वीं संख्या का दोगुना है और 10वीं संख्या, 11वीं संख्या से 4 कम है। 9वीं और 11वीं संख्याओं का औसत क्या है?

(a) 70.1 (b) 72.2
(c) 70.5 (d) 72.6

Sol. **(c)** माना कि ग्याहरवीं संख्या = x
$\therefore$ नौवीं संख्या = $2x$
$\therefore$ दसवीं संख्या = $(x-4)$

प्रश्नानुसार,

$68\times11 = 4\times78+4\times63+2x+(x-4)+x$
$784 = 312+252+2x+x-4+x$
$\therefore x = 47$
$\therefore$ 11वीं संख्या = $x = 47$
$\therefore$ 9वीं संख्या $\Rightarrow 2x = 2\times47 = 94$

$\therefore$ 9वीं और 11वीं संख्या का औसत $= \frac{94+47}{2} = 70.5$ **Ans.**

तापमान पर आधारित प्रश्न

74. सोमवार, मंगलवार, बुधवार तथा बृहस्पतिवार का औसत तापमान 31°C है जबकि मंगलवार, बुधवार, बृहस्पतिवार तथा शुक्रवार का औसत तापमान 29.5°C है। यदि सोमवार का तापमान 32°C है तो शुक्रवार का तापमान ज्ञात करें।

(a) 26°C (b) 27°C
(c) 28.5°C (d) इनमें से कोई नहीं

Sol. **(a) Method-I**

$\frac{M+T+W+Th}{4} = 31$
$M+T+W+Th = 124$
$32°+T+W+Th = 124$
$T+W+Th = 92$
$\frac{T+W+Th+F}{4} = 29.5$
$92+F = 118$
$F = 118-92$
$F = 26°C$ **Ans.**

Method - II

T	W	Th	M का औसत = 31°C
T	W	Th	F का औसत = 29.5°C

$-15\times4 = -6$

$\because$ सोमवार का तापमान = 32°C

$\therefore$ शुक्रवार का तापमान = 32° – 6° = 26°C **Ans.**

75. सोमवार, मंगलवार, बुधवार एवं बृहस्पतिवार का औसत तापमान 32°C है जबकि मंगलवार से शुक्रवार तक का औसत तापमान 37°C है। यदि शुक्रवार का तापमान 36°C है तो सोमवार का तापमान ज्ञात करे।

(a) 16°C (b) 17°C
(c) 23°C (d) 24°C

Sol. (a)

T	W	Th
T	W	Th

M का औसत = 32°C
F का औसत = 37°C
$5\times4 = 20°C$

∵ शुक्रवार का तापमान = 36°C

∴ सोमवार का तापमान = 36°C – 20°C = 16°C **Ans.**

76. सोमवार से बुधवार तक का औसत तापमान 37°C है जबकि मंगलवार से बृहस्पतिवार तक का औसत तापमान 34°C है। यदि बृहस्पतिवार का तापमान सोमवार के तापमान का $\frac{4}{5}$ है तो बृहस्पतिवार का तापमान ज्ञात करे।

(a) 35° (b) 36°C
(c) 37°C (d) 38°C

Sol. (b) **M, T, W का औसत तापमान = 37°C**
T, W, Th का औसत तापमान = 34°C
$3\times3 = 9°C$

प्रश्नानुसार,

M	:	Th
1	:	4/5
5	:	4

1 = 9°C

∴ बृहस्पतिवार = 4 × (9°C) = 36°C **Ans.**

77. किसी सप्ताह विशेष में सोमवार से बुधवार का औसत तापमान 27°C था और मंगलवार से गुरूवार तक का औसत तापमान 24°C था। यदि गुरूवार का तापमान सोमवार के तापमान का 2/3 है, तो गुरूवार का तापमान ज्ञात करे।

(a) 9°C (b) 20°C
(c) 18°C (d) इनमें से कोई नहीं

Sol. (c) **M, T, W का औसत तापमान = 27°C**
T, W, Th का औसत तापमान = 24°C
$3\times3 = 9°C$

M	:	Th
1	:	2/3
3	:	2

1 = 9°C

∴ गुरूवार का तापमान = 2 × (9°C) = 18°C **Ans.**

78. सोमवार से बृहस्पतिवार का औसत तापमान 31°C है जबकि मंगलवार से शुक्रवार का औसत तापमान 29.5°C है। यदि सोमवार का औसत तापमान शुक्रवार से 37½% अधिक है तो सोमवार का तापमान ज्ञात करे।

(a) 21°C (b) $21\frac{1}{3}$°C
(c) 22°C (d) 24°C

Sol. (c)

$$\begin{aligned} M + T + W + Th &= 31°C \times 4 \\ T + W + Th + F &= 29.5 \times 4 \\ \hline M - F &= 6°C \end{aligned}$$

प्रश्नानुसार, $37\frac{1}{2}\% = \frac{3}{8}$

M	:	F
11x	:	8x
M – F	=	6°C
11x – 8x	=	6°C
3x	=	6°C
x	=	2°C

∴ सोमवार का तापमान = $11x = 11\times2°C = 22°C$ **Ans.**

79. सोमवार से बृहस्पतिवार का औसत तापमान 35°C है जबकि मंगलवार से शुक्रवार का औसत तापमान 37.5°C है। यदि सोमवार का औसत तापमान शुक्रवार से 25% कम हो तो शुक्रवार का औसत तापमान बताइये।

(a) 40°C (b) 35°C
(c) 30°C (d) 28°C

Sol. (a) **M, T, W, Th का औसत तापमान = 35°C**
T, W, Th, F का औसत तापमान = 37.5°C
$2.5\times4 = 10°C$

M	:	F
3	:	4

$\left[\because 25\% = \frac{1}{4}\right]$

अंतर = 1
1 = 10

∴ शुक्रवार का तापमान = 4 × 10 = 40°C **Ans.**

औसत दर पर आधारित प्रश्न

80. एक फर्म में कुशल कर्मचारियों का औसत वेतन रु.520 है और अकुशल कर्मचारियों का औसत वेतन रु.420 है। यदि दोनों वर्ग के कर्मचारियों का औसत वेतन रु.500 है तो फर्म में कुशल कर्मचारियों का प्रतिशत ज्ञात करे।

(a) 50 (b) 20
(c) 80 (d) 70

SoL (c)

कुशल कर्मचारी 520   अकुशल कर्मचारी 420

दोनों कर्मचारी 500

80   20

4 : 1

$\therefore$ कुशल कर्मचारी $= \frac{4}{5} \times 100 = 80\%$

81. एक कक्षा के 24 छात्रों में से 6 की औसत ऊँचाई 1 मी. 15 सेमी. है। 8 की औसत ऊँचाई 1 मी. 5 सेमी. है तथा शेष छात्रों की औसत ऊँचाई 1 मी. 11 सेमी. है तो कुल छात्रों की औसत ऊँचाई ज्ञात करे।

(a) 1 मी. 10 सेमी. (b) 1 मी. 11 सेमी.
(c) 1 मी. 5 सेमी. (d) 1 मी. 21 सेमी.

SoL (a)

6 छात्रों की औसत ऊँचाई = 1 मी. 15 सेमी. $+4\times6 = 24$

8 छात्रों की औसत ऊँचाई = 1 मी. 5 सेमी. $-6\times8 = -48$

$= -24$ cm

10 छात्रों की औसत ऊँचाई = 1 मी. 11 सेमी.

$\frac{-24}{24\text{(कुछ छात्र)}}$

$\therefore$ औसत – 11 मी. 11 सेमी. - 1सेमी.

= 11 मी. 10 सेमी. **Ans.**

82. कक्षा x, y एवं z का औसत स्कोर 83, 76 तथा 85 है। x, y का औसत स्कोर 79 है, जबकि y और z का औसत स्कोर 81 है तो तीनों कक्षाओं का औसत स्कोर ज्ञात करे।

(a) 80 (b) 80.8
(c) 81.2 (d) 81.5

SoL (d)

x : y y : z
83 76   76 85
79   81
3 : 4   4 : 5

x : y = 3 : 4
y = z = 4 : 5
$\therefore$ x : y : z = 3 : 4 : 5

$x = 3$ छात्र का औसत = 83

$y = 4$ छात्र का औसत = 76 $-7\times4 = -28$

$z = 5$ छात्र का औसत = 85 $+2\times5 = 10$

$= -18$

$= \frac{-18}{12} = -1.5$

$\therefore$ तीनों कक्षा का औसत = 83 - 1.5 = **81.5** **Ans.**

83. किसी कक्षा में लड़कों का औसत वजन 69.3 किग्रा. है और उसी कक्षा की लड़कियों का औसत वजन 59.4 किग्रा. है। यदि कक्षा में सभी लड़कों और लड़कियों का औसत वजन 63.8 किमी. है तो कक्षा में लड़कों की संख्या का प्रतिशत ज्ञात करो।

(a) $55\frac{5}{9}\%$ (b) 40%

(c) 45% (d) $44\frac{4}{9}\%$

SoL (d)

लड़के 69.3   लड़कियाँ 59.4

दोनों 63.8

4.4   5.5

4 : 5

$\therefore$ लड़के की संख्या का प्रतिशत $= \frac{4}{9} \times 100 = 4 \times 11\frac{1}{9}$

$= 44\frac{4}{9}\%$ **Ans.**

84. एक कक्षा में, 18 लड़कियाँ है और शेष लड़के है तथा कक्षा में सभी लड़कियों की औसत ऊँचाई 144 सेमी. है जबकि कक्षा में लड़कों की औसत ऊँचाई 150 सेमी. है। कक्षा में सभी छात्रों की कुल मिलाकर औसत ऊँचाई 148 सेमी है। अगर कक्षा में सभी लड़कों का औसत वजन 50 किलोग्राम है तो कक्षा में सभी लड़कों का कुल वजन ज्ञात करे।

(a) 1750 किग्रा. (b) 1850 किग्रा.
(c) 1600 किग्रा. (d) 1800 किग्रा.

Sol. **(d)** माना कि लड़कों की संख्या $= x$

$$(18 \times 144) + (x \times 150) = (18 + x)\,148$$
$$2592 + 150x = 2644 + 148x$$
$$2x = 72$$
$$\therefore \quad x = 36$$

अतः लड़कों की संख्या = 36

कक्षा के कुल लड़कों का कुल वजन = 36 × 50

= 1800 किग्रा.

Method - II

लड़के लड़कियाँ

150 **144**

148

4 : 2

36 ← 2 : 1 → 18

लड़कों का कुल वज़न = 36×50

= 1800 किग्रा.

85. 40 संख्याओं का औसत 35 है और उनमें प्रथम 10 संख्या का औसत 37 है तो शेष संख्या का औसत ज्ञात करे।

(a) $34\frac{1}{4}$ (b) $34\frac{1}{3}$
(c) 36.8 (d) 37.3

Sol. **(b)** माना कि शेष संख्या का औसत $= x$

प्रश्नानुसार,

$$40 \times 35 = 10 \times 37 + (40 - 10)\,x$$
$$1400 = 370 + 30x$$
$$x = \frac{103}{3}$$
$$x = 34\frac{1}{3}$$ **Ans.**

Method = II

10 : 30

1 : 3

37 **x**

35

$\frac{2}{3}$: 2

$$35 - x = \frac{2}{3} \Rightarrow x = \frac{105-2}{3} = 34\frac{1}{3}$$

86. दो कक्षाओं M और N के औसत अंक क्रमशः 25 तथा 40 है और प्राप्त समग्र औसत 30 है। कक्षा M और N के छात्रों का अनुपात है-

(a) 2 : 1 (b) 5 : 6
(c) 1 : 2 (d) 5 : 3

Sol. **(a)**

प्रश्नानुसार,

$$(M + N)\,30 = M \times 25 + N \times 40$$
$$30M + 30N = 25M + 40N$$
$$5M = 10N$$
$$M : N = 2 : 1$$ **Ans.**

Method - II

M **N**

25 **40**

30

10 : 5

2 : 1

क्रिकेट मैच पर आधारित प्रश्न

87. एक क्रिकेट मैच में एक टीम ने 215 रन बनाए और ऑल आउट हो गई। प्रत्येक बल्लेबाज द्वारा बनाये गए औसत रन ज्ञात करे।

(a) 21.50 (b) 19.54
(c) 23 (d) 18

Sol. **(b)** $\because$ क्रिकेट मैच में एक टीम में बल्लेबाज = 11

$$\therefore \quad \text{औसत} = \frac{215}{11} = 19.54$$

88. एक क्रिकेट खिलाड़ी की 10 पारियों की रनों का औसत 32 या अगली पानी में वह कितना रन बनाये कि जिससे उनके रनों का औसत 4 रन बढ़ जाए।

(a) 70 (b) 71.8
(c) 73.9 (d) 76

Sol. (d)

10 पारियां	11वीं पारी	= 11 पारियाँ
32	x	= 36
↓ −4×10 ↓ −40	↓ +40	

∴ 11वीं पारी का रन = 36 + 40 = 76 **Ans.**

89. 1 क्रिकेट खिलाड़ी की 15 पारियों के रनों का औसत 75 रन था। अगली पारी में वह कितना रन बनाये कि उसके रनों का औसत 3 रन कम हो जाए।

(a) 27 (b) 29
(c) 31 (d) 33

Sol. (a)

15 पारियाँ	16वीं पारी	= 16 पारियाँ
↓ 75	x	= 72
+3×15 = +45	↓ = −45	

∴ 16वीं पारी का रन = 72 − 45 = 27 **Ans.**

90. 40 पारियों में एक बल्लेबाज का औसत 50 रन है। यदि उसके उच्चतम स्कोर और न्यूनतम स्कोर का अंतर 172 है। यदि इन दोनों पारियों को निकाल दे तो शेष पारियों का औसत 48 है तो उच्वतम स्कोर ज्ञात करे।

(a) 170 (b) 172
(c) 174 (d) 176

Sol. (c)

38 पारीयाँ	शेष 2 पारी	= 40 पारियाँ
↓ 48	↓	= 50
↓ −2 × 38 = −76	$\frac{176}{2}$ − 38	

∴ शेष दो पारी का औसत = 50 + 38 = 88

अब,

अधिकतम रन − न्यूनतम रन = 172
अधिकतम रन + न्यूनतम रन = 88×2 = 176

अधिकतम रन = $\frac{348}{2}$

∴ अधिकतम रन = 174 रन **Ans.**

91. एक बल्लेबाज का 42 पारियों का औसत 30 रन है। यदि उच्चतम स्कोर और निम्नतम स्कोर का अंतर 100 रन है। यदि इन दोनों पारियों को निकाल दिया जाए तो 40 पारियों का औसत 28 हो जाता है, तो उसका उच्चतम स्कोर ज्ञात करें।

(a) 100 (b) 120
(c) 140 (d) 80

Sol. (b) 42 पारियाँ = 30×42 = 1260
40 पारियाँ = 28×40 = 1120
−
शेष दो पारियाँ = 140
उच्चतम − निम्नतम = 100
उच्चतम + निम्नतम = 140

उच्चतम = $\frac{240}{2}$

∴ उच्चतम स्कोर = 120 रन **Ans.**

92. एक बल्लेबाज 17वीं पारी में 87 रन बनाता है जिससे उसका बल्लेबाजी औसत 3 रन प्रति पारी बढ़ जाता है, तो उसका वर्तमान औसत ज्ञात करे।

(a) 37 (b) 38
(c) 39 (d) 40

Sol. (c) माना कि 16 पारियों का औसत = x रन
∴ 16 पारियों का कुल रन = $16x$
∴ 17 पारियों का औसत = $(x + 3)$ रन
17 पारियों का कुल रन = $(x + 3)\,17$

प्रश्नानुसार,

$16x + 87 = (x + 3)\,17$
⇒ $16x + 87 = 17x + 51$
⇒ $x = 36$
∴ वर्तमान औसत = x + 3 = 36 + 3 = 39 रन **Ans.**

Method - II

16 पारी का प्रा० औसत = 87 − 3 × 17
= 87 − 51 = 36
17 पारी का वर्तमान औसत = 87 − 3×16
= 87 − 48 = 39 **Ans.**

93. एक खिलाड़ी 41वीं पारी में 60 रन बनाता है, जिससे उसकी औसत 3 रन कम हो जाता है। 40वीं तथा 41वीं पारी के बाद औसत ज्ञात करे।

(a) 170, 173 (b) 83, 180
(c) 183,180 (d) 83, 80

Sol. **(c)** 40वीं पारी तक औसत $= 60 + 3\times41$
$= 60 + 123 = 183$

$\therefore$ 41वीं पारी तक औसत $= 60 + 3\times40$
$= 60 + 120 = 180$

अतः 40वीं एवं 41वीं पारी में औसत क्रमशः 183 एवं 180 है।

94. एक क्रिकेट खिलाड़ी की गेंदबाजी का औसत 12.4 रन प्रति विकेट था। जब वह अपने अंतिम मैच में 26 रन देकर 5 विकेट लेता है तो उसकी गेंदबाजी का औसत 0.2 रन कम हो गया तो अंतिम मैच में पहले उसके द्वारा लिए गए विकेटों की संख्या ज्ञात कीजिए।

(a) 175 (b) 181
(c) 189 (d) 200

Sol. **(a) Method - I**

माना कुल विकेट $= x$

अंतिम मैच से पहले,

कुल रन $= 12.4 \times x = 12.4x$

अंतिम मैच के बाद,

कुल रन $= 12.2\,(x + 5)$
$= 12.2x + 61$

प्रश्नानुसार,

$12.4x + 26 = 12.2x + 61$
$0.2x = 35$
$\therefore \quad x = 175$ विकेट

अतः अंतिम मैच से पहले प्राप्त विकेट = 175 **Ans.**

Method - II

प्रारंभिक औसत 12.4 अंतिम मैच का औसत 5.2

नया औसत 12.2

7 0.2
7×5 1
↓ ↓
35 ⇒ 35×5 = 5
⇒ 175 विकेट

95. एक गेंदबाज की गेंदबाजी औसत 12.4 रन/विकेट है। अगली पारी में वह 52 रन देकर 10 विकेट लेता है तो उसका औसत 0.4 रन कम हो जाता है तो वर्तमान में कुल विकेट की संख्या ज्ञात करे।

(a) 170 (b) 175
(c) 180 (d) 190

Sol. **(c)** पुराना औसत 12.4 अंतिम मैच का औसत 5.2

नया औसत 12

6.8 0.4
17 1
↓ ↓
17 ⇒ 17×10 = 10
⇒ 170 विकेट

$\therefore$ कुल विकेट/वर्तमान में विकेट की संख्या
= 170 + 10 = 180 विकेट **Ans.**

96. एक गेंदबाज की गेंदबाजी औसत 24.85 रन/विकेट है। अगली पारी में वह 52 रन देकर 5 विकेट लेता है तो उसका औसत 0.85 रन कम हो जाता है तो वर्तमान में उसके विकेटों की संख्या ज्ञात करे।

(a) 80 (b) 85
(c) 90 (d) 95

Sol. **(b)** पुराना औसत 24.85 अंतिम मैच का औसत 10.40

नया औसत 24

13.60 : 0.85
16 1
↓ ↓
16 = 16×5 1 ⇒ 5
= 80

$\therefore$ वर्तमान में विकेटों की संख्या = 80 + 5 = 85 विकेट

97. क्रिकेट मैच में एक खिलाड़ी के 15 मैच में रनों का औसत 33 है। तद्नुसार यदि पहले 10 मैचों में उसका औसत 45 हो, तो अंतिम 5 मैच का औसत कितना है?

(a) 9 (b) 13.5
(c) 15 (d) 23

Sol. **(a)** 15 मैचों में कुल रन = 15 × 33 = 495 रन

10 मैचों में कुल रन = 10 × 45 = 450 रन

$\therefore$ शेष 5 मैचों में रन का औसत = $\frac{495-450}{5}$

$= \frac{45}{5} = 9$ **Ans.**

Method - II

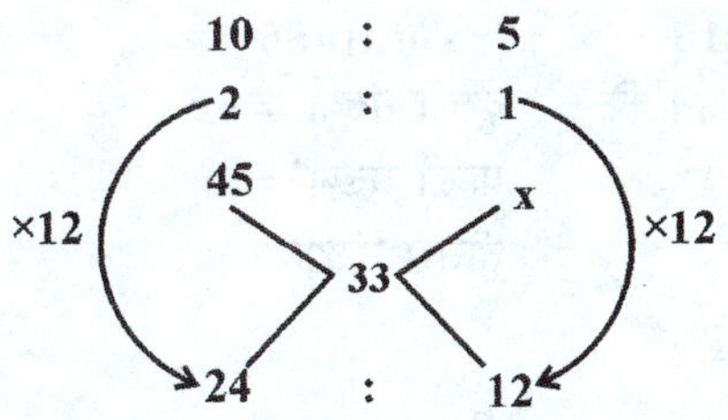

33 − x = 24

x = 9 **Ans.**

विविध (Miscellaneous)

98. किसी कक्षा के 9 छात्र कुछ राशि का योगदान करते है। उनमें से 7 छात्रों में से प्रत्येक रु.50 का योगदान देता है और अन्य दो सभी 9 छात्रों द्वारा दिए गए औसत योगदान से क्रमशः रु.50 और रु.90 अधिक देते है। कक्षा के सभी 9 छात्रों का औसत योगदान बताइए?

(a) 70 (b) 50
(c) 100 (d) 120

Sol. **(a)** माना कि 9 छात्रों का औसत योगदान x है।

$\because$ 7 छात्रों का औसत योगदान = 50

$\therefore$ 7 छात्रों की कुल राशि = 7×50 = 350

$\because$ शेष 2 छात्रों में से एक का योगदान = 9 के औसत से रु.50 अधिक

दूसरे का योगदान = 9 के औसत से 90 अधिक

$\therefore 7\times50 + (x+50) + (x+90) = 9x$

$\Rightarrow 350 + 140 + 2x = 9x$

$\Rightarrow 7x = 490$

$\therefore x = 70$

अतः कक्षा के 9 छात्रों का औसत योगदान = 70

99. सेट A में 27, 28, 30, 32 और 33 पूर्णांक है। यदि पूर्णांक K को सेट में सम्मिलित किया जाता है तो A के औसत में 30 प्रतिशत वृद्धि होगी। पूर्णांक K का मान ज्ञात करे।

(a) 68 (b) 79
(c) 84 (d) 92

Sol. **(c)** सेट A का औसत $= \frac{27+28+30+32+33}{5}$

$= \frac{150}{5} = 30$

सेट A के औसत में 30% वृद्धि करने पर

$= 30 \times \frac{(100+30)}{100} = 39$

$\therefore$ सेट A में K में शामिल करने पर

$\Rightarrow 150 + K = 39\times6$

$K = 234 - 150$

$\therefore K = 84$

अतः K का मान = 84 **Ans.**

100. यदि 3 अंकों की संख्या 335, 2x5, x35, 63x और 406 का औसत 411 है तो (x − 1), (x − 3), (x + 3) और (x + 5) का औसत क्या होगा?

(a) 6 (b) 3
(c) 5 (d) 4

Sol. **(c)** औसत $= \frac{335 + 2x5 + x35 + 63x + 406}{5}$

$441 = \frac{741 + 2x5 + x35 + 63x}{5}$

[$\because$ यहाँ x के जगह हमें 4 लेना होगा क्योंकि इकाई अंक ज्ञात करने पर यहाँ 1 के साथ 4 जोड़ने पर ही यह पूर्णतः विभाजित होगा। यहाँ हम 9 नहीं ले सकते है क्योंकि 9 जोड़ने के बाद भी यह 5 से विभाज्य होगी परंतु अंत में 'शून्य' देगा। इसलिए यहाँ हम x = 4 लेंगे]

$\therefore$ x = 4 होने पर

$\frac{(x-1)+(x-3)+(x+3)+(x+5)}{4}$

$= \frac{4-1+4-3+4+3+4+5}{4} = 5$

101. संख्याएं 24, 45, a, 35, 59, 83, 46, b, 29, 74 क्रमिक रूप से व्यवस्थित की गयी है, जैसे वे क्रम में रहती है। जब प्रत्येक संख्या को उसकी क्रम संख्याओं से जोड़ा जाता है, तो नयी बनने वाली संख्याओं का औसत 55 आता है। लुप्त संख्याओं (a और b) का औसत कितना है?

(a) 38 (b) 58
(c) 62 (d) 50

Sol. **(d)** नई संख्याएं तब बनती है जब प्रत्येक संख्या को उसके क्रम संख्या में जोड़ा जाता है।

(24+1), (45+2), (a+3), (35+4), (59+5), (83+6), (46+7), (b+8), (29+9), (74+10)

प्रश्नानुसार,

$(24+1)+(45+2)+(a+3)+(35+4)+(49+5)+(83+6)+(46+7)+(b+8)+(29+9)+(74+10)=55\times10$

$\Rightarrow 450+a+b=550$

$\Rightarrow a+b=550-450$

$\Rightarrow a+b=100$

$\therefore$ a और b का औसत $=100/2=50$

102. कक्षा V(A) और V(B) में छात्रों की कुल संख्या 286 है। कक्षा V(A) में छात्रों की संख्या, कक्षा V(B) में छात्रों की संख्या से 20% अधिक है। कक्षा V(B) में छात्रों के औसत अंक, कक्षा V(A) के छात्रों के औसत अंकों से 50% अधिक है। यदि कक्षा V(A) और V(B) के सभी छात्रों का औसत अंक 117 है तो कक्षा V(B) के छात्रों के औसत अंक कितना है?

(a) 140 (b) 142
(c) 143 (d) 144

Sol. **(c)** माना कि कक्षा V(B) में छात्रों की संख्या = 100

कक्षा V(A) में छात्रों की संख्या = 120

V(A) : V(B)

120 : 100

6 : 5 = 11 (कुल)

↓×26 ↓×26 11 = 286

156 : 130 1 = 26

$\therefore$ कक्षा V(A) में छात्रों की कुल संख्या = 156

कक्षा V(B) में छात्रों की कुल संख्या = 130

माना कि V(B) का औसत अंक = x

$$\text{V(A) का औसत अंक} = \frac{x}{150}\times100=\frac{2x}{3}$$

प्रश्नानुसार,

$$\frac{156\times\frac{2x}{3}+130\times x}{156+130}=117$$

$$\Rightarrow \frac{104x+130x}{286}=117$$

$$\Rightarrow x=\frac{117\times286}{234}$$

$\therefore x=143$

अत: V(B) के छात्रों का औसत = 143 **Ans.**

103. दी गई तीन संख्याओं में, दूसरी संख्या पहली की तिगुनी तथा तीसरी की दोगुनी है। यदि तीनों संख्याओं का औसत 77 है, तो दूसरी संख्या का मान ज्ञात कीजिए।

(a) 126 (b) 145
(c) 118 (d) 136

Sol. **(a)** माना कि दूसरी संख्या $=6x$

पहली संख्या $=2x$

तीसरी संख्या $=3x$

प्रश्नानुसार,

$$\frac{2x+6x+3x}{3}=77$$

$$\frac{x}{3}=7$$

$x=21$

$\therefore$ दूसरी संख्या $=6x=6\times21=126$ **Ans.**

104. यदि तीन संख्याएँ A, B और C में B = 2A = 3C है एवं उनका औसत 44 है। इनमें से कौन-सी संख्या सबसे छोटी है?

(a) 72 (b) 28
(c) 36 (d) 24

Sol. **(d)**

A : B : C

3x : 6x : 2x (माना)

$$\frac{3x+6x+2x}{3}=44$$

$$\frac{11x}{3}=44$$

x = 12

$\therefore$ सबसे छोटी संख्या = 2x = 2×12 = 24 **Ans.**

105. 9 लड़कियाँ और एक लड़का लंच के लिए होटल गए और प्रत्येक लड़की ने रु.30 और लड़के सबके औसत से रु.7200 ज्यादा खर्च किए हो तो लड़के ने कुल कितने रुपये खर्च किया तथा उन सभी के द्वारा किया गया कुल खर्च ज्ञात करे।

(a) 8030, 8300 (b) 8300, 8030
(c) 9100, 8790 (d) 7600, 7970

Sol. (a)

9 लड़कियों द्वारा कुल खर्च $\quad$ एक लडके द्वारा कुल खर्च $= A$

$9 \times 30 = 270 \qquad A + 7200$

$\therefore$ 9 लड़कियों की वजह से लड़के को रु.7200 अधिक खर्च किया।

तो प्रत्येक लड़की पर किया गया खर्च $= \frac{7200}{9}$

$= ₹800$

$\therefore$ सभी लड़की एवं लड़का का औसत $= 800 + 30 = ₹830$

सभी का कुल खर्च $= 830 \times 10 = ₹8300$

$\therefore$ लड़के का खर्च $= A + 7200$

$= 830 + 7200$

$= ₹8030$ **Ans.**

106. 9 व्यक्तियों में से 8 व्यक्तियों में प्रत्येक ने अपने भोजन पर ₹40 खर्च किए। उनमें से 9वें व्यक्ति ने सभी 9 व्यक्तियों के औसत खर्च से ₹90 ज्यादा खर्च किए हो, तो उन सभी के द्वारा किया गया कुल खर्च ज्ञात करे।

(a) ₹300 (b) ₹375
(c) ₹415 (d) ₹450

Sol. (d) प्रत्येक पर खर्च $= \frac{90}{9} = ₹10$

$\therefore$ औसत $= 40 + 10 = ₹50$

$\therefore$ उन सभी के द्वारा किया गया कुल खर्च

$= 9 \times 50 = ₹450$

107. एक हॉस्टल में 35 छात्र है। यदि 7 छात्र और आ गए तो मेस का खर्च रु.42 प्रतिदिन के हिसाब से बढ़ जाता है जबकि प्रत्येक छात्र का औसत खर्च रु.1 कम हो जाता है तो मेस का प्रारंभिक खर्च बताये।

(a) 400 (b) 420
(c) 460 (d) 520

Sol. (b) Method-I

माना कि मेस का प्रारंभिक औसत $= ₹x$ / छात्र

35 छात्र का कुल खर्च $= 35x$ प्रतिदिन

7 नए छात्र और आने से $(35 + 7 = 42)$ छात्रों का औसत

$= ₹(x - 1)$ /प्रतिदिन

$\therefore$ 42 छात्रों का कुल खर्च $= 42\,(x - 1)$

प्रश्नानुसार,

$35x + 42 = 42\,(x - 1)$

$\therefore \quad x = 12$

तो मेस का प्रारंभिक खर्च $= 5x$

$= 35 \times 12$

$= ₹420$ **Ans.**

Method - II

42 लोगों के होने से कुल कमी $= 42 \times 1$

$= ₹42$

मेस का बढ़ा खर्च $= ₹42$

$\therefore$ 7 लोगों के आने से पड़ा कुल प्रभाव $= 42 + 42$

$= ₹84$

औसत $= \frac{84}{7} = ₹12$

$\therefore$ प्रारंभिक खर्च $= 35 \times 12 = ₹420$ **Ans.**

Method - III

माना प्रारम्भिक औसत खर्च $= x$

35 : 7
5 : 1

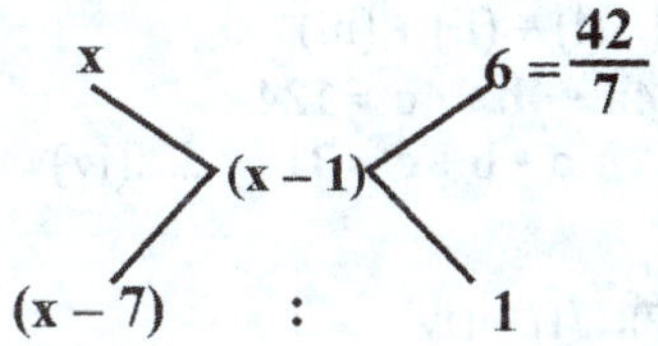

$\frac{x - 7}{1} = \frac{5}{1}$

$x = 12$

प्रारम्भिक खर्च $= 12 \times 35 = 420$ **Ans.**

108. किसी छात्रावास में 50 छात्र है। 10 नये छात्रों के आने से मेस का खर्च ₹100 प्रतिदिन बढ़ जाता है, जबकि प्रत्येक छात्र के औसत खर्च में ₹3 की कमी आ जाती है तो प्रारंभ में मेस का खर्च कितना था?

(a) ₹ $233\frac{1}{3}$ (b) ₹ $313\frac{1}{3}$
(c) ₹ $256\frac{1}{2}$ (d) ₹ $201\frac{1}{2}$

Sol. (a)

बढ़ा खर्च $= ₹100$

कुल कमी $= (50 + 10)\,3 = ₹180$

तो 60 लोगों के आने से पड़ा कुल प्रभाव $= 100 + 180 = ₹280$

$\therefore$ औसत $= \frac{280}{60} = \frac{14}{3}$

$\therefore$ प्रारंभिक औसत $= 50 \times \frac{14}{3} = ₹\,233\frac{1}{3}$ **Ans.**

109. तीन प्राकृतिक संख्याएं है। किन्हीं दो संख्याओं का औसत तीसरी संख्या में जोड़ दिया जाता है तो क्रमशः 24, 20 और 18 प्राप्त होता है तो वे तीनों संख्याओं को ज्ञात करें।

(a) 9, 5, 17 (b) 5, 9, 17
(c) 17, 9, 5 (d) 9, 17, 5

Sol. **(a)**

I	II	III
a	b	c

$$\frac{a+b}{2}+c = 24$$

$$a+b+2c = 48 \quad ....(i)$$

इसी प्रकार,

$$b+c+2a = 40 \quad ....(ii)$$
$$a+c+2b = 36 \quad ....(iii)$$

समी. (i) + (ii) + (iii)

$$4a+4b+4c = 124$$
$$a+b+c = 31 \quad ....(iv)$$

अब,

समी. (i) – (iv)

$$a+b+c = 31$$
$$a+b+2c = 48$$
$$-c = -17$$
$$\therefore \quad c = 17$$

इसी प्रकार

$$a = 9$$
$$b = 5$$
$$\therefore \quad a = 9, b = 5, c = 17$$ **Ans.**

110. 4 प्राकृतिक संख्याएं है। कोई भी तीन प्राकृतिक संख्याओं का औसत अगर चौथी संख्या में जोड़ा जाए तो क्रमशः 29, 23, 21, 17 प्राप्त होता है तो वे चारों संख्या ज्ञात करे।

(a) 12, 9, 3, 21 (b) 12, 20, 9, 31
(c) 13, 19, 12, 21 (d) 21, 17, 15, 14

Sol. **(a)**
$$\frac{a+b+c}{3}+d = 29$$

$$a+b+c+3d = 87 \quad .... (i)$$

इसी प्रकार,

$$b+c+d+3a = 69 \quad ....(ii)$$
$$a+c+d+3b = 63 \quad ....(iii)$$
$$a+b+d+3c = 51 \quad ....(iv)$$

समी. (i) + (ii) + (iii) + (iv)

$$6a+6b+6c+6d = 270$$
$$a+b+c+d = 45 \quad ....(v)$$

समी. (i) – (iv)

$$a+b+c+3d = 87$$
$$a+b+c+d = 45$$
$$- \quad - \quad - \quad -$$
$$2d = 42$$
$$d = 21$$

इसी प्रकार

$$a = 12$$
$$b = 9$$
$$c = 3$$

अतः संख्याएं = 12, 9, 3, 21 **Ans.**

111. संख्या 2, 3, 4 और 5 क्रमशः (2 + 5K), (5K – 7), (2K – 3) और (K + 2) बार आयी है। संख्याओं का औसत 2.85 है। बाद में, सभी स्थानों में संख्या 2 को 6 से प्रतिस्थापित किया जाता है। नई संख्याओं का औसत ज्ञात करे।

(a) 2.4 (b) 5.25
(c) 3.85 (d) 4.75

Sol. **(b)** $2(2+5K)+3(5K-7)+4(2K-3)+5(K+2)$
$$= (13K-6)\times 2.85$$
$$\Rightarrow 4+10K+15K-21+8K-12+5K+10 = 37.05K-17.1$$
$$\Rightarrow 38K-19 = 37.05K-17.1$$
$$\Rightarrow 0.95K = 1.9$$
$$\therefore K = 2$$

2 आने की कुल संख्या = (2 + 5K) = 12 से बदल दिया जाता है,
तो कुल संख्या = (2+5K) + (5K–7) + (2K–3) + (K+2) = 20
जब 2 को 6, 12 संख्या में 4 की वृद्धि हो जाती है।

कुल वेतन वृद्धि = 12 × 4 = 48

$$\therefore \quad \text{औसत वृद्धि} = \frac{48}{20} = 2.4$$

$$\therefore \quad \text{अंतिम औसत} = 2.85 + 2.4 = 5.25$$ **Ans.**

112. x, y और z तीन धनात्मक संख्याएँ है जैसे कि y, x का $\frac{4}{5}$ गुना और z, y का $\frac{5}{8}$ गुना है। यदि संख्याओं x, y और z के व्युत्क्रमों का औसत $\frac{17}{240}$ है तो x के 3 गुना और y के 5 गुना का औसत होगा?

(a) 70 (b) 60
(c) 40 (d) 45

Sol. **(a)** माना कि $x:y:z = 100\,K : 80\,K : 50\,K$

प्रश्नानुसार,

$$\frac{\frac{1}{100K}+\frac{1}{80K}+\frac{1}{50K}}{3} = \frac{17}{240}$$

$$\Rightarrow \frac{4+5+8}{400K} = \frac{17}{80}$$

$$\Rightarrow \frac{1}{5K} = 1$$

$$\therefore K = \frac{1}{5}$$

$$\therefore x = 100K = 100\times\frac{1}{5} = 20$$

$$y = 80K = 80\times\frac{1}{5} = 16$$

$$\therefore \frac{x\times3+y\times5}{2} = \frac{20\times3+16\times5}{2} = 70$$

अतः x के तीन गुना और y के 5 गुना का औसत = 70 **Ans.**

113. नवंबर माह में एक कला प्रदर्शनी आयोजित की गई। सप्ताह के कार्य दिवसों (वीकडेज) और सप्ताहांत (वीक-एंड) पर आने वाले आगंतुकों की औसत संख्या क्रमशः 450 और 750 थी। यदि माह का पहला दिन सोमवार था, तो माह में आगंतुकों की औसत संख्या कितनी थी?

(a) 520 (b) 530
(c) 510 (d) 540

Sol. **(b)** यदि माह सोमवार से शुरू हो तो 22 कार्य दिवस या वीकडेज एवं 8 सप्ताहांत (वीक-एंड) होगा।

$$\text{औसत} = \frac{22\times450+8\times750}{30} = \frac{9900+6000}{30} = 530$$

अतः माह में आगंतुकों की औसत 530 है।

114. किसी व्यक्ति को स्वयं के वजन के बारे में अनुमान लगाने के लिए कहा गया। उसने अनुमान लगाया कि उसका वजन 70 किग्रा. से अधिक लेकिन 80 किग्रा. से कम है। उसके दोस्त ने उसके वजन का अनुमान 74 किग्रा. से अधिक लेकिन 84 किग्रा. से कम लगाया। उसकी माता ने कहा कि उसका वजन 78 किग्रा. से कम है। यह मानते हुए कि वजन एक पूर्णांक संख्या है और तीनों ने सही अनुमान लगाया था, तो संभावित वजनों का औसत कितना है?

(a) 76.5 किग्रा. (b) 76 किग्रा.
(c) 77 किग्रा. (d) 75 किग्रा.

Sol. **(b)** 70 किग्रा. ⟶ 80 किग्रा. = व्यक्ति का अनुमान

74 किग्रा. ⟶ 84 किग्रा. = दोस्त का अनुमान

⟶ 78 किग्रा. = माता का अनुमान

$$\therefore \text{औसत} = \frac{75+76+77}{3} = \frac{228}{3} = 76 \text{ किग्रा.}$$

अतः व्यक्ति का संभावित औसत वजन = 76 किग्रा. **Ans.**

115. एक कक्षा में 75 छात्र है, जिनमें से $33\frac{1}{3}\%$ लड़के है और शेष लड़कियाँ है। लड़कों का गणित में औसत अंक लड़कियों के गणित में औसत अंक से $66\frac{2}{3}\%$ अधिक है। यदि सभी छात्रों का औसत अंक 66 है, तो लड़कियों का औसत अंक ज्ञात करे।

(a) 52 (b) 55
(c) 54 (d) 58

Sol. **(c)** लड़कों की संख्या $= 75\times33\frac{1}{3}\% = 25$

$\therefore$ लड़कियों की संख्या $= (75-25) = 50$

माना कि लड़कियों का गणित में औसत अंक $= x$

$$\therefore \text{लड़कों का गणित में औसत अंक} = x + x\times66\frac{2}{3}\%$$

$$= \frac{5x}{3}$$

प्रश्नानुसार,

$$25\times\frac{5x}{3}+50\times x = 66\times75$$

$$\Rightarrow \frac{125x+150x}{3} = 66\times75$$

$$\Rightarrow 275x = 66\times75\times3$$

$$\therefore x = 54$$

अतः लड़कियों का गणित में औसत अंक = 54 **Ans.**

116. 80 छात्रों की एक कक्षा में, 60% खेल में भाग लेते है तथा शेष खेलों में भाग नहीं लेते है। पहले समूह का औसत वजन दूसरे समूह के औसत वजन से 5% अधिक है। यदि सभी छात्रों का औसत वजन 51½ किग्रा. है, तो पहले समूह का औसत वजन ज्ञात करे।

(a) 57.6 (b) 54.5
(c) 60 (d) 52.5

Sol. **(d)** खेल में भाग लेने वाले छात्रों की संख्या = 80 × 60% = 48

∴ खेल में भाग नहीं लेने वालों की संख्या = (80 – 48) = 32

माना कि दूसरे समूह का औसत वजन = x किग्रा.

∴ पहले समूह का औसत वजन = $(x + x \times 5\%)$ किग्रा.

$$= \frac{21x}{20} \text{ किग्रा.}$$

प्रश्नानुसार,

$$32 \times x + 48 \times \frac{21x}{20} = 80 \times 51\frac{1}{2}$$

$$32x \times 20 + 48x \times 21 = 80 \times \frac{103}{2} \times 20$$

$$16(40x + 63x) = 80 \times 103 \times 10$$

$$\therefore \quad x = 50$$

∴ पहले समूह का औसत वजन = 50 किग्रा.

∴ दूसरे समूह का औसत वजन = $\frac{21}{20} \times 50 = 52.5$ किग्रा.

117. n संख्याओं का औसत 36 है। यदि इन संख्याओं के 75% में से प्रत्येक को 6 से बढ़ा दिया जाए और प्रत्येक शेष संख्या को 9 से कम कर दिया जाए, तो इन संख्याओं का नया औसत क्या होगा?

(a) 37.125 (b) 33.75
(c) 38.25 (d) 36.25

Sol. **(c)** $75\% = \frac{3}{4 \text{ (कुल संख्या)}}$

प्रश्न से,

(3×6) – (1×9) = 9 [∵ धनात्मक चिन्ह है तो औसत में वृद्धि होगा]

∴ औसत वृद्धि = $\frac{9}{4} = 2.25$

∴ औसत कुल वृद्धि = 36 + 2.25 = 38.25 **Ans.**

118. तीन संख्याएं इस प्रकार है कि यदि इनमें से किसी भी दो संख्या के औसत को तीसरी संख्या में जोड़ा जाए, तो प्राप्त होने वाले योगफल क्रमशः 168, 174 और 180 होते है। इन तीन प्रारंभिक संख्याओं का औसत ज्ञात करे।

(a) 86 (b) 87
(c) 89 (d) 84

Sol. **(b)** माना कि प्रारंभिक तीन संख्याएं क्रमशः a, b और c है।

$$\left(\frac{a+b}{2}+c\right)+\left(\frac{b+c}{2}+a\right)+\left(\frac{a+c}{2}+b\right)$$

$$= 168 + 174 + 10$$

$$\Rightarrow \quad 4a + 4b + 4c = 1044$$

$$\Rightarrow \quad a + b + c = 261$$

∴ तीनों संख्या का औसत = $\frac{a+b+c}{3} = \frac{261}{3} = 87$

119. चार अलग-अलग धनात्मक संख्याओं को आरोही क्रम में लिखा गया है। सभी चार संख्याओं की औसत का एक-तिहाई इनमें से सबसे बड़ी संख्या से 19 कम है। यदि पहली तीन संख्याओं का औसत 12 है, तो इनमें से सबसे बड़ी संख्या ज्ञात करे।

(a) 25 (b) 22
(c) 24 (d) 21

Sol. **(c)** माना कि चारों संख्याओं का औसत = A

अंतिम संख्या = k

प्रश्नानुसार,

$$\frac{A}{3} = k - 19$$

$$3k - A = 57 \quad \text{............(i)}$$

प्रथम तीन संख्याओं का योग = 12×3 = 36

$$\Rightarrow \quad \frac{36+k}{4} = A$$

$$\Rightarrow \quad 4A - k = 36 \quad \text{...........(ii)}$$

समी० (i) को 4 से गुणा कर समीकरण (ii) में जोड़ने पर

$$12k - 4A = 228$$
$$4A - k = 36$$
$$11k = 264$$
$$k = 24$$

∴ सबसे बड़ी संख्या = 24 **Ans.**

120. 27 संख्याओं का औसत शून्य है। इनमें से, अधिक से अधिक कितनी संख्याएं शून्य से अधिक हो सकती है?

(a) 0 (b) 15
(c) 26 (d) 20

Sol. **(c)** 27 संख्याओं का औसत शून्य है अर्थात् 27 संख्याओं का योग शून्य होगा।

इसका अर्थ यह है कि अधिकतम 26 संख्या का योगफल यदि 27वीं संख्या (जिसका योगफल 26 संख्या के बराबर है) के बराबर हो और 27वीं संख्या ऋणात्मक है तो "इस स्थिति में हम कह सकते है कि शून्य से 26 संख्या अधिकतम हो सकती है।"

121. x के 5 बार और y के 7 बार होने का औसत 37 है। साथ ही x के 7 बार होने और y के 5 बार होने का औसत 35 है। y का मान ज्ञात करे।

(a) 30 (b) 27
(c) 42 (d) 45

Sol. (c) $\frac{x\times5+y\times7}{12}=37$

$5x+7y=444$ ...... (i)

पुनः

$\frac{x\times7+y\times5}{12}=35$

$7x+5y=420$ ....(ii)

समी० (i)×7 – समी० (ii)×5

$35x+49y=3108$
$35x+25y=2100$
$-\quad-\quad-$

$24y=1008$
$y=42$

∴ y का मान = 42 **Ans.**

122. व्यक्ति के 3 समूह है- पुरुष, महिला और बच्चे। 20 पुरूष है एवं महिलाओं और बच्चों की कुल संख्या पुरूषों की तुलना में 4 अधिक है। पुरूषों का औसत वजन 54 किग्रा., महिलाओं का 49 किग्रा. और बच्चों का 30 किग्रा. है। यदि पूरे समूह का औसत वजन 48.25 किग्रा. है, तो महिलाओं की संख्या और बच्चों की संख्या के बीच का अंतर क्या है?

(a) 17 (b) 10
(c) 7 (d) 14

Sol. (b) पुरूषों की संख्या = 20

∴ महिलाओं की संख्या = F

बच्चों की संख्या = C

F + C = 20 + 4 = 24

पूरे समूह का कुल वजन = (20 + 24) × 48.25
= 2123 किग्रा.

पुरूषों का कुल वजन = 20 × 54
= 1080 किग्रा.

अब,

महिला एवं बच्चों का कुल वजन = 2123 – 1080
= 1043

$(F\times49)+(C\times30)=1043$
$49F+(24-F)30=1043$
$19F=323$
∴ $F=17$

अब,

$F+C=24$
$17+C=24$
∴ $C=7$

महिला एवं बच्चों की संख्या में अंतर = 17 – 7 = 10 **Ans.**

123. A, B और C तीन सकारात्मक संख्याएं है जैसे कि A के तीन-पाँचवें और B के 30% का औसत 13.5 है और B के 3/8 गुना और C के 25% का औसत 15 है। यदि A, C के 5/12 गुना के बराबर है, तो तीनों संख्याओं A, B और C का योग है।

(a) 125 (b) 135
(c) 145 (d) 120

Sol. (a) $A\times\frac{3}{5}+B\times\frac{3}{10}=13.5\times2$

$6A+3B=270$ ....(i)

$B\times\frac{3}{8}+C\times\frac{1}{4}=15\times2$

$3B+2C=240$ ....(ii)

$A=\frac{5}{12}C$

$12A-5C=0$ ....(iii)

समी.(i) × 2 – (iii)

$12A+6B=540$
$12A-5C=0$
$-\quad+\quad-$

$6B+5C=540$ ....(iv)

समी.(ii) × 2 – (iv)

$6B+4C=480$
$6B+5C=540$
$-\quad-\quad-$

$-C=-60$
∴ $C=60$

∴ $A=\frac{5}{12}\times C=\frac{5}{12}\times60=25$

A का मान समी.(i) में रखने पर

$6A+3B=270$
$6\times25+3\times B=270$
$3B=120$
$B=40$

∴ तीनों संख्या का योग = 25 + 40 + 60 = 125 **Ans.**

124. समूह A के 30 व्यक्तियों का औसत भार समूह B के 25 व्यक्तियों के औसत भार से 3 किग्रा. अधिक है। समूह B के 25 व्यक्तियों का औसत भार समूह C के 20 व्यक्तियों के औसत भार से 2.5 किग्रा. अधिक है। समूह A के 30 व्यक्तियों का कुल भार 1725 किग्रा. है तो समूह A और समूह C के व्यक्तियों का मिलाकर औसत भार कितना होगा?

(a) 55.3 (b) 55.4
(c) 55.1 (d) 55

Sol. (a) समूह A का औसत वजन $= \frac{1725}{30} = 57.5$ किग्रा.

समूह B का औसत वजन $= 57.5 - 3 = 54.5$ किग्रा.

समूह C का औसत वजन $= 54.5 - 2.5 = 52$ किग्रा.

समूह C का कुल वजन $= 52 \times 20 = 1040$ किग्रा.

समूह A एवं समूह C का औसत वजन $= \frac{1725 + 1040}{30 + 20}$

$= \frac{2765}{50} = 55.3$ किग्रा.

125. एक परिवार का औसत मासिक खर्च पहले तीन महीनों के दौरान ₹18600, अगले चार महीनों के दौरान ₹21750 और साल के आखिरी पांच महीनों के दौरान ₹22840 था। यदि वर्ष के दौरान कुल बचत ₹143020 थी, तो परिवार की औसत मासिक आय क्या थी?

(a) ₹33335 (b) ₹34115
(c) ₹35333 (d) ₹32225

Sol. (a) एक वर्ष का कुल खर्च

$= 3 \times 18600 + 4 \times 21750 + 5 \times 22840$
$= 55,800 + 87000 + 114200$
$=$ ₹257000

एक वर्ष का कुल बचत = ₹143020

$\therefore$ 1 वर्ष का कुल आय $= (257000 + 143020)$
= ₹400020

$\therefore$ 1 वर्ष का औसत मासिक आय $= \frac{400020}{12} =$ ₹33335

126. A, B, C और D चार धनात्मक संख्याएं है जैसे कि A, B का $\frac{3}{4}$ गुना, B, C का $\frac{4}{5}$ गुना और C, D का $\frac{3}{8}$ गुना है। यदि A के 4 गुना और D के 7 गुना का औसत 316 है, तो सभी चार संख्याओं A, B, C और D का औसत है।

(a) 36 (b) 38
(c) 28 (d) 34

Sol. (b) $A \times 4 + D \times 7 = 316 \times 2$

$4A + 7D = 632$

अब, $A : B = 3 : 4$

$B : C = 4 : 5$

$C : D = 3 : 8$

$A : B : C : D = 9 : 12 : 15 : 40$

माना कि

$A = 9x$
$B = 12x$
$C = 15x$
$D = 40x$

$4A + 7D = 632$
$4 \times 9x + 7 \times 40x = 632$
$36x + 280x = 632$
$316x = 632$
$\therefore x = 2$

$\therefore$ सभी चार संख्या का औसत

$= \frac{9x + 12x + 15x + 40x}{4}$

$= \frac{9 \times 2 + 12 \times 2 + 15 \times 2 + 40 \times 2}{4}$

$= 38$ **Ans.**

127. एक आदमी का औसत मासिक खर्च पहले तीन महीनों के दौरान ₹2400, अगले पांच महीनों के दौरान ₹3500 और शेष चार महीनों के लिए ₹4800 है। यदि पूरे वर्ष के दौरान उसकी कुल बचत ₹3500 है तो उसकी औसत मासिक आय क्या है?

(a) ₹4550 (b) ₹4100
(c) ₹3700 (d) ₹3950

Sol. (d) पूरे वर्ष का कुल खर्च $= 3 \times 2400 + 5 \times 3500 + 4 \times 4800$
$= 7200 + 17500 + 19200$
$=$ ₹43900

पूरे वर्ष का कुल बचत = ₹3500

$\therefore$ पूरे वर्ष का औसत आय $= \frac{43900 + 3500}{12}$

= ₹3950 **Ans.**

128. तीन संख्याओं a, b और c का औसत c से 2 अधिक है। a और b का औसत 48 है। यदि d, c से 10 कम है तो c और d का औसत ज्ञात करे।

(a) 36 (b) 40
(c) 35 (d) 38

Sol. (b) $\frac{a+b+c}{3} = c+2$ ....(i)

$\frac{a+b}{2} = 48$

$a+b = 96$ ....(ii)

$\because \frac{a+b+c}{3} = c+2$

$\Rightarrow \frac{96+c}{3} = c+2$

$\therefore c = 45$

$\therefore d = c-10$

$= 45-10$

$= 35$

$\therefore$ c और d का औसत $= \frac{45+35}{2} = 40$ **Ans.**

129. कक्षा IX के सेक्शन A और B के 90 छात्रों का गणित में औसत स्कोर 63 था। A में छात्रों की संख्या B से 10 अधिक थी। A में छात्रों का औसत अंक B के छात्रों की तुलना में 30% अधिक था। B में छात्रों का औसत अंक कितना है?

(a) 60 (b) 54
(c) 50 (d) 56

Sol. (b) सेक्शन A तथा B के छात्रों का कुल स्कोर $= 63 \times 90 = 5670$

कक्षा B के छात्रों की संख्या = 40

कक्षा A के छात्रों की संख्या = 50

माना कि कक्षा B के छात्रों का औसत अंक $= x$

$\therefore$ कक्षा B के छात्रों का कुल अंक $= 40 \times x = 40x$

B की तुलना में 30% अधिक होने पर कक्षा के छात्रों का औसत अंक $= x \times \frac{130}{100} = 1.3x$

$\therefore$ कक्षा A के छात्रों का कुल अंक $= 1.3x \times 50 = 65x$

$\therefore 40x + 65x = 5670$

$105x = 5670$

$\therefore x = 54$

अतः कक्षा B के छात्रों का औसत अंक = 54 **Ans.**

Method - II

	A	:	B
संख्या-	50	:	40
	5	:	4
औसत-	13	:	10
योग-	65		40

संयुक्त औसत $= \frac{65+40}{(5+4)} = \frac{105}{9} \rightarrow 63$

$10 \longrightarrow 54$

130. तीन संख्याओं के एक समूह में, पहली दो संख्याओं का औसत 7 और अंतिम दो संख्याओं का औसत 10 है और पहली और अंतिम संख्याओं का औसत 14 है। तीन संख्याओं का औसत क्या है?

(a) $\frac{25}{4}$ (b) $\frac{37}{3}$
(c) $\frac{29}{4}$ (d) $\frac{31}{3}$

Sol. (d) पहली दो संख्या का औसत $= \frac{a+b}{2}$

$7 = \frac{a+b}{2}$

$a+b = 14$ .... (i)

अंतिम दो संख्या का औसत

$\Rightarrow \frac{b+c}{2} = 10$

$b+c = 20$ ..... (ii)

पहली और अंतिम संख्या का औसत

$\Rightarrow \frac{a+c}{2} = 14$

$a+c = 28$ ...... (iii)

समी. (i) + (ii) + (iii)

$2(a+b+c) = 14+20+28$

$a+b+c = 31$

$\therefore$ तीनों संख्या का औसत $= \frac{a+b+c}{3} = \frac{31}{3}$ **Ans.**

131. पाँच धनात्मक संख्याओं का औसत 56 है। यदि पहली संख्या आखिरी चार संख्याओं के योग की तीन चौथाई है, तो अंतिम चार संख्याओं का औसत है?

(a) 30 (b) 40
(c) 50 (d) 35

Sol. (b) माना कि पहली संख्या $= a$

अंतिम चार संख्या का औसत $= x$

$\therefore$ अंतिम चार संख्या का योग $= 4x$

$$a = \left(\frac{3}{4}\right)4x = 3x$$

सभी 5 धनात्मक संख्या का योग $= 56 \times 5 = 280$

प्रश्नानुसार,

$$a + 4x = 280$$
$$3x + 4x = 280$$
$$x = 40$$

अतः अंतिम चार संख्या का औसत = 40 **Ans.**

132. यदि 40 को प्राकृतिक संख्याओं की एक सूची में जोड़ा जाता है तो औसत 4 से बढ़ जाता है। जब नई सूची में 30 को जोड़ा जाता है तो नई सूची में संख्याओं का औसत 1 से बढ़ जाता है। मूल सूची में कितने संख्याएं थी?

(a) 4 (b) 5
(c) 8 (d) 6

Sol. (a) माना कि सूची में संख्या $= n$

सूची के संख्या का औसत $= x$

n संख्या का कुल योग $= nx$

प्रश्नानुसार

$$\frac{nx + 40}{n+1} = x + 4$$
$$nx + 40 = (n+1)(x+4)$$
$$4n + x = 36 \quad \text{........(i)}$$

$$\frac{nx + 70}{n+2} = x + 5$$
$$nx + 70 = (n+2)(x+5)$$
$$5n + 2x = 60 \quad \text{.........(ii)}$$

समी.(i) को 2 से गुणा कर समी.(ii) से घटाने पर

$$8n + 2x = 72$$
$$5n + 2x = 60$$
$$- \quad - \quad -$$
$$3n = 12$$
$$n = 4$$

अतः मूल सूची में संख्याएं = 4 **Ans.**

133. कुछ संख्याओं का औसत 54.6 है। यदि इन संख्याओं के 75% में से प्रत्येक को 5.6 से बढ़ा दिया जाए तथा शेष में से प्रत्येक को 8.4 से कम कर दिया जाए, तो इस प्रकार प्राप्त होने वाली संख्याओं का औसत क्या होगा?

(a) 56.7 (b) 55.6
(c) 55.8 (d) 56.3

Sol. (a) माना कि कुल संख्या = 100

प्रश्नानुसार,

कुल योग $= 75 \times (54.6+5.6)+25(54.6-8.4)$
$= 4515 + 1155$

$\therefore$ कुल योग $= 5670$

$\therefore$ नया औसत $= \frac{5670}{100} = 56.7$ **Ans.**

134. खंड A तथा खंड B के 90 छात्रों का गणित में औसत अंक 49 है। A के छात्रों की संख्या B के छात्रों से 25% अधिक है तथा B के छात्रों का औसत अंक A के छात्रों के औसत अंक से 20% अधिक है। A के छात्रों का औसत अंक कितना है?

(a) 44.5 (b) 44
(c) 45.5 (d) 45

Sol. (d) माना कि B के छात्रों की संख्या = 10x

$\therefore$ A के छात्रों की संख्या $= 10 \times \frac{125}{100}x = 12.5x$

$\therefore$ $10x + 12.5x = 90$
$22.5x = 90$
$x = 4$

$\therefore$ B के छात्रों की संख्या $= 10x$
$= 10 \times 4 = 40$

A के छात्रों की संख्या $= 12.5 \times x$
$= 12.5 \times 4 = 50$

माना कि A का औसत $= 5a$

$\therefore$ B का औसत $= 6a$

प्रश्नानुसार,

$$90 \times 49 = 50 \times 5a + 40 \times 6a$$
$$4410 = 250a + 240a$$
$$4410 = 490a$$

$\therefore$ $a = 9$

$\therefore$ A का औसत $= 5a = 5 \times 9 = 45$

अतः खंड A के छात्रों का औसत = 45 **Ans.**

135. 4 संख्याओं का औसत 30 है तथा पहली संख्या शेष संख्याओं का $\frac{1}{3}$ भाग है। पहली संख्या कौन-सी है?

(a) 30 (b) 40
(c) 20 (d) 60

Sol. **(a)** माना कि शेष संख्या का योग $= 3x$

$\therefore$ पहली संख्या $= 3x \times \frac{1}{3} = x$

4 संख्या का औसत $= 30 \times 4 = 120$

4 संख्या का कुल योग $= 30 \times 4 = 120$

प्रश्नानुसार,

$$120 = x + 3x$$
$$4x = 120$$
$$\therefore x = 30$$

136. किसी कक्षा के खंड A और B में छात्रों की कुल संख्या 72 है। A और B में छात्रों की संख्या का अनुपात 7 : 5 है। खंड B में छात्रों का औसत वजन (किलोग्राम में) खंड A में छात्रों के औसत वजन से 20% अधिक है। यदि इस कक्षा में सभी छात्रों का औसत वजन 52 किलोग्राम है, तो खंड B में छात्रों का औसत वजन कितना है?

(a) 58.2 (b) 57.9
(c) 57.6 (d) 56.4

Sol. **(c)** खंड A के छात्रों की संख्या $= 72 \times \frac{7}{12} = 42$

खंड B के छात्रों का संख्या $= 72 \times \frac{5}{12} = 30$

माना खंड A के छात्रों का औसत $= 5x$

खंड B के छात्रों का औसत $= 6x$

प्रश्नानुसार,

$$52 \times 72 = 42 \times 5x + 30 \times 6x$$
$$3744 = 210x + 180x$$
$$3744 = 390x$$
$$\therefore x = 9.6$$

$\therefore$ खंड B के छात्रों का औसत वजन $= 6x$

$= 6 \times 9.6$

$= 57.6$ **Ans.**

Method - II

	A	:	B
संख्या-	7	:	5
औसत-	5	:	6
योग-	35		30

खण्ड A और B का औसत $= \frac{35+30}{(7+5)}$

$= \frac{65}{12} \rightarrow 52$

$6 \longrightarrow 57.6$

137. एक कक्षा में 54 विद्यार्थी है। छात्रों की संख्या का $33\frac{1}{3}\%$ लड़के है और शेष लड़कियां है। लड़कों के गणित में औसत अंक लड़कियों की तुलना में 50% अधिक है। यदि सभी छात्रों का औसत स्कोर 70 है, तो लड़कों का औसत स्कोर क्या है?

(a) 81 (b) 84
(c) 87 (d) 90

Sol. **(d)** लड़कों की संख्या $= 54 \times \frac{1}{3} = 18$

$\therefore$ लड़कियों की संख्या $= (54 - 18) = 36$

लड़कियों के औसत अंक $= 2x$

$\therefore$ लड़कों के औसत अंक $= 3x$

प्रश्नानुसार,

$$54 \times 70 = 18 \times 3x + 36 \times 2x$$
$$3780 = 54x + 72x$$
$$\therefore x = 30$$

$\therefore$ लड़कों का औसत स्कोर $\Rightarrow 3x = 3 \times 30 = 90$ **Ans.**

138. 59, 63, 68, 77, 74 तथा 73 का औसत कितना है, जब प्रत्येक संख्या को 23 से विभाजित किया जाता है।

(a) $\frac{63}{23}$ (b) $\frac{67}{23}$
(c) 3 (d) 46

Sol. **(c)** औसत $= \dfrac{\frac{59}{23} + \frac{63}{23} + \frac{68}{23} + \frac{77}{23} + \frac{74}{23} + \frac{73}{23}}{6}$

$= \frac{1}{23}\left[\frac{59+63+68+77+74+73}{6}\right]$

$= \frac{414}{23 \times 6} = 3$ **Ans.**

औसत (Average)

विभिन्न प्रतियोगी परीक्षाओं में विगत वर्षों में पूछे गये महत्त्वपूर्ण प्रश्न

1. एक शिक्षक गणित प्रश्नोत्तरी में पाँच छात्रों के अंक दर्ज कर रहा है। अंक इस प्रकार है- 82, 96, 70, 78 और 92। इन छात्रों का औसत अंक क्या होगा- **[DSSSB Assitt. Grade 2024]**
(a) 78.6 (b) 83.6
(c) 68.5 (d) 75.5

2. 36 संख्याओं का औसत 45 माना गया। बाद में यह पाया गया कि 84 को गलती से 48 पढ़ लिया गया था। दी गई संख्याओं का सही औसत ज्ञात कीजिए- **[SSC CGL 2023]**
(a) 58 (b) 48
(c) 46 (d) 56

3. एक कॉलेज के 20 छात्र एक होटल में गए। उनमें से 19 छात्रों ने अपने भोजन पर 175 रुपये खर्च किए और 20वें छात्र ने सभी 20 छात्रों के औसत से 19 रुपये अधिक खर्च किए। उनके द्वारा खर्च किए गए कुल पैसे ज्ञात कीजिए- **[SSC CGL 2023]**
(a) रु.3,490 (b) रु.3,540
(c) रु.3,520 (d) रु.3,500

4. 20 लोगों की एक टीम का औसत वजन 59.8 किलोग्राम आंका गया था और बाद में पता चला कि एक वजन को 77 किलोग्राम के बजाय 68 किलोग्राम के रूप में गलत पढ़ा गया था। सही औसत वजन है- **[SSC CGL 2023]**
(a) 70.25 किग्रा. (b) 61.25 किग्रा.
(c) 60.25 किग्रा. (d) 60.50 किग्रा.

5. 61 और 84 के बीच की सभी संख्याओं का औसत ज्ञात कीजिए जो 6 से विभाज्य है- **[DSSSB Assitt. Grade 2024]**
(a) 65 (b) 72
(c) 85 (d) 80

6. A, B और C की औसत आयु 28 वर्ष है, और B और C की औसत आयु 24 वर्ष है। A की आयु क्या है- **[DSSSB Assitt. Grade 2024]**
(a) 36 वर्ष (b) 30 वर्ष
(c) 39 वर्ष (d) 41 वर्ष

7. राघव के मुताबिक, उनका वजन 64 किलो से ज्यादा लेकिन 74 किलो से कम है। उसकी बहन राघव से सहमत नहीं है और वह सोचती है कि उसका वजन 60 किलो से अधिक लेकिन 69 किलो से कम है। उनकी मां का मानना है कि उनका वजन 68 किलो से ज्यादा नहीं हो सकता. उनके पिता का मानना है कि उनका वजन 67 किलो से ज्यादा नहीं हो सकता। यदि वे सभी अपने अनुमान में सही हैं, तो राघव के मापे गए विभिन्न संभावित वजनों का औसत (किलो में) क्या है? **[SSC CGL 2023]**
(a) 66 (b) 67
(c) 68 (d) 65

8. 32 छात्रों के एक समूह में, औसत वजन 18.5 किलोग्राम था। जब 4 छात्रों ने समूह छोड़ दिया, तो औसत घटकर 15.5 किलोग्राम रह गया। उन 4 छात्रों का औसत वजन (किलो में) क्या था? **[SSC CGL 2023]**
(a) 39.5 (b) 37.5
(c) 27.5 (d) 36.5

9. एक छात्र के अंक गलती से 63 के बजाय 83 दर्ज हो गए। इस कारण से कक्षा के औसत अंक आधे से बढ़ गए। कक्षा में छात्रों की संख्या है- **[BPSC Primary 2024]**
(a) 20 (b) 73
(c) 40 (d) उपर्युक्त में से एक से अधिक
(e) उपर्युक्त में से कोई नहीं

10. 11 परिणामों का औसत 50 है। यदि पहले छह परिणामों का औसत 51 है और अंतिम छह का औसत 59 है, तो छठा परिणाम ज्ञात करो- **[UPP Constable 2024]**
(a) 86 (b) 107
(c) 66 (d) 110

11. 150 रुपये में, B प्रत्येक 8 रुपये में 10 पेन, 5 रुपये में 10 इरेज़र और 4 रुपये में कुछ शार्पनर खरीदता है। प्रति वस्तु का औसत मूल्य रुपये में क्या है? **[SSC CGL 2023]**
(a) 8 (b) 7
(c) 10 (d) 6

12. 8 संख्याओं का औसत 18 है। यदि एक संख्या हटा दी जाए, तो औसत 20 हो जाता है। निकाली गई संख्याएँ ज्ञात कीजिए। **[SSC CGL 2023]**
(a) 6 (b) 10
(c) 8 (d) 4

13. 15 व्यक्तियों का औसत वजन 1.2 किलोग्राम बढ़ जाता है जब उनमें से एक व्यक्ति जिसका वजन 51 किलोग्राम है उसकी जगह एक नया आदमी ले लेता है। नये आदमी का वजन है- **[SSC CGL 2023]**
(a) 69 किग्रा. (b) 70 किग्रा.
(c) 65 किग्रा. (d) 59 किग्रा.

14. पिता और माता की औसत मासिक आय 5,000 रुपये है। माँ और उसके बेटे की औसत मासिक आय 6,000 रुपये है। पिता और उसके पुत्र की औसत मासिक आय 10,000 रुपये है। पिता की मासिक आय (रुपये में) ज्ञात कीजिये- [SSC CGL 2023]

(a) 9000 (b) 8000
(c) 12000 (d) 10000

15. 16 पारियों में एक बल्लेबाज का औसत 36 है। अगली पारी में, वह 70 रन बनाता है। उसका नया औसत क्या होगा? [SSC CPO 2022]

(a) 53 (b) 35
(c) 106 (d) 38

16. 15 परिणामों का औसत 21 है। उनमें से पहले 7 का औसत 21 है और अंतिम 7 का औसत 20 है। 8वां परिणाम क्या है? [SSC CPO 2022]

(a) 25 (b) 31
(c) 28 (d) 22

17. $3^2, 4^2, 5^2, 6^2$ और 7^2 का औसत ...... है- [RRB Group D 2022]

(a) 24 (b) 27
(c) 28 (d) 25

18. एक क्रिकेटर का अपनी पहली 7 पारियों में औसत स्कोर 28 रन है। अगली 3 पारियों में उसका औसत स्कोर 32 है। वह स्कोर ज्ञात कीजिए, जो उसे अपनी 11वीं पारी में बनाना चाहिए, ताकि उसका समग्र औसत स्कोर 33 हो जाए- [RRB Group D 2022]

(a) 55 (b) 50
(c) 49 (d) 71

19. एक कक्षा में 15 छात्र हैं। इनका औसत वजन 40 किलोग्राम है. जब एक छात्र कक्षा छोड़ता है, तो औसत वजन 39.5 किलोग्राम होता है। उस छात्र का वजन कितना है जिसने कक्षा छोड़ दी (जहां किलो का मतलब किलोग्राम है)? [SSC CGL 2023]

(a) 47 किग्रा. (b) 42 किग्रा.
(c) 52 किग्रा. (d) 48 किग्रा.

20. पांच संख्याएँ हैं, जिसमें पहली संख्या दूसरी संख्या की दुगुनी है और तीसरी संख्या की दो-तिहाई है। पांच संख्याओं का औसत 60 है। अगर बाकी दो संख्याओं का योग 120 हैं, तो तीसरी संख्या का मान ज्ञात कीजिए- [SSC CHSL 2022]

(a) 120 (b) 90
(c) 80 (d) 60

21. 10 व्यक्तियों का औसत भार 40 किग्रा. है। एक नया व्यक्ति समूह में शामिल हो जाता है और 11 व्यक्तियों का औसत भार 42 किग्रा. हो जाता है। नए व्यक्ति का भार कितना होगा? [SSC CHSL 2022]

(a) 58 किग्रा. (b) 60 किग्रा.
(c) 62 किग्रा. (d) 64 किग्रा.

22. स्कूल भ्रमण के दौरान जूनियर स्कूल के प्रत्येक छात्र से 325 रुपये और सीनियर स्कूल के प्रत्येक छात्र से 400 रुपये का शुल्क लिया गया। यदि जूनियर स्कूल से 80 छात्र थे और प्रति छात्र ली जाने वाली संयुक्त औसत राशि 352 रुपये थी, तो सीनियर स्कूल से कितने छात्र भ्रमण के लिए गए थे? [SSC CGL 2023]

(a) 55 (b) 45
(c) 50 (d) 40

23. 60 विद्यार्थियों की एक कक्षा में 20 लड़कियाँ हैं। कक्षा में लड़कों का औसत वजन 40 किलोग्राम है, जबकि सभी लड़कियों का औसत वजन 35 किलोग्राम है। पूरी कक्षा का औसत वजन (किलो में) (दशमलव के दो स्थानों तक सही) क्या है? [SSC CGL 2023]

(a) 36.67 (b) 38.33
(c) 33.33 (d) 40.67

24. राम का क्रिकेट मैचों की 19 पारियों में औसत स्कोर 65 रन है। पता लगाएं कि औसत स्कोर 67 तक बढ़ाने के लिए 20वीं पारी में उसे कितने रन बनाने होंगे। [SSC CGL 2023]

(a) 135 (b) 105
(c) 115 (d) 195

25. 60 छात्रों की एक कक्षा में, 35 लड़के हैं। लड़कों का औसत वजन 42 किलोग्राम है और पूरी कक्षा का औसत वजन 46.5 किलोग्राम है। कक्षा में लड़कियों का औसत वजन ज्ञात कीजिए। [SSC CGL 2023]

(a) 48.7 किग्रा. (b) 49.7 किग्रा.
(c) 52.8 किग्रा. (d) 56.7 किग्रा.

26. 100 अंकों के 7 पेपरों की एक परीक्षा में, 3 गणित के पेपर, 2 अंग्रेजी के पेपर और 2 हिंदी के पेपर थे। D को गणित, अंग्रेजी और हिंदी में क्रमशः 45, 55 और 60 के औसत अंक मिलते हैं। प्रति पेपर औसत अंक क्या हैं? [SSC CGL 2023]

(a) 56.5 (b) 52.1
(c) 55.6 (d) 54.1

27. 32 और 69 के बीच सभी अभाज्य संख्याओं का औसत है- [SSC CGL 2023]

(a) 52.5 (b) 60
(c) 51 (d) 56.5

28. एक परीक्षा में तीन छात्रों द्वारा प्राप्त औसत अंक 55 थे। जब दो और छात्र (A और B) इसमें जुड़े, तो न, औसत अंकों में 5 की कमी हुई। यदि B, A से 15 अंक अधिक प्राप्त करता है, तो A द्वारा प्राप्त अंक कितने थे? **[SSC CHSL 2022]**

(a) 33 (b) 35
(c) 40 (d) 30

29. एक कार्यशाला में श्रमिकों का औसत वेतन 7500 रुपये है, यदि 7 तकनीशियनों का औसत मासिक वेतन 18000 रुपये और बाकी श्रमिकों का औसत मासिक वेतन 6800 रुपये है, तो ज्ञात कीजिए कि कार्यशाला में श्रमिकों की कुल संख्या कितनी है? **[CISF HCM 2023]**

(a) 122 (b) 125
(c) 118 (d) 112

30. एक बल्लेबाज ने 12वीं पारी में 64 रन बना, और इस तरह उसका औसत 4 रन बढ़ गया। 12वीं पारी के बाद उसका औसत स्कोर ज्ञात कीजिए– **[CISF HCM 2023]**

(a) 12 (b) 18
(c) 20 (d) 24

31. 8 मूल्यों का औसत 36 है। यदि पहले तीन मूल्यों में से प्रत्येक में से 4 घटा दिया जा, और अगले पांच मूल्यों में से प्रत्येक में 5 जोड़ दिया जाए, तो नया औसत क्या होगा- **[SSC CHSL 2022]**

(a) 34.325 (b) 36.350
(c) 38.325 (d) 37.625

32. राम और श्याम की औसत आयु 28 वर्ष है। यदि रहीम, राम का स्थान ले ले, तो औसत आयु 26 वर्ष हो जाएगी। यदि रहीम, श्याम का स्थान ले ले, तो औसत आयु 30 वर्ष हो जाएगी। राम, श्याम और रहीम की क्रमशः आयु क्या हैं? **[SSC CHSL 2022]**

(a) 32 वर्ष, 24 वर्ष, 28 वर्ष
(b) 24 वर्ष, 40 वर्ष, 30 वर्ष
(c) 48 वर्ष, 40 वर्ष, 26 वर्ष
(d) 38 वर्ष, 44 वर्ष, 36 वर्ष

33. एक परीक्षा में 120 छात्रों द्वारा प्राप्त किए गए, औसत अंक 50 है। यदि उत्तीर्ण छात्रों के औसत अंक 70 हैं और अनुत्तीर्ण छात्रों के औसत अंक 30 हैं, तो परीक्षा में उत्तीर्ण छात्रों की संख्या कितनी है? **[SSC CHSL 2022]**

(a) 100 (b) 60
(c) 80 (d) 40

34. वित्तीय वर्ष की पहली तिमाही के दौरान एक कंपनी का व्यय रु. 32,400, वित्तीय वर्ष की दूसरी तिमाही के दौरान रु.21,600, वित्तीय वर्ष की तीसरी तिमाही के लिए रु.79,200 था। यदि पूरे वित्तीय वर्ष के दौरान समग्र त्रैमासिक औसत व्यय रु.50,400 है तो वित्तीय वर्ष की अंतिम तिमाही के लिए व्यय ज्ञात कीजिए- (रुपये में) **[RPF Constable 2019]**

(a) 64,800 (b) 86,400
(c) 84,600 (d) 68,400

35. 5 संख्याओं का औसत 113 है, एक संख्या निकालने के बाद भी औसत वही रहता है। उसमें से निकली हुई संख्या ज्ञात कीजिए– **[RPF Constable 2019]**

(a) 119 (b) 117
(c) 115 (d) 113

36. एक आदमी पहले चार महीनों में प्रति माह औसतन रु.2,300 खर्च करता है और अगले आठ महीनों में प्रति माह औसतन रु.1,800 खर्च करता है और वार्षिक बचत रु.12,400 है। उसकी मासिक आय ज्ञात कीजिए- **[SSC CHSL 2022]**

(a) रु.3,000 (b) रु.2,400
(c) रु.2,200 (d) रु.2,100

37. 10 वर्ष पहले, 4 सदस्यों वाले एक परिवार की औसत आयु 26 वर्ष थी। 4 वर्ष की आयु के अंतर वाले दो बच्चों के जन्म के बाद, परिवार की वर्तमान औसत आयु समान है। सबसे छोटे बच्चे की वर्तमान आयु क्या है? **[CISF HCM 2023]**

(a) 12 वर्ष (b) 4 वर्ष
(c) 8 वर्ष (d) 16 वर्ष

38. पाँच क्रमागत विषम संख्याओं का औसत 73 है। उच्चतम और निम्नतम संख्याओं का औसत क्या है? **[CISF HCM 2023]**

(a) 73 (b) 67
(c) 75 (d) 69

39. अभय, उनकी पत्नी और उनके बच्चों की औसत आयु 6 वर्ष पूर्व 42 वर्ष थी और 8 वर्ष पूर्व उनकी पत्नी और उनके बच्चे की औसत आयु 30 वर्ष थी। अभय की वर्तमान आयु ज्ञात कीजिए- **[SSC CHSL 2022]**

(a) 68 वर्ष (b) 63 वर्ष
(c) 64 वर्ष (d) 66 वर्ष

40. छह टोकरियाँ हैं– हरी, लाल, नीली,, पीली, काली और सफेद। प्रत्येक टोकरी में कुछ छल्ले हैं। सभी छह टोकरियों में छल्लों की औसत संख्या 38 है। यदि नीली टोकरी को हटा दिया जाता है, तो शेष टोकरियों में छल्लों की औसत संख्या 34 हो जाती है। नीली टोकरी में कितने छल्ले है? **[SSC CPO 2022]**

(a) 22 (b) 45
(c) 37 (d) 58

41. एक कोचिंग सेंटर में, 45 विद्यार्थियों की एक कक्षा के अंग्रेजी परीक्षा के अंकों का औसत 52 है। 40 अंकों के औसत वाले 6 लड़कों का एक समूह कक्षा छोड़ देता है और 43 अंकों के औसत वाले आठ लड़कों का एक अन्य समूह कक्षा उस में शामिल हो जाता है। कक्षा के अंकों का नया औसत क्या होगा? **[SSC CPO 2022]**

(a) 53 (b) 48
(c) 49.5 (d) 52

42. 10 छात्रों और उनके कक्षा शिक्षक की औसत आयु 17 वर्ष है। यदि कक्षा शिक्षक की आयु को हटा दिया जाए, तो 10 छात्रों की औसत आयु 2 वर्ष कम हो जाती है। क्लास टीचर की उम्र क्या है? **[SSC CPO 2022]**

(a) 38 वर्ष (b) 36 वर्ष
(c) 37 वर्ष (d) 35 वर्ष

43. एक व्यक्ति का वजन गलत तरीके से 63 किलो के बजाय 83 किलो दर्ज किया गया था। नतीजतन, लोगों के एक समूह का औसत वजन 500 ग्राम बढ़ गया। समूह में कुल कितने लोग हैं? **[SSC CPO 2022]**

(a) 44 (b) 48
(c) 40 (d) 50

44. स्कूल में 38 छात्रों का औसत वजन 50 किलोग्राम था। आठ छात्रों ने स्कूल छोड़ दिया और फिर यह औसत वजन 5 बढ़ गया। स्कूल छोड़ने वाले छात्रों का औसत वजन क्या था? **[CISF HCM 2023]**

(a) 33.75 किग्रा. (b) 31.25 किग्रा.
(c) 32.25 किग्रा. (d) 30.45 किग्रा.

45. एक क्रिकेटर ने पहले टेस्ट मैच में 160 रन और दूसरे में 208 रन बनाये। उसे तीसरे टेस्ट में कितने रन बनाने चाहि, ताकि तीन टेस्ट में उसका औसत स्कोर 201 रन हो जाए? **[CISF HCM 2023]**

(a) 255 (h) 215
(c) 235 (d) 195

46. समूह में कुछ लोगों का औसत वजन 66 किलो था। जब 57.4 किलोग्राम और 63.6 किलोग्राम वजन वाले दो लोगों ने समूह छोड़ दिया और 65 किलोग्राम, 78.8 किलोग्राम और 67.2 किलोग्राम वजन वाले तीन लोग समूह में शामिल हुए, तो औसत वजन में 1.5 किलोग्राम की वृद्धि हुई। शुरू में समूह में कितने लोग थे? **[CRPF HCM 2023]**

(a) 10 (b) 15
(c) 12 (d) 20

47. एक दो अंकों की संख्या और अंकों को आपस में बदलकर प्राप्त संख्या के बीच का अंतर 54 है और अंकों का योग 10 है। दो अंकों की दोनों संख्याओं का औसत ज्ञात कीजिए। **[CRPF HCM 2023]**

(a) 59 (b) 48
(c) 44 (d) 55

48. 7 वर्ष पहले A, B और C की औसम आयु 42 वर्ष थी और 9 वर्ष पहले B और C की औसत आयु 36 वर्ष थी। A की वर्तमान आयु (वर्षों में) क्या है? **[ICAR 2022]**

(a) 58 (b) 50
(c) 57 (d) 49

49. 17 संख्याओं का औसत 55 है। पहली 6 संख्याओं का औसत 49.5 है और अगली 8 संख्याओं का औसत 60.5 है। 16वीं संख्या 15वीं संख्या से 4 कम और 17वीं संख्या से 6 कम है। 15वीं और 17वीं संख्याओं का औसत क्या है? **[ICAR 2022]**

(a) 46 (b) 48
(c) 41 (d) 53

50. 26 संख्याओं का औसत 54.5 है। पहली 15 संख्याओं का औसत 50.4 है और अंतिम 12 संख्याओं का औसत 62.5 है। यदि प्रारंभ से 15वीं संख्या को हटा दिया जाए, तो शेष संख्याओं का औसत क्या है? **[ICAR 2022]**

(a) 52.42 (b) 54.2
(c) 53.12 (d) 54.8

51. एक समूह में कुछ लड़कियों का औसम वजन 58.4 किग्रा है। जब 62.2 किलोग्राम औसत वजन वाली 15 लड़कियां समूह छोड़ देती हैं या 49.85 किलोग्राम औसत वजन वाली 10 लड़कियां समूह में शामिल हो जाती हैं, तो दोनों मामलों में लड़कियों का औसत वजन (किलो में) बराबर होती है। प्रारंभ में समूह में लड़कियों की संख्या कितनी है? **[ICAR 2022]**

(a) 45 (b) 55
(c) 75 (d) 65

52. पाँच संख्याओं का औसत 27 है। यदि एक संख्या हटा दी जाए, तो औसत 25 हो जाता है। निकाली गई संख्या है- **[BPSC Primary 2024]**

(a) 35 (b) 27
(c) 30 (d) उपर्युक्त में से एक से अधिक
(e) उपर्युक्त में से कोई नहीं

53. छह संख्याओं का औसत 3.75 है। उनमें से दो का औसत 3.2 है जबकि अन्य दो का औसत 3.55 है। शेष दो संख्याओं का औसत क्या है- **[UPP Constable 2024]**

(a) 4.6 (b) 4.5
(c) 4.4 (d) 4.3

54. यदि तीन कक्षाओं के औसत अंक 65, 70 और 75 है और विद्यार्थियों की संख्या क्रमशः 65, 70 और 75 है तो सभी विद्यार्थियों के औसत अंक ज्ञात कीजिए- **[UPSI 2021]**

(a) 71.238 (b) 70.238
(c) 72.238 (d) 73.238

55. P, Q और R का औसत वज़न 51 किग्रा. है। यदि P तथा Q का औसत वज़न 45 किग्रा. है और Q तथा R का औसत वजन 46 किग्रा. है तो Q का वजन कितना है- (किग्रा. में) **[UPSI 2021]**

(a) 30 (b) 28
(c) 29 (d) 27

56. एक किताबों की दुकान में जीव विज्ञान, रसायन विज्ञान और भौतिकी की पुस्तकों की औसत संख्या 360 है। जीव विज्ञान की पुस्तकें रसायन विज्ञान और भौतिकी की पुस्तकों की औसत संख्या से 180 अधिक है। भौतिकी की पुस्तकों की संख्या जीव विज्ञान और रसायन विज्ञान की पुस्तकों की औसत संख्या से 180 कम है। दुकान में रसायन विज्ञान की पुस्तकों की संख्या कितनी है- **[IB ACIO 2020]**

(a) 540 (b) 360
(c) 420 (d) 480

57. पहली 9 अभाज्य संख्याओं का औसत क्या है- **[IB ACIO 2020]**

(a) 11.33 (b) 10.1
(c) 11.11 (d) 10.77

58. छह व्यक्ति अपना भोजन लेने के लिए एक होटल में गए। उनमें से पांच ने अपने-अपने भोजन पर प्रति व्यक्ति 15 रुपये खर्च किए और छठे ने सभी छह व्यक्तियों के औसत खर्च की तुलना में 8 रुपये अधिक खर्च किए। उनके द्वारा खर्च किया गया कुल धन कितना था- **[IB ACIO 2020]**

(a) रु.99.6 (b) रु.95.3
(c) रु.101.2 (d) रु.117.4

59. 8 छात्रों की औसत आयु 15 वर्ष है। यदि 20 और 10 वर्ष की आयु के दो और छात्र शामिल होते है तो नई औसत आयु क्या होगी- **[IB ACIO 2020]**

(a) 10 (b) 20
(c) 25 (d) समान रहेगी

60. कक्षा 10, जिसमें 40 विद्यार्थी थे, ने विज्ञान की परीक्षा दी। 30 विद्यार्थियों के अंकों का औसत 95 था। अन्य विद्यार्थियों के अंकों औसत 85 था। पूरी कक्षा के अंकों का औसत ज्ञात कीजिए। **[SSC CPO 2022]**

(a) 92.3 (b) 92.5
(c) 92.4 (d) 92.2

61. एक कंपनी के सभी कर्मचारियों का औसत वेतन 14,000 रु. है। 5 तकनीशियनों का औसत वेतन 18,000 रु. है और बाकी का औसत वेतन 13,200 रु. है। कंपनी में कर्मचारियों की कुल संख्या ....है। **[SSC CPO 2022]**

(a) 28 (b) 30
(c) 29 (d) 27

62. 7 व्यक्तियों का औसत वजन 5 किलोग्राम बढ़ जाता है जब उनमें से 55 किलोग्राम वजन वाले एक व्यक्ति के स्थान पर एक नया व्यक्ति आता है। नये व्यक्ति का वजन कितना है- **[IB ACIO 2020]**

(a) 100 किग्रा. (b) 75 किग्रा.
(c) 85 किग्रा. (d) 90 किग्रा.

63. प्रथम 50 प्राकृत संख्याओं का औसत ज्ञात कीजिए- **[IB ACIO 2020]**

(a) 25.5 (b) 50.15
(c) 20.75 (d) 51.3

64. 6 के पहले 6 धनात्मक गुणजों का औसत ...... होगा- **[IB ACIO 2020]**

(a) 6 (b) 12
(c) 21 (d) 126

65. एक अंग्रेजी मूल की कंपनी की एक सहयोगी परियोजना में 629 पुरुष और 629 महिला कर्मचारी है। सभी कर्मचारियों द्वारा अटेंड किए गए औसत कॉल प्रतिदिन 72 है। एक पुरुष कर्मचारी द्वारा प्रतिदिन औसतन 72 कॉल अटेंड की जाती है। महिला कर्मचारियों द्वारा प्रतिदिन अटेंड किए जाने वाले कॉलों की संख्या का औसत क्या होगा- **[RPF SI 2019]**

(a) 72 (b) 74
(c) 71 (d) 73

66. एक गिफ्ट बॉक्स में 10 कड़े है। पहले 4 कड़ों का औसत भार 30 ग्राम है और बाकी 6 कड़ों का औसत भार 31 ग्राम है। सभी कड़ों का कुल औसत भार (ग्राम में) ज्ञात कीजिए- **[RPF SI 2019]**

(a) 30 (b) 31.6
(c) 31 (d) 30.6

67. एक क्रम में व्यवस्थित 11 संख्याओं का औसत 41 है। पहली पांच संख्याओं का औसत 18 है ओर अंतिम पांच संख्याओं का औसत 64 है। छठी संख्या क्या है- **[RRB Group D 2022]**

(a) 53 (b) 64
(c) 45 (d) 41

68. 11 के प्रथम बारह गुणजों का औसत क्या होगा- **[RRB Group D 2022]**

(a) 68.5 (b) 71.5
(c) 69.5 (d) 70.5

69. यदि 5 क्रमागत सम संख्याओं का औसत 10 है, तो इन पांच संख्याओं को आरोही क्रम में व्यवस्थित करने पर मध्य स्थान पर स्थित संख्या ज्ञात कीजिए- **[RRB Group D 2022]**

(a) 20 (b) 14
(c) 12 (d) 10

70. किसी कक्षा के सभी 10 लड़कों का एक परीक्षा में औसत प्राप्तांक 15 था जबकि कक्षा के सभी 25 छात्रों का इसी परीक्षा में औसत प्राप्तांक 16.2 था। कक्षा के सभी छात्राओं का औसत क्या था- **[RRB ALP 2018]**

(a) 16.8 (b) 17
(c) 17.5 (d) 16.5

71. 6 दिनों के एक बिक्री कार्यक्रम के लिए समित को कुछ धनराशि दी गई थी। किन्तु उसे कार्यक्रम को 4 दिन और बढा देना पड़ा जिसके कारण उसका प्रतिदिन का औसत यात्रा भत्ता घटकर रु.56 रह गया। शुरुआत में उसे कितनी राशि दी गई थी? **[RRB ALP 2018]**

(a) रु.420 (b) रु.336
(c) रु.840 (d) रु.560

72. 6 छात्रों के एक समूह ने किसी परीक्षा में भाग लिया। बाद में परीक्षा देकर एक अन्य परीक्षार्थी समूह में शामिल हुआ। नए छात्र के प्राप्तांक को भी जोड़ने पर समूह का अंक औसत 3 से बढ़ जाता है। नए छात्र का प्राप्तांक समूह के पहले के औसत अंक से ...... ज्यादा है। **[RRB ALP 2018]**

(a) 21 (b) 20
(c) 18 (d) 24

73. एक शहर में एक सप्ताह का औसत तापमान 28° सेल्सियस है। यदि सोमवार, मंगलवार, बुधवार और गुरुवार का औसत तापमान 27.5° सेल्सियस है और गुरुवार, शुक्रवार, शनिवार और रविवार का औसत तापमान 29° सेल्सियस है, तो गुरुवार के लिए दर्ज तापमान कितना है? **[RRB ALP 2018]**

(a) 30°C (b) 29°C
(c) 31°C (d) 28°C

74. एक कक्षा की परीक्षा में 25 विद्यार्थियों के अंकों का औसत 60 है। यदि पहले 13 विद्यार्थियों के अंकों का औसत 70 और अंतिम 13 विद्यार्थियों के अंकों का औसत 50 है, तो आरोही क्रम में व्यवस्थित होने पर मध्य छात्र के अंक ज्ञात कीजिए। **[RRB ALP 2018]**

(a) 40 (b) 70
(c) 60 (d) 50

75. रोहन के 4 विषयों में अंकों का औसत 64 है। यदि विज्ञान को छोड़कर तीन विषयों में उसका औसत 60 है तो उसने विज्ञान में कितने अंक प्राप्त किए- **[DSSSB Assitt. Grade 2024]**

(a) 45 (b) 66
(c) 76 (d) 53

ANSWER

1	(b)	2	(c)	3	(c)	4	(c)	5	(b)	6	(a)	7	(a)	8	(a)	9	(c)	10	(d)
11	(d)	12	(d)	13	(a)	14	(a)	15	(d)	16	(c)	17	(b)	18	(d)	19	(a)	20	(b)
21	(c)	22	(b)	23	(b)	24	(b)	25	(c)	26	(b)	27	(c)	28	(b)	29	(d)	30	(c)
31	(d)	32	(a)	33	(b)	34	(d)	35	(d)	36	(a)	37	(b)	38	(a)	39	(a)	40	(d)
41	(d)	42	(c)	43	(c)	44	(b)	45	(c)	46	(b)	47	(d)	48	(c)	49	(d)	50	(c)
51	(d)	52	(a)	53	(b)	54	(b)	55	(c)	56	(b)	57	(c)	58	(a)	59	(d)	60	(b)
61	(b)	62	(d)	63	(a)	64	(c)	65	(a)	66	(d)	67	(d)	68	(b)	69	(d)	70	(b)
71	(d)	72	(a)	73	(a)	74	(c)	75	(c)										

CHAPTER 15

मिश्रण एवं सम्मिश्रण (Mixture and Alligation)

मिश्रण (Mixture)

दो अथवा दो से अधिक पदार्थों को आपस में एक निश्चित अनुपात में मिलाने पर प्राप्त पदार्थ को मिश्रण कहते है।

- किसी भी मिश्रण से कुछ मिश्रण निकाल लेने पर भी उनके अवयवों (जिन पदार्थों से मिश्रण बना है) की मात्रा का अनुपात परिवर्तित नहीं होता है। जैसे- पानी और चीनी के घोल में-

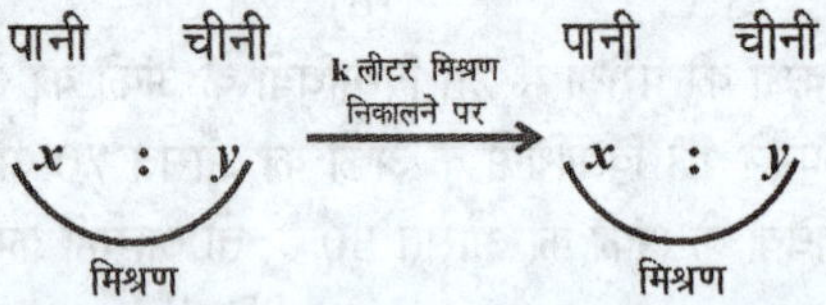

कुछ महत्त्वपूर्ण सूत्र

- समान आयतन वाले दो पात्र है। दोनों पात्रों में मिश्रण का अनुपात क्रमशः a : b तथा c : d है। यदि दोनों पात्रों के मिश्रणों को किसी बड़े पात्र में मिला दिया जाये तो मिश्रण के अवयवों का अनुपात-

$$\text{अभीष्ट अनुपात} = \left(\frac{a}{a+b}+\frac{c}{c+d}\right):\left(\frac{b}{a+b}+\frac{d}{c+d}\right)$$

- दूध तथा पानी के 'm' लीटर मिश्रण में दूध की मात्रा x% है। इस मिश्रण में दूध की मात्रा x% से बढ़ाकर y% करने के लिए मिलाई गई दूध की मात्रा-

$$\text{अभीष्ट मात्रा} = \frac{m(y-x)}{(100-y)} \text{ लीटर}$$

- नमक तथा जल के 'm' लीटर मिश्रण में जल की मात्रा x% से घटकर y% हो जाने पर वाष्पित जल की मात्रा-

$$\text{अभीष्ट मात्रा} = \frac{m(x-y)}{y} \text{ लीटर}$$

- यदि m लीटर द्रव A में x लीटर निकाल लिया जाता है और उतनी ही मात्रा में द्रव B मिला दिया जाता है। फिर मिश्रण से y लीटर मिश्रण निकाल लिया जाता है और समान मात्रा में द्रव B मिला दिया जाता है। फिर मिश्रण से z लीटर मिश्रण निकाल लिया जाता है और फिर समान मात्रा में द्रव B मिला दिया जाता है तो इस प्रकार प्राप्त मिश्रण में द्रव A है-

$$\text{अन्तिम मिश्रण में द्रव A की मात्रा} = m\left(1-\frac{x}{m}\right)\left(1-\frac{y}{m}\right)\left(1-\frac{z}{m}\right)$$

यदि यह प्रक्रिया n बार दोहराई जाती है तो-

$$\text{अन्तिम मिश्रण में द्रव A की मात्रा} = m\left(1-\frac{x}{m}\right)^n$$

अन्तिम मिश्रण में द्रव B की मात्रा = m – (द्रव A की मात्रा)

- यदि मिश्रण की प्रारम्भिक मात्रा m हो और उसमें से x मात्रा निकाली जाती हो तथा यह प्रक्रिया n बार दोहराई जाती है तब परिणामी मिश्रण का अनुपात a : b हो जाता है तो-

$$\frac{a}{(a+b)} = \left(1-\frac{x}{m}\right)^n$$

सम्मिश्रण (Alligation)

सम्मिश्रण संयुक्त औसत की तरह कार्य करता है।

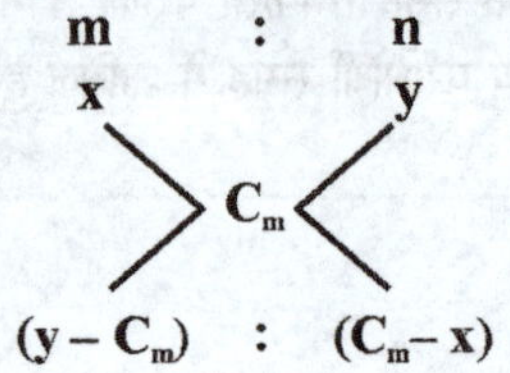

जहाँ $x < C_m < y$

- सम्मिश्रण के अनुसार जो अनुपात ऊपर होता है वही अनुपात नीचे भी होता है।

$$\frac{m}{n} = \frac{y-C_m}{C_m-x}$$

- Alligation Method से निम्न पर आधारित प्रश्न हल किये जा सकते है-
  (i) मिश्रण पर आधारित प्रश्न
  (ii) जनसंख्या संबंधी प्रश्न
  (iii) आय संबंधी प्रश्न
  (iv) लाभ-हानि संबंधी प्रश्न
  (v) साधारण ब्याज पर आधारित प्रश्न
  (vi) औसत पर आधारित प्रश्न
  (vii) समय तथा दूरी पर आधारित प्रश्न

Type - I

1. शराब और पानी के 50 लीटर घोल में, जिसमें 40% शराब है, 10 लीटर शराब मिलाई जाती है। अंतिम मिश्रण में पानी का प्रतिशत ज्ञात करे-

(a) 60% (b) 40%
(c) 55% (d) 50%

Sol. (d)

50 लीटर

शराब	:	पानी
40%		60%
20 लीटर		30 लीटर
+10 लीटर		
30 लीटर		

कुल नया मिश्रण = (30 + 30) = 60 लीटर

पानी का प्रतिशत $= \frac{30 \times 100}{60} = 50\%$ **Ans.**

Method - II

शराब	:	पानी
2	:	3
+1		
3	:	3

50 लीटर $\longrightarrow (2+3) = 5$

10 लीटर $\longrightarrow 1$

$= \frac{3}{6} \times 100 = 50\%$

2. 25 लीटर वाले एक मिश्रण में 30% शराब और बाकी पानी है। यदि इसमें 5 लीटर पानी मिलाया जाए तो नये मिश्रण में शराब का प्रतिशत ज्ञात कीजिए-

(a) 45% (b) 33½%
(c) 25% (d) 12½%

Sol. (c)

25 लीटर

30% शराब	70% पानी
7.5 लीटर	17.5 लीटर
	+ 5 लीटर
	22.5 लीटर

कुल नया मिश्रण = (7.5 + 22.5) लीटर = 30 लीटर

∴ शराब की प्रतिशतता $= \frac{7.5}{30} \times 100 = 25\%$ **Ans.**

3. 75 लीटर शराब एवं जल के एक मिश्रण में जल की अपेक्षा शराब 15 लीटर अधिक है। इसमें 6 लीटर जल मिलाया गया है, तो मिश्रण में शराब एवं जल का अनुपात है-

(a) 3 : 2 (b) 4 : 5
(c) 5 : 4 (d) 1 : 5

Sol. (c) माना कि मिश्रण में जल की मात्रा = xl

∴ मिश्रण में शराब की मात्रा = $(x + 15)\,l$

प्रश्नानुसार,

$x + x + 15 = 75$

∴ $x = 30$

अतः जल की मात्रा = $30l$

शराब की मात्रा = $45l$

अब मिश्रण में शराब एवं जल का अनुपात = 45 : 36

= 5 : 4 **Ans.**

4. 5 लीटर चीनी के मिश्रण में 6% चीनी है, उसमें से 1 लीटर पानी भाप बन जाता है। शेष मिश्रण में चीनी का प्रतिशत ज्ञात करे-

(a) 5% (b) 7.5%
(c) 6% (d) 4%

Sol. (b)

5 लीटर

चीनी	पानी
6%	94%
0.3 g	4.7 l
	−1
	3.7 l

∴ नये मिश्रण में चीनी का प्रतिशत $= \frac{0.3 \times 100}{(0.3 + 3.7)}$

= 7.5% **Ans.**

5. यदि 3% नमक युक्त एक विलियन की 5 लीटर मात्रा में से दो लीटर पानी वाष्पित हो जाता है, तो शेष विलयन में नमक की मात्रा कितने प्रतिशत होगी-

(a) 3% (b) 2%
(c) 6% (d) 5%

Sol. (d)

5 लीटर

नमक	जल
3%	97%
0.15 g	4.85 l
	−2
	2.85 l

अब नये विलयन में नमक का प्रतिशत

$$= \frac{0.15}{(0.15+2.85)} \times 100$$

$$= \frac{0.15}{3} \times 100$$

= 5% **Ans.**

6. 50 लीटर के एक मिश्रण में, शराब और सोडा का अनुपात 3 : 2 है। इस मिश्रण को 6 : 7 बनाने के लिए इसमें कितना सोडा मिलाना चाहिए?

(a) 10 लीटर (b) 15 लीटर
(c) 20 लीटर (d) 25 लीटर

Sol. (b) Method-I

शराब	:	सोडा
3	:	2

5 unit = 50
1 unit = 10
∴ शराब = 3 × 10 = 30 लीटर
सोडा = 2 × 10 = 20 लीटर

मिश्रण को 6 : 7 बनाने के लिए इसमें x लीटर सोडा मिलाया।

$$\frac{30}{20+x} = \frac{6}{7}$$

35 = 20 + x
x = 15 लीटर

अतः नये मिश्रण में 15 लीटर सोडा और मिलाना होगा।

Method-II

	शराब	:	सोडा
पहले-	6	:	4
बाद में-	6	:	7

∵ 10 unit = 50
1 unit = 5
∴ 4 unit = 4×5 = 20 लीटर
∴ 7 unit = 7×5 = 35 लीटर

अतः अतिरिक्त मिलायी गयी सोडा = (35 – 20) लीटर
= 15 लीटर **Ans.**

नोट- सिर्फ सोडा मिलाया गया था इसलिए शराब की मात्रा को दोनों अनुपातों में समान बनाया गया।

7. 513 लीटर मिश्रण में 13 : 14 के अनुपात में दूध और पानी है। मिश्रण में कितना दूध मिलाया जाना चाहिए ताकि उसमें 3 : 2 के अनुपात में दूध और पानी हो-

(a) 156 (b) 150
(c) 152 (d) 154

Sol. (c)

	दूध	:	पानी
पहले-	13	:	14
बाद में-	3	:	2

पानी की मात्रा समान करने पर

	दूध	:	पानी
पहले-	13	:	14
बाद में-	21	:	14

27 unit = 513
1 unit = 19
∴ (21 – 13) unit = 19×8 = 152 लीटर

अतः मिश्रण में 152 लीटर दूध मिलाने पर सम्पूर्ण मिश्रण का अनुपात 3 : 2 होगा। **Ans.**

8. एक बाल्टी में, दूध और पानी के 9 लीटर मिश्रण को 2 : 1 के अनुपात में मिलाया जाता है। यदि दूध और पानी का अनुपात 1 : 2 करना हो तो मिश्रण में पानी की कितनी मात्रा मिलाई जानी चाहिए?

(a) $\frac{1}{3}$ बाल्टी (b) एक पूरी बाल्टी
(c) $\frac{1}{4}$ बाल्टी (d) आधी बाल्टी

Sol. (b)

	दूध	:	पानी
पहले-	2	:	1
बाद में-	$1_{\times 2}$	:	$2_{\times 2}$
	2	:	4

3 unit = 9 लीटर
1 unit = 3 लीटर
(4 – 1) unit = (3 × 3) लीटर = 9 लीटर

अतः नए मिश्रण में 9 लीटर या एक बाल्टी पानी मिलाने पर दूध और पानी का अनुपात 1 : 2 होगा। **Ans.**

9. 3 : 7 अनुपात वाले रंग और पानी के मिश्रण में 68 लीटर रंग मिलाया जाता है। परिणामी मिश्रण में रंग और पानी का अनुपात 7 : 5 है। असल मिश्रण का मान क्या है?

(a) 75 लीटर (b) 50 लीटर
(c) 100 लीटर (d) 68 लीटर

Sol. (c)

	रंग	:	पानी
पहले-	$3_{\times 5}$	:	$7_{\times 5}$
अब-	$7_{\times 7}$	:	$5_{\times 7}$

[$\because$ पानी की मात्रा दोनों मिश्रण में समान है।]

मिलाया गया रंग = 68 लीटर

(49 – 15) unit = 68 लीटर

34 unit = 68 लीटर

1 unit = 2 लीटर

$\therefore$ प्रारंभिक मिश्रण = (15 + 35) unit

= 50 × 2

= 100 लीटर **Ans.**

10. 50 प्रतिशत अम्लता वाले 9 लीटर द्रव को 30 प्रतिशत अम्लता वाले द्रव में परिवर्तित करने के लिए इसमें कितनी मात्रा में पानी मिलाया जाना चाहिए-

(a) 6 लीटर (b) 5 लीटर
(c) 9 लीटर (d) 3 लीटर

Sol. (a) अम्लता की मात्रा समान होने पर

माना कि पानी की x लीटर मात्रा मिलायी गयी।

$$\therefore \quad 9 \times \frac{50}{100} = (9 + x) \times \frac{30}{100}$$

$$15 = 9 + x$$

$$\therefore \quad x = 6 \text{ लीटर}$$

अतः पानी की 6 लीटर मात्रा मिलाया गया। **Ans.**

11. एक 500 लीटर घोल में पेट्रोल और डीजल का अनुपात 3 : 2 है। डीजल की शुद्ध मात्रा घोल में मिलाई जाती है और अनुपात 1 : 1 हो जाता है। डाले गए डीजल की मात्रा ज्ञात करे-

(a) 200 लीटर (b) 250 लीटर
(c) 150 लीटर (d) 100 लीटर

Sol. (d)

	पेट्रोल	:	डीजल
पहले-	3	:	2
बाद में-	$1_{\times 3}$	:	$1_{\times 3}$

[$\because$ पेट्रोल की मात्रा दोनों मिश्रण में समान है।]

5 unit = 500 लीटर

1 unit – 100 लीटर

(3 2) unit = 100 × 1 लीटर = 100 लीटर

अतः मिश्रण को 1 : 1 बनाने के लिए इसमें 100 लीटर डीजल मिलाया गया।

12. 80 लीटर दूध तथा पानी के मिश्रण, जिसमें दूध की मात्रा 10% है, में कितना पानी (लीटर में) मिलाया जाए, ताकि वह 5% दूध वाला मिश्रण बन जाए?

(a) 10 (b) 20
(c) 40 (d) 80

Sol. (d)

80 लीटर

दूध	पानी
10%	90%
= 8 लीटर	= 72 लीटर

नया मिश्रण में दूध की मात्रा को 5% बनाना है तो x लीटर पानी मिलाया।

$$\frac{8}{72 + x} = \frac{5}{95}$$

$$152 = 72 + x$$

$$\therefore \quad x = 80 \text{ लीटर}$$

अतः नए मिश्रण बनाने के लिए 80 लीटर पानी मिलाया गया।

13. 200 लीटर के अल्कोहल के घोल में 30% अल्कोहल है। घोल में कितना और अल्कोहल मिला दिया जाए, ताकि एल्कोहल की मात्रा घोल में 50% बन जाए-

(a) 40 (b) 60
(c) 80 (d) 50

Sol. (c)

	अल्कोहल	:	पानी
पहले →	3	:	7
अब →	$1_{\times 7}$	:	$1_{\times 7}$

$\because$ 10 unit = 200 लीटर

1 uniy = 20 लीटर

$\therefore$ (7 – 3) unit = 20×4 = 80 लीटर

अतः नए मिश्रण में अल्कोहल की मात्रा को 50% करने के लिए 80 लीटर अल्कोहल मिलाना होगा।

14. एक मिश्रण में, दूध तथा पानी 2 : 3 के अनुपात में है। मिश्रण में कुछ दूध मिलाया जाए, जिससे दूध तथा पानी का अनुपात 2 : 1 हो गया। आरंभिक मिश्रण में कितना प्रतिशत दूध मिलाया गया है।

(a) 75% (b) 60%
(c) 80% (d) 50%

Sol. (c)

	दूध	:	पानी
पहले →	2	:	3
बाद में →	$2_{\times 3}$	:	$1_{\times 3}$

मिलाया गया दूध = (6 – 2) = 4 unit

∴ आरंभिक मिश्रण में मिलाये गये दूध की प्रतिशतता

$$= \frac{4}{(2+3)} \times 100 = 80\% \quad \textbf{Ans.}$$

Type - II

15. 20 लीटर और 36 लीटर के दो मिश्रण में स्प्रिट और पानी का अनुपात क्रमशः 3 : 7 और 7 : 5 है। दोनों मिश्रण को एक साथ मिलाया जाता है। अब नए मिश्रण में स्प्रिट और पानी का अनुपात है-

(a) 25 : 29 (b) 9 : 10
(c) 27 : 29 (d) 27 : 31

Sol. (c)

I^{st}		IInd	
स्प्रिट	पानी	स्प्रिट	पानी
3	7	7	5

10 unit = 20 ली० 12 unit = 36 ली०
1 unit = 2 ली० 1 unit = 3 ली०
∴ स्प्रिट = 3×2 = 6 ली० ∴ स्प्रिट = 7×3 = 21 ली०
पानी = 7×2 = 14 ली० पानी = 5×3 = 15 ली०

अब कुल स्प्रिट : कुल पानी
(6 + 21) : (14 + 5)
27 : 29 **Ans.**

16. समान धारिता वाले तीन जगों में दूध और पानी के मिश्रण के अनुपात क्रमशः 3 : 1, 7 : 1 और 11 : 5 है। तीनों जगों को एक खाली कंटेनर में पलट लिया जाता है। उस कंटेनर में पानी और दूध का अनुपात कितना होगा?

(a) 12 : 41 (b) 14 : 15
(c) 15 : 49 (d) 11 : 37

Sol. (d)

	दूध	:	पानी
I^{st} →	3	:	1
IInd →	7	:	1
IIIrd →	11	:	5

$$\text{पानी एवं दूध का कुल अनुपात} = \frac{\frac{1}{4}+\frac{1}{8}+\frac{5}{16}}{\frac{3}{4}+\frac{7}{8}+\frac{11}{16}}$$

$$= \frac{4+2+5}{12+14+11}$$

$$= 11 : 37$$

अतः कंटेनर में पानी एवं दूध का अनुपात = 11 : 37 **Ans.**

Method -II

	पानी		दूध
I^{st} ⟶	1	:	3
IInd ⟶	1	:	7
IIIrd ⟶	5	:	11

सभी को समान मात्रा में करने पर-

पानी		दूध	
4	:	12 ⟶ 16	समान
2	:	14 ⟶ 16	समान
5	:	11 ⟶ 16	समान
11		37	

17. P, Q और R तीन कंटेनरों की क्षमताओं का अनुपात 5 : 4 : 8 है। वे क्रमशः 1 : 4, 2 : 3 और 3 : 5 अनुपात वाले दूध और पानी के मिश्रण में पूर्णतः भरे हुए है। यदि तीनों कंटेनरों के मिश्रणों को एक साथ मिश्रित किया जाता है, तो अंतिम मिश्रण में दूध और पानी का अनुपात ज्ञात करे-

(a) 16 : 81 (b) 28 : 57
(c) 1 : 2 (d) 25 : 64

Sol. (b) माना कंटेनर P, Q और R की क्षमता क्रमशः 25, 20 एवं 40 ली० है।

कंटेनर P में दूध और पानी का अनुपात = 1 : 4
= 5 : 20

कंटेनर Q में दूध और पानी का अनुपात = 2 : 3
= 8 : 12

कंटेनर R में दूध और पानी का अनुपात = 3 : 5
= 15 : 25

∴ दूध और पानी का अभीष्ट अनुपात
= (5+8+15) : (20+12+25)
= 28 : 57 **Ans.**

18. तीन समान माप के बर्तनों में पेट्रोल एवं केरोसिन तेल का मिश्रण क्रमशः 4 : 1, 5 : 2 एवं 6 : 1 के अनुपात में है। इन तीनों बर्तनों के मिश्रण को एक बड़े बर्तन में मिलाने पर प्राप्त परिणामी मिश्रण में पेट्रोल एवं केरोसिन तेल का अनुपात क्रमशः क्या होगा?

(a) 166 : 22 (b) 83 : 22
(c) 83 : 44 (d) 78 : 55

Sol. (b) $\text{पेट्रोल}_1 : \text{डीजल}_1 = 4 : 1 = 5$ (×7)
= 28 : 7
$\text{पेट्रोल}_2 : \text{डीजल}_2 = 5 : 2 = 7$ (×5) → 35
= 25 : 10
$\text{पेट्रोल}_3 : \text{डीजल}_3 = 6 : 1 = 7$ (×5)
= 30 : 5

∴ बड़े बर्तन में पेट्रोल और डीजल का अनुपात

$= (28 + 25 + 30) : (7 + 10 + 5)$

$= 83 : 22$ **Ans.**

19. चार मिश्रणों में दूध और पानी के अनुपात क्रमशः 2 : 1, 4 : 5, 5 : 4 तथा 5 : 7 है। यदि उनकी बराबर मात्राएं परस्पर मिला दी जाए तो नये मिश्रण में दूध तथा पानी का अनुपात होगा-

(a) 13 : 15 (b) 59 : 66
(c) 25 : 23 (d) 11 : 29

Sol. (c) $दूध_1 : पानी_1 = 2 : 1 \quad = 3$

$= 24 : 12$

$दूध_2 : पानी_2 = 4 : 5 \quad = 9$

$= 16 : 20$

$दूध_3 : पानी_3 = 5 : 4 \quad = 9$

$= 20 : 16$

$दूध_4 : पानी_4 = 5 : 7 \quad = 12$

$= 15 : 21$

(×12, ×4, ×4, ×3 → 36)

नये मिश्रण में दूध एवं पानी का अनुपात

$= (24+16+20+15) : (12+20+16+21)$

$= 75 : 69 = 25 : 23$ **Ans.**

20. तीन कंटेनर जिनका आयतन 2 : 3 : 4 के अनुपात में है, स्प्रिट और पानी के मिश्रण से पूरे भरे हुए है। पहले कंटेनर में स्प्रिट और पानी का अनुपात 4 : 1 है। दूसरे कंटेनरों में अनुपात 11 : 4 है एवं तीसरे कंटेनर में अनुपात 7 : 3 है। तीनों कंटेनरों के मिश्रण को एक बड़े कंटेनर में मिला दिया जाता है। परिणामी मिश्रण में स्प्रिट और पानी का अनुपात क्या होगा-

(a) 4 : 9 (b) 11 : 4
(c) 5 : 10 (d) 9 : 5

Sol. (b) $स्प्रिट_1 : पानी_1 = 4 : 1 \quad = 5$

$= 48 : 12$

$स्प्रिट_2 : पानी_2 = 11 : 4 \quad = 15$

$= 66 : 24$

$स्प्रिट_3 : पानी_3 = 7 : 3 \quad = 10$

$= 84 : 36$

(×2×6, ×3×2, ×4×3 → 30)

परिणामी मिश्रण में स्प्रिट एवं पानी का अनुपात

$= (48+66+84) : (12+24+36)$

$= 198 : 72 = 11 : 4$ **Ans.**

21. तीन समान प्रकार के बर्तन जिसमें स्प्रिट और पानी का मिश्रण है। इन तीनों में स्प्रिट की मात्रा क्रमशः 75%, 60% और 80% है। यदि तीनों को एक साथ मिला दिया जाए तब प्राप्त मिश्रण में स्प्रिट तथा पानी का अनुपात क्या होगा-

(a) 57 : 23 (b) 57 : 22
(c) 58 : 22 (d) 43 : 17

Sol. (d) I^{st} बर्तन में स्प्रिट : पानी = 75% : 25% = 3 : 1

IInd बर्तन में स्प्रिट : पानी = 60% : 40% = 3 : 2

IIIrd बर्तन में स्प्रिट : पानी = 80% : 20% = 4 : 1

स्प्रिट एवं पानी का नये मिश्रण में अनुपात

$$= \left(\frac{3}{4}+\frac{3}{5}+\frac{4}{5}\right) : \left(\frac{1}{4}+\frac{2}{5}+\frac{1}{5}\right)$$

$$= \left(\frac{15+12+16}{20}\right) : \left(\frac{5+8+4}{20}\right)$$

$= 43 : 17$ **Ans.**

22. बर्तन A में दूध और पानी का मिश्रण, बर्तन B में दूध और पानी के मिश्रण का 120% है। दोनों बर्तनों में दूध और पानी का अनुपात क्रमशः 7 : 5 तथा 3 : 2 है। यदि दोनों बर्तनों के मिश्रण को मिला दिया जाए तो नए मिश्रण में पानी और दूध का अनुपात क्या होगा-

(a) 15 : 13 (b) 9 : 13
(c) 18 : 17 (d) 22 : 13

Sol. (b) नए मिश्रण में दूध एवं पानी का अनुपात

$$= \left(\frac{7}{12}\times120+\frac{3}{5}\times100\right) : \left(\frac{5}{12}\times120+\frac{2}{5}\times100\right)$$

$= 130 : 90 = 13 : 9$

∴ नए मिश्रण में पानी एवं दूध का अनुपात = 9 : 13 **Ans.**

Type - III

23. एक बर्तन में 125 लीटर दूध है। बर्तन में से 25 लीटर दूध निकाला जाता है तथा पानी से बदल दिया जाता है। इस प्रक्रिया को 1 बार और दोहराया जाता है। बर्तन में बचे दूध की मात्रा ज्ञात करे-

(a) 64 (b) 80
(c) 45 (d) 16

Sol. (b) $$\text{अंतिम मात्रा} = \text{प्रारंभिक मात्रा}\left(1-\frac{\text{बदली मात्रा}}{\text{कुल मात्रा}}\right)^n$$

$$= 125\left(1-\frac{25}{125}\right)^2 = 125\left(\frac{4}{5}\right)^2$$

$$= 125\times\frac{16}{25} = 80 \text{ लीटर}$$

अतः बर्तन में बचे दूध की अंतिम मात्रा = 80 लीटर **Ans.**

Method - II

बदली हुई मात्रा $= \frac{25}{125} = \frac{1}{5}$

दूध + पानी	:	दूध
5	:	4
5	:	4
25	:	16

×5

↓ = 125 ↓ = 80 लीटर

1 = 5

अतः बर्तन में बचे दूध की अंतिम मात्रा = 80 लीटर **Ans.**

24. एक बर्तन में 40 लीटर दूध है। बर्तन में से 4 लीटर दूध निकाला जाता है तथा पानी से बदल दिया जाता है। इस प्रक्रिया को 2 बार और दोहराया जाता है। बर्तन में बचे दूध की मात्रा ज्ञात करे-

(a) 26 (b) 29.16
(c) 28 (d) 28.2

Sol. (b) अंतिम मात्रा = प्रारंभिक मात्रा $\left(1-\frac{\text{बदली मात्रा}}{\text{कुल मात्रा}}\right)^n$

$$= 40\left(1-\frac{4}{40}\right)^3 = 40\times\frac{729}{1000}$$

$$= 29.16 \text{ लीटर}$$

अतः बर्तन में बचे दूध की मात्रा = 29.16 लीटर

25. 50 लीटर शुद्ध दूध के एक कंटेनर से, 10 लीटर बाहर निकाला जाता है और 10 लीटर पानी द्वारा प्रतिस्थापित किया जाता है। यदि इस प्रक्रिया को तीन बार दोहराया जाता है, तो आखिर पानी और दूध का अनुपात क्या है?

(a) 61 : 64 (b) 7 : 16
(c) 1 : 4 (d) 9 : 16

Sol. (a) आरंभिक मात्रा = प्रारंभिक मात्रा $\left(1-\frac{\text{बदली मात्रा}}{\text{कुल मात्रा}}\right)^n$

$$= 50\left(1-\frac{10}{50}\right)^3 = 50\times\frac{64}{125}$$

$$= 25.6 \text{ लीटर}$$

∴ अंतिम मिश्रण में दूध की मात्रा = 25.6 लीटर

पानी की मात्रा = (50 – 25.6) लीटर = 24.4 लीटर

∴ पानी : दूध = 24.4 : 25.6 = 61 : 64 **Ans.**

26. एक बर्तन में 50 लीटर अल्कोहल है। इसमें से 5 लीटर दूध निकाल लिया गया और उसकी जगह पानी डाल दिया गया। इस प्रक्रिया को और दो बार दोहराया गया। बर्तन में अब कितना दूध है?

(a) 32.45 लीटर (b) 34.45 लीटर
(c) 36.45 लीटर (d) 33.45 लीटर

Sol. (c) आरंभिक मात्रा = प्रारंभिक मात्रा $\left(1-\frac{\text{बदली मात्रा}}{\text{कुल मात्रा}}\right)^n$

$$= 50\left(1-\frac{5}{50}\right)^3 = 50\left(\frac{9}{10}\right)^3$$

$$= 50\times\frac{729}{1000} = 36.45 \text{ लीटर}$$

अतः बर्तन में अब दूध की मात्रा 36.45 लीटर है।

27. एक बर्तन में 40 लीटर ग्लिसरीन रखा है। उसमें से 5 लीटर ग्लिसरीन निकालकर इतना ही पानी डाला गया। इसके बाद 10 लीटर मिश्रण निकाला गया और इतना ही पानी डाला गया। इसके बाद पुनः 8 लीटर मिश्रण निकालकर उतना ही पानी डाल गया। अब अंत में बर्तन में ग्लिसरीन की मात्रा कितनी हो जाएगी-

(a) 21 लीटर (b) 25 लीटर
(c) 22 लीटर (d) 24 लीटर

Sol. (a) अंतिम मात्रा

$$= \text{प्रा० मात्रा}\left(1-\frac{\text{पहली निकाली मात्रा}}{\text{कुल प्रा० मात्रा}}\right)\left(1-\frac{\text{दूसरी निकाली मात्रा}}{\text{कुल प्रा० मात्रा}}\right)\left(1-\frac{\text{तीसरी निकाली मात्रा}}{\text{कुल प्रा० मात्रा}}\right)$$

$$= 40\left(1-\frac{5}{40}\right)\left(1-\frac{10}{40}\right)\left(1-\frac{8}{40}\right)$$

$$= 40\times\frac{7}{8}\times\frac{3}{4}\times\frac{4}{5} = 21 \text{ लीटर}$$

अतः अंत में ग्लिसरीन की मात्रा मिश्रण में 21 लीटर होगी।

28. एक कंटेनर में 60 लीटर डीजल रखा है। उसमें से 10 लीटर डीजल निकालकर इतना ही पानी डाला गया। इसके बाद 15 लीटर मिश्रण निकाला गया और इतना ही पानी डाला गया। इसके बाद पुनः 12 लीटर मिश्रण निकाला गया और उतना ही पानी डाला गया। अब अंत में कंटेनर में डीजल की मात्रा कितनी रह जायेगी-

(a) 21 लीटर (b) 25 लीटर
(c) 22 लीटर (d) 30 लीटर

Sol. **(d)** अंतिम मात्रा $= 60\left(1-\frac{10}{60}\right)\left(1-\frac{15}{60}\right)\left(1-\frac{12}{60}\right)$

$= 60\times\frac{5}{6}\times\frac{3}{4}\times\frac{4}{5}$

= 30 लीटर

अतः अंत में कंटेनर में डीजल की मात्रा = 30 लीटर **Ans.**

29. दूध में से 9 लीटर दूध निकाला जाता है तथा पानी से बदल दिया जाता है। इस प्रक्रिया को एक बार दोहराया जाता है। बचे हुए दूध तथा पानी 16 : 9 हो जाता है। शुरू में दूध की मात्रा ज्ञात करे-

(a) 45 लीटर (b) 50 लीटर
(c) 40 लीटर (d) 60 लीटर

Sol. **(a)** आरंभिक मात्रा

$= \sqrt[n]{(\text{पहले पदार्थ का शेष}) + (\text{दूसरे पदार्थ का शेष})} \times$ निकाली गयी मात्रा

जहाँ n = दोहरायी गयी प्रक्रिया

$= \sqrt[2]{(16+9)}\times 9$

$= 5\times 9$

= 45 लीटर

अतः बर्तन में आरंभ में 45 लीटर दूध है।

30. आम के रस से भरे एक बर्तन में 8 लीटर निकालकर उसमें पानी मिला दिया गया। यह कार्यवाही तीन बार और की जाती है। बर्तन में बचे आम के रस की मात्रा का अनुपात कुल घोल की तुलना में 16 : 11 है। आरंभ में बर्तन में कितना आम का रस था?

(a) 25 लीटर (b) 36 लीटर
(c) 30 लीटर (d) 24 लीटर

Sol. **(d)** $D = \left(1-\sqrt[n]{\frac{R}{I_m}}\right)I_m$

जहाँ, R = शेष बची मात्रा

I_m = प्रारंभिक मात्रा

D = निकाली गयी मात्रा

n = दोहरायी गयी मात्रा

माना कि प्रारंभिक मात्रा = 81x

अंतिम मात्रा = 16x

$8 = \left(1-\sqrt[4]{\frac{16x}{81x}}\right)81x$

$8 = \left(1-\frac{2}{3}\right)81x$

$8 = \frac{1}{3}\times 81x$

$\therefore \quad x = \frac{8}{27}$

अब प्रारंभिक मात्रा = 81x

$= 81\times\frac{8}{27}$

= 24 लीटर **Ans.**

विविध (Miscellaneous)

31. बाबूलाल, किसी पार्क के बाहर जूस की दुकान चलाता है और सुबह में गिलोय का जूस (गिलोय + पानी) बेचता है। शुरू में उसके पास 19 लीटर जूस था, जिसमें गिलोय और पानी का अनुपात 2 : 9 था। वह $2\frac{1}{2}$ लीटर जूस बेचता है। बाद में, इसे पतला करने के लिए, वह कुछ मात्रा में पानी मिलाता है और गिलोय और पानी का अनुपात 1 : 5 हो जाता है। कितना पानी मिलाया गया था?

(a) 1 लीटर (b) 2 लीटर
(c) 1.5 लीटर (d) 0.5 लीटर

Sol. **(c)** 19 लीटर मिश्रण में गिलोय की मात्रा $= 19\times\frac{2}{11}$

$= \frac{38}{11}$ ली०

19 लीटर मिश्रण में पानी की मात्रा $= 19\times\frac{9}{11}$

$= \frac{171}{11}$ ली०

2½ लीटर जूस निकालने के बाद मात्रा $= \left(19-2\frac{1}{2}\right)$ ली०

$= 16\frac{1}{2}$ ली०

पुनः 16½ ली० मिश्रण में गिलोय की मात्रा $= 16\frac{1}{2}\times\frac{2}{11}$

= 3 ली०

16½ ली० मिश्रण में पानी की मात्रा $= \left(16\frac{1}{2}-3\right)$ ली०

$= 13\frac{1}{2}$ ली०

माना कि मिश्रण को पतला करने के लिए x ली० पानी मिलाया। प्रश्नानुसार,

$$\frac{3}{13.5+x} = \frac{1}{5}$$
$$13.5+x = 15$$
$$x = 1.5 \text{ लीटर}$$

अतः मिश्रण को पतला करने के लिए 1.5 लीटर पानी मिलाया गया।

Method-II

	गिलोय		पानी
पहले –	2	:	9
बाद –	1	:	5

गिलोय की मात्रा समान करने पर-

गिलोय		पानी
2	:	9
2	:	10

9 → 10 (+1)

$(2+9) = 11 \longrightarrow$ शेष मिश्रण $= \left(19-2\frac{1}{2}\right) = 16.5$

$1 \longrightarrow 1.5$

32. किसी बड़े कंटेनर में 3 : 2 अनुपात वाले जूस और पानी का 50 लीटर मिश्रण है। इसमें जूस और पानी के 60 लीटर मिश्रण को मिलाया जाता है, जिसमें जूस और पानी का अनुपात 2 : 1 हो जाता है। इसके बाद 11 लीटर मिश्रण को शुद्ध जूस से बदल दिया जाता है। अंतिम मिश्रण में पानी एवं जूस का अनुपात ज्ञात करे-

(a) 29 : 81 (b) 7 : 4
(c) 37 : 18 (d) 18 : 37

Sol. (b) 50 लीटर मिश्रण में जूस की मात्रा $= 50\times\frac{3}{5}$

= 30 लीटर

50 लीटर मिश्रण में पानी की मात्रा = (50–30) ली०
= 20 लीटर

अब 60 लीटर मिश्रण में जूस की मात्रा $= 60\times\frac{2}{3}$
= 40 लीटर

60 लीटर मिश्रण में पानी की मात्रा = (60–40) ली०
= 20 लीटर

∴ कुल मिश्रण = (50 + 60) लीटर = 110 लीटर

कुल मिश्रण में,

जूस : पानी = (30 + 40) : (20 + 20)
= 7 : 4

∵ कुल 110 लीटर मिश्रण से 11 लीटर मिश्रण निकाल लिया जाता है एवं उसके स्थान पर 11 लीटर शुद्ध जूस मिलाया जाता है।

अब नये मिश्रण में,

पानी : जूस

$$= \left[(20+20)-11\times\frac{4}{11}\right] : \left[(30+40)-11\times\frac{7}{11}+11\right]$$

= 36 : 74
= 18 : 37

नये बने मिश्रण में पानी एवं जूस का अभीष्ट अनुपात = 18 : 37

Method - II

	जूस		पानी
I -	3	:	2
II -	2	:	1

I	:	II
50 लीटर	:	60 लीटर
5	:	6

मात्रा समान करके दोनों कंटेनर को 5 : 6 के अनुपात में मिलाने पर-

	जूस		पानी	
I -	3	:	2	×3×5
II -	2	:	1	×5×6
	45	:	30	
	60	:	30	
	105	:	60	
	7	:	4	

$11 \longrightarrow (110-11)$ लीटर

$1 \longrightarrow 9$ लीटर

I	:	II
63	:	36
+11	:	60
74	:	36
37	:	18

33. एक दूधवाला दूध बेचने के लिए तीन आधानों का प्रयोग करता है, जिनकी क्षमता क्रमशः 40 लीटर, 30 लीटर और 20 लीटर है। वह क्रमशः 3 : 2, 5 : 1 और 7 : 2 के अनुपात में दूध और पानी के मिश्रण से आधानों का क्रमशः 87.5%, 80% और 90% भरता है। उसके द्वारा लाए गए दूध और पानी की कुल मात्रा का अनुपात क्या है?

(a) 35 : 9 (b) 7 : 2
(c) 5 : 2 (d) 31 : 12

Sol. **(c)** पहले आधानों में मिश्रण की मात्रा $= 40\times\frac{87.5}{100}$

= 35 लीटर

$\therefore$ पहले आधानों में दूध की मात्रा $= 35\times\frac{3}{5}$

= 21 लीटर

$\therefore$ पहले आधानों में पानी की मात्रा = (35 – 21)

= 14 लीटर

इसी प्रकार,

दूसरे आधान में दूध एवं पानी की मात्रा क्रमशः

= 20 लीटर एवं 4 लीटर

तीसरे आधान में दूध एवं पानी की मात्रा क्रमशः

= 14 लीटर एवं 4 लीटर

अब,

दूध की मात्रा एवं पानी की मात्रा का अभीष्ट अनुपात

= (21+20+14) : (14+4+4)

= 55 : 22

= 5 : 2 **Ans.**

34. किसी विलियन में अम्ल और पानी का अनुपात 4 : 5 है। यदि 20% विलियन, पानी द्वारा प्रतिस्थापित कर दिया जाए, तो नये विलियन में अम्ल और पानी का अनुपात कितना होगा-

(a) 16 : 29 (b) 8 : 15
(c) 10 : 7 (d) 5 : 17

Sol. **(a)** माना कि मिश्रण की मात्रा = 9 unit

$\therefore$ मिश्रण में अम्ल की मात्रा $= 9\times\frac{4}{9}$

= 4 unit

$\therefore$ मिश्रण में पानी की मात्रा = (9 – 4) unit

= 5 unit

20% मिश्रण निकालने के बाद शेष मिश्रण की मात्रा

$= 9\times\frac{80}{100} = 7.2$ unit

$\therefore$ निकाला गया मिश्रण = (9 – 7.2) unit

= 1.8 unit

मिश्रण में इतना ही पानी मिलाया गया।

अब,

7.2 लीटर में पानी की मात्रा $= 7.2\times\frac{5}{9}$

= 4 unit

7.2 लीटर में दूध की मात्रा = (7.2 – 4) unit

= 3.2 unit

अब बने नये मिश्रण में अम्ल तथा पानी का अनुपात

= (3.2) : (4 + 1.8)

= 3.2 : 5.8

= 16 : 29 **Ans.**

35. एक ग्वाले के पास 240 लीटर दूध है। वह दूध में पानी मिलाकर क्रय मूल्य पर बेचकर 25% का लाभ उठाता है तो बताए, दूध में कितना लीटर पानी मिलाया था?

(a) 30 लीटर (b) 35 लीटर
(c) 40 लीटर (d) 60 लीटर

Sol. **(d)** **Method-I**

माना कि ग्वाले ने दूध में x लीटर पानी मिलाया।

तथा दूध का मूल्य रु.1 प्रति लीटर है।

$\therefore$ कुल दूध का कुल क्रय मूल्य = 240 × 1

= रु.240

कुल दूध का विक्रय मूल्य = (240 + x) × 1

= रु.(240 + x)

प्रश्नानुसार,

$$240\times\frac{125}{100} = 240 + x$$

$$300 = 240 + x$$

$$\therefore x = 60$$

अतः ग्वाले ने दूध में 60 लीटर पानी मिलाया।

Method - II

माना कि दूध का मूल्य = रु.100

$\therefore$ 125% = 100

$100\% = \frac{100}{125}\times 100$

= रु.80

$\therefore$ मिश्रण का मूल्य = रु.80

दूध		पानी
100		0
	80	
80		20
4	:	1

4 unit = 240

1 unit = 60

अतः दूध में 60 लीटर पानी मिलाया गया। **Ans.**

Method-III

(शुद्ध दूध की मात्रा) 100% = 240 लीटर

(मिश्रण की मात्रा) 125% $= \frac{240 \times 125}{100}$

= 300 लीटर

अतः पानी की मात्रा = (300 – 240) लीटर

= 60 लीटर

36. एक दूधवाला कुछ लीटर दूध में 18 लीटर पानी मिलाकर क्रय मूल्य पर बेचकर 20% का लाभ उठाता है। उसके दूध की मात्रा कितनी है?

(a) 35 (b) 90

(c) 70 (d) 80

Sol. **(b)** माना, दूध की मात्रा = x मीटर

$\frac{\text{दूध}}{\text{पानी}} = \frac{100}{\text{लाभ\%}}$

$\frac{x}{18} = \frac{100}{20}$

x = 90

अतः दूध की मात्रा = 90 लीटर **Ans.**

37. मिश्र धातु A में, धातु x और y का अनुपात 5 : 2 है और मिश्र धातु B में, धातु x और y का अनुपात 3 : 4 है। A और B को 4 : 5 के अनुपात में मिलाकर मिश्र धातु C तैयार की जाती है। मिश्र धातु C में y का प्रतिशत ज्ञात करे-

(a) $44\frac{4}{9}\%$ (b) $33\frac{4}{9}\%$

(c) $66\frac{4}{9}\%$ (d) $55\frac{4}{9}\%$

Sol. **(a)**

	x	:	y	=	
A →	5×4	:	2×4	=	7×4
B →	3×5	:	4×5	=	7×5
C →	35	:	28	=	63

∴ मिश्रण C में y का प्रतिशत $= \frac{28}{63} \times 100$

$= 44\frac{4}{9}\%$ **Ans.**

38. एक बर्तन जिसमें 80 लीटर पानी और दूध का मिश्रण है, उसमें पानी की मात्रा 25% है। यदि दूध वाला इस मिश्रण में से 8 लीटर निकाल देता है और इसमें 8 लीटर शुद्ध पानी मिला देता है, तो अंतिम मिश्रण में पानी का प्रतिशत कितना है?

(a) 35.40% (b) 34.50%

(c) 33.33% (d) 32.50%

Sol. **(d)** 80 लीटर मिश्रण में पानी की मात्रा $= 80 \times \frac{25}{100}$

= 20 लीटर

∴ दूध की मात्रा = (80 – 20) लीटर

= 60 लीटर

M	:	W
3	:	1
	–8	
3	:	1
54	:	(18)
		+8
54	:	26

[∵ मिश्रण कुल 80 लीटर है।]

∴ पानी का प्रतिशत $= \frac{26}{80} \times 100$

= 32.50% **Ans.**

39. एक पात्र में 63 लीटर सेब रस और पानी का मिश्रण है। सेब रस और पानी का अनुपात 3 : 4 है। यदि इसमें से 14 लीटर मिश्रण निकाल लिया जाए और 6 लीटर पानी मिला दिया जाए, तो अंतिम मिश्रण में सेब रस लगभग कितने प्रशित होगा-

(a) 38% (b) 30%

(c) 28% (d) 35%

Sol. **(a)**

सेब रस	:	पानी
3	:	4
	–14	
21	:	28
		+6
21	:	34

63 लीटर – 14 लीटर = 49

∵ 7 unit = 49
1 unit = 7

∴ सेब रस का प्रतिशत $= \frac{21}{55} \times 100$
$= 38.18\%$
$= 38\%$ (लगभग)

40. दूध और पानी के 20 लीटर मिश्रण में 5:3 के अनुपात में है। यदि मिश्रण के चार लीटर को चार लीटर दूध से बदल दिया जाता है तो नये मिश्रण में दूध और पानी का अनुपात होगा-

(a) 2:1 (b) 6:5
(c) 7:3 (d) 8:3

Sol. (c)

दूध	:	पानी
5	:	3
	−4	
10	:	6
+4		
14	:	6
7	:	3

∵ 20 लीटर − 4 लीटर = 16 लीटर
(5 + 3) unit = 16
1 unit = 2

अतः दूध और पानी का अनुपात = 7:3 **Ans.**

41. एक कैन में 7:5 के अनुपात में दो तरल A और B का मिश्रण है। जब 9 लीटर मिश्रण बाहर निकाला जाता है और कैन को B से भर दिया जाता है तो A और B का अनुपात 7:9 हो जाता है। शुरूआत में कैन द्वारा लिक्विड A का मिश्रण क्या था?

(a) 10 लीटर (b) 20 लीटर
(c) 21 लीटर (d) 25 लीटर

Sol. (c)

	A	:	B	
	7	:	5	
			−9 लीटर	
	7	:	5	
B द्वारा भरने पर			+x लीटर	4 unit
	7	:	9	

∵ 4 unit = 9 लीटर

∴ 16 unit $= \frac{9}{4} \times 16 = 36$ लीटर

∴ A की मात्रा $= \frac{36}{12} \times 7 = 21$ लीटर **Ans.**

42. किसी विलियन में अम्ल और पानी का अनुपात 4:5 है। यदि 20% रसायन, पानी द्वारा प्रतिस्थापित कर दिया जाए, तो नये विलियन में अम्ल और पानी का अनुपात कितना होगा?

(a) 10:7 (b) 8:15
(c) 16:29 (d) 5:17

Sol. (c)

अम्ल	:	पानी
4	:	3
40	:	50
−20%	=	−18
32	:	40
		+18
32	:	58
16	:	29

∵ 9 unit = 72
1 unit = 8

∴ अम्ल और पानी के नये मिश्रण में अनुपात = 16:29

Ans.

सम्मिश्रण पर आधारित प्रश्न

43. बसप्पा गायों और मुर्गियाँ की निश्चित संख्या के साथ एक छोटी सी झोपड़ी में रहते है। अगर सिरों की कुल संख्या गाय 12 है अरै पैरों की कुल संख्या 40 है तो मुर्गियों की संख्या ज्ञात करे-

(a) 2 (b) 6
(c) 8 (d) 4

Sol. (d) 12 गायों के पैरों की संख्या = 12×4 = 48
12 मुर्गियों के पैरों की संख्या = 12 × 2 = 24

गाय		मुर्गियाँ
12×4		12×2
48		24
	40	
16		8
2	:	1

∵ 3 unit = 12
∴ 1 unit = 4
∴ मुर्गियों की संख्या = 4 **Ans.**

44. एक चिड़ियाघर में कुछ खरगोश एवं कुछ कबूतर है। यदि सिरों की संख्या 200 और पैरों की संख्या 580 हो तो कबूतरों की कुल संख्या कितनी थी-

(a) 100 (b) 110
(c) 120 (d) 140

Sol. **(b)**

खरगोश — कबूतर
200×4 — 200×2
800 — 400

580

180 — 220
9 : 11

$\therefore$ कबूतर की संख्या $= \frac{11}{20} \times 200 = 110$ **Ans.**

45. एक दुकानदार ने 1000 किग्रा. चावल खरीदकर उसका एक भाग 10% के लाभ पर और शेष भाग 20% की हानि पर बेच दिया। पूरे लेन-देन में उसे 11% की हानि हुई। चावल की कितनी मात्रा 20% की हानि पर बेची गयी?

(a) 700 kg (b) 600 kg
(c) 300 kg (d) 500 kg

Sol. **(a)**

लाभ — हानि
10% — –20%

–11%

9% — 21%
3 : 7

$\therefore$ 20% हानि पर बेचा गया चावल $= \frac{7}{10} \times 1000$
$= 7000$ kg **Ans.**

46. एक व्यक्ति ने 2 घंटे में 100 किमी की यात्रा की है। उन्होंने परिवहन के 2 साधनों का उपयोग किया है। पहले 60 किमी/घंटे की गति से यात्रा के कुछ हिस्से के लिए कार और 40 किमी/घंटे की गति पर बाकी हिस्से के लिए बस का प्रयोग करता है। व्यक्ति ने बस का उपयोग करके कितन दूरी तय की है-

(a) 40 (b) 60
(c) 30 (d) 20

Sol. **(a)** औसत चाल $= \frac{100}{2} = 50$ किमी/घंटा

कार से — बस से
चाल → 60 — 40

50

समय → 10 — 10
1 : 1

2 ⟶ 2 घण्टा
1 ⟶ 1 घण्टा

$\therefore$ बस की तय की गयी दूरी $= 40 \times 1 = 40$ किमी. **Ans.**

47. राम ने अपनी यात्रा का पहला भाग 40 किमी/घंटे की गति से और दूसरा भाग 60 किमी/घंटे से शुरू किया और 5 घंटे में कुल दूरी 240 किमी की दूरी तय की। यात्रा का प्रारंभिक हिस्सा कब तक था?

(a) 2 घंटे 24 मिनट (b) 2 घंटे
(c) 3 घंटे (d) 4 घंटे

Sol. **(c)** औसत चाल $= \frac{240}{5} = 48$ किमी/घंटा

पहला भाग — दूसरा भाग
40 — 60

48

12 — 8
3 : 2

$\therefore$ यात्रा का प्रारंभिक हिस्सा का समय $= 5 \times \frac{3}{5} = 3$ घंटे

48. अरुण रु.20,000 अपने दो दोस्तों को उधार देता है। वह पहले दोस्त को रु.12,000, 8% वार्षिक साधारण ब्याज की दर पर देता है। अरुण अपनी कुल राशि पर 10% लाभ चाहता है। अतः उसे शेष राशि दूसरे दोस्त को किस साधारण ब्याज पर देनी चाहिए ताकि उसे इच्छित लाभ मिल सके?

(a) 8% (b) 16%
(c) 12% (d) 13%

Sol. **(d)** माना कि दूसरे मित्र को x% ब्याज दर पर उधार दिया।

I^{st} — IInd
दर = 8% — x%

× 10% ×

राशि = 12000 — 8000
3 : 2

$$\frac{24\% + 2x\%}{(3+2)} = 10\%$$

$$2x\% = 26\%$$

$$\therefore \quad x = 13\%$$

अतः दूसरे मित्र को 13% की दर पर उधार दिया।

49. रु.25,600 की धनराशि के एक भाग को 7% वार्षिक और शेष को 9% वार्षिक साधारण ब्याज पर निवेश किया जाता है। 3 वर्षों के अंत में कुल ब्याज रु.5832 होता है। कितनी धनराशि को 9% वार्षिक पर निवेश किया गया?

(a) 18000 (b) 7600
(c) 9600 (d) 16000

Sol. **(b)** वार्षिक औसत दर $= \frac{5832 \times 100}{25600} = \frac{243}{32}\%$

I[st] IInd
7% 9%

$\frac{243}{32}\%$

$\frac{45}{32}$: $\frac{19}{32}$

45 : 19

$\therefore$ 9% पर निवेशित धनराशि $= \frac{19}{64} \times 25600$

= रु.7600 **Ans.**

50. एक व्यापारी रु.52 प्रति किग्रा के भाव वाले एक किस्म के 20 किग्रा. चावल को रु.36 प्रति किग्रा के भाव वाले अन्य किस्म के 60 किग्रा चावल में मिलाता है। यदि वह उस मिश्रित चावल को रु. 44 प्रति किग्रा के भाव से बेचता है तो उसका प्रतिशत लाभ ज्ञात कीजिए-

(a) 10% (b) 8%
(c) 5% (d) 6%

Sol. **(a)** मूल्य → **52** **36**

x

अनुपात → **20** : **60**

1 : 3

क्रय मूल्य $= \frac{52 \times 1 + 36 \times 3}{4} = 40$

$\therefore$ लाभ % $= \frac{44 - 40}{40} \times 100 = 10\%$ **Ans.**

51. एक व्यक्ति 40 वस्तुओं में प्रत्येक को रु.10 में खरीदा। वह उनमें से एक भाग को 25% लाभ पर और शेष को 10% हानि पर बेचता है। इस सौदे में शुद्ध लाभ 4% है। उसके द्वारा हानि पर बेची गई वस्तुओं की संख्या ज्ञात करे-

(a) 24 (b) 8
(c) 16 (d) 18

Sol. **(a)** लाभ हानि
25% 10%

4%

14% 21%
2 : 3

$\therefore$ हानि पर बेचे गए वस्तुओं की संख्या $= \frac{3}{5} \times 40 = 24$

52. एक फल विक्रेता के पास 24 किग्रा. सेब थे। इनमें से कुछ सेब उसने 20% लाभ पर तथा शेष 5% हानि पर बेच दिया। यदि कुल फलों पर उसे 10% लाभ हुआ हो, तो उसने कितने सेब हानि पर बेचे?

(a) 4.6 kg (b) 5 kg
(c) 9.6 kg (d) 11.4 kg

Sol. **(c)** लाभ हानि
20% 5%

10%

15% 10%
3 : 2

$\therefore$ हानि पर बेचे गए सेब $= \frac{2}{5} \times 24 = \frac{48}{5} = 9.6$ kg

अतः हानि पर बेचा गया सेब = 9.6 kg **Ans.**

53. रमा ने 1200 की कुल लागत पर दो घड़ियाँ खरीदी। वह एक घड़ी को उसके लागत मूल्य से रु.20% कम मूल्य पर बेचती है और दूसरी घड़ी को उसके लागत मूल्य से 50% अधिक पर बेचती है। अगर पूरे लेन-देन के दौरान वह रु.40 का लाभ कमाती है तो दोनों घड़ियों के लागत मूल्य के बीच का अंतर ज्ञात करे-

(a) रु.300 (b) रु.320
(c) रु.400 (d) रु.250

Sol. (c) लाभ% $= \frac{40\times100}{1200} = \frac{10}{3}\%$

हानि%   लाभ%
−20%×3   +50%×3
(−60%)   (150%)

$\frac{10}{3}\%\times3$
(10%)

140   70
2   :   1

3 unit = 1200
(2 − 1) unit = रु.400
अतः दोनों घड़ी के लागत मूल्य के बीच अंतर = रु.400

54. एक दुकानदार ने रु.80 प्रति किलो के मूल्य पर 230 किग्रा चावल खरीदे। उसने कुल मात्रा का 90%, रु.100 प्रति किलो के मूल्य पर बेचा। 75% समग्र लाभ कमाने के लिए शेष मात्रा को कितने रु. प्रति किलो मूल्य पर बेचना चाहिए?

(a) रु.510   (b) रु.530
(c) रु.520   (d) रु.500

Sol. (d) क्रय मूल्य = 80रु./किग्रा.
विक्रय मूल्य = 100 रु./किग्रा.
∴ लाभ = (100 − 80) रु./किग्रा. = 20 रु./किग्रा.

लाभ% $= \frac{20\times100}{80} = 25\%$

25%   x%
×   75%   ×
90   10

$\Rightarrow \frac{25\times90+10\times x}{100} = 75$

2250 + 10x = 7500
10x = 5250
∴ x = 525%
∴ वि०मू० 10% का = 80 × (100 + 525%)

$= 80\times\frac{625}{100}$

= 500 रु./kg

∴ शेष मात्रा को 500रु./kg की दर से बेचना होगा।

55. एक दुकानदार रु.300 में दो पुस्तकें खरीदता है, वह पहली पुस्तक को 20% के लाभ पर तथा दूसरी पुस्तक को 10% हानि पर बेचता है। यदि पूरे लेन देन में न तो लाभ होता है और न ही हानि, तो पहली पुस्तक का विक्रय मूल्य क्या होगा-

(a) रु.110   (b) रु.115
(c) रु.120   (d) रु.125

Sol. (c) लाभ   हानि
20%   10%

0%

10   20
1   :   2

∵ 3 unit = 300 रु.
∴ 1 unit = 100 रु.

∴ 20% लाभ पर वि०मू० $= 100\times\frac{120}{100}$

= रु.120

∴ पहली पुस्तक का विमू० = 120 रु. **Ans.**

56. एक सहायक परियोजना पर आधारित अंग्रेजी कंपनी में 627 पुरुष और 627 महिला कार्यकर्ता है। सभी कर्मचारियों की औसत उत्पादकता 72 कॉल्स/दिन है। एक पुरूष कार्यकर्ता यदि 72 कॉल्स/दिन प्राप्त करता है तो महिला कर्मचारियों द्वारा प्रतिदिन प्राप्त की जाने वाली कॉल्स की संख्या कितनी होगी-

(a) 74   (b) 73
(c) 72   (d) 71

Sol. (c) माना कि महिला कर्मचारी द्वारा किया गया कॉल्स = x कॉल्स/दिन

पुरुष कर्मचारी   महिला कर्मचारी
72   x
×   72   ×
627   627
1   :   1

$\frac{72\times1+x\times1}{(1+1)} = 72$

x = 144 − 72
x = 72

अतः महिला कर्मचारी द्वारा किया गया कॉल्स = 72 कॉल्स/दिन

57. एक गेंदबाज जिसकी गेंदबाजी का औसत 12.4 रन/विकेट है। अगले मैच में वह 5 विकेट पर 26 रन देता है जिससे उसका औसत 0.4 कम हो जाता है। अंतिम मैच तक उसके द्वारा कितनी विकेट ली गयी-

(a) 85 (b) 90
(c) 70 (d) 75

Sol. **(b)** अगले मैच में गेंदबाज का औसत $= \frac{26}{5}$

$= 5.2$ रन/विकेट

अंतिम मैच से पहले — अंतिम मैच में

12.4 — **5.2**

12

6.80 : 0.4

17 : 1

∵ 1 unit = 5 विकेट

∴ (17+1) unit = 9×18 = 90 विकेट

अतः अंतिम मैच तक उसके द्वारा कुल 90 विकेट लिया गया।

58. किसी विशेष परीक्षा में 150 छात्रों द्वारा प्राप्त किया गया औसत अंक 50 है। यदि उत्तीर्ण छात्रों का औसत अंक 54 है और अनुत्तीर्ण हुए छात्रों का औसत अंक है, तो अनुत्तीर्ण छात्रों की संख्या ज्ञात करे-

(a) 28 (b) 24
(c) 20 (d) 25

Sol. **(d)** उत्तीर्ण — अनुत्तीर्ण

54 — 30

50

20 : 4

5 : 1

∵ 6 unit = 150

1 unit = 25

अतः अनुत्तीर्ण छात्रों की संख्या = 25 **Ans.**

59. एक स्कूल में दसवीं कक्षा की परीक्षा में लड़कियों का औसत उत्तीर्ण प्रतिशत 85% और लड़कों का 83% है। उस स्कूल के दसवीं कक्षा के सभी लड़कों और लड़कियों का औसत उत्तीर्ण प्रतिशत 83.7% है। उस स्कूल की दसवीं कक्षा में लड़कियों की संख्या का प्रतिशत ज्ञात करे-

(a) 40% (b) 45%
(c) 30% (d) 35%

Sol. **(d)** लड़कियाँ — लड़के

85% — 83%

83.7%

0.7% : 1.3%

7 : 13

∴ लड़कियों का प्रतिशत $= \frac{7}{20} \times 100 = 35\%$ **Ans.**

60. एक कक्षा में, 18 लड़कियाँ है और शेष लड़के है। कक्षा में सभी लड़कियों की औसत ऊँचाई 144 सेमी है जबकि कक्षा में लड़कों की औसत ऊँचाई 150 सेमी. है। कक्षा में सभी छात्रों की कुल मिलाकर औसत ऊँचाई 148 सेमी है। अगर कक्षा में सभी लड़कों का औसत वजन 50 किलोग्राम है तो कक्षा में सभी लड़कों का कुल वजन ज्ञात करे-

(a) 1750 kg (b) 1850 kg
(c) 1600 kg (d) 1800 kg

Sol. **(d)** लड़के — लड़कियाँ

150 — 144

148

4 : 2

2 : 1

∵ 1 unit = 18

∴ 2 unit = 2×18 = 36

∴ कक्षा के सभी लड़कों का कुल वजन = 50×36

= 1800 kg

61. एक आदमी ने 7 घंटे में 60 किमी. की दूरी तय की। उन्होंने आंशिक रूप से 6 किमी/घंटा की पैदल यात्रा की और आंशिक रूप से 12 किमी/घंटा साइकिल पर यात्रा की। पैदल यात्रा की दूरी कितनी है-

(a) 15 (b) 29
(c) 48 (d) 24

Sol. **(d)** औसत चाल $= \frac{60}{7}$ किमी/घंटा

पैदल यात्रा — साइकिल यात्रा

6×7 — 12×7

(42) — (84)

$\frac{60}{7} \times 7$

(60)

24 : 18

4 : 3

$\therefore$ पैदल यात्रा का समय $= \frac{4}{7} \times 7 = 4$ घंटा

$\therefore$ पैदल यात्रा की कुल दूरी $= 4 \times 6 = 24$ किमी. **Ans.**

62. एक व्यक्ति 80 किमी. की कुल दूरी की मात्रा 2 घंटे में पूरी करने के लिए रेलगाड़ी से और कुछ दूरी पैदल चलकर जाता है। यदि उसने रेलगाड़ी से यात्रा 100 किमी./घंटा और पैदल यात्रा 20 किमी/घंटा की चाल से की, तो रेलगाड़ी से तय की गई दूरी क्या है?

(a) 30 किमी. (b) 60 किमी.
(c) 20 किमी. (d) 50 किमी.

Sol. (d) औसत चाल $= \frac{80}{2} = 40$ किमी/घंटा

रेलगाड़ी से यात्रा पैदल यात्रा
100 20
40
20 60
1 : 3

$\therefore$ रेलगाड़ी से यात्रा करने में लगा समय $= \frac{1}{4} \times 2 = \frac{1}{2}$ घंटा

$\therefore$ रेलगाड़ी से तय की गई दूरी $= \frac{1}{2} \times 100 = 50$ किमी.

63. रेगिना सफर का एक भाग 15 किलोमीटर/घंटे की रफ्तार से और बाकी दूरी 50 किलोमीटर/घंटे की रफ्तार से तय करती है, इस तरह वो 5 घंटे में 120 किलोमीटर की दूरी तय कर लेती है। वह कितने घंटे के लिए 15 किलोमीटर/घंटे की रफ्तार से गाड़ी चला रही है?

(a) 3.71 घंटे (b) 5.8 घंटे
(c) 2.45 घंटे (d) 1.5 घंटे

Sol. (a)
I^{st} भाग IInd भाग
चाल = 15 50
$\frac{120}{5} = 24$
समय = 26 : 9

$\therefore$ 15 किलोमीटर/घंटे से चलने का समय $= \frac{26}{35} \times 5$
$= 3.71$ घंटा

64. रु.28 प्रति किलो ग्राम लागत वाले कितने किलो नमक को रु.16 प्रति किलोग्राम की लागत वाले 6.6 किलो नमक में मिलाना चाहिए ताकि मिश्रण को रु.29.90 प्रति किलो की दर से बेचने पर 15% का लाभ हो-

(a) 33 (b) 31
(c) 35 (d) 32

Sol. (a) $15\% = \frac{3(\text{लाभ})}{20(\text{क्र०मू०})}$

$\because$ क्रय मूल्य = 20 इकाई

$\therefore$ विक्रय मूल्य = 23 इकाई

प्रश्नानुसार,

23 इकाई = रु.29.90

1 ईकाई = रु.1.3

$\therefore$ 20 इकाई $= 1.3 \times 20 =$ रु.26

पहली नमक दूसरी नमक
28 16
26
10 2
5 : 1

$\because$ 1 इकाई = 6.6 kg

$\therefore$ 5 इकाई $= 6.6 \times 5 = 33$ kg

28 रु./kg वाले 33 kg नमक को मिलाना होगा।

65. दो वस्तुओं का कुल क्रय मूल्य रु.2000 है। उनमें से एक को 12% लाभ पर तथा दूसरी को 12% हानि पर बेचा जाता है। लेन-देन में कुल लाभ 1.2% का होता है, जिस वस्तु पर लाभ हुआ, उसका क्रय मूल्य क्या था?

(a) 1050 (b) 1100
(c) 1120 (d) 1080

Sol. (b) यदि दोनों वस्तु 12% लाभ पर बेची जाती

कुल लाभ $= 2000 \times \frac{12}{100} =$ रु.240

यदि दोनों वस्तु 12% हानि पर बेची जाती

कुल हानि $= 2000 \times \frac{12}{100} =$ रु.240

दोनों लेन-देन पर कुल लाभ $= 2000 \times \frac{1.2}{100}$

= रु.24

लाभ   हानि
240   −240

24

264   216
11   :   9

प्रश्नानुसार,

(11 + 9) unit = रु.2000

∴ 1 unit = रु.100

∴ 11 unit = 11×100 = रु.1100

अतः लाभ वाली वस्तु का क्रय मूल्य = रु.1100 **Ans.**

66. रु.10000 की एक राशि साधारण ब्याज की तीन योजनाओं में निवेश की जाती है। वार्षिक ब्याज दरें क्रमशः 4%, 6% और 10% है। पहली योजना में रु.4000 निवेश किये गये। यदि पाँच वर्षों के बाद प्राप्त कुल ब्याज रु.2800 है तो तीसरी योजना में कितनी राशि निवेश की गयी थी?

(a) रु.1500   (b) रु.5000
(c) रु.1000   (d) रु.3000

Sol. (c) 5 वर्ष का अर्जित ब्याज = रु.2800

1 वर्ष का अर्जित ब्याज $= \frac{2800}{500} =$ रु.560

यदि शेष राशि को 10% ब्याज पर निवेशित करने पर साधारण ब्याज $= \frac{(10000-4000)\times 10\times 1}{100} =$ रु.600

IInd IIIrd
6%   10%
360   600

400

200   40
5   :   1

∴ तीसरी योजना में निवेशित राशि $= \frac{1}{5+1}\times 600$

= रु.1000 **Ans.**

67. सोना, पानी से 19 गुना भारी है और ताँबा, पानी से 9 गुना भारी है। इसको किस अनुपात में मिलाया जाये कि मिश्रण पानी से 15 गुना भारी हो-

(a) 3 : 2   (b) 4 : 5
(c) 19 : 9   (d) 9 : 7

Sol. (a) Gold   Copper
19w   9w

15w

6w   4w
3   :   2

अतः इसे 3 : 2 में मिलाने पर मिश्रण पानी से 15 गुना भारी होगा।

68. 600 बच्चों ने दिल्ली में परीक्षा दी। 55% लड़कों ने कट ऑफ पास की तथा 75% लड़कियों ने कट ऑफ पास की। कुल 63% बच्चों ने कट ऑफ पास की। लड़कियों की संख्या बताये-

(a) 200   (b) 240
(c) 360   (d) 400

Sol. (b) Boys   Girls
55%   75%

63%

12%   8%
3   :   2

∴ लड़कियों की संख्या $= \frac{2}{5}\times 600 = 240$

69. यदि एक परिवार की आय में 6% की कमी हो जाती है और व्यय में 8% की कमी हो जाती है और उसकी बचत में 4% की वृद्धि होती है। उस परिवार की आय और व्यय का अनुपात ज्ञात करे-

(a) 6 : 5   (b) 3 : 4
(c) 5 : 6   (d) 4 : 3

Sol. (a) E   S
8%   4%

6%

10%   2%
5   :   1

∴ I = (5 + 1) = 6
E = 5
∴ I : E = 6 : 5 **Ans.**

70. रु.2500 प्रति किलो के कॉफी पाउडर को रु.1500 प्रति किलो के कॉफी पाउडर के साथ किस अनुपात में मिलाया जाना चाहिए ताकि मिश्रण की कीमत रु.2250 प्रति किलो हो-

(a) 1 : 4   (b) 4 : 1
(c) 3 : 1   (d) 1 : 3

Sol. (c) (कॉफी)$_1$ (कॉफी)$_2$

2500 1500

2250

750 : 250

3 : 1

अतः मिश्रण का अनुपात 3 : 1 होना चाहिए।

71. एक दुकानदार द्वारा क्रमशः रु.75 और रु.100 प्रति किलो वाली दो दालों को किस अनुपात में मिलाया जाना चाहिए, ताकि 86.5 प्रति किलो का मिश्रण प्राप्त हो सके?

(a) 23 : 25 (b) 21 : 23

(c) 27 : 23 (d) 25 : 27

Sol. (c) (दाल)$_1$ (दाल)$_2$

75 : 100

86.5

13.5 : 11.5

27 : 23

अतः मिलाए गए मिश्रण का अनुपात = 27 : 23 **Ans.**

72. एक व्यापारी को रु.66 और रु.88 प्रति किग्रा की कीमत वाली चावलों की दो किस्मों को किस अनुपात में मिलाना चाहिए ताकि रु. 76 प्रति किग्रा का मिश्रण प्राप्त किया जा सके-

(a) 3 : 4 (b) 4 : 5

(c) 5 : 6 (d) 6 : 5

Sol. (d) (चावल)$_1$ (चावल)$_2$

66 : 88

76

12 : 10

6 : 5

अतः मिश्रण का अनुपात = 6 : 5 **Ans.**

73. एक थोक व्यापारी द्वारा रु.69 प्रति किग्रा और रु.92 प्रति किग्रा वाली दो किस्मों के चावल को किस अनुपात में मिलाया जाना चाहिए ताकि प्राप्त मिश्रण का मूल्य रु.79.5 प्रति किग्रा हो-

(a) 21 : 28 (b) 27 : 21

(c) 25 : 19 (d) 25 : 21

Sol. (d) (चावल)$_1$ (चावल)$_2$

69 : 92

79.5

12.5 : 10.5

25 : 21

अतः मिश्रण का अनुपात = 6 : 5 **Ans.**

74. रोहन के पास रु.60 प्रति किलोग्राम और रु.85 प्रति किलोग्राम ऐसे दो प्रकार के गेहूँ है। यदि वो इनके मिश्रण को रु.84 प्रति किलोग्राम में बेचकर 20% मुनाफा कमाता है, तो मिश्रण में इन दोनों प्रकार के गेहूँ का अनुपात क्या होगा?

(a) 2 : 1 (b) 3 : 2

(c) 1 : 3 (d) 1 : 2

Sol. (b) SP (120%) $\longrightarrow$ 84

CP (100%) $\longrightarrow$ 70

(गेहूँ)$_1$ (गेहूँ)$_2$

60 : 85

70

15 : 10

3 : 2

$\therefore$ मिश्रण में गेहूँ का अनुपात = 3 : 2 **Ans.**

75. रु.100 तथा रु.80 प्रति किलो वाली दो तरह के चावल को लिया जाता है तथा रु.90 प्रति किलो में बेचा जाता है। यदि रु.80 प्रति किलो वाला चावल 40 किलोग्राम है तो दूसरे तरह के चावल की मात्रा ज्ञात करे-

(a) 20 किग्रा. (b) 40 किग्रा.

(c) 50 किग्रा. (d) 60 किग्रा.

Sol. (b) (चावल)$_1$ (चावल)$_2$

100 : 80

90

10 : 10

1 : 1

$\downarrow \times 40$ $\downarrow$

=40 =40

अतः दूसरे किस्म के चावल की मात्रा = 40 किग्रा. **Ans.**

76. रु.56 प्रति किलोग्राम वाले 20 किलोग्राम चावल रु.36 प्रति किलोग्राम की कीमत वाले चावल की कितनी मात्रा को मिलाया जाना चाहिए, अगर व्यापारी मिश्रण को रु.48 प्रति किग्रा पर बेचकर 20% का लाभ कमाना चाहता हो?

(a) 80 किग्रा. (b) 90 किग्रा.
(c) 60 किग्रा. (d) 50 किग्रा.

Sol. (a) (चावल)$_1$ (चावल)$_2$

56 : 36

40

4 : 16

1 : 4

↓ ↓ ×20

=20 kg =80 kg

अतः रु.36 प्रति किग्रा वाले चावल की मात्रा = 80 किग्रा.

77. रु.6 प्रति किलो लागत वाली कितनी चीनी रु.4.40 प्रति किलो लागत वाली 86 किलो बेचकर 20% लाभ कमाया जा सके-

(a) 50 किग्रा. (b) 56 किग्रा.
(c) 51.6 किग्रा. (d) 55 किग्रा.

Sol. (c) 20% का लाभ होने पर

120% = रु.6

100% = रु.5

(चीनी)$_1$ (चीनी)$_2$

6 : 4.40

5

0.6 : 1

3 : 5

↓ ×17.2 ↓

=51.6 =86

1 = 17.2

अतः मिश्रण में रु.6 प्रति किलो वाले चीनी की मात्रा = 51.6 किग्रा.

78. 1000 किलो चीनी क्रमशः 10% के लाभ पर और 20% के लाभ पर बेचा गया, यदि इस बिक्री पर कुल लाभ 12% था तो उसने 20% लाभ पर कितना चावल बेचा?

(a) 500 किग्रा. (b) 400 किग्रा.
(c) 300 किग्रा. (d) 200 किग्रा.

Sol. (d) **10% 20%**

12%

8% : 2%

4 : 1

5 unit = 1000

1 unit = 200

अतः 20% लाभ पर बेची गयी कुल चीनी = 200 किग्रा.

79. कोई दुकानदार 840 किग्रा चावल खरीदता है। इसका कुछ हिस्सा 25% लाभ पर और शेष 10% हानि पर बेचता है और उसे पूरे सौदे में 15% का लाभ होता है। 10% हानि पर बेची गई चावल की मात्रा ज्ञात करे-

(a) 260 किग्रा. (b) 240 किग्रा.
(c) 220 किग्रा. (d) 340 किग्रा.

Sol. (b) **25% –10%**

15%

25 : 10

5 : 2

7 unit = 840 kg

1 unit = 120 kg

∴ 2 unit = 240 kg

अतः 10% हानि पर बेचा गया चावल = 240 किग्रा. **Ans.**

80. एक दुकानदार 60 किलोग्राम चीनी में से कुछ 20% लाभ पर तथा बाकी 10% हानि पर बेचता है। इस तरह उसे कुल 14% का लाभ होता है। 10% हानि पर बेचने वाली मात्रा ज्ञात करे-

(a) 12 किग्रा (b) 48 किग्रा
(c) 24 किग्रा (d) 20 किग्रा

Sol. (a) 20%   –10%

14%

24 : 6

4 : 1

5 unit = 60 kg

1 unit = 12 kg

अतः 10% हानि पर बेची गयी चीनी = 12 किग्रा. **Ans.**

81. एक व्यापारी ने 5 किग्रा. चावल रु.75 प्रति किग्रा की दर से तथा 10 किग्रा. चावल रु.100 प्रति किग्रा. की दर से खरीदता है। वह इन दोनों नमूनों को मिला देता है। 20% लाभ कमाने के लिए उसे यह मिश्रण कितने रु. प्रति किग्रा की दर से बेचना चाहिए?

(a) 105 रु./किग्रा.   (b) 116 रु./किग्रा.
(c) 96 रु./किग्रा.   (d) 110 रु./किग्रा.

Sol. (d) **Method-I**

दोनों चावलों का कुल क्रय मूल्य $= 5\times75 + 10\times100$

$= 375 + 1000$

= रु.1375

∵ 15 किग्रा. मिश्रित चावल का कुल मूल्य = रु.1375

∴ 1 किग्रा. मिश्रित चावल का मूल्य = रु. $\frac{1375}{15}$

∴ 20% लाभ कमाने के लिए चावल का मूल्य

$= \frac{1375}{15} \times \frac{120}{100}$

= 110 रु./किग्रा.

अतः 20% लाभ कमाने के लिए मिश्रित चावल को रु.110 प्रति किलो की दर से बेचना होगा।

Method-II

मात्रा = 5 kg : 10 kg

= 1 : 2

CP = 75 : 100

∴ चीनी का क्रय मूल्य $= \frac{75\times1+100\times2}{(1+2)}$

$= \frac{275}{3}$ रु./किग्रा.

अब 20% लाभ के लिए मूल्य $= \frac{275}{3} \times \frac{120}{100}$

= रु.110 प्रति किलो

अतः 20% लाभ पर मिश्रित चीनी का मूल्य = 110 रु./किग्रा.

82. शुद्ध दूध का मूल्य रु.80 प्रति लीटर है। शुद्ध दूध में 16 लीटर पानी मिलाया जाता है, जिससे रु.60 प्रति लीटर मिश्रण का मूल्य बन जाता है तो मिश्रण में दूध की मात्रा ज्ञात करे-

(a) 48   (b) 28
(c) 16   (d) 32

Sol. (a) दूध   पानी

80 : 0

60

60   20

3 : 1

×16

=48   =16

[∵ पानी का मूल्य यदि दिया न हो तो हमेशा यह हमारे लिए मुफ्त होता है]

अतः मिश्रण में दूध की मात्रा = 48 लीटर **Ans.**

83. 25% सांद्रता वाले 36 लीटर संतरे के रस में, 80% सान्द्रता वाले संतरे के रस की कितनी मात्रा मिलाई जानी चाहिए, ताकि प्राप्त होने वाले मिश्रण की सांद्रता 60% हो-

(a) 63 लीटर   (b) 60 लीटर
(c) 40 लीटर   (d) 72 लीटर

Sol. (a) 25%   80%

60%

20 : 35

4 : 7

∵ 4 unit = 36 लीटर

1 unit = 9 लीटर

∴ 7 unit = (9×7) लीटर = 63 लीटर

84. एक दुकानदार रु.300 में दो पुस्तक खरीदता है। वह पहली पुस्तक को 20% के लाभ पर तथा दूसरी पुस्तक को 10% हानि पर बेचता है। यदि पूरे लेन-देन में न तो लाभ होता है और न ही हानि तो पहली पुस्तक का विक्रय मूल्य क्या होगा?

(a) रु.125 (b) रु.120
(c) रु.110 (d) रु.115

Sol. **(b)** पहली पुस्तक दूसरी पुस्तक

+20% −10%

0%

10 20

1 : 2

3 unit = 300

1 unit = 100

∴ 20% लाभ पर पहली पुस्तक का वि०मू० $= 100 \times \frac{120}{100}$

= रु.120

85. एक पंसारी रु.60 प्रति किग्रा वाली चाय तथा रु.65 प्रति किग्रा वाली चाय को किस अनुपात में मिलाएं, ताकि मिश्रण को रु. 68.20 प्रति किग्रा के भाव से बेचने पर उसे 10% का लाभ हो?

(a) 3 : 2 (b) 3 : 4
(c) 3 : 5 (d) 4 : 5

Sol. **(a)** बिना लाभ के मिश्रण का मूल्य $= \frac{68.2 \times 100}{110}$ = रु.62

पहली चाय दूसरी चाय

60 65

62

3 : 2

अतः अभीष्ट अनुपात = 3 : 2 **Ans.**

86. रु.110 प्रति किग्रा और रु.140 प्रति किग्रा की दो वस्तुओं को किस अनुपात में मिलाया जाए ताकि मिश्रण को रु.108 प्रति किग्रा की दर से बेचने पर 10% की हानि हो?

(a) 2 : 1 (b) 1 : 2
(c) 3 : 1 (d) 4 : 5

Sol. **(a)** बिना हानि के मिश्रण का मूल्य $= \frac{108 \times 100}{90}$ = रु.120

पहली वस्तु दूसरी वस्तु

110 140

120

20 10

2 : 1

अतः अभीष्ट अनुपात = 2 : 1 **Ans.**

87. एक व्यक्ति के पास रु.50 प्रति लीटर मूल्य का एक रसायन है। इसमें किस अनुपात में पानी मिलाया जाए जिससे मिश्रण को रु.40 प्रति लीटर बेचने पर 25% का लाभ हो?

(a) 13 : 16 (b) 16 : 9
(c) 12 : 15 (d) 19 : 22

Sol. **(b)** 125% = रु.40

$100\% = \frac{40}{125} \times 100$ = रु.32

अतः क्रय मूल्य = रु.32

रसायन पानी

50 0

32

32 18

16 : 9

अतः मिश्रण में रसायन और पानी का अनुपात = 16 : 9

88. एक दूधवाला अपने दूध में पानी मिलाकर रु.54 प्रति लीटर की दर से बेचता है और 20% लाभ कमाता है। यदि उसके शुद्ध दूध की लागत रु.60 प्रति लीटर है तो उक्त मिश्रण में दूध और पानी का अनुपात कितना है?

(a) 3 : 1 (b) 4 : 1
(c) 3 : 2 (d) 4 : 3

Sol. **(a)** 120% = रु.54 प्रति ली०

$100\% = \frac{54}{120} \times 100$

= 45 रु./ली०

∴ दूध का क्रय मूल्य = 45 रु./ली०

दूध   पानी
60   0
   45
45   15
3   :   1

अतः मिश्रण में दूध और पानी का अनुपात = 3 : 1

89. रु.25 प्रति किग्रा, रु.40 प्रति किग्रा एवं रु.50 प्रति किग्रा की तीन प्रकार की चाय को किस अनुपात में मिलाया जाए ताकि प्राप्त मिश्रण को रु.24 प्रति किग्रा मूल्य से बेचने पर 20% की हानि हो-

(a) 3 : 1 : 1   (b) 6 : 1 : 1
(c) 1 : 6 : 3   (d) 1 : 1 : 3

Sol. (b) 80% = रु.24

$\therefore \quad 100\% = \frac{24}{80} \times 100 =$ रु.30

अतः चाय का क्रय मूल्य = रु.30

I   **II**   **I**   **III**
25   **40**   **25**   **50**
   30   **30**
10 : 5   **20 : 5**
2 : 1   **4 : 1**

I : II : III = (2 + 4) : 1 : 1 = 6 : 1 : 1

अतः चाय को मिलाया जाने वाला अनुपात = 6 : 1 : 1

90. रु.180 प्रति किग्रा, रु.240 प्रति किग्रा एवं रु.280 प्रति किग्रा की तीन प्रकार की कॉफी को किस अनुपात में मिलाया जाये ताकि प्राप्त मिश्रण को रु.300 प्रति किग्रा मूल्य से बेचने पर 20% का लाभ हो-

(a) 4 : 3 : 5   (b) 1 : 4 : 3
(c) 3 : 2 : 8   (d) 3 : 3 : 8

Sol. (d) 120% = रु.300

$100\% = \frac{300 \times 100}{120} =$ रु.250

अतः मिश्रण का क्रय मूल्य = रु.250

I   III   II   III
180   280   240   280
   250   250
30 : 70   30 : 10
3 : 7   3 : 1

I : II : III = 3 : 3 : (7 + 1)
= 3 : 3 : 8

अतः अभीष्ट अनुपात = 3 : 3 : 8   **Ans.**

91. मिश्रित चावलों के दो मिश्रणों में उड़ीसा और उत्तराखण्ड के चावल के अनुपात 4 : 7 और 2 : 5 है। इन दोनों मिश्रणों को किस अनुपात में मिलाया जाए कि उड़ीसा और उत्तराखण्ड के चावल का अनुपात नए मिश्रण में 6 : 13 हो जाए-

(a) 26 : 35   (b) 13 : 22
(c) 35 : 78   (d) 22 : 35

Sol. (d) **Method - I**

उड़ीसा   उत्तराखंड
$\frac{4}{11}$ $\frac{2}{7}$
   $\frac{6}{19}$
$\frac{4}{133}$: $\frac{10}{209}$
$\frac{2}{7}$: $\frac{5}{11}$
22 : 35

अतः नए मिश्रण का मिलाने का अनुपात = 22 : 5   **Ans.**

Method - II

माना कि दोनों मिश्रणों को x : y के अनुपात में मिलाया गया है।

$$\Rightarrow \frac{\frac{4}{11}x + \frac{2}{7}y}{\frac{7}{11}x + \frac{5}{7}y} = \frac{6}{13}$$

$$\Rightarrow \frac{52}{11}x + \frac{26}{7}y = \frac{42}{11}x + \frac{30}{7}y$$

$$\Rightarrow \frac{10x}{11} = \frac{4}{7}y$$

$$\Rightarrow x : y = 22 : 35$$

अतः मिश्रण को 22 : 35 के अनुपात में मिलाना चाहिए।

92. दो बर्तनों में क्रमशः 2 : 1 और 3 : 1 के अनुपात में शराब और पानी है। उस अनुपात को ज्ञात करे जिसमें उन्हें मिलाया जाना है ताकि एक नया मिश्रण प्राप्त हो सके, जिसमें शराब और पानी का अनुपात 5 : 2 हो-

(a) 7 : 4   (b) 3 : 5
(c) 4 : 3   (d) 3 : 4

Sol. **(d)** शराब पानी

$\frac{2}{3}$ $\frac{3}{4}$

$\frac{5}{7}$

$\frac{1}{28}$: $\frac{1}{21}$

21 : 28

3 : 4

अतः नया मिश्रण तैयार करने के लिए मिलाया गया अनुपात = 3 : 4 **Ans.**

93. दो बर्तनों A और B में शराब और पानी के मिश्रणों में, शराब और पानी का अनुपात क्रमशः 8 : 5 तथा 5 : 2 है। तद्नुसार उक्त दोनों मिश्रणों को किस अनुपात में मिलाया जाए, कि उस नये मिश्रण में शराब $69\frac{3}{13}\%$ रहे-

(a) 3 : 5 (b) 5 : 2
(c) 5 : 7 (d) 2 : 7

Sol. **(d)** माना कि कुल मिश्रण = 100%

$\therefore$ दूध = $69\frac{3}{13}\% = \frac{900}{13}\%$

$\therefore$ पानी = $100\% - \frac{900}{13}\% = \frac{400}{13}\%$

नए मिश्रण में शराब एवं पानी का अनुपात

$= \frac{900}{13} : \frac{400}{13} = 9 : 4$

शराब (A) शराब (B)

$\frac{8}{13}$ $\frac{5}{7}$

$\frac{9}{13}$

$\frac{2}{21}$ $\frac{1}{13}$

2 : 7

अतः दोनों मिश्रण को मिलाया जाने वाला अनुपात = 2 : 7

94. दो बर्तन A और B में क्रमशः 4 : 3 तथा 2 : 3 के अनुपात में दूध और पानी है। इन मिश्रणों को किस अनुपात में मिलाना चाहिए ताकि एक नया मिश्रण बने, जिसमें दूध का प्रतिशत 50% हो-

(a) 7 : 5 (b) 2 : 1
(c) 1 : 2 (d) 6 : 5

Sol. **(a)** माना कि मिश्रण की कुल मात्रा = 100%

मिश्रण में दूध की मात्रा = 100% – 50% = 50%

$\therefore$ मिश्रण में पानी की मात्रा = 100% – 50% = 50%

$\therefore$ नये मिश्रण में दूध एवं पानी का अनुपात = 50% : 50% = 1 : 1

दूध (A) दूध (B)

$\frac{4}{7}$ $\frac{2}{5}$

$\frac{1}{2}$

$\frac{1}{10}$ $\frac{1}{14}$

7 : 5

अतः नये मिश्रण बनाने के लिए इसे 7 : 5 के अनुपात में मिलाना होगा।

❑❑❑

विभिन्न प्रतियोगी परीक्षाओं में विगत वर्षों में पूछे गये महत्त्वपूर्ण प्रश्न

1. एक बोतल में स्पिरिट और पानी 1 : 4 के अनुपात में है और एक अन्य समरूप बोतल में स्पिरिट और पानी 4 : 1 के अनुपात में है। इन दो बोतलों के मिश्रणों को किस अनुपात में मिलाया जाए कि एक ऐसा नया मिश्रण प्राप्त हो जिसमें स्पिरिट का पानी से अनुपात 1 : 3 हो- **[CDS 2024]**

(a) 5 : 1 (b) 6 : 1
(c) 10 : 1 (d) 11 : 1

2. तीन वाइन A, B और C की सांद्रता क्रमशः 10%, 20% और 30% है। उन्हें 2 : 3 : x के अनुपात में मिलाया जाता है जिसके परिणामस्वरूप 23% सांद्रता वाला घोल बनता है। x का मान ज्ञात कीजिए- **[SSC CHSL (Tier-II) 2024]**

(a) 6 (b) 5
(c) 7 (d) 8

3. एक मिश्रण में चीनी का घोल और रंगीन पानी का अनुपात 5 : 2 है। यदि मिश्रण में 10 लीटर रंगीन पानी मिलाया जाता है तो अनुपात 5 : 4 हो जाता है। दिए गए मिश्रण में चीनी की प्रारम्भिक मात्रा ज्ञात कीजिए- **[DSSSB Assitt. Grade 2024]**

(a) 20 लीटर (b) 25 लीटर
(c) 16 लीटर (d) 19 लीटर

4. 70 लीटर के मिश्रण में, दूध और पानी का अनुपात 5 : 2 है। यदि यह अनुपात 1 : 2 है तो आगे मिलाए जाने वाले पानी की मात्रा क्या होगी- **[DSSSB Assitt. Grade 2024]**

(a) 68 लीटर (b) 58 लीटर
(c) 80 लीटर (d) 62 लीटर

5. विलयन A और B में अल्कोहल और पानी का अनुपात क्रमशः 5 : 4 और 7 : 11 है। पांच लीटर A को 6 लीटर B के साथ मिलाया जाता है। इसके अलावा, परिणामी मिश्रण में 1 लीटर अल्कोहल और 3 लीटर पानी भी मिलाया जाता है। अंतिम मिश्रण में अल्कोहल और पानी का अनुपात क्या है? **[CRPF HCM 2023]**

(a) 46 : 53 (b) 11 : 16
(c) 27 : 32 (d) 55 : 53

6. एक पात्र में 40 लीटर सान्द्र सिरप है। इसमें से 4 लीटर निकाल लिया गया और पानी से बदल दिया गया और यही प्रक्रिया तीन बार दोहराई गई। अंत में पात्र में कितने प्रतिशत घोल में चाशनी होगी? **[CRPF HCM 2023]**

(a) 67.23% (b) 65.61%
(c) 63.72% (d) 64.15%

7. मिश्रण A और B में पानी और सिरके का अनुपात क्रमशः 3 : 4 और 5 : 9 है। A और B को 2 : 3 के अनुपात में मिलाया जाता है और एक नया मिश्रण C बनाने के लिए मिलाया जाता है। C में पानी और सिरका का अनुपात क्या है? **[ICAR Technician 2022]**

(a) 27 : 43 (b) 41 : 21
(c) 43 : 27 (d) 21 : 41

8. अम्ल और जल के x लीटर विलयन में 62.5% अम्ल है। इस विलयन में 4 लीटर अम्ल मिलाने पर प्राप्त परिणामी विलयन में अम्ल और जल का अनुपात 13 : 7 हो जाता है। x का मान ज्ञात कीजिये? **[ICAR Technician 2022]**

(a) 64 (b) 48
(c) 72 (d) 56

9. रु.28 प्रति लीटर का मिश्रण प्राप्त करने के लिए रु.32 प्रति लीटर मूल्य वाले दूध में पानी किस अनुपात में मिलाया जाना चाहिए? **[SSC CGL 2023]**

(a) 8 : 1 (b) 1 : 7
(c) 1 : 8 (d) 7 : 1

10. 55 लीटर के मिश्रण में, फलों का रस और पानी का अनुपात 4 : 1 है। मिश्रण का अनुपात 2 : 17 करने के लिए कितना पानी (लीटर में) मिलाना होगा? **[SSC CGL 2023]**

(a) 9 (b) 22
(c) 11 (d) 12

11. मिश्रधातु A में लोहा और ताँबा 4 : 5 के अनुपात में है। मिश्रधातु B में लोहा तथा ताँबा 3 : 4 के अनुपात में है। यदि 45 किग्रा. मिश्रधातु A तथा 63 किग्रा. मिश्रधातु B को आपस में मिलाया जाए, तो ताँबे तथा लोहे का अंतिम अनुपात क्या होगा- **[IB ACIO 2020]**

(a) 57 : 41 (b) 64 : 47
(c) 59 : 45 (d) 61 : 47

12. 45 रुपये प्रति किलोग्राम की दर से चावल की एक गुणवत्ता को 3 : 2 के अनुपात में एक निश्चित दर पर दूसरी गुणवत्ता के साथ मिलाया जाता है। यदि इस प्रकार बने मिश्रण का मूल्य 50 रुपये प्रति किलोग्राम है, तो दूसरी गुणवत्ता वाले चावल की प्रति किलोग्राम दर क्या है? **[SSC CGL 2023]**

(a) रु.57 (b) रु.57.5
(c) रु.58 (d) रु.58.5

13. यदि दो गुणवत्ता वाली दालें 'X' और 'Y' जिनकी कीमतें 100 रुपये और 150 रुपये प्रति किलोग्राम हैं, को 7 : 20 के अनुपात में मिलाया जाता है, तो दालों के इस मिश्रण की कीमत (रुपये में) क्या है (निकटतम रुपये के बराबर))? **[SSC CGL 2023]**

(a) 137 (b) 135
(c) 134 (d) 136

14. 126 रुपये प्रति किलोग्राम और 135 रुपये प्रति किलोग्राम मूल्य के चावल को 1 : 1 : 2 के अनुपात में तीसरी किस्म के साथ मिलाया जाता है। यदि मिश्रण का मूल्य 153 रुपये प्रति किलोग्राम है, तो तीसरी किस्म का मूल्य प्रति किलोग्राम (रुपये में) है: **[SSC CGL 2023]**

(a) 182.5 (b) 195.5
(c) 133.5 (d) 175.5

15. रु.35 प्रति किलोग्राम और रु.38 प्रति किलोग्राम के चावल को तीसरी किस्म के साथ 2:1:2 के अनुपात में मिलाया जाता है। यदि मिश्रण की कीमत रु.42 प्रति किलोग्राम है, तो तीसरी किस्म की प्रति किलोग्राम कीमत है: **[SSC CGL 2023]**

(a) रु.52 (b) रु.53
(c) रु.54 (d) रु.51

16. 40 लीटर मिश्रण में 25% अल्कोहल और 75% पानी है। यदि मिश्रण में 10 लीटर पानी मिलाया जाता है, तो नए मिश्रण में अल्कोहल का प्रतिशत है: **[SSC CGL 2023]**

(a) 27% (b) 18%
(c) 20% (d) 25%

17. एक बर्तन तरल से भरा है, जिसमें से 5 भाग पानी और 11 भाग सिरप है। मिश्रण का कौन सा भाग निकालकर पानी से बदल देना चाहिए ताकि मिश्रण 3 : 2 के अनुपात में चाशनी और पानी बन जाए? **[SSC CGL 2023]**

(a) $\frac{14}{45}$ (b) $\frac{27}{35}$
(c) $\frac{36}{65}$ (d) $\frac{7}{55}$

18. रिनी ने दो रंगों 'C_1' और 'C_2' को 2:3 के अनुपात में मिलाया है। यदि रंग 'C_1' की दर रु.500 प्रति यूनिट है और वह दोनों रंगों के मिश्रण को रु.650 प्रति यूनिट पर बेचती है जिसे उस पर न कोई लाभ होता है न कोई हानि, तो दूसरे रंग अर्थात 'C_2' की प्रति इकाई दर (रु. में) क्या है? **[SSC CGL 2023]**

(a) 750 (b) 725
(c) 760 (d) 765

19. समान क्षमता वाले दो बर्तनों में रस और पानी क्रमशः 3 : 5 और 3 : 1 के अनुपात में भरे हैं। दोनों बर्तनों के मिश्रण को मिलाकर एक बड़े बर्तन में डाल दिया जाता है। नए मिश्रण में जूस और पानी का अनुपात क्या है? **[SSC CHSL 2022]**

(a) 13 : 9 (b) 9 : 7
(c) 8 : 9 (d) 7 : 3

20. दूध और पानी के 150 लीटर मिश्रण में 30 प्रतिशत दूध है। मिश्रण में पानी का प्रतिशत 40 करने के लिए मिश्रण में कितना दूध और मिलाना होगा? **[SSC CHSL 2022]**

(a) 112.5 लीटर (b) 132.5 लीटर
(c) 120.5 लीटर (d) 157.5 लीटर

21. एक मिश्रण में दूध और पानी का अनुपात 1 : 4 है। मिश्रण में थोड़ा दूध मिलाया जाता है जिससे दूध और पानी का अनुपात 2 : 1 हो जाता है। प्रारंभिक मिश्रण के कितने प्रतिशत दूध मिलाया गया है? **[SSC CHSL 2022]**

(a) 140% (b) 700%
(c) 240% (d) 400%

22. एक दूध व्यापारी रु.50 प्रति लीटर के दर पर 30 लीटर दूध खरीदता है और उसमें 20 लीटर पानी मिला देता है (पानी मुफ्त है)। यदि वह इस मिश्रण को रु.48 प्रति लीटर के दर पर बेचता है, तो उसका लाभ प्रतिशत क्या है? **[SSC CHSL 2022]**

(a) 50% (b) 60%
(c) 40% (d) 66.66%

23. दो मिश्रण A और B में दूध तथा पानी का अनुपात क्रमशः 3 : 2 तथा 4 : 3 है। यदि A तथा B को 1 : 2 के अनुपात में मिलाया जाये तो अंतिम मिश्रण में दूध तथा पानी का अनुपात क्या होगा- **[IB ACIO 2020]**

(a) 63 : 46 (b) 57 : 41
(c) 61 : 44 (d) 51 : 16

24. 64 लीटर मिश्रण में दूध एवं पानी का अनुपात 5 : 3 है। इस मिश्रण में कितना पानी मिलाया जाए कि अनुपात 3 : 5 हो जाए- **[BPSC Junior 2024]**

(a) $42\frac{2}{3}$ लीटर (b) 44 लीटर
(c) $41\frac{2}{3}$ लीटर (d) उपर्युक्त में एक से अधिक
(e) उपर्युक्त में से कोई नहीं

25. 50 किलोगाम मिश्र धातु A को 75 किलोग्राम मिश्र धातु B के साथ मिलाया जाता है। यदि मिश्र धातु A में जस्ता और सीसा 4 : 1 के अनुपात में है और मिश्र धातु B में सीसा और तांबा 2 : 3 के अनुपात में है तो नए में सीसा की मात्रा मिश्र धातु में क्या है- **[CISF HCM 2023]**

(a) 40 किग्रा (b) 44 किग्रा
(c) 36 किग्रा (d) 30 किग्रा

26. 30 लीटर मिश्रण में दूध और पानी का अनुपात 3 : 2 है। यदि इस मिश्रण के 5 लीटर को 5 लीटर दूध से बदल दिया जाए, तो नए मिश्रण में दूध और पानी का अनुपात क्या होगा- **[CISF HCM 2023]**

(a) 7 : 3 (b) 4 : 3
(c) 2 : 1 (d) 8 : 3

27. दो प्रकार के स्टेनलेस स्टील में क्रोमियम और स्टील के बीच का अनुपात क्रमशः 2 : 11 और 5 : 21 है। यदि इन दो प्रकार के स्टेनलेस स्टील को एक साथ मिलाकर एक नया स्टेनलेस स्टील बनाया जाता है जिसमें क्रोमियम और स्टील का अनुपात 7 : 32 है, तो वह अनुपात ज्ञात कीजिए जिसमें इन दोनों प्रकार के स्टेनलेस को एक साथ मिलाया जाना है? **[CISF HCM 2023]**

(a) 3 : 4 (b) 1 : 2
(c) 2 : 3 (d) 2 : 1

28. डाई और पानी का 2 : 3 के अनुपात में 60 लीटर का घोल बनाया जाता है। घोल में पानी मिलाया जाता है ताकि डाई का पानी से अनुपात 3:5 हो जाए। घोल का एक चौथाई भाग निकालना है, और अंतिम घोल में 2 : 3 के अनुपात में डाई और पानी बनाने के लिए डाई मिलानी है। ज्ञात कीजिए कि कितने लीटर डाई मिलानी है? **[CRPF HCM 2023]**

(a) 2 (b) 6
(c) 8 (d) 4

29. विलयन A और B में अल्कोहल का पानी से अनुपात क्रमशः 3 : 5 और 9 : 7 है। A और B को 5 : 8 के अनुपात में मिलाया जाता है। परिणामी घोल के 520 मिली में कितना पानी (मिलीलीटर में) मिलाया जाना चाहिए ताकि एक ऐसा घोल प्राप्त हो सके जिसमें शराब और पानी का अनुपात 3 : 4 हो? **[ICAR Assistant 2022]**

(a) 85 (b) 75
(c) 80 (d) 90

30. विलयन A में द्रव X, Y और Z का अनुपात 2 : 3 : 4 है। घोल A में तरल पदार्थ X और Y, 5 : 7 के अनुपात में हैं, जबकि घोल C में तरल पदार्थ Y और Z, 5 : 4 के अनुपात में हैं। 3 लीटर A, 2 लीटर B और 5 लीटर C को मिलाकर एक नया घोल बनाया जाता है। नए विलयन में द्रव Y का प्रतिशत कितना है? (एक दशमलव स्थान पर सही) **[ICAR Assistant 2022]**

(a) 45% (b) 49.4%
(c) 48.5% (d) 34.8%

31. अल्कोहल और पानी के x लीटर विलयन में, एल्कोहल और पानी का अनुपात 5 : 7 है। यदि विलयन में 5 लीटर एलकोहल और 11 लीटर पानी और मिला दिया जाये, तो परिणामी विलयन में अलकोहल का प्रतिशत 40% हो जाता है। x का मान कितना होगा? **[ICAR Technician 2022]**

(a) 84 (b) 60
(c) 96 (d) 72

32. एक बर्तन में शराब और पानी का 45 लीटर घोल है, जिसमें 60% अल्कोहल है। बर्तन से कितने लीटर विलयन निकालकर समान मात्रा में पानी से प्रतिस्थापित किया जाना चाहिए ताकि परिणामी घोल में 35% अल्कोहल हो? **[ICAR Technician 2022]**

(a) 20.25 (b) 15.25
(c) 18.75 (d) 17.5

33. एक पंसारी द्वारा रु.69 और रु.92 प्रति किग्रा वाली दो किस्मों की दालों को किस अनुपात में मिलाया जाना चाहिए ताकि प्राप्त का मूल्य 79.5 प्रति किग्रा. हो- **[UPSI 2021]**

(a) 21 : 28 (b) 27 : 21
(c) 25 : 19 (d) 25 : 21

34. अशोक के पास रु.60 प्रति किलोग्राम और रु.85 प्रति किलोग्राम ऐसे दो प्रकार के गेहूँ हैं यदि वो इनके मिश्रण को रु.84 प्रति किलोग्राम में बेचकर 20% मुनाफा कमाता है तो मिश्रण में इन दोनों प्रकार के गेहूँ का अनुपात क्या होगा- **[UPSI 2017]**

(a) 2 : 1 (b) 3 : 2
(c) 1 : 3 (d) 1 : 2

35. मिश्रण A में, 6 लीटर जल में 5 लीटर सिरप है। मिश्रण B में, 5.5 लीटर जल में 3.5 लीटर सिरप है। दोनों में से किस मिश्रण में सिरप की सांद्रता अधिक है- **[UPSI 2017]**

(a) B
(b) यह निर्धारित करने के लिए और अधिक जानकारी की आवश्यता है कि सिरप की सांद्रता किसमें अधिक है।
(c) A
(d) A और B दोनों में ही सिरप की सांद्रता समान है।

36. यदि 3% नमक युक्त एक विलयन को 5 लीटर मात्रा में से 2 लीटर पानी वाष्पित हो जाता है, तो शेष विलयन में नमक की मात्रा कितने प्रतिशत होगी- **[RRB NTPC 2021]**
(a) 3% (b) 2%
(c) 6% (d) 5%

37. एक बाल्टी में, दूध और पानी के 9 लीटर मिश्रण को 2 : 1 के अनुपात में मिलाया जाता है। यदि दूध और पानी का अनुपात 1 : 2 करना हो, तो मिश्रण में पानी की कितनी मात्रा मिलाई जानी चाहिए- **[RRB NTPC 2021]**
(a) $\frac{1}{3}$ बाल्टी (b) एक पूरी बाल्टी
(c) $\frac{1}{4}$ बाल्टी (d) आधी बाल्टी

38. एक मिश्रण की 72 लीटर मात्रा में पानी और दूध का अनुपात 4 : 5 है। इस मिश्रण में कितनी मात्रा में दूध मिलाया जाना चाहिए, ताकि मिश्रण में पानी और दूध का अनुपात 3 : 6 हो जाए- **[RRB NTPC 2021]**
(a) 24 लीटर (b) 12 लीटर
(c) 72 लीटर (d) 36 लीटर

39. 50 प्रतिशत अम्लता वाले 9 लीटर द्रव को 30 प्रतिशत अम्लता वाले द्रव में परिवर्तित करने के लिए इसमें कितनी मात्रा में पानी मिलाया जाना चाहिए- **[RRB NTPC 2021]**
(a) 6 लीटर (b) 5 लीटर
(c) 9 लीटर (d) 3 लीटर

40. दूध के एक जार में 40% पानी है। इसके एक हिस्से को दूसरे दूध से बदल दिया जाता है जिसमें 19% पानी है। अब पानी का प्रतिशत 26% है। दूध की कितनी मात्रा को बदला गया- **[RRB JE 2019]**
(a) $\frac{1}{5}$ (b) $\frac{2}{5}$
(c) $\frac{2}{3}$ (d) $\frac{1}{3}$

41. 50 लीटर शुद्ध दूध के एक कंटेनर से, 10 लीटर बाहर निकाला जाता है और 10 लीटर पानी द्वारा प्रतिस्थापित किया जाता है। यदि इस प्रक्रिया को तीन बार दोहराया जाता है, तो अंत में पानी और दूध का अनुपात क्या है- **[RRB JE 2019]**
(a) 61 : 64 (b) 7 : 16
(c) 1 : 4 (d) 9 : 16

42. शरबत के दो मिश्रण है, पहले मिश्रण में पानी और शरबत का अनुपात 4 : 3 है और दूसरे मिश्रण में इनका अनुपात 3 : 2 है, दोनों को क्रमशः 1 : 2 के अनुपात में मिश्रित किया जाता है। तैयार मिश्रण में पानी और शरबत का अनुपात कितना होगा- **[RRB Group D 2018]**
(a) 2 : 1 (b) 62 : 43
(c) 58 : 47 (d) 9 : 8

43. एक बेकरी में रोटी, केक, पफ और सभी अनाज बिस्कुट बेचती है। हर दिन, उपर्युक्त वस्तुओं को बनाने के लिए वह सभी उद्देश्यों से 9 किग्रा. आटे का उपयोग करता है। यदि केक बनाने के लिए उपयोग किए जाने वाले सभी उद्देश्य के आटे का 20% उपयोग किया जाता है, तो केक बनाने के लिए उपयोग किए जाने वाले सभी उद्देश्य के आटे का वास्तविक मात्रा (g) क्या होता है- **[RRB Group D 2018]**
(a) 1800 (b) 2000
(c) 1500 (d) 1000

44. पानी और स्क्वाइश के दो मिश्रण है। पहले मिश्रण में पानी-स्क्वाश का अनुपात 5 : 1 है और दूसरे में 3 : 1 का अनुपात है। इन्हें 3 : 2 के अनुपात में मिश्रित किया जाता है। अंतिम मिश्रण में पानी : स्क्वाश का अनुपात कितना है- **[RRB ALP & Tech. 2018]**
(a) 5 : 3 (b) 10 : 9
(c) 6 : 1 (d) 4 : 1

45. दूध और पानी के एक मिश्रण को $\frac{2}{3}$ भाग दूध है। मिश्रण की कुल मात्रा 21 लीटर है। यदि इसमें 4 लीटर पानी और मिला दिया जाए तो मिश्रण में दूध का प्रतिशत क्या रह जायेगा- **[RRB ALP & Tech. 2018]**
(a) 44 (b) 56
(c) 14 (d) 11

46. दूध के एक जार में 40% पानी है। इसके एक हिस्से को दूसरे दूध से बदल दिया जाता है, जिसमें 19% पानी है, अब पानी का प्रतिशत 26% है। दूध की कितनी मात्रा को बदला गया- **[RRB JE 2019]**
(a) $\frac{2}{3}$ (b) $\frac{2}{5}$
(c) $\frac{1}{5}$ (d) $\frac{1}{3}$

47. सोना, पानी से 17 गुना भारी है और तांबे से 9 गुना भारी है। किस अनुपात में धातुओं का मिश्रण किया जाना चाहिए। ताकि वे पानी से 12 गुना भारी हो जाए-

[RRB Group D 2018]

(a) 4 : 3 (b) 7 : 1
(c) 3 : 5 (d) 3 : 2

48. चावल की दो किस्मों का मूल्य क्रमशः रु.50 प्रति किलों और रु. 60 प्रति किलो है, जो कुछ अनुपात में मिश्रित की जाती है, और मिश्रित चावल को रु.70 किग्रा. पर बेचा जाता है, जिससे 20% लाभ प्राप्त हो सके। वह अनुपात क्या है जिसमें दोनों चावल की किस्मों को मिलाया जाता है-

[RRB JE 2019]

(a) 3 : 5 (b) 2 : 5
(c) 1 : 5 (d) 2 : 7

49. दो अलग-अलग दवाइयों में एल्कोहल की मात्रा क्रमशः 15% तथा 2.5% है। इन दोनों को किस अनुपात में मिलाया जाना चाहिए ताकि प्राप्त नये मिश्रण में एल्कोहल की मात्रा 3.5% हो जाये-

[RRB NTPC 2016]

(a) 1 : 2 (B) 2 : 1
(c) 3 : 2 (d) 2 : 3

50. तीन अम्लों, P, Q और R की सांद्रता क्रमशः 15%, 25% और 35% दी गई है। उन्हें x : 3 : 5 के अनुपात में मिलाया जाता है जिसके परिणामस्वरूप 28% सांद्रता वाला विलयन प्राप्त होता हो तो x का मान ज्ञात कीजिए-

[Delhi Police 2023]

(a) 4 (b) 2
(c) 3 (d) 1

51. एक कप में, रस और पानी का अनुपात 5 : 2 है, जबकि उसी धारिता के दूसरे कप में उनका अनुपात क्रमशः 7 : 4 है। यदि दोनों कपों की सामग्री (जब कप पूर्णतः भरी हो) एक बर्तन में डाल दी जाती है तो बर्तन में पानी का रस से अंतिम अनुपात क्या होगा-

[SSC CGL (Mains) 2020]

(a) 52 : 25 (b) 25 : 52
(c) 25 : 26 (d) 26 : 25

52. एक मिश्रधातु में, 32% तांबा, 24% निकल और शेष जिंक है तो 12 किग्रा. मिश्रधातु में जिंक की मात्रा ज्ञात करें-

[SSC CPO SI 2019]

(a) 5.25 किग्रा (b) 6.72 किग्रा
(c) 528 किग्रा (d) 672 किग्रा

ANSWER

1	(d)	2	(b)	3	(b)	4	(c)	5	(b)	6	(c)	7	(a)	8	(d)	9	(b)	10	(c)
11	(d)	12	(b)	13	(a)	14	(d)	15	(d)	16	(c)	17	(d)	18	(a)	19	(b)	20	(a)
21	(a)	22	(b)	23	(c)	24	(a)	25	(a)	26	(b)	27	(b)	28	(a)	29	(b)	30	(b)
31	(a)	32	(c)	33	(b)	34	(b)	35	(c)	36	(d)	37	(b)	38	(a)	39	(a)	40	(c)
41	(a)	42	(b)	43	(a)	44	(d)	45	(b)	46	(a)	47	(c)	48	(c)	49	(a)	50	(b)
51	(b)	52	(a)																

CHAPTER 16

कार्य एवं समय (Work and Time)

- कार्य एवं समय के प्रश्नों में एक व्यक्ति, दो व्यक्ति या विभिन्न समूहों द्वारा कार्य करने में लगने वाला समय, कार्य के लिए आवश्यक व्यक्तियों की संख्या से संबंधित प्रश्न पूछे जाते है। पुरुष, महिला एवं बच्चों के कार्य की तुलना, अवरोध (परिवर्तन) के बाद कार्य कितने समय में होगा अथवा कुशलता (प्रतिशत या अनुपात) पर आधारित प्रश्न भी पूछे जाते है।

$$\text{कार्यक्षमता (E)} = \frac{\text{कुल कार्य (W)}}{\text{समय (T)}}$$

समय तथा कार्य के प्रश्नों को हल करने की विधि

हम निम्नलिखित तरीकों का प्रयोग अपने सुविधानुसार कर सकते है जिससे गणना में आसानी हो।

- **इकाई विधि (Unitary Method) :** इस विधि में हम सम्पूर्ण कार्य को 1 मान लेते है। इसे भिन्न विधि (Fraction Method) भी कहते है।
- **प्रतिशत विधि (Percentage Method) :** इस विधि में हम सम्पूर्ण कार्य को 100 प्रतिशत मान लेते है।
- **लघुत्तम समापवर्तक विधि (LCM Method) :** इस विधि में कुल कार्य LCM लेकर माना जाता है।

कार्य क्षमता के सामान्य सूत्र से प्राप्त परिणाम

- यदि कार्यक्षमता समान हो तो कार्य सीधे तौर पर समय के अनुक्रमानुपाती होता है। यदि समय कम होगा तो कार्य कम होगा एवं समय अधिक होगा तो कार्य भी अधिक होगा।

$$\text{कुल कार्य (W)} \propto \text{समय (T)}$$

$$\frac{W_1}{W_2} = \frac{T_1}{T_2}$$

- यदि कुल कार्य समान (नियत) हो तो-

$$\text{कार्यक्षमता (E)} \propto \frac{1}{\text{समय (T)}}$$

$$\frac{E_1}{E_2} = \frac{T_2}{T_1}$$

- यदि समय समान (नियत) हो तो-

कार्यक्षमता (E) $\propto$ कुल कार्य (W)

$$\frac{E_1}{E_2} = \frac{W_1}{W_2}$$

- समय एवं कार्य में तथा मजदूरों (व्यक्तियों) की संख्या कार्य के अनुक्रमानुपाती होता है जबकि समय मजदूरों की संख्या के व्युत्क्रमानुपाती होता है।

मजदूरों की संख्या (M) $\propto$ कुल कार्य (W)

$$\frac{M_1}{M_2} = \frac{W_1}{W_2}$$

$$\text{मजदूरों की संख्या (M)} \propto \frac{1}{\text{समय (T)}}$$

$$\frac{M_1}{M_2} = \frac{T_2}{T_1}$$

किया गया कार्य = व्यक्तियों की संख्या × कार्यक्षमता × समय

कुछ विशेष सूत्र (Some Important Formula)

- यदि 'A' किसी कार्य को 'x' दिनों में पूरा करता है तथा B उसी कार्य को y दिनों में पूरा करता है तो-

$$\text{A द्वारा किया गया एक दिन का कार्य} = \frac{1}{x}$$

$$\text{B द्वारा किया गया एक दिन का कार्य} = \frac{1}{y}$$

A तथा B द्वारा मिलकर कार्य को पूरा करने में लगा समय

$$= \left(\frac{xy}{x+y}\right) \text{दिन}$$

- $$\text{एक दिन का कार्य} = \frac{\text{कुल कार्य}}{\text{कुल कार्य वाले दिनों की संख्या}}$$

- यदि A किसी कार्य को x दिनों में कर सकता है। B समान कार्य को y दिनों में कर सकता है तथा C समान कार्य को z दिनों में कर सकता है तो-

A, B और C द्वारा मिलकर कार्य को पूरा करने में लगा समय

$$= \left(\frac{xyz}{xy+yz+zx}\right) \text{दिन}$$

- यदि A किसी कार्य के $\frac{m}{n}$ भाग को D दिनों में पूरा करता है तो A उसी कार्य को कितने दिनों में पूरा करेगा।

$$\therefore \text{ अभीष्ट समय } = \frac{D}{\left(\frac{m}{n}\right)} = \frac{D \times n}{m} \text{ दिन}$$

- यदि A किसी कार्य को 'x' दिनों में पूरा कर सकता है तथा B उसी कार्य को 'y' दिनों में पूरा कर सकता है। जब दोनों साथ कार्य करने लगते है तो B कार्य समाप्त होने के लिए 'm' दिन पहले कार्य करना छोड़ देता है। कार्य समाप्त होने में कुल लगा समय-

$$\text{अभीष्ट समय } = \frac{(x+m)y}{(x+y)} \text{ दिन}$$

- A तथा B एक साथ काम करके किसी काम को 'a' दिनों में पूरा कर सकते है। वे लोग 'b' दिनों तक साथ काम करते है तथा तब 'B' या 'A' काम करना छोड़ देता है। A या B बचे काम को 'd' दिनों में पूरा करता है, तो A (या B) द्वारा अकेले पूर्ण काम को पूरा करने में लगा समय-

$$\text{अभीष्ट समय } = \frac{ad}{(a-b)} \text{ दिन या } \frac{bd}{(a-b)} \text{ दिन}$$

- यदि A अकेले कार्य करते हुए A तथा B से x दिन अधिक लेता है और B अकेले कार्य करते हुए A तथा B से y दिन अधिक लेता है तो-

$$\text{A और B द्वारा मिलकर कार्य पूरा करने में लगा समय } = \sqrt{xy}$$

- यदि M_1 व्यक्ति W_1 कार्य को D_1 दिनों में, प्रत्येक दिन H_1 घण्टे कार्य करके पूरा करते हो तथा M_2 व्यक्ति, W_2 कार्य को D_2 दिनों में, प्रत्येक दिन H_2 घण्टे कार्य करके पूरा करते हो तो-

$$\frac{M_1D_1H_1}{W_1} = \frac{M_2D_2H_2}{W_2}$$

यदि दोनों कार्य समान हो तो $(W_1 = W_2)$-

$$M_1D_1H_1 = M_2D_2H_2$$

- यदि किसी जगह पर A व्यक्तियों के लिए 'a' दिनों का भोजन उपलब्ध है तथा 'b' दिनों के बाद 'B' अतिरिक्त व्यक्ति आ गए तो बचा हुए भोजन सभी व्यक्तियों के लिए और कितने दिनों तक चलेगा?

$$\text{अभीष्ट समय } = \frac{A(a-b)}{(A+B)} \text{ दिन}$$

कार्य एवं मजदूरी (Work and Wages)

- $$\text{मजदूरी (S)} \propto \frac{1}{\text{समय (T)}}$$

$$\frac{S_1}{S_2} = \frac{T_2}{T_1}$$

- समान समयावधि के लिए-

$$\text{मजदूरी (S)} \propto \text{कार्यक्षमता (E)}$$

$$\frac{S_1}{S_2} = \frac{E_1}{E_2}$$

- भिन्न-भिन्न समयावधि के लिए-

$$\text{मजदूरी (S)} \propto \text{किया गया कार्य (W)}$$

$$\frac{S_1}{S_2} = \frac{W_1}{W_2}$$

- A किसी कार्य को x दिनों में कर सकता है। B समान कार्य को y दिनों में कर सकता है यदि वे एक साथ काम करते है और कुल मजदूरी के रुप में S रुपये प्राप्त करते है तो-

$$\text{A को प्राप्त मजदूरी } = \frac{y}{(x+y)} \times S$$

$$\text{B को प्राप्त मजदूरी } = \frac{x}{(x+y)} \times S$$

- यदि A, B और C किसी कार्य को x, y और z दिनों में पूरा करते है और कुल मजदूरी के रुप में S रुपये प्राप्त करते है तो-

$$\text{मजदूरी का अनुपात } = \frac{1}{x} : \frac{1}{y} : \frac{1}{z}$$

Type - I

1. सीता एक होटल को 20 दिनों में साफ कर सकती है। रीता उसी होटल को 30 दिन में साफ कर सकती है तो दोनों मिलकर होटल को कितने दिनों में साफ करेगी?

(a) 12 दिन (b) 15 दिन

(c) 9 दिन (d) 18 दिन

Sol. **(a)** **Method - I**

3/सीता → 20 दिन
2/रीता → 30 दिन
} 60 (20 एवं 30 का LCM)

5 (क्षमता)

∴ 5 क्षमता से 60 काम को करने में लगा समय

$$= \frac{60}{5} = 12 \text{ दिन}$$

Method - II

सीता - 20 दिन

रीता - 30 दिन

दोनों को मिलकर काम करने में लगा समय

$$\frac{1}{S+R} = \frac{1}{20} + \frac{1}{30}$$

$$\frac{1}{S+R} = \frac{3+2}{60}$$

$$\frac{1}{S+R} = \frac{1}{12}$$

∴ दोनों को मिलकर काम करने में लगा समय = 12 दिन

2. नरेंद्र एक कार्य को 10 दिनों में कर लेता है। अमित उसी कार्य को 12 दिनों में कर लेता है। उन दोनों को एक साथ मिलकर उसी कार्य को पूरा करने में कितने दिन का समय लगेगा?

(a) दिन (b) दिन

(c) दिन (d) दिन

Sol. **(a)** 6/नरेन्द्र → 10 दिन
5/अमित → 12 दिन
} 60 (कुल कार्य)

11 (क्षमता)

दोनों को मिलकर कार्य करने में लगा समय

$$= \frac{60}{11} = 5\frac{5}{11} \text{ दिन}$$ **Ans.**

3. रमेश एक कार्य को 6 दिनों में पूरा करता है जबकि महेश उसी कार्य को 9 दिनों में कर सकता है। यदि वे दोनों एक साथ काम करते है तो कार्य को समाप्त करने के लिए कितने दिनों की आवश्यकता होगी?

(a) 3.6 दिन (b) 10 दिन

(c) 4 दिन (d) 7.3 दिन

Sol. **(a)** 3/रमेश → 6 दिन
2/महेश → 9 दिन
} 18 (कुल कार्य)

5 (क्षमता)

रमेश और महेश को मिलकर कार्य करने में लगा समय

$$= \frac{18}{5} = 3.6 \text{ दिन}$$ **Ans.**

4. राजू किसी कार्य को 10 दिन में पूरा कर सकता है और अरूण किसी कार्य को 4 दिन में पूरा कर सकता है, तो दोनों मिलकर उसी कार्य को कितने दिनों में पूरा कर सकते है।

(a) $\frac{19}{7}$ दिन (b) $\frac{20}{7}$ दिन

(c) $\frac{26}{7}$ दिन (d) $\frac{27}{7}$ दिन

Sol. **(b)** 2/राजू → 10 दिन
5/अरूण → 4 दिन
} 20 (कुल कार्य)

7 (क्षमता)

∴ राजू और अरूण को एक साथ मिलकर कार्य करने में लगा

कुल समय = $\frac{20}{7}$ दिन **Ans.**

5. अजय एक काम को 4 दिनों में पूरा कर सकता है, जबकि संजय उसी काम को 12 दिनों में पूरा कर सकता है। अगर वे दोनों साथ काम करें, तो कितने दिनों में काम पूरा होगा?

(a) 3.5 दिन (b) 3 दिन

(c) 4.5 दिन (d) 4 दिन

Sol. **(b)** 3/अजय → 4 दिन
1/संजय → 12 दिन
} 12 (कुल कार्ग)

4 (क्षमता)

∴ अजय तथा संजय को एक साथ मिलकर कार्य करने में लगा

कुल समय = $\frac{12}{4}$ = 3 दिन **Ans.**

6. सरोज एक कार्य को 1140 दिनों में कर सकता है और मिथिलेश इसी कार्य को 2280 दिनों में कर सकते है। एक साथ कार्य करते हुए वे कितने दिनों में कार्य को समाप्त करेंगे?

(a) 750 दिन (b) 770 दिन
(c) 775 दिन (d) 760 दिन

Sol. (d) 2/सरोज → 1140 दिन
1/मिथिलेश → 2280 दिन → 2280 (कुल कार्य)
3 (क्षमता)

∴ दोनों को साथ मिलकर काम करने में लगा समय

$= \frac{2280}{3} = 760$ दिन

7. सुशील एक कार्य को 15 घंटों में पूरा कर सकता है और बिशन उसी कार्य को 18 घंटों में पूरा कर सकता है। यदि वे एक साथ कार्य करे, तो उन्हें कार्य पूरा करने में कितना समय लगेगा?

(a) $\frac{11}{90}$ घंटे (b) $16\frac{1}{2}$ घंटे
(c) $8\frac{2}{3}$ घंटे (d) 13 घंटे

Sol. (c) 6/सुशील → 15 घंटे
5/बिशन → 18 घंटे → 90 (कुल कार्य)
11 (क्षमता)

∴ दोनों को मिलाकर जाने में लगा कुल समय

$= \frac{90}{11} = 8\frac{2}{11}$ घंटे

8. A, B और C क्रमशः 735 दिन, 490 दिन और 1470 दिनों में एक कार्य को पूरा कर सकते है। एक साथ कार्य करते हुए, वे उसी कार्य को कितने दिनों में पूरा करेंगे?

(a) 255 दिन (b) 264 दिन
(c) 235 दिन (d) 245 दिन

Sol. (d) 2/ A → 735 दिन
3/ B → 490 दिन → 1470 (कुल कार्य)
1/ C → 1470 दिन
6 (क्षमता)

अतः तीनों को साथ मिलकर कार्य करने में लगा समय

$= \frac{1470}{6} = 245$ दिन **Ans.**

9. जॉन, जॉनी और जर्नादन खेत में किसी कार्य को क्रमशः 6, 12 एवं 24 दिन में पूरा करते है। वे एक साथ मिलकर उसी कार्य को कितने दिन में पूरा करेंगे?

(a) $3\frac{3}{7}$ दिन (b) $5\frac{3}{7}$ दिन
(c) $6\frac{3}{7}$ दिन (d) $2\frac{3}{7}$ दिन

Sol. (a) 4/ जॉन → 6 दिन
2/ जॉनी → 12 दिन → 24 (कुल कार्य)
1/ जर्नादन → 24 दिन
7 (क्षमता)

∴ तीनों को एक साथ कार्य करने में लगा समय

$= \frac{24}{7} = 3\frac{3}{7}$ दिन **Ans.**

10. x किसी कार्य को 144 दिनों में पूरा कर सकता है। y उसी कार्य को 240 दिनों में पूरा कर सकता है और z उसी कार्य को 320 दिनों में पूरा कर सकता है। यदि x, y z कार्य को पूरा करने के लिए एक साथ कार्य कर रहे है, तो उन्हें कार्य पूरा करने के लिए कितने दिनों की आवश्यकता होगी?

(a) दिन (b) दिन
(c) दिन (d) दिन

Sol. (a) 20/ x → 144 दिन
12/ y → 240 दिन → 2880 (कुल कार्य)
9/ z → 320 दिन
41 (क्षमता)

अतः x, y एवं z को साथ मिलकर कार्य करने में लगा समय

$= \frac{2880}{41} = 70\frac{10}{41}$ दिन **Ans.**

Type - II

11. A और B एक साथ मिलकर एक कार्य को 16 दिन में पूरा कर सकते है। यदि A अकेले उस कार्य को 24 दिनों में पूरा करते है तो B अकेले उस कार्य को कितने दिनों में समाप्त करेंगे?

(a) 42 दिन (b) 46 दिन
(c) 48 दिन (d) 40 दिन

Sol. (c) **Method - I**

3/ (A + B) → 16 दिन
2/ A → 24 दिन
→ 48 (कुल कार्य)

B = 1 (क्षमता)

∴ B को अकेले काम करने में लगा समय

$$= \frac{48}{1} = 48 \text{ दिन}$$ **Ans.**

Method - II

$$\frac{1}{A} + \frac{1}{B} = \frac{1}{(A+B)}$$

$$\frac{1}{24} + \frac{1}{B} = \frac{1}{16}$$

$$\frac{1}{B} = \frac{1}{16} - \frac{1}{24}$$

$$\frac{1}{B} = \frac{3-2}{48}$$

∴ B = 48 दिन **Ans.**

12. राम और श्याम एक साथ मिलकर किसी कार्य को 6 दिन में पूरा कर सकते है। श्याम उसी कार्य को अकेले 8 दिन में पूरा कर सकता है। राम को अकेले उसी कार्य को पूरा करने में लगा समय कितना है?

(a) 15 दिन (b) 12 दिन
(c) 24 दिन (d) 18 दिन

Sol. (c) 4/ (राम + श्याम) → 6 दिन
3/ श्याम → 8 दिन
→ 24 (कुल कार्य)

राम = 1 (क्षमता)

∴ 24 कुल कार्य को करने में अकेले राम को लगा समय

$$= \frac{24}{1} = 24 \text{ दिन}$$ **Ans.**

13. सुमन और लता एक साथ मिलकर एक काम को 8 दिनों में पूरा कर सकती है। अगर लता उसी काम को अकेले 12 दिन में कर सकती है, तो सुमन को अकेले उसी काम करने में कितने दिन लगेंगे?

(a) 10 दिन (b) 15 दिन
(c) 18 दिन (d) 24 दिन

Sol. (d) 3/ (सुमन + लता) → 8 दिन
2/ लता → 12 दिन
→ 24 (कुल कार्य)

सुमन = 1 (क्षमता)

अतः सुमन को अकेले काम करने में लगा समय

$$= \frac{24}{1} = 24 \text{ दिन}$$ **Ans.**

14. A और B एक साथ मिलकर एक कार्य को 21 दिनों में पूरा कर सकते है। B, इस कार्य को 28 दिनों में पूरा कर सकता है। A को अकेले इस कार्य को पूरा करने में कितना समय लगेगा?

(a) 71 दिन (b) 84 दिन
(c) 35 दिन (d) $\frac{35}{2}$ दिन

Sol. (b) 4/ (A + B) → 21 दिन
3/ B → 28 दिन
→ 84 (कुल कार्य)

A = 1 (क्षमता)

∴ A को अकेले कुल कार्य करने में लगा समय

$$= \frac{84}{1} = 84 \text{ दिन}$$ **Ans.**

15. A और B एक साथ मिलकर एक कार्य को 21 दिन में पूरा कर सकते है। C की मदद से, वे इस कार्य को 14 दिन में पूरा कर सकते है। C को अकेले इस कार्य को पूरा करने में कितना समय लगेगा?

(a) 7 दिन (b) 42 दिन
(c) 35 दिन (d) $\frac{35}{2}$ दिन

Sol. (b) 2/ (A + B) → 21 दिन
3/ (A+B+C) → 14 दिन
→ 42 (कुल कार्य)

C = 1 (क्षमता)

∴ C को अकेले काम करने में लगा समय $= \frac{42}{1} = 42$ दिन

16. A, B और C एक साथ मिलकर किसी कार्य को 14 दिनों में समाप्त करते है और C अकेला उस कार्य को 42 दिनों में पूरा कर सकता है। A और B दोनों एक साथ मिलकर इस कार्य को कितने दिनों में पूरा करेंगे?

(a) 35 दिन (b) 21 दिन
(c) 28 दिन (d) 7 दिन

Sol. **(b)** 3/ (A+B+C) $\rightarrow$ 14 दिन
1/ C $\rightarrow$ 42 दिन
→ 42 (कुल कार्य)
A+B = 2 (क्षमता)

$\therefore$ (A + B) को कार्य करने में लगा समय $= \frac{42}{2} = 21$ दिन

17. एक साथ कार्य करते हुए, A, B और C किसी कार्य को 3 घंटे में समाप्त कर सकते है। A अकेला उस कार्य को 8 घंटे में समाप्त करता है और B अकेला उसे 6 घंटे में समाप्त करता है। अकेले C उस कार्य को कितने घंटे में समाप्त करेगा?

(a) 24 घंटे (b) 15 घंटे
(c) 18 घंटे (d) 12 घंटे

Sol. **(a)** 8/ A+B+C $\rightarrow$ 3 घंटे
3/ A $\rightarrow$ 8 घंटे
4/ B $\rightarrow$ 6 घंटे
→ 24 (कुल कार्य)
C = 1 (क्षमता)

$\therefore$ अकेले C को उस कार्य को करने में लगा समय

$= \frac{24}{1} = 24$ घंटे **Ans.**

18. एक साथ काम करते हुए A, B और C एक कार्य को 3 दिन में पूरा कर सकते है। इसी कार्य को A, 24 दिन में तथा B, 6 दिन में पूरा कर सकता है। इसी कार्य को अकेले C कितने दिनों में पूरा कर सकते है?

(a) 12 दिन (b) 18 दिन
(c) 8 दिन (d) 6 दिन

Sol. **(c)** 8/ A+B+C $\rightarrow$ 3 घंटे
1/ A $\rightarrow$ 24 घंटे
4/ B $\rightarrow$ 6 घंटे
→ 24 (कुल कार्य)
C = 3 (क्षमता)

अतः C को अकेले काम करने में लगा समय $= \frac{24}{3} = 8$ दिन

19. A और B क्रमशः 80 दिनों और 96 दिनों में एक कार्य को पूरा कर सकते है। उन्होंने C की मदद से 32 दिनों में इस कार्य को पूरा कर लिया। C अकेले इस कार्य को पूरा करने में कितने दिन लेगा?

(a) 92 दिन (b) 108 दिन
(c) 120 दिन (d) 84 दिन

Sol. **(c)** 6/ A $\rightarrow$ 80 दिन
5/ B $\rightarrow$ 96 दिन
15/ (A+B+C) $\rightarrow$ 32 दिन
→ 480 (कुल कार्य)
C = 4 (क्षमता)

$\therefore$ C को अकेले काम करने में लगा समय $= \frac{480}{4} = 120$ दिन

20. रोशन एक दीवार पर पुट्टी लगाने का कार्य 6 दिन में पूरा कर सकता है और सत्यम इसे 12 दिनों में पूरा कर सकता है। रघु के साथ मिलकर काम करते हुए, वे इस कार्य को केवल 2 दिन में पूरा कर लेते है। रघु अकेले इसी कार्य को कितने दिन में पूरा कर सकता है?

(a) 6 दिन (b) 4 दिन
(c) 8 दिन (d) 12 दिन

Sol. **(b)** 2/ रोशन $\rightarrow$ 6 दिन
1/ सत्यम $\rightarrow$ 12 दिन
6/ (रोशन+सत्यम+रघु) $\rightarrow$ 2 दिन
→ 12 (कुल कार्य)
रघु = 3 (क्षमता)

$\therefore$ रघु को अकेले इस कार्य को पूरा करने में लगा समय

$= \frac{12}{3} = 4$ दिन **Ans.**

21. A अकेले किसी कार्य को 32 दिन में पूरा कर सकती है, जबकि B के साथ मिलकर, वह उसी कार्य को 24 दिन में काम पूरा कर सकती है। यदि C अकेले उसी कार्य को 64 दिन में पूरा कर सकती है तो B और C एक साथ मिलकर उसी कार्य को कितने दिनों में पूरा कर सकते है?

(a) $38\frac{4}{5}$ दिन (b) $38\frac{3}{5}$ दिन
(c) $37\frac{4}{5}$ दिन (d) $38\frac{2}{5}$ दिन

Sol. (d) 6/ A → 32 दिन
8/ A+B → 24 दिन → 192 (कुल कार्य)
3/ C) → 64 दिन

$\because A + B = 8$

$6 + B = 8$

$\therefore B = 2$

$C = 3$

B और C को एक साथ मिलकर काम करने में लगा समय

$= \frac{192}{(2+3)} = 38\frac{2}{5}$ दिन **Ans.**

22. A, 6 दिनों में एक काम कर सकता है। B इसे 9 दिनों में कर सकता है। C की सहायता से उन्होंने 3 दिनों में काम पूरा कर लिया तो C अकेले कितने दिनों में यह काम करेगा?

(a) 16 दिन (b) 8 दिन
(c) 18 दिन (d) 12 दिन

Sol. (c) 3 / A — 6 दिन
2 / B — 9 दिन → 18 (कुल कार्य)

तीन दिन में (A + B) द्वारा किया गया कार्य

$= 3 \times (3+2) = 15$ कार्य

$\therefore$ C की क्षमता $= \frac{\text{शेष कार्य}}{3 \text{ दिन}} = \frac{18-15}{3} = 1$

$\therefore$ C को अकेले पूरा काम करने में लगा समय $= \frac{18}{1} = 18$ दिन

Type - III

23. A एक कार्य को 20 दिनों में पूर्ण कर सकता है और B उसी कार्य को A द्वारा लिए गए समय से आधे समय में पूर्ण कर सकता है। एक साथ मिलकर कार्य करते हुए वे एक दिन में कार्य का कितना भाग पूर्ण कर सकते है?

(a) $\frac{2}{6}$ भाग (b) $\frac{3}{20}$ भाग
(c) $\frac{1}{18}$ भाग (d) $\frac{1}{2}$ भाग

Sol. (b) 1/ A → 20 घंटे
2/ B → $\frac{20}{2} = 10$ दिन → 20 (कुल कार्य)

3 (क्षमता)

$\therefore$ दोनों एक साथ मिलकर 1 दिन में किया गया कार्य $= \frac{3}{20}$ भाग

24. A अकेले 24 दिनों में एक काम को करता है जबकि B उसी काम को 18 दिनों में कर सकता है। यदि वे एक साथ मिलकर काम करते है तो काम के आधे हिस्से को पूरा करने के लिए कितने दिनों की आवश्यकता है?

(a) $7\frac{1}{4}$ दिन (b) $3\frac{2}{5}$ दिन
(c) $5\frac{1}{2}$ दिन (d) $5\frac{1}{7}$ दिन

Sol. (d) 3 /A → 24
4 /B → 18 → 72 (कुल कार्य)

7 (क्षमता)

$\therefore$ दोनों को साथ मिलकर काम का आधा भाग करने में लगा कुल समय $= \frac{72}{2 \times 7} = 5\frac{1}{7}$ दिन **Ans.**

25. A एक कार्य को 15 दिनों में पूरा कर सकता है और B उसी कार्य को 20 दिनों में पूरा कर सकता है। एक साथ कार्य करते हुए वे उस कार्य के 35% भाग कितने दिनों में समाप्त करेंगे?

(a) 5 दिन (b) 6 दिन
(c) 3 दिन (d) 7 दिन

Sol. (c) 4/ A → 15 दिन
3/ B → 20 दिन → 60 (कुल कार्य)

7 (क्षमता)

$\therefore$ दोनों एक साथ काम करते हुए कुल काम का 35% काम करने में लगा कुल समय $= 60 \times \frac{35}{100} \times \frac{1}{7} = 3$ दिन

26. A, एक कार्य को 20 दिनों में पूरा कर सकता है और B उसी कार्य को 14 दिनों में पूरा कर सकता है। यदि वे 7 दिनों तक एक साथ कार्य करते है तो शेष कार्य का भिन्न क्या होगा?

(a) $\frac{3}{10}$ (b) $\frac{7}{20}$
(c) $\frac{7}{10}$ (d) $\frac{3}{20}$

Sol. **(d)** 7/ A → 20 दिन
10/ B → 14 दिन → 140 (कुल कार्य)
17 (क्षमता)

7 दिनों में उनके द्वारा साथ किया गया कार्य

$= 17 \times 7 = 119$ कार्य

∴ शेष बचा कार्य = (140 – 119) कार्य = 21 कार्य

∴ शेष कार्य का भिन्न $= \frac{21}{140} = \frac{13}{40}$ भाग **Ans.**

27. राम जिस काम को 8 दिनों में करता है। रहीम उसी काम को 10 दिनों में करता है। अगर वे दोनों मिलकर उस काम को तीन दिनों तक करते है तो काम के बचे हुए भाग को ज्ञात करे-

(a) $\frac{11}{4}$ भाग (b) $\frac{13}{40}$ भाग

(c) $\frac{23}{40}$ भाग (d) $\frac{27}{40}$ भाग

Sol. **(b)** 5 /राम → 8
4 /रहीम → 10 → 40 (कुल कार्य)
9 (कुल क्षमता)

तीन दिनों तक साथ काम करने पर किया गया कुल कार्य

$= 9 \times 3 = 27$ कार्य

∴ शेष कार्य = (40 – 27) कार्य = 13 कार्य

∴ शेष कार्य का भाग $= \frac{13}{40}$ भाग **Ans.**

28. सुरेश एक कार्य को 10 दिन में पूरा कर सकता है और रमेश उसी कार्य को 12 दिन में पूरा कर सकता है। उन दोनों के द्वारा 4 दिन तक एक साथ कार्य करने के बाद कार्य का कितना भाग शेष बचेगा-

(a) $\frac{4}{15}$ भाग (b) $\frac{7}{15}$ भाग

(c) $\frac{1}{10}$ भाग (d) $\frac{8}{15}$ भाग

Sol. **(a)** 6/ सुरेश → 10 दिन
5/ रमेश → 12 दिन → 60 (कुल कार्य)
11 (क्षमता)

दोनों द्वारा साथ काम करने पर 4 दिन में किया कार्य

$= 11 \times 4 = 44$ कार्य

∴ शेष कार्य = (60 – 44) कार्य = 16 कार्य

∴ शेष कार्य का भाग $= \frac{16}{60} = \frac{4}{15}$ भाग **Ans.**

29. A और B किसी कार्य को क्रमशः 27 दिन और 54 दिन में पूरा कर सकते है। उन्होंने C की मदद से 9 दिनों में कार्य पूरा कर लिया। अकेले C इस कार्य का $\frac{8}{9}$ भाग कितने दिनों में पूरा करेगा?

(a) 24 दिन (b) 45 दिन

(c) 16 दिन (d) 30 दिन

Sol. **(c)** 2/ A → 27 दिन
1/ B → 54 दिन → 54 (कुल कार्य)
6/ (A+B+C) → 9 दिन
C = 3 (क्षमता)

C द्वारा कुल कार्य के $\frac{8}{9}$ भाग को करने में लगा समय

$= 54 \times \frac{8}{9} \times \frac{1}{3}$

= 16 दिन **Ans.**

30. A, B और C क्रमशः 4, 20 और 60 दिनों में काम पूरा कर सकते है। एक साथ काम करते हुए, वे एक ही काम का एक तिहाई कितने दिनों में पूरा कर सकते है?

(a) $1\frac{13}{19}$ दिन (b) $1\frac{1}{19}$ दिन

(c) $3\frac{3}{19}$ दिन (d) $2\frac{1}{19}$ दिन

Sol. **(b)** 15/ A → 4 दिन
3/ B → 20 दिन → 60 (कुल कार्य)
1/ C → 60 दिन
19 (क्षमता)

तीनों को एक साथ काम करते हुए एक तिहाई काम करने में लगा

कुल समय $= \frac{60/3}{19} = \frac{20}{19} = 1\frac{1}{19}$ दिन **Ans.**

31. A एक काम को $7\frac{1}{2}$ घंटों में कर सकता है और B वही काम $10\frac{1}{2}$ घंटों में कर सकता है। अगर वे एक साथ $3\frac{1}{2}$ घंटों तक काम करते है, तो काम का कितना भाग शेष बचेगा?

(a) $\frac{2}{5}$ भाग (b) $\frac{3}{5}$ भाग

(c) $\frac{1}{5}$ भाग (d) $\frac{4}{5}$ भाग

Sol. (c) 14/ A → 7½ घंटा= $\frac{15}{2}$ घंटा
10/ B → 10½ घंटा= $\frac{21}{2}$ घंटा ⟩ 105 (कुल कार्य)
24 (क्षमता)

दोनों मिलकर 3½ घंटा काम करने के बाद कुल कार्य

$$= 24\times\frac{7}{2} = 84 \text{ कार्य}$$

∴ शेष कार्य = (105 – 84) = 21 कार्य

∴ शेष कार्य का भाग $= \frac{21}{105} = \frac{1}{5}$ भाग **Ans.**

32. एक निश्चित कार्य को करने के लिए, A और B की क्षमताओं का अनुपात 7 : 5 है। एक साथ कार्य करते हुए, वे $17\frac{1}{2}$ दिनों में कार्य को पूरा कर सकते है। B अकेले उसी कार्य का 50% कितने दिनों में पूरा करेगा?

(a) 15 (b) 30
(c) 42 (d) 21

Sol. (d)

		A	:	B
क्षमता	=	7	:	5

कुल कार्य $= (7+5)\times 17\frac{1}{2}$

$= 12\times\frac{35}{2} = 210$ कार्य

∴ B अकेले कार्य का 50% पूरा करने में लगा समय

$$= 210\times\frac{50}{100}\times\frac{1}{5}$$

= 21 दिन **Ans.**

33. P और Q मिलकर एक कार्य को 12 दिन में कर सकते है। P अकेले उसी कार्य को 36 दिनों में कर सकता है। Q अकेले उसी कार्य का दो-तिहाई हिस्सा कितने दिनों में कर सकता है?

(a) 12 दिन (b) 18 दिन
(c) 15 दिन (d) 21 दिन

Sol. (a) 3 / (P + Q) — 12 दिन
1 / P — 36 दिन ⟩ 36 (कुल कार्य)
Q = 2 (क्षमता)

Q द्वारा अकेले उस कार्य का $\frac{2}{3}$ हिस्सा को करने में लिया गया समय

$= 36\times\frac{2}{3}\times\frac{1}{2} = 12$ दिन **Ans.**

Type - IV

34. A और B मिलकर एक निश्चित कार्य को 20 दिनों में पूरा कर सकते है, जबकि B और C मिलकर उसी कार्य को 24 दिन में पूरा कर सकते है। यदि A, C से दोगुना कुशल श्रमिक है, तो B अकेले उस कार्य के 40% भाग को कितने समय में करेगा?

(a) 15 दिन (b) 12 दिन
(c) 10 दिन (d) 18 दिन

Sol. (b) 6/ A+B = 20 दिन
5/ B+C = 24 दिन ⟩ 120 (कुल कार्य)

∴ (A + B) की क्षमता = 6
(B + C) की क्षमता = 5

प्रश्नानुसार,

A = 2
C = 1
A + B = 6
2 + B = 6

∴ B = 4 (क्षमता)

∴ B को अकेले कार्य का 40% करने में लगा समय

$$= 120\times\frac{40}{100}\times\frac{1}{4}$$

= 12 दिन **Ans.**

35. A एक कार्य को $11\frac{1}{2}$ दिन में पूरा कर सकता है। B, A से 25% अधिक कुशल है और C, B की तुलना में 50% कुशल है। A, B और C साथ मिलकर उसी कार्य को कितने दिन में पूरा करेंगे?

(a) 3 दिन (b) 8 दिन
(c) 5 दिन (d) 4 दिन

Sol. **(d)** A : B : C की क्षमता $= 100 : 125 : 125 \times \frac{50}{100}$

$= 4 : 5 : 11\frac{1}{2}$

$= 8 : 10 : 5$

कुल कार्य = A की क्षमता × A को लगा समय

$= 8 \times 11\frac{1}{2} = 8 \times \frac{23}{2} = 92$ कार्य

तीनों को साथ मिलकर कार्य करने में लगा समय

$= \frac{92}{(8+10+5)} = \frac{92}{23} = 4$ दिन

36. A एक कार्य को 15 दिन में कर सकता है। B, A से 25% अधिक कुशल है। दोनों ने 4 दिन तक एक साथ कार्य किया। शेष कार्य को C ने 8 दिनों में पूरा किया। A, B और C मिलकर उसी कार्य को कितने दिन में पूरा कर सकते है?

(a) $6\frac{1}{2}$ दिन (b) $4\frac{1}{2}$ दिन

(c) 4 दिन (d) 5 दिन

Sol. **(d)** A = 15 दिन

B, A से 25% अधिक कुशल है।

$25\% = \frac{1}{4}$

	A	:	B
क्षमता =	4	:	5
समय =	5	:	4

5 ↓ = 15 दिन, 4 ↓ ×3 = 12 दिन

1 = 3 दिन

4/A = 15 दिन, 5/B = 12 दिन → 60 (कुल कार्य)

9 (क्षमता)

A और B द्वारा एक साथ 4 दिन में में किया गया कुल काम

$= 4 \times 9 = 36$ कार्य

∴ शेष कार्य = (60 – 36) = 24 कार्य

∴ C की क्षमता $= \frac{24}{8} = 3$

∴ तीनों को साथ मिलकर कुल कार्य समाप्त करने में लगा समय

$= \frac{60}{4+5+3} = 5$ दिन **Ans.**

37. A, B से तीन गुना अधिक कुशल कर्मचारी है और इसलिए वह एक काम को पूरा करने में B से 36 दिन कम का समय लेता है। एक साथ काम करते हुए वे दोनों उसी काम के 40% भाग को कितने दिनों में कर पाएंगें?

(a) $5\frac{1}{2}$ दिन (b) $4\frac{2}{5}$ दिन

(c) $5\frac{2}{5}$ दिन (d) $3\frac{1}{2}$ दिन

Sol. **(c)**

	A : B
क्षमता =	3 : 1
समय =	1 : 3

प्रश्नानुसार,

$(3x - x) = 36$

∴ $x = 18$

∴ **A** का समय = **18** दिन, **B** का समय = **54** दिन → **54 (काम)**

∴ काम के 40% भाग को पूरा करने में लगा समय

$= 54 \times \frac{40}{100} \times \frac{1}{(1+3)}$

$= 5\frac{2}{5}$ दिन **Ans.**

38. B की कार्य क्षमता A से तिगुनी है और C की कार्यक्षमता A से 0.75 गुना है। A, B और C द्वारा लिए गए दिनों की संख्या का अनुपात ज्ञात करे जब वे व्यक्तिगत रूप से काम करते है?

(a) 4 : 1 : 3 (b) 3 : 1 : 4

(c) 2 : 3 : 1 (d) 5 : 1 : 2

Sol. **(b)**

	A	:	B	:	C
क्षमता =	100	:	300	:	75 → 300(ल०स०)
समय =	3	:	1	:	4

अतः प्रत्येक के द्वारा लिया गया समयानुपात क्रमशः 3 : 1 : 4 है।

39. A एक कार्य को 1455 दिनों में कर सकता है। B, A की तुलना में 25% अधिक कार्यकुशलता है। इसी कार्य को करने के लिए B द्वारा लिए गए दिनों की संख्या ज्ञात कीजिए–

(a) 1164 दिन (b) 1162 दिन

(c) 1166 दिन (d) 1167 दिन

Sol. **(a)** A = 1455 दिन

B, A से 25% अधिक कार्यकुशल है।

$25\% = \frac{1}{4}$

	A	:	B
क्षमता =	4	:	5
समय =	5	:	4

5 ↓ = 1455 दिन, 1 = 291 दिन; 4 ↓×291 = 1164 दिन

अतः B द्वारा कार्य करने में लगा समय = 1164 दिन **Ans.**

40. A, 2415 दिनों में एक कार्य कर सकता हे। B, A की तुलना में 25% अधिक कुशल है। उसी कार्य को करने के लिए B द्वारा लिए गए दिनों की संख्या ज्ञात कीजिए-

(a) 1932 दिन (b) 2132 दिन
(c) 2032 दिन (d) 1832 दिन

Sol. **(a)** A = 2415 दिन

B, A से 25% अधिक कुशल है।

$\therefore\ 25\% = \frac{1}{4}$

	A	:	B
क्षमता =	4	:	5
समय =	5	:	4

5 ↓ = 2415 दिन, 1 = 483 दिन; 4 ↓×483 = 1932 दिन

अतः B को अकेले कार्य समाप्त करने में लगा समय = 1932 दिन

41. A, B की तुलना में दोगुना अधिक कुशल मजदूर है और वे दोनों एक साथ मिलकर किसी काम को 13 दिनों में पूरा करते हैं। A अकेला उस काम को कितने दिनों में पूरा कर पाएगा?

(a) $16\frac{1}{2}$ दिन (b) 41 दिन
(c) $19\frac{1}{2}$ दिन (d) 39 दिन

Sol. **(c)** A : B

क्षमता = 2 : 1

कुल कार्य = कुल क्षमता × कुल समय
= (2 + 1) × 13
= 39 कार्य

∴ A को अकेले कार्य करने में लगा समय

$= \frac{39}{2} = 19\frac{1}{2}$ दिन **Ans.**

42. राजू, रवि की तुलना में 3 गुना अधिक कार्य कुशल है और एक कार्य को पूर्ण करने में उससे 20 दिन कम लेता है, तो रवि को उसी कार्य को पूर्ण करने में कितना समय लगेगा?

(a) 20 दिन (b) 10 दिन
(c) 30 दिन (d) 40 दिन

Sol. **(c)** राजू : रवि

क्षमता = 3 : 1

समय = 1 : 3

प्रश्नानुसार,

(3x – x) = 20 दिन

∴ x = 10 दिन

∴ रवि को कार्य पूरा में लगा समय = 3×10 = 30 दिन

43. मजदूर A, मजदूर B से तीन गुना कार्यकुशल है। वे दोनों एक साथ मिलकर एक कार्य को 18 दिन में पूरा कर सकते है। A अकेले उस कार्य को कितने दिन में पूरा करेगा?

(a) 12 दिन (b) 42 दिन
(c) 24 दिन (d) 48 दिन

Sol. **(c)** A : B

क्षमता = 3 : 1

कुल कार्य = कुल क्षमता × कुल समय
= (3 + 1) × 18 = 72 कार्य

∴ A को अकेले कार्य को समाप्त करने में लगा समय

$= \frac{72}{3} = 24$ दिन **Ans.**

44. मोहित, रोहित से पांच गुना अधिक कार्य कुशल है। अगर मोहित किसी कार्य को पूरा करने में रोहित की तुलना में 28 दिन कम समय लेता है तो रोहित अकेले इस कार्य को कितने दिन में पूरा करेगा?

(a) 35 दिन (b) 32 दिन
(c) 45 दिन (d) 40 दिन

Sol. **(a)** मोहित : रोहित

क्षमता = 5 : 1

समय = 1 : 5

प्रश्नानुसार,

$(5x - x) = 28$ दिन

$\therefore \quad x = 7$ दिन

$\therefore$ रोहित को अकेले कार्य समाप्त करने में लगा समय

$= 5 \times 7 = 35$ दिन

45. A, B से 40% अधिक कार्य कुशल है तथा C, B से 20% कम कार्य कुशल है। एक साथ कार्य करते हुए, वे किसी कार्य को 5 दिनों में पूरा कर सकते है। A इस कार्य को 70% भाग अकेले कितने दिनों में पूरा करेगा-

(a) 9 (b) 7

(c) 10 (d) 8

Sol. **(d)**

		A	:	B	:	C
क्षमता	=	140	:	100	:	80
	=	7	:	5	:	4

$\therefore$ कुल कार्य = (कुल क्षमता) × (कुल समय)

$= (7+5+4) \times 5$

$= 80$ कार्य

$\therefore$ A को कार्य का 70% भाग समाप्त करने में लगा समय

$= 80 \times \frac{70}{100} \times \frac{1}{7}$

$= 8$ दिन **Ans.**

46. A और B मिलकर 15 दिनों में एक कार्य पूरा कर सकता है। B और C मिलकर इसे 24 दिनों में कर सकते है। यदि A, C से दोगुना अच्छा कार्य करने वाला है तो B अकेले कितने दिनों में कार्य पूरा कर सकता है?

(a) 40 (b) 60

(c) 52 (d) 45

Sol. **(b)** 8 / A + B = 15 दिन

5 / B + C = 24 दिन → 120 (काम)

$\because$ A : C = 2 : 1 (दक्षता) = 6 : 3

A = 6

C = 3

$\therefore$ A + B = 8

6 + B = 8

$\therefore$ B = 2

$\therefore$ B को अकेले काम करने में लगा समय

$= \frac{120}{2} = 60$ दिन **Ans.**

47. A किसी निश्चित कार्य को 40 दिनों में पूरा कर सकता है। B, A की तुलना में 25% अधिक कार्य कुशल है तथा C, B की तुलना में 28% अधिक कार्य कुशल है। वे 5 दिनों तक एक साथ कार्य करते है। शेष कार्य अकेले पूरा करने में B को कितने दिन लगेंगे?

(a) $20\frac{3}{4}$ दिन (b) $16\frac{1}{5}$ दिन

(c) $16\frac{3}{5}$ दिन (d) $20\frac{1}{2}$ दिन

Sol. **(c)** A को कार्य करने में लगा समय = 40 दिन

A : B : C की क्षमता $= 100 : 125 : 125 \times \frac{128}{100}$

$= 100 : 125 : 160$

$= 20 : 25 : 32$

$\therefore$ कुल कार्य = 20 × 40 = 800 कार्य

5 दिनों तक साथ काम करने पर कुल कार्य

= (20+25+32)×5

= 385 कार्य

$\therefore$ शेष कार्य को B द्वारा अकेले करने में लगा समय

$= \frac{800 - 385}{25}$

$= \frac{415}{25} = 16\frac{3}{5}$ दिन **Ans.**

48. A और B एक साथ किसी कार्य को 24 दिन में कर सकते है। B और C एक साथ इस कार्य को 36 दिनों में कर सकते है। यदि A, C की तुलना में तीन गुना अधिक कुशल मजदूर है, तो अकेले B कार्य को कितने दिन में कर सकता है-

(a) 48 दिन (b) 36 दिन

(c) 40 दिन (d) 45 दिन

Sol. **(a)** 6 / A+B = 24 दिन

4 / B+C = 36 दिन → 144 (कुल कार्य)

$\because$ A : C = 3 : 1

$\therefore$ 6 = A + B

6 = 3 + B

$\therefore$ B = 3

$\therefore$ B द्वारा अकेले कार्य करने में लिया गया समय

$= \frac{144}{3} = 48$ दिन **Ans.**

49. रोहन एक काम को 16 दिनों में पूरा करता है। रोहित, रोहन से दोगुना कार्यसक्षम है। रोहित कितने दिनों में काम पूरा करेगा-

(a) 6 दिन (b) 4 दिन
(c) 8 दिन (d) 2 दिन

Sol. (c) कार्य क्षमता $\propto \frac{1}{\text{दिन}}$

	कार्यक्षमता	:	दिन
रोहित :	2	:	$1 \times 8 = 8$
रोहन :	1	:	2

$\downarrow$

= 16 दिन

1 = 8 दिन

$\therefore$ रोहित को काम समाप्त करने में कुल 16 दिन लगेंगे।

50. A, B से 50% कार्य कुशल है। C, एक दिन में A और B द्वारा एक साथ मिलकर किए गए कार्य का आधा कार्य करता है। यदि C अकेले किसी कार्य को 40 दिन में पूरा करता है, तो A, B और C को एक साथ मिलकर उस कार्य को पूरा करने में कितना समय लगेगा?

(a) $13\frac{1}{3}$ दिन (b) $\frac{43}{3}$ दिन
(c) $\frac{1}{3}$ दिन (d) 13 दिन

Sol. (a) माना कि (A + B) की क्षमता = 1

$\therefore$ C की क्षमता $= \frac{1}{2}$

(क्षमता) C : (A + B) $= \frac{1}{2} : 1$

$= 1 : 2$

$\because$ C, 40 दिन में कार्य समाप्त करता है।

$\therefore$ कुल कार्य $= 40 \times 1 = 40$

$\therefore$ (A + B + C) को मिलकर कार्य करने में लगा समय

$= \frac{40}{1+2} = 13\frac{1}{3}$ दिन **Ans.**

Type - V

51. A और B क्रमशः 15 दिनों और 10 दिनों में एक कार्य कर सकते है। वे एक साथ कार्य शुरू करते है लेकिन B दो दिनों के बाद छोड़ देता है। अब A शेष कार्य को पूरा करता है। कार्य पूरा होने के लिए आवश्यक कुल दिनों की संख्या है-

(a) 15 (b) 18
(c) 12 (d) 10

Sol. (c) **2 / A — 15 दिन**, **3 / B — 10 दिन** → **30 (काम)**

5 (दक्षता)

एक साथ कार्य करते हुए दो दिन का काम = 2×5=10 कार्य

$\therefore$ शेष कार्य = (30 – 10) कार्य = 20 कार्य

अब A को अकेले शेष कार्य को करने में लगा समय

$= \frac{20}{2} = 10$ दिन

अतः कुल कार्य समाप्त होने में लगा समय

= (2 + 10) = 12 दिन

52. P और Q क्रमशः 10 दिनों और 5 दिनों में एक कार्य खत्म कर सकते है। Q में 2 दिन कार्य किया और नौकरी छोड़ दी। P शेष कार्य को कितने दिनों में पूरा कर सकता है?

(a) 4 (b) 10
(c) 6 (d) 8

Sol. (c) **1 / P — 10 दिन**, **2 / Q — 5 दिन** → **10 (कार्य)**

3 (क्षमता)

Q द्वारा 2 दिनों में किया गया कार्य = 2 × 2 = 4 कार्य

$\therefore$ शेष कार्य को P द्वारा करने में लगा समय

$= \frac{(10-4)}{1} = \frac{6}{1} = 6$ दिन

53. A, B और C अकेले-अकेले किसी कार्य को क्रमशः 24, 15 एवं 12 दिनों में कर सकते है। B और C ने कार्य करना शुरू किया तथा 3 दिनों तक कार्य करके छोड़ दिया। शेष कार्य अकेले पूरा करने में A को कितने दिन लगेंगे?

(a) $15\frac{1}{2}$ दिन (b) 18 दिन
(c) $13\frac{1}{5}$ दिन (d) 11 दिन

Sol. (c) **5 / A — 24 दिन**
8 / B — 15 दिन → **120 (कुल कार्य)**
10 / C — 12 दिन

(B + C) द्वारा 3 दिन में किया गया कार्य

$= (8+10)\times 3 = 54$ कार्य

शेष कार्य को A द्वारा करने में लिया गया समय

$= \frac{(120-54)}{5} = \frac{66}{5} = 13\frac{1}{5}$ दिन

54. A किसी कार्य को 35 दिनों में पूरा कर सकता है और B उसी कार्य को 15 दिनों में पूरा कर सकता है। उन्होंने 7 दिनों तक एक साथ कार्य किया, फिर B ने कार्य छोड़ दिया। कितने दिनों में A शेष कार्य का 60% पूरा करेगा।

(a) 10 दिन (b) 7 दिन
(c) 8 दिन (d) 15 दिन

Sol. (b) **3 / A — 35 दिन**
7 / B — 15 दिन → **105 (कुल कार्य)**

(A + B) द्वारा 7 दिनों तक एक साथ किया गया कार्य

$= (3 + 7) \times 7 = 70$ कार्य

∴ शेष कार्य $= (105 - 70)$ कार्य $= 35$ कार्य

∴ A द्वारा शेष कार्य का 60% कार्य करने में लगा समय

$= 35 \times \frac{60}{100} \times \frac{1}{3} = 7$ दिन **Ans.**

55. A, B और C अलग-अलग क्रमशः 18 दिन, 36 दिन एवं 54 दिनों में कार्य कर सकते है। उन्होंने एक साथ कार्य शुरू किया, लेकिन B और C ने कार्य पूरा होने से क्रमशः 5 दिन और 10 दिन पहले छोड़ दिया। कितने दिनों में कार्य पूरा हो गया था?

(a) 13 दिन (b) 12 दिन
(c) 14 दिन (d) 15 दिन

Sol. (a) **6 / A — 18 दिन**
3 / B — 36 दिन → **108 (कुल कार्य)**
2 / C — 54 दिन

माना कि कुल कार्य x दिनों में समाप्त होगी।

∴ A के लिए कुल दिन = x दिन

B के लिए कुल दिन = (x – 5) दिन

C के लिए कुल दिन = (x – 10) दिन

अब तीनों (A + B + C) द्वारा किया गया कुल कार्य

$\Rightarrow 6\times x + 3(x-5) + 2(x-10) = 108$

$\Rightarrow 6x + 3x - 15 + 2x - 20 = 108$

$\Rightarrow 11x = 143$

$\therefore x = 13$ दिन

अतः कुल कार्य 13 दिनों में समाप्त हो जायेगी।

Method - II

A ⟶ 18 दिन
B ⟶ 36 दिन → 108 (कुल कार्य)
C ⟶ 54 दिन

B द्वारा 5 दिन में किया कार्य $= 5\times 3 = 15$

C द्वारा 10 दिन में किया गया कार्य $= 10\times 2 = 20$

कार्य समाप्त होने में लगा कुल समय

$= \frac{(108+15+20)}{(6+3+2)}$

$= \frac{143}{11} = 13$ दिन

56. A, 30 दिनों में $\frac{1}{3}$ कार्य कर सकता है, B, 24 दिनों में उसी कार्य के $\frac{2}{5}$ भाग को कर सकता है। उन्होंने 20 दिनों तक साथ कार्य किया। C ने शेष कार्य 8 दिनों में पूरा किया। A, B और C के एक साथ कार्य करने से कार्य कितने दिनों में पूरा हो जायेगा?

(a) 10 दिन (b) 12 दिन
(c) 18 दिन (d) 15 दिन

Sol. (b) A द्वारा कार्य पूर्ण करने में लिया समय $= 30\times 3 = 90$ दिन

B द्वारा कार्य पूर्ण करने में लिया समय $= 24 \times \frac{5}{2} = 60$ दिन

2 / A — 90 दिन
3 / B — 60 दिन → **180 (कुल कार्य)**

(A + B) द्वारा 20 दिनों तक साथ काम करने से किया गया कुल कार्य $= (2 + 3) \times 20 = 100$ कार्य

∴ शेष कार्य $= (180 - 100)$ कार्य $= 80$ कार्य

∴ C की क्षमता $= \frac{80 \text{ कार्य}}{8 \text{ दिन}} = 10$

अब (A + B + C) तीनों द्वारा कार्य को सम्पन्न करने में लिया गया

समय $= \frac{180}{(2+3+10)} = 12$ दिन **Ans.**

57. A, B और C अकेले कार्य करते हुए किसी कार्य को क्रमशः 20 दिन, 16 दिन तथा 30 दिन में कार्य पूरा कर सकते है। यदि A और B ने यह कार्य शुरू किया तथा उन्होंने 4 दिन कार्य करके छोड़ दिया, तो शेष कार्य पूरा करने में C को कितने दिन लगेंगे?

(a) $16\frac{1}{2}$ दिन (b) 13 दिन

(c) $12\frac{1}{2}$ दिन (d) 10 दिन

Sol. (a) **12 / A — 20 दिन**
15 / B — 16 दिन → **240 (कुल कार्य)**
8 / C — 30 दिन

4 दिनों तक (A + B) द्वारा किया गया कुल कार्य
$= 4 \times (12+15)$
$= 108$ कार्य

शेष कार्य को C द्वारा अकेले करने में लगा समय

$= \frac{(240-108) \text{ कार्य}}{8 \text{ दिन}}$

$= \frac{132}{8} = 16\frac{1}{2}$ दिन **Ans.**

58. A, B और C अकेले कार्य करते हुए किसी कार्य को क्रमशः 24 दिन, 20 दिन और 18 दिनों में पूरा कर सकते है। B और C ने कार्य को शुरू किया और उन्होनें 6 दिनों तक कार्य करके छोड़ दिया। शेष कार्य को अकेले पूरा करने में A को कितना समय लगेगा?

(a) $12\frac{1}{2}$ दिन (b) $15\frac{2}{3}$ दिन

(c) 10 दिन (d) $8\frac{4}{5}$ दिन

Ans. (d) **15 / A — 24 दिन**
18 / B — 20 दिन → **360 (कुल कार्य)**
20 / C — 18 दिन

6 दिनों तक (B + C) द्वारा किया गया कुल कार्य
$= (18+20) \times 6$
$= 228$ कार्य

∴ शेष कार्य को A द्वारा अकेले करने में लगा समय

$= \frac{(360-228)}{15}$

$= \frac{132}{15} = 8\frac{4}{5}$ दिन **Ans.**

59. A, B और C व्यक्तिगत रूप से किसी कार्य को क्रमशः 24 दिन, 16 दिन और 32 दिनों में पूरा कर सकते है। यदि A और C ने कार्य शुरू किया तथा 6 दिनों तक कार्य करके छोड़ दिया, तो शेष कार्य पूरा करने में B को कितने दिन लगेंगे?

(a) $17\frac{1}{2}$ दिन (b) $7\frac{1}{2}$ दिन

(c) $12\frac{1}{2}$ दिन (d) 9 दिन

Sol. (d) **4 / A — 24 दिन**
6 / B — 16 दिन → **96 (कुल कार्य)**
3 / C — 32 दिन

(A + C) द्वारा 6 दिनों में किया गया कार्य $= 6 \times (4+3)$
$= 42$ कार्य

∴ शेष कार्य पूरा करने में B को लगा समय $= \frac{(96-42)}{6}$

$= \frac{54}{6} = 9$ दिन

60. वैभव एक काम को 60 दिनों में कर सकता है। वह वहां 15 दिन कार्य करता है और फिर संदीप अकेला शेष कार्य को 30 दिनों में पूरा करता है। वैभव और संदीप एक साथ काम करते हुए तिने दिनों में काम खत्म करेंगे?

(a) 20 दिन (b) 24 दिन

(c) 18 दिन (d) 22 दिन

Sol. (b) माना कि वैभव द्वारा 1 दिन का कार्य (क्षमता) = x

∴ वैभव द्वारा किया गया कुल कार्य = (60 × x)

∴ 15 दिनों में वैभव द्वारा किया गया कार्य = 15x

संदीप द्वारा शेष कार्य को 30 दिन में पूरा किया गया।

∴ संदीप की 1 दिन का कार्य (क्षमता) $= \frac{(60x-15x)}{30}$
$= 1.5x$

∴ वैभव और संदीप द्वारा कार्य को करने में लगा कुल समय

$= \frac{60x}{x+1.5x} = 24$ दिन **Ans.**

61. एक साथ काम करते हुए, A और B एक कार्य को 12 दिनों में पूरा कर सकते है। वे 9 दिनों तक साथ में कार्य करते है और उसके बाद B उस कार्य को छोड़ देता है। यदि A शेष कार्य को 5 दिनों में पूरा करता है, तो B को पूरा कार्य करने में कितने दिन लगेंगे?

(a) 12 दिन (b) 24 दिन

(c) 30 दिन (d) 15 दिन

Sol. (c) माना कि A की क्षमता = x

B की क्षमता = y

प्रश्नानुसार,

$(x + y) \times 12 = (x + y) \times 9 + 5x$

$12x + 12y = 9x + 9y + 5x$

$3y = 2x$

∴ $x : y = 3 : 2$

∴ कुल कार्य = $(3 + 2) \times 12 = 60$

∴ B को अकेले कार्य समाप्त करने में कुल दिन

$= \frac{60}{2} = 30$ दिन **Ans.**

62. A, B और C एक कार्य को क्रमशः 36 दिनों, 54 दिनों और 108 दिनों में पूरा कर सकते है। उन्होंने एक साथ कार्य करना शुरू किया, लेकिन कार्य शुरू होने के 9 दिनों के बाद A ने कार्य करना छोड़ दिया और कार्य पूरा होने के 3 दिन पहले B ने भी कार्य करना छोड़ दिया। C ने कितने दिन कार्य किया?

(a) 29 (b) 33
(c) 31 (d) 30

Sol. (a) **3 / A — 36 दिन**
2 / B — 54 दिन ⟶ **108 (कुल कार्य)**
1 / C — 108 दिन

माना कि शेष कार्य को x दिनों में समाप्त किया गया।

∴ 9(A + B + C) की क्षमता + (x – 3) B की क्षमता + x×C की क्षमता = 108

$9(3 + 2 + 1) + (x - 3)(2) + x \times 1 = 108$

$2x - 6 + x = 54$

$3x = 60$

∴ $x = 20$

∴ C ने कुल (9 + x) दिन कार्य किया।

(9 + 20) दिन = 29 दिन **Ans.**

63. A, B और C एक कार्य को क्रमशः 20, 35 और 60 दिनों में कर सकते है। उन्होंने एक साथ कार्य आरंभ किया, लेकिन B और C ने कार्य पूरा होने से क्रमशः 8 और 12 दिन पहले काम छोड़ दिया। अब वह कार्य कितने दिनों में पूरा होगा?

(a) 12 दिन (b) 10 दिन
(c) 15 दिन (d) 20 दिन

Sol. (c) **21 / A = 20 दिन**
12 / B = 35 दिन ⟶ **420 (कुल कार्य)**
7 / C = 60 दिन

माना कि कार्य को समाप्त करने में A को x दिन लगेगा।

∴ B (x – 8) दिन कार्य करेगा।

C (x – 12) दिन कार्य करेगा।

प्रश्नानुसार,

∴ $(x \times 21) + (x - 8)\,12 + (x - 12) \times 7 = 420$

$21x + 12x - 96 + 7x - 84 = 420$

$40x = 600$

∴ $x = 15$ दिन

अतः कुल कार्य 15 दिनों में पूर्ण होगा। **Ans.**

64. A और B किसी कार्य को 15 दिन में कर सकते है, जबकि B और C उसी कार्य को 12 दिन में कर सकते है और C और A उसी कार्य को 10 दिन में कर सकते है। वे सभी एक साथ 5 दिन तक कार्य करते है और फिर B और C कार्य छोड़ देते है। A को कार्य पूरा करने में और कितने दिन लगेंगे?

(a) 12 (b) 15
(c) 4 (d) 9

Sol. (d) **4 / (A+B) = 15 दिन**
5 / (B+C) = 12 दिन ⟶ **60 (कार्य)**
6 / (C+A) = 10 दिन
15 / 2(A+B+C)

∴ A + B + C की क्षमता $= \frac{15}{2}$

∴ A की क्षमता $= \frac{15}{2}$ – (B + C) की क्षमता

$= \frac{15}{2} - 5 = \frac{5}{2}$

अब, (A + B + C) द्वारा 5 दिनों का कार्य

$= \frac{15}{2} \times 5 = \frac{75}{2}$ कार्य

शेष कार्य को A द्वारा अकेले करने में लगा समय

$= \frac{(60 - 75/2)}{5/2} = 9$ दिन

65. A और B एक साथ एक कार्य को 16 दिन में करते है। वे एक साथ कार्य शुरू करते है और 4 दिन बाद A कार्य छोड़कर चला जाता है तथा B शेष कार्य को 24 दिनों में समाप्त करता है। B को अकेले कार्य करने में कितने दिन लगेंगे?

(a) 32 दिन (b) 30 दिन
(c) 34 दिन (d) 24 दिन

Sol. (a) (A + B) का कुल कार्य समय = 16 दिन

(A + B) का 4 दिन साथ कार्य किया।

∴ (A + B) का शेष 12 (16 – 4) दिन का कार्य

= B का 24 दिन का कार्य

12 (A + B) = 24 B

12A = 12B

A : B = 1 : 1 (क्षमता)

∴ कुल कार्य = 16× (1+1) = 32

∴ B को अकेले कार्य समाप्त करने में लगा समय

$= \frac{32}{1} = 32$ दिन **Ans.**

66. P अकेला एक कार्य को 18 दिनों में पूरा कर सकता है। P और Q एक साथ कार्य करते हुए इसे 15 दिनों में पूरा कर सकते है। उन्होंने एक साथ कार्य शुरू किया। 10 दिनों के बाद Q ने कार्य छोड़ दिया। अब, P को अकेले उस कार्य को पूरा करना है। P को शेष कार्य को पूरा करने में कितने दिन लगेंगे?

(a) 5 दिन (b) 7 दिन

(c) 6 दिन (d) 8 दिन

Sol. (c) 5 / P = 18 दिन
6 / (P+Q) = 15 दिन → 90 (कुल कार्य)

(P + Q) द्वारा 10 दिनों तक साथ कार्य करने पर किया कुल कार्य = 6×10 = 60 कार्य

∴ P को अकेले अब शेष कार्य करने में लगा समय

$= \frac{(90-60)}{5} = 6$ दिन **Ans.**

67. अनिल एक काम को 14 दिन में करता है और रोहित उसी काम को 21 दिन में करता है, दोनों एक साथ कुछ दिन साथ काम करते है और फिर अनिल काम छोड़कर चला जाता है। यदि रोहित को 3 दिन अकेले काम करना पड़ता है तो कुल कार्य कितने दिन में समाप्त हो जाएगा?

(a) $\frac{31}{5}$ दिन (b) $\frac{51}{5}$ दिन

(c) $\frac{21}{5}$ दिन (d) $\frac{13}{5}$ दिन

Sol. (b) 3 / अनिल = 14 दिन
2 / रोहित = 21 दिन → 42 (कुल कार्य)

माना कि कार्य को x दिनों में समाप्त करते है।

∴ (3 + 2) (x – 3) + 2 × 3 = 42

5x – 15 + 6 = 42

5x = 51

$x = \frac{51}{5}$ दिन

∴ कुल कार्य को समाप्त होने में $\frac{51}{5}$ दिन लगेंगे।

Type - VI

68. वरूण और श्याम किसी काम को 3 दिन में पूरा कर सकते है, श्याम और अनिल इसे 4 दिन में पूरा कर सकते है तथा अनिल और वरूण उसी काम को 6 दिन में पूरा कर सकते है। अनिक अकेले इस काम को कितने दिन में पूरा कर पाएगा?

(a) 22 दिन (b) 24 दिन

(c) 18 दिन (d) 20 दिन

Sol. (b) 4 / (वरुण + श्याम) = 3 दिन
3 / (श्याम + अनिल) = 4 दिन → 12 (कार्य)
2 / (अनिल + वरुण) = 6 दिन
9 / 2 (वरुण + श्याम + अनिल)

वरूण + श्याम + अनिल की क्षमता $= \frac{9}{2}$

∴ अनिल की क्षमता $= \frac{9}{2}$ – (वरूण+श्याम) की क्षमता

$= \frac{9}{2} - 4 = \frac{1}{2}$

∴ अनिल को अकेले कार्य में लगा समय $= \frac{12}{1/2} = 24$ दिन

69. x और y मिलकर किसी काम को $2\frac{2}{5}$ दिनों में पूरा कर सकते है, y और z मिलकर इसी काम को 3 दिनों में पूरा कर सकते है और x और z मिलकर इसी काम को 4 दिनों में कर सकते है। x, y और z तीनों एक साथ मिलकर यह काम करे तो काम को पूरा करने में उन्हें कितने दिनों का समय लगेगा?

(a) 2 दिन (b) 1 दिन

(c) $\frac{1}{2}$ दिन (d) $2\frac{1}{2}$ दिन

Sol. (a) $25 / (x + y) = 2\frac{2}{5}$ दिन $= \frac{12}{5}$ दिन
$20 / (y + z) = 3$ दिन → 60 (कार्य)
$15 / (z + x) = 4$ दिन
$60 / 2(x + y + z)$

$\therefore$ (x + y + z) की क्षमता $= \frac{60}{2} = 30$

$\therefore$ तीनों को एक मिलकर कार्य समाप्त करने में लगा समय

$= \frac{60}{30} = 2$ दिन

70. अमित और सुनील मिलकर एक काम को 9 दिनों में पूरा कर सकते है, सुनील और दिनेश मिलकर उसी काम को 12 दिनों में पूरा कर सकते है और अमित एवं दिनेश मिलकर उसी कार्य को 18 दिनों में पूरा कर सकता है। यदि अमित, सुनील और दिनेश एक साथ मिलकर काम करते है, तो वे कितने दिनों में काम पूरा करेंगे?

(a) 16 दिन (b) 12 दिन
(c) 14 दिन (d) 8 दिन

Sol. (d)
4 / (अमित + सुनील) = 9 दिन
3 / (सुनील + दिनेश) = 12 दिन → 36 (कार्य)
2 / (अनिल + दिनेश) = 18 दिन
9 / 2 (अमित + सुनील + दिनेश)

$\therefore$ अमित+सुनील+दिनेश की क्षमता $= \frac{9}{2}$

$\therefore$ (अमित+सुनील+दिनेश) साथ मिलकर कार्य को समाप्त करने में लिये गये समय $= \frac{36}{9/2} = 8$ दिन **Ans.**

71. विजय और साहित मिलकर एक कार्य को 40 दिनों में पूरा कर सकते है, साहिल और रंजीत उसी कार्य को 48 दिनों में पूरा कर सकते है और रंजीत तथा विजय उसी कार्य को 60 दिनों में पूरा कर सकते है। तीनों साथ मिलकर उसी कार्य को कितने दिनों में पूरा कर सकते है?

(a) 16 दिन (b) 24 दिन
(c) 32 दिन (d) 38 दिन

Sol. (c)
24 / (विजय + साहिल) = 40 दिन
20 / (साहिल + रंजीत) = 48 दिन → 960 (कार्य)
16 / (रंजीत + विजय) = 60 दिन
60 / 2 (विजय + साहिल + रंजीत)

$\therefore$ (रंजीत+साहिल+विजय) की कार्यक्षमता $= \frac{60}{2} = 30$

$\therefore$ तीनों को साथ मिलकर कार्य समाप्त करने में लगा समय

$= \frac{960}{30} = 32$ दिन **Ans.**

72. A और B किसी कार्य को 72 दिन में कर सकते है। B और C उसी काम को 120 दिन में कर सकते है तथा A और C मिलकर उसे 90 दिन में कर सकते है। बताइए A अकेला उस काम को कितने दिन में करेगा?

(a) 120 दिन (b) 130 दिन
(c) 150 दिन (d) 100 दिन

Sol. (a)
5 / (A + B) = 72 दिन
3 / (B + C) = 120 दिन → 360 (कार्य)
4 / (C + A) = 90 दिन
12 / 2(A + B + C)

$\therefore$ (A + B + C) की कुल क्षमता $= \frac{12}{2} = 6$

$\therefore$ A की क्षमता = 6 – (B + C) की क्षमता
= 6 – 3 = 3

$\therefore$ A को अकेले कार्य करने में लगा समय

$= \frac{360}{3} = 120$ दिन **Ans.**

73. A और B किसी कार्य को 30 दिनों में समाप्त कर सकते है। B और C इसी कार्य को 24 दिनों में तथा A और C इसी कार्य को एक साथ 40 दिनों में समाप्त कर सकते है। यदि ये तीनों साथ कार्य करे तो उन्हें कार्य समाप्त करने में कितना समय लगेगा?

(a) 20 दिन (b) 5 दिन
(c) 10 दिन (d) 15 दिन

Sol. (a)
4 / (A + B) = 30 दिन
5 / (B + C) = 24 दिन → 120 (कुल कार्य)
3 / (C + A) = 40 दिन
12 / 2(A + B + C)

$\therefore$ (A + B + C) की क्षमता $= \frac{12}{2} = 6$

$\therefore$ तीनों के साथ मिलकर कार्य समाप्त करने में लगा समय

$= \frac{120}{6} = 20$ दिन

74. A और B मिलकर किसी काम को 36 दिनों में पूरा कर सकते है। B और C मिलकर उसी काम को 60 दिनों में पूरा करते है और A और C मिलकर उसी काम को 45 दिनों में पूरा कर सकते है। कितने दिनों में, B अकेले उसी काम को पूरा कर सकता है?

(a) 180 (b) 60

(c) 100 (d) 90

Sol. (d) **15 / (A + B) = 36 दिन**

9 / (B + C) = 60 दिन → **540 (कुल कार्य)**

12 / (C + A) = 45 दिन

36 / 2 (A + B + C)

$\therefore$ (A + B + C) की क्षमता $= \frac{36}{2} = 18$ दिन

$\therefore$ B की क्षमता = 18 – (A + C) की क्षमता

$= 18 - 12$

$= 6$

अतः B को अकेले काम करने में लगा समय

$= \frac{540}{6} = 90$ दिन **Ans.**

75. B की क्षमता A से तिगुनी है और C की कार्यक्षमता A से 0.75 गुना है। A, B और C द्वारा लिए गए दिनों की संख्या का अनुपात ज्ञात करे, जब वे व्यक्तिगत रूप से काम करते है?

(a) 4 : 1 : 3 (b) 3 : 1 : 4

(c) 2 : 3 : 1 (d) 5 : 1 : 2

Sol. (b) कार्य क्षमता = A : B : C

= 1 : 3 : 0.75

= 4 : 12 : 3

दिन $= \frac{1}{4} : \frac{1}{12} : \frac{1}{3}$

$= \frac{1}{4}\times 12 : \frac{1}{12}\times 12 : \frac{1}{3}\times 12$

अतः तीनों द्वारा लिए गए दिनों की संख्या का अनुपात

= 3 : 1 : 4 **Ans.**

Type - VII

76. दो पुरुष और 7 महिलाएं किसी कार्य को 28 दिन में पूरा कर सकते है जबकि 6 पुरुष और 16 महिला उसी कार्य को 11 दिन में पूरा कर सकते है। 7 पुरुष उसी कार्य को कितने दिनों में समाप्त करेंगे?

(a) 12 दिन (b) 11 दिन

(c) 24 दिन (d) 22 दिन

Sol. (d) $(2M + 7F) \times 28 = (6M + 16F) \times 11$

$56M + 196F = 66M + 176F$

$20F = 10M$

$\therefore \quad M : F = 2 : 1$

16 Female = 8 Male

माना कि 7 पुरुष उस कार्य को x दिनों में कर सकते है।

$\therefore$ (6M + 16F/8M) का 11 दिन का कार्य $= x \times 7$

$\Rightarrow \quad (6 + 8) \times 11 = x \times 7$

$\Rightarrow \quad 14\times11 = 7x$

$\therefore \quad x = 22$ दिन

अतः 7 पुरुष उसी कार्य को 22 दिनों में समाप्त करेंगे।

77. 6 पुरुष और 8 महिलाएं और इसी प्रकार 3 पुरुष और 13 महिलाएं किसी कार्य को 10 दिन में समाप्त कर सकती है। यदि महिलाएं अकेले कार्य करती है तो 6 महिलाएं उसी कार्य को कितने दिन में पूरा करेगी-

(a) 35 दिन (b) 32 दिन

(c) 30 दिन (d) 25 दिन

Sol. (c) $6M + 8F = 3M + 13F$

$3M = 5F$

$M : F = 5 : 3$

माना कि 6 महिलाएं x दिनों में कार्य करेगी।

$(6M + 8F) \times 10 = 6F \times x$

$(6\times5 + 8\times3) \times 10 = 6\times3\times x$

$54\times10 = 18\times x$

$\therefore \quad x = 30$

अतः 6 महिलाएं इसे 30 दिनों में कार्य समाप्त करेंगे।

78. कोई पुरुष किसी कार्य को 6 दिन में कर सकता है, जबकि महिला उसी कार्य को 12 दिन में कर सकती है। 1 पुरुष और 1 महिला एक साथ कार्य करते हुए, उस कार्य को कितने दिनों में कर पाएंगे-

(a) 5 दिन (b) 3½ दिन

(c) 4 दिन (d) 3 दिन

Sol. (c) $M \times 6 = F \times 12$

$M : F = 2 : 1$

$\therefore$ 1 महिला एवं 1 पुरुष साथ मिलकर कार्य को समाप्त x दिनों में करेंगे।

$2 \times 6 = (2 + 1) \times x$

$x = 4$ दिन

अतः 4 दिनों में कार्य समाप्त हो जाएगा।

79. 5 पुरुष और दो महिलाएं किसी कार्य को 9 दिन में कर सकती है, जबकि 11 पुरुष और 5 महिलाएं उसी कार्य को 4 दिन में कर सकती है। उसी कार्य को 6 दिन में पूरा करने के लिए, आवश्यक महिलाओं की संख्या ज्ञात करे-

(a) 20 (b) 18
(c) 16 (d) 15

Sol. (b) $(5M + 2F) \times 9 = (11M + 5F) \times 4$
$45M + 18F = 44M + 20F$
$M : F = 2 : 1$

माना कि 6 दिन में कार्य समाप्त करने के लिए x दिनों में आवश्यकता होगी।

$(5 \times 2 + 2 \times 1) \times 9 = x \times 6$
$x = 18$

अतः 18 महिलाओं की आवश्यकता होगी। **Ans.**

80. 12 पुरुष, किसी रंगाई कार्य को 8 दिन में पूरा कर सकते है जबकि, 16 महिलाएं उसी रंगाई कार्य को 12 दिन में पूरा कर सकती है। 8 पुरुष घर को रंगना शुरू करते है। 6 दिन रंगाई के बाद, 2 पुरुषों के स्थान पर 4 महिलाएं शामिल होती है। अब उन्हें शेष रंगाई कार्य को पूरा करने में कितने दिनों का समय लगेगा?

(a) 8 दिन (b) 5 दिन
(c) 6 दिन (d) 4 दिन

Sol. (c) $12 \times 8 = 16F \times 12$
$M : F = 2 : 1$ (क्षमता)

माना कि शेष रंगाई कार्य को D दिन में पूरा करेंगे।

प्रश्नानुसार,

$8 \times M \times 6 + [(8-2) \times M + 4F] \times D = 12M \times 8$
$8 \times 2 \times 6 + [(6) \times 2 + 4 \times 1] \times D = 12 \times 2 \times 8$
$96 + 16D = 192$
$16D = 96$
$D = 6$ दिन

अतः शेष रंगाई कार्य को पूर्ण करने में 6 दिन का और समय लगेगा।

81. 6 आदमी किसी कार्य को 64 दिनों में पूरा करते है। 24 औरतें इसी कार्य को 32 दिन में पूरा करती है। 16 आदमी और 24 औरतें 12 दिन तक कार्य करते है, जिसके बाद 8 आदमी और 8 औरतें कार्य छोड़ देते है। कार्य कितने दिनों में पूरा होगा?

(a) 18 दिन (b) 15 दिन
(c) 3 दिन (d) 6 दिन

Sol. (b) 6 आदमी कार्य को 64 दिनों में पूरा करते है।

$\therefore$ कुल कार्य $= 6 \times 64 = 384$ कार्य

$\therefore$ प्रत्येक व्यक्ति प्रतिदिन कार्य करेंगे

$= \frac{384}{6 \times 64} = 1$ कार्य

प्रत्येक औरत प्रतिदिन कार्य करेगी

$= \frac{384}{24 \times 32} = \frac{1}{2}$ कार्य

$\therefore$ 16 आदमी और 24 औरतें 12 दिन में कार्य करेंगे

$= \left(16 \times 1 \times 12 + 24 \times \frac{1}{2} \times 12\right)$ कार्य

$= 336$ कार्य

$\therefore$ शेष कार्य $= (384 - 336)$ कार्य $= 48$ कार्य

$\therefore$ शेष कार्य को पूरा करने में लगा समय

$= \frac{48}{(8 \times 1 + 16 \times \frac{1}{2})} = 3$ दिन

इस प्रकार कुल कार्य पूरा होने में लगा समय

$= (12+3)$ दिन

$= 15$ दिन

82. 10 पुरुष या 15 महिलाएं, किसी कार्य को 30 दिन में पूरा कर सकते है। 15 पुरुष और 27 महिलाएं उसी कार्य को कितने दिन में पूरा कर सकते है?

(a) $9\frac{1}{11}$ दिन (b) $5\frac{5}{11}$ दिन
(c) $9\frac{5}{11}$ दिन (d) $5\frac{1}{11}$ दिन

Sol. (a) $10M = 15F$
$M : F = 3 : 2$

$\therefore$ 15 पुरुष एवं 27 महिलाओं को काम करने में लगा समय

$\Rightarrow 10M \times 30 = (15M + 27F) \times x$ दिन
$\Rightarrow 10 \times 3 \times 30 = (15 \times 3 + 27 \times 2) \times x$ दिन
$\Rightarrow 900 = (45+54) \times x$ दिन
$\Rightarrow x = \frac{900}{99}$
$\therefore x = 9\frac{1}{11}$ दिन **Ans.**

83. 4 पुरुष और 6 महिलाएं 5 दिन में एक निश्चित काम को पूरा कर सकते है, जबकि 3 पुरुष और 4 महिलाएं इसे 7 दिनों में पूरा कर सकते है। उस काम का 2½ गुना काम 5 दिनों में पूरा करने के लिए कितने पुरुषों को 25 महिलाओं की सहायता करनी चाहिए?

(a) 10 (b) 8
(c) 4 (d) 5

Sol. (d) $5(4M+6F) = 7(3M+4F)$
$20M+30F = 21M+28F$
$M:F = 2:1$
$\therefore$ कुल कार्य $= 5(4M+6F)$
$= 5(4\times2+6\times1)$
$= 70$ कार्य

माना कि 5 दिनों में 2½ गुणा कार्य करने के लिए x पुरुष की आवश्यकता होगी।

$\therefore$ $70\times2\frac{1}{2} = (x\times M+25\times F)\times5$
$\Rightarrow$ $175 = (x\times2+25\times1)\times5$
$\Rightarrow$ $175 = 10x+125$
$\Rightarrow$ $10x = 50$
$\therefore$ $x = 5$

अतः 5 पुरुष की आवश्यकता होगी। **Ans.**

84. 3 पुरुष, 4 महिलाएं और 6 लड़के मिलकर किसी काम को 6 दिनों में पूरा करते है। एक दिन में एक पुरुष जितना काम करता है, महिला उससे तीन गुना काम करती है और एक पुरुष की तुलना में एक लड़का आधा काम करता है। कितनी महिलाएं अकेले ही उस काम को 4 दिन में पूरा कर सकेगी?

(a) 8 (b) 9
(c) 7 (d) 6

Sol. (b) प्रश्नानुसार,
$\Rightarrow$ $W = 3M$
$\Rightarrow$ $M:W = 1:3$
$\Rightarrow$ $B = M/2$
$\Rightarrow$ $M:B = 2:1$

पुरुष, महिला एवं लड़के की दक्षता
$(M:W:B) = 2:6:1$
कुल कार्य $= (3M+4W+6B)\times6$
$= (3\times+4\times6+6\times1)\times6$
$= 216$

मान लीजिए, x महिलाएं अकेले कार्य करते हुए इस कार्य को 4 दिन में पूरा कर सकते है तो
$\Rightarrow$ $x\times6\times4 = 216$
$\Rightarrow$ $x = 9$ दिन

85. 20 महिलाएं किसी काम को 16 दिन में कर सकती है। 16 पुरुष उसी काम को 15 दिन में कर सकते है। एक पुरुष और एक महिला की क्षमता के बीच अनुपात कितना है?

(a) 3 : 4 (b) 4 : 3
(c) 5 : 3 (d) 5 : 7

Sol. (b) 20 महिलाएं × 16 = 16 पुरुष × 15
4 महिलाएं = 3 पुरुष
अतः पुरुष तथा महिला की क्षमता = 4 : 3 **Ans.**

86. 4 पुरुष और 5 महिलाएं किसी कार्य को 15 दिनों में समाप्त कर सकती है जबकि 9 पुरुष और 6 महिलाएं इसी कार्य को 10 दिनों में कर सकती है। इसी कार्य को 7 दिनों में पूरा करने के लिए कितनी महिलाओं को 4 पुरुषों की सहायता करनी चाहिए?

(a) 11 (b) 14
(c) 12 (d) 13

Sol. (d) $(4M+4W)15 = (9M+6W)10$
$12M+15W = 18M+12W$
$6M = 3W$
$M:W = 1:2$
अतः पुरुष एवं महिला की क्षमता = 1 : 2

प्रश्नानुसार,
$(4M+5W)\times15 = (4M+xW)\times7$
$\Rightarrow (4\times1+5\times2)\times15 = (4\times1+x\times2)7$
$\Rightarrow$ $210 = 28+14x$
$\Rightarrow$ $14x = 182$
$\therefore$ $x = 13$

अतः इस काम को 7 दिन में समाप्त करने के लिए 13 महिलाओं को 4 पुरुष की सहायता करनी चाहिए।

87. 2 पुरुष और 7 महिलाएं 28 दिनों में एक कार्य को पूरा कर सकते है, जबकि 6 पुरुष और 16 महिलाएं 11 दिनों में कार्य को पूरा कर सकते है। 5 पुरुष और 4 महिलाएं एक साथ कितने दिनों में कार्य को पूरा करेंगे?

(a) 18 दिन (b) 14 दिन
(c) 22 दिन (d) 20 दिन

Sol. (c) $(2M+7W)28 = (6M+16W)11$
$\Rightarrow$ $56M+196W = 66M+176W$
$\Rightarrow$ $10M = 20W$
$\Rightarrow$ $M:W = 2:1$
अतः पुरुष तथा महिला की क्षमता = 2 : 1

प्रश्नानुसार,
$(2M+7W)28 = (5M+4W)\times x$ दिन
$(2\times2+7\times1)28 = (5\times2+4\times1)\times x$ दिन
$308 = 14x$
$\therefore$ $x = 22$ दिन

अतः 5 पुरुष और 4 महिला एक साथ 22 दिन में कार्य समाप्त करेंगे।

88. 18 पुरुष किसी कार्य को 9 दिनों में पूरा कर सकते है। उनके 5 दिनों तक कार्य कर लेने के बाद, 6 अतिरिक्त पुरुष उनके साथ हो गए। शेष कार्य करने में उन्हें कितना समय लगेगा?

(a) 3 दिन(b) 2½ दिन
(c) 2 दिन(d) 3½ दिन

Sol. (a) कुल कार्य = 18×9 = 162 कार्य

उनके द्वारा पांच दिन कार्य करने पर कुल कार्य
= 18×5 = 90 कार्य

∴ शेष कार्य = (162 – 90) कार्य = 72 कार्य

6 अतिरिक्त पुरुष के साथ काम करने में लगा समय

$= \frac{72}{18+6} = 3$ दिन **Ans.**

89. 3 पुरुष 4 महिलाएं तथा 6 लड़के एक साथ किसी कार्य को 6 दिन में कर सकते है। एक महिला एक पुरुष की तुलना में तिगुना कार्य करती है तथा एक लड़का एक पुरुष की तुलना में आधा कार्य करता है। इस कार्य को 4 दिनों में करने के लिए कितनी महिलाओं की आवश्यकता होगी–

(a) 9 (b) 6
(c) 8 (d) 7

Sol. (a) पुरुष : महिला : लड़के की क्षमता = 2 : 6 : 1

∴ कुल कार्य = (3M + 4W + 6B) × 6
= (3×2 + 4×6 + 6×1)×6
= 216 कार्य

माना कि 4 दिन में काम समाप्त करने के लिए x महिलाओं की आवश्यकता होगी।

∴ $\frac{\text{कुल कार्य}}{\text{महिला} \times \text{क्षमता}} = 4$ दिन

$\frac{216}{x \times 6} = 4$

∴ x = 9 महिलाएं

अतः 9 महिलाओं की आवश्यकता होगी। **Ans.**

90. 5 पुरुष 20 दिनों में काम पूरा कर सकते है। दस महिलाएं उसी कार्य को 15 दिनों में पूरा कर सकती है। दो पुरुषों और छह महिलाओं ने एक साथ काम करना शुरू किया। 5 दिनों के बाद, तीन महिलाओं ने काम छोड़ दिया और एक नया आदमी काम में शामिल हो गया। समूह ने काम के अंत तक एक साथ काम करना जारी रखा। शेष कार्य को वे कितने दिनों में कर सकेंगे?

(a) 14 दिन (b) 19 दिन
(c) $18\frac{1}{3}$ दिन (d) $16\frac{2}{3}$ दिन

Sol. (a)
5M×20 = 10W × 15
2M = 3W
M : W = 3 : 2

अतः पुरुषों एवं महिलाओं की क्षमताएं 3 : 2

∴ कुल कार्य = 5M×20
= 5×3×20
= 300 कार्य

प्रश्नानुसार,

(2M + 6W)×5 + (3M + 3W) x दिन = 300
⇒ (2×3 + 6×2) × 5 + (3×3 + 3×2) x = 300
⇒ 90 + 15x = 300
⇒ 15x = 210
∴ x = 14

अतः शेष कार्य को करने में 14 दिन और लगेंगे। **Ans.**

91. 25 पुरुष एक कार्य को 16 दिनों में पूरा कर सकते है। कार्य शुरू करने के चार दिन बाद, 5 और पुरुष, समान कारीगरी के साथ उनके साथ शामिल हो गए। शेष कार्य को पूरा करने के लिए सभी को कितने दिनों की आवश्यकता होगी?

(a) 12 दिन (b) 10 दिन
(c) 15 दिन (d) 18 दिन

Sol. (b) कुल कार्य = 25×16 = 400 कार्य

प्रश्नानुसार,

शेष कार्य समाप्त करने में कुल x दिनों की आवश्यकता होगी।

∴ (25×4) + (25+5) × x = 400
30x = 300
x = 10

अतः 10 दिनों में शेष कार्य समाप्त हो जाएगी।

92. 16 पुरुष किसी कार्य को 8 दिनों में पूरा कर सकते है। 8 पुरुष तथा 9 महिलाएं एक साथ कार्य करके इसी कार्य को 10 दिनों में पूरा कर सकती है। इस कार्य को 20 महिलाएं कितने दिनों में पूरा करेंगे?

(a) 13 दिन (b) 12 दिन
(c) 9 दिन(d) 11 दिन

Sol. (b)
16M×8 = (8M + 9W) 10
64 M = 40M + 45W
24M = 45M
M : W = 15 : 8
∴ कुल कार्य = 16M × 8

$= 16 \times 15 \times 8$

$= 1920$ कार्य

20 महिलाओं को काम करने में लगा समय

$$= \frac{1920}{20W} = \frac{1920}{20 \times 8} = 12 \text{ दिन}$$

93. एक आदमी किसी कार्य को 15 दिन में कर सकता है। एक महिला इसी कार्य को 10 दिनों में पूरा कर सकती है। दोनों 5 दिन तक साथ काम करते है फिर, आदमी इस कार्य को छोड़ देता है। शेष कार्य को पूरा करने में महिला को कितने दिन लगेंगे?

(a) $2\frac{1}{2}$ दिन (b) $1\frac{1}{3}$ दिन

(c) $2\frac{2}{3}$ दिन (d) $1\frac{2}{3}$ दिन

Sol. (d) $1M \times 15 = 1W \times 10$

$M : W = 2 : 3$

∴ पुरुष तथा महिला की क्षमता $= 2 : 3$

∴ कुल कार्य $= 1M \times 15 = 1 \times 2 \times 15 = 30$ कार्य

प्रश्नानुसार,

शेष कार्य को पूरा करने में लगा समय = x दिन

∴ $(1M + 1W)\,5 + (1W) \times x = 30$

$(1 \times 2 + 1 \times 3)\,5 + (1 \times 3) \times x = 30$

$3x = 5$

∴ $x = 1\frac{2}{3}$ दिन

अतः शेष कार्य करने में $1\frac{2}{3}$ दिन लगेंगे। **Ans.**

94. 3 पुरुष, 4 महिलाएं तथा 6 बच्चे किसी कार्य को 7 दिनों में पूरा कर सकते है। एक महिला एक पुरुष की तुलना में दो गुना कार्य करती है तथा एक बच्चा एक पुरुष की तुलना में आधा कार्य करता है। कितनी महिलाएं अकेले इस कार्य को 7 दिनों में पूरा कर लेगी?

(a) 6 दिन(b) 7 दिन

(c) 9 दिन(d) 8 दिन

Sol. (b)

	पुरुष	:	महिला	:	बच्चा
क्षमता =	2	:	4	:	1

∴ कुल कार्य $= (3M + 4W + 6C) \times 7$

$= (3 \times 2 + 4 \times 4 + 6 \times 1) \times 7$

$= 28 \times 7$

$= 196$ कार्य

प्रश्नानुसार,

माना कि x महिलाएं इसको 7 दिनों में समाप्त करेंगे।

∴ $\frac{196}{x \times W} = 7$ दिन

$\frac{196}{x \times 4} = 7$

∴ $x = 7$ महिलाएं **Ans.**

95. 18 आदमी 14 दिनों में काम पूरा कर सकते है। 3 महिलाएं, 2 पुरुषों के जितना काम करती है। 5 पुरुषों और 6 महिलाओं ने काम शुरू किया और 4 दिनों तक जारी रखा। इसके बाद, 3 और पुरुष समूह में शामिल हो गए। कार्य को कुल कितने दिनों में पूरा किया गया?

(a) $21\frac{1}{3}$ दिन (b) $17\frac{1}{3}$ दिन

(c) 18 दिन (d) 22 दन

Sol. (d) $3W = 2M$

∴ $M : W = 3 : 2$

अतः पुरुष तथा महिला की क्षमता $= 3 : 2$

∴ कुल कार्य $= 18M \times 14$

$= 18 \times 3 \times 14$

$= 756$ कार्य

माना कि शेष कार्य x दिनों में पूर्ण हुआ।

⇒ $(5M + 6W) \times 4 + (8M + 6W) = 756$

$(5 \times 3 + 6 \times 2) \times 4 + (8 \times 3 + 6 \times 2)x = 756$

⇒ $27 \times 4 + 36x = 756$

⇒ $108 + 36x = 756$

$36x = 648$

∴ $x = 18$

∴ कुल कार्य समाप्त होने में लगा समय $= 4 + 18$

$= 22$ दिन

Type - VIII

96. 4 व्यक्ति प्रतिदिन 9 घंटे काम करते हुए किसी खेत में लगी फसल की कटाई 5 दिन में कर सकते है, उसी फसल को, 10 व्यक्ति यदि 3 दिनों में काटना चाहते है, तो उन्हें प्रतिदिन कितने घंटे काम करना होगा?

(a) 3 (b) 4

(c) 5 (d) 6

Sol. (d) $\frac{M_1 D_1 H_1}{W_1} = \frac{M_2 D_2 H_2}{W_2}$

$$\frac{4\times5\times9}{1} = \frac{10\times3\times H_2}{1}$$

$$H_2 = 6 \text{ घंटा}$$

अतः प्रतिदिन 6 घंटे कार्य करना होगा।

97. एक निश्चित कार्य को पूरा करने के लिए 20 व्यक्तियों को, दिन में 8 घंटे करते हुए, 15 दिनों का समय लगता है। उसी कार्य को 4 दिनों में पूरा करने के लिए, 60 व्यक्तियों को प्रतिदिन कितने घंटे कार्य करना चाहिए?

(a) 11 (b) 12
(c) 9 (d) 10

Sol. (d) $$\frac{M_1D_1H_1}{W_1} = \frac{M_2D_2H_2}{W_2}$$

$$\frac{20\times15\times8}{1} = \frac{60\times4\times H_2}{1}$$

$$H_2 = 10 \text{ घंटा}$$

अतः प्रतिदिन 10 घंटे कार्य करना होगा।

98. यदि 24 व्यक्ति प्रतिदिन 12 घंटे कार्य करके किसी काम को 15 दिन में पूरा करते है, तो 36 व्यक्ति प्रतिदिन 10 घंटे कार्य करते हुए उस काम की दोगुनी मात्रा को कितने दिन में पूरा करेंगे?

(a) 30 दिन (b) 32 दिन
(c) 12 दिन (d) 24 दिन

Sol. (d) $$\frac{M_1D_1H_1}{W_1} = \frac{M_2D_2H_2}{W_2}$$

$$\frac{24\times15\times12}{1} = \frac{36\times D_2\times10}{2}$$

$$D_2 = 24 \text{ दिन}$$

अतः कुल 24 दिन का समय लगता है।

99. यदि 4 व्यक्ति प्रतिदिन 9 घंटे काम करके एक खेत की फसल 5 दिनों में काट सकते है, तो 10 व्यक्ति प्रतिदिन 6 घंटे काम करके उसी खेत की फसल कितने दिनों में काट पाएंगे?

(a) 3 (b) 2
(c) 2 (d) 4

Sol. (a) $$\frac{M_1D_1H_1}{W_1} = \frac{M_2D_2H_2}{W_2}$$

$$\frac{4\times5\times9}{1} = \frac{10\times D_2\times6}{1}$$

$$D_2 = 3$$

अतः 3 दिनों में फसल काट पाएंगे।

100. 40 व्यक्ति प्रतिदिन 10 घंटे काम करते हुए, एक निश्चित कार्य 6 दिन में पूरा करते है। 30 व्यक्तियों द्वारा वही कार्य 10 दिनों में पूरा करने के लिए प्रतिदिन कितने घंटे पर्याप्त होंगे?

(a) 9 (b) 10
(c) 8 (d) 6

Sol. (c) $$\frac{M_1D_1H_1}{W_1} = \frac{M_2D_2H_2}{W_2}$$

$$\frac{40\times6\times10}{1} = \frac{30\times10\times H_2}{1}$$

$$H_2 = 8 \text{ घंटा}$$

अतः प्रतिदिन 8 घंटे कार्य करना होगा।

101. यदि 5 व्यक्ति मिलकर 5 घंटे में 5 चटाइयां बना सकते है, तो 10 व्यक्ति 10 घंटे में कितनी चटाइयां बनाएंगे-

(a) 20 चटाइयां (b) 10 चटाइयां
(c) 15 चटाइयां (d) 5 चटाइयां

Sol. (a) $$\frac{M_1H_1}{W_1} = \frac{M_2H_2}{W_2}$$

$$\frac{5\times5}{5} = \frac{10\times10}{W_2}$$

$$W_2 = 20$$

अतः वह 20 चटाइयां बनाएंगे।

102. 30 पुरुष प्रतिदिन 8 घंटे कार्य करके 16 दिनों में एक तालाब खोद सकते है। 32 पुरुष प्रतिदिन कितने घंटे कार्य करके 20 दिनों में दो समान तालाब खोद सकते है?

(a) प्रतिदिन 12 घंटे (b) प्रतिदिन 5 घंटे
(c) प्रतिदिन 7 घंटे (d) प्रतिदिन 8 घंटे

Sol. (a) $$\frac{M_1D_1H_1}{W_1} = \frac{M_2D_2H_2}{W_2}$$

$$\frac{30\times16\times8}{1} = \frac{32\times20\times H_2}{2}$$

$$H_2 = 12 \text{ घंटा}$$

अतः प्रतिदिन 12 घंटे कार्य करना होगा।

103. श्याम एक दिन में 10 घंटे कार्य करके किसी कार्य को 12 दिनों में पूरा कर सकता है। इस कार्य को 8 दिनों में पूरा करने के लिए उसे प्रतिदिन कितने घंटे कार्य करना चाहिए?

(a) 14 (b) 16
(c) 12 (d) 15

Sol. (d) $\frac{M_1D_1H_1}{W_1} = \frac{M_2D_2H_2}{W_2}$

$\frac{1\times12\times10}{1} = \frac{1\times8\times H_2}{1}$

$H_2 = 15$ घंटा

अतः प्रतिदिन 15 घंटे कार्य करना होगा।

104. यदि 6 आदमियों को 10 एकड़ जमीन जोतने के लिए 15 दिन की जरूरत होती है तो 10 दिनों में 50 एकड़ जमीन जोतने के लिए कितने आदमियों की जरूरत होगी?

(a) 45 (b) 40
(c) 55 (d) 50

Sol. (a) $\frac{M_1D_1}{W_1} = \frac{M_2D_2}{W_2}$

$\frac{6\times15}{10} = \frac{M_2\times10}{50}$

$M_2 = 45$

अतः 45 आदमियों की आवश्यकता होगी।

विविध (Miscellaneous)

105. A और B एक साथ किसी निश्चित कार्य को x दिनों में कर सकते है। अकेले कार्य करते हुए, A और B यही कार्य क्रमशः (x + 8) और (x + 18) दिनों में कर सकते है। A और B एक साथ इस कार्य का 5/6 भाग कितने दिनों में करेंगे?

(a) 9 दिन (b) 8 दिन
(c) 10 दिन (d) 12 दिन

Sol. (c) A द्वारा कार्य करने में लिया समय = (x + 8) दिन

B द्वारा कार्य करने में लिया समय = (x + 18) दिन

(A + B) द्वारा कार्य करने में लगा समय = $\sqrt{8\times18}$ = 12 दिन

इस प्रकार, (A + B) द्वारा $\frac{1}{12}$ दिन में 1 इकाई कार्य करता है।

$\therefore$ $\frac{5}{6}$ कार्य करने में लगा समय = $\frac{5}{6}\times12 = 10$ दिन

106. A और B क्रमशः 10 दिनों और 5 दिनों में एक कार्य कर सकते है। उन्होंने दो दिनों तक एक साथ कार्य किया, जिसके बाद B को C से हटा दिया गया और अगले तीन दिनों में कार्य समाप्त हो गया। C को अकेले 40% कार्य पूरा करने में कितना समय लगेगा?

(a) 18 दिन (b) 10 दिन
(c) 15 दिन (d) 12 दिन

Sol. (d) **1 / A — 10 दिन**, **2 / B — 5 दिन** → **10 (कुल कार्य)**

(A + B) द्वारा 2 दिन में किया गया कार्य = (1 + 2) × 2 = 6 कार्य

अगले दिनों में A द्वारा किया गया कार्य = 1×3 = 3 कार्य

C के लिए शेष कार्य = [10 – (6+3)] कार्य = 1 कार्य

$\therefore$ C की क्षमता = $\frac{1 \text{ कार्य}}{3 \text{ दिन}} = \frac{1}{3}$

अतः C को अकेले 40% काम करने में लगा समय

$= 10\times\frac{40}{100}\times3 = 12$ दिन

107. A, 4 दिनों में 20% कार्य कर सकता है, B वही कार्य का $33\frac{1}{3}\%$ भाग 10 दिनों में कर सकता है। उन्होंने 9 दिनों तक एक साथ कार्य किया। C ने शेष कार्य 6 दिनों में पूरा कर लिया। B और C मिलकर 75% को कितने दिनों में पूरा करेगा?

(a) 12 दिन (b) 15 दिन
(c) 10 दिन (d) 9 दिन

Sol. (c) A द्वारा काम पूर्ण करने में लगा समय = $\frac{4\times100}{20}$ = 20 दिन

B द्वारा काम पूर्ण करने में लगा समय = $10\times\frac{100}{100}\times3$ = 30 दिन

3 / A — 20 दिन, **2 / B — 30 दिन** → **60 (कुल कार्य)**

9 दिनों तक दोनों (A + B) द्वारा किया गया कार्य = (3 + 2) × 9 = 45 कार्य

$\therefore$ शेष कार्य = (60 – 45) = 15 कार्य

$\therefore$ C की क्षमता = $\frac{15 \text{ कार्य}}{6 \text{ दिन}} = 2.5$

अब B और C मिलकर कार्य का 75% करने में लिया गया कुल समय = $60\times\frac{75}{100}\times\frac{1}{(2+2.5)} = 10$ दिन **Ans**

108. किसी निश्चित कार्य को पूरा करने के लिए x, y की तुलना में 40% अधिक कार्य कुशल है तथा z, y से 40% कम कार्य कुशल है। एक साथ कार्य करते हुए, वे इस कार्य को 21 दिनों में पूरा कर सकते है। y तथा z ने 35 दिनों तक एक साथ कार्य किया। शेष कार्य A अकेला कितने दिनों में पूरा करेगा?

(a) 8 दिन (b) 6 दिन
(c) 5 दिन (d) 4 दिन

Sol. (c) x : y : z की क्षमता = 140 : 100 : 60 = 7 : 5 : 3

∴ कुल कार्य = कुल क्षमता × कुल दिन
$= (7+5+3) \times 21$
= 315 कार्य

(y + z) द्वारा 35 दिनों में किया गया कार्य
$= 35 \times (5+3)$
= 280 कार्य

शेष कार्य को A द्वारा करने में लगा समय
$= \frac{(315-280)}{7}$
$= \frac{35}{7} = 5$ दिन **Ans.**

109. A किसी कार्य का $\frac{2}{5}$ भाग 6 दिनों में कर सकता है तथा B इसी कार्य का $\frac{2}{3}$ भाग 12 दिनों में कर सकता है। A और B ने एक साथ 6 दिनों तक कार्य किया। C ने शेष कार्य 8 दिनों में पूरा किया। A और C एक साथ कार्य करते हुए इस कार्य को कितने समय में पूरा करेंगे?

(a) 12 दिन (b) 9 दिन
(c) 10 दिन (d) 8 दिन

Sol. (c) A द्वारा 1 कार्य पूर्ण कार्य करने में लगा समय
$= 6 \times \frac{5}{2} = 15$ दिन

B द्वारा 1 कार्य पूर्ण करने में लगा समय
$= 12 \times \frac{3}{2} = 18$ दिन

6 / A — 15 दिन
5 / B — 18 दिन → **90 (कुल कार्य)**

6 दिनों में (A + B) द्वारा किया गया कार्य
$= (6+5) \times 6 = 66$ कार्य

∴ C की क्षमता $= \frac{(90-66)}{8} = 3$

∴ (A + C) को मिलकर कार्य करने में लगा समय
$= \frac{90}{(6+3)} = 10$ दिन

110. A किसी कार्य का $\frac{4}{5}$ भाग 20 दिनों में कर सकता है जबकि B इसी कार्य का $\frac{3}{4}$ भाग 15 दिनों में कर सकता है। उन्होंने 10 दिनों तक एक साथ कार्य किया। C ने शेष कार्य 1 दिन में पूरा किया। B और C एक साथ इसी कार्य का $\frac{3}{4}$ भाग कितने दिनों में पूरा कर सकते है?

(a) 8 दिन (b) 5 दिन
(c) 4 दिन (d) 6 दिन

Sol. (b) A को कार्य पूर्ण करने में लगा समय $= 20 \times \frac{5}{4}$
= 25 दिन

B को कार्य पूर्ण करने में लगा समय $= 15 \times \frac{4}{3}$
= 20 दिन

4 / A — 25 दिन
5 / B — 20 दिन → **100 (कुल कार्य)**

10 दिनों तक (A + B) द्वारा किया गया कुल कार्य
$= (4+5) \times 10$
= 90 कार्य

∴ C की क्षमता $= \frac{(100-90) \text{ कार्य}}{1 \text{ दिन}} = 10$

(B + C) द्वारा कुल कार्य का $\frac{3}{4}$ भाग करने में लगा समय
$= 100 \times \frac{3}{4} \times \frac{1}{(5+10)}$
= 5 दिन **Ans.**

111. A, B और C किसी कार्य को क्रमशः 30 दिन, 45 दिन और 90 दिनों में कर सकते है। A कार्य शुरू करता है तथा हर तीसरे दिन B और C मिलकर उसकी सहायता करते है। कार्य कितने दिनों में समाप्त हो जाएगा?

(a) 23 दिन (b) 24 दिन
(c) 22½ दिन (d) 30 दिन

Sol. **(c)** **3 / A — 30 दिन**
2 / B — 45 दिन → **90 (कुल कार्य)**
1 / C — 90 दिन

I^{st} day + IInd day + IIIrd day
3 + 3 + (3+2+1) = 12 कार्य

$\because$ 12 कार्य होने में 3 दिन लगते है।

$\therefore$ 1 कार्य होने में $\frac{3}{12}$ दिन लगेंगे।

$\therefore$ 90 कार्य होने में $\frac{3}{12} \times 90$ दिन = 22½ दिन **Ans.**

112. A, B से दुगुनी तेजी से काम करते है और B, C से दुगुना तेजी से काम करता है। तीनों मिलकर काम करते हुए D की मदद से 4 दिनों में काम को पूरा कर सकते है। यदि D अकेला उसी काम को 16 दिनों में पूरा कर सकता है तो कितने दिनों में A अकेले उस कार्य का 75% पूरा करेगा?

(a) 9 दिन (b) 8 दिन
(c) 7 दिन (d) 6 दिन

Sol. **(c)** A : B : C की क्षमता = 4 : 2 : 1

4 / A+B+C+D = 4 दिन → **16 (कुल कार्य)**
1 / D = 16 दिन

$\therefore$ A + B + C + D = 4
A + B + C = 4 – 1
A + B + C = 3 (क्षमता)

प्रश्नानुसार,

$4x + 2x + x = 3$
$7x = 3$
$x = 3/7$

$\therefore$ A की क्षमता $= 4 \times \frac{3}{7} = \frac{12}{7}$

$\therefore$ A को कार्य का 75% करने में लगा समय

$= 16 \times \frac{75}{100} \times \frac{7}{12} = 7$ दिन

113. x, किसी कार्य को पूरा करने में y की तुलना में 10 दिन का कम समय लेता है। x और y दोनों मिलकर कार्य को 12 दिन में पूरा कर सकते है। y कितने दिनों में अकेले कार्य को पूरा करेंगे?

(a) 22.5 दिन (b) 25 दिन
(c) 32 दिन (d) 30 दिन

Sol. **(d)** माना कि x किसी कार्य को a दिनों में करता है।

$\therefore$ y उसी कार्य को (a + 10) दिनों में पूरा करेगा।

प्रश्नानुसार,

$$\frac{1}{a} + \frac{1}{a+10} = \frac{1}{12}$$

$$\Rightarrow \frac{a+10+1}{a(a+10)} = \frac{1}{12}$$

$$\Rightarrow \frac{2a+10}{a(a+10)} = \frac{1}{12}$$

$\Rightarrow 24a + 120 = a^2 + 10a$
$\Rightarrow a^2 - 14a - 120 = 0$
$a^2 - 20a + 6a - 120 = 0$
$a(a - 20) + 6(a - 20) = 0$
$(a + 6) \quad (a - 20) = 0$
$a = -6 \quad a = 20$
यह अमान्य है।

अतः y को अकेले कार्य करने में लगा समय
= (a + 10) दिन
= (20 + 10) दिन
= 30 दिन **Ans.**

114. A, B की तुलना में अधिक कार्य कुशल है और वे एक साथ 24 दिनों में एक काम को पूरा कर सकते है। यदि A ने 50% काम किया और फिर B ने शेष कार्य, तो वह कार्य 50 दिनों में पूरा हो जाता है। B अकेले उसी काम का 40% भाग कितने दिनों में पूरा करेगा?

(a) 16 दिन (b) 24 दिन
(c) 21 दिन (d) 20 दिन

Sol. **(b)** माना कि A की क्षमता = a
B की क्षमता = b

$\therefore$ कुल कार्य = (a + b) 24

प्रश्नानुसार,

$$\frac{(a+b)24}{2a} + \frac{(a+b)24}{2b} = 50$$

$$\frac{(a+b)^2}{ab} = \frac{25}{6}$$
$$a+b = 5$$
$$ab = 6$$

यहाँ, $a = 3, b = 2$

$\because$ प्रश्नानुसार, A की कुशलता B से अधिक है।

$\therefore$ B को कुल कार्य का 40% करने में लगा समय

$$= \frac{(3+2)24\times40}{2\times100} = 24 \text{ दिन}$$

115. x और y मिलकर किसी कार्य को 30 दिनों में पूरा कर सकते है। y और z मिलकर उस कार्य को 20 दिनों में कर सकते है। x कार्य आरंभ करता है तथा 15 दिन तक कार्य करता है। फिर y उस कार्य को ले लेता है तथा 27 दिन कार्य करता है। अंततः z शेष कार्य को 9 दिनों में पूरा करता है। y अकेला पूरे कार्य को कितने दिनों में पूरा कर सकता है?

(a) 60 दिन (b) 45 दिन
(c) 50 दिन (d) 65 दिन

Sol. (a) $2 / (x+y) = 30$ दिन
$3 / (y+z) = 20$ दिन > 60 (कार्य)

प्रश्नानुसार,

$$x\times15 + y\times27 + z\times9 = 60$$
$$15x + 15y + 9y + 9z + 3y = 60$$
$$15(x+y) + 9(y+z) + 3y = 60$$
$$15\times2 + 9\times3 + 3y = 60$$
$$3y = 3$$
$$\therefore \quad y = 1$$

अतः y की क्षमता = 1

अतः y द्वारा कार्य को समाप्त करने में लिया गया समय

$$= \frac{60}{1} = 60 \text{ दिन} \quad \textbf{Ans.}$$

116. A, B और C क्रमशः 400, 600 और 900 दिनों में अकेले एक काम पूरा कर सकते है। यदि A द्वारा कार्य शुरू किया जाता है एवं B और C उसे क्रमशः दूसरे और तीसरे दिन सहायता प्रदान करते है, कितने दिनों में कार्य पूरा किया जा सकता है?

(a) 292 (b) 270
(c) 240 (d) 293

Sol. (d)

	Ist day	+	IInd day	+	IIIrd day
	A		(A + B)		(A + C)
=	9	+	(9 + 6)	+	(9 + 4)

= 37 कार्य

$\because$ 37 कार्य तीन दिन में समाप्त होते है।

$\therefore$ $\frac{3600}{37} = 97$ चक्र

$\therefore$ $37\times97 = 3589$ कार्य

$\because$ 3589 कार्य 291 दिन में समाप्त हुआ।

शेष कार्य $= 3600 - 3589 = 11$ कार्य

$\therefore$ A अपनी 9 दक्षता से कार्य 1 दिन करेगा।

फिर शेष 2 कार्य (A + B) अपनी 15 क्षमता से 2/15 दिन में करेगा।

$\therefore$ कुल दिन $= \left(291 + 1 + \frac{2}{15}\right)$ दिन

= 293 दिन लगभग

117. पूजा एक काम को करने में चारू से तीन गुना ज्यादा और बानों से दोगुना ज्यादा समय लेती है। यदि तीनों एक साथ काम करें तो 2 घंटे में वो काम समाप्त कर सकती है। बानों को पूरा काम अकेले करने में कितना समय लगेगा?

(a) 8 घंटे (b) 7 घंटे
(c) 6 घंटे (d) 5 घंटे

Sol. (c)

		पूजा	:	चारू	:	बानो
समानुपात	=	2	:	6	:	3
क्षमता	=	1/2	:	1/6	:	1/3
		(LCM = 6)				
	=	3	:	1	:	2

$\therefore$ कुल कार्य = (3+1+2)×2 घंटे = 12 कार्य

$\therefore$ बानों को कार्य समाप्त करने में लगा समय $= \frac{12}{2} = 6$ घंटे

118. अंशु को एक कार्य पूरा करने में बबलू से दोगुना समय लगता है और चंद्र से तीन गुना समय लगता है। साथ में काम करने में 3 दिन लगते है। अंशु ने कार्य को पूरा करने के लिए कितना समय लिया है?

(a) 3 दिन(b) 12 दिन
(c) 18 दिन (d) 24 दिन

Sol. (c)

		अंशु	:	बबलू	:	चंद्र
समानुपात	=	6	:	3	:	2
क्षमता	=	$\frac{1}{6}$	:	$\frac{1}{3}$	:	$\frac{1}{2}$
(LCM = 6)	=	1	:	2	:	3

∴ कुल कार्य = (1+2+3) × 3 = 18 कार्य

∴ अकेले अंशु को कार्य समाप्त करने में लगा समय

$= \frac{18}{1} = 18$ दिन **Ans.**

119. परिमल ने 10 दिन में एक काम का $\frac{1}{4}$ भाग पूरा कर लिया है। सलीम बचा हुआ कार्य 20 दिन में पूरा करता है। दोनों मिलकर यह काम कितने दिन में पूरा कर सकते है?

(a) 8 दिन(b) 24 दिन
(c) 12 दिन (d) 16 दिन

Sol. (d) माना कि कुल कार्य = 80

परिमल 10 दिन में करता है $= 80 \times \frac{1}{4} \Rightarrow 20$ कार्य

∴ परिमल का 1 दिन का कार्य $= \frac{20}{10} \Rightarrow 2$ कार्य

शेष कार्य = 80 – 20 = 60 कार्य

सलीम द्वारा 1 दिन में किया गया कार्य $= \frac{60}{20} = 3$ कार्य

दोनों मिलकर कार्य को समाप्त करेंगे $= \frac{80}{2+3} = 16$ दिन

कार्य एवं मजदूरी (Work and Wages)

120. A की दक्षता B से 25% कम है। उनके परिश्रम के श्रमों को किस अनुपात में साझा किया जाना चाहिए?

(a) 3 : 4 (b) 3 : 2
(c) 4 : 3 (d) 3 : 5

Sol. (a) जो व्यक्ति जितना श्रम करता है उसे उतनी ही राशि प्राप्त होती है।

श्रम ∝ कार्य क्षमता

∴		A	:	B
क्षमता	=	75	:	100
श्रम	=	3	:	4

अतः उनके श्रमों का अनुपात 3 : 4 है।

121. 15 व्यक्ति प्रतिदिन 6 घंटे काम करके 900 रुपये कमाते है। 20 व्यक्ति प्रतिदिन 10 घंटे काम करके कितने रुपये कमाएंगे?

(a) रु.1800 (b) रु.2000
(c) रु.1500 (d) रु.2100

Sol. (d) $\frac{M_1H_1}{A_1} = \frac{M_2H_2}{A_2}$

$\frac{15 \times 6}{900} = \frac{20 \times 10}{A_2}$

A_2 = Rs.2000

अतः वे लोग रु.2000 कमायेंगे।

122. पुरुषों और महिलाओं की दैनिक मजूदरी का अनुपात 4 : 3 है। 15 पुरुष और 25 महिलाएं मिलकर रु.5400 कमाते है। एक पुरुष और 5 महिलाओं की कुल मजदूरी ज्ञात करे।

(a) रु.760 (b) रु.680
(c) रु.740 (d) रु.860

Sol. (a) माना 1 पुरुष और 5 महिलाओं की कुल मजदूरी = रु.x

प्रश्नानुसार,

$\frac{(15 \times 4 + 25 \times 3)}{5400} = \frac{(4 + 5 \times 3)}{x}$

$\frac{135}{5400} = \frac{19}{x}$

x = Rs.760

अतः 1 पुरुष और 5 महिलाओं की कुल मजदूरी रु.7600

123. A अकेले किसी कार्य को रु.6500 में, 15 दिन में पूरा कर सकता है। B की मदद से, कार्य 12 दिन में पूरा होता है। B का हिस्सा ज्ञात करे।

(a) रु.2300 (b) रु.1300
(c) रु.1200 (d) रु.1500

Sol. (b)
4 / A = 15 दिन
5 / A + B – 12 दिन
→ 60 (काम)

∴ B की क्षमता = 5 – 4 = 1

∴ B का हिस्सा $= 6500 \times \frac{1}{5} =$ रु.1300

124. A, B और C किसी कार्य को क्रमशः 5 दिन, 8 दिन और 12 दिन में पूरा करते है। यदि वे एक साथ कार्य करते है और उन्हें कार्य के लिए रु.9800 मिलता है तो A को प्राप्त राशि ज्ञात करें-

(a) रु.4600 (b) रु.4800
(c) रु.5800 (d) रु.4200

Sol. (b) 24 / A — 5 दिन
15 / B — 8 दिन → 120 (कुल कार्य)
10 / C — 12 दिन

अतः A को प्राप्त राशि $= 9800 \times \frac{24}{49}$

$=$ रु.4800

125. अकेले सचिन, रु.8500 के लिए किसी कार्य को $8\frac{1}{2}$ दिन में पूरा कर सकता है। लेकिन विष्णु की मदद से, कार्य 6 दिन में पूरा हो जाता है। विष्णु को भुगतान किया जाने वाला हिस्सा ज्ञात करे-

(a) रु.2000 (b) रु.2500
(c) रु.3200 (d) रु.2400

Sol. (b) विष्णु का एक दिन का कार्य $= \frac{1}{6} - \frac{2}{17} = \frac{5}{102}$

$\therefore$ लगा समय $= \frac{102}{5}$

मजदूरी का बंटवारा क्षमता के अनुपात में होता है।

	सचिन	:	विष्णु
	$\frac{2}{17}$	:	$\frac{5}{102}$
=	12	:	5

$\because$ 17 unit = 8500

$\therefore$ 5 unit $= \frac{8500 \times 5}{17} =$ रु.2500 **Ans.**

126. A अकेले किसी कार्य को रु.4800 में 16 दिन में कर सकता है। लेकिन किसी सहायक को कार्य में शामिल करने से, यह काम 12 दिन में पूरा हो जाता है। सहायक को प्राप्त होने वाला हिस्सा ज्ञात करे-

(a) रु.1500 (b) रु.1400
(c) रु.1300 (d) रु.1200

Sol. (d) माना कि सहायक x दिनों मे करेगा।

प्रश्नानुसार,

$$\frac{1}{x} + \frac{1}{16} = \frac{1}{12}$$

$$\frac{1}{x} = \frac{1}{12} - \frac{1}{16}$$

$$\frac{1}{x} = \frac{1}{48}$$

$\therefore$ x = 48 दिन

मजदूरी का बंटवारा सदैव क्षमता के अनुपात में होगा।

	A	:	अन्य
$\therefore$ क्षमता =	$\frac{1}{16}$	:	$\frac{1}{48}$
=	3	:	1

$\because$ (3 + 1) unit = रु.4800

$\therefore$ 1 unit = रु.1200

अतः सहायक को प्राप्त होने वाली राशि = रु.1200

127. A और B किसी काम को क्रमशः 15 दिनों और 10 दिनों में पूरा कर सकते है। एक काम को रु.75000 में पूरा करने के लिए उन्हें कांट्रेक्ट मिला। कांट्रेक्ट की राशि में B का हिस्सा ज्ञात करे-

(a) रु.45,000 (b) रु.40,000
(c) रु.35,000 (d) रु.30,000

Sol. (a)

	A	:	B
समयानुपात =	15	:	10
क्षमता =	10	:	15

$\therefore$ B का हिस्सा = रु.45000

128. A और B किसी काम को क्रमशः 15 और 10 दिनों में पूरा कर सकते है। उन्हें रु.35000 में काम पूरा करने का ठेका लिया। ठेके की राशि में A का हिस्सा कितना होगा-

(a) रु.14000 (b) रु.15000
(c) रु.7000 (d) रु.21000

Sol. (a)

	A	:	B
समयानुपात =	15	:	10
क्षमता =	10	:	15

$\therefore$ A का हिस्सा $= 35000 \times \frac{10}{25}$

$=$ रु.14000

अतः A का हिस्सा = रु.14000 **Ans.**

129. 15 श्रमिक 10 दिनों में रु.1800 कमा सकते है। 8 दिनों में 5 श्रमिकों की अर्जित राशि ज्ञात करे।

(a) रु.480 (b) रु.360
(c) रु.400 (d) रु.540

Sol. (a) $\frac{15 \times 10}{1800} = \frac{8 \times 5}{\text{राशि}}$

राशि = रु.480

अतः अर्जित राशि = रु.480

130. A एक कार्य अकेला 12 दिनों में और B अकेला 10 दिनों में कर सकता है। उन्होंने रु.440 में कार्य हाथ पर लिया। A को कितने रुपये मिलेंगे-

(a) रु.200 (b) रु.240
(c) रु.300 (d) रु.150

Sol. (a)

		A	:	B
समयानुपात	=	12	:	10
क्षमता	=	10	:	12

$\therefore$ A को प्राप्त रुपये $= 440 \times \dfrac{10}{22} =$ रु.200

अतः A का हिस्सा = रु.200 **Ans.**

131. A, B और C क्रमशः 12, 15 और 30 दिनों में एक कार्य कर सकते है। यदि वे एक साथ कार्य करते है, तो वह अनुपात ज्ञात करे जिसमें राशि वितरित की जानी है।

(a) 4 : 5 : 2 (b) 2 : 5 : 4
(c) 5 : 4 : 2 (d) 2 : 4 : 5

Sol. (a)

		A	:	B	:	C
समयानुपात	=	12	:	15	:	30
क्षमता	=	$\frac{1}{12}$	:	$\frac{1}{15}$	:	$\frac{1}{30}$
	=	5	:	4	:	2

$\therefore$ (A : B : C) की राशि का अनुपात = 5 : 4 : 2

132. A किसी कार्य को 12 दिन में कर सकता है और B उसी कार्य को 18 दिन में कर सकता है। वे एक साथ 4 दिन तक कार्य करते है। अकेले C शेष कार्य को 6 दिन में पूरा करता है। यदि उन्हें पूरे कार्य के लिए रु.3240 मिलते है, तो इस राशि में C का हिस्सा ज्ञात करे-

(a) रु.1170 (b) रु.1440
(c) रु.1080 (d) रु.1260

Sol. (b)

3 /A ⟶ 12
2 /B ⟶ 18 > 36 (कुल कार्य)
5 (क्षमता)

(A + B) मिलकर 4 दिन में कुल कार्य किए
= 4 (3 + 2) = 20 कार्य

$\therefore$ शेष कार्य = (36 – 20) कार्य = 16 कार्य
शेष 16 कार्य को C ने पूरा किया।

$\therefore$ C का हिस्सा $= 3240 \times \dfrac{16}{36} =$ रु.1440

133. A अकेले 10 दिनों में एक कार्य कर सकता है और B अकेले इस कार्य को 15 दिनों में कर सकता है। A और B एक कार्य रु.42000 में करने के लिए तैयार हुए। उन्होंने C की मदद से, 5 दिनों में कार्य पूरा कर लिया। C को कितना भुगतान किया जाना चाहिए?

(a) रु.14000 (b) रु.15000
(c) रु.21000 (d) रु.7000

Sol. (d)

A = 10 दिन → 3
B = 15 दिन → 2
30 काम

(A + B), 5 दिनों में कुल कार्य करेंगे
= (3+2)×5 = 25 काम

C द्वारा किया गया कार्य = (30 – 25) = 5 काम

$\therefore$ C को प्राप्त राशि $= 42000 \times \dfrac{5}{30}$
= रु.7000

134. A, किसी कार्य को 8 दिन में कर सकता है, जबकि B अकेले इस कार्य को 12 दिन में कर सकता है। वे एक साथ 4 दिन कार्य करते है और शेष कार्य C अकेले 2 दिन में पूरा करता है। उन्हें पूरे कार्य को पूरा करने के लिए रु.7200 मिलते है तो क्रमशः A, B एवं C की आय ज्ञात करे-

(a) रु.2400, रु.2400, रु.2400
(b) रु.4000, रु.2400, रु.800
(c) रु.3600, रु.2400, रु.1200
(d) रु.3000, रु.3000, रु.1200

Sol. (c)

A = 8 दिन → 3
B = 12 दिन → 2
24

4 दिन में (A + B) द्वारा किया कार्य = (3+2)×4
= 20 कार्य

$\therefore$ शेष कार्य (24 – 20) कार्य C द्वारा किया गया।

$\therefore$ C की क्षमता $= \dfrac{4 \text{ कार्य}}{2 \text{ दिन}} = 2$

$\therefore$ A, B और C की आय का अनुपात
= उनके कार्यों का अनुपात
= 12 : 8 : 4
= 3 : 2 : 1

$\therefore$ A की आय $= 7200 \times \frac{3}{6} =$ रु.3600

B की आय $= 7200 \times \frac{2}{6} =$ रु.2400

C की आय $= 7200 \times \frac{1}{6} =$ रु.1200

135. A अकेले 12 दिनों में और B अकेले 16 दिनों में एक काम कर सकता है। उन्होंने रु.350 में काम करने की जिम्मेदारी ली। इसमें B का हिस्सा ज्ञात करे-

(a) रु.180 (b) रु.200

(c) रु.250 (d) रु.150

Sol. **(d)** A = 12 दिन → 4

48

B = 16 दिन → 3

$\therefore$ B का हिस्सा $= 350 \times \frac{3}{(4+3)}$

= रु.150

136. A, B और C किसी काम को रु.440 में करने का ठेका लेता है। A और B को मिलकर $\frac{9}{11}$ भाग काम करना है। C का शेयर क्या होना चाहिए?

(a) 75 (b) 90

(c) 100 (d) 80

Sol. **(d)** C द्वारा किया गया कार्य $= \left(1 - \frac{9}{11}\right)$ भाग $= \frac{2}{11}$ भाग

$\therefore$ C का हिस्सा $= 440 \times \frac{2}{11}$

= रु.80 **Ans.**

137. A तथा B को एक साथ मिलकर $\frac{13}{15}$ भाग कार्य करता है और B तथा C को मिलकर $\frac{11}{20}$ भाग कार्य करना है। यदि A और C की मजदूरी का अंतर रु.7600 है, तो A, B तथा C की कुल मजदूरी है-

(a) रु.24000 (b) रु.18000

(c) रु.36000 (d) रु.56000

Sol. **(a)** किया काम : कुल काम

(A + B) = 13×4 : 15×4

(B + C) = 11×3 : 20×3

(A + B) : (B + C) : (A + B + C)

52 : 33 : 60

A = (60 − 33) कार्य = 27 कार्य

$\therefore$ B = (52 − 27) कार्य = 25 कार्य

C = (60 − 52) कार्य = 8 कार्य

प्रश्नानुसार,

(27 − 8) कार्य = रु.7600

19 कार्य = रु.7600

1 कार्य = रु.400

$\therefore$ तीनों की कुल मजदूरी = (60 × 400)

= रु.24000 **Ans.**

138. रु.10,000 का वितरण 3 शिल्पकारों, 5 सहायकों तथा 5 श्रमिकों के बीच इस प्रकार करना है कि प्रत्येक सहायक को मिलने वाली राशि एक श्रमिक को मिलने वाली राशि से दुगुनी हो तथा प्रत्येक शिल्पकार को मिलने वाली राशि एक श्रमिक को मिलने वाली राशि से तिगुनी हो। तीनों शिल्पकारों द्वारा प्राप्त की गयी राशि ज्ञात करे।

(a) रु.2400 (b) रु.4000

(c) रु.3600 (d) रु.2700

Sol. **(c)** 3 शिल्पकार : 5 सहायक : 6 श्रमिक

3x : 2x : x

9x : 10x : 6x

25x = रु.10000

x = रु.400

$\therefore$ तीनों शिल्पकार द्वारा प्राप्त राशि = 9x

= 9×रु.400

= रु.3600 **Ans.**

139. 6 पुरुष अथवा 5 महिलाएं दो दिनों में रु.14820 कमाते है। एक दिन में 4 महिलाएं तथा 6 पुरुष कितना कमाएंगे?

(a) रु.13338 (b) रु.13832

(c) रु.26676 (d) रु.27664

Sol. **(a)** दो दिन में 6 पुरुष द्वारा कमाया गया धन

$= \frac{14820}{2 \times 6} =$ रु.1235

अथवा दो दिन में 5 महिलाएं द्वारा कमाया गया धन

$= \frac{14820}{2 \times 5} =$ रु.1482

$\therefore$ (4W + 6M) 1 day
= (4×1482 + 6×1235) 1 day
= (5928 + 7410)
= रु.13338

140. A किसी कार्य को 20 दिनों में कर सकता है जबकि B इसी कार्य को 25 दिनों में कर सकता है। उन्होनें एक साथ इस कार्य को शुरू किया। कुछ दिनों बाद C उनके साथ शामिल हो गया और इस प्रकार उन सभी ने इस पूरे कार्य को 10 दिनों में पूरा किया। उन सभी को कुल रु.700 का भुगतान किया गया। C का हिस्सा क्या है?

(a) 55 (b) 65
(c) 75 (d) 70

Sol. **(d)** A = 20 दिन → 5
B = 25 दिन → 4
(कुल कार्य = 100)

9 क्षमता से 10 दिन तक किया गया कार्य
= 9×10 = 90 काम

$\therefore$ शेष कार्य को C द्वारा किया गया कार्य
= (100 – 90) = 10 कार्य

$\therefore$ C का हिस्सा $= 700 \times \frac{10}{100}$ = रु.70 **Ans.**

141. समीर और पुनीत समान कार्य को क्रमशः 10 दिन और 15 दिनों में पूरा कर सकते है। काम रु.4500 में सौंपा गया था। 3 दिनों तक एक साथ काम करने के बाद समीर और पुनीत ने अशोक को शामिल किया। काम कुल 5 दिनों में पूरा किया गया। अशोक को कितनी राशि (रुपये में) का भुगतान किया गया?

(a) रु.750 (b) रु.1500
(c) रु.1071 (d) रु.800

Sol. **(a)** समीर = 10 दिन → 3
पुनीत = 15 दिन → 2
(कुल = 30 कार्य)

5 दिनों तक कार्य करने के बाद कुल किया गया कार्य
= 5 (3 + 2) = 25

शेष कार्य को C द्वारा किया गया काम
= (30 – 25) कार्य
= 5 कार्य

$\therefore$ अशोक को प्राप्त राशि $= 4500 \times \frac{5}{30}$ = रु.750

142. A और B किसी कार्य को क्रमशः 6 और 8 दिन में कर सकते है। C की सहायता से उन्होंने इस कार्य को 3 दिनों में पूरा किया और रु.1848 कमाएं। C का हिस्सा ज्ञात करे।

(a) रु.231 (b) रु.924
(c) रु.462 (d) रु.693

Sol. **(a)** A = 6 दिन → 4
B = 8 दिन → 3
(कुल = 24)

3 दिनों में (A + B) द्वारा किया गया कार्य
= (4 + 3) × 3
= 21 कार्य

$\therefore$ C द्वारा किया गया कार्य = (24 – 21) कार्य = 3 कार्य

$\therefore$ C का हिस्सा $= 1848 \times \frac{3}{24}$
= रु.231 **Ans.**

143. A, B और C अकेले किसी कार्य को क्रमशः 15, 30 और 75 दिनों में कर सकते है। वे एक साथ काम करते है और काम पूरा करके रु.1615 प्राप्त करते है। A और C के हिस्सों में कितना अंतर है?

(a) रु.760 (b) रु.620
(c) रु.68 (d) रु.540

Sol. **(a)** A = 15 दिन → 10
B = 30 दिन → 5
C = 75 दिन → 2
(कुल = 150)

A और C के हिस्से में अंतर $= 1615 \times \frac{(10-2)}{17}$
= रु.760

144. A रु.100 प्रति घंटे कमाता है तथा दिन में 8 घंटे कार्य करता है। B, 120 रुपये प्रति घंटे कमाता है और प्रतिदिन 6 घंटे कार्य करता है। B और A के दैनिक वेतन में क्या अनुपात है?

(a) 10 : 9 (b) 6 : 5
(c) 5 : 4 (d) 9 : 10

Sol. **(b)** A द्वारा प्रतिदिन कमाया गया राशि = 100×8 = रु.800
B द्वारा प्रतिदिन कमाया गया राशि = 120×8 = रु.960
$\therefore$ B : A = 960 : 800 = 6 : 5

145. तीन व्यक्ति एक कार्य को रु.1200 में पूरा करने के लिए करार करते है। उनमें पहला व्यक्ति उस कार्य को 8 दिनों में, दूसरा व्यक्ति 12 दिनों में और तीसरा व्यक्ति 16 दिनों में पूरा कर सकता है। वे सब मिलकर एक चौथे व्यक्ति की सहायता लेकर वह कार्य 3 दिनों में पूरा कर देते है। तद्नुसार उस चौथे व्यक्ति को कितनी राशि मिलेगी-

(a) रु.180 (b) रु.200

(c) रु.225 (d) रु.250

Sol. **(c)** I^{st} व्यक्ति = 8 दिन → 6

IInd व्यक्ति = 12 दिन → 48 → 4

IIIrd व्यक्ति = 16 दिन → 3

तीन दिनों में तीनों व्यक्ति द्वारा किया गया कार्य

= 3 (6+4+3)

= 39 कार्य

∴ शेष कार्य = (48 – 39) = 9 कार्य

∴ चौथे व्यक्ति द्वारा किया गया कार्य = 9 कार्य

∴ चौथे व्यक्ति का हिस्सा $= 1200\times\frac{9}{48}$

= रु.225

146. A, B, C का रु.5290 में किसी कार्य को करने के लिए लगाया गया है। माना कि A और B मिलकर $\frac{19}{23}$ कार्य करते है और B और C मिलकर $\frac{8}{23}$ कार्य करते है, तो A को कितने रुपये का भुगतान किया जाना चाहिए?

(a) रु.4250 (b) रु.1950

(c) रु.2290 (d) रु.3450

Sol. **(d)** A द्वारा किया गया कार्य $= 1-\frac{8}{23}=\frac{15}{23}$ भाग

∴ A की मजदूरी $=\frac{15}{23}\times 5290$

= रु.3450

147. यदि 5 आदमी और 4 लड़के मिलकर 1 दिन में रु.500 अर्जित कर सकते है। 3 आदमी और 2 लड़के मिलकर 1 दिनों में रु.280 अर्जित कर सकते है तो लड़के को कितनी मजदूरी मिलेगी?

(a) 50 (b) 80

(c) 60 (d) 100

Sol. **(a)** $5M+4B=500$ .... (i) × 3

$3M+2B=280$ .... (ii) × 5

$15M+12B=1500$

$15M+10B=1400$

$-\quad\quad -\quad\quad -$

$2B=100$

∴ $B=50$

अतः एक लड़के द्वारा प्राप्त मजदूरी = रु.50 **Ans.**

148. 3 पुरुष और 4 महिलाओं द्वारा मिलकर 7 दिनों में रु.3780 अर्जित करते है। 11 पुरुष और 13 महिलाएं 8 दिनों में रु.15040 अर्जित कर सकते है, 7 पुरुष और 9 महिलाएं रु.12400 कितने दिनों में अर्जित कर पायेंगे?

(a) 8 (b) 3

(c) 10 (d) 1

Sol. **(c)** $\frac{(3M+4W)\times 7}{3780}=\frac{(11M+13W)\times 8}{15040}$

$\frac{3M+4W}{27}=\frac{11M+13W}{94}$

$\Rightarrow 282M+376W=297M+351W$

$\Rightarrow 15M=25W$

$3M=5W$

$M:W=5:3$

$\Rightarrow \frac{(7M+9W)\times D}{12400}=\frac{(3M+4W)\times 7}{3780}$

$\Rightarrow \frac{(7\times 5+9\times 3)\times D}{12400}=\frac{(3\times 5+4\times 3)\times 7}{3780}$

$\Rightarrow \frac{(35+27)\times D}{12400}=\frac{27\times 7}{3780}$

$D=10$

अतः कुल 10 दिनों में वह रु.12400 कमायेंगे।

149. A, B एवं C मिलकर 9 दिनों में रु.1350 कमाते है। A एवं C मिलकर 5 दिनों में रु.470 कमाते है। B और C मिलकर 10 दिनों में रु.760 कमाते है। C की दैनिक आय बताएं-

(a) रु.20 (b) रु.30

(c) रु.50 (d) रु.100

Sol. (a)

$$(A+B+C)\times 9 = \text{रु}.1350$$
$$A+B+C = 150 \quad \text{....... (i)}$$
$$(A+C)\times 5 = 470$$
$$A+C = 94 \quad \text{....... (ii)}$$
$$(B+C)\times 10 = 760$$
$$B+C = 76 \quad \text{....... (iii)}$$
$$A+B+C = 150$$
$$B+94 = 150$$
$$\therefore \quad B = 56$$
$$B+C = 76$$
$$56+C = 76$$
$$\therefore \quad C = 20$$

∴ C की दैनिक मजदूरी = रु.20 **Ans.**

150. एक दैनिक वेतनभोगी श्रमिक को ठेके के आधार पर नियुक्त किया जाता है तथा प्रत्येक दिन कार्य करने के लिए उसे रु.250 दिए जाते है तथा प्रत्येक दिन कार्य करने के लिए उसे रु.250 दिए जाते है और प्रत्येक दिन अनुपस्थित रहने पर उसे वेतन से दंड के रूप में रु.125 काट लिए जाते है। यदि 30 कार्य दिवसों के एक मास में उसे रु.6000 अर्जित किए हो, तो उस मास में वह कितने दिन कार्य से अनुपस्थित रहा?

(a) 5 (b) 6
(c) 4 (d) 3

Sol. (c)

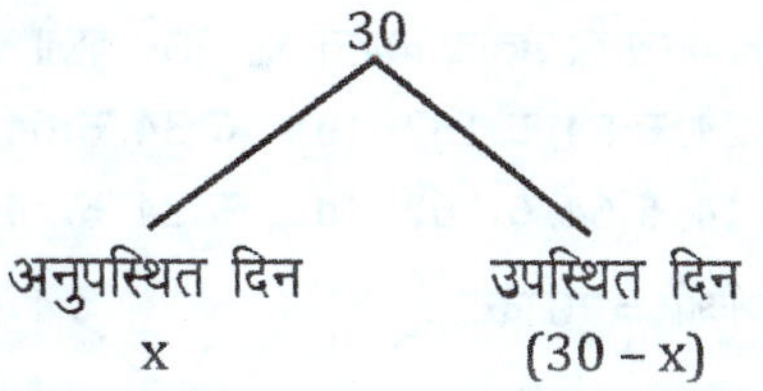

प्रश्नानुसार,

$$(30-x)\,250 - x\times 125 = 6000$$
$$7500 - 250x - 125x = 6000$$
$$375x = 1500$$
$$x = 4$$

अतः वह चार दिन अनुपस्थित रहा।

151. A, B और C किसी कार्य को अकेले-अकेले कर उसे क्रमशः 12, 24 और 36 दिनों में पूरा कर सकते है। वे मिलकर उसी कार्य को पूरा कर रु.3850 प्राप्त करते है। B और C के हिस्से की राशियों मे कितना अंतर है-

(a) रु.350 (b) रु.700
(c) रु.1050 (d) रु.1400

Sol. (a)

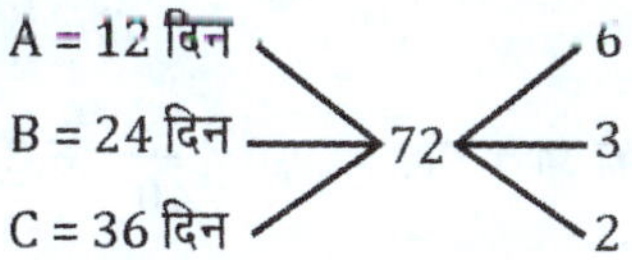

B और C के हिस्से में अंतर $= 3850\times\dfrac{(3-2)}{11} = \text{रु}.350$

152. A, B तथा C ने मिलकर रु.1800 मूल्य के एक कार्य को पूरा किया। इसमें A ने 6 दिन, B ने 4 दिन तथा C ने 9 दिन कार्य किया। यदि उनकी दैनिक मजदूरी 5 : 6 : 4 के अनुपात में हो, तो A को कितनी धनराशि प्राप्त होगी?

(a) रु.800 (b) रु.600
(c) रु.900 (d) रु.750

Sol. (b) तीनों की दैनिक मजदूरी = 5x : 6x : 7x (माना)

प्रश्नानुसार,

$$5x+6x+4x = \text{रु}.1800$$
$$x = \text{रु}.120$$

∴ A की मजदूरी $= 5\times x$
$= 5\times 120$
$= \text{रु}.600$ **Ans.**

153. x, y और z मिलकर 15 दिनों में रु.2400 अर्जित करते है। x और y मिलकर 16 दिनों में रु.1840 अर्जित करते है। y और z मिलकर 18 दिनों में रु.1530 अर्जित करते है। y की दैनिक आय कितनी है?

(a) 50 (b) 40
(c) 60 (d) 30

Sol. (b) $(x+y+z)$ की दैनिक आय $= \dfrac{2400}{15}$

$(x+y+z)$ की दैनिक आय = रु.160

$(x+y)$ की दैनिक आय $= \dfrac{1840}{16} = \text{रु}.115$

$(y+z)$ की दैनिक आय $= \dfrac{1530}{18} = \text{रु}.85$

$$(x+y+z) = \text{रु}.160$$
$$x+85 = \text{रु}.160$$
$$x = \text{रु}.75$$
$$x+y+z = \text{रु}.160$$
$$115+z = \text{रु}.160$$
$$z = \text{रु}.45$$
$$\therefore \quad x+y+z = \text{रु}.160$$
$$75+y+45 = \text{रु}.160$$
$$y = \text{रु}.40$$

अतः y की दैनिक आय = रु.40 **Ans.**

154. P और Q, रु.850 में एक काम करने के लिए सहमत होते है। Q अकेले इसी काम को 40 दिनों में कर सकता है, लेकिन P, Q से दोगुना तेज है। काम को जल्दी पूरा करने के लिए, वे R की मदद लेते है और तीनों मिलकर काम को 8 दिनों में पूरा कर देते है। R को उसके काम के लिए कितना भुगतान किया जाना चाहिए-

(a) रु.240 (b) रु.320

(c) रु.300 (d) रु.340

Sol. (d) Q = 40 दिन → 1

40

P = 20 दिन (प्रश्नानुसार) → 2

(P + Q) द्वारा 8 दिनों में किया गया कार्य

= (1 + 2) 8 = 24 कार्य

शेष कार्य = (40 – 24) कार्य = 16 कार्य

∴ R द्वारा किया गया कार्य = 16 कार्य

∴ R को भुगतान राशि $= \frac{16}{40} \times 850 =$ रु.340

155. A और B एक काम को क्रमशः 10 तथा 15 दिनों में कर सकते है। B काम प्रारंभ करता है और 5 दिन बाद A भी काम में जुड़ जाता है। यदि वे रु.60 कमाते है तो उनका व्यक्तिगत हिस्सा कितना है?

(a) रु.24, रु.36 (b) रु.30, रु.30

(c) रु.20, रु.40 (d) रु.25, रु.35

Sol. (a) A = 10 दिन → 3

30

B = 15 दिन → 2

B द्वारा 5 दिन किया गया काम = 5×2 = 10 काम

शेष काम = (30 – 10) काम = 20 काम

∴ 20 काम को A और B मिलकर काम करने में लगा समय

$= \frac{20}{3+2} = 4$ दिन

4 दिन में A द्वारा किया गया काम = 4×3 = 12 कार्य

∴ A का व्यक्तिगत हिस्सा $= 60 \times \frac{12}{30} =$ रु.24

∴ B का व्यक्तिगत हिस्सा = रु.(60 – 24) = रु.36

156. S, T और U क्रमशः 40, 48 और 60 दिनों में एक काम पूरा कर सकते है। उन्हें काम पूरा करने के लिए रु.10800 मिले। वे एक साथ काम शुरू करते है लेकिन T काम पूरा होने के 2 दिन पहले और U काम पूरा होने से 5 दिन पहले छोड़ देते है। S ने शेष कार्य अकेले पूरा किया है। कुल धन में से S का हिस्सा क्या है?

(a) 4000 (b) 4320

(c) 4500 (d) 4860

Sol. (d) S = 40 दिन → 12

T = 48 दिन → 480 → 10

U = 60 दिन → 8

माना कि काम D दिनों में पूरा होता है।

∴ S × D + T (D – 2) + (D – 5) = 480

12×D+10 (D–2) + 8 (D–5) = 480

12D + 10D – 20 + 8D – 40 = 480

30D = 540

D = 18 दिन

∴ S द्वारा किया गया कार्य = 18×12

∴ S का कुल हिस्सा $= \frac{18 \times 12}{480} \times 10800 =$ रु.4860

157. अमीशा, अंजलि और अनुपमा एक काम को क्रमशः 90, 40 और 12 दिनों में कर सकते है लेकिन वे तय करते है कि एक दिन में एक ही व्यक्ति काम करेगा और अपने पारिश्रमिक के रूप में रु. 240 प्राप्त करते है। प्रत्येक व्यक्ति को मिलने वाली राशि ज्ञात करे-

(a) रु.24, रु.54, रु.162 (b) रु.34, रु.64, रु.142

(c) रु.14, रु.64, रु.162 (d) रु.24, रु.74, रु.142

Sol. (a) अमीशा = 90 दिन → 4

अंजलि = 40 दिन → 360 → 9

अनुपमा = 12 दिन → 30

∵ 3 दिन में तीनों द्वारा कुल काम = 43 इकाई

∴ 3×8 दिन में तीनों द्वारा कुल काम = 43×8 इकाई

= 344 इकाई

9वें दिन अमीशा का कार्य = 4 इकाई

10वें दिन अंजलि का कार्य = 9 इकाई

11वें दिन अनुपमा का कार्य = 3 इकाई

∴	अमीशा	:	अंजलि	:	अनुपमा
	32	:	72	:	240
	+4		+9		+3
	36	:	81	:	243
कार्य =	4	:	9	:	27

∴ अमीशा को प्राप्त राशि $= 240 \times \frac{4}{40} =$ रु.24

अंजलि को प्राप्त राशि $= 240 \times \frac{9}{40} =$ रु.54

अनुपमा को प्राप्त राशि $= 240 \times \frac{27}{40} =$ रु.162

158. राजा, रवि और कुमार व्यक्तिगत रूप से एक काम को क्रमशः 12, 15 और 30 दिनों में कर सकते है। राजा, रवि और कुमार ने मिलकर काम शुरू किया, लेकिन रवि और कुमार ने क्रमशः काम पूरा होने के 5 और 4 दिन पहले छोड़ दिया और शेष काम को राजा ने किया। यदि कुल काम के लिए रु.1500 का वेतन दिया गया है तो राजा और रवि के लिए कुल राशि कितनी है?

(a) रु.1000 (b) रु.1400
(c) रु.1200 (d) रु.1300

Sol. (d) राजा = 12 दिन → 5
रवि = 15 दिन → 60 → 4
कुमार = 30 दिन → 2

माना कि कार्य x दिनों में पूरा हुआ।

$5 \times x + (x-5)4 + (x-4) \times 2 = 60$
$5x + 4x - 20 + 2x - 8 = 60$
$11x = 88$
$x = 8$ दिन

∴ राजा : रवि : कुमार $= 5 \times 8 : (8-5)4 : (8-4)2$
$= 40 : 12 : 8$
कार्य $= 10 : 3 : 2$

∴ राजा और रवि को प्राप्त कुल राशि $= 1500 \times \frac{13}{15}$
= रु.1300

159. A एक काम को 20 दिनों में पूरा कर सकता है और B, A की तुलना में 50% कम कुशल है। वे 10 दिनों के लिए एक साथ काम करते है और बाकी का काम C द्वारा 5 दिनों में किया जाता है। यदि उन्हें रु.5050 पूरे काम के लिए दिये जाते है। फिर C का हिस्सा क्या है?

(a) रु.1262.5 (b) रु.1515
(c) रु.2525 (d) रु.3030

Sol. (a) $50\% = \frac{1}{2}$

∴ A की क्षमता = 2
B की दक्षता 1

∴ कुल कार्य $= 20 \times 2 = 40$ कार्य

10 दिन के लिए (A + B) द्वारा किया गया काम
$= 10(2+1) = 30$ कार्य

∴ शेष कार्य $= (40 - 30)$ कार्य $= 10$ कार्य

∴ C का हिस्सा $= 5050 \times \frac{10}{40} =$ रु.1262.5

160. (A + B) किसी काम को 30 दिन में कर सकते है, (B + C) इसे 24 दिन में कर सकते है तथा (C + A) इस काम को 20 दिनों में पूरा कर सकते है। उनमें तीन एक साथ एक काम शुरू करते है लेकिन (B + C) ने 10 दिनों के बाद काम छोड़ दिया और बाकी का काम A ने पूरा किया। यदि वे कुल मजदूरी के रूप में रु.1200 पाते है तो उनकी व्यक्तिगत हिस्सेदारी का पता लगाएं-

(a) A = रु.700, B = रु.150, C = रु.350
(b) A = रु.600, B = रु.400, C = रु.200
(c) A = रु.500, B = रु.350, C = रु.250
(d) A = रु.500, B = रु.300, C = रु.400

Sol. (a) (A + B) = 30 दिन → 4
(B + C) = 24 दिन → 120 → 5
(C + A) = 20 दिन → 6

2 (A + B + C) = 15
(A + B + C) = 7.5

∴ C = 3.5
B = 1.5
A = 2.5

∴ (A : B : C) क्षमता = 2.5 : 1.5 : 3.5

∴ B द्वारा 10 दिन में किया गया कार्य
$= 1.5 \times 10 = 15$ कार्य

∴ C द्वारा 10 दिन में किया गया कार्य
$= 3.5 \times 10 = 35$ कार्य

∴ A द्वारा किया गया कार्य $= 120 - (15 + 35)$
$= 70$ कार्य

∴ A का व्यक्तिगत आय $= 1200 \times \frac{70}{120} =$ रु.700

∴ B का व्यक्तिगत आय $= 1200 \times \frac{15}{120} =$ रु.150

∴ C का व्यक्तिगत आय $= 1200 \times \frac{35}{120} =$ रु.350

161. रु.1066 को 2 पुरुषों, 6 महिलाओं और 8 लड़कों के बीच इस प्रकार विभाजित किया जाता है कि एक पुरुष, एक महिला और एक लड़के के हिस्से का अनुपात 3 : 2 : 1 हो तो एक पुरुष को कितना धन प्राप्त होगा–

(a) रु.123 (b) रु.119
(c) रु.121 (d) रु.120

Sol. (a)

	पुरुष	:	महिला	:	लड़के
प्रत्येक का हिस्सा =	3	:	2	:	1
संख्या =	2	:	6	:	8
कुल धनराशि =	6	:	12	:	8

26 unit = रु.1066
1 unit = रु.41
$\therefore$ 1 पुरुष का हिस्सा = 3×41 = रु.123

162. रु.1118 को 2 पुरुषों, 6 महिलाओं और 8 बच्चे के बीच इस प्रकार विभाजित किया जाता है कि एक पुरुष, एक महिला और एक बच्चे का हिस्सा 3 : 2 : 1 के अनुपात में हो तो एक पुरुष को कितना धन प्राप्त होगा–

(a) रु.129 (b) रु.119
(c) रु.109 (d) रु.99

Sol. (a)

	पुरुष	:	महिला	:	लड़के
प्रत्येक का हिस्सा =	3	:	2	:	1
संख्या =	2	:	6	:	8
कुल धनराशि =	6	:	12	:	8

26 unit = रु.1118
1 unit = रु.43
3 unit = 43×3 = रु.129

163. A, B और C, रु.550 के लिए कए कार्य की संविदा करते है। A तथा B मिलकर कार्य को $\frac{7}{11}$ कर लेते है। C का हिस्सा ज्ञात करे–

(a) रु.400 (b) रु.300
(c) रु.200 (d) रु.$183\frac{1}{2}$

Sol. (c) (A + B) द्वारा किया गया कार्य = 7 ईकाई
C द्वारा किया गया कार्य = 4 ईकाई

$\therefore$ C का हिस्सा $= 550\times\frac{4}{11}$
= रु.200

164. सैंडी और मैंडी एक काम का (8/13) हिस्सा करते है और बाकी काम एंडी पूरा करता है। यदि सैंडी, मैंडी और एंडी एक साथ रु. 2600 में एक ही काम करते है, तो एंडी का शेयर क्या है?

(a) रु.1600 (b) रु.1400
(c) रु.800 (d) रु.1000

Sol. (d) (सैंडी+मैंडी) कुल काम का 8 काम करते है।
एंडी बाकी बचे (13 – 8 = 5) काम करते है।

$\therefore$ एंडी का शेयर $= 2600\times\frac{5}{13}$ = रु.1000

165. श्वेता और हरीश ने रु.28000 की आय के साथ एक परियोजना पूरी की। इस प्रोजेक्ट में श्वेता में 20 दिन और हरीश ने 30 दिनों तक काम किया। यदि उनकी दैनिक मजदूरी 5 : 6 के अनुपात में है तो श्वेता का हिस्सा है–

(a) रु.12000 (b) रु.16000
(c) रु.10000 (d) रु.18000

Sol. (c)

	श्वेता	:	हरीश
समय =	20 दिन	:	30 दिन
प्रतिदिन आय =	2	:	3
मजदूरी =	5	:	6
	10	:	18
	5	:	9

$\therefore$ (5+9) unit = 28000
1 unit = 2000
$\therefore$ 5 unit = 5×2000
= रु.10000

अतः श्वेता का हिस्सा = रु.10000

विभिन्न प्रतियोगी परीक्षाओं में विगत वर्षों में पूछे गये महत्त्वपूर्ण प्रश्न

1. A और B एक कार्य को 6 दिनों में कर सकते है। B और C इसे 12 दिनों में कर सकते है। A और C इसे 10 दिनों में कर सकते है। A को अकेल इसे अकेले करने में कितना समय लगेगा- (लगभग) **[DSSSB Assitt. Grade 2024]**

(a) 16 दिन (b) 12 दिन
(c) 11 दिन (d) 9 दिन

2. A एक कार्य को 20 दिनों में कर सकता है जिसे B, 10 दिनों में इस पर 6 दिनों तक काम किया। A शेष कार्य को कितने दिनों में पूरा कर सकता है- **[DSSSB Assitt. Grade 2024]**

(a) 11 दिन (b) 8 दिन
(c) 9 दिन (d) 10 दिन

3. 2 पुरुष और 1 महिला मिलकर एक काम को 14 दिनों में पूरा कर सकते है, जबकि 4 महिलाएं और 2 पुरुष मिलकर इसे 8 दिनों में पूरा कर सकते है। यदि एक पुरुष को प्रतिदिन रु.420 मिलते है, तो एक महिला को प्रतिदिन कितना वेतन मिलना चाहिए- **[DSSSB Assitt. Grade 2024]**

(a) रु.280 (b) रु.180
(c) रु.320 (d) रु.240

4. A एक कार्य को 25 दिनों में पूरा कर सकता है जबकि B उसी कार्य को 30 दिनों में पूरा कर सकता है। वे A से शुरू करके वैकल्पिक आधार पर कार्य करते हैं। A और B दोनों 5 दिनों के लिए इस तरीके का पालन करते हैं और फिर A कार्य छोड़ देता है। B शेष कार्य कितने दिनों में पूरा करेगा? **[SSC CGL 2023]**

(a) $24\frac{2}{5}$ (b) $5\frac{2}{5}$
(c) $5\frac{3}{5}$ (d) $24\frac{3}{5}$

5. 8 पुरुष एक कार्य को 45 दिनों में पूरा कर सकते हैं। 8 महिलाएँ उसी कार्य को 18 दिनों में पूरा कर सकती हैं। 5 पुरुष और 8 महिलाएँ मिलकर उसी कार्य को कितने दिनों में पूरा करेंगे? **[SSC CGL 2023]**

(a) $13\frac{1}{5}$ (h) $12\frac{4}{5}$
(c) $14\frac{2}{5}$ (d) $15\frac{3}{5}$

6. एक पुरुष, एक लड़का और एक महिला किसी कार्य को क्रमशः 10 दिन, 15 दिन और 30 दिन में पूरा कर सकते हैं। मिलकर कार्य करने पर एक पुरुष, एक महिला और एक लड़के द्वारा कार्य को कितने दिनों में पूरा कर सकते हैं? **[SSC CGL 2023]**

(a) 10 (b) 5
(c) 8 (d) 6

7. P, Q से दो गुना अधिक कुशल है। P, Q से 40 दिन कम में एक कार्य पूरा करने में सक्षम है। एक साथ कार्य करते हुए, कार्य पूरा करने में उनके द्वारा लिए गए दिनों की कुल संख्या है? (निकटतम पूर्णांक तक) **[SSC CGL 2023]**

(a) 26 (b) 25
(c) 27 (d) 28

8. A, B, C, D एक काम को क्रमशः 3, 6, 9, 12 घंटों में पूरा कर सकते है। इसके अतिरिक्त, एक ही समय पर प्रत्येक घंटा केवल एक ही व्यक्ति काम कर सकता है ओर कोई भी व्यक्ति लगातार दो घंटे काम नहीं कर सकता। यह आवश्यक नहीं है कि सभी को काम पर लगाया जाए। काम को पूरा करने के लिए उन्हें न्यूनतम कितने घंटे लगेंगे- **[CDS 2024]**

(a) $\frac{36}{25}$ (b) $\frac{12}{5}$
(c) 4 (d) 2

9. यदि x व्यक्तियों द्वारा $(x+1)$ दिनों में किया गया काम $(x+5)$ व्यक्तियों द्वारा $(x-2)$ दिनों में किए गए काम के बराबर है, तो x का मान क्या है- **[CDS 2024]**

(a) 5 (b) 6
(c) 7 (d) 8

10. 60 व्यक्ति एक काम को 40 दिन में पूरा कर सकते है। वे एक साथ काम शुरू करते हैं पर प्रत्येक 10 दिन की अवधि के बाद 5 व्यक्तियों की एक टोली काम छोड़ देती है। काम को पूरा होने में कितना समय लगेगा- **[CDS 2024]**

(a) 45.5 दिन (b) 49.5 दिन
(c) 47.5 दिन (d) 42.5 दिन

11. कार से मुंबई से पुणे जाते समय मुझे पता लगा कि एक टायर में दो पंचर है। अपने पुराने अनुभव के आधार पर मेरा मानना था कि पहला पंचर अकेले 9 मिनट में टायर को सपाट कर देता और दूसरा 6 मिनट में कर देता है। यदि हवा एक स्थिर दर से निकलती है, तो टायर को

सपाट करने में दोनों पंचर एक साथ कितना समय लेंगे- [RRB NTPC 2021]

(a) $3\frac{4}{5}$ मिनट (b) $3\frac{2}{5}$ मिनट

(c) $3\frac{1}{5}$ मिनट (d) $3\frac{3}{5}$ मिनट

12. एक आदमी पहले 5 दिन प्रतिदिन 4 घंटे, अगले 5 दिन प्रतिदिन 5 घंटे और अंतिम 5 दिन प्रतिदिन 6 घंटे काम करके एक कार्य को 15 दिनों में पूरा करता है। यदि वह प्रतिदिन आधे घंटे के लंच ब्रेक के साथ 8 घंटे काम करता है, तो वह कितने दिनों में काम पूरा करेगा- [RRB NTPC 2021]

(a) 10 दिन (b) 12 दिन

(c) 7.5 दिन (d) 8 दिन

13. मानवी और दर्शन मिलकर एक परियोजना कार्य को 40 दिनों में पूरा कर सकते है। उन्होंने 25 दिनों तक एक साथ काम किया और फिर दर्शन चला गया। अन्य 24 दिनों के बाद, मानवी ने शेष परियोजना कार्य को पूरा किया। मानवी अकेले प्रोजेक्ट को कितने दिनों में पूरा कर सकती है- [RRB NTPC 2021]

(a) 54 (b) 40

(c) 50 (d) 64

14. दीप्तेश और तुषार अलग-अलग कार्य करते हुए एक कार्य को क्रमशः 9 और 12 दिनों में पूरा कर सकते है। दीप्तेश से प्रारंभ करके यदि वे बारी-बारी से एक-एक दिन कार्य करते है, तो कार्य कितने दिनों में पूरा हो जाएगा- [UPP Police 2024]

(a) $\frac{41}{4}$ (b) $\frac{43}{4}$

(c) 10 (d) 11

15. 4 लड़के और 6 लड़कियाँ एक काम को 10 दिनों में कर सकते हैं जबकि 6 लड़के और 4 लड़कियाँ उस काम को 8 दिनों में कर सकते है। 4 लड़के और 2 लड़कियाँ उस काम को कितने दिनों में पूरा कर सकते है- [UPP Police 2024]

(a) 30 (b) 28

(c) $\frac{27}{2}$ (d) $\frac{25}{2}$

16. मोहन और श्याम रु.800 के लिए एक काम करते है। मोहन अकेले इसे 6 दिनों में कर सकता है जबकि श्याम अकेले इसे 8 दिनों में कर सकता है। रमेश की मदद से, वे इसे 3 दिनों में पूरा करते है। श्याम का हिस्सा ज्ञात कीजिए- [UPP Constable 2024]

(a) रु.325 (b) रु.250

(c) रु.375 (d) रु.300

17. सुरेश और शशि एक काम को क्रमशः 11 दिनों और 17 दिनों में पूरा करते है। दोनों ने मिलकर काम पूरा करके रु.5,600 पारिश्रमिक प्राप्त किया। पारिश्रमिक में उनके हिस्से हैं, क्रमशः- [BPSC Junior 2023]

(a) रु.3,600 और रु.2,000

(b) रु.3,400 और रु.2,200

(c) रु.3,500 और रु.2,100

(d) उपर्युक्त में से एक से अधिक

(e) उपर्युक्त में से कोई नहीं

18. P, Q और R एक काम को क्रमशः 6 घण्टे, 8 घण्टे तथा 15 घण्टे में पूरा कर सकते है। उन्होंने एक साथ काम पूरा किया और पारिश्रमिक के रूप में रु.9,460 प्राप्त किया। पारिश्रमिक में उनके हिस्से है, क्रमशः- [BPSC Junior 2023]

(a) रु.4,200, रु.3,500 और रु.1,760

(b) रु.4,400, रु.3,300 और रु.1,760

(c) रु.4,300, रु.3,250 और रु.1,910

(d) उपर्युक्त में से एक से अधिक

(e) उपर्युक्त में से कोई नहीं

19. राम एक काम को 60 दिनों में कर सकता है। वह 15 दिन काम करता है और फिर श्याम बचे हुए काम को अकेल 30 दिनों में पूरा करता है। दोनों इकट्ठे उस काम को पूरा कर सकते है- [BPSC Junior 2024]

(a) 20 दिनों में (b) 24 दिनों में

(c) 22 दिनों में (d) उपर्युक्त में से एक से अधिक

(e) उपर्युक्त में से कोई नहीं

20. X और Y एक कार्य को क्रमश: 9 दिन और 36 दिन में पूरा कर सकते हैं। X कार्य करना शुरू करता है और वे बारी-बारी से एक-एक करके एक-एक दिन कार्य करते हैं। पूरा कार्य कितने दिन में पूरा होगा? [SSC CGL 2023]

(a) $12\frac{1}{2}$ days (b) $14\frac{1}{4}$ days

(c) $13\frac{1}{3}$ days (d) $15\frac{1}{5}$ days

21. 5 महिलाएं और 9 लड़कियां 9 दिनों में कुल रु.18,720 कमाती हैं, जबकि 9 महिलाएं और 16 लड़कियां 14 दिनों में कुल रु. 52,080 कमाती हैं। 12 महिलाएं और 7 लड़कियां मिलकर 13 दिनों में कितना (रु. में) कमाएंगी? [SSC CGL 2023]

(a) 42510 (b) 41990
(c) 42380 (d) 42120

22. 4 महिलाएं या 6 लड़के एक कार्य को समान दिनों में पूरा कर सकते हैं। एक आदमी इसे 60 दिनों में समाप्त कर सकता है। प्रतिदिन एक साथ मिलकर कार्य करते हुए 5 महिलाएँ कितने दिनों में कार्य पूरा कर सकती हैं? **[SSC CGL 2023]**

(a) 4 (b) 10
(c) 8 (d) 6

23. A, B और C अलग-अलग कार्य करते हुए एक कार्य को क्रमश: 12, 15 और 20 दिनों में पूरा कर सकते हैं। यदि वे 4 दिन एक साथ मिलकर कार्य करें, तो कितना कार्य शेष बचेगा? **[SSC CGL 2023]**

(a) $\frac{1}{2}$ (b) $\frac{1}{5}$
(c) $\frac{1}{6}$ (d) $\frac{1}{8}$

24. रवि किसी काम को 40 दिनों में कर सकता है और सुधा उसी काम को 60 दिनों में कर सकती है। यदि वे काम की शुरुआत सुधा से होती है और उसके बाद वे बारी-बारी एक-एक दिन काम करते हैं, तो काम कितने दिनों में पूरा होगा? **[SSC CGL 2023]**

(a) 40 (b) 60
(c) 48 (d) 45

25. 15 पुरुष एक काम को 25 दिनों में पूरा कर सकते हैं और 25 महिलाएं उसी काम को 40 दिनों में पूरा कर सकती हैं। यदि सभी 15 पुरुष और 25 महिलाएँ एक साथ कार्य करें, तो कार्य कितने दिनों में पूरा होगा? **[SSC CGL 2023]**

(a) $15\frac{5}{13}$ days (b) $10\frac{5}{13}$ days
(c) $15\frac{5}{12}$ days (d) $15\frac{4}{13}$ days

26. A प्रतिदिन 5 घंटे काम करके एक कार्य को 8 दिनों में पूरा कर सकता है और B प्रतिदिन 6 घंटे काम करके उसी कार्य को 10 दिनों में पूरा कर सकता है। यदि वे दोनों मिलकर प्रतिदिन 8 घंटे कार्य करें, तो उस कार्य को ...... में पूरा कर सकते हैं- **[SSC CGL 2023]**

(a) 5 दिन (b) 3 दिन
(c) 4.5 दिन (d) 6 दिन

27. प्रतिमा और दीक्षा एक टाइपिंग कार्य को क्रमश: 10 घंटे और 15 घंटे में अलग-अलग पूरा कर सकती हैं। 4 घंटे अकेले टाइप करने के बाद, प्रतिमा काम छोड़ती है। दीक्षा शेष टाइपिग कार्य कितने घंटों में पूरा करेगी? **[SSC CGL 2023]**

(a) 8 (b) 10
(c) 9 (d) 7

28. A, 7 दिनों में 20% कार्य कर सकता है और B, 7 दिनों में 25% कार्य कर सकता है यदि वे अकेले कार्य करते हैं। यदि वे एक साथ कार्य करते हैं तो वे 7 दिनों में कितना कार्य (प्रतिशत में) पूरा कर सकते हैं? **[SSC CGL 2023]**

(a) 38% (b) 52%
(c) 56% (d) 45%

29. रक्षित, अजय और सतीश एक नगर निगम में सफाई कर्मचारी हैं, रक्षित को अकेले नाली साफ करने में 20 घंटे लगते हैं जबकि अजय को अकेले काम करते हुए इसे 12 घंटे में साफ करता है। तीनों को मिलकर नाली की सफाई में सिर्फ 5 घंटे का समय लेते हैं. सतीश अकेले कितने घंटे में काम पूरा कर सकता है? **[SSC CGL 2023]**

(a) 12 (b) 10
(c) 15 (d) 18

30. 30 पुरुष एक काम को 12 दिन में कर सकते हैं। 6 दिन के बाद, 24 पुरुष उनके साथ जुड़ गए। शेष काम को पूरा करने में उन्हें अब कितने दिन लगेंगें? **[SSC CGL 2023]**

(a) $3\frac{1}{3}$ दिन (b) $3\frac{2}{3}$ दिन
(c) $3\frac{1}{2}$ दिन (d) $2\frac{1}{3}$ दिन

31. राजा और रॉकी मिलकर पेटिंग का कार्य 5 दिनों में पूरा कर सकते हैं। वे दोनों मिलकर पेटिंग करना आंरभ करते हैं, परंतु 2 दिन बाद, रॉकी बीमार पड़ जाता है और कार्य छोड़ देता है। यदि राजा शेष पेटिंग को 4 दिनों में करता है, तो रॉकी अकेले उस कार्य को कितने दिनों में पुरा कर सकता है? **[SSC CGL 2023]**

(a) 12 दिन (b) 15 दिन
(c) 20 दिन (d) 10 दिन

32. A और B क्रमश: 5 दिनों और 10 दिनों में एक कार्य कर सकते हैं। उन्होनें एक साथ कार्य करना शुरु किया, लेकिन A ने कुछ दिनों बाद कार्य छोड़ दिया और B ने शेष कार्य को 8 दिनों में समाप्त कर दिया। A ने कितने दिनों के बाद कार्य छोड़ा? **[SSC CGL 2023]**

(a) $3\frac{1}{8}$ (b) $5\frac{1}{8}$

(c) $6\frac{1}{8}$ (d) $\frac{2}{3}$

33. X और Y मिलकर एक निश्चित कार्य को 48 दिनों में पूरा कर सकते हैं। उन्होंने 15 दिनों तक एक साथ कार्य किया और फिर Z उनके साथ शामिल हो गया। तीनों ने मिलकर शेष कार्य को 22 दिनों में पूरा किया। यदि Y द्वारा 8 दिनों में किया गया कार्य Z द्वारा 12 दिनों में किए गए कार्य के बराबर है, तो X अकेला मूल कार्य का $\frac{1}{12}$ भाग कितने दिनों में पूरा कर सकता है?

[CRPF HCM (Tier-I) 2023]

(a) 20 दिन (b) 16 दिन

(c) 18 दिन (d) 15 दिन

34. X और Y अलग-अलग कार्य करते हुए एक कार्य को क्रमशः 24 दिनों और 32 दिनों में पूरा कर सकते हैं। यदि वे वैकल्पिक रूप से एक दिन कार्य करते हैं, X प्रारंभ करता है, तो कार्य कितने दिनों में पूरा होगा? **[CRPF HCM (Tier-I) 2023]**

(a) 27 (b) 26

(c) 25 (d) 28

35. A और A समान रुप से कार्य कुशल हैं और यदि किसी ने कोई अवकाश नहीं लिया तो प्रत्येक व्यक्तिगत रुप से 30 दिन में एक कार्य पूरा कर सकता है। A और B ने इस कार्य पर एक साथ कार्य करना शुरु किया, लेकिन A ने हर चार दिन कार्य करने के बाद एक दिन का अवकाश लिया जबकि B ने हर पांच दिन कार्य करने के बाद एक दिन का अवकाश लिया। यदि दोनों ने 1 अगस्त, 2022 को कार्य करना प्रारम्भ किया था तो कार्य किस तिथि को पूर्ण हुआ? **[SSC CGL 2023]**

(a) 19 अगस्त 2022 (b) 17 अगस्त 2022

(c) 16 अगस्त 2022 (d) 18 अगस्त 2022

36. A अकेले किसी कार्य को 15 दिनों में पूरा कर सकता है और वह केवल पहले दो और आखिरी दो दिन के दौरान कार्य करता है। शेष कार्य B द्वारा किया जाता है और कार्य 20 दिनों में पूरा होता है। A और B मिलकर उस कार्य को कितने दिनों में पूरा कर सकते हैं? **[SSC CGL 2023]**

(a) $\frac{90}{8}$ (b) $\frac{80}{7}$

(c) $\frac{80}{9}$ (d) $\frac{70}{8}$

37. सुरेश और अनिल एक विशेष प्रोजेक्ट पर कार्य कर रहे हैं। कंप्यूटर पर सुरेश को 40 पेज टाइप करने में 5 घंटे लगते हैं और अनिल को 32 पेज टाइप करने में 6 घंटे लगते हैं। यदि वे दो अलग-अलग कंप्यूटरों पर काम करते हैं, तो उन्हें 110 पेज का एक असाइनमेंट टाइप करने में कितना समय लगेगा? **[SSC CGL 2023]**

(a) 8 घंटे 15 मिनट (b) 8 घंटे

(c) 7 घंटे 35 मिनट (d) 8 घंटे 40 मिनट

38. एक पुरुष और एक महिला मिलकर एक कार्य को, एक महिला और एक लड़के द्वारा मिलकर लिए गए समय से आधे समय में पूरा कर सकते हैं। एक लड़का अकेला इस कार्य को 20 दिन में पूरा कर सकता है और 2 महिलाएं मिलकर उसे 30 दिन में पूरा कर सकती हैं। 4 पुरुष कार्य को कितने दिन में पूरा करेगें?

[SSC CGL 2023]

(a) 2 (b) 2.14

(c) 2.5 (d) 3

39. (N + 18) व्यक्ति जिसमें से प्रत्येक हर दिन 7.5 घंटे कार्य कर रहा है, 20 दिन में 48% कार्य पूरा कर सकते हैं। (N + 12) व्यक्ति शेष कार्य 30 दिन में पूरा कर सकते हैं, यदि उनमें से प्रत्येक हर दिन 6.5 घंटे कार्य करता है। N का मान ज्ञात करें।

[SSC CGL 2023]

(a) 18 (b) 16

(c) 20 (d) 22

40. मोहित एक काम का $\frac{2}{3}$ भाग 24 दिनों में कर सकता है, तो वह उस काम को $\frac{1}{9}$ भाग कितने दिनों में करेगा-

[SSC CGL 2023]

(a) 8 (b) 4

(c) 6 (d) 5

41. यदि 2 पुरुष या 3 लड़के एक निश्चित कार्य को करने में 40 घंटे लगाते हैं, तो 4 पुरुष और 9 लड़के एक साथ मिलकर उस कार्य को पूरा करने में कितना समय लेंगे? **[CISF HCM 2023]**

(a) 8 घंटे (b) 10 घंटे

(c) 12 घंटे (d) 9 घंटे

42. तीन टाइपिस्ट प्रतिदिन 8 घंटे काम करके 10 दिनों में एक दस्तावेज टाइप करते हैं। यदि केवल 2 टाइपिस्ट काम कर रहे हैं, तो उन्हें 12 दिनों में काम पूरा करने के लिए प्रतिदिन कितने घंटे काम करना चाहिए? **[CISF HCM 2023]**

(a) 9 (b) 10
(c) 11 घंटे (d) 12 घंटे

43. एक किले में 180 सैनिकों के लिए 40 दिनों का राशन होता है। 10 दिनों के बाद 30 सैनिक किला छोड़ देते हैं। भोजन कितने दिनों तक चलेगा, इसकी कुल संख्या ज्ञात कीजिए- **[CISF HCM 2023]**

(a) 36 दिन (b) 30 दिन
(c) 35 दिन (d) 40 दिन

44. रानी एक काम को 10 दिन में कर सकती है, प्रिया उसी काम को 15 दिन में कर सकती है और गुड्डू उसी काम को 12 दिन में कर सकता है। अगर वे उस काम को एक साथ करते हैं और उन्हें रु. 9000 का भुगतान किया जाता है, तो प्रिया का हिस्सा कितना है? **[SSC CHSL 2022]**

(a) रु.2400 (b) रु.3000
(c) रु.3500 (d) रु.3600

45. एक निश्चित संख्या में कुछ व्यक्ति किसी कार्य को 90 दिनों में पूरा कर सकते हैं। यदि 10 व्यक्ति कम कर दिए जाएं, तो कार्य पूरा होने में 10 दिन अधिक लगेंगे। शुरुआत में व्यक्तियों की कुल संख्या ज्ञात कीजिए- **[SSC CHSL 2022]**

(a) 90 (b) 110
(c) 85 (d) 100

46. A किसी कार्य को $\frac{3}{8}$ भाग 36 दिनों में पूरा कर सकता है। B उसी कार्य का आधा भाग 27 दिनों में पूरा कर सकता है। निम्नलिखित में से कौन सा/से कथन सही है/हैं? **[SSC CHSL 2022]**

I. A, B से कम कुशल है।

II. A और B मिलकर कार्य करते हुए, समान कार्य का $\frac{11}{15}$ भाग 36 दिनों में पूरा कर सकते हैं।

(a) न तो I न ही II (b) केवल I
(c) केवल II (d) I और II दोनों

47. A अकेले एक परियोजना को 10 दिनों में पूरा कर सकता है, B अकेले इसे 20 दिनों में पूरा कर सकता है जबकि C अकेले इसे 30 दिनों में पूरा कर सकता है। वे एक साथ इस प्रोजेक्ट के लिए रु.1,100 कमाते हैं। A और C की कुल कमाई, B की कमाई से कितनी अधिक है? **[SSC CHSL 2022]**

(a) रु.600 (b) रु.900
(c) रु.700 (d) रु.500

48. P, Q और R अकेले एक कार्य को क्रमशः 12, 15 और 20 दिनों में पूरा कर सकते हैं। उन्होंने एक साथ कार्य शुरु किया। P ने कार्य पूरा होने से 8 दिन पहले काम छोड़ दिया और Q ने P के जाने के 5 दिन बाद कार्य छोड़ दिया। R ने शेष कार्य अकेले पूरा किया। पूरे कार्य को पूरा करने में कितने दिन लगेंगे? **[SSC CHSL 2022]**

(a) $\frac{32}{3}$ दिन (b) 10 दिन
(c) $\frac{28}{3}$ दिन (d) $\frac{25}{3}$ दिन

49. अनुज की कार्यकुशलता, विनोद की कार्यकुशलता की 150 प्रतिशत है। यदि अनुज किसी कार्य को 20 दिनों में पूरा कर सकता है, तो वे दोनों मिलकर उसी कार्य को कितने दिनों में पूरा करेंगे? **[SSC CHSL 2022]**

(a) 15 दिन (b) 12 दिन
(c) 6 दिन (d) 9 दिन

50. टीना अकेले किसी कार्य को 12 दिनों में कर सकती है और मीना अकेले उसी कार्य को 15 दिनों में कर सकती है। यदि टीना और मीना को रु.18,000 में इस कार्य को करने की जिम्मेदारी सौंपी जाती है, तो मीना को कितनी धनराशि प्राप्त होगी, यदि वे दोनों साथ मिलकर काम करें? **[SSC CHSL 2022]**

(a) रु.10,000 (b) रु.6,000
(c) रु.12,000 (d) रु.8,000

51. विराट एक कार्य को 30 दिनों में पूरा कर सकता है और डेनियल उसी कार्य को पूरा करने में विराट से 60% अधिक कुशल है। उस कार्य को पूरा करने में डेनियल द्वारा लिया गया कुल समय ज्ञात कीजिए- **[SSC CGL 2023]**

(a) $16\frac{2}{5}$ days (b) $18\frac{3}{4}$ days
(c) $19\frac{8}{3}$ days (d) $17\frac{5}{3}$ days

52. A की कार्य क्षमता B की कार्यक्षमता से दोगुनी है। A एक दिन में केवल 8 घंटे काम कर सकता है जबकि B एक दिन में 12 घंटे काम कर सकता है। यदि A किसी काम को 12 दिनों में पूरा कर सकता है, तो B उसी काम को कितने दिनों में पूरा करेगा? **[SSC CGL 2023]**

(a) 8 (b) 10
(c) 16 (d) 12

53. एक निश्चित कार्य करने के लिए, अजय और भरत वैकल्पिक दिनों में काम करते हैं, भरत पहले दिन से कार्य शुरू करता है। अजय 32 दिनों में अकेले कार्य पूरा कर सकता है। यदि कार्य ठीक 8 दिनों में पूरा हो जाता है, तो भरत अकेले उसी कार्य का 7 गुना ...... दिनों में पूरा कर सकता है। **[SSC CGL 2023]**

(a) $\frac{28}{8}$ (b) 4
(c) $\frac{32}{7}$ (d) 32

54. राज अकेले एक काम को 20 दिनों में पूरा कर सकता है और प्रताप अकेले उसी काम को राज द्वारा लिए गए समय के आधे समय में पूरा कर सकता है। दोनों मिलकर कुल कार्य को $\frac{3}{5}$ भाग कितने दिनों में पूरा करेंगे? **[SSC CHSL 2022]**

(a) 10 दिन (b) 4 दिन
(c) 6 दिन (d) 8 दिन

55. A एक कार्य को 10 दिन में कर सकता है। B इसे 15 दिनों में कर सकता है। B की सहायता से उन्होंने कार्य को 5 दिन में पूरा किया। ज्ञात कीजिए कि B अकेले इसे कितने दिन में कर सकता है? **[SSC CPO 2022]**

(a) 20 (b) 25
(c) 30 (d) 35

56. 12 आदमी या 20 लड़के एक काम को 10 दिनों में पूरा कर सकते हैं। 4 आदमी और 4 लड़के 4 दिनों में उसी कार्य का कितना भाग पूरा करेंगे? **[SSC CPO 2022]**

(a) $\frac{49}{75}$ (b) $\frac{16}{75}$
(c) $\frac{26}{75}$ (d) $\frac{59}{75}$

57. एक निश्चित काम करने के लिए X को, उसी काम को Y और Z को एक साथ मिलकर करने में लगे समय से 3 गुना समय लगता है और Z को, Y और Z को एकसाथ मिलकर करने में लगे समय से 4 गुना समय लगता है। तीनों मिलकर काम को 10 दिनों में पूरा कर सकते हैं। X और Y को एक साथ मिलकर काम पूरा करने में कितना समय लगेगा? **[SSC CPO 2022]**

(a) $18\frac{2}{9}$ दिन (b) $20\frac{1}{9}$ दिन
(c) $21\frac{1}{9}$ दिन (d) $22\frac{2}{9}$ दिन

58. यदि 25 व्यक्ति किसी कार्य को 140 दिनों में पूरा कर सकते हैं, तो उसी कार्य को 70 दिनों में पूरा करने के लिए कितने व्यक्तियों की आवश्यकता होगी? **[SSC CPO 2022]**

(a) 70 (b) 50
(c) 40 (d) 80

59. A और B एक काम को क्रमशः 36 दिन और 45 दिन में पूरा कर सकते हैं। उन्होंने 2 दिन तक एक साथ काम किया और फिर A ने काम छोड़ दिया। शेष काम को B कितने दिन में पूरा करेगा? **[SSC CPO 2022]**

(a) 41.5 (b) 40
(c) 41 (d) 40.5

60. 60 आदमी एक काम को 40 दिनों में पूरा कर सकते हैं। वे एक साथ काम करना शुरु करते हैं लेकिन हर 10 दिन बाद 5 आदमी काम छोड़ देते हैं। काम कितने दिनों में पूरा हो पाएगा? **[SSC CPO 2022]**

(a) 47.5 (b) 49.5
(c) 42.5 (d) 45.5

61. यदि 8 मजदूर 15 दिनों में 9000 रुपये कमा सकते हैं। तो कितने मजदूर 7 दिनों मे 6300 रुपये कमा सकते हैं? **[CISF HCM 2023]**

(a) 11 (b) 13
(c) 12 (d) 10

62. राघव और अनुज ने 9000 रुपये के लिए कुछ काम करने का प्रयास किया। राघव अकेले इसे 18 दिनों में और अनुज अकेले 12 दिनों में कर सकता है। राहुल की मदद से उन्होंने 6 दिनों में काम पूरा कर लिया। राहुल को कितना मिला? **[CISF HCM 2023]**

(a) रु.1500 (b) रु.1800
(c) रु.2000 (d) रु.2500

63. आशिम किसी काम का $\frac{1}{4}$ हिस्सा 10 दिनों में पूरा कर सकता है। इशाक 40% काम 12 दिनों में कर सकता है और आलम $\frac{1}{5}$ काम 4 दिनों में कर सकता है। आशिम, इशाक और आलम द्वारा पूरा कार्य एक साथ करने में कितने दिन लगेंगे?

[CISF HCM 2023]

(a) 8 दिन (b) $8\frac{3}{13}$ दिन
(c) 9 दिन (d) $9\frac{3}{13}$ दिन

64. यदि A और B मिलकर किसी को को 18 दिन में, A और C मिलकर 12 दिन में और B और C मिलकर 9 दिन में पूरा कर सकते हैं, तो A अकेले उस काम को कितने दिनों में पूरा कर सकता है?

[CISF HCM 2023]

(a) 72 दिन (b) 65 दिन
(c) 68 दिन (d) 60 दिन

65. 84 आदमी एक काम को 30 दिनों में पूरा कर सकते हैं। 15 दिनों के बाद और आदमी को लगाया गया, और काम तय समय से 5 दिन पहले पूरा हो गया। कुल कितने और लोग लगे हुए थे?

[CRPF HCM (Tier-I) 2023]

(a) 40 आदमी (b) 42 आदमी
(c) 32 आदमी (d) 36 आदमी

66. एक ठेकेदार ने 30 दिन में काम करने के लिए संपर्क कार्य है। 110 आदमी उस काम को 20 दिनों में कर सकते हैं। पहले उन्होंने 200 लोगों को रोजगार दिया। 10 दिनों के बाद उसे कितने आदमियों को हटाना चाहिए ताकि काम समय पर समाप्त हो जाए?

[CRPF HCM (Tier-I) 2023]

(a) 190 (b) 155
(c) 180 (d) 125

67. A और B एक काम को 9 दिनों में पूरा कर सकते है, जबकि B और C उसी काम को 18 दिनों में पूरा कर सकते है। A, B और C साथ मिलकर काम करते हुए उसी काम को 8 दिनों में पूरा कर सकते हैं। A और C को साथ मिलकर काम पूरा करने में कितने दिन लगेंगे-

[SSC CHSL (Tier-II) 2023]

(a) 12 (b) 11
(c) 13 (d) 14

68. A और B की दक्षता का अनुपात 9:7 है। एक साथ कार्य करते हुए, वे एक निश्चित कार्य को $\frac{51}{4}$ दिनों में पूरा कर सकते हैं। A अकेले कार्य का $\frac{3}{7}$ भाग पूरा करता है और B अकेले शेष कार्य को पूरा करता है। पूरा कार्य कितने दिनों में पूरा हुआ?

[ICAR Assitt. 2022]

(a) $10\frac{5}{14}$ (b) $9\frac{3}{14}$
(c) $10\frac{6}{7}$ (d) $12\frac{5}{7}$

69. A एक निश्चित कार्य को 60 दिनों में कर सकता है। B, A से 25% अधिक कुशल है, जबकि C, B से 20%: अधिक कुशल है। B अकेले 37.5% कार्य पूरा करता है। A और C ने मिलकर शेष कार्य को पूरा किया तो कितने दिन में पूरा काम हो गया?

[ICAR Assitt. 2022]

(a) 35 दिन (b) 33 दिन
(c) 32 दिन (d) 30 दिन

70. एक निश्चित कार्य को पूरा करने के लिए B और C एक साथ जितना समय लेता है। A, उतना ही समय लेता है। A और B एक साथ कार्य करते हुए उसी कार्य को 20 दिनों में पूरा कर सकते हैं और C अकेला उसी कार्य को 30 दिनों में पूरा कर सकता है। B और C मिलकर 8 दिनों तक कार्य करते हैं। A अकेले शेष कार्य को कितने दिनों में पूरा कर सकता है? **[ICAR Assitt. 2022]**

(a) 20 (b) 16
(c) 12 (d) 15

71. A एक निश्चित कार्य को 40 दिनों में कर सकता है। B, A से $66\frac{2}{3}$% कम दक्षता रखता है और C, B से 400% अधिक कुशल है। तीनों मिलकर काम शुरू किया। यदि B और C ने कार्य पूरा होने से क्रमशः 5 दिन और 2 दिन पहले कार्य छोड़ दिया, तो पूरा कार्य कितने दिनों में पूरा हुआ? **[ICAR Assitt. 2022]**

(a) 16 (b) 20
(c) 15 (d) 18

72. A और B एक साथ कार्य करते हुए एक निश्चित कार्य को 45 दिनों में पूरा कर सकते हैं। वे 10 दिनों तक एक साथ काम करते हैं। शेष कार्य को C की सहायता से 28 दिनों में पूरा करें। C द्वारा 3 दिनों में किये गये कार्य B द्वारा 2 दिनों में किए गए कार्य के बराबर है। A और B मिलकर मूल कार्य का 70% भाग कितने दिनों में पूरा कर सकते हैं? **[ICAR Technician 2022]**

(a) 36 दिन (b) 35 दिन
(c) 40 दिन (d) 30 दिन

73. किसी कार्य को पूर्ण करने में, X और Y की क्षमताओं का अनुपात 5 : 4 है। एक साथ मिलकर कार्य करते हुए, वे उसी कार्य को 10 दिन में पूर्ण कर सकते है। Y ने कार्य करना शुरू किया और 5 दिन पश्चात् कार्य छोड़ दिया। यदि X अकेले कार्य करते हुए, शेष कार्य को a दिन में पूर्ण कर सकता है। Y के कार्य छोड़ने और Z के कार्य में शामिल होने के पश्चात् X और Z एक साथ मिलकर कार्य करते हुए, शेष कार्य को 7 दिन में पूर्ण कर सकते है। अकेले कार्य करते हुए Z शेष कार्य को b दिन में पूर्ण कर सकता है। तो a : b का मान ज्ञात कीजिए? **[ICAR Technician 2022]**

(a) 3 : 1 (b) 1 : 5
(c) 1 : 1 (d) 2 : 3

74. एक पुल निर्माण स्थल पर श्रमिकों की दो टीमें I और II है। प्रत्येक टीम में W कार्यकर्ता शामिल है। एक विशेष दिन पर, एक कार्यकर्ता को टीम I से टीम II में स्थानांतरित कर दिया गया। अब, यदि टीम I द्वारा (W + 1) घंटों में और टीम II द्वारा (W + 2) घंटों में किए गए कार्य की मात्रा का अनुपात क्रमशः 10 : 12 है, तो W बराबर है- **[IB ACIO 2020]**

(a) 24 (b) 20
(c) 18 (d) 16

75. अंशु को एक कार्य पूरा करने में बबलू से दोगुना समय लगता है और चंदू से तीन गुना समय लगता है। साथ में काम खत्म करने में 3 दिन लगते है। अंशु ने कार्य को पूरा करने के लिए कितना समय लिया है- **[IB ACIO 2020]**

(a) 24 दिन (b) 12 दिन
(c) 18 दिन (d) 3 दिन

76. A एक काम को 5 मिनट, B, 6 मिनट और C, 8 मिनट में पूरा कर सकता है। सभी तीनों मजदूरों द्वारा प्रति घंटे प्रति मजदूर पूरे किए गए काम की औसत संख्या है- **[IB ACIO 2020]**

(a) $\frac{52}{3}$ (b) $\frac{59}{6}$
(c) $\frac{57}{5}$ (d) $\frac{56}{9}$

77. 16 आदमी 24 दिनों में काम पूरा कर सकते है। 24 महिलाएं उसी कार्य को 32 दिनों में पूरा कर सकती है। 16 पुरुषों और 16 महिलाओं ने मिलकर 12 दिनों तक काम किया जिसके बाद महिलाओं ने काम छोड़ दिया। शेष कार्य को 2 दिनों में पूरा करने के लिए कितने और पुरुषों को लेना पड़ेगा- **[RRB NTPC 2021]**

(a) 32 (b) 64
(c) 24 (d) 48

78. सनी और पाउला किसी काम को 12 घंटे में पूरा कर सकते है जबकि पाउला उसी काम को अकेले 18 घंटे में पूरा कर सकती है। एक अन्य व्यक्ति जेन को अकेले उसी काम को पूरा करन में 45 घंटे लगते है। उसी काम को पूरा करने के लिए सनी ओर जेन कितने घंटे लगाएंगे- **[RRB RPF Constable 2019]**

(a) 15 (b) 16
(c) 18 (d) 20

79. P अकेला एक कार्य को 18 दिनों में पूरा कर सकता है। P और Q एक साथ कार्य करते हुए इसे 15 दिनों में पूरा कर सकते है। उन्होंने एक साथ कार्य करना शुरू किया। 10 दिनों के बाद Q ने कार्य छोड़ दिया, और P को अकेले उस कार्य को पूरा करना है। P को शेष कार्य को पूरा करने में कितना दिन लगेगा- **[RRB JE 2019]**

(a) 5 दिन (b) 7 दिन
(c) 6 दिन (d) 8 दिन

80. A और B साथ मिलकर किसी काम को 35 दिन में पूरा कर सकती है। यदि A अकेली काम करती है और उस काम के $\frac{4}{7}$ भाग को पूरा कर शेष काम B के लिए छोड़कर चली जाती है। इस प्रकार यदि काम को पूरा करने में 114 दिन लगते है तो A जो दोनों में अधिक दक्ष है, को अकेले सारा काम पूरा करने में कितने दिन का समय लगेगा- **[RRB RPF SI 2019]**

(a) 45 (b) 42
(c) 48 (d) 40

81. A और B साथ मिलकर किसी काम को 12 दिन में पूरा कर सकते है। यदि A अकेले काम करके आधे काम को पूरा करता है, और फिर छोड़ जाता है और इसके बाद B अकेला काम करके शेष काम पूरा करता है। इस काम को पूरा करने में 25 दिन लगते है। यदि B, A की तुलना में अधिक कुशल हो तो B द्वारा स्वयं काम करने में कितने दिन लग जाएंगे- **[RRB ALP & Tech. 2018]**

(a) 18 (b) 22
(c) 20 (d) 15

82. A और B एक कार्य को 40 दिन में पूरा कर सकते है, B और C इसे 30 दिन में पूरा कर सकते है, जबकि C और A इसी काम को 24 दिन में पूरा कर सकते हैं। A, B और C प्रत्येक अलग-अलग इस कार्य को कितने दिन में पूरा कर सकते है- **[RRB ALP & Tech. 2018]**

(a) 48, 96 और 32 (b) 32, 48 और 96
(c) 60, 120 और 40 (d) 40, 120 और 60

83. यदि 200 पुरुष किसी भवन का निर्माण 1024 दिन में कर सकते है तो उसी भवन का निर्माण 256 दिन में करने के लिए कितने पुरुषों की आवश्यकता होगी- **[RRB RPF Constable 2019]**

(a) 650 (b) 1200
(c) 800 (d) 1400

84. 250 सैनिकों के लिए 30 दिन के लिए पर्याप्त भोजन-आपूर्ति की व्यवस्था की गई थी। यदि 50 सैनिकों ने शिविर में भाग नहीं लिया, तो खाद्य आपूर्ति कितने अधिक दिनों तक चलेगी- **[RRB JE 2019]**

(a) 10 दिन (b) 9 दिन
(c) 12 दिन (d) 7.5 दिन

85. 16 पुरुष एक कार्य को 8 दिनों में प्रतिदिन 12 घंटे कार्य करके समाप्त कर सकते है। इसी कार्य के तीन गुना अधिक एक अन्य कार्य को 24 दिनों में प्रतिदिन 8 घंटे कार्य करके समाप्त करने के लिए कितने पुरुषों की आवश्यकता होगी- **[RRB ALP & Tec. 2018]**

(a) 22 पुरुष (b) 23 पुरुष
(c) 25 पुरुष (d) 24 पुरुष

86. टाइप I श्रमिक, टाइप II श्रमिकों से 2.5 गुना अधिक कुशल है। टाइप I प्रकार के 12 श्रमिक किसी काम को 10 दिन में पूरा कर सकते है। उसी काम को टाइप I के 4 और टाइप II के 15 श्रमिक पूरा करने के लिए कितने दिन का समय लगाएंगे- **[RRB ALP & Tec. 2018]**

(a) 13 (b) 10
(c) 12 (d) 11

87. A, एक कार्य को 1455 दिनों में कर सकता है। B, A की तुलना में 25% अधिक कार्यकुशलता है। इसी कार्य को करने के लिए B द्वारा लिए गए दिनों की संख्या ज्ञात कीजिए- **[UPSI 2021]**

(a) 1164 (b) 1162
(c) 1166 (d) 1167

88. A किसी कार्य को 82 दिनों में कर सकता है, B इस कार्य को 123 दिनों में कर सकता है और C इसी कार्य का अकेले 164 दिनों में कर सकता है। पहले दिन A ने अकेले कार्य किया और दूसरे दिन B और C ने मिलकर कार्य किया और तीसरे दिन A और C ने मिलकर कार्य किया। यदि वे इस चक्र को दोहराते है, तो पूर्ण कार्य कितने दिनों में समाप्त होगा- **[UPSI 2021]**

(a) $65\frac{2}{7}$ दिन (b) $67\frac{2}{7}$ दिन
(c) $63\frac{2}{3}$ दिन (d) $61\frac{2}{7}$ दिन

ANSWER

1	(c)	2	(b)	3	(a)	4	(a)	5	(c)	6	(b)	7	(c)	8	(c)	9	(a)	10	(c)
11	(d)	12	(a)	13	(d)	14	(a)	15	(d)	16	(d)	17	(b)	18	(b)	19	(b)	20	(b)
21	(d)	22	(c)	23	(b)	24	(c)	25	(a)	26	(b)	27	(c)	28	(d)	29	(c)	30	(a)
31	(c)	32	(d)	33	(b)	34	(d)	35	(d)	36	(c)	37	(a)	38	(b)	39	(a)	40	(b)
41	(a)	42	(b)	43	(a)	44	(a)	45	(d)	46	(b)	47	(d)	48	(c)	49	(b)	50	(d)
51	(b)	52	(c)	53	(d)	54	(b)	55	(c)	56	(b)	57	(d)	58	(b)	59	(d)	60	(a)
61	(c)	62	(a)	63	(d)	64	(a)	65	(b)	66	(a)	67	(a)	68	(c)	69	(b)	70	(b)
71	(c)	72	(a)	73	(c)	74	(d)	75	(c)	76	(b)	77	(a)	78	(d)	79	(c)	80	(b)
81	(c)	82	(c)	83	(c)	84	(d)	85	(d)	86	(c)	87	(a)	88	(b)				

CHAPTER 17

पाइप एवं टंकी (Pipe and Cistern)

▶ पाइप एवं टंकी वाले प्रश्नों को हल करने के लिए समय तथा कार्य की अवधारणायें प्रयोग में लायी जाती है। इनमें दो प्रकार की पाइपें होती है-

(i) **इनलेट पाइप :** यह पाइप टंकी को भरने में प्रयुक्त होती है। इसकी दक्षता धनात्मक (+) ली जाती है।

(ii) **आउटलेट पाइप :** यह पाइप टंकी को खाली करने में प्रयुक्त होती है। यह रिसाव की तरह कार्य करती है। इसी दक्षता ऋणात्मक (–) ली जाती है।

$$\text{पाइप की दक्षता} = \frac{\text{टंकी की कुल धारिता}}{\text{टंकी को भरने/खाली करने में लगा समय}}$$

$$\text{भरे गए पानी की मात्रा} = \text{दर} \times \text{समय}$$

▶ यदि टंकी की धारिता (कार्य) समान (नियत) हो-

$$\text{पाइपों की संख्या (N)} \propto \frac{1}{\text{समय (T)}}$$

$$\frac{N_1}{N_2} = \frac{T_2}{T_1}$$

▶ दो नल A और B किसी हौज को क्रमशः 'x' घंटे तथा 'y' घंटे में भर सकते है। यदि दोनों नलों को एक साथ खोल दिया जाए तो कितने समय में हौज पानी में भरेगा-

हौज की धारिता (क्षमता) = 1

A द्वारा x घण्टे में = 1 कार्य

$$1 \text{ घण्टे में (दक्षता)} = \frac{1}{x} \text{ कार्य}$$

B द्वारा y घण्टे में = 1 कार्य

$$1 \text{ घण्टे में (दक्षता)} = \frac{1}{y} \text{ कार्य}$$

$$\text{A और B की दक्षता} = \left(\frac{1}{x} + \frac{1}{y}\right) = \left(\frac{x+y}{xy}\right)$$

$$\text{A और B द्वारा मिलकर भरने में लगा समय} = \frac{\text{कार्य}}{\text{दक्षता}}$$

$$= \frac{1}{\frac{x+y}{xy}}$$

$$\text{अभीष्ट समय} = \left(\frac{xy}{x+y}\right) \text{ घंटे}$$

▶ यदि तीन पाइप A, B और C एक टंकी को क्रमशः x घंटे, y घंटे तथा z घंटे में भर या खाली कर सकते है। यदि तीनों पाइप एक साथ खोल दिए जाए तो टंकी को भरने या खाली करने में लगा समय-

$$\text{अभीष्ट समय} = \left(\frac{xyz}{xy + yz + zx}\right) \text{ घंटे}$$

▶ तीन पाइप A और B एक टंकी को क्रमशः x घंटे तथा y घंटे में भर सकते है तथा पाइप C इसे z घंटे में खाली कर सकता है। यदि तीनों पाइप एक साथ खोल दिए जाये तो टंकी को भरने में लगा समय-

$$\text{अभीष्ट समय} = \left(\frac{xyz}{yz + zx - xy}\right) \text{ घंटे}$$

▶ दो नल एक टंकी को क्रमशः x घंटे और y घंटे में भर सकते है। यदि दोनों नलों को एक साथ खोल दिया जाए तथा पहले नल को टंकी भरने से 'a' घंटे पहले बंद कर दिया जाए तो कितने समय में टंकी भर जाएगी-

$$\text{अभीष्ट समय} = \frac{(x+a)y}{x+y} \text{ घंटे}$$

यदि दूसरे नल की टंकी भरने से 'a' घंटे पहले बंद कर दिया जाए तो-

$$\text{अभीष्ट समय} = \frac{(y+a)x}{x+y} \text{ घंटे}$$

▶ यदि किसी टंकी को एक पाइप x घंटे में भर सकता है लेकिन टंकी में रिसाव के कारण टंकी को भरने में यह 't' घंटे अधिक समय लेता है। जब टंकी पूरी तरह से भरी हुई है तो रिसाव के कारण इसे खाली होने में लगने वाला समय होगा–

$$\text{अभीष्ट समय} = \frac{x(x+t)}{t}$$

▶ यदि नल 'A' एक टंकी को 'x' घंटे में भर देता है तथा नल 'B' उसी टंकी को 'y' घंटे में खाली कर देता है तो–

$$\text{दोनों नल द्वारा टंकी को भरने में लिया समय} = \frac{xy}{x-y}$$

जहाँ $x > y$

$$\text{दोनों नल द्वारा टंकी को खाली करने में लिया समय} = \frac{xy}{y-x}$$

जहाँ $y > x$

▶ यदि x, y, z .... सभी पाइपें एक साथ खोल दिए जाए तो टंकी को भरने अथवा खाली करने में लगा समय

$$\frac{1}{x} \pm \frac{1}{y} \pm \frac{1}{z} \pm \ldots\ldots\ldots = \frac{1}{T}$$

जहाँ T, टंकी को भरने अथवा खाली करने में लगा समय

नोट– धनात्मक चिह्न भरने वाले पाइप के लिए लेते है और ऋणात्मक चिह्न टंकी को खाली करने वाले पाइप के लिए लेते है। अभीष्ट समय यदि धनात्मक प्राप्त हो तो टंकी भरी जाती है तथा ऋणात्मक चिह्न प्राप्त होने पर टंकी खाली होती है।

▶ दो पाइप A और B एक टंकी को क्रमशः x घण्टे और y घण्टे में भर सकते है। यदि दोनों पाइपों को एक साथ खोल दिया जाये तो पाइप B को कितने समय बाद बन्द कर देना चाहिए ताकि टंकी t घण्टे में भर जाये–

$$\text{अभीष्ट समय} = \left[y\left(1-\frac{t}{x}\right)\right] \text{घंटे}$$

1. दो पाईप A और B टैंक को क्रमशः 20 मिनट और 30 मिनट में भर सकते हैं। यदि दोनों पाइप एक साथ खोल दिए जाएँ तो टैंक को भरने में समय लगेगा–

(a) 50 मिनट (b) 12 मिनट
(c) 25 मिनट (d) 15 मिनट

Sol. (b) A, B को एक साथ खोलने पर टंकी को भरने में लगा

$$\text{समय} = \left(\frac{xy}{x+y}\right) = \frac{20 \times 30}{20+30}$$

$$= \frac{20 \times 30}{50} = 12 \text{ मिनट}$$

Method - II

3 /A ⟶ 20
2 /B ⟶ 30
⟶ 60 (कुल धारिता)

$$\text{अभीष्ट समय} = \frac{60}{(3+2)} = 12 \text{ मिनट}$$

2. एक पाईप किसी पानी के टैंक को अन्य पाइप की तुलना में तीन गुनी तेजी से भरता हैं। यदि दोनों पाइप मिलकर खाली टैंक को पूरा भरने में 36 मिनट लें, तो धीमी रफ्तार वाला पाइप अकेले टैंक को भरने में कितना समय लेगा?

(a) 1 घण्टा 21 मिनट (b) 1 घण्टा 48 मिनट
(c) 2 घण्टा (d) 2 घण्टा 24 मिनट

Sol. (d) पहले पाइप की गति : दूसरे पाइप की गति = 3:1

अतः समय का अनुपात = 1 : 3

माना समय x मिनट तथा 3x मिनट है

प्रश्नानुसार

$$\frac{x \times 3x}{4x} = 36$$

$\Rightarrow$ x = 48 मिनट

धीमी गति वाले पाइप द्वारा लिया गया समय

= 48 × 3 = 144 मिनट = 2 घण्टा 24 मिनट

3. यदि एक कुण्ड का $\frac{3}{5}$ भाग एक मिनट में भर जाता है, तो शेष कुण्ड कितने समय में भरेगा?

(a) 40 सेकण्ड (b) 30 सेकण्ड
(c) 36 सेकण्ड (d) 24 सेकण्ड

Sol. (a) $\frac{3}{5}$ भाग को भरने में लगा समय = 60 सेकण्ड

1 भाग को करने में लगा समय$=\frac{60\times5}{3}=100$ सेकण्ड

शेष कुण्ड को भरने में लगा समय $=100\times\frac{2}{5}$

= 40 सेकण्ड

4. एक नल एक खाली टैंक को 12 घण्टे में भर सकता है और एक लीकेज सारे टैंक को 20 घण्टे में खाली कर देता है। यदि नल और लीकेज साथ-साथ चले है तो टैंक कितने समय में भरेगा?

(a) 25 घण्टे (b) 40 घण्टे
(c) 30 घण्टे (d) 35 घण्टे

Sol. (c) टैंक भरने में लगा समय $=\frac{1}{\frac{1}{12}-\frac{1}{20}}=\frac{1}{\left(\frac{5-3}{60}\right)}$

= 30 घण्टे

Method - II

नल – 12 → +5
लीकेज – 20 → –3
60 (कुल धारिता)

दोनों साथ-साथ चलें तो टैंक भरने में लगा समय

$=\frac{60}{(5-3)}=\frac{60}{2}=30$ घण्टे

5. एक नल किसी टैंक को एक घण्टे में खाली कर सकता है, दूसरा नल उसी टैंक को 30 मिनट में खाली कर सकता है, यदि दोनों नल एक साथ चालू कर दिए जाएँ, तो टैंक को खाली करने में कितना समय लगेगा?

(a) 20 मिनट (b) 30 मिनट
(c) 40 मिनट (d) 45 मिनट

Sol. (a) दोनों नलों द्वारा 1 मिनट में खाली किया भाग

$=\frac{1}{60}+\frac{1}{30}=\frac{1+2}{60}=\frac{3}{60}=\frac{1}{20}$

अर्थात् दोनों नल टैंक को 20 मिनट में खाली कर देंगे।

6. एक पाइप किसी टंकी को 5 घण्टों में पानी से भर सकता है और इस टंकी को कोई दूसरा पाईप 4 घण्टों में खाली कर सकता है यदि टंकी पूर्णतया भरी हुई हो और दोनों पाइपों को खोल दिया जाए, तो निम्न समय में खाली हो जाएगी

(a) 9 घण्टे (b) 18 घण्टे
(c) 20 घण्टे (d) 20.5 घण्टे

Sol. (c) 1 घण्टे में भरी टंकी का खाली हुआ भाग

$=\frac{1}{4}-\frac{1}{5}=\frac{1}{20}$ भाग

अतः पूरी टंकी खाली होने में लगा समय = 20 घण्टे

Method-II

I - 5 घण्टे → +4
II - 4 घण्टे → –5
20 (कुल धारिता)

स्पष्ट है कि टंकी खाली करने वाले क्षमता अधिक है। अतः दोनों चालू करने पर टंकी खाली हो जायेगा।

खाली करने में लगा समय $=\frac{20}{(+4-5)}=-20$ घण्टे

7. एक पम्प किसी टंकी को पानी से 2 घण्टें में भर सकता है। टंकी में पानी चूने से रिसाव इसको भरने में $2\frac{1}{3}$ घण्टे लगते है। तो भरी हुई टंकी पानी चूने के कारण कितने समय में खाली हो जाएगी-

(a) 12 घण्टे (b) 13 घण्टे
(c) 14 घण्टे (d) 15 घण्टे

Sol. (c) 1 घण्टे में चूने के कारण टंकी का खाली हुआ भाग

$=\frac{1}{2}-\frac{3}{7}=\frac{7-6}{14}=\frac{1}{14}$

अतः टंकी 14 घण्टे में खाली होगी

8. एक पाइप किसी हौज को 12 घण्टे में भर सकते है तथा एक अन्य पाईप पूरे भरे हौज को 18 घण्टे में खाली कर सकता हैं यदि दोनों पाइप एक साथ खोल दिए जाएँ, तो हौज को पूरा भरने में कितना समय लगेगा?

(a) 30 घण्टे (b) 36 घण्टे
(c) 40 घण्टे (d) 44 घण्टे

Sol. (b) दोनों नलों को साथ खोलने पर 1 घण्टे में हौज का

भरा भाग $=\frac{1}{12}-\frac{1}{18}=\frac{1}{36}$ भाग

अतः पूरा भाग भरने में 36 घण्टे लगेंगे।

9. एक कुण्ड में एक नली द्वारा पानी भरने में सामान्यतः 20 मिनट लगते हैं, लेकिन एक छेद के कारण, 10 मिनट ज्यादा लगते हैं। तदनुसार, ज्ञात कीजिए कि उस छेद के कारण वह पूरा कुण्ड, खाली होने में कितना समय लगेगा?

(a) 30 मिनट (b) 40 मिनट
(c) 50 मिनट (d) 60 मिनट

Sol. **(d)** खाली होने में लगा समय $= \frac{30 \times 20}{30 - 20} = \frac{600}{10}$

$= 60$ मिनट

10. नल 'A' एक खाली टंकी को 12 घण्टे में भर सकती है। लेकिन इसके पेंदे में एक रिसाव के कारण यह 15 घण्टे में भरता है। तो भरी हुई टंकी को रिसाव कितने घण्टे में खाली कर देगा (नल A बन्द करेगी)?

(a) 45 घण्टे (b) 48 घण्टे
(c) 52 घण्टे (d) 60 घण्टे

Sol. **(d)** माना रिसाव भरी हुई टंकी को x घण्टे में खाली करता है तो

$$\frac{1}{12} \times 15 - \frac{1}{x} \times 15 = 1$$

$$\Rightarrow \frac{15}{12} - 1 = \frac{15}{x} \Rightarrow \frac{3}{12} = \frac{15}{x}$$

$\Rightarrow$ x = 60 घण्टे

11. एक नल एक टैंक को 6 घण्टे में खाली कर सकता है। एक अन्य नल 10 लीटर प्रति घण्टा से इस टैंक को भरता है। यदि टैंक पूरा भरा हो तथा दोनों नलों को खोल दिया जाए तो यह 15 घण्टे में खाली हो जाता है। टैंक की धारिता है

(a) 100 लीटर (b) 166.66 लीटर
(c) 66.66 लीटर (d) इनमें से कोई नहीं

Sol. **(a)** माना टैंक की धारिता x लीटर है

अतः 15 घण्टे में नल द्वारा टैंक में डाला गया पानी

$= 15 \times 10 = 150$ लीटर

15 घण्टे में दूसरे नल द्वारा निकाला गया पानी

$= \frac{15}{6} \times x = \frac{15x}{6}$ लीटर

प्रश्नानुसार

$$x + 150 = \frac{15x}{6} \Rightarrow \frac{15x - 6x}{6} = 150$$

$\Rightarrow 9x = 150 \times 6$

$\Rightarrow$ x = 100 लीटर

12. तीन नलियाँ A, B तथा C अकेले कार्यशील होकर, एक कुण्ड को क्रमशः 10, 12 तथा 15 घण्टों में भर सकती हैं। तदनुसार, यदि तीनों नलियाँ एक साथ खोल दी जाएँ, तो वह कुण्ड कितने समय में भर जाएगा?

(a) 5 घण्टे (b) 6 घण्टे
(c) 3 घण्टे (d) 4 घण्टे

Sol. **(d)** A, B, C तीनों नलियाँ एक साथ खोलने पर एक घण्टे में किया गया काम $= \frac{1}{10} + \frac{1}{12} + \frac{1}{15} = \frac{15}{60} = \frac{1}{4}$

अर्थात् तीनों, 4 घण्टे में कुण्ड को भर देंगे।

13. दो नल एक हौज को क्रमशः 3 तथा 4 घण्टे में भर सकते हैं तथा एक निकास-नल उसे 2 घण्टे में खाली कर सकता है। यदि तीनों नल खोल दिए जाएँ, तो हौज कितने समय में भरेगा?

(a) 5 घण्टे (b) 8 घण्टे
(c) 10 घण्टे (d) 12 घण्टे

Sol. **(d)** तीनों नलों द्वारा एक साथ किया गया कार्य

$$= \frac{1}{3} + \frac{1}{4} - \frac{1}{2} = \frac{4 + 3 - 6}{12} = \frac{1}{12}$$

अतः अभीष्ट समय = 12 घण्टे

Method-II

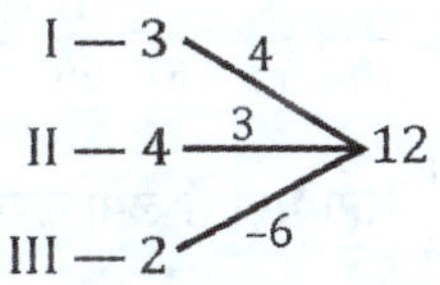

अभीष्ट समय $= \frac{12}{(4 + 3 - 6)} = 12$ घण्टे

14. दो नल किसी टंकी को क्रमशः 15 घण्टे तथा 20 घण्टे में पूरा भर सकते है जबकि एक तीसरा नल इसे 30 घण्टे में खाली कर सकता है। यदि तीनों नल एक साथ खोल दिये जाएँ, तो टंकी को पूरा भरने में कितना समय लगेगा?

(a) 10 घण्टे (b) 12 घण्टे
(c) 15 घण्टे (d) $15\frac{1}{2}$ घण्टे

Sol. **(b)** तीनों नलों को साथ खोलने पर टंकी को भरने में लगा समय $= \frac{1}{15} + \frac{1}{20} - \frac{1}{30} = \frac{4 + 3 - 2}{60} = \frac{1}{12}$

अतः टंकी को भरने में 12 घण्टे लगेंगे।

15. पाईप A एक टंकी को 30 मिनट में भरती है और पाइप B, 45 मिनट में। जब टंकी भरी हो, तो पाईप C उसे 90 मिनट में खाली कर सकती है। यदि सभी पाइपें एक साथ खोल दी जाएँ, तो टंकी भरेगी।

(a) 25 मिनट में (b) $26\frac{1}{2}$ मिनट में

(c) $22\frac{1}{2}$ मिनट में (d) 35 मिनट में

Sol. (c) टंकी को भरने में लगा समय

$$= \frac{1}{t} = \frac{1}{30} + \frac{1}{45} - \frac{1}{90} = \frac{3+2-1}{90} = \frac{4}{90}$$

$\Rightarrow \quad t = \frac{90}{4} = 22\frac{1}{2}$ मिनट

16. P तथा Q नल एक टंकी को क्रमशः 10 तथा 12 घण्टों में पूरा भर सकते हैं तथा उसी टंकी को एक अन्य नल C, 6 घण्टों में खाली कर सकता है। यदि तीनों नल एक साथ 7 बजे प्रातः चालू कर दिए जाएँ, तो चौथाई टंकी कितने समय तक भर जाएगी?

(a) 10 बजे प्रातः (b) 10 बजे रात्रि

(c) 11 बजे रात्रि (d) 11 बजे रात्रि

Sol. (b) P, Q तथा R तीनों द्वारा 1 घण्टे में टंकी का भरा गया

भाग $= \frac{1}{10} + \frac{1}{12} - \frac{1}{6} = \frac{1}{60}$ भाग

अतः $\frac{1}{4}$ भाग भरने में लगा समय $= \frac{1}{4} \times 60 = 15$ घण्टे

अभीष्ट समय = 7 बजे प्रातः + 15 घण्टे = 10 बजे रात्रि

17. पानी की एक टंकी में A, B और C तीन नल है। केवल नल A खोलने पर टंकी 4 घण्टे में, केवल नल B खोलने पर टंकी 6 घण्टे में भर जाती है और केवल नल C खोलने पर टंकी 3 घण्टे में खाली हो जाती है। नल A, B और C साथ-साथ खोलने पर टंकी पूरी भरने में कितना समय लगेगा?

(a) 10 घण्टे (b) 8 घण्टे

(c) 18 घण्टे (d) 12 घण्टे

Sol. (d) पूरा टंकी को भरने में लगा समय

$$= \frac{1}{\frac{1}{4}+\frac{1}{6}-\frac{1}{3}} = \frac{1}{\left(\frac{6+4-8}{24}\right)} = 12 \text{ घण्टे}$$

18. एक नल A, एक टंकी को 8 घण्टों में भर सकता है। दूसरा नल B उसे 6 घण्टों में भर सकता है। यदि दोनों नल खोल दिए जाएँ और 2 घण्टों बाद नल A, बन्द कर दिया जाए, तो दूसरा नल उस टंकी को कितने घण्टों में पूरा भर देगा?

(a) 6 घण्टे (b) $3\frac{1}{2}$ घण्टे

(c) 4 घण्टे (d) $2\frac{1}{2}$ घण्टे

Sol. (d) माना नल B x घण्टे लेता है

अतः $\frac{1}{8} \times 2 + \frac{1}{6}(x+2) = 1$

$\Rightarrow \quad \frac{1}{4} + \frac{(x+2)}{6} = 1$

$\Rightarrow \quad 3 + 2x + 4 = 12$

$\Rightarrow \quad 2x = 5$

$\Rightarrow \quad x = \frac{5}{2} = 2\frac{1}{2}$ घण्टे

19. दो पाइप A तथा B किसी टंकी को क्रमशः $37\frac{1}{2}$ मिनट और 45 मिनट में भर सकते हैं। दोनों पाइपों को खोल दिया जाता है। टंकी को ठीक आधे घण्टे में भरने के लिए पाईप B को कितने समय बाद बन्द कर देना होगा?

(a) 15 मिनट (b) 10 मिनट

(c) 5 मिनट (d) 9 मिनट

Sol. (d) A का 30 मिनट का काम $= \frac{2 \times 30}{75} = \frac{4}{5}$

अतः शेष भाग $= 1 - \frac{4}{5} = \frac{1}{5}$ भाग

$\frac{1}{5}$ भाग को भरने में B को लगा समय

$= \frac{1}{5} \times 45 = 9$ मिनट

20. एक टंकी तली में एक छेद है, जिसके कारण पानी से पूरी भरी टंकी 10 घण्टे में खाली हो जाती है। यदि टंकी पानी से पूरी भरी हो, साथ ही 4 लीटर प्रति मिनट की रफ्तार से टंकी में पानी भरने वाला एक नल भी चालू रखा जाए, तो छेद द्वारा टंकी को खाली करने में 15 घण्टे का समय लगता है। टंकी में कितने लीटर पानी भरा जा सकता है।

(a) 2400 (b) 4500
(c) 1200 (d) 7200

Sol. (d) भरने वाले नल की क्षमता $= \frac{1}{10} - \frac{1}{15} = \frac{3-2}{30} = \frac{1}{30}$

अतः भरने वाला नल टंकी को 30 घण्टे में भर देगा।

टंकी की धारिता = 30×60×4 = 7200 लीटर

21. एक टंकी में दो पाइप लगे हुए हैं एक इसको 8 घण्टें में पानी से भर सकता है और दूसरा इसको 5 घण्टे में खाली कर सकता है। यदि टंकी का $\frac{3}{4}$ भाग पानी से भरा हुआ हो, और दोनों पाईप एक साथ खोल दिए जाएँ तो, टंकी कितने समय में खाली हो जाएगी?

(a) $13\frac{1}{3}$ घण्टे (b) 10 घण्टे

(c) 6 घण्टे (d) $3\frac{1}{3}$ घण्टे

Sol. (b) दोनों पाइपों का एक घण्टे का काम $= \frac{1}{8} - \frac{1}{5} = -\frac{3}{40}$

अतः $\frac{3}{40}$ भाग खाली करने में लगा समय = 1 घण्टा

अतः $\frac{3}{4}$ भाग खाली करने में लगा समय

$= \frac{40}{3} \times \frac{3}{4}$ = 10 घण्टे

22. पाइप P और Q एक टंकी को क्रमशः 12 मिनट और 16 मिनट में भर सकती हैं। दोनों को x मिनट तक खुला रखा गया, फिर Q को बन्द कर दिया गया और P ने शेष टंकी 5 मिनट में भर दी। x का मान है

(a) 3 (b) 2
(c) 6 (d) 4

Sol. (d) P की क्षमता $= \frac{1}{12}$, Q की क्षमता $= \frac{1}{16}$

दोनों को x मिनट खुला रखा गया तथा बाद में P ने 5 मिनट में टंकी भर दी

अतः $\frac{1}{12}(x+5) + \frac{1}{16}x = \frac{4x+20+3x}{48} = 1$

$\Rightarrow$ 7x = 28

$\Rightarrow$ x = 4

23. दो नलियाँ P तथा Q एक टंकी को क्रमशः 12 तथा 15 मिनटों में भर सकती हैं। यदि उन दोनों को एक साथ खोल दिया जाए और 3 मिनटों बाद पहली को बन्द कर दिया जाए, तो टंकी को भरने में कितना समय ज्यादा लगेगा?

(a) $8\frac{1}{4}$ मिनट (b) $8\frac{3}{4}$ मिनट

(c) 5 मिनट (d) $8\frac{1}{2}$ मिनट

Sol. (a) P तथा Q की क्षमता क्रमशः $\frac{1}{12}, \frac{1}{15}$

यदि दूसरी नली के कार्य का समय = x मिनट

प्रश्नानुसार

$\frac{1}{12}(3) + \frac{1}{15}(x) = 1$

$\Rightarrow \frac{15+4x}{60} = 1$

$\Rightarrow x = 11\frac{1}{4}$

अतः अतिरिक्त समय $= 11\frac{1}{4} - 3 = 8\frac{1}{4}$ मिनट

24. किसी टैंक को नल 'A' 10 घण्टे में व नल B 15 घण्टे में भर सकते है। दोनों नलों को एक साथ खोला गया कुछ समय बाद नल B को बन्द कर दिया गया। इस प्रकार टैंक को पूरा भरने में 8 घण्टे का समय लगा। कितने समय बाद B को बन्द किया गया था?

(a) 2 (b) 3
(c) 4 (d) 5

Sol. **(b)** माना 'B' को t समय बाद बन्द किया गया

अतः $\frac{1}{10}\times 8+\frac{1}{15}\times t = 1$

$\Rightarrow \frac{t}{15}=1-\frac{8}{10}=\frac{2}{10}$

$\Rightarrow$ t = 3 घण्टे

25. नल A, B तथा C मिलकर किसी खाली पानी की टंकी को 10 मिनट में भर सकते हैं। अकेला नल A इसे 30 मिनट तथा अकेला नल B, 40 मिनट में भर सकता हैं। अकेला नल C इसे भरने में कितना समय लेगा?

(a) 16 मिनट (b) 24 मिनट
(c) 32 मिनट (d) 40 मिनट

Sol. **(b)** माना C इसे x मिनट में भर देता है तो

$= \frac{1}{30}+\frac{1}{40}+\frac{1}{x}=\frac{1}{10}\Rightarrow\frac{1}{x}=\frac{1}{10}-\frac{1}{30}-\frac{1}{40}$

$\Rightarrow \frac{1}{x}=\frac{12-4-3}{120}=\frac{5}{120}=\frac{1}{24}$

$\Rightarrow x=24$

अतः C इसे 24 मिनट में भर देगा

26. दो पाइप A और B अलग-अलग किसी टंकी को क्रमशः 60 मिनट और 75 मिनट में भर सकते हैं, टंकी की तली में उसको खाली करने के लिए एक तीसरा पाइप लगा है, यदि तीनों पाइपों को एक साथ खोल दिया जाए, तो टंकी 50 मिनट में भर जाती है, अकेला तीसरा पाइप टंकी को कितने समय में खाली कर सकता है?

(a) 110 मिनट (b) 100 मिनट
(c) 120 मिनट (d) 90 मिनट

Sol. **(b)** माना खाली करने वाला पाइप x मिनट में टंकी को खाली कर देता है।

अतः $\frac{1}{60}+\frac{1}{75}-\frac{1}{x}=\frac{1}{50}$

$\Rightarrow \frac{1}{x}=\frac{1}{60}+\frac{1}{75}-\frac{1}{50}$

$\Rightarrow \frac{1}{x}=\frac{5+4-6}{300}$

$\Rightarrow$ x = 100 मिनट

Method - II

5 / A — 60
4 / B — 75 ⟶ 300 (कुल धारिता)
माना x / तीसरा पाइप

कुल क्षमता = (5+4–x)

लेट क्षमता $= (5+4-x)=\frac{300}{50}$

$x=9-6=3$

खाली करने में लगा समय $=\frac{300}{3}=100$ मिनट

27. एक टंकी को एक पाइप 12 मिनट में भर सकती है और एक अन्य पाइप उसे 15 मिनट में भर सकती है, परन्तु एक तीसरी पाइप उसे 6 मिनट में खाली कर सकती है। शुरू में पहली दोनों पाइपें 5 मिनट के लिए खुली रखी गई और फिर तीसरी पाइप भी खोल दी गई। टंकी को खाली होने में कितने मिनट लगे?

(a) 38 (b) 22
(c) 42 (d) 45

Sol. **(d)** पहले दोनों पाइपों द्वारा 5 मिनट में किया गया कार्य

$=\left(\frac{1}{12}+\frac{1}{15}\right)\times 5=\frac{9}{60}\times 5=\frac{3}{4}$

अर्थात् टंकी का $\frac{3}{4}$ भाग भरा हुआ है तीनों का सापेक्ष

कार्य $=\frac{1}{6}-\frac{1}{12}-\frac{1}{12}=\frac{1}{60}$

अर्थात् 60 मिनट में पूरी टंकी खाली हो जाती है

अतः $\frac{3}{4}$ भाग खाली करने में लगा समय

$=\frac{3}{4}\times 60=45$ मिनट

28. A, B तथा C तीन नलियाँ एक टंकी से सम्बन्ध हैं। A तथा B एक साथ उस टंकी को 6 घण्टों में भर सकती हैं, B तथा C उसे 10 घण्टों में और A तथा C उसे $7\frac{1}{2}$ घण्टों में भर सकती हैं। तदनुसार अकेली C उस टंकी को कितने समय में भर सकती है?

(a) 10 घण्टे (b) 12 घण्टे

(c) 20 घण्टे (d) 30 घण्टे

Sol. (d) ABC तीनों का कुल कार्य समय

$$= \frac{2xyz}{xy+yz+zx}$$

$$= \frac{2\times6\times10\times7.5}{6\times10+10\times7.5+7.5\times6}$$

$$= \frac{2\times6\times75}{60+75+45} = 5$$

टंकी को भरने में C का समय

$$= \frac{1}{5} - (A+B) = \frac{1}{5} - \frac{1}{6} = \frac{1}{30}$$

अतः C उसे 30 घण्टे में भरेगी।

29. तीन नलिकाएँ A, B तथा C एक टंकी को 6 घण्टों में भर सकती हैं। 2 घण्टों तक तीनों को एक-साथ खोलने के बाद C को बन्द कर दिया जाता है और A तथा B उस टंकी को 8 घण्टों में भर देती है। तदनुसार, अकेली C नलिका द्वारा वह टंकी कितने घण्टों में भरी जा सकती हैं?

(a) 10 (b) 12

(c) 8 (d) 9

Sol. (b) A, B, C तीनों की क्षमता $= \frac{1}{6}$

तीनों का 2 घण्टे का कार्य $= \frac{1}{6}\times2 = \frac{1}{3}$

शेष कार्य $= 1-\frac{1}{3} = \frac{2}{3}$

अतः $\frac{2}{3}$ कार्य A तथा B द्वारा किया जाता है

= 8 घण्टे में

(A+B) पूरा कार्य करेंगे $= 8\times\frac{3}{2}$ = 12 घण्टे

C अकेला कार्य करेगा $= \frac{12\times6}{6}$ = 12 घण्टे में

30. एक टंकी के 3 नल A, B तथा C है। A और B उसे क्रमशः 3 और 4 घण्टे में भर सकते हैं और C उसे 1 घण्टे में खाली कर सकता है। यदि नलों को उसी दिन क्रमशः 3, 4 और 5 बजे अपरान्त खोला जाए, तो टंकी कितने बजे खाली होगी?

(a) 7.12 अपराह्न (b) 7.15 अपराह्न

(c) 7.10 अपराह्न (d) 7.18 अपराह्न

Sol. (a) A, B, C को एक साथ खोलने पर 1 घण्टे में टंकी का

भरा भाग $= \frac{1}{3}+\frac{1}{4}-\frac{1}{1} = \frac{-5}{12}$

अतः तीनों नल एक साथ खोलने पर टंकी $\frac{12}{5}$ घण्टे में खाली हो जाएगी।

C के शुरू होने पर टंकी का भरा भाग

$= \frac{2}{3}+\frac{1}{4} = \frac{11}{12}$ भाग

$\frac{11}{12}$ भाग को खाली होने में लगा समय

$= \frac{11}{12}\times\frac{12}{5} = \frac{11}{5}$ घण्टे

= 2 घण्टे 12 मिनट

अतः समय = 7:12 अपराह्न

31. एक लड़का तथा एक लड़की मिलकर किसी हौज को पानी से भरते हैं। लड़का प्रत्येक 3 मिनट में 4 लीटर पानी उड़ेलता है, जबकि लड़की प्रत्येक 4 मिनट में 3 लीटर पानी उड़ेलती है। हौज में 100 लीटर पानी भरने में कितना समय लगेगा?

(a) 36 मिनट (b) 42 मिनट

(c) 48 मिनट (d) 44 मिनट

Sol. (c) लड़के द्वारा 1 मिनट में उड़ेला गया पानी $= \frac{4}{3}$ लीटर

लडकी द्वारा 1 मिनट में उड़ेला गया पानी $= \frac{3}{4}$ लीटर

दोनों द्वारा 1 मिनट में उड़ेला गया पानी

$= \frac{4}{3}+\frac{3}{4} = \frac{25}{12}$ लीटर

100 लीटर पानी भरने में लगा समय

$$= \frac{12}{25} \times 100 = 48 \text{ मिनट}$$

32. 200 मीटर लम्बे और 150 मीटर चौड़े एक टैंक में 0.3 मीटर × 0.2 मीटर आकार वाली एक नली से 20 किमी./घण्टा की गति से पानी छोड़ा जाता है। तदनुसार उस टैंक में पानी का तल 8 मीटर ऊँचा होने में कितना समय लगेगा?

(a) 50 (b) 120
(c) 150 (d) 200

Sol. **(d)** टैंक के पानी का आयतन

= (200 × 150 × 8) घन मीटर

पाइप द्वारा भरे गए पानी का आयतन

= 0.3×0.2×20000 = 1200 घन मीटर

$$\text{अभीष्ट समय} = \frac{200 \times 150 \times 8}{1200} = 200 \text{ घण्टे}$$

33. तीन नल A, B तथा C एक टंकी को 6 घण्टे में भर सकते हैं, उस पर 2 घण्टे एक साथ काम करने के बाद C को बन्द कर दिया गया और A तथा B ने उसे 7 घण्टे और लेकर भर दिया। अकेले C द्वारा टंकी को भरने में कितना समय लगेगा?

(a) 14 घण्टे (b) 15 घण्टे
(c) 16 घण्टे (d) 17 घण्टे

Sol. **(a)** A, B, C द्वारा 1 घण्टे में भरा गया भाग $= \frac{1}{6}$

तीनों द्वारा 2 घण्टे में भरा गया भाग $= \frac{1}{6} \times 2 = \frac{1}{3}$ भाग

शेष भाग $= 1 - \frac{1}{3} = \frac{2}{3}$ भाग

अतः A एवं B द्वारा $\frac{2}{3}$ भाग भरने में लगा समय

= 7 घण्टे

पूरी टंकी को भरने में A एवं B द्वारा लिया गया समय

$$= 7 \times \frac{3}{2} = \frac{21}{2} \text{ घण्टे}$$

C द्वारा लिया गया समय

$$= \frac{1}{6} - \frac{2}{21} = \frac{7-4}{42} = \frac{3}{42} = \frac{1}{14}$$

अर्थात् नल C अकेले टंकी को 14 घण्टे में भर देगा।

34. दो नल A तथा B पानी की एक टंकी को क्रमशः 20 तथा 24 मिनट में भर सकते हैं तथा तीसरा नल C 3 गैलन पानी प्रति मिनट की रफ्तार से टंकी खाली करता है। यदि A, B तथा C तीनों को एक साथ खोला जाए, तो टंकी भरने में 15 मिनट लगते हैं टंकी की (गैलन में) धारिता है।

(a) 180 (b) 150
(c) 120 (d) 20

Sol. **(c)** नल C द्वारा टंकी को खाली करने में लगा समय

$$= \frac{1}{15} - \frac{1}{20} - \frac{1}{24} = \frac{8-6-5}{120} = -\frac{3}{120} = -\frac{1}{40}$$

अतः नल C टंकी को 40 मिनट में खाली कर देगा तथा टंकी की धारिता = 40×3 = 120 गैलन

35. एक नल किसी टंकी को 6 घण्टे में भर सकता है, जब टंकी आधी भर जाती हैं, तो इसी प्रकार के तीन और नल खोल दिए जाते हैं, टंकी को पूरा भरने में लगा कुल समय कितना था?

(a) 4 घण्टे (b) 4 घण्टे 15 मिनट
(c) 3 घण्टे 15 मिनट (d) 3 घण्टे 45 मिनट

Sol. **(d)** टंकी को आधा भरने में पहले नल द्वारा लिया गया समय = 3 घण्टे

ऐसे चार नलों द्वारा 1 घण्टे में भरा गया भाग

$$= \frac{4}{6} = \frac{2}{3} \text{ भाग}$$

$\frac{2}{3}$ भाग भरा जाता है, 1 घण्टे में

$\frac{1}{2}$ भाग भरा जाएगा $= \frac{3}{2} \times \frac{1}{2} = \frac{3}{4}$ घण्टे

= 45 मिनट

अतः कुल समय = 3 घण्टे 45 मिनट

36. दो पाइप किसी टंकी को क्रमशः 15 और 12 घण्टे में पानी से भर सकते हैं और एक तीसरा पाइप टंकी को 4 घण्टे में खाली कर सकता है। यदि इन पाइपों को क्रमशः प्रातः 8, 9 और 11 बजे खोला जाए, तो टंकी कितने बजे खाली होगी?

(a) 11 : 40 अपराह्न (b) 12 : 40 अपराह्न
(c) 1 : 40 अपराह्न (d) 2 : 40 अपराह्न

Sol. **(d)** पहले पाइप का 3 घण्टे का भराव काम $= \frac{3}{15}$

दूसरे पाइप का 2 घण्टे का कार्य $= \frac{2}{12}$

कुल किया गया कार्य $= \frac{3}{15} + \frac{2}{12} = \frac{11}{30}$

तीनों पाइपों का एक घण्टे का निकासी कार्य

$$= \frac{1}{4} - \left(\frac{1}{15} + \frac{1}{12}\right) = \frac{1}{10}$$

$\frac{1}{10}$ भाग खाली करने में लगा समय = 1 घण्टा

$\frac{11}{30}$ भाग खाली करने में लगा समय

$$= 10 \times \frac{11}{30} = \frac{11}{3} \text{ घण्टे}$$

अर्थात् अभीष्ट समय = 2:40 अपराह्न

Method -II

+4 / A — 15
+5 / B — 12 ⟶ 60 (कुल धारिता)
−15 / C — 4

कुल क्षमता = (−6)

पाइप A तथा B द्वारा 11 बजे तक कुल भराव

$= [4 \times 3 + 5 \times 2]$
$= 22$

खाली करने में लगा समय $= \frac{22}{-6} = \frac{11}{-3}$ घण्टे

= 3 घण्टे 40 मिनट

अभीष्ट समय = 11 बजे + 3 घण्टे 40 मिनट

= 2 : 40 अपराह्न

37. 14 सेमी. व्यास के किसी नल से पानी 5 किमी./घण्टा की दर से एक आयताकार टंकी में बह रहा है जो 50 मीटर लम्बी और 44 मीटर चौड़ी हैं। उस टंकी में 7 सेमी. तक पानी कितनी देर में भर जाएगा? ($\pi = 22/7$)

(a) 2.1 घण्टे (b) 2.0 घण्टे
(c) 2.5 घण्टे (d) 2.2 घण्टे

Sol. **(b)** टंकी का आयतन $= l \times b \times h$

$= 50 \times 44 \times .07$
$= 154$ घन मीटर

1 घण्टे में नल द्वारा गिरे पानी का आयतन

$$= \frac{22}{7} \times 0.07 \times 0.07 \times 5000$$

$= .7 \times 22 \times 5 = 77$ घन मीटर

अभीष्ट समय $= \frac{154}{77} = 2$ घण्टे

38. तीन नल, P, Q तथा R अलग-अलग किसी हौज को क्रमशः 4, 8 तथा 12 घण्टे में पूरा भर सकते हैं। एक अन्य नल S पूरे भरे हौज को 10 घण्टे में खाली कर सकता है। निम्नलिखित में से कौन खाली हौज को अन्य से कम समय में भरेगें?

(a) केवल Q को खोला जाए
(b) P तथा S को खोला जाए
(c) P, Q तथा S को खोला जाए
(d) Q, R तथा S को खोला जाए

Sol. **(c)** P, Q, S का एक साथ काम $= \frac{1}{4} + \frac{1}{8} - \frac{1}{10} = \frac{11}{40}$

P, Q, S को एक साथ खोलने पर हौज $\frac{40}{11}$ घण्टे में भरेगा।

39. एक टैंक में तीन पाईप लगे हैं। पहला पाइप 1 घण्टे में टैंक का $\frac{1}{2}$ भाग भर सकता है। तथा दूसरा पाइप एक घण्टे में टैंक का $\frac{1}{3}$ भाग भर सकता है। तीसरा पाइप भरे हुए टैंक को खाली करने के लिए लगाया गया है। तीनों पाइप एक साथ खोलने पर 1 घण्टे में टैंक का $\frac{7}{12}$ भाग भर गया। तीसरा पाईप पूरे भरे टैंक को कितने समय में खाली करेगा?

(a) 3 घण्टे (b) 4 घण्टे
(c) 5 घण्टे (d) 6 घण्टे

Sol. **(b)** तीसरे पाइप द्वारा 1 घण्टे में खाली किया गया भाग

$$= \frac{1}{2} + \frac{1}{3} - \frac{7}{12} = \frac{6+4-7}{12} = \frac{3}{12} = \frac{1}{4}$$

पूरा भाग खाली करने में लगा समय = 4 घण्टे

40. एक कुण्ड को दो सप्लाई पाइपों द्वारा क्रमशः 20 मिनट और 30 मिनट में भरा जा सकता है। परन्तु एक वेस्ट पाइप उसे एक घण्टे में खाली कर सकती है। सप्लाई वाली दोनों पाइपें खाली कुण्ड को भरने के लिए एक-साथ खोल दी गई किन्तु भूल से वेस्ट पाइप भी खुली थी। वेस्ट पाइप कितनी देर बाद बन्द हुई यदि कुण्ड 14 मिनट में भरता हो?

(a) 6 मिनट (b) 8 मिनट
(c) 10 मिनट (d) 12 मिनट

Sol. (c) माना वेस्ट पाइप x मिनट बाद बंद हुई

अतः $14\times\frac{1}{20}+14\times\frac{1}{30}-x\times\frac{1}{60}=1$

$\Rightarrow\ 14\left[\frac{3+2}{60}\right]-1=\frac{x}{60}$

$\Rightarrow\ \frac{70-60}{60}=\frac{x}{60}$

$\Rightarrow\ x=10$ मिनट

Method - II

I — 20 (3)
II — 30 (2)
→ 60 (कुल धारिता)

14 मिनट में I और II पाइप द्वारा कुल भराव = 14×(3+2) = 70

पाइप III द्वारा निकाला गया पानी = (70 – 60) = 10

60 निकास ⟶ 1 घंटे

10 निकास ⟶ $\frac{1}{6}$ घण्टे = 10 मिनट

41. पाईप A एक टैंक को 4 घण्टे में तथा पाइप B, 6 घण्टे में भर सकता है। पाइप C इस टैंक को 4 घण्टे में खाली कर सकता है। मुकेश ने टैंक भरने के लिए पाइप A व B को खोल दिया तथा अलार्म इस प्रकार लगाया कि जब आधा टैंक भर जाए तो वह पाईप C को खोल देगा लेकिन गलती से अलार्म इस प्रकार लग गया कि जब टैंक $\frac{3}{4}$ भर गया तब उसने पाईप C को खोला। तो दोनों स्थिति में टंकी को पूरा भरने में लगे समय का अन्तर होगा

(a) 48 मिनट (b) 30 मिनट
(c) 54 मिनट (d) इनमें से कोई नहीं

Sol. (c) **Case-I :**

टंकी को $\frac{1}{2}$ भरने में लगा समय (जब केवल A व B खुले है)

$t_1\left(\frac{1}{4}+\frac{1}{6}\right)=\frac{1}{2}\Rightarrow t_1=\frac{6\times4}{10\times2}\Rightarrow t_1=\frac{6}{5}$ घण्टे

शेष आधा भाग भरने में लगा समय

$=t_1\left(\frac{1}{4}+\frac{1}{6}-\frac{1}{4}\right)=\frac{1}{2}$

$\Rightarrow\ t_2=3$ घण्टे

पूरा भरने में लगा समय $=3+\frac{6}{5}=\frac{21}{5}$ घण्टे

Case-II :

टंकी को $\frac{3}{4}$ भरने में लगा समय (जब केवल A व B खुले हो)

$t_1\left(\frac{1}{4}+\frac{1}{6}\right)=\frac{3}{4}\Rightarrow t_1=\frac{9}{5}$ घण्टे

शेष $\frac{1}{4}$ भाग भरने में लगा समय

$=t_2\left(\frac{1}{4}+\frac{1}{6}-\frac{1}{4}\right)$

$=\frac{1}{4}\Rightarrow t_2=\frac{3}{2}$ घण्टे

पूरा भरने में लगा समय $=\frac{9}{5}+\frac{3}{2}=\frac{33}{10}$ घण्टे

अतः अन्तर $=\frac{21}{5}-\frac{33}{10}=\frac{9}{10}$ घण्टे

या $\frac{9}{10}\times60=54$ मिनट

42. एक टैंक A, B, C व D चार पाइपों से जुड़ा हुआ है। इनमें से दो इसे भरती है तथा दो खाली करने वाली पाइपे है। A, B, C व D द्वारा अपने-अपने काम करने में लिये गये समय क्रमशः 10 घण्टे, 15 घण्टे, 20 घण्टे व 30 घण्टे है। जब टैंक खाली था तो चारों पाइपों को खोल दिया गया तथा 12 घण्टों में टैंक पूरा भर गया। बताइए कौन-सी दो पाइपे निकासी पाईप है-

(a) A और B (b) C और D
(c) A और C (d) B और D

Sol. (b) प्रत्येक नल द्वारा प्रति घण्टे किया गया कार्य क्रमशः

$$A : B : C : D = \frac{1}{10} : \frac{1}{15} : \frac{1}{20} : \frac{1}{30}$$

$$\Rightarrow \frac{6}{60} : \frac{4}{60} : \frac{3}{60} : \frac{2}{60}$$

$$\Rightarrow \frac{6}{60}\times 12 : \frac{4}{60}\times 12 : \frac{3}{60}\times 12 : \frac{2}{60}\times 12$$

[12 घण्टे में किया गया कार्य]

∵ 12 घण्टे बाद टैंक पूरा भरा है अतः A, B, C व D में किन्हीं दो में से शेष दो को घटाने पर हल 1 होना चाहिएः

अतः $\frac{72+48-36-24}{60} = 1$

$\Rightarrow$ +A, +B, –C, –D अर्थात् C व D निकासी पाइप है।

43. दो नल A व B एक टैंक को क्रमशः 24 घण्टे व $\frac{120}{7}$ घण्टे में भर सकते है। खाली टैंक को भरने के लिए दीपक ने दोनों नलों को साथ खोल दिया तथा कुछ समय बाद उसने दोनों नलों को यह समझकर बन्द कर दिया कि टैंक भर चुका है। उसके बाद यह पाया गया कि 2.5 घण्टे बाद टैंक खाली हो गया क्योंकि निकासी नल C शुरू से ही खुला रहा गया था। यदि दीपक A व B को बन्द करने के बजाय C को बन्द कर देता तो शेष टैंक को भरने में कितना समय लगता-

(a) 2 घण्टे (b) 4 घण्टे
(c) 6 घण्टे (d) 8 घण्टे

Sol. (d) दोनों नल मिलकर टैंक को भरेंगे

$$= \frac{1}{24}+\frac{7}{120}$$

$$= \frac{5+7}{120} = \frac{12}{120} = \frac{1}{10}$$

अर्थात् 10 घण्टे में

माना निकासी नल C पूरे टैंक को x घण्टे में खाली कर सकता है।

अतः प्रश्नानुसार

जब दीपक ने नल A व B को बन्द किया अर्थात् 10 घण्टे बाद

$$\frac{1}{24}\times 10+\frac{7}{120}\times 10-\frac{1}{x}\times(10+2.5) = 0$$

$$\Rightarrow 1-\frac{12.5}{x} = 0 \Rightarrow x = 12.5 = \frac{25}{2} \text{ घण्टे}$$

जब A व B को बन्द किया उस समय टैंक का खाली

भाग $= \frac{2}{25}\times 10 = \frac{4}{5}$ भाग

यदि दीपक C को बन्द कर देता तो $\frac{4}{5}$ भाग को भरने में लगा समय (t)

$$t\left(\frac{1}{24}+\frac{7}{120}\right) = \frac{4}{5}$$

$\Rightarrow$ t = 8 घण्टे

44. यदि दो नलियाँ एक साथ चालू हों, तो एक टंकी 12 घण्टों में भर जाती है। उनमें एक नली उस टंकी को दूसरी की अपेक्षा 10 घण्टे अधिक की गति से भर देती है। तदनुसार, वह तेज गति वाली नली अकेली, उस टंकी को कितने घण्टों में भर देगी?

(a) 20 (b) 18
(c) 15 (d) 12

Sol. (a) तेज गति से आने वाली नली का समय = x

तथा धीमी नली का टंकी भरने का समय = x + 10

प्रश्नानुसार

$$\frac{1}{x}+\frac{1}{x+10} = \frac{1}{12}$$

$$\Rightarrow \frac{x+10+x}{x(x+10)} = \frac{1}{12}$$

$\Rightarrow 24x + 120 = x^2 + 10x$

$x^2 - 14x - 120 = 0$

$\Rightarrow x^2 - 20x + 6x - 120 = 0$

$\Rightarrow x(x-20) + 6(x-20) = 0$

$\Rightarrow$ x = 20 घण्टे

45. d व्यास वाले एक पाईप के द्वारा कोई पानी की टंकी 40 मिनट में खाली की जा सकती है, तो 2d व्यास वाले पाईप को उसे खाली करने में कितना समय लगेगा?

(a) 5 मिनट (b) 10 मिनट
(c) 20 मिनट (d) 80 मिनट

Sol. (b) d व्यास वाले पाइप की त्रिज्या = $\frac{d}{2}$ सेमी.

2d व्यास वाले पाइप की त्रिज्या = d सेमी.

टंकी का आयतन = $\pi \times \left(\frac{d}{2}\right)^2 \times 40 = 10\pi d^2$

2d व्यास वाले पाईप को खाली करने में लगा समय

$= \frac{10\pi d^2}{\pi d^2} = 10$ मिनट

46. एक पाईप एक टंकी को 40 मिनट में खाली कर सकता हैं। इस टंकी के साथ खाली करने के लिए एक अन्य पाईप जिसका व्यास पहले पाईप के व्यास का दुगुना है, लगा दिया जाता है। दोनों पाईप मिलकर टंकी को खाली करने में कितना समय लगें।

(a) 8 मिनट (b) 26 मिनट
(c) 30 मिनट (d) 38 मिनट

Sol. (a) पहले पाईप द्वारा खाली किए गए पानी का आयतन

$= \pi r^2 l$

दूसरे पाइप द्वारा खाली किए गए पानी का आयतन

$= \pi(2r)^2 l = 4\pi r^2 l$

दोनों पाइपों द्वारा निकाले गए पानी का आयतन

$= \pi r^2 l + 4\pi r^2 l = 5\pi r^2 l$

टंकी की धारिता $= 40 \times \pi r^2 l$

अभीष्ट समय $= \frac{40\pi r^2 l}{5\pi r^2 l} = 8$ मिनट

47. 7 सेमी., आन्तरिक व्यास वाली एक वृत्ताकार पाईप द्वारा पानी पम्प किया जा रहा है। यदि पानी का प्रवाह 12 सेमी. प्रति सैकण्ड है तो एक घण्टे में कितने लीटर पानी पम्प होगा?

(a) 1663.2 (b) 1500
(c) 1747.6 (d) 2000

Sol. (a) 1 सैकण्ड में पम्प किए गए पानी का आयतन

$= \pi r^2 l = \frac{22}{7} \times \frac{7}{2} \times \frac{7}{2} \times 12$

= 462 घन सेमी.

1 घण्टे में पम्प किये गये पानी का आयतन

$= 462 \times 60 \times 60$

$= 1663200$ सेमी^{3}

$= \frac{1663200}{1000} = 1663.2$ लीटर

48. एक टैंक में 8 पाइप होते है, जिसमें से कुछ इनलेट है और कुछ आउटलेट है। इनलेट पाइप 8 घंटे में एक टैंक भर सकता है और आउटलेट पाइप 6 घंटे में टैंक खाली कर सकता है। यदि सभी पाइप एक साथ खोले जाते है, तो टैंक 8 घंटे में भर जाता है। इनलेट और आउटलेट पाइप की संख्या का पता लगाएं-

(a) I = 5, O = 3 (b) I = 3, O = 5
(c) I = 6, O = 2 (d) I = 2, O = 6

Sol. (a) **Method-I**

माना आउटलेट पाइपों की संख्या = x

इनलेट पाइपों की संख्या = (8 – x)

आउटलेट पाइपों द्वारा एक घण्टे में भराव = $\frac{x}{8}$

इनलेट पाइपों द्वारा एक घण्टे में निकासी = $\frac{(8-x)}{6}$

प्रश्नानुसार,

$$\frac{x}{8} - \frac{(8-x)}{6} = \frac{1}{8}$$

$$\frac{3x - 32 + 4x}{24} = \frac{1}{8}$$

$$7x = 32 + 3$$

$$x = 5$$

अतः आउटलेट पाइप = 5

इनलेट पाइप = (8 – 5) = 3

Method - II

24 (क्षमता)

I = 8 O = 6

3 –4

अगर 8 इनलेट पाइप है तो = 8×3 = 24 घंटा

अगर 8 आउटलेट पाइप है तो = 8×4 = 32 घंटा

∴ 8 पाइप द्वारा $= \frac{24}{8} = 3$

I   O

24   –32

3

35   21

5   :   3

$\therefore$ इनलेट पाइप की संख्या $= \frac{5}{8} \times 8 = 5$

$\therefore$ आउटलेट पाइप की संख्या $= \frac{3}{8} \times 8 = 3$ **Ans.**

49. एक टैंक में 12 पाइप होते है, उनमें से कुछ टैंक भरते है और बाकी टैंक खाली कर सकते है। टैंक को भरने वाला पाइप इसे 6 घंटे में भर सकता है और टैंक को खाली करने वाला पाइप 12 घंटे में टैंक को खाली कर सकता है। यदि सभी पाइप एक साथ खोले जाते है तो टैंक 4 घंटे में भर जाता है। इनलेट और आउटलेट पाइप की संख्या का पता लगाइए-

(a) I = 8, O = 4   (b) I = 5, O = 7

(c) I = 4, O = 8   (d) I = 7, O = 5

Sol. (b) कुल पाइप = 12

24 (क्षमता)

I = 8   O = 6

3   –4

औसत $= \frac{12}{4} = 3$

I   O

24   –32

3

35   21

5   :   3

$\therefore$ इनलेट पाइप की संख्या $= \frac{5}{12} \times 12 = 5$

$\therefore$ आउटलेट पाइप की संख्या $= \frac{7}{12} \times 12 = 7$ **Ans.**

❑❑❑

विभिन्न प्रतियोगी परीक्षाओं में विगत वर्षों में पूछे गये महत्त्वपूर्ण प्रश्न

1. दो नल A और B एक टंकी को क्रमशः 16 मिनट और 24 मिनट में भरते है। यदि दोनों नल एक साथ खोले जाएं तो कितने मिनट बाद नल B को बंद कर देना चाहिए ताकि टंकी 12 मिनट में भर जाए- **[DSSSRB Assitt. Grade 2024]**

(a) 12 मिनट (b) 8 मिनट
(c) 5 मिनट (d) 6 मिनट

2. एक टंकी 8 घंटे में भरी जा सकती है। इसके तल में रिसाव के बाद टैंक को भरने में 15 घंटे का समय लगता है। रिसाव द्वारा पूरी टंकी को खाली करने में लगा समय ज्ञात कीजिए- **[DSSSRB Assitt. Grade 2024]**

(a) $\frac{119}{5}$ घंटे (b) $\frac{120}{9}$ घंटे
(c) $\frac{120}{7}$ घंटे (d) 85 घंटे

3. एक इनलेट पाइप एक खाली टैंक को 140 घंटे में भर सकता है जबकि एक आउटलेट पाइप एक पूरी तरह से भरे टैंक को 63 घंटे में खाली कर सकता है। यदि टैंक खाली होने पर 8 इनलेट पाइप और Y आउटलेट पाइप एक साथ खोले जाते हैं, तो टैंक 105 घंटे में पूरी तरह भर जाता है। Y का मान ज्ञात कीजिये- **[SSC CGL 2023]**

(a) 1 (b) 4
(c) 2 (d) 3

4. पाइप A एक खाली टैंक को 18 घंटे में भर सकता है और पाइप B उसी खाली टैंक को 24 घंटे में भर सकता है। यदि दोनों पाइपों को एक साथ खोल दिया जाए, तो खाली टैंक को भरने में उन्हें कितना समय (घंटों में) लगेगा? **[SSC CGL 2023]**

(a) $11\frac{3}{7}$ (b) $10\frac{1}{7}$
(c) $10\frac{2}{7}$ (d) $11\frac{2}{7}$

5. इनलेट पाइप A और B मिलकर एक खाली टैंक को 1.5 घंटे में भर सकते हैं। आउटलेट पाइप C, जब अकेले खोला जाता है, तो पूरी तरह से भरे हुए टैंक को 4.5 घंटे में खाली कर सकता है। जब केवल पाइप A और C को एक साथ खोला जाता है, तो खाली टैंक 6 घंटे में भर जाता है। पाइप B द्वारा अकेले खोले जाने पर खाली टैंक को भरने में लगा समय ज्ञात कीजिए- **[SSC CGL 2023]**

(a) 3 घंटा 30 मिनट (b) 3 घंटा 36 मिनट
(c) 3 घंटा 32 मिनट (d) 3 घंटा 40 मिनट

6. दो पाइप क्रमशः 711 मिनट और 1185 मिनट में टैंक को भरते है। टैंक में एक रिसाव पाइप भी है। जब तीनों पाइपों को खोला जाता है तो खाली टैंक 474 मिनट में भर जाता है। रिसाव पाइप द्वारा टैंक को खाली करने में कितने मिनट लगेंगे- **[UPSI 2021]**

(a) 6910 (b) 7110
(c) 7210 (d) 7010

7. एक इनलेट पाइप एक खाली टैंक को 120 घंटे में भर सकता है जबकि एक आउटलेट पाइप एक पूरी तरह से भरे टैंक को 54 घंटे में खाली कर सकता है। यदि टैंक खाली होने पर 8 इनलेट पाइप और 3 आउटलेट पाइप एक साथ खोल दिए जाएं, तो कितने घंटे में टैंक पूरी तरह भर जाएगा? **[SSC CGL 2023]**

(a) 81 (b) 96
(c) 72 (d) 90

8. पाइप A एक टंकी को 12 मिनट में भर सकता है। पाइप B इसे 18 मिनट में भर सकता है, जबकि पाइप C पूरी टंकी को 36 मिनट में खाली कर सकता है। यदि सभी पाइप एक साथ खोल दिए जाएं तो खाली टैंक को पूरा भरने में कितना समय लगेगा? **[SSC CGL 2023]**

(a) 7 मिनट 30 सेकंड (b) 10 मिनट
(c) 9 मिनट (d) 6 मिनट

9. एक नल एक टंकी को 12 मिनट में भरता है और दूसरा नल उसे 15 मिनट में भरता है। अपशिष्ट पाइप टैंक को 10 मिनट में खाली कर सकता है। यदि दोनों नल चालू कर दिए जाएं और अपशिष्ट पाइप गलती से खुला छोड़ दिया जाए तो टैंक कितने समय में भर जाएगा- **[CISF HCM 2023]**

(a) 20 मिनट (b) 45 मिनट
(c) 1 घंटा (d) 30 मिनट

10. एक विद्युत पंप एक टंकी को 4 घंटे में भर सकता है। टैंक में रिसाव के कारण, टैंक को भरने में साढ़े चार घंटे लग गए। यदि टैंक भरा हुआ है तो रिसाव को इसे खाली करने में कितना समय लगेगा- **[CISF HCM 2023]**

(a) 21 घंटे (b) 18 घंटे
(c) 48 घंटे (d) 36 घंटे

11. एक पाइप एक टंकी को दूसरे पाइप की तुलना में पांच गुना तेजी से भर सकता है। यदि दोनों पाइप मिलकर टैंक को 48 मिनट में भर सकते है, तो धीमा पाइप अकेले टैंक को कितने मिनट में भर पाएगा- **[CISF HCM 2023]**

(a) 288 मिनट (b) 144 मिनट
(c) 120 मिनट (d) 200 मिनट

12. दो पाइप S_1 और S_2 अकेले एक खाली टैंक को क्रमशः 15 घंटे और 20 घंटे में भर सकते हैं। पाइप S_3 अकेले उस पूरी तरह से भरे हुए टैंक को 40 घंटे में खाली कर सकता है। सबसे पहले दोनों पाइप S_1 और S_2 खोले जाते हैं और 2 घंटे बाद पाइप S_3 भी खोल दिया जाता है। S_3 खोलने के बाद कितने समय में टैंक पूरी तरह भर जाएगा? **[SSC CGL 2023]**

(a) $\frac{90}{17}$ घंटे (b) $\frac{89}{12}$ घंटे
(c) $\frac{90}{13}$ घंटे (d) $\frac{92}{11}$ घंटे

13. एक भरने वाला पाइप टैंक को 4 घंटे में भर सकता है और एक खाली करने वाला पाइप टैंक को 6 घंटे में खाली कर सकता है। गलती से दोनों पाइप खुले रखे गए हैं। कितने घंटे में टंकी आधी भरी होगी, ज्ञात कीजिए- **[NTPC 2021]**

(a) 8 घंटे (b) 6 घंटे
(c) 12 घंटे (d) 10 घंटे

14. एक टंकी को 5 पाइप 80 मिनट में भर सकते हैं। समान विमाओं के 8 पाइपों से टंकी को भरने में कितना समय लगेगा ? **[NTPC 2021]**

(a) 50 मिनट (b) 78 मिनट
(c) 128 मिनट (d) 30 मिनट

15. पाइप A और पाइप B एक साथ चलने पर एक टंकी को 6 मिनट में भर सकते हैं। यदि B को इसे भरने में A से 5 मिनट अधिक लगते हैं, तो A और B द्वारा उस टंकी को अलग-अलग भरने में लगा समय क्रमशः ....होगा। **[SSC CGL 2023]**

(a) 15 मिनट और 10 मिनट
(b) 15 मिनट और 20 मिनट
(c) 25 मिनट और 20 मिनट
(d) 10 मिनट और 15 मिनट

16. पाइप A, 6 घंटे में 50% टैंक भर सकता है और पाइप B उसी टंकी को 18 घंटे में पूरी तरह भर सकता है। यदि दोनों पाइपों को एक ही समय में खोल दिया जाए, तो खाली टैंक कितने समय में (मिनटों में) पूरी तरह भर जाएगा? **[SSC CGL 2023]**

(a) 420 (b) 425
(c) 432 (d) 435

17. प्रत्येक इनलेट पाइप एक खाली टंकी को 84 घंटों में भर सकता है जबकि प्रत्येक आउटलेट पाइप उसी टंकी को 105 घंटों में खाली कर सकता है। जब टंकी खाली होती है, तो 9 इनलेट पाइप और 10 आउटलेट पाइप एक साथ खोले जाते हैं। कितने घंटे बाद टंकी पूरी भर जाएगी? **[SSC CGL 2023]**

(a) 84 (b) 88
(c) 80 (d) 90

18. 28 पाइप एक टैंक से जुड़े हैं। उनमें से कुछ टैंक में पानी डालते हैं, जबकि बाकी उसमें से पानी निकाल देते हैं। पानी भरने वाला प्रत्येक पाइप 14 घंटे में खाली टैंक को भर सकता है, जबकि कोई भी निकासी 35 घंटे में भरे हुए टैंक को खाली कर सकता है, यदि टैंक खाली होने पर सभी पाइप एक साथ खोले जाते हैं और टैंक 2.5 घंटे में भर जाता है, कितने पाइप निकासी के पाइप थे ? **[NTPC 2021]**

(a) 16 (b) 18
(c) 17 (d) 15

19. तीन इनलेट पाइप A, B और C अलग अलग एक स्विमिंग पूल को क्रमशः 12, 15 और 20 मिनट में भर सकते हैं। यदि सभी एक साथ खोले जाते हैं और 4 मिनट के बाद A बंद हो जाता है, और एक मिनट बाद B भी बंद हो जाता है। आखिकार इनलेट C कितने समय में पूल को भर देगा? **[RRB JE 2019]**

(a) 1 मिनट 40 सेकंड (b) 6 मिनट 40 सेकंड
(c) 6 मिनट 20 सेकंड (d) 1 मिनट 20 सेकंड

20. नल A एक टंकी को 6 घंटे में भर सकता है, जबकि नल B इसे 8 घंटे में भर सकता है। नल C उसी टंकी को 4 घंटे में खाली कर सकता है। यदि सभी नलों को एक साथ खोल दिया जाए, तो टंकी को भरने में कितना समय लगेगा ? **[NTPC 2021]**

(a) 20 घंटे (b) 22 घंटे
(c) 26 घंटे (d) 24 घंटे

21. एक टैंक को 1 घंटे 20 मिनट में भरने के लिए सभी समान प्रकार के 6 पाइपों की आवश्यकता होती है। यदि एक ही प्रकार के केवल 5 पाइपों का उपयोग किया जाए तो इसमें कितना समय लगेगा ? **[NTPC 2021]**

(a) 1 घंटा 63 मिनट (b) 1 घंटा 40 मिनट
(c) 1 घंटा 36 मिनट (d) 5 घंटे

22. एक टैंक में एक छिद्र (रिसाव) है, जो इसे 8 घंटे में खाली कर सकता है। टैंक के लिए एक और पाइप लगाया गया है, जो प्रति घंटे 6 लीटर पानी भर सकता है। पाइप को खोल दिया जाता है, लेकिन छिद्र (रिसाव) के कारण, टैंक 12 घंटें में खाली हो जाता है। टैंक की क्षमता क्या है? **[RRB JE 2019]**

(a) 80 लीटर (b) 120 लीटर
(c) 144 लीटर (d) 78 लीटर

23. 15 नल एक टंकी को 36 मिनट में भर सकते है। टंकी को एक घंटे में भरने के लिए कितने नलों की आवश्यकता होगी-

[SSC CHSL 2022]

(a) 12 (b) 9
(c) 8 (d) 6

24. P एक टंकी को 5 घंटों में भर सकता है। Q उसी टंकी को 10 घंटों में भर सकता है। R उसी टंकी को 20 घंटे में खाली कर सकता है। तीनों मिलकर उसी टंकी को भरने में कितना समय लेंगे-

[SSC CHSL 2022]

(a) 10 घंटे (b) 4 घंटे
(c) 6 घंटे (d) 5 घंटे

25. पाइप A, 9 घंटे में टैंक के $\frac{3}{8}$ भाग को भर सकता है, और पाइप B टैंक के $\frac{2}{5}$ भाग को 16 घंटे में भर सकता है। पाइप C एक खाली करने वाला पाइप है। जब तीनों पाइपों को एक साथ 8 घंटे के लिए खोल दिया जाता है, तो टंकी का $\frac{2}{5}$ भाग भर जाता है। B और C मिलकर टंकी का $\frac{5}{8}$ भाग भर सकते हैं?

[CRPF HCM 2023]

(a) 65 घंटे (b) 75 घंटे
(c) 70 घंटे (d) 60 घंटे

26. पाइप A एक टैंक को 12 घंटे में भर सकता है। पाइप B उसी टैंक के $33\frac{1}{3}\%$ भाग को 6 घंटे में भर सकता है, जबकि पाइप C अकेले पूर्ण टैंक को x घंटे में खाली कर सकता है। जब तीनों पाइपों को एक साथ खोल दिया जाता है, तो टैंक का $\frac{13}{15}$ भाग 12 घंटे में भर जाता है। A और B मिलकर टैंक के 40% भाग को भरने में कितना समय (घंटों में) लेंगे? **[ICAR Assitt. 2022]**

(a) 32 (b) 24
(c) 28 (d) 20

27. एक टंकी में 3 नल, A, B और C लगे है। ये टंकी को क्रमशः 10 घंटे, 20 घंटे और 25 घंटे में भर सकते है। शुरू में तीनों नल एक साथ खोले जाते है। 2 घंटे के बाद नल C को बंद कर दिया जाता है और A और B को चालू रखा जाता है। 4 घंटे बाद नल B को भी बंद कर दिया जाता है। शेष टंकी को नल A द्वारा अकेले भरा जाता है। नल A द्वारा अकेले किए गए कार्य का प्रतिशत ज्ञात करें-

[SSC CPO 2022]

(a) 75% (b) 52%
(c) 72% (d) 32%

28. दो पाइप एक टंकी को अलग-अलग तौर पर क्रमशः 36 मिनट और 45 मिनट में भर सकते है। टंकी में लगा एक निकास पाइप प्रति मिनट 40 लीटर पानी निकाल सकता है। यदि तीनों पाइप एक साथ खोल दिए जाए, तो टंकी एक घंटे में भर जाती है। टंकी की क्षमता/धारिता (लीटर में) ज्ञात कीजिए-

[SSC CHSL (Tier-II 2024)]

(a) 1200 (b) 600
(c) 400 (d) 300

29. एक नल एक टंकी को 20 घंटे में भर सकता है जबकि दूसरा उसे 30 घंटे में खाली कर सकता है। टंकी खाली है और यदि दोनों नल एक साथ खोल दिए जाएं तो टंकी को आधा भरने में कितना समय लगेगा-

[CISF HCM 2023]

(a) 28 घंटे (b) 25 घंटे
(c) 30 घंटे (d) 40 घंटे

30. तीन नल P, Q और R द्वारा अलग-अलग एक टंकी को भरने में लिए गए समय का अनुपात 2 : 1 : 6 है। इनमें से कौन सा नल सबसे तेज है?

[RRB JE 2019]

(a) निर्धारित नहीं किया जा सकता
(b) P
(c) Q (d) R

31. एक टंकी आमतौर 4 घंटे में भर जाती है। परंतु जब टंकी के निचले भाग पर रिसाव होता है तो इसे भरने में 5 घंटे लगते है। यदि टंकी भरी हुई है, तो यह रिसाव द्वारा कितने घंटों में खाली हो सकती है-

[IB ACIO 2021]

(a) 15 (b) 20
(c) 12 (d) 10

32. एक बाथटब को ठंडे पाइप से 15 मिनट में और गर्म पाइप से 10 मिनट में भरा जा सकता है। एक आदमी सुबह 7 बजे दोनों नल खोलता है और बाथरूम से बाहर चला जाता है। वह उस समय लौटता है जब ट्यूब के भरे होने की उम्मीद होती है, लेकिन वह देखता है कि नीचे का अपशिष्ट पाइप खुला था और टब भरा नहीं था। अब वह इसे बंद कर देता है, और टैंक भरने में 4 मिनट और लगते हैं। 10 मिनट तक बाथटब का इस्तेमाल करने के बाद वह वेस्ट पाइप खोलता है। टब कितने बजे खाली होगा-

[IB ACIO 2021]

(a) सुबह 7 बजकर 29 मिनट
(b) सुबह 7 बजकर 31 मिनट
(c) सुबह 7 बजकर 33 मिनट
(d) सुबह 7 बजकर 27 मिनट

33. पाइप A और B एक टैंक को क्रमशः 18 घंटे और $22\frac{1}{2}$ घंटे में भर सकते हैं। पाइप C एक खाली करने वाला पाइप है। जब तीनों पाइपों को एक साथ 3 घंटे के लिए खोल दिया जाता है, तो टंकी का 20% भरा जा सकता है। A और B को मिलाकर 4 घंटे के लिए खोला जाता है, फिर A को बंद कर दिया जाता है और C को तुरंत B के साथ खोल दिया जाता है। पूरा टैंक कितने समय में (घंटों में) भर जाएगा? **[CRPF HCM 2023]**

(a) 57 (b) 60
(c) 58 (d) 52

34. दो पाइप एक टैंक को क्रमशः 24 और 30 मिनट में भर सकते हैं, और टैंक के तल पर एक छेद 4 गैलन प्रति मिनट की दर से टैंक को खाली कर सकता है। तीनों पाइप मिलकर काम करते हैं और टंकी को 20 मिनट में भरते हैं। गैलन में टैंक की क्षमता ज्ञात कीजिए। **[CRPF HCM 2023]**

(a) 120 (b) 160
(c) 180 (d) 140

35. पाइप A एक टंकी को 12 घंटे में भर सकता है। पाइप B उसी टंकी को 16 घंटे में भर सकता है। पाइप C भरी हुई टंकी को 24 घंटे में खाली कर सकता है। पाइप A, B, और C को बारी-बारी से 1 घंटे के लिए खोला जाता है। यदि B को पहले खोला जाता है, तो खाली टैंक को भरने में उन्हें कितने घंटे लगेंगे? **[CRPF HCM 2023]**

(a) 28 (b) 27
(c) 30 (d) 29

36. पानी 0.14 मीटर व्यास के एक पाइप के माध्यम से 1.25 मीटर/सेकंड की गति से एक आयताकार टैंक में बह रहा है, जो 60 मीटर लंबा और 44 मीटर चौड़ा है। वह समय (घंटों में) क्या है जिसमें टैंक में जल स्तर 7 सेमी बढ़ जाएगा? **[ICAR Assitt. 2022]**

(a) $2\frac{1}{3}$ (b) $1\frac{1}{2}$
(c) $2\frac{1}{4}$ (d) $2\frac{1}{3}$

37. पाइप A और B मिलकर एक खाली टैंक को x मिनट में भर सकते हैं। A अकेले टैंक को भरने में (8 + x) मिनट लेता है और B अकेले टैंक को भरने में (32 + x) मिनट लेता है। A और B मिलकर टैंक को 10 मिनट तक भरते हैं। C अकेले टैंक के शेष भाग को $4\frac{1}{2}$ मिनट में भरता है। A, B और C मिलकर टैंक के $\frac{7}{20}$ वें हिस्से को कितने में भर सकते हैं? **[ICAR Technician 2022]**

(a) $3\frac{1}{4}$ मिनट (b) $2\frac{2}{5}$ मिनट
(c) $2\frac{4}{5}$ मिनट (d) $3\frac{1}{2}$ मिनट

38. पाइप A और पाइप B भरने वाले पाइप है, जबकि पाइप C खाली करने वाला पाइप है। पाइप A और B मिलकर एक टैंक को 30 घंटे में भर सकता है। A, B और C द्वारा एक साथ मिलकर टैंक को भरने में A और B द्वारा एक साथ मिलकर टैंक को भरने में लगे समय से $33\frac{1}{3}$% अधिक समय लगता है। C को अकेले पूरे भरे हुए टैंक को खाली करने में कितने समय (घंटे) में लगेगा? **[ICAR Technician 2022]**

(a) 150 (b) 100
(c) 90 (d) 120

39. एक साथ कार्य करते हुए पाइप A और B एक खाली टैंक को 10 घंटे में भर सकता है। उन्होंने 4 घंटे तक एक साथ काम किया और फिर B ने काम करना बंद कर दिया तथा A ने कार्य अंत तक जारी रखा। टैंक को भरने में कुल 13 घंटे लग गए। A द्वारा अकेले खाली टैंक को भरने में कितना समय लगेगा- **[RRB ALP 2018]**

(a) 16 घंटे (b) 13 घंटे
(c) 15 घंटे (d) 12 घंटे

40. सीता की बाल्टी की धारिता रामू की बाल्टी से तीन गुना है। सीता एक खाली ड्रम को भरने के लिए 60 बार बाल्टी पलटती है। यदि सीता और रामू दोनों मिलकर ड्रम भरने लगते है, तो उन दोनों को कुल कितनी बार बाल्टी भरकर ड्रम में पलटनी होगी- **[RRB ALP 2018]**

(a) 30 (b) 50
(c) 40 (d) 45

41. पाइप P और Q एक साथ संचालित होने पर 12 मिनट में एक गड्ढा भरते है, Q और R एक साथ संचालित होने पर 20 मिनट में भरते है और P और R एक साथ संचालित होने पर 15 मिनट में भरते है। एक साथ संचालित होने पर सभी 3 पाइप कितने मिनट में गड्ढे भर सकते हैं- **[RRB ALP (Tier-II) 2019]**

(a) 2 मिनट (b) 10 मिनट
(c) 3 मिनट (d) 4 मिनट

42. पाइप A, 50 मीटर^3/घंटा की दर से एक टंकी को भरता है। पाइप B को उसी टंकी को भरने में 4 घंटे लगते है। एक साथ खोले जाने पर, वे उसी टंकी को 2 घंटे में भर देते है। टंकी का आयतन ज्ञात कीजिए- **[RRB ALP (Tier-II) 2019]**

(a) $100\ m^3$ (b) $225\ m^3$
(c) $200\ m^3$ (d) $150\ m^3$

43. एक टंकी में 3 नल, A, B और C लगे हैं। ये टंकी को क्रमशः 10 घंटे, 20 घंटे और 25 घंटे में भर सकते हैं। शुरु में तीनों नल एक साथ खोले जाते हैं। 2 घंटे के बाद नल C को बंद कर दिया जाता है और A और B को चालू रखा जाता है। 4 घंटे के बाद नल B को भी बंद कर दिया जाता है। शेष टंकी को नल A द्वारा अकेले भरा जाता है। नल A द्वारा अकेले किए गए कार्य का प्रतिशत ज्ञात करें। **[SSC CPO 2022]**

(a) 75% (b) 52%
(c) 72% (d) 32%

44. एक टैंक को 4 मिनट में पूरी तरह से भरने के लिए दो पाइप A और B एक साथ चलते हैं। यदि टंकी को पूरा भरने में A को B से 6 मिनट कम समय लगता है, तो टंकी को पूरा भरने में अकेले B को कितना समय लगेगा? **[RRB Group D 2022]**

(a) 20 मिनट (b) 6 मिनट
(c) 15 मिनट (d) 12 मिनट

45. किसी टंकी से 4 पाइप जुडे हुए हैं। उनमें से दो पाइप टंकी को भरने के लिए हैं, और अन्य दो पाइप जल को एक हौज में स्थानांतरित करने के लिए हैं। अकेले खोले जाने पर, पहले दो पाइप टंकी को क्रमशः 40 सेकंड और 80 सेकंड में भर सकते हैं, जबकि अकेले खोले जाने पर, अंतिम दो पाइप क्रमशः 80 सेकंड और 160 सेकंड में टंकी को खाली कर सकते हैं। यदि सभी पाइपों को एक साथ खोल दिया जाए, तो टंकी कितने समय में भर जाएगी? **[RRB Group D 2022]**

(a) 53.33 सेकंड (b) 24.44 सेकंड
(c) 16.8 सेकंड (d) 21.2 सेकंड

46. यदि पाइप A एक टंकी को X घंटे में भर सकता है, पाइप B उसी टंकी को Y घंटे में भर सकता है, और पाइप C पूरी भरी टंकी को Z घंटे में खाली कर सकता है, तो पाइप A, B और C सभी को एक साथ खोल दिए जाने पर, टंकी को पूरा भरने में लगने वाला समय ज्ञात कीजिए- **[RRB Group D 2022]**

(a) $\frac{XYZ}{YZ+XZ-XY}$ (b) $\frac{XYZ}{YZ+XZ+XY}$
(c) $\frac{XYZ}{YZ-XZ-XY}$ (d) $\frac{XYZ}{YZ-XZ+XY}$

47. पाइप P एक टैंक को 28 मिनट में भर सकता है और पाइप Q इसे 35 मिनट में भर सकता है। यदि टैंक खाली होने पर पाइप P और Q को एक साथ खोला जाता है और पाइप P को 12 मिनट के बाद बंद कर दिया जाता है, तो पाइप Q को शेष टैंक को भरने में कितना समय लगेगा ? **[RRB Group D 2022]**

(a) 12 मिनट (b) 16 मिनट
(c) 14 मिनट (d) 8 मिनट

48. एक पाइप, दूसरे से तीन गुना तेज है। दोनों पाइप एक साथ मिलकर किसी टंकी को 26 मिनट में भर सकते हैं। धीमे पाइप से अकेले टंकी को भरने में कितना समय लगेगा? **[RRB JE 2019]**

(a) 54 मिनट (b) 78 मिनट
(c) 124 मिनट (d) 104 मिनट

49. तीन पाइप P, Q और R अलग-अलग एक टैंक को 10, 15 और 20 घंटे में भर सकते हैं। P को सुबह 7 बजे, Q को सुबह 8 बजे और R को सुबह 9 बजे खोला गया। टैंक किस समय तक पूर्ण भर गया, यदि R एक बार में केवल 3 घंटे की अवधि तक काम कर सकता है और उसके बाद उसे 1 घंटे के लिए बंद करना पड़ता है? **[RRB JE 2019]**

(a) 12:00 बजे सायं (b) 12:12 बजे सायं
(c) 12:30 बजे सायं (d) 1:00 बजे सायं

ANSWER

1	(d)	2	(c)	3	(d)	4	(c)	5	(b)	6	(b)	7	(d)	8	(c)	9	(a)	10	(d)
11	(a)	12	(d)	13	(c)	14	(a)	15	(d)	16	(c)	17	(a)	18	(a)	19	(a)	20	(d)
21	(c)	22	(c)	23	(b)	24	(b)	25	(b)	26	(b)	27	(c)	28	(a)	29	(c)	30	(c)
31	(b)	32	(a)	33	(c)	34	(b)	35	(a)	36	(a)	37	(b)	38	(d)	39	(c)	40	(d)
41	(b)	42	(c)	43	(c)	44	(c)	45	(a)	46	(a)	47	(d)	48	(d)	49	(c)		

CHAPTER 18

चाल, दूरी तथा समय (Speed, Distance and Time)

चाल (Speed)

एकांक समय में चली गई दूरी को चाल कहते है।

$$\text{चाल (Speed)} = \frac{\text{दूरी (Distance)}}{\text{समय (Time)}}$$

- यदि चाल किमी/घंटा में दी गई हो तो उसे मीटर/सेकंड में बदलने के लिए $\frac{5}{18}$ से गुणा किया जाता है।
- यदि चाल मीटर/सेकंड में दी गई हो तो उसे किमी/घंटा में बदलने के लिए $\frac{18}{5}$ से गुणा किया जाता है।

चाल के सामान्य सूत्र से प्राप्त परिणाम

- जब समान समय में भिन्न-भिन्न दूरियाँ तय की जाये-

$$\frac{D_1}{D_2} = \frac{S_1}{S_2}$$

- जब समान चाल या गति से भिन्न-भिन्न दूरियाँ तय की जाये-

$$\frac{D_1}{D_2} = \frac{T_1}{T_2}$$

- जब समान दूरी भिन्न-भिन्न चाल से तय की जाये-

$$\frac{S_1}{S_2} = \frac{T_2}{T_1}$$

जहाँ $D_1, D_2 \rightarrow$ दूरी, $S_1, S_2 \rightarrow$ चाल, $T_1, T_2 \rightarrow$ समय

औसत चाल (Average Speed)

$$\text{औसत चाल (Average speed)} = \frac{\text{कुल दूरी (Total distance)}}{\text{कुल समय (Total time)}}$$

- जब दो समान दूरियाँ भिन्न-भिन्न चाल से तय की जाये तो-

$$\text{औसत चाल} = \frac{2\,S_1S_2}{S_1 + S_2}$$

जहाँ S_1, S_2 भिन्न-भिन्न चालें है।

- जब तीन समान दूरियाँ भिन्न-भिन्न चाल से तय की जाये-

$$\text{औसत चाल} = \frac{3\,S_1S_2S_3}{S_1S_2 + S_2S_3 + S_3S_1}$$

जहाँ S_1, S_2, S_3 भिन्न-भिन्न चालें है।

सापेक्ष चाल (Relative Speed)

- किसी गतिमान वस्तु का किसी दूसरी गतिमान वस्तु के सापेक्ष स्थिति में परिवर्तन की दर को सापेक्ष चाल कहते है।
- जब दोनों समान दिशा में गतिमान हो-

$$\text{सापेक्ष चाल} = S_1 \sim S_2$$

- जब दोनों विपरीत दिशा में गतिमान हो-

$$\text{सापेक्ष चाल} = S_1 + S_2$$

कुछ महत्त्वपूर्ण परिणाम

- यदि x और y एक दूसरे की ओर चलते है तथा आपस में मिलने के पश्चात् x अपनी शेष दूरी t_1 समय में और y अपनी शेष दूरी t_2 समय में तय करता है तो उनकी गति का अनुपात-

$$\frac{v_x}{v_y} = \sqrt{\frac{t_2}{t_1}}$$

यदि वे t घंटे के बाद मिलते हो तो-

$$t = \sqrt{t_1t_2}$$

- एक व्यक्ति एक निश्चित दूरी S चाल से t समय में तय करता है। यदि वह अपनी चाल S_1 से बढ़ाता है तो वह उस दूरी को तय करने में t_1 कम समय लेता है और यदि वह अपनी चाल S_2 से कम करता है तो वह उस दूरी को तय करने में t_2 समय अधिक लेता है-

$$t = \left(\frac{s + s_1}{s_1}\right) \times t_1 = \left(\frac{s - s_2}{s_2}\right) \times t_2$$

- यदि दो कारें/बसें t_1 समय के बाद बस स्टैण्ड से निकलती है लेकिन विपरीत दिशा से आ रहे व्यक्ति को t_2 समय अंतराल पर मिले तो-

$$\frac{\text{व्यक्ति की चाल}}{\text{कार/बस की चाल}} = \frac{t_1 \sim t_2}{t_2}$$

- यदि कोई पुलिस वाला किसी चोर का पीछा करता है तो चोर को पकड़ने में लगा समय-

$$\text{समय} = \frac{\text{उनके बीच की दूरी}}{\text{सापेक्ष चाल}}$$

- यदि कोई व्यक्ति एक निश्चित दूरी को x किमी./घण्टा की गति से तय करता हो तो वह नियत समय से t_1 घण्टे देर से पहुँचता हो और y किमी./घण्टा की गति से तय करता है तो नियत समय से t_2 घण्टे पहले पहुँच जाता हो वह निश्चित दूरी-

$$\text{निश्चित दूरी} = \frac{xy}{y-x}(t_1+t_2)$$

नोट : t_1, t_2 मिनट में होने पर 60 से विभाजित करके घण्टे में बदल लेना चाहिए

- यदि कोई व्यक्ति अपनी वास्तविक चाल से m किमी./घण्टा अधिक चाल से एक निश्चित दूरी तय करता है तो वह नियत समय से t_1 घण्टे पहले पहुँच जाता है और वास्तविक चाल से n किमी./घण्टा कम चाल से तय करता है तो नियत समय से t_2 घण्टे देर से पहुँचता है उसकी वास्तविक चाल-

$$\text{वास्तविक चाल} = \frac{mn(t_1+t_2)}{mt_2 - nt_1}$$

वृत्ताकार रेस (Circular Race)

- यदि दो धावक l लम्बाई के वृत्ताकार पथ पर समान दिशा में दौड़ रहे हो तो उन्हें पहली बार प्रारम्भिक बिन्दु पर मिलने में लगा समय-

$$\text{समय} = \text{LCM of }(t_1, t_2) = \text{LCM of}\left(\frac{l}{s_1}, \frac{l}{s_2}\right)$$

जहाँ t_1, $t_2 \rightarrow$ समय तथा $s_1, s_2 \rightarrow$ चाल

- यदि दो धावक l लम्बाई के वृत्ताकार पथ पर विपरीत दिशा में दौड़ रहे हो तो उन्हें पहली बार प्रारम्भिक बिन्दु पर मिलने में लगा समय-

$$\text{समय} = \text{LCM of }(t_1, t_2) = \text{LCM of}\left(\frac{l}{s_1}, \frac{l}{s_2}\right)$$

जहाँ t_1, $t_2 \rightarrow$ समय तथा $s_1, s_2 \rightarrow$ चाल

- यदि दो धावक l लम्बाई के वृत्ताकार पथ पर समान दिशा में दौड़ रहे हो तो उन्हें पहली बार किसी बिन्दु पर मिलने में लगा समय-

$$\text{समय} = \frac{l}{s_1 - s_2}$$

- यदि दो धावक l लम्बाई के वृत्ताकार पथ पर विपरीत दिशा में दौड़ रहे हो तो उन्हें पहली बार किसी बिन्दु पर मिलने में लगा समय-

$$\text{समय} = \frac{l}{s_1 + s_2}$$

- जब तीन व्यक्ति x, y और z, l लम्बाई के वृत्ताकार पथ पर समान दिशा में दौड़ रहे हो तो उन्हें किसी भी बिन्दु पर मिलने में लगा समय-

$$\text{समय} = \text{LCM of}\left(\frac{l}{s_x - s_y}, \frac{l}{s_y - s_z}\right)$$

Alligation Method in T.S.D.

- जब दूरी पर एलीगेशन लगाया जाता है तो हमें समय का अनुपात प्राप्त होता है।
- जब चाल पर एलीगेशन लगाया जाता है तो हमें समय का अनुपात प्राप्त होता है।
- जब समय पर एलीगेशन लगाया जाता है तो हमें दूरी का अनुपात प्राप्त होता है।

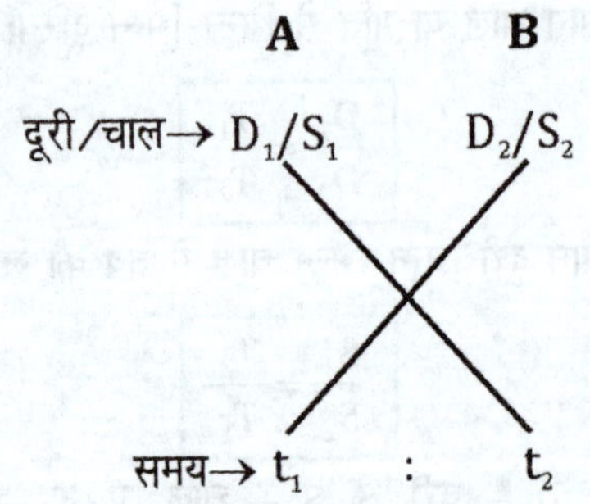

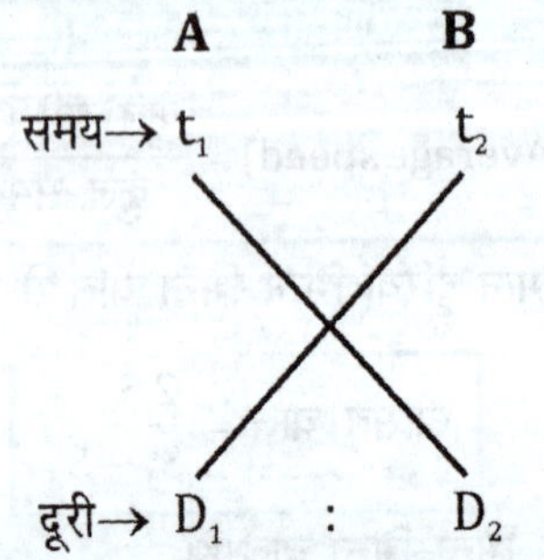

Type - I

1. एक धावक 200 मीटर की दौड़ 24 सेकंड में पूरी करता है, उसकी चाल (किमी./घण्टा में) है

(a) 20 (b) 24
(c) 28.5 (d) 30

Sol. (d) चाल $= \frac{\text{दूरी}}{\text{समय}} = \frac{200}{24} \times \frac{18}{5} = 30$ किमी./घण्टे

2. एक बस की चाल 72 किमी./घण्टा है। बस द्वारा 5 सैकण्ड में तय की गई दूरी है–

(a) 50 मीटर (b) 74.5 मीटर
(c) 100 मीटर (d) 60 मीटर

Sol. (c) दूरी = चाल × समय

$= 72 \times \frac{5}{18} \times 5 = 100$ मीटर

3. एक व्यक्ति 6 किमी./घण्टा की गति से चलकर एक पुल को 20 मिनटों में पार कर लेता है। तदनुसार, उस पुल की लम्बाई कितने किलोमीटर है?

(a) 3 (b) 4
(c) 1 (d) 2

Sol. (d) दूरी = चाल × समय

$= 6 \times \frac{20}{60} = 2$ किमी.

4. एक कार 36 किमी./घण्टा की गति से दौड़ रही है। तदनुसार, वह 32 सेकंडों में कितनी दूरी पार कर लेगी?

(a) 300 मीटर (b) 240 मीटर
(c) 360 मीटर (d) 320 मीटर

Sol. (d) दूरी = चाल × समय

$= 36 \times \frac{5}{18} \times 32 = 320$ मीटर

Type - II

5. एक ट्रक 1 मिनट में 550 मीटर की दूरी तय करता है जबकि एक बस 33 किमी. की दूरी 45 मिनट में तय करती है। उनकी गति का अनुपात होगा।

(a) 4 : 3 (b) 3 : 5
(c) 3 : 4 (d) 50 : 3

Sol. (c) ट्रक की गति $= \frac{550}{60}$ मीटर/सेकंड

बस की गति $= \frac{33000}{45 \times 60}$ मीटर/सेकंड

अभीष्ट अनुपात $= \frac{550}{60} : \frac{33000}{45 \times 60}$

$= 550 : \frac{33000}{45}$

$= 45 \times 5 : 300 = 3 : 4$

6. एक वायुयान किसी दूरी को 240 किमी. प्रति घण्टे की चाल से 5 घण्टे में तय करता है उसी दूरी को $1\frac{2}{3}$ घण्टे में पूरा करने के लिए उसकी चाल होगी–

(a) 300 किमी./घण्टे (b) 360 किमी./घण्टे
(c) 600 किमी./घण्टे (d) 720 किमी./घण्टे

Sol. (d) दूरी = चाल × समय = 240×5 = 1200 किमी.

अभीष्ट चाल $= \frac{\text{दूरी}}{\text{समय}} = \frac{1200}{5/3}$

$= \frac{1200 \times 3}{5} = 720$ किमी./घण्टा

7. एक बस 72 किमी./घण्टा की चाल से किसी यात्रा को 15 घण्टे में पूरा करती है। उसी दूरी को 12 घण्टे में पूरा करने के लिए बस की चाल को कितना बढ़ाना पड़ेगा?

(a) 16 किमी./घण्टा (b) 17 किमी./घण्टा
(c) 18 किमी./घण्टा (d) 19 किमी./घण्टा

Sol. (c) बस द्वारा तय की गई दूरी = 72×15 = 1080 किमी.

अभीष्ट चाल $= \frac{\text{दूरी}}{\text{समय}} = \frac{1080}{12} = 90$ किमी./घण्टा

अतः बस की चाल = 90 – 70

= 18 किमी./घण्टा बढ़ानी पड़ेगी।

8. एक कार अपनी सामान्य चाल की $\frac{5}{7}$ चाल से 42 किमी. की दूरी 1 घण्टा 40 मिनट 48 सेकंड में तय करती है। कार की सामान्य चाल कितनी है?

(a) $17\frac{6}{7}$ किमी./घण्टा (b) 35 किमी./घण्टा
(c) 25 किमी./घण्टा (d) 30 किमी./घण्टा

Sol. **(b)** समय = 1 घण्टा 40 मिनट 48 सैकण्ड

$$= 1+\frac{40}{60}+\frac{48}{3600}$$

$$= 1+\frac{2}{3}+\frac{4}{300}=\frac{504}{300} \text{ घण्टे}$$

माना कार की सामान्य चाल= x किमी.

$$x\times\frac{5}{7}\times\frac{504}{300}=42$$

$$\Rightarrow \quad x=\frac{42\times7\times300}{5\times504}$$

$$\Rightarrow \quad x = 35 \text{ किमी./घण्टा}$$

9. कुछ दूरी किसी विशिष्ट गति से तय की गई है। यदि इससे आधी दूरी दुगुने समय में तय की जाए, तो दोनों गतियों का अनुपात है–

(a) 4 : 1 (b) 1 : 4
(c) 2 : 1 (d) 1 : 2

Sol. **(a)** कुल दूरी = D, विशिष्ट गति = x

दोनों चालों का अनुपात $=\frac{D}{x}:\frac{D/2}{2x}$

$$=\frac{D}{x}:\frac{D}{4x}$$

$$= 4 : 1$$

10. A और B एक ही समय में क्रमशः 40 किमी./घण्टा और 50 किमी./घण्टा की गति से चलना आरम्भ करते हैं। यदि यात्रा पूरी करने में A को B से 15 मिनट अधिक समय लगे, तो यात्रा की कुल दूरी कितनी थी?

(a) 46 किमी. (b) 48 किमी.
(c) 50 किमी. (d) 52 किमी.

Sol. **(c)** **Method - I**

माना कुल दूरी = x किमी.

अतः $\frac{x}{40}-\frac{x}{50}=\frac{1}{4}$

$$\frac{x}{200}=\frac{1}{4}$$

$$x = 50 \text{ किमी.}$$

Method-II

चालों का अनुपात = 4 : 5

समय का अनुपात = 5 : 4

प्रश्नानुसार

5x – 4x = 15

x = 15 मिनट

अतः A द्वारा लिया गया समय = 15×5=75 मिनट

कुल दूरी = A की चाल×A द्वारा लिया गया समय

$$=40\times\frac{75}{60}=50 \text{ किमी.}$$

11. एक कार 40 किमी./घण्टा की चाल से कोई दूरी करने में 9 घण्टे का समय लेती है, वही दूरी 60 किमी./घण्टा की चाल से चलने में वह कितना समय लेगी?

(a) 6 घण्टे (b) 3 घण्टे
(c) 4 घण्टे (d) $4\frac{1}{2}$ घण्टे

Sol. **(a)** दूरी = चाल × समय = 40×9 = 360 किमी.

अतः अभीष्ट समय $=\frac{\text{दूरी}}{\text{चाल}}=\frac{360}{60}=6$ घण्टे

12. A, B से दुगुनी गति से दौड़ता है तथा B, C से तिगुनी गति से दौड़ता है C द्वारा 72 मिनट में तय की गई दूरी को तय करने में A कितना समय लेगा?

(a) 18 मिनट (b) 24 मिनट
(c) 16 मिनट (d) 12 मिनट

Sol. **(d)** A तथा B की चालों का अनुपात = A : B = 2 : 1

समय का अनुपात = 1 : 2

B, C की चालों का अनुपात = 3 : 1

समय का अनुपात = 1 : 3

A, B, C के समय का अनुपात = 1 : 2 : 6

अतः A को लगा समय $=\frac{1}{6}\times72=12$ मिनट

13. एक लड़का 2.5 घण्टे में 20 किमी. की दूरी तय करता है। उसको 32 किमी. की दूरी पहले से दुगुनी गति से तय करने में कितना समय लगेगा?

(a) 2 घण्टे (b) $2\frac{1}{2}$ घण्टे
(c) 5 घण्टे (d) $4\frac{1}{2}$ घण्टे

Sol. **(a)** लड़के की चाल $= \frac{20}{2.5} = 8$ किमी./घण्टा

नयी चाल $= 8 \times 2 = 16$ किमी./घण्टा

अतः अभीष्ट समय $= \frac{32}{16} = 2$ घण्टे

14. A तथा B एक ही स्थान से किसी गन्तव्य के लिए रवाना हुए A की चाल के $\frac{5}{6}$ से चलते हुए, B गन्तव्य पर A के 1 घण्टे 15 मिनट बाद पहुँचा। B ने गन्तव्य पर पहुँचने में कितना समय लिया?

(a) 6 घण्टे 45 मिनट (b) 7 घण्टे 15 मिनट
(c) 7 घण्टे 30 मिनट (d) 8 घण्टे 15 मिनट

Sol. **(c)** **Method - I**

माना तय की गई दूरी = D किमी.
तथा A की गति = x किमी./घण्टा

अतः B की गति $= \frac{5x}{6}$ किमी./घण्टा

प्रश्नानुसार

$$\frac{D}{5x/6} - \frac{D}{x} = 1\frac{15}{60}$$

$$\Rightarrow \frac{6D}{5x} - \frac{D}{x} = 1\frac{1}{4}$$

$$\Rightarrow \frac{6D - 5D}{5x} = \frac{5}{4}$$

$$\Rightarrow \frac{D}{x} = \frac{25}{4} = 6\frac{1}{4} \text{ घण्टे}$$

A द्वारा लिया गया समय = 6 घण्टे 15 मिनट
B द्वारा लिया गया समय = 7 घण्टे 30 मिनट

Method - II

B ने गन्तव्य पर पहुचने में लिया समय

$$= \frac{a}{b-a} \times t \text{ घण्टे}$$

$$= \frac{5}{6.5} \times \frac{5}{4} = 5 \times \frac{5}{4}$$

$$= \frac{25}{4} = 6\frac{1}{4}$$

∴ B द्वारा लिया गया समय = 7 घण्टे 30 मिनट

15. अपनी सामान्य चाल की $\frac{4}{5}$ चाल से चलने पर एक व्यक्ति अपने गन्तव्य पर 20 मिनट की देरी से पहुँचता है। अपने गन्तव्य पर पहुँचने में वह आमतौर पर कितना समय लेता है?

(a) 2 घण्टे (b) $1\frac{1}{3}$ घण्टे
(c) 1 घण्टे (d) $2\frac{1}{2}$ घण्टे

Sol. **(b)** सामान्य चाल : नयी चाल $= 1 : \frac{4}{5} \Rightarrow 5 : 4$

समय के अनुपात = 4 : 5
गन्तव्य तक पहुँचने में लिया गया समय = 4x, 5x
अतः $5x - 4x = 20 \Rightarrow x = 20$
सामान्य चाल से लिया गया समय

$$= 20 \times 4 = 80 \text{ मिनट} = 1\frac{1}{3} \text{ घण्टे}$$

16. किसी दूरी को तय करने के लिए A और B की चालों में 3 : 4 का अनुपात हैं। गंतव्य स्थान पर पहुँचने में A को B से 30 मिनट अधिक लगते है। गंतव्य स्थान पर पहुँचने के लिए A को जितना समय लगा वह निम्न है–

(a) 1 घण्टा (b) $1\frac{1}{2}$ घण्टा
(c) 2 घण्टा (d) $2\frac{1}{2}$ घण्टा

Sol. **(c)** A तथा B की चालों का अनुपात = 3 : 4

अतः समय का अनुपात = 4 : 3
माना समय 4x, 3x है।
अतः $4x - 3x = 30 \Rightarrow x = 30$
A को लगा समय $= 4 \times 30 = 120$ मिनट = 2 घण्टे

17. दो आदमी एक साथ कुछ दूरी चलना शुरू करते हैं, एक 4 किमी./घण्टा पर और दूसरा 3 किमी./घण्टा पर। पहले वाला दूसरे से आधा घण्टा जल्दी पहुँच जाता है। दूरी ज्ञात कीजिए।

(a) 6 किमी. (b) 9 किमी.
(c) 8 किमी. (d) 7 किमी.

Sol. (a) माना कुल दूरी = D किमी.

$$\frac{D}{3}-\frac{D}{4}=\frac{1}{2}\Rightarrow\frac{D}{12}=\frac{1}{2}$$

D = 6 किमी.

Method - II

	चाल	समय	
पहला →	4	3	1 → 0.5 hrs
दूसरा →	3	4	4 → 2 hrs

दूरी = 3×2 = 6 किमी.

18. एक व्यक्ति, अपनी कुल यात्रा का $\frac{2}{15}$ भाग रेल द्वारा, $\frac{9}{20}$ भाग कार द्वारा और शेष 10 किमी. पैदल चलकर पूरी कर लेता है। तदनुसार उसकी कुल यात्रा कितने किमी. की है?

(a) 36 (b) 40
(c) 30 (d) 24

Sol. (d) शेष यात्रा $=1-\frac{2}{15}-\frac{9}{20}=\frac{60-8-27}{60}$

$$=\frac{25}{60}=\frac{5}{12}$$

कुल यात्रा $=\frac{12}{5}\times10=24$ किमी.

19. राम ने विमान से 1200 किमी यात्रा की जो उसके भ्रमण का $\left(\frac{2}{5}\right)$ है। उसने भ्रमण की एक-तिहाई यात्रा कार से की ओर शेष रेलगाड़ी से। रेलगाड़ी द्वारा की गई यात्रा की दूरी (किमी. में) थी।

(a) 480 (b) 800
(c) 1600 (d) 1800

Sol. (b) रेलगाड़ी की यात्रा का भाग $=1-\frac{2}{5}-\frac{1}{3}=\frac{4}{15}$

रेलगाड़ी द्वारा तय यात्रा $=\frac{4}{15}\times1200\times\frac{5}{2}=800$

20. A तथा B एक आयताकार मैदान के एक कोने से दूसरे विकर्णतः विरूद्ध कोने तक चलते हैं। उनमें A विकर्ण के अनुसार चलता है तथा B भुजाओं के अनुसार और अन्तिम बिन्दु तक वे एक साथ पहुँचते हैं। तदनुसार, यदि मैदान की लम्बाई तथा चौड़ाई का अनुपात 3 : 4 हो, तो उनकी गतियों का अनुपात कितना होगा?

(a) 3 : 4 (b) 4 : 3
(c) 4 : 5 (d) 5 : 7

Sol. (d) दोनों की चालों क्रमशः = a, b

प्रश्नानुसार

$$\frac{5}{a}:\frac{7}{b}$$

⇒ 5b : 4a

⇒ a : b = 5 : 7

Type - III

21. एक लड़का अपने घर से स्कूल 3 किमी./घण्टा की चाल से जाता है तथा वापस 2 किमी./घण्टा की चाल से लौटता है। यदि आने जाने में वह कुल 5 घण्टे का समय लेता है, तो स्कूल और उसके घर के बीच की दूरी है

(a) 6 किमी. (b) 5 किमी.
(c) 5.5 किमी. (d) 6.5 किमी.

Sol. (a) माना दूरी = x किमी.

अतः $\frac{x}{3}+\frac{x}{2}=5$

$$\frac{5x}{6}=5$$

x = 6 किमी.

Method - II

औसत चाल $=\frac{2xy}{x+y}=\frac{2\times3\times2}{5}$

$=\frac{12}{5}$ किमी./घंटा

चली गई दूरी $=\frac{12}{5}\times5=12$ किमी.

स्कूल से घर की दूरी $=\frac{12}{2}=6$ किमी.

22. एक कार किसी यात्रा को 11 घण्टों में पूरा करती है, पहली आधी 30 किमी./घण्टा पर और दूसरी आधी 25 किमी./घण्टा पर। कार कुल कितनी दूर चली?

(a) 300 किमी. (b) 400 किमी.
(c) 250 किमी. (d) 375 किमी.

Sol. (a) कुल तय की गई दूरी $= \frac{2xy}{x+y} \times t$

$= \frac{2 \times 30 \times 25}{55} \times 11$

= 300 किमी.

23. एक मोटर कार किसी स्थान पर 20 किमी./घण्टा की चाल से जाती है और वहाँ से 30 किमी./घण्टा की चाल से वापस आती है। पूरी यात्रा में कार की औसत चाल (किमी./घण्टा) है-

(a) 26 (b) 25
(c) 24 (d) 24.5

Sol. (c) औसत चाल $= \frac{2xy}{x+y} = \frac{2 \times 20 \times 30}{20+30}$

= 24 किमी./घण्टा

24. एक लड़का अपनी साईकिल से 10 किमी. की दूरी 12 किमी./घण्टा की गति से तय करता है तथा फिर 12 किमी. की दूरी 10 किमी./घण्टा की गति से तय करता है। पूरी यात्रा में उसके औसत गति लगभग है-

(a) 10.4 किमी./घण्टा (b) 10.8 किमी./घण्टा
(c) 11.0 किमी./घण्टा (d) 12.2 किमी./घण्टा

Sol. (b) औसत गति $= \frac{\text{कुल दूरी}}{\text{कुल समय}}$

कुल दूरी = 10 + 12 = 22 किमी.

कुल समय $= \frac{10}{12} + \frac{12}{10} = \frac{5}{6} + \frac{6}{5} = \frac{61}{30}$ घण्टे,

औसत गति $= \frac{22}{61} \times 30 = 10.8$ किमी./घण्टे

25. एक कार 6 किमी. की चार क्रमिक दूरियाँ क्रमशः 25 किमी./घण्टा, 50 किमी./घण्टा, 75 किमी./घण्टा और 150 किमी./घण्टा की चाल से तय करती है। इस दूरी पर उसकी औसत चाल है-

(a) 25 किमी./घण्टा (b) 50 किमी./घण्टा
(c) 75 किमी./घण्टा (d) 150 किमी./घण्टा

Sol. (b) समय $= \frac{60}{25} + \frac{6}{50} + \frac{6}{75} + \frac{6}{100}$

$= \frac{36+18+12+6}{150} = \frac{72}{150}$ घण्टे

औसत चाल $= \frac{\text{कुल दूरी}}{\text{कुल समय}} = \frac{6 \times 4}{72/150}$

$= \frac{24 \times 150}{72} = 50$ किमी./घण्टा

26. कोई व्यक्ति 600 किमी. की दूरी रेल द्वारा 80 किमी./घण्टा की गति से, 800 किमी. की दूरी जहाज से 40 किमी./घण्टा की गति से और 500 किमी. की दूरी हवाई जहाज से 40 किमी./घण्टा की गति से तथा 100 किमी. की दूरी कार से 50 किमी./घण्टा की गति से तय करता है, पूरी दूरी तय करने में, उसकी औसत गति है

(a) $65\frac{5}{123}$ किमी./घण्टा (b) 60 किमी./घण्टा

(c) $60\frac{5}{123}$ किमी./घण्टा (d) 62 किमी./घण्टा

Sol. (a) औसत गति $= \frac{\text{कुल दूरी}}{\text{कुल समय}}$

कुल समय $= \frac{600}{80} + \frac{800}{40} + \frac{500}{40} + \frac{100}{50}$

$= \frac{3000+8000+500+800}{400}$

$= \frac{12300}{400} = \frac{123}{4}$ घण्टे

कुल दूरी = 600 + 800 + 500 + 100
= 2000 किमी.

औसत चाल $= \frac{2000 \times 4}{123} = \frac{8000}{123}$

$= 65\frac{5}{123}$ किमी./घण्टा

27. एक व्यक्ति ने किसी यात्रा को एक कार के द्वारा पूरा किया। यदि उसने 30% दूरी 20 किमी./घण्टा की चाल से 60% दूरी 40 किमी./घण्टा की चाल से तथा शेष दूरी 10 किमी./घण्टा की चाल से तय की हो, तो पूरी यात्रा के लिए उसकी औसत चाल थी-

(a) 25 किमी./घण्टा (b) 28 किमी./घण्टा
(c) 30 किमी./घण्टा (d) 33 किमी./घण्टा

Sol. (a) माना कुल दूरी = 100 किमी.

30% दूरी तय करने में लगा समय

$$= 100 \times \frac{30}{100} \times \frac{1}{20} = \frac{30}{20} \text{ घण्टे}$$

60% दूरी तय करने में लगा समय

$$= 100 \times \frac{60}{100} \times \frac{1}{40} = \frac{60}{40} \text{ घण्टे}$$

शेष दूरी = 100 – (30 + 60) = 10 किमी.

शेष 10 किमी. दूरी तय करने में लगा समय

$$= \frac{10}{10} = 1 \text{ घण्टे}$$

$$\text{कुल समय} = \frac{30}{60} + \frac{60}{40} + 1$$

$$= \frac{60+60+40}{40} = \frac{160}{40} \text{ घण्टे}$$

$$\text{औसत चाल} = \frac{100 \times 40}{160} = 25 \text{ किमी./घण्टा}$$

Type - IV

28. 45 किमी./घण्टा की चाल से चलने वाली बस उससे 150 मीटर आगे उसी दिशा में जा रहे एक ट्रक को 30 सेकंड में जा पकड़ती है, तो ट्रक की चाल है-

(a) 27 किमी./घण्टा (b) 24 किमी./घण्टा
(c) 25 किमी./घण्टा (d) 28 किमी./घण्टा

Sol. (a) बस की चाल = 45 किमी./घण्टा

$$\text{सापेक्ष चाल} = \frac{150}{30} \times \frac{18}{5} = 18 \text{ किमी./घण्टा}$$

सापेक्ष चाल = बस की चाल – ट्रक की चाल

$$18 = 45 - x$$

$$\Rightarrow x = 45 - 18 = 27 \text{ किमी./घण्टा}$$

अतः ट्रक की चाल 27 किमी./घण्टा है।

29. एक जीप एक कार का पीछा कर रही है जो जीप से 5 किमी. आगे है। उनकी चाल क्रमशः 90 किमी./घण्टा तथा 75 किमी./घण्टा है। जीप, कार को कितने मिनट के पश्चात् पकड़ लेगी?

(a) 18 (b) 20
(c) 24 (d) 25

Sol. (b) $\text{समय} = \frac{\text{कुल दूरी}}{\text{सापेक्ष चाल}} = \frac{5}{90-75} = \frac{5}{15}$

$$= \frac{1}{3} \text{ घण्टे} = \frac{1}{3} \times 60 = 20 \text{ मिनट}$$

30. एक सिपाही एक चोर से 114 मीटर पीछे था। सिपाही एक मिनट में 21 मीटर तथा चोर 15 मीटर चलता है। कितने समय में सिपाही चोर को पकड़ लेगा?

(a) 19 मिनट (b) 18 मिनट
(c) 17 मिनट (d) 16 मिनट

Sol. (a) $\text{अभीष्ट समय} = \frac{\text{कुल दूरी}}{\text{सापेक्ष चाल}} = \frac{114}{21-15}$

$$= \frac{114}{6} = 19 \text{ मिनट}$$

31. एक सिपाही एक चोर का पीछा करता है जो उससे 200 मीटर आगे है। यदि सिपाही और चोर क्रमशः 8 किमी./घण्टा तथा 7 किमी./घण्टा की चाल से चले, तो सिपाही चोर को कितने समय में पकड़ लेगा?

(a) 10 मिनट (b) 12 मिनट
(c) 15 मिनट (d) 20 मिनट

Sol. (b) $\text{समय} = \frac{\text{कुल दूरी}}{\text{सापेक्ष चाल}}$

सापेक्ष चाल = 8 – 7 = 1 किमी./घण्टा

$$= 1 \times \frac{5}{18} \text{ मीटर/सैकण्ड}$$

$$\text{अभीष्ट समय} = \frac{200 \times 18}{5} = 720 \text{ सैकण्ड}$$

$$= \frac{720}{60} = 12 \text{ मिनट}$$

32. A, 4 किमी./घण्टा की चाल से पैदल चलता है। उसके 4 घण्टे बाद B साइकिल द्वारा 10 किमी./घण्टे की चाल से उसके पीछे चलता है। प्रारम्भिक स्थान से कितनी दूरी पर B, A को पकड़ लेगा?

(a) 16.7 किमी. (b) 18.6 किमी.
(c) 21.5 किमी. (d) 26.7 किमी.

Sol. (d) A को पकड़ने में लगा समय = $\frac{\text{कुल दूरी}}{\text{सापेक्ष चाल}}$

A द्वारा 4 घण्टे में तय दूरी = 4×4 = 16 किमी.

सापेक्ष चाल = 10 – 4 = 6 किमी./घण्टा

$$\text{समय} = \frac{16}{6} = \frac{8}{3} \text{ घण्टे}$$

अतः B, A को $\frac{8}{3}$ घण्टे में पकड़ लेता है

तो दूरी = $10 \times \frac{8}{3} = \frac{80}{3}$ = 26.7 किमी.

33. एक पुलिस वाला किसी चोर को 200 मीटर की दूरी से देखता है चोर भागना शुरू कर देता है और पुलिस वाला उसके पीछे भागता है। चोर की गति 10 किमी./घण्टा और पुलिस वाले की 11 किमी./घण्टा है तब 6 मिनट बाद उसके बीच कितनी दूरी रह जाएगी?

(a) 100 मीटर (b) 190 मीटर
(c) 200 मीटर (d) 150 मीटर

Sol. (a) चोर की चाल = 10 किमी./घण्टा

$= 10 \times \frac{5}{18}$ मीटर/सैकण्ड

6 मिनट में चोर द्वारा तय की गई दूरी

$= 10 \times \frac{5}{18} \times 6 \times 60 = 1000$ मीटर

पुलिस वाले की चाल = $11 \times \frac{5}{18} = \frac{55}{18}$ मीटर/सैकण्ड

6 मिनट में पुलिस वाले द्वारा तय की गई दूरी

$= \frac{55}{18} \times 6 \times 60 = 1100$ मीटर

अभीष्ट अन्तर = 1000 + 200 – 1100 = 100 मीटर

Method- II

चोर तथा पुलिस के मध्य दूरी = 200 मीटर

सापेक्ष चाल = 11–10=1 किमी. या $1 \times \frac{5}{18}$ मी./से.

34. अरुण और भास्कर एक स्थान P से क्रमशः 6 AM और 7:30 AM पर चलते हैं और एक ही दिशा में दौड़ते हैं। अरुण और भास्कर क्रमशः 8 किमी./घण्टा और 12 किमी./घण्टा की गति से दौड़ते है। भास्कर किस समय अरुण से आगे निकलता है?

(a) 10:30 AM (b) 9 AM
(c) 11:30 AM (d) 11 AM

Sol. (a) 7.30 बजे तक अरुण द्वारा तय की गई दूरी

= 8 × 1.5 = 12 किमी.

दोनों के मिलने का समय = $\frac{\text{मध्यवर्ती दूरी}}{\text{सापेक्ष गति}}$

$= \frac{12}{12-8} = 3$ घण्टे

अतः भास्कर अरुण से आगे होगा = 7:30 + 3
= 10:30 AM

35. 1200 मीटर लम्बे किसी पुल के दोनों ओर दो व्यक्ति खड़े हुए हैं, यदि वे एक-दूसरे की ओर क्रमशः 5 मीटर/मिनट और 10 मीटर/मिनट की चाल से चले, तो वे कितने समय में एक साथ मिलेंगे?

(a) 60 मिनट (b) 80 मिनट
(c) 85 मिनट (d) 90 मिनट

Sol. (b) मिलने का समय = $\frac{\text{मध्यवर्ती दूरी}}{\text{सापेक्ष गति}}$

$= \frac{1200}{5+10} = 80$ मिनट

36. 12 किमी. की दूरी पर खड़े हुए A तथा B एक-दूसरे की ओर पैदल चलना आरम्भ करते हैं तथा 1 घण्टा 15 मिनट के पश्चात् परस्पर मिलते हैं। यदि A की चाल 4 किमी./घण्टा है तो B की चाल होगी–

(a) $4\frac{3}{5}$ किमी./घण्टा (b) $3\frac{3}{5}$ किमी./घण्टा
(c) $5\frac{3}{5}$ किमी./घण्टा (d) $6\frac{3}{5}$ किमी./घण्टा

Sol. (c) सापेक्ष चाल = $\frac{12}{1\frac{15}{60}} = \frac{12 \times 4}{5} = \frac{48}{5}$ किमी./घण्टा

B की चाल = सापेक्ष चाल – A की चाल

$= \frac{48}{5} - 4 = \frac{28}{5} = 5\frac{3}{5}$ किमी./घण्टा

37. दो मित्र, 48 किमी. दूर के दो भिन्न शहरों से, एक ही समय पर चलना आरम्भ करके, एक-दूसरे की ओर 5 किमी./घण्टा तथा 7 किमी./घण्टा की गति से चलते हैं। तदनुसार, वे कितने समय बाद एक-दूसरे से मिल पाएँगे?

(a) 5 घण्टे (h) 6 घण्टे
(c) 2 घण्टे (d) 4 घण्टे

Sol. (d) समय = $\frac{\text{मध्यवर्ती दूरी}}{\text{सापेक्ष गति}}$

$= \frac{48}{5+7} = 4$ घण्टे

Type - V

38. 800 मीटर की एक दौड़ में A ने B को 15 सैकण्ड से हराया यदि A की चाल 8 km/h रही, तो B की चाल थी

(a) $7\frac{17}{25}$ km/h (b) $8\frac{17}{25}$ km/h

(c) $\frac{16}{27}$ km/h (d) $\frac{27}{16}$ km/h

Sol. (a) दूरी $= 800$ मीटर $= \frac{800}{1000} = 0.8$ किमी.

A द्वारा लिया गया समय $= \frac{0.8}{8} = \frac{1}{10}$ घण्टे

$= \frac{1}{10} \times 3600$

$= 360$ सैकण्ड

39. एक किमी. की दौड़ में A, B को 100 मीटर की प्रस्थान रियायत देकर भी 20 सेकंड से जीत जाता है। किन्तु यदि A, B को 25 सेकंड की प्रस्थान रियायत देता है, तो B, 50 मीटर से जीत जाता है। A को एक किमी. में लगने वाला समय है-

(a) 17 सेकंड (b) $\frac{500}{29}$ सेकंड

(c) $\frac{1200}{29}$ सेकंड (d) $\frac{700}{29}$ सेकंड

Sol. (b) माना 1000 मीटर दौड़ने में
A को लगा समय = x सेकंड
तथा B को लगा समय = y सेकंड

अतः $x + 20 = \frac{900}{1000}y \Rightarrow x + 20 = \frac{9y}{10}$

$\Rightarrow 10x - 9y = -200$ ...(1)

तथा $\frac{950x}{1000} + 25 = y$

$\Rightarrow \frac{95}{100}x + 25 = y$ ...(2)

समीकरण (1) में y का मान रखने पर

$10x - 9\left(\frac{95x}{100} + 25\right) = -200$

$\Rightarrow 10x - \frac{855x}{1000} - 225 = -200$

$\Rightarrow 1000x - 855x = -20000 + 22500$

$\Rightarrow 145x = 2500 \Rightarrow x = \frac{500}{29}$ सैकण्ड

40. A, 11 सेकंड में 100 मीटर दौड़ता है तथा B, 12 सेकंड में 100 मीटर दौड़ता है। दौड़ आरम्भ करते समय B को A से कितना आगे खड़ा करें ताकि दोनों 11 सेकंड में पूरी की जाने वाली दौड़ को एक साथ पूरा करे?

(a) 8 मीटर (b) $8\frac{1}{4}$ मीटर

(c) $8\frac{1}{3}$ मीटर (d) $8\frac{1}{2}$ मीटर

Sol. (c) B द्वारा 12 सेकंड में तय की गई दूरी = 100 मीटर
B द्वारा 11 सेकंड में तय की गई दूरी

$= \frac{100}{12} \times 11 = \frac{1100}{12}$ मीटर

A द्वारा 11 सेकंड में तय की गई दूरी = 100 मीटर

अभीष्ट अन्तर $= 100 - \frac{1100}{12}$

$= \frac{100}{12} = \frac{25}{3} = 8\frac{1}{3}$ मीटर

अतः B को A से $8\frac{1}{3}$ मीटर आगे खड़ा करना होगा।

41. 800 मीटर की एक दौड़ में A, B को 40 मीटर से हरा सकता है। 500 मीटर की किसी दौड़ में B, C को 5 मीटर से हरा सकता है, 200 मीटर की दौड़ में A, C को कितनी दूरी से हरा सकेगा?

(a) 11.9 मीटर (b) 1.19 मीटर

(c) 12.7 मीटर (d) 1.27 मीटर

Sol. (a) A द्वारा दौड़ी गई दूरी = 800 मीटर
तब B द्वारा दौड़ी गई दूरी = 800 − 40 = 760 मीटर
जब A, 200 मीटर दौड़ता है, तो B द्वारा तय दूरी

$= \frac{760}{800} \times 200 = 190$ मीटर

जब B, 500 मीटर दौड़ता है, तो

C द्वारा तय दूरी = 500 – 5 = 495 मीटर

जब B, 190 मीटर दौड़ता है, तब C द्वारा तय दूरी

$$= \frac{495}{500} \times 190 = 188.1 \text{ मीटर}$$

अतः 200 – 188.1 = 11.9 मीटर से A, C को हरा देगा

42. 5 किमी. लम्बे एक वृत्तीय पथ पर एक बिन्दु से A, B और C एक ही दिशा में, एक ही समय पर क्रमशः $2\frac{1}{2}$ किमी. प्रति घण्टा, 3 किमी. प्रति घण्टा और 2 किमी. प्रति घण्टा की चाल से चलना प्रारम्भ करते हैं। तब प्रारम्भिक बिन्दु पर वे पुनः कितने घण्टे बाद मिलेंगे?

(a) 30 घण्टे (b) 6 घण्टे
(c) 10 घण्टे (d) 15 घण्टे

Sol. (c) A को लगा समय $= \frac{5}{2.5} = 2$ घण्टे

B को लगा समय $= \frac{5}{3}$ घण्टे

C को लगा समय $= \frac{5}{2}$ घण्टे

पुनः एक साथ मिलने में लगा समय

$= 2, \frac{5}{3}, \frac{5}{2}$ का ल.स.प.

$= \frac{2,5,5 \text{ का ल.स.प.}}{1,3,2 \text{ का म.स.प.}}$

$= \frac{10}{1} = 10$ घण्टे

43. दो आदमी एक ही स्थान से एक साथ एक ही दिशा में एक वृत्तीय मार्ग का चक्कर लगाने के लिए रवाना होते हैं। यदि पूरा चक्कर लगाने में उनमें से एक 10 मिनट तथा दूसरा 15 मिनट लेता है, तो वे कितने समय बाद परस्पर मिलेंगे?

(a) 30 मिनट (b) 33 मिनट
(c) 40 मिनट (d) 45 मिनट

Sol. (a) अभीष्ट समय = 10, 15 का ल.स.प.

= 30 मिनट

44. A तथा B एक किमी. दौड़ते हैं तथा A, 25 सैकण्ड से जीतता है। A तथा C एक किमी. दौड़ते हैं तथा A, 275 मीटर से जीतता है। जब B तथा C उतनी ही दूरी दौड़ते हैं, तो B, 30 सैकण्ड में जीतता है। एक किमी. दौड़ने में A को कितना समय लगता है?

(a) 2 मिनट 25 सेकंड (b) 2 मिनट 50 सेकंड
(c) 3 मिनट 20 सेकंड (d) 3 मिनट 30 सेकंड

Sol. (a) माना A द्वारा दौड़ पूरी करने में लगा समय = x सेकंड

1000 मीटर दौड़ने में B को लगा समय

= (x + 25) सेकंड

1000 मीटर दौड़ने में B के सापेक्ष C द्वारा लिया गया समय

= x + 25 + 30

= (x + 55) सेकंड

यदि A 1000 मीटर दौड़ता है तो C दौड़ता है

= 1000 – 275 = 725 मीटर

अर्थात् शेष 275 मीटर दौड़ता है = 55 सेकंड में

प्रश्नानुसार

$$\frac{275}{55} = \frac{1000}{x+55}$$

$\Rightarrow 5x + 275 = 1000$

$\Rightarrow 5x = 725$

$\Rightarrow x = 145$ सेकंड या 2 मिनट 25 सेकंड

45. A, B, C एक किमी. तक क्रमशः 5 मिनट, 8 मिनट तथा 10 मिनट तक चलते हैं। उनमें C एक बिन्दु से एक निश्चित समय पर चलना आरम्भ करता है, B उसी बिन्दु से 1 मिनट बाद चलना आरम्भ करता है और A उसी बिन्दु से C के 2 मिनटों बाद चलना आरम्भ करता है। तदनुसार A, B तथा C से कितने समय बाद मिलता है?

(a) 2 मिनट, 3 मिनट (b) $\frac{4}{3}$ मिनट, 3 मिनट
(c) $\frac{5}{3}$ मिनट, 2 मिनट (d) 1 मिनट, 2 मिनट

Sol. (c) A, B, C की चाल मीटर/मिनट

$= \frac{1000}{5}, \frac{1000}{8}, \frac{1000}{10}$

= 200, 125, 100

A को C से मिलने का समय

$$= \frac{200}{200-100}$$

$$= \frac{200}{100} = 2 \text{ मिनट}$$

A को B से मिलने का समय

$$= \frac{125}{200-125}$$

$$= \frac{125}{75} = \frac{5}{3} \text{ मिनट}$$

विविध (Miscellaneous)

46. एक बस के पहिए की त्रिज्या 0.75 मीटर है और वह आधे मिनट में 84 चक्कर पूरे कर लेता है। तदनुसार, उस बस की गति, कितने किमी. प्रति घण्टा है?

(a) 17.82 (b) 47.52
(c) 23.76 (d) 33.26

Sol. (b) एक चक्कर की दूरी $= 2\pi r = 2 \times \frac{22}{7} \times .75$

यदि पहिया $\frac{1}{2}$ मिनट में 84 चक्कर लगाता है तो 1 मिनट में 168 चक्कर होगे

अतः 1 घण्टे में तय की गई दूरी

$$= 2 \times \frac{22}{7} \times .75 \times 168 \times 60 \text{ मीटर}$$

$$= 47520 \text{ मीटर} = 47.52 \text{ किमी.}$$

47. एक व्यक्ति, जो पहाड़ी की ढलान के अनुदिशा $4\frac{1}{2}$ किमी./घण्टा की चाल से तथा ढलान की विपरीत में 3 किमी./घण्टा की चाल से चल सकता है, पहाड़ी के ऊपर जाकर वापस आने प्रारम्भिक स्थान पर 5 घण्टे में आता है। वह पहाड़ी पर कितनी ऊँचाई तक चढ़ा?

(a) 13.5 किमी. (b) 3 किमी.
(c) 15 किमी. (d) 9 किमी.

Sol. (d) दूरी $= \frac{9/2 \times 3}{7.5} \times 5 = \frac{9 \times 3 \times 5 \times 10}{2 \times 75}$

= 9 किमी.

48. अनिल ने हिसाब लगाया कि अपनी कार से 60 किमी. दूरी तय करने में उसे 45 मिनट लगेंगे। यदि उसकी कार की चाल 15 किमी./घण्टा घटा दी जाए तो वही दूरी तय करने में कितना समय लगेगा?

(a) 36 मिनट (b) 55.38 मिनट
(c) 48 मिनट (d) 40 मिनट

Sol. (b) कार की प्रारम्भिक चाल $= \frac{60}{45/60} = \frac{60 \times 60}{45}$

= 80 किमी./घण्टा

नई चाल = 80 – 15

= 65 किमी./घण्टा

नया समय $= \frac{60}{65} \times 60$

= 55.38 मिनट

49. यदि कोई आदमी अपनी गति $\frac{2}{3}$ घटा देता है, तो उसे एक निर्धारित दूरी तक चलने में एक घण्टा अधिक लगता है, तो वह आदमी वही दूरी सामान्य गति से कितने घण्टों में तय करेगा?

(a) 2 (b) 1
(c) 3 (d) 1.5

Sol. (d) सामान्य गति : घटी गति $= 1 : 1 - \frac{2}{3}$

$\Rightarrow 1 : \frac{1}{3} \Rightarrow 3 : 1,$

समय का अनुपात = 1 : 3

माना लगने वाला समय x घण्टे और 3x घण्टे हैं

प्रश्नानुसार

$3x - x = 1$

$\Rightarrow 2x = 1$

$\Rightarrow x = \frac{1}{2}$ घण्टे

सामान्य गति से जाने में लगा समय

$$= 3x = \frac{3}{2} = 1.5 \text{ घण्टा}$$

50. एक आदमी 20 मिनट देरी से चला और अपनी सामान्य गति की $1\frac{1}{2}$ गुना गति से चलकर कार्यालय समय से पहुँच गया। अतः उस आदमी को अपनी सामान्य गति से चलकर कार्यालय पहुँचने में कितना समय लगता है?

(a) 40 मिनट (b) 1 घण्टा 20 मिनट
(c) 1 घण्टा (d) 30 मिनट

Sol. (c) प्रारम्भिक एवं अन्तिम चाले क्रमशः = 2x, 3x
अतः दोनों यात्रा में लिये गये समय = 3x, 2x
दोनों समयों का अन्तर = 3x – 2x = 20
⇒ x = 20 मिनट
प्रारम्भ यात्रा में लगने वाला समय
= 3x = 3 × 20
= 60 मिनट = 1 घण्टा

51. एक व्यक्ति किसी स्थान पर 30 घण्टे में पहुँचता है। यदि वह अपनी चाल में $\frac{1}{15}$ भाग की कमी कर दे, तो वह उसी समय में 10 किमी. कम चल पाता है। उसकी चाल प्रति घण्टा ज्ञात कीजिए–

(a) 6 किमी./घण्टा (b) $5\frac{1}{2}$ किमी./घण्टा
(c) 4 किमी./घण्टा (d) 5 किमी./घण्टा

Sol. (d) माना व्यक्ति की चाल = x किमी./घण्टा
अतः 30 घण्टे में चली दूरी = 30×x = 30x किमी.

नयी चाल = $x - \frac{1}{15}x = \frac{14x}{15}$ किमी./घण्टा

30 घण्टे में चली गई दूरी = $\frac{14x}{15} \times 30 = 28x$ किमी.

प्रश्नानुसार
30x – 28x = 10
2x = 10
x = 5 किमी./घण्टा

52. एक कार कुछ दूरी $4\frac{1}{2}$ घण्टे में तय कर सकती है। यदि गति 5 किमी./घण्टा बढ़ दी जाए तो उसे वही दूरी तय करने में आधा घण्टा कम लगेगा। कार की धीमी गति है–

(a) 50 किमी./घण्टा (b) 40 किमी./घण्टा
(c) 45 किमी./घण्टा (d) 60 किमी./घण्टा

Sol. (b) माना कार की गति = x किमी./घण्टा

अतः तय की गई दूरी = $\frac{9}{2} \times x = \frac{9x}{2}$ किमी.

यदि गति 5 किमी./घण्टा बढ़ा दी जाए
तो नयी गति (x + 5) किमी./घण्टा
(x+5) किमी./घण्टा से चलने पर वही दूरी तय करने में

लगा समय = $\frac{9}{2} - \frac{1}{2}$ = 4 घण्टा

प्रश्नानुसार

$$\frac{9x}{2} = (x + 5)4$$
$$9x = 8x + 40$$
x = 40 किमी./घण्टा

Method - II

जब दूरी नियत होती है तो समय का अनुपात चाल का उल्टा होता है।

	समय		चाल	
पहले →	9/2	9	8	1 → 5 km/h
बाद →	4	8	9	8 → 40 km/h

53. किसी दिन एक विद्यार्थी $2\frac{1}{2}$ किमी./घण्टा की चाल से अपने घर से चलकर स्कूल 6 मिनट की देरी से पहुँचता हैं। अगले दिन वह अपनी चाल में 1 किमी./घण्टा की वृद्धि कर देता है तथा स्कूल समय से 6 मिनट पहले पहुँच जाता है। उसके घर से स्कूल की दूरी कितनी है?

(a) 2 किमी. (b) $1\frac{1}{2}$ किमी.
(c) 1 किमी. (d) $1\frac{3}{4}$ किमी.

Sol. (d) दूरी $= \frac{\frac{5}{2} \times \frac{7}{2}}{\frac{7}{2} - \frac{5}{2}} \times \left(\frac{6}{60} + \frac{6}{60}\right) = \frac{5}{2} \times \frac{7}{2} \times \frac{12}{60}$

$= \frac{7}{4} = 1\frac{3}{4}$ किमी.

54. यदि कोई व्यक्ति 3 किमी./घण्टा की गति से चलता है, तो अपने कार्यालय 20 मिनट देरी से पहुँचता है। यदि वह व्यक्ति अपनी गति 6 किमी./घण्टा तक कर देता है, तो वह अपने कार्यालय 30 मिनट जल्दी पहुँच जाता है। तदनुसार उस व्यक्ति के आरम्भिक स्थान से उसके कार्यालय की दूरी ज्ञात कीजिए

(a) 6 किमी. (b) 5 किमी.
(c) 5.5 किमी. (d) 4 किमी.

Sol. (b) प्रथम चाल = 3 किमी./घण्टा
द्वितीय चाल = 6 किमी./घण्टा

$$\text{दूरी} = \frac{3\times6}{3}\times\left(\frac{20}{60}+\frac{30}{60}\right) = \frac{3\times6}{3}\times\frac{50}{60} = 5 \text{ किमी.}$$

Method - II

	चाल	समय	
पहले →	3	6	3 → 50 min
बाद →	6	3	= 5/6 hrs

$$\text{दूरी} = 6\times\frac{5}{6} = 5 \text{ किमी.}$$

55. यदि एक व्यक्ति पैदल चलकर 20 किमी. की दूरी 5 किमी./घण्टा की गति से तय करता है, तो वह 40 मिनट देरी से पहुँचता है। यदि वह 8 किमी./घण्टा की गति से चले तो वह समय से कितनी जल्दी पहुँच जायेगा?

(a) 15 मिनट (b) 25 मिनट
(c) 50 मिनट (d) $1\frac{1}{2}$ घण्टे

Sol. (c) 20 किमी. की दूरी तय करने में लगा समय

$$= \frac{20}{5} = 4 \text{ घण्टे}$$

माना नियत समय = t घण्टे

$$\text{अतः } 4 = t+\frac{40}{60} \Rightarrow 4-\frac{2}{3} = t \Rightarrow t = \frac{10}{3} \text{ घण्टे}$$

8 किमी./घण्टा की चाल से जाने में लगा समय

$$= \frac{20}{8} = \frac{5}{2} \text{ घण्टे}$$

$$\text{समय का अन्तर} = \frac{10}{3}-\frac{5}{2} = \frac{5}{6} \text{ घण्टे}$$

$$= \frac{5}{6}\times60 = 50 \text{ मिनट}$$

56. घर से 4 किमी./घण्टा की चाल से चलकर जाने पर एक व्यक्ति अपने कार्यालय 5 मिनट देरी से पहुँचता है। यदि वह 5 किमी./घण्टा की चाल से कार्यालय जाये तो 4 मिनट जल्दी पहुँचता है। उसके घर से कार्यालय की दूरी है–

(a) 3 किमी. (b) 5 किमी.
(c) 4 किमी. (d) 7 किमी.

Sol. (a) $\text{दूरी} = \frac{4\times5}{1}\times\frac{5+4}{60} = \frac{20\times9}{60} = 3$ किमी.

57. एक व्यक्ति 3 घण्टे तक 40 किमी./घण्टा की रफ्तार से कार चलाता है तथा 4.5 घण्टे तक 60 किमी. प्रति घण्टा की रफ्तार से चलाता है इसके पश्चात उसे पता चलता है कि अभी तक उसने कुल दूरी का $\frac{3}{5}$ ही तय किया है शेष दूरी का 4 घण्टे में तय करने के लिए वह किस समान रफ्तार से कार चलाए?

(a) 66 किमी./घण्टा (b) 65 किमी./घण्टा
(c) 64 किमी./घण्टा (d) 62 किमी./घण्टा

Sol. (b) 3 घण्टे में तय दूरी = 3×40 = 120 किमी.
4.5 घण्टे में तय दूरी = 4.5×60 = 270 किमी.
कुल तय दूरी = 120+270 = 390 किमी.

प्रश्नानुसार

माना कुल दूरी = x किमी.

$$x\times\frac{3}{5} = 390$$

$$\Rightarrow x = \frac{390\times5}{3} = 650 \text{ किमी.}$$

शेष दूरी = 650 – 390 = 260 किमी.

$$\text{अतः अभीष्ट चाल} = \frac{260}{4} = 65 \text{ किमी./घण्टा}$$

58. एक कार A से B के लिए तथा दूसरी कार B से A के लिए रवाना होती है। वे दोनों कारें स्थानों A तथा B के ठीक बीच में मिलती हैं। मिलने के उपरान्त वे अपनी यात्राओं को क्रमशः 2 घण्टे तथा 1 घण्टे 20 मिनट में पूरी करती हैं। पूरी यात्रा में उनके द्वारा लिए गए समयों का अनुपात है

(a) 3 : 2 (b) 16 : 24
(c) 13 : 16 (d) 16 : 13

Sol. (a) पहली कार द्वारा पूरी दूरी तय करने में लिया गया समय = 4 घण्टे

दूसरी कार द्वारा पूरी दूरी तय करने में लिया गया समय = 2 घण्टे 40 मिनट

अभीष्ट अनुपात $= 4 : 2\frac{40}{60} = 4 : 2\frac{2}{3} = 4 : \frac{8}{3}$

$= 3 : 2$

59. A एक स्थान P से दूसरे स्थान Q को जाने के लिए रवाना होता है। ठीक उसी समय B स्थान Q से P को जाने के लिए रवाना होता है। यदि मिलने के पश्चात् A तथा B अपने गन्तव्यों में पहुँचने में क्रमशः 4 तथा 9 घण्टे लेते है। तो उनकी चालों का अनुपात होगा

(a) 3 : 2 (b) 5 : 2
(c) 9 : 4 (d) 9 : 13

Sol. (a) चालों का अनुपात $= \frac{S_1}{S_2} = \sqrt{\frac{t_2}{t_1}}$

$\Rightarrow \frac{S_1}{S_2} = \sqrt{\frac{9}{4}}$

$\Rightarrow \frac{S_1}{S_2} = \frac{3}{2}$

$\Rightarrow S_1 : S_2 \Rightarrow 3 : 2$

60. एक व्यक्ति किसी दूरी को पैदल जाकर तथा घोड़े पर चढ़कर लौटने में 4 घण्टे 30 मिनट का समय लेता है यदि वह आना तथा जाना दोनों घोड़े पर चढ़कर ही करे तो उसे 3 घण्टे का समय लगता हैं यदि वह आने और जाने दोनों में पैदल चले, तो उसे कितना समय लगेगा?

(a) 4 घण्टे 30 मिनट (b) 4 घण्टे 45 मिनट
(c) 5 घण्टे (d) 6 घण्टे

Sol. (d) दोनों तरफ घोड़े से जाने में लगा समय = 3 घण्टे

एक तरफ पैदल जाने तथा एक तरफ घोड़े से जाने में लगा समय $= 4\frac{1}{2}$ घण्टे

एक तरफ पैदल जाने मे $1\frac{1}{2}$ घण्टे अधिक लगते हैं, तो दोनों तरफ पैदल जाने में 3 घण्टे अधिक लगेंगे।

अतः दोनों तरफ पैदल जाने में लगा समय

= 3 + 3 = 6 घण्टे

61. एक व्यक्ति 18 किमी. प्रतिघण्टा की दर पर घुड़सवारी करता है लेकिन प्रत्येक 7 किमी. पूरा होने पर घोड़ा बदलने के लिए 6 मिनट रूकता है। 90 किमी. की दूरी तय करने में उसे कितना समय लगेगा?

(a) 6 घण्टे (b) 6 घण्टे 12 मिनट
(c) 6 घण्टे 18 मिनट (d) 6 घण्टे 24 मिनट

Sol. (b) मूल दूरी तय करने में लगा समय $= \frac{90}{18} = 5$ घण्टे

घोड़े बदलने में लगा समय = 12×6 = 72 मिनट

कुल समय = 5 घण्टे + 1 घण्टा 12 मिनट

= 6 घण्टे 12 मिनट

[12 बार घोड़ा बदलना होगा]

62. मै एक नियत दूरी तक पैदल चलता हूँ लेकिन वापसी में वाहन से यात्रा करता हूँ, इस तरह कुल 37 मिनट लगते हैं यदि मैं दोनों ओर से पैदल ही जाता हूँ, तो मुझे 55 मिनट लगते हैं तदनुसार दोनों ओर से वाहन से यात्रा करने में मुझे कितना समय लगेगा?

(a) 9.5 मिनट (b) 19 मिनट
(c) 18 मिनट (d) 20 मिनट

Sol. (b) माना पैदल जाने में लगा समय = t_1 मिनट

वाहन से जाने में लगा समय = t_2 मिनट

प्रश्नानुसार

$t_1 + t_2 = 37$ ...(1)

$t_1 + t_1 = 55$ ...(2)

$t_1 = \frac{55}{2} = 27.5$ मिनट

t_1 का मान समीकरण (1) में रखने पर

$27.5 + t_2 = 37 \Rightarrow t_2 = 9.5$

दोनों तरफ वाहन से जाने में लगा समय

$= 2 \times t_2 = 2 \times 9.5 = 19$ मिनट

63. A एक वृत्ताकार रास्ते का 40 मिनट में 8 चक्कर लगा लेता है। यदि वृत्त का व्यास पहले का 10 गुना कर दिया जाए तो A को अपनी पहली वाली गति से नए वृत्त का एक चक्कर लगाने में कितना समय लगेगा?

(a) 25 मिनट (b) 20 मिनट
(c) 50 मिनट (d) 100 मिनट

Sol. (c) माना वृत्ताकार रास्ते की त्रिज्या = r मीटर

A को 8 चक्कर लगाने में लगा समय = 40 मीटर

1 चक्कर लगाने में लगा समय $= \frac{40}{8} = 5$ मिनट

चाल $= \frac{\text{दूरी}}{\text{समय}} = \frac{2\pi\pi}{5}$ मीटर/मिनट

यदि व्यास पहले से 10 गुना हो तो त्रिज्या भी पहले से 10 गुना होगी

अतः दूरी $= 2\pi r \times 10$ मीटर

नए वृत्त के एक चक्कर लगाने में लगा समय

$$= \frac{2\pi r \times 10}{2\pi r / 5} = 50 \text{ मिनट}$$

64. एक बस की चाल रूकने के समय को हटाकर 54 किमी./घण्टा है तथा रूकने के समय को सम्मिलित करके 45 किमी./घण्टा है। प्रति घण्टा बस कितने मिनट के लिए रूकती है?

(a) 8 (b) 10
(c) 12 (d) 15

Sol. (b) 1 घण्टे में बस द्वारा रूका गया समय

$$= \frac{\text{दूरी}}{\text{चाल}} = \frac{54 - 45}{54}$$

$$= \frac{9}{54} \text{ घण्टे}$$

$$= \frac{1}{6} \times 60 = 10 \text{ मिनट}$$

65. किसी बस टर्मिनल से बसे 10 मिनट के अन्तराल से 20 किमी./घण्टा की चाल से चलती हैं। विपरीत दिशा से बस टर्मिनल की ओर आने वाले एक आदमी की चाल कितनी होगी यदि उसे बसे 8 मिनट के अन्तराल से मिलती रहे?

(a) 3 किमी./घण्टा (b) 4 किमी./घण्टा
(c) 5 किमी./घण्टा (d) 7 किमी./घण्टा

Sol. (c) माना आदमी की चाल x किमी./घण्टा है।

प्रश्नानुसार

$$x \times \frac{8}{60} = 20 \times \frac{2}{60}$$

$\Rightarrow 8x = 40$

$\Rightarrow x = 5$ किमी./घण्टा

66. 60 किमी. की दूरी पर स्थित दो स्थानों से A तथा B एक ही समय एक-दूसरे की ओर रवाना होते हैं तथा एक-दूसरे से 6 घण्टे बाद मिलते हैं। यदि A अपनी चाल की $\frac{2}{3}$ तथा B अपनी चाल की दुगुनी चाल से चला होता, तो वे एक-दूसरे से 5 घण्टे बाद मिले होते A की चाल है

(a) 4 किमी./घण्टा (b) 6 किमी./घण्टा
(c) 10 किमी./घण्टा (d) 12 किमी./घण्टा

Sol. (b) माना A की चाल = x किमी./घण्टा

B की चाल = y किमी./घण्टा

प्रथम शर्त से

$$\frac{60}{x+y} = 6$$

$\Rightarrow 6x + 6y = 60$

$\Rightarrow x + y = 10$ ...(1)

दूसरी शर्त से

$$\frac{60}{\frac{2x}{3} + 2y} = 5$$

$$\Rightarrow \frac{10x}{3} + 10y = 60$$

$\Rightarrow 10x + 30y = 180$

$\Rightarrow x + 3y = 18$ ...(2)

समीकरण (1) से (2) को घटाने पर

$-2y = -8$

y = 4 किमी./घण्टा

अतः $x + 4 = 10$

$\Rightarrow x = 6$ किमी./घण्टा

अतः A की चाल 6 किमी./घण्टा है।

67. एक व्यक्ति ने कुछ दूरी किसी चाल से तय की, यदि वह 3 किमी./घण्टे अधिक की चाल से वह दूरी तय करता, तो उसे 40 मिनट कम समय लगता है, यदि वह 2 किमी./घण्टे कम की चाल से वह दूरी तय करता, तो उसे 40 मिनट अधिक लगते, वह दूरी (किमी. में) है

(a) 20 (b) 35
(c) $36\frac{2}{3}$ (d) 40

Sol. **(d)** माना व्यक्ति x चाल से t समय के लिए चलता है तो दूरी = xt

प्रश्नानुसार

$$(x+3)\left(t-\frac{40}{60}\right) = xt$$

$$\Rightarrow \quad xt - \frac{2}{3}x + 3t - 2 = xt$$

$$\Rightarrow \quad -2x + 9t = 6 \quad ...(1)$$

इसी प्रकार

$$(x-2)\left(t+\frac{40}{60}\right) = xt$$

$$\Rightarrow \quad 2x - 6t = 4 \quad ...(2)$$

समीकरण (1) व (2) को जोड़ने पर

$$t = \frac{10}{3} \text{ तथा } x = 12$$

अतः दूरी – $xt = \frac{10}{3} \times 12 = 40$ किमी.

68. दो कारें एक साथ एक ही बिन्दु से प्रस्थान करती है तथा दो परस्पर लम्ब राजमार्गों पर चलती है। उनकी चाल क्रमशः 36 किमी./घण्टा तथा 48 किमी./घण्टा है। 15 सेकंड के पश्चात् उन कारों के बीच की दूरी क्या होगी?

(a) 400 मीटर (b) 150 मीटर
(c) 300 मीटर (d) 250 मीटर

Sol. **(d)** पहली कार की चाल = 36 किमी./घण्टा

$= 36 \times \frac{5}{18}$

= 10 मीटर/सेकंड

पहली कार द्वारा तय की गई दूरी = 10 × 15

= 150 मीटर

दूसरी कार की चाल = 48 किमी./घण्टा

$= 48 \times \frac{5}{18}$ मीटर/सेकंड

दूसरी कार द्वारा तय की गई दूरी

$= 15 \times 48 \times \frac{5}{18}$

= 200 मीटर

अतः कारों के मध्य की दूरी

$= \sqrt{(150)^2 + (200)^2}$

$= \sqrt{22500 + 40000}$

$= \sqrt{62500}$

= 250 मीटर

69. किसी शहर में टैक्सी कुछ नियत भाड़ा और अतिरिक्त भाड़ा/किमी लेती है। नियत भाड़ा 5 किमी या इससे कम दूरी की यात्रा के लिए है और उसके बाद अतिरिक्त भाड़ा/किमी. है। तदनुसार 10 किमी. की दूरी के लिए भाड़ा रूपये 350 है और 25 किमी. के लिए ₹800 अतः 30 किमी. के लिए भाड़ा कितना है?

(a) ₹800 (b) ₹750
(c) ₹900 (d) ₹950

Sol. **(d)** माना नियत भाग 5 किमी. के लिए = ₹x

माना 5 किमी. से अतिरिक्त यात्रा के लिये ₹ y/किमी. भाड़ा हो तो

प्रश्नानुसार

$x + 5y = 350 \quad ...(1)$

$x + 20y = 800 \quad ...(2)$

$-15y = -450$

$\Rightarrow y = 30$

y = 30 समीकरण (1) में रखने पर

$x + 5 \times 30 = 350 \Rightarrow x = 200$

30 किमी. यात्रा का किराया = x + 25y

= 200 + 25 × 30

= 950

70. एक आदमी 10 किमी./घण्टा की चाल से चल रहा है। प्रत्येक किलोमीटर के बाद, वह 4 मिनट का विश्राम करता है। 10 किमी. की दूरी तय करने में उसे कितना समय लगेगा?

(a) 1 घण्टा (b) 90 मिनट
(c) 96 मिनट (d) 100 मिनट

Sol. **(c)** वास्तविक समय $= \frac{10}{10}$ = 1 घण्टा = 60 मिनट

विश्राम का समय = 4 × 9 = 36 मिनट

[10 किमी. यात्रा में 9 बार ही विश्राम कर पायेगा]

कुल समय = 60 + 36 = 96 मिनट

71. दो कारें v_1, v_2 की गति से दो सड़कों की क्रॉसिंग की ओर जा रही है। यदि किसी समय क्रॉसिग से उनकी दूरी क्रमशः 40 और 50 मीटर हो तो वे नहीं टकराएँगी यदि उनकी गति इस प्रकार हो

(a) $v_1 : v_2 \neq 4 : 5$ (b) $v_1 : v_2 \neq 5 : 4$

(c) $v_1 : v_2 \neq 25 : 16$ (d) $v_1 : v_1 \neq 16 : 25$

Sol. (a) $\frac{40}{V_1} \neq \frac{50}{V_2}$ [तब नही करायेगी]

$V_1 : V_2 \neq 4 : 5$

72. एक व्यक्ति 80 किमी की दूरी 8 घण्टे में तय करता है। यात्रा का कुछ भाग 8 किमी/घंटा की चाल से पैदल तय करता है तथा शेष भाग साइकिल से 16 किमी/घंटा की चाल से तय करता है। पैदल तय की गई दूरी ज्ञात कीजिए-

(a) 32 किमी (b) 48 किमी

(c) 24 किमी (d) 44 किमी

Sol. (b) औसत चाल $= \frac{\text{कुल दूरी}}{\text{कुल समय}} = \frac{80}{8} = 10$ किमी/घंटा

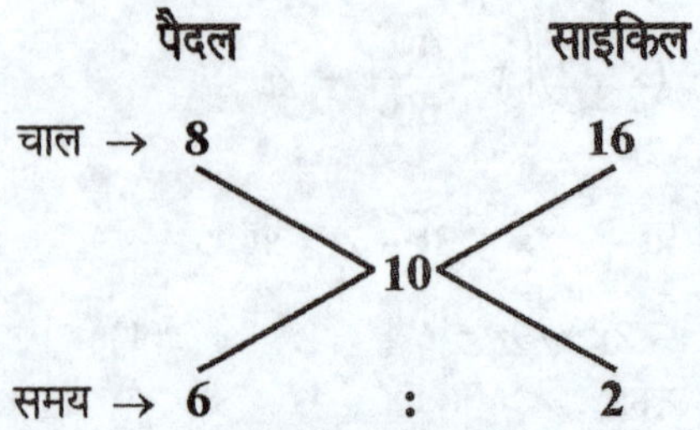

$(6 + 2) \longrightarrow 8$ घंटा

$6 \longrightarrow 6$ घंटा

दूरी = चाल × समय $= 8 \times 6 = 48$ किमी.

□□□

विभिन्न प्रतियोगी परीक्षाओं में विगत वर्षों में पूछे गये महत्त्वपूर्ण प्रश्न

1. एक व्यक्ति साइकिल चलाकर 23 सेकंड में 115 मीटर की दूरी तय करता है। उसकी गति किमी/घंटा में क्या है-

[DSSSB Assitt. Grade 2024]

(a) 15 किमी/घंटा (b) 21 किमी/घंटा
(c) 20 किमी/घंटा (d) 18 किमी/घंटा

2. दो आदमी एक साथ एक निश्चित दूरी तक चलना शुरू करते है, एक 6 किमी/घंटा की गति से और दूसरी 3 किमी/घंटा की गति से। पहला दूसरे से आधे घंटे पहले आता है। दूरी ज्ञात कीजिए-

[DSSSB Assitt. Grade 2024]

(a) 6 किमी. (b) 5.5 किमी.
(c) 3 किमी. (d) 4 किमी.

3. रोहन अपनी साइकिल पर यात्रा कर रहा है और उसने गणना की है कि यदि वह 12 किमी/घंटे की गति से यात्रा करता है तो वह दोपहर 2 बजे बिंदु A पर पहुंच जाएगा। यदि वह 18 किमी/घंटे की गति से यात्रा करता है तो वह दोपहर 12 बजे वहां पहुंचेगा। दोपहर 1 बजे A तक पहुंचने के लिए उसे किस गति से यात्रा करनी होगी-

[DSSSB Assitt. Grade 2024]

(a) 14.4 किमी/घंटा (b) 10.5 किमी/घंटा
(c) 15.8 किमी/घंटा (d) 12 किमी/घंटा

4. अपनी सामान्य गति की तीन-चौथाई गति से चलते हुए, एक व्यक्ति एक निश्चित दूरी को अपनी सामान्य गति से दूरी तय करने में लगने वाले समय से 4 घंटे अधिक में तय करता है। उसे अपनी सामान्य गति से दूरी तय करने में लगा समय कितना है-

[DSSSB Asstt. Grade 2024]

(a) 8 घंटे (b) 10 घंटे
(c) 12 घंटे (d) 6 घंटे

5. चार कारों की गति 2u, 3u, 4u और xu है और उनके द्वारा समान दूरी को तय करने में लगने वाला समय क्रमशः xt, 4t, 3t और 2t है, जहाँ x, u, t वास्तविक संख्याएँ है। x का गान क्या है-

[CDS 2024]

(a) 8 (b) 6
(c) 5 (d) 2

6. विपिन किरी यात्रा की एक तिहाई दूरी 30 किमी/घंटा की चाल से और शेष दूरी 40 किमी/घंटा की चाल से तय करता है। यदि उसे यात्रा पूरी करने में कुल 12 घंटे लगे, तो यात्रा की कुल दूरी (किमी में) कितनी थी-

[SSC CGL (Mains) 2023]

(a) 445 (b) 450
(c) 412 (d) 432

7. एक व्यक्ति अपनी यात्रा का $\frac{1}{4}$ भाग 25 किमी/घंटा की चाल से, यात्रा का $\frac{1}{2}$ भाग 40 किमी/घंटा की चाल से और यात्रा का शेष भाग 50 किमी/घंटा की चाल से तय करता है। पूरी यात्रा के दौरान उसकी प्रति घंटा औसत चाल (किमी/घंटा में) ज्ञात कीजिए-

[SSC CHSL (Mains) 2023]

(a) $36\frac{4}{11}$ (b) $34\frac{4}{11}$
(c) $36\frac{6}{11}$ (d) $34\frac{6}{11}$

8. अपनी यात्रा के एक भाग के रूप में, एक व्यक्ति 80 किमी/घंटा की चाल से 120 किमी की यात्रा करता है, अगले 100 किमी की यात्रा 40 किमी/घंटा की चाल से करता है, और 75 किमी/घंटा की चाल से प्रारंभिक बिंदु पर वापस आता है। पूरी यात्रा के दौरान व्यक्ति की औसत चाल है-

[SSC CGL 2023]

(a) 63.46 किमी/घंटा (b) 58.74 किमी/घंटा
(c) 68.15 किमी/घंटा (d) 49.58 किमी/घंटा

9. जहांगीर को एक घंटे में 90 किमी की दूरी तय करनी पड़ी, पहले 25 मिनट के दौर न उसने 15.2 मीटर प्रति सेकंड की चाल से यात्रा की। शेष समय में जहाँगीर ने अपने गंतव्य स्थान पर ठीक समय पर पहँचने के लिए प्रति सेकंड कितने मीटर की दूरी तय की?

[SSC CGL 2023]

(a) 30.8 (b) 32.5
(c) 32 (d) 31.2

10. यदि वंदन 20 किमी/घंटा की गति से दौड़ता है, तो उसे 500 मीटर की दूरी तय करने में कितने मिनट लगेंगे-

[UPP Constable 2024]

(a) 1.25 (b) 1.75
(c) 1 (d) 1.5

11. एक लड़का 9 किमी/घंटा की गति से 25 मीटर भुजा वाले एक वर्गाकार मैदान के चारों ओर दौड़ने में कितना समय लगेगा-

[UPP Constable 2024]

(a) 48 सेकंड (b) 42 सेकंड
(c) 40 सेकंड (d) 38 सेकंड

12. एक व्यक्ति हॉस्टल से कॉलेज तक 20 किमी./घंटा की चाल से साइकिल चलाता है और 14.5 मिनट देरी से पहुँचता है। यदि वह 24 किमी/घंटा की चाल से साइकिल चलाता है, तो 14.5 मिनट जल्दी पहुँचता है, हॉस्टल और कॉलेज के बीच की दूरी ज्ञात कीजिए- (किमी. में)

[UPSI 2021]

(a) 56 (b) 55
(c) 57 (d) 58

13. एक आदमी 14 किमी/घंटा की चाल से चल रहा है। प्रत्येक किमी के बाद वह 7 मिनट का विश्राम करता है। 7 किमी की दूरी तय करने में उसे कितना समय लगेगा?

[SSC CGL 2023]

(a) $1\frac{1}{5}$ घंटा (b) $2\frac{1}{3}$ घंटा
(c) $1\frac{1}{3}$ घंटा (d) $\frac{1}{5}$ घंटा

14. किसी यात्रा के एक भाग को 90 किमी/घंटा की चाल से 37.5 मिनट में और शेष भाग को 80 किमी/घंटा की चाल से 14 मिनट में तय किया जाता है। यात्रा की कुल दूरी (किमी में) ज्ञात कीजिए-

[SSC CGL 2023]

(a) $76\frac{5}{12}$ (b) $62\frac{11}{12}$
(c) $78\frac{5}{12}$ (d) $74\frac{11}{12}$

15. शताब्दी एक्सप्रेस ट्रेन 5 घंटे में 700 किमी और 11 घंटे में अन्य 1012 किमी की दूरी तय करती है। ट्रेन की औसत चाल (मी/से में) कितनी है?

[SSC CGL 2023]

(a) 107 (b) $385\frac{1}{5}$
(c) $29\frac{13}{18}$ (d) 27

16. सुधीन ने 4 घंटे के लिए 8.5 किमी/घंटा की चाल से साइकिल चलाई, फिर एक ऑटो लिया और 1.5 के लिए 20 किमी/घंटा की चाल से यात्रा की, और फिर y घंटे के लिए 4 किमी/घंटा की चाल से चला। यदि पूरी यात्रा में सुधीन की कुल औसत चाल 10 किमी/घंटा थी, तो y का मान क्या है?

[SSC CGL 2023]

(a) 2 (b) 1.25
(c) 1.5 (d) 1.75

17. R पहले दिन, चाल v से, t समय में x दूरी तय करता है। अगले दिन वह 0.75t समय में 2.5 x दूरी तय करता है तो बताइए कि अगले दिन उसकी चाल कितनी है?

[SSC CGL 2023]

(a) 3.5v (b) $\frac{10}{3}v$
(c) 4.5v (d) $\frac{5}{3}v$

18. एक पुलिसकर्मी को 400 मी की दूरी पर एक चोर दिखता है। जब पुलिसकर्मी पीछा करने लगता है तो चोर भी भागने लगता है। यदि चोर की चाल 32 किमी/घंटा है और पुलिसकर्मी की चाल 40 किमी/घंटा है तो पुलिसकर्मी द्वारा पकड़े जाने से पहले चोर कितनी दूरी तक भाग चुका होगा?

[SSC CGL 2023]

(a) 1500 मीटर (b) 1000 मीटर
(c) 1200 मीटर (d) 1600 मीटर

19. एक चोर सुबह 3:00 a.m. बजे एक वैन चुराता है। और इसे 57 किमी/घंटा की चाल से चलाता है। 4:00 p.m. पर चोर का पता चलता है और मालिक 76 किमी/घंटा की चाल से दूसरी वैन से पीछा करना शुरू कर देता है। वह चोर को कितने बजे पकड़ पाएगा?

[SSC CGL 2023]

(a) 7:30 a.m. (b) 7:15 a.m.
(c) 7:00 a.m. (d) 6:00 a.m.

20. एक पुलिसकर्मी ने 300 मीटर दूर से एक चोर को देखा। चोर भागने लगा और पुलिसकर्मी उसका पीछा कर रहा था। चोर और पुलिसकर्मी क्रमशः 8 किमी/घंटा और 9 किमी/घंटा की चाल से भागे। 3 मिनट बाद उनके बीच की दूरी कितनी थी?

[SSC CGL 2023]

(a) 225 मीटर (b) 250 मीटर
(c) 300 मीटर (d) 200 मीटर

21. एक लॉरी के पहिए की त्रिज्या 182 सेमी है। लॉरी के पहिए द्वारा प्रति मिनट चक्कर लगाने की संख्या लगभग कितनी होगी? (यदि लॉरी की चाल 66 किमी/घंटा है)

[SSC CGL 2023]

(a) 100 (b) 96
(c) 1144 (d) 66

22. राम 36 किमी./घंटा की चाल से गाड़ी चलाता है लेकिन प्रत्येक 10 किमी. के अंत में पेय पीने के लिए पांच मिनट रुकता है। ज्ञात करें कि राम को 84 किमी. की दूरी तय करने में कितना समय लगेगा-

[SSC CGL 2023]

(a) 180 मिनट (b) 60 मिनट
(c) 220 मिनट (d) 120 मिनट

23. विराम के बिना, एक बस की चाल 60 किमी/घंटा है और विराम सहित, उसकी चाल 54 किमी/घंटा है। बस प्रति घंटा कितने मिनट के लिए रुकती है?

[SSC CHSL 2022]

(a) 4 मिनट (b) 6 मिनट
(c) 7 मिनट (d) 5 मिनट

24. यदि मोहन 9 किमी/घंटा की चाल से चलता है, तो उसे 420 मीटर व्यास वाले एक वृत्ताकार पार्क का एक चक्कर लगाने में कितना समय लगेगा?

[SSC CHSL 2022]

(a) 8.8 मिनट (b) 4.4 मिनट
(c) 6.6 मिनट (d) 3.3 मिनट

25. यदि एक आदमी 12 किमी/घंटा की चाल से चलता है, तो वह 2 घंटे 10 मिनट में एक निश्चित दूरी तय कर सकता है। यदि वह समान दूरी साइकिल से 13 किमी/घंटा की चाल से तय करे, तो उसके द्वारा लिया गया समय ज्ञात कीजिए-

[SSC CHSL 2022]

(a) 90 मिनट (b) 110 मिनट
(c) 120 मिनट (d) 115 मिनट

26. एक आम आदमी निश्चित दूरी का एक तिहाई 75 किमी/घंटा की गति से और शेष का एक तिहाई 45 किमी/घंटा की गति से और शेष 55 किमी/घंटा की गति से यात्रा करता है तो पूरी यात्रा की औसत गति है-

[CRPF HCM 2023]

(a) 54.82 किमी. (b) 55.82 किमी/घंटा
(c) 56.82 किमी/घंटा (d) 57.82 किमी/घंटा

27. केतन दूरी को 3 बराबर भागों में विभाजित करता है और क्रमशः 50 किमी/घंटा, 40 किमी/घंटा और 30 किमी/घंटा की गति के तीन तीन भागों में यात्रा करता है।पूरी यात्रा के लिए उसकी औसत गति (किमी/घंटा में) क्या है?

[CRPF HCM 2023]

(a) 60 (b) 37.5
(c) 40 (d) 38.3

28. सतीश ने मनोज को 700 मीटर की दौड़ में 40 मीटर की बढ़त दिलाई। सतीश 9 किमी/घंटा की गति से दौड़ता है। यदि सतीश मनोज को 40 सेकंड से हरा देता है, तो सतीश और मनोज की गति का अनुपात ज्ञात कीजि। यदि उन्होंने एक ही समय में दौड़ शुरू की-

[CRPF HCM 2023]

(a) 40:33 (b) 51:46
(c) 35:27 (d) 17:14

29. अनुज और अनूप को अपनी-अपनी कारों में स्थान A से स्थान B तक यात्रा करनी है। अनुज 70 किमी/घंटा की चाल से कार चला रहा है और प्रत्येक 10 मिनट के 3 पड़ाव (halt) लेता है, जबकि अनुप 80 किमी/घंटा की चाल से कार चला रहा है और प्रत्येक 15 मिनट के 4 पड़ाव (hait) लेता है। यदि अनुज को स्थान B तक पहुँचने में 8.5 घंटे लगते हैं, तो बताइए कि अनूप को स्थान B तक पहुँचने में कितना समय लगेगा?

[SSC CGL 2023]

(a) 8 घंटे (b) 7 घंटे
(c) 4 घंटे (d) 6 घंटे

30. आनंद 5 घंटे के पहले अंतराल में 50 किमी/घंटा की चाल से एक निश्चित दूरी तय करता है। दूसरे अंतराल में उसने चाल में 20% की वृद्धि की, जिसके कारण उसने पहले अंतराल की तुलना में 20% अधिक दूरी तय की। वह तीसरे अंतराल को पहले दो अंतराल की औसत चाल से तय करता है और दूसरे अंतराल की दूरी की तुलना में 10% अधिक दूरी तय करता है। तीनों अंतरालों को पूरा करने में उसे कुल कितना समय (घंटों में) लगा?

[SSC CGL 2023]

(a) 16 (b) 15
(c) 18 (d) 14

31. दो कस्बों के बीच की दूरी 72 किमी/घंटे की चाल से 7 घंटे 30 मिनट में तय की जाती है। यदि चाल को 25% बढ़ा दिया जाए, तो कितने समय की बचत होगी?

[SSC CGL 2023]

(a) 1 घंटा 36 मिनट (b) 1 घंटा 50 मिनट
(c) 1 घंटा 30 मिनट (d) 1 घंटा 20 मिनट

32. अनिल और तीरथ दो बिंदुओं A और B, जो एक-दूसरे से 192 किमी की दूरी पर हैं, के बीच गाड़ी चलाते हैं। अनिल ने 8 : 20 a.m. पर बिंदु A से यात्रा शुरू की, उसने 64 किमी/घंटा की चाल से गाड़ी चलाई, वह बिंदु B पर पहुंचा और तुरंत उसी चाल से A पर वापस आ गया। तीरथ ने 9 : 50 a.m. पर बिंदु A से यात्रा शुरू की, उसने 96 किमी/घंटा की चाल से गाड़ी चलाई, बिंदु B पर पहुंचा और तुरंत उसी चाल से A पर वापस आ गया। अनिल और तीरथ पहली बार एक दूसरे से किस समय मिले?

[SSC CGL 2023]

(a) 11 : 38 a.m. (b) 11 : 28 a.m
(c) 11 : 43 a.m. (d) 11 : 33 a.m.

33. दो व्यक्ति एक स्थान से क्रमशः 9 किमी/घंटा और 12 किमी/घंटा की चाल से चलते हैं। यात्रा को पूरा करने के लिए पहला व्यक्ति दूसरे व्यक्ति से 20 मिनट अधिक लेता है। यात्रा की दूरी ज्ञात कीजिए-

[SSC CGL 2023]

(a) 10 किमी (b) 13 किमी
(c) 15 किमी (d) 12 किमी

34. दो मोटर चालक एक साथ एक निश्चित गंतव्य की यात्रा के लिए एक साथ, एक 4 किमी/घंटा की चाल से और दूसरा 6 किमी/घंटा की चाल से चलना शुरू करते हैं, उनके द्वारा तय की गई दूरी (किमी में) ज्ञात कीजिए। यदि 4 किमी/घंटा की चाल से चलने वाला मोटर चालक, दूसरे मोटर चालक के आधे घंटे बाद गंतव्य पर पहुँच जाता है-

[SSC CGL 2023]

(a) 8 (b) 5
(c) 6 (d) 4

35. एक व्यक्ति एक निश्चित चाल से एक निश्चित दूरी तय करता है। यदि कोई दूसरा व्यक्ति तीन गुने समय में 25% दूरी तय करता है, तो पहले व्यक्ति की चाल और दूसरे व्यक्ति की चाल का अनुपात क्या है-

[SSC CGL 2023]

(a) 1 : 6 (b) 1 : 12
(c) 6 : 1 (d) 12 : 1

36. दो धावक, सोनी और मोनी, एक ही दिशा में क्रमशः 18 और 24 किमी/घंटा की चाल से 200 मीटर लम्बाई के एक वृत्ताकार ट्रैक पर दौड़ना शुरू करती हैं। प्रारंभ से कितने समय बाद वे पुनः शुरुआती बिंदु पर मिलेंगी?

[SSC CGL 2023]

(a) 120 सेकंड (b) 110 सेकंड
(c) 100 सेकंड (d) 90 सेकंड

37. गौरव हवाई जहाज से 2500 किमी. की यात्रा करता है। दूरी की पहली आधी दूरी के लिए जहाज 500 किमी.प्रति घंटे की गति से उड़ान भरती है और शेष दूरी के लिए यह 250 किमी. प्रति घंटे की गति से उड़ान भरती है। यात्रा में कितना समय लगता है?

[CISF HCM 2023]

(a) 7 घंटा 30 मिनट (b) 4 घंटा 25 मिनट
(c) 5 घंटा 40 मिनट (d) 6 घंटा 25 मिनट

38. उस कार की गति ज्ञात कीजिए जो 750 मिनट में 750 किमी. की दूरी तय करती है?

[CISF HCM 2023]

(a) 100 किमी/घंटा (b) 1 किमी/घंटा
(c) 75 किमी/घंटा (d) 60 किमी/घंटा

39. 75 किमी के एक वृत्ताकार साइकिल ट्रैक के परितः एक दौड़ में, दो साइकिल सवार 30 किमी/घंटा और 25 किमी/घंटा की चाल से दौड़ रहे हैं। कितने समय (घंटों में) के बाद वे उस बिंदु पर मिलेंगे, जहां से उन्होंने अपनी यात्रा शुरू की थी?

[SSC CGL 2023]

(a) 16 (b) 7
(c) 14 (d) 15

40. एक दौड़ में, अनिल ने भूषण को 30 सेकंड से पराजित किया। इसी दौड़ मे भूषण ने राघव को 60 सेकंड से पराजित किया। भू षण की चाल, अनिल और राघव की औसत चाल के बराबर है। अनिल द्वारा इस दौड़ को पूरा करने में लगा समय (सेकंड में) कितना है?

[ICAR Asstt. 2022]

(a) 90 (b) 75
(c) 80 (d) 60

41. एक आदमी ने सुबह के समय अपनी यात्रा प्रारम्भ की। सुबह 10 बजे तक, उसने अपनी यात्रा का $33\frac{1}{3}\%$ भाग और उसी दिन दोपहर 1 : 00 बजे तक उसने अपनी यात्रा का $\frac{5}{6}$ भाग पूरा कर लिया। उसने सुबह कितने बजे अपनी यात्रा प्रारम्भ की थी ? (पूरे समय उसकी चाल को एक सामान माने)

[ICAR Asstt. 2022]

(a) 9 : 00 (b) 7 : 30
(c) 8 : 00 (d) 8 : 30

42. दो मित्र P और Q एक साथ एक वृत्ताकार ट्रैक के ओर एक ही बिदुं से दौड़ना शुरू करते हैं। वे एक ही दिशा में दौड़ते हैं। P, 6 मीटर/सेकंड की चाल से दौड़ता है और Q, b मीटर/सेकंड की चाल से दौड़ता है। यदि वे वृत्ताकार पथ पर ठीक दो बिंदुओं पर एक दूसरे को काटते हैं और b एक प्राकृत संख्या है, जो 6 से कम है, तो b के कितने मान हो सकते हैं?

[SSC CGL 2023]

(a) 2 (b) 1
(c) 4 (d) 3

43. A, B और C एक साथ एक समान बिंदु से दौड़ना शुरू करते है। वे 1200 मीटर लंबाई के वृत्ताकार ट्रैक के परितः क्रमशः 2 मीटर/सेकंड, 4 मीटर/सेकंड और 6 मीटर/सेकंड की चाल से दौड़ते हैं। A और B एक ही दिशा में दौड़ते हैं, जबकि C अन्य दो के विपरीत दिशा में दौड़ता है। वे पहली बार कितने समय बाद मिलेंगे?

[SSC CGL 2023]

(a) 10 मिनट (b) 9 मिनट
(c) 12 मिनट (d) 11 मिनट

44. धावक A और धावक B, 800 मीटर लम्बाई के एक वृत्तीय पथ पर 18 किमी की दौड़ दौड़ते हैं। दोनों क्रमशः 200 सेकंड और 250 सेकंड में एक चक्कर पूरा करते हैं। दौड़ प्रारंभ से कितने समय बाद तेज व्यक्ति, धीमे व्यक्ति से आखिरी बार मिलेगा?

[SSC CGL 2023]

(a) 2700 सेकंड (b) 4000 सेकंड
(c) 2250 सेकंडे (d) 1800 सेकंड

45. सिपाही राम, चोर सोमेश से 225 मीटर पीछे है। एक मिनट में, राम 50 मीटर और सोमेश 30 मीटर दौड़ता है। सिपाही राम, चोर सोमेश को कितने बजे पकड़ लेगा?

[SSC CGL 2023]

(a) 10 मिनट 16 सेकंड
(b) 15 मिनट 11 सेकंड
(c) 16 मिनट 10 सेकंड
(d) 11 मिनट 15 सेकंड

46. एक चोर अपराध करता है और 12 मी./से. की चाल से उस स्थान से भागता है। चोर के भागने के 20 मिनट बाद एक चौकीदार ने उसका पीछा करना शुरु किया और अगले 20 मिनट में उसे पकड़ लिया। चौकीदार की चाल (मी/से. में) क्या है?

[SSC CGL 2023]

(a) 24 (b) 30
(c) 32 (d) 36

47. कपिला 1200 मीटर की दूरी को 10 मिनट में तय करती है। कपिला की चाल क्या है?

[SSC CHSL 2022]

(a) 1.2 किमी./घंटा (b) 72 किमी./घंटा
(c) 120 किमी./घंटा (d) 7.2 किमी./घंटा

48. अमन कार से शहर की ओर 60 किमी/घंटा की चाल से गाड़ी चलाता है और अपनी वापसी की यात्रा में, वह 30 किमी/घंटा की चाल से गाड़ी चलाता है और कार पहुँचने में भी एक घंटा अधिक लेता है। उसने प्रत्येक यात्रा में कितनी दूरी तय की?

[SSC CHSL 2022]

(a) 75 किमी. (b) 55 किमी.
(c) 60 किमी. (d) 80 किमी.

49. एक साइकिल के पहिए का व्यास 7 सेमी. है। एक साइकिल सवार को एक गंतव्य तक पहुँचने में 36.3 किमी/घंटा की चाल से 75 मिनट लगते हैं। यात्रा के दौरान पहिया कितने चक्कर लगाएगा?

[SSC CHSL 2022]

(a) 196280 (b) 206250
(c) 216580 (d) 212520

50. दो व्यक्ति A और B सुबह 10:30 बजे एक-दूसरे से 220 किमी. की दूरी पर हैं। 30 मिनट के बाद, A, 40 किमी/घंटा की चाल से B की ओर चलने लगता है जबकि दोपहर 12 बजे, B, 30 किमी/घंटा की चाल से A से दूर जाने लगता है। अगले दिन वे कितने बजे मिलेंगे?

[SSC CHSL 2022]

(a) 7:00 a.m. (b) 4:00 a.m.
(c) 5:30 a.m. (d) 6:00 a.m.

51. दो कारों की चाल के बीच का अनुपात 5 : 7 है। यदि पहली कार 4 घंटे में 200 गति करती है, तो दूसरी कार की चाल क्या है?

[SSC CHSL 2022]

(a) 65 किमी/घंटा (b) 60 किमी/घंटा
(c) 50 किमी/घंटा (d) 70 किमी/घंटा

52. अमित और सुमित एक ही बिन्दु से विपरीत दिशाओं में क्रमशः 6 किमी/घंटा की गति से चलना शुरु करते हैं। 4 घंटे बाद वे एक दूसरे से कितनी दूर होंगे?

[SSC CPO 2022]

(a) 500 मिनट (b) 35 किमी.
(c) 40 किमी. (d) 300 मिनट

53. एक व्यक्ति स्थान A से B तक 12 किमी/घंटे की चाल से जाता है और B से A तक 18 किमी/घंटे की चाल से लौटता है। पूरी यात्रा के दौरान उसकी औसत चाल ज्ञात करें-

[SSC CPO 2022]

(a) $14\frac{2}{5}$ किमी/घंटा (b) 15 किमी/घंटा

(c) 6 किमी/घंटा (d) 30 किमी/घंटा

54. एक पुलिसकर्मी 150 मीटर की दूरी पर एक चोर को देखता है। वह 5 मी/से., की चाल से भाग रहे चोर का पीछा करना आरंभ करता है, जबकि पुलिसकर्मी 7 मी/से. की चाल से पीछा करता है। पुलिसकर्मी द्वारा पकड़े जाने के समय तक चोर द्वारा तय की गई दूरी ज्ञात कीजिए।

[SSC CPO 2022]

(a) 285 मीटर (b) 325 मीटर

(c) 375 मीटर (d) 295 मीटर

55. एक कार 54 किमी/घंटा की चाल से एक निश्चित दूरी को 3 घंटों में तय करती है। यदि इसकी चाल को 27 किमी/घंटा से बढ़ा दिया जाता है, तो कार द्वारा इसी दूरी को तय करने के लिए कितना समय लगेगा?

[SSC CPO 2022]

(a) 2 घंटा (b) 1 घंटा

(c) $2\frac{1}{2}$ घंटा (d) $1\frac{1}{2}$ घंटा

56. एक सीधी सड़क पर, कोई बस उसी दिशा में चल रही किसी कार से 30 किमी. आगे है। 3 घंटे बाद, कार बस से 60 किमी. आगे निकल जाती है। यदि बस की चाल 42 किमी/घंटा है, तो कार की चाल ज्ञात करें-

[SSC CPO 2022]

(a) 67 किमी/घंटा (b) 72 किमी/घंटा

(c) 65 किमी/घंटा (d) 59 किमी/घंटा

57. एक ट्रक हरियाणा से बैंगलोर तक 60 किमी/घंटा की औसत चाल से जाता है। यात्रा में 30 घंटे लगते हैं। यह बैंगलोर से हरियाणा के लिए उसी सड़क पर 40 किमी/घंटा की औसत चाल से लौटता है। पूरे फेरे के दौरान ट्रक की औसत चाल क्या थी?

[SSC CPO 2022]

(a) 60 किमी/घंटा (b) 40 किमी/घंटा

(c) 50 किमी/घंटा (d) 48 किमी/घंटा

58. तीन असमान भागों की यात्रा में, एक कार पहले भाग की 200 किमी की दूरी 4 घंटे में तय करती है, जबकि दूसरे भाग की 162 किमी की दूरी, 15 मी/से की चाल से तय करती है। इसने अंतिम भाग की शेष दूरी को 4 घंटे में इस प्रकार तय कर दी कि पूरी यात्रा के लिए कार की औसत चाल 50 किमी/घंटा हो गई। यात्रा के तीसरे भाग में कार की चाल क्या थी? **[SSC CPO 2022]**

(a) 47 किमी/घंटा (b) 52 किमी/घंटा

(c) 42 किमी/घंटा (d) 45 किमी/घंटा

59. प्रत्येक एक घंटे के बाद एक वाहन की गति 5 किमी. बढ़ जाती है। यदि पहले एक घंटे में तय की गई दूरी 30 किमी. थी, तो 10 घंटे में तय की गई कुल दूरी कितनी थी दूरी कितनी थी?

[CISF HCM 2023]

(a) 552 किमी. (b) 525 किमी.

(c) 500 किमी. (d) 520 किमी.

60. एक आदमी एक निश्चित दूरी तक चलकर वापस आने में कुल 30 मिनट का समय लेता है। वह 50 मिनट में दोनों तरफ चल सकता था। उसे दोनों तरफ सवारी करने में कितना समय लगेगा लगेगा?

[CISF HCM 2023]

(a) 45 मिनट (b) 10 मिनट

(c) 20 मिनट (d) 60 मिनट

61. X और Y क्रमशः स्थान A से B तक एक ही समय पर अपनी यात्रा शुरू करते हैं। रास्ते में एक-दूसरे से मिलने के बाद, X और Y अपनी यात्रा पूरी करते हैं X और Y क्रमशः स्थान A से B तक एक ही समय पर अपनी यात्रा शुरू करते हैं। रास्ते में एक दूसरे से मिलने के बाद, X और Y अपनी यात्रा क्रमशः $5\frac{4}{5}$ घंटे और p घंटे में पूरी करते हैं। यदि X की गति Y की गति से $28\frac{4}{7}\%$ अधिक है, तो p का मान क्या है?

[ICAR Asstt. 2022]

(a) $4\frac{1}{2}$ (b) 9

(c) 8 (d) 6

62. 82 किमी/घंटा की गति से चलने वाली कार का चालक अपने से 150 मीटर आगे एक बस पाता है। 18 सेकंड के बाद, बस कार से 90 मीटर पीछे थी। बस की गति (किमी/घंटा में) क्या है?

[ICAR Asstt. 2022]

(a) 34 (b) 36
(c) 32 (d) 38

63. एक आदमी 18 किमी/घंटा की गति से 5 घंटे में N किमी की दूरी तय करता है। यदि वह समान दूरी को 3 घंटे में तय करना चाहता है तो आदमी की गति ज्ञात कीजिए-

[IB ACIO 2020]

(a) 36 किमी/घंटा (b) 24 किमी/घंटा
(c) 54 किमी/घंटा (d) 30 किमी/घंटा

64. एक व्यक्ति 50 किमी/घंटा की चाल से 30 मिनट में P से Q तक की यात्रा करता है। फिर वह अपनी चाल को बढ़ाकर 60 किमी/घंटा करता है और 20 मिनट में अपने गंतव्य R तक पहुंच जाता है। पूरी यात्रा के दौरान उसकी औसत चाल ज्ञात कीजिए-

[RRB JE 2019]

(a) 55 किमी/घंटा (b) 54 किमी/घंटा
(c) 65 किमी/घंटा (d) 70 किमी/घंटा

65. एक ठेला पहले 10 किमी की दूरी 4 किमी/घंटा की चाल से तय करता है और दूसरे 10 किमी की दूरी 2 किमी/घंटा की चाल से तय करता है। उस ठेले की औसत चाल किमी/घंटा में ज्ञात करें-

[RRB RPF SI 2019]

(a) 2.67 किमी/घंटा (b) 3.33 किमी/घंटा
(c) 2 किमी/घंटा (d) 5.54 किमी/घंटा

66. राम एक 95 मीटर लंबे तालाबा में तैरता है। वह एक छोर से दूसरे छोर तक तैरकर जाने और वापस उसी रास्ते से आने में 190 मीटर की दूरी एक मिनट में तय करता है, उसकी औसत गति ज्ञात कीजिए-

[RRB Group D 2018]

(a) $2.05\ ms^{-1}$ (b) $3.17\ ms^{-1}$
(c) $2.00\ ms^{-1}$ (d) 3.10 ms–1

67. एक व्यक्ति अपने घर से 2 घंटे में अपने कार्यालय तक पहुँचता है। वह 15 किमी/घंटा की रफ्तार से कुल दूरी का 1/4 साइकिलिंग से तय करता है, 30 किमी/घंटा की गति के साथ बस द्वारा कुल दूरी का 1/2 और बाकी 5 किमी/घंटा की रफ्तार से चलकर तय करता है। इस व्यक्ति की औसत गति क्या है-

[RRB Group D 2018]

(a) 15 किमी/घंटा (b) 12 किमी/घंटा
(c) 10 किमी/घंटा (d) 14 किमी/घंटा

68. कार P एक निश्चित दूरी को 66 किमी/घंटे की चाल से 11 घंटों में तय करती है। कार Q इतने ही समय में कार P की अपेक्षा 242 किमी अधिक दूरी तय करती है। कार Q की औसत चाल ज्ञात कीजिए-

[RRB NTPC 2017]

(a) 718 किमी/घंटा (b) 77 किमी/घंटा
(c) 88 किमी/घंटा (d) 83 किमी/घंटा

69. एक मोटर साइकिल चालक 192 किमी की दूरी 32 किमी/घंटा की चाल से तय करता है। मोटरसाइकिल चालक के चलने के 2.5 घंटे बाद एक कार उसी जगह से चलना शुरु करती है, लेकिन 0.5 घंटे पहले उस दूरी को तय कर लेती है। कार और मोटरसाइकिल की चाल का अनुपात क्या है-

[RRB JE 2019]

(a) 3 : 1 (b) 4 : 3
(c) 2 : 1 (d) 1 : 2

70. विपरीत दिशाओं में यात्रा करने वाले दो मोटर चालक बीच में किसी बिंदु पर मिलते है। इसके बाद उन्हें उनके गंतव्य स्थान तक पहुंचने में क्रमशः 9 और 16 घंटे लगते है। उनकी चालों का अनुपात क्या है-

[RRB JE 2019]

(a) 4 : 7 (b) 4 : 3
(c) 5 : 3 (d) 5 : 4

71. एक बस कुछ दूरी तक निश्चित गति से तय करती है। यदि एक व्यक्ति उस दूरी का एक तिहाई भाग तीन गुना समय में तय करता है, तो व्यक्ति की गति का बस की गति से अनुपात है-

[RRB RPF SI 2019]

(a) 1 : 3 (b) 3 : 1
(c) 1 : 9 (d) 9 : 1

72. A, B और C सभी एक ही स्थान से अपनी यात्रा शुरू करते है ओर तीनों एक ही मार्ग का अनुसरण करते है। हालांकि A, 60 किमी/घंटा की गति से यात्रा करता है। B, 75 किमी/घंटा की गति से और C, 80 किमी/घंटा की गति से यात्रा करता है। साथ ही, A, B के पांच घंटे पहले यात्रा शुरू करता है। यदि यात्रा करते समय B और C दोनों एक ही समय पर A से आगे निकल जाते है, तो A द्वारा यात्रा शुरू करने के कितने समय बाद C ने अपनी यात्रा शुरू की-

[RRB NTPC 2021]

(a) 6 घंटे 15 मिनट (b) 6 घंटे 30 मिनट
(c) 6 घंटे 25 मिनट (d) 6 घंटे 12 मिनट

73. एक चोर 3 p.m. पर एक कार से एक बैग चोरी करके, 50 किमी/घंटे की चाल से गाड़ी चलाते हुए भागता है। यदि 4 p.m. पर चोर की स्थिति का पता चल जाता है और उसका मालिक अपनी कार से 70 किमी/घंटा की चाल से उसका पीछा करता है तो वह चोर कब पकड़ लेगा-

[RRB NTPC 2021]

(a) 6 : 30 pm (b) 8 : 00 pm
(c) 6 : 00 pm (d) 8 : 35 pm

74. एक गाड़ी किसी दूरी को एक नियत चाल से तय करती है। यदि उसकी चाल 6 किमी/घंटा अधिक होती, तो यात्रा में 4 घण्टे कम लगते, यदि उसकी चाल 6 किमी/घंटा कम होती, तो यात्रा में 6 घण्टे अधिक लगते। दूरी है-

[BPSC Junior 2023]

(a) 640 किमी. (b) 680 किमी.
(c) 720 किमी. (d) उपर्युक्त में से एक से अधिक
(e) उपर्युक्त में से कोई नहीं

75. एक राजमार्ग पर स्थान A और स्थान B एक-दूसरे से 240 किमी दूर स्थित है। एक ही समय में एक कार A से और दूसरी B से चलना शुरू करती है। यदि कारें एक ही दिशा में अलग-अलग चालों से चलती है, तो 8 घण्टे में मिलती है। यदि वे अपनी पूर्ववर्ती चाल से एक-दूसरे की ओर चलती है, तो वे 2 घण्टे में मिलती है। दोनों कारों की चालें क्या है-

[BPSC Junior 2023]

(a) 70 किमी/घण्टा, 50 किमी/घण्टा
(b) 60 किमी/घण्टा, 40 किमी/घण्टा
(c) 50 किमी/घण्टा, 30 किमी/घण्टा
(d) उपर्युक्त में से एक से अधिक
(e) उपर्युक्त में से कोई नहीं

76. शम्भू 45 किमी/घंटा की औसत गति वाली एक बस से अपने घर और कार्यालय के बीच की एक निश्चित दूरी तय करता है और उसे 30 मिनट की देरी हो जाती है। हालांकि, 60 किमी/घंटा की गति के साथ, वह अपने कार्यालय 15 मिनट जल्दी पहुँचता है उसके घर और कार्यालय के बीच की दूरी का पता लगाएं-

[UPSI 2017]

(a) 150 किमी (b) 135 किमी
(c) 105 किमी (d) 120 किमी

ANSWER

1	(d)	2	(c)	3	(a)	4	(c)	5	(b)	6	(d)	7	(a)	8	(a)	9	(c)	10	(d)
11	(c)	12	(d)	13	(a)	14	(d)	15	(c)	16	(c)	17	(b)	18	(d)	19	(c)	20	(b)
21	(b)	22	(a)	23	(b)	24	(a)	25	(c)	26	(d)	27	(d)	28	(a)	29	(a)	30	(a)
31	(c)	32	(a)	33	(d)	34	(c)	35	(d)	36	(a)	37	(a)	38	(d)	39	(d)	40	(a)
41	(c)	42	(b)	43	(a)	44	(b)	45	(d)	46	(a)	47	(d)	48	(c)	49	(b)	50	(d)
51	(d)	52	(c)	53	(a)	54	(c)	55	(a)	56	(b)	57	(d)	58	(a)	59	(b)	60	(b)
61	(b)	62	(a)	63	(d)	64	(b)	65	(a)	66	(b)	67	(b)	68	(c)	69	(c)	70	(b)
71	(c)	72	(a)	73	(a)	74	(c)	75	(e)	76	(b)								

CHAPTER

19

ट्रेन सम्बन्धी प्रश्न (Train Related Question)

▶ ट्रेन से सम्बन्धित प्रश्नों में सापेक्ष चाल का प्रयोग किया जाता है। सापेक्ष चाल (Relative speed) का अभिप्राय होता है कि दो गतिशील वस्तुओं के मध्य प्रति इकाई समय में स्थापित होने वाली दूरी।

- सापेक्ष चाल दो रूप में निकाल जाता है-

  माना दो वस्तुओं (जैसे-ट्रेन) की चाल क्रमशः x किमी./घण्टा या मी./सेकेण्ड तथा y किमी./घण्टा या मी./सेकेण्ड होती है, तो-

  (i) जब दो वस्तुओं (जैसे-ट्रेन) की चाल विपरीत दिशा में होती है-

दो ट्रेनों के मध्य सापेक्ष चाल $= (x+y)$ किमी./घण्टा या मी./सेकेण्ड

  (ii) जब दो वस्तुओं (जैसे- ट्रेन) की चाल समान दिशा में हो-

दो ट्रेनों के मध्य सापेक्ष चाल $= (x-y)$ किमी/घण्टा या मी./सेकेण्ड

ट्रेन पर बनने वाले प्रश्न

- जब ट्रेन किसी ऐसी वस्तु को पार करती है जिसकी गति शून्य हो और लम्बाई, ट्रेन की लम्बाई के सापेक्ष नगण्य (Negative) हो। जैसे ट्रेन यदि किसी खम्भे, वृक्ष अथवा खड़े व्यक्ति को पार करती हो, तो

  सापेक्ष चाल = ट्रेन की चाल (x)

  दूरी = ट्रेन की लम्बाई (l)

  किसी वस्तु को पार करने में ट्रेन को लगा समय = (t)

  $$\therefore \quad x = \frac{l}{t}$$

- जब ट्रेन गतिशील घोड़ा अथवा कुत्ता अथवा व्यक्ति को पार करती है और दोनों एक ही दिशा में चलते है।

  ट्रेन की चाल $= x$

  घोड़ा अथवा कुत्ता अथवा व्यक्ति की चाल $= y$

  सापेक्ष चाल $= (x-y)$

  दूरी = ट्रेन की लम्बाई (l)

  व्यक्ति अथवा घोड़ा अथवा कुत्ते को पार करने में लगा समय-(t)

  $$\therefore \quad (x-y) = \frac{l}{t}$$

- जब ट्रेन गतिशील व्यक्ति अथवा घोड़ा अथवा कुत्ते को पार करती है और दोनों की चलने की दिशाएं विपरीत होती है।

  ट्रेन की चाल $= x$

  व्यक्ति अथवा घोड़ा अथवा कुत्ते की चाल $= y$

  सापेक्ष चाल $= (x+y)$

  दूरी = ट्रेन की लम्बाई (l)

  व्यक्ति अथवा घोड़ा अथवा कुत्ते को पार करने में लगा समय=(t)

  $$\therefore \quad (x+y) = \frac{l}{t}$$

- जब ट्रेन किसी रूकी हुई ऐसी वस्तु को पार करती है जिसकी कुछ लम्बाई होती है। जैसे- ट्रेन किसी प्लेटफार्म अथवा सेतु (Bridge) अथवा सुरंग (Tunnel) अथवा किसी खड़ी ट्रेन को पार करती है।

  ट्रेन की चाल $= x$

  ट्रेन की लम्बाई $= l_1$

  प्लेटफार्म अथवा सेतु अथवा सुरंग की लम्बाई $= l_2$

  सापेक्ष चाल $= x$

  दूरी $= (l_1 + l_2)$

  प्लेटफार्म अथवा सेतु अथवा सुरंग को पार करने में लगा समय=t

  $$\therefore \quad x = \frac{(l_1 + l_2)}{t}$$

- जब एक ट्रेन दूसरी ट्रेन को पार करती है और दोनों की चलने की दिशा समान है।

  पहली ट्रेन की चाल $= x$

  दूसरी ट्रेन की चाल $= y$

  पहली ट्रेन की लम्बाई $= l_1$

  दूसरी ट्रेन की लम्बाई $= l_2$

  दूसरी ट्रेन को पार करने में पहली ट्रेन को लगा समय = t

  $\therefore$ सापेक्ष चाल $= (x-y)$

  दूरी $= (l_1 + l_2)$

  $$\therefore \quad (x-y) = \frac{(l_1 + l_2)}{t}$$

- जब एक ट्रेन दूसरी ट्रेन को पार करती है और दोनों विपरीत दिशा में चलती है।

पहली ट्रेन की चाल $= x$
दूसरी ट्रेन की चाल $= y$
पहली ट्रेन की लम्बाई $= l_1$
दूसरी ट्रेन की लम्बाई $= l_2$
दोनों ट्रेनों को एक दूसरे को पार करने में लगा समय $= t$
सापेक्ष चाल $= x + y$
दूरी $= l_1 + l_2$

$$\therefore \quad (x+y) = \frac{(l_1 + l_2)}{t}$$

- जब एक ट्रेन दूसरी ट्रेन में बैठे व्यक्ति को पार करती है-

$$\text{पार करने में लगा समय} = \frac{l_1}{(S_1 - S_2)}$$

जहाँ $l_1 \longrightarrow$ पहले ट्रेन की लम्बाई
$S_1 \longrightarrow$ पहले ट्रेन की चाल
$S_2 \longrightarrow$ दूसरे ट्रेन की चाल

इकाई का रूपान्तरण

- किमी./घण्टे को मी./सेकण्ड में-

$$1 \text{ किमी./घण्टा} = \frac{1000 \text{ मीटर}}{60 \times 60 \text{ सेकण्ड}}$$

$$= \frac{1000}{3600} \text{ मी./सेकण्ड}$$

$$= \frac{5}{18} \text{ मी./सेकण्ड}$$

- मीटर/सेकण्ड को किमी./घण्टे में-

$$1 \text{ मी./सेकण्ड} = \frac{1 \text{ मीटर}}{1 \text{ सेकण्ड}} = \frac{\frac{1}{1000} \text{ किमी}}{\frac{1}{(60 \times 60)} \text{ घण्टा}}$$

$$= \frac{60 \times 60}{1000} \text{ किमी/घण्टा}$$

$$= \frac{18}{5} \text{ किमी/घण्टा}$$

Type - I

1. एक रेलगाड़ी 180 किमी./घण्टा की चाल से चल रही है। उसकी चाल (मीटर/सेकण्ड) में है।

(a) 5 मीटर/सेकण्ड (b) 40 मीटर/सेकण्ड
(c) 30 मीटर/सेकण्ड (d) 50 मीटर/सेकण्ड

Sol. (d) रेलगाड़ी की चाल $= 180 \times \frac{5}{18}$

$= 50$ मीटर/सेकण्ड

2. एक रेलगाड़ी 45 किमी./घण्टा की गति से चल रही है, $\frac{4}{5}$ किमी. की दूरी वह कितने समय में तय करेगी?

(a) 36 (b) 64
(c) 90 (d) 120

Sol. (b) समय $= \frac{\text{दूरी}}{\text{चाल}} = \frac{4}{5} \times \frac{1}{45}$ घण्टे

$= \frac{4}{5} \times \frac{1}{45} \times 60 \times 60 = 64$ सेकण्ड

3. दो रेलगाड़ीयों की चाल 6 : 7 के अनुपात में है। यदि दूसरी रेलगाड़ी 4 घण्टे में 364 किमी. चले, तो पहली रेलगाड़ी की चाल है–

(a) 60 किमी./घण्टा (b) 72 किमी./घण्टा
(c) 78 किमी./घण्टा (d) 84 किमी./घण्टा

Sol. (c) चालों का अनुपात = 6 : 7

माना चाल क्रमशः 6x तथा 7x हैं।

दूसरी रेलगाड़ी की चाल $= \frac{364}{4} = 91$ km/h,

$7x = 91$

$\Rightarrow x = 13$

पहली गाड़ी की चाल $= 6 \times 13 = 78$ km/h

4. एक रेलगाड़ी 10 किमी. की दूरी 12 मिनटों में तय करती है। यदि उसकी गति में 5 किमी./घण्टा की कमी कर दी जाए, तो वह गाड़ी उतनी ही दूरी कितने समय में तय कर लेगी?

(a) 10 मिनट (b) 13 मिनट 20 सेकण्ड
(c) 13 सेकण्ड (d) 11 मिनट 20 सेकण्ड

Sol. (b) रेलगाड़ी की गति $= \frac{10}{12/60} = 50$ किमी./घण्टा

नई गति $= 50 - 5 = 45$ किमी./घण्टा

नई गति से समान दूरी को पार करने में लगा समय

$= \frac{10}{45} = \frac{2}{9}$ घण्टे

$\Rightarrow \frac{2}{9} \times 60 = \frac{40}{3}$ मिनट

अर्थात् 13 मिनट 20 सेकण्ड

5. एक रेलगाड़ी 80 किमी./घण्टा की गति से चलती है और उस दूरी को 4.5 घण्टों में पूरी करती है। उसी दूरी को 4 घण्टों में पूरा करने के लिए रेलगाड़ी की गति है

(a) 80 किमी./घण्टा (b) 90 किमी./घण्टा
(c) 100 किमी./घण्टा (d) 70 किमी./घण्टा

Sol. (b) नई चाल $= \frac{\text{कुल दूरी}}{\text{समय}} = \frac{80 \times 4.5}{4}$

$= 20 \times 4.5 = 90$ किमी./घण्टा

Type - II

6. 100 मीटर लम्बी रेलगाड़ी 30 किमी./घण्टा की गति से चल रही है, रेलवे लाइन के समीप खड़े एक व्यक्ति को पार करने में इसे समय (सेकण्ड में) लगेगा

(a) 10 (b) 11
(c) 12 (d) 15

Sol. (c) रेलगाड़ी की चाल = 30 किमी./घण्टा

$= 30 \times \frac{5}{18} = \frac{25}{3}$ मीटर/सेकण्ड

व्यक्ति को पार करने में लगा समय

$= \frac{100}{25/3} = 12$ सेकण्ड

7. यदि 100 मीटर लम्बी किसी ट्रेन की चाल 144 किमी./घण्टा है, तो वह ट्रेन एक बिजली के खम्भे को कितने समय में पार कर जाएगी?

(a) 2.5 सेकण्ड (b) 5 सेकण्ड
(c) 12.5 सेकण्ड (d) $3\frac{5}{4}$ सेकण्ड

Sol. (a) ट्रेन की चाल = 144 km/h

$= 144 \times \frac{5}{18} = 40$ मी./सेकण्ड

खम्भे को पार करने में लगा समय

$= \frac{100}{40} = 2.5$ सेकण्ड

8. 120 मीटर लम्बी एक रेलगाड़ी प्लेटफार्म पर खड़े एक व्यक्ति को पार करने में 10 सैकण्ड की समय लेती है। रेलगाड़ी की चाल क्या है?

(a) 12 मीटर/सेकण्ड (b) 10 मीटर/सेकण्ड
(c) 15 मीटर/सेकण्ड (d) 20 मीटर/सेकण्ड

Sol. **(a)** चाल $= \frac{\text{ट्रेन की लम्बाई}}{\text{समय}}$

$= \frac{120}{10} = 12$ मीटर/सेकण्ड

9. एक रेलगाड़ी एक खम्भे को 15 सैकण्ड में पार करती है। यदि रेलगाड़ी की चाल 36 किमी./घण्टा है, तो रेलगाड़ी की लम्बाई होगी–

(a) 200 मीटर (b) 175 मीटर
(c) 150 मीटर (d) 120 मीटर

Sol. **(c)** रेलगाड़ी की लम्बाई = चाल × समय

$= 36 \times \frac{5}{18} \times 15$

= 150 मीटर

10. एक रेलगाड़ी 36 किमी./घण्टा की गति से चलकर एक खम्भे को 25 सेकण्ड में पार कर लेती है। तदनुसार, उस गाड़ी की लम्बाई कितनी है?

(a) 225 मीटर (b) 275 मीटर
(c) 250 मीटर (d) 300 मीटर

Sol. **(c)** दूरी = चाल × समय

$= 36 \times \frac{5}{18} \times 25 = 250$ मीटर

11. एक गाड़ी 90 किमी./घण्टा की चाल से चल रही है। यदि वह एक सिगनल को 10 सैकण्ड में पार कर ले, तो मीटरों में गाड़ी की लम्बाई है

(a) 150 (b) 324
(c) 900 (d) 250

Sol. **(d)** दूरी = चाल × समय

$= 90 \times \frac{5}{18} \times 10 = 250$ मीटर

12. यदि एक रेलगाड़ी किसी खम्भे को 60 किमी./घण्टा की चाल से 30 सेकण्ड में पार करती है, तो रेलगाड़ी की लम्बाई (मीटर में) होगी–

(a) 1000 (b) 900
(c) 750 (d) 500

Sol. **(d)** रेलगाड़ी की चाल = 60 किमी./घण्टे

$= 60 \times \frac{5}{18}$ मीटर/सेकण्ड

रेलगाड़ी की लम्बाई

= चाल× खम्भे को पार करने में लगा समय

$= 60 \times \frac{5}{18} \times 30 = 500$ मीटर

13. 180 मीटर लम्बी रेलगाड़ी 20 मीटर/सेकण्ड की गति से चलती हुई एक व्यक्ति को, जो गाड़ी की दिशा में 10 मीटर/सेकण्ड की गति से चल रहा है, पार करती है। रेलगाड़ी व्यक्ति को निम्न समय में पार करती है।

(a) 6 सेकण्ड (b) 9 सेकण्ड
(c) 18 सेकण्ड (d) 27 सेकण्ड

Sol. **(c)** समय $= \frac{180}{20-10} = 18$ सेकण्ड

14. यदि एक रेलगाड़ी की गति 63 किमी./घण्टा हो और उसी दिशा में पैदल चलने वाले यात्री की गति 3 किमी./घण्टा हो, तो 500 मीटर लम्बी रेलगाड़ी पैदल यात्री को पार करने में कितने सेकण्ड का समय लेगी?

(a) 25 (b) 30
(c) 40 (d) 45

Sol. **(b)** सापेक्ष चाल = 63 – 3

= 60 किमी./घण्टा

$= 60 \times \frac{5}{18} = \frac{300}{18}$ मीटर/सेकण्ड

समय $= \frac{500 \times 18}{300} = 30$ सेकण्ड

15. 240 मीटर लम्बी एक रेलगाड़ी किसी 3 किमी./घण्टा की चाल से रेलवे लाइन के साथ-साथ विपरीत दिशा में चलने वाले आदमी को 10 सैकण्ड में पार करती है। रेलगाड़ी की चाल होगी।

(a) 63 (b) 75
(c) 83.4 (d) 86.4

Sol. **(c)** सापेक्ष चाल $= \frac{240}{10} = 24$ मीटर/सेकण्ड

$= 24 \times \frac{18}{5} = 86.4$ किमी./घण्टा

रेलगाड़ी का चाल = 86.4 – 3

= 83.4 किमी./घण्टा

16. एक रेलगाड़ी 45 किमी./घण्टा की चाल से चल रही है तथा एक आदमी 5 किमी./घण्टा की चाल से विपरीत दिशा में पैदल चल रहा है। यदि रेलगाड़ी आदमी को 18 सैकण्ड में पार करती है। तो इसकी लम्बाई होगी

(a) 200 मीटर (b) 220 मीटर
(c) 180 मीटर (d) 250 मीटर

Sol. (d) दोनों की सापेक्ष चाल = 45 + 5

= 50 किमी./घण्टा

$= 50 \times \frac{5}{18}$ मीटर/सेकण्ड

लम्बाई = सापेक्ष चाल × समय

$= \frac{250}{18} \times 18 = 250$ मीटर

17. दो रेलगाड़ी एक ही दिशा में 30 किमी./घण्टा तथा 58 किमी./घण्टा की चाल से चल रही हैं धीमी गति से चलने वाली गाड़ी में बैठा एक व्यक्ति तीव्र गति वाली रेलगाड़ी को 18 सेकण्ड में पार करता है। तीव्र गति वाली रेलगाड़ी की लम्बाई (मीटर में) है–

(a) 70 (b) 100
(c) 128 (d) 140

Sol. (d) रेलगाड़ी की लम्बाई = सापेक्ष चाल × समय

सापेक्ष चाल = 58 – 30

= 28 किमी./घण्टा

$= 28 \times \frac{5}{18}$ मीटर/सेकण्ड

लम्बाई $= 28 \times \frac{5}{18} \times 18 = 140$ मीटर

Type - III

18. 120 मीटर लम्बी एक रेलगाड़ी 90 किमी./घण्टे की चाल से चल रही हैं। तब 230 मीटर लम्बे प्लेटफार्म को पार करने में वह कितना समय लेगी?

(a) 6 सेकण्ड (b) 8 सेकण्ड
(c) 7 सेकण्ड (d) 14 सेकण्ड

Sol. (d) रेलगाड़ी की चाल $= 90 \times \frac{5}{18} = 25$ मीटर/सेकण्ड

कुल दूरी = रेलगाड़ी की लम्बाई+प्लेटफॉर्म की लम्बाई

= 120 + 130 = 350 मीटर

समय $= \frac{350}{25} = 14$ सेकण्ड

19. 250 मीटर लम्बी एक रेलगाड़ी 55 किमी./घण्टा की गति से चल रही है। तदनुसार, वह 520 मीटर लम्बे प्लेटफार्म को कितने समय में पार कर लेगी?

(a) 50.4 सेकण्ड (b) 50.5 सेकण्ड
(c) 40.4 सेकण्ड (d) 40.5 सेकण्ड

Sol. (a) समय $= \frac{250+520}{55 \times \frac{5}{18}} = \frac{770 \times 18}{55 \times 5}$

= 50.4 सैकण्ड

20. एक रेलगाड़ी 50 मीटर लम्बे प्लेटफार्म को 14 सेकण्ड में पार कर लेती है और प्लेटफार्म पर खड़े आदमी को 10 सेकण्ड में पार कर जाती है। रेलगाड़ी की गति क्या है?

(a) 24 किमी./घण्टा (b) 36 किमी./घण्टा
(c) 40 किमी./घण्टा (d) 45 किमी./घण्टा

Sol. (d) रेलगाड़ी की लम्बाई = x मीटर

अतः $\frac{x}{10} = \frac{x+50}{14}$

$\Rightarrow 14x = 10x + 500$

$\Rightarrow 4x = 500$

$\Rightarrow x = \frac{500}{4}$ m

अतः रेलगाड़ी की गति $= \frac{500}{4 \times 10} = \frac{50}{40}$

$= \frac{50}{4} \times \frac{18}{5} = 45$ किमी./घण्टा

21. एक रेलगाड़ी 800 मीटर और 400 मीटर लम्बे दो पुलों को क्रमशः 100 सेकण्ड और 60 सेकण्ड में पार कर जाती है। रेलगाड़ी की लम्बाई है–

(a) 80 मीटर (b) 90 मीटर
(c) 200 मीटर (d) 150 मीटर

Sol. (c) माना रेलगाड़ी की लम्बाई = x मीटर

प्रश्नानुसार

$\frac{800+x}{100} = \frac{400+x}{60}$

$\Rightarrow \frac{800+x}{10} = \frac{400+x}{6}$

$\Rightarrow 4800 + 6x = 4000 + 10x$

$\Rightarrow 800 = 4x$

$\Rightarrow x = 200$ मीटर

22. एक रेलगाड़ी और एक प्लेटफार्म की लम्बाई बराबर है। यदि 90 किमी./घण्टा की रफ्तार से रेलगाड़ी 1 मिनट में पूरा प्लेटफार्म पार कर लेती है। तो रेलगाड़ी की लम्बाई (मीटरों में) बताइए।

(a) 500 (b) 600
(c) 750 (d) 900

Sol. (c) माना रेलगाड़ी की लम्बाई = x मीटर

अतः प्लेटफॉर्म की लम्बाई = x मीटर

रेलगाड़ी की चाल = 90 किमी./घण्टा

$= 90 \times \frac{5}{18} = 25$ मीटर/सेकण्ड

प्रश्नानुसार

$\frac{2x}{25} = 60$

$\Rightarrow \quad x = \frac{60 \times 25}{2} = 750$ मीटर

23. एक रेलगाड़ी प्लेटफार्म पर खड़े व्यक्ति को 8 सेकण्ड में पार करती है तथा 264 मीटर लम्बे इस प्लेटफार्म को 20 सेकण्ड में पार कर जाती है। रेलगाड़ी की लम्बाई (मीटर में) है

(a) 188 (b) 176
(c) 175 (d) 96

Sol. (b) रेलगाड़ी द्वारा स्वयं की लम्बाई तथा प्लेटफॉर्म की लम्बाई को पार करने में लगा समय = 20 सेकण्ड

रेलगाड़ी की लम्बाई को पार करने में लगा समय = 8 सेकण्ड

264 मीटर लम्बे प्लेटफॉर्म को पार करने में लगाया समय = 20 – 8 = 12 sec.

चाल = $\frac{264}{12} = 22$m/sec.

रेलगाड़ी की लम्बाई

= चाल × व्यक्ति को पार करने में लगा समय

= 22×8 = 176 मीटर

24. रेलवे प्लेटफार्म पर खड़े एक व्यक्ति ने देखा कि एक चलती हुई रेलगाड़ी ने 84 मीटर लम्बे उस प्लेटफार्म को पूरा पार करने में 21 सेकण्ड का समय लिया और व्यक्ति को पार करने में 9 सैकण्ड का समय लिया। रेलगाड़ी की चाल थी

(a) 25.2 किमी./घण्टा (b) 32.4 किमी./घण्टा
(c) 50.4 किमी./घण्टा (d) 75.6 किमी./घण्टा

Sol. (a) 84 मीटर प्लेटफॉर्म तथा अपनी लम्बाई को पार करने में लगा समय = 21 सैकण्ड

समय का अन्तर = 21 – 9 = 12 सेकण्ड

अतः चाल = $\frac{84}{12} \times \frac{18}{5} = 25.2$ किमी./घण्टा

25. 800 मीटर लम्बी एक रेलगाड़ी 78 किमी./घण्टा की चाल से चल रही है, यदि वह किसी सुरंग को 1 मिनट में पार कर जाती है। तो सुरंग की लम्बाई (मीटर में) है

(a) 77200 (b) 500
(c) 1300 (d) 13

Sol. (b) रेलगाड़ी की चाल = 78 किमी./घण्टा

$= 78 \times \frac{5}{18}$ मीटर/सेकण्ड

1 मिनट में तय की गई दूरी

$= 78 \times \frac{5}{18} \times 60 = 1300$ m

सुरंग की लम्बाई = 1300 – 800 = 500 m

26. एक रेलगाड़ी 150 मीटर लम्बे पुल को 15 सेकण्ड में पार करती है और उस पर खड़े एक आदमी को 9 सेकण्ड में। रेलगाड़ी एक-समान गति से चल रही है। रेलगाड़ी की लम्बाई है।

(a) 225 मीटर (b) 200 मीटर
(c) 135 मीटर (d) 90 मीटर

Sol. (a) पुल को पार करने में लगा समय

= 15 – 9 = 6 सेकण्ड

रेलगाड़ी की चाल $= \frac{150}{6} = 25$ मीटर/सेकण्ड

रेलगाड़ी की लम्बाई = 25×9 = 225 मीटर

27. 150 मीटर लम्बी एक रेलगाड़ी एक पेड़ को 12 सेकण्ड में पार कर लेती है। तदनुसार, वह 250 मीटर लम्बी एक सुरंग को कितने समय में पार कर लेगी?

(a) 32 सेकण्ड (b) 26 सेकण्ड
(c) 20 सेकण्ड (d) 25 सेकण्ड

Sol. (a) रेलगाड़ी की चाल = $\frac{150}{12}$ मीटर/सेकण्ड

250 मीटर सुरंग को पार करने में लगा समय

$= \frac{250+150}{150/12} = \frac{400}{150} \times 12$

= 32 सेकण्ड

28. एक रेलगाड़ी 36 किमी./घण्टा की गति से चलकर, एक खड़े हुए व्यक्ति को पार करने में 10 सैकण्ड लगाती है। तदनुसार, वह 55 मीटर लम्बाई के प्लेटफर्म को पार करने में कितना समय लगाएगी?

(a) 7 सेकण्ड (b) $15\frac{1}{2}$ सेकण्ड

(c) $5\frac{1}{2}$ सेकण्ड (d) 6 सेकण्ड

Sol. (b) रेलगाड़ी की लम्बाई $= 36\times\frac{5}{18}\times 10$

$= 100$ मीटर

55 मीटर लम्बाई के प्लेटफॉर्म को पार करने में लगा समय $= \frac{100+55}{36\times\frac{5}{18}} = \frac{155}{10} = 15\frac{1}{2}$ सेकण्ड

29. एक रेलगाड़ी 60 किमी./घण्टा की गति से चल रही है। यदि उस रेलगाड़ी की लम्बाई 73 मीटर हो, तो 87 मीटर लम्बे एक पुल को पार करने में उसे कितना समय लगेगा?

(a) 9.6 सेकण्ड (b) 2.67 सेकण्ड

(c) 2.19 सेकण्ड (d) 2.51 सेकण्ड

Sol. (a) समय $= \frac{\text{कुल दूरी}}{\text{चाल}} = \frac{73+87}{60\times\frac{5}{18}}$

$= \frac{160}{\frac{50}{3}} = \frac{160\times 3}{50} = \frac{48}{5} = 9.6$ सेकण्ड

30. एक चलती हुई रेलगाड़ी किसी प्लेटफार्म पर खड़े एक आदमी तथा 300 मीटर लम्बे पुल को पार करने में क्रमशः 10 सेकण्ड तथा 25 सेकण्ड का समय लेती है। 200 मीटर लम्बे प्लेटफार्म को पार करने में वह कितना समय लेगी?

(a) 16 सेकण्ड (b) 18 सेकण्ड

(c) 20 सेकण्ड (d) 22 सेकण्ड

Sol. (c) आदमी को पार करने में लगा समय = 10 सेकण्ड

पुल को पार करने में लगा समय = 25 सेकण्ड

समय का अन्तर = 25 − 10 = 15 सेकण्ड

चाल $= \frac{300}{15} = 20$ मीटर/सेकण्ड

रेलगाड़ी की लम्बाई

= व्यक्ति को पार करने में लगा समय × रेलगाड़ी की चाल

लम्बाई = 10 × 20 = 200 मीटर

200 मीटर लम्बे प्लेटफार्म को पार करने में लगा समय

$= \frac{200+200}{20} = 20$ सेकण्ड

31. 150 मीटर लम्बी रेलगाड़ी 500 मीटर लम्बे पुल को पार करने में 30 सैकण्ड का समय लेती हैं। 370 मीटर लम्बे एक प्लेटफार्म को पार करने में वह कितना समय लेगी?

(a) 36 सेकण्ड (b) 30 सेकण्ड

(c) 24 सेकण्ड (d) 18 सेकण्ड

Sol. (c) रेलगाड़ी की चाल $= \frac{150+500}{30}$

$= \frac{650}{30} = \frac{65}{3}$ मीटर/सेकण्ड

370 मीटर लम्बे प्लेटफार्म को पार करने में लगा समय

$= \frac{370+150}{65/3} = \frac{520\times 3}{65} = 24$ सेकण्ड

32. एक रेलगाड़ी एक समान चाल से 122 मीटर लम्बे प्लेटफार्म को 17 सैकण्ड तथा 210 मीटर पुल को 25 सेकण्ड में पार करती है। रेलगाड़ी की चाल है-

(a) 46.5 किमी./घण्टा (b) 37.5 किमी./घण्टा

(c) 37.6 किमी./घण्टा (d) 39.6 किमी./घण्टा

Sol. (d) माना रेलगाड़ी की लम्बाई = x मीटर

अतः चाल $= \frac{x+122}{17} = \frac{x+210}{25}$

$\Rightarrow 25x + 3050 = 17x + 3570$

$\Rightarrow 8x = 3570 - 3050$

$\Rightarrow x = \frac{520}{8} = 65$ मीटर

चाल $= \frac{65+122}{17} = 11$ मीटर/सेकण्ड

$= 11\times\frac{18}{5} = 39.6$ किमी./घण्टा

Type - IV

33. 150 मीटर लम्बी रेलगाड़ी विपरीत दिशा में आती हुई एक-दूसरी 100 मीटर लम्बी रेलगाड़ी को 10 सेकण्ड में पार करती है। यदि पहली रेलगाड़ी की रफ्तार 30 किमी./घण्टा हो तो दूसरी रेलगाड़ी की रफ्तार होगी-

(a) 36 किमी./घण्टा (b) 54 किमी./घण्टा
(c) 60 किमी./घण्टा (d) 62 किमी./घण्टा

Sol. **(c)** सापेक्ष चाल $= \frac{150+100}{10} = \frac{250}{10}$

$= 25$ मीटर/सेकण्ड

$= 25 \times \frac{18}{5}$

$= 90$ किमी./घण्टा

दूसरी रेलगाड़ी की चाल

$= 90 - 30 = 60$ किमी./घण्टा

34. समान लम्बाई वाली दो रेलगाड़ियाँ एक टेलीग्राफ के खम्भे को क्रमशः 10 सेकण्ड तथा 15 सेकण्ड में पार करती है यदि प्रत्येक रेलगाड़ी की लम्बाई 120 मीटर हो, तो विपरीत दिशाओं में चलते हुए वे एक-दूसरे को कितने समय (सेकण्ड) में पार करेंगी?

(a) 16 (b) 15
(c) 12 (d) 10

Sol. **(c)** पहली रेलगाड़ी की चाल $= \frac{120}{10} = 12$ m/sec

दूसरी रेलगाड़ी की चाल $= \frac{120}{15} = 8$ m/sec

सापेक्ष चाल $= 12 + 8 = 20$ m/sec

पार करने में लगा समय $= \frac{120+120}{20} = 12$ sec

Alter : $\frac{2t_1 \times t_2}{t_1 + t_2} = \frac{2 \times 10 \times 15}{25} = 12$ सेकण्ड

35. 160 मीटर और 140 मीटर लम्बी दो रेलगाड़ियाँ समान्तर रेल पथों पर विपरित दिशाओं में क्रमशः 77 किमी./घण्टा और 67 किमी./घण्टा की चालों से चल रही हैं, एक-दूसरे को पार करने में वे कितना समय लेगी?

(a) 7 सेकण्ड (b) $7\frac{1}{2}$ सेकण्ड
(c) 6 सेकण्ड (d) 10 सेकण्ड

Sol. **(b)** कुल लम्बाई $= 160 + 140 = 300$ मीटर

सापेक्ष चाल $= 77 + 67 = 144$

$= 144 \times \frac{5}{18} = 40$ मीटर/सेकण्ड

अभीष्ट समय $= \frac{300}{40} = 7\frac{1}{2}$ सेकण्ड

36. दो रेलगाड़ियाँ समान चालों से विपरीत दिशाओं में चल रही है। यदि प्रत्येक रेलगाड़ी की लम्बाई 120 मीटर है और वे एक-दूसरे को 12 सेकण्ड में पार कर जाती हैं, तो प्रत्येक रेलगाड़ी की चाल (किमी./घण्टा) है।

(a) 72 (b) 10
(c) 36 (d) 18

Sol. **(c)** माना प्रत्येक रेलगाड़ी की चाल = x मीटर/सेकण्ड

अतः पार करने में लगा समय $= \frac{\text{कुल दूरी}}{\text{कुल चाल}}$

कुल दूरी = दोनों रेलगाड़ियों की लम्बाई

$= 120 + 120 = 240$ मीटर

सापेक्ष चाल $= x + x$

$= 2x$ मीटर/सेकण्ड (विपरीत दिशा)

प्रश्नानुसार

$\frac{240}{2x} = 12$

$\Rightarrow$ $24x = 240$

$\Rightarrow$ $x = 10$ मीटर/सेकण्ड $= 10 \times \frac{18}{5}$

$= 36$ किमी./घण्टा

37. 180 मीटर तथा 220 मीटर लम्बी दो रेलगाड़ियाँ, विपरीत दिशाओं में क्रमशः 40 किमी./घण्टा तथा 50 किमी./घण्टा की गति से चल रही हैं। तदनुसार, वे एक-दूसरे को कितने समय बाद पार कर लेगी?

(a) 16 सेकण्ड (b) 18 सेकण्ड
(c) 17 सेकण्ड (d) 20 सेकण्ड

Sol. **(a)** समय $= \frac{180+220}{(40+50)\frac{5}{18}} = \frac{400 \times 18}{90 \times 5}$

$= 16$ सेकण्ड

38. 68 किमी./घण्टा की चाल से चलने वाली 50 मीटर लम्बी एक रेलगाड़ी को उसी दिशा में 50 किमी./घण्टा की चाल से चलने वाली 75 मीटर लम्बी दूसरी रेलगाड़ी को पार करने में कितना समय लगेगा?

(a) 5 सेकण्ड (b) 10 सेकण्ड
(c) 20 सेकण्ड (d) 25 सेकण्ड

Sol. (d) समय $= \frac{\text{कुल दूरी}}{\text{सापेक्ष चाल}}$

सापेक्ष चाल = 68 – 50 = 18 किमी./घण्टा

$= 18 \times \frac{5}{18} = 5$ मीटर/सेकण्ड

समय $= \frac{50+75}{5} = \frac{125}{5} = 25$ सेकण्ड

39. 48 किमी./घण्टा की चाल से चलने वाली एक रेलगाड़ी, इससे आधी लम्बाई वाली तथा विपरीत दिशा में 42 किमी./घण्टा की चाल से चलने वाली एक अन्य रेलगाड़ी को 12 सैकण्ड में पार करती है। यही रेलगाड़ी एक रेलवे प्लेटफार्म को 45 सेकण्ड में पार करे, तो प्लेटफार्म की लम्बाई होग–

(a) 200 मीटर (b) 300 मीटर
(c) 350 मीटर (d) 400 मीटर

Sol. (d) सापेक्ष चाल (विपरीत दिशा)

= 48 + 42 = 90 किमी./घण्टा

$= 90 \times \frac{5}{18} = 25$ मीटर/सेकण्ड

12 सेकण्ड में तय की गई दूरी

= 12×25 = 300 मीटर

रेलगाड़ी की लम्बाई $= \frac{300 \times 2}{3} = 200$ मीटर

प्लेटफॉर्म पार करने में तय दूरी

$= \frac{48 \times 10000}{3600} \times 45 = 600$ मीटर

प्लेटफॉर्म की लम्बाई = 600 – 200 = 400 मीटर

40. 180 मीटर तथा 120 मीटर लम्बी दो रेलगाड़ियाँ, समान्तर पटरियों पर एक–दूसरे की दिशाओं में, क्रमशः 66 किमी./घण्टा तथा 55 किमी./घण्टा की गति से चल रही है। तदनुसार, जब वे एक–दूसरे को मिलेगी, तो कितने सेकण्ड बाद एक–दूसरे को पूरी तरह पार कर लेगी?

(a) 6 (b) 9
(c) 12 (d) 15

Sol. (b) समय $= \frac{(L_1 + L_2)}{(S_1 + S_2)} = \frac{180+120}{(65+55)\times\frac{5}{18}}$

$= \frac{300}{120\times\frac{5}{18}} = \frac{300\times18}{600} = 9$ सेकण्ड

41. दो एक समान लम्बाई वाली रेलगाड़ियाँ समान्तर पटरियों पर क्रमश 65 किमी./घण्टा तथा 85 किमी./घण्टा की गति से विपरीत दिशा में चल रही हैं। वे एक–दूसरे को 6 सैकण्डों में पार कर लेती है। तदनुसार, प्रत्येक रेलगाड़ी की लम्बाई कितनी है?

(a) 100 मीटर (b) 115 मीटर
(c) 125 मीटर (d) 150 मीटर

Sol. (c) माना प्रत्येक रेलगाड़ी की लम्बाई = x मीटर

तो दूरी = चाल × समय

$\Rightarrow \quad 2x = (65+85)\frac{5}{18}\times 6 = 150\times\frac{5}{3}$

= 250

$\Rightarrow \quad x = \frac{250}{2} = 125$ मीटर

42. 150 मीटर लम्बी एक रेलगाड़ी एक मील–पत्थर को 15 सैकण्ड में पार कर लेती है और विपरीत दिशा में चल रही उसी लम्बाई की एक अन्य रेलगाड़ी को 12 सेकण्ड में पार कर लेती है। दूसरी रेलगाड़ी की चाल किमी./घण्टा में है

(a) 54 (b) 58
(c) 52 (d) 56

Sol. (a) पहली रेलगाड़ी की चाल

$= \frac{150}{15} = 10$ मीटर/सेकण्ड

विपरीत दिशा में आने वाली रेलगाड़ी की लम्बाई

= 150

तथा चाल = x मीटर/सेकण्ड

प्रश्नानुसार

दूरी = चाल × समय

$\Rightarrow$ 150 + 150 = (10 + x) × 12

300 = 120 + 12x

$\Rightarrow$ 12x = 180

$\Rightarrow$ x = 15 मीटर/सेकण्ड

$= 15 \times \frac{18}{5} = 54$ किमी./घण्टा

43. 100 मीटर लम्बी एक गाड़ी 50 किमी./घण्टा की चाल से चलते हुए विपरीत दिशा से आ रही 120 मीटर लम्बी गाड़ी को 6 सैकण्ड में पार करती है। दूसरी गाड़ी की चाल है-

(a) 60 किमी./घण्टा (b) 82 किमी./घण्टा
(c) 70 किमी./घण्टा (d) 74 किमी./घण्टा

Sol. (b) माना दूसरी रेलगाड़ी की चाल = x किमी./घण्टा

तो $100+120=(50+x)\frac{5}{18}\times 6$

$\Rightarrow 660=250+5x$

$\Rightarrow 5x=410$

$\Rightarrow x=\frac{410}{5}=82$ किमी./घण्टा

44. प्रत्येक 125 मीटर लम्बी दो रेलगाड़ियाँ समान्तर पटरियों पर विपरीत दिशा में चल रही है। उनमें एक रेलगाड़ी 65 किमी./घण्टा की गति से चल रही है और वे दोनों एक-दूसरे को 6 सैकण्डों में पार कर लेती हैं। तदनुसार, दूसरी रेलगाड़ी की गति कितनी होगी?

(a) 78 किमी./घण्टा (b) 85 किमी./घण्टा
(c) 95 किमी./घण्टा (d) 105 किमी./घण्टा

Sol. (b) माना दूसरी रेलगाड़ी की चाल = x किमी./घण्टा

$125+125=(65+x)\frac{5}{18}\times 6$

$\Rightarrow 750=325+5x$

$\Rightarrow 425=5x$

$\Rightarrow x=\frac{425}{5}=85$ किमी./घण्टा

45. दो रेलगाड़ी एक ही दिशा में क्रमशः 40 किमी./घण्टा तथा 20 किमी./घण्टा की गति से चल रही है। उनमें तेज रेलगाड़ी, धीमी रेलगाड़ी में बैठे हुए एक व्यक्ति को 5 सेकण्ड में पार कर लेती है। तदनुसार, तेज रेलगाड़ी की लम्बाई कितनी है?

(a) $23\frac{2}{9}$ मीटर (b) 27 मीटर
(c) $27\frac{7}{9}$ मीटर (d) 23 मीटर

Sol. (c) दूरी = चाल × समय

$=(40-20)\times\frac{5}{18}\times 5$

$=\frac{20\times 25}{18}=27\frac{7}{9}$ मीटर

46. समान लम्बाई वाली विपरीत दिशाओं में चल रही हो रेलगाड़ियाँ एक खम्भे को क्रमशः 18 तथा 12 सैकण्ड में पार करती है रेलगाड़ियाँ एक-दूसरे को पार करने में कितना समय लेगी?

(a) 14.4 सेकण्ड (b) 15.5 सेकण्ड
(c) 18.8 सेकण्ड (d) 20.2 सेकण्ड

Sol. (c) माना रेलगाड़ी की लम्बाई = x मीटर

पहली रेलगाड़ी की चाल = $\frac{x}{18}$ मीटर/सेकण्ड

दूसरी रेलगाड़ी की चाल = $\frac{x}{12}$ मीटर/सेकण्ड

पार करने में लगा समय $=\frac{x+x}{\frac{x}{18}+\frac{x}{12}}=\frac{2x\times 36}{2x+3x}$

$=\frac{2x\times 36}{5x}=14.4$ सेकण्ड

Alter : समय $=\frac{2\times 18\times 12}{18+12}=14.4$ सेकण्ड

47. एक प्लेटफार्म पर खड़े हुए व्यक्ति को पता चलता है एक रेलगाड़ी उसे 3 सेकण्ड में पार करती है तथा उतनी ही लम्बाई की विपरीत दिशा में चलने वाली दूसरी रेलगाड़ी उसे 4 सेकण्ड में पार करती है। ये दोनों रेलगाड़ियाँ एक-दूसरे को कितने समय में पार करेंगी?

(a) $2\frac{3}{7}$ सेकण्ड (b) $3\frac{3}{7}$ सेकण्ड
(c) $4\frac{3}{7}$ सेकण्ड (d) $5\frac{3}{7}$ सेकण्ड

Sol. (b) पहली रेलगाड़ी की लम्बाई
= दूसरी रेलगाड़ी की लम्बाई = l मीटर

पहली रेलगाड़ी की चाल = $\frac{l}{3}$ मीटर/सेकण्ड

दूसरी रेलगाड़ी की चाल = $\frac{l}{4}$ मीटर/सेकण्ड

पार करने में लगा समय $=\frac{2l}{\frac{l}{3}+\frac{l}{4}}=\frac{2l\times 12}{7l}$

$=\frac{27}{7}=3\frac{3}{7}$ सेकण्ड

Alter : समय $= \frac{2t_1t_2}{t_1+t_2} = \frac{2\times3\times4}{3+4} = 3\frac{3}{7}$ सेकण्ड

48. एक 66 मीटर लम्बी गतिमान रेलगाड़ी उसी दिशा में जाती हुई 88 मीटर लम्बी रेलगाड़ी को 0.168 मिनट में पार करती है। यदि दूसरी रेलगाड़ी 30 किमी./घण्टा की चाल से चल रही हो तो पहली रेलगाड़ी किस चाल से चल रही है?

(a) 85 किमी./घण्टा (b) 50 किमी./घण्टा
(c) 55 किमी./घण्टा (d) 25 किमी./घण्टा

Sol. (a) दूसरी रेलगाड़ी की चाल $= 30\times\frac{5}{18} = \frac{25}{3}$ मी./सेकण्ड

माना पहली रेलगाड़ी की चाल = x मीटर/सेकण्ड

प्रश्नानुसार

$$\frac{66+88}{x-\frac{25}{3}} = \frac{168}{1000}\times60$$

$$\Rightarrow \frac{154\times3}{3x-25} = \frac{168\times6}{100}$$

$$\Rightarrow 3x-25 = \frac{154\times3\times100}{168\times6}$$

$$\Rightarrow 3x-25 = \frac{7700}{168}$$

$$\Rightarrow 3x = \frac{7700}{168}+25$$

$$\Rightarrow 3x = \frac{7700+4200}{168}$$

$$\Rightarrow 3x = \frac{11900}{168}$$

$$\Rightarrow x = \frac{11900}{168\times3} = \frac{11900}{168\times3}\times\frac{18}{5}$$

$$= \frac{1275}{15} = 85 \text{ किमी./घण्टा}$$

49. एक समान लम्बाई की दो रेलगाड़ियाँ समान्तर पटरियों पर एक ही दिशा में क्रमशः 46 किमी./घण्टा तथा 36 किमी./घण्टा की गति से चल रही है। उनमें तेज गति वाली गाड़ी, धीमी गति की गाड़ी को 36 सेकण्ड में पार कर लेती है। तदनुसार प्रत्येक रेलगाड़ी की लम्बाई कितनी है?

(a) 82 मीटर (b) 50 मीटर
(c) 80 मीटर (d) 72 मीटर

Sol. (b) माना प्रत्येक रेलगाड़ी की लम्बाई = x

प्रश्नानुसार

$$2x = (46-36)\,\frac{5}{18}\times36$$

$$2x = 100$$

$$\Rightarrow x = \frac{100}{2} = 50 \text{ मीटर}$$

विविध (Miscellaneous)

50. यदि एक रेलगाड़ी 40 किमी./घण्टा की औसत गति बनाए रखती है, तो यह अगने गन्तव्य स्थान पर यथा समय पहुँचती है। यदि वह औसत गति 35 किमी./घण्टा हो जाए, तो वह 15 मिनट देरी से पहुँचती है। तदनुसार, उस पूरी यात्रा की दूरी कितनी है?

(a) 30 किमी. (b) 70 किमी.
(c) 40 किमी. (d) 80 किमी.

Sol. (b) माना जब रेलगाड़ी 40 किमी./घंटा की गति से चलती हे तो समय 't' घण्टे है।

जब रेलगाड़ी 35 किमी./घंटा की गति से चलती है तो समय $\left(t+\frac{1}{4}\right)$ घंटे

(15 मिनट = 15/60 = 1/4 घंटा)

प्रश्नानुसार,

$$40\times t = 35\times\left(t+\frac{1}{4}\right)$$

(दोनों स्थितियों में दूरी समान है)

$$\Rightarrow t = \frac{7}{4} \text{ घंटे}$$

$$\therefore \text{ कुल दूरी } = 40\times\frac{7}{4} = 70 \text{ किमी.}$$

51. एक रेलगाड़ी दिल्ली से मुम्बई 80 किमी./घण्टा की चाल से जाती है तथा वापस मुम्बई से दिल्ली 60 किमी./घण्टा की चाल से आती है। पूरी यात्रा के लिए औसत चाल है

(a) $68\frac{4}{7}$ km/h (b) 65 km/h

(c) 70 km/h (d) $71\frac{3}{7}$ km/h

Sol. (a) औसत चाल $= \frac{2AB}{A+B} = \frac{2\times80\times60}{80+60}$

$= \frac{2\times80\times60}{140} = \frac{480}{7}$

$= 68\frac{4}{7}$ किमी./घण्टा

52. एक रेलगाड़ी अपनी यात्रा का 50% भाग 30 किमी./घण्टा की गति से पूरा करती है, यात्रा का 25% भाग 25 किमी./घण्टा की गति से, और शेष भाग 20 किमी./घण्टा की गति से तदनुसार उस रेलगाड़ी की पूरी यात्रा की गति का औसत कितने किमी./घण्टा है?

(a) $25\frac{25}{47}$ (b) $25\frac{47}{25}$

(c) $25\frac{52}{74}$ (d) $25\frac{27}{74}$

Sol. (a) माना कुल दूरी = 100 किमी.

100 किमी. का 50% दूरी तय करने की चाल = 30 किमी./घण्टा

अतः समय $= 100\times\frac{50}{100}\times\frac{1}{30} = \frac{50}{30}$ घण्टा

100 किमी. का 25% दूरी तय करने की चाल = 25 किमी./घण्टा

अतः समय $= 100\times\frac{25}{100}\times\frac{1}{25} = 1$ घण्टा

शेष दूरी = 100 − (50 + 25)

= 100 − 75 = 25 किमी.

अतः समय $= \frac{25}{20}$ घण्टा

कुल समय $= \frac{50}{30}+1+\frac{25}{20} = \frac{47}{12}$ घण्टे

अतः औसत चाल $= \frac{\text{कुल दूरी}}{\text{कुल समय}} = \frac{100\times12}{47}$

$= 25\frac{25}{47}$ किमी./घण्टा

53. किसी व्यक्ति ने 25 किमी./घण्टा की चाल से चलने वाली रेलगाड़ी द्वारा एक दूरी तय की वही दूरी वापसी में उसने 4 किमी./घण्टा की चाल से पैदल चलकर तय की। यदि आने-जाने में उसे कुल समय 5 घण्टे 48 मिनट लगा हो, तो दूरी थी-

(a) 25 किमी. (b) 30 किमी.

(c) 20 किमी. (d) 15 किमी.

Sol. (c) माना कुल दूरी = D km

अतः $\frac{D}{25}+\frac{D}{4} = 5\frac{48}{60}$

$\frac{4D+25D}{100} = \frac{29}{5}$

$\frac{29D}{100} = \frac{29}{5}$

$\Rightarrow$ D = 20 किमी.

Method - II

औसत चाल $= \frac{2\times25\times4}{29} = \frac{200}{29}$

कुल दूरी = चाल × समय

$= \frac{200}{29}\times\frac{29}{5}$

= 40 किमी.

एक तरफ की दूरी $= \frac{40}{2} = 20$ किमी.

54. एक रेलगाड़ी अपनी स्वयं की चाल का $\frac{7}{11}$ चाल से चलकर किसी स्थान पर 22 घण्टे में पहुँचती है, यदि रेलगाड़ी अपनी स्वयं की ही चाल से चले, तो कितने समय की बचत हो जायेगी?

(a) 14 घण्टा (b) 7 घण्टा

(c) 8 घण्टा (d) 16 घण्टा

Sol. (c) माना रेलगाड़ी की चाल = x किमी./घण्टा

यदि x किमी./घण्टा की चाल से चलने पर t घण्टे लगते हैं तो

$x \times t = x \times \frac{7}{11} \times 22$

$\Rightarrow$ t = 14 घण्टे

अतः समय की बचत = 22 – 14 = 8 घण्टे

55. A और B के बीच की दूरी 330 किमी. है। रेलगाड़ी A से B की ओर प्रातः 8 बजे, 60 किमी./घण्टा की गति से चलती है। और दूसरी रेलगाड़ी B से A की ओर प्रातः 9 बजे, 75 किमी./घण्टा की गति से चलती है। वे दोनों कितने बजे मिलेगी?

(a) प्रातः 10 बजे (b) प्रातः 10:30 बजे
(c) प्रातः 11 बजे (d) प्रातः 11:30 बजे

Sol. **(c)** एक घण्टे में पहली रेलगाड़ी द्वारा तय की गई दूरी = 1 × 60 = 60 किमी.

अर्थात् 9 बजे दोनों रेलगाड़ियों के बीच की दूरी = 330 – 60 = 270 किमी.

मिलने का समय = $\frac{270}{60+75}$ = 2 घण्टे

अतः दोनों रेलगाड़ियाँ 11 बजे मिलेगी।

56. दो शहर A और B, 500 किमी. की दूरी पर है। एक गाड़ी 8 बजे प्रातः A से B की ओर 70 किमी./घण्टा की गति से चलती है। 10 बजे एक अन्य गाड़ी B से 110 किमी./घण्टा की गति से A की ओर चलती हैं। दोनों गाड़ियाँ आपस में कब मिलेगी?

(a) 1 बजे अपराह्न (b) 12:30 बजे अपराह्न
(c) 12 बजे अपराह्न (d) 1:30 बजे अपराह्न

Sol. **(c)** 2 घण्टे में अर्थात् 10 बजे तक पहली गाड़ी द्वारा तय दूरी = 70 × 2 = 140 किमी.

अतः 10 बजे दोनों के बीच की दूरी = 500 – 140 = 360 किमी.

सापेक्ष चाल = 70 + 110 = 180 किमी./घण्टा

मिलने का समय = $\frac{360}{180}$ = 2 घण्टे

अतः दोनों गाड़ियाँ 12 बजे मिलेगी।

57. दो रेलगाड़ियाँ स्टेशनों A और B से एक-दूसरे की ओर क्रमशः 50 किमी./घण्टा और 60 किमी./घण्टा की चालों से चलना प्रारम्भ करती है। इनके मिलने के समय पर, दूसरी रेलगाड़ी ने पहली रेलगाड़ी से 120 किमी. दूरी अधिक तय की। A और B दूरी है।

(a) 990 (b) 1200
(c) 1320 (d) 1440

Sol. **(c)** माना दोनों गाड़ी t समय बाद मिलती है।

प्रश्नानुसार

60t – 50t = 120

$\Rightarrow$ 10t = 120

$\Rightarrow$ t = 12 घण्टे

A तथा B के बीच की दूरी = सापेक्ष चाल × समय
= (50 + 60) × 12
= 110 × 12
= 1320 किमी.

58. 200 किमी. दूर, दो स्टेशनों से दो रेलगाडियाँ एक ही समय पर छूटकर विपरीत दिशाओं में जाती हैं और एक स्टेशन से 110 किमी की दूरी पर एक-दूसरे को पार करती है। तदनुसार, उन रेलगाड़ियों की गतियों का अनुपात क्या है?

(a) 11 : 20 (b) 20 : 9
(c) 9 : 20 (d) 11 : 9

Sol. **(d)** पहली रेल गाड़ी द्वारा तय की गई दूरी = 110 किमी.

दूसरी रेलगाड़ी द्वारा तय की गई दूरी = 200 – 110 = 90 किमी.

दोनों द्वारा लिया गया समय = t घण्टे

दोनों की चाले = $\frac{110}{t} : \frac{90}{t} \Rightarrow 11 : 9$

59. एक ही समय दो रेलगाड़ियों में से एक A तथा B के लिए तथा दूसरी B से A के लिए रवाना हुई। यदि वे परस्पर मिलने के बाद B तथा A पर क्रमशः 4 घण्टे तथा 9 घण्टे में पहुँची हो, तो रेलगाड़ीयों की चालों का अनुपात था।

(a) 2 : 1 (b) 3 : 2
(c) 4 : 3 (d) 5 : 4

Sol. **(b)** $\frac{S_1}{S_2} = \sqrt{\frac{t_2}{t_1}} = \sqrt{\frac{9}{4}} = \frac{3}{2}$

$\Rightarrow S_1 : S_2 = 3 : 2$ [t_1 = 4 घण्टे, t_2 = 9 घण्टे]

60. स्टेशनों पर रूकने के समय को सम्मिलित करने पर किसी रेलगाड़ी की चाल 28 किमी./घण्टा पायी गयी, जबकि स्टेशनों पर रूकने के समय को हटाकर चाल 42 किमी./घण्टा पायी गयी औसतन प्रति घण्टा कितने समय के लिए रेलगाड़ी स्टेशनों पर रूकी?

(a) 14 मिनट (b) 6 मिनट
(c) 10 मिनट (d) 20 मिनट

Sol. **(d)** दोनों चालों की अन्तर = 42 – 28
= 14 किमी./घण्टा

रुकने का समय = $\frac{14}{42}$ घण्टे

$= \frac{14}{42} \times 60 = 20$ मिनट

अतः रेलगाड़ी औसत 20 मिनट/घण्टा रूकी

61. 40 किमी./घण्टा की चाल से चलने वाली एक रेलगाड़ी किसी दूरी को तय करने में 60 किमी./घण्टे की चाल से चलने वाली एक अन्य रेलगाड़ी से $1\frac{1}{2}$ घण्टा अधिक समय लेती है। वह दूरी है-

(a) 180 किमी. (b) 160 किमी.
(c) 200 किमी. (d) 120 किमी.

Sol. (a) माना दूरी = x किमी.

प्रश्नानुसार

$$\frac{x}{40} - \frac{x}{60} = \frac{3}{2}$$

$$\Rightarrow \frac{3x-2x}{120} = \frac{3}{2}$$

$$\Rightarrow \frac{x}{120} = \frac{3}{2}$$

$$\Rightarrow x = \frac{120 \times 3}{2} = 180 \text{ किमी.}$$

62. एक रेलगाड़ी 3584 किमी. की दूरी 2 दिन 8 घण्टे में तय करती है। यदि इसने पहले दिन 1440 किमी. तथा दूसरे दिन 1608 किमी. दूरी तय किया हो, तो रेलगाड़ी की शेष यात्रा के लिए औसत चाल का पूरी यात्रा के लिए औसत चाल से कितना अन्तर होगा?

(a) 3 किमी./घण्टा अधिक (b) 6 किमी./घण्टा अधिक
(c) 4 किमी./घण्टा अधिक (d) 5 किमी./घण्टा कम

Sol. (a) कुल दूरी = 3584 किमी.

शेष दूरी = 3584 – (1440+1608)

= 536 किमी./घण्टा

समय = 2 दिन 8 घण्टे = 48+8 = 56 घण्टे

औसत चाल = $\frac{3584}{56}$ = 64 किमी./घण्टा

शेष दूरी के लिए औसत चाल

$= \frac{536}{8}$ = 67 किमी./घण्टा

अभीष्ट अन्तर = 67 – 64 = 3 किमी./घण्टा अधिक

63. एक रेलगाड़ी उसी दिशा में क्रमशः 3 किमी./घण्टा तथा 5 किमी./घण्टा की चाल से चलने वाले दो व्यक्तियों को क्रमशः 10 सेकण्ड तथा 11 सेकण्ड में पार करती है। रेलगाड़ी की रफ्तार क्या है।

(a) 28 किमी./घण्टा (b) 27 किमी./घण्टा
(c) 25 किमी./घण्टा (d) 24 किमी./घण्टा

Sol. (c) माना रेलगाड़ी की चाल = x मीटर/सेकण्ड

पहले व्यक्ति की चाल = $3 \times \frac{5}{18}$

$= \frac{5}{6}$ मीटर/सेकण्ड

पहले व्यक्ति की सापेक्ष गाड़ी की चाल

$= x - \frac{5}{6}$ मीटर/सेकण्ड

दूरी = $\left(x - \frac{5}{6}\right) \times 10$ ...(1)

दूसरे व्यक्ति की चाल = $5 \times \frac{5}{18} = \frac{25}{18}$ मीटर/सेकण्ड

सापेक्ष चाल = $x - \frac{25}{18}$

दूरी = $\left(x - \frac{25}{18}\right) \times 11$ ...(2)

समीकरण (1) व समीकरण (2) से

$$\frac{6x-5}{6} \times 10 = \frac{18x-25}{18} \times 11$$

$$\Rightarrow 180x - 150 = 198x - 275$$

$$\Rightarrow x = \frac{125}{18} \text{ मीटर/सेकण्ड}$$

$$= \frac{125}{18} \times \frac{18}{5} = 25 \text{ किमी./घण्टा}$$

Method - II

माना रेलगाड़ी की चाल = x किमी/घंटा

∵ रेलगाड़ी व्यक्तियों को पार करने में अपने लम्बाई के बराबर दूरी तय करेगी अर्थात् दूरी नियत है।

∴ समय चाल

$\frac{10}{11}$ $\frac{11}{10}$ > $1 \to [(x-3)-(x-5)]$

$1 \to 2$

$11 \to 22$ km/hr

$(x-3) = 22$

$x = 25$ km/hr

64. एक रेलगाड़ी, दो ऐसे व्यक्तियों को क्रमशः 9 तथा 10 सेकण्डों में पूरी तरह पार कर लेती है, जो उसी रेलगाड़ी की दिशा में 2 किमी. प्रति घण्टा तथा 4 किमी प्रति घण्टा की गति से चल रहे है। तदनुसार उस रेलगाड़ी की लम्बाई कितने मीटर है?

(a) 72 (b) 45
(c) 54 (d) 50

Sol. **(d)** माना रेलगाड़ी की चाल x किमी./घण्टा तथा लम्बाई y किमी. तो

प्रश्नानुसार

$$y = (x-2)\frac{5}{18}\times 9 \quad ...(1)$$

$$y = (x-4)\frac{5}{18}\times 10 \quad ...(2)$$

समीकरण (1) तथा (2) से

$$(x-2)\frac{5}{18}\times 9 = (x-4)\frac{5}{18}\times 10$$

$\Rightarrow$ $9x - 18 = 10x - 40$

$\Rightarrow$ $x = 22$

x = 22 समीकरण (1) में रखने पर

$$y = (22-2)\times\frac{5}{18}\times 9 = 50 \text{ मीटर}$$

Method - II

माना रेलगाड़ी की चाल = x किमी/घंटा

समय चाल

$\frac{9}{10}$ $\frac{10}{9}$ > $1 \to 2$

$10 \to 20$ km/hr

रेलगाड़ी की लम्बाई = चाल × समय

$= 20\times\frac{5}{18}\times 9$

= 50 मीटर

65. A तथा B स्थानों के बीच की दूरी 999 किमी. है। एक एक्सप्रेस गाड़ी स्थान A से 6 बजे प्रातः 55.5 किमी./घण्टा की गति से छूटती है। वह गाड़ी रास्ते में एक स्थान पर 1 घण्टा 20 मिनट रुकती है। तदनुसार, वह B तक किस समय पहुँचेगी?

(a) 1:20 am (b) 12 pm
(c) 6 pm (d) 11 pm

Sol. **(a)** $\text{समय} = \frac{\text{दूरी}}{\text{चाल}} = \frac{999}{55.5}$

$= \frac{999\times 10}{555} = 18$ घण्टे

कुल समय = 18 घण्टे + 1 घण्टा 20 मिनट

= 19 घण्टे 20 मिनट

अतः B पर पहुचने का समय = 1:20 AM

विभिन्न प्रतियोगी परीक्षाओं में विगत वर्षों में पूछे गये महत्त्वपूर्ण प्रश्न

निर्देश (1-3) : निम्नलिखित प्रश्नांशों पर विचार कीजिए-

[CDS 2024]

दो रेलगाड़ियाँ A और B क्रमशः स्टेशन P और Q से एक दूसरे की ओर चलना प्रारंभ करती है। रेलगाड़ी A, 7 pm पर 60 किमी/घंटा की गति से चलना प्रारंभ करती है और रेलगाड़ी B (अगले दिन) 4 am पर 90 किमी/घंटा की गति से चलना प्रारंभ करती है। दोनों स्टेशनों P और Q के बीच की दूरी 800 किमी है।

1. स्टेशन Q के कितनी दूरी पर दोनों रेलगाडियाँ मिलेंगी-

(a) 104 किमी (b) 144 किमी
(c) 156 किमी (d) 504 किमी

2. दोनों रेलगाड़ियाँ किस समय पर मिलेंगी-

(a) 5:28 am (b) 5:44 am
(c) 4:56 am (d) 6:24 am

3. यदि दोनों रेलगाडियों A और B की लंबाई क्रमशः 400 मीटर और 500 मीटर है, तो उन्हें एक दूसरे को पार करने में कितना समय लगेगा-

(a) 21.6 सेकंड (b) 18.2 सेकंड
(c) 17.4 सेकंड (d) 15.4 सेकंड

4. दो ट्रेनों की गति के बीच का अनुपात 5 : 7 है। यदि दूसरे ट्रेन 3 घंटे में 147 किमी. चलती है, तो पहली ट्रेन की गति क्या होगी-

[DSSSB Assitt. Grade 2024]

(a) 38 किमी/घंटा (b) 30 किमी/घंटा
(c) 49 किमी/घंटा (d) 35 किमी/घंटा

5. एक ट्रेन 40 किमी/घंटा की गति से यात्रा कर रही है। $\frac{4}{5}$ किमी की दूरी तय करने में उसे कितने सेकंड लगेंगे-

[DSSSB Assitt. Grade 2024]

(a) 48 सेकंड (b) 63 सेकंड
(c) 60 सेकंड (d) 72 सेकंड

6. एक व्यक्ति ट्रेन, बस और कार द्वारा 5 : 3 : 2 के अनुपात में विभिन्न दूरियाँ तय करता है। किराये का अनुपात 1 : 3 : 4 प्रति किमी है। किराये के रूप में कुल व्यय रु.770 है। ट्रेन पर कुल व्यय उचित रूप से ज्ञात कीजिए-

[DSSSB Assitt. Grade 2024]

(a) 220 (b) 230
(c) 160 (d) 175

7. एक ट्रेन बिना रुके 60 किमी/घंटे की गति से चलती है और स्टॉपेज के साथ 30 किमी/घंटे की गति से चलती है। ट्रेन प्रति घंटे औसतन कितने मिनट रुकती है-

[DSSSB Assitt. Grade 2024]

(a) 30 मिनट (b) 48 मिनट
(c) 60 मिनट (d) 55.5 मिनट

8. एक तेज ट्रेन 600 किमी की यात्रा के लिए धीमी ट्रेन से 3 घंटे कम समय लेती है। यदि धीमी ट्रेन की गति, तेज ट्रेन की गति से 10 किमी/घंटा कम है, तो दोनों ट्रेनों की गति है, क्रमशः-

[BPSC Junior 2023]

(a) 50 किमी/घंटा और 40 किमी/घंटा
(b) 30 किमी/घंटा और 20 किमी/घंटा
(c) 40 किमी/घंटा और 30 किमी/घंटा
(d) उपर्युक्त में से एक से अधिक
(e) उपर्युक्त में से कोई नहीं

9. एक 120 मीटर लम्बी रेलगाड़ी प्लेटफार्म पर खड़े व्यक्ति को पार करने में 10 सेकंड का समय लेती है। रेलगाड़ी की गति (मी/सेकंड में) है-

[BPSC Junior 2024]

(a) 12 (b) 11
(c) 10 (d) उपर्युक्त में से एक से अधिक
(e) उपर्युक्त में से कोई नहीं

10. 10 मीटर/सेकंड की गति से चलने वाली एक अच्छी ट्रेन एक बिजली के खंभे को 15 सेकंड में पार कर जाती है। ट्रेन की लंबाई कितनी है-

[CISF HCM 2023]

(a) 200 मीटर (b) 300 मीटर
(c) 150 मीटर (d) 250 मीटर

11. दो ट्रेनें A और B की लंबाई का योग 270 है। उनकी गति का अनुमान 3 : 5 है। A और B द्वारा एक बिजली के खंभे को पार करने के समय का अनुपात 4 : 3 है। दोनों ट्रेनों की लंबाई के बीच का अंतर ज्ञात कीजिए-

[CISF HCM 2023]

(a) 60 मीटर (b) 100 मीटर
(c) 30 मीटर (d) 50 मीटर

12. दो रेलगाड़ियाँ, एक 336.5 मीटर लंबी और दूसरी 464.4 मीटर लंबी, दो समानांतर पटरियों पर विपरीत दिशाओं से आ रही है, 20 सेकंड में एक दूसरे को पार करती है। प्रत्येक घंटे में दोनों ट्रेनों की संयुक्त गति क्या होगी-

[CISF HCM 2023]

(a) 144 किमी/घंटा (b) 150 किमी/घंटा
(c) 160 किमी/घंटा (d) 125 किमी/घंटा

13. एक 252 मीटर लंबी ट्रेन 125 किमी/घंटा की चाल से चल रही है। एक व्यक्ति जो इंजन के पास से 17 किमी/घंटा की चाल से ट्रेन के समान दिशा में मोड़ना आरम्भ करता है, उसको ट्रेन कितने समय (सेकंड में) में पार करेगी?

[SSC CGL 2023]

(a) 7.6 (b) 8
(c) 8.4 (d) 6.4

14. 900 मीटर लंबी एक ट्रेन 108 किमी/घंटा की चाल से चल रही है। 900 मीटर लम्बे प्लेटफार्म को पूरी तरह से पार करने में कितना समय लगेगा?

[SSC CGL 2023]

(a) 60 सेकण्ड (b) 45 सेकण्ड
(c) 30 सेकण्ड (d) 18 सेकण्ड

15. क्रमशः 320 मी और 540 मी की लंबाई वाली दो ट्रेनों P और Q समानांतर पटरियों पर क्रमशः 108 किमी/घंटा और 144 किमी/घंटा की चाल से एक ही दिशा में चल रही हैं। ट्रेनें एक दूसरे को पूरी तरह से पार करने में कितना समय लेंगी?

[SSC CGL 2023]

(a) 86 सेकण्ड (b) 54 सेकण्ड
(c) 32 सेकण्ड (d) 68 सेकण्ड

16. एक ट्रेन 70 किमी/घंटा की चाल से चल रही है और समान दिशा में 34 किमी/घंटा की चाल से चल रही दूसरी ट्रेन को 25 सेकण्ड में पार कर लेती है। दोनों ट्रेनों की संयुक्त लंबाई (मीटर में) ज्ञात करें-

[SSC CGL 2023]

(a) 225 (b) 250
(c) 325 (d) 500

17. 130 मीटर और 120 मीटर लंबाई की दो रेलगाड़ियाँ समान दिशा में समानांतर रेखाओं पर क्रमशः 40 किमी/घंटा और 50 किमी/घंटा की चाल से चल रही हैं। वे एक दूसरे को कितने समग में पार करेंगी?

[SSC CGL 2023]

(a) 85 सेकण्ड (b) 62 सेकण्ड
(c) 63 सेकण्ड (d) 90 सेकण्ड

18. एक ट्रेन स्टेशन A से स्टेशन G से स्टेशन B, C, D, E और F से होते हुए एक घंटे में 54 किमी की दूरी तय करती है। ट्रेन प्रत्येक स्टेशन पर 72 सेकंड के लिए रुकती है। किमी/घंटा में ट्रेन की चाल क्या है-

[Delhi Police 2023]

(a) 58 (b) 60
(c) 62 (d) 64

19. एक रेलगाड़ी 54 किमी/घंटा की चाल से चलते हुए उसी दिशा में चल रही दूसरी रेलगाड़ी तक पहुँचती है और फिर उसे 14 सेकंड में 70 मीटर पीछे छोड़ देती है। दूसरी रेलगाड़ी की चाल कितनी है-

[Delhi Police 2023]

(a) 36 किमी/घंटा (b) 54 किमी/घंटा
(c) 48 किमी/घंटा (d) 24 किमी/घंटा

20. एक रेलगाड़ी की गति 55 किमी/घंटा है। उस रेलगाड़ी की लम्बाई 800 मीटर है। वह 1400 मीटर लम्बे प्लेटफॉर्म को कितने समय में पार कर सकती है-

[IB ACIO 2020]

(a) 124 सेकंड (b) 132 सेकंड
(c) 96 सेकंड (d) 144 सेकंड

21. दो स्टेशनों S_1 और S_2 के बीच की दूरी 195 किमी. है। एक ट्रेन स्टेशन S_1 से 4:00 pm पर स्टेशन S_2 की ओर 65 किमी./घंटा की चाल से चलना आरंभ करती है। एक दूसरी ट्रेन स्टेशन S_2 से 5:00 pm पर स्टेशन S_1 की ओर 35 किमी/घंटा की चाल से चलना आरंभ करती है। दोनों ट्रेनें एक दूसरे से किस समय मिलेंगी?

[SSC CGL 2023]

(a) 6:06 pm (b) 6:30 pm
(c) 6:15 pm (d) 6:18 pm

22. 108 मीटर लंबी राजधानी एक्सप्रेस ट्रेन 128 किमी/घंटा की चाल से चल रही है। 148 मीटर लंबी एक और ट्रेन स्टेशन पर खड़ी है। राजधानी एक्सप्रेस दूसरी ट्रेन को कितने समय में पार करेगी?

[SSC CGL 2023]

(a) 8 सेकण्ड (b) 7.5 सेकण्ड
(c) 9 सेकण्ड (d) 7.2 सेकण्ड

23. 300 मीटर लंबी एक ट्रेन एक पेड़ को 20 सेकंड में पार करती है और विपरीत दिशा में चल रही समान लंबाई की दूसरी ट्रेन को 25 सेकंड में पार करती है। दूसरी ट्रेन की चाल क्या है-

[SSC CHSL 2022]

(a) 10 मीटर/सेकंड (b) 12 मीटर/सेकंड
(c) 15 मीटर/सेकंड (d) 9 मीटर/सेकंड

24. एक 1800 मीटर लंबी ट्रेन विपरीत दिशा में चल रहे एक व्यक्ति को 10 सेकंड में पार करती है। यदि ट्रेन की चाल आदमी की चाल से 8 गुना है, तो ट्रेन की चाल (किमी/घंटा में) में कितनी है-

[SSC CHSL 2022]

(a) 576 किमी/घंटा (b) 640 किमी/घंटा
(c) 596 किमी/घंटा (d) 570 किमी/घंटा

25. ट्रेन A और ट्रेन B की लंबाई का अनुपात 2 : 3 है। A की गति 36 किमी/घंटा है और B की गति 54 किमी/घंटा है। विपरीत दिशाओं में यात्रा करते समय वे 10 सेकंड में एक दूसरे को पूरी तरह से पार करते है। ट्रेन B कितने समय में (सेकंड में) 450 मीटर लंबी सुरंग को पूरी तरह से पार करती है-

[ICAR Assitt. 2022]

(a) 60 (b) 45
(c) 40 (d) 50

26. दो ट्रेनें P और Q क्रमशः स्टेशन A और B को एक ही समय पर छोड़ती है और एक दूसरे की ओर यात्रा करती है। एक दूसरे को पार करने के बाद, P और Q क्रमशः B और A तक पहुंचने में x घंटे और 8 घंटे का समय लेते है। यदि Q की गति, P की गति से 25% अधिक है तो x का मान क्या है-

[ICAR Technician 2022]

(a) $10\frac{1}{2}$ (b) 12
(c) 10 (d) $12\frac{1}{2}$

27. दो ट्रेनें, एक 125 मीटर और दूसरी 375 मीटर लंबी समानांतर पटरियों पर विपरीत दिशाओं में क्रमशः 81 किमी/घंटा और 63 किमी/घंटा की चाल से चल रही है। उन्हें एक-दूसरे को पार करने में कितना समय लगेगा-

[SSC CHSL 2022]

(a) 25 सेकंड (b) 15 सेकंड
(c) 12.5 सेकंड (d) 22.5 सेकंड

28. दो रेलगाड़ियाँ A और B, दो अलग-अलग स्टेशनों से एक दूसरे की ओर 80 किमी/घंटा और 82 किमी/घंटा की चाल से चलना शुरू करती है। वे 1 घंटे 30 मिनट के बाद मिलती है। जब रेलगाड़ियों ने चलना शुरू किया तो वे एक दूसरे से कितनी दूरी पर थी-

[SSC CPO 2022]

(a) 190 किमी (b) 262 किमी
(c) 243 किमी (d) 224 किमी

29. दो स्टेशन एक सीधी रेखा में 120 किमी. की दूरी पर है। एक ट्रेन स्टेशन A से सुबह 8 a.m. पर चलना शुरू करती है और स्टेशन B की ओर 20 किमी/घंटा की चाल से चलती है, और दूसरी ट्रेन स्टेशन B से सुबह 9 a.m. पर चलना शुरू करती है और स्टेशन A की ओर 30 किमी/घंटा की चाल से चलती है। वे किस समय मिलेंगी-

[SSC CPO 2022]

(a) 10 : 30 a.m. (b) 10 : 30 a.m.
(c) 11 : 00 a.m. (d) 11 : 30 a.m.

30. क्रमशः 80 किमी/घंटा और 120 किमी/घंटा की चाल वाली दो रेलगाड़ियाँ 500 किमी की दूरी पर है और एक-दूसरे के आमने-सामने है। एक-दूसरे को पार करने से 10 मिनट पहले उनके बीच की दूरी ज्ञात कीजिए-

[SSC CPO 2022]

(a) 72.33 किमी (b) 33.33 किमी
(c) 63.33 किमी (d) 52.74 किमी

31. 136 किमी/घंटा की गति से चलने वाली ट्रेन, इससे आधी लम्बाई वाली एक अन्य ट्रेन जो विपरीत दिशा में 44 किमी/घंटा की गति से चल रही है, को 6 सेकंड में पूरी तरह से पार करती है। यदि यह 45 सेकंड में एक रेलवे प्लेटफार्म से भी गुजरती है, तो प्लेटफार्म को लंबाई ज्ञात करें- (मी. में)

[UPSI 2021]

(a) 1800 (b) 1600
(c) 1500 (d) 1700

32. 142 किमी/घंटा पर यात्रा करती हुई एक रेलगाड़ी, 38 किमी/घंटा पर विपरीत दिशा में यात्रा करती हुई इससे आधी लम्बाई वाली दूरी रेलगाड़ी को पूरी तरह से 6 सेकंड में पार करती है। यदि यह एक रेलवे प्लेटफार्म को भी 45 सेकंड में पार करती है तो प्लेटफार्म की लंबाई ज्ञात कीजिए- (मी. में)

[UPSI 2021]

(a) 1576 (b) 1557
(c) 1577 (d) 1575

33. दो ट्रेनें क्रमशः मुंबई से दिल्ली, दिल्ली से मुंबई के लिए शुरू होती है। एक-दूसरे को पार करने के बाद उन्हें अपने-अपने गंतव्य तक पहुंचने में क्रमशः 16 घंटे और 9 घंटे लगते है। यदि पहली ट्रेन की गति 54 किमी/घंटा है तो दूसरी ट्रेन की गति ज्ञात कीजिए-

[CISF HCM 2023]

(a) 80 किमी/घंटा (b) 75 किमी/घंटा
(c) 72 किमी/घंटा (d) 60 किमी/घंटा

34. 30 किमी/घंटे की रफ्तार से चलने वाली ट्रेन में बैठा एक व्यक्ति देखता है कि विपरीत दिशा में यात्रा कर रही एक मालगाड़ी उसे पार करने में 9 सेकंड लेती है। यदि मालगाड़ी 300 मीटर लंबी है, तो उसकी गति ज्ञात कीजिए-

[CISF HCM 2023]

(a) 50 किमी/घंटा (b) 62 किमी/घंटा
(c) 80 किमी/घंटा (d) 90 किमी/घंटा

35. एक ट्रेन पटरियों पर चल रहे दो व्यक्तियों को क्रमशः 9.3 सेकंड और 9.4 सेकंड में आगे निकल जाती है। ट्रेन की समान दिशा में चलने वाले व्यक्तियों की गति क्रमशः 4.5 किमी/घंटा और 5.4 किमी/घंटा है। ट्रेन की गति (किमी/घंटा में) क्या है-

[CRPF HCM 2023]

(a) 95.4 (b) 91.7
(c) 93.2 (d) 89.1

36. समान लंबाई की दो ट्रेनें, क्रमशः 120 किमी/घंटा और 100 किमी/घंटा की गति से चल रही है, समान दिशा में समानांतर पटरियाँ पर चल रही है। तेज ट्रेन धीमी ट्रेन को 45 सेकंड में पार करती है, प्रत्येक ट्रेन की लंबाई (मीटर में) है-

[CRPF HCM 2023]

(a) 125 (b) 150
(c) 160 (d) 140

37. एक 280 मीटर लंबी ट्रेन A पर खंभे को 21 सेकंड में पार करती है और 90 किमी/घंटा की गति से विपरीत दिशा में चल रही ट्रेन B को पूरी तरह से 15 सेकंड में पार कर जाती है। यदि ट्रेन B समान दिशा में 58 किमी/घंटा की गति से चल रही ट्रेन C को 54 सेकंड में ओवरटेक करती है, तो ट्रेन C की लंबाई (मीटर में) है-

[CRPF HCM 2023]

(a) 190 (b) 180
(c) 195 (d) 185

38. एक रेलगाड़ी 6 घंटे में अपने गंतव्य तक पहुँचने के लिए 54 किमी/घंटे की गति से यात्रा कर रही है, लेकिन 20% दूरी तक पहुँचने के बाद, इंजन विफल हो जाता है जिसके कारण ट्रेन 33 मिनट की देरी से चलती है। समय पर गंतव्य तक पहुँचने के लिए ड्राइवर को ट्रेन की गति में कितने प्रतिशत की वृद्धि करने की आवश्यकता है- (दो दशमलव स्थानों तक सही)

[CRPF HCM 2023]

(a) 11.54% (b) 12.91%
(c) 10.96% (d) 10.24%

39. एक ट्रेन बिना रुके 120 किमी/घंटा की औसत गति से एक निश्चित दूरी तय करती है। उसी यात्रा से लौटते समय ट्रेन ठहराव के साथ 80 किमी/घंटा की औसत गति से दूरी तय करती है। ट्रेन द्वारा लिया गया प्रति घंटा औसत स्टॉपेज समय क्या है-

[CRPF HCM 2023]

(a) 30 मिनट (b) 32 मिनट
(c) 20 मिनट (d) 24 मिनट

40. ट्रेन A और ट्रेन B की गति क्रमशः 46.8 किमी/घंटा और 61.2 किमी/घंटा है। A और B की लंबाई का अनुपात 3 : 5 है। विपरीत दिशा में दौड़ते समय, वे एक दूसरे को पूरी तरह से 12 सेकंड में पार करते है। 336 मीटर लंबे सुरंग को पार करने में ट्रेन B को कितना समय (सेकंड में) लगेगा-

[ICAR Assitt. 2022]

(a) 30 (b) 35
(c) 28 (d) 33

41. एक 210 मीटर लंबी ट्रेन, जो 97 किमी/घंटे की चाल से चल रही है, 79 किमी/घंटे की चाल से उसी दिशा में चल रही 240 मीटर लंबी दूसरी ट्रेन के पीछे से आने और इसे पूरी तरह से पार करने में कितना समय लेगी-

[Delhi Police 2023]

(a) 90 (b) 96
(c) 84 (d) 100

42. एक ट्रेन MN सुरंग के पास पहुंचती है। सुरंग के अंदर एक कुत्ता एक ऐसे बिंदु पर स्थित है जो M प्रवेश द्वार से MN की 2/5 मापी गई दूरी है। जब ट्रेन सीटी देती है, तो कुत्ता दौड़ता है। यदि कुत्ता सुरंग के प्रवेश द्वार M की ओर बढ़ता है, तो ट्रेन कुत्ते से ठीक प्रवेश द्वार M पर मिलती है। यदि कुत्ता निकास N की ओर बढ़ता है तो ट्रेन कुत्ते को ठीक निकास N पर मिलती है। कुत्ते की चाल और ट्रेन की चाल का अनुपात ज्ञात करें-

[Delhi Police 2023]

(a) 1 : 2 (b) 5 : 1
(c) 2 : 1 (d) 1 : 5

43. एक 300 मीटर लंबी ट्रेन अपनी लंबाई के पांच गुना बड़े प्लेटफार्म को 7 मिनट 40 सेकंड में पार करती है। ट्रेन की चाल ज्ञात कीजिए-

[Delhi Police 2023]

(a) $2\frac{19}{23}$ मीटर/सेकंड (b) $1\frac{17}{23}$ मीटर/सेकंड

(c) $3\frac{21}{23}$ मीटर/सेकंड (d) $2\frac{17}{23}$ मीटर/सेकंड

44. दो रेलगाड़ियाँ A और B दिल्ली से हैदराबाद के लिए एक ही दिन में 7:00 am और 7:50 am पर रवाना होती है और क्रमशः 80 किमी/घंटा और 100 किमी/घंटा से जाती है। दिल्ली से कितने किलोमीटर के बाद ये दोनों रेलगाडियां एक साथ हो जाएंगी-

[CDS 2024]

(a) $\frac{200}{3}$ किमी (b) 100 किमी
(c) $\frac{400}{3}$ किमी (d) $\frac{1000}{3}$ किमी

45. एक यात्री ट्रेन में 18 डिब्बे है, प्रत्येक डिब्बे की लंबाई 15 मीटर है। ट्रेन एक बिजली के खंभे को 15 सेकंड में पार करती है। कुछ समस्या के कारण, तीन बोगियां अलग कर दिया जाता है। ट्रेन अब बिजली के खंभे को कितने समय में पार करेगी-

[IB ACIO 2020]

(a) 10.5 सेकंड (b) 11 सेकंड
(c) 14 सेकंड (d) 12.5 सेकंड

46. एक रेलगाड़ी काज़ीपेट से प्रातः 5 बजे चलती है और दोपहर 3 बजे बैंगलोर पहुंचती है। एक अन्य रेलगाड़ी बंगलौर से प्रातः 7 बजे चलती है और सायं 5 बजे काज़ीपेट पहुंचती है। दोनों रेलगाड़ियाँ आपस में कब मिलती है। मान लीजिए दोनों रेलगाड़ियाँ एक समान चाल से चल रही है-

[RRB ALP 2018]

(a) 11 a.m. (b) 10 a.m.
(c) 12 बजे दोपहर (d) 1 p.m.

47. एक आदमी यदि 4 किमी/घंटा की चाल से चलता है तो उसकी रेलगाड़ी 1 घंटे पहले छूट जाती है। यदि वह अपनी चाल बढ़ाकर 5 किमी/घंटा कर लेता है, तब भी उसकी रेलगाड़ी 24 मिनट पहले छूट जाती है। उसे कितनी चाल से चलना चाहिए कि वह स्टेशन सही समय पर पहुंच जाये-

[RRB ALP 2018]

(a) 12 किमी/घंटा (b) 10 किमी/घंटा
(c) 8 किमी/घंटा (d) 6 किमी/घंटा

48. इंजन में खराबी के कारण, एक एक्सप्रेस ट्रेन अपनी सामान्य चाल की 9/10वीं गति से चलती है और 2:28 अपराह्न के बजाय 2:34 पर पहुंचती है। उसने किस समय चलना शुरू किया था-

[RRB ALP (Tier-II) 2019]

(a) 1:40 pm (b) 1:32 pm
(c) 1:34 pm (d) 1:36 pm

49. दो रेलगाड़ियाँ एक ही समय पर क्रमशः स्टेशन A और स्टेशन B से क्रमशः 60 किमी/घंटा और 40 किमी/घंटा की चाल से एक-दूसरे की ओर चलना शुरू करती है। जिस समय वे एक-दूसरे से मिलती है, उस समय तक तेज चलने वाली रेलगाड़ी, धीमे चलने वाली रेलगाड़ी से 60 किमी अधिक की दूरी तय कर चुकी होती है। दोनों स्टेशनों के बीच की दूरी कितनी है-

[RRB Group D 2022]

(a) 300 किमी (b) 420 किमी
(c) 450 किमी (d) 360 किमी

50. समान लंबाई की दो ट्रेनें समान दिशा में समानांतर पटरियों पर 56 मीटर/सेकंड और 46 मीटर/सेकंड की चाल से चल रही है। तेज गति वाली ट्रेन धीमी गति वाली ट्रेन को 26 सेकंड में पार करती है। प्रत्येक ट्रेन की लंबाई ज्ञात कीजिए-

[RRB Group D 2022]

(a) 100 मीटर (b) 120 मीटर
(c) 140 मीटर (d) 130 मीटर

51. एक रेलगाड़ी, एक टेलीग्राफ पोस्ट और एक 300 मीटर लंबे पुल को क्रमशः 10 सेकंड और 20 सेकंड में पार करती है। रेलगाड़ी की चाल ज्ञात कीजिए-

[RRB Group D 2022]

(a) 75 किमी/घंटा (b) 89 किमी/घंटा
(c) 69.5 किमी/घंटा (d) 108 किमी/घंटा

52. एक रेलगाड़ी एक समान चाल से एक निश्चित दूरी तय करती है। यहद रेलगाड़ी की चाल 12 किमी/घंटा अधिक होती, तो उसे निर्धारित समय से 8 घंटे कम समय लगता। यदि रेलगाड़ी की चाल 12 किमी/घंटा कम होती, तो रेलगाड़ी को निर्धारित समय से 12 घंटे अधिक समय लगता। यात्रा की लंबाई (किमी में) ज्ञात कीजिए-

[RRB NTPC 2022]

(a) 1440 (b) 2860
(c) 2880 (d) 1480

53. ट्रेन 4 घंटे में कितने खंभे को तय करेगी यदि ट्रेन 45 किमी/घंटा की गति से चल रही है, यह देखते हुए कि रेलवे ट्रैक पर खंभे 50 मीटर की दूरी पर है और ट्रेन अपनी यात्रा की शुरुआत में एक खंभे को पार करती है-

[RRB NTPC 2022]

(a) 3606 (b) 3636
(c) 3600 (d) 3601

54. बिना किसी वैगन के एक लोकोमोटिव इंजन 50 किमी प्रति घंटे की गति से जा सकता है और इसकी गति एक मात्रा से कम हो जाती है जो कि संलग्न वैगनों की संख्या के वर्गमूल के अनुक्रमानुपाती है। यदि 25 वैगनों के साथ इसकी गति 35 किमी प्रति घंटा है, तो यदि गति 11 किमी प्रति घंटे से कम नहीं होती है, तो जोड़े जा सकने वाले वैगनों की सबसे बड़ी संख्या है-

[RRB NTPC 2022]

(a) 169 (b) 144
(c) 196 (d) 225

55. एक ट्रेन 238 मीटर लंबे प्लेटफार्म को 51 सेकंड में पार करती है। यदि वही ट्रेन एक साइन बोर्ड को पार करने में 17 सेकंड का समय लती है, तो ट्रेन की लम्बाई (मीटर में) ज्ञात कीजिए-

[RPF SI 20219]

(a) 119 (b) 117
(c) 120 (d) 118

56. 240 मीटर लंबे पुल को पार करने में एक ट्रेन 52 सेकंड का समय लेती है। यदि वही ट्रेन एक बोर्ड को पार करने के लिए 18 सेकंड का समय लेती है तो ट्रेन की लम्बाई (मीटर में) बताइए-

[RPF SI 2019]

(a) 109 (b) 108
(c) 106 (d) 107

57. एक रेलगाड़ी 204 मीटर लंबे पुल के एक छोर पर सिग्नल को पार करने में 57 सेकंड का समय लेती है। यदि वह रेलगाड़ी उस पुल को पार करने में 23 सेकंड लेती है, तो उस रेलगाड़ी की लम्बाई ज्ञात कीजिए- (मीटर में)

[RPF Constable 2019]

(a) 138 (b) 128
(c) 118 (d) 148

58. रेलगाड़ी P और Q समानांतर पटरियों पर एक ही दिशा में चलती है। ट्रेन P, ट्रेन Q को 60 सेकंड में पूरी तरह से पार करती है और ट्रेन P में मौजूद एक यात्री ट्रेन Q को 40 सेकंड में पार करता है। यदि गाड़ियों की चाल 2 : 1 के अनुपात में है, तो उनकी लंबाई का अनुपात ज्ञात करें-

[RRB JE 2019]

(a) 3 : 1 (b) 1 : 2
(c) 3 : 2 (d) 3 : 4

59. दो रेलगाड़ियां एक साथ पहली स्टेशन P से Q तक और दूसरी स्टेशन Q से P तक जाने के लिए क्रमशः 80 किमी/घंटा और 95 किमी/घंटा की चाल से चलना शुरू करती है। यदि वे 12 घंटे के बाद मिलती है, तो उनके द्वारा तय की गई दूरियों का अंतर ज्ञात कीजिए-

[RRB JE 2019]

(a) 15 किमी (b) 2100 किमी
(c) 180 किमी (d) 200 किमी

60. 300 मीटर लंबी एक ट्रेन एक पेड़ को 20 सेकंड में पार करती है और विपरीत दिशा में चल रही समान लंबाई की दूसरी ट्रेन को 25 सेकंड में पार करती है। दूसरी ट्रेन की चाल क्या है?

[SSC CHSL 2022]

(a) 10 मी/से. (b) 12 मी/से.
(c) 15 मी/से. (d) 9 मी/से.

ANSWER

1	(c)	2	(b)	3	(a)	4	(d)	5	(d)	6	(d)	7	(a)	8	(a)	9	(a)	10	(c)
11	(c)	12	(a)	13	(c)	14	(a)	15	(a)	16	(b)	17	(d)	18	(b)	19	(a)	20	(d)
21	(d)	22	(d)	23	(d)	24	(a)	25	(c)	26	(d)	27	(c)	28	(c)	29	(c)	30	(b)
31	(c)	32	(d)	33	(c)	34	(d)	35	(d)	36	(a)	37	(d)	38	(b)	39	(a)	40	(d)
41	(a)	42	(d)	43	(c)	44	(d)	45	(d)	46	(a)	47	(a)	48	(c)	49	(a)	50	(d)
51	(d)	52	(c)	53	(d)	54	(a)	55	(a)	56	(b)	57	(a)	58	(b)	59	(c)	60	(d)

CHAPTER 20

नाव एवं धारा (Boat and Stream)

धारा के अनुप्रवाह गति (Downstream Speed)

जब कोई नाव अथवा तैराक धारा के बहाव के दिशा में चलता है तो उसकी गति को धारा के अनुप्रवाह अथवा धारा के अनुकूल गति कहते है।

धारा के उर्ध्वप्रवाह गति (Upstream Speed)

जब कोई नाव अथवा तैराक धारा के बहाव के विपरीत दिशा में चलता है तो उसकी गति को धारा के उर्ध्वप्रवाह अथवा धारा के प्रतिकूल गति कहते है।

- यदि शान्त जल में नाव की चाल x किमी/घण्टा तथा धारा की चाल y किमी/घण्टा हो तो-

धारा अनुकूल चाल = (x + y) किमी/घण्टा
धारा प्रतिकूल चाल = (x – y) किमी/घण्टा

- धारा की गति की दिशा में जाने से नाव की चाल बढ़ती है जबकि विपरीत जाने पर चाल घटती है। (नाव की जगह जहाज या तैराक भी हो सकता है।)

औसत चाल (Average Speed)

- जब नाव की धारा के साथ चाल u किमी/घण्टा तथा धारा के विरुद्ध चाल v किमी/घण्टा है तो-

नाव की औसत चाल = $\left(\dfrac{2uv}{u+v}\right)$ किमी/घण्टा

अथवा

नाव की औसत चाल = $\dfrac{(x+y)(x-y)}{x}$ किमी/घण्टा

जहाँ u = (x + y) किमी/घंटा
v = (x – y) किमी/घंटा

- यदि किसी नाव की शांत जल में चाल x किमी/घण्टा है तथा धारा की चाल y किमी/घण्टा हो तो नाव अपने मूल स्थान से एक निश्चित स्थान जाने तथा वापस अपने प्रारंभिक बिन्दु पर लौटने में नाव की औसत चाल-

औसत चाल = $\dfrac{(x-y)(x+y)}{x}$

- यदि किसी नाव की शांत जल में चाल x किमी/घण्टा है तथा धारा की चाल y किमी/घण्टा हो तो नाव अपने मूल स्थान से एक निश्चित स्थान जाने तथा वापस अपने प्रारंभिक बिन्दु पर लौटने में t घण्टे लगते हो तो-

दोनों स्थानों के बीच की दूरी = $\dfrac{(x-y)(x+y)t}{2x}$

कुछ महत्त्वपूर्ण सूत्र (Some Important Formula)

- जब नाव की धारा के साथ चाल u किमी/घण्टा तथा धारा के विरुद्ध चाल v किमी/घण्टा है तो-

शांत जल में नाव की चाल = $\dfrac{1}{2}(u+v)$ किमी/घंटा

धारा की चाल = $\dfrac{1}{2}(u-v)$ किमी/घंटा

जहाँ u = (x + y) किमी/घंटा
v = (x – y) किमी/घंटा

- यदि किसी नाव की धारा की दिशा में एक निश्चित दूरी तय करने में t_1 समय लगता है जबकि उसी दूरी की धारा के विपरीत दिशा में तय करने में t_2 समय लगता है तो नाव तथा धारा की चालों में निम्नलिखित सम्बन्ध होगा-

$$\frac{\text{नाव की चाल}}{\text{धारा की चाल}} = \left(\frac{t_1+t_2}{t_2-t_1}\right)$$

- यदि किसी नाव की धारा की दिशा में d_1 दूरी तय करने तथा धारा के विपरीत दिशा में d_2 दूरी तय करने में समान समय लगता हो तो नाव तथा धारा की चालों में निम्न सम्बन्ध होगा-

नाव की चाल = $\left(\dfrac{d_1+d_2}{2t}\right)$ धारा की चाल = $\left(\dfrac{d_1-d_2}{2t}\right)$

$$\frac{\text{नाव की चाल}}{\text{धारा की चाल}} = \left(\frac{d_1+d_2}{d_1-d_2}\right)$$

1. एक नाव 8 घण्टे में धारा के विपरीत दिशा में 40 किमी. चलती है तथा 6 घण्टे में धारा के अनुकूल 36 किमी. चलती है। शान्त जल में नाव की चाल है-

(a) 6.5 किमी./घण्टा (b) 5.5 किमी./घण्टा
(c) 6 किमी./घण्टा (d) 5 किमी./घण्टा

Sol. (b) शान्त जल में नाव की चाल

$$= \frac{\text{धारा के अनुकूल गति + धारा की प्रतिकूल गति}}{2}$$

$$= \frac{\frac{36}{6}+\frac{40}{8}}{2} = \frac{6+5}{2} = 5.5 \text{ किमी./घण्टा}$$

2. एक व्यक्ति धारा के अनुकूल एक नाव को 4 घण्टे में 18 किमी. खेता है तथा धारा के प्रतिकूल वापस आने में 12 घण्टे लेता है, धारा की चाल (किमी./घण्टा में) है

(a) 1 (b) 1.5
(c) 2 (d) 1.75

Sol. (b) धारा की चाल

$$= \frac{\text{धारा के अनुकूल गति - धारा की प्रतिकूल गति}}{2}$$

$$= \frac{\frac{18}{4}-\frac{18}{12}}{2} = \frac{4.5-1.5}{2} = 1.5 \text{ किमी./घण्टा}$$

3. एक नाव नदी की धारा के अनुकूल दिशा में एक घण्टे में 8 किमी. जाती है। तथा धारा की विपरीत दिशा में एक घण्टे में 2 किमी. जाती है। नदी की धारा की चाल (किमी./घण्टा में) है-

(a) 2 किमी./घण्टा (b) 3 किमी./घण्टा
(c) 4 किमी./घण्टा (d) 5 किमी./घण्टा

Sol. (b) धारा की चाल

$$= \frac{\text{धारा के अनुकूल गति - धारा की प्रतिकुल गति}}{2}$$

$$= \frac{\frac{8}{1}-\frac{2}{1}}{2} = \frac{6}{2} = 3 \text{ किमी./घण्टा}$$

4. एक नाव को धारा की दिशा में 15.5 किमी./घण्टा की चाल से तथा धारा के विपरीत दिशा में 8.5 किमी./घण्टा की चाल से चलाया जाता है, तो धारा की चाल (किमी./घण्टा में) है-

(a) 5.77 (b) 3.5
(c) 6.5 (d) 7

Sol. (b) धारा की चाल

$$= \frac{\text{धारा के अनुकूल गति - धारा की प्रतिकूल गति}}{2}$$

$$= \frac{15.5-8.5}{2} = 3.5 \text{ किमी./घण्टा}$$

5. कोई नाविक धारा के अनुदिश 48 मिनट में 12 किमी. जाता है तथा 1 घण्टा 20 मिनट में वापस आता है। शान्त जल में नाविक की चाल हैं-

(a) 12 किमी./घण्टा (b) 12.5 किमी./घण्टा
(c) 13 किमी./घण्टा (d) 15 किमी./घण्टा

Sol. (a) अनुकूल चाल $= \frac{12}{48\times 60} = \frac{12\times 60}{48}$

$= 15$ किमी./घण्टा

प्रतिकूल चाल $= \frac{12}{80/60} = \frac{12\times 3}{4}$

$= 9$ किमी./घण्टा

नाविक की चाल = नाव की चाल

$= \frac{15+9}{2} = 12$ किमी./घण्टा

6. एक व्यक्ति बहाव के साथ नदी में 3 घण्टे में 15 किमी. आगे जाता है और $7\frac{1}{2}$ घण्टे में वापस लौटता है। शान्त जल में वह किस गति पर आगे जाएगा?

(a) 2.5 किमी./घण्टा (b) 1.5 किमी./घण्टा
(c) 3.5 किमी./घण्टा (d) 4.5 किमी./घण्टा

Sol. (c) धारा की दिशा में चाल $= \frac{15}{3} = 5$ किमी./घण्टा

विपरीत दिशा में चाल $= \frac{15}{7.5} = 2$ किमी./घण्टा

शान्त जल में नाव की चाल $= \frac{5+2}{2}$

$= 3.5$ किमी./घण्टा

7. शान्त जल में एक नाव की चाल 10 किमी./घण्टा है। यह धारा के प्रतिकूल 6 घण्टे में 45 किमी. की दूरी तय करती है। धारा की चाल (किमी./घण्टा मे) है

(a) 2.5 (b) 3
(c) 3.5 (d) 4

Sol. (a) नाव की चाल = 10 किमी./घण्टा

प्रतिकूल चाल = $\frac{45}{6}$ किमी./घण्टा

माना धारा की चाल = x

अतः $10 - x = \frac{45}{6}$

$\Rightarrow 60 - 6x = 45$

$\Rightarrow x = \frac{15}{6} = 2.5$ किमी./घण्टा

8. एक आदमी स्थिर पानी में 4 किमी./घण्टा की दर से तैर सकता है। यदि पानी की चाल 2 किमी./घण्टा हो, तो 10 किमी. ऊर्ध्व प्रवाह तैरने के लिए उसे कितना समय लगेगा?

(a) $2\frac{1}{2}$ घण्टे (b) $3\frac{1}{2}$ घण्टे

(c) 5 घण्टे (d) 4 घण्टे

Sol. (c) विपरीत दिशा में नाव की चाल

= 4 – 2 = 2 किमी./घण्टा

उर्ध्व प्रवाह अर्थात् धारा के विपरीत दिशा में चलने में लगा समय = $\frac{10}{2}$ = 5 घण्टे

9. एक नदी की धारा की गति 3 किमी./घण्टा है और स्थिर पानी में एक व्यक्ति के तैरने की गति 5 किमी./घण्टा है। तदनुसार, उस व्यक्ति को धारा के साथ 26 किमी./तैरने में कितना समय लगेगा?

(a) $8\frac{2}{3}$ घण्टे (b) $3\frac{1}{4}$ घण्टे

(c) 13 घण्टे (d) $5\frac{1}{5}$ घण्टे

Sol. (b) धारा की दिशा में चाल = 5+3 = 8 किमी./घण्टा

धारा के साथ 26 किमी. तैरने में लगा समय

$= \frac{26}{8} = 3\frac{2}{8} = 3\frac{1}{4}$ घण्टे

10. एक लड़का स्थिर पानी में 10 किमी./घण्टा की गति से तैर सकता है। तदनुसार, यदि पानी में धारा की गति 5 किमी./घण्टा हो, तो लड़के को 60 किमी. तक तैरने में कितना समय लगेगा?

(a) धारा के विरूद्ध 4 घण्टों में

(b) धारा के साथ 12 घण्टों में

(c) धारा के विरूद्ध 6 घण्टों में

(d) धारा के साथ 4 घण्टों में

Sol. (d) धारा के साथ = पानी की गति + लड़के की गति

= 5 + 10

= 15

कुल दूरी = 60 किमी.

धारा के साथ समय = $\frac{60}{15} = 4$

धारा के साथ तैरने में 4 घण्टों का समय लगेगा।

11. एक नाव शान्त जल में एक घण्टे में 6 किमी. जाती है, परन्तु वह धारा के प्रतिकूल यही दूरी चलने में तीन गुना समय लेती है धारा की चाल (किमी./घण्टा) है।

(a) 4 (b) 5

(c) 3 (d) 2

Sol. (a) शान्त जल में नाव की चाल = 6 किमी./घण्टा

माना धारा की चाल = x किमी./घण्टा

प्रतिकूल चाल = (6 – x) किमी./घण्टा

प्रश्नानुसार

$(6 - x) \times 3 = 6$

$\Rightarrow 18 - 3x = 6$

$\Rightarrow 3x = 12$

$\Rightarrow x = 4$ किमी./घण्टा

12. एक निश्चित समयावधि में एक लड़का धारा के अनुकूल दिशा में धारा के विपरीत दिशा की तुलना में तैरकर दोगुनी दूरी तय करता है। यदि धारा की चाल 3 किमी./घण्टा हो, तो शान्त जल में लड़के की चाल होगी

(a) 6 किमी./घण्टा (b) 9 किमी./घण्टा

(c) 10 किमी./घण्टा (d) 12 किमी./घण्टा

Sol. (b) माना शान्त जल में लड़के की गति = x किमी./घण्टा

समय = t घण्टे

अनुकूल चाल = (x + 3) किमी./घण्टा

प्रतिकूल चाल = (x – 3) किमी./घण्टा

प्रश्नानुसार

$(x + 3)t = 2(x - 3)t$

$\Rightarrow x + 3 = 2x - 6$

$\Rightarrow x = 9$

शान्त जल में लड़के की चाल = 9 किमी./घण्टा

13. कोई मोटर बोट शान्त जल में 36 किमी./घण्टा की चाल से चलती है यह धारा के विपरित दिशा में 1 घण्टा 45 मिनट में 56 किमी. जाती है उतनी ही दूरी को धारा के अनुकूल तय करने में उसे कितना समय लगेगा।

(a) 2 घण्टे 25 मिनट (b) 3 घण्टे
(c) 1 घण्टे 24 मिनट (d) 2 घण्टे 21 मिनट

Sol. **(c)** प्रतिकूल चाल $= \frac{56}{7/4} = 32$ किमी./घण्टा

शान्त जल में चाल = 36 किमी./घण्टा

धारा की चाल = 36 – 32 = 4 किमी./घण्टा

अनुकूल चाल = 36 + 4 = 40 किमी./घण्टा

$\Rightarrow$ समय $= \frac{56}{40} = 1$ घण्टा 24 मिनट

14. किसी मोटर बोट की शान्त जल में चाल 40 किमी./घण्टा हैं यदि धारा के अनुकूल 120 किमी. की दूरी तय करने में मोटर बोट 2 घण्टा का समय लेती हो, तो उतनी ही दूरी धारा की विपरीत दिशा में तय करने में वह कितना समय लेगी।

(a) 4 घण्टे (b) 7 घण्टे
(c) 6 घण्टे (d) 5 घण्टे

Sol. **(c)** शांत जल में गति = 40 किमी./घण्टा

धारा के अनुकूल गति $= \frac{120}{2} = 60$ किमी/घण्टा

माना धारा की गति x है।

$\Rightarrow$ 40 + x = 60

$\Rightarrow$ x = 20 किमी/घण्टा

$\Rightarrow$ धारा के प्रतिकूल मोटर बोट की गति = 20 किमी./घण्टा

$\Rightarrow$ धारा के प्रतिकूल लगा समय $= \frac{120}{20} = 6$ घंटे

धारा के विपरीत 120 किमी जाने में लगा समय 6 घंटे है।

15. एक व्यक्ति शान्त जल में 5 किमी./घण्टा की चाल से नाव चला सकता हैं। यदि किसी स्थान पर नाव द्वारा जाने तथा वापस आने में उसे एक घण्टे का समय लगता है जबकि धारा की गति 1 किमी./घण्टा है, तो वह स्थान कितनी दूर होगा।

(a) 2.5 किमी. (b) 3 किमी.
(c) 2.4 किमी. (d) 3.6 किमी.

Sol. **(c)** माना कुल दूरी = D किमी.

$$\frac{D}{5+1} + \frac{D}{5-1} = 1$$

$\Rightarrow$ $\frac{D}{6} + \frac{D}{4} = 1$

$\Rightarrow$ 10D = 24

$\Rightarrow$ D = 2.4 किमी.

Alter :

अभीष्ट दूरी $= \frac{1(5+1)(5-1)}{2 \times 5} = \frac{24}{10} = 2.4$ किमी.

16. एक व्यक्ति स्थिर जल में 3 किमी./घण्टा की गति से तैर सकता है। तदनुसार, यदि जल-धारा की गति 2 किमी./घण्टा हो, तो उस व्यक्ति को 10 किमी. धारा के विरूद्ध तैरने और वापस आने में कितना समय लगेगा?

(a) 10 घण्टे (b) 12 घण्टे
(c) 8 घण्टे (d) 9 घण्टे

Sol. **(b)** माना कि स्थिर जल में व्यक्ति की गति x किमी/घंटा है = 3 किमी/घंटा

धारा का वेग = y किमी/घंटा = 2 किमी/घंटा

धारा के प्रतिकूल = (x – y) किमी/घंटा

= (3 – 2) = 1 किमी/घंटा

समय = दूरी/गति = 10 घंटे

धारा के अनुकूल = (x + y) किमी/घंटा

= (3 + 2) = 5 किमी/घंटा

समय $= \frac{10}{5} = 2$ घंटे

कुल समय = 10 + 2 = 12 घंटे

17. किसी व्यक्ति को नाव द्वारा गन्तव्य पर धारा के अनुकूल जाने तथा धारा के प्रतिकूल प्रस्थान बिन्दु पर लौटने में 5 घण्टे लगते हैं। यदि शान्त जल में नाव की चाल तथा धारा की चाल क्रमशः 10 किमी./घण्टा तथा 4 किमी./घण्टा हो, तो प्रस्थान बिन्दु से गन्तव्य की दूरी होगी

(a) 16 किमी. (b) 18 किमी.
(c) 21 किमी. (d) 25 किमी.

Sol. **(c)** धारा के अनुकूल चाल = 10 + 4=14 किमी./घण्टा

धारा के प्रतिकूल चाल = 10– 4 = 6 किमी./घण्टा

कुल समय = 5 घण्टे,

माना दूरी = x किमी.

प्रश्नानुसार

$$\frac{x}{14}+\frac{x}{6}=5$$

$\Rightarrow$ $20x = 14 \times 6 \times 5$

$\Rightarrow$ $x = 21$ किमी.

Alter :

अभीष्ट दूरी $= \frac{t(x+y)(x-y)}{2x} = \frac{5(14)(6)}{2\times10} = 21$ किमी.

18. एक नाव धारा के प्रतिकूल 24 किमी तथा धारा के अनुदिश 36 किमी. की दूरी तय करने में 6 घण्टे और धारा के प्रतिकूल 36 किमी. तथा धारा के अनुदिश 24 किमी. की दूरी तय करने $6\frac{1}{2}$ घण्टे लेती है। धारा की चाल है–

(a) 1 किमी./घण्टा (b) 2 किमी./घण्टा
(c) 1.5 किमी./घण्टा (d) 2.5 किमी./घण्टा

Sol. (b) माना धारा के प्रतिकूल तथा अनुकूल चाल क्रमशः x, y है

प्रथम स्थिति में,

$$\frac{24}{x}+\frac{36}{y}=6$$

$\Rightarrow$ $24y + 36x = 6xy$ ...(1)

द्वितीय स्थिति में,

$$\frac{36}{x}+\frac{24}{y}=\frac{13}{2}$$

$\Rightarrow$ $72y + 48x = 13xy$ ...(2)

समीकरण (1) को 3 से गुणा कर समीकरण 2 में जोड़ने पर

$60x = 5xy$

$\Rightarrow$ $y = 12$

y का मान समीकरण (1) में रखने पर

$288 + 36x = 72x$

$\Rightarrow$ $x = 8$

अतः धारा की चाल $= \frac{12-8}{2} = \frac{4}{2} = 2$ किमी./घण्टा

19. दो नाव A तथा B, 108 किमी. की दूरी पर स्थित दो स्थानों से एक-दूसरे की ओर रवाना होती हैं। शान्त जल में नाव A और B की चाल क्रमशः 12 किमी./घण्टा तथा 15 किमी./घण्टा है। यदि A धारा के अनुकूल तथा B विपरीत दिशा में चल रही हो, तो वे परस्पर कितने समय बाद मिलेगी?

(a) 4.5 घण्टे (b) 4 घण्टे
(c) 5.4 घण्टे (d) 6 घण्टे

Sol. (b) माना धारा की गति = x किमी./घण्टा

समय $= \frac{\text{दूरी}}{\text{चाल}}$

(जब A, B एक-दूसरे की ओर आ रहे हैं।)

सापेक्ष चाल = A की चाल + B की चाल

$= (12 + x) + (15 - x)$

$= 12 + x + 15 - x$

$= 27$ किमी./घण्टा

समय $= \frac{108}{27} = 4$ घण्टे

20. एक नाव धारा के अनुदिश कोई दूरी 8 घण्टे में तय करती है। तथा धारा के विपरीत 10 घण्टे में वापस लौटती है। यदि धारा की गति 1 किमी./घण्टा हो, तो नाव द्वारा तय की गयी यात्रा की एक ओर की दूरी (किमी. में) है

(a) 60 (b) 70
(c) 80 (d) 90

Sol. (c) नाव की चाल = x km/h

धारा की गति = 1 km/h

अनुकूल चाल = (x + 1) km/h

प्रतिकूल चाल = (x – 1) km/h

प्रश्नानुसार

$(x+1)8 = (x-1)10$

$\Rightarrow$ $x = 9$ km/h

अतः अभीष्ट दूरी $= (x+1)\times 8 = 10\times 8 = 80$ km

21. एक आदमी स्थिर पानी में 10 किमी./घण्टा पर नाव चला सकता है। यदि उसे 24 किमी. दूर एक स्थान पर जाने और लौटने में कुल 5 घण्टे लगते हैं, तो धारा की गति है।

(a) 2 किमी./घण्टा (b) 3 किमी./घण्टा
(c) $\frac{1}{2}$ किमी./घण्टा (d) 1 किमी./घण्टा

Sol. (a) माना धारा की चाल = x किमी./घण्टा

तो धारा की दिशा में नाव की चाल

= (10 + x) किमी./घण्टा

धारा के विपरीत दिशा में चाल

= (10 – x) किमी./घण्टा

प्रश्नानुसार

$$\frac{24}{10+x}+\frac{24}{10-x} = 5$$

$$\Rightarrow \quad 24\left[\frac{10-x+10+x}{(10+x)(10-x)}\right]=5$$

$480 = 5(10 + x)(10 - x)$

$\Rightarrow \quad 96 = 100 - x^2$

$\Rightarrow \quad x^2 = 4$

$\Rightarrow \quad x = 2$ किमी./घण्टा

Alter: माना धारा की चाल = x km/h

$$\text{दूरी} = \frac{t(x+y)(x-y)}{2x} \Rightarrow 24 = \frac{5(10+x)(10-x)}{2\times 10}$$

$\Rightarrow x = 2\text{ km/h}$

22. एक मोटर बोट स्थल A से स्थल B तक और फिर वापस चलती है। दोनों स्थल नदी के किनारे स्थित हैं। यदि स्थिर जल में बोट की चाल दुगुनी कर दी जाए, तो A से B और फिर वापस यात्रा में मूल समय से 20 प्रतिशत समय लगेगा। मोटर बोट की वास्तविक चाल का वृद्धि के बाद की वास्तविक चाल के साथ अनुपात है।

(a) $\sqrt{6}:2$ (b) $\sqrt{3}:3$
(c) 2 : 3 (d) 3 : 2

Sol. (a) माना स्थिर जल में बोट की वास्तविक चाल = x किमी./घण्टा, तथा नदी की चाल = y किमी./घण्टा

बोट की चाल दुगुनी करने पर = 2x किमी./घण्टा

माना A से B तक की दूरी = D

तो प्रश्नानुसार

$$\frac{20}{100}\left[\frac{D}{x+y}+\frac{D}{x-y}\right] = \left[\frac{D}{2x+y}+\frac{D}{2x-y}\right]$$

$$\Rightarrow \quad \frac{1}{5}\left[\frac{x-y+x+y}{(x+y)(x-y)}\right] = \left[\frac{2x+y+2x-y}{(2x+y)(2x-y)}\right]$$

$$\Rightarrow \quad \frac{1}{5}\times\frac{2x}{x^2-y^2} = \frac{4x}{4x^2-y^2}$$

$$\Rightarrow \quad \frac{2}{x^2-y^2} = \frac{20}{4x^2-y^2}$$

$\Rightarrow \quad 4x^2 - y^2 = 10x^2 - 10y^2$

$\Rightarrow \quad 9y^2 = 6x^2$

$$\Rightarrow \quad \frac{x^2}{y^2} = \frac{9}{6} = \frac{3}{2} \Rightarrow x:y \Rightarrow \sqrt{3}:\sqrt{2} \Rightarrow \sqrt{6}:2$$

23. एक तैराक एक बिन्दु A से धारा के विरूद्ध 5 मिनटों तक तैरता है और उसके बाद धारा के साथ अगले 5 मिनटों तक तैरकर बिन्दु B तक पहुँच जाता है। तदनुसार, यदि AB = 100 मीटर हो, तो धारा की गति (किमी. प्रति घण्टा) कितनी है?

(a) 1 (b) 0.6
(c) 0.4 (d) 0.2

Sol. (b) प्रारम्भ में 5 मिनट धारा के विरूद्ध x मीटर तैरता है पुनः धारा की दिशा में 5 मिनट x+100 मीटर तैरता है

$$\text{धारा के विरूद्ध चाल} = \frac{x}{5\times 60}\ \text{मीटर/सेकण्ड}$$

$$= \frac{x}{300}\ \text{मीटर/सेकण्ड}$$

$$\text{धारा की दिशा में चाल} = \frac{x+100}{5\times 60} = \frac{x+100}{300}$$

$$\text{धारा की चाल} = \frac{\frac{x+100}{300}-\frac{x}{300}}{2} = \frac{\frac{100}{300}}{2} = \frac{1}{6}$$

$$\Rightarrow \quad \frac{1}{6}\times\frac{18}{5}$$

$$\Rightarrow \quad \frac{3}{5} = 0.6\ \text{किमी./घण्टा}$$

विभिन्न प्रतियोगी परीक्षाओं में विगत वर्षों में पूछे गये महत्त्वपूर्ण प्रश्न

1. एक आदमी धारा के विपरीत 30 किमी की दूरी 7.5 घंटे में तय करता है और धारा के अनुकूल 36 किमी. की दूरी 6 घंटे में तय करता है तो शांत जल में आदमी की गति क्या है-
[DSSSB Assitt. Grade 2024]
(a) 6.5 किमी/घंटा (b) 4.5 किमी/घंटा
(c) 3 किमी/घंटा (d) 5 किमी/घंटा

2. एक आदमी धारा के अनुकूल 30 किमी/घंटा की गति से नाव चलाता है और धारा के प्रतिकूल 16 किमी/घंटा की गति से नाव चलाता है। वह शांत पानी में किस गति से नाव चला सकता है-
[DSSSB Assitt. Grade 2024]
(a) 23 किमी/घंटा (b) 20 किमी/घंटा
(c) 14 किमी/घंटा (d) 16 किमी/घंटा

3. एक व्यक्ति को धारा की दिशा में 16 किमी नाव चलाने में 15 मिनट लगते हैं, जो धारा के विपरीत दिशा में समान दूरी तय करने के लिए गए समय से 25% कम है। व्यक्ति स्थिर जल में एक घंटे में कितने किलोमीटर तक नाव चला सकता है? (निकटतम पूर्ण संख्या तक पूर्णांकित)
[SSC CGL 2023]
(a) 56 (b) 60
(c) 58 (d) 54

4. धारा के विपरीत दिशा में 144 किमी की दूरी तय करने के लिए, एक नाविक को 12 घंटे लगते हैं जबकि उसे धारा की दिशा में उतनी ही दूरी तय करने में केवल 9 घंटे लगते हैं। धारा की चाल क्या है?
[SSC CGL 2023]
(a) 3 किमी/घंटा (b) 1 किमी/घंटा
(c) 1.5 किमी/घंटा (d) 2 किमी/घंटा

5. धारा की दिशा में नाव की चाल, स्थिर जल में नाव की चाल की 125% है। यदि स्थिर जल में नाव को 20 किमी की दूरी तय करने में 30 मिनट का समय लगता है, तो बताइए कि उसे धारा के विपरीत दिशा में 15 किमी की दूरी तय करने में कितना समय (घंटों में) लगेगा?
[SSC CGL 2023]
(a) $\frac{3}{4}$ (b) $\frac{1}{2}$
(c) $\frac{1}{4}$ (d) 1

6. एक नाव धारा की विपरीत दिशा में 140 किमी. की दूरी 28 घंटे में तय करती है और धारा की दिशा में 203 किमी. की दूरी 29 घंटे में तय करती है। स्थिर जल में नाव की चाल ज्ञात कीजिए- (किमी/घंटे में)
[UPSI 2021]
(a) 6 (b) 5
(c) 3 (d) 1

7. अजय शांत जल में 46.5 किमी/घंटा की गति से नाव ले जाता है। यदि नदी के प्रवाह की गति 15.5 किमी/घंटा है, तो उसे एक स्थान तक नाव ले जाने के लिए और वापस आने के लिए 90 मिनट लगते है। वह स्थान आरंभ बिंदु से कितना दूर है- (किमी. में)
[UPSI 2021]
(a) 27 (b) 29
(c) 25 (d) 31

8. एक नाव 12 घंटे 30 मिनट में धारा के अनुकूल 60 किमी और धारा के प्रतिकूल 40 किमी जा सकती है। यह 18 घंटे 54 मिनट में धारा के अनुकूल 84 किमी और धारा के प्रतिकूल 63 किमी जा सकती है। शांत जल में नाव की चाल (किमी में, निकटतम पूर्णांक तक) कितनी है?
[SSC CGL 2023]
(a) 7 (b) 8
(c) 9 (d) 10

9. एक नाव द्वारा धारा की विपरीत दिशा में 120 किमी जाने और वापस आने में कुल 30 घंटे का समय लगता है, और उस नाव को धारा की विपरीत दिशा में 25 किमी तथा धारा की दिशा में 40 किमी जाने में कुल 7 घंटे का समय लगता है। वह नाव शांत जल में 16 घंटे में कितनी दूरी तय कर लेगी?
[SSC CGL 2023]
(a) 200 किमी (b) 180 किमी
(c) 175 किमी (d) 225 किमी

10. एक नाव धारा के दिशा में 80 किमी की दूरी 8 घंटे में तय करती है, जबकि धारा के विपरीत दिशा में समान दूरी तय करने में 10 घंटे का समय लेती है। शांत जल में नाव की चाल (किमी में) की गणना करें-
[SSC CGL 2023]
(a) 18 (b) 12
(c) 9 (d) 16

11. धर्मेंद्र 13 घंटे में धारा के विपरीत दिशा में 80 किमी और धारा के दिशा में 110 किमी नाव चला सकता है। साथ ही, वह 10 घंटे में धारा के विपरीत दिशा में 60 किमी और धारा के दिशा में 88 किमी नाव चला सकता है। धारा की चाल (किमी/घंटे में) ज्ञात करें।
[SSC CGL 2023]
(a) 6 (b) 16
(c) 10 (d) 12

12. एक नाव 12 किमी की दूरी धारा के प्रतिकूल 1 घंटे में और धारा के अनुकूल 45 मिनट में तय करती है। नाव और धारा की गति (किमी/घंटा में) ज्ञात कीजिए- **[SSC CGL 2023]**

(a) 16; 4 (b) 16; 2
(c) 14; 2 (d) 12; 4

13. एक नाव धारा की विपरीत दिशा में एक निश्चित दूरी तय करने में 10 घंटे का समय लेती है, जबकि धारा की दिशा में उसी दूरी को तय करने में 7 घंटे का समय लेती है। नाव की चाल और धारा की चाल के बीच क्रमशः अनुपात क्या होगा? **[SSC CGL 2023]**

(a) 17 : 5 (b) 3 : 17
(c) 2 : 17 (d) 17 : 3

14. एक स्टीमर धारा की दिशा में चलकर दो बन्दरगाहों के बीच की दूरी 4 घण्टे में तय करता है, जबकि यह धारा के विपरीत दिशा में चलकर वही दूरी 5 घण्टे में तय करता है। यदि धारा की चाल 2 किमी/घण्टा हो, तो शान्त जल में स्टीमर की चाल क्या है- **[BPSC Junior 2023]**

(a) 18 किमी/घंटा (b) 16 किमी/घंटा
(c) 15 किमी/घंटा (d) उपर्युक्त में से एक से अधिक
(e) उपर्युक्त में से कोई नहीं

15. शांत पानी में नाव की गति और धारा की गति के बीच का अनुपात 5 : 4 है। यदि धारा के अनुकूल 720 किमी. की दूरी 8 घंटे में तय की जाती है तो शांत पानी में नाव की गति और धारा की गति के बीच अंतर ज्ञात करें- **[CISF HCM 2023]**

(a) 12 किमी/घंटा (b) 15 किमी/घंटा
(c) 10 किमी/घंटा (d) 16 किमी/घंटा

16. रिवर राफ्टिंग के लिए अंकित मनाली गया था। वह शांत जल में 12 किमी/घंटा की चाल से नाव चलाता है। समान दूरी को धारा के अनुकूल तय करने में उसे जितना समय लगता है उसकी तुलना में धारा के प्रतिकूल जाने में उसे दोगुना समय लगता है। नदी के प्रवाह की दर ज्ञात कीजिए- **[SSC CHSL 2022]**

(a) 6 किमी/घंटा (b) 4 किमी/घंटा
(c) 8 किमी/घंटा (d) 2 किमी/घंटा

17. एक नाव की चाल धारा के अनुकूल 25 किमी/घंटा है और धारा की चाल 3 किमी/घंटा है। नाव द्वारा धारा के अनुकूल 100 किमी और धारा के प्रतिकूल 57 किमी की दूरी तय करने में कुल कितना समय लगेगा? **[SSC CHSL 2022]**

(a) 8 घंटे (b) 7 घंटे
(c) 10 घंटे (d) 10.5 घंटे

18. शांत जल में एक नाव की गति 14 किमी/घंटा है। यह धारा के अनुकूल 1 घंटे 45 मिनट में 28 किमी जाती है। धारा की गति ज्ञात कीजिए- **[RRB NTPC 2021]**

(a) 16 किमी/घंटा (b) 12 किमी/घंटा
(c) 7 किमी/घंटा (d) 2 किमी/घंटा

19. एक स्टीमर धारा के अनुकूल जाता है और दो बंदरगाहों के बीच की दूरी को 6 घंटे में करता है। यह समान दूरी धारा के प्रतिकूल 8 घंटे में तय करता है। यदि धारा की गति 3 किमी/घंटा है, तो शांत जल में स्टीमर की गति है- **[RRB NTPC 2021]**

(a) 10 किमी/घंटा (b) 21 किमी/घंटा
(c) 10.375 किमी/घंटा (d) 21.5 किमी/घंटा

20. एक जल धारा की चाल 3 किमी/घंटा है और स्थिर जल में एक आदमी की चाल 6 किमी./घंटे है। धारा की दिशा में 37 किमी. तैरने में आदमी द्वारा लिया गया समय ज्ञात कीजिए- **[NTPC 2021]**

(a) $4\frac{1}{4}$ घंटे (b) $4\frac{1}{9}$ घंटे
(c) $4\frac{3}{4}$ घंटे (d) $1\frac{3}{4}$ घंटे

21. एक नाव धारा के विपरीत 9 घंटे में 36 किमी की दूरी तय करती है और धारा के अनुकूल समान दूरी 3 घंटे में तय करती है। शांत जल में नाव की चाल क्या है? **[SSC CHSL 2022]**

(a) 14 किमी/घंटा (b) 8 किमी/घंटा
(c) 10 किमी/घंटा (d) 6 किमी/घंटा

22. धारा की चाल 4 किमी/घंटा है और नाव की चाल 11 किमी/घंटा है। नाव धारा के प्रतिकूल 21 किमी और धारा के अनुकूल 45 किमी की दूरी कितने समय में तय करेगी? **[SSC CHSL 2022]**

(a) 6 घंटा (b) 3 घंटा
(c) 4 घंटा (d) 7 घंटा

23. धारा की चाल और शांत जल में एक नाव की चाल का अनुपात 3 : 13 है। नाव धारा की विपरीत दिशा में $2\frac{2}{3}$ घंटे चलती है, और फिर आरम्भ बिंदु पर लौटती है। वापसी की यात्रा में उसे कितना समय (घंटे में) लगेगा? **[ICAR Technician 2022]**

(a) $1\frac{2}{3}$ (b) $1\frac{1}{2}$
(c) $1\frac{3}{4}$ (d) $1\frac{1}{4}$

24. एक नाव द्वारा धारा के अनूकूल एक निश्चित दूरी जाने में लिया गया समय, नाव द्वारा समान दूरी को धारा के प्रतिकूल जाने में लिए गए समय का दो-तिहाई है। यदि शांत जल में नाव की गति का 2 गुना धारा की गति के 7 गुना से 10 किमी/घंटा अधिक है, तो धारा की गति (किमी/घंटा में) क्या है? **[ICAR Technician 2022]**

(a) $3\frac{1}{3}$ (b) $2\frac{1}{2}$
(c) 4 (d) 2

25. स्थिर जल में नाव की चाल और धारा की चाल का अनुपात 8 : 3 है और नाव धारा के अनुकूल 24 मिनट में 22 किमी का सफर तय कर सकती है, तो नाव को धारा के प्रतिकूल 50 किमी की दूरी तय करने में कितना समय लगेगा? **[SSC CHSL 2022]**

(a) 4 घंटा (b) 2.5 घंटा
(c) 3 घंटा (d) 2 घंटा

26. एक नाव 7 घंटे 30 मिनट में 40 किमी धारा की दिशा में और 25 किमी धारा की विपरीत दिशा में जा सकती है। यह 10 घंटे में 48 किमी धारा की दिशा में और 36 किमी धारा की विपरीत दिशा में जा सकती है। शांत जल में नाव की चाल (किमी/घंटा में) कितनी होगी? **[SSC CPO 2022]**

(a) 6 (b) 12
(c) 9 (d) 15

27. शांत जल में एक नाव की चाल 45 किमी/घंटा है, जबकि नदी 15 किमी/घंटा की चाल से बह रही है। धारा के विपरीत दिशा में एक निश्चित दूरी तय करने में लगा समय, धारा के दिशा में समान दूरी तय करने में लगे समय से 9 घंटे अधिक है। दूरी (किमी में) की गणना करें। **[SSC CGL 2023]**

(a) 540 (b) 320
(c) 480 (d) 450

28. एक मोटरबोट की चाल और जल की धारा की चाल का अनुपात 31 : 6 है। मोटरबोट एक बिंदु से शुरू होती है और 4 घंटे 10 मिनट में धारा के अनुदिश एक निश्चित दूरी तय करती है। मोटरबोट द्वारा अपने प्रारंभिक बिंदु पर वापस आने में लगने वाला समय ज्ञात कीजिए- **[SSC CGL 2023]**

(a) 4 घंटा 10 मिनट (b) 5 घंटा 10 मिनट
(c) 5 घंटा 50 मिनट (d) 6 घंटा 10 मिनट

29. एक नाव 8 घंटे में धारा की दिशा में 104 किमी की दूरी तय कर सकती है। यदि धारा की चाल 2 किमी/घंटा है, तो ज्ञात कीजिए कि वह नाव धारा की विपरीत दिशा में 13 किमी की दूरी कितने समय में तय कर पाएगी? **[SSC CPO 2022]**

(a) $2\frac{2}{3}$ घंटे (b) $1\frac{4}{9}$ घंटे
(c) $2\frac{1}{2}$ घंटे (d) $1\frac{2}{3}$ घंटे

30. शांत जल में नाव की गति धारा की गति से तीन गुना है। यदि नाव धारा के अनुकूल एक निश्चित स्थान तक जाने में 15.5 सेकंड का समय लेती है, तो धारा के प्रतिकूल समान दूरी तय करने में लगने वाला अतिरिक्त समय ज्ञात कीजिए- **[SSC CPO 2022]**

(a) 15.5 सेकंड (b) 29 सेकंड
(c) 31 सेकंड (d) 35 सेकंड

31. एक नाव धारा के प्रतिकूल 2.4 किमी 16 मिनट में जा सकती है। शांत जल में नाव की गति का धारा की गति से अनुपात 8 : 3 है। नाव को शांत जल में 21.6 किमी और धारा के अनुकूल 33 किमी जाने में कितना समय (घंटों में) लगेगा? **[ICAR Technician 2022]**

(a) $\frac{5}{2}$ (b) $\frac{19}{6}$
(c) $\frac{17}{6}$ (d) $\frac{10}{3}$

32. एक नाव $2\frac{1}{2}$ घंटे में 9 किमी धारा के अनुकूल और 4 किमी धारा के प्रतिकूल जा सकती है। यह 4 घंटे में 15 किमी धारा के अनुकूल और 6 किमी धारा के प्रतिकूल जा सकती है। धारा के अनुकूल 8 किमी और धारा के प्रतिकूल 10 किमी जाने में उसे कितना समय लगेगा? **[ICAR Technician 2022]**

(a) 3 घंटा 30 मिनट (b) 4 घंटा 10 मिनट
(c) 3 घंटा 50 मिनट (d) 3 घंटा

33. शांत जल में एक नाव की गति 18 किमी/घंटा है और धारा की गति 6 किमी/घंटा है। नाव धारा के प्रतिकूल 90 किमी और धारा के अनुकूल 72 किमी की दूरी कितने समय में (घंटों में) तय करेगी? **[ICAR Technician 2022]**

(a) 10.5 (b) 12
(c) 11.5 (d) 9

34. एक नाव कुल 2 घंटे में धारा के प्रतिकूल 5 किमी और धारा के अनुकूल 6 किमी की दूरी तय करती है। यह कुल $5\frac{1}{2}$ घंटों में 15 किमी प्रतिकूल और 14 किमी अनुकूल में भी दौड़ सकता है। शांत जल में 32.4 किमी की दूरी तय करने में उसे कितना समय (घंटों में) लगेगा? **[ICAR Technician 2022]**

(a) 4.8 (b) 5.4
(c) 3.6 (d) 8.1

35. एक नाव धारा के प्रतिकूल 5 किमी और धारा के अनुकूल 4 किमी 36 मिनट में जा सकती है। यह 10 किमी अनूकूल और 8 किमी प्रतिकूल 63 मिनट में जा सकता है। शांत जल में नाव की गति का धारा की गति से अनुपात कितना है? **[ICAR Technician 2022]**
(a) 1:5 (b) 3:5
(c) 5:1 (d) 5:3

36. एक नाव धारा के अनुकूल 18 किमी. की दूरी 3 घंटे में तय करती है। यदि धारा की गति इसकी अनुप्रवाह की $33\frac{1}{3}\%$ है तो धारा के विपरीत दिशा में यह 100 किमी की दूरी कितने समय में तय करेगी– **[CISF HCM 2023]**
(a) 45 घंटे (b) 40 घंटे
(c) 20 घंटे (d) 50 घंटे

37. शांत जल में एक मोटरबोट की गति 16 किमी/घंटा है। धारा के प्रतिकूल 36 किमी जाने में धारा के अनुकूल समान स्थान पर लौटने की तुलना में 72 मिनट अधिक लगते हैं। धारा की गति (किमी/घंटा में) है– **[CRPF HCM 2023]**
(a) 8 (b) 10
(c) 4 (d) 5

38. धारा के प्रतिकूल चलने वाली एक नाव को एक निश्चित दूरी तय करने में 5 घंटे 45 मिनट लगते हैं, जबकि समान दूरी को धारा के अनुकूल तय करने में 5 घंटे लगते हैं। नाव की गति और धारा की गति के बीच क अनुपात क्या है? **[CRPF HCM 2023]**
(a) 43:3 (b) 4:1
(c) 5:4 (d 42:5

39. दो बिंदुओं A और B के बीच की दूरी 100 किमी है। एक नाव द्वारा मंगलवार को धारा के प्रतिकूल यात्रा करने में लिय गये समय शनिवार को धारा के अनुकूल यात्रा करने गें लिए गए समय के बराबर है। मंगलवार को धारा की गति 2 किमी/घंटा है और शनिवार को मंगलवार की गति की आधी है। यदि मंगलवार को शांत जल में नाव की गति 22 किमी/घंटा है, तो शनिवार को शांत जल गें नाव की गति ज्ञात कीजिए– **[CRPF HCM 2023]**
(a) 12 किमी/घंटा (b) 19 किमी/घंटा
(c) 15 किमी/घंटा (d) 21 किमी/घंटा

40. शांत जल में एक नाव की गति 10 किमी/घंटा है। यदि धारा की गति 2 किमी/घंटा है, तो नाव 2.5 घंटे में धारा के अनुकूल कितनी दूरी तय कर सकती है- **[IB ACIO 2020]**
(a) 24 किमी (b) 30 किमी
(c) 28 किमी (d) 32 किमी

41. एक नाव धारा प्रवाह के दिशा में 30 मिनट में 20 किमी जाती है। प्रवाह की गति 10 किमी/घंटा है। नाव की गति ज्ञात करें– **[IB ACIO 2020]**
(a) 20 किमी/घंटा (b) 60 किमी/घंटा
(c) 45 किमी/घंटा (d) 30 किमी/घंटा

42. एक स्थिर बहती नदी में एक नाव की दिशा में 12 किमी/घंटा की चाल से एक निश्चित दूरी तक जाती है और फिर उसी दूरी को विपरीत दिशा में 24 किमी/घंटा की चाल से तय करती है। कुल यात्रा के लिए औसत चाल ज्ञात कीजिए– **[RRB ALP (Tier-II) 2019]**
(a) 20 किमी/घंटा (b) 15 किमी/घंटा
(c) 18 किमी/घंटा (d) 16 किमी/घंटा

43. धारा के विरुद्ध जाते हुए एक नाविक को 40 किमी की दूरी तय करने में 8 घंटे लगते है जबकि धारा के साथ चलते हुए इसी दूरी को तय करने में सिर्फ 5 घंटे लगते है। शांत जल में नाविक की गति क्या होगी– **[RRB ALP (Tier-II) 2019]**
(a) 4.5 किमी/घंटा (b) 4 किमी/घंटा
(c) 6.5 किमी/घंटा (d) 1.5 किमी/घंटा

44. एक नाव को धारा की दिशा में एक निश्चित दूरी तय करने में 12 घंटे लगते और वापस लौटने में 24 घंटे लगते है। नाव द्वारा शांत जल में समान दूरी तय करने में कितना समय लगेगा– **[RRB JE 2019]**
(a) 15 घंटा (b) 10 घंटा
(c) 18 घंटा (d) 16 घंटा

45. एक नाव, जिसकी शांत जल में चाल 15 किमी/घंटा है, 4.5 घंटे में धारा की दिशा में 30 किमी जाती है और धारा के विपरीत दिशा में चलकर वापस आती है। धारा की चाल ज्ञात कीजिए– **[RRB RPF SI 2019]**
(a) 4 किमी/घंटा (b) 5 किमी/घंटा
(c) 10 किमी/घंटा (d) 6 किमी/घंटा

46. एक नदी के ऊपर की ओर 60 किमी की दूरी तय करने में एक खेने वाले को 8 घंटे लगता है जबकि नीचे की ओर समान दूरी तय करने हेतु 5 घंटे लगते है। स्थिर पानी में खेने वाला की गति क्या होगी– **[RRB RPF SI 2019]**

(a) 9.25 किमी/घंटा (b) 9.80 किमी/घंटा
(c) 9.75 किमी/घंटा (d) 9.5 किमी/घंटा

47. अर्जुन को धारा की दिशा में 40 किमी तैरने के लिए 5 घंटे लगते है, जबकि उसे धारा के विरुद्ध दिशा में 24 किमी तैरने के लिए केवल 2 घंटे लगते है। उसकी स्थिर जल में तैरने की गति बताएं- **[RRB RPF Constable 2019]**
(a) 12 किमी/घंटा (b) 10 किमी/घंटा
(c) 9 किमी/घंटा (d) 15 किमी/घंटा

48. एक नाव की शांत जल में गति 20 किमी/घंटा है। यदि नाव धारा के विपरीत दिशा में 20 किमी की दूरी 4 घंटे में तय करती है, तो धारा की गति ज्ञात कीजिए- **[RRB Group D 2018]**
(a) 20 किमी/घंटा (b) 15 किमी/घंटा
(c) 25 किमी/घंटा (d) 30 किमी/घंटा

49. किसी नाव की चाल शांत जल में 12 किमी/घंटा है। यदि नाव जल की धारा विपरीत दिशा में 38 किमी की दूरी 4 घंटे में तय करती है, तो धारा की चाल किमी/घंटे में कितनी है- **[RRB Group D 2018]**
(a) 3 (b) 2.5
(c) 3.17 (d) 6.5

50. शांत जल में एक नाव को अपने गंतव्य स्थान तक पहुँचने और वहाँ से अपने प्रारम्भिक स्थान पर वापस आने में कुल 15 घंटे लगते हैं। उसी यात्रा के लिए नदी में प्रवाह होने पर 16 घंटे की आवश्यकता होती है। नाव और नदी की गति के बीच का अंतर 16 किमी/घंटा है। नदी के प्रवाह की गति ज्ञात कीजिए- **[RRB Group D 2018]**
(a) 10 किमी/घंटा (b) 6 किमी/घंटा
(c) 4 किमी/घंटा (d) 5 किमी/घंटा

51. शांत जल में एक नाविक की चाल x किमी/घंटा है और धारा की चाल y किमी/घंटा है। यदि एक व्यक्ति नाव चलाते हुए धारा के विपरीत एक निश्चित दूरी तय करता है और फिर धारा की दिशा में वही दूरी तय करके लौटता है, इस यात्रा के दौरान उसकी औसत चाल ज्ञात कीजिए- **[RRB JE 2019]**
(a) $\frac{x^2+y^2}{xy}$ किमी/घंटा (b) $\frac{x^2-y^2}{xy}$ किमी/घंटा
(c) $\frac{x^2+y^2}{x}$ किमी/घंटा (d) $\frac{x^2-y^2}{x}$ किमी/घंटा

52. एक निश्चित दूरी को तय करने के लिए नाव द्वारा धारा के विपरीत दिशा में लिए गए समय और धारा की दिशा में लिए गए समय का अनुपात 4 : 1 है। धारा की दिशा में और धारा के विपरीत दिशा में नाव की चाल का अनुपात ज्ञात कीजिए- **[RRB JE 2019]**
(a) 4 : 1 (b) 3 : 5
(c) 1 : 4 (d) 5 : 3

53. एक नाव की स्थिर जल में चाल 12 किमी/घंटा है, तथा धारा की चाल 3 किमी/घंटा है। एक व्यक्ति नाव से धारा की प्रतिकूल दिशा में 135 किमी तक जाकर धारा की अनुकूल दिशा में चलते हुए प्रारंभिक बिंदु पर वापस लौट आता है। पूरी यात्रा को तय करने में लगा समय घंटे में ज्ञात कीजिए- **[RRB NTPC 2017]**
(a) 24 (b) 48
(c) 36 (d) 30

54. स्थिर जल में रजनी 7.5 घंटे में 135 किमी नाव चला सकती है जबकि वह धारा के विपरीत 4 घंटे में 48 किमी नाव चला सकती है। पानी की धारा की गति किमी/घंटा में क्या है- **[UPSI 2017]**
(a) 4 (b) 4.5
(c) 5 (d) 6

ANSWER

1	(d)	2	(a)	3	(a)	4	(d)	5	(b)	6	(a)	7	(d)	8	(c)	9	(a)	10	(c)
11	(a)	12	(c)	13	(d)	14	(a)	15	(c)	16	(b)	17	(b)	18	(d)	19	(d)	20	(b)
21	(b)	22	(a)	23	(a)	24	(a)	25	(d)	26	(c)	27	(a)	28	(d)	29	(b)	30	(a)
31	(b)	32	(c)	33	(a)	34	(b)	35	(d)	36	(d)	37	(c)	38	(a)	39	(b)	40	(b)
41	(d)	42	(d)	43	(c)	44	(d)	45	(b)	46	(c)	47	(b)	48	(b)	49	(b)	50	(d)
51	(d)	52	(a)	53	(a)	54	(d)												

NOTES

NOTES